최신 출제기준에 맞춘 최고의 수험서

2021 개정 12판

전기기사 시험 대비

전기기사 7개년 과년도

이광수
이기수 공저
이선곤

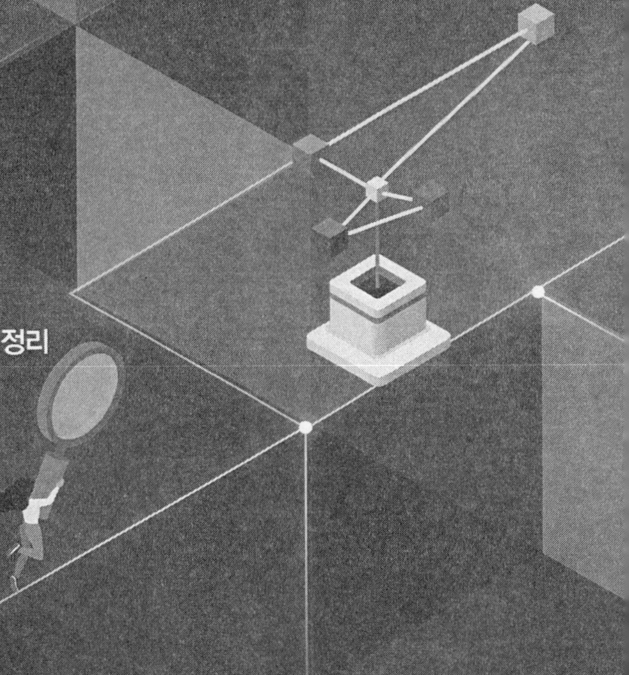

이 책의 특징

- 강의 경력 40년의 최상급 저자
- 전공학습에 대한 정확한 개념 정리
- 이론문제 및 계산문제를 공식부터 풀이과정을 상세하게 정리
- 한국산업인력공단의 출제기준안에 의한 구성
- 과목별 핵심 요약 정리
- 최근 7개년 과년도 완전 분석
- 정확한 답과 명쾌한 해설

질의응답 사이트 운영 http://www.kkwbooks.com (도서출판 건기원)
본서로 공부하면서 내용에 의문점이나 이해가 되지 않는 부분에 관하여 질의·응답을 원하는
분은 위 사이트로 문의하시면 항상 감사하는 마음으로 정성껏 답하여 드리겠습니다.

도서출판 건기원

전기기사 시험 정보

- 자격명 : **전기기사**(Engineer Electricity)
- 관련부처 : **산업통상자원부**
- 시행기관 : **한국산업인력공단**
  (http://www.q-net.or.kr)

01 취득방법

① 시 행 처 : 한국산업인력공단

② 시험과목 :

구분	과목
필기	1. 전기자기학 2. 전력공학 3. 전기기기 4. 회로이론 및 제어공학 5. 전기설비기술기준 및 판단기준
실기	전기설비설계 및 관리

③ 검정방법
- 필기 : 객관식 4지 택일형, 과목당 20문항(과목당 30분)
- 실기 : 필답형(2시간 30분)

④ 합격기준
- 필기 : 100점을 만점으로 하여 과목당 40점 이상, 전 과목 평균 60점 이상
- 실기 : 100점을 만점으로 하여 60점 이상

02 규정변경

신분증, 전자통신기기, 공학용계산기 등에 관한 규정 강화로 수험자들의 주의 필요

- 2019년부터 수험자가 신분증을 미지참하거나 소지품 정리 시간 후 핸드폰, 전자시계 등 시험에 불필요한 전자·통신기기를 소지할 경우 당해 시험에 응시하지 못하고 퇴실 조치 및 시험은 무효처리함

- 공학용계산기 사용 규정도 변경된다.
  기능사 등급에 응시하는 수험자는 허용군 내 공학용계산기 사용만 가능하며 기술사를 비롯한 기사, 산업기사, 기능장 등급은 별도 기준을 마련해 단계적으로 시행할 계획이다.

▼ 공학용 계산기 기종 허용군

연번	제조사	허용기종군
1	카시오 (CASIO)	FX-901 ~ 999
2	카시오 (CASIO)	FX-501 ~ 599
3	카시오 (CASIO)	FX-301 ~ 399
4	카시오 (CASIO)	FX-80 ~ 120
5	샤프 (SHARP)	EL-501 ~ 599
6	샤프 (SHARP)	EL-5100, EL-5230, EL-5250, EL-5500
7	유니원 (UNIONE)	UC-600E, UC-400M

** 허용군 내 기종번호 말미의 영어 표기(ES, MS, EX 등)은 무관하나 SD라고 표기된 경우 외장메모리가 사용 가능하므로 사용 불가

전기를 합리적으로 사용하는 것은 전력부문의 투자효율성을 높이는 것은 물론 국가경제의 효율성 측면에도 중요하다. 하지만 자칫 전기를 소홀하게 다룰 경우 큰 사고의 위험도 많다.
그러므로 전기설비의 운전 및 조작, 유지·보수에 관한 전문 자격제도를 실시해 전기로 인한 재해를 방지해 안전성을 높이고자 자격제도를 제정하였다.

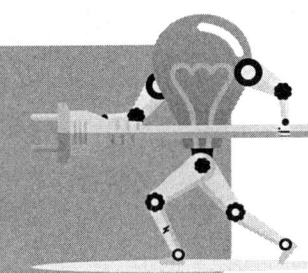

03 출제경향
- 필답형 실기시험이므로 시험과목 및 출제기준을 참조하여 수험준비를 해야 한다.
- 전기설비기술기준 및 판단기준, 내선규정은 시험일자 기준으로 시험 시행 전 최근 고시된 기준 및 규정으로 수험준비에 임하여야 한다.

04 수행직무
전기기계·기구의 설계, 제작, 관리 등과 전기설비를 구성하는 모든 기자재의 규격, 크기, 용량 등을 산정하기 위한 계산 및 자료의 활용과 전기설비의 설계, 도면 및 시방서 작성, 점검 및 유지, 시험작동, 운용관리 등에 전문적인 역할과 전기안전 관리를 담당한다. 또한 공사현장에서 공사를 시공, 감독하거나 제조공정의 관리, 발전, 소전 및 변전시설의 유지관리, 기타 전기시설에 관한 보안 관리업무를 수행한다.

05 진로 및 전망
- 한국전력공사를 비롯한 전기기기제조업체, 전기공사업체, 전기설계전문 업체, 전기기기설비업체, 전기안전관리 대행업체, 환경시설업체 등에 취업할 수 있다. 또한 전기부품·장비·장치의 디자인 및 제조, 실험과 관련된 연구를 담당하기 위해 생산업체의 연구실 및 개발실에 종사하기도 한다.
- 발전, 변전설비가 대형화되고 초고속·초저속 전기기기의 개발과 에너지 절약형, 저 손실 변압기, 전동력 속도제어기, 프로그래머블콘트롤러 등 신소재 발달로 에너지 절약형 자동화기기의 개발, 또 내선설비의 고급화, 초고속 송전, 자연에너지 이용 확대 등 신기술이 급격히 개발되고 있다. 이에 따라 안전하게 전기를 관리할 수 있는 전문인의 수요는 꾸준할 것으로 예상된다. 그리고 '전기사업법' 등 여러 법에서 전기의 이용과 설비 시공 등에서 안전관리를 위해 자격증 소지자를 고용하도록 하고 있어 자격증 취득 시 취업이 유리한 편이다.

＊ 자격취득자에 대한 법령상 우대현황

출처 : 본 자료는 2017년 하반기에 법제처(www.law.go.kr) 홈페이지를 통해 조사한 내용임

구 분		활용 내용
공무원	국가직	공무원 채용시험 응시 가점(5% 가산)
		6급 이하 공무원 채용시험 가산대상 자격증
	지방직	6급 이하 공무원 신규임용 시 필기시험 점수 가산(5% 가산)
	경찰직	경력경쟁채용 등의 자격
	법원직	경력경쟁시험의 응시요건
	교육직	5급 이하 공무원, 연구사 및 지도사 관련 가점사항
	선관위	자격증 소지자에 대한 가점(1점 이내) 평정
		6급 이하 공무원 채용시험에 응시하는 경우 가산(5% 가산)
	헌재	5급 이하 및 기능직공무원 자격증 취득자 가점 평정
	업무수당	특수업무수당 지급
자격증		검사원의 자격
		안전·보건진단기관의 인력기준
		환경기술인을 두어야 할 사업장과 그 자격기준
		승강기 보수를 업으로 하려는 자가 갖추어야 할 기술인력
근로자 직업능력		기능대학 교원 자격
		직업능력개발훈련교사의 자격
중소기업		지도사의 1차 시험 면제
		근로자의 창업지원 등 : 해당 직종과 관련분야에서 신기술에 기반한 창업의 경우 지원

책을 읽는 분들에게

■■■ 40여년간 전기·전자 관련 공학도들을 대상으로 강의하여 오면서 학생들이 어렵게만 느끼고 있는 전기·전자공학 부분을 보다 알기 쉽고, 확실히 이해할 수 있는 방법을 찾고자 노력한 결과를 본서에 담았습니다.

■■■ 학생들과 같이 호흡하면서 강의해 온 경험을 토대로 자격증 취득은 물론이거니와, 본서를 기반으로 전공 지식에 대한 비상을 목표로 기본적인 개념에서부터 응용 분야에 이르는 단원별 핵심 이론 및 엄선 문제를 수록하고 풀이하였으며, 최근 기출 문제에 대한 해설을 통하여 각종 시험에 대비할 수 있도록 제작되었습니다.

■■■ 본서를 통하여 공부하시던 중 궁금한 부분이나 문제점이 생기면 질의·응답을 하실 수 있도록 질의·응답 사이트를 개설하여 수험생들의 문제점을 바로 해결할 수 있도록 하였습니다.

■■■ 【본 교재의 특징】
- 강의 경력 40년(대학 강의, 학원 강의, 기업체 연수원 강의)의 초특급 Know-How 교재
- 수험자가 단기간에 학습할 수 있도록 자격증 출제 기준안에 의거 각 과목별로 체계적인 단원 분류 및 핵심 이론과 엄선된 예제를 통한 공학 개념 완전 이해
- 단원별 핵심 이론 및 예제와 최근 과년도 출제 문제 해설을 수록하여 학습한 내용을 확인하고 평가할 수 있도록 만전을 기울인 교재

■■■ 아무쪼록 본서가 전기·전자공학도들에게 지속적인 사랑을 받으면서 전공학습의 개념 정리 및 전기기사 자격시험 합격에 있어서 꼭 필요한 책으로 기억되기를 바라며, 차후 변경되는 출제 경향 및 기출 문제 등을 지속적으로 수록하여 계속 보완하도록 하겠습니다.

■■■ 끝으로 본서를 출판하는 데 있어 많은 도움을 주시고 지도하여 주신 모든 선·후배님들과 도서출판 건기원 직원 여러분께 진심으로 감사드립니다.

저자 올림

차 례

핵/심/요/약

제1부 전기자기학

01	벡터(Vector)	11
02	정 전 계	12
03	진공중의 도체계	17
04	유 전 체	19
05	전기영상법	21
06	기본회로와 법칙	23
07	정 자 계	27
08	전류의 자기현상	31
09	자성체와 자기회로	36
10	인덕턴스(inductance)	39
11	전 자 계	44

제2부 전력공학

1. 송배전 공학

01	선로정수 및 코로나	47
02	송전특성 및 송전용량	48
03	고 장 계 산	49
04	유도장해 및 안정도	51
05	중성점 접지방식	52
06	이상전압 및 개폐기	53
07	전 선 로	56
08	배전선로의 구성과 전기방식	58
09	배전선로의 전기적인 특성	59
10	송배전선로의 운용과 보호	60

2. 수화력 및 원자력 공학

01	수력 공학	62
02	화력 공학	65
03	원자력 공학	66

제 3 부 전기기기

01 직 류 기	69
02 변 압 기	72
03 유 도 기	76
04 동 기 기	80
05 교류 정류자기 및 정류기	83

제 4 부 회로이론

01 기본 법칙	87
02 정현파 교류	92
03 기본 교류회로	94
04 교류전력	97
05 대칭좌표법	101
06 비정현파 교류	103
07 2단자 회로망	105
08 4단자 회로망	106
09 분포 정수 회로	110
10 과도현상	112

제 5 부 제어공학

01 자동제어계의 요소와 구성	117
02 라플라스 변환	118
03 전달함수	122
04 블록선도와 신호흐름 선도	124
05 과도응답	125
06 편차와 감도	126
07 주파수 응답	127
08 안정도 판별법	130
09 근궤적	131
10 상태 방정식	131
11 디지털 공학	132

제 6 부

전기설비기술기준

01	총 칙	141
02	전기운용 장소 시설	147
03	전 선 로	150
04	전력보안 통신설비	161
05	전기 사용장소 시설	162
06	전 기 철 도	169

기/출/문/제

전기기사

2014년도 시행

2014년 3월 2일 시행	3
2014년 5월 25일 시행	35
2014년 8월 17일 시행	69

전기기사

2015년도 시행

2015년 3월 2일 시행	3
2015년 5월 11일 시행	38
2015년 7월 27일 시행	74

전기기사

2016년도 시행

2016년 3월 6일 시행	3
2016년 5월 8일 시행	36
2016년 8월 21일 시행	67

Contents

전기기사
2017년도 시행
2017년 3월 5일 시행	3
2017년 5월 7일 시행	34
2017년 8월 26일 시행	65

전기기사
2018년도 시행
2018년 3월 4일 시행	3
2018년 4월 28일 시행	34
2018년 8월 19일 시행	65

전기기사
2019년도 시행
2019년 3월 3일 시행	3
2019년 4월 27일 시행	32
2019년 8월 4일 시행	63

전기기사
2020년도 시행
2020년 6월 6일 시행	3
2020년 8월 22일 시행	34

전기기사

핵심요약

제 1 부	전기자기학
제 2 부	전력공학
제 3 부	전기기기
제 4 부	회로이론
제 5 부	제어공학
제 6 부	전기설비기술기준

제 01 부 　전기자기학

제 1 장　벡터(Vector)

1 Vector

Δx(변위)=종점-시점

F(N), E(v/m), H(AT/m) 등에 이용된다.

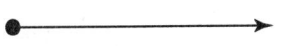

2 Scalar

V(v), U(A), W(J) 등에 이용된다.

크기만을 가진 양
정수, 절대치

3 외적(vector積)

$$(\vec{A} \times \vec{B}) = |A||B|\sin\theta$$

(1) 단위 vector의 계산

$(i \times i) = 0$　　$(i \times j) = k$　　$(j \times i) = -k$
$(j \times j) = 0$　　$(j \times k) = i$　　$(k \times j) = -i$
$(k \times k) = 0$　　$(k \times i) = j$　　$(i \times k) = -j$

4 내적(scalar積)

$$(\vec{A} \cdot \vec{B}) = |A||B|\cos\theta$$

(1) 단위 vector의 계산

$$(i \cdot i) = (j \cdot j) = (k \cdot k) = 1$$
$$(i \cdot j) = (j \cdot k) = (k \cdot i) = 0$$

(2) Scalar의 계산

① 2개 vector 사이의 각은 scalar를 이용하여 계산하면 쉽다.
② 2개 vector가 직교할 때는 무조건 scalar를 이용하여 계산한다.
③ 전력선과 통신선이 직교($\theta = 90°$)란 ┌ M(상호 인덕턴스)$=0$
　　　　　　　　　　　　　　　　　　　└ 전자유도 현상이 없다.

(3) 발산(임의 체적에서의 발산)

$$div A = (\nabla \cdot A) = \frac{\partial A_x}{\partial x} + \frac{\partial A_y}{\partial y} + \frac{\partial A_z}{\partial z}$$

(4) $div \cdot grad V$

$$= (\nabla \cdot \nabla V) = \nabla^2 V = \frac{\partial^2 V}{\partial x^2} + \frac{\partial^2 V}{\partial y^2} + \frac{\partial^2 V}{\partial z^2}$$

$$\nabla^2 = (\nabla \cdot \nabla) = \frac{\partial^2}{\partial x^2} + \frac{\partial^2}{\partial y^2} + \frac{\partial^2}{\partial z^2}$$

제 2 장 정전계

1 MKS단위계, CGS단위계 Coulomb 힘

$$F = \frac{Q_1 Q_2}{4\pi \varepsilon r^2} \left(\frac{\vec{r}}{|r|} \right) = 9 \times 10^9 \frac{Q_1 Q_2}{\varepsilon_s r^2} \left(\frac{\vec{r}}{|r|} \right) [\text{N}]$$

$$F = \frac{Q_1 Q_2}{\varepsilon_s r^2} \left(\frac{\vec{r}}{|r|} \right) [\text{dyne}]$$

단위 vector $= \frac{\vec{r}}{|r|}$ 는 방향만 표시.

2 전기력선의 일반적인 성질

① +극에서 시작 −극으로 끝난다.
② 전기력선은 직진한다.(굴절하지 않는다.)
③ 전기력선은 어느 면과 직교한다.(폐곡면(선)을 만들지 못한다.)
④ 전기력선은 전위가 높은 곳에서 낮은 곳으로 향한다.

3 가우스 정리

3-1 가우스 정리 적분형

$$\int_s E n ds = \frac{Q}{\varepsilon_0} \Rightarrow 전기력 선의 총수$$

∴ $E[\text{v/m}]$(전계세기)를 구하는 식

$$\int_s D n ds = Q \Rightarrow 전속 총수$$

∴ $D[\text{c/m}^2]$(전속밀도)를 구하는 식

3-2 가우스 정리 미분형

$$\left.\begin{array}{l} div E = \dfrac{\rho}{\varepsilon_0} \\ \nabla \cdot E = \dfrac{\rho}{\varepsilon_0} \end{array}\right\} E(전계세기)를 알고 \rho(체적전하밀도)를 구하는 식$$

$$\left.\begin{array}{l} div D = \rho \\ \nabla \cdot D = \rho \end{array}\right\} D(전속밀도)를 알고 \rho(체적전하밀도)를 구하는 식$$

3-3 포아손의 방정식

$$\nabla^2 V = -\frac{\rho}{\varepsilon_0}$$

∴ V(전압)을 알고 ρ(체적전하밀도)를 구하는 식

4 전 위(v)

무한원점에 있는 1[C]에 전하를 전계와 반대방향으로 무한원점으로부터 임의점까지 운반하는데 필요한 일의 양을 말한다.

$$\therefore V = -\int_{\infty}^{r} E dr \, [V] \quad \text{scalar 양이다.}$$

$$\therefore 전위경도 = 전위기울기 = gard \, V = \triangledown V 으로 \; 표시할 \; 수 \; 있다.$$

5 E(전계세기) v/m

(1) 단위점전하 1[C]에 작용하는 힘

$$E = \frac{Q}{4\pi\varepsilon r^2}\left(\frac{\vec{r}}{|r|}\right) = 9\times 10^9 \frac{Q}{\varepsilon_s r^2}\left(\frac{\vec{r}}{|r|}\right) [v/m]$$

단위 vector $\frac{\vec{r}}{|r|}$ 는 방향만 표시된다.

(2) 수직단면을 통과하는 전기력선의 밀도

$$E(전계세기) = 전기력선의 \; 밀도 \, [v/m] = \frac{전기력선 \; 총수}{단위면적} \, [v/m]$$

(3) 전위경도에 (−)부호를 붙인 것

$$E = -gard V = -\triangledown V = -\left(i\frac{\partial v}{\partial x} + j\frac{\partial v}{\partial y} + k\frac{\partial v}{\partial z}\right)[v/m]$$

E(전계세기)는 전위경도와 크기는 같고 방향만 반대이다.

6 힘[N], 전계세기[v/m], 전속밀도[c/m²], 전압[V]의 상호관계

$$\begin{cases} F(힘) = \dfrac{QQ}{4\pi\varepsilon r^2} = QE \, [N] \\ E(전계세기) = \dfrac{Q}{4\pi\varepsilon r^2} = \dfrac{F}{Q} \, [N/C = v/m] \end{cases}$$

$$\begin{cases} V(전위) = \dfrac{Q}{4\pi\varepsilon r} = Er \, [V] \\ E(전계세기) = \dfrac{Q}{4\pi\varepsilon r^2} = \dfrac{V}{r} \, [v/m] \end{cases}$$

$$\begin{cases} E(\text{전계세기}) = \dfrac{Q}{4\pi\varepsilon r^2} = \dfrac{D}{\varepsilon}\ [\text{v/m}] \\ D(\text{전속밀도}) = \dfrac{Q}{4\pi r^2} = \varepsilon E\ [\text{c/m}^2] \end{cases}$$

7 E[v/m], V[V], D[c/m²], C[F] 등의 정리

(1) 구(점전하)

$$E(\text{전계세기}) = \frac{Q}{4\pi\varepsilon r^2}\ [\text{v/m}] \quad \cdots\cdots\cdots\cdots\cdots \text{vector}$$

$$V(\text{전위}) = -\int_\infty^r E\,dr = \frac{Q}{4\pi\varepsilon_0 r}\ [\text{V}] \quad \cdots\cdots\cdots\cdots\cdots \text{scalar}$$

$$D(\text{전속밀도}) = \sigma(\text{전하밀도}) = \frac{Q}{4\pi r^2}\ [\text{c/m}^2]$$

(2) 동 심 구

$$E(\text{전계세기}) = \frac{Q}{4\pi\varepsilon_0 r^2}\ [\text{v/m}]$$

$$V(\text{전압}) = -\int_b^a E\,dr = \frac{Q}{4\pi\varepsilon_0}\left(\frac{1}{a} - \frac{1}{b}\right)[\text{V}]$$

$$D(\text{전속밀도}) = \sigma(\text{전하밀도}) = \frac{Q}{4\pi r^2}\ [\text{c/m}^2]$$

(3) 전기쌍극자 ($M = Ql\,[\text{c}\cdot\text{m}]$)

$$V(\text{전위}) = \frac{Ql\cos\theta}{4\pi\varepsilon_0 r^2} = \frac{M\cos\theta}{4\pi\varepsilon_0 r^2}\ [\text{V}]$$

$$E_r = -\frac{\partial V}{\partial r} = \frac{2M\cos\theta}{4\pi\varepsilon_0 r^3}\,a_r\ [\text{v/m}]$$

$$E_\theta = -\frac{\partial V}{r\partial\theta} = \frac{M\sin\theta}{4\pi\varepsilon_0 r^3}\,a_\theta\ [\text{v/m}]$$

$$E(\text{전계세기}) = \sqrt{E_r^2 + E_\theta^2} = \frac{M}{4\pi\varepsilon_0 r^3}\sqrt{1 + 3\cos^2\theta}\ [\text{v/m}]$$

(4) 무한직선전하(선전하)

$$E(\text{전계세기}) = \frac{\lambda}{2\pi\varepsilon_0 r}\ [\text{v/m}]$$

$$V(\text{전위}) = -\int_\infty^r E\,dr = \infty\ [\text{V}](\text{대지전위})$$

제 02 장 정 전 계

$$D(\text{전속밀도}) = \sigma(\text{전하밀도}) = \frac{\lambda}{2\pi r} \, [\text{c/m}^2]$$

(5) 원통도체

$$E(\text{전계세기}) = \frac{\lambda}{2\pi\varepsilon_0 r} \, [\text{v/m}]$$

$$V(\text{전위}) = -\int_{\infty}^{r} E dr = \infty \, [\text{V}] (\text{대지전위})$$

$$D(\text{전속밀도}) = \sigma(\text{전하밀도}) = \frac{\lambda}{2\pi r} \, [\text{c/m}^2]$$

(6) 동심원통＝동축케이블

$$E(\text{전계세기}) = \frac{\lambda}{2\pi\varepsilon_0 r} \, [\text{v/m}]$$

$$V(\text{전압}) = -\int_{b}^{a} E dr = \frac{\lambda}{2\pi\varepsilon_0} \ln\frac{b}{a} \, [\text{V}]$$

$$C(\text{정전용량}) = \frac{\lambda \times l}{V} = \frac{\lambda}{-\int_{b}^{a} E dr} = \frac{2\pi\varepsilon_0}{\ln\frac{b}{a}} \, [\text{F/m}]$$

(7) 무한평면(도체)＝구도체＝대전도체

내부전위 (V) = 일정

$$E(\text{전계세기}) = \frac{\sigma}{\varepsilon_0} \, [\text{v/m}] \, (\text{거리에 무관하다.})$$

(8) 무한평면도체판(板)＝무한판상

넓고 아주 얇은 판

$$E(\text{전계세기}) = \frac{\sigma}{2\varepsilon_0} \, [\text{v/m}] (\text{거리에는 무관하다.})$$

(9) 평행판＝평행평판＝콘덴샤

무한평면도체판 2개를 평행하게 놓은 판

$$V(\text{전압}) = Ed = \frac{\sigma}{\varepsilon_0} \times d \, [\text{V}]$$

$$E(\text{전계세기}) = \frac{V}{d} \, [\text{v/m}]$$

$$C(\text{정전용량}) = \frac{Q}{V} = \frac{\varepsilon_0 S}{d} \, [\text{F}]$$

$$W(\text{에너지}) = \frac{1}{2}QV = \frac{Q^2}{2C} = \frac{1}{2}CV^2 = \frac{1}{2}\varepsilon_0 E^2 Sd \, [\text{J}]$$

(10) 평행전선

평행한 2가닥의 전선을 말한다.

$$V(\text{전압}) = -\int_{d-a}^{a} E\,dr = \frac{\lambda}{\pi\varepsilon_0}\ln\frac{d}{a}\,[\text{V}]$$

$$C(\text{정전용량}) = \frac{\lambda \times l}{V} = \frac{\lambda}{-\int_{d-a}^{a} E\,dr} = \frac{\pi\varepsilon_0}{\ln\frac{d}{a}}\,[\text{F/m}]$$

(11) 전기력선의 일반적인 성질

$$\frac{dx}{E_x} = \frac{dy}{E_y} = \frac{dz}{E_z}$$

(12) Stock 정리 전분형과 미분형

$$\left.\begin{array}{l} \int\int_C E\,dl = 0 = \int\int_S rot E\,dS \cdots\cdots \text{적분형} \\ rot E = 0 \\ \nabla \times E = 0 \end{array}\right\} \text{보존적이다.}$$
$\cdots\cdots$ 미분형

제 3 장 진공중의 도체계

1 전위계수(전압)의 일반적인 성질

$$P_{rr} > 0$$
$$P_{rs} = P_{sr} \geq 0$$
$$P_{rr} \geq P_{rs} = P_{sr}$$

단위 : $\text{v/c} = \dfrac{1}{\frac{c}{v}} = \dfrac{1}{F} = \text{Daraf} = \text{elastance}(\text{엘라스턴스})$

$P_{11} = P_{21}$ ⇒ (그림: 도체 I 안에 도체 II, P_{11}) ⇒ 도체 II가 도체 I에 포위됨을 말한다.

2 유도계수(전하), 용량계수(전하), 일반적인 성질

$$q_{rr} > 0$$
$$q_{rs} = q_{sr} \leq 0$$
$$q_{rr} \geq q_{rs} = q_{sr}$$

단위 : c/v=F(정전용량)

$$q_{11} \geq -(q_{21} + q_{31} + q_{41} + q_{51} + \cdots)$$

3 C(정전용량)의 계산

(1) C의 직렬연결

① 합성용량 감소
② 구도체 매설을 말한다.

(2) C의 병열연결

① 합성용량 증가
② 구도체 도선연결을 말한다.

$$\left. \begin{array}{l} RC = \rho\varepsilon \\ \\ R = \dfrac{\rho\varepsilon}{C}\,[\Omega] \end{array} \right] \quad i(\text{누설전류}) = \dfrac{V}{R} = \dfrac{V}{\dfrac{\rho\varepsilon}{C}} = \dfrac{CV}{\rho\varepsilon}\,[\text{A}]$$

(3) C의 △결선과 Y결선의 관계

$$C_Y = 3C_\triangle$$
$$C_\triangle = \dfrac{1}{3} C_Y$$

$\left[\begin{array}{l} C_Y : Y \text{①상의 용량[F]} \\ C_\triangle : \triangle \text{①상의 용량[F]} \end{array} \right.$

(4) 구도체 정전용량 : $C = 4\pi\varepsilon_0 r\,[\text{F}]$

반구도체 정전용량 : $C = 2\pi\varepsilon_0 r\,[\text{F}]$

(5) 동심구의 정전용량 ($b > a$)

$$C = \dfrac{\lambda}{V} = \dfrac{\lambda}{-\int_b^a E dr} = \dfrac{4\pi\varepsilon_0}{\dfrac{1}{a} - \dfrac{1}{b}} = \dfrac{4\pi\varepsilon_0 ab}{b-a}\,[\text{F}]$$

(6) 동심원통=동축케이블 정전용량($b > a$)

$$C = \frac{\lambda \times 1}{V} = \frac{\lambda}{-\int_b^a E dr} = \frac{\lambda}{\frac{\lambda}{2\pi\varepsilon_0}\ln\frac{b}{a}} = \frac{2\pi\varepsilon_0}{\ln\frac{b}{a}} \, [\text{F/m}]$$

(7) 평행한 콘덴샤의 정전용량

$$C = \frac{Q}{V} = \frac{Q}{Ed} = \frac{\sigma S}{\frac{\sigma}{\varepsilon_0} \times d} = \frac{\varepsilon_0 S}{d} \, [\text{F}]$$

(8) 평행전선 사이의 정전용량($d \gg a \neq 0$)

$$C = \frac{\lambda \times 1}{V} = \frac{\lambda}{-\int_{d-a}^a E dr} = \frac{\lambda}{\frac{\lambda}{\pi\varepsilon_0}\ln\frac{d}{a}} = \frac{\pi\varepsilon_0}{\ln\frac{d}{a}} \, [\text{F/m}]$$

제 4 장 유전체

1 분극세기(P)

$$P = \chi E \, [\text{c/m}^2]$$
$$\chi(\text{분극율}) = \varepsilon_0(\varepsilon_S - 1)$$
$$P = \varepsilon_0(\varepsilon_S - 1)E = D - \varepsilon_0 E = D\left(1 - \frac{1}{\varepsilon_S}\right) [\text{c/m}^2]$$

2 유전율 (ε)[F/m]

$$\varepsilon(\text{유전율}) = \varepsilon_0 \varepsilon_S \, [\text{F/m}]$$
$$\varepsilon_0(\text{진공유전율}) = \frac{10^{-9}}{36\pi} = 8.855 \times 10^{-12} = \frac{10^7}{4\pi C_0^2} = \frac{1}{120\pi C_0} \, [\text{F/m}]$$
$$\varepsilon_s(\text{비유전율}) : \left.\begin{array}{l}\text{공기}\\\text{진공}\end{array}\right\} = 1$$
$$\varepsilon_s(\text{물속}) : \fallingdotseq 80$$

$$\varepsilon_s(보통) = 1 + \frac{\chi}{\varepsilon_0}$$

단, χ(분극률)은 유전체가 $(+)(-)$극으로 대전되어 나가는 율을 말한다.

$$\varepsilon_s = \frac{Q}{Q_0}, \quad \varepsilon_s = \frac{C}{C_0}, \quad \varepsilon_s = \frac{V_0}{V}, \quad \varepsilon_s = \frac{E_0}{E}$$

3 전속밀도(D)

$$D(전속밀도) = \frac{\psi}{S} = \frac{Q}{S} \, [\text{c/m}^2]$$

$$\begin{cases} D(유전체) = \varepsilon E \, [\text{c/m}^2] \\ D(공기, 진공) = \varepsilon_0 E \, [\text{c/m}^2] \end{cases}$$

4 전계의 경계조건

① 전속밀도(D)에 수직성분은 경계면 양측이 서로 같다.
② 전계(E)의 수평성분은 경계면의 양측이 서로 같다.

$$\frac{\tan \theta_1}{\tan \theta_2} = \frac{\varepsilon_1}{\varepsilon_2}$$

$\varepsilon_1 > \varepsilon_2$ 라면 $\left.\begin{array}{l} \theta_1 > \theta_2 \\ D_1 > D_2 \\ E_2 > E_1 \end{array}\right]$ 이어야 한다.

5 맥스웰 응력

(1) 전계가 계면에 수직일때는 전계방향으로 $\frac{1}{2}(E_2 - E_1)D\,[\text{N/m}^2]$에 인장응력(흡인력)을 받고

(2) 전계가 계면에 평행일때는 전계와 수직방향으로 $\frac{1}{2}(D_1 - D_2)E\,[\text{N/m}^2]$에 압축응력(흡인력)를 받는다.

(3) $\varepsilon_2 > \varepsilon_1$ 이라면 ε이 작은 쪽으로 힘이 작용된다.
즉, $\varepsilon_2 \to \varepsilon_1$ 쪽으로 인장응력이 작용된다.

제 5 장 전기영상법

1 무한평면=대지=(기준)

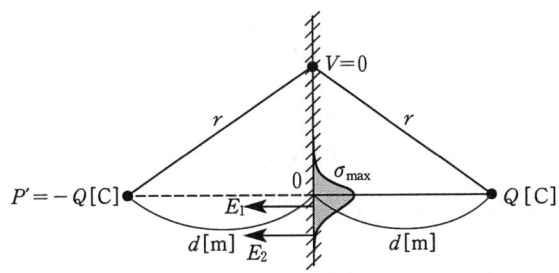

(1) 점전하 $Q[C]$에 대한 영상전하 $-Q[C]$이다.

$$영상전하수 = \frac{360}{\angle 각도(\theta)} - 1 개이다.$$

(2) 작용력(흡인력) $F = \dfrac{Q \times (-Q)}{4\pi\varepsilon_0 (2d)^2} = \dfrac{-Q^2}{16\pi\varepsilon_0 d^2} [\text{N}]$

(3) 무한평면 임의점전위 $V = \dfrac{Q}{4\pi\varepsilon_0 r} + \dfrac{-Q}{4\pi\varepsilon_0 r} = 0 [\text{V}]$

(4) $E_1 = E_2 = \dfrac{Q}{4\pi\varepsilon_0 d^2} [\text{v/m}]$ 인 원점에 전계세기

$$E = E_1 + E_2 = \dfrac{Q}{4\pi\varepsilon_0 d^2} \times 2 = \dfrac{Q}{2\pi\varepsilon_0 d^2} [\text{v/m}]$$

(5) 원점에서 전하밀도=최대유기 전하밀도

$$D_{max} = \sigma_{max} = -\varepsilon_0 E = -\dfrac{Q}{2\pi d^2} [\text{c/m}^2]$$

2 직교도체 평면과 점전하

직교도체($\theta=90°$) 평면과 점전하 사이에 영상전하수 $= \dfrac{360}{90} - 1 = 3개$

3 접지구 도체와 점전하

반지름 a[m]인 접지구 도체와 점전하 사이에 영상전하 1개

$$\therefore 영상전하\ P' = -\frac{a}{d}Q[C]$$

$$표피효과두께\ (\delta) = \sqrt{\frac{2}{wk\mu}} = \sqrt{\frac{2}{2\pi fk\mu}} = \frac{1}{\sqrt{\pi fk\mu}} \doteqdot \frac{1}{\sqrt{f}}[m]$$

∴ 표피효과 두께는 전원주파수 $\sqrt{\ }$에 반비례한다.
  f, k, μ 증가, δ값 감소, 표피효과 증가(크다)
  f, k, μ 감소, δ값 증가, 표피효과 감소(작다)

4 유전체구와 점전하

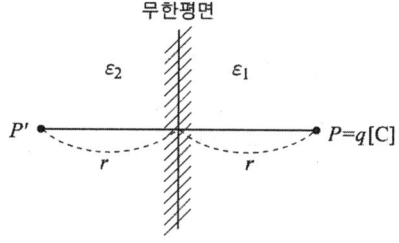

유전율 ε_1[F/m], ε_2[F/m]인 유전체구와 점전하 사이에 영상전하수 2개

$$P' = \frac{\varepsilon_1 - \varepsilon_2}{\varepsilon_1 + \varepsilon_2}q,\ \ P'' = \frac{2\varepsilon_2}{\varepsilon_1 + \varepsilon_2}q$$

$$F(작용력) = \frac{\frac{\varepsilon_1 - \varepsilon_2}{\varepsilon_1 + \varepsilon_2}q^2}{4\pi\varepsilon_1(2r)^2}[N]$$

$\begin{bmatrix} F(+) : 반발력인\ 조건\ \varepsilon_1 > \varepsilon_2 \\ F(-) : 흡인력인\ 조건\ \varepsilon_2 > \varepsilon_1 \end{bmatrix}$

제 6 장 기본회로와 법칙

1 옴 법칙

$$I = \frac{V}{R} \text{ [A]}$$

(1) 전 류

단위시간에 이동되는 전기량을 말한다.

$$I(전류) = \frac{Q}{t} \text{ [c/sec]} = \text{[A]}$$

$$Q(전기량) = It \text{ [C]}$$

$$N(자유전자수) = \frac{Q}{e} \text{ [개]}$$

$$\therefore 1 \text{ [C]} = \frac{1}{1.602 \times 10^{-19}} ≒ 6.25 \times 10^{18} \text{개의 전자이다.}$$

(2) 전류밀도

$$i(전류밀도) = i_C + i_d = KE + \frac{\partial D}{\partial t} \text{ [A/m}^2\text{]}$$

① 전도전류 (i_c)

　㉠ 도체 내에 흐르는 전류
　㉡ 자유전자 이동에 의한 전류
　㉢ 옴법칙 미분형

$$i_c = \frac{I}{S} = \frac{E}{\rho} = KE = enV = en\mu E \text{ [A/m}^2\text{]}$$

$$\begin{bmatrix} n(자유전자수) = \frac{Q}{e} \text{ [개]} \\ \mu(전자의 이동도) = \frac{V}{E} \end{bmatrix}$$

② 변위전류 (i_d)

　㉠ 도체외에 흐르는 전류
　㉡ 구속전자 변위에 의한 전류
　㉢ 전속밀도($D = \varepsilon E$)의 시간적인 변화에 의한 전류

$$i_d = \frac{\partial D}{\partial t} = \varepsilon \frac{\partial E}{\partial t} \text{ [A/m}^2\text{]}$$

(3) 전 압

$Q[C]$에 전하를 이동해서 $W[J]$의 일을 할 경우 두 점간에 전위차를 전압이라 한다.

$$V(전압) = V_1 - V_2(전위차) = \frac{W}{Q}(J/C = Volt)$$

$$W(일 = 에너지) = QV = Q(V_1 - V_2)[J]$$

$$W(전자전하가 한 일) = eV = \frac{1}{2}mv^2[J]$$

$$v(속도) = \sqrt{\frac{2eV}{m}} = 5.931 \times 10^5 \sqrt{V} \,[m/sec]$$

(4) 전기저항

$$R(전기저항) = \rho \frac{l}{S}(\Omega) \text{ 손실이 있다.}$$

① 역수단위

$$\frac{1}{R}\left(\frac{1}{\Omega} = \mho \text{ (콘닥턴스)} = 지이멘스\right)$$

$$K(도전율) = \frac{1}{\rho}\left(\frac{1}{\Omega m} = \mho/m\right)$$

$$\%K = \frac{도체의\ 도전도}{표준연동\ 도전도} \times 100$$

$$\begin{bmatrix} 연동\ \%K = 100 \\ 경동\ \%K = 97 \\ 경알미늄선\ \%K = 61 \end{bmatrix}$$

② 온도변화(도체)

온도상승 저항 증가

㉠ 0°C일 때 저항 R_0 온도계수 $\alpha_0 = \dfrac{1}{234.5}$

㉡ t°C일 때 저항 $R_t = R_0(1 + \alpha_0 t)[\Omega]$

㉢ t°C일 때 온도계수 $\alpha_t = \dfrac{\alpha_0}{1 - \alpha_0 t}$

③ 저항연결

㉠ 직렬연결 → 합성저항 증가한다.

㉡ 병렬연결 → 합성저항 감소한다.

> **참고**
>
> ▶ △결선과 Y결선의 관계
>
> $\begin{bmatrix} Y_r = \frac{1}{3}\triangle_R \\ \triangle_R = 3Y_r \end{bmatrix}$ $\begin{bmatrix} P_Y = \frac{1}{3}P_\triangle \\ P_\triangle = 3P_Y \end{bmatrix}$ $\begin{bmatrix} Y_r(Y①상에 저항) \\ \triangle_R(\triangle①상에 저항) \end{bmatrix}$ $\begin{bmatrix} P_Y(Y①상 전력) \\ P_\triangle(\triangle①상 전력) \end{bmatrix}$

④ 저항역할

전력을 소모한다.

$$P(\text{전력}) = VI = I^2R = \frac{V^2}{R} \ [W]$$

$$W(\text{전력량, 에너지}) = Pt = VIt = I^2Rt = \frac{V^2}{R}t \ [J]$$

$$H(\text{주울열량}) = 0.24Pt = 0.24VIt = 0.24I^2Rt = 0.24\frac{V^2}{R} \ [cal]$$

> **참고**
>
> ▶ 쥬울열량과 물리적인 양과의 관계
> $0.24Pt\eta = Cm(T-t) \ [cal]$
> $1 \ [Kwh] = 860 \ [kcal]$
> $860Pt\eta = Cm(T-t) \ [kcal]$
> $\therefore \ W = Pt = \dfrac{QT}{860\eta} \ [Kwh]$

2 키르히호프의 법칙

(1) 키르히호프제1법칙(전류법칙)

① 연속성이다.
② 마디전압을 구하는 식이다.
③ 마디중심에 들어가는 전류는 밖으로 나가는 전류와 서로 같다.

즉 $\sum_{k=1}^{n} i_k = 0$

(2) 키르히호프제2법칙(전압법칙)

① 폐회로 전류(망전류)를 구하는 식이다.
② 폐회로에서 기전력의 합은 전압강하의 합과 서로 같다.

즉 $\sum_{K=1}^{n} E_K - IR_K = 0$

3 전 지

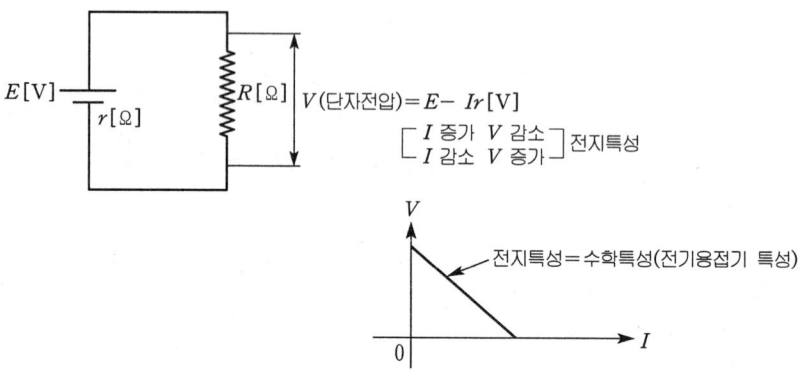

4 분배법칙

(1) 직렬회로($I=$일정)

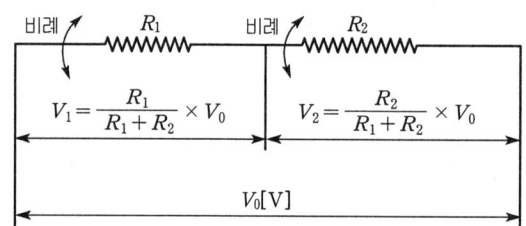

$$V_1 = IR_1 [\text{V}] \quad I=\text{일정} \quad V_1 \text{은 } R_1 \text{에 비례}$$

$$\therefore V_1 = \frac{R_1}{R_1+R_2} \times V_0 [\text{V}]$$

(2) 병렬회로($V=$일정)

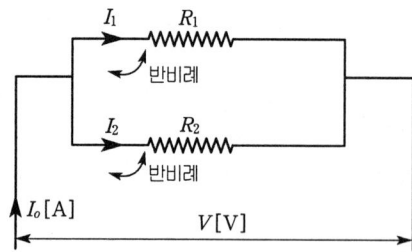

$$I_1 = \frac{V}{R_1} [\text{A}] \quad \therefore \ I_1 = \frac{R_2}{R_1+R_2} \times I_0 [\text{A}]$$

$$I_2 = \frac{V}{R_2} [\text{A}] \quad \therefore \ I_2 = \frac{R_1}{R_1+R_2} \times I_0 [\text{A}]$$

5 접지저항과 정전용량의 관계

$$RC = \rho\varepsilon \quad \therefore \ R(\text{접지저항}) = \frac{\rho\varepsilon}{C} [\Omega]$$

$$\frac{C}{G} = \frac{\varepsilon}{K} \quad \therefore \ i(\text{누설전류}) = \frac{V}{R} = \frac{V}{\frac{\rho\varepsilon}{C}} = \frac{CV}{\rho\varepsilon} [\text{A}]$$

6 근이법(근사법)

$$\alpha, \beta \leqq 0 \text{일 때} \begin{bmatrix} \dfrac{1}{1-\alpha} \fallingdotseq 1+\alpha \\ \dfrac{1}{1+\beta} \fallingdotseq 1-\beta \end{bmatrix} \text{이며}$$

$$(1+\alpha)(1-\beta) = \underbrace{1}_{1\text{항}} + \underbrace{(\alpha-\beta)}_{2\text{항}} - \alpha\beta \fallingdotseq 1+(\alpha-\beta)$$

① 1항과 2항만 계산하고 나머지는 생략하는 법이다.
② 2항이 폐회로일 때는 그대로 계산한다.
③ 2항이 개회로일 때는 근의 공식을 이용계산한다.

제7장 정자계

1 Coulomb 힘(직각좌표, 구좌표에 사용)

(1) MKS 단위계 coulomb힘

$$F = \frac{m_1 m_2}{4\pi\mu r^2}\left(\frac{\vec{r}}{|r|}\right) = 6.33 \times 10^4 \frac{m_1 m_2}{\mu_s r^2}\left(\frac{\vec{r}}{|r|}\right) [\text{N}]$$

(2) CGS 단위계 coulomb힘

$$F = \frac{m_1 m_2}{\mu_s r^2}\left(\frac{\vec{r}}{|r|}\right)[\text{dyne}] \qquad \frac{\vec{r}}{|r|} \Rightarrow \text{방향만 표시}$$

2 자기력선의 일반적인 성질

① +극(N극)에서 시작 −극(S극)으로 끝난다.
② 자기력선은 직진한다.(굴절하지 않는다.)
③ 자기력선은 어느 면과 직교한다.($\theta = 90°$)
　폐곡면(선)을 만들지 못한다.
④ 자기력선의 방향이 그 점에 힘(자계세기)방향이다.

3 자　위(U)

무한원점에 있는 1[Wb]에 자극을 자계와 반대방향으로 무한원점으로부터 임의점까지 운반하는데 필요한 일의 양을 말한다. 즉

$$U = -\int_{\infty}^{r} H dr\,[\text{A}] \quad \text{scalar 양이다.}$$

∴ 자위경도=자위기울기= $gard\ U = \triangledown U$으로 표시할 수 있다.

4 자계세기(H[AT/m])

① 단위정자극 1[Wb]에 작용하는 힘
② 수직단면을 통과하는 자기력선의 밀도

　자계세기=자기력선의 밀도 = $\dfrac{\text{자기력선의 총수}}{\text{단위면적}}$

　B점에 대한 A점의 자위(자위차)=전류차

$$U_{AB} = U_A - U_B = -\int_B^A H dr\,[\text{A}]$$

③ 자위경도에 −부호를 붙인 것

$$H = -gard\ U = -\triangledown U = -\left(i\frac{\partial U}{\partial x} + j\frac{\partial U}{\partial y} + k\frac{\partial U}{\partial z}\right)[\text{AT/m}]$$

즉, 자계세기는 자위경도와 크기는 같고 방향만 반대이다.

5 가우스정리 적분형

$$\int_S Hnds = \frac{m}{\mu_0} \ : \ H(\text{자계세기})를 \ 구하는 \ 식$$

$$\frac{m}{\mu_0}(\text{자기력선의 총수})$$

$$\int_S Bnds = m \ : \ B(\text{자속밀도})를 \ 구하는 \ 식$$

$$m(\text{자속의 총수})$$

6 자속밀도(B)

$$B = \frac{\phi}{S} \ [\text{Wb/m}^2] \qquad \phi(\text{자속}) = BS \ [\text{Wb}]$$

$$B = \frac{d\phi}{dS} \ [\text{Wb/m}^2] \qquad \phi(\text{자속}) = \int_S BdS \ [\text{Wb}]$$

(1) 자 성 체

$$B = \mu H = \mu_0 \mu_S H \ [\text{Wb/m}^2]$$

(2) 보   통

$$B = \mu_0 H + J \doteqdot J \ [\text{Wb/m}^2] \qquad \therefore \ B \geq J$$

(자속밀도가 자화세기보다 약간 크다.)

7 coulomb힘(F[N]), 자계세기(H[AT/m]), 자위(U[A]), 자속밀도(B[Wb/m²]) 의 관계

$$\begin{cases} F = \dfrac{m\,m}{4\pi\mu r^2} = mH \ [\text{N}] \\ H = \dfrac{m}{4\pi\mu r^2} = \dfrac{F}{m} \ [\text{AT/m}] \end{cases}$$

$$\begin{cases} H = \dfrac{m}{4\pi\mu r^2} = \dfrac{U}{r} \ [\text{AT/m}] \\ U = \dfrac{m}{4\pi\mu r} = Hr \ [\text{A}] \end{cases}$$

$$\begin{cases} B = \dfrac{m}{4\pi r^2} = \mu H\,[\text{Wb/m}^2] \\ H = \dfrac{m}{4\pi\mu r^2} = \dfrac{B}{\mu}\,[\text{AT/m}] \end{cases}$$

8 점자극, 구

$$H = \frac{m}{4\pi\mu r^2}\,[\text{AT/m}]$$

$$U(\text{자위}) = \frac{m}{4\pi\mu r}\,[\text{A}]$$

9 동 심 구

$$H = \frac{m}{4\pi\mu r^2}\,[\text{AT/m}]$$

$$U = U_a - U_b(\text{전위차}) = -\int_b^a H dr = \frac{m}{4\pi\mu}\left(\frac{1}{a} - \frac{1}{b}\right)[\text{A}]$$

10 자기쌍극자

매우 가까운 거리에 있는 두 개의 점자극

(1) 자기쌍극자 moment

$$M = ml = \sigma lS = PS = \mu_0 IS\,[\text{Wb/m}]$$

(2) 자기쌍극자에 의한 임의점에 자위 및 자계세기

$$U = \frac{ml\cos\theta}{4\pi\mu_0 r^2} = \frac{M\cos\theta}{4\pi\mu_0 r^2}\,[\text{A}]$$

$$H_r = -\frac{\partial U}{\partial r} = \frac{2M\cos\theta}{4\pi\mu_0 r^3}\,a_r\,[\text{AT/m}]$$

$$H_\theta = -\frac{\partial U}{r\partial\theta} = \frac{M\sin\theta}{4\pi\mu_0 r^3}\,a_\theta\,[\text{AT/m}]$$

(3) 자기쌍극자에 의한 임의점에 자계세기

$$H = \sqrt{H_r^2 + H_\theta^2} = \frac{M}{4\pi\mu_0 r^3}\sqrt{1 + 3\cos^2\theta}\,[\text{AT/m}]$$

11 판자석에의 임의점의 자위차

- 자위차(U)

$$U = U_P - U_\theta = 전류차(I) = \frac{M}{\mu_0} [\text{A}]$$

$$\therefore M = P(판자석\ 세기) = \mu_0 I$$

12 폐회로 전류에 의한 자위

$$U = \frac{ml\cos\theta}{4\pi\mu_0 r^2} = \frac{\sigma lS\cos\theta}{4\pi\mu_0 r^2} = \frac{P}{4\pi\mu_0}\omega = \frac{\mu_0 I}{4\pi\mu_0}\omega = \frac{I}{4\pi}\omega\ [\text{A}]$$

제 8 장   전류의 자기현상

1 앙페르(Anper)의 오른나사의 법칙

전류에 의한 자계방향은 오른나사 진행방향이 전류방향이고 회전방향이 자계방향이다.

$$\int_C H dl = \pm I [\text{A}]$$

자계방향을 정의한 식이다.

2 앙페르(Anper)의 주회적분의 법칙

$$\int_C H dl = |I| [\text{A}]$$

전류(I)와 자계(H)의 관계를 양적으로 설명한 식이다.

(1) 무한직선도체

$$H(자계세기) = \frac{I}{2\pi r}\ [\text{AT/m}]$$

(2) 권수(N), 환상철심(소레노이드)의 내부자계

$$H = \frac{NI}{2\pi r} \, [\text{AT/m}]$$

(3) 반지름 a [m], 임의거리 r [m](변수)일 때

원주도체, 내부자계세기 $H' = \dfrac{Ir}{2\pi a^2} \, [\text{AT/m}]$

3 비오사바르의 법칙

전류와 자계관계를 정의한 식이다.

$$\triangle H = \frac{I \triangle l \sin\theta}{4\pi r^2} \, [\text{AT/m}]$$

(1) 원형코일 중심자계

$$H = \frac{I}{2r} \, [\text{AT/m}]$$

(2) 반원코일 중심자계

$$H = \frac{I}{2r} \times \frac{1}{2} = \frac{I}{4r} \, [\text{AT/m}]$$

(3) $\frac{3}{4}$ 원코일 중심자계

$$H = \frac{I}{2r} \times \frac{3}{4} = \frac{3I}{8r} \, [\text{AT/m}]$$

(4) 원형코일 임의각도(θ)에 의한 원형코일 중심자계

$$H = \frac{I}{2r} \times \frac{\theta}{2\pi} = \frac{I\theta}{4\pi r} \, [\text{AT/m}]$$

(5) 반지름 a [m]인 원형코일 중심으로부터 임의거리 x [m] 떨어진 점에 자계세기

$$H = \frac{NIa^2}{2r^3} = \frac{NIa^2}{2(a^2+x^2)^{\frac{3}{2}}} \, [\text{AT/m}]$$

4 유한장 직선도체

$$H = \frac{I}{4\pi a}(\sin\beta_1 + \sin\beta_2)$$
$$= \frac{I}{4\pi a}(\cos\theta_1 + \cos\theta_2)\,[\text{AT/m}]$$

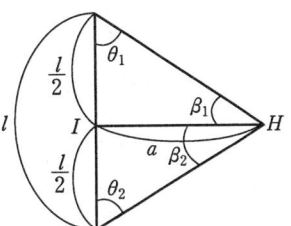

(1) 정3각형 코일 중심자계

$$H = \frac{9I}{2\pi l}\,[\text{AT/m}]$$

(2) 정4각형 코일 중심자계

$$H = \frac{2\sqrt{2}\,I}{\pi l}\,[\text{AT/m}]$$

(3) 정6각형 코일 중심자계

$$H = \frac{\sqrt{3}\,I}{\pi l}\,[\text{AT/m}]$$

(4) 직4각형 코일 중심자계

$$H = \frac{N\sqrt{a^2 + b^2}}{\pi a b}\,[\text{AT/m}]$$

(5) $\frac{3}{4}$원과, 반무한장, 직선도체에 I[A]의 전류를 흘릴 때 $\frac{3}{4}$원 코일 중심 자계세기

$$H = \frac{(3\pi - 2)I}{8\pi a}\,[\text{AT/m}]$$

(6) 정 n각형 코일 중심자계 : $H = \dfrac{nI\left(\sin\dfrac{\pi}{n} + \sin\dfrac{\pi}{n}\right)}{4\pi R\cos\dfrac{\pi}{n}}$

$$= \frac{nI}{2\pi R} \times \tan\frac{\pi}{n}\,[\text{AT/m}]$$

5 소레노이드의 내부자계(평등자계)

(1) 유한장 소레노이드 내부자계

$$H = \frac{NI}{\sqrt{4a^2 + l^2}}\,[\text{AT/m}]$$

(2) 무한장 소레노이드 내부자계

$$H = \frac{NI}{l} = n_o I [\text{AT/m}]$$

(3) 외부자계

$$H_0 = 0$$

6 전 자 력

(1) 플레밍 왼손법칙(직류전동기 원리)

$$\begin{cases} f(\text{전자력}) = I \times Bl\sin\theta \,[\text{N}] \\ B(\text{자장의 방향}) \\ I(\text{전류의 방향}) \end{cases}$$

(2) 플레밍 오른손법칙(직류발전기 원리)

$$\begin{cases} e(\text{유기기전력}) = Blv\sin\theta \,[\text{V}] \\ v(\text{물체의 운동방향}) \\ B(\text{자장의 방향}) \end{cases}$$

(3) 플레밍 왼손법칙과 오른손법칙과의 관계

$$fv = eI$$

$$f(\text{전자력}) = \frac{eI}{v} \,[\text{N}]$$

$$e(\text{기전력}) = \frac{fv}{I} \,[\text{V}]$$

인력(흡인력)   척력(반발력)

(4) 평행 전선사이에 전자력

$$f = I_2 Bl = \frac{2I_1 I_2 l}{r} \times 10^{-7} \,[\text{N}]$$

7 회전력(Torque)

(1) 막대자석이 받는 Torque

$$T = mlH\sin\theta = MH\sin\theta \,[\text{N}\cdot\text{m}]$$

(2) 직4각형(장방형) 코일이 받는 Torque

$$T = IBNS\cos\theta \,[\text{N}\cdot\text{m}]$$

8 전자 전하가 일정반지름 $r[\text{m}]$를 갖고 원운동을 하기 위한 조건

전자력 = 원심력

$$Bev = \frac{mv^2}{r}$$

$$r(\text{반지름=궤도}) = \frac{mv}{Be} \,[\text{m}]$$

$$T(\text{주기}) = \frac{2\pi m}{Be} \,[\sec]$$

$$\begin{bmatrix} e(\text{전자전하}) = 1.602 \times 10^{-19} \,[\text{C}] \\ m(\text{전자질량}) = 9.107 \times 10^{-31} \,[\text{kg}] \end{bmatrix}$$

단, 1g의 전자수 $= \dfrac{1}{9.107 \times 10^{-34}} \fallingdotseq 1.1 \times 10^{-33}$개의 전자

9 로렌츠의 힘

전자계 중에 점전하 $q[\text{C}]$을 놓을 경우 이 점전하 $q[\text{C}]$이 받는 힘을 말한다.

$$F = F_E + F_H = q[E + (v \times B)]\,[\text{N}]$$

단, $(v \times B)$는 vector이다.

10 막대자석의 운동방정식

$$I\frac{d^2\theta}{dt^2} + MH_0\theta = 0$$

$$T(\text{막대자석운동주기}) = 2\pi\sqrt{\frac{I}{MH_0}} \,[\sec]$$

$$\begin{bmatrix} I(\text{관성 moment}) \\ M(\text{자기쌍극자 moment}) \\ H_0(\text{지구 자계의 수평분력}) \end{bmatrix}$$

제 9 장 자성체와 자기회로

1 자 성 체

자성체는 자기를 가질 수 있는 물체

① 상자성체 : Al, Mn, Pt, Sn, O_2, N_2 등이다.
② 강자성체 : Fe, Ni, Co 등이다.
③ 반(역)자성체 : Cu, S, Zn, Pb, Ag, Si, C, Bi 등이다.

(1) 자성체 자계

$$H = H_0 - H' = \frac{H_0}{1 + N\frac{\chi}{\mu_0}} = \frac{H_0}{1 + N(\mu_s - 1)} \text{ [AT/m]}$$

$$H'(\text{감자력}) = N\frac{J}{\mu_0} \doteqdot J \text{ [Wb/m}^2\text{]}$$

(2) 감 자 율

① 외부자계와 자성체가 평행일 때 ($N = 0$)

$$H_2 = H_0 - H' = H_0 - N\frac{J}{\mu_0} = H_0$$

$$\therefore H_2 = H_0 \text{ [AT/m]}$$

② 외부자계와 자성체가 직각일 때 ($N = 1$)

$$H_1 = H_0 - H' = H_0 - N\frac{J}{\mu_0} = H_0 - \frac{\chi H_1}{\mu_0}$$

$$H_1\left(1 + \frac{\chi}{\mu_0}\right) = H_0$$

$$H_1 = \frac{H_0}{1 + \frac{\chi}{\mu_0}} = \frac{H_0}{\mu_s} \text{ [AT/m]}$$

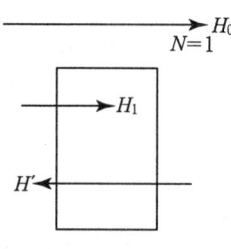

2 자화세기

① $J = \dfrac{dM}{dV} = \dfrac{dm}{ds} = \sigma_J(\text{자극밀도})$ [Wb/m^2]

② $J = \chi H\,[\text{Wb/m}^2]$ $\chi\,(\text{자화율}) = \mu_0(\mu_s - 1)$

③ $J = \mu_0(\mu_s - 1)H = B - \mu_0 H = B\left(1 - \dfrac{1}{\mu_s}\right)[\text{Wb/m}^2]$

∴ $B \geqq J\,[\text{Wb/m}^2]$

3 투자율 ($\mu[\text{H/m}]$)

$\mu\,(\text{투자율}) = \mu_0 \mu_s\,[\text{H/m}]$

$\mu_0\,(\text{진공투자율}) = 12.56 \times 10^{-7} = 4\pi \times 10^{-7}\,[\text{H/m}]$

$\mu_s\,(\text{비투자율}) \fallingdotseq 1\,(\text{공기, 진공})$

$\mu_s\,(\text{자성체}) \fallingdotseq \text{대단히 크다.}$

단 ┌ 상자성체 $x > 0,\ \mu_s > 1$
   └ 역자성체 $x < 0,\ \mu_s < 1$

4 자계의 경계조건

① 자속밀도의 수직성분은 경계면 양측이 서로 같다.
② 자계의 수평성분은 경계면의 양측이 서로 같다.

$\dfrac{\tan \theta_1}{\tan \theta_2} = \dfrac{\mu_1}{\mu_2}$

$\mu_1 > \mu_2$ 라면 $\left.\begin{array}{l}\theta_1 > \theta_2 \\ B_1 > B_2 \\ H_2 > H_1\end{array}\right]$ 이어야 한다.

5 맥스웰 응력

① 자계가 계면에 수직일 때는 자계방향으로 $\dfrac{1}{2}(H_2 - H_1)B\,[\text{N/m}^2]$ 인장응력을 받고

② 자계가 계면에 평행일 때는 자계와 수직방향으로 $\dfrac{1}{2}(B_1 - B_2)H\,[\text{N/m}^2]$에 압축응력을 받는다.

③ $\mu_2 > \mu_1$ 이라면 μ가 작은쪽으로 힘이 작용된다.

즉, $\mu_2 \longrightarrow \mu_1$ 쪽으로 인장응력이 작용된다.

6 자기회로

자성체에 코일을 감은 회로

① F(기자력) $= NI = R\phi = Hl$ [AT] $\Longrightarrow$ 자기회로 카르히호프 제2법칙

② R(자기저항=철심저항=손실없다) $= \dfrac{l}{\mu s}$ [AT/Wb]

③ ϕ(자속) $= \dfrac{NI}{R}$ [Wb] $\Longrightarrow$ 자기회로 옴법칙

④ ϕ(자속)에 연속성 $\Longrightarrow$ 자기회로 키르히호프 제1법칙

7 자화곡선(B-H곡선)

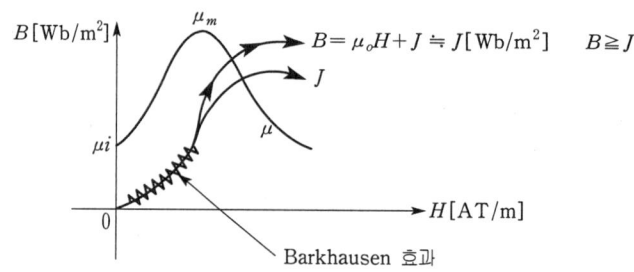

후리니히식 $B = \dfrac{H}{a+bH}$ [Wb/m^2]

- μ_m(최대 투자율)
- μ_i(초 투자율)
- a, b(재질의 상수)

8 히스테리시스 곡선

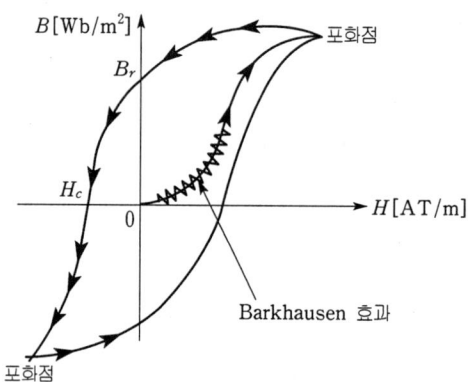

B_r(잔류자기) $\Rightarrow$ $H=0$ 일 때 남는 자기

H_c(보자력) $\Rightarrow$ $B_r=0$ 일 때의 자화력

이런 히스테리시스 곡선의 면적을 히스테리시스손이라 한다.
① 큐리점에 온도(790°) : 강자성체가 상자성체로 변화되는 온도를 말한다.
② P_i(철손) $= B_h$(히스테리시스손) $+ P_e$(와류손)

㉠ $P_h = \eta f B_m^{1.6}$ [W/kg]

철손에 70~80% 차지

방지책 : 규소강판 사용

㉡ $P_e = \eta(ftk_f B_m)^2$ [W/kg]

맥스웰의 제2전자파동 방정식 $rot\, i = -K\dfrac{\partial B}{\partial t}$ 이다. 즉, 도체에서 자속밀도의 시간적인 변화는 와류손을 발생한다. (단, $i = KE(A/m^2)$이다.)

∴ ϕ는 $rot\, i$ 보다 90° 앞선다.

철손에 20~30% 차지

방지책 : 성층철심으로 한다.

③ 영구자석에 재료인 강철은 B_r와 H_c가 모두 커야 한다.
④ 전자석에 재료인 연철은 B_r가 크고 H_c는 작아야 한다.

제10장 인덕턴스(inductance)

1 Faraday 전자유도법칙

전자유도에 의해 유기되는 기전력(전압)의 크기는 자속의 변화에 비례한다.
전압, 기전력 크기

$$V = N\dfrac{d\phi}{dt} = L\dfrac{di}{dt} \text{ [V]}$$

2 렌쯔법칙

전자유도에 의해 유기되는 기전력(전압)의 방향은 자속의 변화를 방해하는 방향이다.

$$e = -N\frac{d\phi}{dt} = -L\frac{di}{dt} \ [\text{V}]$$

※ $-$: 감쇄, 저지, 방해를 반대하는 방향만을 표기한 것이다.

③ 자기 inductance

무효자속에 의한 inductance를 말한다.

$$N\phi = LI \ [\text{Wb}] \ (\text{전자속수} = \text{자속쇄교수} = \text{쇄교자속수})[\text{Wb}]$$

$$\phi(\text{자속}) = \frac{LI}{N} \ (\text{무효자속}) \ [\text{Wb}]$$

$$L(\text{자기 : inductance}) = \frac{N\phi}{I} = \frac{N^2}{R} = \frac{N^2}{\frac{l}{\mu S}} = \frac{\mu S N^2}{l} \ [\text{H}] \quad \begin{bmatrix} L \doteqdot N^2 \\ L \doteqdot \mu \end{bmatrix}$$

단, $R(\text{자기저항} = \text{철심저항} = \text{손실이 없다}) = \dfrac{l}{\mu S} \ [\text{AT/Wb}]$

④ 에 너 지

일을 할 수 있는 능력

$$\begin{aligned}
W(\text{에너지}) &= \frac{1}{2}LI^2 = \frac{1}{2}\frac{N\phi}{I}I^2 \\
&= \frac{1}{2}N\phi I = \frac{1}{2}NI\phi \\
&= \frac{1}{2}Hl \cdot BS = \frac{1}{2}HBSl \ [\text{J}]
\end{aligned}$$

$$W(\text{에너지밀도}) = \frac{1}{2}HB = \frac{1}{2}\mu H^2 = \frac{B^2}{2\mu} \ [\text{J}]$$

철심인 경우 $L = \dfrac{N^2}{R} \ [\text{H}]$

$$W(\text{에너지}) = \frac{1}{2}LI^2 = \frac{1}{2}\frac{N^2}{R}I^2 \ [\text{J}]$$

⑤ 결합회로(M을 갖는 회로)

1차코일 $\quad L_1 = \dfrac{N_1\phi_{11}}{i_1} = \dfrac{N_1^2}{R} \ [\text{H}]$

2차코일 $\quad L_2 = \dfrac{N_2 \phi_{22}}{i_2} = \dfrac{N_2^2}{R}$ [H]

$\Rightarrow$ 자기 인덕턴스=무효자속에 의한 인덕턴스
$\Rightarrow$ 상호 인덕턴스=유효자속에 의한 인덕턴스

$\therefore M_{12} = M_{21} = M = \dfrac{N_1 N_2}{R}$ [H]

단, $R = \dfrac{l}{\mu S}$ [AT/Wb]

R : 자기저항=철심저항=손실이 없다.

6 L[H]와 M[H]의 관계

$$L_1 L_2 = \dfrac{N_1^2}{R} \times \dfrac{N_2^2}{R} = \left(\dfrac{N_1 N_2}{R}\right)^2 = M^2$$

$\therefore M^2 = L_1 L_2$ [H] $\quad \Rightarrow K \fallingdotseq 1$일 때 밀결합이라 하며 이상변압기라 한다.

$M^2 = K^2 L_1 L_2$ [H]

$M = K\sqrt{L_1 L_2}$ [H]

K(결합계수) $= \dfrac{M}{\sqrt{L_1 L_2}} \Rightarrow K \fallingdotseq 0$일 때 소결합이라 한다.

7 변압기극성

대한민국 표준변압기는 감극성($-$)이다.
① 가극성(+) : 전류와 자속 방향이 동일 방향
② 감극성($-$) : 전류와 자속이 반대 방향일 때

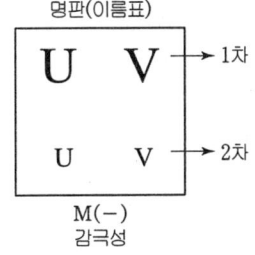
M($-$)
감극성

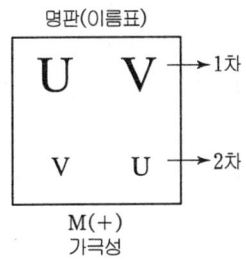
M(+)
가극성

8 이상변압기($K \fallingdotseq 1$)

$$a = \frac{V_1}{V_2} = \frac{N_1}{N_2} = \frac{I_2}{I_1} = \frac{L_1}{M} = \frac{M}{L_2} = \sqrt{\frac{L_1}{L_2}}$$

$$a^2 = \frac{V_1}{V_2} \times \frac{I_2}{I_1} = \frac{Z_1}{Z_2} = \frac{R_i}{R_L}$$

$$\begin{bmatrix} R_i = a^2 R_L \\ R_L = \dfrac{R_i}{a^2} \end{bmatrix}$$

$$\therefore a = \sqrt{\frac{Z_1}{Z_2}} = \sqrt{\frac{R_i}{R_L}}$$

9 표피효과 두께

$$\delta = \sqrt{\frac{2}{wk\mu}} = \sqrt{\frac{2}{2\pi fk\mu}} = \frac{1}{\sqrt{\pi fk\mu}} \fallingdotseq \frac{1}{\sqrt{f}} \, [\text{m}]$$

∴ 표피효과 두께 δ는 전원주파수 f의 $\sqrt{}$에 반비례한다.

f, k, μ가 증가하면 δ값(감소) 표피효과 증가 크다.

f, k, μ가 감소하면 δ값(증가) 표피효과 감소 작다.

$$R\,(\text{저항분증가량}) = \frac{1}{\delta} = \frac{1}{\frac{1}{\sqrt{f}}} \fallingdotseq \sqrt{f} \, [\Omega]$$

10 렌츠법칙만 적용(도체에 유기하는 기전력 계산)

(1) 자속이 도체 전반을 끊을 때 ($\phi = BS\cos\omega t\,[\text{wb}]$)

① E_m(최대 유지 기전력) $= NBS\omega \fallingdotseq f\,[\text{V}]$

② ϕ기준 e위상 동위상

③ $e \fallingdotseq f\,[\text{V}]$

(2) 자속이 도체 표면만을 끊을 때 ($\phi = BS\sin\omega t\,[\text{wb}]$)

① E_m(최대 유지 기전력) $= NBS\omega \fallingdotseq f\,[\text{V}]$

② ϕ기준 e위상 $\dfrac{\pi}{2}$ 만큼 늦다.

③ $e \fallingdotseq f\,[\text{V}]$

11 자기(inductance) 계산 공식

(1) 원주도체 내부자기 인덕턴스

$$L_i = \frac{\mu l}{8\pi} \, [\text{H}]$$

(2) 평행전선사이에 자기 인덕턴스

$$L = L_o + L_i = \frac{\mu_0 l}{\pi}\left(\ln\frac{d}{a} + \frac{\mu_s}{4}\right)[\text{H}]$$

(3) 1가닥 전선과 대지사이에 자기인덕턴스

$$L = L_0 + L_i = \frac{\mu_0 l}{2\pi}\left(\ln\frac{2h}{a} + \frac{\mu_s}{4}\right)[\text{H}]$$

(4) 동심원통(동축케이블) 자기인덕턴스

$$L = L_0 + L_i = \frac{\mu_0 l}{2\pi}\left(\ln\frac{b}{a} + \frac{\mu_s}{4}\right)[\text{H}]$$

(5) 환상철심 자기인덕턴스

$$L_1 = \frac{N_1 \phi_{11}}{i_1} = \frac{N_1^2}{R}\,[\text{H}], \quad L_2 = \frac{N_2 \phi_{22}}{i_2} = \frac{N_2^2}{R}\,[\text{H}]$$

(6) 유한장 소레노이드 자기인덕턴스

$$L = K\frac{(n_0 l)^2}{R}\,[\text{H}]$$

n_0(단위 길이당 권수) $= \frac{N}{l}$
K(나까오까 계수)

(7) 무한장 소레노이드 자기인덕턴스

$$l \gg a \quad \therefore \; L = \frac{N^2}{R}\,[\text{H}]$$

12 상호 inductance의 계산공식

(1) 노이만공식 : 2개폐회로 사이에 상호 inductance

$$M = \frac{\phi_{21}}{I_1} = \frac{\mu}{4\pi}\int_{c1}\int_{c2}\frac{1}{r}dl_1 dl_2 = \frac{\mu}{4\pi}\int_{c1}\int_{c2}\frac{\cos\theta}{r}dl_1 dl_2\,[\text{H}]$$

(2) 환상철심(소레노이드)의 상호인덕턴스

$$M_{12} = M_{21} = M = \frac{N_1 N_2}{R} \ [\text{H}]$$

(3) 2조의 왕복도선사이에 상호인덕턴스

$$M = \frac{\phi_1 - \phi_2}{I} = \frac{\mu_0 l}{2\pi} \ln \frac{d_2 d_3}{d_1 d_4} \ [\text{H}]$$

제11장 전 자 계

1 맥스웰 기초(전자파동) 방정식

① 암페르(Amper) 주회적분 법칙에서

$$rotH = i = i_c + i_d = KE + \frac{\partial D}{\partial t} \ [\text{A/m}^2]$$

공기, 진공인 경우 $K = 0$

$$rotH = \frac{\partial D}{\partial t} \quad \cdots\cdots\cdots\cdots\cdots\cdots\cdots\cdots\cdots (1) \ \text{제1기초방정식}$$

② 노이만의 공식에서

$$rotE = -\frac{\partial B}{\partial t} \quad \cdots\cdots\cdots\cdots\cdots\cdots\cdots\cdots\cdots (2) \ \text{제2기초방정식}$$

③ 가우스정리 적분형에서

$$divD = \rho \quad \cdots\cdots\cdots\cdots\cdots\cdots\cdots\cdots\cdots\cdots\cdots\cdots (3) \ \text{제3기초방정식}$$

④ 자계의 경계조건에서

$$divB = 0 \quad \cdots\cdots\cdots\cdots\cdots\cdots\cdots\cdots\cdots\cdots\cdots\cdots (4) \ \text{제4기초방정식}$$

2 맥스웰 방정식

전계와 자계에 대한 방정식

$$\nabla^2 E = K\mu \frac{\partial E}{\partial t} + \varepsilon\mu \frac{\partial^2 E}{\partial t^2}$$

$$\nabla^2 H = K\mu \frac{\partial H}{\partial t} + \varepsilon\mu \frac{\partial^2 H}{\partial t^2}$$

3 분포정수회로

송전(전송)선로가 100km 이상인 선로의 회로

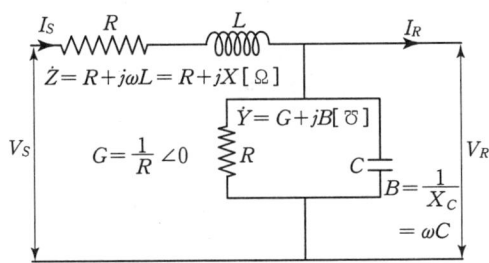

① Z_0 (선로특성임피던스) $= \sqrt{\dfrac{Z}{Y}}$ [Ω]

② r (전파정수) $= \alpha + j\beta = \sqrt{YZ}$

③ v (위상속도) $= \dfrac{\omega}{\beta} = \dfrac{1}{\sqrt{\varepsilon\mu}}$ [m/sec]

λ (파장) $= \dfrac{2\pi}{\beta} = \dfrac{v}{f} = \dfrac{C_0}{f}$ [m]

④ 전자계 고유임피던스 $Z_0 = \dfrac{E}{H} = \sqrt{\dfrac{\mu}{\varepsilon}}$ [Ω]

4 무손실선로(송전선로, 전송선로)

$R=0$, $G=0$, $\varepsilon_s = \mu_s = 1$ 인 선로

① Z_0 (선로특성임피던스) $= \sqrt{\dfrac{L}{C}} = \sqrt{\dfrac{\mu_0}{\varepsilon_0}} \fallingdotseq 377$ [Ω]

② r (전파정수) $= \alpha + j\beta = j\beta = jw\sqrt{LC}$

α (감쇠정수) $= 0$, β (위상정수) $= w\sqrt{LC}$

③ v (위상속도) $= \dfrac{w}{\beta} = \dfrac{1}{\sqrt{LC}} = \dfrac{1}{\sqrt{\varepsilon_0\mu_0}} = C_0$ (광속) $= f\lambda$ [m/sec]

$$\begin{bmatrix} f = \dfrac{v}{\lambda} = \dfrac{C_0}{\lambda} \, [\text{Hz}] \\ \lambda = \dfrac{2\pi}{\beta} \, [\text{m}] \end{bmatrix}$$

④ Z_0 (전자계고유임피던스) $= \dfrac{E}{H} = \sqrt{\dfrac{\mu_0}{\varepsilon_0}} \, [\Omega]$

5 무왜조건(일그러짐이 없는 조건)

$$\left. \begin{matrix} \dfrac{R}{L} = \dfrac{G}{C} \\ RC = LG \end{matrix} \right\} \; r \,(\text{전파정수}) = \sqrt{RG} + jw\sqrt{LC}$$

6 포인팅 Vector

평면 전자파가 $v = \dfrac{1}{\sqrt{\varepsilon\mu}}$ [m/sec]의 속도로 단위시간에 단위면적을 통과하는 에너지의 흐름을 말한다.

$$P(\text{포인팅 vector}) = \dfrac{P}{S} = \boldsymbol{EH} = E \times H \, [\text{w/m}^2]$$

$$E(\text{전계세기}=\text{전파세기}) = \dfrac{\sqrt{30}P}{r} \, [\text{v/m}]$$

$$H(\text{자계세기}) = \sqrt{\dfrac{\varepsilon}{\mu}} \, E \, [\text{AT/m}]$$

반사계수 $\rho = \dfrac{Z_L - Z_0}{Z_L + Z_0}$

무한이 긴선로=무한장 선로

$$Z_L = Z_0$$

$$\therefore \; \rho \,(\text{반사계수}) = \dfrac{Z_L - Z_0}{Z_L + Z_0} = 0$$

$$S \,(\text{정재파비}) = \dfrac{1 + |\rho|}{1 - |\rho|}$$

제 02 부 전력공학

1. 송배전 공학

제 1 장 선로정수 및 코로나

1 R(전기저항)[Ω]

R(전기저항) $= \rho \dfrac{l}{s}$ [Ω]

2 L(인덕턴스)[H]

① L(인덕턴스) $= \dfrac{N\phi}{I}$ [H]

② 원주도체 자기 인덕턴스 $L = \dfrac{\mu l}{8\pi}$ [H/m] $= 0.05$ [mH/km]

③ 1가닥 전선과 대지 사이의 자기 인덕턴스(단도체)

$L = 0.05 + 0.4605 \log_{10} \dfrac{D}{r}$ [mH/km] (단, $D = 2h$ [m])

(전기 영상법에 의한 거리)

3 C(Condenser)[F]

① 평행판 Condenser의 정전용량 $C = \dfrac{\varepsilon s}{d}$ [F]

② 평행전선 사이의 정전용량 $C = \dfrac{\pi \varepsilon_o}{\ln_e \dfrac{D}{r}}$ [F/m]

③ 단도체의 작용 정전용량 $C' = 2C = 2 \times \dfrac{\pi \varepsilon_o}{\ln_e \dfrac{D}{r}} = \dfrac{0.02413}{\log_{10} \dfrac{D}{r}}$ [μF/km]

4 코로나 손실

$$P_c = \frac{241}{\delta}(f+25)\sqrt{\frac{d}{2D}}(E-E_o)^2 [\text{kw/km/1선}]$$

(단, δ(상대공기 밀도), D(선간 거리), d(지름), E(대지 상전압) $= \frac{V}{\sqrt{3}}$ [V], E_o(코로나 임계전압)[kV/cm]는 직류30[kV/cm], 교류 21[kV/cm])

제 2 장 송전특성 및 송전용량

1 단거리 송전선로 50[km] 이하(집중선로)

(1) 단상식인 경우

$$V_s = V_R + I(R\cos\theta + X\sin\theta)[\text{V}]$$
$$V_s - V_R = I(R\cos\theta + X\sin\theta)[\text{V}]$$

(2) 3상식인 경우

$$V_s = V_R + \sqrt{3}I(R\cos\theta + X\sin\theta)[\text{V}]$$
$$V_s - V_R = \sqrt{3}I(R\cos\theta + X\sin\theta)[\text{V}]$$

$\begin{bmatrix} V_s : \text{송전단 전압[V]} \\ V_R : \text{수전단 전압[V]} \end{bmatrix}$

(3) 4단자망

4단자 기초방정식 $\begin{cases} V_1 = AV_2 + BI_2 \\ I_1 = CV_2 + DI_2 \end{cases}$

① 직렬형 4단자망

4단자 정수 $\begin{vmatrix} A & B \\ C & D \end{vmatrix} = \begin{vmatrix} 1 & Z \\ 0 & 1 \end{vmatrix}$

② 병렬형 4단자망

4단자 정수 $\begin{vmatrix} A & B \\ C & D \end{vmatrix} = \begin{vmatrix} 1 & 0 \\ \frac{1}{Z} & 1 \end{vmatrix}$

③ 4단자망의 종속접속

4단자 정수

$$\begin{vmatrix} A & B \\ C & D \end{vmatrix} = \begin{vmatrix} A_1 & B_1 \\ C_1 & D_1 \end{vmatrix} \begin{vmatrix} A_2 & B_2 \\ C_2 & D_2 \end{vmatrix}$$
$$= \begin{vmatrix} A_1A_2+B_1C_2 & A_1B_2+B_1D_2 \\ C_1A_2+D_1C_2 & C_1B_2+D_1D_2 \end{vmatrix}$$

2 역률개선

(1) 전력용 콘덴서(병렬 콘덴서) : 진상만을 보상
(2) 분로 리액터(병렬 리액터) : 지상만을 보상으로 초고압 장거리 송전 선로에 페란티 현상을 방지한다.
(3) 동기 조상기 : 진상이나 지상 전류나 전력을 연속적으로 보상 등으로 역률을 개선한다. 또, 제3고조파는 변압기 △결선에서 제거되고, 제5고조파는 전력용 콘덴서 용량에 5[%]가량의 직렬리액터로 제5고조파를 제거시킨다.

3 스틸식(still식)

경제적인 송전전압 $kV = \sqrt{0.6l + \dfrac{P}{100}}$

(l(송전거리)[km], P(송전용량)[kw])

제 3 장 고장계산

1 3상 단락 전류계산

(1) "옴"법(ohm method)

① 단락전류(차단전류)

$$I_s = \frac{E}{Z} = \frac{E}{Z_g + Z_T + Z_l} [A]$$

(2) 백분율법(%법)

① %(퍼어센트)임피던스

$$\%Z = \frac{IZ}{E} \times 100 = \frac{PZ}{10V^2} [\%]$$

② 단락전류(차단전류)

$$I_s = \frac{100}{\%Z} I_n [A]$$

③ 단락용량(차단용량)

$$P_s = \frac{100}{\%Z} P_n [kVA]$$

2 대칭 좌표법

(1) 대칭분의 각상전압

$$V_o (\text{영상전압}) = \frac{1}{3}(V_a + V_b + V_c) [V]$$

$$V_1 (\text{정상전압}) = \frac{1}{3}(V_a + aV_b + a^2 V_c) [V]$$

$$V_2 (\text{역상전압}) = \frac{1}{3}(V_a + a^2 V_b + aV_c) [V]$$

(2) 비대칭 각상전압

$$V_a (\text{비대칭 } a\text{상전압}) = V_o + V_1 + V_2 [V]$$

$$V_b (\text{비대칭 } b\text{상전압}) = V_o + a^2 V_1 + aV_2 [V]$$

$$V_c (\text{비대칭 } c\text{상전압}) = V_o + aV_1 + a^2 V_2 [V]$$

(단, $1 + a + a^2 = 0$ ∴ $a + a^2 = -1$)

(3) 3상 교류발전기 기본식

$$V_o = -Z_o I_o [V]$$

$$V_1 = E_a - Z_1 I_1 [V]$$

$$V_2 = -Z_2 I_2 [V]$$

제 4 장 유도장해 및 안정도

1 유도장해 : 전력선에 의한 통신선의 장해를 말한다.

(1) 정전유도 전압(장해) : 전력선에 의해 통신선에 유도된 전압이다. 정전용량(C_o)에 의한 통신선과 대지사이의 전압(장해)이다.

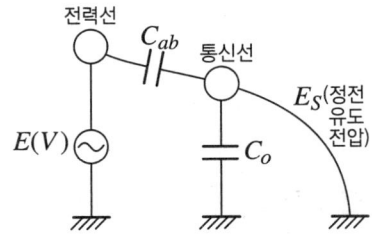

$$E_S(\text{정전유도전압}) = \frac{C_{ab}}{C_o + C_{ab}} \times E(V).$$

(2) 전자유도 전압(장해) : M에 의해(영상전류(I_o)에 의해) 통신선에 발생된 전압이다.)

∴ E_n(전자유도 전압) : $jwMl(I_a + I_b + I_c) = jwMl \times 3I_o$[V]이다.

2 유도장해 방지대책

① 충분한 연가,
② 고장 구간을 신속히 차단,
③ 통신선으로는 케이블을 사용한다,
④ 통신선에 피뢰기나 차폐선을 설치하면 유도전압을 30~50[%]줄일 수 있다.

3 안정도

① 정태 안정도
② 동태 안정도
③ 과도 안정도가 있다.

4 안정도 향상 대책

① 직렬리액턴스(X)를 작게 한다.
② 전압 변동률을 작게 한다.
　　ⓐ 속응여자 방식 채용
　　ⓑ 계통을 연계한다.
　　ⓒ 중간조상 방식을 채용한다.
③ 고속도 차단기를 채용.
④ 고속도 재폐로 방식을 채용한다.

제 5 장　중성점 접지방식

1 중성점 접지방식의 목적

① 이상전압의 발생을 방지한다.
② 보호계전기의 확실한 동작.
③ 전선로 및 기기의 절연 절감.

2 중성점 접지방식

	비접지 방식	직접 접지방식	저항 접지방식	소호 리액터 접지 방식
용 도	3.3[kV] 6.6[kV] 22.9[kV]	154[kV] 345[kV]		66[kV]
지락 전류	$I_g = j3wCE$[A] (小)	$I_g = \dfrac{E}{Z_l}$[A] (최대)	$I_g = (\dfrac{1}{R} + ju3C)$ $E \fallingdotseq 100 \sim 150$[A]	$I_g = (jwL + \dfrac{1}{j3wC})E$ $= j(wL - \dfrac{1}{3wC})E$[A] (최소)
1선 지락시 건전상의 대지전압	$\sqrt{3}$배 이상	큰 변화 없다	$\sqrt{3}$배 이상	$\sqrt{3}$배 이상

(1) 소호리액터의 I_c(충전전류) $= 3wCE$ [A]

P_c(충전용량) $= EI_c = 3wCE^2$ [VA]

(2) 소호리액터의 합조도 $P = \dfrac{I - I_c}{I_c} \times 100$

$\begin{bmatrix} I : \text{소호리액터의 탭전류} \\ I_c : \text{소호리액터 충전전류} \end{bmatrix}$

$I_c > I$ 부족보상 $\quad wL > \dfrac{1}{3wC}$

$I > I_c$ 과보상 $\quad \dfrac{1}{3wC} > wL$

$I = I_c$ 공진 $\quad wL = \dfrac{1}{3wC}$

제 6 장 이상전압 및 개폐기

1 이상전압의 종류

(1) 내부 이상전압

① 선로개폐 이상전압
② 사고시나 고장 시 이상전압

(2) 외부 이상전압

① 직격뢰
② 유도뢰
③ 타선과의 혼촉

2 이상전압의 보호

(1) 가공지선
(2) 매설지선
(3) 피뢰기

3 차단기(CB)와 개폐기(스위치)(DS)

(※ 차단기 : 고장전류, 대전류를 차단한다.)

(1) 차단시간은 개극시간 + 아-크 시간(소호시간)으로 3~8 Cycle이다.

(2) 차단용량

단상 정격 차단용량은 정격전압 × 정격차단 전류[MVA]
3상 정격 차단용량은 $\sqrt{3}$ × 정격전압 × 정격 차단전류[MV]

(3) 차단기 종류

① OCB(유입 차단기)
② MBB(자기 차단기)
③ 기중 차단기(ACB)
∴ 주상변압기의 1차측 보호는 기중차단기(ACB)와 COS(캇-아웃 스위치)이고, 2차측 보호는 캣치홀다 이다.
④ 공기차단기(ABB)
⑤ 가스차단기(GCB)
⑥ 진공차단기(VCB)
⑦ 배선용 차단기(NFB)
⑧ 재폐로 차단기

4 개폐기(스위치)(DS)

① 단로기(DS) : 선로변경 개폐기(스위치)이다.
  ⓐ 부하전류 차단능력이 없다.
  ⓑ 이상 전류가 흐를 때 투입, 차단 할 수 없다.
② 정전구간 축소 가능한 개폐기(스위치)
  AS(전류 절환 스위치), VS(전압 절환 스위치)
  OS(유입 스위치)
③ COS(캇-아웃 스위치) : 주상변압기 1차 보호용이다.

5 보호기

(1) 인터록(inter lack) : 자가 발전시 선로 변경 장치로서 차단기(CB) 열려 있어야만 DS(단로기)를 닫을 수 있다.

(2) 계기용 변압,변류기(MOF) : 계기 보호용이다.
  ① PT(변압기) : 차동 계전기(DFR)는 변압기 보호용이다.
  ② CT(변류기) : 변류기 2차측을 단락하는 이유는 2차측의 절연보호이다.

(3) ZCT(영상 변류기) : 지락전류 검출에 이용된다.

6 보호계전기

전력계통 이상 현상을 검출, 고장구간을 자동적으로 차단하는 역할을 한다.

(1) 동작시한에 의한 분류
  ① 순한시 계전기
  ② 정한시 계전기
  ③ 반한시 계전기 : 동작전류 값이 크면 동작시간이 짧고, 작으면 길어지는 계전기이다.
  ④ 반한시, 정한시 계전기 : 어느 한도 까지는 반한시성이고, 그 이상은 정한시성 특성의 계전기이다.
  ⑤ 노칭한시 계전기
  ⑥ 계단형 한시계전기

(2) 용도에 의한 분류
  ① 차동 계전기(DFR) : 발전기나 주변압기 내부고장 검출용이다.
  ② 비율차동 계전기(R DFR) : 발전기나 주변압기 내부고장 보호용이다.
  ③ 선택단락 계전기(SSR) : 평행 2회선에서 단락(고장)회선 선택용 계전기이다.
  ④ 거리 계전기(DR)
  ⑤ 방향 단락 계전기(DSR)
  ⑥ 접지 계전기(GR)
  ⑦ 선택 접지 계전기(SGR) : 다회선 접지 고장시 회선 선택용 계전기이다.
  ⑧ 과전류 계전기(OCR)
  ⑨ 과전압 계전기(OVR)

7 계전방식

(1) 표시선 계전방식

(2) 파일럿 와이어(pilot wir)계전 방식

(3) 방향 단락 계전방식(DSR) : 환상선로 단락 보호에 사용되는 계전방식이다.

(4) 모선보호 계전방식

(5) 위상 비교 반송방식

(6) 한류 리액터의 사용목적 : 단락전류 제한이다.

(7) 서어지 흡수기

(8) 발전소의 옥외 변전소 모선방식

① 단모선 방식 : 저압과 고압이 단모선이다.
② 복모선 방식 : 1차(고압) ⇒ 단모선
   2차(저압) ⇒ 복모선 방식이다.
③ 절환 모선방식
④ 환상모선 방식

제7장 전 선 로

1 전선의 종류

(1) 전선의 이도(Dip)

$$h'(\text{전선의 평균 높이}) = h - \frac{2}{3}D[\text{m}], \quad h(\text{지지점 높이})[\text{m}]$$

① $D(\text{이도}) = \dfrac{Ws^2}{8T}[\text{m}], \quad T(\text{수평장력}) = \dfrac{\text{인장하중}}{\text{안전율}}[\text{kg}]$

② $L(\text{전선의 실제 길이}) = s + \dfrac{8D^2}{3s}[\text{m}], \quad L - s = \dfrac{8D^2}{3s}[\text{m}]$

(2) 전선의 하중

$$W_c(자중), \quad W_i(빙설하중), \quad W_w(풍압하중)$$

① 합성하중 $W=\sqrt{(W_c+W_i)^2+W_w^2}$[kg/m]
② 전선의 진동방지 : 댐퍼(Damper)를 설치한다. 전선의 도약(고·저압 혼촉방지)
 ⇒ off-set(오프-셋)을 한다.

(3) 지선

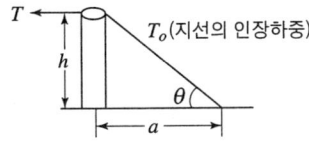

$$T=T_o\cos\theta[kg]$$
$$T_o=\frac{T}{\cos\theta}=\frac{지선\ 1가닥\ 인장하중}{안전율}\times n[kg]$$

단, T(전선의 수평장력) $=\dfrac{인장하중}{안전율}$

T_o(지선의 인장하중) $=\dfrac{지선\ 1가닥\ 인장하중}{안전율}\times n$

n(지선의 소선 가닥 수)

(4) 애자
① 애자 종류 : 현수애자, 나무애자, 핀애자, 장간애자 등
② 애자의 전압분담
 ⓐ 전선 측 애자의 전압분담은 최대
 ⓑ 철탑에 가까운곳(중간애자)는 최소이다.
 ⓒ 접지측 애자는 다시 증가(커진다.)
③ 송전선로의 역섬락 방지 : 탑각접지 저항을 적게하여 접지 전류를 많이 흘린다.

(5) 지중선로
① 선로정수
 ⓐ 저항 : 직류 저항값이다.
 ⓑ inductance(인덕턴스) $L=0.05+0.4605\log_{10}\dfrac{D}{r} ≒ 0.2\sim 0.45$[mH/km]로 가공전선에 $\dfrac{1}{3}$ 정도로 작다.
 ⓒ Condenser(정전용량) $C=\dfrac{0.02413\varepsilon}{\log_{10}\dfrac{D}{r}}=0.3\sim 1.7[\mu F/km]$ 가공전선로에 20~25배 정도로 크다.
 ⓓ 전력손실에는 연피손과 유전체손이 있다.

제 8 장　배전선로의 구성과 전기방식

1　배전계통의 구분

- 주상변압기 중심
  ① 고압 배전선로(발전소 쪽)
  ② 저압 배전선로(부하 쪽)

(1) 고압 배전선로

① 망상식(network system) : 이상적이다.
② 환상식(loop system) : 부하밀집지역, 전압변동이 작다.
③ 나뭇가지식(tree system) : 정전범위 넓다.

(2) 저압 배전선로

① 저압 가지식
② 저압 Banking방식 : 캐스케이팅 발생우려가 크다. 부하가 밀집된 시가지에 적당.
③ 저압 Net work방식 : 공급 신뢰도가 가장 우수하다. 전압 변동이 작다.

2　배전선로 전기방식

w(전선량) $\fallingdotseq$ s(단면적) $\fallingdotseq \dfrac{1}{R}$

전기방식 구분	단상 2선식	단상 3선식	3상 3선식	3상 4선식
전력(P)	$VI_1\cos\theta$	$2VI_2\cos\theta$	$\sqrt{3}\,VI_3\cos\theta$	$3VI_4\cos\theta$
손실 전력(P_l)	$2I_1^2R$	$2I_2^2R$	$3I_3^2R$	$3I_4^2R$
중량(w)	$w_1 = 2\,\sigma s_1 l$ $w_1 = 100[\%]$(기준)	$w_2 = 3\,\sigma s_2 l$ $\dfrac{3}{8}w_1 = 37.5[\%]$	$w_3 = 3\,\sigma s_3 \rho$ $\dfrac{3}{4}w_1 = 75[\%]$	$w_4 = 4\,\sigma s_4 l$ $\dfrac{1}{3}w_1 = 33.3[\%]$

제 9 장 배전선로의 전기적인 특성

1 전력손실과 손실률

$$P_l(손실전력) = 3I^2R = 3 \times \left(\frac{P}{\sqrt{3}\,V\cos\theta}\right)^2 R = \frac{P^2 R}{V^2 \cos^2\theta} \fallingdotseq \frac{1}{V^2}\,[\text{w}]$$

$$K(손실률) = \frac{P_l}{P} = \frac{PR}{V^2 \cos^2\theta}$$

H(손실계수)와 F(부하률)과의 관계

$$1 \geq F \geq H \geq F^2 \geq 0$$

2 부하특성

$$수용률 = \frac{최대 수용 전력}{수용 설비 용량} \times 100\,[\%]$$

$$부등률 = \frac{개개의 최대 수용전력의 합}{합성 최대 수용 전력} \geq 1$$

$$부하율 = \frac{평균 수용 전력}{최대 수용 전력} \times 100 = \frac{총전력 \div 총시간}{최대 전력} \times 100\,[\%]$$

변압기 용량 = 수전설비 용량 = 변전시설 용량

$$= \frac{개개 최대 수용전력의 합}{\cos\theta}$$

$$= \frac{수용률 \times 설비 용량}{\cos\theta}\,[\text{kVA}]$$

제10장 송배전선로의 운용과 보호

1 단상 승압기

$$V_2 = e_1 + e_2 = V_1\left(1 + \frac{e_2}{e_1}\right) = V_1\left(1 + \frac{1}{a}\right)$$

$$\therefore e_2 = V_2 - e_1 = V_2 - V_1 [V] \quad \left(\text{단}, \ a = \frac{N_1}{N_2} = \frac{V_1}{V_2} = \frac{e_1}{e_2}\right)$$

승압기 용량(변압기 용량) = 자기용량 $w = e_2 I_2 [\text{kVA}]$

선로용량 = 부하용량 $P = V_2 I_2 [\text{kVA}]$

$$\frac{\text{부하 용량}(P)}{\text{자기 용량}(w)} = \frac{V_2 I_2}{e_2 I_2} \quad \therefore P = w \times \frac{V_2}{e_2} [\text{kVA}]$$

2 역률개선에 의한 배전계통의 효과

① 전력손실 감소
② 전압강하 감소
③ 변압기, 개폐기 용량감소

3 역률개선

(1) 분로 리액터(병렬 리액터) : 장거리 초고압 송전선 또는 지중계통 충전용량 보상용으로 주요 발,변전소에 설치, 지상만을 보상, 계통에 페란티 효과(현상)를 방지한다.

(2) 전력용 콘덴서(병렬 콘덴서) : 진상만을 보상
역률 개선용 콘덴서 용량 $Q_c = P(\tan\theta_1 = \tan\theta_2)[\text{kVA}]$

(3) 동기 조상기(동기 전동기) : 진상과 지상을 연속적으로 보상함으로서 역률을 개선한다.

(4) 송전 선로의 제3고조파는 변압기 △결선에서 제거되고 전력용 콘덴서(용량)에 약 5[%] 정도의 직렬 리액터가 제5고조파를 제거한다.

4 3상 단락 전류

$$I_s(\text{단락전류}=\text{차단전류}) = \frac{E}{Z} = \frac{E}{Z_g + Z_T + Z_l} [A]$$

$\%Z = \frac{IZ}{E} \times 100$ 이다.

$\therefore I_s(\text{단락전류}=\text{차단전류}) = \frac{100}{\%Z} I_n [A]$

$\therefore P_s(\text{단락용량}=\text{차단용량}) = \frac{100}{\%Z} P_n [kVA]$ 이다.

5 전력손실(P_l)과 전력손실률(K)

$$P_l = 3I^2 R = 3 \times \left(\frac{P}{\sqrt{3}V\cos\theta}\right)^2 \times R \fallingdotseq \frac{1}{V^2} \fallingdotseq \frac{1}{\cos^2\theta} [w]$$

$$K = \frac{P_l}{P} = \frac{\frac{P^2 R}{V^2 \cos^2\theta}}{P} = \frac{PR}{V^2 \cos^2\theta}$$

$P(\text{송전전력}) = \frac{KV^2 \cos^2\theta}{R} [w]$ 이다.

2. 수화력 및 원자력 공학

제1장 수력 공학

1 수두

(1) 위치수두 : H[m]

(2) 압력수두 : $\dfrac{P}{w} = \dfrac{P}{1000}$ [m]

(3) 속도수두 : $\dfrac{V^2}{2g}$ [m]

$\begin{bmatrix} w(\text{물 단위 부피의 무게}) = 1000[\text{kg/m}^3] \\ P(\text{수압의 세기})[\text{kg/m}^2] \\ V(\text{유속})[\text{m/sec}] \\ g(\text{중력 가속도}) \fallingdotseq 9.8[\text{m/sec}^2] \end{bmatrix}$

2 베르누이의 정리(손실이 무시될 경우)

$$H + \frac{P}{w} + \frac{V^2}{2g} = k(\text{일정})$$

물의 이론 분출속도 $V = \sqrt{2gH}$[m/sec]

3 수력발전소의 이론 출력

$P = 9.8QH$[kW] $\begin{bmatrix} Q(\text{유량})[\text{m}^3/\text{sec}] \\ H(\text{유효낙차})[\text{m}] \end{bmatrix}$

4 양수 펌프용 전동기의 출력

$$P = \frac{9.8QH}{\eta} = \frac{9.8 \times \frac{Q}{60} H}{\eta} \text{[kW]}$$

- η(펌프 효율)
- H(총 양정)[m]
- Q(양수량)[m³/sec]

조정지의 필요 저수 용량 $= (Q_2 - Q_1) \times T \times 3600 \text{[m}^3\text{]}$

- Q_2(첨두부하 때의 사용유량)[m³]
- Q_1(1일 평균 사용유량)[m³]
- T (첨두부하 계속시간)[h]

5 상수조 및 조압수조

(1) **상수조** : 수로식 발전소의 수로 말단에 설치하는 수조로 수압관을 연결 사용한다.

(2) **조압수조** : 수로가 압력 터널에 연결되어

① 부하 변동에 대해 수격압을 흡수.
② 수량 변동에 대해 서어지 작용을 흡수하는 수조다.

(3) **조압수조의 종류** : 단동조합 수조, 차동조합 수조, 수질조합 수조, 재수공, 조합 수조가 있다.

6 수압관과 수차

(1) 수압관의 지름 $D = \sqrt{\dfrac{4Q}{\pi V}}$ [m]

- Q(유량)[m³/sec]
- V(수압관내의 유속은 2~4[m/sec]이다.

(2) 수차의 종류

① 펠턴 수차 : 350[m]이상, 고낙차에 이용. 경부하시 효율이 좋다.
② 프란시스 수차 : 45~350[m]. 중낙차 용이다. 경부하시 낙차가 변화하면 효율이 크게 저하한다.

③ 프로펠러 수차 : 45[m]이하, 저낙차 용이다. 낙차나 부하변화에 효율 변화가 크다.
④ 카플란 수차 : 프로펠러 수차의 버너 각도를 변화시키는 복잡한 구조이다. 낙차나 부하 변화에 효율저하는 작다. 흡출관이 꼭 필요하다.

(3) 수차의 특유속도 $N_s = N \dfrac{\sqrt{P}}{H^{\frac{5}{4}}}$ [rpm]

$\begin{bmatrix} N(\text{정격 회전수}) \\ H(\text{유효 낙차}) \\ P(\text{유효낙차에서의 최대출력}) \end{bmatrix}$

① 펠톤수차 : $12 \leq N_s \leq 21$ 전부하까지 효율변화가 작으며, 경부하시 효율이 좋다.

② 프란시스 수차 : $N_s \leq \dfrac{13.000}{H+20} + 50 (45 \sim 350[\text{rpm}])$

저속도형(65~250[rpm]), 중속도형(150~250[rpm]), 고속도형(250~350[rpm])

③ 카플란 수차 : $N_s \leq \dfrac{20.000}{H+20}$ (350~800[rpm]) 부분변화에 대한 효율변화가 작다.

(4) 낙차변화에 대한 특성변화

회전수 : $\dfrac{N_2}{N_1} = \left(\dfrac{H_2}{H_1}\right)^{\frac{1}{2}}$

유량 : $\dfrac{Q_2}{Q_1} = \left(\dfrac{H_2}{H_1}\right)^{\frac{1}{2}}$

출력 : $\dfrac{P_2}{P_1} = \left(\dfrac{H_2}{H_1}\right)^{\frac{3}{2}}$

$\begin{bmatrix} N[\text{rpm}] \\ Q[\text{m}^3/\text{sec}] \\ P[\text{kW}] \\ H[\text{m}] \end{bmatrix}$ 이다.

(5) **흡출관** : 수차의 출구에서부터 방수로 수면까지를 연결하는 관이다. 흡출고의 최대 한도는 7.5[m]이다. 흡출관에 이상이 생기면 캐비테이션을 일으킨다.

(6) **수차** : 버너에 물을 분사하여 힘을 작용시키는 장치이다.

조속기 : 수차의 속도를 조정, 출력을 가감하는 장치이다.
∴ 조속기가 너무 예민하면 탈조를 일으킨다.

제 2 장 화력 공학

1 용어해설

① 엔탈피 : 각 온도에 있어서의 물 또는 증기의 보유열량
② 액화열 : 증기 1[kg]의 잠열
③ 증기 엔탈피 : 증기 1[kg]의 보유열량
④ 기화열(증발열) : 증기 1[kg]의 기화 열량
⑤ 과열도 : 과열증기의 온도와 포화증기 온도와의 차를 말한다.

2 열 사이클 방식

① 재생 사이클 방식 : 열효율을 역학적으로 증진시키는 방식이다.
② 재열 사이클 방식 : 열효율 향상과 증기내부 손실을 경감시키는 방식이다.
③ 재생, 재열 사이클 방식 : 재생 사이클 방식과 재열 사이클 방식을 겸비한 방식으로 고온, 고압의 기력발전소에 채용된다.

3 화력발전소의 열효율

$$\eta = \frac{860\,E}{wC} \times 100 \quad \begin{bmatrix} w(\text{석탄량})[\text{kg}] \\ C(\text{발열량})[\text{kcal/kg}] \end{bmatrix}$$

입력(석탄 발열량) $= wC[\text{kcal}]$

출력(발전 전력량) $= 860\,E[\text{kcal}]$ 이다.

※ 화력발전소에 가장 큰 손실은 복수기. 냉각 후에 빼앗기는 손실이다.

제 3 장 원자력 공학

1 원자로의 종류

(1) 고속 중성자로

　핵분열에 의해 생긴 중성자의 에너지는 0.1[Mev]이상이다.
　∴ 운전제어가 곤란하고, 위험도도 크며, 고농축 핵연료를 필요로 하므로 연료비가 대단히 많이 든다.

(2) 열 중성자로

　핵분열에 의해 생긴 중성자의 에너지를 2[Mev]에서 0.025[Mev]의 열중성자로 저하시키면서 핵반응을 지속하는 원자로를 말한다.

(3) 중속 중성자로

　에너지가 1[kev]이하의 중성자에 의해서 핵반응을 하는 로이다. 이는 열 중성자로에 비해서 연료량과 감속량이 적다. 그러나 설비면적이 작아지는 특징이 있다.

2 원자로의 구성

(1) 노심 : 핵 분열을 하는 부분

(2) 핵연료

　$_{92}U^{235}$를 0.714[%] 포함하고 있는 천연우라늄 및 고농축 우라늄이 핵연료이다. 또, $_{94}PU^{239}$를 사용하는 증식로도 있다.

(3) 감속재

　중성자 흡수가 적고, 탄성 산란에 의해 감속도가 큰 것이 좋으며, 중수, 경수, 산화베릴륨, 흑연 등이 사용된다.

(4) 냉각재

　① 탄산가스, 헬륨 등의 기체
　② 경수, 중수 등과 같은 물 또는 나트륨액체, 금속유체를 말한다.

(5) 제어봉

핵분열의 연쇄 반응을 제어한다. 이는 B(붕소), cd(카드뮴), Hf(하프늄)과 같은 중성자 흡수 단면적이 큰 재료로 만든다.

(6) 반사체

중성자의 누설을 방지하기 위해서 베릴륨 혹은 흑연과 같이 중성자로 잘 산란 시키는 재료로 반사체를 설치한다.

(7) 차폐재

원자로 내의 방사선이 외부로 빠져나가는 것을 방지하는 것으로 열차폐(철판이 좋다)와 생체차폐(콘크리트가 널리 사용된다)가 있다.

3 원자력 발전소

대부분이 열 중성자로 이며 $_{92}U^{235}$, $_{94}PU^{239}$등에 열중성자를 충돌시켜 핵분열 반응을 일으켜서 방출되는 에너지에 의해서 증기를 발생하게 하여, 증기 터어빈을 구동시켜서 전력을 얻는 형식이다.

제 03 부 전기기기

제1장 직류기

1 직류기

(1) 전기자 권선법

① 환상권
② 고상권 : ┌ 개로권
　　　　　　└ 폐로권 ┌ 단층권
　　　　　　　　　　　└ 2층권 ┌ ① 중권
　　　　　　　　　　　　　　　└ ② 파권

　㉠ 중권
　　ⓐ 병렬권이다.
　　ⓑ 저전압 대전류용이다.
　　ⓒ 균압선이 필요하다.
　　ⓓ 병렬회로수(a)=극수(p)=brush수($a=p$)
③ 파권
　㉠ 직렬권이다.
　㉡ 고전압, 저전류용이다.
　㉢ 균압선이 필요없다.
　㉣ 병렬회로수 (a)=극수 (p)=brush수 ($a=2$)

(2) 전기자 반작용

① 전기적인 중성축이 이동한다.
② 주자속이 감소한다.
③ flash over 현상이 생긴다.
④ 전기자의 기자력
　㉠ AT_d(전기자 감자기자력) $= \dfrac{Z}{2p} \times \dfrac{I_a}{a} \times \dfrac{2\alpha}{180}$ [AT/극]

($a = 18° \sim 20°$정도. 2α(감자작용)내의 전기자 반작용 : 보극설치 방지

  ⓒ AT_c(전기자 교차기자력) $= \dfrac{Z}{2p} \times \dfrac{I_a}{a} \times \dfrac{\beta}{180}$ [AT/극]

  (2α외(전기자 전반)에 반작용으로 보상권선을 설치 방지한다.)

⑤ 보극과 보상권선

  ㉠ 보극 : 주자극 사이에 보극을 설치, 전기자 권선과 직렬연결 2α내 전기자 반작용을 방지한다.

  ㉡ 보상권선 : 주자극편의 slot에 전기자 권선과 동일한 권선으로 전기자와 직렬로 연결 전기자 전반의 반작용을 방지한다.

(3) 정류작용

① 이상정류(직선정류) : brush와 정류자편 사이에 접속저항만에 의한 정류이다.
② 과정류 : brush 전단부분에 불꽃이 발생. 정류가 빠르다.
③ 부족정류 : brush 후단 부분에 불꽃이 발생. 정류가 늦다.
④ 코일의 평균 리액턴스전압 : $e = -L\dfrac{di_{(t)}}{dt} = -L\dfrac{2I_c}{T_c}$ [V]

T_c(정류주기) $= \dfrac{b-\delta}{V_c} = 0.002 \sim 0.0008$ [sec]

V_c(주변속도) $= \dfrac{l}{t} = \dfrac{2\pi r}{t} = \pi D n$ [m/sec]

δ(마이카 두께)

2 직류발전기

(1) 직류발전기의 종류

① 자석 발전기
② 타여자 발전기
③ 자여자 발전기
  ㉠ 직권 발전기
  ㉡ 분권 발전기
  ㉢ 복권 발전기
    ⓐ 차동복권 발전기(내분권 발전기)
    ⓑ 가동복권 발전기(외분권 발전기)

(2) $V = E - I_a r_a$ [V]

$$E = V + I_a r_a = \frac{P}{a} Zn\phi \text{[V]}$$

(3) 무부하 포화곡선($E \to I_f$의 관계곡선)

   외부 특성곡선($V \to I$의 관계곡선)

3 직류 전동기

(1) 직류 전동기의 종류

① 타여자 전동기
② 직권 전동기
③ 분권 전동기
④ 복권 전동기
  ㉠ 가동복권 전동기
  ㉡ 차동복권 전동기

(2) $V = E + I_a r_a$ [V]

$$E = V - I_a r_a = \frac{P}{a} Zn\phi = kn\phi \text{[V]}$$

$$N(\text{전동기 속도}) = \frac{V - I_a r_a}{K\phi} \text{[rpm]}$$

$$T(\text{Torque}) = \frac{PZ}{2\pi a} \phi I_a = K_1 \phi I_a \text{[N.m]} = \frac{1}{9.8} K_1 \phi I_a \text{[kg.m]}$$

(3) 직류 전동기 속도제어

① 계자 제어법 = ϕ를 변화 속도를 제어하는 법
② 저항 제어법 = 전기자에 직렬저항 접속, 속도를 제어하는 법
③ 전압 제어법 = V 변환 속도 제어법
   종류 : 워어드레오나드 방식, 일그너 방식

(4) 직류 전동기 제동법

① 발전제동
② 회생제동 = 위치 에너지로 전동기를 발전기로 동작. 제동하는 법
③ 역전제동 = 전기자 전류와 Torque를 반대로 하여 제동하는 법

(5) 직류 발전기와 직류 전동기의 효율

$$발전기\ 효율(\eta) = \frac{출력}{입력} \times 100 = \frac{출력}{출력 + 손실} \times 100$$

$$전동기\ 효율(\eta) = \frac{출력}{입력} \times 100 = \frac{입력 - 손실}{입력} \times 100$$

제 2 장 변 압 기

1 이상변압기

$$a = \frac{V_1}{V_2} = \frac{I_2}{I_1{'}} = \frac{N_1}{N_2}$$

$$a^2 = \frac{Z_1}{Z_2}$$

(1) 1차로 환산한 파라메트는(환산)

$$V_1 = aV_2 [\text{v}]$$

$$I_1{'} = \frac{I_2}{a} [\text{A}]$$

(1차 임피던스) $Z_{12} = Z_1 + a^2 Z_2 [\Omega]$

$$\begin{cases} r_{12} = r_1 + a^2 r_2 \\ x_{12} = x_1 + a^2 x_2 \\ I_o = I_i - jI_\phi [\text{A}] \\ Y_o = g_o - jb_o [\mho] \end{cases}$$

(2) 2차로 환산한 파라메트

$$V_2 = \frac{V_1}{a} [\text{v}]$$

$$I_2 = aI_1 [\text{A}]$$

2차 임피던스 $Z_{21} = Z_2 + \dfrac{Z_1}{a^2} [\Omega]$

$$\begin{cases} r_{21} = r_2 + \dfrac{r_1}{a^2} \\ x_{21} = x_2 + \dfrac{x_1}{a^2} [\Omega] \\ I_2 = aI_1 = aI_o + aI_1{'} \fallingdotseq aI_1{'} \\ a^2 Y_o = a^2 g_o - ja^2 b_o [\mho] \text{ 2차 환산값.} \end{cases}$$

2 변압기 손실

(1) 무부하 시험으로 철손을 측정한다.

$$P_h = \eta f B_m^{1.6} [\text{w/kg}]$$
$$P_e = \eta (f t K_f B_m)^2 [\text{w/kg}]$$
$$\therefore P_i = P_h + P_e [\text{w/kg}]$$

(2) 단락 시험으로 부하손을 측정한다.

$$P_s(\text{임피던스 와트}) = I_{2n}^2 R_{21} [\text{w}]$$
$$V_s(\text{임피던스 전압}) = I_{2n} Z_{21} [\text{v}] \text{이다.}$$

3 전압 변동률

(1) 지상일 때

$$\varepsilon = \frac{V_{20} - V_{2n}}{V_{2n}} \times 100 \fallingdotseq P\cos\theta + q\sin\theta$$

$$\left(P = \frac{I_{2n} r_{21}}{V_{2n}} \times 100, \quad q = \frac{I_{2n} x_{21}}{V_{2n}} \times 100 \right)$$

(2) 진상일 때

$$\varepsilon = \frac{V_{20} - V_{2n}}{V_{2n}} \times 100 \fallingdotseq P\cos\theta - q\sin\theta$$

$$\begin{cases} \%Z = \sqrt{P^2 + q^2} \times 100 = \frac{I_{2n}Z_{21}}{V_{2n}} \times 100 \\ \text{단락전류}\ I_s = \frac{100}{\%Z} I_n [A] \\ \text{단락용량}\ P_s = \frac{100}{\%Z} P_n [VA] \end{cases}$$

4 변압기 효율

(1) 전부하 효율

$$\eta = \frac{\text{출력}}{\text{출력} + \text{손실}} \times 100 = \frac{V_2 I_2 \cos\theta}{V_2 I_2 \cos\theta + P_i + P_c} \times 100$$

(2) 최대 효율조건

$$P_i = \left(\frac{1}{m}\right)^2 P_c$$

$$\therefore \frac{1}{m} \text{부하} = \sqrt{\frac{P_i}{P_c}}$$

(3) $\frac{1}{m}$ 부하 효율 $\eta = \dfrac{\frac{1}{m} V_2 I_2 \cos\theta}{\frac{1}{m} V_2 I_2 \cos\theta + P_i + \left(\frac{1}{m}\right)^2 P_c} \times 100$

5 V결선 변압기

V결선 변압기 출력비는 $\dfrac{V\text{결선용량}}{3\text{대용량}} = \dfrac{\sqrt{3}\,VI}{3\,VI} = 0.577$

V결선 변압기 이용률은 $\dfrac{V\text{결선용량}}{2\text{대용량}} = \dfrac{\sqrt{3}\,VI}{2\,VI} = 0.866$

과부하 $= \dfrac{\text{부하용량}}{V\text{결선 변압기 용량}} \times 100$

6 단상변압기 병렬운전조건

(1) 1, 2차 정격전압 및 극성이 같을 것

(2) 각 변압기 권수비와 %임피던스 강하가 같을 것

$$P_a = mP_b[\text{KVA}] \qquad \therefore m(부하) = \frac{P_a}{P_b}$$

%Z가 작은 부하에 큰 전류가 흐르므로 병렬 운전시 분담부하

$$P_a(I_a) = \frac{m\%Z_b}{\%Z_a + m\%Z_b} \times P(I)$$

7 3상 변압기

3상 → 2상 변환 결선
스코트 결선(T결선), Meyer's, wood bridge결선이 있다.

8 단권 변압기

(1) 체승용 단권 변압기(승압기)

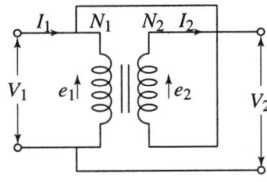

$$\frac{자기 용량}{부하 용량} = \frac{e_2 I_2}{V_2 I_2} = \frac{V_2 - V_1}{V_2}$$

단, $V_2 = e_1 + e_2 = V_1 + \frac{1}{a}V_1 = \left(1 + \frac{1}{a}\right)V_1[\text{V}]$,

$e_2 = V_2 - e_1 = V_2 - V_1[\text{V}]$

제 3 장 유도기

1 단상 유도 전동기

(1) 단상유도전동기의 종류

① 분상 기동형
② 반발 기동형
③ 반발 유도형
④ 콘덴서 기동형
⑤ 세이딩 코일형
⑥ 모노 사이클릭 기동형

2 3상 유도 전동기

(1) $S(슬립) = \dfrac{N_s - N}{N_s}$

$N(회전자 속도) = (1-S)N_s [\text{rpm}]$

$N_s(회전자장의 속도 = 동기 속도) = \dfrac{120f}{P} [\text{rpm}]$

(2) $S = 1$ (정지시)

(3) $S = 0$ (운전시)

$f_{2s} = sf_1 [\text{Hz}]$
$E_{2s} = sE_2 [\text{V}]$
$x_{2s} = sx_2 [\Omega]$

(4) 유도 전동기의 간이 등가회로(운전시) : 1차로 환산된 변압기 회로

① $I_2(2차\ 전류) = \dfrac{sE_2}{\sqrt{r_2^2 + (sx_2)^2}} = \dfrac{E_2}{\sqrt{\left(\dfrac{r_2}{s}\right)^2 + x_2^2}} [\text{A}]$

② $I_1(1차\ 전류) = I_o + I_1' = I_o + \dfrac{1}{a} I_2$

③ 부하 저항$(R_L) = \dfrac{r_2'}{s} - r_2'$

④ 유도전동기의 간이등가 회로도

I_o는 I_1'의 2~3[%]이다.

$$P_2(\text{2차 입력=1차 출력=동기 왓트}) = (I_1')^2 \frac{r_2'}{s} [\text{w}]$$

$$P_{c2}(\text{2차 동손}) = (I_1')^2 r_2' = sP_2$$

$$P_o(\text{기계적 출력}) = (I_1')^2 \left(\frac{r_2'}{s} - r_2'\right) = (I_1')^2 \frac{r_2'}{s} - (I_1')^2 r_2'$$

$$= P_2 - P_{c2} = P_2(1-s)[\text{w}]$$

전동기 2차 효율 $\eta_2 = \dfrac{P_o}{P_2} = \dfrac{(1-s)P_2}{P_2} = (1-s) = \dfrac{wT}{w_s T} = \dfrac{w}{w_s} = \dfrac{N}{N_s}$

(5) 3상 유도 전동기의 특성

① 속도 특성

$$N(\text{회전자 속도}) = (1-s)N_s = (1-s)\frac{120f}{P} [\text{rpm}]$$

② 1차 전류 특성

1차 부하 전류 $I_1' = I_s$(기동 전류)

$$I_{(s)} = \frac{V_1}{\sqrt{\left(r_1 + \dfrac{r_2'}{s}\right)^2 + (x_1 + x_2')^2}} [\text{A}]$$

를 정격전류 2~3배 정도로 제한 기동한다.

③ Torque 특성

$$P_o(\text{기계적인 출력}) = wT[\text{w}]$$

$$T_s(\text{기동 Torque}) = \frac{P_o}{w} = \frac{(I_1')^2 r_2'}{\dfrac{4\pi f}{P}}$$

$$= \frac{r_2'}{\dfrac{4\pi f}{P}} \times \frac{V_1^2}{(r_1 + r_2')^2 + (x_1 + x_2')^2}$$

$$\fallingdotseq V_1^2 [\text{N.m}]$$

∴ 기동 Torque > 전부하 Torque ≒ $V_1^2[\text{N} \cdot \text{m}]$

④ 최대 Torque의 조건, $s(r_1^2+(x_1+x_2')^2) = \dfrac{(r_2')^2}{s}$

　최대 슬립 $s_{max} = \dfrac{r_2'}{\sqrt{r_1^2+(x_1+x_2')^2}} \fallingdotseq \dfrac{r_2'}{x_2'}$

⑤ 비례추이

　$T(\text{Torque}) \fallingdotseq \dfrac{r_2'}{s}$ 에 비례하여 변화하는 것을 말한다.

　T(일정인 조건), $r_2' = s$이어야 한다. 즉, r_2'증가, s도 증가한다.

　$\therefore \dfrac{r_2'}{s_t} = \dfrac{r_2'+R}{s}$

　(s_t : 최대 Torque발생 슬립, s : 기동 Torque발생시 슬립

　r_2'증가시 $I_{(s)}$(기동전류)는 감소, T_s(기동 Torque)증가된다.

　R(외부 삽입저항)은 $\sqrt{r_1^2+(x_1+x_2')^2}-r_2'\,[\Omega]$이다.)

(6) 3상 유도 전동기의 기동법(농형)

① 농형 유도 전동기 기동법
　㉠ 전전압 기동법 : 5[kw] 이하 소형
　㉡ $Y-\triangle$ 기동법 : 5~15[kw] 이하. $\therefore \dfrac{I_y}{I_\triangle} = \dfrac{T_y}{T_\triangle} = \dfrac{1}{3}$
　㉢ 기동 보상기법 : 15[kw] 이상
② 권선형 유도 전동기 기동법
　㉠ 2차 저항법(비례츄이 이용법)
　㉡ 게르 게스법

(7) 3상 유도 전동기 원선도 작성에 필요한 시험

① 1차 저항 측정
② 무 부하 시험

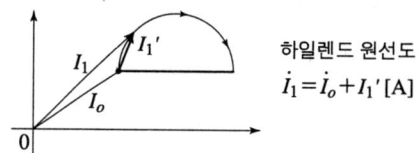

하일렌드 원선도
$\dot{I}_1 = \dot{I}_o + \dot{I}_1'\,[A]$

③ 구속 시험(단락 시험)

(8) 3상 유도 전동기의 속도제어 및 제동법

① 속도제어
  ㉠ 저항 제어(슬립 제어)
  ㉡ 전원 주파수 변환법(농형)
  ㉢ 극수 변환법(농형)
  ㉣ 2차 여자법(권선형)
  ㉤ 전원 전압 제어법
  ㉥ 종속 접속법
    ⓐ 직렬 종속법 $N = \dfrac{120f}{P_1 + P_2}$ [rpm]

    ⓑ 차동 종속법 $N = \dfrac{120f}{P_1 - P_2}$ [rpm]

    ⓒ 병렬 접속법 $N = \dfrac{2 \times 120f}{P_1 \pm P_2}$ [rpm]

  같은 극수 2개를 종속접속 하면 속도는 $\dfrac{1}{2}$ 이고 Torque는 2배가 된다.

② 제동법 = 발전제동, 회생제동, 역상제동, 단상제동이 있다.

---

3 특수 유도기

(1) 단상 유도 전압 조정기

1차 권선(고정자) = V_1(전원 전압),

2차 권선(회전자) = $E_2 \cos \alpha$(변화)일 때 부하측 전압 $V_2 = V_1 \pm E_2 \cos \alpha$ [V]

(단, w(자기 용량) = $V_2 I_2$ [KVA])

단상 유도 전압 조정기의 조정 정격 용량 $P = E_2 I_2$ [KVA]이다.

(2) 3상 유도 전압 조정기

선로 용량 $P_a = V_2 I_2$ [KVA], $V_2 = V_1 \pm E_2$ [V]

∴ 3상 유도 전압 조정기의 조정 정격 용량 $P = \sqrt{3} E_2 I_2 = \sqrt{3} \times E_2 \times \dfrac{P_a}{V_2}$ [KVA]

(E_2(조정전압)[V]이다.)

제 4 장 동 기 기

1 동기 발전기의 종류

(1) 회전자에 의한 분류 : 회전 계자형, 회전 전기자형, 유도자형,
(2) 원동기에 의한 분류 : 수차 발전기, 터빈 발전기, 기관 발전기
(3) 상수에 의한 분류 : 단상 발전기, 3상 발전기

2 전기자 권선법

(1) 권선계수

① 집중권(매극 매상의 홈수가 1개인 경우)과
  분포권(매극 매상의 홈수가 2개 이상인 경우)나.
  ※ 분포권의 장점 : ⓐ 기전력의 파형이 좋아진다.
  　　　　　　　　　ⓑ 기전력의 고조파가 감소된다.

$$K_d(\text{분포 계수}) = \frac{\sin \frac{\pi}{2m}}{q \sin \frac{\pi}{2mq}}$$

② 전절권(코일피치와 자극피치가 같은 경우)과 단절권(자극피치가 코일피치보다 큰 경우) 단절권의 장점 : 기전력의 파형이 좋다. 고조파가 제거된다.

$$\text{단절계수}(K_P) = \sin \frac{\beta\pi}{2}, \quad \text{단, } \beta = \frac{\text{코일 피치}}{\text{자극 피치}}$$

③ 권선계수 $K = K_P K_d$

(2) 3상 동기 발전기의 특성

① 전기자 반작용

I_a(전기자전류)

I_G(발전기) = 증자작용 ┐ 직축반작용
I_M(전동기) = 감자작용 ┘

0 → E(기준) / V(기준) 횡축 반작용(교차자화작용)이다.

I_G(발전기) = 감자작용 ┐ 직축반작용
I_M(전동기) = 증자작용 ┘

(단, E(기준) = 발전기,　V(기준) = 전동기)

② 동기 임피던스

$$Z_s = \frac{E_n}{I_s} = \frac{V_n}{\sqrt{3}I_s} \fallingdotseq X_s(동기\ 리액턴스) \fallingdotseq X_a + X_l [\Omega]$$

I_s(3상 단락 전류)[A]

③ 단락비

$$K_s = \frac{I_s}{I_n} \times 100 = \frac{1}{Z_s'} = \frac{1}{전압\ 변동율}$$

$$K_s(단락비) = \frac{1}{Z_s'}\ (단락비가\ 큰\ 기계는\ 철\ 기계이다.)$$

(3) 3상 동기 발전기의 병렬운전조건

① 기전력의 크기가 같을 것(무효 순환 전류)
② 기전력의 위상이 같을 것(동기화 전류)
③ 기전력 파형이 같을 것(고조파 무효 순환 전류)
④ 기전력 주파수가 같을 것(난조의 원인)
⑤ 상회전 방향이 같을 것
※ 단, ( )는 같지 않을 경우 일어나는 현상이다.

(4) 동기 발전기 병렬 운전시 원동기에 필요한 조건

① 균일 각속도를 가질 것
② 적당한 속도 조정률을 가질 것

$$s(속도\ 조정률) = \frac{N_o - N}{N} \times 100$$

$\begin{bmatrix} N_o : 무부하\ 회전수 \\ N : 정격\ 회전수 \end{bmatrix}$

(5) 난조의 발생 원인

① 조속기 감도가 너무 예민할때
② 원동기 Torque에 고조파 Torque가 포함된 경우
③ 전기자 회로의 저항이 큰 경우
④ 부하가 맥동할 때, 기전력 주파수가 같지 않을 때
※ 방지법 : 자극 표면에 제동권선을 설치한다.

3 동기 전동기

(1) 동기 전동기의 종류

  철극형, 원통형, 고정자 회전기 동형

(2) 위상특성 곡선(V곡선)

  ① 계자전류 I_f를 가감해서 전기자 전류의 크기와 위상을 조정하는 곡선

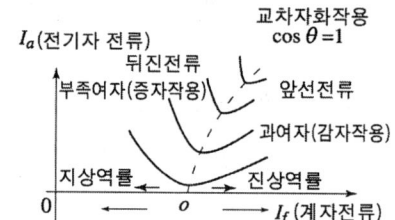

  부하가 클수록 V곡선은 위로 이동한다.

(3) 동기 전동기의 기동법

  ① 자기 기동법
    ㉠ 기동 Torque를 이용, 기동하는 법
    ㉡ 기동 보상기를 이용, 전전압 $\frac{1}{2} \sim \frac{1}{3}$로 내려 기동하는 법
    ㉢ 제동권선을 이용 기동하는 법
  ② 기동 전동기법 : 동기발전기 축에 직결한 기동전동기로 기동하는 법이다.

(4) 동기 전동기의 특징

  ① 장점
    ㉠ 속도가 일정 불변이다.
    ㉡ 항상 역률 1로 운전할 수 있다.
    ㉢ 필요시 앞선 전류를 흘릴 수 있다.
    ㉣ 전압조정과 역률 개선용 동기조상기로 이용된다.
  ② 단점
    ㉠ 속도 조정을 할 수 없다.
    ㉡ 난조를 일으킬 염려가 있다.

제 5 장 교류 정류자기 및 정류기

1 교류 정류자기

(1) 교류 정류자 전동기
(2) 단상 직권 정류자 전동기
(3) 3상 직권 정류자 전동기

2 회전 변류기

(1) 전압비 $\dfrac{E_a}{E_d} = \dfrac{1}{\sqrt{2}} \sin \dfrac{\pi}{m}$

(2) 전류비 $\dfrac{I_a}{I_d} = \dfrac{2\sqrt{2}}{m \cos \theta}$

(3) 회전 변류기의 기동

① 교류 측 기동
② 직류 측 기동
③ 기동 전동기에 의한 기동법

(4) 회전 변류기의 전압 조정법

① 유도 전압 조정기를 사용하는 방법
② 부하 시, 전압 조정 변압기를 사용하는 방법
③ 직렬리액턴스에 의한 방법

3 수은 정류기

(1) 이상 현상

역호=수은 정류기의 밸브 작용이 상실되는 현상
동호=격자 전압이 임계치 전압보다 낮을 경우 아-크를 실패하는 현상을 말한다.
실호=격자 전압이 임계치 전압보다 높을 경우, 점호를 실패하는 현상을 말한다.

(2) 전호강하(e_a) = 음극 강하(10[V]) + 양극 강하(5[V]) + 양광주 강하
(약 0.05~0.3[V/cm] × 아-크 길이) ≒ 16~30[V]정도이다.

(3) 수은 정류기의 직류측, 교류측 전압비 $E_d = \dfrac{\sqrt{2}E \sin \dfrac{\pi}{m}}{\dfrac{\pi}{m}}$ [V]

$$\therefore \dfrac{E_d}{E} = \dfrac{\sqrt{2} \sin \dfrac{\pi}{m}}{\dfrac{\pi}{m}}$$

4 단상 정류회로

(1) 단상 반파 정류회로

$$E_{dc} = \dfrac{E_m}{\pi} = \dfrac{\sqrt{2}E}{\pi} = 0.45 E[V] \quad \text{또는} \quad E_{dc} = \left(\dfrac{E_m}{\pi} - e_a\right)$$

$$I_{dc} = \dfrac{E_{dc}}{R} = \dfrac{\sqrt{2}}{\pi} \times \left(\dfrac{E}{R}\right) = 0.45 \dfrac{E}{R} [A]$$

$$P_{dc} = E_{dc} \cdot I_{dc} [w]$$

$$\eta(\text{효율}) = \dfrac{P_{dc}}{P} \times 100 = \dfrac{E_{dc}I_{dc}}{VI} \times 100 = \dfrac{(I_{dc})^2 R_L}{I^2(r_d + R_L)} \times 100 = \dfrac{40.6}{1 + \dfrac{r_d}{R_L}} [\%]$$

(2) 단상전파 정류회로

$$E_{dc} = \dfrac{2E_m}{\pi} = \dfrac{2\sqrt{2}E}{\pi} = 0.90E[V] \quad \text{또는} \quad E_{dc} = \dfrac{2E_m}{\pi} - e_a [V]$$

$$I_{dc} = \dfrac{E_{dc}}{R} = \dfrac{2\sqrt{2}}{\pi} \times \dfrac{E}{R} = 0.90 \dfrac{E}{R} [A]$$

$$P_{dc} = E_{dc} \cdot I_{dc} [w]$$

$$\eta(\text{효율}) = \dfrac{P_{dc}}{P} \times 100 = \dfrac{E_{dc}I_{dc}}{VI} \times 100 = \dfrac{(I_{dc})^2 R_L}{I^2(r_d + R_L)} \times 100 = \dfrac{81.2}{1 + \dfrac{r_d}{R_L}} [\%]$$

(3) r(맥동율) : 직류에 교류가 포함된 율

$$= \dfrac{\text{교류 실효치}}{\text{직류 평균치}} \times 100 = \sqrt{\dfrac{I_{ac}^2 - I_{dc}^2}{I_{dc}^2}} \times 100$$

① 단상 반파 맥동율 $r=1.21$
② 단상 전파 맥동율 $r=0.482$
③ 3상 반파 맥동율 $r=0.183$
④ 3상 전파 맥동율 $r=0.042$
전원주파수가 60[Hz]일 때 맥동주파수는
① 단상반파=60[Hz]
② 단상전파=120[Hz]
③ 3상반파=180[Hz]
④ 3상전파=360[Hz]

※ PIV(첨두역내 전압)

① 단상 반파 정류회로 PIV $= E_m = \sqrt{2}E$[V]
② 단상 전파 정류회로 PIV $= 2E_m = 2\sqrt{2}E$[V]
③ 단상 전파 bridge형 정류회로 PIV $= E_m = \sqrt{2}E$[V]

제 04 부 회로이론

제 1 장 기본 법칙

1 옴 법칙

$$I = \frac{V}{R} [\text{A}]$$

(1) 전 류

단위시간에 이동되는 전기량을 말한다.

$$I(\text{전류}) = \frac{Q}{t} [\text{c/sec}] = [\text{A}]$$

$$Q(\text{전기량}) = It [\text{C}]$$

$$N(\text{자유전자수}) = \frac{Q}{e} [\text{개}]$$

$$\begin{bmatrix} e(\text{전자전하}) = 1.062 \times 10^{-19} [\text{C}] \\ m(\text{전자질량}) = 9.1 \times 10^{-31} [\text{kg}] \end{bmatrix}$$

$$\therefore 1[\text{C}] = \frac{1}{1.602 \times 10^{-19}} \fallingdotseq 6.25 \times 10^{18} \text{개의 전자이다.}$$

(2) 전류밀도

$$i(\text{전류밀도}) = i_C + i_d = KE + \frac{\partial D}{\partial t} [\text{A/m}^2]$$

① 전도전류 (i_c)

㉠ 도체 내에 흐르는 전류
㉡ 자유전자 이동에 의한 전류
㉢ 옴법칙 미분형

$$i_c = \frac{I}{S} = \frac{E}{\rho} = KE = enV = en\mu E [\text{A/m}^2]$$

$$\begin{bmatrix} n(\text{자유전자수}) = \frac{Q}{e} [\text{개}] \\ \mu(\text{전자의 이동도}) = \frac{V}{E} \end{bmatrix}$$

② 변위전류 (i_d)
　㉠ 도체외에 흐르는 전류
　㉡ 구속전자 변위에 의한 전류
　㉢ 전속밀도($D=\varepsilon E$)의 시간적인 변화에 의한 전류

$$i_d = \frac{\partial D}{\partial t} = \varepsilon \frac{\partial E}{\partial t} \, [\text{A/m}^2]$$

(3) 전 압

$Q[C]$에 전하를 이동해서 $W[J]$의 일을 할 경우 두 점간에 전위차를 전압이라 한다.

$$V(\text{전압}) = V_1 - V_2(\text{전위차}) = \frac{W}{Q}(J/C = Volt)$$

$$W(\text{일}=\text{에너지}) = QV = Q(V_1 - V_2)\,[J]$$

$$W(\text{전자전하가 한 일}) = eV = \frac{1}{2}mv^2\,[J]$$

$$v(\text{속도}) = \sqrt{\frac{2eV}{m}} = 5.931 \times 10^5 \sqrt{V}\,[\text{m/sec}]$$

단, $\sqrt{V}$(전압)

(4) 전기저항

$$R(\text{전기저항}) = \rho \frac{l}{S}(\Omega) \text{ 손실이 있다.}$$

① 역수단위

$$\frac{1}{R}\left(\frac{1}{\Omega} = \mho\,(\text{콘닥턴스}) = \text{지이멘스}\right)$$

$$K(\text{도전율}) = \frac{1}{\rho}\left(\frac{1}{\Omega m} = \mho/m\right)$$

$$\%K = \frac{\text{도체의 도전도}}{\text{표준연동 도전도}} \times 100$$

　　연동 $\%K = 100$
　　경동 $\%K = 97$
　　경알미늄선 $\%K = 61$

② 온도변화(도체)
　온도상승 저항 증가
　㉠ 0°C일 때 저항 R_0 온도계수 $\alpha_0 = \dfrac{1}{234.5}$
　㉡ t°C일 때 저항 $R_t = R_0(1 + \alpha_0 t)\,[\Omega]$
　㉢ t°C일 때 온도계수 $\alpha_t = \dfrac{\alpha_0}{1 - \alpha_0 t}$

③ 저항연결
  ㉠ 직렬연결 → 합성저항 증가한다.
  ㉡ 병렬연결 → 합성저항 감소한다.

> **참고**
> ▶ △결선과 Y결선의 관계
> $\begin{bmatrix} Y_r = \frac{1}{3}\triangle_R \\ \triangle_R = 3Y_r \end{bmatrix}$ $\begin{bmatrix} P_Y = \frac{1}{3}P_\triangle \\ P_\triangle = 3P_Y \end{bmatrix}$ $\begin{bmatrix} Y_r\,(\,Y\text{①상에 저항}) \\ \triangle_R\,(\triangle\text{①상에 저항}) \end{bmatrix}$ $\begin{bmatrix} P_Y\,(\,Y\text{①상 전력}) \\ P_\triangle\,(\triangle\text{①상 전력}) \end{bmatrix}$

④ 저항역할
  전력을 소모한다.

$$P(\text{전력}) = VI = I^2R = \frac{V^2}{R}\,[\text{W}]$$

$$W(\text{전력량, 에너지}) = Pt = VIt = I^2Rt = \frac{V^2}{R}t\,[\text{J}]$$

$$H(\text{주울열량}) = 0.24Pt = 0.24VIt = 0.24I^2Rt = 0.24\frac{V^2}{R}\,[\text{cal}]$$

> **참고**
> ▶ 주울열량과 물리적인 양과의 관계
> $0.24Pt\eta = Cm(T-t)\,[\text{cal}]$
> $1\,[\text{Kwh}] = 860\,[\text{kcal}]$
> $860Pt\eta = Cm(T-t)\,[\text{kcal}]$
> $\therefore\ W = Pt = \frac{QT}{860\eta}\,[\text{Kwh}]$

2 키르히호프의 법칙

(1) 키르히호프제1법칙(전류법칙)

① 연속성이다.
② 마디전압을 구하는 식이다.
③ 마디중심에 들어가는 전류는 밖으로 나가는 전류와 서로 같다.

즉 $\sum_{k=1}^{n} i_k = 0$

(2) 키르히호프제2법칙(전압법칙)

① 폐회로 전류(망전류)를 구하는 식이다.

② 폐회로에서 기전력의 합은 전압강하의 합과 서로 같다.

즉 $\sum_{K=1}^{n} E_K - IR_K = 0$

3 전 지

1차전지 → 건전지
2차전지 → 축전지

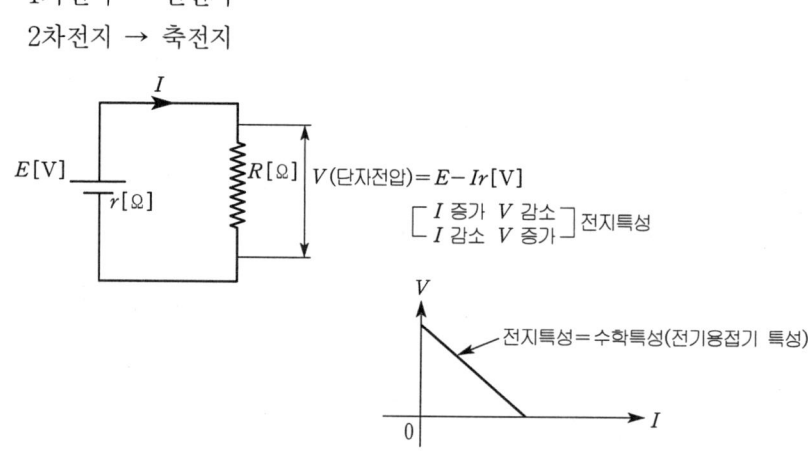

4 분배법칙

(1) 직렬회로($I=$일정)

$V_1 = IR_1\,[\text{V}]$ $I=$일정 V_1은 R_1에 비례

∴ $V_1 = \dfrac{R_1}{R_1 + R_2} \times V_0\,[\text{V}]$

(2) 병렬회로($V=$일정)

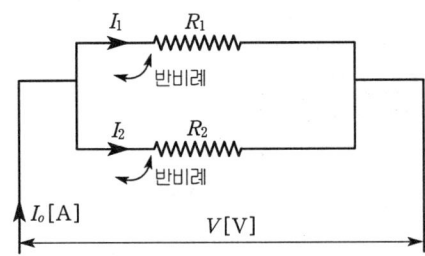

$$I_1 = \frac{V}{R_1} \,[\text{A}] \quad \therefore \quad I_1 = \frac{R_2}{R_1+R_2} \times I_0 \,[\text{A}]$$

$$I_2 = \frac{V}{R_2} \,[\text{A}] \quad \therefore \quad I_2 = \frac{R_1}{R_1+R_2} \times I_0 \,[\text{A}]$$

5 접지저항과 정전용량의 관계

$$RC = \rho\varepsilon \quad \therefore \quad R(\text{접지저항}) = \frac{\rho\varepsilon}{C} \,[\Omega]$$

$$\frac{C}{G} = \frac{\varepsilon}{K} \quad \therefore \quad i(\text{누설전류}) = \frac{V}{R} = \frac{V}{\frac{\rho\varepsilon}{C}} = \frac{CV}{\rho\varepsilon} \,[\text{A}]$$

6 근이법(근사법)

① 1항과 2항만 계산하고 나머지는 생략하는 법이다.
② 2항이 폐회로일 때는 그대로 계산한다.
③ 2항이 개회로일 때는 근의 공식 이용계산한다.

제 2 장 정현파 교류

1 실효치 전류(열선형계기, 가동철편형계기)

한 주기에 대한 순시전류에 자승에 합에 평방근을 말한다.

$$|I| = \sqrt{\frac{1}{T} \int_0^T i_{(t)}^2 dt} \, [\text{A}]$$

2 평균치 전류(가동코일형계기, 가동자침형계기)

① +반파와 -반파가 일치할 경우
  ⇒ 반주기에 대한 순시전류의 합을 말한다.

$$I_{av} = \frac{1}{\pi} \int_0^\pi i_{(t)} dt \, [\text{A}]$$

② +반파와 -반파가 일치하지 않을 경우
  ⇒ 한 주기에 대한 순시전류의 합을 말한다.

$$I_{av} = \frac{1}{2\pi} \int_0^{2\pi} i_{(t)} dt \, [\text{A}]$$

3 순시전류

$$i_{(t)} = I_m \sin \omega t \, [\text{A}]$$

① ω(전기각속도) $= 2\pi f = 2\pi \frac{1}{T}$ [rad/sec] ································· ①

  T(주기) $= \frac{1}{f} = \frac{2\pi}{\omega}$ [sec]

② ω(기하각속도) $= 2\pi \frac{N}{60}$ [rad/sec] ································· ②

③ 전기각속도=기하각속도 $\times \dfrac{P}{2}$

$$2\pi f = 2\pi \dfrac{N}{60} \times \dfrac{P}{2}$$

$$f(\text{발생주파수}) = \dfrac{NP}{120}\,[\text{Hz}], \quad N(\text{회전수}) = \dfrac{120f}{P}\,[\text{rpm}]$$

④ $\omega t = \theta$ (위상)

$$t(\text{시간}) = \dfrac{\theta}{\omega} = \dfrac{\theta}{2\pi f}\,[\sec]$$

4 실효치, 평균치, 최대치

		실효치	평균치	최대치
전 파	정현파	$\dfrac{I_m}{\sqrt{2}} = 0.707 I_m$	$\dfrac{2}{\pi} I_m = 0.637 I_m$	I_m
	구형파	I_m	I_m	I_m
	3각파	$\dfrac{I_m}{\sqrt{3}} = 0.577 I_m$	$\dfrac{I_m}{2} = 0.5 I_m$	I_m
반 파	정현파	$\dfrac{I_m}{\sqrt{2}} \times \dfrac{1}{\sqrt{2}}$	$\dfrac{2I_m}{\pi} \times \dfrac{1}{2}$	I_m
	구형파	$I_m \times \dfrac{1}{\sqrt{2}}$	$I_m \times \dfrac{1}{2}$	I_m
	3각파	$\dfrac{I_m}{\sqrt{3}} \times \dfrac{1}{\sqrt{2}}$	$\dfrac{I_m}{2} \times \dfrac{1}{2}$	I_m

$$\text{파형율} = \dfrac{\text{실효치}}{\text{평균치}}, \quad \text{파고율} = \dfrac{\text{최대치}}{\text{실효치}}$$

제 3 장 기본 교류회로

1 직렬회로

직렬회로는 I(일정), Z(impedance)[Ω]인 조건이다.

(1) R만의 직렬회로

    θ(위상)=0

    동위상= V와 I가 같은 위상

$$P(전력) = VI = I^2R = \frac{V^2}{R} \text{ [W]}$$

(2) L만의 직렬회로

$$\underline{L[\text{H}]} \longrightarrow \underline{X_L \angle 90° = jwL[\Omega]}$$
$$\Downarrow \qquad\qquad\qquad \Downarrow$$
$$\text{inductance[H]} \quad \text{유도성 Reactance[}\Omega\text{]}$$

    θ(위상)=90°

    유도성 : V가 앞선 경우

> **참고**
>
> ▶ Faraday 전자유도법칙
>
> 전압, 기전력 크기 $V = L\dfrac{di_{(t)}}{dt}$ [V]
>
> ※ 전류가 급격히 변화하는 것을 코일이 막는다.
>
> P_r(무효전력) $= VI = I^2 X_L = \dfrac{V^2}{X_L}$ [var]

(3) C만의 직렬회로

$$C \begin{pmatrix} F \\ \mu F \\ PF \end{pmatrix} \xrightarrow{\text{교류}} X_c \angle -90° = -jX_c = \frac{1}{jwc} \text{ [}\Omega\text{]}$$
$$\Downarrow \qquad\qquad \Downarrow$$
$$\text{Condenser} \quad \text{용량성 Reactance}$$

    θ(위상)=90°

    용량성 : I가 앞선 경우

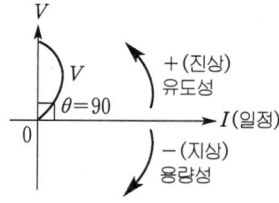

> **참고**
>
> ▶ Faraday 전자유도법칙
> 전압, 기전력 크기는
> $$V_{(t)} = \frac{1}{C}\int i_{(t)}dt\,[\text{V}] \qquad \therefore\ i_t = C\frac{dV_{(t)}}{dt}\,[\text{A}]$$
> ※ 전압이 급격이 변화하는 것을 콘덴서가 막는다.
> $$P_r(\text{무효전력}) = VI = I^2 X_c = \frac{V^2}{X_c}\,[\text{var}]$$

2 R-L-C의 직렬회로(Vector도)

유도성 $\begin{cases} V_L > V_C \\ X_L > X_C \\ f > f_0 = \dfrac{1}{2\pi\sqrt{LC}}\,[\text{Hz}] \end{cases}$

+(진상) / 공진 $\begin{cases} V_L = V_C \\ X_L = X_C \\ f = f_0 = \dfrac{1}{2\pi\sqrt{LC}}\,[\text{Hz}] \end{cases}$

용량성 $\begin{cases} V_C > V_L \\ X_C > X_L \\ f < f_0 = \dfrac{1}{2\pi\sqrt{LC}}\,[\text{Hz}] \end{cases}$

$$Z = R + j(X_L - X_C)\,[\Omega]$$

$$|Z| = \sqrt{R^2 + \left(\omega L - \frac{1}{\omega C}\right)^2}$$

$$\theta = \tan^{-1}\frac{\pm\left(\omega L - \dfrac{1}{\omega C}\right)}{R}$$

① $P(\text{전력}) = \dfrac{V_m I_m}{2}\cos\theta = VI\cos\theta = I^2 R\,[\text{W}]$

$P_r(\text{무효전력}) = \dfrac{V_m I_m}{2}\sin\theta = VI\sin\theta = I^2 X\,[\text{var}]$

$P_a(\text{피상전력}) = \dot{V}\,\overline{I} = \dfrac{V_m I_m}{2} = VI\,[\text{VA}]$

② $\cos\theta(\text{역율}) = \dfrac{V_R}{V} = \dfrac{R}{|Z|} = \dfrac{P}{P_a}$, $\sin\theta(\text{무효율}) = \dfrac{V_x}{V} = \dfrac{X}{|Z|} = \dfrac{P_r}{P_a}$

③ 공진

V와 I가 같은 위상인 경우

허수부 $=0$

$$V_L = I_0 X_L = \frac{V}{R}\omega_0 L = \frac{V}{\omega_0 CR} [\text{V}]$$

$$V_c = I_0 X_c = \frac{V}{R}\frac{1}{\omega_0 c} = \frac{V}{R}\omega_0 L [\text{V}]$$

$$I_0(\text{직렬공진전류}) = \frac{V}{R} \angle 0 [\text{A}] \text{ 최대다(크다)}.$$

④ Q_0(선택도) = 첨예도 = 전압확대비

$$Q_0 = \frac{V_L}{V} = \frac{V_c}{V} = \frac{\omega_0 L}{R} = \frac{1}{\omega_0 CR} = \frac{f_0}{f_2 - f_1} = \frac{f_0}{B(\triangle f)}$$

$$\therefore B(\triangle f) = \text{대역폭} = f_2 - f_1 = \frac{f_0}{Q_0}$$

3 $R-L-C$ 병렬회로

병렬회로는 V(일정), Y(admiture)[℧]인 조건이다.

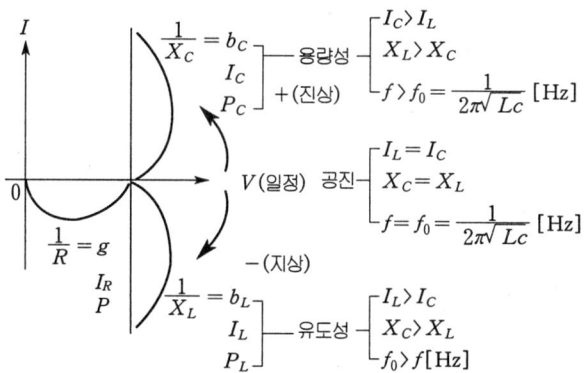

① $P(\text{전력}) = \dfrac{V_m I_m}{2}\cos\theta = VI\cos\theta = \dfrac{V^2}{R} [\text{W}]$

$P_r(\text{무효전력}) = \dfrac{V_m I_m}{2}\sin\theta = VI\sin\theta = \dfrac{V^2}{X} [\text{var}]$

$P_a(\text{복소전력}) = \overline{V}I = \dfrac{V_m I_m}{2} = VI [\text{VA}]$

② $\cos\theta(\text{역율}) = \dfrac{I_R}{I} = \dfrac{g}{|Y|} = \dfrac{P}{P_a}$

$$\sin\theta(무효율) = \frac{I_x}{I} = \frac{b}{|Y|} = \frac{P_r}{P_a}$$

③ $\dot{Y} = \frac{1}{R} - j\frac{1}{X_L} + j\frac{1}{X_c} = \frac{1}{R} - j\left(\frac{1}{X_L} - \frac{1}{X_C}\right)[℧]$

④ 병렬공진

　V와 I가 같은 위상인 경우

　　허부수=0

　　I_0(병렬공진전류) $= \frac{V}{R}\angle 0\,[A]$ 최소다(적다).

⑤ Q_0(선택도=첨예도=전류확대비)

$$Q_0 = \frac{I_L}{I} = \frac{I_c}{I} = \frac{R}{\omega_0 L} = \omega_0 CR = \frac{f_0}{f_2 - f_1} = \frac{f_0}{B(\triangle f)}$$

$$B(\triangle f)(대역독) = f_2 - f_1 = \frac{f_0}{Q_0}$$

4 일반적인 공진회로(허수부=0)

$$\omega_0(공진각속도) = \sqrt{\frac{1}{LC} - \frac{R^2}{L^2}}\,[\mathrm{rad/sec}]$$

$$f_0(공진주파수) = \frac{1}{2\pi}\sqrt{\frac{1}{LC} - \frac{R^2}{L^2}}\,[\mathrm{Hz}]$$

$$Y_0(공진시\ \mathrm{admittance}) = \frac{CR}{L}\,[℧]$$

$$I_0(공진전류) = Y_0 E = \frac{CR}{L} E\,[A]$$

제 4 장　교류전력

1 단상 교류전력

$$P(전력) = \frac{V_m I_m}{2}\cos\theta = VI\cos\theta = I^2 R = \frac{V^2}{R}\,[W]$$

$$P_r(\text{무효전력}) = \frac{V_m I_m}{2}\sin\theta = VI\sin\theta = I^2 X = \frac{V^2}{X}\,[\text{var}]$$

$$P_a(\text{피상전력}) = \frac{V_m I_m}{2} = VI = P\pm jP_r\,[\text{VA}]$$

$$\text{유효전력량} = Pt = VI\cos\theta \times t\,[\text{wh}]$$

$$\text{무효전력량} = P_r \times t = VI\sin\theta \times t\,[\text{Varh}]$$

2 3상 교류회로

(1) △결선(환상결선)

$$V_l = V_p \angle 0°\,[\text{V}]$$

$$I_l = \sqrt{3} I_p \angle -30°\,[\text{A}]$$

(2) Y결선(성형(상)결선)

$$V_l = \sqrt{3} V_p \angle 30°\,[\text{V}]$$

$$I_l = I_p \angle 0°\,[\text{A}]$$

$\begin{bmatrix} V_l : \text{선간전압} \\ V_p : \text{상전압} \end{bmatrix}$

$\begin{bmatrix} I_l : \text{선전류} \\ I_p : \text{상전류} \end{bmatrix}$

(3) △결선과 Y결선의 관계

$$V_l = \sqrt{3} V_p \angle 30°\,[\text{V}]$$

$\begin{bmatrix} V_l : \text{환상전압}(\triangle\text{전압}) = \text{선간전압} \\ V_p : \text{성형(상) 전압}(Y\text{전압}) = \text{상전압} \end{bmatrix}$

$$I_l = \sqrt{3} I_p \angle -30°\,[\text{A}]$$

$\begin{bmatrix} I_l : \text{성형(상)전류}(Y\text{전류}) = \text{선전류} \\ I_p : \text{환상전류}(\triangle\text{전류}) = \text{상전류} \end{bmatrix}$

(4) 저항과 전력의 관계

$\begin{bmatrix} Y_r = \dfrac{1}{3}\triangle_R \\ \triangle_R = 3 Y_r \end{bmatrix}$
$\begin{bmatrix} P_Y = \dfrac{1}{3} P_\triangle \\ P_\triangle = 3 P_Y \end{bmatrix}$

$$\begin{bmatrix} Y_r(\,Y\;\text{①상저항}) \\ \triangle_R(\,\triangle\;\text{①상저항}) \end{bmatrix} \qquad \begin{bmatrix} P_Y(\,Y\;\text{①상전력}) \\ P_\triangle(\,\triangle\;\text{①상전력}) \end{bmatrix}$$

(5) 3상 교류전력

$$P(\text{전력}) = 3VI\cos\theta = \sqrt{3}\,VI\cos\theta = 3I^2R\,[\text{W}]$$

$$P_r(\text{무효전력}) = 3VI\sin\theta = \sqrt{3}\,VI\sin\theta = 3I^2X\,[\text{var}]$$

$$P_a(\text{피상전력}) = 3VI = \sqrt{3}\,VI = P \pm jP_r\,[\text{VA}]$$

3 단상변압기(V결선)

(1) V결선 변압기

$$\text{이용율} = \frac{V\text{결선의 용량}}{2\text{대 용량}} = \frac{\sqrt{3}\,VI}{2VI} = \frac{\sqrt{3}}{2} = 0.866$$

∴ 86.6%

(2) V결선 변압기

$$\text{출력비} = \frac{V\text{결선의 용량}}{3\text{대 용량}} = \frac{\sqrt{3}\,VI}{3VI} = \frac{1}{\sqrt{3}} = 0.577$$

∴ 57.7%

$$\begin{bmatrix} V_l = V_p = V \\ \text{선간전압} = \text{상전압} \end{bmatrix}$$
$$\begin{bmatrix} I_l = I_p = I \\ \text{선전류} = \text{상전류} \end{bmatrix}$$

4 n상 교류회로 결선

(1) 성형(상)결선(Y결선)

$$I_l = I_p \angle 0\,[\text{A}]$$

$$V_l = V_p 2\sin\frac{\pi}{n}\varepsilon^{j\frac{\pi}{2}\left(1 - \frac{2}{n}\right)}[\text{V}]$$

(2) 환상결선(△결선)

$$I_l = I_p 2\sin\frac{\pi}{n} \varepsilon^{-j\frac{\pi}{2}\left(1-\frac{2}{n}\right)} [\text{A}]$$

$$V_l = V_p \angle 0 [\text{V}]$$

- V_l : 선간전압
- V_p : 상전압
- I_l : 선전류
- I_p : 상전류

(3) 성형(상)결선과 환상결선의 관계

$$V_l = V_p 2\sin\frac{\pi}{n} \varepsilon^{j\frac{\pi}{2}\left(1-\frac{2}{n}\right)} [\text{V}]$$

- V_l : 환상전압(△전압)
- V_p : 성형(상)전압(Y전압)
- $2\sin\frac{\pi}{n}$: 환상전압(△전압)
- $\frac{\pi}{2}\left(1-\frac{2}{n}\right)$: 위상차

$$I_l = I_p 2\sin\frac{\pi}{n} \varepsilon^{-j\frac{\pi}{2}\left(1-\frac{2}{n}\right)}$$

- I_l : 성형(상)전류(Y전류)
- I_p : 환상전류(△전류)
- $2\sin\frac{\pi}{n}$: 환상전류(△전류)
- $\frac{\pi}{2}\left(1-\frac{2}{n}\right)$: 위상차

(4) n 상 교류 전력

$$P(\text{전력}) = nVI\cos\theta = \frac{nVI\cos\theta}{2\sin\frac{\pi}{n}} [\text{W}]$$

$$P_r(\text{무효전력}) = nVI\sin\theta = \frac{nVI\sin\theta}{2\sin\frac{\pi}{n}} [\text{var}]$$

$$P_a(\text{피상전력}) = nVI = \frac{nVI}{2\sin\frac{\pi}{n}} = P \pm jP_r [\text{VA}]$$

5 역률개선용 무료전력

① 진상 → 지상(모선, 병열 Reactunce 접속한다.)
② 지상 → 진상(모선, 병열 Condenser 접속한다.)

③ 진상 → 지상
　지상 → 진상 ┤ 동기조상기(동기전동기)를 설치

∴ P_r(역률개선용 무효전력) $= P(\tan\theta_1 - \tan\theta_2)$[KVA]

6 최대전력 전송조건과 최대전력

최대정리 $\begin{bmatrix} A+B=\text{일정} \\ A\times B=\text{최대인 조건} \end{bmatrix}$ 은 $A=B$ 일 때이다.

①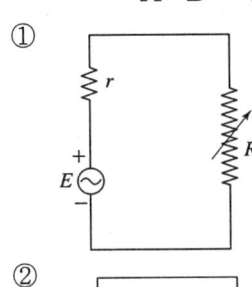

최대전력 전송조건 $\begin{bmatrix} \text{내부저항크기}=\text{외부저항크기} \\ |r|=|R|[\Omega] \end{bmatrix}$

최대전력 $P_{\max} = \dfrac{E^2}{4r}$ [W]

②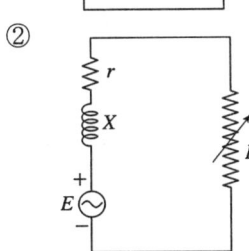

최대전력 전송조건 $\begin{array}{l} \text{내부임피던스 크기}=\text{외부저항 크기} \\ \sqrt{r^2+X^2}=|Z|=|R|[\Omega] \end{array}$

최대전력 $P_{\max} = \dfrac{E^2}{4|Z|}$ [W]

제 5 장　대칭좌표법

1 대칭과 비대칭의 관계

비대칭 3상　　　　　대칭분 3상

$V_a = V_0 + V_1 + V_2$ 　　$V_0(\text{영상}) = \dfrac{1}{3}(V_a + V_b + V_c)$

$V_b = V_0 + a^2 V_1 + a V_2$ 　$V_1(\text{정상}) = \dfrac{1}{3}(V_a + a V_b + a^2 V_c)$

$V_c = V_0 + a V_1 + a^2 V_2$ 　$V_2(\text{역상}) = \dfrac{1}{3}(V_a + a^2 V_b + a V_c)$

3상에 공통인 성분은 영상분이다.

불평형률 $= \dfrac{역상분}{정상분} \times 100\%$

2 3상 교류 발전기 기본식

$$V_0 (영상분\ 단자전압) = E_0 - Z_0 I_0 = -Z_0 I_0 [V]$$
$$V_1 (정상분\ 단자전압) = E_1 - Z_1 I_1 = E_a - Z_1 I_1 [V]$$
$$V_2 (역상분\ 단자전압) = E_2 - Z_2 I_2 = -Z_2 I_2 [V]$$

3 3상교류 발전기 기본식 응용

(1) 선간단락

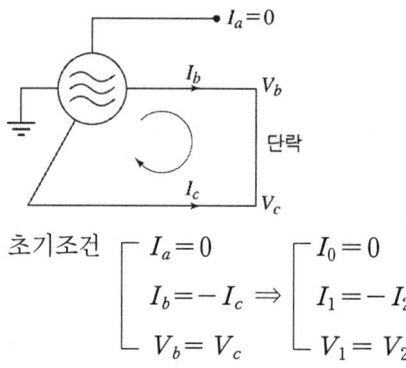

초기조건 $\begin{bmatrix} I_a = 0 \\ I_b = -I_c \\ V_b = V_c \end{bmatrix} \Rightarrow \begin{bmatrix} I_0 = 0 \\ I_1 = -I_2 \\ V_1 = V_2 \end{bmatrix}$

인 고장 종류를 선간단락이라 한다.

(2) 1선지락(접지)

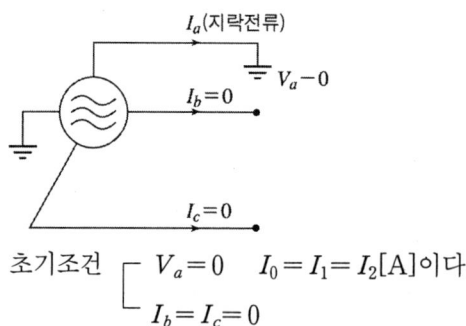

초기조건 $\begin{bmatrix} V_a = 0 \\ I_b = I_c = 0 \end{bmatrix}$ $I_0 = I_1 = I_2 [A]$이다.

∴ $I_0 = I_1 = I_2$인 고장종류를 1선지락이라 한다.

$$I_a(지락전류) = 3I_0 = \frac{3E_a}{Z_0 + Z_1 + A_2}[A]$$

(3) 2선지락(접지)

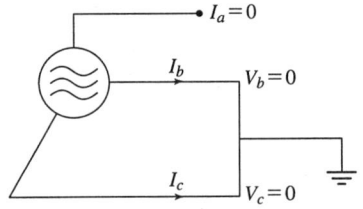

초기조건 $\begin{matrix} I_a = 0 \\ V_b = V_c = 0 \end{matrix}$ $V_0 = V_1 = V_2[V]$이다.

∴ $V_0 = V_1 = V_2$인 고장 종류를 2선지락이라 한다.

(4) 대칭분 3상전력

$$대칭분\ 3상전력 = 3\ \overline{V_0}I_0 + 3\ \overline{V_1}I_1 + 3\ \overline{V_2}I_2[W]$$

제 6 장 비정현파 교류

1 푸리에 급수

푸리에 급수란 비정현파를 여러 가지파로 분류하는 법

$$왜율\ (D) = \frac{전고조파\ 실효치}{기본파\ 실효치} \times 100 = \sqrt{\frac{V_2^2 + V_3^2 + V_4^2 + \cdots}{V_1^2}} \times 100$$

비정현파 = 직류파 + 기본파 + 고조파의 합성이다.
∴ 무수이 많은 주파수의 합성이다.

2 특수파형

(1) 반파대칭

$$y(x) = -y(x+\pi)$$

기함수 $n=1, 3, 5, 7\cdots$

$a_0 = 0$ · $\left.\begin{matrix} a_n \\ b_n \end{matrix}\right\}$ 만 존재한다.

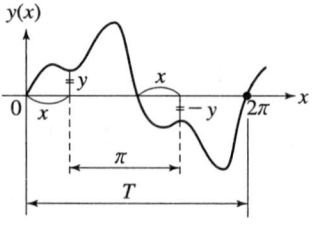

(2) 정현대칭

$$y(-x) = -y(x)$$

기함수 $n=1, 3, 5, 7, 9$

$\left.\begin{matrix} a_0 = 0 \\ a_n = 0 \end{matrix}\right\}$ · b_n만 존재한다.

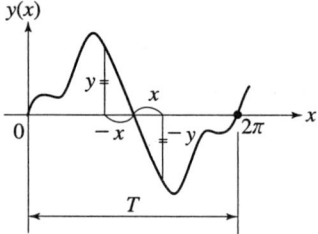

(3) 여현대칭

$$y(x) = y(-x)$$

우함수 $n=2, 4, 6, 8$

$b_n = 0$ · $\left.\begin{matrix} a_0 \\ a_n \end{matrix}\right\}$ 만 존재한다.

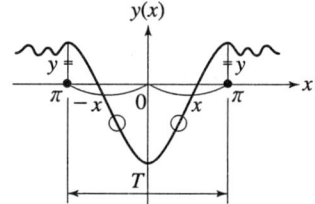

(4) 반파정현대칭

반대대칭 + 정현대칭

$$y(x) = -y(x+\pi) \rightarrow 반파대칭$$
$$y(-x) = -y(x) \rightarrow 정현대칭$$

기함수 $n=1, 3, 5, 7, 9$

$\left.\begin{matrix} a_0 \\ a_n \end{matrix}\right\}$ · b_n만 존재한다.

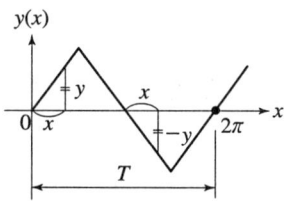

(5) 반파여현대칭

반파대칭 + 여현대칭

$$y(x) = -y(x+\pi)$$
$$y(x) = y(-x)$$

기함수 $n=1, 3, 5, 7, 9$

$\left.\begin{matrix} a_0 = 0 \\ b_n = 0 \end{matrix}\right\}$ · a_n만 존재한다.

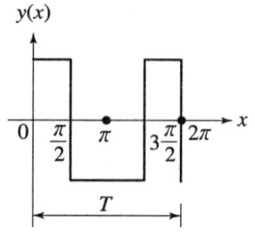

3 비정현파 전압, 전류의 실효치

$$|E|(전압) = \sqrt{\frac{1}{T}\int_0^T e_{(t)}^2 dt} = \sqrt{E_0^2 + E_1^2 + E_2^2 + \cdots}\,[V]$$

$$|I|(전류) = \sqrt{\frac{1}{T}\int_0^T i_{(t)}^2 dt} = \sqrt{I_0^2 + I_1^2 + I_2^2 + I_3^2 + \cdots}\,[A]$$

4 비정현파 전압, 전류에 의한 전력

$$P(전력) = \frac{1}{T}\int_0^T e_{(t)}i_{(t)}dt = E_0 I_0 + \sum_{n=1}^{\infty} E_n I_n \cos \psi_n$$
$$= E_0 I_0 + E_1 I_1 \cos \psi_1 + E_2 I_2 \cos \psi_2 + E_3 I_3 \cos \psi_3 + \cdots [W]$$

같은 주파수 사이에만 전력이 존재한다.
단, ψ(위상차) = 전압위상(기준) − 전류위상이다.

제 7 장 2단자 회로망

1 리액턴스 2단자망에 구동점 임피던스

$$Z(s) = jwH \frac{(w^2 - w_1^2)(w^2 - w_3^2)\cdots(w^2 - w_{2n-1}^2)}{w^2(w^2 - w_2^2)(w^2 - w_4^2)\cdots(w^2 - w_{2n-2}^2)}\,[\Omega]$$

① $Z(s) = 0$, 분자 = 0, 영점(0), 공진. 단락회로
② $Z(s) = \infty$, 분모 = 0, 극점(×), 반공진. 개방회로
③ 영점(0)과 극점(×), 공진과 반공진점은 교대로 존재한다.
④ 무수히 많은 주파수의 합성이다.
⑤ $\dfrac{dX(w)}{dw} > 0$ 이다.
⑥ 영점(0)과 극점(×)는 허수축 좌반부에 존재한다(단 수동회로다).

2 역회로

$$\frac{Z_1}{Y_2} = Z_1 Z_2 = K^2 \text{ (공칭 impedance)}$$

3 정저항회로

① 근사치계산 : $\dfrac{Z_1}{Y_2} = Z_1 Z_2 = R^2$

② 정밀치계산 : 허수부=0일 때이다.

제 8 장 4단자 회로망

1 무4단자 기초방정식

4단자 기초방정식 :

$$V_1 = AV_2 + BI_2$$
$$I_1 = CV_2 + DI_2$$

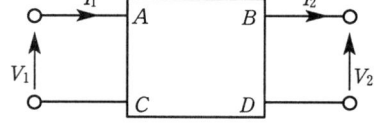

4단자 회로망은 역방향을 기준한 것이다.

2 4단자 정수의 정의

4단자 기초방정식 $\begin{cases} V_1 = AV_2 + BI_2 \\ I_1 = CV_2 + DI_2 \end{cases}$ 에서

(1) $V_2 = 0$ (2차측 단락)

$$B = \frac{V_1}{I_2}\bigg)_{V_2=0} \Rightarrow \text{단락전달 임피던스}[\Omega] \Rightarrow \text{임피던스의 차원식}$$

$$D = \frac{I_1}{I_2}\bigg)_{V_2=0} \Rightarrow \text{전류궤환율}$$

$$Z_{1S}(\text{구동점임피던스}) = \frac{V_1}{I_1}\bigg)_{V_2=0} = \frac{B}{D}\,[\Omega]$$

(2) $I_2 = 0$ (2차측 개방)

$$A = \frac{V_1}{V_2}\bigg)_{I_2=0} \Rightarrow \text{전압궤환율}$$

$$C = \frac{I_1}{V_2}\bigg)_{I_2=0} \Rightarrow \text{개방전달어드미턴스}[\mho] \Rightarrow \text{어드미턴스 차원식}$$

$$Z_{1f}(\text{구동점임피던스}) = \frac{V_1}{I_1}\bigg)_{I_2=0} = \frac{A}{C}\,[\Omega]$$

(3) 선로특성임피던스

$$Z_0 = \sqrt{Z_{1s}Z_{1f}} = \sqrt{\frac{AB}{CD}}\,[\Omega]$$

(4) 임피던스 파라메트

$$Z_{11} = \frac{A}{C}\,[\Omega]\ (\text{자기 impedance})$$

$$Z_{12} = Z_{21} = -\frac{1}{C}\,(\text{역방향})\ (\text{상호 impedance})$$

$$Z_{22} = \frac{D}{C}\,[\Omega]\ (\text{자기 impedance})$$

(5) 어드미턴스 파라메트

$$Y_{11} = \frac{D}{B}\,[\mho]\ (\text{자기 admittance})$$

$$Y_{12} = Y_{21} = \frac{1}{B}\,(\text{역방향})\ (\text{상호 admittance})$$

$$Y_{22} = \frac{A}{B}\ (\text{자기 admittance})$$

4단자 정수사이에 관계 : $AD - BC = 1$

3 4단자망의 접속(종속접속)

최대전력 전송접속이다.

(1) 직 열 형

4단자 정수

$$\begin{vmatrix} A & B \\ C & D \end{vmatrix} = \begin{vmatrix} 1 & Z \\ 0 & 1 \end{vmatrix}$$

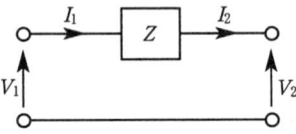

(2) 병 열 형

4단자 정수

$$\begin{vmatrix} A & B \\ C & D \end{vmatrix} = \begin{vmatrix} 1 & 0 \\ \dfrac{1}{Z} & 1 \end{vmatrix}$$

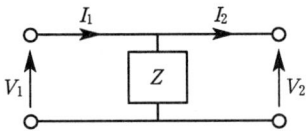

(3) 종속접속(메트릭스 곱의 접속)

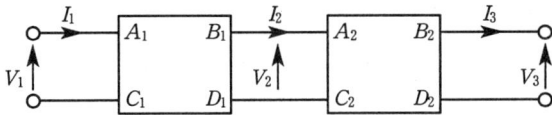

4단자 정수

$$\begin{vmatrix} A & B \\ C & D \end{vmatrix} = \begin{vmatrix} A_1 & B_1 \\ C_1 & D_1 \end{vmatrix} \begin{vmatrix} A_2 & B_2 \\ C_2 & D_2 \end{vmatrix} = \begin{vmatrix} A_1A_2 + B_1C_2 & A_1B_2 + B_1D_2 \\ C_1A_2 + D_1C_2 & C_1B_2 + D_1D_2 \end{vmatrix}$$

4 영상파라메트(임피던스)

(1) 영상임피던스

$$Z_{01} = \sqrt{\frac{AB}{CD}}\,[\Omega], \quad Z_{02} = \sqrt{\frac{BD}{CA}}\,[\Omega]$$

$$\frac{Z_{01}}{Z_{02}} = \frac{A}{D}, \quad Z_{01}Z_{02} = \frac{B}{C}$$

$A = D$ (대칭회로)

$$\therefore Z_{01} = Z_{02} = \sqrt{\frac{B}{C}}\,[\Omega]$$

(2) 전달정수 (θ)

전력의 전달정수를 말한다.

$$\left(\frac{V_1 I_1}{V_2 I_2}\right)^{\frac{1}{2}} = \left(\frac{P_1}{P_2}\right)^{\frac{1}{2}} = \varepsilon^\theta = \sqrt{AD} + \sqrt{BC}$$

$$\theta(\text{전달정수}) = \ln_e(\sqrt{AD} + \sqrt{BC}) = \frac{1}{2}\ln_e\frac{P_1}{P_2}$$

5 h 파라메트

$$V_i = h_{ie} i_b + h_{re} V_0$$
$$i_c = h_{fe} i_b + h_{0e} V_0$$

6 g 파라메트

$$I_1 = g_{11} V_1 + g_{12} I_2$$
$$V_2 = g_{21} V_1 + g_{22} I_2$$

7 정K형 filter회로(L-C만회로)

$$\frac{Z_1}{Y_2} = Z_1 Z_2 = K^2, \quad \text{차단주파수범위} \quad \frac{X_1(w)}{2K} = \pm 1$$

(1) 정K형 저역 filter회로

$$L = \frac{K}{\pi f_1} \, [\text{H}]$$
$$C = \frac{1}{\pi f_1 K} \, [\text{F}]$$

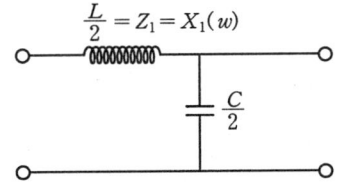

(2) 정K형 고역 filter회로

$$L = \frac{K}{4\pi f_1} \, [\text{H}]$$
$$C = \frac{1}{4\pi f_1 K} \, [\text{F}]$$

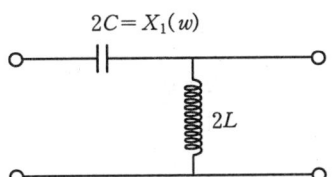

제 9 장 분포 정수 회로

1 일반선로

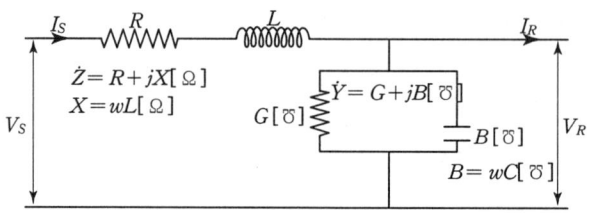

① Z_0(선로특성임피던스) $= \sqrt{\dfrac{Z}{Y}} = \sqrt{Z_{1f}Z_{1s}} = \sqrt{\dfrac{AB}{CD}}$ [Ω]

② r(전파정수) $= \alpha + j\beta = \sqrt{YZ}$

α(감쇄정수) $= \sqrt{\dfrac{1}{2}(|YZ| + RG - XB)}$

[단위] $\begin{bmatrix} \text{neper} = \ln \dfrac{V_1}{V_2} = \dfrac{1}{2} \ln_e \dfrac{P_1}{P_2} \\ \text{dB} = 20 \log_{10} \dfrac{V_1}{V_2} = 10 \log_{10} \dfrac{P_1}{P_2} \end{bmatrix} \dfrac{\text{dB}}{\text{neper}} = 8.686$

β(위상정수) $= \sqrt{\dfrac{1}{2}(|YZ| - RG + XB)}$

[단위] $\begin{bmatrix} \text{radian} & \pi & \dfrac{\pi}{2} \\ & \Downarrow & \Downarrow \\ \text{degree} & 180° & 90° \end{bmatrix} 2\pi : 360 = x(\text{radian}) : y°$

③ v(위상속도, 전파속도) $= \dfrac{w}{\beta} = \dfrac{1}{\sqrt{LC}} = \dfrac{1}{\sqrt{\varepsilon\mu}}$ [m/sec]

2 무손실선로(송전전송 선로)

$\left.\begin{array}{l} R = 0 \\ G = 0 \end{array}\right] \varepsilon_s = \mu_s = 1$

① Z_0(선로특성임피던스) $= \sqrt{\dfrac{Z}{Y}} = \sqrt{\dfrac{L}{C}} = \sqrt{\dfrac{\mu_0}{\varepsilon_0}}\,[\Omega]$

② r (전파정수) $= \alpha + j\beta = j\beta = jw\sqrt{LC}$

r (전파정수) $= \sqrt{YZ} = jw\sqrt{LC}$

α (감쇠정수) $= 0$

β (위상정수) $= w\sqrt{LC}$

③ v (위상속도) $= \dfrac{w}{\beta} = \dfrac{1}{\sqrt{LC}} = \dfrac{1}{\sqrt{\varepsilon_0 \mu_0}} = C_0 = f\lambda\,[\text{m/sec}]$

λ (파장) $= \dfrac{2\pi}{\beta} = \dfrac{C_0}{f} = \dfrac{v}{f}\,[\text{m}]$

단, $L = \dfrac{N^2}{R} = \dfrac{N^2}{\dfrac{l}{\mu S}} = \dfrac{\mu S N^2}{l}\,[\text{H}]$

$\therefore \begin{cases} L \fallingdotseq N^2 \\ L \fallingdotseq \mu = \mu_0 \mu_S\,[\text{H/m}] \end{cases}$

$C = \dfrac{\varepsilon_S}{d} \fallingdotseq \varepsilon = \varepsilon_0 \varepsilon_S\,[\text{F/m}]$

3 송, 수전단, 전압, 전류 관계(장거리 (송전, 전송) 선로)

100km 이상으로 분포정수회로이다.

$V_s = V_R \cos hrl + Z_0 I_R \sin hrl = AV_R + BI_R\,[\text{V}]$

$I_s = \dfrac{1}{Z_0} V_R \sin hrl + I_R \cos hrl = CV_R + DI_R\,[\text{A}]$

Z_{1s}(구동점임피던스) $= \left.\dfrac{V_S}{I_S}\right)_{V_R=0} = Z_0 \tan hrl$ ·················· ①

Z_{1f}(구동점임피던스) $= \left.\dfrac{V_S}{I_S}\right)_{I_R=0} = Z_0 \cot hrl$ ·················· ②

$\therefore Z_0$(선로특성임피던스) $= \sqrt{Z_{1s} Z_{1f}} = \sqrt{\dfrac{AB}{CD}}\,[\Omega]$

4 무왜조건(일그러짐이 없는 조건)

$$\frac{R}{L} = \frac{G}{C}, \quad RC = LG, \quad r = \sqrt{RG} + jw\sqrt{LC}$$

단, 일반적인 전송 선로인 경우는 $RC \geq LG$

5 반사계수

$$\rho = \frac{Z_L - Z_0}{Z_L + Z_0}$$

무한이 긴 선로(무한장 선로)

$Z_L = Z_0$ 이다.

$$\therefore \rho(\text{반사계수}) = \frac{Z_L - Z_0}{Z_L + Z_0} = 0 \text{이다.}$$

$$S(\text{정재파비}) = \frac{1 + |\rho|}{1 - |\rho|} = \frac{V_1 + V_2}{V_1 - V_2}$$

$\begin{cases} V_1(\text{입사전압}) \\ V_2(\text{반사전압}) \end{cases}$

제10장 과도현상

1 R-L 직렬회로 과도현상

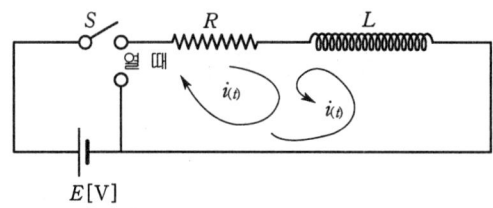

① S를 닫는 순간의 과도전류 $i_{(t)} = \frac{E}{R}\left(1 - e^{-\frac{R}{L}t}\right)[\text{A}]$

② S를 열때 과도전류 $i_{(t)} = \dfrac{E}{R} e^{-\dfrac{R}{L}t}$ [A]

③ 시정수 $\tau = \dfrac{L}{R}$ [sec]

④ 시정수가 크면 클수록 과도현상은
   ㉠ 길어진다.
   ㉡ 오래 지속된다.
   ㉢ 천천히 사라진다.

⑤ $\tan\theta$(기울기) $= \dfrac{I}{\tau}$

⑥ 과도현상이 안생길 전압위상 $\theta = \tan^{-1}\dfrac{\omega L}{R}$ 이다.

2 R-C 직렬회로 과도현상

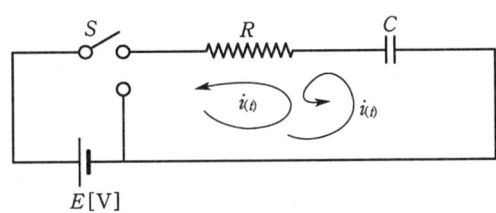

① S를 닫는 순간 과도전류 $i_{(t)} = \dfrac{E}{R} e^{-\dfrac{1}{CR}t}$ [A]

② S를 열때의 과도전류 $i_{(t)} = -\dfrac{Q_0}{CR} e^{-\dfrac{1}{CR}t} = -\dfrac{V}{R} e^{-\dfrac{1}{CR}t}$ [A]

③ 시정수 $\tau = CR$ [sec]

④ 시정수가 크면 클수록 과도현상은
   ㉠ 길어진다.
   ㉡ 천천히 사라진다.
   ㉢ 오래 지속된다.

⑤ 미분회로, 적분회로
   ㉠ $T > CR$ → 미분회로

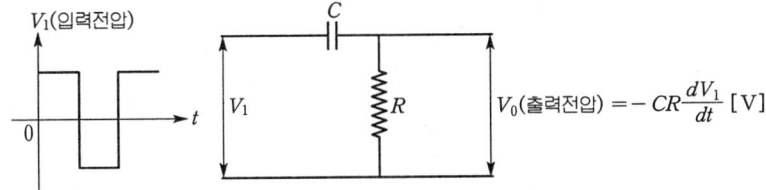

처음에는 입력과 같이 변하다가 서서히 감소하는 양이다.

ⓒ $T < CR$ → 적분회로

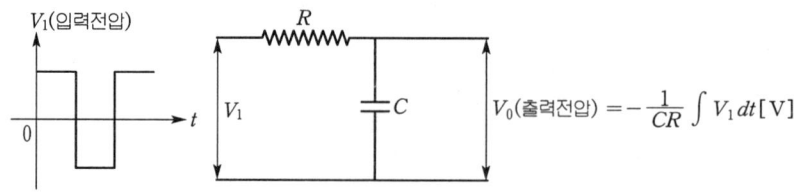

V_0(출력전압) $= -\dfrac{1}{CR}\int V_1\,dt\,[V]$

0로부터 지수적으로 증가하는 양이다.)

3 L-C 직렬회로 과도현상

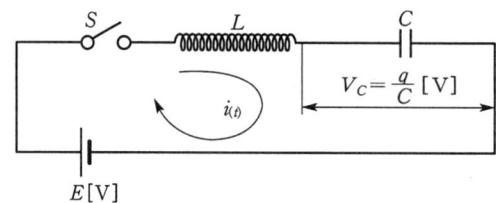

① S를 닫는 순간의 과도전류 $i_{(t)} = \dfrac{E}{\sqrt{\dfrac{L}{C}}}\sin\dfrac{1}{\sqrt{LC}}t\,[A]$

② $q = CE\left(1 - \cos\dfrac{1}{\sqrt{LC}}t\right)[C]$

③ $V_{C\max} = \dfrac{q}{C} = E\left(1 - \cos\dfrac{1}{\sqrt{LC}}t\right) = 2E\,[V]$

4 R-L-C 직렬회로 과도현상

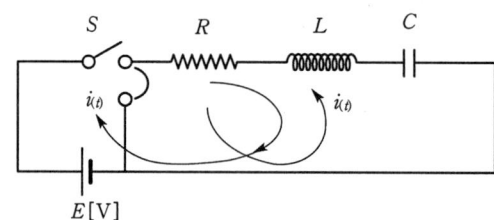

① P(특이해) $= -\dfrac{R}{2L} \overset{\oplus}{\underset{\ominus}{}} \sqrt{\left(\dfrac{R}{2L}\right)^2 - \dfrac{1}{LC}}$

$\begin{bmatrix} -\dfrac{R}{2L} : \text{실수=정상상태} \\ \oplus : \text{비진동} \\ \ominus : \text{진동} \\ \pm\sqrt{\left(\dfrac{R}{2L}\right)^2 - \dfrac{1}{LC}} : \text{허수}(\omega)=\text{과도상태} \end{bmatrix}$

② 비진동상(+)　　　　　진동상태(−)　　　　　임계상태(0)

$\left(\dfrac{R}{2L}\right)^2 - \dfrac{1}{LC} > 0$ 　　$\left(\dfrac{R}{2L}\right)^2 - \dfrac{1}{LC} < 0$ 　　$\left(\dfrac{R}{2L}\right)^2 - \dfrac{1}{LC} = 0$

$R^2 > 4\dfrac{L}{C}$ 　　　　　　$R^2 < 4\dfrac{L}{C}$ 　　　　　　$R^2 = 4\dfrac{L}{C}$

$R^2 - 4\dfrac{L}{C} > 0$ 　　　$R^2 - 4\dfrac{L}{C} < 0$ 　　　$R^2 - 4\dfrac{L}{C} = 0$

$R > 2\sqrt{\dfrac{L}{C}}$ 　　　　　$R < 2\sqrt{\dfrac{L}{C}}$ 　　　　　$R = 2\sqrt{\dfrac{L}{C}}$

$R - 2\sqrt{\dfrac{L}{C}} > 0$ 　　$R - 2\sqrt{\dfrac{L}{C}} < 0$ 　　$R - 2\sqrt{\dfrac{L}{C}} = 0$

$\left(\dfrac{R}{L} - \dfrac{G}{C}\right)^2 > 4\dfrac{L}{C}$ 　$\left(\dfrac{R}{L} - \dfrac{G}{C}\right)^2 < 4\dfrac{L}{C}$ 　$\left(\dfrac{R}{L} - \dfrac{G}{C}\right)^2 = 4\dfrac{L}{C}$

5 직병렬 회로 과도현상

① S를 닫았다. 열 때의 과도전류

$i_{(t)} = \dfrac{E}{r+R} e^{-\frac{R}{L}t}$ [A]

② 시정수 $\tau = \dfrac{L}{R}$ [sec]

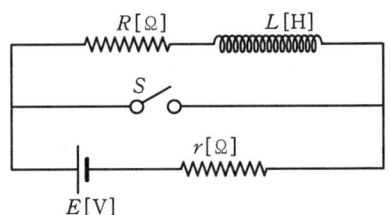

6 직병렬 회로 과도현상 2

① S를 닫았다. 열 때의 과도전류

$i_{(t)} = \dfrac{E}{R_2} e^{-\frac{(R_1+R_2)t}{L}}$ [A]

② 시정수 $\tau = \dfrac{L}{R_1+R_2}$ [sec]

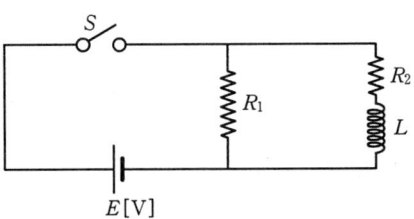

제 05 부 제어공학

제1장 자동제어계의 요소와 구성

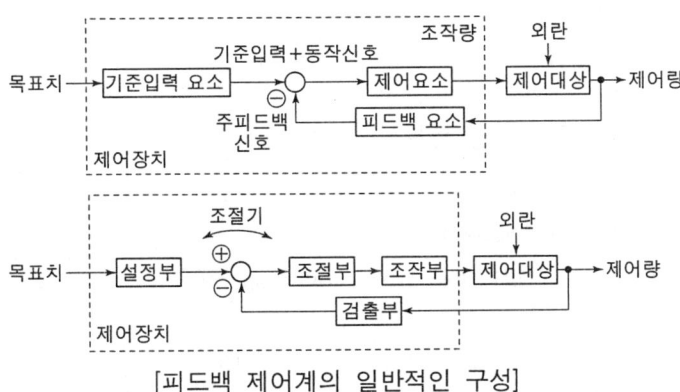

[피드백 제어계의 일반적인 구성]

1 제어계의 종류

(1) 개회로 제어계 : 신호의 흐름이 열려있는 제어계
(2) 폐회로 제어계 : 신호의 흐름이 닫혀있는 제어계로서 피드백 제어계 또는 자동 제어계라 한다.

2 자동제어의 분류

(1) 제어량의 종류에 의한 분류

① 서어보 기구
② 프로세스 제어
③ 자동조정

(2) 목표치에 의한 분류

① 정치제어
② 추치제어
  ㉠ 추종제어
  ㉡ 프로그램제어
  ㉢ 비율제어

(3) 보조동력에 의한 분류

① 자력제어
② 타력제어

(4) 제어동작에 의한 분류

① 연속제어
  ㉠ P동작(비례동작)
  ㉡ PD동작(비례미분 제어) : over-shoot(응답 초과량)를 감소시키고, 정전시간을 작게한다.
  ㉢ PI동작(비례적분 제어) : 잔류편차(off-set)를 없이 할 수 있다.
  ㉣ PID동작 = 3항동작(비례 적분 미분 제어)=연속선형 제어이다.
② 불연속 제어 : 샘플치 제어, 2위치 제어(on-off제어)가 이에 속한다.

제 2 장 라플라스 변환

1 기준입력 요소의 라플라스 변환

(1) 임펄스 입력 $r(t) = \delta(t)$

$$\begin{cases} L(\delta(t)) = 1 \\ L^{-1}(1) = \delta(t) \end{cases}$$

(2) 인디셜 입력

  단위계단 입력 $r(t) = u(t)$

$$\begin{bmatrix} L(u(t)) = \dfrac{1}{s} \\ L^{-1}\left(\dfrac{1}{s}\right) = u(t) \end{bmatrix}$$

(3) 램프 입력

  경사 입력 $r(t) = t$

$$\begin{bmatrix} L(t) = \dfrac{1}{s^2} \\ L^{-1}\left(\dfrac{1}{s^2}\right) = t \end{bmatrix} \quad \begin{bmatrix} L(t^2) = \dfrac{2}{s^3} \\ L^{-1}\left(\dfrac{2}{s^3}\right) = t^2 \end{bmatrix}$$

$$\therefore \begin{bmatrix} L(t^n) = \dfrac{n!}{s^{n+1}} \\ L^{-1}\left(\dfrac{n!}{s^{n+1}}\right) = t^n \end{bmatrix}$$

(4) 파라볼라 입력

  포물선 입력 $r(t) = \dfrac{1}{2} t^2$

$$\begin{bmatrix} L\left(\dfrac{1}{2} t^2\right) = \dfrac{1}{s^3} \\ L^{-1}\left(\dfrac{1}{s^3}\right) = \dfrac{1}{2} t^2 \end{bmatrix}$$

2 미분된 함수의 라플라스 변환

$$L\left(\dfrac{d}{dt} f(t)\right) = sF(s) - f(0)$$

$$L\left(\dfrac{d^2}{dt^2} f(t)\right) = s^2 F(s) - sf(0) - f'(0)$$

$$L\left(\dfrac{d^3}{dt^3} f(t)\right) = s^3 F(s) - s^2 f(0) - sf'(0) - f''(0)$$

3 적분된 함수의 라플라스 변환

$$L\left(\int f(t)dt\right) = \frac{1}{s}F(s) + \frac{1}{s}f(0)^{-1} = \frac{1}{s}(F(s) + f(0)^{-1})$$

$$L\left(\int\int f(t)dt\right) = \frac{1}{s^2}F(s) + \frac{1}{s^2}f(0)^{-1} + \frac{1}{s^2}f(0)^{-2}$$

$$= \frac{1}{s^2}(F(s) + f(0)^{-1} + f(0)^{-2})$$

4 자연대수의 라플라스 변환

$$\begin{bmatrix} L(e^{at}) = \dfrac{1}{s-\alpha} \\ L^{-1}\left(\dfrac{1}{s-\alpha}\right) = e^{at} \end{bmatrix} \qquad \begin{bmatrix} L(e^{-at}) = \dfrac{1}{s+\alpha} \\ L^{-1}\left(\dfrac{1}{s+\alpha}\right) = e^{-at} \end{bmatrix}$$

5 복소미분 정리

$$L(t^n f(t)) = (-1)^n \frac{d^n}{ds^n} F(s)$$

$$\begin{bmatrix} L(te^{at}) = \dfrac{1}{(s-\alpha)^2} \\ L^{-1}\left(\dfrac{1}{(s-\alpha)^2}\right) = te^{at} \end{bmatrix} \qquad \begin{bmatrix} L(te^{-at}) = \dfrac{1}{(s+\alpha)^2} \\ L^{-1}\left(\dfrac{1}{(s+\alpha)^2}\right) = te^{-at} \end{bmatrix}$$

6 3각 함수의 라플라스 변환

(1) 3각 함수와 쌍곡선 함수의 자연대수 표기법

$$\sin wt = \frac{e^{jwt} - e^{-jwt}}{2j} \qquad\qquad \sin\theta = \frac{e^{j\theta} - e^{-j\theta}}{2j}$$

$$\cos wt = \frac{e^{jwt} + e^{-jwt}}{2} \qquad\qquad \cos\theta = \frac{e^{j\theta} + e^{-j\theta}}{2}$$

$$\sin hat = \frac{e^{at} - e^{-at}}{2} \qquad\qquad \cos hat = \frac{e^{at} + e^{-at}}{2}$$

$$L(\cos wt) = \frac{s}{s^2 + w^2} \qquad L(\sin wt) = \frac{w}{s^2 + w^2}$$

$$L^{-1}\left(\frac{s}{s^2 + w^2}\right) = \cos wt \qquad L^{-1}\left(\frac{w}{s^2 + w^2}\right) = \sin wt$$

$$L(\cos hat) = \frac{s}{s^2 - a^2} \qquad L(\sin hat) = \frac{a}{s^2 - a^2}$$

$$L^{-1}\left(\frac{s}{s^2 - a^2}\right) = \cos hat \qquad L^{-1}\left(\frac{a}{s^2 - a^2}\right) = \sin hat$$

7

초기치 정리 : $\lim_{t \to 0} f(t) = \lim_{s \to \infty} sF(s)$

최종치 정리 : $\lim_{t \to \infty} f(t) = \lim_{s \to 0} sF(s)$

8 라플라스 역변환

(1) 단일근 일 때 부분 분수 전개

$$F(s) = \frac{(s-z_1)(s-z_2)\cdots(s-z_n)}{(s-p_1)(s-p_2)\cdots(s-p_n)} = \frac{k_1}{s-p_1} + \frac{k_2}{s-p_2} + \frac{k_3}{s-p_3} + \cdots$$

$$k_1 = \lim_{s \to p_1}(s-p_1)F(s) \qquad k_2 = \lim_{s \to p_2}(s-p_2)F(s)$$

$$k_3 = \lim_{s \to p_3}(s-p_3)F(s) \qquad k_4 = \lim_{s \to p_4}(s-p_4)F(s)$$

(2) 복소근 일 때 부분 분수 전개

$$F(s) = \frac{A(s)}{(s-p_1)^n(s-p_2)(s-p_3)\cdots(s-p_n)}$$

$$= \frac{k_{11}}{(s-p_1)^n} + \frac{k_{12}}{(s-p_1)^{n-1}} + \frac{k_{13}}{(s-p_1)^{n-2}} + \cdots$$

$$+ \frac{k_{1n}}{(s-p_1)} + \frac{k_2}{s-p_2} + \frac{k_3}{s-p_3} + \cdots$$

$$k_{11} = \lim_{s \to p_1}(s-p_1)^n F(s) \qquad k_2 = \lim_{s \to p_2}(s-p_2)F(s)$$

$$k_{12} = \lim_{s \to p_1} \frac{d}{ds}(s-p_1)^n F(s) \qquad k_3 = \lim_{s \to p_3}(s-p_3)F(s)$$

$$k_{13} = \lim_{s \to p_1} \frac{1}{2!}\frac{d^2}{ds^2}(s-p_1)^n F(s) \qquad k_4 = \lim_{s \to p_4}(s-p_4)F(s)$$

제 3 장 전달함수

① 초기 값 0일 때 입력과 출력 비를 말한다.
② 전달함수 분모 차수 s가 1차식 일 때 → 1차 지연 요소, 2차식 일 때 → 2차 지연 요소라 한다.

1 비례요소

$$G(s) = \frac{Y(s)}{X(s)} = K (비례요소)$$

2 미분요소

$$G(s) = \frac{V(s)}{I(s)} = sL = Ks (미분요소)$$

3 적분요소

$$G(s) = \frac{E(s)}{I(s)} = \frac{1}{sc} = \frac{K}{s} (적분요소)$$

4 1차 지연요소

$$G(s) = \frac{E(s)}{I(s)} = \frac{K}{1+Ts}$$

5 2차 지연요소

$$G(s) = \frac{E_{2s}}{E_{1s}} = \frac{1}{s^2LC + sCR + 1}$$

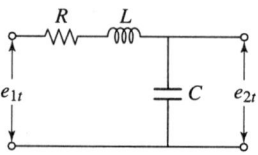

6 진상 보상기

$$G(s) = \frac{E_o(s)}{E_1(s)} = \frac{s+a}{s+b}$$

$$\begin{cases} a = \dfrac{1}{CR_1} \\ b = \dfrac{1}{CR_1} + \dfrac{1}{CR_2} \\ b > a \end{cases}$$

7 지상 보상기

$$G(s) = \frac{E_o(s)}{E_1(s)} = \frac{s+b}{s+a}$$

$$\begin{cases} a = \dfrac{1}{C(R_1+R_2)} \\ b = \dfrac{1}{CR_2} \\ b > a \end{cases}$$

8 지상, 진상 보상기

$$G(s) = \frac{E_2(s)}{E_1(s)} = \frac{(s+a_1)(s+b_1)}{(s+b_2)(s+a_2)}$$

$$\begin{cases} b_1 > a_1 \\ b_2 > a_2 \end{cases}$$

9 부동작 요소

$t=0$에서 입력 변화가 있어도 $t=L$에 출력변화가 없는 요소로 $G(s) = \dfrac{Y(s)}{X(s)} = Ke^{-Ls}$이다.

제 4 장　블록선도와 신호흐름 선도

1 직렬연결

$C = G_1 G_2 R$

$\therefore\ T(\text{전달함수}) = \dfrac{C}{R} = G_1 G_2$

R → G_1 → G_2 → $C = G_1 G_2 R$

2 병렬연결

$C = (G_1 \pm G_2) R$

$\therefore\ T(\text{전달함수}) = G_1 \pm G_2$

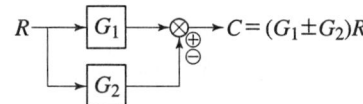

3 피드백(feed back)연결

$C = (R \mp CH) G$

$T(\text{전달함수}) = \dfrac{C}{R} = \dfrac{G}{1 \pm GH}$　$\begin{bmatrix} G : \text{개루프 전달함수} \\ H : \text{폐루프 전달함수} \end{bmatrix}$

$\therefore\ GH(\text{개루프, 폐루프 전달함수} = \text{일순 전달함수})$

4 메이슨(Mason)의 공식

$T(\text{전달함수}) = \dfrac{\sum_{k=1}^{n} G_k \triangle_k}{\triangle} = \dfrac{G_1 \triangle_1 + G_2 \triangle_2 + \cdots}{1 - (G_1 H_1 + G_2 H_2 + \cdots)}$

G_k(k번째 전향경로의 이득 곱)

$\triangle_k$(k번째 전향경로와 접하지 않는 부분의 $\triangle$값)

$G_1 H_1$: 1번째 개루프, 폐루프 전달함수의 곱

$G_2 H_2$: 2번째 개루프, 폐루프 전달함수의 곱

제 5 장 과도응답

1

기준 입력			과도 응답
$r(t) = \delta(t)$	임펄스 입력	$R(s) = 1$	$C(t) = L^{-1}G(s)R(s)$
$r(t) = u(t)$	단위계단 입력		
	인디셜 입력	$R(s) = \dfrac{1}{s}$	$C(t) = L^{-1}G(s)R(S)$
$r(t) = t$	경사 입력		
	램프 입력	$R(s) = \dfrac{1}{s^2}$	$C(t) = L^{-1}G(s)R(s)$
$r(t) = \dfrac{1}{2}t^2$	파라볼라 입력		
	포물선 입력	$R(s) = \dfrac{1}{s^3}$	$C(t) = L^{-1}G(s)R(s)$

2

$T(전달함수) = \dfrac{G(s)}{1 + G(s) + H(s)}$ 에서 분모=0인 근을 특성방정식의 근이라 한다.

∴ 2차계의 특성방정식 근은 $1 + G(s)H(s) = s^2 + 2\delta w_n s + w_n^2 = 0$

단, $\delta \left(감쇠비 = 제동비 = \dfrac{제2 \text{ over shoot}}{제1 \text{ over shoot}} \right)$

① $\delta > 1$ 과제동 : 비진동 상태가 된다.
② $\delta < 1$ 부족제동 : 감쇠진동 상태가 된다.
③ $\delta = 1$ 임계제동 : 임계상태가 된다.
④ $\delta = 0$ 무제동 : 무한진동상태가 된다.

제 6 장 편차와 감도

1 단위 피드백 계에서 $E_{(S)}$ (편차)

$$E(s) = \frac{R(s)}{1+G(s)}$$

∴ 단위입력에 따른 정상편차는 최종치 정리에서

$$e_{ss} = \lim_{t \to \infty} e(t) = \lim_{s \to 0} sE(s) = \lim_{s \to 0} s \times \frac{R(s)}{1+G(s)}$$

(1) 단위계단 입력 $r(t) = u(t)$ $R(s) = \frac{1}{s}$ 일 때의 편차

$$e_{sp}(\text{정상위치 편차}) = \lim_{s \to 0} sE(s) = \lim_{s \to 0} s \times \frac{\frac{1}{s}}{1+G(s)} = \frac{1}{1+\lim_{s \to 0} G(s)} = \frac{1}{1+k_p}$$

단, k_p(위치편차 상수) $= \lim_{s \to 0} G(s)$

(2) 단위램프 입력 $r(t) = t$ $R(s) = \frac{1}{s^2}$ 일 때의 편차

$$e_{sv}(\text{정상속도 편차}) = \lim_{s \to 0} sE(s) = \lim_{s \to 0} s \times \frac{\frac{1}{s^2}}{1+G(s)} = \frac{1}{\lim_{s \to 0} sG(s)} = \frac{1}{k_v}$$

단, k_v(속도편차 상수) $= \lim_{s \to 0} sG(s)$

(3) 단위포물선 입력 $r(t) = \frac{1}{2}t^2$ $R(s) = \frac{1}{s^3}$ 일 때의 편차

$$e_{sa}(\text{정상가속도 편차}) = \lim_{s \to 0} sE(s) = \lim_{s \to 0} s \times \frac{\frac{1}{s^3}}{1+G(s)} = \frac{1}{\lim_{s \to 0} s^2 G(s)} = \frac{1}{k_a}$$

단, k_a(가속도 편차상수) $= \lim_{s \to 0} s^2 G(s)$

2 제어계 형 = 분모의 차수 − 분자의 차수

[제어계 형과 정상편차]

편차 형	k_p 위치 편차 상수	k_v 속도 편차 상수	k_a 가속도 편차 상수	e_{sp} 위치 편차	e_{sv} 속도 편차	e_{sa} 가속도 편차	기준 입력
0형	유한값 k_p	0	0	$\dfrac{1}{1+k_p}$	∞	∞	$r(t)=u(t)$
1형	∞	유한값 k_v	0	0	$\dfrac{1}{k_v}$	∞	$r(t)=t$
2형	∞	∞	유한값 k_a	0	0	$\dfrac{1}{k_a}$	$r(t)=\dfrac{1}{2}t^2$

3 주어진 요소 K에 대한 전달함수 $T=\dfrac{C}{R}$ 의 감도

$S_K^T = \dfrac{K}{T}\dfrac{dT}{dK}$ 로 계산된다.

제 7 장 주파수 응답

1 주파수 응답

주파수 변화에 대한 $G(s)$나 $G(s)H(s)$의 크기와 위상(응답)을 말한다.

(1) $\lim\limits_{s\to 0} G(s) = \lim\limits_{s\to 0}\dfrac{k}{s(s+1)} = \lim\limits_{s\to 0}\left(\dfrac{k}{s}\right) = \lim\limits_{s\to 0}\left(\dfrac{k}{jw}\right) = \infty \angle -90°$

(2) $\lim\limits_{s\to\infty} G(s)H(s) = \lim\limits_{s\to\infty}\dfrac{k}{s(10+5s)} = \lim\limits_{s\to\infty}\left(\dfrac{k}{s^2}\right) = \lim\limits_{s\to\infty}\dfrac{k}{(jw)^2} = 0 \angle -180°$

2 이득

(1) g(이득) $= 20 \log_{10} G(s)$

   단, $G(s)$(전달함수)

(2) g(절점주파수 이득) $= 20 \log_{10} G(s)$

   단, $G(s)$(전달함수) $= \dfrac{C}{R}$ 의 분모가 실수=허수일 때의 $|G(s)|$의 크기로 계산된 이득이다.

(3) G(정적 이득) : $w \to 0$일 때의 $G(s)H(s)$(일순 전달함수)의 크기로 계산된 이득이다.

(4) G_M(이득 여유) : $20 \log_{10} \dfrac{1}{|G(s)H(s)|}$

   단, 허수부=0일 때 $|G(s)H(s)|$의 크기 역수로 계산된 이득을 말한다.

3 안정과 불안정 판별법

(1) Nyquist(나이퀴스트)선도

D(감도) $= 1 + \beta A_v$에서 βA_v의 주파수 궤적이 시계방향으로 회전시 s평면 실축상 $(1, j0)$를 포위하면 불안정, 포위하지 않을 경우는 안정근이라 한다.

(2) $1 + G(s)H(s) = 0$인 특성방정식의 근

영점(0)과 극점(X)이 s평면 우반부에서 실근(단조증가), 허근(무한증대)인 경우 불안정근. s평면의 좌반부 실근과 허근은 시간과 함께 감소, 소멸됨으로 안정근이라 한다.

(3) Bode선도

이득여유 $GM = 20 \log_{10} \dfrac{1}{(G(s)H(s))} = 4 \sim 12 [\text{dB}]$

위상여유 $PM = 180 + \theta (= \tan^{-1} \dfrac{허수}{실수}) = 30 \sim 60°$이다.

이득여유(+), 위상여유(+) 값이면 ⇒ 안정근

이득여유(-), 위상여유(-) 값이면 ⇒ 불안정근 이다.

4 차단주파수 정의

$G(s)$(전달함수) $= \dfrac{1}{\sqrt{2}}$ 에서의 주파수를 말한다.

5 이득곡선

(1) $G(s) = \dfrac{10}{s(s+1)(s+2)}$ 인 경우

① $w \to 0$ 일 때 $g(\text{이득}) = 20 \log_{10}\left|\dfrac{10}{jw}\right|$ 에서 $\begin{matrix} w=0.1 \\ w=0.01 \end{matrix}$ 를 대입, 이득을 계산한다.

② $w \to \infty$ 일 때 $g(\text{이득}) = 20 \log_{10}\dfrac{10}{s^3} = 20 \log_{10}\left|\dfrac{10}{(jw)^3}\right|$ 에서 $\begin{matrix} w=10 \\ w=100 \end{matrix}$ 을 대입, 이득 계산해서 ①, ②로 이득곡선을 그린다.

(2) 위상곡선

$G(s) = \dfrac{1}{s(s+1)}$ 인 경우

① $w \to 0$ 일 때 $\lim\limits_{w \to 0}\dfrac{1}{s} = \lim\limits_{w \to 0}\left|\dfrac{1}{jw}\right| = \left|\dfrac{1}{w}\right| \angle -90°$ 에 ($\begin{matrix} w=0.1 \\ w=0.01 \end{matrix}$ 대입해서 크기와 위상을 계산하고

② $w \to \infty$ 일 때 $\lim\limits_{w \to 0}\dfrac{1}{s^2} = \lim\limits_{w \to \infty}\dfrac{1}{(jw)^2} = \left|\dfrac{1}{w^2}\right| \angle -180°$ 에 ($\begin{matrix} w=10 \\ w=100 \end{matrix}$ 을 대입, 크기와 위상을 계산 ①, ②에서 위상곡선을 그린다.

제 8 장 안정도 판별법

1 n차 특성방정식 $F(s) = a_0 s^n + a_1 s^{n-1} + a_2 s^{n-2} + a_3 s^{n-3} + \cdots$

(1) 안정조건

① 각 계수가 다 존재할 것
② 각 계수에 부호 변화가 없을 것

(2) Routh 판별법

s^n	a_0	a_2	a_4
s^{n-1}	a_1	a_3	a_5
s^{n-2}	$b_1 = \dfrac{a_1 a_2 - a_0 a_3}{a_1}$	$b_3 = \dfrac{a_1 a_4 - a_0 a_5}{a_1}$	$b_5 = \dfrac{\quad}{a_1}$
s^{n-3}	$C_1 = \dfrac{b_1 a_3 - a_1 b_3}{b_1}$	$C_3 = \dfrac{b_1 a_5 - a_1 b_5}{b_1}$	
$\vdots$	$\downarrow$	$\downarrow$	
s^0	1열	2열	

- 안정조건

① 1열에 부호 변화가 없을 것
② 1열의 계수 값 >0일 때가 안정 범위이다.

2 Hurwitz 판별법

n차 특성방정식 $F(s) = a_0 s^n + a_1 s^{n-1} + a_2 s^{n-2} + \cdots$

Hurwitz의 행렬식

$H_1 = |a_1|$

$H_2 = \begin{vmatrix} a_1 & a_3 \\ a_0 & a_2 \end{vmatrix}$

$H_3 = \begin{vmatrix} a_1 & a_3 & a_5 \\ a_0 & a_2 & a_4 \\ 0 & a_1 & a_3 \end{vmatrix}$

- 안정조건 : Hurwitz 행렬식 값에서 부호변화가 없을 것

제 9 장 근궤적

(1) 근궤적 : 개루프 전달함수에서 극점 (p)에 이동 궤적을 말한다.
(2) 근궤적의 개수(가지 수) : 극점수(p)와 영점수(Z) 중 큰 것과 일치한다.
(3) 근궤적은 극점(p)에서 출발 영점(Z)으로 끝난다.
(4) 근궤적은 실수축과 대칭이다.
(5) 근궤적의 점근선 수 = 극점수(p) − 영점수(Z)
(6) 점근선의 각도 $\alpha = \dfrac{(2k+1)\pi}{p-Z}$
(7) 근궤적 점근선이 실수축과의 교차점
   점근선의 중심 = 점근선의 교차점

$$\sigma = \dfrac{\sum p_i - \sum Z_i}{p-Z}$$

제10장 상태 방정식

1 선형시스템에서의 상태 방정식

(1) A=계수행렬 일 때

특성방정식의 근 $= (sI-A) = \begin{vmatrix} s & 0 \\ 0 & s \end{vmatrix} - A$

(2) 고유값 계산은

$D(s) = (A-sI) = A - \begin{vmatrix} s & 0 \\ 0 & s \end{vmatrix}$의 행렬식에서 s값으로 정의된다.

(3) $\phi(s)$(역행렬) $= |sI-A|^{-1} = \dfrac{1}{\triangle} \begin{vmatrix} \triangle_{11} & \triangle_{21} \\ \triangle_{12} & \triangle_{22} \end{vmatrix}$

(4) $\phi(t)$(천이행렬)$= L^{-1}(sI-A)^{-1}$

즉, 역행렬의 라플라스 역변환이다.

2 S평면(좌반부,우반부)와 Z평면(단위원)과의 대응관계

(1) S평면 jw축은 Z평면에서는 $Z = e^{jwT} = e^{sT}$로서 단위원의 원주상으로 사상된다. 즉,

① S평면의 좌반 평면(음, 양)의 모든점은 단위원 내부에
② 우반 평면의 모든점은 단위원 외부에 사상된다.

(2) Z변환함수 $\dfrac{Z}{Z-1}$에 대응하는 라플라스 변환함수는 $\dfrac{1}{s}$

① 단위계단함수 $u(t)$의 라플라스 변환함수는 $\dfrac{1}{s}$

② 단위계단함수 $u(t)$의 Z변환함수(Z변환 쌍)은 $\dfrac{Z}{Z-1}$이다.

(3) Z변환함수 $\dfrac{Z}{Z-e^{-aT}}$에 대응되는 라플라스 변환함수는 $\dfrac{1}{s+a}$

Z변환함수 $\dfrac{Z}{Z-e^{-aT}}$에 대응되는 시간함수는 e^{-aT}이다.

단, T(샘플치 주기)이다.

제11장 디지털 공학

1 Boole 대수정리

① $A \cdot A \cdot A \cdot A \cdots = A$, $\;0 \cdot A = 0$
  $A \cdot 0 = 0$, $\;A \cdot 1 = A$, $\;A\overline{A} = 0$
② $A + A + A + A + \cdots = A$, $\;B + 1 = 1$
  $A + 1 = 1$, $\;A + 0 = A$, $\;0 + A = A$
  $A + \overline{A} = 1$, $\;A + \overline{A}B = A + B$, $\;\overline{A} + AB = \overline{A} + B$, $\;A + AB = A$

③ $\overline{A+B} = \overline{A} \cdot \overline{B}$, $\overline{A \cdot B} = \overline{A} + \overline{B}$
$\overline{\overline{A+B}} = A+B$, $\overline{\overline{A \cdot B}} = A \cdot B$

④ gray 코드 : 0 또는 1을 비트라 하며, 비트 자리수에 따라 그 값이 변화되는 code를 말한다. "0→0=0, 1→1=0, 1→0=1, 0→1=1
즉

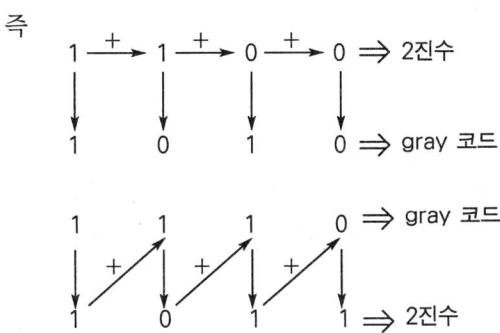

2 기본 gate

(1) AND - gate(IC소자) → 직렬회로

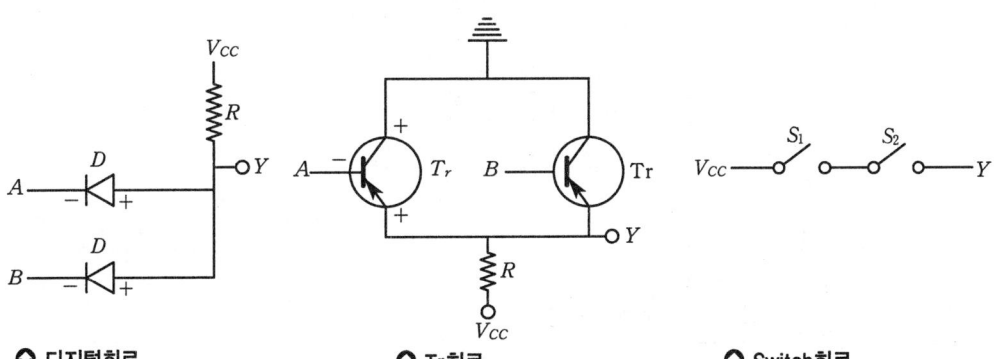

○ 디지털회로　　　　○ Tr회로　　　　○ Switch회로

$\begin{bmatrix} H(+) \to 5[V] \begin{bmatrix} D(개방) \\ Tr(개방) \\ S_1, S_2(닫힘) \end{bmatrix} & Y(출력) = V_{CC} \\ L(-) \to 0[V] \begin{bmatrix} D(단락) \\ Tr(단락) \\ S_1, S_2(열림) \end{bmatrix} & Y(출력) = 0 \end{bmatrix}$

[Karnaugh 맵(간소화)]

칸과 칸 → OR
가로와 세로 → AND $\Big] \ 2^n$ 묶는다.

	A	0	1
B	$\overline{A} + A = 1$		
$\overline{B}$	0	0	0
B	1	0	1

$\overline{B} + B = 1$

$\overline{Y}$(부논리출력) $= \overline{A} \cdot 1 + \overline{B} \cdot 1 = \overline{A} + \overline{B}$

Y(정논리출력) $= \overline{\overline{A} + \overline{B}} = A \cdot B$

> ▶ 정논리와 부논리의 관계
> 정논리 출력 $Y = \overline{\text{부논리 출력}}$
> 부논리 출력 $\overline{Y} = \overline{\text{정논리 출력}}$

[진리표(동작표)]

A	B	Y(출력)
0	0	0
0	1	0
1	0	0
1	1	1

[기호]

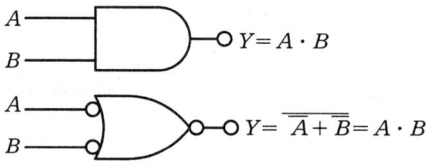

$Y = A \cdot B$

$Y = \overline{\overline{A} + \overline{B}} = A \cdot B$

(2) OR-gate(IC소자) 병렬회로

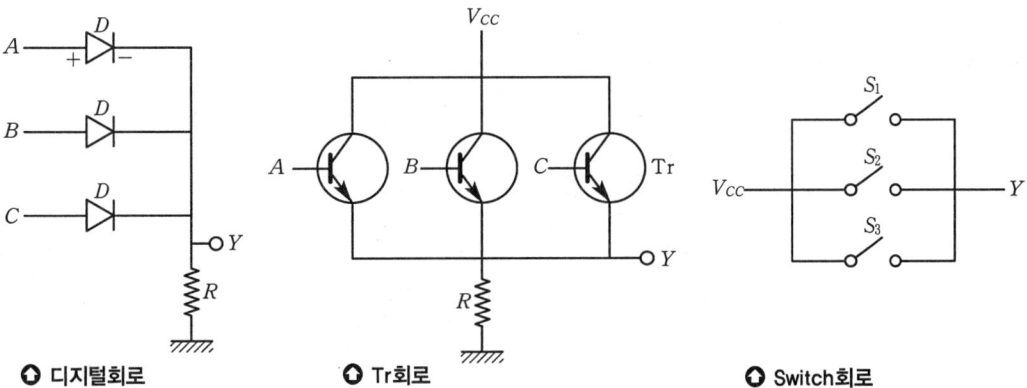

◆ 디지털회로   ◆ Tr회로   ◆ Switch회로

$$\begin{bmatrix} H(+) \to 5[V] \begin{bmatrix} D(단락) \\ Tr(단락) \\ S_1,\ S_2,\ S_3(닫힘) \end{bmatrix} Y(출력) = V_{CC} \\ L(-) \to 0[V] \begin{bmatrix} D(개방) \\ Tr(개방) \\ S_1,\ S_2,\ S_3(열림) \end{bmatrix} Y(출력) = 0 \end{bmatrix}$$

[Karnaugh 맵(간소화)]

칸과 칸 → OR
가로와 세로 → AND] 2^n 묶는다.

AB\C	00	01	11	10
0	0	1	1	1
1	1	1	1	1

$\overline{Y}(부논리출력) = \overline{ABC}$

$Y(정논리출력) = \overline{\overline{A}\ \overline{B}\ \overline{C}} = A + B + C$

제11장 디지털 공학

[진리표(동작표)]

A	B	C	Y(출력)
0	0	0	0
0	0	1	1
0	1	0	1
0	1	1	1
1	1	0	1
1	1	1	1
1	0	0	1
1	0	1	1

[기호]

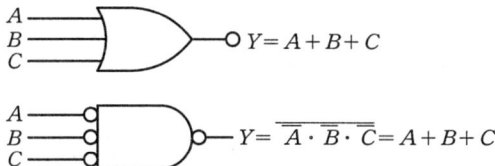

3 NOT-gate(부정회로)

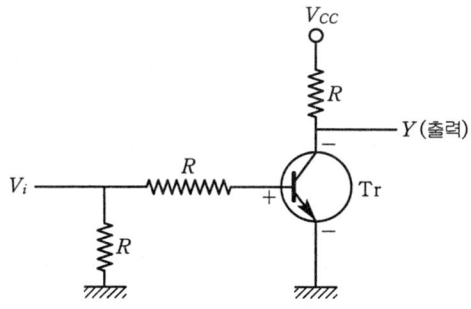

$H(+) \rightarrow 5[V]$ Tr(단락) $Y = 0$
$L(-) \rightarrow 0[V]$ Tr(개방) $Y = V_{CC}$

[진리표(동각표)]

V_i(입력)	Y(출력)
1	0
0	1

[기호]

 NOT-gate

4 NAND-gate(=AND-gate+NOT-gate)

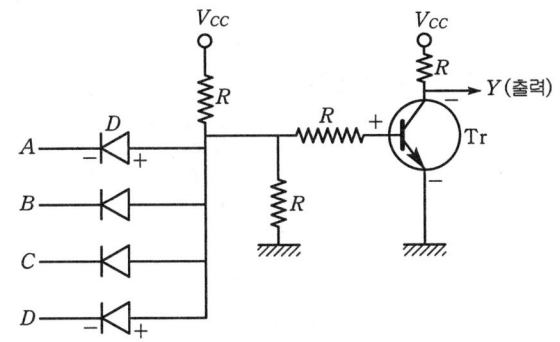

$$\begin{bmatrix} H(+) \to 5[V] \begin{bmatrix} D(개방) \\ Tr(단락) \end{bmatrix} Y(출력) = 0 \\ L(-) \to 0[V] \begin{bmatrix} D(단락) \\ Tr(개방) \end{bmatrix} Y(출력) = V_{CC} \end{bmatrix}$$

[Karnaugh 맵(간소화)]

칸과 칸 → OR
가로와 세로 → AND $\bigg]$ 2^n 묶는다.

AB\CD	00	01	11	10
00	1	1	1	1
01	1	1	1	1
11	1	1	0	1
10	1	1	1	1

$\overline{Y}$(부논리출력) $= A \cdot B \cdot C \cdot D$

Y(정논리출력) $= \overline{A \cdot B \cdot C \cdot D} = \overline{A} + \overline{B} + \overline{C} + \overline{D}$

〔기호〕

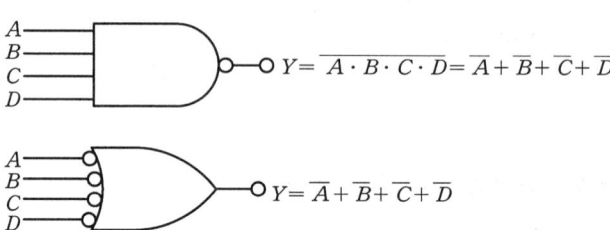

5 NOR-gate(=OR-gate+NOT-gate)

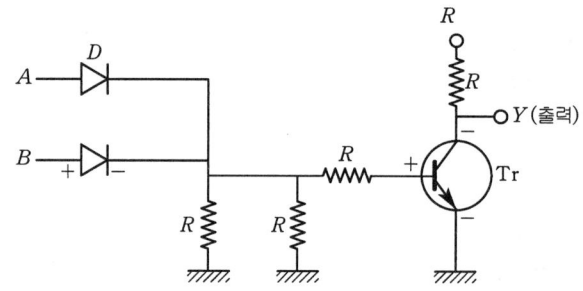

$$\begin{bmatrix} H(+) \to 5[\text{V}] \begin{bmatrix} D(단락) \\ \text{Tr}(단락) \end{bmatrix} Y(출력) = 0 \\ L(-) \to 0[\text{V}] \begin{bmatrix} D(개방) \\ \text{Tr}(개방) \end{bmatrix} Y(출력) = V_{CC} \end{bmatrix}$$

〔Karnaugh 맵(간소화)〕

칸과 칸 → OR
가로와 세로 → AND $\Big]\ 2^n$ 묶는다.

B\A	0	1
0	1	0
0	0	0

$\overline{Y}(부논리출력) = A + B$
$Y(정논리출력) = \overline{A+B} = \overline{A} \cdot \overline{B}$

[진리표(동작표)]

A	B	Y(출력)
0	0	1
0	1	0
1	0	0
1	1	0

[기호]

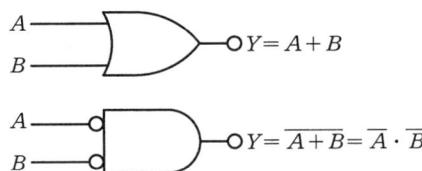

6 exclusitiv-OR-gate(배타적 논리합)

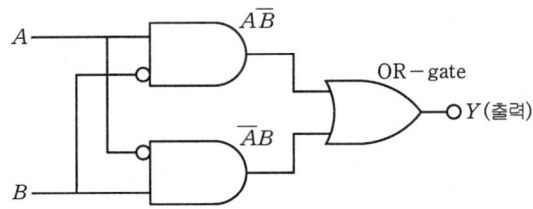

$$Y = A\overline{B} + \overline{A}B = (A+B)(\overline{A}+\overline{B}) = (A \oplus B)$$

[Karnaugh 맵(간소화)]

B \ A	0	1
0	0	1
1	1	0

$\overline{Y}$(부논리출력) $= \overline{AB} + AB$

Y(정논리출력) $= \overline{\overline{A} \cdot \overline{B} + AB} = (A+B) \cdot (\overline{A}+\overline{B}) = (A \oplus B)$

〔진리표(동작표)〕

A	B	Y(출력)
0	0	0
0	1	1
1	0	1
1	1	0

〔기호〕

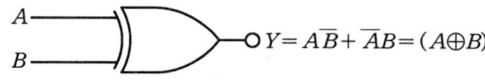
$Y = A\overline{B} + \overline{A}B = (A \oplus B)$

제06부 전기설비기술기준

제1장 총칙

【제 01장_01】 제1조 : 목적 등

이 고시는(전기사업법) 제67조 및 같은 법 시행령 제43조에 따라 발전, 송전, 변전, 배전 또는 전기 사용을 위하여 시설하는 기계, 기구, 댐, 수로, 저수지, 전선로, 보안 통신선로, 그 밖의 시설물의 안전에 필요한 성능과 기술적 요건을 규정함을 목적으로 한다.

【제 01장_02】 제2조 : 안전원칙

① 전기설비는 감전, 화재, 그 밖의 사람에게 위해를 주거나 물건에 손상을 줄 우려가 없도록 시설하여야 한다.
② 전기설비는 사용 목적에 적절하고 안전하게 작동하여야 하며 그 손상으로 인하여 전기 공급에 지장을 주지 않도록 시설하여야 한다.
③ 전기설비는 다른 전기설비, 그 밖의 물건의 기능에 전기적 또는 자기적인 장해를 주지 않도록 시설하여야 한다.

【제 01장_03】 제3조 : 정의

이 고시에서 사용하는 용어의 정의는 다음 각 호와 같다.
1. 발전소란 발전기, 원동기, 연료전지, 태양전지, 태양에너지, 그 밖의 기계기구(비상용 예비전원을 얻을 목적으로 시설하는 것 및 휴대용 발전기는 제외한다.)를 시설하여 전기를 발생시키는 곳을 말한다.
2. 변전소란 변전소의 밖으로부터 전송받은 전기를 변전소 안에 시설한 변압기, 전동발전기, 회전변류기, 정류기, 그 밖의 기계기구에 의하여 변성하는 곳으로서 변성한 전기를 다시 변전소 밖으로 전송하는 곳을 말한다.
3. 개폐소란 개폐소 안에 시설한 개폐기 및 기타 장치에 의하여 전로를 개폐하는 곳으로서 발전소, 변전소 및 수용 장소 이외의 곳을 말한다.
4. 급전소란 전력계통의 운용에 관한 지시 및 급전 조작을 하는 곳을 말한다.
5. 전선이란 강전류 전기의 전송에 사용하는 전기도체, 절연물로 피복한 전기도체 또는 절연물로 피복한 전기도체를 다시 보호 피복한 전기도체를 말한다.

7. 가공인입선이란 가공전선로의 지지물로부터 다른 지지물을 거치지 아니하고 수용장소의 붙임점에 이르는 가공전선을 말한다.
10. 전기철도용 급전선이란 전기철도용 변전소로부터 다른 전기철도용 변전소 또는 전차선에 이르는 전선을 말한다.
11. 전기철도용 급전선로란 전기철도용 급전선 및 이를 지지하거나 수용하는 시설물을 말한다.
14. 옥내배선이란 옥내의 전기 사용 장소에 고정시켜 시설하는 전선(전기 기계기구 안의 배선, 관등회로의 배선, 엑스선관 회로의 배선, 제151조에 규정하는 전선로의 전선, 제206조 제1항, 제211조 제1항 또는 제232조 제1항 제2호에 규정하는 접촉전선, 제244조 제1항에 규정하는 소세력회로 및 제245조에 규정하는 출퇴 표시등 회로의 전선을 제외한다.)를 말한다.
15. 옥측 배선이란 옥외의 전기 사용 장소에서 그 전기 사용 장소에서의 전기 사용을 목적으로 조영물에 고정시켜 시설하는 전선(전기 기계기구 안의 배선, 관등회로의 배선, 제206조 제1항 또는 제211조 제1항에 규정하는 접촉전선, 제244조 제1항에 규정하는 소세력회로 및 제24조에 규정하는 출퇴 표시등 회로의 전선을 제외한다.)을 말한다.
25. 제2차 접근상태라 함은 가공전선이 다른 시설물의 위쪽 또는 옆쪽에서 수평거리 3[m] 미만인 곳에 시설하는 상태를 말한다.

【제 01장_05】 제3조 : 전압의 종별

저 압	직류 750[V] 이하, 교류 600[V] 이하
고 압	저압의 한도를 넘고 7000[V] 이하
특 고 압	7000[V]를 넘는 것

【제 01장_06】 제4조 : 예외조치

특수설계에 의한 전기설비는 산업자원부 장관의 인가를 받은 경우에 한하여 전기설비 기준에 따르지 아니할 수 있다.

【제 01장_07】 제14조 : 전선의 접속법

전선을 접속할 경우 전선의 세기를 20[%] 이상 감소시키지 말아야 한다.

【제 01장_08】 제16조 : 절연저항 및 절연내력

저압 전로중 전선 상호간 및 전선로와 대지사이의 절연저항 값

사용전압 400[V] 미만이고 대지전압 150[V] 이하의 것	0.1[MΩ] 이상
사용전압 400[V] 미만이고 대지전압 300[V] 이하의 것	0.2[MΩ] 이상
사용전압 300[V] 넘고 400[V] 미만인 것	0.3[MΩ] 이상
사용전압 400[V] 이상인 것	0.4[MΩ] 이상

저압전선로 중 절연 부분의 전선과 대지간의 절연 저항은 사용전압에 대한 누설 전류가 최대 공급 전류의 $\frac{1}{2,000}$ 을 넘지 않도록 유지하여야 하며, 고압 및 특별고압 전로에 절연내력시험을 할 경우는 시험 전압으로 10분간 견디어야 한다.

【제 01장_09】 제17조 : 회전기 및 정류기의 절연내력

① 발전기 · 전동기 · 조상기 · 기타 회전기 (회전변류기 제외)의 절연내력 시험시 시험 전압을 권선과 대지간에 10분간 가하여 견디어야 한다.
② 전선로가 케이블인 경우는 직류로 절연내력 시험을 할 수 있으며 시험전압은 교류 시험전압에 2배로 한다.
③ 수은 정류기 절연내력 시험 전압은
주 양극과 외함간 ⇒ 직류측 최대사용전압 × 2의 교류전압
$\begin{bmatrix} 충전부분과\ 외함간 \\ 음극(외함)과 대지간 \end{bmatrix}$ ⇒ 직류측 최대사용전압 × 1의 교류전압을 가하여 10분간 견디어야 한다.
④ 회전변류기 절연 내력 시험 전압은 전선과 대지간 ⇒ 직류측 최대사용전압×1의 교류전압 (500[V] 미만은 500[V])을 가하여 10분간 견디어야 한다.

【제 01장_10】 제21조 : 접지공사의 종류

기계 기구의 철대 및 외함 접지	접지저항	접지선 굵기
제1종 접지공사 (고압 용 또는 특별 고압용의 것)	10[Ω]	2.6[mm] 이상
제2종 접지공사	$\frac{150[(300),(600)]}{1선\ 지락전류}$[Ω]	- 특고에서 변성되면 4[mm] 이상 - 고압에서 변성되면 2.6[mm] 이상
제3종 접지공사 (400[V] 미만인 것)	100[Ω]	1.6[mm] 이상
특별 제3종 접지공사 (400[V] 이상 저압용의 것)	10[Ω]	1.6[mm] 이상

제2종 접지공사 접지저항 = $\frac{150}{I\ (1선\ 지락전류)}$[Ω], (단, 1선지락전류 최소값은 2[A] 이다.)

혼촉시 1초 이내 자동차단 하는 경우 = $\frac{600}{I\ (1선\ 지락전류)}$[Ω],

혼촉시 2초 이내 자동차단 하는 경우 = $\frac{300}{I\ (1선\ 지락전류)}$[Ω]

단, 고압 및 25[kV] 이하에서 중성점 다중접지식 전로와 저압전로를 결합할 경우 접지선 굵기는 2.6[mm] 이상이다.

0.5초 이내에 자동차단하는 제 3종 접지공사, 특별 제 3종 접지 공사의 접지 저항에 대한 정격 감도전류는, 다음에 정한 값 이하이여야 한다.

정격감도 전류	30[mA]	50[mA]	100[mA]	200[mA]	300[mA]	500[mA]
접지 저항값	500[Ω]	300[Ω]	150[Ω]	75[Ω]	50[Ω]	30[Ω]

【제 01장_11】 제23조 : 제3종 접지공사 등의 특례

제3종 접지공사를 하여야 하는 금속체와 대지 간의 전기 저항치가 100[Ω] 이하인 경우에는 제3종 접지공사를 한 것으로 보며 특별 제3종 접지공사를 하여야 하는 금속체와 대지 간의 전기 저항치가 10[Ω] 이하인 경우에도 특별 제3종 접지공사를 한 것으로 본다.

【제 01장_11】 제24조 : 수도관의 접지극

접지극은 금속제 수도관의 안지름이 75[mm] 이상이거나 또는 이로부터 분기한 수도관 길이 5[m] 이내 전기저항은 3[Ω] 이하이고, 기타에 있어서는 전기저항이 2[Ω] 이하로 되어야 한다.

【제 01장_12】 제29조 : 계기용 변성기의 2차측 전로의 접지

계기용 변성기 2차측 1단자 접지는

$\begin{bmatrix} 특고 \Rightarrow 제1종 \ 접지(10[Ω]) \\ 고압 \Rightarrow 제3종 \ 접지(100[Ω]) \end{bmatrix}$ 공사를 하여야 한다.

【제 01장_13】 제26조 : 고압 또는 특별고압과 저압의 혼촉 위험 방지시설

고압전로 또는 특별고압전로와 저압전로를 결합하는 변압기 저압측 중성점에는 제2종 접지공사로서 가공 공동 지선은

$\begin{bmatrix} 동복강선이면 \ 지름 \ 3.5[mm] \\ 경동선이나 \ 이와 \ 동등 \ 이상 \ 세기 \ 일때는 \ 지름 4[mm] \end{bmatrix}$ 이상이다.

【제 01장_14】 제27조 : 혼촉방지판이 붙은 저압 옥외전선의 시설

혼촉 방지판이 붙은 변압기를 특고 또는 고압과 비접지 저압전로를 결합할 경우 옥외 저압전로는 1구 내에 만 한하고, 전선은 케이블이어야 한다. 저압과 특고압 가공전선은 동일 지지물에 시설하여서는 않된다. 이 경우 제 2종 접지공사에 접지 저항 값은 10[Ω] 이하이어야 한다.

【제 01장_15】 제28조 : 특별고압과 고압의 혼촉 위험 방지시설

특별 고압과 결합하는 고압전로는 혼촉방지를 위해 사용전압의 3배 이하에서 방전하는 방전장치를 변압기 단자의 가까운 1극에 시설하여야 하며 제 1종 접지 공사로 한다.

【제 01장_16】 제40조 : 고압용 기계 기구의 시설

고압용 기계기구(고압 변압기) 지표상 시설 높이 $\begin{bmatrix} ① 시가지는\ 4.5[m] \\ ② 시가지\ 외는\ 4.0[m] \end{bmatrix}$ 이상 일 것

【제 01장_17】 제32조 : 특별고압 배전용 변압기의 시설

특고압 전로에 시설하는 배전용 변압기
① 특고압 전선에는 특고압 절연전선 또는 케이블을 사용한다.
② 1차 전압은 35[kV] 이하, 2차측은 저압 또는 고압일 것
③ 특고압측에는 개폐기 및 과전류 차단기를 시설할 것

【제 01장_17】 제36조 : 기계기구의 철대 및 외함의 접지

전로에 시설하는 기계기구의 철대 및 금속체 외함에는 다음 표에서 정한 접지공사를 하여야 한다. 다만, 제268조의 2(의료실의 접지 등의 시설)에 의하는 경우 및 외함을 충전하여 사용하는 경우에는 그러하지 아니하다.

기계 기구의 구분	접지공사
400[V] 미만인 저압용의 것	제3종 접지공사
400[V] 이상의 저압용의 것	특별 제3종 접지공사
고압용 또는 특별 고압용의 것	제1종 접지공사

【제 01장_18】 제39조 : 아크를 발생하는 기구 시설

고압용 또는 특별 고압용의 개폐기, 차단기, 피뢰기, 기타 이와 유사한 동작시 아크가 생기는 기구는 목재의 벽 또는 천장 기타 가연성 물질로부터 $\begin{bmatrix} 고\ 압\ 용 - 1[m]\ 이상 \\ 특고압용 - 2[m]\ 이상 \end{bmatrix}$ 이격 되어 있다.

【제 01장_19】 제50조 : 발전소등의 울타리. 담등의 시설

고압 또는 특별 고압의 기계기구, 모선 등을 옥내·옥외에 시설하는 변전소·개폐소·발전소 또는 이에 준 하는 곳 등의 울타리 담 등의 시설.

사 용 전 압	울타리·담 등의 높이와 울타리·담 등으로부터 충전 부분까지의 거리 합계
35[kV] 이하	5[m]
35[kV]를 넘고, 160[kV] 이하	6[m]
160[kV] 넘는 것	6[m]에 160[kV]를 넘는 10[kV] 또는 그 단수마다 12[cm]를 더한 값.

【제 01장_20】 제41조 : 개폐기의 시설

고압 또는 특별고압용의 개폐기로서 중력 등에 의하여 자연이 작동할 우려가 있는 경우에는 자물쇠 장치 기타 이를 방지하는 장치를 시설하여야 한다

【제 01장_21】 제42조 : 과전류 차단용 퓨즈

과전류 차단기로 저압전로에 사용하는 퓨즈는 정격전류의 1.1배 전류에 견디고, 배선용 차단기는 정격전류의 1배의 전류로 동작하지 않아야 한다.

① 저압전로에 사용하는 저압용 퓨즈에 자동차단(용단시간)은

{ 정격전류의 1.1배에 견디어야 한다.
  1.6배 및 2배의 전류에 대해서는 아래 표와 같이 용단되어야 한다.

정격 전류 시간	용단 시간(분)	
	1.6배의 전류	2배의 전류
30[A] 이하	60	2
30[A]를 넘고 60[A] 이하	60	4
60[A]를 넘고 100[A] 이하	120	6
100[A]를 넘고 200[A] 이하	120	8
200[A]를 넘고 400[A] 이하	180	10
400[A]를 넘고 600[A] 이하	240	12
600[A] 초과	240	20

② 저압전로에 사용하는 배선용 차단기는 정격전류의 1배에는 견딜 것.

☞ 1.25배 및 2배 전류에 대한 자동 차단시간(용단시간)은 다음과 같을 것.

정격 전류 시간	용단 시간(분)	
	1.25배의 전류	2배의 전류
30[A] 이하	60	2
30[A]를 넘고 50[A] 이하	60	4
50[A]를 넘고 100[A] 이하	120	6
100[A]를 넘고 225[A] 이하	120	8

고압 또는 특별고압 전로 중 기계기구 및 전선을 보호하기 위하여 필요한 곳에서는 과전류차단기를 시설하여야 한다.

③ 과전류차단기로서 사용하는 고압용 포장퓨즈와 비포장 퓨즈융단 규정은 다음과 같다.
   ⓐ 고압용 포장퓨즈 : 1.3배 전류에 견디고, 2배의 전류로 120분안에 용단.
   ⓑ 고압용 비포장 퓨즈 : 1.25배 전류에 견디고 2배의 전류로 2분안에 용단 되어야 한다.

【제 01장_22】 제44조 : 과전류 차단기의 시설 제한

접지공사 접지선, 다선식 전로의 중성선, 저압가공 전선로의 접지측 전선에는 과전류 차단기를 시설하여서는 아니 된다.

【제 01장_23】 제45조 : 지락차단 장치 등의 시설

금속재 외함을 가지는 사용전압이 60[V]를 넘는 저압의 기계기구로서 사람이 접촉할 우려가 있는 곳에는 지락차단 장치를 시설하여야 한다.

【제 01장_24】 제46조 : 피뢰기의 시설

고압 및 특고압 전로중 피뢰기의 시설을 하여야 하는곳은?
① 발·변전소 또는 이에 준하는 장소의 가공전선 인입구 및 인출구
② 배전용 변압기의 고압측 또는 특고압측
③ 고압 및 특별고압 가공전선로로부터 공급받는 수용장소의 인입구
④ 가공전선로와 지중선로가 접속되는 곳제 271조 : 전파 장해의 방지

【제 01장_25】 제47조 : 피뢰기의 접지

특별고압의 전선로에 시설하는 피뢰기 및 방출보호통, 기타 피뢰기를 구분하는 장치에는 제1종 접지공사를 한다.
제1종 접지공사 접지선이 피뢰기접지공사 전용일때는 접지저항 값이 30[Ω] 이하로 허용된다.

제 2 장 전기운용 장소 시설

【제 02장_01】 제52조 ① : 특별고압 전로 접속상태 표시

모의 모선이 필요 없는 것은 회선수가 2 이하이고 단모선인 경우다. 단, 발전소·변전소의 특별고압전로에 대해서는, 그의 접속상태를 모의 모선으로 표시해야 한다.

【제 02장_01】 제52조 ② : 저압전로의 절연기능

전기 사용 장소의 사용전압이 저압인 전로의 전선 상호 간 및 전로의 대지 사이의 절연저항은 개폐기 또는 과전류차단기로 구분할 수 있는 전로마다 다음 표에서 정한 값 이상이어야 한다. 다만, 전동기 등 기계기구를 쉽게 분리하기 곤란한 분기회로의 경우 전로의 전선 상호 간의 절연저항에 대해서는 기기 접속 전에 측정한다.

전로의 사용전압 구분		절연저항
400[V] 미만	대지전압(접지식 전로는 전선과 대지 사이의 전압, 비접지식 전로는 전선 간의 전압을 말한다. 이하 같다.)이 150[V] 이하인 경우	0.1[MΩ]
	대지전압이 150[V] 초과 300[V] 이하인 경우	0.2[MΩ]
	사용전압이 300[V] 초과 400[V] 미만인 경우	0.3[MΩ]
400[V] 이상		0.4[MΩ]

【제 02장_02】 제53조 (1) : 자동차단 장치와 경보장치 시설

① 다음과 같은 경우 발전기를 전로로부터 차단하는 자동차단 장치를 시설해야 한다.
　ⓐ 발전기에 과전류가 생긴 경우
　ⓑ 수차 압유장치의 유압이 현저히 저하 : 발전기 최소용량이 500[kVA] 이상
　ⓒ 수차 스러스트 베어링 온도가 현저히 상승 : 발전기 최소 용량이 2,000[kVA] 이상
　ⓓ 발전기 내부고장 발생 : 발전기 최소용량이 10,000[kVA] 이상일 때
　ⓔ 증기 터빈의 스러스트 베어링 온도상승 및 마모 : 10,000[kW] 이상일 때는 발전기를 전로로 부터 차단하는 자동차단 장치를 시설해야 한다.
② 변압기의 온도가 상승할 경우 타냉식(수냉식, 송유풍랭식, 송유자냉식)에 한하여 의무적으로 경보장치를 시설하여야 한다.
③ 뱅크용량 5,000[kVA] 이상 10,000[kVA] 미만인 특별고압용 변압기 내부고장시에는 경보하는 장치를 시설하고, 이를 제외하고는 자동차단 장치를 시설하여야 한다.
④ 뱅크용량 10,000[kVA] 이상 특별고압용변압기 내부고장시에는 자동차단 장치를 시설하여야 한다.

(2) : 전기기계기구의 시설

전기 사용 장소에 시설하는 전기기계기구는 충전부가 노출되지 않아야 하며, 사람에 위해를 주거나 화재 발생의 우려가 있는 발열이 없도록 시설하여야 한다. 다만, 전기기계기구를 사용하기 위하여 충전부의 노출 또는 발열체의 시설이 기술상 부득이한 경우에 감전 기타 사람에 위해를 주거나 화재 발생의 우려가 없도록 시설하는 경우에는 그러하지 아니하다.

(3) : 전기자동차 전원공급설비의 시설

전기자동차(도로 운행용 자동차로서 재충전이 가능한 축전지, 연료전지, 광전지 또는 그 밖의 전원장치에서 전류를 공급받는 전동기에 의해 구동되는 것을 말한다.)에 전기를 공급하기 위한 전기설비는 감전, 화재 그 밖에 사람에게 위해(危害)를 주거나 물건에 손상을 줄 우려가 없도록 시설하여야 한다.

【제 02장_03】 제54조 : 무선설비에 대한 장해 방지

전기 사용 장소에 시설하는 전기기계기구 또는 접촉 전선은 전파, 고주파전류 등이 발생함으로써 무선설비의 기능에 계속적이고 중대한 장해를 줄 우려가 없도록 시설하여야 한다.

【제 02장_03】 제55조 : 자동차단 장치의 시설

전력용 콘덴서나 분로리액터는 500[kVA]를 넘고 15,000[kVA] 미만인 경우는 내부고장이나 과전류가 생긴 경우 자동차단 장치를 설치해야 하고 15,000[kVA] 이상은 내부고장·과전류·과전압이 생긴 경우에도 자동 차단장치를 설치한다.

【제 02장_04】 제56조 : 조상기 차단 장치의 용량 규정

용량이 15,000[kVA] 이상인 조상기에 내부고장이 생긴 경우 자동적으로 이를 전로로부터 차단하는 장치를 하여야 한다.

【제 02장_05】 제57조 : 발전기 등의 기계적 강도

발전기·변압기·조상기·모선 또는 이를 지지하는 애자는 단락전류에 의하여 생긴 기계적인 충격에 견디는 것이어야 하고, 접지선은 고장전류를 안전하게 통할 수 있어야 한다.

【제 02장_06】 제58조 : 계측 장치

발전소 또는 이에 준하는 장소에는 다음 각호에 계측장치를 시설하여야 한다.
① 발전기·변압기의 전압·전류 또는 전력
② 발전기의 베어링 및 고정자의 온도
③ 특고용 변압기의 온도

【제 02장_07】 제59조 : 수소 냉각장치의 시설

발전기 또는 조상기 안의 수소의 순도가 85[%] 이하로 저하한 경우에는 이를 경보하는 장치를 시설해야 한다.

【제 02장_08】 제60조 : 압축 공기 장치의 시설

발·변전소 개폐기 또는 이에 준하는 곳에서 개폐기 또는 차단기에 사용하는 압축공기 장치는 최고사용 압력의 1.5배 이상 3배 이하의 수압을 계속하여 10분간 가하여 시험을 한 경우, 이에 견디고 또는 새지 아니할 것.

제 3 장 전 선 로

【제 03장_01】 제66조 : 전선로의 종류

① 가공전선로   ② 옥측전선로
③ 옥상전선로   ④ 지중전선로
⑤ 터널 내 전선로   ⑥ 수상전선로
⑦ 수저 전선로

【제 03장_02】 제70조 : 가공전선로의 지지물의 종류

A종 지지물 : 전장 16[m] 이하 설계하중 700[kg] 이하인 것
『목주, A종 철주, A종 철근콘크리트 주』
B종 지지물 : A종지지물 보다 큰 것 『B종 철주, B종 철근콘크리트주, 철탑』

【제 03장_02】 제71조 : 지지물의 승탑, 승주 방지 시설

지지물에 취급자 이외자가 승탑, 승주 방지를 위해서 발판, 못 등을 지표상 1.8[m] 미만에 시설해서는 아니된다.

【제 03장_03】 제72조 : 풍압하중의 종별과 그 적용

지지물 강도계산에 적용하는 풍압하중은 갑종·을종·병종으로 하기와 같이 정해진다.

① 갑종 : 풍압을 받는 구성재의 수직투영면적당 풍압[kg/m²]은 다음 표와 같다.

풍압을 받는 구분			풍압[kg/m²]×9.8[Pa]
지지물	목주		60×9.8[Pa]
	철주	원형의 것	60×9.8
		삼각형 또는 농형일 것	144×9.8
		강판에 의하여 구성되는 4각형의 것	144×9.8
		기타의것으로 여러재료(복재)가 전·후면에 겹치는 경우	166×9.8
		기타의것으로 겹치지 않은 경우	182×9.8
	철근 콘크리트주	원형의 것	60×9.8
		기타의 것	90×9.8
	철탑	강판으로 구성되는 것	128×9.8
		기타의 것	220×9.8
전선 기타의 가섭선	다도체를 구성하는 전선		68×9.8
	기타의 것(단도체)		76×9.8
특별고압 전선용의 애자 장치			106×9.8
특별고압 전선로용의 완금류	단일재로서 사용하는 것		122×9.8
	기타의 것		166×9.8

② 을종 : 전선 기타 가섭선 주위에 두께 6[mm] 비중 0.9의 빙설이 부착한 상태에서의 풍압하중으로 갑종에 1/2을 기초로 계산한다(빙설이 많은 지역에서의 저온계에 적용)

③ 병종 : 빙설이 적은 지역에서의 저온계와 인가가 밀접한 저·고압장소나 35[kV] 이하 특고 전선로에 적용하는 풍압 하중으로 갑종에 1/2을 기초로 하여 계산한다.

【제 03장_04】 제73조 : 가공전선로 지지물의 기초 안전율

목주·A종 철주·A 종 철근 콘크리트주에 전장 15[m] 이하인 경우는 전장의 $\frac{1}{16}$ 이상을 전장이 15[m]를 넘는 것은 2.5[m] 이상을 땅에 묻는 경우는 기초 안전율, 고려하지 않아도 되며, 철근콘크리트주로서 전장 14[m] 이상, 17[m] 이하로서 설계 하중이 700[kg]을 초과 하고 1,000[kg] 이하인 것은 기준 보다 30[cm]를 더한 값을 땅에 묻는다. 가공전선로 지지물의 기초 안전율은 2 이상이어야 한다. 단, 이상시 상정하중은 철탑인 경우는 1.33 이다.

【제 03장_05】 제78조 : 지지선의 안전율

지선의 안전율은 2.5 이상 소선의 지름은 2.6[mm] 이상의 금속선을 3조 이상 꼬아서 사용 허용인장하중의 최저는 440[kg]으로 한다. 지중 및 지표상 30[cm] 부분까지는 아연도금을 한 철봉등을 사용한다.

【제 03장_06】 제79조 : 가공 약전류 전선로의 유도장애 방지

저 고압 가공 전선로와 가공 약전류 전선로가 병행하는 경우에는 유도작용에 의하여 통신상의 장해가 생기지 않도록 전선과 약전류 전선과의 이격 거리는 2[m] 이상이어야 한다.

【제 03장_07】 제80조 : 조가용선과 케이블의 시설

저 고압가공 전선에 케이블을 사용할 경우 다음고 같이 시설하여야 한다.
① 조가용선의 행거간격은 50[cm] 이하로 시설하여야 하고, 금속 테이프를 사용할 경우는 20[cm] 이하 나선형으로 감아 붙일 것.
② 조가용선은 단면적 22[mm^2]인 아연도 철연선 및 이상세기 일 것.
③ 조가용선 및 케이블 피복에 사용하는 금속체에는 제 3종 접지공사를 할 것.

【제 03장_08】 제82조(1항) : 가공전선의 안전율

고압 케이블은 제외, 고·저압 가공 전선의 안전율은 경동선 내열동합금선에서는 2.2 이상, 기타의 전선에서는 2.5 이상이 되는 안전율로 시설하여야 한다.

【제 03장_09】 제81조(2항) : 경동선 최소 굵기

사용전압이 400[V] 미만인 가공전선은 케이블인 경우를 제외하고는 지름 3.2[mm] 『절연전선인 경우는 2.6[mm]』의 경동선 또는 이와 동등이상의 세기 및 굵기의 것이어야 한다.

고압가공전선은 지름 3.5[mm] 이상의 동복강선 또는 시가지에서는 5[mm], 시가지 외의 경우는 4[mm] 이상의 경동선 또는 이상의 세기 및 굵기의 것이야 한다.

【제 03장_10】 제83조 : 가공전선의 높이

저·고압 가공전선의 높이는 다음과 같다.
① 도로횡단 6[m] 이상
② 철도 횡단 : 레일면상 6.5[m] 이상
③ 횡단 보도 교위 : 3.5[m] 『고압 4[m]』
④ 기타 : 5[m] 이상

【제 03장_11】 제124조 : 전선의 지표상 높이

35[kV]을 넘고 160[kV] 이하 에서는 6[m]이나 산간벽지에서는 5[m]이고 160[kV]를 넘는 경우는 10[kV] 또는 그 단수마다 12[cm] (산중 시설시 1[m]를 뺄 것)을 가산한다.

【제 03장_12】제84조 : 가공전선로의 가공지선

구 분	가공지선의 굵기	
고압전로	· 경동선은 4.0[mm] 이상 · 동복강선은 3.5[mm] 이상	· 나경동선 4.0[mm] 이상 · 나동복강선 3.5[mm]이상
특고전로	· 경동선은 5.0[mm] 이상 · 동복강선은 3.5[mm] 이상	· 나경동선 5.0[mm] 이상

【제 03장_13】제87조 : 가공전선 등의 병가

고·저압 가공전선을 동일 지지물에 병가(시설)할 경우

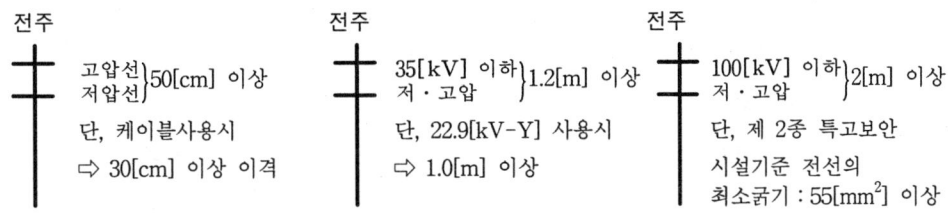

【제 03장_14】제134조·제136조·제150조 : 가공전선 등의 병가

특고가공 전선로와 저·고압 전차선을 병가하는 경우 이격거리는 35[kV] 이하는 1.2[m], 22.9[kV], 중성점 다중 접지의 경우는 1[m] 이상, 3.5[kV] 넘는 것은 2[m] 이상 이격 하여야 한다.

【제 03장_15】제134조 : 가공전선 등의 병가

구 분	35[kV] 초과 100[kV] 미만	35[kV] 이하
이격거리	2[m] 이상	1.2[m]
사용전선	특고압 (55[mm^2]=21.67[kN]) 이상(경동연선)	특고압 (22[mm^2]=8.67[kN] 이상(경동연선)
	제2종 특별 보안공사	
지지물	철주·철근콘크리트주·철탑일 것	

저·고압과 특고압 가공전선을 동일 지지물에 병가할 경우

【제 03장_16】제136조·제104조 : 가공전선과 가공약전류 전선 등의 공가

특고압 가공전선과 가공 약전류 전선과의 공가는 35[kV] 이하인 경우에 시설하여야 한다.

전주
╀ 35[kV] 이하 } 2[m] 이상 { 제 2종 보안공사 실시
  약전선   전선에 최소 굵기는 55[mm^2]인 경동연선을 사용

저압에 있어서는 75[cm] 이상	전주	저압선 약전선 } 75[cm] 이상
고압에 있어서는 1.5[m] 이상	전주	고압선 약전선 } 1.5[m] 이상

∴ 35[kV] 이상인 경우는 동일 지지물에 시설하여서는 안 된다.

【제 03장_17】 제89조 · 제90조 : 저 · 고압 보안공사

가공전선로가 다른 가공전선로 및 시설물과 접근 교차하는 경우 일반적인 시설방법보다 강화하여 시설하는 공사를 말한다.

① 저압 보안 공사시
   ⓐ 전선은 [동복강선 ⇨ 3.5[mm] 이상
                    경동선 ⇨ 지름 4.0[mm] 이상이다.] 케이블은 제외된다.
      $22mm^2$에 경동연선이 사용된다.
   ⓑ 지지물 : 목주로서 목주말구 지름 12[cm] 이상이고, 풍압하중의 안전율은 1.5 이상이어야 한다

② 고압 보안공사시
   ⓐ 전선 [동복강선 ⇨ 3.5[mm] 이상
             경동선 ⇨ 5.0[mm] 이상] 이며 $38mm^2$에 경동연선이 사용된다.
   ⓑ 지지물 : 목주로서 목주 풍압하중에 대한 안전율을 1.5 이상으로 한다.

【제 03장_18】 제139조 : 특고(1 · 2 · 3)종 보안공사

① 제 1종 특별 고압 보안공사 [35[kV] 초과 2차 접근 상태
                                          35[kV] 초과 170[kV] 미만]
   ㉠ 전선로 지지물 ⇨ B종 철주, B종 철근콘크리트주, 철탑을 사용
   ㉡ 전선은 경동 연선으로 아래와 같다.

케이블은 제외	• 100[kV] 미만 : 55[mm^2] 이상. • 100[kV] 이상 300[kV] 미만 : 150[mm^2] 이상. • 300[kV] 이상 : 200[mm^2] 이상 경동연선에 굵기다.	단락시 2초 이내에 자동차단

② 제 2종 특고 보안 공사 (35[kV] 이하 2차 접근 상태)
   ㉠ 지지물 : 목주로서 목주 풍압하중에 대한 안전율 2 이상이어야 한다.
   ㉡ 전선 : $100mm^2$에 경동연선이 사용된다.

③ 제 3종 특고 보안공사 『35[kV] 이하 1차 접근 상태』고 압} 가공전선로 및 보안공사시 표준경간 특고압
   ⓐ 지지물 : 목주. A종 철주(철근 콘크리트주) 사용시는 전선 ⇨ $38mm^2$의 경동연

선이 사용된다.
ⓑ 지지물 : 목주. B종. 철주(철근 콘크리트주) 사용시는 전선 ⇨ 55mm²의 경동연선이 사용된다.

지지물 종류	고압 (제88조)· 특고압 (제137조· 제138조) 가공 전선로의 표준경간	제90조 저·고압 보안 공사 경간	1종 특고 보안 공사 경간	제139조 2·3종 특고 보안 공사 경간
목주, A종 철주, A종 철근콘크리트주	150	100	·	100
B종철주, B종 철근콘크리트주	250	150	150	200
철 탑	600	400	400	400

【제 03장_19】 제88조 : 가공전선로의 경간 제한

고압 가공전선로의 전선 단면적 (22[mm²]=8.67[kN]) 이상, 경동연선 사용할 경우

최대 경간 $\begin{bmatrix} 목주·A종 철주 ⇨ 300[m] \text{ 이하} \\ B종 철주 ⇨ 500[m] \text{ 이하} \end{bmatrix}$

【제 03장_20】 제137조·제138조 : 가공전선로의 경간 제한

특별고압 가공 전선로의 전선단면적 (55[mm²]=21.67[kN]) 이상 경동연선 사용시

최대경간 $\begin{bmatrix} 목주·A종 철주 ⇨ 300[m] \text{ 이하} \\ B종 철주 ⇨ 500[m] \text{ 이하} \end{bmatrix}$

단, 저압 보안공사에 (22[mm²]=8.67[kN]), 고압 보안공사에 38[mm²], 제 1종 특고 보안공사에 150[mm²], 제 2종 특고 보안 공사에 100[mm²], 제 3종 특고 보안공사에서는 목주나 A종 사용시에는 38[mm²], B종이나 철탑 사용시 (55[mm²]=21.67[kN]) 이상 경동연선 사용, 시설 할 경우는 가공전선로 표준 경간에 따른다. 이하 경동연선 사용 시설할 경우는 보안 공사표 경간에 따른다

【제 03장_21】 제91조 : 저·고압 가공전선과 건조물 접근

저·고압 가공전선이 상부 조영재의 위쪽에서는 2[m] 『케이블은 1[m]』, 옆·아래쪽에서는 1.2[m] 이다. 또, 저압 가공전선과 횡단보도교, 철도, 도로의 수평 이격거리는 2[m] 이다. 고압은 2.5[m] 이다.

【제 03장_22】 제140조 : 특별고압 가공전선과 건조물 접근

특고 가공전선과 건조물의 이격 거리는 35[kV] 이하 ⇨ 3[m]

35[kV]를 넘는 것은 3[m]에 35[kV]를 넘는 10[kV] 또는 그 단수마다 15[cm]을 가산한 값 이상일 것.

【제 03장_23】 제148조 : 가공전선과 식물과의 이격거리

식물 이격거리 ┌ ① 저압 고압 ⇨ 상시 불고 있는 바람에 접촉하지 않도록
　　　　　　 └ ② 특고 ⇨ 60[kV] 이하는 2[m] 이하이고, 60[kV]를 넘을 때는 10[kV]마다 12[cm]를 더 가산하여 이격할 것.

【제 03장_24】 제96조 : 저압가공전선 상호간 이격거리

저압 가공전선 상호간의 이격거리는 60[cm] 이상, 어느 한쪽 전선이 절연전선 이나, 케이블인 경우는 30[cm] 일 것.

【제 03장_25】 제97조 : 저·고압 가공전선 교차시 이격거리

고압가공전선과 저압가공전선과의 교차시 거리는 0.8[m], 케이블인 경우 40[cm] 이어야 한다.

【제 03장_26】 제93조 : 저·고압 가공전선과 가공약전류 전선이 접근시 이격거리

저압가공전선과 가공약전류 전선이 접근하는 경우, 이격거리 60[cm] 이상. 다만, 케이블인 경우는 30[cm] 이상으로 할 수 있다.

고압가공전선과 가공약전류 전선이 접근하는 경우, 이격거리 80[cm] 이상. 다만, 케이블인 경우는 40[cm] 이다.

【제 03장_27】 제94조 : 저·고압 가공전선과 안테나가 접근 및 교차시 이격거리

가공전선과 안테나 사이에 이격 거리는
① 저압은 60[cm](전선이 고압절연전선, 특고 절연전선 또는 케이블인 경우는 30[cm])
② 고압은 80[cm](전선이 케이블인 경우는 40[cm] 이상인 것.)

【제 03장_28】 제106조 : 농사용 저압가공전선로의 시설

농사용 저압가공 전선로의 경간은 30[m] 이하일 것, 목주말구 지름은 9[cm] 이상이고, 전선 최소 굵기는 2[mm] 이상일 것.

【제 03장_29】 제107조 : 구내에 시설하는 저압가공전선로

구내에 시설하는 저압가공 전선로의 경간은 30[m] 이하, 지름 2[mm] 이상 전선 사용 한다.

【제 03장_30】 제111조 : 옥상 전선로

저압 옥상 전선로 지지점간 거리는 15[m] 이하이어야 한다.

【제 03장_31】 제113조 : 특별고압 옥상전선로

특고압 옥상 전선로는 시설하여서는 아니된다. 다만, 시·도지사 인가시 170[kV] 미만은 시설할 수 있다.

【제 03장_32】 제114조 : 저압 인입선 시설

저압인입선 도로횡단시 지표상 높이 5[m] 이상, 보도교 횡단시 지표상 높이 3[m] 이상, 철도 궤조면 상 6.5[m] 이상이여야 한다.
① 전선은 케이블 이외에는 지름 2.6[mm] 이상.
② 전선은 절연전선, 다심형전선 또는 케이블일 것.

【제 03장_33】 제115조 : 저압 연접 인입선 시설

저압 연접 인입선은 폭 5[m]를 넘는 도로를 횡단하지 말 것, 전선은 2.6[mm] 이상 경동선 사용. (단, 경간 15[m] 이하인 경우 2[mm] 경동선 사용 가능)

【제03장_34】 제116조 : 고압 가공 인입선 시설

고압 인입선은 전선 지름 5[mm] 이상 경동선이다. 고압 가공 인입선의 지표상 높이는 5[m] 이상이나, 인입선에 한하여 전선의 아래쪽에 위험표시하면 3.5[m] 까지로 감할 수 있다.

【제 03장_35】 제118조 : 특별고압 가공전선로 시가지 지지물 규정

특별고압 가공전선로용 지지물로 시가지에 목주는 사용할 수 없고,

전선은 $\begin{bmatrix} 100[kV] \text{ 미만} \Rightarrow 55[mm^2] \text{ 이상} \\ 100[kV] \text{ 이상} \Rightarrow 150[mm^2] \text{ 이상} \end{bmatrix}$ 경동연선이다.

단, 100[kV] 이상이 단락할 경우는 1초 이내 자동 차단한다. (철주·철근콘크리트주·철탑)

최대경간은	A종 ⇨ 75[m]
	B종 ⇨ 150[m]
	철탑 ⇨ 400[m] 『단, 전선 상호간 간격이 4[m] 미만일때는 250[m] 이다.』

【제 03장_36】 제118조 1항 5호 : 특고 가공전선로 시가지 시설

특고 가공전선로를 시가지에 시설할 경우. (지표상 높이)
35[kV] 이하 ⇨ 10[m] (특별 고압 절연 전선 ⇨ 8[m])
35[kV] 넘는 것은 10[m]에 10[kV] 단수마다 12[cm]을 더한 값으로 한다.

【제 03장_37】 제119조 : 유도장애 방지

① 사용전압이 60[kV] 이하인 경우, 전화선로의 길이 12[km] 마다 유도전류가 2[μA]를 넘지 아니할 것.
② 60[kV] 넘는 경우는 전화선로 길이 40[km] 마다, 유도 전류가 3[μA] 이하일 것.

【제 03장_38】 제150조 1항 12호 : 다중 접지한 중성선 시설

다중 접지한 중성선은 저압가공전선 규정에 준하여 시설한다.

【제 03장_39】 제150조 1항 11 · 13호 : 다중 접지한 중성선 시설

중성선 다중 접지
① 중성선 굵기 2.6[mm] 이상
② 접지 상호간의 거리 300[m] 이하
③ 접지 개개(한개) 접지저항 25[kV] 이하, 150[Ω] 이하. 『15[kV] 이하, 300[Ω]』
④ 합성저항 25[kV] 이하, 15[Ω/km] 이하. 『15[kV] 이하, 30[Ω/km]』

【제 03장_40】 제151조 : 지중 전선로

15[kV] 넘고, 25[kV] 이하 중성점 다중접지 가공전선이 건조물과 접근 상태로 시설할 경우, 조영재 위쪽에서는 3[m] 이상.『케이블인 경우는 1.2[m]』이격한다. 옆쪽이나 아래쪽에서는 1.5[m] 『케이블은 50[cm]』 이격한다.

【제 03장_41】 제150조 : 특고전선과 약전선에 시설하는 안테나의 이격거리

특고압 가공전선과 가공 약전선에 시설하는 안테나와의 이격거리는

$$\begin{bmatrix} 15[kV] \text{ 이하 경우는 } 1.5[m] \text{『케이블인 경우는 } 50[cm]\text{』} \\ 25[kV] \text{ 이하 경우는 } 2.0[m] \text{『케이블인 경우는 } 50[cm]\text{』} \end{bmatrix}$$ 이상일 것.

【제 03장_42】 제150조 10항 : 다중접지 특고전선과 식물과의 이격 거리

다중 접지식 특고압 가공전선과 식물과의 이격거리

$$\begin{bmatrix} 15[kV] \text{ 이하 경우는 } 1.2[m] \\ 15[kV] \text{ 넘고 } 25[kV] \text{ 이하인 경우는 } 1.5[m] \end{bmatrix}$$ 이상일 것.

【제 03장_43】 제122조 : 특고가공 전선과 지지물과의 이격거리

특고전로와 지지물 또는 완금등의 간격

사용전압	이격거리
15[kV] 미만	15[cm]
15[kV] ~ 25[kV] 미만	20[cm]
25[kV] ~ 35[kV] 미만	25[cm]
35[kV] ~ 50[kV] 미만	30[cm]
50[kV] ~ 60[kV] 미만	35[cm]
60[kV] ~ 70[kV] 미만	40[cm]
70[kV] ~ 80[kV] 미만	45[cm]
80[kV] ~ 130[kV] 미만	65[cm]
130[kV] ~ 160[kV] 미만	90[cm]
160[kV] ~ 200[kV] 미만	110[cm]

【제 03장_44】 제124조 : 특고 가공전선로 지표상 높이 제한

전선지표상 최저 높이

35[kV] 이하 $\begin{bmatrix} \text{도로횡단 지표상 6[m]} \\ \text{철도 횡단의 경우 궤도면 상 6.5[m]} \end{bmatrix}$

【제 03장_45】 제129조 : 특고 가공전선로에 지지물 종류

특별고압가공전선로에 지지물로 사용하는 B종철주, 철근 콘크리트주, 철탑 종류 는
① 직선형 : 전선로 중 3° 이하 수평각도인 곳에 사용.
② 각도형 : 전선로 중 3° 이상 수평각도인 곳에 사용.
③ 인류형 : 전 가섭선을 인류하는 곳에 사용.
④ 내장형 : 전선로 지지물 양측 경간차가 큰 곳에 사용.
⑤ 보강형 : 전선로 직선 부분을 보강하기 위해서 사용.

【제 03장_46】 제133조 4항 : 특고 가공전선의 내장형 지지물 시설

특별 고압 전선로 중 지지물로 직선형 철탑을 계속하여 10기 이상 사용하는 부분에는 10기 이하마다 내장애자 장치를 가지는 철탑 1기를 시설하여야 한다.

【제 03장_47】 제105조 : 구분 개폐기의 시설

시가지에 있어서의 고압가공전선로에는 그길이 2[km] 마다 구분개폐기『개폐기』를 시설하여야 한다.

【제 03장_48】 제151조 2항 : 지중 전선로의 시설

저압 또는 고압의 지중전선로의 전선에는 케이블을 사용하고 관로식 · 암거식 · 직접매설식에 의해 시설하여야 한다.

【제 03장_49】 제153조 : 가압 장치의 시설

　가압장치의 입력관은 최고 사용압력이 3[kg/cm^2] 이상인 것은 규격에 적합한 것을 사용해야 한다.

【제 03장_50】 제152조 : 지중함의 시설

　지중전선로에서 직접 매설식으로 시공할 경우 매설 깊이는 중량물의 압력이 있는 곳은 1.2[m] 이상 없는 곳은 0.6[m] 이상으로 한다.

【제 03장_51】 제154조 : 지중선의 피복 금속체의 접지

　지중전선로에서 직접 매설식으로 시공할 경우 : 매설 깊이는 중량물의 압력이 방호장치의 금속제 부분, 금속제의 전선접속함, 지중전선을 피복으로 사용하는 금속체에는 제 3종 접지공사를 하여야 한다.

【제 03장_52】 제156조 : 지중 전선과 지중 약전류 전선이 관과 접근 또는 교차

　지중전선과 지중 약전류전선이 접근 또는 교차할 경우 :

$$\left[\begin{array}{l}\text{고·저압 지중전선과 지중약전류전선 사이가 30[cm] 이하}\\\text{특고압 지중전선과 지중 약전류전선 사이가 60[cm] 이하}\end{array}\right]$$인 경우에는 양자 사이에 견고한 내화성의 격벽을 설치하여야 한다.

　단, 특고전선과 유독성 유체를 내포한 관과는 1[m] 이상 이격 해야하며, 지중함에 조명 시설은 필요하지 않다.

【제 03장_53】 제157조 : 지중 전선 상호간의 접근 또는 교차

　고압의 지중전선과 특별고압 지중전선이 접근 또는 교차 할 경우, 지중함 상호간 거리가 30[cm] 이하일때는 견고한 내화성 격벽을 사용하여야 한다.

【제 03장_54】 제152조 : 지중함의 시설

　지중함 크기가 1[m^3] 이상인 경우는 통풍장치 기타 가스를 방산하는 장치를 하여야 한다.

【제 03장_55】 제159조 : 사람이 상시 통행하는 터널내 전선로의 시설

　　☞ 터널 내 저압배선
　① 지름이 2.6[mm] 이상인 경동선 이용(사용)
　　애자 사용공사시 궤조면상 또는 노면상에서 2.5[m] 이상 높이로 시설 한다.
　② 합성수지관공사, 금속관공사, 가요전선관공사, 케이블 공사에 의해 시설한다.

☞ 터널내 고압배선
① 케이블 공사에 의해 시설한다.
② 지름이 4[mm] 이상에 경동선 사용
애자사용공사시 궤조면상 또는 노면상 높이는 3[m] 이상으로 시설한다.

제 4 장 전력보안 통신설비

【제 04장_01】 제170조 : 전력보안 통신용 전화 설비의 시설

보안 통신용 전화 설비는 원격감시 제어가 되지 않는 발전소, 변전소 2 이상의 급전소 상호간, 특고 가공 전선로 및 선로길이 5[km] 이상의 고압가공 전선로 등에 시설하여야 한다.

【제 04장_02】 제171조 : 중요한 곳의 통신 방식

전력계통에서 통신에 확실성을 위해 전력 보안 통신설비중 1 회선은 다음으로 시설해야 한다.
① 전력선이용 반송 전화
② 무선 전화 설비.
③ 통신 케이블을 사용한 전화설비로 시설해야 한다.

【제 04장_03】 제173조 : 통신선의 시설

가공통신선은 2.6[mm]의 경동선이나 동등 이상의 세기 및 굵기일 것

【제 04장_04】 제175조 : 가공전선과 첨가 통신선 사이에 이격거리

특별 고압 22.9kV 가공전선의 다중 접지를 한 중성선과 전력 보안 통신선과의 이격거리는 75[cm] 이상(케이블은 30[cm] 이상)일 것. 도로 위에 시설하는 가공통신선에 지표상 높이는 5[m] 이상, 교통에 지장을 줄 우려가 없는 가공통신선에 지표상 높이 4.5[m]까지이다.

【제 04장_05】 제176조 : 가공통신선의 높이

가공통신선의 높이는 다음 값 이상으로 시설하여야 한다.

시설 장소	독립통신선	접지선 굵기	
		저·고압	특별 고압
도로 횡단	5.0[m]	6.0[m]	6.0[m]
도로 횡단(교통에 지장이 없는 경우)	4.5[m]	5.0[m]	
철도 횡단	6.5[m]	6.5[m]	6.5[m]
횡단보도교 위	3.0[m]	3.5[m]	5.0[m]
횡단보도교 위(통신선 사용)		3.0[m](절연전선 또는 통신케이블)	4.0[m] 통신케이블
기타 장소	3.5[m]	4.0[m]	5.0[m]

【제 04장_06】 제183조 : 전력선 반송 통신용 결합 안테나 시설

전력선 반송통신용 결합 안테나 시설 : 결합 안테나는 단면적 22[mm^2]의 경동 연선 또는 동등 이상의 세기일 것

제 5 장 전기 사용장소 시설

【제 05장_01】 제187조 : 옥내 전로의 대지전압 제한

백열전등 또는 방전등의 전로 대지전압은 300[V] 이하이어야 한다.

【제 05장_02】 제188조 : 나 전선의 사용 제한

옥내에 시설하는 저압전선에 나전선을 사용할 수 있는 경우는 다음과 같다.
① 전기로용전선 및 절연물이 부식하는 장소에 애자 사용 공사를 할 경우.
② 접촉전선.
③ 바스 덕트공사 또는 라이팅 덕트 공사인 경우.

【제 05장_03】 제189조 : 저압 옥내 배선의 사용 전선

저압옥내 배선은 지름 1.6[mm]의 연동선이거나, 단면적 1[mm^2] 이상의 MI(미네럴 인슈레이션) 케이블을 사용한다.
⇒ EV 케이블(폴리에틸렌 절연 비닐 시스케이블)
⇒ HIV (600볼트· 2종비닐 절연 전선)
⇒ BE 케이블(부틸고무 절연 폴리에틸렌 시스케이블)

【제 05장_04】 제194조 : 전동기의 과부하 보호 장치의 시설

단상유도 전동기 전원측 전로에 시설하는 과전류차단기는 15[A] 이하, 배선용 차단기는 20[A] 이하이면 생략할 수 있다.

【제 05장_05】 제195조 : 저압 옥내 간선의 시설

간선 굵기를 정할 때 근거가 되는 최소허용전류
☞ 간선의 허용전류는 : 전동기 정격전류의 합계가 50[A] 이하인 경우는 전동기 정격전류×1.25(50[A]를 넘는 경우는 1.1배)+다른 전기 기계기구 정격전류의 합을 말한다.

【제05장_06】 제195조 5항 : 간선 보호용 과전류 차단기 시설

저압 옥내 간선의 과전류 차단기 용량 = 전동기 정격전류의 합계 × 3배 + 다른 전기 기계기구의 정격전류의 합계로 시설한다.

【제 05장_07】 제196조 1항 : 분기 회로의 시설

저압 옥내 전로의 분기 개소에 시설하는 개폐기 및 과전류 차단기는 분기점에서 3[m] 이하인 곳에 시설한다.

【제 05장_08】 제196조 : 분기 회로의 시설

분기 개폐기 및 자동차단장치의 시설 : 저압 옥내 간선에서 분기하는 분기선의 허용전류가 간선 허용전류에 35[%] 미만인 경우는 분기점에서 3[m] 이하이고, 분기선의 허용전류가 35[%] 이상, 55[%] 미만인 경우는 분기점에서 8[m] 이하, 분기선의 허용전류가 55[%] 이상인 경우는 분기점에서 8[m]을 넘을 수도 있는 분기 지점에 분기 개폐기 및 자동차단기를 시설한다.

【제 05장_09】 제196조 : 분기 회로의 시설

20[A] 이하의 배선용차단기 또는 15[A] 이하의 과전류차단기에 접속되는 콘센트의 정격 전류는 15[A] 이하이다.

【제 05장_10】 제195조 : 저압 옥내 간선의 시설

옥내 배선을 할 경우 간선의 굵기는 간선 부분을 통해 공급되는 허용 전류 이상의 것이어야 한다.

【제 05장_11】 제197조 2항 : 점멸 장치와 타임 스위치의 시설

공장·사무실·학교·병원·상점 기타 등에 조명은 여러 개의 전등군으로 하고, 매 전등군의 등기구 수는 6개 이내로 하여야 한다.

백열 전등을 조명용으로 사용할 경우, 일반 주택이나 아파트 각호실 현관에 전등은 3분, 여관이나 호텔 각 객실 입구 백열전등은 1분 이내 소등되는 타임 스위치를 시설하여야 한다.

【제 05장_12】 제201조 1항 2호 : 애자 사용 공사

애자 사용 공사시 사용전압이 400[V] 미만인 경우 전선 상호간의 이격거리는 6[cm]이다.

【제 05장_13】 제201조 1항 3호 : 애자 사용 공사

옥내 시설하는 애자 사용 노출공사시 전선과 조영재 와의 이격거리

$$\begin{bmatrix} 400[V] \text{ 미만} : 2.5[cm] \text{ 이상} \\ 400[V] \text{ 이상} : 4.5[cm] \text{ 이상(은폐된 건조장소는 } 2.5[cm] \text{ 이상)} \end{bmatrix}$$

$$\begin{bmatrix} \text{전선 상호간의 거리 } 6[cm] \\ \text{점검할 수 있는 은폐 장소도 전선 상호간 거리 } 6[cm] \text{ 이상} \end{bmatrix} \text{이다.}$$

【제 05장_14】 제203조 : 합성 수지관 공사·제204조 : 금속관 공사·

제210조 : 플로어 덕트 공사·제211조 : 셀룰러덕트 공사

저압 옥내 배선을 합성수지관 공사로 실시 할 경우, 전선은 연선이 원칙이나 단선(동선)은 지름 3.2[mm] (알미늄선은 4[mm]) 이하의 것은 단선을 쓸 수 있다.

【제 05장_15】 제203조 : 합성 수지관 공사

합성 수지관 공사시 관. 상호간과 관과 박스 와의 접속은 관 삽입 깊이를 관 바깥지름 1.2배(접착제를 사용하는 경우에는 0.8배) 이상으로 한다.

【제 05장_16】 제204조 : 금속관 공사

금속관 공사에 의한 저압옥내 배선시 콘크리트에 매설하는 경우 관의 최소 두께는 1.2[mm] 이상이다. 즉, 금속관 공사는 옥외용 비닐절연 전선을 제외한 절연전선으로 3.2[mm] 이하에 한하여 단선을 사용할 수 있으며, 콘크리트에 매설하는 금속관의 최소 두께는 1.2[mm] 이상이며, 400[V] 이하는 제3종 접지공사 400[V]를 넘는 것은 특별 제3종 접지공사를 한다.

【제 05장_17】 제206조 : 가요 전선관 공사

합성 수지관·금속관·가요 전선관 공사에 의한 저압옥내 배선 시설
① 전선은 절연전선(OW 전선 제외)으로 연선일 것. 단, 지름 3.2[mm] 이하의 것은 단선을 쓸 수 있다.
② 가요전선관은 2중 금속제 가요전선관일 것. 전선관 안의 전선은 접속점이 없어야 한다.

【제 05장_18】 제 207조 : 금속덕트 공사

금속 덕트 공사 ⇨ 모양변경, 배치변경 등 전기 배선이 변경되는 장소에 쉽게 응할 수 있게 마련한 저압 옥내 배선 공사이다.

【제 05장_19】 제 200조 : 저압옥내 배선의 시설 장소별 공사의 종류

→ 플로어덕트 공사 → 셀룰러덕트 공사	점검할 수 없는 은폐장소, 건조한 장소로서 400[V] 미만에 공사방법 이다.
→ 애자 사용 공사 → 금속관 공사 → 합성수지관 공사 → 가요전선관 공사	물기가 많고 전개된 장소로 400V 이상인 곳에 시설하는 공사이다.

※ 금속덕트에 넣는 전선 단면적에 합계는 덕트 내부 단면적에 20[%] 이하일 것. 또, 금속덕트에 전광 표시장치·출.퇴근 표시등·제어회로 등의 배선만 넣는 경우는 금속 덕트 내부 단면적에 50% 이하일 것
※ 금속 몰드공사는 400[V] 미만, 건조하고 전개된 장소에만 시설할 수 있다.

【제 05장_20】 제210조 : 플로어덕트 공사

☞ 플로어덕트 공사에 의한 저압 옥내 배선은
① 전선은 절연전선일 것(옥외용 비닐 절연 전선은 제외)
② 전선은 연선일 것(단, 지름 3.2[mm] (알미늄선은 4[mm]) 이하인 것은 그러하지 아니한다.)
③ 플로어덕트 안에는 접속점이 없도록 할 것

【제 05장_21】 제 215조 : 저압옥내 배선과 약전류 전선 또는 관과의 접근 교차

저압 옥내 배선이 약전류 전선 또는 수도관·가스관 또는 이와 유사한 것과 근접하거나 교차하는 경우 이격거리는 10[cm] (전선이 나전선인 경우는 30[cm]) 이상이어야 한다.

【제 05장_22】제216조 : 옥내 저압용의 전구선의 시설

옥내에 시설하는 전구선은 비닐코드 또는 비닐 캡타이어 케이블 이외의 케이블로서 단면적이 0.75[mm^2] 이상인 것

【제 05장_23】제217조 : 옥내 저압용 이동 전선의 시설

목욕탕에서 이동하여 사용하는 코드는 즉, 습기 또는 수분이 있는 곳에는 방습 코드 또는 고무 캡타이어 케이블을 사용하여야 한다.

【제 05장_24】제218조 : 먼지가 많은 장소에서의 저압에 시설

폭연선 분진(Mg · Al · Ti · Zr 등에 먼지)이나 화약류의 분말이 존재하는 곳의 저압 옥내배선은 금속관 공사나 케이블 공사(캡타이어 케이블은 제외)에 의할 것. 이 경우 금속관은 얇은 강전선관 이상이어야 한다.

【제 05장_25】제220조 : 위험물등이 있는 곳에서의 저압의 시설

셀룰로이드 · 성냥 · 석유 · 기타 위험물이 있는 곳의 배선은 금속관 공사 · 케이블 공사 · 경질 비닐관 공사에 의하여야 한다.

【제 05장_26】제 218조 2항 1호 : 먼지가 많은 장소에서의 저압에 시설

소맥분 · 전분 · 유황 · 기타의 가연성(잘 연소하는) 분진(먼지 가루 · 분말)이 존재하는 곳의 저압 옥내배선은 합성 수지관공사 (콤바인드 덕트관 공사는 제외) 금속관 공사 또는 케이블 공사에 의할 것

【제 05장_27】제 229조 : 고압 옥내배선등의 시설

고압 옥내 배선은 애자 사용공사(전선은 2.6[mm] 이상의 연동선 이나 고압 절연전선을 사용하여야 한다.) 또는 케이블 공사를 하여야 한다. 단, MI 케이블은 저압 옥내배선에만 사용한다.

【제 05장_28】제229조 1항 2호 : 애자 사용공사에 의한 고압 옥내 배선

옥내 배선은 애자 사용공사에 의할 경우, 전선 지지점간의 거리는 저압인 경우 2[m] 이하이고, 고압인 경우는 6[m] 이하이다. 단, 고압에서도 조영재면을 따라 시설하는 경우는 2[m] 이하이다.

고압의 전선 상호간격은 8[cm] 이상, 전선과 조영재 간격은 5[cm] 이상 일 것

【제 05장_29】제229조 2항 : 고압 옥내배선 등의 시설

고압 옥내배선이 다른 고압 배선 · 저압배선 · 약전류 전선 · 수도관등과 접근 교차하

는 경우에 이격거리는 15[cm] 이상으로 되어 있다. 또, 애자 사용공사에 의한 고압전선과는 30[cm] 이상 이격하여야 한다.

【제 05장_30】 제230조 1항 : 옥내 고압용 이동 전선의 시설

옥내에 시설하는 고압 이동 전선은 고압용의 3종 클로로 플렌 캡타이어 케이블 및 3종 클로로 술폰화 폴리에틸렌 캡타이어 케이블일 것

【제 05장_31】 제232조 : 특별고압 옥내 전기설비의 시설

특별 고압선을 옥내 설비시 사용전압은 100[kV] 이하이고, 전선은 케이블이어야 한다. 특별 고압선 옥내배선과 고·저압선과의 이격거리는 60[cm] 이상일 것

【제 05장_32】 제235조 1항 7조 : 옥내의 네온방전등 공사

네온변압기 2차 전압은 15[kV] 이하로 하고, 2차 단락전류는 50[mA] 이하이며, 네온변압기 외함에는 제3종 접지 공사를 하여야 한다.

【제 05장_33】 제238조 : 옥측배선 또는 옥외배선의 시설

옥외 백열전등의 인하선으로 지표상 높이 2.5[m] 미만은 1.6[mm] 연동선과 동등 이상 세기 및 굵기의 절연전선일 것

【제 05장_34】 제239조 : 옥측 또는 옥외에 시설하는 전구선의 시설

저압 옥외 배선이 400[V] 이상인 경우는 합성수지관 공사, 가요전선관 공사 애자 사용 공사에 의할 것

【제 05장_35】 제 251조 : 전기 울타리의 시설

전기 울타리 시설에서 전선은 지름 2[mm] 이상의 경동선으로 하며, 사용전압은 400[V] 미만이어야 한다.

【제 05장_36】 제252조 : 유희용 전차의 시설

유희용(유원지 구내) 전차에 전기를 공급하는 전로의 사용전압은 직류 60[V] 이하이고, 교류 40[V] 이하일 것

【제 05장_37】 제254조 : 교통 신호등의 시설

교통 신호등 회로의 사용전압은 300[V] 이하로서 전선은 케이블 또는 1.6[mm]의 연동선 이상의 절연전선이나 4[mm] 이상의 철선으로 2조 이상 꼬아 조가용선에 매달아 시설한다.

루밑, 영사실 등의 배선은 400[V] 미만으로 전용개폐기 및 과전류 차단기를 설치한다.

【제 05장_38】 제259조 : 전기 욕기의 시설

전기 욕기에 시설하는 전원 변압기는 2차 전압 10[V] 이하인 것이어야 하며, 유도 코일을 사용하는 경우에는 파고값이 30[V] 이하이어야 한다. 또, 전기 온상시설은 대지전압 300[V] 이하로 발열선은 온도가 80[℃]를 넘지 않도록 하여야 한다.

【제 05장_39】 제261조 : 풀용 수중조명등의 시설

풀용 수중 조명등에 전기를 공급하는 절연변압기는 1차 전로에 사용전압이 400[V] 미만이고, 2차 전로에 사용전압이 150[V] 이하인 절연변압기를 사용 하여야 하며, 2차 전로에 사용전압이 30[V] 이하인 경우는 1차 권선과 2차 권선 사이에 제1종 접지공사를 한 금속제 혼촉방지판을 설치하고, 사용전압이 30[V] 이상인 경우 지기가 발생하면 자동적으로 전로를 차단하는 장치(누설 차단기)를 시설한다. 또 2차측 전로는 비접지로 한다.

【제 05장_40】 제265조 : 출퇴 표시등 회로 시설

출퇴 표시등에 전기를 공급하는 변압기는 1차 전로의 대지전압이 300[V] 이하, 2차측 전로의 사용전압 60[V] 이하인 절연 변압기 이어야 한다.

【제 05장_41】 제264조 : 소세력 회로의 시설

전자 개폐기 조작회로 또는 차임벨·경보벨등 전로에 최대 사용전압은 60[V] 이하일 것. 또, 소세력에 사용하는 변압기의 1차 대지전압의 최대는 300[V] 이하다.

【제 05장_42】 제266조 1항 3호 : 전기 집진장치 등의 시설

전기 집진 장치의 케이블 피복에 사용하는 금속체에는 제1종 접지 공사를 할 것. 다만, 사람의 접촉 우려가 없도록 시설할 경우는 제3종 접지 공사를 할 수 있다.

【제 05장_43】 제267조 : 아크 용접 장치의 시설

전기 아크 용접기용 절연 변압기의 1차 대지전압 300[V] 이하, 1차측에 개폐기를 피용접재에는 제3종 접지 공사를 한다.

【제 05장_44】 제268조 : X선 발생 장치의 설치

☞ 의료실, 보호 접지 공사에는 : 의료용 접지센터, 의료용 콘센트, 의료용 접지 단자를 시설할 경우, 특별한 경우를 제외하고는 의료실의 바닥위 80[cm] 이상의 높이에 시설하여야 하며, 접지 저항 값은 10[Ω] 이하이다.

등전위 접지로 시설 할 경우는 접지저항을 100[Ω] 이하로 할 수 있다. 단, 1개의 의료실에 시설하는 절연 변압기의 정격용량은 7.5[kVA] 이하이다.

제6장 전 기 철 도

【제 06장_01】제 271조 : 전파 장해의 방지

① 전차선로는 무선설비의 기능에 계속적이고 또한 중대한 장해를 주는 전파가 생길 우려가 있는 경우에는 이를 방지하도록 시설하여야 한다.

② 제1항의 경우에 전차선로에서 발생하는 전파의 허용한도는 전차선의 직하로부터 전차선과 직각의 방향으로 10[m] 떨어진 지점에서 방해파 측정기의 틀형 공중선의 면을 전차선로에 평행으로 하고 6회 이상 측정한 때에 각 회의 측정값의 최대값의 평균값(전차선의 직하로부터 전차선과 직각의 방향으로 10[m] 떨어진 지점에서 측정하기가 어려운 경우에는 임의의 지점에서 방해파 측정기의 틀형 공중선의 면을 전차선로에 평행으로 하고 6회 이상 측정한 경우 각 회의 측정값의 최대값의 평균값에 그림의 횡축에 표시한 이격거리에 따라 각각 그림의 종축에 표시한 값으로 보정한 값)이 300[kHz]부터 3,000[kHz]까지의 주파수대에서 36.5[dB](준첨두 값)일 것

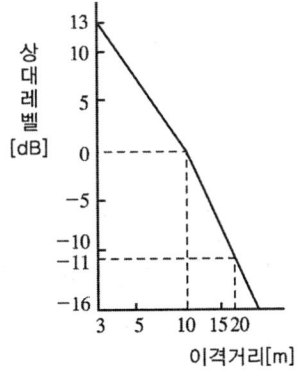

【제 06장_02】제 283조 : 직류식 전기철도용 전차선로의 절연저항

직류식 전기철도용 전차선로의 절연 부분과 대지 간에 절연저항은 사용전압에 대한 누설 전류가 궤도의 연장 1[km]마다 가공직류전차선은 10[mA], 기타 전차선은 100[mA]를 넘지 않도록 유지하여야 한다.

【제 06장_03】 제296조 : 전차선 등과 식물 사이의 이격거리

교류 전차선과 식물과의 이격거리는 2[m] 이상이어야 한다.

【제 06장_04】 제95조 : 저·고압 가공전선과 교류전차선 등의 접근 또는 교차

고압 가공전선이 위쪽에서 교류전차선과 교차하는 경우 고압가공 전선로에 사용하는 경 동연선은 38[mm^2] 이상이며, 상호간격은 65[cm] 이상이다.

【제 06장_05】 제 288조 1항 3호 : 전식방지를 위한 귀선용 궤조의 시설등

직류식 전기철도에서 귀선[부극성(-)]의 궤조 근접 부분에 1년간 평균전류가 통 할 때, 비절연 구간 내의 어느 두 점 간의 전위차는 궤도의 선로 길이 1[km]에 대하여 2.5[V] 이하이고, 또한 그 구간 안에 어느 두 점 간에 있어서도 15[V] 이하일 것

【제 06장_06】 제286조 : 전식 방지를 위한 이격거리

직류 귀선의 궤조근접부분(비절연 부분)이 금속제 지중관로와 접근하거나 교차하는 경우, 상호간 거리는 1[m] 이상이어야 한다.

【제 06장_07】 제290조 : 전차선로의 시설 제한

전차선로의 사용전압이 단상 교류 25[kV] 이하인 전차선로는 전기철도의 전용부지 내에 시설하고, 또한, 전차선은 가공 방식에 의하여 시설하여야 한다.

【제 06장_08】 제297조 : 전차선과 병행하는 금속물의 접지

교류전차선과 병행하는 교량의 금속제 난간 기타 사람이 접속할 우려가 있는 금속물에는 제3종 접지공사를 하여야 한다.

【제 06장_09】 제300조

강색철도의 전차선로의 사용 전압은 300[V] 이하로 하여야 한다.

【제 06장_10】 제301조 : 강색차선의 시설

① 강색차선은 지름이 7[mm]의 경동선 또는 이와 동등 이상의 세기 및 굵기의 것이어야 한다.
② 강색차선의 궤조면상의 높이는 4[m] 이상일 것. 다만, 터널 내·교량 기타 유사한 곳에 시설할 경우는 3.5[m] 이상으로 할 수 있다.

【제 06장_11】제304조 : 강색차선의 절연 저항

강색차선과 대지 사이의 절연저항은 사용 전압에 대한 누설전류가 궤도의 연장 1[km]마다 100[mA]를 넘지 않도록 유지하여야 한다.

기출문제

2014년도

전기기사	2014년 3월 2일 시행
전기기사	2014년 5월 25일 시행
전기기사	2014년 8월 17일 시행

01 전/기/자/기/학

001 전기 쌍극자에 대한 설명 중 옳은 것은?
① 반경 방향의 전계성분은 거리의 제곱에 반비례
② 전체 전계의 세기는 거리의 3승에 반비례
③ 전위는 거리에 반비례
④ 전위는 거리의 3승에 반비례

해설 전기 쌍극자란 매우 가까운 거리에 있는 2개의 점전하를 말한다.
전기 쌍극자의 중심으로부터 임의거리 r[m] 떨어진 점의 전체 전계세기
$E = \sqrt{E_r^2 + E_\theta^2} = \dfrac{M}{4\pi\varepsilon_o r^3} \times \sqrt{1+3\cos^2\theta} = \dfrac{1}{r^3}$ [V/m]로서 전체의 전계세기는 거리의 3승에 반비례한다.(단, $M = Q\ell$ [c·m]이다.)

002 간격에 비해서 충분히 넓은 평행판 콘덴서의 판 사이에 비유전율 ε_s인 유전체를 채우고 외부에서 판에 수직방향으로 전계 E_0를 가할 때 분극전하에 의한 전계의 세기는 몇 [V/m]인가?

① $\dfrac{\varepsilon_{s+1}}{\varepsilon_s} \times E_0$
② $\dfrac{\varepsilon_s}{\varepsilon_{s+1}} \times E_0$
③ $\dfrac{\varepsilon_{s-1}}{\varepsilon_s} \times E_0$
④ $\dfrac{\varepsilon_s}{\varepsilon_{s-1}} \times E_0$

해설 x(전계의 분극률)은 유전체가 대전체로 대전되어 나가는 율이다. x(자계의 분극률)은 자성체가 자석으로 변해 나가는 율을 말한다.
∴ P(전계에서의 분극세기) $= xE_0 = \varepsilon_o(\varepsilon_s - 1)E_0$ [V/m] ⋯ ①
σ(분극전하밀도) $= D$(전속밀도) $= \varepsilon_o\varepsilon_s E$ [c/m²] ⋯ ②
① = ② 식에서 $P = xE_o = \varepsilon_o(\varepsilon_s-1)E_o = \varepsilon_o\varepsilon_s E$ [c/m²], $(\varepsilon_s-1)E_o = \varepsilon_s E$이다.
∴ E(분극전하에 의한 전계세기) $= \dfrac{\varepsilon_s - 1}{\varepsilon_s} \times E_o$ [V/m]가 된다.

003 공기 중에 있는 지름 2[m]의 구도체에 줄 수 있는 최대 전하는 약 몇 [C]인가? (단, 공기의 절연내력은 3000[kV/m]이다.)

① 5.3×10^{-4}
② 3.33×10^{-4}
③ 2.65×10^{-4}
④ 1.67×10^{-4}

해답 1.② 2.③ 3.②

해설 E(공기의 절연내력) $= 3000[\text{kV/m}] = 3 \times 10^6[\text{V/m}]$이다.

V(구도체의 최대전압) $= Er = 3 \times 10^6 \times 1 = \dfrac{Q}{4\pi\varepsilon_o r} = 9 \times 10^9 \times \dfrac{Q}{1}[\text{V}]$이다.

$\therefore Q_{\max}$(최대전하) $= \dfrac{3 \times 10^6}{9 \times 10^9} = \dfrac{1}{3} \times 10^{-3} = 0.333 \times 10^{-3} \fallingdotseq 3.33 \times 10^{-4}[\text{C}]$이 된다.

문제 004 와전류손(eddy current loss)에 대한 설명으로 옳은 것은?
① 도전율이 클수록 작다.
② 주파수에 비례한다.
③ 최대자속밀도의 1.6승에 비례한다.
④ 주파수의 제곱에 비례한다.

해설 P_i(철손) $= P_h$(히스테리시스손) $+ P_e$(와전류손)$[\text{W/kg}]$이다.

이때 $P_h = \eta f B_m^{1.6}[\text{W/kg}]$는 $f[\text{Hz}]$와 $B_m^{1.6}$에 비례하고, $P_e = \eta(f, t, k_f, B_m)^2[\text{W/kg}]$이다.

$\therefore P_e$(와전류손)은 f(주파수)$[\text{Hz}]$, t(철판두께) $= 0.35 \sim 0.5[\text{mm}]$,

K_f(파형률) $= \dfrac{\text{실효치 전류}}{\text{평균치 전류}} = \dfrac{\dfrac{I_m}{\sqrt{2}}}{\dfrac{2}{\pi}I_m} = \dfrac{\pi}{2\sqrt{2}}$, B_m(최대자속밀도) 등의 제곱에 비례한다.

$\therefore$ 와전류손은 주파수의 제곱에 비례한다.

문제 005 방송국 안테나 출력이 $W[\text{W}]$이고 이로부터 진공 중에 $r[\text{m}]$ 떨어진 점에서 자계의 세기의 실효치 H는 몇 $[\text{A/m}]$인가?

① $\dfrac{1}{r}\sqrt{\dfrac{W}{377\pi}}$
② $\dfrac{1}{2r}\sqrt{\dfrac{W}{377\pi}}$
③ $\dfrac{1}{2r}\sqrt{\dfrac{W}{188\pi}}$
④ $\dfrac{1}{r}\sqrt{\dfrac{2W}{377\pi}}$

해설 Z_o(전자계의 고유임피던스) $= \dfrac{E}{H} = \sqrt{\dfrac{\mu_o}{\varepsilon_o}} = 120\pi \fallingdotseq 377[\Omega]$이다.

P(포인팅 Vector)란 평면전자파가 v(전자파속도) $= \dfrac{1}{\sqrt{\varepsilon\mu}}[\text{m/sec}]$의 속도로 단위시간에 단위면적을 통과하는 에너지의 흐름을 말한다.

$\therefore P$(포인팅 Vector) $= \dfrac{W}{S} = \dfrac{W}{4\pi r^2} = E \times H = \sqrt{\dfrac{\mu_o}{\varepsilon_o}}H \times H = 377 H^2[\text{w/m}^2]$,

$\dfrac{W}{4\pi r^2} = 377 H^2$

$\therefore H$(자계세기의 실효치) $= \sqrt{\dfrac{1}{(2r)^2} \times \dfrac{W}{377\pi}} = \dfrac{1}{2r}\sqrt{\dfrac{W}{377\pi}}[\text{A/m}]$이다.

해답 4.④ 5.②

006 평행판 콘덴서의 극판 사이에 유전율이 각각 ε_1, ε_2인 두 유전체를 반씩 채우고 극판 사이에 일정한 전압을 걸어줄 때 매질 (1), (2) 내의 전계의 세기 E_1, E_2 사이에 성립하는 관계로 옳은 것은?

① $E_2 = 4E_1$
② $E_2 = 2E_1$
③ $E_2 = \dfrac{E_1}{4}$
④ $E_2 = E_1$

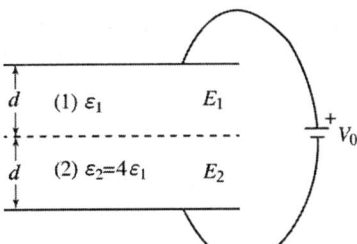

해설 전속밀도 $D[\text{c/m}^2]$는 공기 중에서나 유전체 중에는 서로 같다. 즉, 유전율이 서로 다른 유전체 (1), (2)에서의 전속밀도는 서로 같다.

∴ $D_1 = D_2$, $\varepsilon_1 E_1 = \varepsilon_2 E_2$, $\dfrac{E_1}{E_2} = \dfrac{\varepsilon_2}{\varepsilon_1} = \dfrac{4\varepsilon_1}{\varepsilon_1} = 4$

∴ $E_2 = \dfrac{1}{4} E_1$의 관계가 성립된다.

007 단면적 S, 길이 ℓ, 투자율 μ인 자성체의 자기회로에 권선을 N회 감아서 I의 전류를 흐르게 할 때 자속은?

① $\dfrac{\mu S I}{N \ell}$
② $\dfrac{\mu N I}{S \ell}$
③ $\dfrac{N I \ell}{\mu S}$
④ $\dfrac{\mu S N I}{\ell}$

해설 R(자기저항＝철심의 저항) $= \dfrac{\ell}{\mu S}$ [AT/Wb]로서 손실이 없다.

∴ F(기자력) $= NI = R\phi$ [AT]에서 자성체의 자속 $= \phi = \dfrac{NI}{R} = \dfrac{NI}{\dfrac{\ell}{\mu S}} = \dfrac{\mu S N I}{\ell}$ [Wb] 이다.

008 손실유전체(일반매질)에서의 고유임피던스는?

① $\sqrt{\dfrac{\dfrac{\sigma}{\omega\varepsilon}}{1 - j\dfrac{\sigma}{2\omega\varepsilon}}}$
② $\sqrt{1 - j\dfrac{\sigma}{2\omega\varepsilon}}$
③ $\sqrt{\dfrac{\dfrac{\sigma}{\omega\varepsilon}}{1 - j\dfrac{\sigma}{\omega\varepsilon}}}$
④ $\sqrt{\dfrac{\sqrt{\dfrac{\mu}{\varepsilon}}}{1 - j\dfrac{\sigma}{\omega\varepsilon}}}$

해답 6.③ 7.④ 8.④

[해설] 손실유전체 전류밀도의 Vector도에서 전류밀도
$i = i_e + j_a = \sigma E + \varepsilon \dfrac{\partial E}{\partial t} = \sigma E + j\omega\varepsilon E [\text{A/m}^2]$이다.
(단, θ(역률각), δ(유전체의 정절손실각)이다.)
∴ 병렬회로 어드미턴스
$Y_o = \dfrac{1}{i} = \dfrac{1}{i_c} + \dfrac{1}{i_a} = \dfrac{1}{\sigma E} + \dfrac{1}{j\omega\varepsilon E}$
$= \dfrac{\sigma E}{\sigma E} + \dfrac{\sigma E}{j\omega\varepsilon E} = 1 - j\dfrac{\sigma}{\omega\varepsilon}$ … ①

전자계의 고유임피던스 $Z_o = \dfrac{E}{H} = \sqrt{\dfrac{\mu}{\varepsilon}} [\Omega]$ … ②이다.

∴ ①, ②식에서 손실유전체에서의 고유임피던스 $= \sqrt{\dfrac{Z_o}{Y_o}} = \sqrt{\dfrac{\sqrt{\dfrac{\mu}{\varepsilon}}}{1 - j\dfrac{\sigma}{\omega\varepsilon}}} [\Omega]$가 된다.

009 자기 감자율 $N = 2.5 \times 10^{-3}$, 비투자율 $\mu_s = 100$의 막대형 자성체를 자계의 세기 $H = 500[\text{AT/m}]$의 평등자계 내에 놓았을 때 자화의 세기는 약 몇 $[\text{Wb/m}^2]$인가?

① 4.98×10^{-2}
② 6.25×10^{-2}
③ 7.82×10^{-2}
④ 8.72×10^{-2}

[해설]
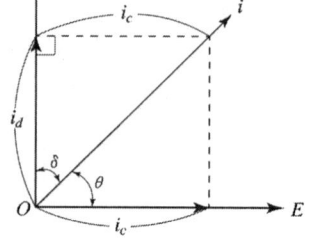
→ H_0 (외부자계)[AT/m]
→ H (자성체의 자계)[AT/m]
← H' (자기 감자력) $= N\dfrac{J}{\mu} ≒ J[\text{AT/m}]$

(단, J(자화세기) $= \chi H = \mu_o(\mu_s - 1)H[\text{Wb/m}^2]$)이다.

∴ $H = H_o - H' = H_o - N\dfrac{J}{\mu_o} = H_o - N\dfrac{\chi H}{\mu_o}[\text{AT/m}]$에서 $H(1 + N\dfrac{\chi}{\mu_o}) = H_o$,

H(자성체자계) $= \dfrac{H_o}{1 + N\dfrac{\chi}{\mu_o}} = \dfrac{H_o}{1 + N\dfrac{\mu_o(\mu_s - 1)}{\mu_o}} = \dfrac{H_o}{1 + N(\mu_s - 1)}[\text{AT/m}]$가 된다.

∴ J(자화세기) $= \chi H = \dfrac{\mu_o(\mu_s - 1)H_o}{1 + N(\mu_s - 1)} = \dfrac{4\pi \times 10^{-7}(100 - 1) \times 500}{1 + 2.5 \times 10^{-3}(100 - 1)}$
$= \dfrac{12.56 \times 99 \times 5 \times 10^{-5}}{1.2475} = \dfrac{6217.2 \times 10^{-5}}{1.2475} ≒ 4.98 \times 10^{-2}[\text{Wb/m}^2]$

010 다음 설명 중 옳지 않은 것은?
① 전류가 흐르고 있는 금속선에 있어서 임의 두 점간의 전위차는 전류에 비례한다.
② 저항의 단위는 옴[Ω]을 사용한다.
③ 금속선의 저항 R은 길이 ℓ에 반비례한다.
④ 저항률(ρ)의 역수를 도전율이라고 한다.

[해답] 9. ① 10. ③

해설 ① '옴'의 법칙 $I=\dfrac{V}{R}$[A]에서 전류가 흐르고 있는 금속선에 있어서 임의 두 점간의 전위차는 전류에 비례한다.
② 저항의 단위는 옴[Ω]이다.
③ $R=\rho\dfrac{\ell}{S}=\dfrac{\ell}{\sigma S}$[Ω]. 단, σ(도전율)$=\dfrac{1}{\rho}$이다.
∴ 저항률(ρ)의 역수를 도전율(σ)이라고 한다.

문제 011 전속밀도가 $D=e^{-2y}(a_x\sin 2x+a_y\cos 2x)$[C/m²]일 때 전속의 단위 체적당 발산량[C/m³]은?

① $2e^{-2y}\cos 2x$
② $4e^{-2y}\cos 2x$
③ 0
④ $2e^{-2y}(\sin 2x+\cos 2x)$

해설 전계의 경계조건에서 전속밀도(D)의 수직성분은 경계면에 양측이 서로 같다. 즉, $D_{1n}=D_{2n}$이며, 마디로 들어오는 전속은 나가는 전속과 서로 같으므로 마디 단위 체적당 발산되는 전속은 없다.
∴ $divD=\nabla\cdot D=\dfrac{\partial D}{\partial x}+\dfrac{\partial D}{\partial y}+\dfrac{\partial D}{\partial z}=0+0+0=0$이다.

문제 012 $x<0$ 영역에는 자유공간, $x>0$ 영역에는 비유전율 $\varepsilon_s=2$인 유전체가 있다. 자유공간에서 전계 $E=10a_x$가 경계면에 수직으로 입사한 경우 유전체 내의 전속밀도는?

① $5\varepsilon_0 a_x$
② $10\varepsilon_0 a_x$
③ $15\varepsilon_0 a_x$
④ $20\varepsilon_0 a_x$

해설 $x>0$ 유전체 영역의 D_1(전속밀도) $=\varepsilon_1 E_1$[C/m²]
E_1(전계세기) $=a_x E_{1x}+a_y E_{1y}+a_z E_{1z}$[V/m]
$\varepsilon_1=\varepsilon_0\varepsilon_s$
$x<0$ 자유공간의 영역에 D_2(전속밀도) $=\varepsilon_2 E_2$[C/m²]이다.
$E=E_2=a_x E_{2x}+a_y E_{2y}+a_z E_{2z}$[V/m]
$\varepsilon_2=\varepsilon_0$일 때의 경계조건에서
$D_{1x}=D_{2x}$, $\varepsilon_1 E_{1x}=\varepsilon_2 E_{2x}$, $E_{1x}=\dfrac{\varepsilon_2}{\varepsilon_1}E_{2x}=\dfrac{1}{2}E_{2x}=\dfrac{1}{2}E$, $E_{1y}=E_{2y}$, $E_{1z}=E_{2z}$이다.
∴ 유전체 내의 전속밀도 $D_1=\varepsilon_1 E_1=\varepsilon_1(a_x E_{1x}+a_y E_{1y}+a_z E_{1z})=\varepsilon_1 a_x E_{1x}$
$=\varepsilon_0\varepsilon_s\times\dfrac{1}{2}E_{2x}a_x=\varepsilon_0\times 2\times\dfrac{1}{2}E$, $a_x=10\varepsilon_0 a_x$[C/m²]이다.

정답 11. ③ 12. ②

013 평면도체 표면에서 d[m] 거리에 점전하 Q[C]이 있을 때 이 전하를 무한원점까지 운반하는 데 필요한 일[J]은?

① $\dfrac{Q^2}{4\pi\varepsilon_0 d}$ ② $\dfrac{Q^2}{8\pi\varepsilon_0 d}$

③ $\dfrac{Q^2}{16\pi\varepsilon_0 d}$ ④ $\dfrac{Q^2}{32\pi\varepsilon_0 d}$

해설 전기 영상법에서 F(coulomb힘) $= \dfrac{-Q^2}{4\pi\varepsilon_o(2d)^2}$ [N]이다.

∴ 평면도체 표면에서 d[m]에 있는 점전하 Q[c]의 전하를 무한원점까지 운반하는 데 필요한 일 $d_w = -Fd_d$[J].(단 −는 에너지 소모이다.)

∴ W(필요한 일) $= -\int_d^\infty Fd_d = -\int_d^\infty \dfrac{-Q^2}{16\pi\varepsilon_o d^2} d_d = \dfrac{Q^2}{16\pi\varepsilon_o}\left(-\dfrac{1}{d}\right)_d^\infty = \dfrac{Q^2}{16\pi\varepsilon_o d}$ [J]이다.

014 대지면에 높이 h로 평행하게 가설된 매우 긴 선전하가 지면으로부터 받는 힘은?

① h²에 비례한다.   ② h²에 반비례한다.
③ h에 비례한다.   ④ h에 반비례한다.

해설 대지면에 선전하밀도 λ[C/m]인 점에
전계세기 $E = \dfrac{-\lambda}{2\pi\varepsilon_o(2h)} = \dfrac{-\lambda}{4\pi\varepsilon_o h}$ [V/m]이다.

∴ 매우 긴 선전하가 지면으로부터 받는 힘
$F = \lambda E = \dfrac{-\lambda^2}{4\pi\varepsilon_o h} = \dfrac{1}{h}$ [N]이며, 힘[F]은 h에 반비례한다.

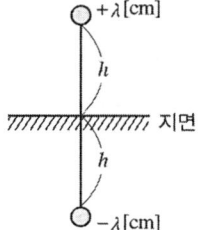

015 그림과 같이 균일하게 도선을 감은 권수 N, 단면적 S[m²], 평균길이 l[m]인 공심의 환상솔레노이드에 I[A]의 전류를 흘렸을 때 자기인덕턴스 L[H]의 값은?

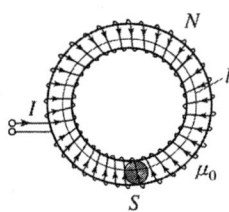

① $L = \dfrac{4\pi N^2 S}{l} \times 10^{-5}$ ② $L = \dfrac{4\pi N^2 S}{l} \times 10^{-6}$

③ $L = \dfrac{4\pi N^2 S}{l} \times 10^{-7}$ ④ $L = \dfrac{4\pi N^2 S}{l} \times 10^{-8}$

13. ③ 14. ④ 15. ③

해설 공심 솔레노이드의 기자력 $F=NI=R\phi$[AT], ϕ(자속)$=\dfrac{NI}{R}$[Wb] … ①

또한 렌츠법칙 $e=-N\dfrac{d\phi}{dt}=-L\dfrac{di}{dt}$ [V]식에서 $LI=N\phi$ … ②식에 ①식을 대입하면

자기인덕턴스 $L=\dfrac{N\phi}{I}=\dfrac{N\dfrac{NI}{R}}{I}=\dfrac{N^2}{R}=\dfrac{N^2}{\dfrac{\ell}{\mu_o S}}=\dfrac{\mu_o N^2 S}{\ell}=\dfrac{4\pi\times 10^{-7}N^2 S}{\ell}$

$=\dfrac{4\pi N^2 S}{\ell}\times 10^{-7}$ [H]이다.

016 다음 ( ) 안에 들어갈 내용으로 옳은 것은?

전기 쌍극자에 의해 발생하는 전위의 크기는 전기 쌍극자 중심으로부터 거리의 (㉮)에 반비례하고, 자기 쌍극자에 의해 발생하는 자계의 크기는 자기 쌍극자 중심으로부터 거리의 (㉯)에 반비례한다.

① ㉮ 제곱, ㉯ 제곱
② ㉮ 제곱, ㉯ 세제곱
③ ㉮ 세제곱, ㉯ 제곱
④ ㉮ 세제곱, ㉯ 세제곱

해설 전기 쌍극자에 의한 임의 점의 전위 크기 $V=\dfrac{M\cos\theta}{4\pi\varepsilon_o r^2}\fallingdotseq\dfrac{1}{r^2}$ [V], 자기 쌍극자에 의한 자계의 크기 $H=\sqrt{H_r^2+H_\theta^2}=\dfrac{M}{4\pi\mu_o r^3}\sqrt{1+3\cos^2\theta}\fallingdotseq\dfrac{1}{r^3}$ [AT/m]이다.

∴ 전기 쌍극자에 의해 발생하는 전위의 크기는 전기 쌍극자의 중심으로부터 거리의 (㉮ 제곱)에 반비례하고 자기 쌍극자에 의해 발생하는 자계의 크기는 자기 쌍극자 중심으로부터 거리의 (㉯ 세제곱)에 반비례한다.

017 자기인덕턴스 L_1, L_2와 상호인덕턴스 M 사이의 결합계수는? (단, 단위는 [H]이다.)

① $\dfrac{M}{\sqrt{L_1 L_2}}$
② $\dfrac{M}{L_1 L_2}$
③ $\dfrac{\sqrt{L_1 L_2}}{M}$
④ $\dfrac{L_1 L_2}{M}$

해설 자기인덕턴스 $\begin{cases} L_1=\dfrac{N_1^2}{R} \text{ [H]} \\ L_2=\dfrac{N_2^2}{R} \text{ [H]} \end{cases}$

상호인덕턴스 $M=\dfrac{N_1 N_2}{R}$ [H]이다.

자기인덕턴스와 상호인덕턴스의 관계는 $L_1 L_2=\dfrac{N_1^2}{R}\times\dfrac{N_2^2}{R}=\left(\dfrac{N_1 N_2}{R}\right)^2=M^2$이다.

∴ $M=K\sqrt{L_1 L_2}$ [H], K(결합계수)$=\dfrac{M}{\sqrt{L_1 L_2}}$ 이다.(단, $K\fallingdotseq 0$, 소결합, $K\fallingdotseq 1$ 밀결합이라 한다.)

정답 16. ② 17. ①

018 정전계와 정자계의 대응관계가 성립되는 것은?

① $divD = \rho_v \rightarrow div\, divB = \rho_m$

② $\nabla^2 V = -\dfrac{\rho_v}{\varepsilon_0} \rightarrow \nabla^2 A = -\dfrac{i}{\mu_0}$

③ $W = \dfrac{1}{2}CV^2 \rightarrow W = \dfrac{1}{2}LI^2$

④ $F = 9\times10^9 \dfrac{Q_1 Q_2}{r^2} a_r \rightarrow F = 6.33\times10^{-4}\dfrac{m_1 m_2}{r^2} a_r$

해설
W(정전계 에너지) $= \dfrac{1}{2}CV^2 = \dfrac{1}{2}\dfrac{\varepsilon s}{d}\times(Ed)^2 = \dfrac{1}{2}\varepsilon E^2 sd = \dfrac{1}{2}\varepsilon E^2 [J/m^3]$ ⋯ ①

W(정자계 에너지) $= \dfrac{1}{2}LI^2 = \dfrac{1}{2}\times\dfrac{N\phi}{I}\times I^2 = \dfrac{1}{2}NI\phi = \dfrac{1}{2}H\ell$, $Bs = \dfrac{1}{2}HBs\ell$

$= \dfrac{1}{2}\mu H^2 s\ell = \dfrac{1}{2}\mu H^2 [J/m^3]$ ⋯ ②

∴ ① = ②이다.
∴ 정전계 에너지와 정자계 에너지는 대응관계가 성립된다.

019 반지름 a(m), 단위 길이당 권수 N, 전류 I[A]인 무한 솔레노이드 내부 자계의 세기[A/m]는?

① NI

② $\dfrac{NI}{2\pi a}$

③ $\dfrac{2\pi NI}{a}$

④ $\dfrac{aNI}{2\pi}$

해설 무한 솔레노이드의 내부 자계는 평등자계로서 $H = \dfrac{NI}{l}[AT] = NI[AT/m]$이다.

∴ 무한 솔레노이드 단위길이당의 내부 자계 세기 $H = NI[AT/m]$가 된다.

020 무한장 직선형 도선에 I[A]의 전류가 흐를 경우 도선으로부터 R[m] 떨어진 점의 자속밀도 B[Wb/m²]는?

① $B = \dfrac{\mu I}{2\pi R}$

② $B = \dfrac{I}{2\pi \mu R}$

③ $B = \dfrac{I}{4\pi \mu R}$

④ $B = \dfrac{\mu I}{4\pi R}$

해설 Amper(앙페르)의 주회적분 법칙에서 $\int_c Hd\ell = I$, $H\ell = H2\pi R = I$

H(무한 직선형 도선으로부터 R[m] 떨어진 점의 자계 세기) $= \dfrac{I}{2\pi R}[AT/m]$이다.

∴ 무한 직선형 도선으로부터 R[m] 떨어진 점의 자속밀도 $B = \mu H = \dfrac{\mu I}{2\pi R}[Wb/m^2]$이다.

정답 18. ③ 19. ① 20. ①

02 전/력/공/학

021 그림의 F점에서 3상 단락고장이 생겼다. 발전기 쪽에서 본 3상 단락전류는 몇 [kA]가 되는가? (단, 154[kA] 송전선의 리액턴스는 1000[MVA]를 기준으로 하여 2[%/km]이다.)

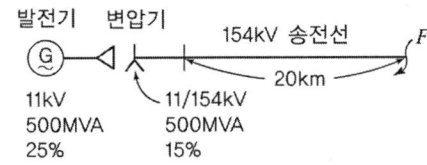

① 43.7 ② 47.7
③ 53.7 ④ 59.7

해설 발전기 기준 총 $\%Z = \%Z_G + \%Z_T + \%Z_l = \frac{1000}{500} \times 25 + \frac{1000}{500} \times 15 + 2[\%] \times 20$
$= 50 + 30 + 40 = 120[\%]$이다.

1000[MVA]기준 $P_a = \sqrt{3}\, V_n I_n$[VA], I_n(정격전류) $= \frac{P_a}{\sqrt{3}\, V_n} = \frac{1000 \times 10^6}{\sqrt{3} \times 11 \times 10^3}$[A]

∴ 발전기 쪽에서 본 3상단락전류 $I_s = \frac{100}{\%Z} \times I_n = \frac{100}{120} \times \frac{1000 \times 10^6}{\sqrt{3} \times 11 \times 10^3} \fallingdotseq 43.7$[kA]
가 된다.

022 배전계통에서 부등률이란?

① $\dfrac{\text{최대수용전야}}{\text{부하설비용량}}$ ② $\dfrac{\text{부하의 평균전력의 합}}{\text{부하설비의 최대전력}}$

③ $\dfrac{\text{최대부하시의 설비용량}}{\text{정격용량}}$ ④ $\dfrac{\text{각 수용가의 최대수용전력의 합}}{\text{합성 최대수용전력}}$

해설 배전계통에서의 부등률 $= \dfrac{\text{각 수용가의 최대수용전력의 합}}{\text{합성 최대수용전력}}$ 이다. 우리나라의 부등률은 약 1.2이다.

023 최대수용전력이 45×10^3[kW]인 공장의 어느 하루의 소비 전력량이 480×10^3[kWh]라고 한다. 하루의 부하율은 몇 [%]인가?

① 22.2 ② 33.3
③ 44.4 ④ 66.6

해설 부하율 $= \dfrac{\text{하루의 소비전력}}{\text{최대 수용전력} \times 24} \times 100 = \dfrac{480 \times 10^3}{45 \times 10^3 \times 24} \times 100 = \dfrac{48,000}{1080} \fallingdotseq 44.4[\%]$이다.

정답 21. ① 22. ④ 23. ③

[024] 원자력발전소에서 비등수형 원자로에 대한 설명으로 틀린 것은?
① 연료로 농축 우라늄을 사용한다.
② 감속재로 헬륨 액체금속을 사용한다.
③ 냉각재로 경수를 사용한다.
④ 물을 원자로 내에서 직접 비등시킨다.

원자력발전소에서 비등수형 원자로에 대한 올바른 설명은
① 연료로 농축 우라늄을 사용한다.
② 냉각재로 경수를 사용한다.
③ 물을 원자로 내에서 직접 비등시킨다.

[025] 154[kV] 송전계통의 뇌에 대한 보호에서 절연강도의 순서가 가장 경제적이고 합리적인 것은?
① 피뢰기 → 변압기 코일 → 기기 부싱 → 결합콘덴서 → 선로애자
② 변압기 코일 → 결합콘덴서 → 피뢰기 → 선로애자 → 기기 부싱
③ 결합 콘덴서 → 기기 부싱 → 선로애자 → 변압기 코일 → 피뢰기
④ 기기 부싱 → 결합콘덴서 → 변압기 코일 → 피뢰기 → 선로애자

154[kV] 송전계통의 뇌에 대한 보호에서 절연강도의 순서가 가장 경제적이고 합리적인 것은, 피뢰기 → 변압기 코일 → 기기 부싱 → 결합콘덴서 → 선로애자 순서이다.

[026] 1차 변전소에서 가장 유리한 3권선 변압기 결선은?
① △-Y-Y   ② Y-△-△
③ Y-Y-△   ④ △-Y-△

1차 변전소에서 가장 유리한 3권선 변압기 결선은 Y-Y-△ 결선이어야 한다.

[027] 그림과 같은 3상 무부하 교류발전기에서 a상이 지락된 경우 지락전류는 어떻게 나타내는가?

① $\dfrac{E_a}{Z_0+Z_1+Z_2}$

② $\dfrac{2E_a}{Z_0+Z_1+Z_2}$

③ $\dfrac{3E_a}{Z_0+Z_1+Z_2}$

④ $\dfrac{\sqrt{3}E_a}{Z_0+Z_1+Z_2}$

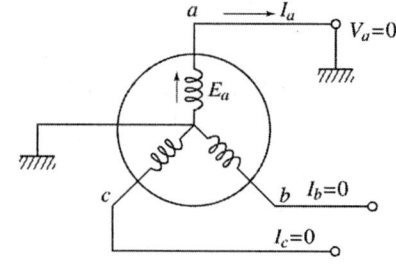

24. ② 25. ① 26. ③ 27. ③

해설 a상 지락(1상 지락)인 경우이다.

초기조건 $\begin{cases} V_a = 0 \\ I_b = I_c = 0 \end{cases}$ ∴ $I_0 = I_1 = I_2$이다.

$V_a = 0 = V_0 + V_1 + V_2$에 발전기 기본식을 대입하면

$0 = -Z_0 I_0 + E_a - Z_1 I_1 - Z_2 I_2$, $E_a = I_0(Z_0 + Z_1 + Z_2)$이다.

∴ $I_0 = I_1 = I_2 = \dfrac{E_a}{Z_0 + Z_1 + Z_2}$[A]이며, a상의 지락전류 $I_a = I_0 + I_1 + I_2 = 3I_0$

$= \dfrac{3E_a}{Z_0 + Z_1 + Z_2}$[A]가 된다.

028
다음 중 가공 송전선에 사용하는 애자련 중 전압 부담이 가장 큰 것은?
① 전선에 가장 가까운 것
② 중앙에 있는 것
③ 철탑에 가장 가까운 것
④ 철탑에서 $\dfrac{1}{3}$ 지점의 것

해설 가공 송전선에 사용하는 애자련 중 전압 부담이 가장 큰 것은 전선에서 가장 가까운 것이다. 또한 전압 부담이 최소인 것은 철탑에 가까운 곳이다.

029
파동임피던스 $Z_1 = 500[\Omega]$, $Z_2 = 300[\Omega]$인 두 무손실 선로 사이에 그림과 같이 저항 R을 접속하였다. 제1선로에서 구형파가 진행하였을 때 무반사로 하기 위한 R의 값은 몇 [Ω]인가?

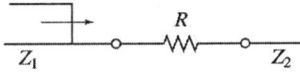

① 100
② 200
③ 300
④ 500

해설 제1선로에서 구형파가 진행하여 왔을 때 무반사의 조건은 입사파 = 반사파이다.
∴ $Z_1 = R + Z_2$에서 $R(저항) = Z_1 - Z_2 = 500 - 300 = 200[\Omega]$이다.

030
유효접지계통에서 피뢰기의 정격전압을 결정하는데 가장 중요한 요소는?
① 선로 애자련의 충격섬락전압
② 내부 이상전압 중 과도이상전압의 크기
③ 유도뢰의 전압의 크기
④ 1선 지락고장시 건전상의 대지전위

해설 유효접지계통에서 피뢰기의 정격전압을 결정하는데 가장 중요한 요소는 1선지락 고장시 건전상의 대지전위이다.

정답 28.① 29.② 30.④

031 부하전류 차단이 불가능한 전력개폐 장치는?
① 진공차단기 ② 유입차단기
③ 단로기   ④ 가스차단기

> 단로기(DS)는 부하전류 차단이 불가능한 전력개폐장치이다.
> ∴ 이상전류가 흐를 경우 투입과 차단을 할 수 없다.

032 송전 선로의 안정도 향상 대책과 관계가 없는 것은?
① 속응 여자 방식 채용 ② 재폐로 방식의 채용
③ 리액턴스 감소   ④ 역률의 신속한 조정

> 송전 선로의 안정도 향상 대책
> ① 속응 여자 방식 채용
> ② 재폐로 방식의 채용
> ③ 리액턴스 감소

033 다음 중 환상선로의 단락보호에 주로 사용하는 계전방식은?
① 비율차동계전방식 ② 방향거리계전방식
③ 과전류계전방식   ④ 선택접지계전방식

> 방향거리계전방식은 환상선로의 단락보호에 주로 사용하는 계전방식이다.

034 직렬콘덴서를 선로에 삽입할 때의 이점이 아닌 것은?
① 선로의 인덕턴스를 보상한다. ② 수전단의 전압강하를 줄인다.
③ 정태안정도를 증가한다.   ④ 송전단의 역률을 개선한다.

> 직렬콘덴서를 선로에 삽입할 때의 이점
> ① 선로의 인덕턴스를 보상한다.
> ② 수전단의 전압강하를 줄인다.
> ③ 정태안정도를 증가한다.

035 화력발전소에서 재열기의 사용 목적은?
① 공기를 가열한다. ② 급수를 가열한다.
③ 증기를 가열한다. ④ 석탄을 건조한다.

> 화력발전소에서 재열기의 사용 목적은 증기를 가열하는 것이다.

정답 31. ③ 32. ④ 33. ② 34. ④ 35. ③

036 송·배전 전선로에서 전선의 진동으로 인하여 전선이 단선되는 것을 방지하기 위한 설비는?

① 오프셋   ② 크램프
③ 댐퍼   ④ 초호환

해설 댐퍼는 송·배전 전선로에서 전선의 진동으로 인하여 전선이 단선되는 것을 방지하기 위한 설비이다.
오프셋은 단락방지, 연가는 선로의 평형등이다.

037 배전선의 전력손실 경감 대책이 아닌 것은?

① 피터(feeder)수를 줄인다.
② 역률을 개선한다.
③ 배전 전압을 높인다.
④ 부하의 불평형을 방지한다.

해설 배전선의 전력손실 경감 대책
① 역률을 개선한다.
② 배전 전압을 높인다.
③ 부하의 불평형을 방지한다.

038 배전 선로의 배전 변압기 탭을 선정함에 있어 틀린 것은?

① 중부하시 탭 변경점 직전의 저압선 말단 수용가의 전압을 허용 전압 변동의 하한보다 저하시키지 않아야 한다.
② 중부하시 탭 변경점 직후 변압기에 접속된 수용가 전압을 허용 전압 변동의 상한보다 초과시키지 않아야 한다.
③ 경부하시 변전소 송전 전압을 저하시 최초의 탭 변경점 직전의 저압선 말단 수용가의 전압을 허용 전압 변동의 하한보다 저하시키지 않아야 한다.
④ 경부하시 탭 변경점 직후의 변압기에 접속된 전압을 허용 전압 변동의 하한보다 초과하지 않아야 한다.

해설 배전 선로의 배전 변압기 탭의 올바른 선정은
① 중부하시 탭 변경점 직전의 저압선 말단 수용가의 전압을 허용 전압 변동의 하한보다 저하시키지 않아야 한다.
② 중부하시 탭 변경점 직후 변압기에 접속된 수용가 전압을 허용 전압 변동의 상한보다 초과시키지 않아야 한다.
③ 경부하시 변전소 송전 전압을 저하시 최초의 탭 변경점 직전의 저압선 말단 수용가의 전압을 허용 전압 변동의 하한보다 저하시키지 않아야 한다.

정답 36. ③ 37. ① 38. ④

039

3상 3선식 송전선로가 소도체 2개의 복도체 방식으로 되어 있을 때 소도체의 지름 8[cm], 소도체 간격 36[cm], 등가선간 거리 120[cm]인 경우에 복도체 1[km]의 인덕턴스는 약 몇 [mH]인가?

① 0.4855
② 0.5255
③ 0.6975
④ 0.9265

해설 2소도체의 복도체 1[km]의 인덕턴스

$$L_e = \frac{0.05}{n} + 0.4605 \log_{10} \frac{D}{\sqrt[n]{rs^{n-1}}} = \frac{0.05}{2} + 0.4605 \log_{10} \frac{D}{\sqrt{rs}}$$

$$= \frac{0.05}{2} + 0.4605 \log_{10} \frac{120}{\sqrt{4 \times 36}} = 0.025 + 0.4605 \log_{10} \frac{120}{12}$$

$$= 0.025 + 0.4605 \log_{10} 10 = 0.025 + 0.4605 ≒ 0.4855 [\text{mH/km}]$$가 된다.

040

각 전력계통을 연계할 경우의 장점으로 틀린 것은?

① 각 전력계통의 신뢰도가 증가한다.
② 경제급전이 용이하다.
③ 단락용량이 작아진다.
④ 주파수의 변화가 작아진다.

해설 각 전력계통을 연계할 경우의 장점
① 각 전력계통의 신뢰도가 증가한다.
② 경제급전이 용이하다.
③ 주파수의 변화가 작아진다.

03 전/기/기/기

041

정류회로에서 평활회로를 사용하는 이유는?

① 출력전압의 맥류분을 감소하기 위해
② 출력전압의 크기를 증가시키기 위해
③ 정류전압의 직류분을 감소하기 위해
④ 정류전압을 2배로 하기 위해

해설 정류회로에서 평활회로(L(직렬), C(병렬))를 사용하는 이유는 출력전압의 맥류분(교류분)을 감소하기 위해서이다.

042

평형 3상전류를 측정하려고 60/5[A]의 변류기 2대를 그림과 같이 접속했더니 전류계에 2.5[A]가 흘렀다. 1차 전류는 몇 [A]인가?

① 5
② $5\sqrt{3}$
③ 10
④ $10\sqrt{3}$

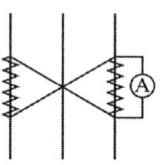

해답 39.① 40.③ 41.① 42.④

해설) 변류비 $= \dfrac{60}{5} = \dfrac{1차전류(I_A)}{2차전류(I_a)}$

$I_a = \dfrac{5}{60} = I_A$ … ①

변류비 $= \dfrac{60}{5} = \dfrac{1차전류(I_C)}{2차전류(I_c)}$

$I_c = \dfrac{5}{60} = I_C$ … ②

①, ②식에서 전류계 지시

$2.5 = I_a - I_c = \dfrac{5}{60}I_A - \dfrac{5}{60}I_C = \dfrac{I_A - I_C}{12} = \dfrac{\sqrt{3}I_B}{12}$ 이다.

∴ $I_B(1차전류) = \dfrac{2.5 \times 12}{\sqrt{3}} = \dfrac{30}{\sqrt{3}} = 10\sqrt{3}[A]$ 가 된다.

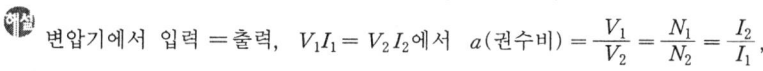

043 1차측 권수가 1500인 변압기의 2차측에 16[Ω]의 저항을 접속하니 1차 측에서는 8[kΩ]으로 환산되었다. 2차측 권수는?

① 약 67   ② 약 87
③ 약 107   ④ 약 207

해설) 변압기에서 입력=출력, $V_1 I_1 = V_2 I_2$ 에서 $a(권수비) = \dfrac{V_1}{V_2} = \dfrac{N_1}{N_2} = \dfrac{I_2}{I_1}$,

$a^2 = \dfrac{V_1}{V_2} \times \dfrac{I_2}{I_1} = \dfrac{I_2}{V_2} \times \dfrac{V_1}{I_1} = \dfrac{R_1}{R_2}$

∴ $a = \sqrt{\dfrac{R_1}{R_2}} = \sqrt{\dfrac{8000}{16}} = \dfrac{\sqrt{8000}}{4} = \dfrac{N_1}{N_2} = \dfrac{1500}{N_2}$

∴ $N_2(2차측 권수) = \dfrac{4 \times 1500}{\sqrt{8000}} = \dfrac{6000}{89.44} ≒ 67[A]$ 가 된다.

044 유도전동기의 부하를 증가시켰을 때 옳지 않은 것은?

① 속도는 감소한다.   ② 1차 부하전류는 감소한다.
③ 슬립은 증가한다.   ④ 2차 유도기전력은 증가한다.

해설) 유도전동기의 부하를 증가시키면
① 속도는 감소한다.
② 슬립은 증가한다.
③ 2차 유도기전력은 증가한다.

045 스텝 모터에 대한 설명 중 틀린 것은?

① 가속과 감속이 용이하다.
② 정역전 및 변속이 용이하다.
③ 위치제어시 각도 오차가 작다.
④ 브러시 등 부품 수가 많아 유지보수 필요성이 크다.

정답) 43. ① 44. ② 45. ④

해설 스텝 모터의 특성
① 가속과 감속이 용이하다.
② 정역전 및 변속이 용이하다.
③ 위치제어시 각도 오차가 작다.

046 단권변압기의 설명으로 틀린 것은?
① 1차권선과 2차권선의 일부가 공통으로 사용된다.
② 분로권선과 직렬권선으로 구분된다.
③ 누설자속이 없기 때문에 전압변동률이 작다.
④ 3상에는 사용할 수 없고 단상으로만 사용한다.

해설 단권변압기의 성질
① 1차권선과 2차권선의 일부가 공통으로 사용된다.
② 분로권선과 직렬권선으로 구분된다.
③ 누설자속이 없기 때문에 전압변동률이 작다.

047 권선형 유도전동기의 기동법에 대한 설명 중 틀린 것은?
① 기동시 2차회로의 저항을 크게 하면 기동시에 큰 토크를 얻을 수 있다.
② 기동시 2차회로의 저항을 크게 하면 기동시에 기동전류를 억제할 수 있다.
③ 2차 권선저항을 크게 하면 속도상승에 따라 외부 저항이 증가한다.
④ 2차 권선저항을 크게 하면 운전상태의 특성이 나빠진다.

해설 권선형 유도전동기의 기동법에 대한 올바른 설명은
① 기동시 2차회로의 저항을 크게 하면 기동시에 큰 토크를 얻을 수 있다.
② 기동시 2차회로의 저항을 크게 하면 기동시에 기동전류를 억제할 수 있다.
③ 2차 권선저항을 크게 하면 운전상태의 특성이 나빠진다.

048 다이오드를 사용한 정류회로에서 다이오드를 여러 개 직렬로 연결하면?
① 고조파전류를 감소시킬 수 있다.
② 출력전압의 맥동률을 감소시킬 수 있다.
③ 입력전압을 증가시킬 수 있다.
④ 부하전류를 증가시킬 수 있다.

해설 다이오드를 사용한 정류회로에서 다이오드를 여러 개 직렬로 연결하면 입력전압을 증가시킬 수 있다. 즉, 과대전압으로부터 보호된다.

예답 46. ④ 47. ③ 48. ③

049 3상 유도전동기의 슬립이 S < 0인 경우를 설명한 것으로 틀린 것은?

① 동기속도 이상이다.
② 유도발전기로 사용된다.
③ 유도전동기 단독으로 동작이 가능하다.
④ 속도를 증가시키면 출력이 증가한다.

해설 유도전동기의 동작특성에서 슬립의 영역은
1 > S > 0 → 유도전동기의 동작범위이다.
S > 1~2 → 유도제동기의 동작범위
3상 유도전동기의 슬립이 S < 0인 경우는
① 유도발전기로 사용된다(동작된다).
② 동기속도 이상이다.
③ 속도를 증가시키면 출력이 증가한다.

050 우리나라 발전소에 설치되어 3상 교류를 발생하는 발전기는?

① 동기 발전기
② 분권 발전기
③ 직권 발전기
④ 복권 발전기

해설 동기 발전기는 우리나라 발전소에 설치되어 3상 교류를 발생하는 발전기이다.

051 계자저항 50[Ω], 계자전류 2[A], 전기자저항이 3[Ω]인 분권 발전기가 무부하로 정격속도로 회전할 때 유기기전력 [V]는?

① 106
② 112
③ 115
④ 120

해설 분권 발전기에서 V(단자전압) $= I_f R_f = 2 \times 50 = 100[V]$
∴ $V = E - I_a r_a [V]$에서 E(유기기전력) $= V + I_a r_a = 100 + 2 \times 3 = 106[V]$이다.

052 △결선 변압기의 한 대가 고장으로 제거되어 V결선으로 전력을 공급할 때, 고장 전 전력에 대하여 몇 [%]의 전력을 공급할 수 있는가?

① 81.6
② 75.0
③ 66.7
④ 57.7

해설 V결선 변압기 출력의 비 $= \dfrac{\text{V결선 용량}}{\text{3대 용량}} \times 100 = \dfrac{\sqrt{3}\,VI}{3\,VI} \times 100 = \dfrac{1}{\sqrt{3}} \times 100 ≒ 57.7[\%]$
가 된다.

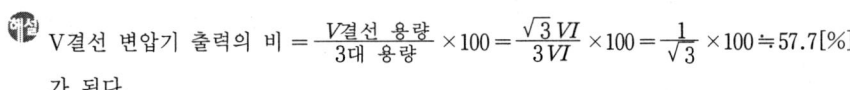

49. ③ 50. ① 51. ① 52. ④

053 다음 직류 전동기 중에서 속도 변동률이 가장 큰 것은?
① 직권 전동기   ② 분권 전동기
③ 차동 복권 전동기   ④ 가동 복권 전동기

해설 직권 전동기는 직류 전동기 중에서 속도 변동률이 가장 큰 전동기로서 부하가 변하면 심하게 속도가 변화한다.

054 동기 전동기에 설치된 제동권선의 효과는?
① 정지시간의 단축   ② 출력전압의 증가
③ 기동토크의 발생   ④ 과부하 내량의 증가

해설 동기 전동기에 설치된 제동권선의 효과
① 난조 방지
② 기동하는 경우 유도전동기의 농형권선으로서 기동토크를 발생한다.
③ 불평형 부하시의 전류, 전압 파형 개선
④ 송전선 불평형 단락시의 이상전압 방지의 역할을 한다.

055 동기 전동기의 V 특성곡선(위상특성곡선)에서 무부하곡선은?
① A
② B
③ C
④ D

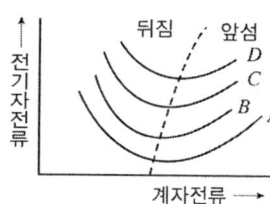

해설 동기 전동기의 V특성곡선(위상특성)은 계자전류 가감하여 전기자전류의 크기와 위상을 조정할 수 있으며 부하가 클수록 V곡선은 위로 이동한다.
∴ A는 무부하곡선, B, C는 중부하곡선, D는 과부하곡선이 된다.

056 직류분권 전동기의 공급전압이 V[V], 전기자전류 I_a[A], 전기자 저항 R_a[Ω], 회전수 N[rpm]일 때 발생토크는 몇 [kg·m]인가?

① $\dfrac{30}{9.8}\left(\dfrac{VI_a - I_a^2 R_a}{\pi N}\right)$ ② $\dfrac{30}{9.8}\left(\dfrac{V - I_a R_a}{\pi N}\right)$

③ $30\left(\dfrac{VI_a - I_a^2 R_a}{\pi N}\right)$ ④ $\dfrac{1}{9.8}\left(\dfrac{V - I_a R_a}{2\pi N}\right)$

해설 1[kg·m] = 9.8[N·m], 직류분권 전동기에 $V = E + I_a R_a$[V], E(유기기전력) $= V - I_a R_a$[V]이다. ∴ $P = EI_a = \omega T$[W], T(발생토크) $= \dfrac{EI_a}{9.8 \times \omega} = \dfrac{(V - I_a R_a) \times I_a}{9.8 \times 2\pi \dfrac{N}{60}}$

$= \dfrac{30}{9.8}\left(\dfrac{VI_a - I_a^2 R_a}{\pi N}\right)$[kg·m]가 된다.

정답 53.① 54.③ 55.① 56.①

057 3상 유도전동기에서 회전력과 단자 전압의 관계는?
① 단자 전압과 무관하다.   ② 단자 전압에 비례한다.
③ 단자 전압의 2승에 비례한다.   ④ 단자 전압의 2승에 반비례한다.

해설 P_2(2차입력 = 동기와트) = $\omega_s T$[W]

$$T(\text{전부하 torque}) = \frac{P_2}{\omega_s} = \frac{(I_1')^2 \times \frac{r_2'}{s}}{2\pi \frac{N_s}{60}} = \frac{(I_1')^2 \times \frac{r_2'}{s}}{2\pi \frac{1}{60} \times \frac{120f}{P}}$$

$$= \frac{1}{\frac{4\pi f}{P}} \times \frac{V_1^2 \times \frac{r_2'}{s}}{(r_1 + \frac{r_2'}{s})^2 + (x_1 + x_2')^2} \fallingdotseq V_1^2 [\text{N} \cdot \text{m}]$$

∴ T(전부하 회전력) ≒ V_1^2(단자 전압의 2승에 비례한다.)[N·m]이다.

058 220[V], 10[A], 전기장 저항이 1[Ω], 회전수가 1800[rpm]인 전동기의 역기전력은 몇 [V]인가?
① 90   ② 140
③ 175   ④ 210

해설 전동기는 $V = E + I_a r_a$[V]
∴ 전동기의 역기전력 $E = V - I_a r_a = 220 - 10 \times 1 = 210$[V]가 된다.

059 3상 직권 정류자 전동기에서 중간 변압기를 사용하는 주된 이유는?
① 발생 토크를 증가시키기 위해
② 역회전 방지를 위해
③ 직권특성을 얻기 위해
④ 경부하시 급속한 속도상승 억제를 위해

해설 3상 직권 정류자 전동기에서 중간 변압기를 사용하는 주된 이유는 경부하시 급속한 속도상승을 억제하기 위해서이다.

060 동기 조상기의 계자를 과여자로 해서 운전할 경우 틀린 것은?
① 콘덴서를 작용한다.   ② 위상이 뒤진 전류가 흐른다.
③ 송전선의 역률을 좋게 한다.   ④ 송전선의 전압강하를 감소시킨다.

해설 동기 조상기의 계자를 과여자로 해서 운전하면
① 콘덴서를 작용한다.
② 송전선의 역률을 좋게 한다.
③ 송전선의 전압강하를 감소시킨다.

해답 57.③ 58.④ 59.④ 60.②

04 회/로/이/론/및/제/어/공/학

061 Routh 안정도 판별법에 의한 방법 중 불안정한 제어계의 특성 방정식은?

① $s^3+2s^2+3s+4=0$
② $s^3+s^2+5s+4=0$
③ $s^3+4s^2+5s+2=0$
④ $s^3+3s^2+2s+10=0$

해설 $s^3+3s^2+2s+10=0$ 인 방정식의 Routh 안정도 판별법은

S^3	1	2
S^2	3	10
S^1	6−10=−4	0
S^0	10	

※ 1열에 부호변화가 없으면 안정근이다. 1열에 부호변화가 있으면 불안정이 된다.
1열의 부호변화가 2번 있으므로 불안정한 근의 수는 2개이다.
∴ 불안정한 제어계의 특성방정식은 $s^3+3s^2+2s+10=0$ 이다.

062 어떤 제어계에 단위 계단입력을 가하였더니 출력이 $1-e^{-2t}$로 나타났다. 이 계의 전달함수는?

① $\dfrac{1}{s+2}$
② $\dfrac{2}{s+2}$
③ $\dfrac{1}{s(s+2)}$
④ $\dfrac{2}{s(s+2)}$

해설 $R(s)$(단위계단입력)의 라플라스 변환 $=\dfrac{1}{s}$, $C(s)$(출력) $=L(1-e^{-2t})=\dfrac{1}{s}-\dfrac{1}{s+2}$ 이다.

∴ $G(s)$(전달함수) $=\dfrac{C(s)}{R(s)}=\dfrac{\dfrac{1}{s}-\dfrac{1}{s+2}}{\dfrac{1}{s}}=1-\dfrac{s}{s+2}=\dfrac{s+2-s}{s+2}=\dfrac{2}{s+2}$ 가 된다.

063 다음 중 Z 변환함수 $\dfrac{3z}{(z-e^{-3t})}$ 에 대응되는 라플라스 변환 함수는?

① $\dfrac{1}{(s+3)}$
② $\dfrac{3}{(s-3)}$
③ $\dfrac{1}{(s-3)}$
④ $\dfrac{3}{(s+3)}$

해설 단위계단함수의 라플라스 변환 함수 $=\dfrac{1}{s}$

단위계단함수의 Z 변환 함수 $=\dfrac{Z}{Z-1}$ 이다.

∴ Z 변환 함수 $\dfrac{3z}{(z-e^{-3t})}$ 에 대응되는 라플라스 변환 함수는 $\dfrac{3}{(s+3)}$ 이 된다.

정답 61. ④ 62. ② 63. ④

064 그림과 같은 블록선도에서 $C(s)/R(s)$의 값은?

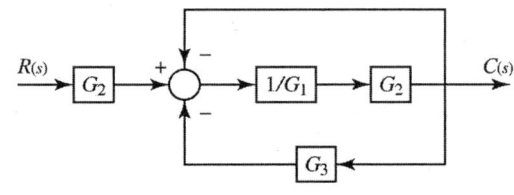

① $\dfrac{G_2}{G_1-G_2-G_3}$ ② $\dfrac{G_2}{G_1-G_2-G_2G_3}$

③ $\dfrac{G_1}{G_1+G_2+G_2G_3}$ ④ $\dfrac{G_1G_2}{G_1+G_2+G_2G_3}$

해설 $C(s)(출력) = G_2 R(s) - (G_3 C(s) + C(s)) \times \dfrac{G_2}{G_1}$ 에서

$G_2 R(s) = C(s)\left(1 + G_3 \times \dfrac{G_2}{G_1} + \dfrac{G_2}{G_1}\right) = C(s)\left(1 + \dfrac{G_2 + G_2 G_3}{G_1}\right)$

$\therefore G(s)(전달함수) = \dfrac{C(s)}{R(s)} = \dfrac{G_2}{1 + \dfrac{G_2+G_2G_3}{G_1}} = \dfrac{G_1 G_2}{G_1+G_2+G_2G_3}$ 가 된다.

065 다음 과도응답에 관한 설명 중 틀린 것은?
① 지연 시간은 응답이 최초로 목표값의 50[%]가 되는데 소요되는 시간이다.
② 백분율 오버슈트는 최종 목표값과 최대 오버슈트와의 비를 [%]로 나타낸 것이다.
③ 감쇠비는 최종 목표값과 최대 오버슈트와의 비를 나타낸 것이다.
④ 응답시간은 응답이 요구하는 오차 이내로 정착되는데 걸리는 시간이다.

해설 과도응답의 올바른 설명은
① 지연시간은 응답이 최초로 목표값의 50[%]가 되는데 소요되는 시간이다.
② 백분율 오버슈트는 최종 목표값과 최대 오버슈트와의 비를 [%]로 나타낸 것이다.
③ 응답시간은 응답이 요구하는 오차 이내로 정착되는데 걸리는 시간이다.

066 이득이 K인 시스템의 근궤적을 그리고자 한다. 다음 중 잘못된 것은?
① 근궤적의 가지 수는 극(pole)의 수와 같다.
② 근궤적은 K=0일 때 극에서 출발하고 K=∞일 때 영점에 도착한다.
③ 실수축에서 이득 K가 최대가 되게 하는 점이 이탈점이 될 수 있다.
④ 근궤적은 실수축에 대칭이다.

해설 이득이 K인 시스템의 근궤적의 올바른 설명은
① 근궤적은 K=0일 때 극에서 출발하고 K=∞일 때 영점에 도착한다.
② 실수축에서 이득 K가 최대가 되게 하는 점이 이탈점이 될 수 있다.
③ 근궤적은 실수축에 대칭이다.

정답 64. ④ 65. ③ 66. ①

067. 단위계단 입력신호에 대한 과도응답은?

① 임펄스응답　　② 인디셜응답
③ 노멀응답　　　④ 램프응답

인디셜 응답이란 단위계단 입력신호에 대한 과도응답을 말한다. 또한 단위계단 응답이라고도 한다. 램프응답이란 램프신호에 대한 응답을 말한다. 임펄스 응답이란 임펄스 신호에 대한 응답을 말한다. 파라볼라 응답이란 파라볼라 신호에 대한 응답을 말한다.

068. 그림과 같은 RC회로에 단위계단전압을 가하면 출력전압은?

① 아무 전압도 나타나지 않는다.
② 처음부터 계단전압이 나타난다.
③ 계단전압에서 지수적으로 감쇠한다.
④ 0부터 상승하여 계단전압에 이른다.

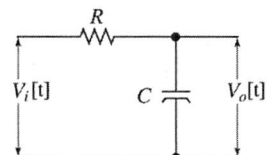

적분 연산 증폭기로서 T≪CR로서 저주파 발생회로이다.

회로에 단위계단 입력을 가하면 V_o(출력전압) $= -\dfrac{1}{CR}\int V_i dt$[V]로서 0으로부터 상승하여 단위계단 전압에 이른다.

069. 다음과 같은 진리표를 갖는 회로의 종류는?

입력		출력
A	B	
0	0	0
0	1	1
1	0	1
1	1	0

① AND　　　② NAND
③ NOR　　　④ EX-OR

EX-OR gate의 Y(출력) $=(A\oplus B)=A\overline{B}+\overline{A}B$이다.

∴ Y(출력) $=(A\oplus B)=A\overline{B}+\overline{A}B$의 진리표는

입력		출력
A	B	
0	0	0
0	1	1
1	0	1
1	1	0

67. ②　68. ④　69. ④

070
자동제어의 분류에서 엘리베이터의 자동제어에 해당하는 제어는?
① 추종 제어 ② 프로그램 제어
③ 정치 제어 ④ 비율 제어

해설 프로그램 제어는 목표치가 시간적으로 미리 정해진 대로 변화하고 제어량이 이것에 일치하도록 제어하는 경우로 자동제어의 분류에서 엘리베이터의 자동제어에 해당하는 제어이다.

071
RLC직렬 공진회로에서 제3고조파의 공진주파수 f[Hz]는?

① $\dfrac{1}{2\pi\sqrt{LC}}$ ② $\dfrac{1}{3\pi\sqrt{LC}}$
③ $\dfrac{1}{6\pi\sqrt{LC}}$ ④ $\dfrac{1}{9\pi\sqrt{LC}}$

해설 R-L-C 직렬공진회로에서 제3고조파의 공진조건은
$3\omega_o L = \dfrac{1}{3\omega_o C}$, $\omega_o^2 = \dfrac{1}{9LC}$, $\omega_o = 2\pi f_o = \dfrac{1}{\sqrt{9LC}} = \dfrac{1}{3\sqrt{LC}}$ [rad/sec]이다.

∴ 제3고조파의 공진주파수 $f_o = \dfrac{1}{6\pi\sqrt{LC}}$ [Hz]이다.

072
RLC직렬회로에 $e = 170\cos\left(120t + \dfrac{\pi}{6}\right)$ [V]를 인가할 때 $i = 8.5\cos\left(120t - \dfrac{\pi}{6}\right)$ [A]가 흐르는 경우 소비되는 전력은 약 몇 [W]인가?
① 361 ② 623
③ 720 ④ 1445

해설 소비전력은 같은 주파수 사이에만 존재한다. ϕ(위상차) = 전압위상(기준) - 전류위상이다.

∴ I(실효치 전류) = $\dfrac{I_m}{\sqrt{2}}$ [A], E(실효치 전압) = $\dfrac{E_m}{\sqrt{2}}$ [A]가 된다.

∴ 소비전력 $P = EI\cos\phi = \dfrac{E_m}{\sqrt{2}} \times \dfrac{I_m}{\sqrt{2}} \cos\left(\dfrac{\pi}{6} - \left(-\dfrac{\pi}{6}\right)\right) = \dfrac{170}{\sqrt{2}} \times \dfrac{8.5}{\sqrt{2}} \cos 60$
$= \dfrac{170 \times 8.5}{2} \times \dfrac{1}{2} = \dfrac{1445}{4} \fallingdotseq 361$ [W]이다.

073
세 변의 저항 $R_a = R_b = R_c = 15$[Ω]인 Y결선 회로가 있다. 이것과 등가인 △결선 회로의 각 변의 저항[Ω]은?
① 135 ② 45
③ 15   ④ 5

정답 70.② 71.③ 72.① 73.②

해설 Y결선 각상 저항 $R_a = R_b = R_c = R = 15[\Omega]$일 때
△결선 각상에 저항 R_1, R_2, R_3는 아래와 같다.
$R_1 = \dfrac{R_a R_b + R_b R_c + R_c R_a}{R_c} = \dfrac{3R^2}{R} = 3R = 3 \times 15 = 45[\Omega]$
$R_2 = \dfrac{R_a R_b + R_b R_c + R_c R_a}{R_a} = \dfrac{3R^2}{R} = 3R = 3 \times 15 = 45[\Omega]$
$R_3 = \dfrac{R_a R_b + R_b R_c + R_c R_a}{R_b} = \dfrac{3R^2}{R} = 3R = 3 \times 15 = 45[\Omega]$

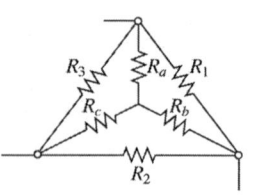

074 $f(t) = 3t^2$의 라플라스 변환은?

① $\dfrac{3}{s^3}$ ② $\dfrac{3}{s^2}$

③ $\dfrac{6}{s^3}$ ④ $\dfrac{6}{s^2}$

해설 라플라스변환 $L(t^n) = \dfrac{n!}{S^{n+1}}$ 이다.

∴ $f(t) = 3t^2$일 때의 라플라스의 변환
$L(f_{(t)}) = L(3t^2) = 3 \times \dfrac{2!}{S^{2+1}} = 3 \times \dfrac{2 \times 1}{S^3} = \dfrac{6}{S^3}$ 이 된다.

075 다음과 같은 회로에서 $t = 0^+$에서 스위치 K를 닫았다. $i_1(0^+)$, $i_2(0^+)$는 얼마인가? (단, C의 초기전압과 L의 초기전류는 0이다.)

① $i_1(0^+) = 0$ $i_2(0^+) = V/R_2$
② $i_1(0^+) = V/R_1$ $i_2(0^+) = 0$
③ $i_1(0^+) = 0$ $i_2(0^+) = 0$
④ $i_1(0^+) = V/R_1$ $i_2(0^+) = V/R_2$

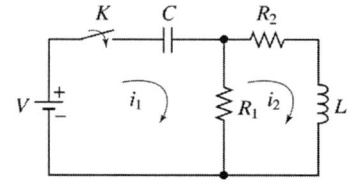

해설 $t = 0^+$에서 스위치 K를 닫으면 $i_1(0^+) = V/R_1$[A]가 되나 $i_2(0^+) = 0$[A]이다.

076 모든 초기값을 0으로 할 때, 입력에 대한 출력의 비는?

① 전달함수 ② 충격함수
③ 경사함수 ④ 포물선함수

해설 모든 초기값을 0으로 할 때 $G_{(s)}$(전달함수) $= \dfrac{출력}{입력}$의 비를 말한다.

∴ 입력에 대한 출력의 비를 전달함수라 한다.

해답 74. ③ 75. ② 76. ①

077 그림과 같은 회로에서 저항 0.2[Ω]에 흐르는 전류는 몇 [A]인가?

① 0.4
② -0.4
③ 0.2
④ -0.2

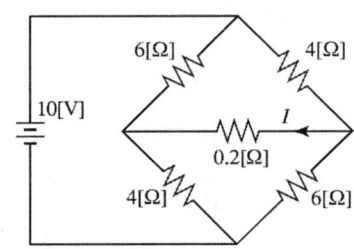

해설 마디전압 $V_1 = \frac{6}{4+6} \times 10 = 6[V]$, $V_2 = \frac{4}{4+6} \times 10 = 4[V]$
V(전위차) $= V_1 - V_2 = 6 - 4 = 2[V]$이다.

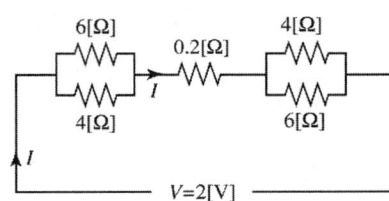

∴ 0.2[Ω]에 흐르는 전류

$I = \frac{V}{R_t} = \frac{2}{\frac{6+4}{6+4} + 0.2 + \frac{6 \times 4}{6+4}} = \frac{2}{2.4 + 0.2 + 2.4} = \frac{2}{5} = 0.4[A]$이다.

078 분포정수 선로에서 위상정수를 β[rad/m]라 할 때 파장은?

① $2\pi\beta$
② $\frac{2\pi}{\beta}$
③ $4\pi\beta$
④ $\frac{4\pi}{\beta}$

해설 분포정수 선로에서
v(위상속도) $= \frac{\omega}{\beta} = \frac{\omega}{\omega\sqrt{LC}} = \frac{1}{LC} = \frac{1}{\sqrt{\varepsilon_o\mu_o}} = 3 \times 10^8 = C_o$(광속) $= f\lambda$[m/sec]

∴ $\frac{\omega}{\beta} = \frac{2\pi f}{\beta} = f\lambda$에서 λ(파장) $= \frac{2\pi}{\beta}$[m]이다.

정답 77. ① 78. ②

079 어떤 2단자 회로에 단위 임펄스 전압을 가할 때 $2e^{-t}+3e^{-2t}$[A]의 전류가 흘렀다. 이를 회로로 구성하면? (단, 각 소자의 단위는 기본 단위로 한다.)

① 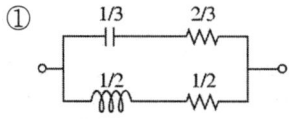   ②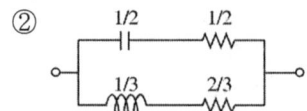

③ 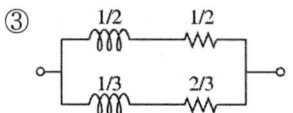   ④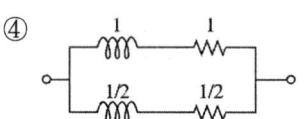

예설 $V(s)$(단위 임펄스전압) $= L(\delta_{(t)}) = 1$

$I(s)$(임펄스 전류) $= L(2e^{-t}+3e^{-2t}) = \dfrac{2}{S+1} + \dfrac{3}{S+2}$ 일 때

$Z(s)$(2단자 회로의 구동점 임피던스) $= \dfrac{V(s)}{I(s)} = \dfrac{1}{\dfrac{2}{S+1}+\dfrac{3}{S+2}}$

$= \dfrac{1}{\dfrac{1}{\dfrac{S}{2}+\dfrac{1}{2}} + \dfrac{1}{\dfrac{S}{3}+\dfrac{2}{3}}} = Z_1(직렬) + \dfrac{1}{y_2(병렬) + \dfrac{1}{Z_3(직렬) + \dfrac{1}{y_5(병렬)}}}$

∴ 카워형 방정식에서 $Z_3 = \dfrac{S}{2}+\dfrac{1}{2} = i\omega\dfrac{1}{2}+\dfrac{1}{2}$(직렬), $Z_4 = \dfrac{S}{3}+\dfrac{2}{3} = i\omega\dfrac{1}{3}+\dfrac{2}{3}$(직렬)

이며, Z_3와 Z_4는 병렬회로이므로 2단자 회로망의 구성은 다음과 같다.

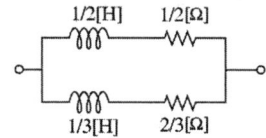

080 그림과 같은 T형 회로에서 4단자 정수 중 D값은?

① $1 + \dfrac{Z_1}{Z_3}$

② $\dfrac{Z_1 Z_2}{Z_3} + Z_2 + Z_1$

③ $\dfrac{1}{Z_3}$

④ $1 + \dfrac{Z_2}{Z_3}$

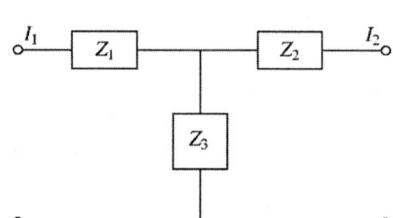

79. ② 80. ④

해설 T형 4단자망의 4단자 정수

$$\begin{vmatrix} A & B \\ C & D \end{vmatrix} = \begin{vmatrix} 1 & Z_1 \\ 0 & 1 \end{vmatrix} \begin{vmatrix} 1 & 0 \\ \frac{1}{Z_3} & 1 \end{vmatrix} \begin{vmatrix} 1 & Z_2 \\ 0 & 1 \end{vmatrix} = \begin{vmatrix} 1+\frac{Z_1}{Z_3} & Z_1 \\ \frac{1}{Z_3} & 1 \end{vmatrix} \begin{vmatrix} 1 & Z_2 \\ 0 & 1 \end{vmatrix}$$

$$= \begin{vmatrix} 1+\frac{Z_1}{Z_3} & Z_2\left(1+\frac{Z_1}{Z_3}\right)+Z_1 \\ \frac{1}{Z_3} & 1+\frac{Z_2}{Z_3} \end{vmatrix}$$

∴ 4단자 정수 중 $D = 1 + \frac{Z_2}{Z_3}$ 이다.

05 전/기/설/비/기/술/기/준

081 옥내배선의 사용전압이 220[V]인 경우 금속관 공사의 기술기준으로 옳은 것은?
① 금속관과 접속부분의 나사는 3턱 이상으로 나사결합을 하였다.
② 전선은 옥외용 비닐절연전선을 사용하였다.
③ 콘크리트에 매설하는 전선관의 두께는 1.0[mm]를 사용하였다.
④ 금속관에는 제3종 접지공사를 하였다.

해설 기술기준 제204조(금속관 공사)
옥내배선의 사용전압이 220[V]인 경우 금속관에는 제 3종 접지공사를 한다. 단, 사용전압이 400[V] 이상인 경우에는 관에 특별 제3종 접지공사를 하여야 한다.

082 식물 재배용 전기온상에 사용하는 전열장치에 대한 설명으로 틀린 것은?
① 전로의 대지 전압은 300[V] 이하
② 발열선은 90[℃]가 넘지 않도록 시설할 것
③ 발열선의 지지점간 거리는 1.0[m] 이하일 것
④ 발열선과 조영재사이의 이격거리 2.5[cm] 이상일 것

해설 기술기준 제257조(전기 온상등의 시설)
식물 재배용 전기온상에 사용하는 전열장치에 올바른 설명은
① 전로의 대지 전압이 300[V] 이하
② 발열선은 그 온도가 80[℃]를 넘지 않도록 시설할 것
③ 발열선의 지지점간 거리는 1.0[m] 이하일 것
④ 발열선과 조영재사이의 이격거리 2.5[cm] 이상일 것

083 대지로부터 절연을 하는 것이 기술상 곤란하여 절연을 하지 않아도 되는 것은?
① 항공장애등 ② 전기로
③ 옥외조명등 ④ 에어콘

81. ④ 82. ② 83. ②

해설 기술기준 제16조(전로의 절연저항 및 절연내력)
대지로부터 절연을 하는 것이 기술상 곤란한 것은 전기욕기, 전기로, 전기보일러, 전해조 등이다.
∴ 대지로부터 절연을 하지 않아도 되는 것은 전기로이다.

084 수소냉각시 발전기 및 이에 부속하는 수소냉각장치에 관한 시설이 잘못 된 것은?
① 발전기는 기밀구조의 것이고 또한 수소가 대기압에서 폭발하는 경우에 생기는 압력에 견디는 강도를 가지는 것일 것
② 발전기 안의 수소의 순도가 70[%] 이하로 저하한 경우에 이를 경보하는 장치를 시설할 것
③ 발전기 안의 수소의 온도를 계측하는 장치를 시설할 것
④ 발전기 안의 수소의 압력을 계측하는 장치 및 그 압력이 현저히 변동한 경우에 이를 경보하는 장치를 시설할 것

해설 기술기준 제59조(수소 냉각식 발전기 등의 시설)
수소 냉각식 발전기 및 이에 부속하는 수소냉각장치에 올바른 시설은
① 발전기는 기밀구조의 것이고 또한 수소가 대기압에서 폭발하는 경우에 생기는 압력에 견디는 강도를 가지는 것일 것
② 발전기 안의 수소의 순도가 80[%] 이하로 저하한 경우에 이를 경보하는 장치를 시설할 것
③ 발전기 안의 수소의 온도를 계측하는 장치를 시설할 것
④ 발전기 안의 수소의 압력을 계측하는 장치 및 그 압력이 현저히 변동한 경우에 이를 경보하는 장치를 시설할 것

085 최대사용전압이 69[kV]인 중성점 비접지식 전로의 절연내력 시험전압은 몇 [kV]인가?
① 63.48
② 75.9
③ 86.25
④ 103.5

해설 기술기준 제16조(전로의 절연저항 및 절연내력)
최대사용전압이 69[kV]인 중성점 비접지 전로의 절연내력 시험전압은 최대사용전압에 1.25배의 전압이므로 $69 \times 1.25 = 86.25$[kV]이다.

086 저압 옥내배선용 전선으로 적합한 것은?
① 단면적이 0.8[mm²] 이상의 미네럴인슈레이션 케이블
② 단면적이 1.0[mm²] 이상의 미네럴인슈레이션 케이블
③ 단면적이 1.5[mm²] 이상의 연동선
④ 단면적이 2.0[mm²] 이상의 연동선

해설 기술기준 제189조(저압 옥내배선의 사용전선)
저압 옥내배선용 전선으로 적합한 것은 단면적이 1.0[mm²] 이상의 미네럴 인슈레이션 케이블이어야 한다. 또한 쇼윈도우, 쇼케이스 내에는 단면적 0.75[mm²] 이상인 코드 또는 캡타이어 케이블을 사용한다.

정답 84. ② 85. ③ 86. ②

087 백열전등 또는 방전등에 전기를 공급하는 옥내전로의 대지전압은 몇 [V] 이하인가?
① 120
② 150
③ 200
④ 300

▶ 기술기준 제187조(옥내전로의 대지전압 제한)
백열전등 또는 방전등에 전기를 공급하는 옥내전로의 대지전압은 300[V] 이하이어야 한다.

088 마그네슘 분말이 존재하는 장소에서 전기설비가 발화원이 되어 폭발할 우려가 있는 곳에서의 저압옥내 전기설비 공사는?
① 캡타이어 케이블
② 합성수지관 공사
③ 애자사용 공사
④ 금속관 공사

▶ 기술기준 제218조(먼지가 많은 장소에서의 저압시설)
폭연성 분진(마그네슘, 알루미늄, 티탄, 지르코늄)분말이 존재하는 장소에서 전기설비가 발화원이 되어 폭발할 우려가 있는 곳에서의 저압옥내 전기설비공사는 금속관 공사 또는 케이블 공사(캡타이어 케이블을 사용하는 것 제외)에 의하여야 한다.

089 소맥분, 전분, 유황 등의 가연성 분진이 존재하는 공장에 전기설비가 발화원이 되어 폭발할 우려가 있는 곳의 저압옥내배선에 적합하지 못한 공사는? (단, 각종 전선관공사 시 관의 두께는 모두 기준에 적합한 것을 사용한다.)
① 합성수지관 공사
② 금속관 공사
③ 가요전선관 공사
④ 케이블 공사

▶ 기술기준 제218조(먼지가 많은 장소에서의 저압시설)
가연성(소맥분, 전분, 유황)등의 가연성 분진이 존재하는 공장에 전기설비가 발화원이 되어 폭발할 우려가 있는 곳의 저압옥내배선에 적합한 공사는 합성수지관, 금속관 공사, 케이블 공사이다.

090 가공전선로의 지지물에 사용하는 지선의 시설과 관련하여 다음 중 옳지 않은 것은?
① 지선의 안전율은 2.5 이상, 허용 인장하중의 최저는 3.31[kN]으로 할 것
② 지선에 연선을 사용하는 경우 소선(素線) 3가닥 이상의 연선일 것
③ 지선에 연선을 사용하는 경우 소선의 지름이 2.6[mm] 이상의 금속선을 사용한 것일 것
④ 가공전선로의 지지물에 사용하는 철탑은 지선을 사용하여 그 강도를 분담시키지 않을 것

해답 87. ④ 88. ④ 89. ③ 90. ①

[해설] 기술기준 제77조, 제78조(지선의 사용 및 시방 세목)
가공전선로의 지지물에 사용하는 지선의 시설과 관련하여 옳은 것은
① 지선에 연선을 사용하는 경우 소선(素線) 3가닥 이상의 연선일 것
② 지선에 연선을 사용하는 경우 소선의 지름이 2.6[mm] 이상의 금속선을 사용한 것일 것
③ 가공전선로의 지지물에 사용하는 철탑은 지선을 사용하여 그 강도를 분담시키지 않을 것

091 옥내 저압배선을 가요전선관 공사에 의해 시공하고자 할 때 전선을 단선으로 사용한다면 그 단면적은 최대 몇 [mm²] 이하이어야 하는가?
① 2.5
② 4
③ 6
④ 10

[해설] 기술기준 제206조(가요전선관 공사)
옥내 저압배선을 가요전선관 공사에 의해 시공하고자 할 때 전선을 단선으로 사용한다면 그 단면적은 최대 10[mm²] 이하이어야 한다.

092 풀용 수중조명등에서 절연변압기 2차측 전로의 사용전압이 30[V] 이하인 경우 접지공사의 종류는?
① 제1종 접지
② 제2종 접지
③ 제3종 접지
④ 특별 제3종 접지

[해설] 기술기준 제261조(풀용 수중조명등의 시설)
풀용 수중조명등에서 절연변압기 2차측 전로의 사용전압이 30[V] 이하인 경우 제1종 접지공사를 할 것, 또한 절연변압기 2차측 전로의 사용전압이 30[V]를 넘는 경우 그 전로에 지기가 생겼을 때는 자동적으로 전로를 차단하는 장치를 할 것

093 저압의 옥측배선을 시설장소에 따라 시공할 때 적절하지 못한 것은?
① 버스덕트 공사를 철골조로 된 공장 건물에 시설
② 합성수지관 공사를 목조로 된 건축물에 시설
③ 금속몰드 공사를 목조로 된 건축물에 시설
④ 애자사용 공사를 전개된 장소에 있는 공장 건물에 시설

[해설] 기술기준 제108조~제110조(옥측 전선로)
저압의 옥측배선을 시설장소에 따라 시공할 때 적합한 것은
① 버스덕트 공사를 철골조로 된 공장 건물에 시설
② 합성수지관 공사를 목조로 된 건축물에 시설
③ 애자사용 공사를 전개된 장소에 있는 공장 건물에 시설

[정답] 91. ④ 92. ① 93. ③

094 가공전선로의 지지물 중 지선을 사용하여 그 강도를 분담시켜서는 안 되는 것은?
① 철탑
② 목주
③ 철주
④ 철근콘크리트주

> 기술기준 제77조(지선의 사용)
> 가공 전선로의 지지물로 사용하는 철탑은 지선을 사용하여 그 강도를 분담시켜서는 아니된다.

095 고압 지중 케이블로서 직접 매설식에 의하여 콘크리트제, 기타 견고한 관 또는 트라프에 넣지 않고 부설할 수 있는 케이블은?
① 고무외장케이블
② 클로로플렌외장케이블
③ 콤바인덕트케이블
④ 미네럴인슈레이션케이블

> 기술기준 제151조(지중 전선로의 시설)
> 콤바인덕트케이블은 고압지중 케이블로서 직접 매설식에 의하여 콘크리트제, 기타 견고한 관 또는 트라프에 넣지 않고 부설할 수 있는 케이블이다.

096 특고압 가공전선로의 지지물로 사용하는 B종 철주, B종 철근콘크리트주 또는 철탑의 종류에서 전선로 지지물의 양쪽 경간의 차가 큰 곳에 사용하는 것은?
① 각도형
② 인류형
③ 내장형
④ 보강형

> 기술기준 제129조(특별고압 가공전선로의 철주, 철근콘크리트주 또는 철탑의 종류)
> 내장형은 특고압 가공전선로의 지지물로 사용하는 B종 철주, B종 철근콘크리트주, 또는 철탑의 종류에서 진선로의 지지물 양쪽 경간의 차가 큰 곳에 사용하는 것이다.

097 정격전류 20[A]인 배선용 차단기로 보호되는 저압 옥내 전로에 접속할 수 있는 콘센트 정격전류는 최대 몇 [A]인가?
① 15
② 20
③ 22
④ 25

> 기술기준 제196조(분기회로의 시설)
> 정격전류 20[A]인 배선용 차단기로 보호되는 저압옥내전로에 접속할 수 있는 콘센트 정격전류는 최대 20[A]이어야 한다.

098 과전류차단기로 저압전로에 사용하는 퓨즈를 수평으로 붙인 경우 이 퓨즈는 정격 전류의 몇 배의 전류에 견딜 수 있어야 하는가?
① 1.1
② 1.25
③ 1.6
④ 2

정답 94.① 95.③ 96.③ 97.② 98.①

> 기술기준 제42조(과전류 차단기용 퓨즈 등)
> 과전류 차단기로 저압전로에 사용하는 퓨즈를 수평으로 붙인 경우 이 퓨즈는 정격전류의 1.1배의 전류에 견딜 수 있어야 한다.

099 고압 인입선을 다음과 같이 시설하였다. 기술기준에 맞지 않는 것은?
① 고압 가공인입선 아래에 위험표시를 하고 지표상 3.5[m]의 높이에 설치하였다.
② 1.5[m] 떨어진 다른 수용가에 고압 연접인입선을 시설하였다.
③ 횡단 보도교 위에 시설하는 경우 케이블을 사용하여 노면상에서 3.5[m]의 높이에 시설하였다.
④ 전선은 5[mm] 경동선과 동등한 세기의 고압 절연전선을 사용하였다.

> 기술기준 제114조~제117조(가공인입선의 시설)
> 고압 인입선을 다음과 같이 시설하였다. 기술기준에 맞는 것은
> ① 고압 가공인입선 아래에 위험표시를 하고 지표상 3.5[m]의 높이에 설치하였다.
> ② 횡단 보도교 위에 시설하는 경우 케이블을 사용하여 노면상에 3.5[m]의 높이에 시설하였다.
> ③ 전선은 5[mm] 경동선과 동등한 세기의 고압 절연전선을 사용하였다.

100 사용전압이 60[kV] 이하인 특고압 가공 전선로는 상시정전유도작용(常時靜電誘導作用)에 의한 통신상의 장해가 없도록 시설하기 위하여 전화선로의 길이 12[km]마다 유도전류는 몇 [μA]를 넘지 않도록 하여야 하는가?
① 1 ② 2
③ 3 ④ 5

> 기술기준 제119조(특별고압 가공전선로에서의 유도장해 방지)
> 사용전압이 60[kV] 이하인 특고압가공 전선로는 상시 정전유도작용에 의한 통신상의 장해가 없도록 시설하기 위하여 전화선로의 길이 12[km]마다 유도전류는 2[μA]를 넘지 않도록 하여야 한다.

99. ② 100. ②

01 전/기/자/기/학

[001] 반지름이 0.01[m]인 구도체를 접지시키고 중심으로부터 0.1[m]의 거리에 10[μC]의 점전하를 놓았다. 구도체에 유도된 총 전하량은 몇 [μC]인가?

① 0 ② -1
③ -10 ④ 10

해설 접지구 도체와 점전하

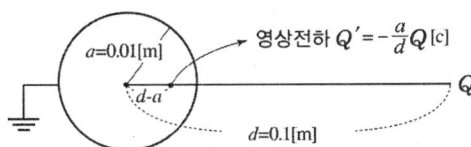

접지구 도체의 전위 $V = 0 = P_{11}Q' + P_{12}Q[V]$

$P_{11}Q' = -P_{12}Q$

영상전하 $Q' = -\dfrac{P_{12}}{P_{11}}Q = -\dfrac{\frac{1}{4\pi\varepsilon d}}{\frac{1}{4\pi\varepsilon a}}Q = -\dfrac{a}{d}Q = -\dfrac{0.01}{0.1}\times 10\times 10^{-6}$

$= -1\times 10^{-6} = -1[\mu C]$

[002] 그림과 같은 손실 유전체에서 전원의 양극 사이에 채워진 동축케이블의 전력손실은 몇 [W]인가? (단, 모든 단위는 MKS 유리화 단위이며, σ는 매질의 도전율 [S/m]이라 한다.)

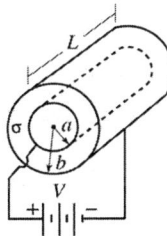

① $\dfrac{\pi\sigma V^2 L}{2\ln\frac{b}{a}}$ ② $\dfrac{\pi\sigma V^2 L}{\ln\frac{b}{a}}$

③ $\dfrac{2\pi\sigma V^2 L}{\ln\frac{b}{a}}$ ④ $\dfrac{4\pi\sigma V^2 L}{\ln\frac{b}{a}}$

해답 1. ② 2. ③

[해설] 동축케이블의 전압 $V = -\int_b^a E\,dr = \frac{\lambda}{2\pi\varepsilon}\ln\frac{b}{a}$ [V]

동축케이블의 정전용량 $C = \frac{\lambda L}{V} = \frac{\lambda L}{\frac{\lambda}{2\pi\varepsilon}\ln\frac{b}{a}} = \frac{2\pi\varepsilon L}{\ln\frac{b}{a}}$ [F] $RC = \rho\varepsilon$

동축케이블의 저항 $R = \frac{\rho\varepsilon}{C} = \frac{\varepsilon}{\sigma c} = \frac{\varepsilon}{\sigma \times \frac{2\pi\varepsilon L}{\ln\frac{b}{a}}} = \frac{\ln\frac{b}{a}}{2\pi\sigma L}$ [F] (단 $\sigma = \frac{1}{\rho}$ 이다.)

∴ 동축케이블의 전력손실 $P = \frac{V^2}{R} = \frac{V^2}{\frac{\ln\frac{b}{a}}{2\pi\sigma L}} = \frac{2\pi\sigma V^2 L}{\ln\frac{b}{a}}$ [W]이다.

문제 003 어떤 공간의 비유전율은 2이고, 전위 $V(x,y) = \frac{1}{x} + 2xy^2$ 이라고 할 때 점 $\left(\frac{1}{2}, 2\right)$ 에서의 전하밀도 ρ는 약 몇 [pC/m³]인가?

① -20　　② -40
③ -160　　④ -320

[해설] 포아송의 방정식에서 $\nabla^2 V = -\frac{\rho}{\varepsilon} = -\frac{\rho}{\varepsilon_o \varepsilon_s}$

∴ $\nabla^2 V = \frac{\partial^2 V}{\partial x^2} + \frac{\partial^2 V}{\partial y^2} + \frac{\partial^2 V}{\partial z^2}$

$= \frac{\partial^2}{\partial x^2}\left(\frac{1}{x} + 2xy^2\right) + \frac{\partial^2}{\partial y^2}\left(\frac{1}{x} + 2xy^2\right) + \frac{\partial^2}{\partial z^2}\left(\frac{1}{x} + 2xy^2\right)$

$= \left(\frac{2x}{x^4} + 4x\right)_{\substack{x=\frac{1}{2}\\y=2}} = \frac{2 \times \frac{1}{2}}{\left(\frac{1}{2}\right)^4} + 4 \times \frac{1}{2} = 16 + 2 = 18 = -\frac{\rho}{\varepsilon_o\varepsilon_s}$ 에서

체적전하밀도 $\rho = -18 \times \varepsilon_o\varepsilon_s = -18 \times 8.855 \times 10^{-12} \times 2$
$= -318.78 \times 10^{-12} ≒ -320 \times 10^{-12} = -320$ [pC/m³]이다.

문제 004 자기인덕턴스 L[H]인 코일에 I[A]의 전류를 흘렸을 때 코일에 축적되는 에너지 W[J]와 전류 I[A]사이의 관계를 그래프로 표시하면 어떤 모양이 되는가?

① 포물선　　② 직선
③ 원　　④ 타원

[해설] 코일에 축적되는 에너지 $W = \frac{1}{2}LI^2$ [J]에 W[J]와 전류 I^2[A] 사이의 관계는 2차방정식으로, 그래프로 표시하면 포물선이 된다.

3. ④　4. ①

005 전기력선의 성질로서 틀린 것은?
① 전하가 없는 곳에서 전기력선은 발생, 소멸이 없다.
② 전기력선은 그 자신만으로 폐곡선이 되는 일은 없다.
③ 전기력선은 등전위면과 수직이다.
④ 전기력선은 도체 내부에 존재한다.

해설 전기력선의 일반적인 성질
① 전하가 없는 곳에서 전기력선은 발생, 소멸은 없다.
② 전기력선은 그 자신만으로 폐곡선이 되는 일은 없다.
③ 전기력선은 등전위면과 수직이다.

006 구도체에 50[μC]의 전하가 있다. 이때의 전위가 10[V]이면 도체의 정전용량은 몇 [μF]인가?
① 3
② 4
③ 5
④ 6

해설 구도체의 정전용량
$C = \dfrac{Q}{V} = \dfrac{50 \times 10^{-6}}{10} = 5 \times 10^{-6} = 5[\mu F]$이다.

007 내부장치 또는 공간을 물질로 포위시켜 외부 자계의 영향을 차폐시키는 방식을 자기차폐라 한다. 다음 중 자기차폐에 가장 좋은 것은?
① 강자성체 중에서 비투자율이 큰 물질
② 강자성체 중에서 비투자율이 작은 물질
③ 비투자율이 1보다 작은 역자성체
④ 비투자율에 관계없이 물질의 두께에만 관계되므로 되도록이면 두꺼운 물질

해설 자기차폐란 내부장치 또는 공간을 물질로 포위시켜 외부자계의 영향을 차폐시키는 방식을 말한다. 강자성체 중에서 비투자율이 큰 물질이 자기차폐에 가장 좋은 물질이다.

008 정전용량 0.06[μF]의 평행판 공기콘덴서가 있다. 전극판 간격의 $\dfrac{1}{2}$ 두께의 유리판을 전극에 평행하게 넣으면 공기 부분의 정전용량과 유리판 부분의 정전용량을 직렬로 접속한 콘덴서가 된다. 유리의 비유전율을 $\varepsilon_s = 5$라 할 때 새로운 콘덴서의 정전용량은 몇 [μF]인가?
① 0.01
② 0.05
③ 0.1
④ 0.5

해답 5.④ 6.③ 7.① 8.③

해설) $C_o = \dfrac{\varepsilon_o S}{d} = 0.06 (\mu F)$인 평행판 콘덴서가 있다.

$C_1 = \dfrac{\varepsilon_o \varepsilon_s S}{\dfrac{d}{2}} = \dfrac{2\varepsilon_o S \times \varepsilon_s}{d}$ [F]

$C_2 = \dfrac{\varepsilon_o S}{\dfrac{d}{2}} = \dfrac{2\varepsilon_o S}{d}$ [F]가 직렬이다.

합성용량

$C = \dfrac{C_1 C_2}{C_1 + C_2} = \dfrac{\dfrac{2\varepsilon_o S \times \varepsilon_s}{d} \times \dfrac{2\varepsilon_o S}{d}}{\dfrac{2\varepsilon_o S \times \varepsilon_s}{d} + \dfrac{2\varepsilon_o S}{d}} = \dfrac{\dfrac{2\varepsilon_o S \times \varepsilon_s}{d}}{\varepsilon_s + 1}$

$= \dfrac{\varepsilon_o S}{d} \times \dfrac{2\varepsilon_s}{\varepsilon_s + 1} = C_o \times \dfrac{2\varepsilon_s}{\varepsilon_s + 1} = 0.06 \times \dfrac{2 \times 5}{5 + 1} = \dfrac{0.06 \times 10}{6} = 0.1 [\mu F]$이다.

009 무한장 솔레노이드의 외부 자계에 대한 설명 중 옳은 것은?
① 솔레노이드 내부의 자계와 같은 자계가 존재한다.
② $\dfrac{1}{2\pi}$의 배수가 되는 자계가 존재한다.
③ 솔레노이드 외부에는 자계가 존재하지 않는다.
④ 권회수에 비례하는 자계가 존재한다.

해설) 무한장 솔레노이드의 내부자계는 평등자계이며 외부에는 자계가 존재하지 않는다.

010 공기콘덴서의 고정 전극판 A와 가동 전극판 B 간의 간격이 $d = 1$[mm]이고 전계는 극면 간에서만 균등하다고 하면 정전용량은 몇 [μF]인가? (단, 전극판의 상대되는 부분의 면적은 S[m²]라 한다.)

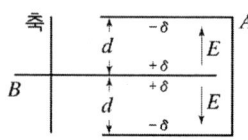

① $\dfrac{S}{9\pi}$ ② $\dfrac{S}{18\pi}$

③ $\dfrac{S}{36\pi}$ ④ $\dfrac{S}{72\pi}$

해설) Coulomb법칙에서 $\dfrac{1}{4\pi\varepsilon_o} = 9 \times 10^9$, $\varepsilon_o = \dfrac{10^{-9}}{36\pi}$ [F/m]이다.

또한 공기 콘덴서 $C_1 = \dfrac{\varepsilon_o S}{d}$ [F], $C_2 = \dfrac{\varepsilon_o S}{d}$ 이다.

∴ 병렬연결 합성 정전용량 $C_t = C_1 + C_2 = 2 \times \dfrac{\varepsilon_o S}{d} = 2 \times \dfrac{\dfrac{10^{-9}}{36\pi} \times S}{1 \times 10^{-3}} = \dfrac{2 \times 10^{-9} \times S}{36\pi \times 10^{-3}}$

$= \dfrac{S}{18\pi} \times 10^{-6} = \dfrac{S}{18\pi}$ [μF]

정답) 9. ③ 10. ②

011 단면적 4[cm²]의 철심에 6×10^{-4}[Wb]의 자속을 통하게 하려면 2800[AT/m]의 자계가 필요하다. 이 철심의 비투자율은?

① 43
② 75
③ 324
④ 426

해설) 철심의 자속밀도 $B = \dfrac{\phi}{S} = \dfrac{6 \times 10^{-4}}{4 \times 10^{-4}} = \dfrac{3}{2} = \mu_o \mu_s H [\text{Wb/m}^2]$

철심의 비투자율 $\mu_s = \dfrac{\frac{3}{2}}{\mu_o H} = \dfrac{1.5}{4\pi \times 10^{-7} \times 2800} = \dfrac{1.5 \times 10^5}{12.56 \times 28} ≒ 426$

012 자속밀도 10[Wb/m²] 자계 중에 10[cm] 도체를 자계와 30°의 각도로 30[m/s]로 움직일 때, 도체에 유기되는 기전력은 몇 [V]인가?

① 15
② $15\sqrt{3}$
③ 1500
④ $1500\sqrt{3}$

해설) 플레밍의 오른손 법칙에서 도체에 유기되는 기전력
$e = Blv \sin 30° = 10 \times 10 \times 10^{-2} \times 30 \times \dfrac{1}{2} = 30 \times \dfrac{1}{2} = 15[\text{V}]$

013 진공 중에서 e[C]의 전하가 B[Wb/m²]의 자계 안에서 자계와 수직방향으로 v[m/s]의 속도로 움직일 때 받는 힘[N]은?

① $\dfrac{evB}{\mu_o}$
② $\mu_o evB$
③ evB
④ $\dfrac{eB}{v}$

해설) 전자력(힘) $f = I \times Bl \sin 90° = \dfrac{e}{t} \times Bl \times 1 = e\dfrac{l}{t}B = evB[\text{N}]$이 된다.

014 두 유전체의 경계면에 대한 설명 중 옳은 것은?

① 두 유전체의 경계면에 전계가 수직으로 입사하면 두 유전체 내의 전계의 세기는 같다.
② 유전율이 작은 쪽에서 큰 쪽으로 전계가 입사할 때 입사각은 굴절각보다 크다.
③ 경계면에서 정전력은 전계가 경계면에 수직으로 입사할 때 유전율이 큰 쪽에서 작은 쪽으로 작용한다.
④ 유전율이 큰 쪽에서 작은 쪽으로 전계가 경계면에 수직으로 입사할 때 유전율이 작은 쪽의 전계의 세기가 작아진다.

해답) 11. ④ 12. ① 13. ③ 14. ③

두 유전체 경계면에서의 정전력은 전계가 경계면에 수직으로 입사할 때는 유전율이 큰 쪽에서 작은 쪽으로 정전력(힘)이 작용한다. 즉 $\varepsilon_1 > \varepsilon_2$이면 ε_1쪽에서 ε_2쪽으로 힘이 작용된다.

015 규소강판과 같은 자심재료의 히스테리시스 곡선의 특징은?
① 히스테리시스 곡선의 면적이 적은 것이 좋다.
② 보자력이 큰 것이 좋다.
③ 보자력과 잔류자기가 모두 큰 것이 좋다.
④ 히스테리시스 곡선의 면적이 큰 것이 좋다.

규소강판과 같은 자심재료의 히스테리시스 곡선의 특징은 히스테리시스 곡선의 면적이 적으면 손실이 적으므로 좋다. 즉 히스테리시스 곡선의 면적이 히스테리시스 손실이다.

016 전자계에 대한 맥스웰의 기본 이론이 아닌 것은?
① 전하에서 전속선이 발산된다.
② 고립된 자극은 존재하지 않는다.
③ 변위전류는 자계를 발생하지 않는다.
④ 자계의 시간적 변화에 따라 전계의 회전이 생긴다.

전자계에 대한 맥스웰의 기본 이론은
① 전하에서 전속선이 발산한다. ($divD = \rho$)
② 고립된 자극은 존재하지 않는다. ($divB = 0$)
③ 전속에 시간적 변화에 따라 자계의 회전이 생긴다. ($rotH = \frac{\partial D}{\partial t}$)
④ 자계의 시간적 변화에 따라 전계의 회전이 생긴다. ($rotE = -\frac{\partial B}{\partial t}$)

017 맥스웰의 방정식과 연관이 없는 것은?
① 패러데이 법칙   ② 쿨롱의 법칙
③ 스토크의 법칙   ④ 가우스 정리

맥스웰의 방정식과 연관이 있는 것은 $rotE = -\frac{\partial B}{\partial t}$ (패러데이 법칙), stock 정리 ($divB = 0$), 가우스 정리($divD = \rho$), $rotH = i_c + \frac{\partial D}{\partial t}$ (앙페르의 주회적분법칙) 등이다.

정답 15. ① 16. ③ 17. ②

018 전자파가 유전율과 투자율이 각각 ε_1과 μ_1인 매질에서 ε_2와 μ_2인 매질에 수직으로 입사할 경우, 입사전계 E_1과 입사자계 H_1에 비하여 투과전계 E_2와 투과자계 H_2의 크기는 각각 어떻게 되는가? (단, $\sqrt{\frac{\mu_1}{\varepsilon_1}} > \sqrt{\frac{\mu_2}{\varepsilon_2}}$ 이다.)

① E_2, H_2 모두 E_1, H_1에 비하여 크다.
② E_2, H_2 모두 E_1, H_1에 비하여 적다.
③ E_2는 E_1에 비하여 크고, H_2는 H_1에 비하여 적다.
④ E_2는 E_1에 비하여 적고, H_2는 H_1에 비하여 크다.

해설 전자계의 고유임피던스 $\frac{E_1}{H_1} = \sqrt{\frac{\mu_1}{\varepsilon_1}} > \frac{E_2}{H_2} = \sqrt{\frac{\mu_2}{\varepsilon_2}}$ 일 때,

① $H_1 = H_2$, $\sqrt{\frac{\mu_1}{\varepsilon_1}} > \sqrt{\frac{\mu_2}{\varepsilon_2}}$ 일 때

$E_1 = \sqrt{\frac{\mu_1}{\varepsilon_1}} \times H_1 > E_2 = \sqrt{\frac{\mu_2}{\varepsilon_2}} \times H_2$ 에서는 E_1이 E_2보다 크다. ⋯ ①

② $E_1 = E_2$, $\sqrt{\frac{\mu_1}{\varepsilon_1}} > \sqrt{\frac{\mu_2}{\varepsilon_2}}$ 일 때

$H_1 = \frac{E_1}{\sqrt{\frac{\mu_1}{\varepsilon_1}}} = $작다 $<$ $H_2 = \frac{E_2}{\sqrt{\frac{\mu_2}{\varepsilon_2}}} = $크다, 에서는 H_2가 H_1보다 크다. ⋯ ②

∴ ①, ②식에서 E_2는 E_1에 비하여 적고, H_2는 H_1에 비하여 크다.

019 자유공간에서 정육각형의 꼭짓점에 동량, 동질의 점전하 Q가 각각 놓여 있을 때 정육각형 한 변의 길이가 a라 하면 정육각형 중심의 전계의 세기는?

① $\frac{Q}{4\pi\varepsilon_o a^2}$
② $\frac{3Q}{2\pi\varepsilon_o a^2}$
③ $6Q$
④ 0

해설 정육각형 한 꼭지에 의한 중심전계세기 $E = \frac{Q}{4\pi\varepsilon_o a^2}$ [V/m]로서 Vetor로서만 계산된다.

∴ 정육각형 중심의 전계세기는 벡타 계산으로 그 합은 0가 된다.

020 전류 I[A]가 흐르고 있는 무한 직선 도체로부터 r[m]만큼 떨어진 점의 자계의 크기는 $2r$[m]만큼 떨어진 점의 자계의 크기의 몇 배인가?

① 0.5
② 1
③ 2
④ 4

해답 18.④ 19.④ 20.③

2014년 5월 25일 시행

해설 앙페르의 주회적분의 법칙에서

① 무한직선도체로부터 r[m] 떨어진 점에 자계 크기 $H_1 = \dfrac{I}{2\pi r}$[AT/m] … ①

② 무한직선도체로부터 $2r$[m] 떨어진 점에 자계 크기 $H_2 = \dfrac{I}{2\pi \times 2r}$[AT/m] … ②

∴ $\dfrac{②}{①} = \dfrac{H_2}{H_1} = \dfrac{\dfrac{I}{2\pi \times 2r}}{\dfrac{I}{2\pi r}} = \dfrac{2\pi r}{2\pi \times 2r} = \dfrac{1}{2}$

∴ $H_1 = 2H_2$이다. 즉 2배가 된다.

02 전/력/공/학

021 3상용 차단기의 용량은 그 차단기의 정격전압과 정격차단 전류와의 곱을 몇 배 한 것인가?

① $\dfrac{1}{\sqrt{2}}$
② $\dfrac{1}{\sqrt{3}}$
③ $\sqrt{2}$
④ $\sqrt{3}$

해설 3상용 차단기의 용량 $P_s = \sqrt{3} \times$정격전압$\times$정격차단전류$= \sqrt{3}\,V_s I_s$[VA]이다.

022 ACSR은 동일한 길이에서 동일한 전기저항을 갖는 경동연선에 비하여 어떠한가?

① 바깥지름은 크고 중량은 작다.
② 바깥지름은 작고 중량은 크다.
③ 바깥지름과 중량이 모두 크다.
④ 바깥지름과 중량이 모두 작다.

해설 ACSR은 동일길이에서 동일한 전기저항을 갖는 경동연선에 비하여 바깥지름(부피)은 크고 중량(무게)은 작다.

023 화력발전소에서 재열기로 가열하는 것은?

① 석탄
② 급수
③ 공기
④ 증기

해설 화력발전소의 재열기란 과열기 바로 다음에 있는 것이며 터빈에서 팽창하여 포화온도에 가깝게 된 증기를 빼내어 다시 보일러에서 과열온도에 가깝게 온도를 올리는 장치로 증기를 가열한다.

정답 21. ④ 22. ① 23. ④

024 보일러에서 절탄기의 용도는?
① 증기를 과열한다.
② 공기를 예열한다.
③ 보일러 급수를 데운다.
④ 석탄을 건조한다.

화력발전소 보일러에서 절탄기는 연도 내에 설치되어 이를 통과하는 보일러 급수를 보일러로부터 나오는 연도폐가스로 가열하는 장치로 보일러의 급수를 데운다.

025 변전소, 발전소 등에 설치하는 피뢰기에 대한 설명 중 틀린 것은?
① 정격전압은 상용주파 정현파 전압의 최고 한도를 규정한 순시값이다.
② 피뢰기의 직렬갭은 일반적으로 저항으로 되어 있다.
③ 방전전류는 뇌충격전류의 파고값으로 표시한다.
④ 속류란 방전현상이 실질적으로 끝난 후에도 전력계통에서 피뢰기에 공급되어 흐르는 전류를 말한다.

발전소, 변전소 등에 설치하는 피뢰기에 대한 올바른 설명은
① 피뢰기의 직렬갭은 일반적으로 저항으로 되어 있다.
② 방전전류는 뇌충격전류의 파고값으로 표시한다.
③ 속류란 방전현상이 실질적으로 끝난 후에도 전력계통에서 피뢰기에 공급되어 흐르는 전류를 말한다.

026 전력선과 통신선 사이에 차폐선을 설치하여, 각 선 사이의 상호 임피던스를 각각 Z_{12}, Z_{1S}, Z_{2S}라 하고 차폐선 자기 임피던스를 Z_s라 할 때, 차폐선을 설치함으로서 유도 전압이 줄게 됨을 나타내는 차폐선의 차폐계수는? (단, Z_{12}는 전력선과 통신선과의 상호임피던스, Z_{1S}는 전력선과 차폐선과의 상호임피던스, Z_{2S}는 통신선과 차폐선과의 상호임피던스이다.)

① $\left|1-\dfrac{Z_S Z_{12}}{Z_{1S} Z_{2S}}\right|$
② $\left|1-\dfrac{Z_{1S} Z_{2S}}{Z_S Z_{12}}\right|$
③ $\left|1-\dfrac{Z_{1S} Z_{12}}{Z_S Z_{2S}}\right|$
④ $\left|1-\dfrac{Z_S Z_{2S}}{Z_{12} Z_{1S}}\right|$

24. ③ 25. ① 26. ②

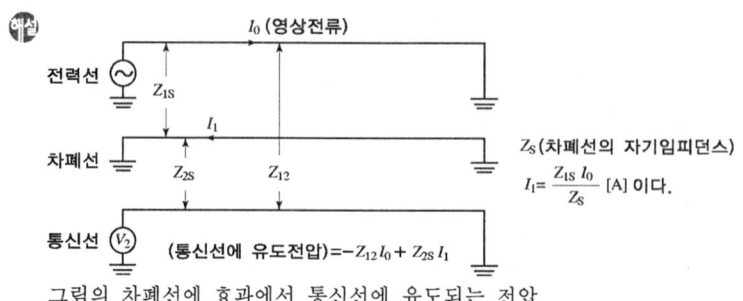

그림의 차폐선에 효과에서 통신선에 유도되는 전압

$V_2 = -Z_{12}I_0 + Z_{2S}I_1 = -Z_{12}I_0 + Z_{2S} \times \dfrac{Z_{1S}I_0}{Z_S} = -Z_{12}I_0\left(1 - \dfrac{Z_{1S}Z_{2S}}{Z_S Z_{12}}\right)$ [V]이다.

여기서 차폐선이 없을 경우의 전력선에서 통신선에 유도되는 전압 $V_2 = -Z_{12}I_0$ [V]

이며, 차폐선의 차폐계수(저감계수) $= 1 - \dfrac{Z_{1S}Z_{2S}}{Z_S Z_{12}}$ 이다.

027

그림과 같은 66[kV] 선로의 송전전력이 20000[kW], 역률이 0.8[lag]일 때 a상에 완전 지락사고가 발생하였다. 지락 계전기 DG에 흐르는 전류는 약 몇 [A]인가? (단, 부하의 정상, 역상임피던스 및 기타 정수는 무시한다.)

① 2.1
② 2.9
③ 3.7
④ 5.5

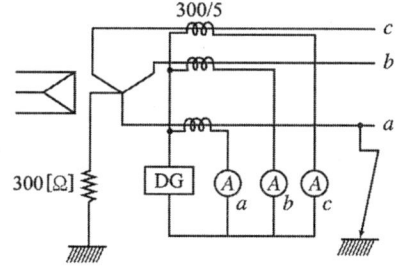

a(CT의 권수비) $= \dfrac{V_{1p}}{V_{2p}} = \dfrac{N_1}{N_2} = \dfrac{300}{5} = 60$° 고장발생 전의 대지전압 $V_{1p} = \dfrac{6600}{\sqrt{3}}$ [V]

$a = 60 = \dfrac{\frac{V_{1p}}{\sqrt{3}}}{V_{2p}} = \dfrac{V_{1p}}{\sqrt{3}\,V_{2p}}$, $V_{2p} = \dfrac{V_{1p}}{\sqrt{3} \times a} = \dfrac{66000}{\sqrt{3} \times 60} = \dfrac{66000}{103.9} = 635.23$ [V]

∴ 지락계전기 DG에 흐르는 전류 $I_s = \dfrac{V_{2p}}{R} = \dfrac{635.23}{300} ≒ 2.1$ [A]가 된다.

028

전력설비의 수용률은 나타낸 것으로 옳은 것은?

① 수용률 $= \dfrac{평균전력[kW]}{부하설비용량[kW]} \times 100\%$

② 수용률 $= \dfrac{부하설비용량[kW]}{평균전력[kW]} \times 100\%$

③ 수용률 $= \dfrac{최대수용전력[kW]}{부하설비용량[kW]} \times 100\%$

④ 수용률 $= \dfrac{부하설비용량[kW]}{최대수용전력[kW]} \times 100\%$

27. ① 28. ③

해설 수용률 = $\frac{\text{최대수용전력[kW]}}{\text{부하설비용량[kW]}} \times 100[\%]$를 정하는 기간은 하루, 한 달, 1년 동안의 것으로 한다. 단, 보통은 1년이다.

029 직류 송전 방식에 관한 설명 중 잘못된 것은?
① 교류보다 실효값이 적어 절연계급을 낮출 수 있다.
② 교류방식보다는 안정도가 떨어진다.
③ 직류계통과 연계 시 교류계통의 차단용량이 작아진다.
④ 교류방식처럼 송전손실이 없어 송전효율이 좋아진다.

해설 직류 송전방식에 관한 올바른 설명은
① 교류보다 실효값이 적어 절연계급을 낮출 수 있다.
② 직류계통과 연계 시 교류계통의 차단용량이 적어진다.
③ 교류방식처럼 송전손실이 없어 송전효율이 좋아진다.

030 정격전압 6600[V], Y결선, 3상 발전기의 중성점을 1선 지락 시 지락전류를 100[A]로 제한하는 저항기로 접지하려고 한다. 저항기의 저항값은 약 몇 [Ω]인가?
① 44
② 41
③ 38
④ 35

해설 지락전류 $I_S = \frac{\frac{V}{\sqrt{3}}}{R} = \frac{\frac{6600}{\sqrt{3}}}{R} = \frac{3810}{R}$ [A]

∴ 저항기의 저항 $R = \frac{3810}{I_S} = \frac{3810}{100} ≒ 38[Ω]$이다.

031 변전소에서 지락사고의 경우 사용되는 계전기에 영상전류를 공급하기 위하여 설치하는 것은?
① PT
② ZCT
③ GPT
④ CT

해설 ZCT(영상변류기)는 변전소에서 지락사고의 경우 사용되는 계전기에 영상전류를 공급하기 위하여 설치한다.

032 송·배전 계통에서의 안정도 향상 대책이 아닌 것은?
① 병렬 회선수 증가
② 병렬 콘덴서 설치
③ 속응여자방식 채용
④ 기기의 리액턴스 감소

해답 29.② 30.③ 31.② 32.②

해설 송·배전계통에서의 안정도 향상 대책은
① 직렬리액턴스(x)를 작게 한다.
　ⓐ 기기의 리액턴스 감소
　ⓑ 병렬 회전수 증가
② 전압변동을 작게 한다.
　ⓐ 속응여자방식 채용
　ⓑ 계통을 연계한다.

033 다중접지 3상 4선식 배전선로에서 고압측(1차측) 중성선과 저압측(2차측) 중성선을 전기적으로 연결하는 목적은?

① 저압측의 단락사고를 검출하기 위하여
② 저압측의 지락사고를 검출하기 위하여
③ 주상변압기의 중성선측 부싱을 생략하기 위하여
④ 고저압 혼촉 시 수용가에 침입하는 상승전압을 억제하기 위하여

해설 다중 접지 3상 4선식 배전선로에서 고압측(1차측) 중성선과 저압측(2차측) 중성선을 전기적으로 연결하는 목적은 고·저압 혼촉 시 수용가에 침입하는 상승전압을 억제하기 위해서다.

034 전력용 콘덴서와 비교할 때 동기조상기의 특징에 해당되는 것은?

① 전력손실이 적다.
② 진상전류 이외에 지상전류도 취할 수 있다.
③ 단락고장이 발생하여도 고장전류를 공급하지 않는다.
④ 필요에 따라 용량을 계단적으로 변경할 수 있다.

해설 전력용 콘덴서는 진상전류만 취한다. 이와 비교할 때 동기조상의 특징은 진상전류 이외에 지상전류도 취할 수 있다는 점이다.

035 파동 임피던스가 300[Ω]인 가공 송전선 1[km]당의 인덕턴스[mH/km]는? (단, 저항과 누설컨덕턴스는 무시한다.)

① 1.0　　　　　　　② 1.2
③ 1.5　　　　　　　④ 1.8

해설 단위 길이당의 인덕턴스 $L=\dfrac{1}{l}=\dfrac{1}{1}=1[H/m]$이다.

∴ 가공 송전선 1[km]당의 인덕턴스 $L=\dfrac{1}{l}=\dfrac{1}{1\cdot km}=\dfrac{1}{1000}=1\times10^{-3}=1[mH/km]$가 된다.

정답 33.④　34.②　35.①

036 전력계통 설비인 차단기와 단로기는 전기적 및 기계적으로 인터록을 설치하여 연계하여 운전하고 있다. 인터록(interlock)의 설명으로 알맞은 것은?

① 부하 통전 시 단로기를 열 수 있다.
② 차단기가 열려 있어야 단로기를 닫을 수 있다.
③ 차단기가 닫혀 있어야 단로기를 열 수 있다.
④ 부하 투입 시에는 차단기를 우선 투입한 후 단로기를 투입한다.

해설 인터록(interlock)회로

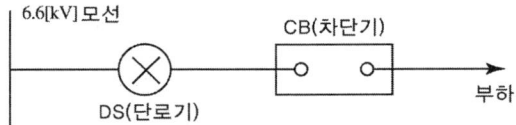

① 급전 시(운전 시) → DS(단로기) → CB(차단기) 순서이다. 즉 차단기가 열려 있어야 단로기를 닫을 수 있다.
② 정전 시 → CB(차단기) → DS(단로기) 순서이다. 즉 차단기를 닫고 단로기를 닫아야 한다.

037 가공전선로에 사용되는 전선의 구비조건으로 틀린 것은?

① 도전율이 높아야 한다. ② 기계적 강도가 커야 한다.
③ 전압강하가 적어야 한다. ④ 허용전류가 적어야 한다.

해설 가공전선로에 사용되는 전선의 구비조건은
① 도전율이 높아야 한다.
② 기계적 강도가 커야 한다.
③ 전압강하가 적어야 한다.

038 지락 고장 시 문제가 되는 유도장해로서 전력선과 통신선의 상호 인덕턴스에 의해 발생하는 장해 현상은?

① 정전유도 ② 전자유도
③ 고조파유도 ④ 전파유도

해설 전자유도장해란 지락 고장 시 문제가 되는 유도장해로서 전력선과 통신선의 상호인덕턴스[M]에 의해 발생되는 장해현상을 말한다.

039 한류리액터를 사용하는 가장 큰 목적은?

① 충전전류의 제한 ② 접지전류의 제한
③ 누설전류의 제한 ④ 단락전류의 제한

해설 한류리액터를 사용하는 가장 큰 목적은 단락전류를 제한하기 때문이다.

해답 36. ② 37. ④ 38. ② 39. ④

040

그림과 같이 각 도체와 연피 간의 정전용량이 C_0, 각 도체 간의 정전용량이 C_m인 3심 케이블의 도체 1조당의 작용 정전용량은?

① $C_0 + C_m$
② $3C_0 + 3C_m$
③ $3C_0 + C_m$
④ $C_0 + 3C_m$

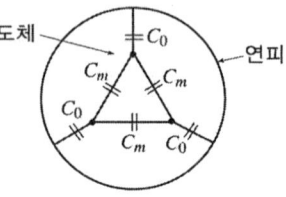

해설 C(정전용량)의 △→Y 변환
→ $C_Y = 3C_\triangle$, $C_\triangle = \frac{1}{3}C_Y$ 이다.
∴ C_0와 $3C_m$은 병렬이므로 케이블의 도체 1조당의 작용 정전용량 = $C_0 + 3C_m$[F]가 된다.

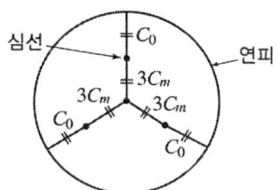

03 전/기/기/기

041

그림과 같은 단상 브리지 정류회로(혼합브리지)에서 직류평균전압[V]은? (단, E는 교류측 실효치전압, α는 점호제어각이다.)

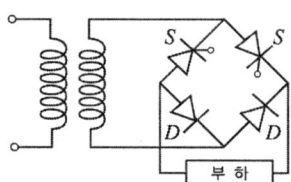

① $\dfrac{2\sqrt{2}E}{\pi}\left(\dfrac{1+\cos\alpha}{2}\right)$
② $\dfrac{\sqrt{2}E}{\pi}\left(\dfrac{1+\cos\alpha}{2}\right)$
③ $\dfrac{2\sqrt{2}E}{\pi}\left(\dfrac{1-\cos\alpha}{2}\right)$
④ $\dfrac{\sqrt{2}E}{\pi}\left(\dfrac{1-\cos\alpha}{2}\right)$

해설 단상 브리지(전파) 정류회로(혼합 브리지)의 직류평균전압
$$E_{dc} = \frac{1}{\pi}\int_\alpha^\pi E_m \sin\theta \, d\theta = \frac{E_m}{\pi}(-\cos\theta)\Big|_\alpha^\pi = \frac{\sqrt{2}E}{\pi}(-\cos\pi + \cos\alpha)$$
$$= \frac{\sqrt{2}E}{\pi}(1+\cos\alpha) = \frac{2}{2}\times\frac{\sqrt{2}E}{\pi}(1+\cos\alpha) = \frac{2\sqrt{2}E}{\pi}\left(\frac{1+\cos\alpha}{2}\right)[V]$$

40. ④ 41. ①

042 정격출력 5[kW], 정격전압 100[V]의 직류 분권전동기를 전기동력계로 사용하여 시험하였더니 전기동력계의 저울이 5[kg]을 나타내었다. 이때 전동기의 출력[kW]은 약 얼마인가? (단, 동력계의 암(arm) 길이는 0.6[m], 전동기의 회전수는 1500[rpm]으로 한다.)

① 3.69 ② 3.81
③ 4.62 ④ 4.87

해설 $1[kg \cdot m] = 9.8[N \cdot m]$이다.
Torque $T = W \times L = 5 \times 0.6 = 3[kg \cdot m]$이다.
∴ 전동기의 출력 $P = EI = 9.8\omega T = 9.8 \times 2\pi \frac{N}{60} \times T$
$= 1.026 NT = 1.026 \times 1500 \times 3 = 4617[W] ≒ 4.62[kW]$

043 1차 전압 6000[V], 권수비 20인 단상 변압기로 전등부하에 10[A]를 공급할 때의 입력[kW]은? (단, 변압기의 손실은 무시한다.)

① 2 ② 3
③ 4 ④ 5

해설 권수비 $a = \frac{V_1}{V_2} = \frac{N_1}{N_2} = \frac{I_2}{I_1}$
1차 전류 $I_1 = \frac{I_2}{a} = \frac{10}{20} = \frac{1}{2} = 0.5[A]$이다.
∴ 단상변압기의 입력
$P = V_1 I_1 \cos\theta = 6000 \times 0.5 \times 1 = 3000[W] = 3[kW]$

044 직류 직권전동기가 있다. 공급 전압이 100[V], 전기자 전류가 4[A]일 때 회전속도는 1500[rpm]이다. 여기서 공급 전압을 80[V]로 낮추었을 때 같은 전기자전류에 대하여 회전속도는 얼마로 되는가? (단, 전기자 권선 및 계자 권선의 전저항은 0.5[Ω]이다.)

① 986 ② 1042
③ 1125 ④ 1194

해설 직류 직권전동기가 있다. 공급전압 $V_1 = 100[V]$일 때
유기 기전력
$E_1 = V_1 - I_a(r_a + r_s) = 100 - 4 \times 0.5 = 98[V] = Kn_1\phi ≒ n_1 = 1500[rpm]$ … ①
공급전압을 $V_2 = 80[V]$일 때의 유기 기전력
$E_2 = V_2 - I_a(r_a + r_s) = 80 - 4 \times 0.5 = 78[V] = Kn_2\phi ≒ n_2$ … ②
∴ ①, ②식에서 80[V]일 때의 회전수 $n_2 = \frac{E_2 \times n_1}{E_1} = \frac{78 \times 1500}{98} ≒ 1194[rpm]$가 된다.

42. ③ 43. ② 44. ④

045
부하의 역률이 0.6일 때 전압 변동률이 최대로 되는 변압기가 있다. 역률 1.0일 때의 전압 변동률이 3[%]라고 하면 역률 0.8에서의 전압 변동률은 몇 [%]인가?
① 4.4 ② 4.6
③ 4.8 ④ 5.0

① 부하역률 $\cos\theta=1$, $\sin\theta=0$일 때 전압변동률 $\varepsilon=3=p\cos\theta+q\sin\theta=p$
∴ $p=3[\%]$ ⋯ ①
② 부하역률 $\cos\theta=0.6=\dfrac{p}{\sqrt{p^2+q^2}}=\dfrac{3}{\sqrt{3^2+q^2}}$ ⋯ ②일 때가 ε_{max}(최대전압변동률)이다.

②식에서 $0.6=\dfrac{3}{\sqrt{3^2+q^2}}$ · $\sqrt{3^2+q^2}=\dfrac{3}{0.6}=5$

양변자승 $q=\sqrt{(5)^2-(3)^2}=\sqrt{16}=4[\%]$ ⋯ ③

∴ 부하역률 $\cos\theta=0.8$, $\sin\theta=0.6$일 때의 전압변동률 $\varepsilon_{0.8}=p\cos\theta+q\sin\theta$
$=3\times0.8+4\times0.6=4.8[\%]$이다.

046
1차 전압 V_1, 2차 전압 V_2인 단권변압기를 Y결선했을 때, 등가용량과 부하용량의 비는? (단, $V_1>V_2$이다.)

① $\dfrac{V_1-V_2}{\sqrt{3}\,V_1}$ ② $\dfrac{V_1-V_2}{V_1}$

③ $\dfrac{\sqrt{3}(V_1-V_2)}{2V_1}$ ④ $\dfrac{V_1^2-V_2^2}{\sqrt{3}\,V_1V_2}$

단권변압기란 1차·2차 권선의 일부를 공통으로 갖는 변압기이다. 3상 Y결선의 단권변압기 결선

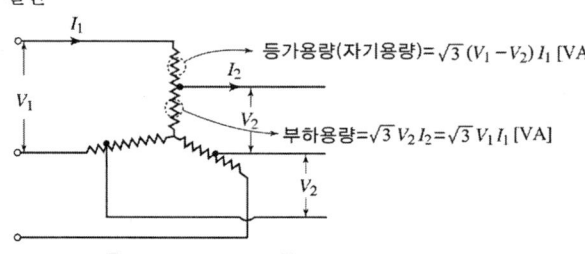

∴ $\dfrac{등가용량}{부하용량}=\dfrac{\sqrt{3}(V_1-V_2)I_1}{\sqrt{3}\,V_2I_2}=\dfrac{\sqrt{3}(V_1-V_2)I_1}{\sqrt{3}\,V_1I_1}=\dfrac{V_1-V_2}{V_1}=1-\dfrac{V_2}{V_1}$ 가 된다.

047
병렬 운전 중의 A, B 두 동기발전기 중에서 A 발전기의 여자를 B 발전기보다 강하게 하였을 경우 B기 발전기는?
① 90° 앞선 전류가 흐른다. ② 90° 뒤진 전류가 흐른다.
③ 동기화 전류가 흐른다. ④ 부하 전류가 증가한다.

45. ③ 46. ② 47. ①

해설 병렬 운전 중인 A, B 두 동기 발전기는 여자전류의 변화는 역률의 변화로 나타난다. A기 여자전류 증가(강하게)하면 A기 역률은 낮아지고, B기 역률은 좋아지고, B기는 90° 앞선 전류가 흐른다.

048 단상 직권 정류자 전동기에서 주자속의 최대치를 ϕ_m, 자극수를 P, 전기자 병렬 회로수를 a, 전기자 전 도체수를 Z, 전기자의 속도를 N[rpm]이라 하면 속도 기전력의 실효값 E_r[V]은? (단, 주자속은 정현파이다.)

① $E_r = \sqrt{2}\dfrac{P}{a}Z\dfrac{N}{60}\phi_m$ ② $E_r = \dfrac{1}{\sqrt{2}}\dfrac{P}{a}ZN\phi_m$

③ $E_r = \dfrac{P}{a}Z\dfrac{N}{60}\phi_m$ ④ $E_r = \dfrac{1}{\sqrt{2}}\dfrac{P}{a}Z\dfrac{N}{60}\phi_m$

해설 단상직권 정류자 전동기에 속도 기전력의 실효값 $E_r = \dfrac{1}{\sqrt{2}} \times \dfrac{P}{a}Z\dfrac{N}{60}\phi_m$[V]

049 수백[Hz]~20000[Hz] 정도의 고주파 발전기에 쓰이는 회전자형은?
① 농형   ② 유도자형
③ 회전전기자형   ④ 회전계자형

해설 유도자형은 수백[Hz]~20000[Hz] 정도의 고주파 발전기에 쓰이는 회전자형이다.

050 동기전동기의 위상특성곡선(V곡선)에 대한 설명으로 옳은 것은?
① 공급전압 V와 부하가 일정할 때 계자전류의 변화에 대한 전기자전류의 변화를 나타낸 곡선
② 출력을 일정하게 유지할 때 계자전류와 전기자전류의 관계
③ 계자전류를 일정하게 유지할 때 전기자전류와 출력 사이의 관계
④ 역률을 일정하게 유지할 때 계자전류와 전기자전류의 관계

해설 동기전동기의 위상특성곡선(V곡선)은 출력(p=일정)을 일정하게 유지할 때 계자전류(I_f)와 전기자전류(I_a)의 관계를 나타낸 곡선으로 I_f(증가)는 과여자 정전용량(콘덴서)으로 작용, 앞선 전기자전류(I_a)가 된다. I_f(감소)는 부족여자, 리액터로 작용 뒤쳐진 전기자전류(I_a)가 된다.

051 직류기의 정류작용에 관한 설명으로 틀린 것은?
① 리액턴스 전압을 상쇄시키기 위해 보극을 둔다.
② 정류작용은 직선정류가 되도록 한다.
③ 보상권선은 정류작용에 큰 도움이 된다.
④ 보상권선이 있으면 보극은 필요 없다.

해답 48. ④ 49. ② 50. ② 51. ④

🔑 직류기의 정류작용에 관한 올바른 설명은
① 리액턴스 전압을 상쇄시키기 위해 보극을 둔다.
② 정류작용은 직선정류가 되도록 한다.
③ 보상권선은 정류작용에 큰 도움이 된다.

052 어느 변압기의 무유도 전부하의 효율이 96[%], 그 전압변동률은 3[%]이다. 이 변압기의 최대효율[%]은?

① 약 96.3   ② 약 97.1
③ 약 98.4   ④ 약 99.2

🔑 무유도 전부하 출력 $p=1$이라 할 때 동손과 철손의 정격출력에 대한 비를 p_c, p_i라 면 무유도 전부하의 효율 $\eta = \dfrac{1}{1+p_i+p_c}$

$1+p_i+p_c = \dfrac{1}{\eta}$ $p_i+p_c = \dfrac{1}{\eta}-1 = \dfrac{1}{0.96}-1 = 0.042$ ⋯ ①

역률 1(무유도)일 때의 전압 변동률 $\varepsilon = p\cos\theta + q\sin\theta = p+0 = p_c$(% 저항강하)

$= \dfrac{3}{100} = 0.03$ ⋯ ②

①식에 ②식을 대입하면 $p_i = 0.042 - p_c = 0.042 - 0.03 = 0.012$ ⋯③

∴ 최대 효율의 조건은 $p_i = m^2 p_c$

m(부하) $= \sqrt{\dfrac{p_i}{p_c}} = \sqrt{\dfrac{0.012}{0.03}} = 0.64$

∴ 무유도 부하인 변압기의 최대 효율

$\eta_{max} = \dfrac{mp}{mp+2\times p_i} \times 100 = \dfrac{0.64\times 1}{0.64\times 1 + 2\times 0.012}\times 100 = \dfrac{0.64}{0.64+0.024}\times 100 ≒ 96.3$
[%]이다.

053 동기전동기의 위상특성곡선을 나타낸 것은? (단, P를 출력, I_f를 계자전류, I_a를 전기자전류, $\cos\phi$를 역률로 한다.)

① $I_f - I_a$ 곡선, P는 일정
② $P - I_a$ 곡선, I_f는 일정
③ $P - I_f$ 곡선, I_a는 일정
④ $I_f - I_a$ 곡선, $\cos\phi$는 일정

🔑 동기전동기의 위상특성곡선(V곡선)은 I_f(계자전류)∼I_a(전기자전류)의 관계곡선으로 P(출력)는 일정일 때이다.

054 단상 유도전압조정기의 2차 전압이 100±30[V]이고, 직렬권선의 전류가 6[A]인 경우 정격용량은 몇 [VA]인가?

① 780   ② 420
③ 312   ④ 180

해답 52.① 53.① 54.④

해설 E_2(조정 전압) = 30[V]
I_2(직렬권선의 전류) = 6[A]
∴ 조정정격용량(정격용량) = $E_2 I_2$ = 30×6 = 180[VA]

055 유도전동기에 게르게스(Gorges) 현상이 생기는 슬립은 대략 얼마인가?
① 0.25　② 0.50
③ 0.70　④ 0.80

해설 게르게스 현상이란 3상 권선형 전동기에서 3선 중 1선이 끊어졌을 때 2차는 단상유도 전동기로 속도는 50[%]에서 그 이상 가속되지 않는 현상을 말한다. 이때 유도전동기에서 게르게스(Gorges) 현상이 생기는 슬립은 대략 0.5 정도이다.

056 교류 타코미터(AC tachometer)의 제어 권선전압 $e(t)$와 회전각 θ의 관계는?
① $\theta \propto e(t)$　② $\dfrac{d\theta}{dt} \propto e(t)$
③ $\theta \cdot e(t) =$ 일정　④ $\dfrac{d\theta}{dt} \cdot e(t) =$ 일정

해설 교류 타코미터(AC tachometer)의 제어 권선전압 $e(t) = \dfrac{d\theta}{dt}$ [V]로 $e(t)$는 회전각 θ에 비례한다.

057 3상 유도전동기에서 회전자가 슬립 s로 회전하고 있을 때 2차 유기전압 E_{2s} 및 2차 주파수 f_{2s}와 s와의 관계는? (단, E_2는 회전자가 정지하고 있을 때 2차 유기기전력이며 f_1은 1차 주파수이다.)
① $E_{2s} = sE_2$, $f_{2s} = sf_1$　② $E_{2s} = sE_2$, $f_{2s} = \dfrac{f_1}{s}$
③ $E_{2s} = \dfrac{E_2}{s}$, $f_{2s} = \dfrac{f_1}{s}$　④ $E_{2s} = (1-s)E_2$, $f_{2s} = (1-s)f_1$

해설 3상 유도전동기에서 회전자가 슬립 s로 회전하고 있을 때
E_{2s}(2차 유기기전력) = sE_2[V], f_{2s}(2차 주파수) = sf_1[Hz]가 된다.

058 600[rpm]으로 회전하는 타여자 발전기가 있다. 이때 유기기전력은 150[V], 여자전류는 5[A]이다. 이 발전기를 800[rpm]으로 회전하여 180[V]의 유기기전력을 얻으려면 여자전류는 몇 [A]로 하여야 하는가? (단, 자기회로의 포화현상은 무시한다.)
① 3.2　② 3.7
③ 4.5　④ 5.2

해답 55. ②　56. ②　57. ①　58. ③

2014년 5월 25일 시행

📖 타여자 발전기의 유기기전력 $E = \dfrac{P}{a} Z \times \dfrac{N}{60} \phi = KN\phi [V]$

(단, $K = \dfrac{PZ}{60a}$, $\phi = I_f$(여자전류)이다.)

$\therefore E_1 = 150 = KN_1\phi_1 = KN_1 I_{f1} [V] \cdots$ ①

$E_2 = 180 = KN_2\phi_2 = KN_2 I_{f2} [V] \cdots$ ②

①, ②식에서 $I_{f2} = \dfrac{KN_1 E_2 I_{f1}}{KN_2 E_1} = \dfrac{N_1 E_2 I_{f1}}{N_2 E_1} = \dfrac{600 \times 180}{800 \times 150} \times 5 = \dfrac{5400}{1200} = 4.5 [A]$가 된다.

059. 유도전동기의 동작원리로 옳은 것은?

① 전자유도와 플레밍의 왼손 법칙
② 전자유도와 플레밍의 오른손 법칙
③ 정전유도와 플레밍의 왼손 법칙
④ 정전유도와 플레밍의 오른손 법칙

📖 유도전동기의 동작원리는 전자유도에 의해(회전자장(N_s)에 의해) 회전자에 유도된 전력을 플레밍의 왼손 법칙에 의해 기계적인 동력으로 변환·회전하는 기계이다.
∴ 전자유도와 플레밍의 왼손 법칙의 동작원리이다.

060. 변압기의 결선방식에 대한 설명으로 틀린 것은?

① △-△결선에서 1상분의 고장이 나면 나머지 2대로써 V결선 운전이 가능하다.
② Y-Y결선에서 1차, 2차 모두 중성점을 접지할 수 있으며, 고압의 경우 이상전압을 감소시킬 수 있다.
③ Y-Y결선에서 중성점을 접지하면 제5고조파 전류가 흘러 통신선에 유도장해를 일으킨다.
④ Y-△결선에서 1상에 고장이 생기면 전원공급이 불가능해진다.

📖 변압기의 올바른 결선방식은
① △-△결선에서 1상분의 고장이 나면 나머지 2대로써 V결선 운전이 가능하다.
② Y-Y결선에서 1차, 2차 모두 중성점을 접지할 수 있으며, 고압의 경우 이상전압을 감소시킬 수 있다.
③ Y-△결선에서 1상에 고장이 생기면 전원공급이 불가능해진다.

정답 59. ① 60. ③

04 회/로/이/론/및/제/어/공/학

061 근궤적이 S평면의 $j\omega$축과 교차할 때 폐루프의 제어계는?
① 안정하다. ② 불안정하다.
③ 임계상태이다. ④ 알 수 없다.

해설 폐루프 제어계의 임계상태란 근궤적이 이득정수 K의 변화에 따라 허축을 끊고 S평면이 $j\omega$축과 교차하는 순간(우반평면에 들어가는 순간)을 제어계 안정성이 파괴되는 임계점(임계상태)이라 한다.
∴ 근궤적이 S평면의 $j\omega$축과 교차할 때를 임계상태라 한다.

062 $G(s)H(s) = \dfrac{K}{s(s+1)(s+4)}$ 의 K≥0에서의 분기점(break away point)은?
① -2.867 ② 2.867
③ -0.467 ④ 0.467

해설 특성방정식 $1+G(s)H(s)=1+\dfrac{K}{s(s+1)(s+4)}=0$

$1+\dfrac{K}{s(s^2+5s+4)}=1+\dfrac{K}{s^3+5s^2+4s}=0$ 에서 $\dfrac{K}{s^3+5s^2+4s}=-1$,

$K=-s^3-5s^2-4s$

∴ $\dfrac{d_K}{d_s}=\dfrac{d}{d_s}(-s^3-5s^2-4s)=-3s^2-10s-4=0$ 에 근의 공식을 적용하면

$s=\dfrac{-b\pm\sqrt{b^2-4ae}}{2a}=\dfrac{10\pm\sqrt{100-4(-3)(-4)}}{2\times(-3)}$

$=\dfrac{10\pm\sqrt{100-48}}{-6}=\dfrac{10\pm 7.2}{-6}$ 이다.

$s_1=\dfrac{-10+7.2}{6}≒-0.467$, $s_2=\dfrac{-10-7.2}{6}=\dfrac{-17.2}{6}≒-2.867$ 이다.

∴ K>0에 대한 실수축상의 구간은 0~-1, -4~-∞이므로 $s_2=-2867$은 근궤적점이 될 수 없고 분기점은 0~-1에 가장 가까운 점이 되므로 $s=-0.467$이 된다.

063 그림의 회로와 동일한 논리 소자는?

①
②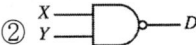
③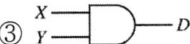
④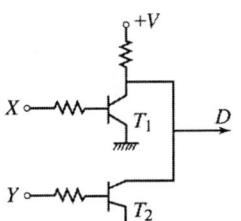

정답 61. ③ 62. ③ 63. ①

① NOR-gate(OR-gate+NOT-gate) 동작원리

$$H(+) \to 5(V) \begin{pmatrix} T_1(\text{단락}) \\ T_2(\text{단락}) \end{pmatrix} \Rightarrow D(\text{출력}) = 0$$

$$L(-) \to 0(V) \begin{pmatrix} T_1(\text{개방}) \\ T_2(\text{개방}) \end{pmatrix} \Rightarrow D(\text{출력}) = V \text{로 동작된다.}$$

② NOR-gate의 진리표

x	y	D(출력)
0	0	1
0	1	0
1	0	0
1	1	0

③ NOR-gate 기호

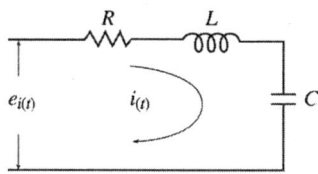

$= \overline{x+y} = \overline{x} \cdot \overline{y}$ 이다.

064

그림과 같은 RLC 회로에서 입력전압 $e_i(t)$, 출력 전류가 $i(t)$인 경우 이 회로의 전달함수 $I(s)/E_i(s)$는? (단, 모든 초기조건은 0이다.)

① $\dfrac{Cs}{RCs^2 + LCs + 1}$ ② $\dfrac{1}{RCs^2 + LCs + 1}$

③ $\dfrac{Cs}{LCs^2 + RCs + 1}$ ④ $\dfrac{1}{LCs^2 + RCs + 1}$

해설

$\dfrac{d}{dt} = j\omega = s$ (교류)

$\int dt = \dfrac{1}{j\omega} = \dfrac{1}{s}$ 이다.

$R-L-C$ 직렬회로에 키르히호프 제2법칙은

$e_i(t) = i(t)\left(R + j\omega L + \dfrac{1}{j\omega C}\right)$ [V] 양변 라플라스 변환하면

$E_i(s) = I(s)\left(R + sL + \dfrac{1}{sC}\right)$ [V]

회로의 전달함수 $G(s) = \dfrac{I(s)}{E_i(s)} = \dfrac{1}{R + sL + \dfrac{1}{sC}} = \dfrac{Cs}{LCs^2 + RCs + 1}$ 이다.

64. ③

065 아래의 신호흐름선도의 이득 $\frac{Y_6}{Y_1}$ 의 분자에 해당하는 값은?

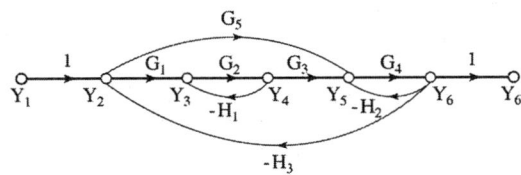

① $G_1G_2G_3G_4 + G_4G_5$
② $G_1G_2G_3G_4 + G_4G_5 + G_2H_1$
③ $G_1G_2G_3G_4H_3 + G_2H_1 + G_4H_2$
④ $G_1G_2G_3G_4 + G_4G_5 + G_2G_4G_5H_1$

해설 메이슨(mason)의 공식

전달함수 $T = \frac{Y_6}{Y_1} = \frac{G_1\triangle_1 + G_2\triangle_2}{\triangle} = \frac{G_1G_2G_3G_4 \times 1 + G_5G_4(1-(-G_2H_1))}{1-(-G_1G_2G_3G_4H_1 - G_2H_1 - G_4H_2)}$

$= \frac{G_1G_2G_3G_4 + G_4G_5 + G_4G_5G_2H_1}{1 + G_1G_2G_3G_4H_1 + G_2H_1 + G_4H_2}$ 이다.

∴ $\frac{Y_6}{Y_1}$ 의 분자 $= G_1G_2G_3G_4 + G_4G_5 + G_4G_5G_2H_1$ 이 된다.

(단 $\triangle_1 = 1$, $\triangle_2 = 1-(-G_2H_1) = 1+G_2H_1$ 이다.)

066 2차 제어계에서 공진주파수(ω_m)와 고유주파수(ω_n), 감쇠비(α) 사이의 관계로 옳은 것은?

① $\omega_m = \omega_n\sqrt{1-\alpha^2}$
② $\omega_m = \omega_n\sqrt{1+\alpha^2}$
③ $\omega_m = \omega_n\sqrt{1-2\alpha^2}$
④ $\omega_m = \omega_n\sqrt{1+2\alpha^2}$

해설 2차 제어계에서 주파수 전달함수 $G(j\omega) = \frac{\omega_n^2}{(j\omega)^2 + 2\alpha\omega_n(j\omega)\omega_n^2}$

$= \frac{1}{1+j2\left(\frac{\omega}{\omega_n}\right)\alpha - \left(\frac{\omega}{\omega_n}\right)^2}$ 에서 최대 최소에 관한 미분계산에서

ω_n(공진주파수) $= \omega_n\sqrt{1-2\alpha^2}$[rad/sec]이고, (단 ω_n(고유주파수), α(감쇠비)이다.)

M_p(공진값) $= \frac{1}{2\alpha\sqrt{1-\alpha^2}}$ 이 된다.

067 다음 제어량 중에서 추종제어와 관계없는 것은?
① 위치
② 방위
③ 유량
④ 자세

해설 추종제어란 물체의 위치, 방위, 자세를 제어량으로 해서 목적물의 변화를 추종하여 목표치를 제어하는 경우이다.(예 : 대공포심제어, 자동아날로그선반)

068
보드선도상의 안정조건을 옳게 나타낸 것은? (단, g_m은 이득여유, ϕ_m은 위상여유)

① $g_m>0$, $\phi_m>0$
② $g_m<0$, $\phi_m>0$
③ $g_m<0$, $\phi_m>0$
④ $g_m>0$, $\phi_m<0$

해설 Nyquist선도나 보드선도상 안정조건은 g_m(이득여유)>0, ϕ_m(위상여유)>0일 때다.

069
다음의 미분방정식으로 표시되는 시스템의 계수 행렬 A는 어떻게 표시되는가?

$$\frac{d^2c(t)}{dt^2}+5\frac{dc(t)}{dt}+3c(t)=r(t)$$

① $\begin{bmatrix} -5 & -3 \\ 0 & 1 \end{bmatrix}$
② $\begin{bmatrix} -3 & -5 \\ 0 & 1 \end{bmatrix}$
③ $\begin{bmatrix} 0 & 1 \\ -3 & -5 \end{bmatrix}$
④ $\begin{bmatrix} 0 & 1 \\ -5 & -3 \end{bmatrix}$

해설 $c(t)=x_1(t)$

$\frac{d}{dt}c(t)=\dot{x}_1(t)=x_2(t)$

$\frac{d^2}{dt^2}c(t)=\dot{x}_2(t)=x_3(t)$라면 $\dot{x}_2(t)=-3x_1(t)-5x_2(t)$이며

상태방정식은 $\begin{vmatrix} \dot{x}_1(t) \\ \dot{x}_2(t) \end{vmatrix}=\begin{vmatrix} 0 & \vdots & 1 \\ -3 & \vdots & -5 \end{vmatrix}\begin{vmatrix} x_1(t) \\ x_2(t) \end{vmatrix}+\begin{vmatrix} 0 \\ 1 \end{vmatrix}r(t)$이다.

∴ 상태방정식 $\dot{x}(t)=Ax(t)+Br(t)$에서 계수행렬 $A=\begin{vmatrix} 0 & \vdots & 1 \\ -3 & \vdots & -5 \end{vmatrix}$이다.

070
그림과 같은 RC회로에서 $RC\ll 1$인 경우 어떤 요소의 회로인가?

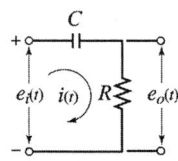

① 비례요소
② 미분요소
③ 적분요소
④ 2차 지연요소

해설 문제의 RC회로에서 T(시정수) $=CR(\sec)$

입·출력 순시전압에 초기값을 0으로 하고 분모·분자 라플라스 변환한 전달함수

$G(s)=\dfrac{\text{출력전압}}{\text{입력전압}}=\dfrac{I(s)\times R}{I(s)\left(R+\dfrac{1}{SC}\right)}=\dfrac{SCR}{1+SCR}=\dfrac{TS}{1+TS}$를 갖는 요소를

1차 지연요소를 포함한 미분요소라 한다.

정답 68. ① 69. ③ 70. ②

071

4단자 정수 A, B, C, D로 출력측을 개방시켰을 때 입력측에서 본 구동점 임피던스 $Z_{11} = \dfrac{V_1}{I_1}\big|_{I_2=0}$ 를 표시한 것 중 옳은 것은?

① $Z_{11} = \dfrac{A}{C}$
② $Z_{11} = \dfrac{B}{D}$
③ $Z_{11} = \dfrac{A}{B}$
④ $Z_{11} = \dfrac{B}{C}$

해설 4단자 기초방정식 $V_1 = AV_2 + BI_2$, $I_1 = CV_2 + DI_2$ 에서

① 출력측 개방 시 ($I_2=0$) $A = \dfrac{V_1}{V_2}\bigg)_{I_2}=0$

$C = \dfrac{I_1}{V_2}\bigg)_{I_2=0}$ 일 때 입력측에서 본 구동점 임피던스

$Z_{1f} = Z_{11} = \dfrac{A}{C} = \dfrac{\frac{V_1}{V_2}}{\frac{I_1}{V_2}}\bigg)_{I_2=0} = \dfrac{V_1}{I_1}\bigg)_{I_2=0}$ 가 된다 …… ①

② 출력측 단락 시 ($V_2=0$), $B = \dfrac{V_1}{I_2}\bigg)_{V_2=0}$ $D = \dfrac{I_1}{I_2}\bigg)_{V_2=0}$ 일 때
입력측에서 본 구동점 임피던스

$Z_{1S} = \dfrac{B}{D} = \dfrac{\frac{V_1}{I_2}}{\frac{I_1}{I_2}}\bigg)_{V_2=0} = \dfrac{V_1}{I_1}\bigg)_{V_2=0}$ 가 된다 …… ②

∴ ①×②에서 Z_0(특성 임피던스) $= \sqrt{Z_{1S} \times Z_{1f}} = \sqrt{\dfrac{AB}{CD}}$ [Ω]가 된다.

072

직렬로 유도 결합된 회로이다. 단자 a-b에서 본 등가 임피던스 Z_{ab}를 나타낸 식은?

① $R_1 + R_2 + R_3 + j\omega(L_1 + L_2 - 2M)$
② $R_1 + R_2 + j\omega(L_1 + L_2 + 2M)$
③ $R_1 + R_2 + R_3 + j\omega(L_1 + L_2 + L_3 + 2M)$
④ $R_1 + R_2 + R_3 + j\omega(L_1 + L_2 + L_3 - 2M)$

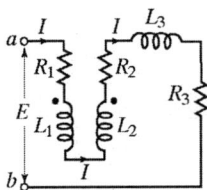

해설 상호 인덕턴스는 $-M$(감극성)으로 전류와 자속의 방향이 반대방향이다.
∴ ab단자에서 본 전압
$V_{ab} = IZ_{ab} = I(R_1 + j\omega L_1 - j\omega M + j\omega L_2 - j\omega M + R_2) + j\omega L_3 + R_3$
$= I((R_1+R_2+R_3) + j\omega(L_1+L_2+L_3-2M))$ [V]
ab단자에서 본 임피던스
$Z_{ab} = \dfrac{V_{ab}}{I} = (R_1+R_2+R_3) + j\omega(L_1+L_2+L_3-2M)$ [Ω]

정답 71. ① 72. ④

073 RC 저역 여파기 회로의 전달함수 $G(j\omega)$에서 $\omega = \dfrac{1}{RC}$ 인 경우 $|G(j\omega)|$의 값은?

① 1
② $\dfrac{1}{\sqrt{2}}$
③ $\dfrac{1}{\sqrt{3}}$
④ $\dfrac{1}{2}$

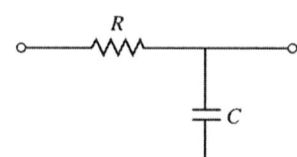

$\omega = \dfrac{1}{RC}$ 일 때 RC 저역 여파기 회로의 전달함수

$$G(j\omega) = \dfrac{\text{출력전압}}{\text{입력전압}} = \dfrac{I \times \dfrac{1}{j\omega C}}{I\left(R + \dfrac{1}{j\omega C}\right)} = \dfrac{\dfrac{1}{j\omega C}}{R + \dfrac{1}{j\omega C}} = \dfrac{1}{1 + j\omega CR} = \dfrac{1}{1 + j\dfrac{1}{RC} \times RC}$$

$= \dfrac{1}{1+j1} = \dfrac{1}{\sqrt{1^2+1^2}} = \dfrac{1}{\sqrt{2}}$ 이 된다.

074 분포정수회로에 직류를 흘릴 때 특성 임피던스는? (단, 단위 길이당의 직렬 임피던스 $Z = R + j\omega L [\Omega]$, 병렬 어드미턴스 $Y = G + j\omega C [\mho]$이다.)

① $\sqrt{\dfrac{L}{C}}$
② $\sqrt{\dfrac{L}{R}}$
③ $\sqrt{\dfrac{G}{C}}$
④ $\sqrt{\dfrac{R}{G}}$

직류일 때는 R만의 회로가 된다.

∴ 직렬 임피던스 $Z = R[\Omega]$ 병렬 어드미턴스 $Y = G[\mho]$일 때의 분포정수 회로에 특성 임피던스 $Z_0 = \sqrt{\dfrac{Z}{Y}} = \sqrt{\dfrac{R}{G}} [\Omega]$가 된다.

075 다음 회로에서 전압 V를 가하니 20[A]의 전류가 흘렀다고 한다. 이 회로의 역률은?

① 0.8
② 0.6
③ 1.0
④ 0.9

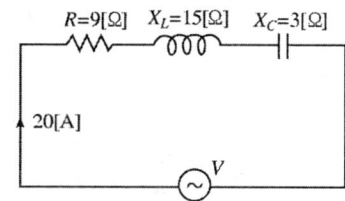

직렬회로의 임피던스 $\dot{Z} = R + j(X_L - X_C) = 9 + j(15-3) = 9 + j12 = R + jX[\Omega]$

∴ $\cos\theta(\text{역률}) = \dfrac{P}{P_a} = \dfrac{R}{Z} = \dfrac{9}{9+j12} = \dfrac{9}{\sqrt{9^2+(12)^2}} = \dfrac{9}{15} = 0.6$

$\sin\theta(\text{무효율}) = \dfrac{P_r}{P_a} = \dfrac{X}{Z} = \dfrac{12}{9+j12} = \dfrac{12}{\sqrt{9^2+(12)^2}} = \dfrac{12}{15} = 0.8$

73. ② 74. ④ 75. ②

076 대칭 좌표법에서 대칭분을 각 상전압으로 표시한 것 중 틀린 것은?

① $E_0 = \frac{1}{3}(E_a + E_b + E_c)$
② $E_1 = \frac{1}{3}(E_a + aE_b + a^2E_c)$
③ $E_2 = \frac{1}{3}(E_a + a^2E_b + aE_c)$
④ $E_3 = \frac{1}{3}(E_a^2 + E_b^2 + E_c^2)$

해설 대칭분 3상기전력 : E_0(영상기전력)$= \frac{1}{3}(E_a + E_b + E_c)$[V]

E_1(정상기전력)$= \frac{1}{3}(E_a + aE_b + a^2E_c)$[V]

E_2(역상기전력)$= \frac{1}{3}(E_a + a^2E_b + aE_c)$[V]

비대칭의 3상기전력 : E_a(a상기전력)$= E_0 + E_1 + E_2$[V]

E_b(b상기전력)$= E_0 + a^2E_1 + aE_2$[V]

E_c(c상기전력)$= E_0 + aE_1 + a^2E_2$[V]

단, 연산자 $a = \angle 120° = -\frac{1}{2} + j\frac{\sqrt{3}}{2}$

$a^2 = \angle 240° = -\frac{1}{2} - j\frac{\sqrt{3}}{2}$, $a^3 = \angle 360° = 1$이다.

077 그림과 같은 π형 4단자 회로의 어드미턴스 파라미터 중 Y_{22}는?

① $Y_{22} = Y_A + Y_C$
② $Y_{22} = Y_B$
③ $Y_{22} = Y_A$
④ $Y_{22} = Y_B + Y_C$

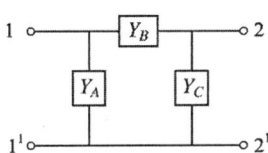

해설 π형 4단자 망의 4단자 정수

$\begin{vmatrix} A & \cdot & B \\ C & \cdot & D \end{vmatrix} = \begin{vmatrix} 1 & \cdot & 0 \\ Y_A & \cdot & 1 \end{vmatrix} \begin{vmatrix} 1 & \cdot & \frac{1}{Y_B} \\ 0 & \cdot & 1 \end{vmatrix} \begin{vmatrix} 1 & \cdot & 0 \\ Y_C & \cdot & 1 \end{vmatrix}$

$= \begin{vmatrix} 1 & \cdot & \frac{1}{Y_B} \\ Y_A & \cdot & 1 + \frac{Y_A}{Y_B} \end{vmatrix} \begin{vmatrix} 1 & \cdot & 0 \\ Y_C & \cdot & 1 \end{vmatrix} = \begin{vmatrix} 1 + \frac{Y_C}{Y_B} & \cdot & \frac{1}{Y_B} \\ Y_A + Y_C\left(1 + \frac{Y_A}{Y_B}\right) & \cdot & 1 + \frac{Y_A}{Y_B} \end{vmatrix}$

∴ 어드미턴스 파라메트 $Y_{11} = \frac{D}{B} = \frac{\frac{Y_A + Y_B}{Y_B}}{\frac{1}{Y_B}} = Y_A + Y_B$

$Y_{12} = Y_{21} = \frac{1}{B}$(역방향)$= \frac{1}{\frac{1}{Y_B}} = Y_B$

$Y_{22} = \frac{A}{B} = \frac{\frac{Y_B + Y_C}{Y_B}}{\frac{1}{Y_B}} = Y_B + Y_C$가 된다.

76. ④ 77. ④

078 $\dfrac{d^2x(t)}{dt^2}+2\dfrac{dx(t)}{dt}+x(t)=1$ 에서 $x(t)$는 얼마인가? (단, $x(0)=x'(0)=0$이다.)

① $te^{-t}-e^t$
② $t^{-t}+e^{-t}$
③ $1-te^{-t}-e^{-t}$
④ $1+te^{-t}+e^{-t}$

해설 $\dfrac{d^2x(t)}{dt^2}+2\dfrac{dx(t)}{dt}+x(t)=1$ 양변 라플라스 변환하면 $(s^2+2s+1)x(s)=\dfrac{1}{s}$

$$x(s)=\dfrac{1}{s(s^2+2s+1)}=\dfrac{1}{s(s+1)^2}=\dfrac{k_1}{s}+\dfrac{k_{11}}{(s+1)^2}+\dfrac{k_{12}}{s+1}=\dfrac{1}{s}-\dfrac{1}{(s+1)^2}-\dfrac{1}{s+1}$$

∴ 라플라스 역변환 한

$$x(t)=\mathcal{L}^{-1}(x(s))=\mathcal{L}^{-1}\left(\dfrac{1}{s}-\dfrac{1}{(s+1)^2}-\dfrac{1}{s+1}\right)=1-te^{-t}-e^{-t} \text{가 된다.}$$

단, $k_1=\lim_{s\to 0}sx(s)=\lim_{s\to 0}\dfrac{1}{(s+1)^2}=\dfrac{1}{(0+1)^2}=1$

$k_{11}=\lim_{s\to -1}(s+1)^2 x(s)=\lim_{s\to -1}\dfrac{1}{s}=\dfrac{1}{-1}=-1$

$k_{12}=\lim_{s\to -1}\dfrac{d}{ds}(s+1)^2 x(s)=\lim_{s\to -1}\dfrac{d}{ds}\left(\dfrac{1}{S}\right)=\lim_{s\to -1}\dfrac{0-1}{s^2}=\dfrac{-1}{(-1)^2}=-1$ 이다.

079 $\cos t \cdot \sin t$ 의 라플라스 변환은?

① $\dfrac{4}{s^2+4}$
② $\dfrac{1}{s^2+2^2}$
③ $\dfrac{1}{4s}-\dfrac{1}{4}\cdot\dfrac{s}{s^2+4}$
④ $\dfrac{s}{s^2+2^2}$

해설 3각함수 곱의 공식

$\sin x\cos x=\dfrac{1}{2}(\sin(x+y)+\sin(x-y))$

$\cos x\sin y=\dfrac{1}{2}(\sin(x+y)-\sin(x-y))$

$\cos x\cos y=\dfrac{1}{2}(\cos(x+y)+\cos(x-y))$

$\sin x\sin y=-\dfrac{1}{2}(\cos(x+y)-\cos(x-y))$ 이다.

문제에서 $\cos t \cdot \sin t=\dfrac{1}{2}(\sin(1+1)t-\sin(1-1)t)=\dfrac{1}{2}(\sin 2t+0)=\dfrac{1}{2}\sin 2t$의 라플라스 변환은

∴ $\mathcal{L}(\cos t \cdot \sin t)=\mathcal{L}\left(\dfrac{1}{2}\sin 2t\right)=\dfrac{1}{2}\times\dfrac{2}{s^2+(2)^2}=\dfrac{1}{s^2+2^2}=\dfrac{1}{s^2+4}$ 이 된다.

해답 78. ③ 79. ②

080 다음 왜형파 전류의 왜형률은 약 얼마인가?

$$i = 30\sin\omega t + 10\cos 3\omega t + 5\sin 5\omega t \text{ [A]}$$

① 0.46   ② 0.26
③ 0.53   ④ 0.37

해설 왜형파 전류의 왜형률 $= \dfrac{\text{전고조파 전류의 실효치}}{\text{기본파 전류의 실효치}} \times 100$

$= \sqrt{\left(\dfrac{I_3}{I_1}\right)^2 + \left(\dfrac{I_5}{I_1}\right)^2} = \sqrt{\left(\dfrac{10}{30}\right)^2 + \left(\dfrac{5}{30}\right)^2} = \sqrt{\dfrac{100}{900} + \dfrac{25}{900}} = \sqrt{\dfrac{125}{900}} \fallingdotseq 0.37$ 이 된다.

05 전/기/설/비/기/술/기/준

081 특고압 가공전선로에 사용하는 철탑 중에서 전선로의 지지물 양쪽의 경간의 차가 큰 곳에 사용하는 철탑의 종류는?

① 각도형   ② 인류형
③ 보강형   ④ 내장형

해설 기술기준 제129조(특별고압 가공전선로의 철주·철근콘크리트주 또는 철탑의 종류 등)
특고압 가공전선로에 사용하는 철탑의 종류 중에서 내장형이란 전선로 지지물 양쪽의 경간의 차가 큰 곳에 사용하는 것이다.

082 합성수지몰드공사에 의한 저압 옥내배선의 시설방법으로 옳지 않은 것은?

① 합성수지몰드는 홈의 폭 및 깊이가 3.5[cm] 이하의 것이어야 한다.
② 전선은 옥외용 비닐절연전선을 제외한 절연전선이어야 한다.
③ 합성수지몰드 상호 간 및 합성수지몰드와 박스 기타의 부속품과는 전선이 노출되지 않도록 접속한다.
④ 합성수지몰드 안에는 접속점을 1개소까지 허용한다.

해설 기술기준 제202조(합성수지 몰드공사)
합성수지 몰드공사에 의한 저압옥내배선의 시설방법으로 옳은 것은
① 합성수지 몰드는 홈의 폭 및 깊이가 3.5[cm] 이하의 것이어야 한다.
② 전선은 옥외용 비닐절연전선을 제외한 절연전선이어야 한다.
③ 합성수지몰드 상호 간 및 합성수지몰드와 박스기타의 부속품과는 전선이 노출되지 않도록 접속한다.

정답 80. ④   81. ④   82. ④

083 전력보안 통신용 전화설비의 시설장소로 틀린 것은?

① 동일 수계에 속하고 보안상 긴급연락의 필요가 있는 수력발전소 상호 간
② 동일 전력계통에 속하고 보안상 긴급연락의 필요가 있는 발전소 및 개폐소 상호 간
③ 2 이상의 급전소 상호 간과 이들을 총합 운용하는 급전소 간
④ 원격강시제어가 되지 않는 발전소와 변전소 간

해설 전력보안 통신용 전화설비의 시설장소는
① 동일 수계에 속하고 보안상 긴급연락의 필요가 있는 수력발전소 상호 간
② 동일 전력계통에 속하고 보안상 긴급연락의 필요가 있는 발전소 및 개폐소 상호 간
③ 2 이상의 급전소 상호 간과 이들을 종합 운용하는 급전소 간
등에는 전력보안 통신용 전화설비를 하여야 한다.

084 교량 위에 시설하는 조명용 저압 가공전선로에 사용되는 경동선의 최소 굵기는 몇 [mm]인가?

① 1.6 ② 2.0
③ 2.6 ④ 3.2

해설 기술기준 제165조(교량에 시설하는 전선로)
교량 위에 시설하는 조명용 저압 가공전선로에 사용되는 경동선의 최소 굵기는 2.6 [mm]이어야 한다.

085 다음 중 국내의 전압 종별이 아닌 것은?

① 저압 ② 고압
③ 특고압 ④ 초고압

해설 국내의 전압 종별에는 저압, 고압, 특별고압이 있다.

086 의료장소의 안전을 위한 의료용 절연변압기에 대한 다음 설명 중 옳은 것은?

① 2차측 정격전압은 교류 300[V] 이하이다.
② 2차측 정격전압은 직류 250[V] 이하이다.
③ 정격출력은 5[kVA] 이하이다.
④ 정격출력은 10[kVA] 이하이다.

해설 기술기준 제268조의 2(의료실의 접지 등의 시설)
의료장소의 안전을 위한 의료용 절연변압기의 정격출력은 10[kVA] 이하이다.

83. ④ 84. ③ 85. ④ 86. ④

087 제1종 접지공사의 접지선에 대한 설명으로 옳은 것은?
① 고장 시 흐르는 전류를 안전하게 통할 수 있는 것을 사용하여야 한다.
② 연동선만을 사용하여야 한다.
③ 파뢰기의 접지선으로는 캡타이어케이블을 사용한다.
④ 접지선의 단면적은 16[mm²] 이상이어야 한다.

해설 기술기준 제22조(각종 접지공사의 세목)
제1종 접지공사 시 접지선의 굵기는 고장 시 흐르는 전류를 안전하게 통할 수 있는 것을 사용하여야 한다.

088 사용전압이 35000[V] 이하인 특고압 가공전선과 가공약전류 전선을 동일 지지물에 시설하는 경우 특고압 가공전선로의 보안공사로 적합한 것은?
① 고압 보안공사
② 제1종 특고압 보안공사
③ 제2종 특고압 보안공사
④ 제3종 특고압 보안공사

해설 기술기준 제104조, 제136조(가공전선과 가공약전류 전선 등의 공가)
사용전압이 35[kV] 이하인 특고압 가공전선과 가공약전류 전선을 동일 지지물에 시설하는 경우 특고압 가공전선로는 제2종 특고압 보안공사에 의하여야 한다.

089 특고압 가공전선로의 전선으로 케이블을 사용하는 경우의 시설로서 옳지 않은 것은?
① 케이블은 조가용선에 행거에 의하여 시설한다.
② 케이블은 조가용선에 접촉시키고 비닐테이프 등을 30[cm] 이상의 간격으로 감아 붙인다.
③ 조가용선은 단면적 22[mm²]의 아연도강연선 또는 인장강도 13.93[kN] 이상의 연선을 사용한다.
④ 조가용선 및 케이블의 피복에 사용하는 금속체에는 제3종 접지공사를 한다.

해설 기술기준 제80조, 제120조(가공 케이블에 의한 시설)
특고압 가공전선로의 전선으로 케이블을 사용하는 경우의 시설로서 옳은 것은
① 케이블은 조가용선의 행거에 의하여 시설한다.
② 조가용선은 단면적 22[mm²]의 아연도강연선 또는 인장강도 13.93[kN] 이상의 연선을 사용한다.
③ 조가용선 및 케이블의 피복에 사용하는 금속체에는 제3종 접지공사를 한다.

정답 87. ① 88. ③ 89. ②

090 고압 옥내배선을 할 수 있는 공사 방법은?
① 합성수지관공사
② 금속관공사
③ 금속몰드공사
④ 케이블공사

> 기술기준 제229조(고압 옥내배선 등의 시설)
> 고압 옥내배선은 케이블공사, 케이블트레이공사, 애자사용공사에 의하여 시설하여야 한다. 단, 애자사용공사는 건조하고 전개된 장소에서 사람이 닿을 우려가 없도록 시설하는 경우에 한한다.

091 가공전선로의 지지물에 하중이 가하여지는 경우에 그 하중을 받는 지지물의 기초 안전율은 얼마 이상이어야 하는가? (단, 이상 시 상정하중은 무관)
① 1.5
② 2.0
③ 2.5
④ 3.0

> 기술기준 제73조(가공전선로 지지물의 기초 안전율)
> 가공전선로의 지지물에 하중이 가하여지는 경우에 그 하중을 받는 지지물의 기초 안전율은 2.0 이상이어야 한다.

092 금속제 외함을 갖는 저압의 기계기구로서 사람이 쉽게 접촉되어 위험의 우려가 있는 곳에 시설하는 전로에 지락이 생겼을 때 자동적으로 전로를 차단하는 장치를 설치하여야 한다. 사용전압은 몇 [V]인가?
① 30
② 60
③ 100
④ 150

> 기술기준 제45조(지락차단장치 등의 시설)
> 금속제 외함을 가지는 사용전압이 60[V]를 넘는 저압의 기계기구로서 사람이 쉽게 접촉되어 위험의 우려가 있는 곳에 시설하는 전로에 지락이 생겼을 때 자동적으로 전로를 차단하는 장치를 설치하여야 한다.

093 전극식 온천용 승온기 시설에서 적합하지 않은 것은?
① 승온기의 사용전압은 400[V] 미만일 것
② 전동기 전원공급용 변압기는 300[V] 미만의 절연변압기를 사용할 것
③ 절연변압기 외함에는 제3종 접지공사를 할 것
④ 승온기 및 차폐장치의 외함은 절연성 및 내수성이 있는 견고한 것일 것

> 기술기준 제258조(전극식 온천용 승온기의 시설)
> 전극식 온천용 승온기의 시설로서 적합한 것은
> ① 승온기의 사용전압은 400[V] 미만일 것
> ② 절연변압기 외함에는 제3종 접지공사를 할 것
> ③ 승온기 및 차폐장치의 외함은 절연성 및 내수성이 있는 견고한 것일 것

정답 90.④ 91.② 92.② 93.②

094 전기부식방지시설에서 전원장치를 사용하는 경우 적합한 것은?

① 전기부식방지회로의 사용전압은 교류 60[V] 이하일 것
② 지중에 매설하는 양극(+)의 매설 깊이는 50[cm] 이상일 것
③ 수중에 시설하는 양극(+)과 그 주위 1[m] 이내의 전위차는 10[V]를 넘지 말 것
④ 지표 또는 수중에서 1[m] 간격의 임의의 2점 간의 전위차는 7[V]를 넘지 말 것

해설 기술기준 제263조(전기방식시설)
전기부식방지시설에서 전원장치를 사용하는 경우 적합한 것은 수중에 시설하는 양극(+)과 그 주위 1[m] 이내의 전위차는 10[V]를 넘지 말 것이며, 다만 양극(+)의 주위에 사람이 접촉되는 것을 방지하기 위하여 적당한 울타리를 설치하거나 위험 표시를 한다.

095 사용 전압이 400[V] 미만이고 옥내 배선을 시공한 후 점검할 수 없는 은폐 장소이며, 건조된 장소일 때 공사 방법으로 가장 옳은 것은?

① 플로어 덕트 공사
② 버스 덕트 공사
③ 합성수지 몰드 공사
④ 금속 덕트 공사

해설 기술기준 제200조(저압옥내 배선의 시설장소별 공사의 종류)
플로어 덕트 공사 방법은 사용전압이 400[V] 미만이고 옥내 배선을 시공한 후 점검할 수 없는 은폐장소이며, 건조된 장소일 때 가장 적합한 공사 방법이다.

096 다음 ( ) 안에 들어갈 내용으로 알맞은 것은?

"발전기, 변압기, 조상기, 모선 또는 이를 지지하는 애자는 ( )에 의하여 생기는 기계적 충격에 견디는 것이어야 한다."

① 정격전류
② 단락전류
③ 과부하전류
④ 최대사용전류

해설 기술기준 제57조(발전기 등의 기계적 강도)
발전기, 변압기, 조상기, 모선 또는 이를 지지하는 애자는 (단락전류)에 의하여 생기는 기계적 충격에 견디는 것이어야 한다.

097 발전소·변전소를 산지에 시설할 경우 절토면 최하단부에서 발전 및 변전설비까지 최소 이격거리는 보안울타리, 외곽도로, 수림대를 포함하여 몇 [m] 이상 되어야 하는가?

① 3
② 4
③ 5
④ 6

해설 산업자원부고시 2007-5호(전기설비기술기준 개정고시 2007년 10월 08일에서)
발전소·변전소를 산지에 시설할 경우 절토면 최하단부에서 발전 및 변전설비까지 최소 이격거리는 보안울타리, 외곽도로, 수림대를 포함하여 6[m] 이상 되어야 한다.

 | 94. ③ 95. ① 96. ② 97. ④

2014년 5월 25일 시행

098 345[kV]의 가공전선과 154[kV] 가공전선과의 이격거리는 최소 몇 [m] 이상이어야 하는가?

① 4.4
② 5
③ 5.48
④ 6

해설 기술기준 제87조, 제134조, 제135조(가공전선 등의 병가)
345[kV]의 가공전선과 154[kV] 가공전선과의 이격거리는 154[kV] 이하는 1.2[m]에 345[kV]는 160[kV]를 넘는 것은 2[m]에 10[kV] 또는 그 단수마다 12[cm]를 더한 값이므로

$1.2 + 2 + (345 - 160) \times 0.12 = 1.2 + 2 + 19 \times 0.12 = 3.2 + 2.28 = 5.48[m]$

이상이어야 한다.

099 일반 주택의 저압 옥내배선을 점검한 결과 시공이 잘못된 것은?

① 욕실의 전등으로 방습형 형광등이 시설되어 있다.
② 단상 3선식 인입개폐기의 중성선에 동판이 접속되어 있다.
③ 합성수지관의 지지점 간의 거리가 2[m]로 되어 있다.
④ 금속관 공사로 시공된 곳에는 HIV전선이 사용되었다.

해설 기술기준 제187조~제192조(옥내 시설)
일반주택의 저압 옥내배선을 점검한 결과 시공이 잘된 것은
① 욕실의 전등으로 방습형 형광등이 시설되어 있다.
② 단상 3선식 인입개폐기의 중성선에 동판이 접속되어 있다.
③ 금속관 공사로 시공된 곳에는 HIV전선이 사용되었다.

100 22900/220[V], 30[kVA] 변압기로 단상 2선식으로 공급되는 옥내배선에서 절연부분의 전선에서 대지로 누설하는 전류의 최대한도는?

① 약 75[mA]
② 약 68[mA]
③ 약 35[mA]
④ 약 136[mA]

해설 기술기준 제16조(전로의 절연저항 및 절연내력)
저압의 전로 중 절연 부분의 전선과 대지 간의 절연저항은 사용전압에 대한 누설전류가 최대공급전류의 $\frac{1}{2000}$을 넘지 않도록 유지하여야 한다. 여기서 $\frac{1}{2000}$이라고 하는 값은 전선 한 선에 대한 값이므로 단상 2선식인 경우는 전선을 일괄한 것과 대지 사이의 절연저항은 사용전압에 대한 누설전류가 최대공급전류의 $\frac{1}{1000}$ 이하이어야 한다.

∴ 누설전류의 최고한도 $= \frac{Pa}{V_2} \times \frac{1}{1000} = \frac{30 \times 10^3}{220} \times \frac{1}{1000} ≒ 0.136[A] ≒ 136[mA]$이다.

정답 98. ③ 99. ③ 100. ④

03 전기기사

전기자기학 / 전력공학 / 전기기기 / 회로이론 및 제어공학 / 전기설비기술기준

[2014년 8월 17일 시행]

01 전/기/자/기/학

001 비투자율 μ_s는 역자성체에서 다음 중 어느 값을 갖는가?

① $\mu_s = 1$　　　　② $\mu_s < 1$
③ $\mu_s > 1$　　　　④ $\mu_s = 0$

해설 x(자화율) $= \mu_0(\mu_s - 1)$이다. μ_0(진공투자율), μ_s(비투자율)
∴ 상자성체 $x > 0$　　$\mu_s > 1$
　역자성체 $x < 0$　　$\mu_s < 1$

002 단면적 S, 평균 반지름 r, 권선수 N인 환상솔레노이드에 누설자속이 없는 경우, 자기인덕턴스의 크기는?

① 권선수의 제곱에 비례하고 단면적에 반비례한다.
② 권선수 및 단면적에 비례한다.
③ 권선수의 제곱 및 단면적에 비례한다.
④ 권선수의 제곱 및 평균 반지름에 비례한다.

해설 F(기자력) $= NI = R\phi$ [AT]
R(자기저항) $= \dfrac{l}{\mu s}$ [AT/Wb] 손실이 없다.

∴ 환상솔레노이드의 자기인덕턴스 $L = \dfrac{N\phi}{I} = \dfrac{N \times \dfrac{NI}{R}}{I} = \dfrac{N^2}{R} = \dfrac{N^2}{\dfrac{l}{\mu s}} = \dfrac{\mu s N^2}{l}$ [A]

로써 권선수의 제곱 및 단면적에 비례한다.

003 한 변의 길이가 ℓ [m]인 정육각형 회로에 I[A]가 흐르고 있을 때 그 정육각형 중심의 자계의 세기는 몇 [A/m]인가?

① $\dfrac{I}{2\pi\ell}$　　　　② $\dfrac{2\sqrt{2}I}{\pi\ell}$
③ $\dfrac{\sqrt{3}I}{\pi\ell}$　　　　④ $\dfrac{\sqrt{2}I}{2\pi\ell}$

해답 1.② 2.③ 3.③

해설

$$\tan 30 = \frac{1}{\sqrt{3}} = \frac{\frac{\ell}{2}}{a}$$

$$\therefore a = \frac{\frac{\ell}{2}}{\frac{1}{\sqrt{3}}} = \frac{\sqrt{3}}{2}\ell \text{ [m]}$$이다.

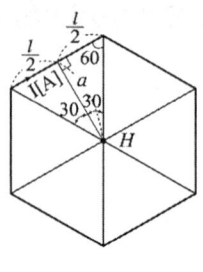

정육각형 코일 그림에서 한 변에 대한 비오사바르 법칙에서

$$H_1 = \frac{I}{4\pi a}(\sin 30 + \sin 30)$$

$$= \frac{I}{4\pi a} \times 2\sin 30 = \frac{I}{4\pi \times \frac{\sqrt{3}}{2}\ell} \times 2 \times \frac{1}{2} = \frac{I}{2\sqrt{3}\pi\ell} \text{ [AT/m]}$$이다.

$\therefore$ 정육각형 코일 중심의 자계세기 $H = 6H_1 = 6 \times \frac{I}{2\sqrt{3}\pi\ell} = \frac{\sqrt{3}I}{\pi\ell}$ [AT/m]가 된다.

004 반지름 a[m]의 반구형 도체를 대지표면에 그림과 같이 묻었을 때 접지저항 R[Ω]은? (단, ρ[Ω·m]는 대지의 고유저항이다.)

① $\frac{\rho}{2\pi a}$

② $\frac{\rho}{4\pi a}$

③ $2\pi a\rho$

④ $4\pi a\rho$

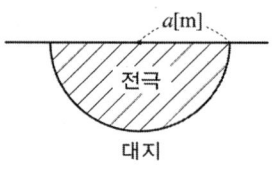

해설 접지된 반구의 정전용량 $C = \frac{4\pi\varepsilon a}{2} = 2\pi\varepsilon a$ [F]이다.

$\therefore RC = \rho\varepsilon$에서 R(접지저항) $= \frac{\rho\varepsilon}{C} = \frac{\rho\varepsilon}{2\pi\varepsilon a} = \frac{\rho}{2\pi a}$ [Ω]가 된다.

005 유전체 내의 전속밀도를 정하는 원천은?
① 유전체의 유전율이다.
② 분극 전하만이다.
③ 진전하만이다.
④ 진전하와 분극 전하이다.

해설 진전하(Q)란 원래 남아 있는 전하를 말한다.
$\therefore$ 진전하(Q)는 유전체 내의 전속밀도(전하밀도)를 정하는 원천이 된다. 즉 전속밀도(전하밀도)를 정하는 원천은 진전하(Q)만이다.

006 히스테리시스 곡선의 기울기는 다음의 어떤 값에 해당하는가?
① 투자율
② 유전율
③ 자화율
④ 감자율

해설 투자율 값은 히스테리시스 곡선의 기울기에 해당된다.

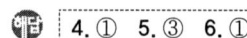

007 공기 중 방사성 원소 플루토늄(Pu)에서 나오는 한 개의 α입자가 정지하기까지 1.5×10^5 쌍의 정·부 이온을 만든다. 전리상자에 매초 4×10^{10}개의 α선이 들어올 때, 이 전리상자에 흐르는 포화전류의 크기는 몇 [A] 인가? (단, 이온 한 개의 전하는 1.6×10^{-19}[C]이다.)

① 4.8×10^{-3} ② 4.8×10^{-4}
③ 9.6×10^{-3} ④ 9.6×10^{-4}

정·부 이온의 수 $N = 1.5 \times 10^5 \times 4 \times 10^{10} = 6 \times 10^{10}$
∴ 전리상자에 흐르는 포화전류의 크기 $I = Ne = 6 \times 10^{10} \times 1.6 \times 10^{-19} = 9.6 \times 10^{-4}$[A]
가 된다.

008 자기 인덕턴스 L_1, L_2와 상호 인덕턴스 M일 때, 일반적인 자기 결합 상태에서 결합계수 k는?

① $k < 0$ ② $0 < k < 1$
③ $k > 1$ ④ $k = 0$

일반적인 자기 결합 상태에서의 결합계수 k는 $0 < k < 1$
소결합 $k \fallingdotseq 0$
밀결합 $k \fallingdotseq 1$이다.

009 반지름 a[m]인 원통 도체에 전류 I[A]가 균일하게 분포되어 흐르고 있을 때의 도체 내부의 자계의 세기는 몇 [A/m]인가? (단, 중심으로부터의 거리는 r[m]라 한다.)

① $\dfrac{Ir}{\pi a^2}$ ② $\dfrac{Ir}{2\pi a}$
③ $\dfrac{Ir}{2\pi a^2}$ ④ $\dfrac{Ir}{4\pi a^2}$

원통도체 $\dfrac{I'}{I} = \dfrac{\pi r^2}{\pi a^2} = \dfrac{r^2}{a^2}$

∴ $I' = \dfrac{r^2}{a^2} I$ [A] … ①

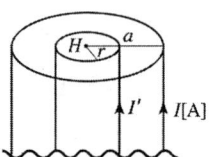

Amper의 주회적분의 법칙에서 $\int_c H dl = I'$
$Hl = H \times 2\pi r = I'$에서 도체 내부의 자계세기
$H = \dfrac{I'}{l} = \dfrac{1}{2\pi r} \times \dfrac{r^2}{a^2} I = \dfrac{Ir}{2\pi a^2}$ [AT/m]로써 거리 r[m]에 비례하고 반지름 a^2[m]에 반비례한다.

7.④ 8.② 9.③

010 와전류에 대한 설명으로 틀린 것은?
① 도체 내부를 통하는 자속이 없으면 와전류가 생기지 않는다.
② 도체 내부를 통하는 자속이 변화하지 않아도 전류의 회전이 발생하여 전류밀도가 균일하지 않다.
③ 패러데이의 전자유도 법칙에 의해 철심이 교번자속을 통할 때 줄(Joule)열 손실이 크다.
④ 교류기기는 와전류가 매우 크기 때문에 저감대책으로 얇은 철판(규소강판)을 겹쳐서 사용한다.

해설 와전류에 올바른 설명은
① 도체 내부를 통하는 자속이 없으면 와전류가 생기지 않는다.
② 패러데이의 전자유도 법칙에 의해 철심이 교번자속을 통할 때 줄(joule)열 손실이 크다.
③ 교류기기는 와전류가 매우 크기 때문에 저감대책으로 얇은 철판(규소강판)을 겹쳐서 사용한다.

011 체적 전하밀도 $\rho[C/m^3]$로 $v[m^3]$의 체적에 걸쳐서 분포되어 있는 전하분포에 의한 전위를 구하는 식은? (단, r은 중심으로부터의 거리이다.)

① $\dfrac{1}{4\pi\varepsilon_0} \iiint_v \dfrac{\rho}{r^2} dv$ [V]   ② $\dfrac{1}{4\pi\varepsilon_0} \iiint_v \dfrac{\rho}{r} dv$ [V]

③ $\dfrac{1}{2\pi\varepsilon_0} \iiint_v \dfrac{\rho}{r^2} dv$ [V]   ④ $\dfrac{1}{2\pi\varepsilon_0} \iiint_v \dfrac{\rho}{r} dv$ [V]

 $V(\text{전위}) = -\int_\infty^r E dr = \dfrac{Q}{4\pi\varepsilon_0 r}$ [V]이다.

체적 전하밀도 $\rho = \dfrac{dQ}{dv}$ [c/m³] $dQ = \rho dv$[C]

$Q = \int_v \rho dv = \iiint \rho dv$[C]로 $V[m^3]$의 체적에 분포되어 있는 전하분포에 의한 전위

$V = \dfrac{Q}{4\pi\varepsilon_0 r} = \dfrac{1}{4\pi\varepsilon_0} \int_v \dfrac{\rho dv}{r} = \dfrac{1}{4\pi\varepsilon_0} \iiint_v \dfrac{\rho}{r} dv$[V]가 된다.

012 정전용량이 $C_0[\mu F]$인 평행판 공기콘덴서 판의 면적 $\dfrac{2}{3}S$에 비유전율 ε_s인 에보나이트판을 삽입하면 콘덴서의 정전용량은 몇 $[\mu F]$인가?

① $\dfrac{1}{2}\varepsilon_s C_0$ ② $\dfrac{3}{1+2\varepsilon_s} C_0$

③ $\dfrac{1+\varepsilon_s}{3} C_0$ ④ $\dfrac{1+2\varepsilon_s}{3} C_0$

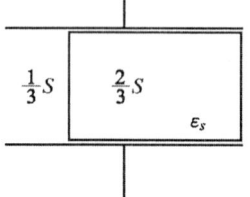

정답 10.② 11.② 12.④

해설 평행판 공기 콘덴서의 정전용량 $C_0 = \dfrac{\varepsilon_0 S}{d}$[PF]이다.

$C_1 = \dfrac{\varepsilon_0 \frac{1}{3}S}{d} = \dfrac{1}{3} \times \dfrac{\varepsilon_0 S}{d} = \dfrac{1}{3} C_0$[PF]

$C_2 = \dfrac{\varepsilon_0 \varepsilon_s \frac{2}{3}S}{d} = \dfrac{2}{3} \varepsilon_s \times \dfrac{\varepsilon_0 S}{d} = \dfrac{2}{3} \varepsilon_s C_0$[PF]

∴ 판의 면적 $\dfrac{2}{3}S$에 비유전율 ε_s인 에보나이트판을 삽입하면 C_1과 C_2 병렬 연결로 합성 정전용량 $C = C_1 + C_2 = \dfrac{1}{3} C_0 + \dfrac{2}{3} C_0 \varepsilon_s = \dfrac{1}{3} C_0 (1 + 2\varepsilon_s)$[PF]가 된다.

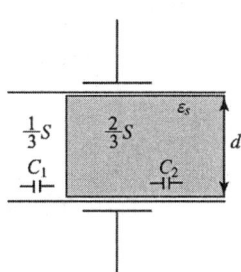

013 전속밀도 D, 전계의 세기 E, 분극의 세기 P 사이의 관계식은?

① $P = D + \varepsilon_0 E$
② $P = D - \varepsilon_0 E$
③ $P = D(1 - \varepsilon_0)E$
④ $P = \varepsilon_0 (D - E)$

해설 x(분극율) $= \varepsilon_0 (\varepsilon_s - 1)$

∴ P(분극세기) $= xE = \varepsilon_0 (\varepsilon_s - 1)E = \varepsilon_0 \varepsilon_s E - \varepsilon_0 E = D - \varepsilon_0 E$[c/m²]

(단, D(전속밀도) $= \varepsilon_0 \varepsilon_s E$[c/m²])

014 유전율 ε, 투자율 μ인 매질 내에서 전자파의 속도[m/s]는?

① $\sqrt{\dfrac{\mu}{\varepsilon}}$
② $\sqrt{\mu \varepsilon}$
③ $\sqrt{\dfrac{\varepsilon}{\mu}}$
④ $\dfrac{3 \times 10^8}{\sqrt{\varepsilon_s \mu_s}}$

해설 ε(유전율) $= \varepsilon_0 \varepsilon_s$[F/m]

μ(투자율) $= \mu_0 \mu_s$[H/m]

C_0(광속) $= \dfrac{1}{\sqrt{\varepsilon_0 \mu_0}} = \dfrac{1}{\sqrt{8.855 \times 10^{-12} \times 4\pi \times 10^{-7}}} = \dfrac{10^9}{\sqrt{11.12188}} \fallingdotseq 3 \times 10^8$[m/sec]이다.

∴ v(전자파의속도) $= \dfrac{1}{\sqrt{\varepsilon \mu}} = \dfrac{1}{\sqrt{\varepsilon_0 \varepsilon_s \times \mu_0 \mu_s}} = \dfrac{1}{\sqrt{\varepsilon_0 \mu_0} \times \sqrt{\varepsilon_s \mu_s}} = \dfrac{C_0}{\sqrt{\varepsilon_s \mu_s}} = \dfrac{3 \times 10^8}{\sqrt{\varepsilon_s \mu_s}}$

[m/sec]가 된다.

015 대전된 도체의 표면 전하밀도는 도체 표면의 모양에 따라 어떻게 되는가?

① 곡률 반지름이 크면 커진다.
② 곡률 반지름이 크면 작아진다.
③ 표면 모양에 관계없다.
④ 평면일 때 가장 크다.

해설 대전된 도체의 표면 전하밀도는 도체표면의 모양에 따라 곡률 반지름이 크면 작아진다.

정답 13. ② 14. ④ 15. ②

016 내압이 1[kV]이고 용량이 각각 0.01[μF], 0.02[μF], 0.04[μF]인 콘덴서를 직렬로 연결했을 때 전체 콘덴서의 내압은 몇 [V]인가?

① 1750　　　　　　　　② 2000
③ 3500　　　　　　　　④ 4000

해설 콘덴서의 직렬회로 연결 Q[C]는 일정하다.

∴ $V_{\max}$(내압=최대전압) $= \dfrac{Q}{C} = \dfrac{1}{C}$ 은 최소용량인 0.01[μF]에 최대전압이 걸린다.

∴ 각 콘덴서에 걸리는 전압 V_1, V_2, V_3[V]라면 $V_1 : V_2 : V_3 = \dfrac{1}{0.01} : \dfrac{1}{0.02} : \dfrac{1}{0.04} = 4 : 2 : 1$

이므로 $V_1 = \dfrac{4}{4+2+1} \times V_{\max} = \dfrac{4}{7} \times V_{\max}$ [V]

∴ 최대전압 $V_{\max} = \dfrac{7}{4} \times V_1 = \dfrac{7}{4} \times 1000 = 1750$[V]이다.

017 전자파에서 전계 E와 자계 H의 비[E/H]는? (단, μ_s, ε_s는 각각 공간의 비투자율, 비유전율이다.)

① $377\sqrt{\dfrac{\varepsilon_s}{\mu_s}}$　　　　　　② $377\sqrt{\dfrac{\mu_s}{\varepsilon_s}}$

③ $\dfrac{1}{377}\sqrt{\dfrac{\varepsilon_s}{\mu_s}}$　　　　　④ $\dfrac{1}{377}\sqrt{\dfrac{\mu_s}{\varepsilon_s}}$

해설 Z_0(전자계의 고유 임피던스)

$= \dfrac{E}{H} = \sqrt{\dfrac{\mu}{\varepsilon}} = \sqrt{\dfrac{\mu_0 \mu_s}{\varepsilon_0 \varepsilon_s}} = \sqrt{\dfrac{\mu_0}{\varepsilon_0}} \times \sqrt{\dfrac{\mu_s}{\varepsilon_s}} = \sqrt{\dfrac{4\pi \times 10^{-7}}{8.855 \times 10^{-12}}} \times \sqrt{\dfrac{\mu_s}{\varepsilon_s}} \fallingdotseq 377\sqrt{\dfrac{\mu_s}{\varepsilon_s}}$ [Ω]

가 된다.

018 두 개의 소자석 A, B의 세기가 서로 같고 길이의 비는 1:2이다. 그림과 같이 두 자석을 일직선상에 놓고 그 사이에 A, B의 중심으로부터 r_1, r_2 거리에 있는 점 P에 작은 자침을 놓았을 때 자침이 자석의 영향을 받지 않았다고 한다. $r_1 : r_2$는 얼마인가?

```
          A                           B
       -m  +m      P        +m    -m
        [___]·············· ··············[___]
              r_1              r_2
```

① $1 : \sqrt[3]{2}$　　　　　　② $\sqrt[3]{2} : 1$
③ $1 : \sqrt[3]{4}$　　　　　　④ $\sqrt[3]{4} : 1$

해설 M(자기 쌍극자 모멘트) $= ml$ [wb, m]

그림에서 자기 쌍극자의 중심으로부터 r_1[m]와 $2r_2$[m] 떨어진 P점에 놓인 자침이 자석의 영향을 받지 않을 조건은 $\dfrac{M}{4\pi\mu_0 r_1^3}\sqrt{1+3\cos^2\theta} = \dfrac{M}{4\pi\mu_0 (2r_2)^3}\sqrt{1+3\cos^2\theta}$ 이다.

∴ 상식에서 $r_1^3 = (2r_2)^3$　$r_1 = \sqrt[3]{2}\, r_2$[m]로 그 비는 $1 : \sqrt[3]{2}$가 된다.

16. ① 17. ② 18. ①

019 진공 중에서 점(0, 1)[m] 되는 곳에 -2×10^{-9}[C] 점전하가 있을 때 점(2, 0)[m]에 있는 1[C]에 작용하는 힘[N]은?

① $-\dfrac{36}{5\sqrt{5}}a_x + \dfrac{18}{5\sqrt{5}}a_y$ ② $-\dfrac{18}{5\sqrt{5}}a_x + \dfrac{36}{5\sqrt{5}}a_y$

③ $-\dfrac{36}{3\sqrt{5}}a_x + \dfrac{18}{3\sqrt{5}}a_y$ ④ $\dfrac{36}{5\sqrt{5}}a_x + \dfrac{18}{5\sqrt{5}}a_y$

해설 두 점 간의 거리 $\vec{r} = r_2 - r_1 = (2-0)a_x + (0-1)a_y = 2a_x - a_y$[m]

단위 Vector $= \dfrac{\vec{r}}{|r|} = \dfrac{2a_x - a_y}{\sqrt{(2)^2 + (-1)^2}} = \dfrac{2a_x - a_y}{\sqrt{5}}$ 이다.

∴ coulomb 힘 $F = \dfrac{Q_1 \times Q_2}{4\pi\varepsilon_0 r^2} \times \dfrac{\vec{r}}{|r|} = 9\times 10^9 \dfrac{-2\times 10^{-9}\times 1}{(\sqrt{(2)^2+(-1)^2})^2} \times \dfrac{1}{\sqrt{5}}(2a_x - a_y)$

$= \dfrac{-36}{5\sqrt{5}}a_x + \dfrac{18}{5\sqrt{5}}a_y$[N]이 된다.

020 정전계에 대한 설명으로 옳은 것은?
① 전계에너지가 항상 ∞인 전기장을 의미한다.
② 전계에너지가 항상 0인 전기장을 의미한다.
③ 전계에너지가 최소로 되는 전하분포의 전계를 의미한다.
④ 전계에너지가 최대로 되는 전하분포의 전계를 의미한다.

해설 정전계란 전계에너지가 최소로 되는 전하분포의 전계를 말한다.

02 전/력/공/학

021 1대 주상변압기에 부하1과 부하2가 병렬로 접속되어 있을 경우 주상변압기에 걸리는 피상전력[kVA]은?

부하 1	유효전력 P_1[kW], 역률(늦음) $\cos\theta_1$
부하 2	유효전력 P_2[kW], 역률(늦음) $\cos\theta_2$

① $\dfrac{P_1}{\cos\theta_1} + \dfrac{P_2}{\cos\theta_2}$

② $\sqrt{\left(\dfrac{P_1}{\cos\theta_1}\right)^2 + \left(\dfrac{P_2}{\cos\theta_2}\right)^2}$

③ $\sqrt{(P_1+P_2)^2 + (P_1\tan\theta_1 + P_2\tan\theta_2)^2}$

④ $\sqrt{\left(\dfrac{P_1}{\sin\theta_1}\right) + \left(\dfrac{P_2}{\sin\theta_2}\right)}$

정답 19. ① 20. ③ 21. ③

[해] 1대 주상변압기에 부하1과 부하2가 병렬접속하면 그림의 Vector도에서

$\tan\theta_1 = \dfrac{P_{r_1}}{P_1}$ ∴ $P_{r_1} = P_1 \tan\theta_1 [\text{kVar}]$

$\tan\theta_2 = \dfrac{P_{r_2}}{P_2}$ ∴ $P_{r_2} = P_2 \tan\theta_2 [\text{kVar}]$

피타고라스의 정리에서
$Pa^2 = (P_1+P_2)^2 + (P_{r_1}+P_{r_2})^2$ 이다.
∴ 주상변압기의 피상전력
$Pa = \sqrt{(P_1+P_2)^2 + (P_1\tan\theta_1 + P_2\tan\theta_2)^2}\,[\text{kVA}]$ 가 된다.

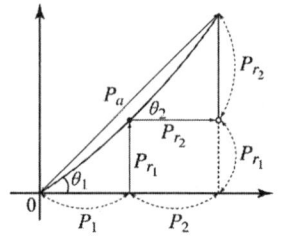

022 송전선로의 송전특성이 아닌 것은?

① 단거리 송전선로에서는 누설 컨덕턴스, 정전용량을 무시해도 된다.
② 중거리 송전선로는 T회로, π회로 해설을 사용한다.
③ 100[km] 넘는 송전선로는 근사계산식을 사용한다.
④ 장거리 송전선로의 해석은 특성임피던스와 전파정수를 사용한다.

[해] 송전선로에서의 송전특성은
① 단거리 송전선로에서는 누설 컨덕턴스, 정전용량을 무시해도 된다.
② 중거리 송전선로는 T형 4단자 회로, π형 4단자 회로 해석을 사용한다.
③ 장거리 송전선로의 해석은 특성임피던스와 전파정수를 사용한다.

023 저압 단상 3선식 배전 방식의 가장 큰 단점은?

① 절연이 곤란하다.   ② 전압의 불평형이 생기기 쉽다.
③ 설비 이용률이 나쁘다.   ④ 2종류의 전압을 얻을 수 있다.

[해] 저압 단상 3선식 배전 방식에서는 전압의 불평형이 생기기 쉽다. 이를 방지하기 위해서는 저압 밸런서 방식을 설치한다.
∴ 저압 단상 3선식 배전방식에 가장 큰 단점은 전압에 불평형이 생기기 쉬운 것이다.

024 가공전선로의 경간 200[m], 전선의 자체무게 2[kg/m], 인장하중 5000[kg], 안전율 2인 경우, 전선의 이도는 몇 [m]인가?

① 2   ② 4
③ 6   ④ 8

[해설] T(수평장력) = $\dfrac{\text{인장하중}}{\text{안전율}}$ 이다.

∴ D(전선의 이도) = $\dfrac{WS^2}{8T} = \dfrac{2\times(200)^2}{8\times\dfrac{5000}{2.2}} = \dfrac{8\times10^4}{2\times10^4} = 4[\text{m}]$

정답 22.③ 23.② 24.②

025 3상 3선식 송전선로에서 각 선의 대지정전용량이 0.5096[μF]이고, 선간정전용량이 0.1295[μF]일 때, 1선의 작용정전용량은 약 몇 [μF]인가?
① 0.6 ② 0.9
③ 1.2 ④ 1.8

해설 3상 3선식 송전선로의 1선 작용정전용량 = 1선의 대지정전용량 + 3 × 선간정전용량이다.
∴ $C = C_s + 3C_m = 0.5096 + 3 \times 0.1295 ≒ 0.9[\mu F]$가 된다.

026 전선의 지지점의 높이가 15[m], 이도가 2.7[m], 경간이 300[m]일 때 전선의 지표상으로부터의 평균높이[m]는?
① 14.2 ② 13.2
③ 12.2 ④ 11.2

해설 h(전선 지표상으로부터의 평균높이) = h'(전선 지지점의 높이 $-\frac{2}{3}$ × 이도)
$= 15 - \frac{2}{3} \times 2.7 = 15 - 1.8 = 13.2[m]$가 된다.

027 수조에 대한 설명 중 틀린 것은?
① 수로 내의 수위의 이상 상승을 방지한다.
② 수로식 발전소의 수로 처음 부분과 수압관 아래 부분에 설치한다.
③ 수로에서 유입하는 물속의 토사를 침전시켜서 배사문으로 배사하고 부유물을 제거한다.
④ 상수조는 최대사용수량의 1~2분 정도의 조정용량을 가질 필요가 있다.

해설 수조에 대한 올바른 설명은?
① 수로 내의 수위의 이상 상승을 방지한다.
② 수로에서 유입하는 물속의 토사를 침전시켜서 배사문으로 배사하고 부유물을 제거한다.
③ 상수조는 최대사용수량의 1~2분 정도의 조정용량을 가질 필요가 있다.

028 중거리 송전선로의 T형 회로에서 송전단 전류 I_s는? (단, Z, Y는 선로의 직렬 임피던스와 병렬 어드미턴스이고, E_r은 수전단 전압, I_r은 수전단 전류이다.)

① $I_r(1+\frac{ZY}{2}) + E_rY$
② $E_r(1+\frac{ZY}{2}) + ZI_r(1+\frac{ZY}{4})$
③ $E_r(1+\frac{ZY}{2}) + ZI_r$
④ $I_r(1+\frac{ZY}{2}) + E_rY(1+\frac{ZY}{4})$

해답 25.② 26.② 27.② 28.①

[해설] 중거리 송전선로인 T형 4단자망은 종속접속이다.
∴ 4단자 정수

$$\begin{vmatrix} A & B \\ C & D \end{vmatrix} = \begin{vmatrix} 1 & \frac{Z}{2} \\ 0 & 1 \end{vmatrix} \begin{vmatrix} 1 & 0 \\ Y & 1 \end{vmatrix} \begin{vmatrix} 1 & \frac{Z}{2} \\ 0 & 1 \end{vmatrix}$$

$$= \begin{vmatrix} 1+\frac{YZ}{2} & \frac{Z}{2} \\ Y & 1 \end{vmatrix} \begin{vmatrix} 1 & \frac{Z}{2} \\ 0 & 1 \end{vmatrix}$$

$$= \begin{vmatrix} 1+\frac{YZ}{2} & \frac{Z}{2}(1+\frac{YZ}{2})+\frac{Z}{2} \\ Y & 1+\frac{YZ}{2} \end{vmatrix} \text{이다.}$$

4단자 기초방정식은 $E_s = AE_r + BI_r = \left(1+\frac{YZ}{2}\right)E_r + \left(\frac{Z}{2}\left(1+\frac{YZ}{2}\right)+\frac{Z}{2}\right)I_r$

$I_s = CE_r + DI_r = YE_r + \left(1+\frac{YZ}{2}\right)I_r$ 이며

∴ 송전단 전류 $I_s = CE_r + DI_r = YE_r + \left(1+\frac{YZ}{2}\right)I_r$ [A]가 된다.

029 단로기에 대한 설명으로 틀린 것은?

① 소호장치가 있어 아크를 소멸시킨다.
② 무부하 및 여자전류의 개폐에 사용된다.
③ 배전용 단로기는 보통 디스컨넥팅바로 개폐한다.
④ 회로의 분리 또는 계통의 접속 변경 시 사용한다.

[해설] 단로기의 올바른 설명은
① 무부하 및 여자 전류의 개폐에 사용된다.
② 배전용 단로기는 보통 디스컨넥팅바로 개폐한다.
③ 회로의 분리 또는 계통의 접속 변경 시 사용한다.

030 차단기에서 고속도 재폐로의 목적은?

① 안정도 향상   ② 발전기 보호
③ 변압기 보호   ④ 고장전류 억제

[해설] 차단기에서 고속도 재폐로의 목적은 안정도 향상이다.

031 3상 배전선로의 말단에 지상역률 80[%], 160[kW]인 평형 3상 부하가 있다. 부하점에 전력용 콘덴서를 접속하여 선로 손실을 최소가 되게 하려면 전력용 콘덴서에 필요한 용량[kVA]은? (단, 부하단 전압은 변하지 않는 것으로 한다.)

① 100   ② 120
③ 160   ④ 200

[정답] 29.① 30.① 31.②

해설 선로 손실을 최소로 하기 위해서는 역률을 1.0으로 개선하여야 한다.
즉, $\cos\theta_1 = 0.8$, $\sin\theta_1 = 0.6 \to \cos\theta_2 = 1$, $\sin\theta_2 = 0$으로 개선하기 위한 전력용 콘덴서의 용량

$$Q_c = P(\tan\theta_1 - \tan\theta_2) = P\left(\frac{\sin\theta_1}{\cos\theta_1} - \frac{\sin\theta_2}{\cos\theta_2}\right) = P\left(\frac{0.6}{0.8} - 0\right) = 160 \times \frac{3}{4} = 120[\text{kVA}]$$

032 화력발전소에서 매일 최대출력 100000[kW], 부하율 90[%]로 60일간 연속 운전할 때 필요한 석탄량은 약 몇 [t]인가? (단, 사이클 효율은 40[%], 보일러 효율은 85[%], 발전기 효율은 98[%]로 하고 석탄의 발열량은 5500[kcal/kg]이라 한다.)

① 60820　　② 61820
③ 62820　　④ 63820

해설 E(발생전력량) $= P \times 24 \times 60 \times$ 부하율 $= 100,000 \times 24 \times 60 \times 0.9 = 1296 \times 10^5[\text{kWh}]$
W(석탄량)[kg]
C(석탄발열량) $= 5500[\text{kcal/kg}]$
η(종합효율) $= 0.4 \times 0.85 \times 0.98$이다.
$\therefore \eta = \dfrac{860E}{WC}$

W(석탄량) $= \dfrac{860E}{\eta \times C} = \dfrac{860 \times 1296 \times 10^5}{0.4 \times 0.85 \times 0.98 \times 5500} \times 10^{-3} = \dfrac{111456000}{1832.6} \fallingdotseq 60820[\text{ton}]$이다.

033 부하설비용량 600[kW], 부등률 1.2, 수용률 60[%]일 때의 합성최대수용전력은 몇 [kW]인가?

① 240　　② 300
③ 432　　④ 833

해설 수용률 $= \dfrac{\text{최대수용전력}}{\text{설비용량}}$, 최대수용전력 $=$ 수용률$\times$설비용량이다.
$\therefore$ 부등률 $= \dfrac{\text{최대수용전력의 합}}{\text{합성최대전력}}$에서
합성최대전력 $= \dfrac{\text{최대수용전력}}{\text{부등률}} = \dfrac{\text{수용률}\times\text{설비용량}}{\text{부등률}} = \dfrac{0.6 \times 600}{1.2} = 300[\text{kW}]$이다.

034 저압 네트워크 배전방식의 장점이 아닌 것은?

① 인축의 접지사고가 적어진다.　　② 부하 증가 시 적응성이 양호하다.
③ 무정전 공급이 가능하다.　　④ 전압변동이 적다.

해설 저압 네트워크 배전방식의 장점
① 부하 증가 시 적응성이 양호하다.
② 무정전 공급이 가능하다.
③ 전압변동이 적다.

해답 32. ①　33. ②　34. ①

035 발전기나 주변압기의 내부고장에 대한 보호용으로 가장 적합한 것은?
① 온도계전기
② 과전류계전기
③ 비율차동계전기
④ 과전압계전기

해설 비율차동계전기는 발전기나 주변압기 내부고장에 대한 보호용으로 가장 적합하다.

036 송전선로에 복도체를 사용하는 주된 목적은?
① 코로나 발생을 감소시키기 위하여
② 인덕턴스를 증가시키기 위하여
③ 정전용량을 감소시키기 위하여
④ 전선 표면의 전위경도를 증가시키기 위하여

해설 송전선로에 복도체를 사용하는 주된 목적은
① 코로나 발생을 감소시키기 위해서다.
② 인덕턴스를 감소시키고 코로나 임계전압을 증가시키기 위해서다.

037 유도장해를 경감시키기 위한 전력선측의 대책으로 틀린 것은?
① 고저항 접지방식을 채용한다.
② 송전선과 통신선 사이에 차폐선을 설치한다.
③ 고속도 차단방식을 채택한다.
④ 중성점 전압을 상승시킨다.

해설 유도장해를 경감시키기 위한 전력선측의 대책
① 고저항 접지방식을 채용한다.
② 송전선과 통신선 사이에 차폐선을 설치한다.
③ 고속도 차단방식을 채택한다.

038 송전계통의 안정도 증진방법으로 틀린 것은?
① 직렬리액턴스를 작게 한다.
② 중간 조상방식을 채용한다.
③ 계통을 연계한다.
④ 원동기의 조속기 작동을 느리게 한다.

해설 송전계통의 안정도 증진방법
① 직렬리액턴스를 작게 한다.
② 중간 조상방식을 채용한다.
③ 계통을 연계한다.

해답 35. ③ 36. ① 37. ④ 38. ④

039 송전선로의 뇌격에 대한 차폐 등으로 가선하는 가공지선에 대한 설명 중 옳은 것은?

① 차폐각은 보통 15~30° 정도로 하고 있다.
② 차폐각이 클수록 벼락에 대한 차폐효과가 크다.
③ 가공지선을 2선으로 하면 차폐각이 적어진다.
④ 가공지선으로는 연동선을 주로 사용한다.

> 송전선로의 뇌격에 대한 차폐 등으로 가선하는 가공지선은, 가공지선을 2선으로 하면 차폐각이 적어진다. 차폐각은 적을수록 보호효율은 크지만 건설비는 많이 든다. 기설 송전선은 보통 30~40°, 최대는 45° 정도가 많으며 보호효율은 97[%]이다.

040 송전선로에서 지락보호계전기의 동작이 가장 확실한 접지방식은?

① 직접접지식
② 저항접지식
③ 소호리액터접지식
④ 리액터접지식

> 직접접지방식은 송전선로에서 지락보호계전기의 동작이 가장 확실한 접지방식이다.

03 전/기/기/기

041 4극, 중권 직류전동기의 전기자 전 도체수 160, 1극당 자속수 0.01[Wb], 부하전류 100[A]일 때 발생 토크[N·m]는?

① 36.2
② 34.8
③ 25.5
④ 23.4

> a(병렬회로수) $= P$(극수) $= 4$(중권)
> ∴ 직류전동기의 발생 토크(Torque)
> $T = \dfrac{PZ}{2\pi a}\phi I_a = \dfrac{4 \times 160}{2 \times 3.14 \times 4} \times 0.01 \times 100 = \dfrac{160}{6.28} ≒ 25.5[\text{N} \cdot \text{m}]$이다.

042 슬립 6[%]인 유도전동기의 2차측 효율[%]은?

① 94
② 84
③ 90
④ 88

> 유도전동기의 2차측 효율 $\eta_2 = \dfrac{P_0}{P_2} = \dfrac{(1-S)P_2}{P_2} = 1 - S = 1 - 0.06 = 0.94 = 94[\%]$ 이다.

39. ③ 40. ① 41. ③ 42. ①

043 SCR에 대한 설명으로 틀린 것은?
① 게이트 전류로 통전전압을 가변시킨다.
② 주전류를 차단하려면 게이트 전압을 (0) 또는 (-)로 해야 한다.
③ 게이트 전류의 위상각으로 통전 전류의 평균값을 제어시킬 수 있다.
④ 대전류 제어 정류용으로 이용된다.

해설 SCR에 대한 올바른 설명은
① 게이트 전류로 통전전압을 가변시킨다.
② 게이트 전류의 위상각으로 통전전류의 평균값을 제어시킬 수 있다.
③ 대전류 제어 정류용으로 이용된다.

044 제어 정류기 중 특정 고조파를 제거할 수 있는 방법은?
① 대칭각 제어기법
② 소호각 제어기법
③ 대칭 호소각 제어기법
④ 펄스폭 변조 제어기법

해설 펄스폭 변조 제어기법은 제어 정류기 중 특정 고조파를 제거할 수 있는 제어기법이다.

045 직류발전기의 특성곡선 중 상호 관계가 옳지 않은 것은?
① 무부하포화곡선 : 계자전류와 단자전압
② 외부특성곡선 : 부하전류와 단자전압
③ 부하특성곡선 : 계자전류와 단자전압
④ 내부특성곡선 : 부하전류와 단자전압

해설 직류발전기의 특성곡선 중 상호관계가 옳은 것은
① 무부하포화곡선은 계자전류와 단자전압과의 관계곡선
② 외부특성곡선은 부하전류와 단자전압과의 관계곡선
③ 부하특성곡선은 계자전류와 단자전압과의 관계곡선
등을 말한다.

046 2[kVA], 3000/100[V]의 단상변압기의 철손이 200[W]이면 1차에 환산한 여자 컨덕턴스는[℧]?
① 66.6×10^{-3}
② 22.2×10^{-6}
③ 22×10^{-2}
④ 2×10^{-6}

해설 $P_i(철손) = GV_1^2 [W]$
$G(여자\ 컨덕턴스) = \dfrac{P_i}{V_1^2} = \dfrac{200}{(3000)^2} = \dfrac{200}{9} \times 10^{-6} = 22.2 \times 10^{-6}[℧]$가 된다.

해답 43. ② 44. ④ 45. ④ 46. ②

047 고주파 발전기의 특징이 아닌 것은?
① 상용전원보다 낮은 주파수의 회전 발전기이다.
② 극수가 많은 동기 발전기를 고속으로 회전시켜서 고주파 전압을 얻는 구조이다.
③ 유도자형은 회전자 구조가 견고하여 고속에서도 견딘다.
④ 상용 주파수보다 높은 주파수의 전력을 발생하는 동기 발전기이다.

해설 고주파 발전기의 특징
① 극수가 많은 동기 발전기를 고속으로 회전시켜서 고주파 전압을 얻는 구조이다.
② 유도자형은 회전자 구조가 견고하여 고속에서도 견딘다.
③ 상용 주파수보다 높은 주파수의 전력을 발생하는 동기 발전기이다.

048 단상 유도전동기의 기동방법 중 기동 토크가 가장 큰 것은?
① 반발 기동형
② 분상 기동형
③ 세이딩 코일형
④ 콘덴서 분상 기동형

해설 단상 유도전동기의 기동방법 중 기동 토크(Torque)가 큰 순서는 반발 기동형 > 콘덴서 분상 기동형 > 분상 기동형 > 세이딩 코일형 > 모노사이클릭형 등이다.

049 풍력 발전기로 이용되는 유도 발전기의 단점이 아닌 것은?
① 병렬로 접속되는 동기기에서 여자전류를 취해야 한다.
② 공극의 치수가 작기 때문에 운전 시 주의해야 한다.
③ 효율이 낮다.
④ 역률이 높다.

해설 풍력 발전기로 이용되는 유도 발전기의 단점은
① 병렬로 접속되는 동기기에서 여자 전류를 취해야 한다.
② 공극의 치수가 작기 때문에 운전 시 주의해야 한다.
③ 효율이 낮다.

050 30[kVA], 3300/200[V], 60[Hz]의 3상 변압기 2차측에 3상 단락이 생겼을 경우 단락 전류는 약 몇 [A]인가? (단, [%]임피던스 전압은 3[%]이다.)
① 2250
② 2620
③ 2730
④ 2886

해설 3상 변압기 2차측의 용량 $Pa = \sqrt{3} V_{2n} I_{2n}$ [kVA]

2차 정격전류 $I_{2n} = \dfrac{Pa}{\sqrt{3} V_{2n}} = \dfrac{30 \times 10^3}{\sqrt{3} \times 200} = \dfrac{300}{3.4642} ≒ 86.6$ [A]이다.

∴ 3상 단락전류 $I_s = \dfrac{1}{\%z} \times I_{2n} = \dfrac{1}{0.03} \times 86.6 ≒ 2886$ [A]이다.

해답 47.① 48.① 49.④ 50.④

051 회전계자형 동기발전기에 대한 설명으로 틀린 것은?
① 전기자권선은 전압이 높고 결선이 복잡하다.
② 대용량의 경우에도 전류는 작다.
③ 계자회로는 직류의 저압회로이며 소요전력도 적다.
④ 계자극은 기계적으로 튼튼하게 만들기 쉽다.

> 회전계자형 동기발전기에 올바른 설명은
> ① 전기자권선은 전압이 높고 결선이 복잡하다.
> ② 계자회로는 직류의 저압회로이며 소요전력도 적다.
> ③ 계자극은 기계적으로 튼튼하게 만들기 쉽다.

052 변압기의 보호에 사용되지 않는 것은?
① 비율차동계전기   ② 임피던스계전기
③ 과전류계전기   ④ 온도계전기

> 변압기 보호에 사용되는 계전기는 비율차동계전기, 과전류계전기, 온도계전기 등이다.

053 10[kVA], 2000/100[V] 변압기 1차 환산등가 임피던스가 $6.2+j7[\Omega]$일 때 %임피던스 강하[%]는?
① 약 9.4   ② 약 8.35
③ 약 6.75   ④ 약 2.3

> 단상변압기의 용량 $Pa = V_{1n}I_{1n}[kVA]$
> $I_{1n} = \dfrac{Pa}{V_{1n}} = \dfrac{10 \times 10^3}{2000} = 5[A]$
> ∴ %Z(%임피던스 강하) $= \dfrac{I_{1n}Z_{12}}{V_{1n}} \times 100 = \dfrac{5 \times \sqrt{(6.2)^2+(7)^2}}{2000} \times 100 = 2.35[\%]$

054 정류자형 주파수변환기의 특성이 아닌 것은?
① 유도전동기의 2차 여자용 교류여자기로 사용된다.
② 회전자는 정류자와 3개의 슬립링으로 구성되어 있다.
③ 정류자 위에는 한 개의 자극마다 전기각 $\pi/3$ 간격으로 3조의 브러시로 구성되어 있다.
④ 회전자는 3상 회전변류기의 전기자와 거의 같은 구조이다.

> 정류자형 주파수변환기의 특징
> ① 유도전동기의 2차 여자용 교류여자기로 사용된다.
> ② 회전자는 정류자와 3개의 슬립링으로 구성되어 있다.
> ③ 회전자는 3상 회전변류기의 전기자와 거의 같은 구조이다.

정답 51. ② 52. ② 53. ④ 54. ③

055 동기 발전기의 병렬 운전에 필요한 조건이 아닌 것은?

① 기전력의 크기가 같을 것
② 기전력의 위상이 같을 것
③ 기전력의 주파수가 같을 것
④ 기전력의 용량이 같을 것

해설 동기 발전기의 병렬 운전에 필요한 조건
① 기전력의 크기가 같을 것
② 기전력의 위상이 같을 것
③ 기전력의 주파수가 같을 것

056 직류발전기의 단자전압을 조정하려면 어느 것을 조정하여야 하는가?

① 기동저항
② 계자저항
③ 방전저항
④ 전기자저항

해설 직류발전기의 단자전압을 조정하려면 계자저항을 조정하여야 한다. 즉 계자저항을 조정하면 직류발전기의 단자전압이 조정된다.

057 전력용 변압기에서 1차에 정현파 전압을 인가하였을 때, 2차에 정현파 전압이 유기되기 위해서는 1차에 흘러들어 가는 여자전류는 기본파 전류 외에 주로 몇 고조파 전류가 포함되는가?

① 제2고조파
② 제3고조파
③ 제4고조파
④ 제5고조파

해설 전력용 변압기에서 1차에 정현파 전압을 인가하였을 때 2차에 정현파 전압이 유기되기 위해서는 1차에 흘러들어 가는 여자전류는 기본파 전류 외에 주로 제3고조파 전류가 포함된다.

058 변압기 온도상승 시험을 하는 데 가장 좋은 방법은?

① 충격전압시험
② 단락시험
③ 반환부하법
④ 무부하시험

해설 반환부하법은 변압기 온도상승 시험을 하는데 가장 좋은 방법이다.

059 50[Hz], 6극, 200[V], 10[kW]의 3상 유도전동기가 960[rpm]으로 회전하고 있을 때의 2차 주파수[Hz]는?

① 2
② 4
③ 6
④ 8

정답 55.④ 56.② 57.② 58.③ 59.①

해설) 동기 속도 $N_s = \dfrac{120f_1}{P} = \dfrac{120 \times 50}{6} = \dfrac{6000}{6} = 1000[\text{rpm}]$

슬립 $S = \dfrac{N_s - N}{N_s} = \dfrac{1000 - 960}{1000} = \dfrac{40}{1000} = 0.04$

∴ 2차 주파수 $f_{2s} = sf_1 = 0.04 \times 50 = 2[\text{Hz}]$이다.

문제 060
부하에 관계없이 변압기에 흐르는 전류로서 자속만을 만드는 전류는?
① 1차전류 ② 철손전류
③ 여자전류 ④ 자화전류

해설) 자화전류는 부하에 관계없이 변압기에 흐르는 전류로서 자속만을 만드는 전류이다.

04 회/로/이/론/및/제/어/공/학

문제 061
다음과 같은 시스템의 전달함수를 미분 방정식의 형태로 나타낸 것은?

$$G(s) = \dfrac{Y(s)}{X(s)} = \dfrac{3}{(s+1)(s-2)}$$

① $\dfrac{d^2}{dt^2}x(t) + \dfrac{d}{dt}x(t) - 2x(t) = 3y(t)$

② $\dfrac{d^2}{dt^2}y(t) + \dfrac{d}{dt}y(t) - 2y(t) = 3x(t)$

③ $\dfrac{d^2}{dt^2}y(t) - \dfrac{d}{dt}y(t) - 2y(t) = 3x(t)$

④ $\dfrac{d^2}{dt^2}y(t) + \dfrac{d}{dt}y(t) + 2y(t) = 3x(t)$

해설) $\dfrac{d}{dt} = jw = S(\text{교류})$

$\dfrac{d^2}{dt^2} = (jw)^2 = S^2(\text{교류})$이다.

시스템의 전달함수를 미분방정식의 형태로 나타내면
$G(s) = \dfrac{Y(s)}{X(s)} = \dfrac{3}{(S+1)(S-2)} = \dfrac{3}{S^2 - S - 2}$

$S^2 Y(s) - SY(s) - 2Y(s) = 3X(s)$에서 미분방정식 형태는
$\dfrac{d^2}{dt^2}y(t) - \dfrac{d}{dt}y(t) - 2y(t) = 3x(t)$가 된다.

60. ④ 61. ③

062 단위계단함수의 라플라스 변환과 z변환 함수는?

① $\frac{1}{s}, \frac{1}{z-1}$
② $s, \frac{z}{z-1}$
③ $\frac{1}{s}, \frac{z-1}{z}$
④ $\frac{1}{s}, \frac{z}{z-1}$

해설 단위계단함수의 라플라스 변환과 z변환 함수는 $\frac{1}{s}, \frac{z}{z-1}$ 이다.

063 자동제어계의 2차계 과도 응답에서 응답이 최초로 정상값의 50[%]에 도달하는 데 요하는 시간은 무엇인가?

① 상승 시간
② 지연 시간
③ 응답 시간
④ 정정 시간

해설 지연 시간은 자동제어계의 2차계 과도 응답에서 응답이 최초로 정상값의 50[%]에 도달하는데 걸리는 시간을 말한다.

064 다음과 같은 블록선도의 등가합성 전달함수는?

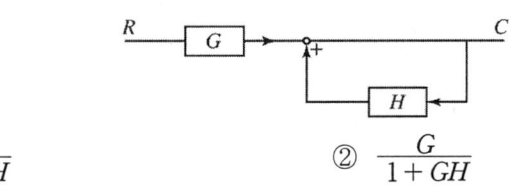

① $\frac{G}{1+H}$
② $\frac{G}{1+GH}$
③ $\frac{G}{1-GH}$
④ $\frac{G}{1-H}$

해설 $C(출력) = RG + CH$
$C(1-H) = RG$
∴ 등가합성 전달함수 $= \frac{C}{R} = \frac{G}{1-H}$ 가 된다.

065 다음 진리표의 논리소자는?

입력		출력
A	B	C
0	0	1
0	1	0
1	0	0
1	1	0

① OR
② NOR
③ NOT
④ NAND

해답 62.④ 63.② 64.④ 65.②

해설 OR-gate의 진리표 + NOT-gate의 진리표 = NOR-gate의 진리표
$Y = A+B$ $Y = \overline{A}$ $Y = \overline{A+B} = \overline{A} \cdot \overline{B}$

입력		출력
A	B	Y
0	0	0
0	1	1
1	0	1
1	1	1

입력	출력
A	Y
0	1
0	1
1	0
1	0

입력		출력
A	B	Y
0	0	1
0	1	0
1	0	0
1	1	0

가 된다. 즉, OR-gate+NOT-gate=NOR-gate가 된다.

066 단위 피드백 제어계에서 개루프 전달함수 $G(s)$가 다음과 같이 주어지는 계의 단위계단 입력에 대한 정상 편차는?

$$G(s) = \frac{6}{(s+1)(s+3)}$$

① $\frac{1}{2}$ ② $\frac{1}{3}$

③ $\frac{1}{4}$ ④ $\frac{1}{6}$

해설 단위계단입력 $r(t) = u(t)$의 라플라스 변환 $R(s) = \frac{1}{S}$ 이다.

e_{ssp}(정상위치편차)는 최종치정리에서

$$e_{ssp} = \lim_{t \to \infty} e(t) = \lim_{s \to 0} sE(s) = \lim_{s \to 0} s \times \frac{R(s)}{1+G(s)} = \lim_{s \to 0} s \times \frac{\frac{1}{s}}{1+G(s)} = \lim_{s \to 0} \frac{1}{1+G(s)}$$

$$= \frac{1}{1+\lim_{s \to 0} G(s)} = \frac{1}{1+\lim_{s \to 0} \frac{6}{(s+1)(s+3)}} = \frac{1}{1+\frac{6}{3}} = \frac{1}{1+2} = \frac{1}{3}$$

단 k_p(위치편차 상수) $= \lim_{s \to 0} G(s) = \lim_{s \to 0} \frac{6}{(s+1)(s+3)} = \frac{6}{1 \times 3} = 2$이다.

067 다음과 같은 특성방정식의 근궤적 가지 수는?

$$s(s+1)(s+2) + K(s+3) = 0$$

① 6 ② 5

③ 4 ④ 3

해설 특성방정식 $= 1+G(s)H(s) = 1+\frac{K(s+3)}{s(s+1)(s+2)} = 0$이다.

∴ 근궤적의 가지 수는 영점 수 1개, 극점 수 3개 중 큰 것과 일치한다.
∴ 근궤적의 가지 수는 3개이다.

해답 66. ② 67. ④

068 $\dfrac{d^2x}{dt^2} + \dfrac{dx}{dt} + 2x = 2u$의 상태변수를 $x_1 = x$, $x_2 = \dfrac{dx}{dt}$라 할 때, 시스템 매트릭스(system matrix)는?

① $\begin{bmatrix} 0 & 1 \\ 1 & 1 \end{bmatrix}$
② $\begin{bmatrix} 0 & 1 \\ 2 & 1 \end{bmatrix}$
③ $\begin{bmatrix} 0 & 1 \\ -2 & -1 \end{bmatrix}$
④ $\begin{bmatrix} 0 \\ 1 \end{bmatrix}$

해설 $x = \dot{x}_1(t) = x_1(t)$ $\dfrac{dx}{dt} = \dot{x}_2(t) = x_2(t)$
$\dfrac{d^2x}{dt^2} = \dot{x}_3(t) = -2x_1(t) - x_2(t) + 2u(t)$이다.
∴ 계수행렬은 $\begin{vmatrix} \dot{x}_1(t) \\ \dot{x}_2(t) \end{vmatrix} = \begin{vmatrix} 0 & 1 \\ -2 & -1 \end{vmatrix} \begin{vmatrix} x_1(t) \\ x_2(t) \end{vmatrix}$
따라서, 시스템 매트릭스(system matrix) $= \begin{vmatrix} 0 & 1 \\ -2 & -1 \end{vmatrix}$이다.

069 Nyquist 선도로부터 결정된 이득여유는 4~12[dB], 위상여유가 30~40°일 때 이 제어계는?

① 불안정
② 임계안정
③ 인디셜응답 시간이 지날수록 진동은 확대
④ 안정

해설 Nyquist 선도로부터 결정된 안정계는 이득여유가 4~12[dB], 위상여유는 30~40[°]이다.

070 계통방정식이 $J\dfrac{dw}{dt} + fw = r(t)$로 표시되는 시스템의 시정수는? (단, J는 관성모멘트, f는 마찰 제동계수, w는 각속도, τ는 회전력이다.)

① $\dfrac{f}{J}$
② $\dfrac{J}{f}$
③ $-\dfrac{J}{f}$
④ $-f \cdot J$

해설 계통방정식이 $J\dfrac{dw}{dt} + fw = r(t)$로 표시되는 시스템의 시정수는 $\dfrac{허수}{실수} = \dfrac{J}{f}$[sec]가 된다.

정답 68. ③ 69. ④ 70. ②

071 2개의 교류전압 $v_1 = 141\sin(120\pi t - 30°)$[V]와 $v_2 = 150\cos(120\pi t - 30°)$[V]의 위상차를 시간으로 표시하면 몇 초인가?

① $\dfrac{1}{60}$ ② $\dfrac{1}{120}$
③ $\dfrac{1}{240}$ ④ $\dfrac{1}{360}$

해설 v_1 전압의 위상 $\theta_1 = -30°$
cos 파를 sin 파로 고치면
$v_2 = 150\cos(120\pi t - 30°) = 150\sin(120\pi t + 90 - 30°) = 150\sin(120\pi t + 60°)$[V]
∴ v_2 전압의 위상 $\theta_2 = 60°$ 이다.
따라서, v_1과 v_2 전압의 위상차 $\theta = \theta_2 - \theta_1 = 60 - (-30) = 90 = wt = 2\pi ft$
∴ $t(\text{시간}) = \dfrac{90}{w} = \dfrac{90}{2\pi f} = \dfrac{90}{2\pi \times 60} = \dfrac{90}{21600} = \dfrac{1}{240}$ [sec]가 된다.

072 평형 3상 △결선 부하의 각 상의 임피던스가 $Z = 8 + j6$[Ω]인 회로에 대칭 3상 전원 전압 100[V]를 가할 때 무효율과 무효전력[Var]은?

① 무효율 : 0.6, 무효전력 : 1800 ② 무효율 : 0.6, 무효전력 : 2400
③ 무효율 : 0.8, 무효전력 : 1800 ④ 무효율 : 0.8, 무효전력 : 2400

해설 $|Z| = \sqrt{(8)^2 + (6)^2} = 10$[Ω]
$\sin\theta(\text{무효율}) = \dfrac{X}{|Z|} = \dfrac{6}{10} = 0.6$
평형 3상 △결선 부하의 선전류 $I = \sqrt{3} \times \dfrac{V}{|Z|} = \sqrt{3} \times \dfrac{100}{10} = 10\sqrt{3}$[A]
∴ 평형 3상 △결선의 무효전력 $P_r = \sqrt{3}\,VI\sin\theta = \sqrt{3} \times 100 \times 10\sqrt{3} \times 0.6 = 1800$[Var]이다.

073 구동점 임피던스(driving point impedance)함수에 있어서 극점(pole)은?
① 단락회로 상태를 의미한다.
② 개방회로 상태를 의미한다.
③ 아무런 상태도 아니다.
④ 전류가 많이 흐르는 상태를 의미한다.

해설 $Z(s)$(구동점 임피던스) = 0, 분자 = 0, 영점(0), 단락회로다.
$Z(s) = \infty$, 분모 = 0, 극점(X), 개방회로 상태를 의미한다.

71. ③ 72. ① 73. ②

074 $f(t)$와 $\dfrac{df}{dt}$는 라플라스 변환이 가능하며 $\mathcal{L}[f(t)]$를 $F(s)$라고 할 때 최종값 정리는?

① $\lim\limits_{s\to 0} F(s)$ ② $\lim\limits_{s\to \infty} sF(s)$
③ $\lim\limits_{s\to \infty} F(s)$ ④ $\lim\limits_{s\to 0} sF(s)$

해설 최종치 정리는 $\lim\limits_{t\to\infty} f(t) = \lim\limits_{s\to 0} sF(s)$가 된다.

---

075 회로에서 스위치 S를 닫을 때, 이 회로의 시정수는?

① $\dfrac{L}{R_1+R_2}$

② $\dfrac{-L}{R_1+R_2}$

③ $\dfrac{R_1+R_2}{L}$

④ $-\dfrac{R_1+R_2}{L}$

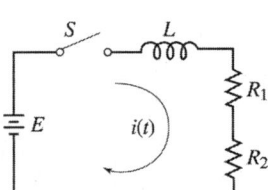

해설 스위치 S를 닫는 순간의 과도전류 $i(t) = \dfrac{E}{R_1+R_2}\left(1 - e^{-\frac{(R_1+R_2)}{L}t}\right)$[A]에서

$i(t) = \dfrac{E}{R_1+R_2}(1-e^{-0})$[A]가 되는 시간을 시정수라 한다.

∴ 시정수 $\tau = \dfrac{L}{R_1+R_2}$[sec]이다.

---

076 다음 왜형파 전압과 전류에 의한 전력은 몇 [W]인가? (단, 전압의 단위는 [V], 전류의 단위는 [A]이다.)

$v = 100\sin(\omega t + 30°) - 50\sin(3\omega t + 60°) + 25\sin 5\omega t$
$i = 20\sin(\omega t - 30°) + 15\sin(3\omega t + 30°) + 10\cos(5\omega t - 60°)$

① 933.0   ② 566.9
③ 420.0   ④ 283.5

해설 비정현파(왜형파)의 전력은 같은 주파수 사이에만 전력이 존재한다.
(단, θ_1(기본파 위상차), θ_3(제 3고조파 위상차), θ_5(제 5고조파 위상차), 각 위상차 = 전압위상(기준) - 전류위상이다.)

∴ P(왜형파전력) = $V_1 I_1 \cos\theta_1 + V_3 I_3 \cos\theta_3 + V_5 I_5 \cos\theta_5$

$= \dfrac{100}{\sqrt{2}} \times \dfrac{20}{\sqrt{2}} \cos(30-(-30)) + \dfrac{-50}{\sqrt{2}} \times \dfrac{15}{\sqrt{2}} \cos(60-30) + \dfrac{25}{\sqrt{2}} \times \dfrac{10}{\sqrt{2}} \cos(0-30°)$

$= \dfrac{2000}{2} \times \dfrac{1}{2} - \dfrac{750}{2} \times \dfrac{\sqrt{3}}{2} + \dfrac{250}{2} \times \dfrac{\sqrt{3}}{2} = 500 - 324.75 + 108.25 = 283.5$[W]이다.

해답 74. ④ 75. ① 76. ④

077 공간적으로 서로 $\frac{2\pi}{n}$ [rad]의 각도를 두고 배치한 n개의 코일에 대칭 n상 교류를 흘리면 그 중심에 생기는 회전자계의 모양은?

① 원형 회전자계
② 타원형 회전자계
③ 원통형 회전자계
④ 원추형 회전자계

원형회전자계는 공간적으로 서로 $\frac{2\pi}{n}$ [rad]의 각도를 두고 배치한 n개의 코일에 대칭 n상 교류를 흘리면 그 중심에 생기는 회전자계의 모양이다.

078 계단함수의 주파수 연속 스펙트럼은?

① $AT_P \left| \dfrac{\cos(\omega T_P/2)}{\omega T_P/2} \right|$

② $AT_P |\sin(\omega T_P/2)|$

③ $AT_P \left| \dfrac{\sin(\omega T_P/2)}{\omega T_P/2} \right|$

④ $\left| \dfrac{\sin(\omega T_P/2)}{\omega T_P/2} \right|$

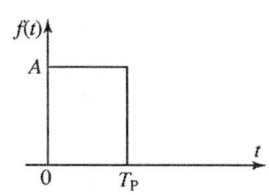

계단함수의 주파수 연속 스팩트럼은 순시함수 $f(t) = A\cos\dfrac{\omega t}{2}$ 의 합이다.

$\therefore F(s) = \int_0^{T_P} A\cos\dfrac{\omega t}{2} dt = A \left| \dfrac{\sin\dfrac{\omega t}{2}}{\dfrac{w}{2}} \right|_0^{T_P} = A \left| \dfrac{\sin\dfrac{\omega T_P}{2}}{\dfrac{\omega}{2}} \right| \times \dfrac{T_P}{T_P} = AT_P \left| \dfrac{\sin \omega T_P/2}{\omega T_P/2} \right|$

079 무한장 평행 2선 선로에 주파수 4[MHz]의 전압을 가하였을 때 전압의 위상정수는 약 몇 [rad/m]인가? (단, 여기서 전파속도는 3×10^8[m/sec]로 한다.)

① 0.0734
② 0.0838
③ 0.0934
④ 0.0634

v(위상속도) $= \dfrac{\omega}{\beta} = \dfrac{\omega}{\omega\sqrt{LC}} = \dfrac{1}{\sqrt{LC}} = \dfrac{1}{\sqrt{\varepsilon_0\mu_0}} = 3\times 10^8 = C_0$[m/sec]

$\therefore \dfrac{\omega}{\beta} = C_0$

β(전압의 위상정수) $= \dfrac{\omega}{C_0} = \dfrac{2\pi f}{C_0} = \dfrac{2\times 3.14 \times 4 \times 10^6}{3\times 10^8} \fallingdotseq 0.0838$[rad/m]가 된다.

080 R=30[Ω], L=79.6[mH]의 RL 직렬회로에 60[Hz]의 교류를 가할 때 과도현상이 발생하지 않으려면 전압은 어떤 위상에서 가해야 하는가?

① 23°
② 30°
③ 45°
④ 60°

77. ① 78. ③ 79. ② 80. ③

해설 과도현상이 생기지 않을 조건은 $R = \omega L = 2\pi f L = 2 \times 3.14 \times 60 \times 79.6 \times 10^{-3} ≒ 30[\Omega]$이다.
∴ R-L 직렬회로에서 과도현상이 안 생길 전압의 위상
$\theta = \tan^{-1}\dfrac{IX_L}{IR} = \tan^{-1}\dfrac{X_L}{R} = \tan^{-1}\dfrac{30}{30} = \tan^{-1}1 = 45°$ 이다.

05 전/기/설/비/기/술/기/준

081 고압 가공인입선이 케이블 이외의 것으로서 그 전선의 아래쪽에 위험표시를 하였다면 전선의 지표상 높이는 몇 [m]까지로 할 수 있는가?
① 2.5
② 3.5
③ 4.5
④ 5.5

해설 기술기준 제114조~제117조(가공인입선의 시설)
인입선의 설치높이에서 고압 가공인입선이 케이블 이외의 것으로서 그 전선의 아래쪽에 위험표시를 하였다면 전선의 지표상 높이는 3.5[m]까지로 할 수 있다.

082 주택의 전로 인입구에 누전차단기를 시설하지 않는 경우 옥내 전로의 대지전압은 최대 몇 [V]까지 가능한가?
① 100
② 150
③ 250
④ 300

해설 기술기준 제187조(옥내 전로의 대지전압의 제한)
주택의 옥내 전로에서 주택의 전로 인입구에 누전차단기를 시설하지 않는 경우 옥내 전로의 대지전압은 최대 150[V]까지 가능하다.

083 최대 사용전압이 66[kV]인 중성점 비접지식 전로에 접속하는 유도전압조정기의 절연내력 시험전압은 몇 [V]인가?
① 47520
② 72600
③ 82500
④ 99000

해설 기술기준 제16조(전로의 절연저항 및 절연내력)
최대 사용전압이 66[kV]인 중성점 비접지식 전로에 접속하는 유도전압조정기의 절연내력 시험전압은 최대 사용전압의 1.25배 전압이므로 $66000 \times 1.25 = 82500[V]$가 된다.

정답 81.② 82.② 83.③

084 뱅크용량이 20000[kVA]인 전력용 커패시터에 자동적으로 전로로부터 차단하는 보호장치를 하려고 한다. 반드시 시설하여야 할 보호장치가 아닌 것은?
① 내부에 고장이 생긴 경우에 동작하는 장치
② 절연유의 압력이 변화할 때 동작하는 장치
③ 과전류가 생긴 경우에 동작하는 장치
④ 과전압이 생긴 경우에 동작하는 장치

기술기준 제53조~제56조(발전기, 변압기, 전력용 콘덴서, 조상기 등 보호장치)
뱅크 용량이 20,000[kVA]인 전력용 커패시터에 자동적으로 전로로부터 차단하는 보호장치를 하려고 한다. 반드시 시설하여야 할 보호장치는
① 내부에 고장이 생긴 경우에 동작하는 장치
② 과전류가 생긴 경우에 동작하는 장치
③ 과전압이 생긴 경우에 동작하는 장치 등이다.

085 강색 철도의 전차선을 시설할 때 강색 차선이 경동선인 경우 몇 [mm] 이상의 굵기인가?
① 4
② 7
③ 10
④ 12

기술기준 제301조(강색 차선의 시설)
강색 철도의 전차선을 시설할 때 강색 차선이 경동선인 경우 7[mm] 이상의 굵기 이어야 한다.

086 가반형의 용접전극을 사용하는 아크 용접장치의 시설에 대한 설명으로 옳은 것은?
① 용접변압기의 1차측 전로의 대지전압은 600[V] 이하일 것
② 용접변압기의 1차측 전로에는 리액터를 시설할 것
③ 용접변압기는 절연변압기일 것
④ 피용접재 또는 이와 전기적으로 접속되는 받침대·정반 등의 금속체에는 제2종 접지공사를 할 것

기술기준 제267조(아크 용접장치의 시설)
가반형의 용접전극을 사용하는 아크 용접장치의 용접변압기는 절연변압기일 것이며, 용접변압기 1차측 전로의 대지 전압은 300[V] 이하일 것

087 옥내에 시설하는 전동기가 소손되는 것을 방지하기 위한 과부하 보호장치를 하지 않아도 되는 것은?
① 정격출력이 4[kW]이며 취급자가 감시할 수 없는 경우
② 정격출력이 0.2[kW] 이하인 경우
③ 전동기가 소손할 수 있는 과전류가 생길 우려가 있는 경우
④ 정격출력이 10[kW] 이상인 경우

84. ② 85. ② 86. ③ 87. ②

해설 기술기준 제194조(전동기의 과부하 보호장치의 시설)
옥내에 시설하는 전동기가 소손되는 것을 방지하기 위한 0.2[kW] 이하의 전동기는 과부하 보호장치를 하지 않아도 된다. 즉 정격 출력 0.2[kW] 이하인 경우의 전동기는 과부하 보호장치를 하지 않아도 된다.

088 제1종 특고압 보안공사를 필요로 하는 가공전선로의 지지물로 사용할 수 있는 것은?
① A종 철근콘크리트주　② B종 철근콘크리트주
③ A종 철주　　　　　　④ 목주

해설 기술기준 제89조, 제90조, 제139조(보안공사)
특고압 보안공사에서 제1종 특고압 보안공사를 필요로 하는 가공전선로의 지지물에는 B종 철주, B종 철근콘크리트주 또는 철탑을 사용하여야 한다.

089 다음의 옥내배선에서 나전선을 사용할 수 없는 곳은?
① 접촉 전선의 시설　　　　② 라이팅 덕트 공사에 의한 시설
③ 합성수지관 공사에 의한 시설　④ 버스 덕트 공사에 의한 시설

해설 기술기준 제188조(나전선의 사용 제한)
옥내 배선에서 나전선을 사용할 수 있는 곳은
① 접촉 전선의 시설
② 라이팅 덕트 공사에 의한 시설
③ 버스 덕트 공사에 의한 시설 등이다.

090 지중전선로에 사용하는 지중함의 시설기준으로 옳지 않은 것은?
① 폭발우려가 있고 크기가 1[m^3] 이상인 것에는 밀폐하도록 할 것
② 뚜껑은 시설자 이외의 자가 쉽게 열 수 없도록 할 것
③ 지중함 내부의 고인 물을 제거할 수 있는 구조일 것
④ 견고하여 차량 기타 중량물의 압력에 견딜 수 있을 것

해설 기술기준 제152조(지중함의 시설)
지중전선로에 사용하는 지중함의 시설기준으로 옳은 것은
① 뚜껑은 시설자 이외의 자가 쉽게 열 수 없도록 할 것
② 지중함 내부의 고인 물을 제거할 수 있는 구조일 것
③ 견고하여 차량 기타 중량물의 압력에 견딜 수 있을 것

091 25[kV] 이하인 특고압 가공전선로가 상호 접근 또는 교차하는 경우 사용전선이 양쪽 모두 케이블인 경우 이격거리는 몇 [m] 이상인가?
① 0.25　　② 0.5
③ 0.75　　④ 1.0

정답 88. ② 89. ③ 90. ① 91. ②

해설 기술기준 제144조(특별고압 가공전선 상호 간의 접근 또는 교차)
25[kV] 이하인 특고압 가공전선로가 상호 접근 또는 교차하는 경우 사용전선이 양쪽 모두 케이블인 경우 이격거리는 0.5[m] 이상이어야 한다.

092 22[kV]의 특고압 가공전선로의 전선을 특고압 절연전선으로 시가지에 시설할 경우, 전선의 지표상의 높이는 최소 몇 [m] 이상인가?

① 8
② 10
③ 12
④ 14

해설 기술기준 제118조(특별고압 가공전선로의 시가지 등에서의 시설제한)
22[kV]의 특고압 가공전선로의 전선을 특고압 절연전선으로 시가지에 시설할 경우 전선의 지표상의 높이는 최소 8[m] 이상이어야 한다.

093 수력발전소의 발전기 내부에 고장이 발생하였을 때 자동적으로 전로로부터 차단하는 장치를 시설하여야 하는 발전기 용량은 몇 [kVA] 이상인가?

① 3000
② 5000
③ 8000
④ 10000

해설 기술기준 제53조~제56조(발전기, 변압기, 전력용 콘덴서, 조상기 등 보호장치)
수력발전소에서 발전기 내부에 고장이 발생하였을 때 자동적으로 전로로부터 차단하는 장치를 시설하여야 하는 발전기 용량은 10,000[kVA] 이상이어야 한다.

094 지중전선로를 직접 매설식에 의하여 시설하는 경우에 차량 및 기타 중량물의 압력을 받을 우려가 있는 장소의 매설 깊이는 몇 [m] 이상인가?

① 1.0
② 1.2
③ 1.5
④ 1.8

해설 기술기준 제151조(지중전선로의 시설)
지중전선로를 직접 매설식에 의하여 시설하는 경우에 차량 및 기타 중량물의 압력을 받을 우려가 있는 장소의 매설 깊이는 1.2[m] 이상이어야 한다.

095 발전소·변전소·개폐소, 이에 준하는 곳, 전기사용장소 상호 간의 전선 및 이를 지지하거나 수용하는 시설물을 무엇이라 하는가?

① 급전소
② 송전선로
③ 전선로
④ 개폐소

해설 기술기준 제2조(용어의 정의)
전선로란 발전소·변전소·개폐소, 이에 준하는 곳, 전기사용장소 상호 간의 전선 및 이를 지지하거나 수용하는 시설물을 말한다.

정답 92.① 93.④ 94.② 95.③

096 다음 설명의 ( )안에 알맞은 내용은?

> 고압 가공전선이 다른 고압 가공전선과 접근상태로 시설되거나 교차하여 시설되는 경우에 고압 가공전선 상호 간의 이격거리는 ( ) 이상, 하나의 고압 가공전선과 다른 고압 가공전선로의 지지물 사이의 이격거리는 ( ) 이상일 것

① 80cm, 50cm
② 80cm, 60cm
③ 60cm, 30cm
④ 40cm, 30cm

해설 기술기준 제96조~제98조, 제143조, 제144조(전선 상호 간의 접근 또는 교차)
저·고압가공전선 상호 간 접근 교차 시 이격거리에서 고압 가공전선이 다른 고압 가공전선과 접근상태로 시설되거나 교차하여 시설되는 경우에 고압 가공전선 상호 간의 이격거리는 (80[cm]) 이상, 하나의 고압 가공전선과 다른 고압 가공전선로의 지지물 사이의 이격거리는 (60[cm]) 이상이어야 한다.

097 전압을 구분하는 경우 교류에서 저압은 몇 [V] 이하인가?

① 380
② 440
③ 600
④ 700

해설 기술기준 제3조(전압의 종별)
전압을 구분하는 경우 교류에서 저압은 600[V] 이하이다. 직류에서의 저압은 700[V] 이하이다.

098 저압 옥내배선의 플로어 덕트 공사 시 덕트는 제 몇 종 접지공사를 하여야 하는가?

① 제1종
② 제2종
③ 제3종
④ 특별 3종

해설 기술기준 제210조(플로어 덕트 공사)
저압 옥내배선의 플로어 덕트 공사 시 덕트는 제3종 접지공사를 하여야 하며, 덕트의 끝부분은 막아야 한다.

099 저압 또는 고압의 지중전선이 지중약전류 전선 등과 교차하는 경우 몇 [cm] 이하일 때에 내화성의 격벽을 설치하여야 하는가?

① 90
② 60
③ 30
④ 10

해설 기술기준 제156조(지중전선과 지중약전류 전선 등 또는 관과의 접근 또는 교차)
저압 또는 고압의 지중전선이 지중약전류 전선 등과 접근하거나 교차하는 경우 상호 간의 이격거리가 30[cm] 이하일 때에는 내화성의 격벽을 설치하여야 한다.

정답 96. ② 97. ③ 98. ③ 99. ③

100 154[kV] 특고압 가공전선로를 시가지에 경동연선으로 시설할 경우 단면적은 몇 [mm²] 이상인가?

① 100
② 150
③ 200
④ 250

해설 기술기준 제118조(특별고압 가공전선로의 시가지 등에서의 시설 제한)
154[kV] 특고압 가공전선로를 시가지에 경동연선으로 시설할 경우 단면적은 150[mm²] 이상이어야 한다.

정답 100. ②

전기기사

2015년도

전기기사	2015년 3월 8일 시행
전기기사	2015년 5월 31일 시행
전기기사	2015년 8월 16일 시행

01 전/기/자/기/학

[001] 무한장 선로에 균일하게 전하가 분포된 경우 선로로부터 r[m] 떨어진 P점에서의 전계의 E[V/m]는 얼마인가? (단, 선전하 밀도는 ρ_L[C/m]이다.)

① $E = \dfrac{\rho_L}{4\pi\varepsilon_0 r}$

② $E = \dfrac{\rho_L}{4\pi\varepsilon_0 r^2}$

③ $E = \dfrac{\rho_L}{2\pi\varepsilon_0 r}$

④ $E = \dfrac{\rho_L}{2\pi\varepsilon_0 r^2}$

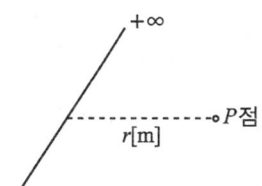

해설 ρ_L(선전하밀도)$= \dfrac{dq}{dl}$[C/m]

$dq = \rho_L dl$[C]의 선전하로부터 r[m] 떨어진 P점에 전계세기는 가우스정리 적분형에서

$\displaystyle\int_S E \cdot ds = \dfrac{dq}{\varepsilon_0}$ 에서 $E \cdot S = E \cdot 2\pi r dl = \dfrac{\rho_L \cdot dl}{\varepsilon_0}$

∴ E(P점에 전계세기)$= \dfrac{\rho_L}{2\pi\varepsilon_0 r}$[V/m]가 된다.

[002] 반지름이 5[mm]인 구리선에 10[A]의 전류가 흐르고 있을 때 단위시간당 구리선의 단면을 통과하는 전자의 개수는? (단, 전자의 전하량 $e = 1.602 \times 10^{-19}$[C] 이다.)

① 6.24×10^{17}
② 6.24×10^{19}
③ 1.28×10^{21}
④ 1.28×10^{23}

해설 $I = \dfrac{Q}{t}$[C/sec]

Q(전기량)$= It$[C]이다.

∴ 단위시간당 구리선의 단면적을 통과하는 전자개수

$N = \dfrac{Q}{e} = \dfrac{It}{e} = \dfrac{10 \times 1}{1.602 \times 10^{-19}} ≒ 6.24 \times 10^{19}$개가 된다.

해답 1. ③ 2. ②

003
자계의 벡터포텐셜을 A라 할 때 자계의 변화에 의하여 생기는 전계의 세기 E는?

① $E = rot A$
② $rot E = A$
③ $E = -\dfrac{\partial A}{\partial t}$
④ $rot E = -\dfrac{\partial A}{\partial t}$

해설 B(자속밀도)$= rot A$를 맥스웰의 제2전자파동방정식에 대입하면
$rot E = -\dfrac{\partial B}{\partial t} = -\dfrac{\partial rot A}{\partial t}$에서
∴ E(전계세기)$= -\dfrac{\partial A}{\partial t}$ 가 된다.

004
투자율을 μ라 하고 공기 중의 투자율 μ_0와 비투자율 μ_s의 관계에서 $\mu_s = \dfrac{\mu}{\mu_0} = 1 + \dfrac{\chi}{\mu_0}$로 표현된다. 이에 대한 설명으로 알맞은 것은? (단, χ는 자화율이다.)

① $\chi > 0$인 경우 역자성체
② $\chi < 0$인 경우 상자성체
③ $\mu_s > 1$인 경우 비자성체
④ $\mu_s < 1$인 경우 역자성체

해설 χ(자화율)$= \mu_0(\mu_s - 1)$이다.
역자성체 : $\chi < 0$, $\mu_s < 1$
강자성체 : $\chi > 0$, $\mu_s > 1$ 이다.
∴ $\mu_s < 1$인 경우가 역자성체이다.

005
[$\Omega \cdot sec$]와 같은 단위는?

① [F] ② [F/m]
③ [H] ④ [H/m]

해설 패러데이 전자유도법칙에서 $V = L\dfrac{di}{dt}$[V]
L(인덕턴스)$= \dfrac{V}{di} \times dt \left(\dfrac{V}{A} \times sec = \Omega \cdot sec = H \right)$이다.
∴ L(인덕턴스)의 단위로서 H(헨리)이다.

정답 3.③ 4.④ 5.③

006 0.2[C]의 점전하가 전계 $E = 5a_y + a_z$[V/m] 및 자속밀도 $B = 2a_y + 5a_z$[Wb/m²] 내로 속도 $v = 2a_x + 3a_y$[m/s]로 이동할 때 점전하에 작용하는 힘 F[N]은? (단, a_x, a_y, a_z는 단위 벡터이다.)

① $2a_x - a_y + 3a_z$
② $3a_x - a_y + a_z$
③ $a_x + a_y - 2a_z$
④ $5a_x + a_y - 3a_z$

해설 로렌츠의 힘이란 전계 자계 중에 점전하 q[C]를 놓을 때 이 점전하 q[C]에 작용하는 힘을 말한다.

$$\therefore F(\text{로렌츠의 힘}) = q[E + (v \times B)] = 0.2\left((5a_y + a_z) + \begin{vmatrix} a_x & a_y & a_z \\ 2 & 3 & 0 \\ 0 & 2 & 5 \end{vmatrix}\right)$$

$$= (a_y + 0.2a_z) + 0.2[a_x(15-0) - a_y(10-0) + a_z(4-0)]$$

$$= a_y + 0.2a_z + 3a_x - 2a_y + 0.8a_z = 3a_x - a_y + a_z[N] \text{이 된다.}$$

007 자계의 세기 $H = xya_y - xza_z$[A/m]일 때 점(2, 3, 5)에서 전류밀도는 몇 [A/m²]인가?

① $3a_x + 5a_y$
② $3a_y + 5a_z$
③ $5a_x + 3a_z$
④ $5a_y + 3a_z$

해설 맥스웰의 제1전자파동방정식에서 $rot H = i$[A/m²]이다.

$\therefore i$ (전류밀도)

$$= rot H = \nabla \times H = \left(a_x \frac{\partial}{\partial x} + a_y \frac{\partial}{\partial y} + a_z \frac{\partial}{\partial z}\right) \times (0 + xya_y - xza_z)$$

$$= \begin{vmatrix} a_x & a_y & a_z \\ \frac{\partial}{\partial x} & \frac{\partial}{\partial y} & \frac{\partial}{\partial z} \\ 0 & xy & -xz \end{vmatrix} = a_x\left[\frac{\partial(-xz)}{\partial y} - \frac{\partial xy}{\partial z}\right] - a_y\left[\frac{\partial(-xz)}{\partial x} - 0\right] + a_z\left(\frac{\partial xy}{\partial x} - 0\right)$$

$$= a_x(0-0) - a_y(-z) + a_z(y) = -a_y(-5) + a_z(3) = 5a_y + 3a_z[\text{A/m}^2] \text{가 된다.}$$

008 평행판 콘덴서의 극간 전압이 일정한 상태에서 극간에 공기가 있을 때의 흡인력을 F_1, 극판 사이에 극판 간격의 $\frac{2}{3}$ 두께의 유리판($\varepsilon_r = 10$)을 삽입할 때의 흡인력을 F_2라 하면 $\frac{F_2}{F_1}$는?

① 0.6
② 0.8
③ 1.5
④ 2.5

해설 평행판 공기콘덴서의 정전용량 $C_0 = \frac{\varepsilon_0 s}{d}$[F] ······················ ①

평행판 공기콘덴서 극판 사이에 극판 간격 $\frac{2}{3}$

정답 6.② 7.④ 8.④

두께의 유리판($\varepsilon_r = 10$)을 삽입할 때의 정전용량

$$C = \frac{C_1 C_2}{C_1 + C_2} = \frac{3C_0 \times \frac{3}{2}C_0\varepsilon_r}{3C_0 + \frac{3}{2}C_0\varepsilon_r} = \frac{\frac{3}{2}C_0\varepsilon_r}{1 + \frac{1}{2}\varepsilon_r} = \frac{\frac{3}{2}C_0 \times 10}{1 + \frac{1}{2} \times 10} = \frac{30C_0}{12} = 2.5C_0[F] \quad \cdots\cdots ②$$

단, $C_1 = \dfrac{\varepsilon_0 s}{\frac{1}{3}d} = 3\dfrac{\varepsilon_0 s}{d} = 3C_0[F]$

$C_2 = \dfrac{\varepsilon_0 \varepsilon_r s}{\frac{2}{3}d} = \dfrac{3}{2}\varepsilon_r\dfrac{\varepsilon_0 s}{d} = \dfrac{3}{2}C_0\varepsilon_r[F]$이며 C_1과 C_2는 직렬연결이다.

∴ ①, ②에서 흡인력의 비=에너지의 비=정전용량의 비가 된다.

∴ $\dfrac{②}{①} = \dfrac{F_2}{F_1} = \dfrac{W_2}{W_1} = \dfrac{C}{C_0} = \dfrac{2.5C_0}{C_0} = 2.5$가 된다.

009 진공 중에 +20[μC]과 -3.2[μC]인 2개의 점전하가 1.2[m] 간격으로 놓여 있을 때 두 전하 사이에 작용하는 힘[N]과 작용력은 어떻게 되는가?

① 0.2[N], 반발력 ② 0.2[N], 흡인력
③ 0.4[N], 반발력 ④ 0.4[N], 흡인력

해설 Coulomb의 법칙에서 2개의 점전하 사이에 작용하는 힘

$$F = \frac{Q_1 \times (-Q_2)}{4\pi\varepsilon_o r^2} = 9 \times 10^9 \times \frac{20 \times (-3.2) \times 10^{-12}}{(1.2)^2}$$

$= -\dfrac{9 \times 20 \times 3.2 \times 10^{-3}}{1.44} = -\dfrac{0.576}{1.44} = -0.4[N]$이다.

∴ 작용하는 힘은 0.4[N], 작용력은 흡인력(-)이다.

010 내부도체의 반지름이 a[m]이고, 외부도체의 내반지름이 b[m], 외반지름이 c[m]인 동축 케이블의 단위 길이당 자기 인덕턴스는 몇 [H/m]인가?

① $\dfrac{\mu_0}{2\pi}\ln\dfrac{b}{a}$ ② $\dfrac{\mu_0}{\pi}\ln\dfrac{b}{a}$
③ $\dfrac{2\pi}{\mu_0}\ln\dfrac{b}{a}$ ④ $\dfrac{\pi}{\mu_0}\ln\dfrac{b}{a}$

해설 $B(\text{자속밀도}) = \mu_o H = \dfrac{d\phi}{ds}[\text{Wb/m}^2]$

$\phi(\text{자속}) = \displaystyle\int_S Bds [\text{Wb}]$

동축 케이블로부터 임의거리 r[m] 떨어진 점에 자계세기는 앙페르의 주회적분법칙에서 $\displaystyle\int_C Hdl = I$

$H(\text{자계세기}) = \dfrac{I}{l} = \dfrac{I}{2\pi r}[\text{AT/m}]$이다.

해답 9. ④ 10. ①

∴ 동축케이블의 단위길이당의 자기인덕턴스

$$L = \frac{\phi}{I} = \frac{\int_a^b B ds}{I} = \frac{\int_a^b \mu_0 H \times 1 dr}{I} = \frac{\int_a^b \mu_0 \frac{I}{2\pi r} \times 1 dr}{I} = \frac{\mu_0}{2\pi} \int_a^b \frac{1}{r} dr = \frac{\mu_0}{2\pi} (\ln r)_a^b$$

$\frac{\mu_0}{2\pi} \ln \frac{b}{a}$ [H/m]이다.

011 진공 중에 있는 반지름 a[m]인 도체구의 정전용량 [F]은?
① $4\pi\varepsilon_0 a$
② $2\pi\varepsilon_0 a$
③ $a\varepsilon_0 a$
④ a

해설 반지름 a[m]인 도체구의 전위 $V = \frac{Q}{4\pi\varepsilon_o a}$[V]이다. 도체구와 대지사이의 정전용량이 도체구의 정전용량이 된다.

∴ C(도체구의 정전용량) $= \frac{Q}{V} = \frac{Q}{\frac{Q}{4\pi\varepsilon_o a}} = 4\pi\varepsilon_o a$[F]가 된다.

012 회로에서 단자 a-b간에 V의 전위차를 인가할 때 C_1의 에너지는?

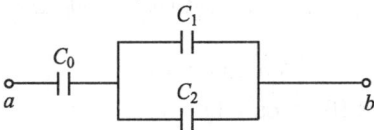

① $\frac{C_1^2 V^2}{2} \left(\frac{C_1 + C_2}{C_0 + C_1 + C_2} \right)^2$

② $\frac{C_1 V^2}{2} \left(\frac{C_0}{C_0 + C_1 + C_2} \right)^2$

③ $\frac{C_1 V^2}{2} \frac{C_0(C_1 + C_2)}{(C_0 + C_1 + C_2)^2}$

④ $\frac{C_1 V^2}{2} \frac{C_0^2 C_2}{(C_0 + C_1 + C_2)}$

해설 C_1[F]에 걸리는 전압 $V_1 = \frac{C_o}{C_1 + C_2 + C_0} \times V$[V]이다.

∴ C_1[F]의 에너지 $W_1 = \frac{1}{2} C_1 V_1^2 = \frac{1}{2} C_1 \left(\frac{C_0}{C_1 + C_2 + C_0} \times V \right)^2$

$= \frac{C_1 V^2}{2} \left(\frac{C_0}{C_0 + C_1 + C_2} \right)^2$ [J]가 된다.

11. ① 12. ②

013

무한장 직선도체가 있다. 이 도체로부터 수직으로 0.1[m] 떨어진 점의 자계의 세기가 180[AT/m]이다. 이 도체로부터 수직으로 0.3[m] 떨어진 점의 자계의 세기[AT/m]는?

① 20
② 60
③ 180
④ 540

무한 직선도체로부터 수직으로 r[m] 떨어진 점에 자계세기는 앙페르의 주회적분법칙에서 $\int_c Hdl = I$

H(자계세기)$= \dfrac{I}{2\pi r}$[AT/m]이다.

∴ ① $r_1 = 0.1$[m]인 점에 자계세기 $H_1 = 180 = \dfrac{I}{2\pi r_1} = \dfrac{I}{2\pi \times 0.1}$[AT/m]에서

I(전류)$= 180 \times 2\pi \times 0.1 = 113.04$[A]

② $r_2 = 0.3$[m]인 점에 자계세기 $H_2 = \dfrac{I}{2\pi r_2} = \dfrac{113.04}{2\pi \times 0.3} = \dfrac{113.04}{1.884} = 60$[AT/m]가 된다.

014

공기 중에서 x방향으로 진행하는 전자파가 있다.
$E_y = 3 \times 10^{-2} \sin\omega(x - vt)$[V/m],
$E_z = 4 \times 10^{-2} \sin\omega(x - vt)$[V/m]일 때 포인팅 벡터의 크기[W/m²]는?

① $6.63 \times 10^{-6} \sin^2\omega(x - vt)$
② $6.63 \times 10^{-6} \cos^2\omega(x - vt)$
③ $6.63 \times 10^{-4} \sin\omega(x - vt)$
④ $6.63 \times 10^{-4} \cos\omega(x - vt)$

$E = \sqrt{E_y^2 + E_z^2} = \sqrt{3^2 + 4^2} \times 10^{-2} \sin\omega(x - vt) = 5 \times 10^{-2} \sin\omega(x - vt)$[V/m] ……… ①

Z_o(전자계 고유임피던스)$= \dfrac{E}{H} = \sqrt{\dfrac{\mu_0}{\varepsilon_0}}$[Ω]에서

H(자계세기)$= \sqrt{\dfrac{\varepsilon_0}{\mu_0}} E = \dfrac{E}{377} = 2.654 \times 10^{-3} E$[AT/m] ……… ②

∴ ①×②식에서 포인팅 벡터
$P = E \times H = E \times 2.654 \times 10^{-3} E = 2.654 \times 10^{-3} \times E^2 = 2.654 \times 10^{-3} \times (5 \times 10^{-2})^2 \sin^2\omega(x - vt)$
$≒ 6.63 \times 10^{-6} \sin^2\omega(x - vt)$[W/m²]가 된다.

015

$Q\ell = \pm 200\pi\varepsilon_o \times 10^3$ [C·m]인 전기쌍극자에서 ℓ과 r의 사이 각이 $\dfrac{\pi}{3}$이고, $r = 1$[m]인 점의 전위[V]는?

① $50\pi \times 10^4$
② 50×10^3
③ 25×10^3
④ $5\pi \times 10^4$

13. ② 14. ① 15. ③

해설 M(전기 쌍극자 moment)$=Q\ell=\pm 200\pi\varepsilon_o\times 10^3 [\text{c}\cdot\text{m}]$일 때 전기 쌍극자에 의한 임의

의 점에 전위 $V=\dfrac{M\cos\theta}{4\pi\varepsilon_o r^2}=\dfrac{200\pi\varepsilon_o\times 10^3\times\cos\dfrac{\pi}{3}}{4\pi\varepsilon_o\times 1^2}=50\times 10^3\times\dfrac{1}{2}=25\times 10^3[\text{V}]$이다.

016

60[Hz]의 교류 발전기의 회전자가 자속밀도 0.15[Wb/m²]의 자기장 내에서 회전하고 있다. 만일 코일의 면적이 2×10^{-2}[m²]일 때 유도기전력의 최대값 $E_m=220$[V]가 되려면 코일을 약 몇 번 감아야 하는가? (단, $\omega=2\pi f=377$ [rad/sec]이다.)

① 195회
② 220회
③ 395회
④ 440회

해설 ϕ(자속)$=BS\cos\omega t$[Wb]인 N 코일에 유도기전력은 렌츠 법칙에서

$e=-N\dfrac{d\phi}{dt}=-N\dfrac{dBS\cos\omega t}{dt}=-NBS\omega(-\sin\omega t)=NBS\omega\sin\omega t=E_m\sin\omega t$[V]에서

E_m(최대치 전압)$=NBS\omega$

N(코일의 권수) $=\dfrac{E_m}{BS\omega}=\dfrac{220}{0.15\times 2\times 10^{-2}\times 377}=\dfrac{22000}{113.1}=195$회다.

017

유전율 ε_1, ε_2인 두 유전체 경계면에서 전계가 경계면에 수직일 때 경계면에 작용하는 힘은 몇 [N/m²] 인가? (단, $\varepsilon_1 > \varepsilon_2$이다.)

① $\left(\dfrac{1}{\varepsilon_1}+\dfrac{1}{\varepsilon_2}\right)D$

② $2\left(\dfrac{1}{\varepsilon_1^2}+\dfrac{1}{\varepsilon_2^2}\right)D^2$

③ $\dfrac{1}{2}\left(\dfrac{1}{\varepsilon_2}-\dfrac{1}{\varepsilon_1}\right)D$

④ $\dfrac{1}{2}\left(\dfrac{1}{\varepsilon_2}-\dfrac{1}{\varepsilon_1}\right)D^2$

해설 전계의 맥스웰 응력에서 유전율 $\varepsilon_1\cdot\varepsilon_2$인 두 유전체 경계면에서 전계가 계면에 수직일 때는 전계방향으로 $f=\dfrac{1}{2}(E_2-E_1)D=\dfrac{1}{2}(\dfrac{1}{\varepsilon_2}-\dfrac{1}{\varepsilon_1})D^2$[N/m²]의 인장응력(흡인력)이다.

또 전계가 계면에 평행일 때는 전계와 수직방향으로 $f=\dfrac{1}{2}(D_1-D_2)E=\dfrac{1}{2}(\varepsilon_1-\varepsilon_2)E^2$ [N/m²]의 압축응력(흡인력)의 힘이 작용한다.

해답 16.① 17.④

018 와전류와 관련된 설명으로 틀린 것은?

① 단위체적당 와류손의 단위는 [W/m³]이다.
② 와전류는 교번자속의 주파수와 최대자속밀도에 비례한다.
③ 와전류손은 히스테리시스손과 함께 철손이다.
④ 와전류손을 감소시키기 위하여 성층철심을 사용한다.

해설 와전류손의 설명으로 옳은 것은
① P_e(와전류손)$=\eta(f\cdot t\cdot k_f B_m)^2$[W/m³]으로 단위체적당 와류손의 단위는 [W/m³]이다.
② P_i(철손)$=P_h$(히스테리시스손)$+P_e$(와전류손)이다.
③ 와전류손을 감소시키기 위하여 성층철심을 사용한다.

019 전속밀도에 대한 설명으로 가장 옳은 것은?

① 전속은 스칼라량이기 때문에 전속밀도도 스칼라량이다.
② 전속밀도는 전계의 세기의 방향과 반대 방향이다.
③ 전속밀도는 유전체 내에 분극의 세기와 같다.
④ 전속밀도는 유전체와 관계없이 크기는 일정하다.

해설 D(전속밀도=유전속밀도)$=\dfrac{\psi}{S}=\dfrac{Q}{S}$[c/m²]는 유전체나 공기 중인 경우에도 그 크기는 일정(동일)하다. 즉 전속밀도는 유전체와 관계없이 크기는 일정하다.

020 균일한 자속밀도 B 중에 자기모멘트 m의 자석(관성모멘트 I)이 있다. 이 자석을 미소 진동시켰을 때의 주기는?

① $\dfrac{1}{2\pi}\sqrt{\dfrac{I}{mB}}$
② $\dfrac{1}{2\pi}\sqrt{\dfrac{mB}{I}}$
③ $2\pi\sqrt{\dfrac{I}{mB}}$
④ $2\pi\sqrt{\dfrac{mB}{I}}$

해설 B(자속밀도)[Wb/m²] 중에 자기moment인 자석 m[Wb]를 놓으면 m[Wb]가 받는 힘

$F = I \times Bl = \dfrac{e}{t}Bl = \dfrac{m}{t}B \times \dfrac{l}{t} = mB\dfrac{l}{t^2} = mB$[m/sec²] ········· ①

v(속도)$=\dfrac{l}{t}=r\omega$[rad/sec], e(유기기전력)$=\dfrac{\phi}{t}=\dfrac{m}{t}$[V],

또한 자석의 회전력 $F=mv^2=m\times(r\omega)^2=mr^2\omega^2=I\omega^2$[m/sec²] ········· ②

이다. [단, $I=mr^2$(관성 moment)]

∴ ①=②식에서 $mB=I\omega^2$이다.

∴ $\omega=2\pi f=2\pi\dfrac{1}{T}\equiv\sqrt{\dfrac{mB}{I}}$ [rad/sec]이고 이 자석을 미소 진동시키는 주기

$T=2\pi\sqrt{\dfrac{I}{mB}}$ [sec]가 된다.

정답 18. ② 19. ④ 20. ③

02 전/력/공/학

021 3상 송전선로의 각 상의 대지 정전용량을 C_a, C_b 및 C_c라 할 때, 중성점 비접지 시의 중성점과 대지 간의 전압은? (단, E는 상전압이다.)

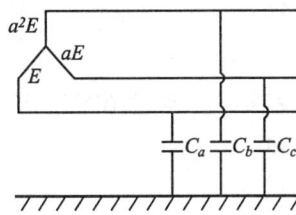

① $(C_a + C_b + C_c)E$

② $\dfrac{\sqrt{C_a C_b + C_b C_c + C_c C_a}}{C_a + C_b + C_c} E$

③ $\dfrac{\sqrt{C_a(C_a - C_b) + C_b(C_b - C_c) + C_c(C_c - C_a)}}{C_a + C_b + C_c} E$

④ $\dfrac{\sqrt{C_a(C_b - C_c) + C_b(C_c - C_a) + C_c(C_a - C_b)}}{C_a + C_b + C_c} E$

해설 그림에서 각 선의 전류를 I_a, I_b, I_c이고 각 상의 전압 $E_a = E$, $E_b = a^2 E = \left(-\dfrac{1}{2} - j\dfrac{\sqrt{3}}{2}\right)E$, $E_c = aE = \left(-\dfrac{1}{2} + j\dfrac{\sqrt{3}}{2}\right)E$이며 중성점 비접지 시 중성점과 대지 간의 전압 E_n[V]를 구하면

① 각 선의 전류 $I_a = j\omega c_a (E_a - E_n)$[A]
$I_b = j\omega c_b (E_b - E_n)$[A]
$I_c = j\omega c_c (E_c - E_n)$[A]이다.

3상에서 $I_a + I_b + I_c = 0$

$\therefore j\omega C_a(E - E_n) + j\omega C_b(a^2 E - E_n) + j\omega C_c(aE - E_n) = 0$에서 $j\omega E_n (C_a + C_b + C_c)$
$= j\omega E(C_a + a^2 C_b + a C_c)$

$E_n = \dfrac{(C_a + a^2 C_b + a C_c)E}{C_a + C_b + C_c} = \dfrac{\left[C_a + \left(-\dfrac{1}{2} - j\dfrac{\sqrt{3}}{2}\right)C_b + \left(-\dfrac{1}{2} + j\dfrac{\sqrt{3}}{2}\right)C_c\right] \times E}{C_a + C_b + C_c}$

$= \dfrac{\left(C_a - \dfrac{1}{2}C_b - \dfrac{1}{2}C_c\right) + j\dfrac{\sqrt{3}}{2}(C_c - C_b)}{C_a + C_b + C_c} \times E$[V]

$\therefore |E_n| = \dfrac{\sqrt{\left(C_a - \dfrac{1}{2}C_b - \dfrac{1}{2}C_c\right)^2 + \dfrac{3}{4}(C_c - C_b)^2}}{C_a + C_b + C_c} \times E$

$= \dfrac{\sqrt{C_a^2 + \dfrac{1}{4}C_b^2 + \dfrac{1}{4}C_c^2 - C_a C_b + \dfrac{1}{2}C_b C_c - C_a C_c + \dfrac{3}{4}(C_c^2 - 2C_b C_c + C_b^2)}}{C_a + C_b + C_c} \times E$

$= \dfrac{\sqrt{C_a^2 + C_b^2 + C_c^2 - C_a C_b - C_b C_c - C_c C_a}}{C_a + C_b + C_c} \times E$

$= \dfrac{\sqrt{C_a(C_a - C_b) + C_b(C_b - C_c) + C_c(C_c - C_a)}}{C_a + C_b + C_c} \times E$[V]가 된다.

정답 21. ③

022 전력계통의 전압을 조정하는 가장 보편적인 방법은?
① 발전기의 유효전력 조정
② 부하의 유효전력 조정
③ 계통의 주파수 조정
④ 계통의 무효전력 조정

해설 계통의 무효전력 조정 방법이 전력계통의 전압을 조정하는 가장 보편적인 방법이다.

023 폐쇄 배전반을 사용하는 주된 이유는 무엇인가?
① 보수의 편리
② 사람에 대한 안전
③ 기기의 안전
④ 사고파급 방지

해설 폐쇄 배전반을 사용하는 주된 이유는 사람에 대한 안전이다.

024 송전계통의 안정도를 향상시키는 방법이 아닌 것은?
① 직렬리액턴스를 증가시킨다.
② 전압변동을 적게 한다.
③ 중간 조상방식을 채용한다.
④ 고장전류를 줄이고, 고장구간을 신속히 차단한다.

해설 송전계통의 안정도를 향상시키는 방법
① 직렬리액턴스(X)를 적게, 전압변동을 적게 한다.
② 중간 조상방식을 채용한다.
③ 고장전류를 줄이고, 고장구간을 신속히 차단한다.

025 66[kV] 송전선로에서 3상 단락고장이 발생하였을 경우 고장점에서 본 등가 정상임피던스가 자기용량(40[MVA]) 기준으로 20[%]일 경우 고장전류는 정격전류의 몇 배가 되는가?
① 2
② 4
③ 5
④ 8

해설 I_n(정격전류) $= \dfrac{P_n}{\sqrt{3} \times V} = \dfrac{40 \times 10^3}{\sqrt{3} \times 66} ≒ 350[A]$

고장전류 $= \dfrac{100}{\%Z} \times I_n = \dfrac{100}{20} \times I_n = 5I_n[A]$

∴ 고장전류는 정격전류(I_n)의 5배이다.

026 조압수조의 설치 목적은?
① 조속기의 보호
② 수차의 보호
③ 여수의 처리
④ 수압관의 보호

정답 22.④ 23.② 24.① 25.③ 26.④

해설 조압수조의 설치 목적은 발전소에 부하가 차단 또는 급변하면 수격작용이 일어난다. 이 수격압은 조압수조와 수압철관에 다 같이 걸리므로 조압수조는 수격작용 완화로 수압관(철관)을 보호한다. 즉, 수압관(철관)의 보호이다.

027 망상(network)배전방식의 장점이 아닌 것은?
① 전압변동이 적다.
② 인축의 접지사고가 적어진다.
③ 부하의 증가에 대한 융통성이 크다.
④ 무정전 공급이 가능하다.

해설 망상(network)배전방식의 장점
① 전압변동이 적다.
② 부하의 증가에 대한 융통성이 크다.
③ 무정전 공급이 가능하다.

028 정전용량 0.01[μF/km], 길이 173.2[km], 선간전압 60[kV], 주파수 60[Hz]인 3상 송전선로의 충전전류는 약 몇 [A]인가?
① 6.3
② 12.5
③ 22.6
④ 37.2

해설 3상 송전 선로의 충전 전류
$$I_c = \frac{E}{X_c} \times l = \omega CEl = 2\pi fc \times \frac{V}{\sqrt{3}} l = 2 \times 3.14 \times 60 \times 0.01 \times 10^{-6} \times \frac{60 \times 10^3}{\sqrt{3}} \times 173.2$$
$$= 377 \times 0.01 \times 60 \times 100 \times 10^{-3} ≒ 22.6[A] 이다.$$

029 원자로의 냉각재가 갖추어야 할 조건이 아닌 것은?
① 열용량이 적을 것
② 중성자의 흡수가 적을 것
③ 열전도율 및 열전달 계수가 클 것
④ 방사능을 띠기 어려울 것

해설 원자로의 냉각재가 갖추어야 할 조건
① 중성자의 흡수가 적을 것
③ 열전도율 및 열전달 계수가 클 것
④ 방사능을 띠기 어려울 것

030 접지봉으로 탑각의 접지저항값을 희망하는 접지저항값까지 줄일 수 없을 때 사용하는 것은?
① 가공지선
② 매설지선
③ 크로스본드선
④ 차폐선

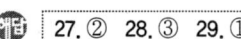
27. ② 28. ③ 29. ① 30. ②

2015년 3월 8일 시행

해설 매설지선이란 접지봉으로 탑각의 접지저항값을 희망하는 접지저항값까지 줄일 수 없을 때 사용하는 지선이다.

031 임피던스 Z_1, Z_2 및 Z_3를 그림과 같이 접속한 선로의 A 쪽에서 전압파 E가 진행해 왔을 때 접속점 B에서 무반사로 되기 위한 조건은?

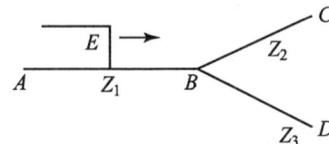

① $Z_1 = Z_2 + Z_3$
② $\dfrac{1}{Z_3} = \dfrac{1}{Z_1} + \dfrac{1}{Z_2}$
③ $\dfrac{1}{Z_1} = \dfrac{1}{Z_2} + \dfrac{1}{Z_3}$
④ $\dfrac{1}{Z_2} = \dfrac{1}{Z_1} + \dfrac{1}{Z_3}$

해설 접속점 B에서 무반사로 되기 위한 조건은, $Z_2Z_3 - Z_1Z_2 - Z_1Z_3 = 0$,
$Z_2Z_3 - Z_1(Z_2 + Z_3) = 0$, $Z_2Z_3 = Z_1(Z_2 + Z_3)$, $Z_1 = \dfrac{Z_2Z_3}{Z_2+Z_3}$이다.
∴ $\dfrac{1}{Z_1} = \dfrac{1}{Z_2} + \dfrac{1}{Z_3}$ 가 되어야 한다.

032 선로고장 발생 시 고장전류를 차단할 수 없어 리클로저와 같이 차단 기능이 있는 후비보호 장치와 직렬로 설치되어야 하는 장치는?

① 배선용차단기
② 유입개폐기
③ 컷아웃스위치
④ 섹셔널라이저

해설 섹셔널라이저는 선로고장 발생 시 고장전류를 차단할 수 없어 리클로저와 같이 차단 기능이 있는 후비보호 장치와 직렬로 설치되어야 하는 장지이다.

033 다중접지 3상 4선식 배전선로에서 고압측(1차측) 중성선과 저압측(2차측) 중성선을 전기적으로 연결하는 목적은?

① 저압측의 단락 사고를 검출하기 위함
② 저압측의 접지 사고를 검출하기 위함
③ 주상 변압기의 중성선측 부싱을 생략하기 위함
④ 고저압 혼촉 시 수용가에 침입하는 상승전압을 억제하기 위함

해설 다중접지 3상 4선식 배전선로에서 고압측(1차측) 중성선과 저압측(2차측) 중성선을 전기적으로 연결하는 목적은 고·저압 혼촉 시 수용가에 침입하는 상승전압을 억제하기 위함이다.

예답 31. ③ 32. ④ 33. ④

034 % 임피던스에 대한 설명으로 틀린 것은?
① 단위를 갖지 않는다.
② 절대량이 아닌 기준량에 대한 비를 나타낸 것이다.
③ 기기 용량의 크기와 관계없이 일정한 범위의 값을 갖는다.
④ 변압기나 동기기의 내부 임피던스에만 사용할 수 있다.

해설 % 임피던스에 대한 설명으로 옳은 것
① 단위를 갖지 않는다.
② 절대량이 아닌 기준량에 대한 비를 나타낸 것이다.
③ 기기 용량의 크기와 관계없이 일정한 범위의 값을 갖는다.

035 송전단 전압이 66[kV], 수전단 전압이 60[kV]인 송전선로에서 수전단의 부하를 끊을 경우에 수전단 전압이 63[kV]가 되었다면 전압변동률은 몇 [%]가 되는가?
① 4.5
② 4.8
③ 5.0
④ 10.0

해설 전압강하율 $= \dfrac{V_s - V_r}{V_r} \times 100 = \dfrac{66-60}{60} \times 100 = 10[\%]$

전압변동률 $= \dfrac{V_{ro} - V_r}{V_r} \times 100 = \dfrac{63-60}{60} \times 100 = 5[\%]$ 이다.

036 피뢰기의 직렬 갭(gap)의 작용으로 가장 옳은 것은?
① 이상전압의 진행파를 증가시킨다.
② 상용주파수의 전류를 방전시킨다.
③ 이상전압이 내습하면 뇌전류를 방전하고, 상용주파수의 속류를 차단하는 역할을 한다.
④ 뇌전류 방전 시의 전위상승을 억제하여 절연파괴를 방지한다.

해설 피뢰기 직렬 갭(gap)의 작용은 이상전압이 내습하면 뇌전류를 방전하고, 상용주파수의 속류를 차단하는 역할을 한다.

037 전력선에 의한 통신선로의 전자유도장해 발생요인은 주로 무엇 때문인가?
① 지락사고 시 영상전류가 커지기 때문에
② 전력선의 전압이 통신선로보다 높기 때문에
③ 통신선에 피뢰기를 설치하였기 때문에
④ 전력선과 통신선로 사이의 상호인덕턴스가 감소하였기 때문에

해설 전력선에 의한 통신선로의 전자유도장해 발생요인은 지락사고 시 영상전류가 커지기 때문이다.

038 3000[kW], 역률 75[%](늦음)의 부하에 전력을 공급하고 있는 변전소에 콘덴서를 설치하여 역률을 93[%]로 향상시키고자 한다. 필요한 전력용 콘덴서의 용량은 약 몇 [kVA]인가?

① 1460
② 1540
③ 1620
④ 1730

해설
$\begin{cases} \cos\theta_1 = 0.75 \\ \sin\theta_1 = \sqrt{1-(\cos\theta_1)^2} = \sqrt{1-(0.75)^2} = \sqrt{0.4375} ≒ 0.66 \end{cases}$

$\begin{cases} \cos\theta_2 = 0.93 \\ \sin\theta_2 = \sqrt{1-(\cos\theta_2)^2} = \sqrt{1-(0.93)^2} = \sqrt{0.135} ≒ 0.36 \end{cases}$

∴ $\cos\theta_1 \to \cos\theta_2$로 향상시키기 위해 필요한 전력용 콘덴서의 용량

$P_c = P(\tan\theta_1 - \tan\theta_2) = 3000\left(\dfrac{\sin\theta_1}{\cos\theta_1} - \dfrac{\sin\theta_2}{\cos\theta_2}\right) = 3000\left(\dfrac{0.66}{0.75} - \dfrac{0.36}{0.93}\right)$

$= 3000(0.88 - 0.393) ≒ 1460[\text{kVA}]$가 된다.

039 배전계통에서 전력용 콘덴서를 설치하는 목적으로 가장 타당한 것은?

① 배전선의 전력손실 감소
② 전압강하 증대
③ 고장 시 영상전류 감소
④ 변압기 여유율 감소

해설 배전계통에서 전력용 콘덴서를 설치하는 목적은 배전계통의 역률개선으로 배전선의 전력 손실을 감소시킨다.

040 역률 개선용 콘덴서를 부하와 병렬로 연결하고자 한다. △결선방식과 Y결선방식을 비교하면 콘덴서의 정전용량[μF]의 크기는 어떠한가?

① △결선방식과 Y결선방식은 동일하다.
② Y결선방식이 △결선방식의 $\dfrac{1}{2}$이다.
③ △결선방식이 Y결선방식의 $\dfrac{1}{3}$이다.
④ Y결선방식이 △결선방식의 $\dfrac{1}{\sqrt{3}}$이다.

해설 △결선방식과 Y결선방식의 저항(R)의 크기 관계와 콘덴서(C)의 정전용량[μF]의 크기 관계는

① 저항 R[Ω]의 크기 관계 $Y_r = \dfrac{1}{3}\triangle_R$, $\triangle_R = 3Y_r$가 되고

② 콘덴서(C)의 정전용량[μF]의 크기 관계는 $C_Y = 3C_\triangle$, $C_\triangle = \dfrac{1}{3}C_Y$으로 △결선방식이 Y결선방식의 $\dfrac{1}{3}$이다.

정답 38.① 39.① 40.③

03 전/기/기/기

[041] 유도전동기의 2차 여자 시에 2차 주파수와 같은 주파수의 전압 E_c를 2차에 가한 경우 옳은 것은? (단, sE_2는 유도기의 2차 유도기전력이다.)

① E_c를 sE_2와 반대위상으로 가하면 속도는 증가한다.
② E_c를 sE_2보다 90° 위상을 빠르게 가하면 역률은 개선된다.
③ E_c를 sE_2와 같은 위상으로 $E_c < SE_2$의 크기로 가하면 속도는 증가한다.
④ E_c를 sE_2와 같은 위상으로 $E_c = SE_2$의 크기로 하가면 동기속도 이상으로 회전한다.

해설 유도 전동기의 2차 여자 시에 2차 주파수의 유도기전력(SE_2)와 같은 주파수의 전압 E_2(여자전압)를 2차에 가해주면 전동기의 속도는 ① E_c와 SE_2가 동일 방향일 때는 속도상승 ② E_c를 SE_2보다 90° 위상을 빠르게 가하면 역률은 개선된다. ③ E_c와 SE_2가 반대 방향일 때는 속도 감소된다.
∴ 고효율의 속도제어가 된다.

[042] 정격이 10[HP], 200[V]인 직류 분권전동기가 있다. 전부하 전류는 46[A], 전기자저항은 0.25[Ω], 계자저항은 100[Ω]이며, 브러시 접촉에 의한 전압강하는 2[V], 철손과 마찰손을 합쳐 380[W]이다. 표유부하손을 정격출력의 1[%]라 한다면 이 전동기의 효율[%]은? (단, 1[HP]=746[W]이다.)

① 84.5　　② 82.5
③ 80.2　　④ 78.5

해설 P_i(직류 분권전동기 입력)$= VI = 200 \times 46 = 9200$[W] ················ ①
직류 분권전동기

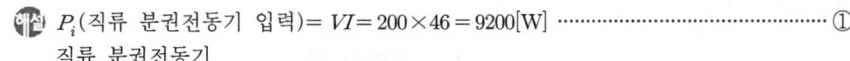

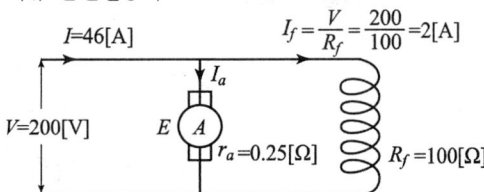

$I = I_a + I_f$[A]
I_a(전기자 전류)$= I - I_f = 46 - 2 = 44$[A]
∴ 손실=전기자 저항손($I_a^2 \times r_a$) + 계자저항손($I_f^2 \times R_f$) + 브러시 접촉에 의한 손($e_b \times I_a$) + (철손 + 마찰손) + 표유부하손(정격출력의 1[%])
$= 44^2 \times 0.25 + 2^2 \times 100 + 2 \times 44 + 380 + (10 \times 746) \times 0.01$
$= 484 + 400 + 88 + 380 + 74.6 = 1426.6$[W] ················ ②
P_o(직류 분권전동기의 출력)$=$ 입력 $-$ 손실 $= 9200 - 1426.6 = 7773.4$[W]
∴ 직류 분권전동기의 효율 $\eta = \dfrac{출력}{입력} \times 100 = \dfrac{7773.4}{9200} \times 100 ≒ 84.5$[%] 이다.

해답 41. ②　42. ①

043 자동제어장치에 쓰이는 서보 모터(servo motor)의 특성을 나타내는 것 중 틀린 것은?
① 빈번한 시동, 정지, 역전 등의 가혹한 상태에 견디도록 견고하고 큰 돌입 전류에 견딜 것
② 시동 토크는 크나, 회전부의 관성 모멘트가 작고 전기적 시정수가 짧을 것
③ 발생 토크는 입력신호(入力信號)에 비례하고 그 비가 클 것
④ 직류 서보 모터에 비하여 교류 서보 모터의 시동 토크가 매우 클 것

해설 자동제어장치에 쓰이는 서보 모터(servo motor)의 특성
① 빈번한 시동, 정지, 역전 등의 가혹한 상태에 견디도록 견고하고 큰 돌입 전류에 견딜 것
② 시동 토크(torque)는 크나, 회전부의 관성 모멘트가 작고 전기적 시정수가 짧을 것
③ 발생 토크(torque)는 입력신호에 비례하고 그 비가 클 것

044 직류 전동기의 제동법 중 동일 제동법이 아닌 것은?
① 회전자의 운동에너지를 전기에너지로 변환한다.
② 전기에너지를 저항에서 열에너지로 소비시켜 제동시킨다.
③ 복권 전동기는 직권 계자 권선의 접속을 반대로 한다.
④ 전원의 극성을 바꾼다.

해설 직류 전동기의 제동법 중 동일 제동법
① 회전자의 운동에너지를 전기에너지로 변환한다.
② 전기에너지를 저항에서 열에너지로 소비시켜 제동시킨다.
③ 복권 전동기는 직권 계자 권선의 접속을 반대로 한다.

045 저항 부하인 사이리스터 단상 반파 정류기로 위상 제어를 할 경우 점호각을 0°에서 60°로 하면 다른 조건이 동일한 경우 출력 평균전압은 몇 배가 되는가?
① 3/4
② 4/3
③ 3/2
④ 2/3

해설 단상 반파 정류회로의 직류 출력전압의 평균치 $E_{dc} = \dfrac{E_m}{\pi} = \dfrac{\sqrt{2}E}{\pi}$ [V] ········· ①

사이리스터 단상 반파 제어 정류회로를 점호각 0~60°로 위상 제어를 할 경우의 출력 전압의 평균치

$E_{d\alpha} = \dfrac{1}{2\pi}\int_{60}^{\pi}\sqrt{2}E\sin\theta\, d\theta = \dfrac{\sqrt{2}E}{2\pi}(-\cos\theta)_{60}^{\pi} = \dfrac{\sqrt{2}E}{2\pi}(-\cos\pi + \cos 60°)$

$= \dfrac{\sqrt{2}E}{2\pi}\left(1 + \dfrac{1}{2}\right) = \dfrac{\sqrt{2}E}{2\pi} \times \dfrac{3}{2} = \dfrac{3}{4} \times \dfrac{\sqrt{2}E}{\pi} = \dfrac{3}{4}E_{dc}$ [V]가 된다.

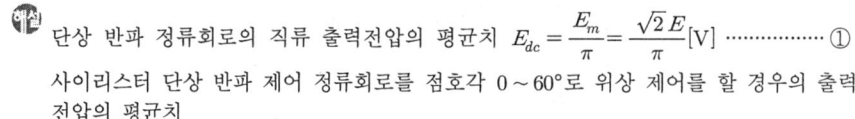

43. ④ 44. ④ 45. ①

046 3상 동기발전기를 병렬운전시키는 경우 고려하지 않아도 되는 조건은?
① 기전력의 파형이 같을 것
② 기전력의 주파수가 같을 것
③ 회전수가 같을 것
④ 기전력의 크기가 같을 것

해설 3상 동기발전기의 병렬운전 조건
① 기전력의 파형이 같을 것
② 기전력의 주파수가 같을 것
③ 기전력의 크기가 같을 것
④ 기전력의 위상이 같을 것

047 병렬 운전을 하고 있는 두 대의 3상 동기발전기 사이에 무효순환전류가 흐르는 경우는?
① 여자전류의 변화
② 부하의 증가
③ 부하의 감소
④ 원동기 출력 변화

해설 여자전류의 변화로 인하여 병렬 운전하고 있는 두 대의 3상 동기발전기 사이에 무효 순환전류가 흐른다.

048 단상 변압기에서 전부하의 2차 전압은 100[V]이고, 전압 변동률은 4[%]이다. 1차 단자 전압[V]은? (단, 1차, 2차 권선비는 20:1이다.)
① 1920
② 2080
③ 2160
④ 2260

해설 V_{2n}(전부하 2차 전압), V_{20}(무부하 2차 전압), V_{1n}(1차 단자 전압)일 때 a(전압비)
$= \dfrac{V_{1n}}{V_{2n}} = \dfrac{V_{1n}}{V_{20}} = 20$이다.

ε(전압 변동률) $= 0.04 = \dfrac{V_{20} - V_{2n}}{V_{2n}} = \dfrac{V_{20}}{V_{2n}} - 1$

$1 + 0.04 = 1.04 = \dfrac{V_{20}}{V_{2n}} = \dfrac{1}{V_{2n}} \times \dfrac{V_{1n}}{a} = \dfrac{V_{1n}}{aV_{2n}}$ 에서

V_{1n}(1차 단자 전압) $= 1.04 \times aV_{2n} = 1.04 \times 20 \times 100 = 2080[V]$가 된다.

049 유도전동기의 속도제어법 중 저항제어와 관계가 없는 것은?
① 농형유도전동기
② 비례추이
③ 속도제어가 간단하고 원활함
④ 속도조정범위가 작음

정답 46. ③ 47. ① 48. ② 49. ①

유도전동기의 속도제어법 중 저항제어와 관계가 있는 것
① 비례추이
② 속도제어가 간단하고 원활함
③ 속도조정범위가 작음

050 변압기 여자회로의 어드미턴스 $Y_0[\mho]$를 구하면? (단, I_0는 여자전류, I_i는 철손전류, $I_\varnothing$는 자화전류, g_0는 콘덕턴스, V_1는 인가전압이다.)

① $\dfrac{I_0}{V_1}$ ② $\dfrac{I_i}{V_1}$

③ $\dfrac{I_\varnothing}{V_1}$ ④ $\dfrac{g_0}{V_1}$

Y_0(여자회로의 어드미턴스)$=g_0-jb_0[\mho]$
I_0(여자전류)$=I_i-jI_\phi=Y_0V_1[A]$이다.
$\therefore Y_0=\sqrt{g_0^2+b_0^2}=\dfrac{I_0}{V_1}[\mho]$가 된다.

051 전부하 전류 1[A], 역률 85[%], 속도 7500[rpm]이고 전압과 주파수가 100[V], 60[Hz]인 2극 단상 직권정류자전동기가 있다. 전기자와 직권 계자 권선의 실효저항의 합이 40[Ω]이라 할 때 전부하 시 속도기전력[V]은? (단, 계자자속은 정현적으로 변하며 브러시는 중성축에 위치하고 철손은 무시한다.)

① 34   ② 45
③ 53   ④ 64

계자자속이 정현적으로 변화하므로 ϕ(자속)$=\phi_m\sin\theta$[Wb]
$\therefore$ 2극 단상 직권정류자전동기(만능전동기)의 전부하 속도기전력
$$E_r=\dfrac{1}{\sqrt{2}}\dfrac{P}{a}Z\times\dfrac{N}{60}\phi_m\sin\theta \fallingdotseq \dfrac{1}{\sqrt{2}}\times\dfrac{N}{60}\sqrt{1-\cos^2\theta}$$
$$=\dfrac{1}{\sqrt{2}}\times\dfrac{7500}{60}\times\sqrt{1-(0.85)^2}\fallingdotseq 0.70\times125\times0.52\fallingdotseq 45[V]가 된다.$$

052 10[kVA], 2000/100[V] 변압기에서 1차에 환산한 등가 임피던스는 6.2+j7[Ω]이다. 이 변압기의 퍼센트 리액턴스 강하는?

① 3.5   ② 0.175
③ 0.35   ④ 1.75

50. ①   51. ②   52. ④

P_a(단상변압기 용량)= $V_{1n}I_{1n}$[VA], $I_{1n} = \dfrac{P_a}{V_{1n}} = \dfrac{10,000}{2000} = 5$[A]

∴ q(변압기 퍼센트 리액턴스 강하)= $\dfrac{I_{1n}x_{12}}{V_{1n}} \times 100 = \dfrac{5 \times 7}{2000} \times 100 = 1.75$[%] 이다.

053. 농형유도전동기에 주로 사용되는 속도 제어법은?

① 극수 제어법 ② 2차 여자 제어법
③ 2차 저항 제어법 ④ 종속 제어법

농형유도전동기에 주로 사용되는 속도 제어법에는 극수 제어법과 주파수 제어법이다.

054. 역률이 가장 좋은 전동기는?

① 농형유도전동기 ② 반발기동전동기
③ 동기전동기 ④ 교류정류자전동기

역률이 가장 좋은 전동기는 동기전동기(동기조상기)로서 항상 역률 1로 운전할 수 있다.

055. 동기기의 전기자권선이 매극 매상당 슬롯수가 4, 상수가 3인 권선의 분포계수는 얼마인가? (단, sin7.5°=0.1305, sin15°=0.2588, sin22.5°=0.3827, sin30°=0.5이다.)

① 0.487 ② 0.844
③ 0.866 ④ 0.958

q(매극 매상의 슬롯수)= 4, m(상수)= 3일 때의 동기기의 분포계수

$K_d = \dfrac{\sin\dfrac{\pi}{2m}}{q\sin\dfrac{\pi}{2mq}} = \dfrac{\sin\dfrac{\pi}{2 \times 3}}{4\sin\dfrac{\pi}{2 \times 3 \times 4}} = \dfrac{\sin\dfrac{\pi}{6}}{4\sin\dfrac{\pi}{24}} = \dfrac{\sin 30°}{4\sin 7.5°} = \dfrac{0.5}{4 \times 0.1305} = \dfrac{0.5}{0.522} ≒ 0.958$

이다.

056. 전압변동률이 작은 동기발전기는?

① 동기 리액턴스가 크다. ② 전기자 반작용이 크다.
③ 단락비가 크다. ④ 자기여자작용이 크다.

전압변동률은 작을수록 좋다.

K_s(단락비) ≒ $\dfrac{1}{X_s(\text{동기 리액턴스})}$ ≒ $\dfrac{1}{\text{전압변동률}}$ 이다.

∴ 전압변동률이 작은 동기발전기는 단락비(K_s)가 큰 동기발전기로 철기계이다.

정답 | 53.① 54.③ 55.④ 56.③

057 3상 농형유도전동기를 전전압 기동할 때의 토크는 전부하 시의 $1/\sqrt{2}$ 배이다. 기동보상기로 전전압의 $1/\sqrt{3}$ 으로 기동하면 토크는 전부하 토크의 몇 배가 되는가? (단, 주파수는 일정)

① $\dfrac{\sqrt{3}}{2}$ 배 ② $\dfrac{1}{\sqrt{3}}$ 배
③ $\dfrac{2}{\sqrt{3}}$ 배 ④ $\dfrac{1}{3\sqrt{2}}$ 배

해설 T(전부하 시의 torque)(N.m)
전전압 $V[V]$로 기동 시의 torque $T_1 = \dfrac{1}{\sqrt{2}} T \propto V^2$ ……………… ①

기동보상기로 전전압 $V[V]$의 $\dfrac{1}{\sqrt{3}}$로 기동 시의 torque
$T_2 = \left(\dfrac{1}{\sqrt{3}} V\right)^2$ ……………… ②

∴ ①, ② 식에서 $T_2 = \dfrac{\dfrac{1}{\sqrt{2}} T \times \left(\dfrac{1}{\sqrt{3}} V\right)^2}{V^2} = \dfrac{T}{\sqrt{2}} \times \dfrac{1}{3} = \dfrac{1}{3\sqrt{2}} T$ 이다.

즉, T(전부하 torque)의 $\dfrac{1}{3\sqrt{2}}$ 배가 된다.

058 3상 유도전동기의 2차 입력 P_2, 슬립이 s일 때의 2차 동손 P_{c2}은?

① $P_{c2} = P_2/s$
② $P_{c2} = sP_2$
③ $P_{c2} = s^2 P_2$
④ $P_{c2} = (1-s)P_2$

해설 P_2(2차 입력), s(슬립)일 때 P_{c2}(2차 동손)$=sP_2$가 된다.

059 게이트 조작에 의해 부하전류 이상으로 유지전류를 높일 수 있어 게이트의 턴온, 턴오프가 가능한 사이리스터는?

① SCR
② GTO
③ LASCR
④ TRIAC

해설 GTO는 게이트 조작에 의해 부하전류 이상으로 유지전류를 높일 수 있어 게이트의 턴온, 턴오프가 가능한 사이리스터이다. 즉 +반사이클에서 점호, 소호로 출력을 제어하는 소자이다.

정답 57.④ 58.② 59.②

060 다음 그림과 같이 단상변압기를 단권변압기로 사용한다면 출력단자의 전압[V]은? (단, V_{1n}[V]를 1차 정격전압이라 하고, V_{2n}[V]를 2차 정격전압이라 한다.)

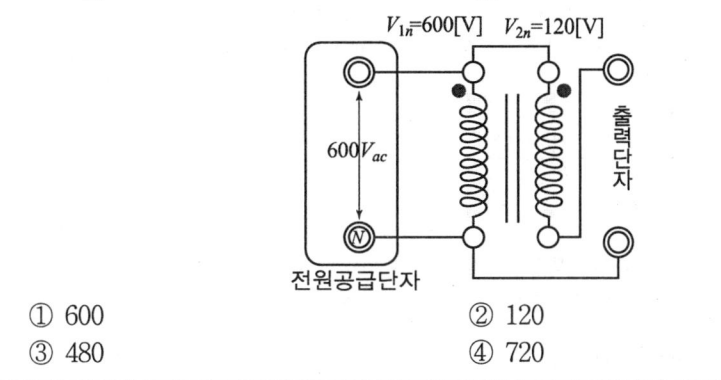

① 600
② 120
③ 480
④ 720

해설 단권변압기에서 출력단자의 전압 $V_2 = V_{1n} - V_{2n} = 600 - 120 = 480$[V]이다.

04 회/로/이/론/및/제/어/공/학

061 다음 중 $f(t) = e^{-at}$의 z변환은?

① $\dfrac{1}{z - e^{-at}}$
② $\dfrac{1}{z + e^{-at}}$
③ $\dfrac{z}{z - e^{-at}}$
④ $\dfrac{z}{z + e^{-at}}$

해설 $f(t) = e^{-at}$의 z변환은 $\dfrac{z}{z - e^{-at}}$가 된다.

062 다음은 시스템의 블록선도이다. 이 시스템이 안정한 시스템이 되기 위한 K의 범위는?

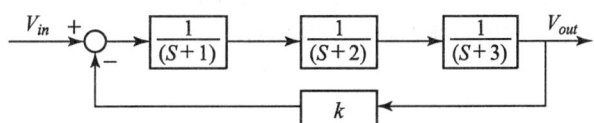

① $-6 < K < 60$
② $0 < K < 60$
③ $-1 < K < 3$
④ $0 < K < 3$

해답 60. ③ 61. ③ 62. ①

특성방정식의 근 $1+G(s)H(s) = 1 + \dfrac{K}{(S+1)(S+2)(S+3)} = 0$,
$(S+1)(S+2)(S+3) + K = (S^2+3S+2)(S+3) + K$
$= S^3 + 6S^2 + 11S + 6 + K = 0$에 Routh 판별식은

S^3	1	11
S^2	6	$6+K$
S^1	$\dfrac{6\times 11-(6+K)}{6}$	
S^0	$6+K$	

에서 1열의 부호변화가 없어야 안정하다.

∴ $\dfrac{6\times 11-(6+K)}{6} = \dfrac{66-6-K}{6} = \dfrac{60-K}{6} > 0$, $60 > K$ ················· ①

$6+K > 0$, $K > -6$ ··· ②

①, ②식에서 $60 > K > -6$일 때가 이 시스템이 안정한 시스템이 되기 위한 K의 범위이다.

063 $f(t) = \sin t \cdot \cos t$를 라플라스 변환하면?

① $\dfrac{1}{s^2+1^2}$ ② $\dfrac{1}{s^2+2^2}$

③ $\dfrac{1}{(s+2)^2}$ ④ $\dfrac{1}{(s+4)^2}$

2배각 공식에서 $\sin 2t = 2\sin t \cos t$에서 $\sin t \cos t = \dfrac{1}{2}\sin 2t$이다.

∴ $f(t) = \sin t \cos t = \dfrac{1}{2}\sin 2t = \dfrac{1}{2} \times \dfrac{e^{j2t} - e^{-j2t}}{2j}$의 라플라스 변환

$F(s) = \mathcal{L}(f(t)) = \displaystyle\int_0^\infty \sin t \cos t\, e^{-st} dt = \dfrac{1}{2}\int_0^\infty \dfrac{e^{j2t}-e^{-j2t}}{2j} \times e^{-st} dt$

$= \dfrac{1}{4j}\displaystyle\int_0^\infty (e^{-(s-j2)t} - e^{-(s+j2)t}) dt$

$= \dfrac{1}{4j}\left(\dfrac{0-1}{-(s-j2)} - \dfrac{0-1}{-(s+j2)}\right) = \dfrac{1}{4j}\left(\dfrac{1}{s-j2} - \dfrac{1}{s+j2}\right)$

$= \dfrac{1}{4j}\left(\dfrac{s+j2-s+j2}{s^2+2^2}\right) = \dfrac{1}{S^2+2^2}$ 이 된다.

이때 e(자연대수) = 2.718값이다.

63. ②

064 다음의 블록선도와 같은 것은?

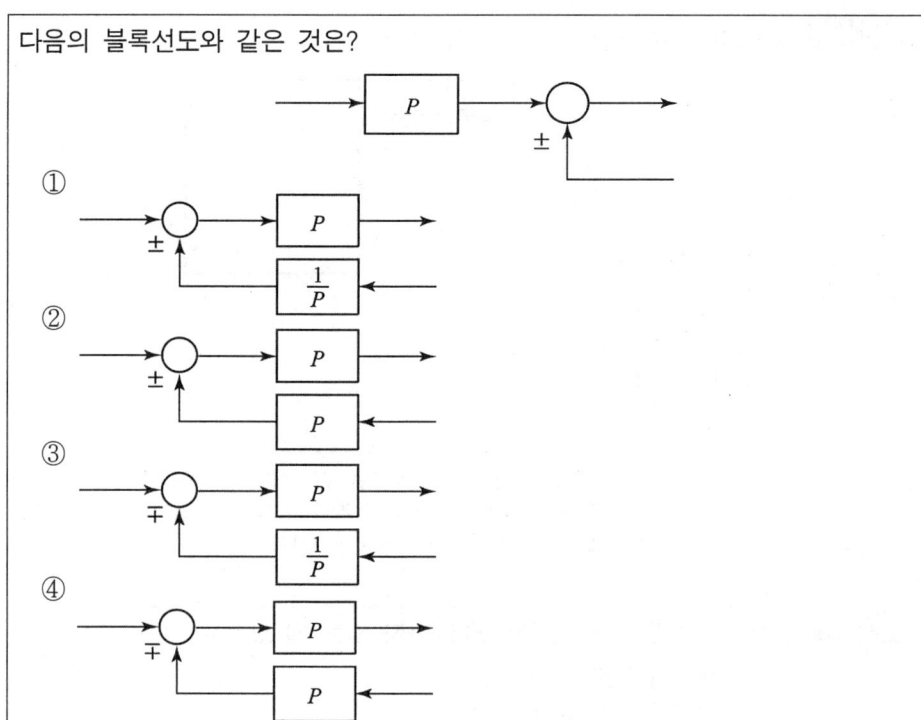

해설 문제 블록선도는 개루프 전달함수가 P이고, 개루프 전달함수 $=\frac{1}{P}\times p=1$이다.
∴

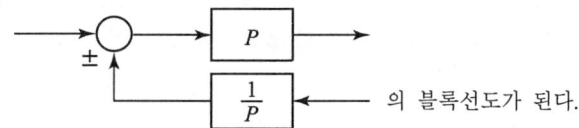

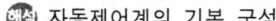 의 블록선도가 된다.

065 자동제어계의 기본적 구성에서 제어요소는 무엇으로 구성되는가?
① 비교부와 검출부　　② 검출부와 조작부
③ 검출부와 조절부　　④ 조절부와 조작부

해설 자동제어계의 기본 구성

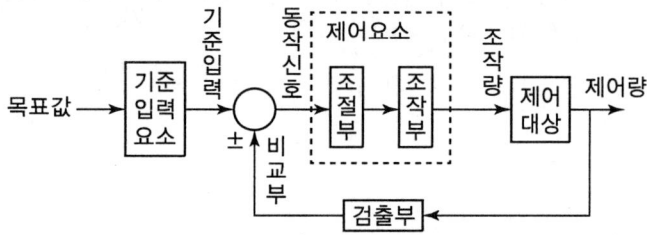

∴ 제어요소는 조절부와 조작부로 구성되어 있다.

해답 64. ①　65. ④

066 다음과 같은 계전기회로는 어떤 회로인가?

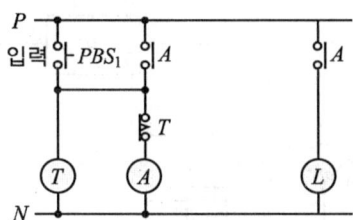

① 쌍안정회로
② 단안정회로
③ 인터록회로
④ 일치회로

> PBS₁(푸시 버튼 스위치)를 조작하면 T(타이머 코일)와 A(계자 코일)가 여자되어 T(타이머 b접점)의 설정시간 동안 동작하고 그 후는 정지하는 회로이므로 이 회로는 안정과 준안정 동작으로 단안정회로가 된다.

067 응답이 최종값 10[%]에서 90[%]까지 되는 데 요하는 시간은?

① 상승시간(rising time)
② 지연시간(delay time)
③ 응답시간(response time)
④ 정정시간(settling time)

> 상승시간(pulse risetime)이란 응답이 최종값의 10[%]에서 90[%]까지 되는 데 요하는 시간을 말한다.

068 $G(s)H(s) = \dfrac{K}{s(s+4)(s+5)}$ 에서 근궤적의 개수는?

① 1   ② 2
③ 3   ④ 4

> 근궤적의 개수는 극의 S차수와 영점의 S차수 중에서 큰 것과 일치한다.
> ∴ 극의 S차수=3, 영점의 S차수=0
> ∴ 근궤적의 개수=3이다.

66.② 67.① 68.③

069 그림과 같은 RC회로에서 전압 $v_i(t)$를 입력으로 하고 전압 $v_0(t)$를 출력으로 할 때 이에 맞는 신호흐름 선도는? (단, 전달함수의 초기값은 0이다.)

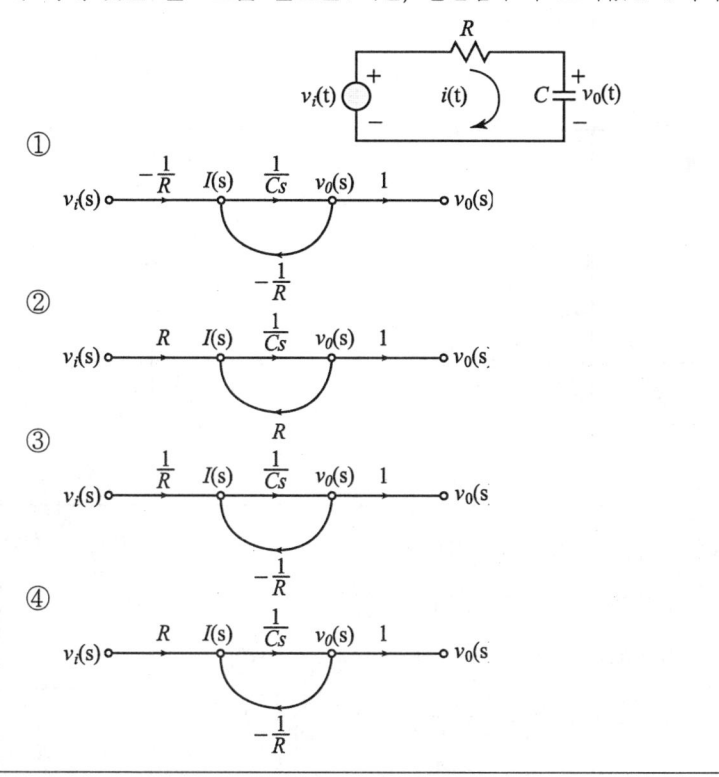

해설
$I(s) = \dfrac{v_i(s) - v_0(s)}{R} = \dfrac{1}{R}v_i(s) - \dfrac{1}{R}v_0(s)[A]$ ······················· ①

$v_0(s) = \dfrac{1}{Cs}I(s)$ ······················· ②

①, ②식의 신호흐름 선도는 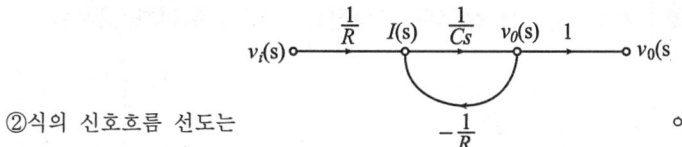 이다.

69. ③

문제 070 $G(j\omega) = \dfrac{K}{j\omega(j\omega+1)}$의 나이퀴스트 선도는? (단, $K > 0$이다.)

①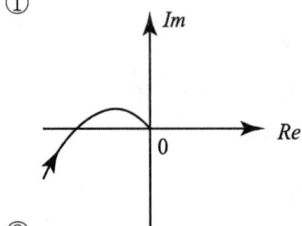
②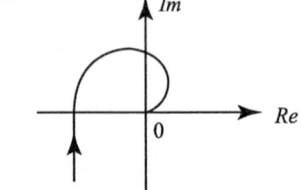
③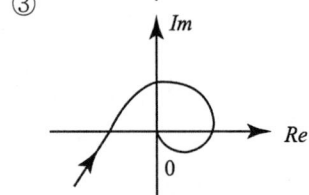
④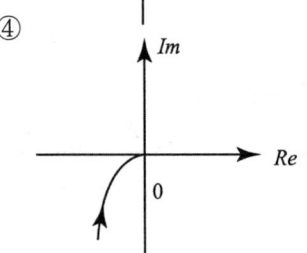

해설 나이퀴스트(Nyquist) 선도는
$$\lim_{\omega\to 0}|G(j\omega)| = \lim_{\omega\to 0}\left|\dfrac{k}{j\omega(j\omega+1)}\right| = \lim_{\omega\to 0}\left|\dfrac{k}{j\omega}\right| = \infty$$
$$\lim_{\omega\to 0}G(j\omega) = \lim_{\omega\to 0}\angle\dfrac{k}{j\omega(j\omega+1)} = \lim_{\omega\to 0}\angle\dfrac{k}{j\omega} = -90°$$
$$\lim_{\omega\to\infty}|G(j\omega)| = \lim_{\omega\to 0}\left|\dfrac{k}{j\omega(j\omega+1)}\right| = \lim_{\omega\to\infty}\left|\dfrac{k}{(j\omega)^2}\right| = 0$$
$$\lim_{\omega\to\infty}G(j\omega) = \lim_{\omega\to 0}\angle\dfrac{k}{j\omega(j\omega+1)} = \lim_{\omega\to\infty}\angle\dfrac{k}{(j\omega)^2} = -180°$$이다.
∴

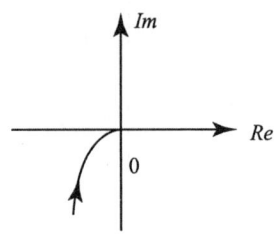

문제 071 대칭 n상에서 선전류와 상전류 사이의 위상차(rad)는?

① $\dfrac{n}{2}\left(1 - \dfrac{\pi}{2}\right)$
② $\dfrac{\pi}{2}\left(1 - \dfrac{n}{2}\right)$
③ $2\left(1 - \dfrac{\pi}{n}\right)$
④ $\dfrac{\pi}{2}\left(1 - \dfrac{2}{n}\right)$

해설 대칭 n상에서 선간전압과 상전압 사이의 크기와 위상차는
$$V_l = V_p \times 2\sin\dfrac{\pi}{n}\varepsilon^{j\frac{\pi}{2}\left(1-\frac{2}{n}\right)}[\text{V}]$$
대칭 n상에서 선전류와 상전류 사이의 크기와 위상차는
$$I_l = I_p \times 2\sin\dfrac{\pi}{n}\varepsilon^{-j\frac{\pi}{2}\left(1-\frac{2}{n}\right)}[\text{A}]$$
∴ 선전류와 상전류 사이의 위상차 = $\dfrac{\pi}{2}\left(1 - \dfrac{2}{n}\right)$가 된다.

정답 70. ④ 71. ④

072 다음과 같은 왜형파의 실효값[V]은?

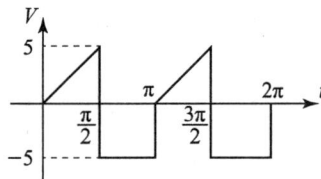

① $5\sqrt{2}$
② $\dfrac{10}{\sqrt{6}}$
③ 15
④ 35

왜형파의 실효전압

$$|V| = \sqrt{\dfrac{1}{\pi}\int_0^\pi V(t)^2 dt} = \sqrt{\dfrac{1}{\pi}\left[\int_0^{\frac{\pi}{2}}\left(\dfrac{5}{\frac{\pi}{2}}\times t\right)^2 dt + \int_{\frac{\pi}{2}}^\pi 5^2 dt\right]}$$

$$= \sqrt{\dfrac{1}{\pi}\left\{\left[\dfrac{5^2}{\left(\frac{\pi}{2}\right)^2}\times\dfrac{t^3}{3}\right]_0^{\frac{\pi}{2}} + 5^2(t)_{\frac{\pi}{2}}^\pi\right\}} = \sqrt{\dfrac{1}{\pi}\left[\dfrac{5^2}{\left(\frac{\pi}{2}\right)^2}\times\dfrac{\left(\frac{\pi}{2}\right)^3-0}{3}+5^2\left(\pi-\dfrac{\pi}{2}\right)\right]}$$

$$= \sqrt{\dfrac{1}{\pi}\left(5^2\times\dfrac{\pi}{2}\times\dfrac{1}{3}+5^2\times\dfrac{\pi}{2}\right)} = \sqrt{\dfrac{25}{6}+\dfrac{25}{2}} = \sqrt{\dfrac{100}{6}} = \dfrac{10}{\sqrt{6}}[\text{V}]\text{가 된다.}$$

073 어느 소자에 걸리는 전압은 $v(t) = 3\cos 3t$[V]이고, 흐르는 전류 $i(t) = -2\sin(3t+10°)$[A]이다. 전압과 전류 간의 위상차는?

① 10°
② 30°
③ 70°
④ 100°

$v(t) = 3\cos 3t = 3\sin(3t+90°)$[V]
$i(t) = -2\sin(3t+10°) = 2\sin(3t-10°)$[A]이다.

∴ 이 소자 Z(임피던스)$=\dfrac{V_m}{I_m}=\dfrac{3\angle 90°}{2\angle -10°}=\dfrac{3}{2}\angle 90°+10°=\dfrac{3}{2}\angle 100°[\Omega]$

∴ 이 소자의 크기는 $\dfrac{3}{2}[\Omega]$이고 전압과 전류 간의 위상차는 100°이다.

72. ② 73. ④

074 그림과 같은 단위 계단 함수는?

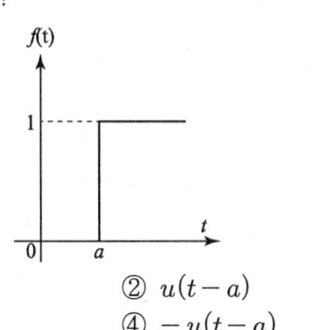

① $u(t)$
② $u(t-a)$
③ $u(a-t)$
④ $-u(t-a)$

해설 단위 계단 함수 $f(t)=u(t-a)$이다.

075 권수가 2000회이고, 저항이 12[Ω]인 솔레노이드에 전류 10[A]를 흘릴 때, 자속이 6×10^{-2}[Wb]가 발생하였다. 이 회로의 시정수[sec]는?

① 1
② 0.1
③ 0.01
④ 0.001

해설 Faraday 전자유도 법칙에서 $LI=N\phi$

L(인덕턴스)$=\dfrac{N\phi}{I}=\dfrac{2000\times 6\times 10^{-2}}{10}=12$[H]이다.

∴ 솔레노이드의 시정수 $\tau=\dfrac{L}{R}=\dfrac{12}{12}=1$[sec]가 된다.

076 어떤 2단자쌍 회로망의 Y 파라미터가 그림과 같다. $a-a'$ 단자 간에 $V_1=36$[V], $b-b'$ 단자 간에 $V_2=24$[V]의 정전압원을 연결하였을 때 $I_1,\ I_2$ 값은? (단, Y 파라미터의 단위는 [℧]이다.)

① $I_1=4$[A], $I_2=5$[A]
② $I_1=5$[A], $I_2=4$[A]
③ $I_1=1$[A], $I_2=4$[A]
④ $I_1=4$[A], $I_2=1$[A]

해설 2단자 회로망의 Y 파라미터 $\begin{cases} I_1=Y_{11}V_1+Y_{12}V_2 \\ I_2=Y_{21}V_1+Y_{22}V_2 \end{cases}$

∴ $I_1=Y_{11}V_1+Y_{12}V_2=\dfrac{1}{6}\times 36+\dfrac{1}{-12}\times 24=6-2=4$[A]

$I_2=Y_{21}V_1+Y_{22}V_2=\dfrac{1}{-12}\times 36+\dfrac{1}{6}\times 24=-3+4=1$[A]이다.

정답 74. ② 75. ① 76. ④

077 자기 인덕턴스 0.1[H]인 코일에 실효값 100[V], 60[Hz], 위상각 0°인 전압을 가했을 때 흐르는 전류의 실효값은 약 몇 [A]인가?

① 1.25
② 2.24
③ 2.65
④ 3.41

해설 I(전류의 실효값) $= \dfrac{V}{X_L} = \dfrac{V}{\omega L} = \dfrac{V}{2\pi f L} = \dfrac{100}{2 \times 3.14 \times 60 \times 0.1} = \dfrac{100}{37.7} ≒ 2.65$[A] 이다.

078 2전력계법으로 평형 3상 전력을 측정하였더니 한쪽의 지시가 500[W], 다른 한쪽의 지시가 1500[W]이었다. 피상전력은 약 몇 [VA]인가?

① 2000
② 2310
③ 2646
④ 2771

해설 2전력계법에서 전력계 지시 $P_1 = 500$[W], $P_2 = 1500$[W]일 때
P(유효전력) $= P_1 + P_2 = 500 + 1500 = 2000$[W]
P_r(무효전력) $= \sqrt{3}(P_2 - P_1) = \sqrt{3}(1500 - 500) = \sqrt{3} \times 1000$[Var]
$\therefore P_a$(피상전력) $= \sqrt{P^2 + P_r^2} = \sqrt{(2000)^2 + (\sqrt{3} \times 1000)^2} = \sqrt{7 \times 10^6}$
$= 10^3 \times 2.646 = 2646$[VA]가 된다.

079 위상정수가 $\dfrac{\pi}{8}$[rad/m]인 선로의 1[MHz]에 대한 전파속도는 몇 [m/s]인가?

① 1.6×10^7
② 3.2×10^7
③ 5.0×10^7
④ 8.0×10^7

해설 v(전파속도=위상속도) $= \dfrac{\omega}{\beta} = \dfrac{2\pi f}{\dfrac{\pi}{8}} = 16f = 16 \times 10^6 = 1.6 \times 10^7$[m/sec]가 된다.

080 3상 불평형 전압에서 역상전압 50[V], 정상전압 250[V] 및 영상전압 20[V]이면, 전압 불평형률은 몇 [%]인가?

① 10
② 15
③ 20
④ 25

해설 전압의 불평형률 $= \dfrac{역상전압}{정상전압} \times 100 = \dfrac{50}{250} \times 100 = 20$[%] 이다.

정답 77.③ 78.③ 79.① 80.③

05 전/기/설/비/기/술/기/준/및/판/단/기/준

081 저압 옥내배선 합성수지관 공사 시 연선이 아닌 경우 사용할 수 있는 전선의 최대 단면적은 몇 [mm²]인가? (단, 알루미늄선은 제외한다.)

① 4 ② 6
③ 10 ④ 16

제203조(합성수지관 공사)
저압 옥내배선 합성수지관 공사 시 연선이 아닌 경우는 전선은 절연전선으로 지름이 3.2[mm] 이하의 것으로 사용할 수 있는 전선의 최대 단면적은 10[mm²]이다.

082 특고압 가공전선로에서 발생하는 극저주파 전계는 지표상 1[m]에서 전계가 몇 [kV/m] 이하가 되도록 시설하여야 하는가?

① 3.5 ② 2.5
③ 1.5 ④ 0.5

제119조(특별 고압 가공전선로에서의 유도장해 방지)
특별고압 가공전선로에서 발생하는 극저주파 전계는 지표상 1[m]에서 전계강도가 $35[\text{V/cm}] = 35 \times \frac{10^{-3}}{10^{-2}} = 3.5[\text{kV/m}]$ 이하가 되도록 시설하여야 한다.

083 내부고장이 발생하는 경우를 대비하여 자동차단장치 또는 경보장치를 시설하여야 하는 특고압용 변압기의 뱅크 용량의 구분으로 알맞은 것은?

① 5000[kVA] 미만
② 5000[kVA] 이상 10000[kVA] 미만
③ 10000[kVA] 이상
④ 10000[kVA] 이상 15000[kVA] 미만

제53조~제56조(발전기, 변압기, 전력용 콘덴서, 조상기 등 보호장치)
내부고장이 발생하는 경우를 대비하여 자동차단장치 또는 경보장치를 시설하여야 하는 특고압용 변압기의 뱅크 용량의 구분으로는 5000[kVA] 이상 10,000[kVA] 미만이다.

084 사용전압 60[kV] 이하의 특고압 가공전선로에서 유도장해를 방지하기 위하여 전화선로의 길이 12[km]마다 유도전류가 몇 [μA]를 넘지 않아야 하는가?

① 1 ② 2
③ 3 ④ 5

제119조(특별고압 가공전선로에서의 유도장해 방지)
사용전압이 60[kV] 이하의 특고압 가공전선로에서 유도장해를 방지하기 위하여 전화선로의 길이 12[km]마다 유도전류가 2[μA]를 넘지 아니하도록 하여야 한다.

정답 81. ③ 82. ① 83. ② 84. ②

085 지지물이 A종 철근 콘크리트주일 때 고압 가공전선로의 경간은 몇 [m] 이하인가?
① 150
② 250
③ 400
④ 600

제88조, 제138조(가공전선로의 경간제한)
지지물이 A종 철근 콘크리트주일 때 고압 가공전선로의 경간은 150[m] 이하이어야 한다.

086 태양전지 모듈에 사용하는 연동선의 최소 단면적[mm^2]은?
① 1.5
② 2.5
③ 4.0
④ 6.0

제63조(태양전지 모듈 등의 시설)
태양전지 모듈에 전선은 지름이 1.8[mm]의 연동선 또는 이와 동등 이상의 세기 및 굵기이어야 한다.
∴ 연동선의 최소 단면적은 2.5[mm^2]이어야 한다.

087 접지공사의 종류가 아닌 것은?
① 특고압 계기용 변성기의 2차측 전로에 제1종 접지공사를 하였다.
② 특고압전로와 저압전로를 결합하는 변압기의 저압측 중성점에 제3종 접지공사를 하였다.
③ 고압전로와 저압전로를 결합하는 변압기의 저압측 중성점에 제2종 접지공사를 하였다.
④ 고압 계기용 변성기의 2차측 전로에 제3종 접지공사를 하였다.

제126조~129조(접지 공사의 옳은 설명)
① 특고압 계기용변성기의 2차측 전로에 제1종 접지공사를 하였다.
② 고압전로와 저압전로를 결합하는 변압기의 저압측 중성점에 제2종 접지공사를 하였다.
③ 고압 계기용 변성기의 2차측 전로에 제3종 접지공사를 하였다.

088 교류 전차선과 식물 사이의 이격거리는 몇 [m] 이상인가?
① 1.0
② 1.5
③ 2.0
④ 2.5

제296조(전차선 등과 식물 사이의 이격거리)
교류 전차선과 식물 사이의 이격거리는 2[m] 이상이어야 한다.

85. ① 86. ② 87. ② 88. ③

089 제1종 접지공사 또는 제2종 접지공사에 사용하는 접지선을 사람이 접촉할 우려가 있는 곳에 시설하는 기준으로 틀린 것은?

① 접지극은 지하 75[cm] 이상으로 하되 동결 깊이를 감안하여 매설한다.
② 접지선은 절연전선(옥외용 비닐절연전선 제외), 캡타이어케이블 또는 케이블(통신용 케이블 제외)을 사용한다.
③ 접지선의 지하 60[cm]로부터 지표상 2[m]까지의 부분은 합성수지관 등으로 덮어야 한다.
④ 접지선을 시설한 지지물에는 피뢰침용 지선을 시설하지 않아야 한다.

> 제22조(각종 접지공사의 세목)
> 제1종 접지공사 또는 제2종 접지공사에 사용하는 접지선을 사람이 접촉할 우려가 있는 곳에 시설하는 기준으로 옳은 것은
> ① 접지극은 지하 75[cm] 이상으로 하되 동결 깊이를 감안하여 매설한다.
> ② 접지선은 절연전선(옥외용 비닐절연전선 제외), 캡타이어케이블 또는 케이블(통신용 케이블 제외)을 사용한다.
> ③ 접지선을 시설한 지지물에는 피뢰침용 지선을 시설하지 않아야 한다.

090 고압 및 특고압 전로 중 전로에 지락이 생긴 경우에 자동적으로 전로를 차단하는 장치를 하지 않아도 되는 곳은?

① 발전소·변전소 또는 이에 준하는 곳의 인출구
② 수전점에서 수전하는 전기를 모두 그 수전점에 속하는 수전장소에서 변성하여 사용하는 경우
③ 다른 전기사업자로부터 공급을 받는 수전점
④ 단권변압기를 제외한 배전용 변압기의 시설장소

> 제45조(지락차단 장치 등의 시설)
> 고압 및 특고압 전로 중 전로에 지락이 생긴 경우에 자동적으로 전로를 차단하는 장치를 시설하여야 되는 곳은
> ① 발전소·변전소 또는 이에 준하는 곳의 인출구
> ② 다른 전기사업자로부터 공급을 받는 수전점
> ③ 단권변압기를 제외한 배전용 변압기의 시설장소

091 사무실 건물의 조명설비에 사용되는 백열전등 또는 방전등에 전기를 공급하는 옥내전로의 대지전압은 몇 [V] 이하인가?

① 250 ② 300
③ 350 ④ 400

> 제187조(옥내전로의 대지전압의 제한)
> 사무실 건물의 조명설비에 사용되는 백열전등 또는 방전등에 전기를 공급하는 옥내전로의 대지전압은 300[V] 이하이어야 한다.

정답 89.③ 90.② 91.②

[092] 전력보안 통신설비 시설 시 가공전선로로부터 가장 주의하여야 하는 것은?
① 전선의 굵기
② 단락전류에 의한 기계적 충격
③ 전자유도작용
④ 와류손

> 제79조(가공약전류 전선로에의 유도장해 방지)
> 전력보안 통신설비 시설 시 가공전선로로부터 가장 주의하여야 하는 것은 가공약전류 전선로에 대한 유도장해는 전압에 의한 정전 유도작용과 정상 시의 부하전류 전압파형 및 지락사고나 단락사고 시의 고장전류에 의한 전자유도작용에 영향이 있어 이들의 장해 경감과 회피를 위한 시설기준이다.

[093] 가공전선로의 지지물에 하중이 가하여지는 경우에 그 하중을 받는 지지물의 기초안전율은 특별한 경우를 제외하고 최소 얼마 이상인가?
① 1.5 ② 2
③ 2.5 ④ 3

> 제73조(가공전선로 지지물의 기초안전율)
> 가공전선로의 지지물에 하중이 가하여지는 경우에 그 하중을 받는 지지물의 기초안전율은 특별한 경우를 제외하고 최소 2 이상이어야 한다.

[094] 가공전선로의 지지물에 지선을 시설하려고 한다. 이 지선의 기준으로 옳은 것은?
① 소선지름 : 2.0[mm], 안전율 : 2.5, 허용 인장하중 : 2.11[kN]
② 소선지름 : 2.6[mm], 안전율 : 2.5, 허용 인장하중 : 4.31[kN]
③ 소선지름 : 1.6[mm], 안전율 : 2.0, 허용 인장하중 : 4.31[kN]
④ 소선지름 : 2.6[mm], 안전율 : 1.5, 허용 인장하중 : 3.21[kN]

> 제78조(지선의 시방 세목 등 및 지주의 대용)
> 가공전선로의 지지물에 지선을 시설하려고 한다. 이 지선의 기준으로는 소선지름 : 2.6[mm], 안전율 : 2.5, 허용 인장하중 : 4.31[kN]이어야 한다.

[095] 22.9[kV]의 가공 전선로를 시가지에 시설하는 경우 전선의 지표상 높이는 최소 몇 [m] 이상인가? (단, 전선은 특고압 절연전선을 사용한다.)
① 6 ② 7
③ 8 ④ 10

> 제118조(특별고압 가공전선로의 시가지 등에서의 시설제한)
> 22.9[kV]의 가공전선로를 시가지에 시설하는 경우 전선의 지표상 높이는 최소 10[m] 이상이어야 한다. 단, 전선이 특별고압 절연전선인 경우에는 8[m] 이상이어야 한다.

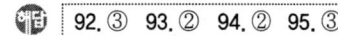
92. ③ 93. ② 94. ② 95. ③

096 가공전선로의 지지물에 시설하는 지선으로 연선을 사용할 경우 소선은 최소 몇 가닥 이상이어야 하는가?

① 3 ② 5
③ 7 ④ 9

제78조(지선의 시방세목 등 및 지주의 대용)
가공전선로의 지지물에 시설하는 지선으로 연선을 사용할 경우 소선은 최소 3가닥 이상이어야 한다.

097 지중전선로를 직접 매설식에 의하여 시설할 때, 중량물의 압력을 받을 우려가 있는 장소에 지중전선을 견고한 트라프 기타 방호물에 넣지 않고도 부설할 수 있는 케이블은?

① 염화비닐 절연 케이블 ② 폴리에틸렌 외장 케이블
③ 콤바인덕트 케이블 ④ 알루미늄피 케이블

제151조(지중전선로의 시설)
지중전선로를 직접 매설식에 의하여 시설할 때 중량물의 압력을 받을 우려가 있는 장소에 지중전선을 견고한 트라프 기타 방호물에 넣지 않고도 부설할 수 있는 케이블은 콤바인덕트 케이블이다.

098 중성점 직접 접지식 전로에 연결되는 최대사용전압이 69[kV]인 전로의 절연내력 시험전압은 최대 사용전압의 몇 배인가?

① 1.25 ② 0.92
③ 0.72 ④ 1.5

제16조(전로의 절연저항 및 절연내력)
중성점 직접 접지식 전로에 연결되는 최대 사용전압이 69[kV]인 전로의 절연내력 시험전압은 최대 사용전압의 0.72배 전압이어야 한다.

099 옥내 저압전선으로 나전선의 사용이 기본적으로 허용되지 않은 것은?

① 애자사용 공사의 전기로용 전선
② 유희용 전차에 전기 공급을 위한 접촉 전선
③ 제분 공장의 전선
④ 애자사용 공사의 전선 피복 절연물이 부식하는 장소에 시설하는 전선

제188조(나전선의 사용제한)
옥내 저압전선으로 나전선의 사용이 기본적으로 허용되는 것은
① 애자사용 공사의 전기로용 전선
② 유희용 전차에 전기 공급을 위한 접촉 전선
③ 애자사용 공사의 전선 피복 절연물이 부식하는 장소에 시설하는 전선 등이다.

해답 96.① 97.③ 98.③ 99.③

100. 광산 기타 갱도 안의 시설에서 고압 배선은 케이블을 사용하고 금속제의 전선 접속함 및 케이블 피복에 사용하는 금속제의 접지공사는 제 몇 종 접지공사인가?

① 제1종 접지공사
② 제2종 접지공사
③ 제3종 접지공사
④ 특별 제3종 접지공사

해설 제36조(기계기구의 철대 및 외함의 접지)
광산 기타 갱도 안의 시설에서 고압 배선은 케이블을 사용하고 금속제의 전선 접속함 및 케이블 피복에 사용하는 금속제의 접지공사는 제1종 접지공사이어야 한다.

정답 100. ①

전기기사 02

[2015년 5월 31일 시행]

01 전/기/자/기/학

001 유전율 ε, 전계의 세기 E인 유전체의 단위체적에 축적되는 에너지는?

① $\dfrac{E}{2\varepsilon}$ ② $\dfrac{\varepsilon E}{2}$

③ $\dfrac{\varepsilon E^2}{2}$ ④ $\dfrac{\varepsilon^2 E^2}{2}$

해설 $Q = CV[\text{C}]$, $C = \dfrac{\varepsilon S}{d}[\text{F}]$, $V = Ed[\text{V}]$ 일 때의

W(전계 에너지) $= \dfrac{1}{2}QV = \dfrac{1}{2}CV^2 = \dfrac{1}{2} \times \dfrac{\varepsilon S}{d} \times (Ed)^2 = \dfrac{1}{2}\varepsilon E^2 Sd[\text{J}]$ 이다.

∴ 유전체 단위체적에 저장되는 에너지는 $sd=1$, $D = \varepsilon E[\text{c/m}^2]$, $E = \dfrac{D}{\varepsilon}[\text{V/m}]$일 때의

W(전계의 에너지 밀도) $= \dfrac{1}{2}\varepsilon E^2 [\text{J/m}^3]$이 된다.

002 반경 a인 구도체에 −Q의 전하를 주고 구도체의 중심 O에서 10a 되는 점 P에 10Q의 점전하를 놓았을 때, 직선 OP 위의 점 중에서 전위가 0이 되는 지점과 구도체의 중심 O와의 거리는?

① $\dfrac{a}{5}$ ② $\dfrac{a}{2}$

③ $1.8a$ ④ $2a$

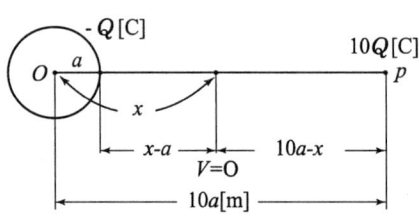

직선 OP 위의 일점의 전위 $V = 0$가 되는 원점으로부터의 거리 $x[\text{m}]$는

$V = \dfrac{-Q}{4\pi\varepsilon_o(x-a)} + \dfrac{10Q}{4\pi\varepsilon_o(10a-x)} = 0$ 에서 $\dfrac{Q}{4\pi\varepsilon_o(x-a)} = \dfrac{10Q}{4\pi\varepsilon_o(10a-x)}$

∴ $10a - x = 10(x-a) = 10x - 10a$

$20a = 11x$

$x = \dfrac{20a}{11} = 1.8a[\text{m}]$가 구도체의 중심 O와의 거리가 된다.

정답 1. ③ 2. ③

003

그림과 같은 동축원통의 왕복 전류회로가 있다. 도체 단면에 고르게 퍼진 일정 크기의 전류가 내부 도체로 흘러들어 가고 외부 도체로 흘러나올 때 전류에 의하여 생기는 자계에 대하여 틀린 것은?

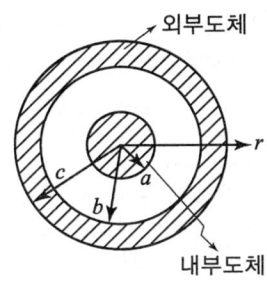

① 외부 공간($r > c$)의 자계는 영(0)이다.
② 내부 도체 내($r < a$)에 생기는 자계의 크기는 중심으로부터 거리에 비례한다.
③ 외부 도체 내($b < r < c$)에 생기는 자계의 크기는 중심으로부터 거리에 관계없이 일정하다.
④ 두 도체 사이(내부 공간)($a < r < b$)에 생기는 자계의 크기는 중심으로부터 거리에 반비례한다.

해설 동축원통 왕복 전류회로에 의하여 생기는 자계의 올바른 설명은
① 외부 공간($r>c$)의 자계는 영(0)이다. (외부에는 자계가 없다.)
② 내부 도체(원주도체) 내($r<a$)에 생기는 자계의 크기는 앙페르의 주회적분법칙에서

$$H = \frac{I'}{2\pi r} = \frac{\frac{r^2}{a^2} \times I}{2\pi r} = \frac{Ir}{2\pi a^2} [\text{AT/m}]로 \ 거리 \ r[\text{m}]에 \ 반비례한다.$$

③ 두 도체 사이(내부 공간)($a<r<b$)에 생기는 자계의 크기는 앙페르의 주회적분법칙에서 $H = \frac{I}{2\pi r} [\text{AT/m}]$로 거리 $r[\text{m}]$에 반비례한다.

004

내구의 반지름이 a[m], 외구의 내반지름이 b[m]인 동심 구형 콘덴서의 내구의 반지름과 외구의 내반지름을 각각 2a[m], 2b[m]로 증가시키면 이 동심 구형 콘덴서의 정전용량은 몇 배로 되는가?

① 1 ② 2
③ 3 ④ 4

해설 내외 반지름이 a[m], b[m]인 동심 구형 콘덴서의 정전용량

$$C_1 = \frac{Q}{V} = \frac{Q}{-\int_b^a E dr} = \frac{Q}{\frac{Q}{4\pi\varepsilon_0}\left(\frac{1}{a} - \frac{1}{b}\right)} = \frac{4\pi\varepsilon_o ab}{\frac{1}{a} - \frac{1}{b}} = \frac{4\pi\varepsilon_o ab}{b-a} [\text{F}]이다.$$

문제는 동심 구형 콘덴서 내·외 반지름을 2배로 할 때의 정전용량

$$C_2 = \frac{4\pi\varepsilon_o \times 2a \times 2b}{2b - 2a} = \frac{4 \times 4\pi\varepsilon_o ab}{2(b-a)} = 2 \times \frac{4\pi\varepsilon_o ab}{b-a} = 2C_1 [\text{F}]가 된다.$$

∴ 2배가 된다.

정답 3. ③ 4. ②

005 다음 중 틀린 것은?
① 도체의 전류밀도 J는 가해진 전기장 E에 비례하여 온도변화와 무관하게 항상 일정하다.
② 도전율의 변화는 원자구조, 불순물 및 온도에 의하여 설명이 가능하다.
③ 전기저항은 도체의 재질, 형상, 온도에 따라 결정되는 상수이다.
④ 고유 저하의 단위는 $[\Omega \cdot m]$이다.

해설 올바르게 설명한 것
① 도전율의 변화는 원자구조, 불순물 및 온도에 의하여 설명이 가능하다.
② 전기저항은 도체의 재질, 형상, 온도에 따라 결정되는 상수이다.
③ 고유저항의 단위는 $[\Omega \cdot m]$이다.

006 그림과 같은 단극 유도장치에서 자속밀도 B[T]로 균일하게 반지름 a[m]인 원통형 영구자석 중심축 주위를 각속도 ω[rad/s]로 회전하고 있다. 이때 브러시(접촉자)에서 인출되어 저항 R[Ω]에 흐르는 전류는 몇 [A]인가?

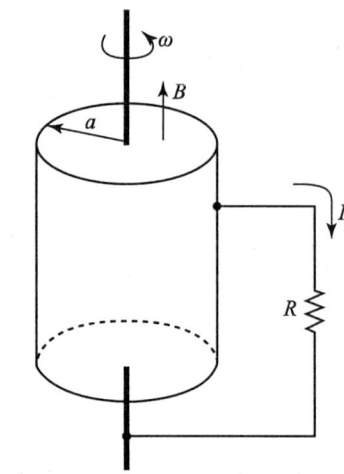

① $\dfrac{aB\omega}{R}$ ② $\dfrac{a^2 B\omega}{R}$

③ $\dfrac{aB\omega}{2R}$ ④ $\dfrac{a^2 B\omega}{2R}$

해설 원통형 영구자석의 미소면적 $1d_a[m^2]$를 ω[rad/sec]로 회전할 때 미소면적에 유기되는 기전력 $de = Bd_a v = B\omega d_a$[V]이며, 반지름 a[m]인 원통형 영구자석 전체에 유기 기전력 $e = \int_0^a B\omega a d_a = B\omega \left(\dfrac{a^2}{2}\right)_0^a = \dfrac{a^2 B\omega}{2}$[V]이다.

∴ 저항 R[Ω]에 흐르는 전류 $I = \dfrac{e}{R} = \dfrac{a^2 B\omega}{2R}$[A]가 된다.

정답 5.① 6.④

007 다음 중 식이 틀린 것은?

① 발산의 정리 : $\int_s E \cdot ds = \int_v \text{div} E dv$

② Poisson의 방정식 : $\nabla^2 V = \dfrac{\varepsilon}{\rho}$

③ Gauss의 정리 : $\text{div} D = \rho$

④ Laplace의 방정식 : $\nabla^2 V = 0$

해설 올바른 식은

① 가우스 정리 적분형 $\int_s E \cdot ds = \dfrac{Q}{\varepsilon_o}$에 발산의 정리는 $\int_v \text{div} E dv = \int_v \dfrac{1}{\rho} dv$이다.

∴ 가우스 정리 미분형 $\text{div} E = \dfrac{\rho}{\varepsilon_o}$이다.

∴ 발산 정리는 $\int_s E dS = \int_v \text{div} E dv$가 된다.

② poisson(포이손)의 방정식 $\nabla^2 V = -\dfrac{\rho}{\varepsilon_o}$이다.

③ gauss(가우스)의 정리의 적분형 $\int_s D \cdot ds = Q$에서 발산의 정리

$\int_v \text{div} D dv = \int_v \rho dv$

∴ 가우스 정리 미분형은 $\text{div} D = \rho$이다.

④ Laplace(라플라스)의 방정식 $\nabla^2 V = 0$이다.

∴ 문제의 틀린 식은 ②

008 영구자석에 관한 설명으로 틀린 것은?

① 한번 자화된 다음에는 자기를 영구적으로 보존하는 자석이다.
② 보자력이 클수록 자계가 강한 영구자석이 된다.
③ 잔류 자속밀도가 클수록 자계가 강한 영구자석이 된다.
④ 자석재료로 폐회로를 만들면 강한 영구자석이 된다.

해설 영구자석에 관한 올바른 설명
① 한번 자화된 다음에는 자기를 영구적으로 보존하는 자석이다.
② 보자력이 클수록 자계가 강한 영구자석이 된다.
③ 잔류 자속밀도가 클수록 자계가 강한 영구자석이 된다.

009 원점에서 점(-2, 1, 2)로 향하는 단위벡터를 a_1이라 할 때 $y=0$인 평면에 평행이고 a_1에 수직인 단위벡터 a_2는?

① $a_2 = \pm \left(\dfrac{1}{\sqrt{2}} a_x + \dfrac{1}{\sqrt{2}} a_z \right)$

② $a_2 = \pm \left(\dfrac{1}{\sqrt{2}} a_x - \dfrac{1}{\sqrt{2}} a_y \right)$

③ $a_2 = \pm \left(\dfrac{1}{\sqrt{2}} a_z - \dfrac{1}{\sqrt{2}} a_y \right)$

④ $a_2 = \pm \left(\dfrac{1}{\sqrt{2}} a_y - \dfrac{1}{\sqrt{2}} a_z \right)$

해답 7. ② 8. ④ 9. ①

해설 단위 vector란 크기가 1인 vector를 말한다.
원점에서 점(-2, 1, 2) 향하는 vector $\vec{r_1} = -2a_x + a_y + 2a_z$의

단위 vector $|\vec{a_1}| = \dfrac{\vec{r}}{|\vec{r_1}|} = \pm\left(\dfrac{-2a_x + a_y + 2a_z}{\sqrt{(-2)^2 + (1)^2 + (2)^2}}\right) = 1$이다.

∴ y=0인 평면에 평행이고 a_1에 수직인 vector $\vec{r_2} = 2a_x + 2a_z$의

단위 vector $|\vec{a_2}| = \dfrac{\vec{r_2}}{|\vec{r_2}|} = \pm\left(\dfrac{2a_x + 2a_z}{\sqrt{(2)^2 + (2)^2}}\right) = \pm\left(\dfrac{2a_x + 2a_z}{2\sqrt{2}}\right) = \pm\left(\dfrac{1}{\sqrt{2}}a_x + \dfrac{1}{\sqrt{2}}a_z\right)$가 된다.

010
자극의 세기가 8×10^{-6}[Wb], 길이가 3[cm]인 막대자석을 120[AT/m]의 평등자계 내에 자력선과 30°의 각도로 놓으면 이 막대자석이 받는 회전력은 몇 [N·m]인가?

① 3.02×10^{-5}
② 3.02×10^{-4}
③ 1.44×10^{-5}
④ 1.44×10^{-4}

해설 막대자석이 받는 회전력(torque)

$T = MH\sin\theta = mlH\sin30° = 8 \times 10^{-6} \times 3 \times 10^{-2} \times 120 \times \dfrac{1}{2} = 24 \times 10^{-8} \times 60$

$= 1440 \times 10^{-8} = 1.44 \times 10^{-5}$[N·m]가 된다.

011
수직 편파는?

① 전계가 대지에 대해서 수직면에 있는 전자파
② 전계가 대지에 대해서 수평면에 있는 전자파
③ 자계가 대지에 대해서 수직면에 있는 전자파
④ 자계가 대지에 대해서 수평면에 있는 전자파

해설 수직 편파란 전계가 대지에 대해서 수직면에 있는 전자파를 말한다.

012
자기쌍극자에 의한 자위 U[A]에 해당되는 것은? (단, 자기쌍극자의 자기모멘트는 M[Wb·m], 쌍극자의 중심으로부터의 거리는 r[m], 쌍극자의 정방향과의 각도는 θ라 한다.)

① $6.33 \times 10^4 \times \dfrac{M\sin\theta}{r^3}$
② $6.33 \times 10^4 \times \dfrac{M\sin\theta}{r^2}$
③ $6.33 \times 10^4 \times \dfrac{M\cos\theta}{r^3}$
④ $6.33 \times 10^4 \times \dfrac{M\cos\theta}{r^2}$

해설 자기쌍극자 모멘트 $M = m \cdot l$[Wb·m], 자기쌍극자의 정방향과의 각도 θ일 때 자기쌍극자 중심으로부터 거리 r[m]인 점의 자위 $u = \dfrac{ml\cos\theta}{4\pi\mu_0 r^2} = 6.33 \times 10^4 \times \dfrac{M\cos\theta}{r^2}$[A]가 된다.

정답 10. ③ 11. ① 12. ④

013 두 개의 자극판이 놓여 있을 때 자계의 세기 H[AT/m], 자속밀도 B[Wb/m²], 투자율 μ[H/m]인 곳의 자계의 에너지밀도[J/m³]는?

① $\dfrac{H^2}{2\mu}$ ② $\dfrac{1}{2}\mu H^2$

③ $\dfrac{\mu H}{2}$ ④ $\dfrac{1}{2}B^2 H$

해설 L(인덕턴스)$=\dfrac{N\phi}{I}$[H], F(기자력)$=NI=R\phi=Hl$[A],

B(자속밀도)$=\dfrac{\phi}{S}=\mu H$[wb/m²]일 때의 W(자계에너지)$=\dfrac{1}{2}LI^2=\dfrac{1}{2}\times\dfrac{N\phi}{I}\times I^2$

$=\dfrac{1}{2}LI^2=\dfrac{1}{2}\times\dfrac{N\phi}{I}\times I^2=\dfrac{1}{2}\times NI\phi=\dfrac{1}{2}\times Hl\times BS=\dfrac{1}{2}HBSl$[J]이다.

∴ $Sl=1$일 때

W(자성체 단위체적에 저장되는 에너지=자계의 에너지밀도)$=\dfrac{1}{2}HB=\dfrac{B^2}{2\mu}$

$=\dfrac{1}{2}\mu H^2$[J/m³]이 된다.

014 길이 l[m], 단면적의 반지름 a[m]인 원통이 길이 방향으로 균일하게 자화되어 자화의 세기가 J[Wb/m²]인 경우, 원통 양단에서의 전자극의 세기 m[Wb]은?

① J ② $2\pi J$

③ $\pi a^2 J$ ④ $\dfrac{J}{\pi a^2}$

해설 원통의 자화세기 $J=\dfrac{dM}{dv}=\dfrac{mdl}{sdl}=\dfrac{m}{s}=\dfrac{m}{\pi a^2}$[Wb/m]이다.

∴ 원통 양단에서의 전자극의 세기 $m=\pi a^2 J$[Wb]가 된다.

015 평면 전자파에서 전계의 세기가 $E=5\sin\omega\left(t-\dfrac{x}{v}\right)$[μV/m]인 공기 중에서의 자계의 세기는 몇 [μA/m]인가?

① $-\dfrac{5\omega}{v}\cos\omega\left(t-\dfrac{x}{v}\right)$ ② $5\omega\cos\omega\left(t-\dfrac{x}{v}\right)$

③ $4.8\times10^2\sin\omega\left(t-\dfrac{x}{v}\right)$ ④ $1.3\times10^{-2}\sin\omega\left(t-\dfrac{x}{v}\right)$

해설 평면 전자파에서의 고유임피던스 $Z_o=\dfrac{E}{H}=\sqrt{\dfrac{\mu_o}{\varepsilon_o}}\fallingdotseq 377$[Ω]

∴ H(자계세기)$=\sqrt{\dfrac{\varepsilon_o}{\mu_o}}E=\dfrac{E}{377}=\dfrac{5}{377}\sin\omega\left(t-\dfrac{x}{v}\right)\fallingdotseq 1.3\times10^{-2}\sin\omega\left(t-\dfrac{x}{v}\right)$[μH/m]가 된다.

해답 13.② 14.③ 15.④

016 비유전율이 10인 유전체를 5[V/m]인 전계 내에 놓으면 유전체의 표면전하밀도는 몇 [c/m²]인가? (단, 유전체의 표면과 전계는 직각이다.)

① $35\varepsilon_0$
② $45\varepsilon_0$
③ $55\varepsilon_0$
④ $65\varepsilon_0$

해설 유전체의 표면전하밀도 $\sigma' = P$(분극세기=분극전하밀도)
$= \varepsilon_0(\varepsilon_s - 1)E = \varepsilon_0(10-1) \times 5 = 45\varepsilon_0[c/m^2]$ 가 된다.

017 내경의 반지름이 1[mm], 외경의 반지름이 3[mm]인 동축 케이블의 단위길이당 인덕턴스는 약 몇 [μH/m]인가? (단, 이때 $\mu_r = 1$이며, 내부 인덕턴스는 무시한다.)

① 0.12
② 0.22
③ 0.32
④ 0.42

해설 B(자속밀도)$=\dfrac{d\phi}{ds}=\mu_o H$[Wb/m²], ϕ(자속)$=\displaystyle\int_s B ds$[Wb]$=\displaystyle\int_s \mu_o H l d_r$[Wb] 일 때 동축 케이블 단위길이당의 인덕턴스

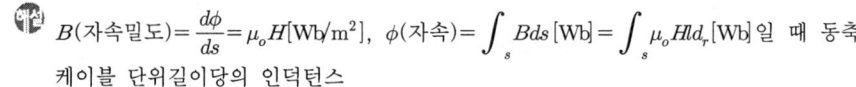

$$L = \frac{\phi}{I} = \frac{\int_a^b B ds}{I} = \frac{\int_a^b \mu_o H l dr}{I} = \frac{\int_a^b \mu_o \times \dfrac{I}{2\pi r} \times 1\, dr}{I}$$

$$= \frac{\mu_o}{2\pi}\int_a^b \frac{1}{r}dr = \frac{\mu_o}{2\pi}ln\frac{b}{a} = \frac{4\pi \times 10^{-7}}{2\pi}ln\frac{3}{1} = 2\times 10^{-7} \times 2.3026 \log_{10}3$$

$$= 4.6052 \times 0.4771 \times 10^{-7} ≒ 0.22[\mu H/m]$$

018 평면도체 표면에서 d[m]의 거리에 점전하 Q[C]가 있을 때 이 전하를 무한원까지 운반하는 데 필요한 일은 몇 [J]인가?

① $\dfrac{Q^2}{4\pi\varepsilon_o d}$
② $\dfrac{Q^2}{8\pi\varepsilon_o d}$
③ $\dfrac{Q^2}{12\pi\varepsilon_o d}$
④ $\dfrac{Q^2}{16\pi\varepsilon_o d}$

해설 평면도체의 전기 영상법에서 점전하 Q[C]에 대한 영상전하는 -Q[C]이다.

∴ 작용력(흡인력) $F = \dfrac{Q \times (-Q)}{4\pi\varepsilon_o(2d)^2} = \dfrac{-Q^2}{16\pi\varepsilon_o d^2}$[N] ……①

또한 평면도체로부터 d[m] 떨어진 점에 있는 점전하 Q[C]를 무한원점까지 운반하는 데 요하는 일[W]은 에너지를 소모하므로 ⊖값이다. 즉 $dw = -Fd_d$[J]

∴ W(일)$= -\displaystyle\int_d^\infty Fd_d = -\displaystyle\int_d^\infty \frac{-Q^2}{16\pi\varepsilon_0 d^2}d_d = \frac{Q^2}{16\pi\varepsilon_0}\displaystyle\int_d^\infty \frac{1}{d^2}d_d$

$= \dfrac{Q^2}{16\pi\varepsilon_o}\left(-\dfrac{1}{d}\right)_d^\infty = \dfrac{Q^2}{16\pi\varepsilon_o d}$[J]가 된다.

16. ② 17. ② 18. ④

019 반경 r_1, r_2인 동심구가 있다. 반경 r_1, r_2인 구 껍질에 각각 $+Q_1$, $+Q_2$의 전하가 분포되어 있는 경우 $r_1 \leq r \leq r_2$에서의 전위는?

① $\dfrac{1}{4\pi\varepsilon_o}\left(\dfrac{Q_1+Q_2}{r}\right)$
② $\dfrac{1}{4\pi\varepsilon_o}\left(\dfrac{Q_1}{r_1}+\dfrac{Q_2}{r_2}\right)$
③ $\dfrac{1}{4\pi\varepsilon_o}\left(\dfrac{Q_2}{r}+\dfrac{Q_1}{r_2}\right)$
④ $\dfrac{1}{4\pi\varepsilon_o}\left(\dfrac{Q_1}{r}+\dfrac{Q_2}{r_2}\right)$

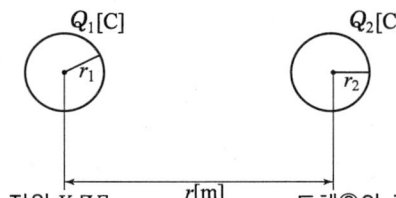

도체①의 전위 V_1[V]　　r[m]　　도체②의 전위 V_2[V]

도체①의 전위 $V_1 = V_{11} + V_{12} = \dfrac{Q_1}{4\pi\varepsilon_o r_1} + \dfrac{Q_2}{4\pi\varepsilon_o r} = \dfrac{1}{4\pi\varepsilon_o}\left(\dfrac{Q_1}{r_1}+\dfrac{Q_2}{r}\right)$[V]이다.

또한 $r_1 \leq r \leq r_2$에서의 전위가 도체 ②의 전위 V_2이다.

∴ $V_2 = V_{21} + V_{22} = \dfrac{Q_1}{4\pi\varepsilon_o r} + \dfrac{Q_2}{4\pi\varepsilon_o r_2} = \dfrac{1}{4\pi\varepsilon_o}\left(\dfrac{Q_1}{r}+\dfrac{Q_2}{r_2}\right)$[V]이다.

020 다음 ( ) 안의 ㉠과 ㉡에 들어갈 알맞은 내용은?

"도체의 전기전도는 도전율로 나타내는데 이는 도체 내의 자유전하밀도에 (㉠)하고, 자유전하의 이동도에 (㉡)한다."

① ㉠ 비례, ㉡ 비례
② ㉠ 반비례, ㉡ 반비례
③ ㉠ 비례, ㉡ 반비례
④ ㉠ 반비례, ㉡ 비례

자유전하밀도(전도전류)란 도체 내에 흐르는 전류로 '옴'법칙에 미분형이다.

즉 i_c(자유전하밀도)$=\dfrac{I}{S}=\dfrac{\frac{V}{R}}{S}=\dfrac{V}{RS}=\dfrac{V}{\rho\frac{l}{s}\times s}=\dfrac{V}{\rho\times l}=\dfrac{E}{\rho}=KE$(옴법칙 미분형)

$= env = en\mu E$ [A/m²]이다.

∴ $i_c \fallingdotseq K \fallingdotseq \mu$ [A/m²]이다. 도전율(K)는 도체 내의 자유전하밀도(i_c)에 (㉠비례)하고 자유전하의 이동도(μ)에 (㉡비례)한다.

02 전/력/공/학

021 경간 200[m]의 지지점이 수평인 가공 전선로가 있다. 전선 1[m]의 하중은 2[kg], 풍압하중은 없는 것으로 하고 전선의 인장하중은 4000[kg], 안전율 2.2로 하면 이도는 몇 [m]인가?
① 4.7
② 5.0
③ 5.5
④ 6.2

$D(\text{이도}) = \dfrac{WS^2}{8T} = \dfrac{WS^2}{8 \times \dfrac{\text{인장하중}}{\text{안전율}}} = \dfrac{2 \times (200)^2}{8 \times \dfrac{4000}{2.2}} = \dfrac{80,000}{14545} = 5.5[m]$ 가 된다.

022 3상 송전선로의 전압이 66000[V], 주파수가 60[Hz], 길이가 10[km], 1선당 정전용량이 0.3464[μF/km]인 무부하 충전전류는 약 몇 [A]인가?
① 40
② 45
③ 50
④ 55

3상 송전선로의 무부하 충전전류

$I_c = \dfrac{El}{X_c} = \omega CEl = 2\pi fc \times \dfrac{V}{\sqrt{3}} l = 2 \times 3.14 \times 60 \times 0.3464 \times 10^{-6} \times \dfrac{66 \times 10^3}{\sqrt{3}} \times 10$

$= 377 \times 0.3464 \times 38 \times 10^{-2} ≒ 50[A]$ 가 된다.

023 중거리 송전선로의 π형 회로에서 송전단전류 I_s는? (단, Z, Y는 선로의 직렬 임피던스와 병렬 어드미턴스이고, E_r, I_r은 수전단 전압과 전류이다.)

① $\left(1 + \dfrac{ZY}{2}\right)E_r + ZI_r$
② $\left(1 + \dfrac{ZY}{2}\right)E_r + Z\left(1 + \dfrac{ZY}{4}\right)I_r$
③ $\left(1 + \dfrac{ZY}{2}\right)I_r + YE_r$
④ $\left(1 + \dfrac{ZY}{2}\right)I_r + Y\left(1 + \dfrac{ZY}{4}\right)E_r$

π형 중거리 송전선로

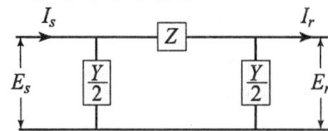

π형 4단자망의 4단자 정수 $\begin{vmatrix} A & B \\ C & D \end{vmatrix} = \begin{vmatrix} 1 & 0 \\ \frac{Y}{2} & 1 \end{vmatrix} \begin{vmatrix} 1 & Z \\ 0 & 1 \end{vmatrix} \begin{vmatrix} 1 & 0 \\ \frac{Y}{2} & 1 \end{vmatrix} =$

$\begin{vmatrix} 1 & Z \\ \frac{Y}{2} & 1+\frac{YZ}{2} \end{vmatrix} \begin{vmatrix} 1 & 0 \\ \frac{Y}{2} & 1 \end{vmatrix} = \begin{vmatrix} 1+\frac{YZ}{2} & Z \\ \frac{Y}{2}+\frac{Y}{2}(1+\frac{YZ}{2}) & 1+\frac{YZ}{2} \end{vmatrix} = \begin{vmatrix} 1+\frac{YZ}{2} & Z \\ Y(1+\frac{YZ}{4}) & 1+\frac{YZ}{2} \end{vmatrix}$ 이다.

21. ③ 22. ③ 23. ④

4단자 기초방정식 $\begin{cases} E_s = AE_r + BI_r \\ I_s = CE_r + DI_r \end{cases}$ 에서

송전단 전류 $I_s = CE_r + DI_r = \left(1 + \dfrac{ZY}{2}\right)I_r + Y\left(1 + \dfrac{ZY}{4}\right)E_r$ [A]가 된다.

024. 선택지락계전기의 용도를 옳게 설명한 것은?

① 단일 회선에서 지락고장 회선의 선택 차단
② 단일 회선에서 지락전류의 방향 선택 차단
③ 병행 2회선에서 지락고장 회선의 선택 차단
④ 병행 2회선에서 지락고장의 지속시간 선택 차단

해설 SGR(Selective Ground Relay)는 선택지락 계전기로 그 용도는 중성점 저항접지 방식의 병행 2회선 송전선로의 지락사고 차단에 사용되는 계전기이다. 즉, 병행 2회선에서 지락고장 회선의 선택 차단용이다.

025. 그림과 같은 선로의 등가선 간 거리는 몇 [m]인가?

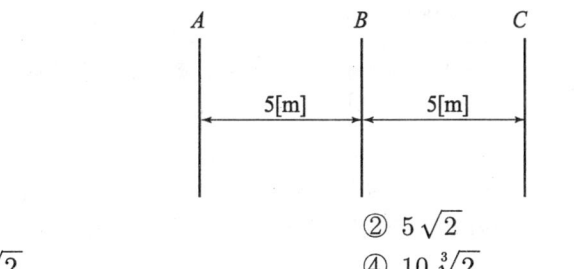

① 5
② $5\sqrt{2}$
③ $5\sqrt[3]{2}$
④ $10\sqrt[3]{2}$

해설 문제 선로의 등가선 간 거리 $D = \sqrt[3]{5 \times 5 \times 2 \times 5} = 5\sqrt[3]{2}$ [m]가 된다.

026. 송배전 계통이 발생하는 이상전압의 내부적 원인이 아닌 것은?

① 선로의 개폐
② 직격뢰
③ 아크접지
④ 선로의 이상 상태

해설 송배전 계통에서 발생하는 이상전압에는
① 내부 이상전압(선로 개폐, 선로의 이상 상태, 아크접지)
② 외부 이상전압(직격뢰, 유도뢰, 타선과의 혼촉) 등이다.

027. 수력발전소를 건설할 때 낙차를 취하는 방법으로 적합하지 않은 것은?

① 수로식
② 댐식
③ 유역변경식
④ 역조정지식

해설 수력발전소를 건설할 때 낙차를 취하는 방법에는 수로식, 댐식, 유역변경식, 댐 수로식이 있다.

해답 24.③ 25.③ 26.② 27.④

028 초고압용 차단기에서 개폐 저항기를 사용하는 이유 중 가장 타당한 것은?
① 차단전류의 역률개선
② 차단전류 감소
③ 차단속도 증진
④ 개폐서지 이상전압 억제

> 차단기 개폐 시에는 재점호로 인하여 개폐서지 이상전압이 발생된다. 이것을 낮추고 절연내력을 높게 하기 위해 차단기 접촉자 간에 병렬임피던스로서 저항을 삽입한다.
> ∴ 초고압용 차단기에 개폐 저항기를 사용하는 이유는 개폐서지 이상전압(sov)을 억제하기 위해서이다.

029 이상전압의 파고치를 저감시켜 기기를 보호하기 위하여 설치하는 것은?
① 리액터
② 피뢰기
③ 아킹 호온(Arcing horn)
④ 아모 로드(Armour rod)

> 피뢰기는 뇌해방지를 위해서 설치한다. 즉 이상전압의 파고치를 저감시켜 기기를 보호하기 위하여 설치한다.

030 보일러 급수 중의 염류 등이 굳어서 내벽에 부착되어 보일러 열전도와 물의 순환을 방해하며 내면의 수관벽을 과열시켜 파열을 일으키게 하는 원인이 되는 것은?
① 스케일   ② 부식
③ 포밍   ④ 캐리오버

> 스케일이란 보일러 급수 중에 염류 등이 굳어서 내벽에 부착되어 보일러 열전도와 물의 순환을 방해하며 내면의 수관벽을 과열시켜 파열을 일으키게 하는 원인이 되는 것을 말한다.

031 송전선로에서 고조파 제거 방법이 아닌 것은?
① 변압기를 △결선한다.
② 유도전압 조정장치를 설치한다.
③ 무효전력 보상장치를 설치한다.
④ 능동형 필터를 설치한다.

> 송전선로에서의 고조파 제거 방법
> ① 변압기를 △결선한다.
> ② 전력용 콘덴서에 직렬리액턴스를 삽입한다.
> ③ 무효전력 보상장치를 설치한다.
> ④ 능동형 필터를 설치한다.

정답 28.④ 29.② 30.① 31.②

032 전기 공급 시 사람의 감전, 전기 기계류의 손상을 방지하기 위한 시설물이 아닌 것은?

① 보호용 개폐기
② 축전지
③ 과전류 차단기
④ 누전 차단기

해설 전기 공급 시 사람의 감전, 전기 기계류의 손상을 방지하기 위한 시설물에는 보호용 개폐기, 과전류 차단기, 누전차단기 등이다.

033 선로에 따라 균일하게 부하가 분포된 선로의 전력 손실은 이들 부하가 선로의 말단에 집중적으로 접속되어 있을 때보다 어떻게 되는가?

① 2배로 된다.
② 3배로 된다.
③ $\frac{1}{2}$로 된다.
④ $\frac{1}{3}$로 된다.

해설

분류	전압 강하	전력 손실
말단 집중 부하	IR	I^2R
균등 분포 부하	$\frac{1}{2}IR$	$\frac{1}{3}I^2R$

즉 균등 분포 부하의 전력 손실은 말단 집중 부하의 전력 손실보다 $\frac{1}{3}$로 된다.

034 서지파가 파동임피던스 Z_1의 선로 측에서 파동 임피던스 Z_2의 선로 측으로 진행할 때 반사계수 β는?

① $\beta = \dfrac{Z_2 - Z_1}{Z_1 + Z_2}$
② $\beta = \dfrac{2Z_2}{Z_1 + Z_2}$
③ $\beta = \dfrac{Z_1 - Z_2}{Z_1 + Z_2}$
④ $\beta = \dfrac{2Z_1}{Z_1 + Z_2}$

해설 선로 측으로 진행하는 서지파의 반사계수 $(\beta) = \dfrac{Z_2 - Z_1}{Z_1 + Z_2}$ 이다.

035 일반적인 비접지 3상 송전선로의 1선 지락고장 발생 시 각 상의 전압은 어떻게 되는가?

① 고장 상의 전압은 떨어지고, 나머지 두 상의 전압은 변동되지 않는다.
② 고장 상의 전압은 떨어지고, 나머지 두 상의 전압은 상승한다.
③ 고장 상의 전압은 떨어지고, 나머지 상의 전압도 떨어진다.
④ 고장 상의 전압이 상승한다.

해답 32.② 33.④ 34.① 35.②

😊 비접지 3상 송전선로의 1선 지락고장 발생 시에는 고장 상의 전압은 떨어지고 나머지 두 상의 전압은 상승한다.

036

전력용 콘덴서를 변전소에 설치할 때 직렬 리액터를 설치하고자 한다. 직렬 리액터의 용량을 결정하는 식은? (단, f_0는 전원의 기본 주파수, C는 역률 개선용 콘덴서의 용량, L은 직렬 리액터의 용량이다.)

① $2\pi f_0 L = \dfrac{1}{2\pi f_0 C}$ ② $2\pi(3f_0)L = \dfrac{1}{2\pi(3f_0)C}$

③ $2\pi(5f_0)L = \dfrac{1}{2\pi(5f_0)C}$ ④ $2\pi(7f_0)L = \dfrac{1}{2\pi(7f_0)C}$

😊 전력용 콘덴서는 제5고조파 발생 때문에 직렬 리액턴스 삽입하여 제5고조파를 단락 제거시킨다. 이 경우 직렬 리액턴스의 용량을 결정하는 식은 $5X_L = 5X_c$, $2\pi(5f_0)L = \dfrac{1}{2\pi(5f_0)C}$ 이다.

이 경우 직렬 리액턴스, $2\pi f_0 L = \dfrac{1}{2\pi f_0 C(5)^2} = \dfrac{1}{2\pi f_0 C \times 25} = \dfrac{1}{2\pi f_0 C} \times 0.04$ 이다.

즉, 직렬 리액턴스의 용량은 콘덴서 용량의 0.04(4[%]) 이상이면 된다.

037

Y결선된 발전기에서 3상 단락사고가 발생한 경우 전류에 관한 식 중 옳은 것은? (단, Z_0, Z_1, Z_2는 영상, 정상, 역상 임피던스이다.)

① $I_a + I_b + I_c = I_0$ ② $I_a = \dfrac{E_a}{Z_0}$

③ $I_b = \dfrac{a^2 E_a}{Z_1}$ ④ $I_c = \dfrac{aE_a}{Z_2}$

😊 Y결선된 발전기에서 3상 단락사고 발생 시

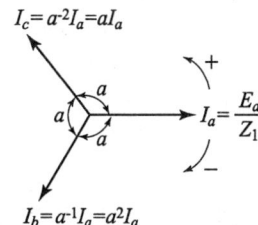

각상전류 $I_a = I_b = I_c$인 경우이며,

이 경우는 $I_a = \dfrac{E_a}{Z_1}$[A]가 기준이다.

$I_b = a^2 I_a = \dfrac{a^2 E_a}{Z_1}$[A], $I_c = aI_a = \dfrac{aE_a}{Z_1}$[A]가 된다.

36. ③ 37. ③

038 같은 선로와 같은 부하에서 교류 단상 3선식은 단상 2선식에 비하여 전압강하와 배전효율은 어떻게 되는가?

① 전압강하는 적고, 배전효율은 높다. ② 전압강하는 크고, 배전효율은 낮다.
③ 전압강하는 적고, 배전효율은 낮다. ④ 전압강하는 크고, 배전효율은 높다.

해설 단상 2선식의 전압강하와 배전효율은
$V(전압강하) = V_s - V_r \fallingdotseq 2I(R\cos\theta + X\sin\theta)[V]$,
$\eta(배전효율) = \dfrac{수전단전력}{송전단전력} \times 100 = \dfrac{V_r I}{V_s I} \times 100 = \dfrac{V_r I}{V_r I + 2I^2 R} \times 100$ 이다.

단상 3선식은 단상 2선식에 비하여 전압은 2배, 전류는 $\dfrac{1}{2}$배 된다.

∴ 단상 3선식의 전압강하와 배전효율은
$V(전압강하) = V_s - V_r = 2 \times \dfrac{I}{2}(R\cos\theta + X\sin\theta) \fallingdotseq I(R\cos\theta + X\sin\theta)$
$\fallingdotseq I(R\cos\theta + X\sin\theta)[V]$로 작다.

$\eta(배전효율) = \dfrac{2V_r \times \dfrac{I}{2}}{2V_r \times \dfrac{I}{2} + 2\left(\dfrac{I}{2}\right)^2 R} \times 100 = \dfrac{2V_r I}{2V_r I + I^2 R} \times 100$ 으로 높다.

∴ 전압강하는 작고, 배전효율은 높다.

039 발전 전력량 E[kWh], 연료 소비량 W[kg], 연료의 발열량 C[kcal/kg]인 화력발전소의 열효율 η[%]는?

① $\dfrac{860E}{WC} \times 100$
② $\dfrac{E}{WC} \times 100$
③ $\dfrac{E}{860WC} \times 100$
④ $\dfrac{9.8E}{WC} \times 100$

해설 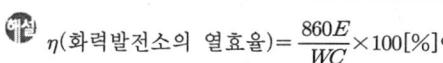 $\eta(화력발전소의 열효율) = \dfrac{860E}{WC} \times 100$[%]이다.
(단, W(연료 소비량)[kg], C(연료 발열량)[kcal/kg], E(발전 전력량)[kWh]이다.)

040 고장 즉시 동작하는 특성을 갖는 계전기는?

① 순시 계전기
② 정한시 계전기
③ 반한시 계전기
④ 반한시성 정한시 계전기

해설 ① 순시 계전기는 고장 즉시 동작하는 특성을 갖는 계전기이다.
② 정한시 계전기는 정해진 시간에만 동작하는 계전기이다.
③ 반한시 계전기는 동작 전류값이 크면 동작시간이 짧고, 작으면 길어지는 계전기이다.
④ 반한시성 정한시 계전기는 어느 한도까지는 반한시성이고 그 이상은 정한시성의 특성 계전기이다.

 38.① 39.① 40.①

03 전/기/기/기

041 2대의 동기발전기가 병렬운전하고 있을 때 동기화 전류가 흐르는 경우는?

① 기전력의 크기에 차가 있을 때
② 기전력의 위상에 차가 있을 때
③ 기전력의 파형에 차가 있을 때
④ 부하 분담에 차가 있을 때

2대 동기발전기에 병렬운전 조건
① 기전력의 위상이 같을 것(위상에 차가 있으면 동기화력에 의해서 동기화 전류가 흐른다.)
② 기전력의 크기 같을 것(크기 차가 있으면 무효순환 전류가 흐른다.)
③ 기전력의 주파수가 같을 것(같지 않으면 난조의 원인이 된다.)
④ 기전력의 파형이 같을 것(같지 않으면 고조파 무효순환 전류가 흐른다.)
⑤ 상회전 방향이 같을 것

042 3대의 단상변압기를 △-Y로 결선하고 1차 단자전압 V_1, 1차 전류 I_1이라 하면 2차 단자전압 V_2와 2차 전류 I_2의 값은? (단, 권수비는 a이고, 저항, 리액턴스, 여자전류는 무시한다.)

① $V_2 = \sqrt{3}\dfrac{V_1}{a}$, $I_2 = \sqrt{3}\,aI_1$
② $V_2 = V_1$, $I_2 = \dfrac{a}{\sqrt{3}}I_1$
③ $V_2 = \sqrt{3}\dfrac{V_1}{a}$, $I_2 = \dfrac{a}{\sqrt{3}}I_1$
④ $V_2 = \dfrac{V_1}{a}$, $I_2 = I_1$

1차 △결선 $\begin{cases} 1차 단자전압\ V_1(상전압)[V] \\ 1차 전류 △전류\ I_1(선전류)[A] \end{cases}$ 일 때 $a = \dfrac{V_1}{V_2} = \dfrac{V_{1p}}{V_{2p}}$

$a = \dfrac{I_2}{I_1}$ 관계를 이용할 때의

2차 Y결선 $\begin{cases} 2차 단자전압\ V_2(선간전압) = \sqrt{3} \times \dfrac{V_1}{a}[V]이다. \\ 2차 전류\ Y전류\ I_2(상전류) = \dfrac{aI_1}{\sqrt{3}}[A] \end{cases}$

043 1000[kW], 500[V]의 직류발전기가 있다. 회전수 246[rpm], 슬롯수 192, 각 슬롯 내의 도체수 6, 극수는 12이다. 전부하에서의 자속수[Wb]는? (단, 전기자 저항은 0.006[Ω]이고, 전기자권선은 단중 중권이다.)

① 0.502
② 0.305
③ 0.2065
④ 0.1084

정답 41. ② 42. ③ 43. ④

해설 슬롯수 192, 각 슬롯 내의 도체수 6
∴ 총 도체수 = 192×6 = 1152이다.

직류발전기 $P = VI$[W], $I = \dfrac{P}{V} = \dfrac{1000 \times 10^3}{500} = 2 \times 10^3$[A]

직류발전기의 유기 기전력 $E = V + I_a r_a = 500 + 2 \times 10^3 \times 0.006 = 512$[V]이다.

∴ E(유기 기전력) $= 512 = \dfrac{P}{a} Z n \phi = \dfrac{12}{12} \times 1152 \times \dfrac{246}{60} \times \phi = 1152 \times 4.1 \times \phi$[V]

∴ ϕ(전부하에서의 자속수) $= \dfrac{512}{1152 \times 4.1} \fallingdotseq 0.1084$[Wb]가 된다.

044

유도전동기에서 크라우링(crawling)현상으로 맞는 것은?

① 기동 시 회전자의 슬롯수 및 권선법이 적당하지 않은 경우 정격속도보다 낮은 속도에서 안정운전이 되는 현상
② 기동 시 회전자의 슬롯수 및 권선법이 적당하지 않은 경우 정격속도보다 높은 속도에서 안정운전이 되는 현상
③ 회전자 3상 중 1상이 단선된 경우 정격속도의 50[%] 속도에서 안정운전이 되는 현상
④ 회전자 3상 중 1상이 단락된 경우 정격속도보다 높은 속도에서 안정운전이 되는 현상

해설 유도전동기에서 크라우링(crawling) 현상이란 기동 시 회전자의 슬롯수 및 권선법이 적당하지 않은 경우 정격속도보다 낮은 속도에서 안정운전이 되는 현상을 말한다.

045

직류 직권전동기를 교류용으로 사용하기 위한 대책이 아닌 것은?

① 자계는 성층 철심, 원통형 고정자 적용
② 계자 권선수 감소, 전기자 권선수 증대
③ 보상 권선 설치, 브러시 접촉저항 증대
④ 정류자편 감소, 전기자 크기 감소

해설 직류 직권전동기를 교류용으로 사용하기 위한 대책
① 자계는 성층 철심, 원통형 고정자 적용
② 계자 권선수 감소, 전기자 권선수 증대
③ 보상 권선 설치, 브러시 접촉저항 증대

046

60[kW], 4극, 전기자 도체의 수 300[개], 중권으로 결선된 직류발전기가 있다. 매극당 자속은 0.05[Wb]이고 회전속도는 1200[rpm]이다. 이 직류발전기가 전부하에 전력을 공급할 때 직렬로 연결된 전기자 도체에 흐르는 전류[A]는?

① 32
② 42
③ 50
④ 57

정답 44.① 45.④ 46.③

해설 중권 $a = P = 4$, 매 극당 자속 $= 0.05$[Wb], 4극 전자속 $\phi = 4 \times 0.05$[Wb]이다.
∴ 직류발전기의 유기기전력
$$E = \frac{P}{a} Zn\phi = \frac{4}{4} \times 300 \times \frac{1200}{60} \times 0.05 \times 4 = 15 \times 20 \times 4 = 1200[\text{V}]$$
$P = EI$ [W]
I (전기자 도체에 흐르는 전류) $= \frac{P}{E} = \frac{60 \times 10^3}{1200} = \frac{600}{12} = 50$[A]이다.

문제 047 50[Hz]로 설계된 3상 유도전동기를 60[Hz]에 사용하는 경우 단자전압을 110[%]로 높일 때 일어나는 현상이 아닌 것은?
① 철손불변
② 여자전류 감소
③ 출력이 일정하면 유효전류 감소
④ 온도상승 증가

해설 3상 유도전동기에서 f_1(주파수) $= \frac{60}{50}f = 1.2f$[Hz], V_1(전압) $= 1.1V$[V]일 때 올바른 식은

① I_{o1}(여자전류) $= \frac{V_1}{f_1} = \frac{1.1V}{1.2f} = 0.9 \times \frac{V}{f} = 0.9 I_o$[A]로 감소된다.

② P_{i1}(철손) $= f_1 B_m^2 = f_1 \left(\frac{V_1}{f_1}\right)^2 = \frac{V_1^2}{f_1} = \frac{(1.1V)^2}{1.2f} = \frac{(1.1)^2}{1.2} \times \frac{V^2}{f} ≒ 1 \times \frac{V^2}{f} ≒ P_i$(불변이다.)

③ P_{i1}(철손) $= V_1 I_{w_1} = 1.1V \times 0.9 I_w ≒ 1 \times VI_w ≒ P_i$(불변)

I_{w_1}(유효전류) $= \frac{P_{i1}}{V_1} = \frac{P_i}{1.1 \times V} ≒ 0.9 \frac{P_i}{V} ≒ 0.9 I_w$(감소된다.)

I_{o1}(여자전류) $= \frac{V_1}{f_1} = \frac{1.1V}{1.2f} ≒ 0.9 \frac{V}{f} = 0.9 I_o$(감소된다.)

∴ I_{w_1}(유효전류) $= I_{o1} \cos\theta$[A]

∴ $\cos\theta$(역률) $= \frac{I_{w_1}}{I_{o1}} = \frac{0.9 I_w}{0.9 I_o} = \frac{I_w}{I_o}$(불변이다.)

∴ B(자속밀도) $≒ \phi$(자속) $= I_o$(여자전류)

$=$ 온도상승 $= \frac{1}{f} = \frac{1}{\eta(\text{효율})} = \frac{1}{N_s(\text{동기속도})} = \frac{1}{\text{내각효과}}$

$= \frac{1}{X_L(\text{리액턴스})}$이며, 철손($P_i$)과 역률($\cos\theta$) = 불변이다.

$= Torque = I_w$(유효전류) 등이다.

∴ 여자전류 감소=유효전류 감소=온도상승 감소=주파수 증가=효율 증가=동기속도 증가 등이다.

문제 048 직류전동기의 역기전력이 220[V], 분당 회전수가 1200[rpm]일 때에 토크가 15[kg·m]가 발생한다면 전기자 전류는 약 몇 [A]인가?
① 54
② 67
③ 84
④ 96

정답 47. ④ 48. ③

해설 $1[\text{kg}\cdot\text{m}] = 9.8[\text{N}\cdot\text{m}]$

$P = EI = \omega T = 2\pi \dfrac{N}{60} \times T \times 9.8 [\text{W}]$ 이다.

$\therefore I(\text{전기자 전류}) = \dfrac{2 \times 3.14 \times \dfrac{1200}{60} \times 15 \times 9.8}{E} = \dfrac{18463.2}{220} ≒ 84[\text{A}]$ 이다.

049
5[kVA], 3300/210[V], 단상변압기의 단락시험에서 임피던스 전압 120[V], 동손 150[W]라 하면 퍼센트 저항강하는 몇 [%]인가?
① 2
② 3
③ 4
④ 5

해설 %저항강하 $P = \dfrac{I_{1n} r_{12}}{V_{1n}} \times 100 = \dfrac{I_{1n}^2 r_{12}}{V_{1n} I_{1n}} \times 100 = \dfrac{P_c(\text{동손})}{V_{1n} I_{1n}} \times 100 = \dfrac{150}{5000} \times 100 = 3[\%]$ 이다.

%임피던스 강하 $Z = \dfrac{I_{1n} Z_{12}}{V_{1n}} \times 100 = \dfrac{V_s(\text{임피던스 전압})}{V_{1n}} \times 100 = \dfrac{120 \times 100}{3300} ≒ 3.6[\%]$

%리액턴스 강하 $q = \dfrac{I_{1n} x_{12}}{V_{1n}} \times 100 = \sqrt{Z^2 - P^2} = \sqrt{(3.6)^2 - (3)^2} = \sqrt{4} = 2[\%]$ 이다.

$\therefore$ %저항강하 $P = 3[\%]$ 이다.

050
주파수가 일정한 3상 유도전동기의 전원전압이 80[%]로 감소하였다면 토크는?
(단, 회전수는 일정하다고 가정한다.)
① 64[%]로 감소
② 80[%]로 감소
③ 89[%]로 감소
④ 변화없음

해설 3상 유도전동기의 $T(Torque) ≒ V^2$ 이다.
$\therefore$ 전원전압이 80[%]로 감소하였다면(되었다면)
$T_1(Torque) = (0.8V)^2 = 0.64V^2 = 0.64T[\text{N}\cdot\text{m}]$ 이다. 즉 토크는 64[%]로 감소된다.

051
정류기 설계 조건이 아닌 것은?
① 출력 전압 직류 평활성
② 출력 전압 최소 고조파 함유율
③ 입력 역률 1 유지
④ 전력계통 연계성

해설 정류기 설계 조건
① 출력 전압이 직류 평활성이어야 한다.
② 출력 전압에는 최소로 고조파 함유되어야 한다.
③ 입력 역률 1을 유지해야 한다.

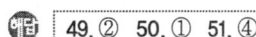

052 2차로 환산한 임피던스가 각각 0.03+j0.02[Ω], 0.02+j0.03[Ω]인 단상변압기 2대를 병렬로 운전시킬 때 분담 전류는?

① 크기는 같으나 위상이 다르다.
② 크기와 위상이 같다.
③ 크기는 다르나 위상이 같다.
④ 크기와 위상이 다르다.

해설 단상 변압기 2대 병렬운전 시 V(전압)=일정이다.

분담전류 $I_1 = \dfrac{|V|}{Z_1} = \dfrac{|V|}{\sqrt{(0.03)^2+(0.02)^2} \angle \theta_1 = \tan^{-1}\dfrac{0.02}{0.03}} = \dfrac{|V|}{\sqrt{0.0013} \angle \tan^{-1} 0.666}$

$= \dfrac{|V|}{0.036 \angle 33°7} ≒ 27.7|V| \angle -33°7 [A]$ ……………… ①

$I_2 = \dfrac{|V|}{Z_2} = \dfrac{|V|}{\sqrt{(0.02)^2+(0.03)^3} \angle \tan^{-1}\dfrac{0.03}{0.02}} = \dfrac{|V|}{\sqrt{0.0013} \angle \tan^{-1} 1.5}$

$= \dfrac{|V|}{0.036 \angle 56.3} ≒ 27.7|V| \angle -56.3 [A]$ ……………… ②

∴ ①식과 ②식에서 분담 전류 크기는 같으나 위상은 다르다.

053 히스테리시스손과 관계가 없는 것은?

① 최대 자속밀도
② 철심의 재료
③ 회전수
④ 철심용 규소강판의 두께

해설 P_h(히스테리시스손)$=\eta f B_m^{1.6}$[W/kg]과 관계 있는 것은 철심의 재료, 최대자속밀도, 회전수(주파수) 등이다.

054 동기전동기에 관한 설명 중 틀린 것은?

① 기동 토크가 작다.
② 유도전동기에 비해 효율이 양호하다.
③ 여자기가 필요하다.
④ 역률을 조정할 수 없다.

해설 동기전동기의 올바른 설명
① 기동 토크(Torque)가 작다.
② 유도전동기에 비해 효율이 양호하다.
③ 여자기가 필요하다.
④ 역률은 항상 1로 운전된다.

정답 52. ① 53. ④ 54. ④

055 동기발전기의 전기자 권선은 기전력의 파형을 개선하는 방법으로 분포권과 단절권을 쓴다. 분포계수를 나타내는 식은? (단, q는 매극, 매상당의 슬롯수, m는 상수, α는 슬롯의 간격)

① $\dfrac{\sin q\alpha}{q\sin\dfrac{\alpha}{2}}$

② $\dfrac{\sin\dfrac{\pi}{2m}}{q\sin\dfrac{\pi}{2mq}}$

③ $\dfrac{\cos\dfrac{\pi}{2mq}}{q\cos\dfrac{\pi}{2mq}}$

④ $\dfrac{\cos q\alpha}{q\cos\dfrac{\alpha}{2}}$

해설 동기발전기의 전기자 권선은 기전력의 파형을 개선하는 방법으로 분포권과 단절권을 쓴다.

① 분포권이란 매극, 매상의 홈 수가 2개 이상인 경우로서 분포계수 $K_d = \dfrac{\sin\dfrac{\pi}{2m}}{q\sin\dfrac{\pi}{2mq}}$ (기본파)이다.

② 단절권이란 코일피치가 자극피치보다 작은 경우로서 단절계수 $K_p = \sin\dfrac{\beta\pi}{2}$ (기본파)이며 $\beta = \dfrac{\text{권선피치}}{\text{자극피치}} = \dfrac{5}{6}$ 정도이다.

056 유도전동기로 동기전동기를 기동하는 경우, 유도전동기의 극수는 동기전동기의 극수보다 2극 적은 것을 사용한다. 그 이유는? (단, S는 슬립, N_s는 동기속도이다.)

① 같은 극수일 경우 유도기는 동기속도보다 SN_s 만큼 늦으므로
② 같은 극수일 경우 유도기는 동기속도보다 (1-S)만큼 늦으므로
③ 같은 극수일 경우 유도기는 동기속도보다 S만큼 빠르므로
④ 같은 극수일 경우 유도기는 동기속도보다 (1-S)만큼 빠르므로

해설 $S(\text{슬립}) = \dfrac{N_s - N}{N_s} = 1 - \dfrac{N}{N_s}$, $\dfrac{N}{N_s} = 1 - S$에서 $N = N_s(1-S) = N_s - SN_s$ 식에서 유도전동기의 회전속도(N)는 동기전동기의 동기속도($N_s = \dfrac{120}{p}f[\text{rpm}]$)보다 SN_s(약 2극)만큼 늦은 것을 사용하여야 한다. 즉, 동기속도(자속의 속도)가 약 2극(SN_s) 앞서야 한다.

55. ② 56. ①

057. 특수전동기에 대한 설명 중 틀린 것은?

① 릴럭턴스 동기전동기는 릴럭턴스토크에 의해 동기속도로 회전한다.
② 히스테리시스 전동기의 고정자는 유도전동기 고정자와 동일하다.
③ 스테퍼 전동기 또는 스텝모터는 피드백 없이 정밀 위치제어가 가능하다.
④ 선형 유도전동기의 동기속도는 극수에 비례한다.

특수전동기에 올바른 설명
① 릴럭턴스 동기전동기는 릴럭턴스토크에 의해 동기속도로 회전한다.
② 히스테리시스 전동기의 고정자는 유도전동기 고정자와 동일하다.
③ 스테퍼 전동기 또는 스텝모터는 피드백 없이 정밀 위치제어가 가능하다.

058. 와류손이 200[W]인 3300/210[V], 60[Hz]용 단상 변압기를 50[Hz], 3000[V]의 전원에 사용하면 이 변압기의 와류손은 약 몇 [W]로 되는가?

① 85.4
② 124.2
③ 165.3
④ 248.5

해설

$V_1 = 4.44 f_1 N B_{m_1} S \text{[V]}$ ·· ①

$\therefore B_{m_1} \fallingdotseq \dfrac{V_1}{f_1}$ 일 때

$P_{e_1}(\text{와류손}) = \eta (f_1 t k_f B_{m_1})^2 \fallingdotseq f_1^2 B_{m_1}^2 = f_1^2 \times \left(\dfrac{V_1}{f_1}\right)^2 \fallingdotseq V_1^2 = (3300)^2 \text{[W]}$ ············ ①

$\therefore$ 와류손은 주파수에 무관, 전압제곱에 비례

$V_2 = 4.44 f_2 N B_{m_2} S \text{[V]}$ ·· ②

$\therefore B_{m_2} \fallingdotseq \dfrac{V_2}{f_2}$ 일 때

$P_{e_2} = \eta (f_2 t k_f B_{m_2})^2 \fallingdotseq f_2^2 B_{m_2}^2 = f_2^2 \times \left(\dfrac{V_2}{f_2}\right)^2 \fallingdotseq V_2^2 = 3000 \text{[W]}$ ············ ②

이다.

$\therefore$ ①식과 ②식에서

$P_{e_2} = P_{e_1} \times \left(\dfrac{V_2}{V_1}\right)^2 = 200 \times \left(\dfrac{3000}{3300}\right)^2 = 200 \times (0.9090)^2 \fallingdotseq 165.3 \text{[W]}$ 가 된다.

059. 반도체 소자 중 3단자 사이리스터가 아닌 것은?

① SCS
② SCR
③ GTO
④ TRIAC

해설 SCS(Sillicon Controlled Switch)는 4단자 다이리스터이다. 반도체소자 중 3단자 사이리스터는 SCR, GTO, TRIAC 등이다.

해답 57. ④ 58. ③ 59. ①

060. 전압이 일정한 모선에 접속되어 역률 100[%]로 운전하고 있는 동기전동기의 여자 전류를 증가시키면 역률과 전기자 전류는 어떻게 되는가?

① 뒤진 역률이 되고 전기자 전류는 증가한다.
② 뒤진 역률이 되고 전기자 전류는 감소한다.
③ 앞선 역률이 되고 전기자 전류는 증가한다.
④ 앞선 역률이 되고 전기자 전류는 감소한다.

● 동기전동기의 위상특성 곡선(V 곡선)에서 여자전류(I_f)를 증가시키면 앞선 역률이 되고 전기자 전류는 증가한다.

04 회/로/이/론/및/제/어/공/학

061. 다음의 연산증폭기 회로에서 출력전압 V_o를 나타내는 식은? (단, V_i는 입력신호이다.)

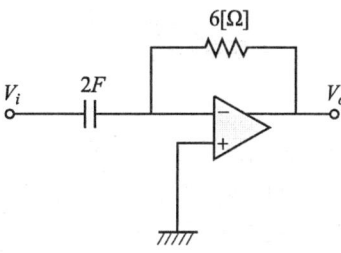

① $V_o = -12\dfrac{dV_i}{dt}$ ② $V_o = -8\dfrac{dV_i}{dt}$

③ $V_o = -0.5\dfrac{dV_i}{dt}$ ④ $V_o = -\dfrac{1}{8}\dfrac{dV_i}{dt}$

● 미분연산증폭기 회로에서의 V_o(출력전압)$= -CR\dfrac{dV_i}{dt} = -2\times 6\dfrac{dV_i}{dt} = -12\dfrac{dV_i}{dt}$[V]가 된다. 즉, 출력전압 V_o[V]는 처음에는 입력과 같이 변환하다가 서서히 감소하는 전압이다.

062. 특성방정식 중 안정될 필요조건을 갖춘 것은?

① $s^4 + 3s^2 + 10s + 10 = 0$ ② $s^3 + s^2 - 5s + 10 = 0$
③ $s^3 + 2s^2 + 4s - 1 = 0$ ④ $s^3 + 9s^2 + 20s + 12 = 0$

● 특성방정식이 안정될 필요조건
① 모든 계수가 존재할 것
② 다항식의 모든 계수가 같은 부호일 것을 만족하는 문제의 특성방정식은 $s^3 + 9s^2 + 20s + 12 = 0$이며 안정근이다.

60. ③ 61. ① 62. ④

063 그림의 신호흐름선도에서 $\dfrac{C}{R}$를 구하면?

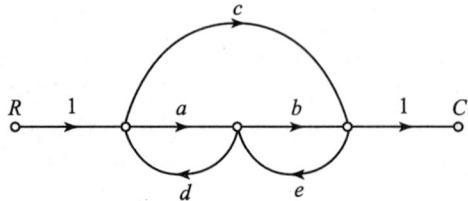

① $\dfrac{ab+c}{1-(ad+be)-cde}$ ② $\dfrac{ab+c}{1+(ad+be)-cde}$

③ $\dfrac{ab+c}{1-(ad+be)}$ ④ $\dfrac{ab+c}{1+(ad+be)}$

해설 메이슨(Mason)의 정리에 의한 $T=\dfrac{C}{R}(\text{전달함수})=\dfrac{\sum_{k=1}^{n}G_k\triangle_k}{\triangle}$

$=\dfrac{G_1\triangle_1+G_2\triangle_2+\cdots}{1-(G_1H_1+G_2H_2+\cdots)}=\dfrac{ab\times1+c\times1}{1-ad-be-cde}=\dfrac{ab+c}{1-(ad+be)-cde}$ 가 된다.

단, $\begin{pmatrix}G_k(k\text{번째 전향경로의 이득})\\ \triangle_k(k\text{번째 전향경로와 접하지 않은 부분에 }\triangle\text{값이다.})\end{pmatrix}$

064 z변환법을 사용한 샘플치 제어계가 안정되려면 $1+G(z)H(z)=0$의 근의 위치는?

① z평면의 좌반면에 존재하여야 한다.
② z평면의 우반면에 존재하여야 한다.
③ $|z|=1$인 단위원 안쪽에 존재하여야 한다.
④ $|z|=1$인 단위원 바깥쪽에 존재하여야 한다.

해설 z변환법을 사용한 샘플치 제어계가 안정되려면 $1+G(z)H(z)=0$의 근의 위치가 $|Z|=1$인 단위원 안쪽에 존재하여야 한다.

065 $f(t)=Ke^{-at}$의 z변환은?

① $\dfrac{KZ}{z-e^{-at}}$ ② $\dfrac{KZ}{z+e^{-at}}$

③ $\dfrac{z}{z-Ke^{-at}}$ ④ $\dfrac{z}{z+Ke^{-at}}$

해설 $f(t)=Ke^{-at}$의 Z변환은 $\dfrac{KZ}{z-e^{-at}}$가 된다.

정답 63.① 64.③ 65.①

066 제어계의 입력이 단위계단 신호일 때 출력응답은?
① 임펄스 응답
② 인디셜 응답
③ 노멀 응답
④ 램프 응답

해설
[입력신호] [출력응답]
제어계에서 $r(t) = \delta(t)$ 임펄스 입력신호 → 임펄스(출력) 응답
$r(t) = u(t)$ 단위계단 입력신호 → 단위계산 응답(스텝 응답, 인디셜 응답)
$r(t) = t$ 램프 입력신호 → 램프 응답
$r(t) = \frac{1}{2}t^2$ 파라볼라 입력신호 → 파라볼라 응답
∴ 단위계단 입력신호에 대한 출력응답은 인디셜 응답이 된다.

067 자동제어계의 과도응답의 설명으로 틀린 것은?
① 지연시간은 최종값의 50[%]에 도달하는 시간이다.
② 정정시간은 응답의 최종값의 허용범위가 ±5[%] 내에 안정되기까지 요하는 시간이다.
③ 백분율 오버슈트 = $\frac{최대오버슈트}{최종목표값} \times 100$
④ 상승시간은 최종값의 10[%]에서 100[%]까지 도달하는 데 요하는 시간이다.

해설 자동제어계의 과도응답의 올바른 설명
① 지연시간은 최종값의 50[%]에 도달하는 시간이다.
② 정정시간은 응답의 최종값의 허용범위가 ±5[%] 내에 안정되기까지 요하는 시간이다.
③ 백분율 오버슈트 = $\frac{최대오버슈트}{최종목표값} \times 100$
④ 상승시간은 최종값의 10[%]에서 90[%]까지 도달하는 데 요하는 시간이다.

068 주파수 전달함수 $G(s) = s$ 인 미분요소가 있을 때 이 시스템의 벡터궤적은?

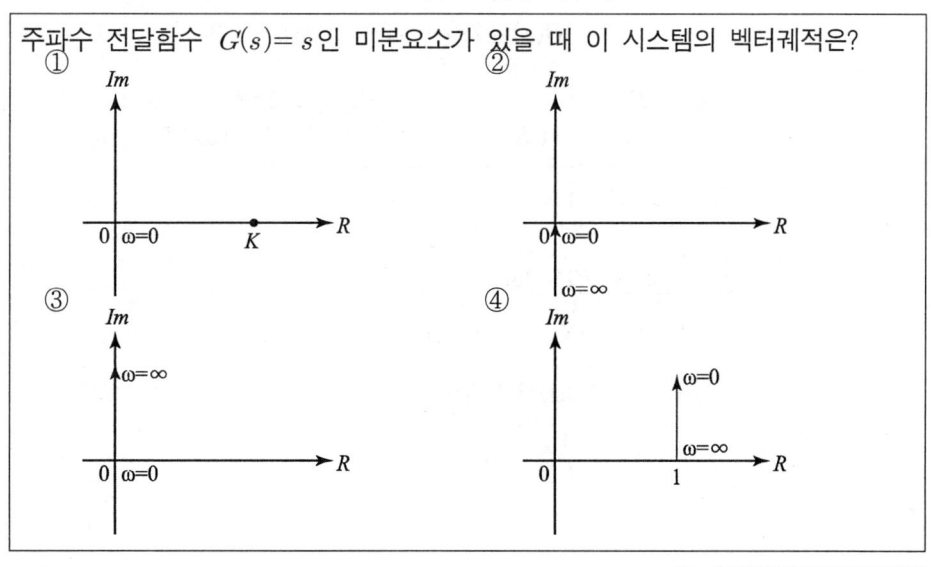

66. ② 67. ④ 68. ③

해설 전달함수 $G(s) = S = j\omega$로서
$\omega \to 0$일 때 $G(s) = j0$
$\omega \to$ 증가일 때 $G(s) = j\omega$(증가)
$\omega \to \infty$일 때 $G(s) = j\infty$가 되는 벡터궤적

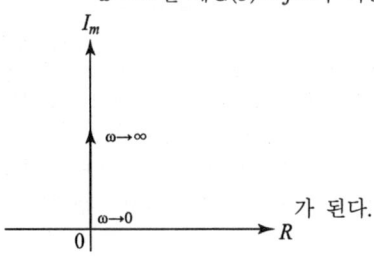

가 된다.

069 2차계의 감쇠비 δ가 $\delta > 1$이면 어떤 경우인가?
① 비 제동
② 과 제동
③ 부족 제동
④ 발산

해설 2차계의 감쇠비가
① $\delta = 0$인 경우 무 제동
② $\delta = 1$인 경우 임계 제동
③ $\delta > 1$인 경우 과 제동
④ $\delta < 1$인 경우 부족 제동 등이다.
∴ $\delta > 1$은 과 제동이다.

070 특성방정식 P(s)가 다음과 같이 주어지는 계가 있다. 이 계가 안정되기 위한 K와 T의 관계로 맞는 것은? (단, K와 T는 양의 실수이다.)

$$P(s) = 2s^3 + 3s^2 + (1+5KT)s + 5K = 0$$

① $K > T$
② $15KT > 10K$
③ $3 + 15KT > 10K$
④ $3 - 15KT > 10K$

해설 Routh 판별법

$$\begin{array}{c|cc} S^3 & 2 & 1+5KT \\ S^2 & 3 & 5K \\ S^1 & \dfrac{3(1+5KT)-10K}{3} & 0 \\ S^0 & 5K & 0 \end{array}$$

제어계가 안정하기 위해서는 1열의 요소가 모두 (+)이어야 한다.

정답 69. ② 70. ③

∴ $\frac{3(1+5KT)-10K}{3} > 0$, $\frac{3+15KT}{3} > \frac{10K}{3}$, $3+15KT > 10K$ ············· ①

$5K > 0$, $K > 0$ ··· ②

①, ②관계이면 제어계는 안정하고 K와 T의 관계는 ②식으로 $3+15KT > 10K$이다.

071 반파 대칭의 왜형파에 포함되는 고조파는?

① 제2고조파　　　② 제4고조파
③ 제5고조파　　　④ 제6고조파

 특수 파형 중 여현 대칭파만 n(우함수)=2, 4, 6, 8… 반파대칭, 정현대칭, 반파정현대칭, 반파여현대칭파 등은 n(기함수)=1, 3, 5, 7, 9…이다.
∴ 제5고조파는 기함수로 반파대칭의 왜형파에 포함된 고조파이다.

072 R[Ω]의 저항 3개를 Y로 접속한 것을 선간전압 200[V]의 3상 교류 전원에 연결할 때 선전류가 10[A] 흐른다면, 이 3개의 저항을 △로 접속하고 동일 전원에 연결하면 선전류는 몇 [A]인가?

① 30　　　② 25
③ 20　　　④ $\frac{20}{\sqrt{3}}$

Y결선에서의 선전류 $I_l = 10 = \frac{\frac{V}{\sqrt{3}}}{R} = \frac{V}{\sqrt{3}R}$[A]

$R = \frac{V}{\sqrt{3} \times I_l} = \frac{200}{\sqrt{3} \times 10} = \frac{20}{\sqrt{3}}$[Ω] 일정하다.

△결선에서의 선전류 $I_l = \sqrt{3} \times I_p = \sqrt{3} \times \frac{V}{R} = \sqrt{3} \times \frac{200}{\frac{20}{\sqrt{3}}} = 30$[A]가 된다.

073 RL 직렬회로에서 시정수가 0.03[sec], 저항이 14.7[Ω]일 때 코일의 인덕턴스[mH]는?

① 441　　　② 362
③ 17.6　　　④ 2.53

$R-C$ 직렬회로의 시정수 $\tau = CR$[sec]
$R-L$ 직렬회로의 시정수 $\tau = \frac{L}{R}$[sec]에서
L(코일의 인덕턴스)$= \tau R = 0.03 \times 14.7 = 0.441$[A]
$= 441$[mH]가 된다.

71. ③　**72.** ①　**73.** ①

074 전류 $\sqrt{2}I\sin(\omega t+\theta)$[A]와 기전력 $\sqrt{2}V\cos(\omega t-\phi)$[V] 사이의 위상차는?

① $\dfrac{\pi}{2}-(\phi-\theta)$
② $\dfrac{\pi}{2}-(\phi+\theta)$
③ $\dfrac{\pi}{2}+(\phi+\theta)$
④ $\dfrac{\pi}{2}+(\phi-\theta)$

해설 기전력 위상은 $\sqrt{2}V\cos(\omega t-\phi)=\sqrt{2}V\sin\left(\omega t+\dfrac{\pi}{2}-\phi\right)$[V]이다.

∴ 위상차 ψ = 기전력 위상(기준) − 전류위상 $=\dfrac{\pi}{2}-\phi-\theta=\dfrac{\pi}{2}-(\phi+\theta)$가 된다.

075 그림과 같은 회로의 전달함수는? (단, $T_1=R_1C$, $T_2=\dfrac{R_2}{R_1+R_2}$이다.)

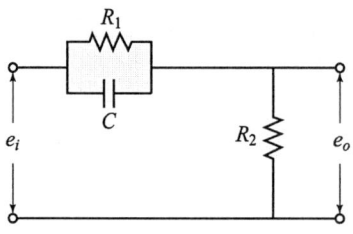

① $\dfrac{1}{1+T_1s}$
② $\dfrac{T_2(1+T_1s)}{1+T_1T_2s}$
③ $\dfrac{1+T_1s}{1+T_2s}$
④ $\dfrac{T_2(1+T_1s)}{T_1(1+T_2s)}$

해설 $\dfrac{d}{dt}=j\omega=S$, $\displaystyle\int dt=\dfrac{1}{j\omega}=\dfrac{1}{s}$ 이다. 문제 진상보상기 회로에 키르히호프 제1법칙을 적용하면 $i_1=i_2$이다.

∴ $i_1=\dfrac{1}{R_1}(e_i-e_o)+C\dfrac{d}{dt}(e_i-e_o)=i_2=\dfrac{1}{R_2}e_o$

$\left(\dfrac{1}{R_1}+C\dfrac{d}{dt}\right)e_i=\left(\dfrac{1}{R_1}+\dfrac{1}{R_2}+C\dfrac{d}{dt}\right)e_o$

양변 라플라스 변환하면 $\left(\dfrac{1}{R_1}+SC\right)E_i(s)=\left(\dfrac{1}{R_1}+\dfrac{1}{R_2}+SC\right)E_o(s)$

∴ G(전압전달함수) $=\dfrac{E_o(s)}{E_i(s)}=\dfrac{\dfrac{1}{R_1}+SC}{\dfrac{1}{R_1}+\dfrac{1}{R_2}+SC}=\dfrac{\dfrac{1+R_1SC}{R_1}}{\dfrac{R_L+R_2+R_1R_2CS}{R_1R_2}}=\dfrac{1+R_1SC}{\dfrac{R_1+R_2}{R_2}+R_1CS}$

$=\dfrac{1+T_1S}{\dfrac{1}{T_2}+T_1S}=\dfrac{T_2(1+T_1S)}{1+T_1T_2S}$ 가 된다.

74. ② 75. ②

076 전원측 저항 1[kΩ], 부하저항 10[Ω]일 때, 이것에 변압비 n:1의 이상변압기를 사용하여 정합을 취하려 한다. n의 값으로 옳은 것은?

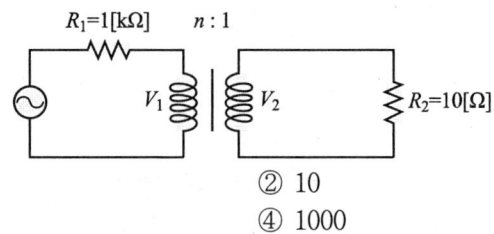

① 1
② 10
③ 100
④ 1000

해설 이상변압기는 손실이 없는 변압기이다.

$V_1 i_1 = V_2 i_2$ $a = \dfrac{V_1}{V_2} = \dfrac{i_2}{i_1} = \dfrac{N_1}{N_2} = \dfrac{n}{1} = n$ 이다.

$a^2 = \dfrac{V_1}{V_2} \times \dfrac{i_2}{i_1} = \dfrac{i_2}{V_2} \times \dfrac{V_1}{i_1} = \dfrac{r_1}{r_2} = \dfrac{1000}{10} = 10$

∴ $a = n = \sqrt{100} = 10$이 된다.

077 다음 파형의 라플라스 변환은?

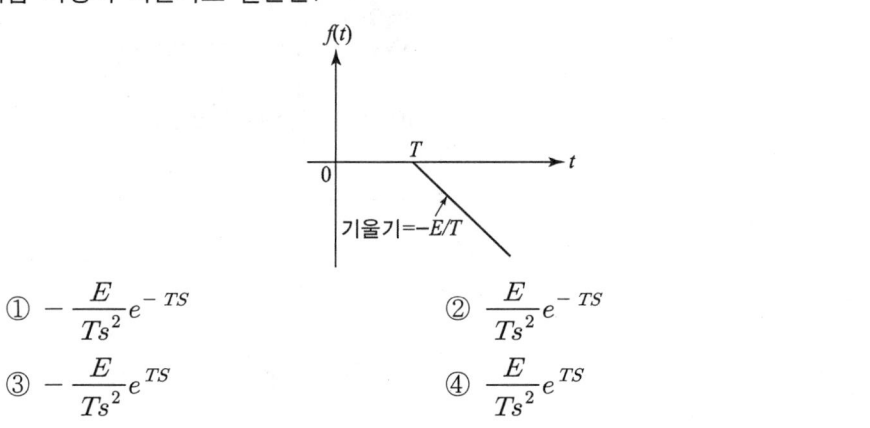

① $-\dfrac{E}{Ts^2} e^{-TS}$
② $\dfrac{E}{Ts^2} e^{-TS}$
③ $-\dfrac{E}{Ts^2} e^{TS}$
④ $\dfrac{E}{Ts^2} e^{TS}$

해설 램프함수의 라플라스 변환 $L(At^n) = A\dfrac{n!}{S^{n+1}}$ 이다.

∴ $f(t) = -\dfrac{E}{T} t u(t-T)$의 라플라스 변환

$F(s) = \mathcal{L}(f(t)) = \displaystyle\int_T^\infty -\dfrac{E}{T} t \cdot e^{-st} dt = -\dfrac{E}{TS^{1+1}} e^{-TS} = -\dfrac{E}{TS^2} e^{-TS}$ 가 된다.

76. ② 77. ①

078 정현파 교류 전압의 실효값에 어떠한 수를 곱하면 평균값을 얻을 수 있는가?

① $\dfrac{2\sqrt{2}}{\pi}$ ② $\dfrac{\sqrt{3}}{2}$

③ $\dfrac{2}{\sqrt{3}}$ ④ $\dfrac{\pi}{2\sqrt{2}}$

해설 정현파 교류 전압의 실효값 $=\dfrac{V_m}{\sqrt{2}}[\text{V}]$

정현파 교류 전압의 평균값 $=\dfrac{2V_m}{\pi}[\text{V}]$이다.

∴ 실효값 $\times x =$ 평균값이란 $\dfrac{V_m}{\sqrt{2}} \times x = \dfrac{2V_m}{\pi}$ 에서 $x = \dfrac{\dfrac{2V_m}{\pi}}{\dfrac{V_m}{\sqrt{2}}} = \dfrac{2\sqrt{2}}{\pi}$ 을 곱하면 평균값이 된다.

079 그림 (a)와 (b)의 회로가 등가회로가 되기 위한 전류원 I[A]와 임피던스 Z[Ω]의 값은?

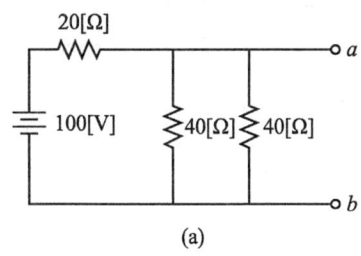

(a)

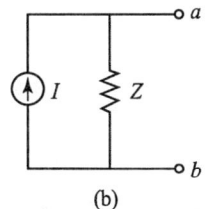

(b)

① 5[A], 10[Ω] ② 2.5[A], 10[Ω]
③ 5[A], 20[Ω] ④ 2.5[A], 20[Ω]

해설 테브난의 등가회로에서 병렬저항 $=\dfrac{40}{2}=20[\Omega]$,

I_1(폐회로전류)$=\dfrac{100}{20+20}=\dfrac{100}{40}=\dfrac{10}{4}[\text{A}]$

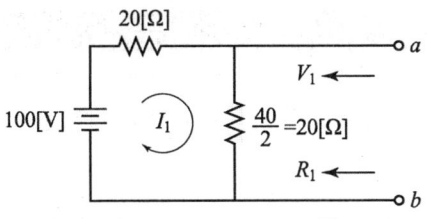

V_1(테브난 등가전원)$= I_1 \times 20 = \dfrac{10}{4} \times 20 = 50[V]$

Z(테브난 등가임피던스)$= \dfrac{20 \times 20}{20+20} = \dfrac{400}{40} = 10[\Omega]$

테브난 등가회로는

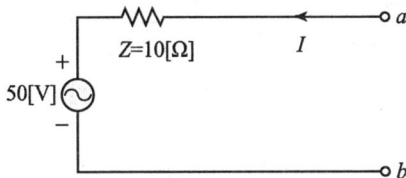

정전압 50[V]에는 직렬 임피던스 10[Ω]가 된다.

이를 정전류원의 회로로 변환하면 등가 전류원 $I = \dfrac{V}{Z} = \dfrac{50}{10} = 5[A]$가 되고, 병렬 임피던스 $Z = 10[\Omega]$인 등가회로가 된다.

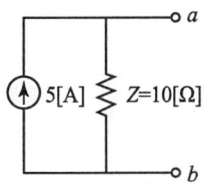

080

$F(s) = \dfrac{2s+15}{s^3+s^2+3s}$ 일 때 $f(t)$의 최종값은?

① 15   ② 5
③ 3   ④ 2

해설 최종치 정리

$\lim\limits_{t \to \infty} f(t) = \lim\limits_{s \to 0} SF(s) = \lim\limits_{s \to 0} S \times \dfrac{2S+15}{S^3+S^2+3S} = \lim\limits_{s \to 0} S \times \dfrac{2S+15}{S(S^2+S+3)}$
$= \lim\limits_{s \to 0} \dfrac{2S+15}{S^2+S+3} = \dfrac{15}{3} = 5$이다.

해답 80. ②

05 전/기/설/비/기/술/기/준/및/판/단/기/준

081 제2종 접지공사의 접지저항값을 $\frac{150}{I}[\Omega]$으로 정하고 있는데, 이때 I에 해당되는 것은?

① 변압기의 고압측 또는 특고압측 전로의 1선 지락전류의 암페어 수
② 변압기의 고압측 또는 특고압측 전로의 단락사고 시 고장전류의 암페어 수
③ 변압기의 1차측과 2차측의 혼촉에 의한 단락전류의 암페어 수
④ 변압기의 1차와 2차에 해당되는 전류의 합

> 제21조(접지공사의 종류)
> 제2종 접지공사의 접지저항값을 $\frac{150}{I}[\Omega]$으로 정하고 있는데 이때 $I[A]$는 변압기 고압측 또는 특고압측 전로의 1선 지락전류의 암페어(Ampere) 수를 말한다.

082 옥내에 시설하는 관등회로의 사용전압이 1[kV]를 초과하는 방전등으로써 방전관에 네온방전관을 사용한 관등회로의 배선은?

① MI케이블공사
② 금속관공사
③ 합성수지관공사
④ 애자사용공사

> 제235조(옥내의 네온 방전등 공사)
> 옥내에 시설하는 관등회로의 사용전압이 1[kV]를 초과하는 방전등으로서 방전관에 네온 방전관을 사용한 관등회로의 배선은 애자사용공사에 의하여 시설하여야 한다.

083 저압 가공전선과 고압 가공전선을 동일 지지물에 병가하는 경우, 고압 가공전선에 케이블을 사용하면 그 케이블과 저압 가공전선의 최소 이격거리는 몇 [cm]인가?

① 30
② 50
③ 70
④ 90

> 제87조, 제134조, 제135조(가공전선 등의 병가)
> 저압 가공전선과 고압 가공전선을 동일 지지물에 병가하는 경우, 고압 가공전선에 케이블을 사용하면 그 케이블과 저압 가공전선의 최소 이격거리는 30[cm] 이상이어야 한다.

084 케이블 트레이의 시설에 대한 설명으로 틀린 것은?

① 안전율은 1.5 이상으로 하여야 한다.
② 비금속제 케이블 트레이는 난연성 재료의 것이어야 한다.
③ 저압옥내배선의 사용전압이 400[V] 미만인 경우에는 금속제 트레이에 제3종 접지공사를 하여야 한다.
④ 저압옥내배선의 사용전압이 400[V] 이상인 경우에는 금속제 트레이에 제1종 접지공사를 하여야 한다.

81. ① 82. ④ 83. ① 84. ④

해설 제213조의 2(케이블 트레이공사)
케이블 트레이 공사(시설)의 올바른 설명은
① 안전율은 1.5 이상으로 하여야 한다.
② 비금속제 케이블 트레이는 난연성재료의 것이어야 한다.
③ 저압옥내배선의 사용전압이 400[V] 미만인 경우에는 금속제 트레이에 제3종 접지공사를 하여야 한다.

085 22.9[kV] 3상 4선식 다중 접지방식의 지중 전선로의 절연내력시험을 직류로 할 경우 시험전압은 몇 [V]인가?
① 16448
② 21068
③ 32796
④ 42136

해설 제16조(전로의 절연저항 및 절연내력)
22.9[kV] 3상 4선식 다중 접지방식의 지중전선로의 절연내력 시험을 직류로 할 경우의 시험전압은 교류최대 사용전압의 2배전압을 0.92배한 것이다. 이는 즉 22900×2×0.92 = 42136[V]가 된다.

086 시가지에서 특고압 가공전선로의 지지물에 시설할 수 없는 통신선은?
① 지름 4[mm]의 절연전선
② 첨가통신용 제1종 케이블
③ 광섬유 케이블
④ CN/CV 케이블

해설 제179조(특별고압 가공전선로 첨가 통신선의 시가지 인입 제한)
시가지에서 특고압 가공전선로의 지지물에 시설할 수 있는 통신선은
① 지름 4[mm]의 절연전선
② 첨가통신용 제1, 2종 케이블
③ 광섬유 케이블 등이다.

087 특별 제3종 접지공사를 시공한 저압 전로에 지기가 생겼을 때 0.5초 이내에 자동적으로 전로를 차단하는 장치가 설치되었다면 접지저항값은 몇 [Ω] 이하로 하여야 하는가? (단, 물기가 있는 장소로서 자동차단기의 정격 감도전류는 300[mA]이다.)
① 10
② 50
③ 150
④ 500

해설 제21조(접지공사의 종류)
특별 제3종 접지공사로 시공한 저압옥내 전로에 지기가 생겼을 때 0.5초 이내에 자동적으로 전로를 차단하는 장치가 물기가 있는 장소에 설치되었다면 차단기의 정격감도전류가 300[mA]인 경우 접지저항 값은 50[Ω] 이하로 하여야한다.

 85.④ 86.④ 87.②

088 사용전압이 400[V] 미만인 경우의 저압 보안공사에 전선으로 경동선을 사용할 경우 지름은 몇 [mm] 이상인가?

① 2.6 ② 3.5
③ 4.0 ④ 5.0

> 제89조, 제90조, 제139조(보안공사)
> 사용전압이 400[V] 미만인 경우의 저압 보안공사에 전선으로 경동선을 사용할 경우 지름은 4[mm] 이상이어야 한다.

089 사람이 상시 통행하는 터널 안의 배선을 애자사용 공사에 의하여 시설하는 경우 설치 높이는 노면상 몇 [m] 이상인가?

① 1.5 ② 2
③ 2.5 ④ 3

> 제246조(사람이 상시 통행하는 터널 안의 배선시설)
> 사람이 상시 통행하는 터널 안의 배선을 애자사용 공사에 의하여 시설하는 경우 설치 높이는 노면상 2.5[m] 이상이어야 한다.

090 발전소, 변전소, 개폐소 또는 이에 준하는 곳에 설치하는 배전반 시설에 법규상 확보할 사항이 아닌 것은?

① 방호장치 ② 통로를 시설
③ 기기 조작에 필요한 공간 ④ 공기 여과장치

> 제61조(배전반 시설)
> 발전소, 변전소, 개폐소 또는 이에 준하는 곳에 설치하는 배전반 시설에 법규상 확보할 사항에는 기기 조작에 필요한 공간과 적당한 방호장치 또는 통로를 시설하여야 한다.

091 345[kV] 가공전선로를 제1종 특고압 보안공사에 의하여 시설하는 경우에 사용하는 전선은 인장강도 77.47[kN] 이상의 연선 또는 단면적 몇 [mm^2] 이상의 경동연선 이어야 하는가?

① 100 ② 125
③ 150 ④ 200

> 제89조, 제90조, 제139조(보안공사)
> 345[kV] 가공전선로를 제1종 특고압 보안공사에 의하여 시설하는 경우에 사용하는 전선은 인장강도 77.47[kN] 이상의 연선 또는 단면적 200[mm^2] 이상의 경동연선이어야 한다.

정답: 88.③ 89.③ 90.④ 91.④

092 사용전압 22.9[kV]의 가공전선이 철도를 횡단하는 경우, 전선의 레일면상의 높이는 몇 [m]인가?
① 5
② 5.5
③ 6
④ 6.5

제83조, 제124조(가공전선의 높이)
사용전압 22.9[kV]의 가공전선이 철도를 횡단하는 경우 전선의 레일면상의 높이는 6.5[m] 이상이어야 한다.

093 교류전차선과 식물 사이의 이격거리는?
① 1[m] 이상
② 2[m] 이상
③ 3[m] 이상
④ 4[m] 이상

제296조(전차선 등과 식물 사이의 이격거리)
교류전차선과 식물 사이의 이격거리는 2[m] 이상이어야 한다.

094 전체의 길이가 16[m]이고 설계하중이 6.8[kN] 초과 9.8[kN] 이하인 철근 콘크리트주를 논, 기타 지반이 연약한 곳 이외의 곳에 시설할 때, 묻히는 깊이를 2.5[m]보다 몇 [cm] 가산하여 시설하는 경우에는 기초의 안전율에 대한 고려 없이 시설하여도 되는가?
① 10
② 20
③ 30
④ 40

제73조(가공전선로 지지물의 기초 안전율)
전체 길이가 16[m]이고 설계하중이 6.8[kN] 초과 9.8[kN] 이하인 철근 콘크리트주를 논, 기타 지반이 연약한 곳 이외의 곳에 시설할 때 묻히는 깊이를 2.5[m]보다 30[cm] 가산하여 시설하는 경우에는 기초안전율에 대한 고려 없이 시설하여도 된다.

095 KS C IEC 60364에서 전원의 한 점을 직접 접지하고, 설비의 노출 도전성 부분을 전원 계통의 접지극과 별도로 전기적으로 독립하여 접지하는 방식은?
① TT 계통
② TN-C 계통
③ TN-S 계통
④ TN-CS 계통

제22조(각종 접지공사의 세목)
TT계통이란 KSC IEC 60364에서 전원의 한점을 직접 접지하고 설비의 노출 도전성 부분을 전원 계통의 접지극과 별도로 전기적으로 독립하여 접지하는 방식을 말한다.

92.④ 93.② 94.③ 95.①

2015년 5월 31일 시행

096 옥내의 저압전선으로 애자사용 공사에 의하여 전개된 곳에 나전선의 사용이 허용되지 않는 경우는?
① 전기로용 전선
② 취급자 의외의 자가 출입할 수 없도록 설비한 장소에 시설하는 전선
③ 제분공장의 전선
④ 전선의 피복절연물이 부식하는 장소에 시설하는 전선

제188조(나전선의 사용제한)
옥내의 저압전선으로 애자사용 공사에 의하여 전개된 곳에 나전선 사용이 허용되는 경우는
① 전기로용 전선
② 취급자 이외의 자가 출입할 수 없도록 설비한 장소에 시설하는 전선
③ 전선의 피복절연물이 부식하는 장소에 시설하는 전선
④ 버스 덕트공사, 라이팅 덕트공사에 의하여 시설하는 경우

097 강관으로 구성된 철탑의 갑종풍압하중은 수직 투영면적 1[m²]에 대한 풍압을 기초로 하여 계산한 값이 몇 [Pa]인가?
① 1255   ② 1340
③ 1560   ④ 2060

제72조(풍압하중의 종별과 그 적용)
강관으로 구성된 철탑의 갑종풍압하중은 수직투영면적 1[m²]에 대한 풍압을 기초로 하여 계산한 값은 128×9.8≒1255[Pa]가 된다.

098 사용전압이 25[kV] 이하의 특고압 가공 전선로에는 전화선로의 길이 12[km]마다 유도전류가 몇 [μA]를 넘지 않아야 하는가?
① 1.5   ② 2
③ 2.5   ④ 3

제119조(특별고압 가공전선로에서의 유도장해 방지)
사용전압이 25[kV] 이하의 특고압 가공전선로에서는 전화선로의 길이 12[km]마다 유도전류가 2[μA]를 넘지 않아야 한다.

099 "고압 또는 특별고압의 기계기구, 모선 등을 옥외에 시설하는 발전소, 변전소, 개폐소 또는 이에 준하는 곳에 시설하는 울타리, 담 등의 높이는 (㉠)[m] 이상으로 하고, 지표면과 울타리, 담 등의 하단 사이의 간격은 (㉡)[cm] 이하로 하여야 한다."에서 ㉠, ㉡에 알맞은 것은?
① ㉠ 3, ㉡ 15   ② ㉠ 2, ㉡ 15
③ ㉠ 3, ㉡ 25   ④ ㉠ 2, ㉡ 25

96. ③ 97. ① 98. ② 99. ②

해설 제50조(발전소 등의 울타리, 담 등의 시설)
고압 또는 특별고압의 기계기구, 모선 등을 옥외에 시설하는 발전소, 변전소, 개폐소 또는 이에 준하는 곳에 시설하는 울타리, 담 등의 높이는 (㉠ 2[m]) 이상으로 하고, 지표면과 울타리, 담 등의 하단 사이의 간격은 (㉡ 15[cm]) 이하로 하여야 한다.

100 발·변전소의 주요 변압기에 시설하지 않아도 되는 계측 장치는?
① 역률계
② 전압계
③ 전력계
④ 전류계

해설 제58조(계측 장치)
발·변전소의 주요 변압기에는 전압, 전류, 전력계측 장치를 시설하여야 하고 특별 고압용 변압기에는 온도 장치를 시설하여야 한다.

100. ①

전기기사

전기자기학 / 전력공학 / 전기기기 / 회로이론 및 제어공학 / 전기설비기술기준 및 판단기준

[2015년 8월 16일 시행]

01 전/기/자/기/학

001 지름 2[mm], 길이 25[m]인 동선의 내부 인덕턴스는 몇 [μH]인가?

① 1.25 ② 2.5
③ 5.0 ④ 25

> 동선의 내부 자기 인덕턴스 $L_i = \dfrac{\mu \ell}{8\pi} = \dfrac{\mu_o \mu_s \ell}{8\pi} = \dfrac{4\pi \times 10^{-7} \times 1 \times 25}{8\pi} = 1.25 \times 10^{-7} = 1.25$ [μH]이 된다.

002 비투자율 350인 환상철심 중의 평균 자계의 세기가 280[AT/m]일 때 자화의 세기는 약 몇 [Wb/m²]인가?

① 0.12 ② 0.15
③ 0.18 ④ 0.21

> 환상철심 중의 J(자화세기) $= \chi H = \mu_o(\mu_s - 1)H = 4\pi \times 10^{-7}(350-1) \times 280$
> $= 12.56 \times 10^{-7} \times 97720 ≒ 0.12$ [Wb/m²]가 된다.

003 Q[C]의 전하를 가진 반지름 a[m]의 도체구를 유전율 ε[F/m]의 기름 탱크로부터 공기 중으로 빼내는 데 요하는 에너지는 몇 [J]인가?

① $\dfrac{Q^2}{8\pi\varepsilon_o a}\left(1 - \dfrac{1}{\varepsilon_s}\right)$ ② $\dfrac{Q^2}{4\pi\varepsilon_o a}\left(1 - \dfrac{1}{\varepsilon_s}\right)$

③ $\dfrac{Q^2}{8\pi\varepsilon_o a}(\varepsilon_s - 1)$ ④ $\dfrac{Q^2}{4\pi\varepsilon_o a}(\varepsilon_s - 1)$

> ① 유전율 ε[F/m]인 기름 탱크 중에 있는 도체구의 에너지
> $W = \dfrac{Q^2}{2C} = \dfrac{Q^2}{2 \times 4\pi\varepsilon_o\varepsilon_s a} = \dfrac{Q^2}{8\pi\varepsilon_o\varepsilon_s a}$ [J] ················ ①
>
> ② 공기 중에 있는 도체구의 에너지 $W_o = \dfrac{Q^2}{2C_o} = \dfrac{Q^2}{2 \times 4\pi\varepsilon_o a} = \dfrac{Q^2}{8\pi\varepsilon_o a}$ [J] ······ ②이다.
>
> ∴ 도체구를 기름 탱크로부터 공기 중으로 빼내는 데 요하는 에너지는 에너지 감소로
> $\triangle W = -(W - W_o) = W_o - W = \dfrac{Q^2}{8\pi\varepsilon_o a} - \dfrac{Q^2}{8\pi\varepsilon_o a\varepsilon_s} = \dfrac{Q^2}{8\pi\varepsilon_o a}\left(1 - \dfrac{1}{\varepsilon_s}\right)$ [J]가 된다.

정답 1. ① 2. ① 3. ①

004 높은 전압이나, 낙뢰를 맞는 자동차 안에는 승객이 안전한 이유가 아닌 것은?
① 도전성 용기 내부의 장은 외부 전하나 자장이 정지 상태에서 영(ZERO)이다.
② 도전성 내부 벽에는 음(-)전하가 이동하여 외부에 같은 크기의 양(+)전하를 준다.
③ 도전성인 용기라도 속이 빈 경우에 그 내부에는 전기장이 존재하지 않는다.
④ 표면의 도전성 코팅이나 프레임 사이에 도체의 연결이 필요 없기 때문이다.

해설 높은 전압이나 낙뢰를 맞아도 자동차 안에는 승객이 안전한 이유
① 도전성 용기 내부의 장은 외부 전하나 자장이 정지 상태에서 영(zero)이다.
② 도전성 내부 벽에는 음(-)전하가 이동하여 외부에 같은 크기의 양(+)전하를 준다.
③ 도전성인 용기라도 속이 빈 경우에 그 내부에는 전기장이 존재하지 않는 것 등이 자동차 안에서의 승객이 안전한 이유이다.

005 패러데이의 법칙에 대한 설명으로 가장 적합한 것은?
① 정전유도에 의해 회로에 발생하는 기자력은 자속의 변화 방향으로 유도된다.
② 정전유도에 의해 회로에 발생되는 기자력은 자속 쇄교수의 시간에 대한 증가율에 비례한다.
③ 전자유도에 의해 회로에 발생되는 기전력은 자속의 변화를 방해하는 반대 방향으로 기전력이 유도된다.
④ 전자유도에 의해 회로에 발생하는 기전력은 자속 쇄교수의 시간에 대한 변화율에 비례한다.

해설 패러데이(Faraday) 법칙이란 전자유도에 의해 회로에 발생하는 기전력은 자속쇄교수의 시간에 대한 변화율에 비례한다. 즉, $e = N\dfrac{d\phi}{dt} = L\dfrac{di}{dt}$[V]가 된다.

006 평면 전자파가 유전율 ε, 투자율 μ인 유전체 내를 전파한다. 전계의 세기가 $E = E_m \sin\omega\left(t - \dfrac{x}{v}\right)$[V/m]라면 자계의 세기 H[AT/m]는?

① $\sqrt{\mu\varepsilon}\, E_m \sin\omega\left(t - \dfrac{x}{v}\right)$
② $\sqrt{\dfrac{\varepsilon}{\mu}}\, E_m \cos\omega\left(t - \dfrac{x}{v}\right)$
③ $\sqrt{\dfrac{\varepsilon}{\mu}}\, E_m \sin\omega\left(t - \dfrac{x}{v}\right)$
④ $\sqrt{\dfrac{\mu}{\varepsilon}}\, E_m \cos\omega\left(t - \dfrac{x}{v}\right)$

해설 Z_o(전자계의 고유임피던스)= $\dfrac{E}{H} = \sqrt{\dfrac{\mu}{\varepsilon}}$ 에서
H(자계세기)= $\sqrt{\dfrac{\varepsilon}{\mu}}\, E = \sqrt{\dfrac{\varepsilon}{\mu}}\, E_m \sin\omega\left(t - \dfrac{x}{v}\right)$[AT/m]가 된다.

정답 4.④ 5.④ 6.③

007
다음 설명 중 옳은 것은?
① 자계 내의 자속밀도는 벡터 포텐셜을 폐로선적분하여 구할 수 있다.
② 벡터 포텐셜은 거리에 반비례하며 전류의 방향과 같다.
③ 자속은 벡터 포텐셜의 curl을 취하면 구할 수 있다.
④ 스칼라포텐셜은 정전계와 정자계에서 모두 정의되나 벡터 포텐셜은 정전계에서만 정의된다.

해설 벡터 포텐셜은 거리에 반비례하며 전류의 방향과 같다. 즉, A(Vector 포텐셜) $= \frac{\mu}{4\pi} \int_{C_1} \frac{I_1}{r} \Delta l_1$ 이다.

008
특성임피던스가 각각 η_1, η_2인 두 매질의 경계면에 전자파가 수직으로 입사할 때 전계가 무반사로 되기 위한 가장 알맞은 조건은?
① $\eta_2 = 0$
② $\eta_1 = 0$
③ $\eta_1 = \eta_2$
④ $\eta_1 \cdot \eta_2 = 1$

해설 두 매질을 경계면에 전자파가 수직으로 입사할 때 전계가 무반사로 되기 위한 조건은 경계면 양측의 특성임피던스가 같아야 한다. 즉, $\eta_1 = \eta_2$이어야 한다.

009
아래의 그림과 같은 자기회로에서 A부분에만 코일을 감아서 전류를 인가할 때의 자기저항과 B부분에만 코일을 감아서 전류를 인가할 때의 자기저항(AT/Wb)을 각각 구하면 어떻게 되는가? (단, 자기저항 $R_1 = 3$[AT/Wb], $R_2 = 1$[AT/Wb], $R_3 = 2$[AT/Wb]이다.)

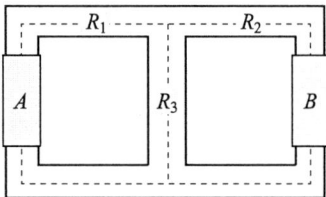

① $R_A = 2.20$, $R_B = 3.67$
② $R_A = 3.67$, $R_B = 2.20$
③ $R_A = 1.43$, $R_B = 2.83$
④ $R_A = 2.20$, $R_B = 1.43$

해설 R(자기저항) $= \frac{l}{\mu s}$[AT/Wb]은 철심의 저항으로 손실이 없다. 문제와 같은 자기회로에서 R_A(A부분의 자기저항) $= R_1 + \frac{R_2 R_3}{R_2 + R_3} = 3 + \frac{1 \times 2}{1 + 2} = 3 + \frac{2}{3} ≒ 3.67$[AT/Wb]

R_B(B부분의 자기저항) $= R_2 + \frac{R_1 R_3}{R_1 + R_3} = 1 + \frac{3 \times 2}{3 + 2} = 1 + \frac{6}{5} = 1 + 1.2 = 2.2$[AT/Wb]이다.

∴ $R_A ≒ 3.67$[AT/Wb], $R_B = 2.2$[AT/Wb]이다.

정답 7.② 8.③ 9.②

010 전계 E[V/m]가 두 유전체의 경계면에 평행으로 작용하는 경우 경계면의 단위면적당 작용하는 힘은 몇 [N/m²]인가? (단, ε_1, ε_2는 두 유전체의 유전율이다.)

① $f = \frac{1}{2}E^2(\varepsilon_1 - \varepsilon_2)$
② $f = E^2(\varepsilon_1 - \varepsilon_2)$
③ $f = \frac{1}{2E^2}(\varepsilon_1 - \varepsilon_2)$
④ $f = \frac{1}{E^2}(\varepsilon_1 - \varepsilon_2)$

해설 맥스웰 응력에서 전계가 두 유전체 경계면에 수직일 때에는 전계방향으로 경계면 단위면적당 작용하는 힘 $f_1 = \frac{1}{2}(E_2 - E_1)D$[N/m²]의 인장응력을 받고 전계가 두 유전체 경계면에 평행일 때는 전계와 수직방향으로 경계면 단위면적당에 작용하는 힘 $f_2 = \frac{1}{2}(D_1 - D_2)E$[N/m²]의 압축응력을 받는다. 단, $D_1 = \varepsilon_1 E$[c/m²], $D_2 = \varepsilon_2 E$[c/m²]이다.

∴ 전계가 두 유전체 경계면에 평행일 때 경계면 단위면적당 작용하는 힘 $f_2 = \frac{1}{2}(D_1 - D_2)E = \frac{1}{2}(\varepsilon_1 - \varepsilon_2)E^2$ [N/m²]이 된다.

011 반지름 a[m]의 원형 단면을 가진 도선에 전도 전류 $i_c = I_c \sin 2\pi ft$[A]가 흐를 때 변위전류밀도의 최대값 J_d는 몇 [A/m²]가 되는가? (단, 도전율은 σ[S/m]이고, 비유전율은 ε_r이다.)

① $\dfrac{f\varepsilon_r I_c}{18\pi \times 10^9 \sigma a^2}$
② $\dfrac{f\varepsilon_r I_c}{9\pi \times 10^9 \sigma a^2}$
③ $\dfrac{f\varepsilon_r I_c}{4\pi \times 10^9 \sigma a^2}$
④ $\dfrac{\varepsilon_r I_c}{4\pi f \times 10^9 \sigma a^2}$

해설 i_c(전도전류)$=\sigma E = I_c \sin 2\pi ft$[A]에서 E(전계세기)$= \dfrac{i_c}{\sigma} = \dfrac{I_c}{\sigma} \sin 2\pi ft$[A] ············ ①

i_d(변위전류)$= \dfrac{\partial D}{\partial t} = \varepsilon \dfrac{\partial E}{\partial t} = \varepsilon_o \varepsilon_r \dfrac{\partial}{\partial t} \dfrac{I_c}{\sigma} \sin 2\pi ft = 2\pi \varepsilon_o f \varepsilon_r \dfrac{I_c}{\sigma} \cos 2\pi ft$

$= \dfrac{f\varepsilon_r I_c}{18 \times 10^9 \sigma} \cos 2\pi ft$[A] ··· ②이다.

∴ J_d(변위전류밀도)$= \dfrac{i_d}{s(\text{원형단면})} = \dfrac{\frac{f\varepsilon_r I_c}{18 \times 10^9 \sigma}\cos 2\pi ft}{\pi a^2} = \dfrac{f\varepsilon_o I_c}{18\pi \times 10^9 a^2 \sigma} \cos 2\pi ft$

$= J_{d\max} \cos 2\pi ft$[A/m²]이다.

∴ $J_{d\max}$(변위전류밀도의 최대값)$= \dfrac{f\varepsilon_r I_c}{18\pi \times 10^9 \sigma a^2}$[A/m²]가 된다.

(단, $\dfrac{1}{4\pi \varepsilon_o} = 9 \times 10^9$, $4\pi \varepsilon_o = \dfrac{1}{9 \times 10^9}$, $2\pi \varepsilon_o = \dfrac{1}{18 \times 10^9}$이다.)

해답 10. ① 11. ①

012 유도 기전력의 크기는 폐회로에 쇄교하는 자속의 시간적 변화율에 비례하는 정량적인 법칙은?

① 노이만의 법칙 ② 가우스의 법칙
③ 암페어의 주회적분 법칙 ④ 플레밍의 오른손 법칙

노이만의 법칙은 도체 유도기전력의 크기는 폐회로에 쇄교하는 자속의 시간적 변화율에 비례하는 정량적인 것이다. 즉 임의 폐회로를 따라 단위 양(+)전하를 운반할 때 도체에 도체에 유도 기전력의 크기는 자속만이 변화할 때 도체에 유도 기전력의 크기와 서로 같다.

013 맥스웰의 전자방정식 중 패러데이 법칙에서 유도된 식은? (단, D: 전속밀도, ρ_v: 공간 전하밀도, B: 자속밀도, E: 전계의 세기, J: 전류밀도, H: 자계의 세기이다.)

① $\text{div} D = \rho_v$
② $\text{div} B = 0$
③ $\nabla \times H = J + \dfrac{\partial D}{\partial t}$
④ $\nabla \times E = -\dfrac{\partial B}{\partial t}$

맥스웰의 전자방정식 중 패러데이 법칙은 전자유도에 의해 도체에 유기되는 기전력은 자속만이 변화도체에 유기되는 기전력과 서로 같다. 즉 $e = \int_c E dl = -\dfrac{d\phi}{dt}$[V] … ① 양변 회전식을 적용하면 $\int_s rot E ds = -\dfrac{\partial}{\partial t}\int_s B ds$에서 $rot E = \nabla \times E = -\dfrac{\partial B}{\partial t}$가 된다.

014 한 변의 저항이 R_o인 그림과 같은 무한히 긴 회로에서 AB간의 합성저항은 어떻게 되는가?

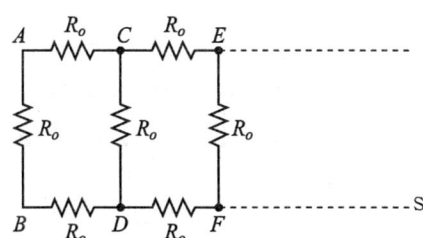

① $(\sqrt{2} - 1)R_o$
② $(\sqrt{3} - 1)R_o$
③ $\dfrac{2}{3}R_o$
④ $\dfrac{3}{4}R_o$

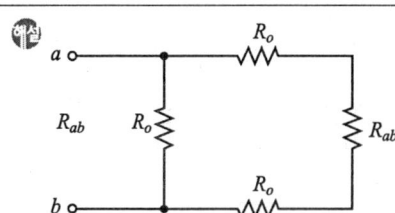

12. ① 13. ④ 14. ②

등가회로에서 그림의 합성저항은 근사법(근의 법)에서 $R_{ab} = \dfrac{R_o \times (2R_o + R_{ab})}{R_o + (2R_o + R_{ab})}$

$= \dfrac{2R_o^2 + R_{ab}R_o}{3R_o + R_{ab}}[\Omega]$에서 $3R_{ab}R_o + R_{ab}^2 = 2R_o^2 + R_{ab}R_o$, $R_{ab}^2 + 2R_{ab}R_o - 2R_o^2 = 0$이다.

근의 공식에서 $R_{ab} = \dfrac{-b \pm \sqrt{b^2 - 4ac}}{2a} = \dfrac{-2R_o \pm \sqrt{(2R_o)^2 - 4 \times 1 \times (-2R_o^2)}}{2 \times 1} = -R_o \pm \sqrt{3}\,R_o$

$= (-1 \pm \sqrt{3})R_o[\Omega]$에서 $R_o > 0$이므로 R_{ab}(합성저항) $= (\sqrt{3} - 1)R_o[\Omega]$가 된다.

015 5000[μF]의 콘덴서를 60[V]로 충전시켰을 때 콘덴서에 축적되는 에너지는 몇 [J]인가?

① 5
② 9
③ 45
④ 90

해설 W(콘덴서에 축적되는 에너지) $= \dfrac{1}{2}CV^2 = \dfrac{1}{2} \times 5000 \times 10^{-6} \times (60)^2 = \dfrac{1}{2} \times 5 \times 10^{-3} \times 3600$
$= 9[J]$가 된다.

016 무한 평면도체로부터 거리 a[m]인 곳에 점전하 Q[C]가 있을 때 도체 표면에 유도되는 최대전하밀도는 몇 [C/m²]인가?

① $\dfrac{Q}{2\pi\varepsilon_o a^2}$
② $\dfrac{Q}{4\pi a^2}$
③ $-\dfrac{Q}{2\pi a^2}$
④ $\dfrac{Q}{4\pi\varepsilon_o a^2}$

해설 무한 평면도체(대지=땅)는 전기영상법에서 점전하 Q[C]에 대한 영상전하는 항상 $-Q$[C]이며 도체 표면의 전계세는 Vector계산으로 $E = E_1 + E_2 = \dfrac{Q}{4\pi\varepsilon_o a^2} + \dfrac{Q}{4\pi\varepsilon_o a^2}$

$= \dfrac{Q}{2\pi\varepsilon_o a^2}$[V/m]이다.

∴ 도체 표면에 유도되는 최대전하밀도 $Q_{max} = $ 최대전속밀도 $D_{max} = -\varepsilon_o E$
$= -\varepsilon_o \times \dfrac{Q}{2\pi\varepsilon_o a^2} = -\dfrac{Q}{2\pi a^2}$[C/m²]가 된다.

017 반지름 a, $b(b > a)$[m]의 동심 구도체 사이에 유전율 ε[F/m]의 유전체가 채워졌을 때의 정전용량은 몇 [F]인가?

① $\dfrac{\pi\varepsilon}{\ln(b/a)}$
② $\dfrac{\ln(b/a)}{\pi\varepsilon}$
③ $\dfrac{4\pi\varepsilon ab}{b-a}$
④ $\dfrac{1}{4\pi\varepsilon}\dfrac{a-b}{ab}$

해설 유전율 ε[F/m]인 동심구 사이에

정답 15. ② 16. ③ 17. ③

정전용량 $C_{ab} = \dfrac{Q}{V_{ab}} = \dfrac{Q}{-\int_b^a E dr} = \dfrac{Q}{\dfrac{Q}{4\pi\varepsilon}\left(\dfrac{1}{r}\right)_b^a}$

$= \dfrac{4\pi\varepsilon}{\dfrac{1}{a} - \dfrac{1}{b}} = \dfrac{4\pi\varepsilon ab}{b-a}$ [F]가 된다.

018
자속밀도가 0.3[Wb/m²]인 평등자계 내에 5[A]의 전류가 흐르고 있는 길이 2[m]인 직선도체를 자계의 방향에 대하여 60°의 각도로 놓았을 때 이 도체가 받는 힘은 약 몇 [N]인가?

① 1.3
② 2.6
③ 4.7
④ 5.2

해설 플레밍의 법칙에서 도체가 받는 힘 F

$F = I \times Bl \sin 60° = 5 \times 0.3 \times 2 \times \dfrac{\sqrt{3}}{2} = 1.5\sqrt{3} ≒ 2.6$[N]이 된다.

019
2[C]의 점전하가 전계 $E = 2a_x + a_y - 4a_z$[V/m] 및 자계 $B = -2a_x + 2a_y - a_z$ [Wb/m²] 내에서 속도 $v = 4a_x - a_y - 2a_z$[m/s]로 운동하고 있을 때 점전하에 작용하는 힘 F는 몇 [N]인가?

① $-14a_x + 18a_y + 6a_z$
② $14a_x - 18a_y - 6a_z$
③ $-14a_x + 18a_y + 4a_z$
④ $14a_x + 18a_y + 4a_z$

해설 F(로렌츠의 힘)$= Q[E + (V \times B)] = 2\left[(2a_x + a_y - 4a_z) + \begin{vmatrix} a_x & a_y & a_z \\ 4 & -1 & -2 \\ -2 & 2 & -1 \end{vmatrix}\right]$

$= 2[(2a_x + a_y - 4a_z) + \{a_x(1+4) - a_y(-4-4) + a_z(8-2)\}]$
$= 2[(2a_x + a_y - 4a_z) + (5a_x + 8a_y + 6a_z)]$
$= (4a_x + 2a_y - 8a_z) + (10a_x + 16a_y + 12a_z) = 14a_x + 18a_y + 4a_z$[N]이 된다.

020
전기력선의 성질에 대한 설명 중 옳은 것은?

① 전기력선은 도체 표면과 직교한다.
② 전기력선은 전위가 낮은 점에서 높은 점으로 향한다.
③ 전기력선은 도체 내부에 존재할 수 있다.
④ 전기력선은 등전위면과 평행하다.

해설 전기력선의 일반적인 성질
① 전기력선은 도체 표면과 직교한다.
② 전기력선은 전위가 높은 곳에서 낮은 쪽으로 향한다.
③ 전기력선은 +극에서 시작 -극으로 끝난다.

해답 18. ② 19. ④ 20. ①

02 전/력/공/학

021 한류 리액터를 사용하는 가장 큰 목적은?
① 충전전류의 제한   ② 접지전류의 제한
③ 누설전류의 제한   ④ 단락전류의 제한

해설 한류 리액터를 사용하는 가장 큰 목적은 단락전류를 제한하기 위해서다.

022 송전선로의 수전단을 단락한 경우 송전단에서 본 임피던스가 300[Ω]이고 수전단을 개방한 경우에는 900[Ω]일 때 이 선로의 특성임피던스 Z_0[Ω]는 약 얼마인가?
① 490   ② 500
③ 510   ④ 520

해설 장거리 송전선로에서 수전단 단락($V_R=0$), 수전단 개방($I_R=0$) 시 선로의 특성임피던스는 V_s(송전단 전압)$=V_R\cosh rl + Z_o I_R \sinh rl$,

I_s(송전단 전류)$=\dfrac{1}{Z_o}V_R\sinh rl + I_R\cosh rl$ 에서

수전단 단락 $V_R=0$일 때 송전단에서 본임피던스 $Z_{1s}=\dfrac{V_s}{I_s}=\dfrac{Z_o I_R \sinh rl}{I_R \cosh rl}=Z_o\tanh rl$ ············ ①

수전단 개방($I_R=0$)일 때 송전단에서 본임피던스 $Z_{1f}=\dfrac{V_s}{I_s}=\dfrac{V_R\cosh rl}{\dfrac{1}{Z_o}V_R\sinh rl}$

$=Z_o\coth rl$ ············ ②

①×②식에서 $Z_{1s}\times Z_{1f}=Z_o\tanh rl\times Z_o\coth rl=Z_o^2$

∴ Z_o(선로의 특성임피던스)$=\sqrt{Z_{1s}\times Z_{1f}}=\sqrt{300\times 900}≒520[Ω]$가 된다.

023 각 수용가의 수용률 및 수용가 사이의 부등률이 변화할 때 수용가군 총합의 부하율에 대한 설명으로 옳은 것은?
① 수용률에 비례하고 부등률에 반비례한다.
② 부등률에 비례하고 수용률에 반비례한다.
③ 부등률과 수용률에 모두 반비례한다.
④ 부등률과 수용률에 모두 비례한다.

해설 부하율$=\dfrac{평균수용전력}{최대수용전력}$, 부등률$=\dfrac{최대수용전력의\ 합계}{최대수용전력(최대부하)}$, 수용률$=\dfrac{최대수용전력의\ 합계}{수용설비용량}$

등에서, 부하율$=\dfrac{평균수용전력}{최대수용전력}=\dfrac{평균수용전력}{\dfrac{최대수용전력의\ 합계}{부등률}}=\dfrac{평균수용전력\times 부등률}{수용률\times 수용설비용량}$ 이 된다.

∴ 부하율은 부등률에 비례하고 수용률에 반비례한다.

정답 21. ④   22. ④   23. ②

024 송전계통에서 절연 협조의 기본이 되는 것은?
① 애자의 섬락전압
② 권선의 절연내력
③ 피뢰기의 제한전압
④ 변압기 부싱의 섬락전압

해설 송전계통에서 절연협조의 기본이 되는 것은 피뢰기의 제한전압이다.

025 22.9[kV], Y결선된 자가용 수전설비의 계기용 변압기의 2차측 정격전압은 몇 [V]인가?
① 110
② 190
③ $110\sqrt{3}$
④ $190\sqrt{3}$

해설 22900[V], Y결선된 자가용 수전설비인 계기용 변압기의 2차측 정격전압은 110[V]이다.

026 제5고조파 전류의 억제를 위해 전력용 콘덴서에 직렬로 삽입하는 유도 리액턴스의 값으로 적당한 것은?
① 전력용 콘덴서 용량의 약 6[%] 정도
② 전력용 콘덴서 용량의 약 12[%] 정도
③ 전력용 콘덴서 용량의 약 18[%] 정도
④ 전력용 콘덴서 용량의 약 24[%] 정도

해설 제5고조파 전류의 억제를 위해 전력용 콘덴서에 직렬로 삽입하는 유도리액턴스의 값은 전력용 콘덴서 용량의 4[%] 이상이 되면 되는데 주파수 변동 등의 여유로 실제로는 5~6[%] 정도의 것이 사용된다.
∴ 전력용 콘덴서 용량의 약 6[%] 정도가 적당하다.

027 전력계통에서 무효전력을 조정하는 조상설비 중 전력용 콘덴서를 동기조상기와 비교할 때 옳은 것은?
① 전력손실이 크다.
② 지상 무효전력분을 공급할 수 있다.
③ 전압조정을 계단적으로 밖에 못한다.
④ 송전선로를 시송전할 때 선로를 충전할 수 있다.

해설 전력계통에서 무효전력을 조정하는 조상설비 중 전력용 콘덴서와 동기조상기를 비교
(1) 전력용 콘덴서는
① 전압조정을 계단적으로 밖에 못한다.
② 전력손실이 적다.
③ 필요에 따라 용량을 수시로 변경할 수 있다.
(2) 동기조상기는
① 조정이 연속적이다.
② 진상전류 외에 지상전류를 얻을 수 있다.
③ 역률이 항상 1로 운전된다.

 24. ③ 25. ① 26. ① 27. ③

028 보호계전기의 반한시 · 정한시 특성은?
① 동작전류가 커질수록 동작시간이 짧게 되는 특성
② 최소 동작전류 이상의 전류가 흐르면 즉시 동작하는 특성
③ 동작전류의 크기에 관계없이 일정한 시간에 동작하는 특성
④ 동작전류가 적은 동안에는 동작전류가 커질수록 동작시간이 짧아지고 어떤 전류 이상이 되면 동작전류의 크기에 관계없이 일정한 시간에서 동작하는 특성

해설 보호계전기의 반한시 · 정한시 특성은 동작전류가 적은 동안에는 동작전류가 커질수록 동작시간이 짧아지고, 어떤 전류 이상이 되면 동작전류의 크기에 관계없이 일정한 시간에서 동작하는 특성이다.

029 송전계통의 절연협조에 있어 절연레벨을 가장 낮게 잡고 있는 기기는?
① 차단기　　② 피뢰기
③ 단로기　　④ 변압기

해설 절연협조는 송전계통의 각 기기, 기구, 선로, 애자 등 상호 간의 균형있는 적당한 절연 강도를 가지는 것을 말하며, 피뢰기의 제한 전압은 절연협조의 기본인 전압으로 피뢰기는 절연레벨을 가장 낮게 잡고 있는 기기이다.

030 154[kV] 송전전로에서 송전거리가 154[km]라 할 때 송전용량 계수법에 의한 송전용량은 몇 [kW]인가? (단, 송전용량 계수는 1200으로 한다.)
① 61600　　② 92400
③ 123200　　④ 184800

해설 용량계수법에 의한 송전용량 $P_k = k\dfrac{V_R^2}{l} = 1200 \times \dfrac{(154)^2}{154} = 1200 \times 154 = 184800$[kW]이다. 단, l=송전거리[km], V_R=수전단 선간전압[kV]이다.

031 22.9[kV], Y 가공배전선로에서 주 공급선로의 정전사고 시 예비전원 선로로 자동 전환되는 개폐장치는?
① 기중부하 개폐기
② 고장구간 자동 개폐기
③ 자동선로 구분 개폐기
④ 자동부하 전환 개폐기

해설 자동부하 전환 개폐기는 22900[V] Y결선 가공배전선로에서 주 공급선로의 정전사고 시 예비전원 선로로 자동전환되는 개폐장치이다.

정답 28.④　29.②　30.④　31.④

2015년 8월 16일 시행

032 송전계통의 안정도를 증진시키는 방법이 아닌 것은?
① 속응 여자방식을 채택한다.
② 고속도 재폐로 방식을 채용한다.
③ 발전기나 변압기의 리액턴스를 크게 한다.
④ 고장전류를 줄이고 고속도 차단방식을 채용한다.

해설 송전계통의 안정도 증진 방법
① 속응 여자방식을 채택한다.
② 고속도 재폐로 방식을 채용한다.
③ 직렬 리액턴스를 작게 한다.
④ 고장전류를 줄이고 고속도 차단방식을 채용한다.

033 송전계통의 중성점을 직접 접지할 경우 관계가 없는 것은?
① 과도안정도 증진
② 계전기 동작 확실
③ 기기의 절연수준 저감
④ 단절연변압기 사용 가능

해설 송전계통의 중성점 직접 접지방식
① 보호계전기 동작 확실, 신속, 신뢰도 최대다.
② 기기의 절연수준 저감 최저이다.
③ 단절연변압기 사용 가능
④ 1선지락 전류의 크기가 최대이다.

034 송전단전압이 3.4[kV], 수전단전압이 3[kV]인 배전선로에서 수전단의 부하를 끊은 경우의 수전단전압이 3.2[kV]로 되었다면 이때의 전압변동률은 약 몇 [%]인가?
① 5.88   ② 6.25
③ 6.67   ④ 11.76

해설 전압변동률 = $\frac{V_{ro}(\text{무부하 시 수전단전압}) - V_r(\text{수전단전압})}{V_r(\text{수전단전압})} \times 100 = \frac{3.2-3}{3} \times 100 = \frac{20}{3}$
≒ 6.67[%] 이다.

035 기력발전소 내의 보조기 중 예비기를 가장 필요로 하는 것은?
① 미분탄송입기   ② 급수펌프
③ 강제통풍기   ④ 급탄기

해설 급수펌프는 기력발전소 내의 보조기 중에서 예비기를 가장 필요로 한다.

정답 32.③ 33.① 34.③ 35.②

036 송전선로에서 변압기의 유기 기전력에 의해 발생하는 고조파 중 제3고조파를 제거하기 위한 방법으로 가장 적당한 것은?

① 변압기를 △결선한다.
② 동기조상기를 설치한다.
③ 직렬 리액터를 설치한다.
④ 전력용 콘덴서를 설치한다.

해설 송전선로에서 변압기의 유기 기전력에 의해 발생되는 고조파 중 제3고조파를 제거하기 위한 방법은 변압기를 △결선한다.

037 송전선로의 코로나 방지에 가장 효과적인 방법은?

① 전선의 높이를 가급적 낮게 한다.
② 코로나 임계전압을 낮게 한다.
③ 선로의 절연을 강화한다.
④ 복도체를 사용한다.

해설 송전선로에서 코로나 방지 대책
① 복도체를 사용한다.
② 전선의 바깥지름을 크게 한다.
③ 가선 금구를 개량한다.

038 유량의 크기를 구분할 때 갈수량이란?

① 하천의 수위 중에서 1년을 통하여 355일간 이보다 내려가지 않는 수위
② 하천의 수위 중에서 1년을 통하여 275일간 이보다 내려가지 않는 수위
③ 하천의 수위 중에서 1년을 통하여 185일간 이보다 내려가지 않는 수위
④ 하천의 수위 중에서 1년을 통하여 95일간 이보다 내려가지 않는 수위

해설 유량의 크기를 구분할 때 갈수량이란 하천의 수위 중에서 1년을 통하여 365일은 이보다 내려가지 않는 수위를 말한다.

039 전압 V_1[kV]에 대한 % 리액턴스 값이 X_{p1}이고, 전압 V_2[kV]에 대한 % 리액턴스 값이 X_{p2}일 때, 이들 사이의 관계로 옳은 것은?

① $X_{p1} = \dfrac{V_1^2}{V_2} X_{p2}$
② $X_{p1} = \dfrac{V_2}{V_1^2} X_{p2}$
③ $X_{p1} = \left(\dfrac{V_2}{V_1}\right)^2 X_{p2}$
④ $X_{p1} = \left(\dfrac{V_1}{V_2}\right)^2 X_{p2}$

해설 백분율법(percentage method)에서 %임피던스
$\%Z = \dfrac{IZ}{E} \times 100[\%] = \dfrac{PZ}{10 V^2}[\%]$ 식에서

$\%Z_1 = X_{p1} = \dfrac{PZ}{10 V_1^2} ≒ \dfrac{1}{V_1^2}[\%]$ ············①

정답 36.① 37.④ 38.① 39.③

$$\%Z_2 = X_{p2} = \frac{PZ}{10V_2^2} = \frac{1}{V_2^2}[\%] \quad \cdots\cdots\cdots ②에서$$

$$\frac{②}{①} = \frac{X_{p2}}{X_{p1}} = \frac{\frac{1}{V_2^2}}{\frac{1}{V_1^2}} = \frac{V_1^2}{V_2^2} \quad \therefore X_{p1} = \left(\frac{V_2}{V_1}\right)^2 X_{p2}\text{의 관계가 성립된다.}$$

040 일반적으로 화력발전소에서 적용하고 있는 열사이클 중 가장 열효율이 좋은 것은?
① 재생사이클
② 랭킨사이클
③ 재열사이클
④ 재생재열사이클

재생재열사이클은 열효율을 역학적으로 증진시키는 재생방식과 열효율 향상과 증기 내부손실을 경감시키는 재열방식의 특징을 겸비한 사이클로 화력발전소에서 적용하고 있는 열사이클 중 가장 효율이 좋다.

03 전/기/기/기

041 전기철도에 가장 적합한 직류전동기는?
① 분권전동기
② 직권전동기
③ 복권전동기
④ 자여자분권전동기

직류 직권전동기는 전기철도에 가장 적합한 직류전동기이다. 속도 특성에서 N(회전수) $= K\frac{V-I_a r_a}{\phi} = \frac{1}{\phi} = \frac{1}{I}[\text{rpm}]$, Torque 특성에서 $T(\text{Torque}) = K\phi I_a = I^2 = \left(\frac{1}{N}\right)^2$ 이다.
∴ 직권전동기는 무부하 시는 회전수가 매우 커서 위험하다.

042 그림과 같이 180° 도통형 인버터의 상태일 때 u상과 v상의 상전압 및 $u-v$선간전압은?

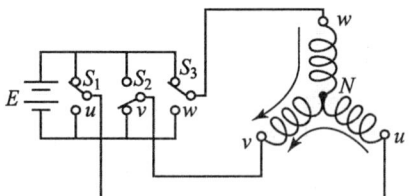

① $\frac{1}{3}E, \left(-\frac{2}{3}E\right), E$
② $\frac{2}{3}E, \frac{1}{3}E, \frac{1}{3}E$
③ $\frac{1}{2}E, \frac{1}{2}E, E$
④ $\frac{1}{3}E, \frac{2}{3}E, \frac{1}{3}E$

40. ④ 41. ② 42. ①

해설 ① $u \to s_1 \to u$상 $\to N$점에 상전압은 $\frac{1}{3}E$[V]이다.

② $V \to s_3 \to W$상 $\to V$상에 상전압은 $-\frac{2}{3}E$[V]이다.

③ u상 $- V$상 선간전압은 $\frac{1}{3}E + \frac{2}{3}E = \frac{3}{3}E = E$[V]가 된다.

∴ u상의 상전압은 $\frac{1}{3}E$[V], V상의 상전압은 $-\frac{2}{3}E$[V], $u - V$선간전압은 E[V]가 된다.

043 3상 동기발전기에서 그림과 같이 1상의 권선을 서로 똑같은 2조로 나누어서 그 1조의 권선전압을 E[V], 각 권선의 전류를 I[A]라 하고 지그재그 Y형(zigzag star)으로 결선하는 경우 선간전압, 선전류 및 피상전력은?

① $3E$, I, $\sqrt{3} \times 3E \times I = 5.2EI$
② $\sqrt{3}E$, $2I$, $\sqrt{3} \times \sqrt{3}E \times 2I = 6EI$
③ E, $2\sqrt{3}I$, $\sqrt{3} \times E \times 2\sqrt{3}I = 6EI$
④ $\sqrt{3}E$, $\sqrt{3}I$, $\sqrt{3} \times \sqrt{3}E \times \sqrt{3}I = 5.2EI$

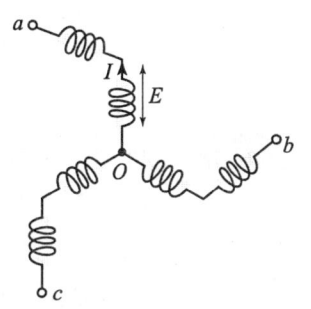

해설 3상 동기발전기에서 1상의 권선을 2조로 지그재그 Y형으로 결선하는 경우의 선간전압 $= \sqrt{3} \times \sqrt{3}E = 3E$[V], 선전류 I[A]는 일정이므로 피상전력 $= \sqrt{3} \times 3E \times I = 1.7321 \times 3EI ≒ 5.2EI$[VA]가 된다.

044 동기발전기에서 동기속도와 극수와의 관계를 표시한 것은? (단, N_s : 동기속도, P : 극수이다.)

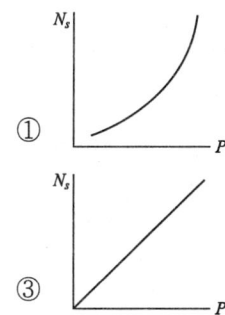
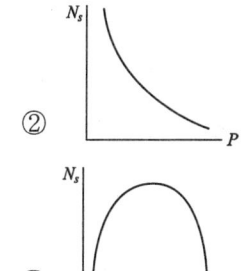

해설 동기발전기에서 N_s(동기속도) $= \frac{120f}{P} ≒ \frac{1}{P}$[rpm]이다.

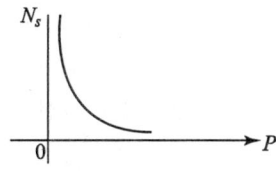

정답 43. ① 44. ②

045 전체 도체수는 100, 단중 중권이며 자극수는 4, 자속수는 극당 0.628[Wb]인 직류 분권전동기가 있다. 이 전동기의 부하 시 전기자에 5[A]가 흐르고 있었다면 이때의 토크[N·mm]는?

① 12.5　　　　　　　　② 25
③ 50　　　　　　　　　④ 100

해설 $E(유기기전력) = \dfrac{P}{a} Zn\phi [V]$, $a = p = 4$(단중 중권)

∴ $P = EI_a = \omega T = 2\pi n T [W]$에서 $T(\text{torque}) = \dfrac{EI_a}{\omega} = \dfrac{I_a}{2\pi n} \times \dfrac{P}{a} Zn\phi = \dfrac{PZ}{2\pi a} \phi I_a$

$= \dfrac{4 \times 100}{2 \times 3.14 \times 4} \times 0.628 \times 5 = \dfrac{400}{2 \times 3.14 \times 4} \times 3.14 = \dfrac{400}{8} = 50[N \cdot m]$이다.

046 변압기에서 콘서베이터의 용도는?

① 통풍장치　　　　　　② 변압유의 열화방지
③ 강제순환　　　　　　④ 코로나 방지

해설 변압기유(광유, 불연성 합성 절연기름)의 열화 방지대책
① 변압기 상부에 콘서베이터를 설치한다.
② breather(브리이터)를 설치한다.
③ 질소가스를 봉입한다.
∴ 변압기에서 콘서베이터의 용도는 변압유의 열화방지이다.

047 사이리스터를 이용한 교류전압 크기제어방식은?

① 정지 레오나드방식　　② 초퍼방식
③ 위상제어방식　　　　④ TRC방식

해설 사이리스터(SCR)를 이용한 교류전압 크기제어방식은 gate신호에 따른 위상제어방식이다.

048 직류 분권발전기를 서서히 단락상태로 하면 어떤 상태로 되는가?

① 과전류로 소손된다.　② 과전압이 된다.
③ 소전류가 흐른다.　　④ 운전이 정지된다.

해설 직류 분권발전기의 부하전류가 증가하면 전기자 저항강하와 전기자 반작용에 의한 감자현상으로 단자전압이 떨어져 직류 분권발전기는 서서히 단락상태가 되어 소전류가 흐른다.

049 3상 전원을 이용하여 2상 전압을 얻고자 할 때 사용하는 결선 방법은?

① Scott 결선　　　　　② Fork 결선
③ 환상 결선　　　　　　④ 2중 3각 결선

정답　45. ③　46. ②　47. ③　48. ③　49. ①

해설 Scott 결선(T 결선)이란 3상 전원을 이용하여 2상 전압을 얻는 결선 방법으로 a_M(주좌 변압기 권수비)$=\dfrac{V_1}{V_2}$, a_T(T좌 변압기 권수비)$=a_M \times \dfrac{\sqrt{3}}{2}$이 된다.

050
극수 6, 회전수 1200[rpm]의 교류발전기와 병렬운전하는 극수 8의 교류발전기의 회전수[rpm]는?

① 600 ② 750
③ 900 ④ 1200

해설 극수 6, 회전수 $N_1 = 1200 = \dfrac{120f}{P_1}$[rpm]에서 f(주파수)$=\dfrac{P_1}{120} \times N_1 = \dfrac{6}{120} \times 1200$
$= 60$[Hz]이다.
∴ 극수 8의 교류발전기 N_2(회전수)$=\dfrac{120f}{P_2}=\dfrac{120 \times 60}{8}=\dfrac{7200}{8}=900$[rpm]이 된다.

051
4극, 60[Hz]의 회전변류기가 있는데 회전전기자형이다. 이 회전변류기의 회전방향과 회전속도는 다음 중 어느 것인가?

① 회전자계의 방향으로 1800[rpm] 속도로 회전한다.
② 회전자계의 방향으로 1800[rpm] 이하의 속도로 회전한다.
③ 회전자계의 방향과 반대방향으로 1800[rpm] 속도로 회전한다.
④ 회전자계의 방향과 반대방향으로 1800[rpm] 이상의 속도로 회전한다.

해설 회전 전기자형 회전변류기에 회전속도 $N=\dfrac{120f}{P}=\dfrac{120 \times 60}{4}=\dfrac{7200}{4}=1800$[rpm]은 회전자계의 방향과 반대방향으로 1800[rpm]의 속도로 회전한다.

052
단상변압기의 1차 전압 E_1, 1차 저항 r_1, 2차 저항 r_2, 1차 누설리액턴스 x_1, 2차 누설리액턴스 x_2, 권수비 a라고 하면 2차 권선을 단락했을 때의 1차 단락전류는?

① $I_{1s} = E_1 / \sqrt{(r_1 + a^2 r_2)^2 + (x_1 + a^2 x_2)^2}$
② $I_{1s} = E_1 / a\sqrt{(r_1 + a^2 r_2)^2 + (x_1 + a^2 x_2)^2}$
③ $I_{1s} = E_1 / \sqrt{(r_1 + r_2/a^2)^2 + (x_1/a^2 + x_2)^2}$
④ $I_{1s} = aE_1 / \sqrt{(r_1/a^2 + r_2)^2 + (x_1/a^2 + x_2)^2}$

해설 단상변압기에 a(권수비)$=\dfrac{E_1}{E_2}=\dfrac{N_1}{N_2}=\dfrac{I_2}{I_1}$이다. $a^2 = \dfrac{E_1}{E_2} \times \dfrac{I_2}{I_1} = \dfrac{E_1}{I_1} \times \dfrac{I_2}{E_2} = \dfrac{r_1}{r_2}$에서
$\begin{cases} r_1 = a^2 r_2 \\ r_2 = \dfrac{r_1}{a^2} \end{cases}$이다. 2차를 1차로 환산한 1차 저항과 누설리액턴스는

정답 50. ③ 51. ③ 52. ①

$\begin{cases} r_{12}(\text{1차 전저항}) = r_1 + a^2 r_2 [\Omega] \\ x_{12}(\text{1차 전누설 리액턴스}) = x_1 + a^2 x_2 [\Omega] \text{이다.} \end{cases}$

∴ 1차 전합성 임피던스 $Z_{12} = r_{12} + x_{12} [\Omega]$. 2차 권선을 단락했을 때 1차 단락전류

$I_{1s} = \dfrac{E_1}{Z_{12}} = \dfrac{E_1}{r_{12} + jx_{12}} = \dfrac{E_1}{\sqrt{r_{12}^2 + x_{12}^2}} = \dfrac{E_1}{\sqrt{(r_1 + a^2 r_2)^2 + (x_1 + a^2 x_2)^2}}$ [A]가 된다.

053 권선형 유도전동기와 직류 분권전동기와의 유사한 점으로 가장 옳은 것은?
① 정류자가 있고, 저항으로 속도조정을 할 수 있다.
② 속도 변동률이 크고, 토크가 전류에 비례한다.
③ 속도 가변이 용이하며, 기동토크가 기동전류에 비례한다.
④ 속도 변동률이 적고, 저항으로 속도조정을 할 수 있다.

해설 권선형 유도전동기와 직류 분권전동기와의 유사한 점으로는 속도 변동률이 적고, 저항으로 속도조정을 할 수 있다.

054 동기 발전기에서 전기자 권선과 계자 권선이 모두 고정되고 유도자가 회전하는 것은?
① 수차 발전기
② 고주파 발전기
③ 터빈 발전기
④ 엔진 발전기

해설 고주파 발전기는 동기 발전기 중에서 전기자 권선과 계자 권선이 모두 고정되고 유도자가 회전하는 발전기이다.

055 정격전압 100[V], 정격전류 50[A]인 분권 발전기의 유기기전력은 몇 [V]인가? (단, 전기자 저항 0.2[Ω], 계자전류 및 전기자 반작용은 무시한다.)
① 110
② 120
③ 125
④ 127.5

해설 분권 발전기의 유기기전력은 $V = E - I_a r_a$ [V]에서 E(유기기전력) $= V + I_a r_a = 100 + 50 \times 0.2 = 110$[V]가 된다.

056 3상 농형 유도전동기의 기동방법으로 틀린 것은?
① Y-△기동
② 2차 저항에 의한 기동
③ 전전압 기동
④ 리액터 기동

해설 3상 농형 유도전동기의 기동방법
① 전전압 기동=5[kW] 이하 소형 농형에 사용된다.
② Y-△기동=5~15[kW] 이하 전동기에 사용된다.
③ 리액터 기동=15[kW] 이상의 전동기에 사용된다.

정답 53. ④ 54. ② 55. ① 56. ②

057 권선형 유도전동기 2대를 직렬종속으로 운전하는 경우 그 동기속도는 어떤 전동기의 속도와 같은가?

① 두 전동기 중 적은 극수를 갖는 전동기
② 두 전동기 중 많은 극수를 갖는 전동기
③ 두 전동기의 극수의 합과 같은 극수를 갖는 전동기
④ 두 전동기의 극수의 차와 같은 극수를 갖는 전동기

해설 권선형 유도전동기 2대를 직렬종속으로 운전하는 경우 그 동기속도는 두 전동기의 극수의 합과 같은 극수를 갖는 전동기의 속도와 같다. 즉 $N = \dfrac{120f}{P_1 + P_2} = \dfrac{120f}{2P_1}[\text{rpm}]$이다.

058 변압기 단락시험에서 변압기의 임피던스 전압이란?

① 여자전류가 흐를 때의 2차측 단자 전압
② 정격전류가 흐를 때의 2차측 단자 전압
③ 2차 단락전류가 흐를 때의 변압기 내의 전압 강하
④ 정격전류가 흐를 때의 변압기 내의 전압 강하

해설 변압기 단락시험에서 변압기 임피던스 전압이란 정격전류가 흐를 때의 변압기 내의 전압 강하를 말한다.

059 스테핑모터에 대한 설명 중 틀린 것은?

① 회전속도는 스테핑 주파수에 반비례한다.
② 총 회전각도는 스텝각과 스텝수의 곱이다.
③ 분해능은 스텝각에 반비례한다.
④ 펄스구동방식의 전동기이다.

해설 스테핑모터의 옳은 설명
① 총 회전각도는 스텝각과 스텝수의 곱이다.
② 분해능은 스텝각에 반비례한다.
③ 스테핑모터는 펄스구동방식의 전동기이다.

060 그림은 동기 발전기의 구동 개념도이다. 그림에서 2를 발전기라 할 때 3의 명칭으로 적합한 것은?

① 전동기
② 여자기
③ 원동기
④ 제동기

해설 그림에서 2는 발전기 3은 여자기이다.

정답 57.③ 58.④ 59.① 60.②

04 회/로/이/론/및/제/어/공/학

061 자동제어계에서 과도응답 중 최종값의 10[%]에서 90[%]에 도달하는 데 걸리는 시간은?

① 정정시간(settling time)
② 지연시간(delay time)
③ 상승시간(rising time)
④ 응답시간(response time)

> 상승시간(rising time)이란 자동제어계에서 과도응답이 최종값의 10[%]에서 90[%]에 도달하는 데 걸리는 시간을 말한다.
> 응답시간(response time) 또는 정정시간(settling time)이란 과도응답이 희망값(최종값)의 ±5[%] 이내의 오차범위 내 정착하는 시간을 말한다.

062 다음 중 온도를 전압으로 변환시키는 요소는?

① 차동변압기　　② 열전대
③ 측온저항　　　④ 광전지

> 열전대는 온도를 전압으로 변환시키는 요소이다.
> ∴ 열전대 조합으로 변환되는 대략의 열기전력은?
> ① 구리-콘스탄탄은 100[℃] 온도차에서 약 4.2[mV] 열기전력 발생
> ② 철-콘스탄탄은 100[℃] 온도차에서 약 5.5[mV] 열기전력 발생
> ③ 크로멜-알루멜 100[℃] 온도차에서 약 4[mV] 열기전력이 발생된다.

063 전달함수의 크기가 주파수 0에서 최대값을 갖는 저역통과 필터가 있다. 최대값의 70.7[%] 또는 -3[dB]로 되는 크기까지의 주파수로 정의되는 것은?

① 공진주파수　　② 첨두공진점
③ 대역폭　　　　④ 분리도

> $B(대역폭) = f_2 - f_1 = \dfrac{f_o}{Q_o}$ 이며, 0[dB]보다 -3[dB] 감한 크기의 주파수 폭 또는 A(원래이득=목표량)=1에 $\dfrac{A}{\sqrt{2}} = 0.707 ≒ 70.7[\%]$ 크기까지의 주파수 폭으로 정의된다.

064 특성방정식이 $s^4 + s^3 + 2s^2 + 3s + 2 = 0$ 인 경우 불안정한 근의 수는?

① 0개　　② 1개
③ 2개　　④ 3개

예답 61. ③ 62. ② 63. ③ 64. ③

해설 특성 방정식이 $s^4+s^3+2s^2+3s+2=0$의 루드판별식

$$\begin{array}{c|c}
s^4 & 1 \cdot 2 \cdot 2 \\
s^3 & 1 \cdot 3 \cdot 0 \\
s^2 & \dfrac{2-3}{1}=-1 \cdot \dfrac{2-0}{1}=2 \\
s^1 & \dfrac{-3-2}{-1}=5 \cdot 0
\end{array}$$

∴ 1열의 부호변화가 두 번 있으므로 불안정한 근의 수는 2개이다.

065 연산증폭기의 성질에 관한 설명으로 틀린 것은?

① 전압 이득이 매우 크다.
② 입력 임피던스가 매우 작다.
③ 전력 이득이 매우 크다.
④ 출력 임피던스가 매우 작다.

해설 연산증폭기(OPM)의 성질
① 입력 임피던스(저항)가 매우 크다.
② 출력 임피던스 매우 작다.
③ 전압 이득이 매우 크다.
④ 전력 이득이 매우 크다. 주파수 대역폭이 넓다.

066 다음 블록선도의 전달함수는?

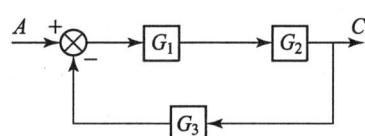

① $\dfrac{G_1 G_2}{1 - G_1 G_2 G_3}$

② $\dfrac{G_1 G_2}{1 + G_1 G_2 G_3}$

③ $\dfrac{G_1}{1 - G_1 G_2 G_3}$

④ $\dfrac{G_2}{1 + G_1 G_2 G_3}$

해설 C(출력)$=(A-G_3 C)G_1 G_2$, $C(1+G_1 G_2 G_3)=AG_1 G_2$

전달함수 $=\dfrac{출력(C)}{입력(A)}=\dfrac{G_1 G_2}{1+G_1 G_2 G_3}$ 가 된다.

정답 65. ② 66. ②

067 그림과 같은 신호흐름선도에서 $C(s)/R(s)$의 값은?

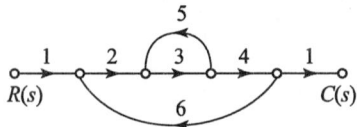

① $-\dfrac{24}{159}$ ② $-\dfrac{12}{79}$

③ $\dfrac{24}{65}$ ④ $\dfrac{24}{159}$

메이슨(Mason) 공식에서 전달함수 $=\dfrac{C(s)}{R(s)}=\dfrac{G_1\Delta_1+G_2\Delta_2}{\Delta}=\dfrac{\Delta_1 G_1+\Delta_2 G_2}{1-(L_{11}+L_{12}+...)}$

$=\dfrac{1\times 2\times 3\times 4\times 1}{1-(3\times 5+2\times 3\times 4\times 6)}=\dfrac{24}{1-159}=-\dfrac{24}{158}=-\dfrac{12}{79}$ 가 된다.

068 $G(s)=\dfrac{K}{s}$인 적분요소의 보드선도에서 이득곡선의 1decade당 기울기는 몇 [dB]인가?

① 10 ② 20
③ -10 ④ -20

$\dfrac{d}{dt}j\omega=s$. $G(s)=\dfrac{K}{s}$인 적분요소의 보드선도

$g=20\log_{10}G(s)=20\log_{10}G(j\omega)=20\log_{10}\dfrac{K}{s}=20\log_{10}\dfrac{K}{j\omega}=20\log_{10}K-20\log_{10}\omega$이다.

∴ 경사는 -20[dB/dec]이며 위상 $\phi=\angle\dfrac{1}{j\omega}=-90°$이다. 즉 이득곡선의 1decad당 기울기는 -20[dB]이다.

069 $e(t)$의 z변환율 $E(z)$라 했을 때 $e(t)$의 초기값은?

① $\lim\limits_{z\to 0}zE(z)$ ② $\lim\limits_{z\to 0}E(z)$
③ $\lim\limits_{z\to\infty}zE(z)$ ④ $\lim\limits_{z\to\infty}E(z)$

$e(t)$의 z변환을 $E(z)$라 했을 때 $e(t)$의 초기값은 초기치 정리에서 $\lim\limits_{t\to 0}e(t)=\lim\limits_{z\to\infty}E(z)$가 된다.

070 어떤 제어계의 전달함수 $G(s)=\dfrac{s}{(s+2)(s^2+2s+2)}$에서 안정성을 판정하면?

① 임계상태 ② 불안정
③ 안정 ④ 알 수 없다.

67. ② 68. ④ 69. ④ 70. ③

해설 특성 방정식 $1+\dfrac{s}{(s+2)(s^2+2s+2)}=0$.

$(s+2)(s^2+2s+2)+s=s^3+4s^2+7s+4=0$이다.

∴ 루드(Routh) 판별식은

s^3	1	·	7
s^2	4	·	4
s	$\dfrac{28-4}{4}=\dfrac{24}{4}=6$	·	0 |이다.

∴ 1열의 부호가 모두 (+)이므로 안정하다.

[071] 단위 길이당 인덕턴스 및 커패시턴스가 각각 L 및 C일 때 전송선로의 특성임피던스는? (단, 무손실 선로임)

① $\sqrt{\dfrac{L}{C}}$
② $\sqrt{\dfrac{C}{L}}$
③ $\dfrac{L}{C}$
④ $\dfrac{C}{L}$

해설 무손실 선로에서는 $R=0$, $G=0$이다.

∴ 전송선로의 특성임피던스 $Z_o=\sqrt{\dfrac{Z}{Y}}=\sqrt{\dfrac{R+j\omega L}{G+j\omega C}}=\sqrt{\dfrac{j\omega L}{j\omega C}}=\sqrt{\dfrac{L}{C}}$ [Ω]가 된다.

[072] 그림과 같은 직류회로에서 저항 R[Ω]의 값은?

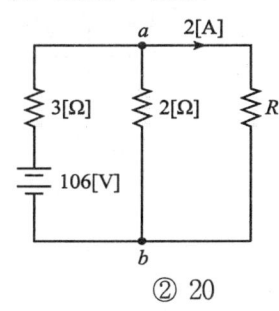

① 10
② 20
③ 30
④ 40

해설 그림에서 R[Ω]에 흐르는 전류는 분배법칙에서 $I_R=2[A]=\dfrac{2}{2+R}\times I_t=\dfrac{2}{2+R}$

$\times\dfrac{106}{3+\dfrac{2R}{2+R}}=\dfrac{2}{2+R}\times\dfrac{106(2+R)}{6+3R+2R}=\dfrac{212}{5R+6}$[A]에서 $10R+12=212$

$10R=212-12=200$ ∴ $R=\dfrac{200}{10}=20$[Ω]이 된다.

해답 71. ① 72. ②

073 그림과 같은 회로에 주파수 60[Hz], 교류전압 200[V]의 전원이 인가되었다. R의 전력손실을 $L=0$일 때의 1/2로 하면 L의 크기는 약 몇 [H]인가? (단, $R=600$ [Ω]이다.)

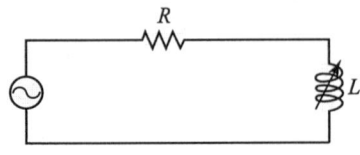

① 0.59
② 1.59
③ 3.62
④ 4.62

해설 R-L 직렬회로의 소비전력 $P_1 = I^2 R = \left(\dfrac{V}{\sqrt{R^2+(\omega L)^2}}\right)^2 \times R = \dfrac{V^2 \times R}{R^2+(\omega L)^2}$ ············ ①

$L=0$일 때의 소비전력 $P_2 = \dfrac{V^2}{R} \times \dfrac{1}{2} = \dfrac{V^2}{2R}$ ············ ②

∴ ①=②식일 때의 L값은 $\dfrac{V^2 \times R}{R^2+(\omega L)^2} = \dfrac{V^2}{2R}$. $2R^2 = R^2+(\omega L)^2$. $R^2 = (\omega L)^2$. $R = \omega L$.

L(인덕턴스의 크기)$= \dfrac{R}{\omega} = \dfrac{R}{2\pi f} = \dfrac{600}{2 \times 3.14 \times 60} = \dfrac{600}{377} ≒ 1.59[H]$가 된다.

074 평형 3상 회로에서 그림과 같이 변류기를 접속하고 전류계를 연결하였을 때, A_2에 흐르는 전류[A]는?

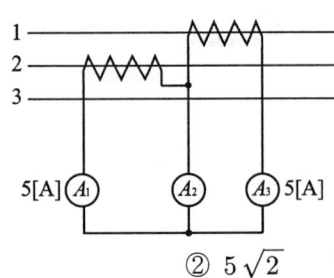

① $5\sqrt{3}$
② $5\sqrt{2}$
③ 5
④ 0

해설 평형 3상 회로의 위상차는 120°이다. A_2에 흐르는 전류 $|A_2| = \dot{A}_1 - \dot{A}_3 = |A_1|\cos 30° + |A_3|\cos 30° = 5 \times \dfrac{\sqrt{3}}{2} + 5 \times \dfrac{\sqrt{3}}{2} = 5\sqrt{3}$[A]가 된다.

075 3상 불평형 전압을 V_a, V_b, V_c라고 할 때 역상 전압 V_2는?

① $V_2 = \dfrac{1}{3}(V_a + V_b + V_c)$
② $V_2 = \dfrac{1}{3}(V_a + aV_b + a^2 V_c)$
③ $V_2 = \dfrac{1}{3}(V_a + a^2 V_b + V_c)$
④ $V_2 = \dfrac{1}{3}(V_a + a^2 V_b + aV_c)$

73. ② 74. ① 75. ④

예설 대칭분의 전압

V_o(영상전압)$= \frac{1}{3}(V_a + V_b + V_c)$[V]

V_1(정상전압)$= \frac{1}{3}(V_a + aV_b + a^2V_c)$[V]

V_2(역상전압)$= \frac{1}{3}(V_a + a^2V_b + aV_c)$[V]가 된다.

단, a(연산자)$= \angle 120° = \cos 120° + j\sin 120° = -\frac{1}{2} + j\frac{\sqrt{3}}{2}$

$a^2 \angle 240° = \cos 240° + j\sin 240° = -\frac{1}{2} - j\frac{\sqrt{3}}{2}$

$a^3 = \angle 2\pi = \angle 360° = \angle 0° = \cos 0 + j\sin 0 = 1$이며 $1 + a + a^2 = 1 + a^{-2} + a^{-1} = 0$이 된다.

076

0.1[μF]의 콘덴서에 주파수 1[kHz], 최대 전압 2000[V]를 인가할 때 전류의 순시값 [A]은?

① $4.446\sin(\omega t + 90°)$ ② $4.446\cos(\omega t - 90°)$
③ $1.256\sin(\omega t + 90°)$ ④ $1.256\cos(\omega t - 90°)$

예설 순시전류 $i_{(t)} = I_m \sin\omega t = \frac{V_m}{X_c \angle -90°}\sin\omega t = \frac{V_m}{\frac{1}{\omega C}}\sin(\omega t + 90°)$

$= \omega C V_m \sin(\omega t + 90°) = 2\pi f C V_m \sin(\omega t + 90°)$

$= 2 \times 3.14 \times 1000 \times 0.1 \times 10^{-6} \times 2000\sin(\omega t + 90°)$

$= 6.28 \times 0.2\sin(\omega t + 90°) = 1.256\sin(\omega t + 90°)$[A]이다.

077

그림과 같은 전기회로의 전달함수는? (단, $e_i(t)$ 입력전압, $e_o(t)$ 출력전압이다.)

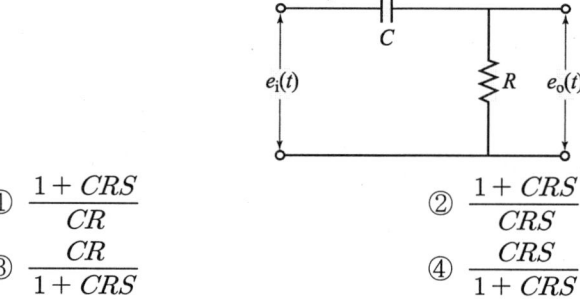

① $\dfrac{1 + CRS}{CR}$ ② $\dfrac{1 + CRS}{CRS}$
③ $\dfrac{CR}{1 + CRS}$ ④ $\dfrac{CRS}{1 + CRS}$

예설 키르히호프 제2법칙에서 $e_i(t) = \frac{1}{C}\int i(t)dt + R\,i(t)$를 양변 라플라스변환하면

$E_i(s) = \frac{1}{CS}I(s) = RI(s) = \left(R + \frac{1}{CS}\right)I(s)$ ····································· ①

$e_o(t) = Ri(t)$ 양변 라플라스변환하면 $E_o(s) = RI(s)$ ····································· ②

∴ 전기회로의 전달함수 $G(s) = \dfrac{E_o(s)}{E_i(s)} = \dfrac{RI(s)}{\left(R + \frac{1}{CS}\right)I(s)} = \dfrac{R}{R + \frac{1}{CS}} = \dfrac{CRS}{1 + CRS}$가 된다.

76. ③ 77. ④

078 RL 직렬회로에서 $R = 20[\Omega]$, $L = 40[mH]$이다. 이 회로의 시정수[sec]는?

① 2
② 2×10^{-3}
③ $\dfrac{1}{2}$
④ $\dfrac{1}{2} \times 10^{-3}$

예산 R-C 직렬회로의 시정수 $\tau = CR[\text{sec}]$이고, R-L 직렬회로의 시정수 $\tau = \dfrac{L}{R} = \dfrac{40 \times 10^{-3}}{20}$
$= 2 \times 10^{-3}[\text{sec}]$가 된다.

079 다음 함수의 라플라스 역변환은?

$$I(s) = \dfrac{2s+3}{(s+1)(s+2)}$$

① $e^{-t} - e^{-2t}$
② $e^{t} - e^{-2t}$
③ $e^{-t} + e^{-2t}$
④ $e^{t} + e^{-2t}$

예산 $I(s)$를 부분 분수로 전개하면 $I(s) = \dfrac{2s+3}{(s+1)(s+2)} = \dfrac{K_{11}}{s+1} + \dfrac{K_{12}}{s+2}$ 이다.

$\therefore$ 라플라스의 역변환 $i(t) = \mathcal{L}^{-1}[I(s)] = \mathcal{L}^{-1}\left(\dfrac{K_{11}}{s+1} + \dfrac{K_{12}}{s+2}\right)$

$= \mathcal{L}^{-1}\left(\dfrac{1}{s+1} + \dfrac{1}{s+2}\right) = e^{-t} + e^{-2t}[\text{A}]$가 된다.

단, $K_{11} = \lim\limits_{s \to -1}(s+1) \times I(s) = \lim\limits_{s \to -1}(s+1) \times \dfrac{2s+3}{(s+1)(s+2)}$

$= \lim\limits_{s \to -1}\left(\dfrac{2s+3}{s+2}\right) = \dfrac{2(-1)+3}{-1+2} = \dfrac{1}{1} = 1$

$K_{12} = \lim\limits_{s \to -2}(s+2) \times I(s) = \lim\limits_{s \to -2}(s+2) \times \dfrac{2s+3}{(s+1)(s+2)}$

$= \lim\limits_{s \to -2}\left(\dfrac{2s+3}{s+1}\right) = \dfrac{2(-2)+3}{-2+1} = \dfrac{-1}{-1} = 1$이다.

080 $v = 3 + 5\sqrt{2}\sin\omega t + 10\sqrt{2}\sin\left(3\omega t - \dfrac{\pi}{3}\right)$[V]의 실효값[V]은?

① 9.6
② 10.6
③ 11.6
④ 12.6

예산 $V(\text{실효치 전압}) = \sqrt{\dfrac{1}{T}\int_0^T [V(t)]^2 dt} = \sqrt{V_0^2 + V_1^2 + V_3^2}$

$= \sqrt{3^2 + \left(\dfrac{5\sqrt{2}}{\sqrt{2}}\right)^2 + \left(\dfrac{10\sqrt{2}}{\sqrt{2}}\right)^2} = \sqrt{3^2 + 5^2 + 10^2} = \sqrt{134} \fallingdotseq 11.6[\text{V}]$

78. ② 79. ③ 80. ③

05 전/기/설/비/기/술/기/준/및/판/단/기/준

081 전로(電路)와 대지 간 절연내력시험을 하고자 할 때 전로의 종류와 그에 따른 시험전압의 내용으로 옳은 것은?

① 7000[V]이하 - 2배
② 60000[V] 초과 중성점 비접지 - 1.5배
③ 60000[V] 초과 중성점 접지 - 1.1배
④ 170000[V] 초과 중성점 직접접지 - 0.72배

🔍 제16조(전로의 절연저항 및 절연내력)
전로와 대지간 절연내력 시험을 하고자 할 때 전로의 종류와 그에 따른 시험전압은 60[kV] 초과한 중성점 접지식 전로는 최대사용전압 1.1배의 전압을 전로와 대지간에 연속하여 10분간 가하였을 때 이에 견디어야 한다.

082 옥내에 시설하는 전동기에 과부하 보호장치의 시설을 생략할 수 없는 경우는?

① 정격출력이 0.75[kW]인 전동기
② 타인이 출입할 수 없고 전동기가 소손할 정도의 과전류가 생길 우려가 없는 경우
③ 전동기가 단상의 것으로 전원측 전로에 시설하는 배선용 차단기의 정격전류가 20[A] 이하인 경우
④ 전동기를 운전 중 상시 취급자가 감시할 수 있는 위치에 시설한 경우

🔍 제194조(전동기의 과부하 보호장치의 시설)
옥내에 시설하는 전동기에 과부하 보호장치의 시설을 생략할 수 있는 경우는
① 정격출력이 0.2[kW] 이하인 전동기
② 타인이 출입할 수 없고 전동기가 소손할 정도의 과전류가 생길 우려가 없는 경우
③ 전동기가 단상의 것으로 전원측 전로에 시설하는 배선용 차단기의 정격전류가 20[A] 이하인 경우
④ 전동기를 운전 중 상시 취급자가 감시할 수 있는 위치에 시설한 경우

083 고압 및 특고압 전로의 절연내력시험을 하는 경우 시험전압을 연속하여 몇 분간 가하여 견디어야 하는가?

① 1   ② 3
③ 5   ④ 10

🔍 제16조(전로의 절연저항 및 절연내력)
고압 및 특고압 전로의 절연내력 시험을 하는 경우 전로와 대지간에 시험전압을 연속하여 10분간 가하여 견디어야 한다.

📌 81.③ 82.① 83.④

2015년 8월 16일 시행

084. 가공전선로의 지지물로 볼 수 없는 것은?
① 철주
② 지선
③ 철탑
④ 철근콘크리트주

해설 제77조, 제78조(지선의 사용 및 시방세목)
가공전선로의 지지물로 볼 수 있는 것은 철주, 철탑, 철근콘크리트주 등이다.

085. 교류전기철도에서는 단상부하를 사용하기 때문에 전압불평형이 발생하기 쉽다. 이때 전압불평형으로 인하여 전력기계 기구에 장해가 발생하게 되는데 다음 중 장해가 발생하지 않는 기기는?
① 발전기
② 조상설비
③ 변압기
④ 계기용 변성기

해설 제291조(전압 불평형에 의한 장해방지)
교류전기 철도에서는 단상부하를 사용하기 때문에 전압 불평형이 발생하기 쉽다. 이때 전압 불평형으로 인하여 전력기계 기구에 장해가 발생하게 되는 기기는 전기사업용 발전기, 조상설비(조상기), 변압기이다.

086. 철재 물탱크에 전기부식방지 시설을 하였다. 수중에 시설하는 양극과 그 주위 1[m] 안에 있는 점과의 전위차는 몇 [V] 미만이며, 사용전압은 직류 몇 [V] 이하이어야 하는가?
① 전위차 : 5, 전압 : 30
② 전위차 : 10, 전압 : 60
③ 전위차 : 15, 전압 : 90
④ 전위차 : 20, 전압 : 120

해설 제263조(전기방식 시설)
철재 물탱크에 전기부식방지 시설을 하였다. 수중에 시설하는 양극과 그 주위 1[m] 안에 있는 점과의 전위차는 10[V] 미만이며, 사용전압은 직류 60[V] 이하이어야 한다.

087. 가로등, 경기장, 공장 등의 일반 조명을 위하여 시설하는 고압 방전등의 효율은 몇 [lm/W] 이상인가?
① 10
② 30
③ 50
④ 70

해설 제197조(점멸장치와 타임 스위치 등의 시설)
가로등, 경기장, 공장 등의 일반조명을 위하여 시설하는 고압 방전등의 효율은 70[lm/W] 이상이어야 한다.

정답 84.② 85.④ 86.② 87.④

088 특고압을 직접 저압으로 변성하는 변압기를 시설하여서는 안 되는 것은?

① 교류식 전기철도용 신호회로에 전기를 공급하기 위한 변압기
② 1차 전압이 22.9[kV]이고, 1차측과 2차측 권선이 혼촉한 경우에 자동적으로 전로로부터 차단되는 차단기가 설치된 변압기
③ 1차 전압 66[kV]의 변압기로서 1차측과 2차측 권선 사이에 제2종 접지공사를 한 금속제 혼촉방지판이 있는 변압기
④ 1차 전압이 22[kV]이고 △결선된 비접지 변압기로서 2차측 부하설비가 항상 일정하게 유지되는 변압기

해설 제33조(특별고압을 저압으로 변성하는 변압기의 시설)
특별고압을 저압으로 변성하는 변압기의 시설방법은
① 교류식 전기철도용 신호회로에 전기를 공급하기 위한 변압기
② 1차 전압이 22.9[kV]이고 1차측과 2차측 권선이 혼촉한 경우에 자동적으로 전로로부터 차단되는 차단기가 설치된 변압기
③ 1차 전압이 66[kV]인 변압기로서 1차측과 2차측 권선 사이에 제2종 접지공사를 한 금속제 혼촉방지판이 있는 변압기이다.

089 시가지에 시설하는 특고압 가공전선로용 지지물로 사용될 수 없는 것은? (단, 사용전압이 170[kV] 이하의 전선로인 경우이다.)

① 철근콘크리트주　　　② 목주
③ 철탑　　　　　　　④ 철주

해설 제118조(특별고압 가공전선로의 시가지 등에서의 시설제한)
시가지에 시설하는 특고압 가공전선로용 지지물에는 철주(강판 조립주는 제외), 철근콘크리트주, 철탑을 사용하여야 한다.

090 고압 이상의 전압조정기 내장권선을 이상전압으로부터 보호하기 위하여 특히 필요한 경우에는 그 권선에 제 몇 종 접지공사를 하여야 하는가?

① 제1종 접지공사
② 제2종 접지공사
③ 제3종 접지공사
④ 특별제3종 접지공사

해설 제30조(전로의 중성점 접지)
변압기의 안정권선, 유효권선이나 전압조정기의 내장권선을 고압 이상의 이상전압으로부터 보호하기 위해서 특히 필요한 경우에는 그 권선에 제1종 접지공사를 하여야 한다.

정답 88. ④　89. ②　90. ①

091 의료장소에서 전기설비 시설로 적합하지 않는 것은?

① 그룹 0 장소는 TN 또는 TT 접지계통 적용
② 의료 IT계통의 분전반은 의료장소의 내부 혹은 가까운 외부에 설치
③ 그룹 1 또는 그룹 2 의료장소의 수술 등, 내시경 조명등은 정전 시 0.5초 이내 비상전원 공급
④ 의료 IT계통의 누설전류 계측 시 10[mA]에 도달하면 표시 및 경보하도록 시설

> 제268조(의료실의 접지등의 시설)
> 의료장소에서 전기설비 시설로 적합한 것은
> ① 그룹 0장소는 TN 또는 TT 접지계통 적용
> ② 의료 IT계통의 분전반은 의료장소의 내부 혹은 가까운 외부에 설치한다.
> ③ 그룹 1 또는 그룹 2 의료장소의 수술등, 내시경 조명등은 정전 시 0.5초 이내 비상전원이 공급되어야 한다.

092 동일 지지물에 저압 가공전선(다중접지된 중성선은 제외)과 고압 가공전선을 시설하는 경우 저압 가공전선은?

① 고압 가공전선의 위로 하고 동일 완금류에 시설
② 고압 가공전선과 나란하게 하고 동일 완금류에 시설
③ 고압 가공전선의 아래로 하고 별개의 완금류에 시설
④ 고압 가공전선과 나란하게 하고 별개의 완금류에 시설

> 제87조, 제134조, 제135조(가공전선 등의 병가)
> 동일 지지물에 저압가공전선(다중 접지된 중성선은 제외)과 고압가공전선을 시설하는 경우 저압가공전선은 고압가공전선의 아래로 하고 별개의 완금류에 시설한다.

093 저·고압 가공전선과 가공약전류 전선 등을 동일 지지물에 시설하는 경우로 틀린 것은?

① 가공전선을 가공약전류 전선 등의 위로 하고 별개의 완금류에 시설할 것
② 전선로의 지지물로 사용하는 목주의 풍압하중에 대한 안전율은 1.5 이상일 것
③ 가공전선과 가공약전류 전선 등 사이의 이격거리는 저압과 고압 모두 75[cm] 이상일 것
④ 가공전선이 가공약전류 전선에 대하여 유도작용에 의한 통신상의 장해를 줄 우려가 있는 경우에는 가공전선을 적당한 거리에서 연가할 것

> 제104조, 제136조(가공전선과 가공약전류 전선 등의 공가)
> 저·고압 가공전선과 가공약전류 전선 등을 동일 지지물에 시설되는 경우로 옳은 것은?
> ① 가공전선을 가공약전류 전선 위로 하고 별개의 완금류에 시설할 것
> ② 전선로의 지지물로 사용하는 목주의 풍압하중에 대한 안전율은 1.5 이상일 것
> ③ 가공전선이 가공약전류 전선에 대하여 유도작용에 의한 통신상의 장해를 줄 우려가 있는 경우에는 가공전선을 적당한 거리에서 연가할 것

정답 91. ④ 92. ③ 93. ③

094 가공전선로의 지지물에 시설하는 지선으로 연선을 사용할 경우, 소선(素線)은 몇 가닥 이상이어야 하는가?

① 2   ② 3
③ 5   ④ 9

> 해설 제78조(지선의 시방세목 등 및 지주의 대용)
> 가공전선로의 지지물에 시설하는 지선으로 연선을 사용할 경우 소선은 3가닥 이상이어야 한다.

095 가공전선로의 지지물에 시설하는 통신선 또는 이에 직접 접속하는 가공통신선의 높이에 대한 설명으로 적합한 것은?

① 도로를 횡단하는 경우에는 지표상 5[m] 이상
② 철도 또는 궤도를 횡단하는 경우에는 레일면상 6.5[m] 이상
③ 횡단보도교 위에 시설하는 경우에는 그 노면상 3.5[m] 이상
④ 도로를 횡단하며 교통에 지장이 없는 경우에는 4.5[m] 이상

> 해설 제176조(가공통신선의 높이)
> 가공전선로의 지지물에 시설하는 통신선 또는 이에 직접 접속하는 가공통신선의 높이는 철도 또는 궤도를 횡단하는 경우에는 레일면상 6.5[m] 이상이어야 한다.

096 440[V]를 사용하는 전로의 절연저항은 몇 [MΩ] 이상인가?

① 0.1   ② 0.2
③ 0.3   ④ 0.4

> 해설 제16조(전로의 절연저항 및 절연내력)
> 440[V]를 사용하는 전로의 절연저항은 0.4[MΩ] 이상이어야 한다.

097 단상 2선식 220[V]로 공급하는 간선의 굵기를 결정할 때 근거가 되는 전류의 최소값은 몇 [A]인가? (단, 수용률 100[%], 전등 부하의 합계 5[A], 한 대의 정격전류 10[A]인 전열기 2[대], 정격전류 40[A]인 전동기 1[대]이다.)

① 55   ② 65
③ 75   ④ 130

> 해설 제195조(저압 옥내간선의 시설)
> 단상 2선식 220[V]로 공급하는 간선의 굵기를 결정할 때 근거가 되는 전류의 최소값은 5[A](전등 부하의 합계)+20[A](정격전류 10[A]인 전열기 2[대])+40×1.25(정격전류 40[A]인 전동기 1[대])=5+20+40×1.25=5+20+50=75[A]가 된다.

해답 94. ② 95. ② 96. ④ 97. ③

098 지중전선로를 직접 매설식에 의하여 차량 기타 중량물의 압력을 받을 우려가 있는 장소에 시설하는 경우 그 깊이는 몇 [m] 이상인가?

① 1
② 1.2
③ 1.5
④ 2

> 제151조(지중전선로의 시설)
> 지중전선로를 직접 매설식에 의하여 차량 기타 중량물의 압력을 받을 우려가 있는 장소에 시설하는 경우 그 깊이는 1.2[m] 이상이어야 한다.

099 전력용 콘덴서 또는 분로리액터의 내부에 고장 또는 과전류 및 과전압이 생긴 경우에 자동적으로 동작하여 전로로부터 자동차단하는 장치를 시설해야 하는 뱅크 용량은?

① 500[kVA]를 넘고 7,500[kVA] 미만
② 7,500[kVA]를 넘고 10,000[kVA] 미만
③ 10,000[kVA]를 넘고 15,000[kVA] 미만
④ 15,000[kVA] 이상

> 제53조~제56조(발전기, 변압기, 전력용 콘덴서, 조상기 등의 보호장치)
> 전력용 콘덴서 또는 분로 리액턴스의 내부고장 또는 과전류 및 과전압이 생긴 경우에 자동적으로 동작하여 전로로부터 자동차단하는 장치를 시설해야 하는 뱅크용량은 15,000[kVA] 이상이다.

100 제1종 특고압 보안공사로 시설하는 전선로의 지지물로 사용할 수 없는 것은?

① 철탑
② B종 철주
③ B종 철근콘크리트주
④ 목주

> 제89조, 제90조, 제139조(보안공사)
> 제1종 특고압 보안공사로 시설하는 전선로 지지물에는 B종 철주, B종 철근콘크리트주, 철탑을 사용하여야 한다.

98. ② 99. ④ 100. ④

전기기사

2016년도

전기기사	2016년 3월 6일 시행
전기기사	2016년 5월 8일 시행
전기기사	2016년 8월 21일 시행

01 전/기/자/기/학

001 송전선의 전류가 0.01초 사이에 10[kA] 변화될 때 이 송전선에 나란한 통신선에 유도되는 유도전압은 몇 [V]인가? (단, 송전선과 통신선 간의 상호유도계수는 0.3[mH]이다.)

① 30
② 3×10^2
③ 3×10^3
④ 3×10^4

해설 송전선에 나란한 통신선에 유도되는 유도전압

$V = M\dfrac{di}{dt} = 0.3 \times 10^{-3} \times \dfrac{10 \times 10^3}{0.01} = \dfrac{3}{0.01} = 3 \times 10^2[\text{V}]$ 가 된다.

002 전류가 흐르고 있는 도체와 직각 방향으로 자계를 가하게 되면 도체 측면에 정·부의 전하가 생기는 것을 무슨 효과라 하는가?

① 톰슨(Thomson) 효과
② 펠티에(Peltier) 효과
③ 제벡(Seebeck) 효과
④ 홀(Hall) 효과

해설 홀(Hall) 효과란 전류가 흐르고 있는 도체와 직각 방향으로 자계를 가하면 도체 측면에 정·부의 전하가 생기는 효과를 말한다. 이때 $V(\text{홀 전압}) = R_H \dfrac{IB}{t}[\text{V}]$ (단, t =도체나 반도체 두께, R_H =홀 계수이다.)

003 극판간격 $d[\text{m}]$, 면적 $S[\text{m}^2]$, 유전율 $\varepsilon[\text{F/m}]$이고, 정전용량이 $C[\text{F}]$인 평행판 콘덴서에 $v = V_m \sin\omega t[\text{V}]$의 전압을 가할 때의 변위전류[A]는?

① $\omega C V_m \cos\omega t$
② $C V_m \sin\omega t$
③ $-C V_m \sin\omega t$
④ $-\omega C V_m \cos\omega t$

 해설 D(전속밀도)$=\varepsilon E[\text{C/m}^2]$, C(정전용량)$=\dfrac{\varepsilon s}{d}[\text{F}]$, E(전계세기)$=\dfrac{V}{d}[\text{V/m}]$이다.

∴ 변위전류란 유전속(전속)밀도의 시간적인 변화에 의한 전류를 말한다. 즉 i_d(변위전류)$= S\dfrac{\partial D}{\partial t} = \varepsilon s \dfrac{\partial E}{\partial t} = \varepsilon s \dfrac{\partial}{\partial t} \dfrac{V_m}{d} \sin\omega t = \dfrac{\varepsilon s}{d} V_m \omega \cos\omega t = \omega C V_m \cos\omega t[\text{A}]$ 가 된다.

004 인덕턴스가 20[mH]인 코일에 흐르는 전류가 0.2초 동안에 2[A] 변화했다던 자기유도현상에 의해 코일에 유기되는 기전력은 몇 [V]인가?

① 0.1
② 0.2
③ 0.3
④ 0.4

해답 1.② 2.④ 3.① 4.②

해설 렌츠의 법칙에서 자기유도현상에 의해 코일에 유기되는 기전력

$$e = -N\frac{d\phi}{dt} = -L\frac{di}{dt} = -20 \times 10^{-3} \times \frac{0-2}{0-0.2} = -20 \times 10^{-3} \times 10 = |-0.2| = 0.2[V]$$ 가 된다.

005 한 변의 길이가 l[m]인 정삼각형 회로에 전류 I[A]가 흐르고 있을 때 삼각형 중심에서의 자계의 세기[AT/m]는?

① $\dfrac{\sqrt{2}\,I}{3\pi l}$ ② $\dfrac{9I}{\pi l}$

③ $\dfrac{2\sqrt{2}\,I}{3\pi l}$ ④ $\dfrac{9I}{2\pi l}$

해설 $\tan 60° = \sqrt{3} = \dfrac{l/2}{a}$

∴ $a = \dfrac{l}{2\sqrt{3}}$[m]이다.

유한직선도체로부터 a[m] 떨어진 점에 자계세기

$H_1 = \dfrac{I}{4\pi a}(\sin 60° + \sin 60°) = \dfrac{I}{4\pi a} \times 2\sin 60°$

$= \dfrac{I}{4\pi \times \dfrac{l}{2\sqrt{3}}} \times 2 \times \dfrac{\sqrt{3}}{2} = \dfrac{3I}{2\pi l}$[AT/m]이다.

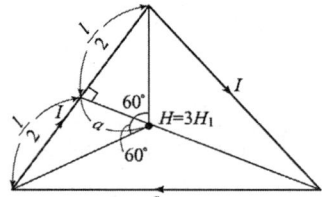

∴ 정3각형 중심에서의 자계세기 $H = 3H_1 = 3 \times \dfrac{3I}{2\pi l} = \dfrac{9I}{2\pi l}$[AT/m]가 된다.

006 변위전류밀도와 관계없는 것은?

① 전계의 세기   ② 유전율
③ 자계의 세기   ④ 전속밀도

해설 변위전류밀도란 유전속(전속)밀도의 시간적인 변화에 의한 전류를 말한다.

∴ i_d(변위전류밀도) $= \dfrac{\partial D}{\partial t} = \varepsilon \dfrac{\partial E}{\partial t} = \varepsilon \dfrac{\partial}{\partial t} \dfrac{V_m}{d} \sin \omega t = \dfrac{\varepsilon}{d} V_m \omega \cos \omega t$ [A/m²]로 변위전류 밀도와 관계가 있는 것은 D(전속밀도), ε(유전율), E(전계세기) 등이다.

007 벡터 $A = 5e^{-r}\cos\phi\, a_r - 5\cos\phi\, a_z$ 가 원통좌표계로 주어졌다. 점$(2, \dfrac{3\pi}{2}, 0)$에서의 $\nabla \times A$를 구하였다. a_z 방향의 계수는?

① 2.5   ② -2.5
③ 0.34   ④ -0.34

해답 5.④ 6.③ 7.④

해설 원통좌표계에서

$$\nabla \times A = \begin{vmatrix} a_r & a_\phi & a_z \\ \partial_r & r\partial_\phi & \partial_z \\ 5e^{-r}\cos\phi & 0 & -5\cos\phi \end{vmatrix}$$

$$= \frac{\partial}{r\partial_\phi}(-5\cos\phi - 0)a_r - \left(\frac{\partial}{\partial_r}(-5\cos\phi) - \frac{\partial}{\partial_z}(5e^{-5r}\cos\phi)\right)a_\phi$$

$$+ \left(0 - \frac{\partial}{r\partial_\phi}(5e^{-r}\cos\phi)\right)a_z = A_r a_r + A_\phi a_\phi + A_z a_z 에서$$

a_z 방향의 계수 $= -\frac{\partial}{r\partial_\phi}(5e^{-r}\cos\phi) = -\frac{5e^{-r}}{r}\frac{\partial}{\partial_\phi}\cos\phi$

$$= -\frac{5e^{-r}}{r}(-\sin\phi) = -\frac{5e^{-2}}{2}\left(-\sin\frac{3\pi}{2}\right) = -\frac{5}{2} \times \frac{1}{e^2}(-(-1))$$

$$= -\frac{5}{2} \times \frac{1}{(2.718)^2} = -\frac{5}{2} \times \frac{1}{7.3875} ≒ -0.34 이다.$$

008

대지면 높이 h[m]로 평행하게 가설된 매우 긴 선전하(선전하밀도 λ[C/m])가 지면으로부터 받는 힘[N/m]은?

① h에 비례한다. ② h에 반비례한다.
③ h^2에 비례한다. ④ h^2에 반비례한다.

해설
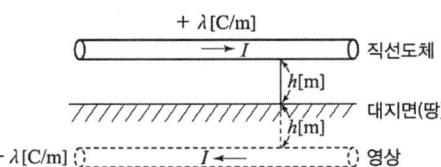

전기 영상법에서 긴 직선 선전하밀도 λ[C/m]에 대한 영상 선전하밀도는 $-λ$[C/m]이다.

∴ $-λ$[C/m]로부터 $2h$[m] 떨어진 점에 전계세기는 가우스 정리에서 $E = \frac{-\lambda}{2\pi\varepsilon(2h)}$ [V/m]이다.

∴ 긴 직선 전하밀도 λ[C/m]가 지면으로부터 받는 힘 $F = \lambda E = \lambda \times \frac{-\lambda}{2\pi\varepsilon(2h)}$

$= -\frac{\lambda^2}{4\pi\varepsilon h} ≒ \frac{1}{h}$ [V/m]로서 힘은 대지면의 높이 h에 반비례한다.

009

비투자율 800, 원형단면적 10[cm²], 평균자로의 길이 30[cm]인 환상철심에 600회의 권선을 감은 코일이 있다. 여기에 1[A]의 전류가 흐를 때 코일 내에 생기는 자속은 약 몇 [Wb]인가?

① 1×10^{-3} ② 1×10^{-4}
③ 2×10^{-3} ④ 2×10^{-4}

정답 8.② 9.③

예) 환상철심에 기자력 $F=NI=R\phi$[AT]
코일 내에 생기는 자속

$$\phi = \frac{NI}{R} = \frac{NI}{\frac{l}{\mu s}} = \frac{\mu_o \mu_s SNI}{l} = \frac{4\pi \times 10^{-7} \times 800 \times 10^{-4} \times 600 \times 1}{30 \times 10^{-2}}$$

$$= \frac{12.56 \times 48 \times 10^{-6}}{0.3} ≒ 200 \times 10^{-5} ≒ 2 \times 10^{-3} [\text{Wb}] \text{가 된다.}$$

010

내부저항이 $r[\Omega]$인 전지 M개를 병렬로 연결했을 때, 전지로부터 최대전력을 공급받기 위한 부하저항$[\Omega]$은?

① $\frac{r}{M}$ ② Mr ③ r ④ $M^2 r$

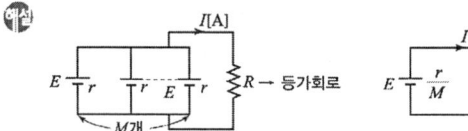

등가회로에서 R(부하저항)을 가변해서 부하에 최대전력 전송조건은
내부저항의 크기 $\left(\frac{r}{M}\right)$ = 부하저항의 크기(R)이다.

∴ $R = \frac{r}{M}$ 일 때다.

이때의 최대전력 $P_{max} = I^2 R = \left(\frac{E}{\frac{r}{M}+R}\right)^2 \times R = \left(\frac{E}{2R}\right)^2 \times R = \frac{E^2}{4R}$[W]가 된다.

011

서로 멀리 떨어져 있는 두 도체를 각각 $V_1[V]$, $V_2[V]$ ($V_1 > V_2$)의 전위로 충전한 후 가느다란 도선으로 연결하였을 때 그 도선에 흐르는 전하 $Q[C]$는? (단, C_1, C_2는 두 도체의 정전용량이다.)

① $\frac{C_1 C_2 (V_1 - V_2)}{C_1 + C_2}$ ② $\frac{2 C_1 C_2 (V_1 - V_2)}{C_1 + C_2}$

③ $\frac{C_1 C_2 (V_1 - V_2)}{2(C_1 + C_2)}$ ④ $\frac{2(C_1 V_1 - C_2 - V_2)}{C_1 C_2}$

처음 두 도체의 전하 $Q_1 = C_1 V_1$[C], $Q_2 = C_2 V_2$[C] … ①
병렬연결 후 V(일정)의 두 도체 전하 $Q_1' = C_1 V$[C], $Q_2' = C_2 V$[C] … ②

①=②에서 $C_1 V_1 + C_2 V_2 = C_1 V + C_2 V = (C_1 + C_2) \times V$, $V = \frac{C_1 V_1 + C_2 V_2}{C_1 + C_2}$[V]이다.

∴ 도선에 흐르는 전하 $Q = Q_1 - Q_1' = C_1 V_1 - C_1 V = C_1 V_1 - C_1 \times \frac{C_1 V_1 + C_2 V_2}{C_1 + C_2}$

$= \frac{C_1^2 V_1 + C_1 C_2 V_1 - C_1^2 V_1 - C_1 C_2 V_2}{C_1 + C_2} = \frac{C_1 C_2 V_1 - C_1 C_2 V_2}{C_1 + C_2} = \frac{C_1 C_2 (V_1 - V_2)}{C_1 + C_2}$[C]이 된다.

10. ①   11. ①

012 자속밀도가 10[Wb/m²]인 자계 내에 길이 4[cm]의 도체를 자계와 직각으로 놓고 이 도체를 0.4초 동안 1[m]씩 균일하게 이동하였을 때 발생하는 기전력은 몇 [V]인가?

① 1 ② 2
③ 3 ④ 4

플레밍의 왼손법칙에서 도체에 발생되는 기전력
$e = Blv\sin 90° = Blv \times 1 = Bl \times \dfrac{d}{t} \times 1 = 10 \times 4 \times 10^{-2} \times \dfrac{1}{0.4} = 10 \times 0.1 = 1[V]$가 된다.

013 반지름이 3[m]인 구에 공간전하밀도가 1[C/m³]가 분포되어 있을 경우 구의 중심으로부터 1[m]인 곳의 전위는 몇 [V]인가?

① $\dfrac{1}{2\varepsilon_o}$ ② $\dfrac{1}{3\varepsilon_o}$
③ $\dfrac{1}{4\varepsilon_o}$ ④ $\dfrac{1}{5\varepsilon_o}$

구의 중심으로부터 x, y, z 방향 1[m]인 곳의 전위를 V라면 라플라스 방정식의 차분근사법에서

$\dfrac{\partial^2 V}{\partial x^2} = \left(\dfrac{\left(\dfrac{\partial V}{\partial x}\right)_o - \left(\dfrac{\partial V}{\partial x}\right)_a}{l}\right) \fallingdotseq \dfrac{0-V}{l} = -\dfrac{V}{1}$ ⋯ ①

$\dfrac{\partial^2 V}{\partial y^2} = \left(\dfrac{\left(\dfrac{\partial V}{\partial y}\right)_o - \left(\dfrac{\partial V}{\partial y}\right)_b}{l}\right) \fallingdotseq \dfrac{0-V}{l} = \dfrac{-V}{1}$ ⋯ ②

$\dfrac{\partial^2 V}{\partial z^2} = \left(\dfrac{\left(\dfrac{\partial V}{\partial z}\right)_o - \left(\dfrac{\partial V}{\partial z}\right)_c}{l}\right) \fallingdotseq \dfrac{0-V}{l} = -\dfrac{V}{1}$ ⋯ ③

∴ 구의 중심으로부터 1[m]인 곳의 전위 V는 차분근사법의 라플라스 방정식으로 표시하면 $\nabla^2 V = -\dfrac{\rho}{\varepsilon_o}$ 이다.

∴ ①+②+③식에서 $\nabla^2 V = \dfrac{\partial^2 V}{\partial x^2} + \dfrac{\partial^2 V}{\partial y^2} + \dfrac{\partial^2 V}{\partial z^2} = -\left(\dfrac{V}{1} + \dfrac{V}{1} + \dfrac{V}{1}\right) = -\dfrac{3V}{1} = -\dfrac{\rho}{\varepsilon_o}$ 이다.

∴ $3V = \dfrac{\rho}{\varepsilon_o}$ 에서 V(전위) $= \dfrac{1}{3\varepsilon_o}$[V]가 된다.

014 한 변의 길이가 3[m]인 정삼각형의 회로에 2[A]의 전류가 흐를 때 정삼각형 중심에서의 자계의 크기는 몇 [AT/m]인가?

① $\dfrac{1}{\pi}$ ② $\dfrac{2}{\pi}$
③ $\dfrac{3}{\pi}$ ④ $\dfrac{4}{\pi}$

해답 12. ① 13. ② 14. ③

문제 5번과 동일한 문제다.

∴ 유한 직선도체로부터 $a=\dfrac{l}{2\sqrt{3}}$ [m] 떨어진 점 정3각형 중심에 자계

$$H_1 = \dfrac{I}{4\pi a}(\sin 60° + \sin 60°) = \dfrac{I}{4\pi \times \dfrac{l}{2\sqrt{3}}} \times 2 \times \sin 60°$$

$$= \dfrac{I}{4\pi \times \dfrac{l}{2\sqrt{3}}} \times 2 \times \dfrac{\sqrt{3}}{2} = \dfrac{3I}{2\pi l} \text{[AT/m]이다.}$$

∴ 정3각형 중심에서의 자계 크기

$$H = 3H_1 = 3 \times \dfrac{3I}{2\pi l} = \dfrac{9I}{2\pi l} = \dfrac{9 \times 2}{2\pi \times 3} = \dfrac{3}{\pi} \text{[AT/m]가 된다.}$$

015
전선을 균일하게 2배의 길이로 당겨 늘였을 때 전선의 체적이 불변이라면 저항은 몇 배가 되는가?

① 2 ② 4
③ 6 ④ 8

V(전선의 체적) $= s \cdot l = 1$(불변)

① s(전선 단면적), l(전선 길이), ρ(전선 고유저항)일 때
처음 전기저항 $R = \rho\dfrac{l}{s} ≒ \dfrac{l}{s}$ [Ω] ⋯ ①

② $l_1 = 2l$일 때 V(체적) 불변이면 $s_1 = \dfrac{s}{2}$이다.

∴ 전기저항 $R_1 = \rho\dfrac{l_1}{s_1} ≒ \dfrac{l_1}{s_1} = \dfrac{2l}{\dfrac{s}{2}} ≒ 4\dfrac{l}{s} ≒ 4R$ [Ω]이다.

즉, 전선 길이가 2배일 때 전기저항은 처음의 4배가 된다.

016
반지름 a[m]인 구 대칭전하에 의한 구 내외의 전계의 세기에 해당되는 것은?

①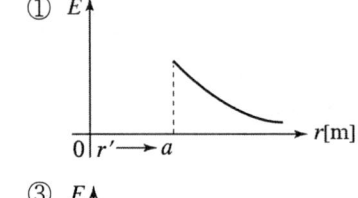
②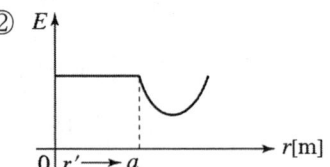
③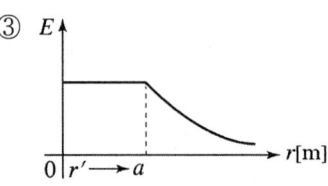
④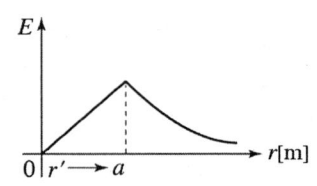

해답 15. ② 16. ④

해설 구 대칭전하에 의한 구 내외의 전계세기는

① 구 내부의 전계세기 $E=\dfrac{Q}{4\pi\varepsilon a^2}$[V/m]이다.

  ㉠ 반지름 $a=0$, 전하 $Q=0$이면 $E=0$[V/m]이다.

  ㉡ $a=$증가하면 $Q=$증가로 $E=\dfrac{Q}{4\pi\varepsilon a^2}$[V/m]로 증가한다.

  ㉢ a(구 반지름)이면 $Q_{\max}$(표면전하)로 $E_{\max}=\dfrac{Q_{\max}}{4\pi\varepsilon a^2}$[V/m]로서 최대 전계세기가 된다.

② 구 외부의 전계세기는 r(외부거리) 증가 시 $Q_{\max}$(구 표면전하)는 일정하다.

  ∴ 구 외부의 전계세기 $E=\dfrac{Q_{\max}}{4\pi\varepsilon_o r^2}≒\dfrac{1}{r^2}$[V/m]로서 거리 r^2[m]에 반비례하여 감소된다.

③ 구 대칭전하에 의한 구 내외 전계세기는

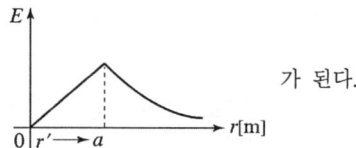

가 된다.

017 무한히 넓은 평면 자성체의 앞 a[m] 거리의 경계면에 평행하게 무한히 긴 직선전류 I[A]가 흐를 때, 단위 길이당 작용력은 몇 [N/m]인가?

① $\dfrac{\mu_o}{4\pi a}\left(\dfrac{\mu+\mu_o}{\mu-\mu_o}\right)I^2$
② $\dfrac{\mu_o}{2\pi a}\left(\dfrac{\mu+\mu_o}{\mu-\mu_o}\right)I^2$
③ $\dfrac{\mu_o}{4\pi a}\left(\dfrac{\mu-\mu_o}{\mu+\mu_o}\right)I^2$
④ $\dfrac{\mu_o}{2\pi a}\left(\dfrac{\mu-\mu_o}{\mu+\mu_o}\right)I^2$

해설

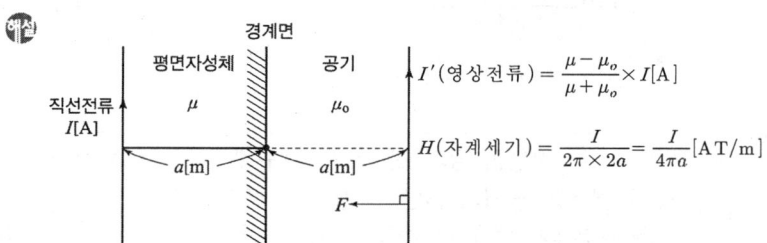

∴ 전기 영상법에서 무한히 긴 직선전류 I[A]에 대한 영상전류 $I'=\dfrac{\mu-\mu_o}{\mu+\mu_o}\times I$[A]이다.

또한 무한히 긴 직선전류 I[A]로부터 $2a$[m] 떨어진 점에 자계세기는 앙페르의 주회적분 법칙에서 H(자계세기)$=\dfrac{I}{2\pi\times 2a}=\dfrac{I}{4\pi a}$[AT/m]이다.

∴ 무한히 긴 직선전류 단위길이당의 작용력은 플레밍의 왼손법칙에서

F(작용력)$=I'\times Bl\sin 90°=I'\times \mu_o H\times 1=I'\times\dfrac{\mu_o I}{4\pi a}=\dfrac{\mu_o}{4\pi a}\left(\dfrac{\mu-\mu_o}{\mu+\mu_o}\right)I^2$[N/m²]가 된다.

정답 17. ③

018 전기쌍극자에 관한 설명으로 틀린 것은?
① 전계의 세기는 거리의 세제곱에 반비례한다.
② 전계의 세기는 주위 매질에 따라 달라진다.
③ 전계의 세기는 쌍극자 모멘트에 비례한다.
④ 쌍극자의 전위는 거리에 반비례한다.

$M = Ql[C \cdot m]$인 전기쌍극자의 중심으로부터
임의의 거리 $r[m]$ 떨어진 점의 전위 $V = \dfrac{Ql\cos\theta}{4\pi\varepsilon r^2} = \dfrac{M\cos\theta}{4\pi\varepsilon r^2}[V]$이고,

$E(전계세기) = \sqrt{E_r^2 + E_\theta^2} = \dfrac{M}{4\pi\varepsilon r^3}\sqrt{1+3\cos^2\theta} ≒ \dfrac{1}{r^3}[V/m]$이다.

∴ 전기쌍극자에 관한 올바른 설명은?
① 전계의 세기는 거리의 세제곱에 반비례한다.
② 전계의 세기는 주위 매질에 따라 달라진다.
③ 전계의 세기는 M(전기쌍극자 모멘트)에 비례한다.

019 그림과 같이 공기 중에서 무한평면도체의 표면으로부터 2[m]인 곳에 점전하 4[C]이 있다. 전하가 받는 힘은 몇 [N]인가?
① 3×10^9
② 9×10^9
③ 1.2×10^{10}
④ 3.6×10^{10}

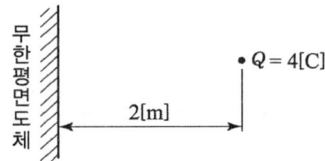

전기영상법에서 무한평면도체로부터 2[m]인 곳에 있는 $Q = 4[C]$에 대한 영상전하는 $-Q[C]$이다. ∴ $Q = 4[C]$가 받는 힘은 쿨롱의 법칙에서

$F(힘) = \dfrac{Q \times (-Q)}{4\pi\varepsilon_o(2)^2} = \dfrac{4 \times (-4)}{16\pi\varepsilon_o} = -\dfrac{1}{\pi\varepsilon_o} = -\dfrac{1}{\pi \times \dfrac{1}{36\pi \times 10^9}} = |36 \times 10^9|$

$= 3.6 \times 10^{10}[N]$이 된다.

020 판 간격이 d인 평행판 공기콘덴서 중에 두께 t이고, 비유전율이 ε_s인 유전체를 삽입하였을 경우에 공기의 절연파괴를 발생하지 않고 가할 수 있는 판 간의 전위차는? (단, 유전체가 없을 때 가할 수 있는 전압을 V라 하고 공기의 절연내력은 E_o라 한다.)

① $V\left(1 - \dfrac{t}{\varepsilon_s d}\right)$
② $\dfrac{Vt}{d}\left(1 - \dfrac{1}{\varepsilon_s}\right)$
③ $V\left(1 + \dfrac{t}{\varepsilon_s d}\right)$
④ $V\left(1 - \dfrac{t}{d}\left(1 - \dfrac{1}{\varepsilon_s}\right)\right)$

해답 18. ④ 19. ② 20. ④

해설 $V = E_o d$[V]의 평행판 공기콘덴서에 그림과 같은 유전체를 삽입하면 $\varepsilon_s = \dfrac{E_o}{E}$, $V_1 = Et$[V], $V_2 = E_o(d-t)$[V]이다.

∴ V(판 간의 전위차) $= V_1 + V_2 = Et + E_o(d-t)$
$= \dfrac{E_o t}{\varepsilon_s} + E_o(d-t) = E_o\left(\dfrac{t}{\varepsilon_s} + d - t\right)$
$= \dfrac{V}{d}\left(d - t + \dfrac{t}{\varepsilon_s}\right) = V\left(\dfrac{d}{d} - \dfrac{t}{d} + \dfrac{t}{d} \times \dfrac{1}{\varepsilon_s}\right)$
$= V\left(1 - \dfrac{t}{d}\left(1 - \dfrac{1}{\varepsilon_s}\right)\right)$[V]가 된다. (단, V(평행판 공기콘덴서에 전압) $= E_o d$[V]이다.)

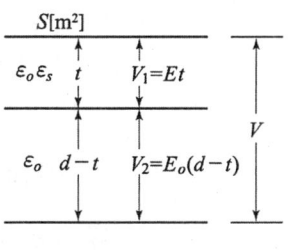

02 전/력/공/학

021 150[kVA] 단상변압기 3대를 △-△ 결선으로 사용하다가 1대의 고장으로 V-V결선하여 사용하면 약 몇 [kVA] 부하까지 걸 수 있겠는가?

① 200 ② 220
③ 240 ④ 260

해설 단상변압기 용량 $P_a = VI = 150$[kVA], △-△ 결선으로 사용하다가 1대의 고장으로 V-V결선 사용할 때의 용량은 $\sqrt{3}\,VI = \sqrt{3} \times 150 ≒ 260$[kVA] 부하까지 걸 수 있다.

022 송전계통의 안정도를 증진시키는 방법이 아닌 것은?

① 전압변동을 적게 한다.   ② 제동저항기를 설치한다.
③ 직렬리액턴스를 크게 한다. ④ 중간조상기방식을 채용한다.

해설 송전계통의 안정도를 증진시키는 방법은?
① 전압변동을 적게 한다.
② 제동저항기를 설치한다.
③ 중간조상기방식을 채용한다.
④ 직렬리액턴스를 적게 한다.

023 연간 전력량이 E[kWh]이고, 연간 최대전력이 W[kW]인 연부하율은 몇 [%]인가?

① $\dfrac{E}{W} \times 100$ ② $\dfrac{\sqrt{3}\,W}{E} \times 100$
③ $\dfrac{8760\,W}{E} \times 100$ ④ $\dfrac{E}{8760\,W} \times 100$

해설 연부하율 $= \dfrac{\text{연 평균전력}}{\text{연 최대 수용전력}} \times 100 = \dfrac{E}{365 \times 24 \times W} \times 100 = \dfrac{E}{8760\,W} \times 100$[%]이다.

21. ④ 22. ③ 23. ④

024 차단기의 정격차단시간은?
① 고장 발생부터 소호까지의 시간
② 가동접촉자 시동부터 소호까지의 시간
③ 트립코일 여자부터 소호까지의 시간
④ 가동접촉자 개구부터 소호까지의 시간

해설 차단기의 정격차단시간이란 트립코일 여자부터 소호까지의 시간을 말한다.

025 3상 결선 변압기의 단상 운전에 의한 소손방지 목적으로 설치하는 계전기는?
① 단락 계전기　　② 결상 계전기
③ 지락 계전기　　④ 과전압 계전기

해설 결상 계전기는 3상 결선 변압기의 단상 운전에 의한 소손방지 목적으로 설치하는 계전기이다.

026 인터록(interlock)의 기능에 대한 설명으로 맞는 것은?
① 조작자의 의중에 따라 개폐되어야 한다.
② 차단기가 열려 있어야 단로기를 닫을 수 있다.
③ 차단기가 닫혀 있어야 단로기를 닫을 수 있다.
④ 차단기와 단로기를 별도로 닫고, 열 수 있어야 한다.

해설 인터록(interlock)은 자가발전 시 선로 변경장치로서 차단기가 열려 있어야 단로기를 닫을 수 있다. 또한 급전 시는 DS(단로기) → CB(차단기)순이고, 정전 시는 CB(차단기) → DS(단로기)순서이다.

027 그림과 같은 22[kV] 3상 3선식 전선로의 P점에 단락이 발생하였다면 3상 단락전류는 약 몇 [A]인가? (단, %리액턴스는 8[%]이며 저항분은 무시한다.)
① 6561
② 8560
③ 11364
④ 12684

22[kV]
20000[kVA]

해설 용량 $P_a = \sqrt{3} \, VI_n$ [kVA], I_n (정격전류) $= \dfrac{P_a}{\sqrt{3} \, V} = \dfrac{20000}{\sqrt{3} \times 22} = \dfrac{20000}{38.1062} ≒ 526$ [A]

∴ 3상 단락전류 $I_s = \dfrac{100}{\%X} \times I_n = \dfrac{100}{8} \times 526 ≒ 6561$ [A]이다.

정답 24.③　25.②　26.②　27.①

028 전력계통에서 내부 이상전압의 크기가 가장 큰 경우는?
① 유도성 소전류 차단 시
② 수차발전기의 부하 차단 시
③ 무부하 선로 충전전류 차단 시
④ 송전선로의 부하 차단기 투입 시

해설 무부하 선로 충전전류 차단 시는 전력계통에서 내부 이상전압의 크기가 가장 큰 경우이다.

029 화력발전소에서 재열기의 목적은?
① 급수예열
② 석탄건조
③ 공기예열
④ 증기가열

해설 화력발전소에서 재열기의 설치목적은 증기의 습도증가에 따라 터빈 내에서의 손실과 부식 등을 방지하기 위해서 터빈 팽창도중의 습도상태의 증기를 재열기에 의해서 등압재가열하는 것이다. ∴ 재열기의 설치목적은 증기가열이다.

030 송전선로의 각 상전압이 평형되어 있을 때 3상 1회선 송전선의 작용정전용량 [$\mu F/km$]을 옳게 나타낸 것은? (단, r은 도체의 반지름[m], D는 도체의 등가선간 거리[m]이다.)

① $\dfrac{0.02413}{\log_{10}\dfrac{D}{r}}$
② $\dfrac{0.2413}{\log_{10}\dfrac{D}{r}}$
③ $\dfrac{0.02413}{\log_{10}\dfrac{D^2}{r}}$
④ $\dfrac{0.2413}{\log_{10}\dfrac{D^2}{r}}$

해설 3상 1회선의 작용정전용량
$C = C_s$(대지정전용량)$+ 3C_m$(선간정전용량)
$= \dfrac{\lambda}{V} = \dfrac{\lambda}{-\int_{d-r}^{r} E dr} = \dfrac{\lambda}{\dfrac{\lambda}{2\pi\varepsilon_o}\ln\dfrac{D}{r}} = \dfrac{2\pi\varepsilon_o}{2.3026\log_{10}\dfrac{D}{r}} = \dfrac{0.02413}{\log_{10}\dfrac{D}{r}}[\mu F/km]$ 가 된다.

031 플리커 경감을 위한 전력공급 측의 방안이 아닌 것은?
① 공급전압을 낮춘다.
② 전용 변압기로 공급한다.
③ 단독 공급 계통을 구성한다.
④ 단락용량이 큰 계통에서 공급한다.

해설 플리커(전등, 소등 반복현상) 경감을 위한 전력공급 측의 방안은?
① 전용 변압기로 전력을 공급한다.
② 단독 전력공급 계통을 구성한다.
③ 단락용량이 큰 계통에서 전력을 공급한다.

정답 28. ③ 29. ④ 30. ① 31. ①

032 송전선로에서 송전전력, 거리, 전력손실률과 전선의 밀도가 일정하다고 할 때, 전선 단면적 $A[\text{mm}^2]$는 전압 $V[\text{V}]$와 어떤 관계에 있는가?

① V에 비례한다.
② V^2에 비례한다.
③ $\dfrac{1}{V}$에 비례한다.
④ $\dfrac{1}{V^2}$에 비례한다.

해설 $P(송전전력) = \sqrt{3}\,VI\cos\theta[\text{W}]$, $I(선전류) = \dfrac{P}{\sqrt{3}\,V\cos\theta}[\text{A}]$

$P_l(손실전력) = 3I^2R = 3\left(\dfrac{P}{\sqrt{3}\,V\cos\theta}\right)^2 \times R = \dfrac{P^2}{V^2\cos^2\theta} \times \rho\dfrac{l}{s}[\text{W}]$

$k(전력손실률) = \dfrac{P_l}{P} = \dfrac{1}{P} \times \dfrac{P^2\rho l}{V^2\cos^2\theta \times s} = \dfrac{P\rho l}{V^2\cos^2\theta \times s}$ 에서

$s(전선의 단면적) = \dfrac{P\rho l}{V^2\cos^2\theta \times k} \fallingdotseq \dfrac{1}{V^2}[\text{mm}^2]$ 이다.

즉, 전선의 단면적 s는 $\dfrac{1}{V^2}$에 비례한다.

033 동기조상기에 관한 설명으로 틀린 것은?

① 동기전동기의 V특성을 이용하는 설비이다.
② 동기전동기를 부족여자로 하여 컨덕턴스로 사용한다.
③ 동기전동기를 과여자로 하여 콘덴서로 사용한다.
④ 송전계통의 전압을 일정하게 유지하기 위한 설비이다.

해설 동기조상기에 올바른 설명은?
① 동기전동기의 V특성을 이용하는 설비이다.
② 동기전동기를 과여자로 하여 콘덴서로 사용한다.
③ 송전계통의 전압을 일정하게 유지하기 위한 설비이다.

034 비등수형 원자로의 특색이 아닌 것은?

① 열교환기가 필요하다.
② 기포에 의한 자기 제어성이 있다.
③ 방사능 때문에 증기는 완전히 기수분리를 해야 한다.
④ 순환펌프로서는 급수펌프뿐이므로 펌프동력이 작다.

해설 비등수형(BWR) 원자로의 특색은?
① 기포에 의한 자기 제어성이 있다.
② 방사능 때문에 증기는 완전히 기수분리를 해야 한다.
③ 순환펌프로서는 급수펌프뿐이므로 펌프동력이 작다.

정답 32. ④ 33. ② 34. ①

035 그림과 같은 단거리 배전선로의 송전단 전압 6600[V], 역률은 0.9이고, 수전단 전압 6100[V], 역률 0.8일 때 회로에 흐르는 전류 I[A]는? (단, E_s 및 E_r은 송·수전단 대지전압이며, $r = 20[\Omega]$, $x = 10[\Omega]$이다.)

① 20
② 35
③ 53
④ 65

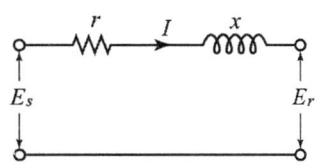

해설 직렬 회로이므로 I(전류) 일정이며,

손실전력 $P_l = I^2 r = P_S$(송전단 전력) $- P_R$(수전단 전력)
$= E_S I \cos\theta_S - E_R I \cos\theta_R = I(E_S \cos\theta_S - E_R \cos\theta_R)$에서

$I^2 r = I(E_S \cos\theta_S - E_R \cos\theta_R)$

∴ I(회로에 흐르는 전류) $= \dfrac{E_S \cos\theta_S - E_R \cos\theta_R}{r} = \dfrac{6600 \times 0.9 - 6100 \times 0.8}{20}$

$= \dfrac{5940 - 4880}{20} = \dfrac{1060}{20} = 53$[A]가 된다.

036 피뢰기의 제한전압이란?

① 충격파의 방전개시전압
② 상용주파수의 방전개시전압
③ 전류가 흐르고 있을 때의 단자전압
④ 피뢰기 동작 중 단자전압의 파고값

해설 피뢰기의 제한전압이란?
충격파 전류가 흐르고 있을 때의 피뢰기 단자전압이다. 즉, 피뢰기 동작 중 단자전압의 파고값을 말한다.

037 단락용량 5000[MVA]인 모선의 전압이 154[kV]라면 등가 모선 임피던스는 약 몇 [Ω]인가?

① 2.54
② 4.74
③ 6.34
④ 8.24

해설 P_s(단락용량) $= VI_s$[MVA], I_s(단락전류) $= \dfrac{P_s}{V}$[A]이다.

∴ I_s(단락전류) $= \dfrac{\text{모선의 전압[V]}}{\text{등가 모선 임피던스}[Z]}$[A]에서

Z(등가 모선 임피던스) $= \dfrac{V}{I_s} = \dfrac{V}{\dfrac{P_s}{V}} = \dfrac{V^2}{P_s} = \dfrac{(154)^2 \times 10^6}{5000 \times 10^6} = \dfrac{23176}{5000} ≒ 4.74[\Omega]$이다.

정답 35. ③ 36. ④ 37. ②

038 피뢰기가 그 역할을 잘 하기 위하여 구비되어야 할 조건으로 틀린 것은?
① 속류를 차단할 것
② 내구력이 높을 것
③ 충격방전 개시전압이 낮을 것
④ 제한전압은 피뢰기의 정격전압과 같게 할 것

피뢰기의 구비조건은
① 속류를 차단할 것
② 내구력이 높을 것
③ 충격방전 개시전압이 낮을 것 등이다.

039 저압배전선로에 대한 설명으로 틀린 것은?
① 저압 뱅킹 방식은 전압변동을 경감할 수 있다.
② 밸런서(balancer)는 단상 2선식에 필요하다.
③ 배전선로의 부하율이 F일 때 손실계수는 F와 F^2의 중간 값이다.
④ 수용률이란 최대 수용전력을 설비용량으로 나눈 값을 퍼센트로 나타낸 것이다.

저압배전선로에 대한 올바른 설명은?
① 저압 뱅킹 방식은 전압변동을 경감할 수 있다.
② 배전선로의 부하율이 F일 때 손실계수는 F와 F^2의 중간 값이다.
③ 수용률이란 최대 수용전력을 설비용량으로 나눈 값을 (%)퍼센트로 나타낸 것이다.

040 그림과 같은 전력계통의 154[kV] 송전선로에서 고장 지락 임피던스 Z_{gf}를 통해서 1선 지락고장이 발생되었을 때 고장점에서 본 영상 %임피던스는? (단, 그림에 표시한 임피던스는 모두 동일용량, 100[MVA] 기준으로 환산한 %임피던스임)

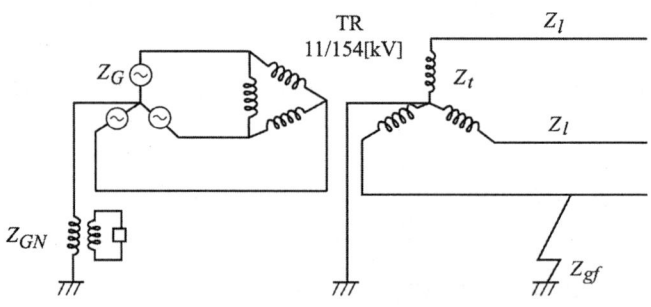

① $Z_0 = Z_l + Z_t + Z_G$
② $Z_0 = Z_l + Z_t + Z_{gf}$
③ $Z_0 = Z_l + Z_t + 3Z_{gf}$
④ $Z_0 = Z_l + Z_t + Z_{gf} + Z_G + Z_{GN}$

38. ④ 39. ② 40. ③

해설 영상 임피던스의 등가회로는

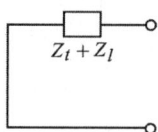

이다. ∴ Z_o(영상 임피던스)$= Z_t + Z_l + 3Z_{gf}[\Omega]$이다.

정상 임피던스와 역상 임피던스는 회전기가 아니므로 서로 같다.
즉, Z_1(정상 임피던스)$= Z_2$(역상 임피던스)$= Z_t + Z_l[\Omega]$이다.

03 전/기/기/기

[041] 정전압 계통에 접속된 동기발전기의 여자를 약하게 하면?
① 출력이 감소한다.   ② 전압이 강하한다.
③ 앞선 무효전류가 증가한다.   ④ 뒤진 무효전류가 증가한다.

해설 정전압 계통에 접속된 동기발전기의 여자를 약하게 하면 증자작용으로 앞선 무효전류가 증가한다. ∴ 단자전압을 매우 상승시킨다.

[042] 다이오드를 사용하는 정류회로에서 과대한 부하전류로 인하여 다이오드가 소손될 우려가 있을 때 가장 적절한 조치는 어느 것인가?
① 다이오드를 병렬로 추가한다.
② 다이오드를 직렬로 추가한다.
③ 다이오드 양단에 적당한 값의 저항을 추가한다.
④ 다이오드 양단에 적당한 값의 콘덴서를 추가한다.

해설 다이오드를 여러 개 직렬 연결(I= 일정)하면 과대전압으로부터 보호되고, 다이오드를 여러 개 병렬 연결(V= 일정)하면 과다전류로부터 보호된다.
∴ 다이오드를 사용하는 정류회로에서 과대부하 전류로 인하여 다이오드가 소손될 우려가 있을 때는 다이오드를 병렬로 추가한다. 그러면 소손이 방지된다.

[043] 직류 발전기의 외부 특성곡선에서 나타내는 관계로 옳은 것은?
① 계자전류와 단자전압   ② 계자전류와 부하전류
③ 부하전류와 단자전압   ④ 부하전류와 유기기전력

정답 41. ③   42. ①   43. ③

2016년 3월 6일 시행

해설 직류 발전기에서 외부 특성곡선은 부하전류(I)와 단자전압(V)의 관계곡선을 말한다. 또한 무부하 특성곡선은 부하전류(I)와 기전력(E)의 관계곡선을 말한다.

044 직류기의 전기자 반작용에 의한 영향이 아닌 것은?
① 자속이 감소하므로 유기기전력이 감소한다.
② 발전기의 경우 회전 방향으로 기하학적 중성축이 형성된다.
③ 전동기의 경우 회전 방향과 반대 방향으로 기하학적 중성축이 형성된다.
④ 브러시에 의해 단락된 코일에는 기전력이 발생하므로 브러시 사이의 유기기전력이 증가한다.

해설 직류기의 전기자 반작용에 의한 영향으로 옳은 것은?
① 자속이 감소하므로 유기기전력이 감소한다.
② 발전기의 경우 회전 방향으로 기하학적 중성축이 형성된다.
③ 전동기의 경우 회전 방향과 반대 방향으로 기하학적 중성축이 형성된다.

045 어떤 정류기의 부하 전압이 2000[V]이고 맥동률이 3[%]이면 교류분의 진폭[V]은?
① 20 ② 30
③ 50 ④ 60

해설 γ(맥동률)이란 직류(DC)에 교류(AC)가 포함된 율로서
$$\gamma(맥동률) = \frac{교류(AC)의 최대치 전압}{직류(DC)에 평균치 전압} \times 100$$
∴ 교류분의 진폭(최대치)전압 = 맥동률 × 정류기(직류)의 부하전압
= 0.03 × 2000 = 60[V] 이다.

046 3상 3300[V], 100[kVA]의 동기발전기의 정격전류는 약 몇 [A]인가?
① 17.5 ② 25
③ 30.3 ④ 33.3

해설 3상 동기발전기의 용량 $P_a = \sqrt{3}\,VI$[VA]
∴ 동기발전기 정격전류 $I = \dfrac{P_a}{\sqrt{3}\,V} = \dfrac{100 \times 10^3}{\sqrt{3} \times 3300} ≒ 17.5$[A] 이다.

047 4극 3상 유도전동기가 있다. 전원전압 200[V]로 전부하를 걸었을 때 전류는 21.5[A]이다. 이 전동기의 출력은 약 몇 [W]인가? (단, 전부하 역률 86[%], 효율 85[%]이다.)
① 5029 ② 5444
③ 5820 ④ 6103

해답 44. ④ 45. ④ 46. ① 47. ②

해설 3상 유도전동기의 효율 $\eta = \dfrac{P_o(출력)}{P_i(입력)} \times 100$

∴ 3상 유도전동기의 출력
$P_o = \eta \times 3상\ 유도전동기\ 입력 = \sqrt{3}\,VI\cos\theta \times \eta = \sqrt{3} \times 200 \times 21.5 \times 0.86 \times 0.85$
≒ 5444[W]가 된다.

048
변압비 3000/100[V]인 단상 변압기 2대의 고압 측을 그림과 같이 직렬로 3300[V] 전원에 연결하고, 저압 측에 각각 5[Ω], 7[Ω]의 저항을 접속하였을 때, 고압 측의 단자전압 E_1은 약 몇 [V]인가?

① 471
② 660
③ 1375
④ 1925

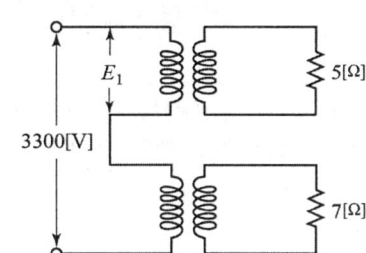

해설 변압비 $a = \dfrac{V_1}{V_2} = \dfrac{N_1}{N_2} = \dfrac{I_2}{I_1} = \dfrac{3000}{100} = 30$

$a^2 = \dfrac{V_1}{V_2} \times \dfrac{I_2}{I_1} = \dfrac{I_2}{V_2} \times \dfrac{V_1}{I_1} = \dfrac{R_i}{R_o}$ 이다.

∴ R_i(입력저항) $= a^2 R_o[\Omega]$이다.

단상 변압기 2대 각각에 입력저항을 R_1, R_2라면
$R_1 = a^2 \times R_o = a^2 \times 5 = (30)^2 \times 5 = 4500[\Omega]$
$R_2 = a^2 R_o = a^2 \times 7 = (30)^2 \times 7 = 6300[\Omega]$가 직렬 연결되어 있으므로

회로전류 $I = \dfrac{V}{R_1 + R_2} = \dfrac{3300}{4500 + 6300} = \dfrac{3300}{10800}[A]$

∴ 고압 측의 단자전압 $E_1 = I \times R_1 = \dfrac{3300}{10800} \times 4500 = \dfrac{148500}{108} = 1375[V]$가 된다.

049
교류기에서 유기기전력의 특정 고조파분을 제거하고 또 권선을 절약하기 위하여 자주 사용되는 권선법은?

① 전절권
② 분포권
③ 집중권
④ 단절권

해설 단절권은 코일피치(간격)와 자극피치(간격)가 같지 않는 권선법으로 교류기에서 유기기전력의 특정 고조파분을 제거하고, 또 권선을 절약하기 위하여 자주 사용되는 권선법이다.

정답 48. ③ 49. ④

050 12극의 3상 동기발전기가 있다. 기계각 15°에 대응하는 전기각은?
① 30 ② 45
③ 60 ④ 90

해설 기계각 15°는 $\dfrac{\pi}{12}$이다. 고정자 홈수(총 slot수) $= \dfrac{2\pi}{\dfrac{\pi}{12}} = 24$이다.

∴ 기계각 15°에 대응하는 전기각
$\alpha = 180 \times \dfrac{P(극수)}{Z(총\ slot수)} = 180 \times \dfrac{12}{24} = \dfrac{180}{2} = 90°$ 이다.

051 4극, 60[Hz]의 유도전동기가 슬립 5[%]로 전부하 운전하고 있을 때 2차 권선의 손실이 94.25[W]라고 하면 토크는 약 몇 [N·m]인가?
① 1.02 ② 2.04
③ 10.0 ④ 20.0

해설 N_s(동기속도) $= \dfrac{120f}{P} = \dfrac{120 \times 60}{4} = 1800[\text{rpm}]$

P_{c2}(2차 권선의 손실) $= sP_2$

P_2(2차 입력) $= \dfrac{P_{c2}}{s} = \dfrac{94.25}{0.05} = 1885 = \omega_s T$

∴ T(토크) $= \dfrac{P_2}{\omega_s} = \dfrac{P_2}{2\pi \times \dfrac{N_s}{60}} = \dfrac{1885}{2\pi \dfrac{1800}{60}} \fallingdotseq 10[\text{N·m}]$

052 단상 변압기에 정현파 유기기전력을 유기하기 위한 여자전류의 파형은?
① 정현파 ② 삼각파
③ 왜형파 ④ 구형파

해설 단상 변압기에 정현파 유기기전력을 유기하기 위한 여자전류의 파형은 직류파+기본파+고조파의 합성인 왜형파(일그러진파)이다.

053 회전형 전동기와 선형 전동기(Linear motor)를 비교한 설명 중 틀린 것은?
① 선형의 경우 회전형에 비해 공극의 크기가 작다.
② 선형의 경우 직접적으로 직선운동을 얻을 수 있다.
③ 선형의 경우 회전형에 비해 부하관성의 영향이 크다.
④ 선형의 경우 전원의 상 순서를 바꾸어 이동방향을 변경한다.

정답 50. ④ 51. ③ 52. ③ 53. ①

예설 회전형 전동기와 선형 전동기를 비교한 설명 중 올바른 것은?
① 선형의 경우 직접적으로 직선운동을 얻을 수 있다.
② 선형의 경우 회전형에 비해 부하관성의 영향이 크다.
③ 선형의 경우 전원의 상 순서를 바꾸어 이동 방향을 변경한다.

054 변압기의 전일 효율이 최대가 되는 조건은?
① 하루 중의 무부하손의 합 = 하루 중의 부하손의 합
② 하루 중의 무부하손의 합 < 하루 중의 부하손의 합
③ 하루 중의 무부하손의 합 > 하루 중의 부하손의 합
④ 하루 중의 무부하손의 합 = 2×하루 중의 부하손의 합

예설 변압기의 전일 효율이 최대가 되는 조건은?
하루 중의 무부하손의 합 = 하루 중의 부하손의 합이다.
즉, $24P_i = \Sigma h P_c$
$\therefore P_i = \left(\Sigma \dfrac{h}{24}\right) \times P_c$ 이다.
이는 전부하 시간이 길수록 철손 P_i를 크게 하고 짧게 할수록 철손 P_i를 작게 한다.

055 유도전동기를 정격상태로 사용 중, 전압이 10[%] 상승하면 다음과 같은 특성의 변화가 있다. 틀린 것은? (단, 부하는 일정 토크라고 가정한다.)
① 슬립이 작아진다.
② 효율이 떨어진다.
③ 속도가 감소한다.
④ 히스테리시스손과 와류손이 증가한다.

예설 유도전동기 정격상태로 운전 중 전압만 10(%) 상승하면
① I_o(여자전류)$= \dfrac{V}{r}$(증가)
② P_i(철손)$= P_h + P_e ≒ \dfrac{V^2}{f}$(증가)
③ s(슬립)$≒ \dfrac{1}{V^2}$(감소)
④ N(속도)$=(1-s)N_s$(증가)로 η(효율)이 떨어진다. (단, N_s도 일정 등이다.)

056 대칭 3상 권선에 평형 3상 교류가 흐르는 경우 회전자계의 설명으로 틀린 것은?
① 발생 회전자계 방향 변경 가능
② 발전 회전자계는 전류와 같은 주기
③ 발생 회전자계 속도는 동기 속도보다 늦음
④ 발생 회전자계 세기는 각 코일 최대자계의 1.5배

예답 54. ① 55. ③ 56. ③

해설 대칭 3상 권선에 평형 3상 교류가 흐르는 경우 회전자계의 설명으로 옳은 것은?
① 발생 회전자계 방향 변경이 가능하다.
② 발전 회전자계는 전류와 같은 주기이다.
③ 발생 회전자계 세기는 각 코일 최대자계의 1.5배이다.

057 직류기 권선법에 대한 설명 중 틀린 것은?
① 단중 파권은 균압환이 필요하다.
② 단중 중권의 병렬 회로 수는 극수와 같다.
③ 저전류·고전압 출력은 파권이 유리하다.
④ 단중 파권의 유기전압은 단중 중권의 $\frac{P}{2}$이다.

해설 직류기 권선법에 대한 설명 중 올바른 설명은?
① 단중 중권의 병렬 회로 수는 극수와 같다.
② 저전류·고전압 출력은 파권이 유리하다.
③ 단중 파권의 유기전압은 단중 중권의 $\frac{P}{2}$이다.

058 스테핑 모터의 일반적인 특징으로 틀린 것은?
① 기동·정지 특성은 나쁘다.
② 회전각은 입력펄스 수에 비례한다.
③ 회전속도는 입력펄스 주파수에 비례한다.
④ 고속 응답이 좋고, 고출력의 운전이 가능하다.

해설 스테핑 모터의 일반적인 특징
① 회전각은 입력펄스 수에 비례한다.
② 회전속도는 입력펄스 주파수에 비례한다.
③ 고속 응답이 좋고, 고출력의 운전이 가능하다.

059 철손 1.6[kW] 전부하동손 2.4[kW]인 변압기에는 약 몇 [%] 부하에서 효율이 최대로 되는가?
① 82
② 95
③ 97
④ 100

해설 변압기에서 최대효율의 조건은 $P_i = m^2 P_c$이다.
∴ m(최대효율의 부하) $= \sqrt{\frac{P_i}{P_c}} = \sqrt{\frac{1.6}{2.4}} ≒ 0.82 = 82[\%]$이다.

정답 57. ① 58. ① 59. ①

060 동기발전기의 제동권선의 주요 작용은?
① 제동작용
② 난조방지작용
③ 시동권선작용
④ 자려작용(自勵作用)

> 동기발전기의 제동권선은 자극편에 홈(slot)을 파고 전기자권선과 동일권선을 한 것으로 제동권의 주요작용은 난조방지작용과 기동 Torque(토크)를 얻는다.

04 회/로/이/론/및/제/어/공/학

061 제어오차가 검출될 때 오차가 변화하는 속도에 비례하여 조작량을 조절하는 동작으로 오차가 커지는 것을 사전에 방지하는 제어 동작은?
① 미분동작 제어
② 비례동작 제어
③ 적분동작 제어
④ 온-오프(ON-OFF) 제어

> 미분동작 제어란 제어오차가 검출될 때 오차 변화가 속도에 비례하여 조작량을 조절하는 동작으로 응답의 초과량(over shoot)을 감소시키고 정정시간을 작게 하여 오차가 커지는 것을 사전에 방지하는 제어 동작이다.

062 다음과 같은 상태방정식으로 표현되는 제어계에 대한 설명으로 틀린 것은?

$$\dot{x}(t) = \begin{bmatrix} 0 & 1 \\ -2 & -3 \end{bmatrix} x(t) + \begin{bmatrix} 1 & 1 \\ 0 & -2 \end{bmatrix} u(t)$$

① 2차 제어계이다.
② x는 (2×1)의 벡터이다.
③ 특성방정식은 $(s+1)(s+2) = 0$이다.
④ 제어계는 부족제동(under damped)된 상태에 있다.

> 상태방정식 $\dot{x}(t) = Ax(t) + Bu(t)$이다.
> ∴ 특성방정식의 근은 $[sI-A]$의 행렬식에서
> $[sI-A] = \begin{vmatrix} s & 0 \\ 0 & s \end{vmatrix} - \begin{vmatrix} 0 & 1 \\ -2 & -3 \end{vmatrix} = \begin{vmatrix} s & -1 \\ 2 & s+3 \end{vmatrix} = s(s+3) + 2 = s^2 + 3s + 2$
> $= ((s+1)(s+2)) = 0$이다.
> ∴ $\dot{x}(t) = \begin{vmatrix} 0 & 1 \\ -2 & -3 \end{vmatrix} x(t) + \begin{vmatrix} 1 & 1 \\ 0 & -2 \end{vmatrix} u(t) = Ax(t) + Bu(t)$의 상태방정식으로 표현되는 제어계에 올바른 설명은?
> ① 차수가 s^2이므로 2차 제어계이다.
> ② $\dot{x}(t)$는 (2×1)의 벡터이다.
> ③ 특성방정식의 근은 $(s+1)(s+2) = 0$이다.

60. ② 61. ① 62. ④

063. 벡터 궤적이 다음과 같이 표시되는 요소는?

① 비례요소
② 1차 지연요소
③ 2차 지연요소
④ 부동작 시간요소

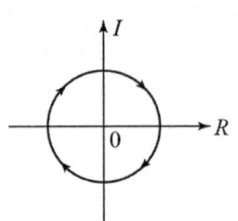

예설 $\dfrac{d}{dt}=j\omega=s$이며 벡터 궤적이 그림과 같이 표시되는 요소는 부동작 시간요소

$G(s)=e^{-Ls}$이고, 이는 $G(j\omega)=e^{-j\omega L}=\cos\omega L-j\sin\omega L$이다.

∴ $|G(j\omega)|=\sqrt{(\cos\omega L)^2+(\sin\omega L)^2}=1$

크기는 1이고 위상은 $\angle G(j\omega)=\tan^{-1}(-\omega L)$이다. 즉 벡터 크기는 1이고 ω의 증가에 따라서 벡터 궤적 $G(j\omega)$는 원주상을 시계방향으로 회전하는 부동작 시간요소이다.

064. 그림과 같은 이산치계의 z변환 전달함수 $\dfrac{C(z)}{R(z)}$를 구하면? (단, $Z\left[\dfrac{1}{s+a}\right]=\dfrac{z}{z-e^{-aT}}$ 임)

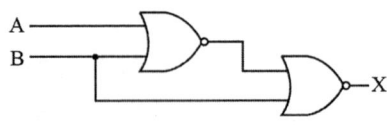

① $\dfrac{2z}{z-e^{-T}}-\dfrac{2z}{z-e^{-2T}}$ ② $\dfrac{2z^2}{(z-e^{-T})(z-e^{-2T})}$

③ $\dfrac{2z}{z-e^{-2T}}-\dfrac{2z}{z-e^{-T}}$ ④ $\dfrac{2z}{(z-e^{-T})(z-e^{-2T})}$

예설 그림에서 출력 $C(t)=\left(\dfrac{1}{s+1}\times\dfrac{2}{s+2}\right)r(t)$의 이산치계의 z변환함수는

$C(z)=\left(\dfrac{z}{(z-e^{-T})}\times\dfrac{2z}{(z-e^{-2T})}\right)R[z]$이다.

∴ 이산치계의 z변환 전달함수

$\dfrac{C(z)}{R(z)}=\dfrac{z}{(z-e^{-T})}\times\dfrac{2z}{(z-e^{-2T})}=\dfrac{2z^2}{(z-e^{-T})(z-e^{-2T})}$ 이다.

065. 다음의 논리 회로를 간단히 하면?

① $X=AB$
② $X=A\overline{B}$
③ $X=\overline{A}B$
④ $X=\overline{AB}$

63. ④ 64. ② 65. ②

[해설] 그림의 논리 회로를 간단히 한 논리식

X(출력)= $\overline{\overline{A+B}+B}$ = (A+B)·$\overline{B}$ = A$\overline{B}$+B$\overline{B}$ = A$\overline{B}$ 가 된다.

066. 그림과 같은 신호흐름선도에서 $C(s)/R(s)$ 의 값은?

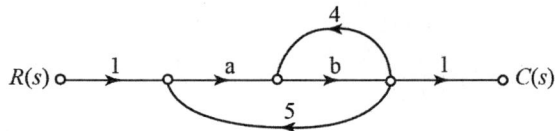

① $\dfrac{ab}{1-4b-5ab}$ ② $\dfrac{ab}{1+4b-5ab}$

③ $\dfrac{ab}{1-4b+5ab}$ ④ $\dfrac{ab}{1+4b+5ab}$

[해설] 그림의 신호흐름선도에서의 전달함수 $\dfrac{C(s)}{R(s)}$ 는 메이슨의 공식에서

$$T=\frac{C(s)}{R(s)}=\frac{\sum_{k=1}^{n}G_k\Delta_k}{\Delta}=\frac{G_1\Delta_1+G_2\Delta_2+G_3\Delta_3+\cdots}{1-(G_1H_1+G_2H_2+G_3H_3+\cdots)}$$

$$=\frac{G_1\Delta_1}{1-(G_1H_1+G_2H_2)}=\frac{(1\times a\times b\times 1)\times 1}{1-(4b+5ab)}=\frac{ab}{1-4b-5ab}$$ 이다.

067. 단위계단 입력에 대한 응답특성이 $c(t)=1-e^{-\frac{1}{T}t}$ 로 나타나는 제어계는?

① 비례제어계 ② 적분제어계
③ 1차 지연제어계 ④ 2차 지연제어계

[해설] 단위계단 입력에 대한 응답특성이 $c(t)=1-e^{-\frac{1}{T}t}$ 인 출력의 라플라스 변환

$$c(s)=L(c(t))=\int_0^\infty (1-e^{-\frac{1}{T}t})e^{-st}dt$$

$$=\int_0^\infty e^{-st}dt-\int_0^\infty e^{-\frac{1}{T}t}e^{-st}dt=\left.\frac{e^{-st}}{-s}\right|_0^\infty-\int_0^\infty e^{-(s+\frac{1}{T})t}dt$$

$$=\frac{e^{-\infty}-e^{-o}}{-s}-\left.\frac{e^{-(s+\frac{1}{T})t}}{-(s+\frac{1}{T})}\right|_0^\infty=\frac{0-1}{-s}-\frac{0-1}{-(s+\frac{1}{T})}=\frac{1}{s}-\frac{1}{s+\frac{1}{T}}$$

=1차 지연제어계이다.

정답 66. ① 67. ③

068 $G(s)H(s) = \dfrac{K(s+1)}{s^2(s+2)(s+3)}$ 에서 근궤적의 수는?

① 1
② 2
③ 3
④ 4

> 근궤적의 수는 영점(0) 수와 극점(×) 수 중 큰 것과 일치한다.
> ∴ $G(s)H(s)$(개루프 전달함수)에서는 영점이 1개, 극점이 4개이므로 근궤적의 수는 4개이다.

069 주파수 응답에 의한 위치제어계의 설계에서 계통의 안정도 척도와 관계가 적은 것은?

① 공진치
② 위상여유
③ 이득여유
④ 고유주파수

> 주파수 응답에 의한 위치제어계의 설계에서 M_p(공진값)은 제어계의 안정도 척도로서 M_p(공진값)이 크면 과도응답의 오버슈트가 커진다.
> ∴ 제어계에서 최고로 적당한 M_p값은 1.1~1.5 사이이며, 이득여유는 4~12[dB]이고, 위상여유는 30~60°가 안정계가 요구하는 범위이다.
> ∴ 안정도 척도와 관계가 있는 것은 공진치, 위상여유, 이득여유이다.

070 나이퀴스트(Nyquist) 선도에서의 임계점 $(-1, j0)$에 대응하는 보드선도에서의 이득과 위상은?

① 1dB, 0°
② 0dB, −90°
③ 0dB, 90°
④ 0dB, −180°

> 나이퀴스트 벡터도에서 시스템이 안정하기 위한 조건은 $(-1, j0)$점을 포위하지 않고 회전하여야 한다. 이때 나이퀴스트 선도에서의 임계점 $(-1, j0)$는 보드선도에서 대응하는 이득과 위상은 (0[dB], −180°)이다.

071 평형 3상 △결선 회로에서 선간전압(E_l)과 상전압(E_p)의 관계로 옳은 것은?

① $E_l = \sqrt{3}\,E_p$
② $E_l = 3E_p$
③ $E_l = E_p$
④ $E_l = \dfrac{1}{\sqrt{3}}E_p$

> 평형 3상 Y결선 회로의 선간전압과 상전압, 선전류와 상전류의 관계는
> $E_l = \sqrt{3}\,E_p \angle 30°$ [V], $I_l = I_p \angle 0°$ [A]이다.
> 또한 평형 3상 △결선 회로의 선간전압과 상전압, 선전류와 상전류의 관계는
> $E_l = E_p \angle 0°$ [V], $I_l = \sqrt{3}\,I_p \angle -30°$ [A]이다.

68. ④   69. ④   70. ④   71. ③

072 정격전압에서 1[kW]의 전력을 소비하는 저항에 정격의 80[%] 전압을 가할 때의 전력[W]은?

① 320 ② 540
③ 640 ④ 860

해설 정격전압 $V_1 = 100[V]$일 때의 소비전력

$P_1 = \dfrac{V_1^2}{R}[W]$, $R = \dfrac{V_1^2}{P_1} = \dfrac{(100)^2}{1000} = 10[\Omega]$ 일정이다.

∴ 정격전압에 80[%]의 전압 $V_2 = 0.8 \times 100 = 80[V]$일 때의 소비전력

$P_2 = \dfrac{V_2^2}{R} = \dfrac{(80)^2}{10} = 640[W]$가 된다.

073 그림에서 $t=0$에서 스위치 S를 닫았다. 콘덴서에 충전된 초기전압 $V_C(0)$가 1[V]이었다면 전류 $i(t)$를 변환한 값 $I(s)$는?

① $\dfrac{3}{2s+4}$

② $\dfrac{3}{s(2s+4)}$

③ $\dfrac{2}{s(s+2)}$

④ $\dfrac{1}{s+2}$

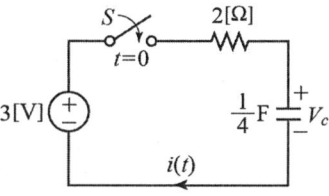

해설 RC직렬 회로에서 $t=0$에서 스위치 s를 닫았을 때의 과도전류

$i(t) = \dfrac{E - V_c(0)}{R} e^{-\frac{1}{CR}t} = \dfrac{3-1}{2} e^{-\frac{1}{\frac{1}{4} \times 2}t} = \dfrac{2}{2} e^{-2t} = e^{-2t}[A]$이다.

이를 라플라스 변환한 값

$I(s) = \int_0^\infty i(t) e^{-st} dt = \int_0^\infty e^{-2t} e^{-st} dt = \int_0^\infty e^{-(s+2)t} dt = \dfrac{e^{-(s+2)t}}{-(s+2)} \Big|_0^\infty$

$= \dfrac{e^{-\infty} - e^{-0}}{-(s+2)} = \dfrac{0-1}{-(s+2)} = \dfrac{1}{s+2}[A]$가 된다.

074 그림과 같은 회로에서 i_x는 몇 [A]인가?

① 3.2
② 2.6
③ 2.0
④ 1.4

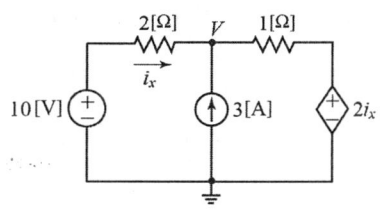

정답 72.③ 73.④ 74.④

해설 종속전압원 $V_x = 2i_x = Ri_x$ [V]. ∴ $R = \dfrac{2i_x}{i_x} = 2[\Omega]$인 회로.

중첩의 정리에서 정전류원 개방 시 $2[\Omega]$에 흐르는 전류
$i_1 = \dfrac{10}{2+1+2} = \dfrac{10}{5} = 2[A]$ ········ ①

정전압원 단락 시 $2[\Omega]$ 저항에 흐르는 전류는 분배법칙에서
$i_2 = \dfrac{1}{2+1+2} \times 3 = \dfrac{3}{5} = 0.6[A]$ ··· ②

동시 존재 시 $2[\Omega]$에 흐르는 전류 i_x[A]는 $i_x = 2 - 0.6 = 1.4[A]$가 된다.

075 그림과 같이 전압 V와 저항 R로 구성되는 회로 단자 A-B 간에 적당한 저항 R_L을 접속하여 R_L에서 소비되는 전력을 최대로 하게 했다. 이때 R_L에서 소비되는 전력 P는?

① $\dfrac{V^2}{4R}$
② $\dfrac{V^2}{2R}$
③ R
④ $2R$

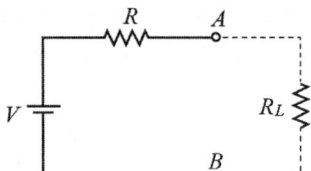

해설 전지의 내부저항이 $R[\Omega]$이고 부하저항이 $R_L[\Omega]$일 때
$R_L[\Omega]$를 변화부하에 최대전력 전송조건은 내부저항(R)=부하저항(R_L)일 때며,
최대전력 $P_{\max} = I^2 R_L = \left(\dfrac{V}{R+R_L}\right)^2 R_L = \left(\dfrac{V}{2R}\right)^2 \times R = \dfrac{V^2}{4R}$[W]이다.

076 다음의 T형 4단자망 회로에서 $ABCD$ 파라미터 사이의 성질 중 성립되는 대칭조건은?

① $A = D$
② $A = C$
③ $B = C$
④ $B = A$

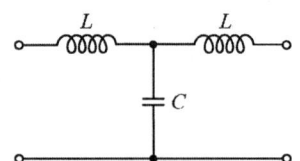

해설 문제의 T형 4단자망 회로의 4단자 정수
$\begin{vmatrix} A & B \\ C & D \end{vmatrix} = \begin{vmatrix} 1 & j\omega L \\ 0 & 1 \end{vmatrix} \begin{vmatrix} 1 & 0 \\ j\omega C & 1 \end{vmatrix} \begin{vmatrix} 1 & j\omega L \\ 0 & 1 \end{vmatrix} = \begin{vmatrix} 1-\omega^2 LC & j\omega L \\ j\omega C & 1 \end{vmatrix} \begin{vmatrix} 1 & j\omega L \\ 0 & 1 \end{vmatrix}$
$= \begin{vmatrix} 1-\omega^2 LC & j\omega L(1-\omega^2 LC)+j\omega L \\ j\omega C & 1-\omega^2 LC \end{vmatrix}$ 이다.

∴ 대칭조건은 $A = D = 1 - \omega^2 LC$이다.
∴ T형 4단자망은 대칭회로이다.

정답 75. ① 76. ①

077 분포정수 회로에서 선로의 특성 임피던스를 Z_0, 전파정수를 γ라 할 때 무한장 선로에 있어서 송전단에서 본 직렬 임피던스는?

① $\dfrac{Z_0}{\gamma}$ ② $\sqrt{\gamma Z_0}$

③ γZ_0 ④ $\dfrac{\gamma}{Z_0}$

해설 Z_0(선로의 특성 임피던스)$=\sqrt{\dfrac{Z}{Y}}[\Omega]$ ··· ①

γ(전파정수)$=\alpha+j\beta=\sqrt{YZ}$ ············ ②

(단, Z(직렬 임피던스), Y(병렬 어드미턴스)[℧]이다.)

∴ 무한장 선로에 있어서 송전단에서 본 직렬 임피던스는 ①식×②식이다.

즉, $\gamma Z_0 = \sqrt{YZ} \times \sqrt{\dfrac{Z}{Y}} = \sqrt{Z^2} = Z$(송전단에서 본 직렬 임피던스)가 된다.

078 그림의 RLC 직·병렬회로를 등가 병렬 회로로 바꿀 경우, 저항과 리액턴스는 각각 몇 [Ω]인가?

① 46.23, j87.67
② 46.23, j107.15
③ 31.25, j87.67
④ 31.25, j107.15

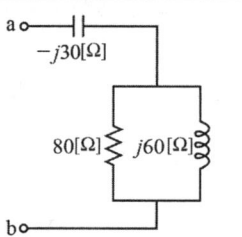

해설 ① RLC 직·병렬 회로에 저항과 리액턴스는 직렬 임피던스에서

$Z = -j30 + \dfrac{80(j60)}{80+j60} = -j30 + \dfrac{j4800(80-j60)}{(80+j60)(80-j60)} = -j30 + \dfrac{288000+j384000}{(80)^2+(60)^2}$

$= -j30 + \dfrac{288000+j384000}{10000} = -j30 + 28.8 + j38.4$

$= 28.8 + j(38.4-30) = 28.8 + j8.4 = R+jX[\Omega]$ ············ ①

② 등가 병렬 회로의 저항과 리액턴스는 병렬 임피던스

$Z = \dfrac{1}{\dfrac{1}{31.25}+\dfrac{1}{j107.15}} = \dfrac{31.25(j107.15)}{31.25+j107.15} = \dfrac{j3348.4375}{(31.25+j107.15)} = \dfrac{(31.25-j107.15)}{31.25-j107.15}$

$= \dfrac{358.283+j103788}{(31.25)^2+(107.15)^2} = \dfrac{358.283+j103788}{12457} ≒ 28.8+j8.4 = R+jX[\Omega]$ ··· ②

①=②

∴ 등가 병렬 회로는

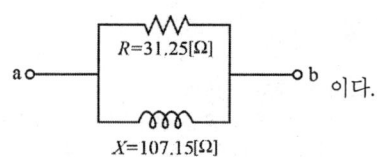

이다.

079 $F(s) = \dfrac{5s+3}{s(s+1)}$ 일 때 $f(t)$의 정상값은?

① 5   ② 3
③ 1   ④ 0

$F(s) = \dfrac{5s+3}{s(s+1)}$ 일 때 $f(t)$의 정상값은 최종치 정리에서

$\lim\limits_{s \to 0} sF(s) = \lim\limits_{s \to 0} s \times \dfrac{5s+3}{s(s+1)} = \lim\limits_{s \to 0} \dfrac{5s+3}{s+1} = \dfrac{0+3}{0+1} = 3$이 된다.

080 선간전압이 200[V], 선전류가 $10\sqrt{3}$[A], 부하역률이 80%인 평형 3상 회로의 무효전력[Var]은?

① 3600   ② 3000
③ 2400   ④ 1800

부하역률 $\cos\theta = 0.8$일 때 $\sin\theta$(무효률) $= \sqrt{1-(\cos\theta)^2} = \sqrt{1-(0.8)^2} = 0.6$이다.

∴ 평형 3상 회로의 무효전력
$P_r = \sqrt{3}\,VI\sin\theta = \sqrt{3} \times 200 \times 10\sqrt{3} \times 0.6 = 3 \times 2000 \times 0.6 = 3600[\text{Var}]$이다.

05 전/기/설/비/기/술/기/준/및/판/단/기/준

081 동일 지지물에 고압 가공전선과 저압 가공전선을 병가할 경우 일반적으로 양 전선 간의 이격거리는 몇 [cm] 이상인가?

① 50   ② 60
③ 70   ④ 80

제75조(저고압 가공전선 등의 병기)
동일 지지물에 고압 가공전선과 저압 가공전선을 병가할 경우 일반적으로 양 전선간의 이격거리는 50[cm] 이상이어야 한다.

082 전압의 종별에서 교류 600[V]는 무엇으로 분류하는가?

① 저압   ② 고압
③ 특고압   ④ 초고압

기술기준 제3조(정의)
전압의 종별에서 교류 600[V]는 저압으로 분류되고 교류 600[V] 넘고 7000[V] 이하는 고압으로, 7000[V]를 넘는 것은 특별고압으로 분류된다.

79. ② 80. ① 81. ① 82. ①

083 전로에 시설하는 고압용 기계기구의 철대 및 금속제 외함에는 제 몇 종 접지공사를 하여야 하는가?
① 제1종 접지공사
② 제2종 접지공사
③ 제3종 접지공사
④ 특별 제3종 접지공사

> 제33조(기계기구의 철대 및 외함의 접지)
> 전로에 시설하는 고압용 기계기구의 철대 및 금속제 외함에는 제1종 접지공사를 하여야 한다.

084 저압 옥상전선로의 시설에 대한 설명으로 틀린 것은?
① 전선은 절연전선을 사용한다.
② 전선은 지름 2.6[mm] 이상의 경동선을 사용한다.
③ 전선과 옥상전선로를 시설하는 조영재와의 이격거리를 0.5[m]로 한다.
④ 전선은 상시 부는 바람 등에 의하여 식물에 접촉하지 않도록 시설한다.

> 제97조(저압 옥상전선로의 시설)
> 저압 옥상전선로의 시설에 대한 설명으로 옳은 것은?
> ① 전선은 절연전선을 사용한다.
> ② 전선은 지름 2.6[mm] 이상의 경동선을 사용한다.
> ③ 전선은 상시 부는 바람 등에 의하여 식물에 접촉하지 않도록 시설한다.

085 저압 및 고압 가공전선의 높이에 대한 기준으로 틀린 것은?
① 철도를 횡단하는 경우는 레일면상 6.5[m] 이상이다.
② 횡단 보도교 위에 시설하는 저압의 경우는 그 노면상에서 3[m] 이상이다.
③ 횡단 보도교 위에 시설하는 고압의 경우는 그 노면상에서 3.5[m] 이상이다.
④ 다리의 하부 기타 이와 유사한 장소에 시설하는 저압의 전기철도용 급전선은 지표상 3.5[m]까지로 감할 수 있다.

> 제72조(저고압 가공전선의 높이)
> 저압 및 고압 가공전선의 높이에 대한 기준으로 옳은 것은?
> ① 철도를 횡단하는 경우는 레일면상 6.5[m] 이상이다.
> ② 횡단 보도교 위에 시설하는 고압의 경우는 그 노면상에서 3.5[m] 이상이다.
> ③ 다리의 하부 기타 이와 유사한 장소에 시설하는 저압의 전기철도용 급전선은 지표상 3.5[m]까지로 감할 수 있다.

086 35[kV] 이하 기계 기구, 모선 등을 옥외에 시설하는 변전소의 구내에 취급자 이외의 사람이 들어가지 않도록 울타리를 시설하는 경우에 울타리의 높이와 울타리로부터의 충전 부분까지의 거리의 합계는 몇 [m]인가?
① 5
② 6
③ 7
④ 8

정답 83.① 84.③ 85.② 86.①

> 📝 **제44조(발전소 등의 울타리, 담 등의 시설)**
> 35[kV] 이하 기계 기구, 모선 등을 옥외에 시설하는 변전소의 구내에 취급자 이외의 사람이 들어가지 않도록 울타리를 시설하는 경우에 울타리의 높이와 울타리로부터의 충전 부분까지의 거리의 합계는 5[m]이다.

087 최대 사용전압이 22900[V]인 3상 4선식 중성선 다중접지식 전로와 대지 사이의 절연내력 시험전압은 몇 [V]인가?

① 21068　　② 25229
③ 28752　　④ 32510

> 📝 **제13조(전로의 절연저항 및 절연내력)**
> 최대 사용전압이 22.9[kV]인 3상 4선식 중성선 다중접지식 전로와 대지 사이의 절연내력 시험전압은 최대 사용전압의 0.92배의 전압. 즉, 22900×0.92=21068[V]가 된다.

088 터널 등에 시설하는 사용전압이 220[V]인 저압의 전구선으로 편조 고무코드를 사용하는 경우 단면적은 몇 [mm²] 이상인가?

① 0.5　　② 0.75
③ 1.0　　④ 1.25

> 📝 **제143조(터널 내 전선로의 시설)**
> 터널 등에 시설하는 사용전압이 220[V]인 저압의 전구선으로 편조 고무코드를 사용하는 경우 단면적은 0.75[mm²] 이상이어야 한다.

089 고압 가공전선과 건조물의 상부 조영재와의 옆쪽 이격거리는 몇 [m] 이상인가? (단, 전선에 사람이 쉽게 접촉할 우려가 있고 케이블이 아닌 경우이다.)

① 1.0　　② 1.2
③ 1.5　　④ 2.0

> 📝 **제79조(저·고압 가공전선)**
> 전선에 사람이 쉽게 접촉할 우려가 있고 케이블이 아닌 경우로서 고압 가공전선과 건조물의 상부 조영재와의 옆쪽 이격거리는 1.2[m] 이상이어야 한다.

090 특고압용 제2종 보안장치 또는 이에 준하는 보안장치 등이 되어 있지 않은 25[kV] 이하인 특고압 가공전선로의 지지물에 시설하는 통신선 또는 이에 직접 접속하는 통신선으로 사용할 수 있는 것은?

① 광섬유 케이블　　② CN/CV 케이블
③ 캡타이어 케이블　　④ 지름 2.6[mm] 이상의 절연전선

정답 87. ①　88. ②　89. ②　90. ①

해설 제160조(25[kV] 이하인 특고압 가공전선로 첨가 통신선의 시설에 관한 특례)
특고압용 제2종 보안장치 또는 이에 준하는 보안장치 등이 되어 있지 않은 25[kV] 이하인 특고압 가공전선로의 지지물에 시설하는 통신선 또는 이에 직접 접속하는 통신선은 광섬유 케이블이어야 한다.

091 765[kV] 가공전선 시설 시 2차 접근 상태에서 건조물을 시설하는 경우 건조물 상부와 가공전선 사이의 수직거리는 몇 [m] 이상인가? (단, 전선의 높이가 최저 상태로 사람이 올라갈 우려가 있는 개소를 말한다.)
① 15　　② 20　　③ 25　　④ 28

해설 제126조(특고압 가공전선과 건조물의 접근)
765[kV] 가공전선 시설 시 2차 접근상태에서 건조물을 시설하는 경우 건조물 상부와 가공전선 사이의 수직거리는 35[kV] 기준 3[m]에 10[kV] 또는 그 단수마다 15[cm]를 더한 값으로 $(3+(765-35)\times 0.15)\times 2=28$[m] 이상이어야 한다.

092 정격전류 20[A]와 40[A]인 전동기와 정격전류 10[A]인 전열기 5대에 전기를 공급하는 단상 220[V] 저압 옥내간선이 있다. 몇 [A] 이상의 허용전류가 있는 전선을 사용하여야 하는가?
① 100　　② 116　　③ 125　　④ 132

해설 제175조(저압 옥내간선의 시설)
전동기 등의 정격전류의 합계가 50[A]를 넘는 경우는 전동기 정격전류×1.1+기타의 정격전류이다.
∴ 전동기 정격전류의 합계=$20\times 1.1+40\times 1.1=22+44=66$[A] … ①
　기타의 전열기 5대의 정격전류=$5\times 10=50$[A] ………………… ②이다.
∴ ①식+②식. 66+50=116[A] 이상의 허용전류가 있는 전선을 사용하여야 한다.

093 의료 장소에서 인접하는 의료장소와의 바닥면적 합계가 몇 [m²] 이하인 경우 기준 접지바를 공용으로 할 수 있는가?
① 30　　② 50　　③ 80　　④ 100

해설 제249조(의료 장소 전기설비의 시설)
의료 장소에서 인접하는 의료장소와의 바닥면적의 합계가 50[m²] 이하인 경우 기준 접지바를 공용으로 할 수 있다.

094 배선공사 중 전선이 반드시 절연전선이 아니라도 상관없는 공사방법은?
① 금속관 공사　　② 합성수지관 공사
③ 버스덕트 공사　　④ 플로어 덕트 공사

해설 제167조(나전선의 사용 제한)
버스덕트 공사는 배선공사 중 전선이 반드시 절연전선이 아니라도 상관없는 공사방법이다.

정답 91. ④　92. ②　93. ②　94. ③

095 폭발성 또는 연소성의 가스가 침입할 우려가 있는 것에 시설하는 지중전선로의 지중함은 그 크기가 최소 몇 [m³] 이상인 경우에는 통풍장치 기타 가스를 방산시키기 위한 적당한 장치를 시설하여야 하는가?

① 1 ② 3 ③ 5 ④ 10

해설 제137조(지중함의 시설)
폭발성 또는 연소성의 가스가 침입할 우려가 있는 것에 시설하는 지중전선로의 지중함은 그 크기가 최소 1[m³] 이상인 경우에는 통풍장치 기타 가스를 방산시키기 위한 적당한 장치를 시설하여야 한다.

096 사용 전압이 특고압인 전기집진장치에 전원을 공급하기 위해 케이블을 사람이 접촉할 우려가 없도록 시설하는 경우 케이블의 피복에 사용하는 금속체는 몇 종 접지 공사로 할 수 있는가?

① 제1종 접지공사 ② 제2종 접지공사
③ 제3종 접지공사 ④ 특별 제3종 접지공사

해설 제246조(전기집진장치 등의 시설)
사용전압이 특고압인 전기집진장치에 전원을 공급하기 위해 케이블을 사람이 접촉할 우려가 없도록 시설 하는 경우 케이블의 피복에 사용하는 금속체는 제3종 접지 공사를 하여야 한다.

097 가공 전선로의 지지물에 시설하는 지선의 안전율은 일반적인 경우 얼마 이상이어야 하는가?

① 2.0 ② 2.2 ③ 2.5 ④ 2.7

해설 제67조(지선의 시설)
가공 전선로의 지지물에 시설하는 지선의 안전율은 일반적인 경우 2.5 이상이어야 한다.

098 고·저압 혼촉에 의한 위험을 방지하려고 시행하는 제2종 접지공사에 대한 기준으로 틀린 것은?

① 제2종 접지공사는 변압기의 시설장소마다 시행하여야 한다.
② 토지의 상황에 의하여 접지저항값을 얻기 어려운 경우, 가공 접지선을 사용하여 접지극을 100[m]까지 떼어 놓을 수 있다.
③ 가공 공동지선을 설치하여 접지공사를 하는 경우, 각 변압기를 중심으로 지름 400[m] 이내의 지역에 접지를 하여야 한다.
④ 저압 전로의 사용전압이 300[V] 이하인 경우, 그 접지공사를 중성점에 하기 어려우면 저압 측의 1단자에 시행할 수 있다.

해답 95.① 96.③ 97.③ 98.②

해설 제23조(고압 또는 특별고압과 저압의 혼촉에 의한 위험방지 시설)
고·저압 혼촉에 의한 위험을 방지하려고 시행하는 제2종 접지공사에 대한 기준으로 옳은 것은?
① 제2종 접지공사는 변압기의 시설장소마다 시행하여야 한다.
② 가공 공동지선을 설치하여 접지공사를 하는 경우, 각 변압기를 중심으로 지름 400[m] 이내의 지역에 접지를 하여야 한다.
③ 저압 전로의 사용전압이 300[V] 이하인 경우, 그 접지공사를 중성점에 하기 어려우면 저압 측의 1단자에 시행할 수 있다.

099 저압 가공전선로의 지지물에 시설하는 통신선 또는 이에 직접 접속하는 가공통신선이 도로를 횡단하는 경우, 일반적으로 지표상 몇 [m] 이상의 높이로 시설하여야 하는가?
① 6.0   ② 4.0   ③ 5.0   ④ 3.0

해설 제156조(가공 통신선의 높이)
저압 가공전선로의 지지물에 시설하는 통신선 또는 이에 직접 접속하는 가공통신선이 도로를 횡단하는 경우, 일반적으로 지표상 6[m] 이상의 높이로 시설하여야 한다.

100 사용전압이 22.9[kV]인 특고압 가공전선이 도로를 횡단하는 경우, 지표상 높이는 최소 몇 [m] 이상인가?
① 4.5   ② 5   ③ 5.5   ④ 6

해설 제110조(특고압 가공전선의 높이)
사용전압이 22.9[kV]인 특고압 가공전선이 도로를 횡단하는 경우, 지표상 높이는 최소 6[m] 이상이어야 한다.

정답 99. ① 100. ④

01 전/기/자/기/학

001 자유공간 중에 $x=2$, $z=4$인 무한장 직선 상에 $\rho_L[\text{C/m}]$인 균일한 선전하가 있다. 점(0, 0, 4)의 전계 $E[\text{V/m}]$는?

① $E = \dfrac{-\rho_L}{4\pi\varepsilon_o}a_x$ ② $E = \dfrac{\rho_L}{4\pi\varepsilon_o}a_x$

③ $E = \dfrac{-\rho_L}{2\pi\varepsilon_o}a_x$ ④ $E = \dfrac{\rho_L}{2\pi\varepsilon_o}a_x$

해설 자유공간 중에 임의거리 vector(벡터) $\vec{r} = (0-2)a_x + (0-0)a_y + (4-4)a_z$[m]이다.

단위 vector(벡터) $= \dfrac{\vec{r}}{|r|} = \dfrac{(0-2)a_x}{\sqrt{(0-2)^2}} = \dfrac{-2}{2}a_x = -a_x$

∴ 자유공간 중에 있는 무한장 직선 상의 선전하 밀도 $\rho_L[\text{C/m}]$에 의한 (0, 0, 4)[m]인 점에 전계 세기

$E = \dfrac{\rho_L}{2\pi\varepsilon_0 r} \times \dfrac{\vec{r}}{|r|} = \dfrac{\rho_L}{2\pi\varepsilon_0\sqrt{(-2)^2}} \times \dfrac{(0-2)a_x}{\sqrt{(-2)^2}} = \dfrac{\rho_L}{2\pi\varepsilon_0 \times 2} \times \dfrac{-2}{\sqrt{4}}a_x$

$= \dfrac{\rho_L}{4\pi\varepsilon_0} \times \dfrac{-2}{2}a_x = \dfrac{-\rho_L}{4\pi\varepsilon_0}a_x[\text{V/m}]$가 된다.

002 자기 모멘트 $9.8 \times 10^{-5}[\text{Wb} \cdot \text{m}]$의 막대자석을 지구자계의 수평성분 $10.5[\text{AT/m}]$인 곳에서 지자기 자오면으로부터 90° 회전시키는 데 필요한 일은 약 몇 [J]인가?

① 1.03×10^{-3} ② 1.03×10^{-5}

③ 9.03×10^{-3} ④ 9.03×10^{-5}

해설 평면 자계 중에서 막대자석이 받는 힘 $F = mH\sin\theta[\text{N}]$

막대자석이 받는 torque(회전력) $T = F \times l = mH\sin\theta \times l = mlH\sin\theta = MH\sin\theta[\text{N} \cdot \text{m}]$

∴ 막대자석을 지자기 자오면으로부터 90° 회전시키는데 필요한 일

$W = \int_0^{90} T d_\theta = \int_0^{90} MH\sin\theta \, d_\theta = MH(-\cos\theta)_0^{90} = MH(-\cos 90 + \cos 0)$

$= MH(0+1) = MH = 9.8 \times 10^{-5} \times 10.5 = 102.9 \times 10^{-5} \fallingdotseq 1.03 \times 10^{-3}[\text{J}]$이 된다.

003 단면적 $S[\text{m}^2]$, 단위길이당 권수가 η_o[회/m]인 무한히 긴 솔레노이드의 자기 인덕턴스[H/m]를 구하면?

① $\mu S\eta_o$ ② $\mu S\eta_o^2$

③ $\mu S^2\eta_o$ ④ $\mu S^2\eta_o^2$

정답 1.① 2.① 3.②

해설 단위길이당의 권수 $n_o = \dfrac{N}{l}$ [회/m]

권수 $N = n_o l$인 무한히 긴 솔레노이드의 단위길이당 자기 인덕턴스

$$L = \dfrac{N^2}{R} = \dfrac{(n_o l)^2}{\dfrac{l}{\mu s}} = \mu s n_o^2 l = \mu s n_o^2 [\text{H/m}] \text{이다.}$$

004 평행판 콘덴서에 어떤 유전체를 넣었을 때 전속 밀도가 4.8×10^{-7} [C/m²]이고 단위 체적당 정전 에너지가 5.3×10^{-3} [J/m³]이었다. 이 유전체의 유전율은 몇 [F/m]인가?

① 1.15×10^{-11} ② 2.17×10^{-11}
③ 3.19×10^{-11} ④ 4.21×10^{-11}

해설 평행판 콘덴서의 정전 용량 $C = \dfrac{\varepsilon s}{d}$ [F]이다.

평행판 콘덴서 단위 체적($sd = 1$)당의 정전 에너지

$$W = \dfrac{1}{2}CV^2 = \dfrac{1}{2} \times \dfrac{\varepsilon s}{d}(Ed)^2 = \dfrac{1}{2}\varepsilon E^2 sd[\text{J}] = \dfrac{1}{2}\varepsilon E^2 = \dfrac{1}{2}ED = \dfrac{D^2}{2\varepsilon}[\text{J/m}^3]$$

(단, $V = Ed[\text{V}]$, D(전속 밀도) $= \varepsilon E[\text{C/m}^2]$)

∴ 상식에서 유전체 유전율

$$\varepsilon = \dfrac{D^2}{2 \times W} = \dfrac{(4.8 \times 10^{-7})^2}{2 \times 5.3 \times 10^{-3}} = \dfrac{23.04 \times 10^{-14}}{10.6 \times 10^{-3}} ≒ 2.17 \times 10^{-11} [\text{F/m}] \text{이다.}$$

005 쌍극자 모멘트가 $M[\text{C} \cdot \text{m}]$인 전기 쌍극자에서 점 P의 전계는 $\theta = \dfrac{\pi}{2}$에서 어떻게 되는가? (단, θ는 전기 쌍극자의 중심에서 축 방향과 점 P를 잇는 선분의 사이 각이다.)

① 0 ② 최소
③ 최대 ④ $-\infty$

해설 전기 쌍극자에 의한 임의점의 전계 세기

$$E = \sqrt{E_r^2 + E_\theta^2} = \dfrac{M}{4\pi\varepsilon_0 r^3}\sqrt{1 + 3\cos^2\theta}\ [\text{V/m}]$$

∴ $\theta = \dfrac{\pi}{2} = 90°$일 때의 전계 세기

$$E = \dfrac{M}{4\pi\varepsilon_0 r^3}\sqrt{1 + 3\cos^2 90°} = \dfrac{M}{4\pi\varepsilon_0 r^3}\sqrt{1 + 0} = \dfrac{M}{4\pi\varepsilon_0 r^3}[\text{V/m}] \text{로서 최소값이다.}$$

만약 $\theta = 0$일 때의 전계 세기

$$E = \dfrac{M}{4\pi\varepsilon_0 r^3}\sqrt{1 + 3\cos^2 0} = \dfrac{M}{4\pi\varepsilon_0 r^3}\sqrt{1 + 3} = \dfrac{2M}{4\pi\varepsilon_0 r^3}[\text{V/m}] \text{로서 최대값이 된다.}$$

해답 4.② 5.②

006 감자력이 0인 것은?

① 구 자성체 ② 환상 철심
③ 타원 자성체 ④ 굵고 짧은 막대 자성체

그림의 자성체에서

감자력 $H' = N\dfrac{J}{\mu_0}$ 늑 $J[\text{Wb/m}^2]$이다.

즉, 자기 감자력(H')은 자화 세기(J)에 비례한다.

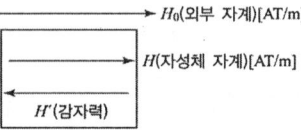

※ N(감자율)의 정의
① 외부 자계(H_0)와 자성체 자계(H)가 평행일 때 감자율 $N=0$이다.
② 외부 자계(H_0)와 자성체 자계(H)가 수직일 때 감자율 $N=1$이다.
환상 철심은 자성체 자계(H)와 외부 자계(H_0)가 평행이다.
∴ 감자율은 $N=0$이다. 따라서 감자력 $H' = N\dfrac{J}{\mu_0} = 0$가 된다.
이때 자성체 자계 $H = H_0 - H' = H_0 - 0 = H_0[\text{AT/m}]$가 된다.

007 그림과 같이 반지름 10[cm]인 반원과 그 양단으로부터 직선으로 된 도선에 10[A]에 전류가 흐를 때, 중심 0에서의 자계의 세기와 방향은?

① 2.5[AT/m], 방향 ⊙
② 25[AT/m], 방향 ⊙
③ 2.5[AT/m], 방향 ⊗
④ 25[AT/m], 방향 ⊗

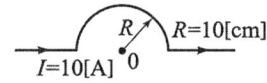

반원 코일 중심의 자계 세기는 비오사바르의 법칙에서

$H = \dfrac{NI(\Delta l_1 + \Delta l_2 \cdots \Delta l_n)}{4\pi R^2} \times \sin\theta = \dfrac{I \times \dfrac{2\pi R}{2}}{4\pi R^2} \times \sin 90°$

$= \dfrac{I}{2R} \times \dfrac{1}{2} = \dfrac{I}{4R} = \dfrac{10}{4 \times 0.1} = 25[\text{AT/m}]$

방향은 앙페르의 오른나사 법칙에서 ⊗가 된다.

008 패러데이 관에 대한 설명으로 틀린 것은?

① 관 내의 전속수는 일정하다.
② 관의 밀도는 전속 밀도와 같다.
③ 진전하가 없는 점에서 불연속이다.
④ 관 양단에 양(+), 음(−)의 단위 전하가 있다.

패러데이 관에 대한 올바른 설명은,
① 관 내의 전속수는 일정하다.
② 관의 밀도는 전속 밀도와 같다.
③ 관 양단에 양(+), 음(−)의 단위 전하가 있다.

6.② 7.④ 8.③

[009] 그림과 같은 원통 상 도선 한 가닥이 유전율 ε[F/m]인 매질 내에 지상 h[m] 높이로 지면과 나란히 가선되어 있을 때 대지와 도선 간의 단위 길이당 정전 용량[F/m]은?

① $\dfrac{2\pi\varepsilon}{\sin h^{-1}\dfrac{h}{a}}$

② $\dfrac{\pi\varepsilon}{\sin h^{-1}\dfrac{h}{a}}$

③ $\dfrac{2\pi\varepsilon}{\ln_e \dfrac{h}{a}}$

④ $\dfrac{\pi\varepsilon}{\cos h^{-1}\dfrac{h}{a}}$

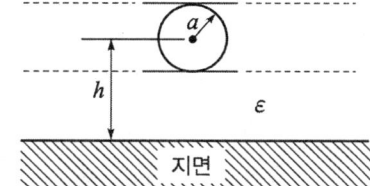

[해설] 원통 상 도선의 전계 세기 $E = \dfrac{\lambda}{2\pi\varepsilon r}$[V/m]이다.

∴ 대지와 원통 상 도선 간의 단위 체적당의 정전 용량

$C = \dfrac{\lambda}{V} = \dfrac{\lambda}{-\int_h^a E \cdot d_r} = \dfrac{\lambda}{-\int_h^a \dfrac{\lambda}{2\pi\varepsilon r}dr} = \dfrac{\lambda}{\dfrac{\lambda}{2\pi\varepsilon}\ln_e(-r)_h^a} = \dfrac{2\pi\varepsilon}{\ln_e \dfrac{h}{a}}$[F/m]가 된다.

[010] 전위 $V = 3xy + z + 4$일 때 전계 E는?

① $i3x + j3y + k$
② $-i3x + j3y + k$
③ $i3x - j3y - k$
④ $-i3x - j3y - k$

[해설] 전위 $V = 3xy + z + 4$[V]일 때의 전계 세기는 전위 경도에 $-$부호를 붙인 값이다.

∴ $E = -grad V = -\nabla V = -\left(i\dfrac{\partial V}{\partial x} + j\dfrac{\partial V}{\partial y} + k\dfrac{\partial V}{\partial z}\right)$

$= -\left(i\dfrac{\partial}{\partial x}(3xy+z+4) + j\dfrac{\partial}{\partial y}(3xy+z+4) + k\dfrac{\partial}{\partial z}(3xy+z+4)\right)$

$= -(i3y + j3x + k1) = -i3y - j3x - k$[V/m]가 된다.

[011] 한 변이 L[m]되는 정사각형의 도선 회로에 전류 I[A]가 흐르고 있을 때 회로 중심에서의 자속 밀도는 몇 [Wb/m²]인가?

① $\dfrac{2\sqrt{2}}{\pi}\mu_0 \dfrac{L}{I}$

② $\dfrac{\sqrt{2}}{\pi}\mu_0 \dfrac{I}{L}$

③ $\dfrac{2\sqrt{2}}{\pi}\mu_0 \dfrac{I}{L}$

④ $\dfrac{4\sqrt{2}}{\pi}\mu_0 \dfrac{L}{I}$

[해답] 9. ③ 10. ④ 11. ③

해설 그림과 같이 유한직선 도선 회로로부터 $\frac{L}{2}$[m] 떨어진 점에 자계 세기

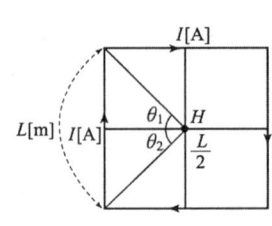

$$H_1 = \frac{I}{4\pi\frac{L}{2}}(\sin\theta_1 + \sin\theta_2) = \frac{I}{4\pi\frac{L}{2}}(\sin 45° + \sin 45°)$$

$$= \frac{I}{4\pi\frac{L}{2}} \times 2 \times \frac{1}{\sqrt{2}} = \frac{I}{\sqrt{2}\pi L}\text{[AT/m]}\text{이다.}$$

∴ 정4각형 도선 중심의 자계 세기 $H = 4H_1 = \frac{2 \times 2I}{\sqrt{2}\pi L} = \frac{\sqrt{2}}{\sqrt{2}}\frac{\sqrt{2} \times 2I}{\pi L} = \frac{2\sqrt{2}I}{\pi L}$[AT/m]

∴ 정4각형 도선 중심의 자속 밀도 $B = \frac{\phi}{s} = \mu_0 H = \mu_0 \times \frac{2\sqrt{2}\,I}{\pi L} = \frac{2\sqrt{2}}{\pi}\mu_0\frac{I}{L}$[Wb/m²]가 된다.

012 다음 식 중에서 틀린 것은?

① 가우스의 정리 : $\text{div}\,D = \rho$

② 포아송의 방정식 : $\nabla^2 V = \frac{\rho}{\varepsilon}$

③ 라플라스의 방정식 : $\nabla^2 V = 0$

④ 발산의 정리 : $\oint_s A \cdot ds = \int_v \text{div}\,A\,dv$

해설 정리와 방정식을 올바르게 표시한 식은?

① 가우스의 정리 : $\text{div}\,D = \rho$

② 발산의 정리 : $\oint_s A \cdot ds = \int_v \text{div}\,A\,dv$

③ 포아송의 방정식 : $\nabla^2 V = -\frac{\rho}{\varepsilon_0}$

④ 라플라스의 방정식 : $\nabla^2 V = 0$ 등이며 틀린 식은 ②번이다.

013 환상 철심에 권선수 20인 A코일과 권선수 80인 B코일이 감겨 있을 때, A코일의 자기 인덕턴스가 5[mH]라면 두 코일의 상호 인덕턴스는 몇 [mH]인가? (단, 누설 자속은 없는 것으로 본다.)

① 20　　② 1.25　　③ 0.8　　④ 0.05

해설 환상 철심에서

A코일의 자기 인덕턴스 $L_A = \frac{N_A^2}{R}$[H], R(자기저항) $= \frac{N_A^2}{L_A}$[AT/Wb]

B코일의 자기 인덕턴스 $L_B = \frac{N_B^2}{R}$[H]이다.

∴ 상호 인덕턴스 $M = \frac{N_A N_B}{R} = \frac{N_A N_B}{\frac{N_A^2}{L_A}} = \frac{L_A \times N_B}{N_A} = \frac{5 \times 80}{20} = \frac{400}{20} = 20$[mH]가 된다.

12. ② 13. ①

014 표피 효과에 대한 설명으로 옳은 것은?
① 주파수가 높을수록 침투 깊이가 얇아진다.
② 투자율이 크면 표피 효과가 적게 나타난다.
③ 표피 효과에 따른 표피 저항은 단면적에 비례한다.
④ 도전율이 큰 도체에는 표피 효과가 적게 나타난다.

해설 표피 효과란 전선에 전류가 흐르는 효과를 말한다.
∴ 표피 효과의 두께 $\delta = \sqrt{\dfrac{2}{\omega k\mu}} = \sqrt{\dfrac{2}{2\pi f k\mu}} = \dfrac{1}{\sqrt{\pi f k\mu}} ≒ \dfrac{1}{\sqrt{f}}$ 이며, 주파수가 높을수록 침투 깊이(표피 효과의 두께)가 얇아진다.

015 자기 회로에서 키르히호프의 법칙에 대한 설명으로 옳은 것은?
① 임의의 결합점으로 유입하는 자속의 대수합은 0이다.
② 임의의 폐자로에서 자속과 기자력의 대수합은 0이다.
③ 임의의 폐자로에서 자기 저항과 기자력의 대수합은 0이다.
④ 임의의 폐자로에서 각 부의 자기 저항과 자속의 대수합은 0이다.

해설 자기 회로에서의 키르히호프의 제1법칙은 임의의 결합점으로 유입하는 자속의 대수합은 0이다. 즉 결합점으로 유입하는 자속은 유출하는 자속과 서로 같다.

016 W_1과 W_2의 에너지를 갖는 두 콘덴서를 병렬 연결한 경우의 총 에너지 W와의 관계로 옳은 것은? (단, $W_1 \neq W_2$이다.)
① $W_1 + W_2 = W$
② $W_1 + W_2 > W$
③ $W_1 - W_2 = W$
④ $W_1 + W_2 < W$

해설 각 콘덴서의 에너지 합은 $W_1 + W_2$ ⋯ ①
두 콘덴서를 병렬 연결한 경우의 총 에너지 W ⋯ ②
$W_1 \neq W_2$이면 미소한 에너지의 이동으로 총 에너지는 감소된다.
∴ 에너지의 관계는 $W_1 + W_2 > W$가 된다.

017 두 종류의 유전율 ε_1, ε_2을 가진 유전체 경계면에 진전하가 존재하지 않을 때 성립하는 경계 조건을 옳게 나타낸 것은? (단, θ_1, θ_2는 각각 유전체 경계면의 법선 벡터와 E_1, E_2가 이루는 각이다.)

① $E_1\sin\theta_1 = E_2\sin\theta_2$,
$D_1\sin\theta_1 = D_2\sin\theta_2$, $\dfrac{\tan\theta_1}{\tan\theta_2} = \dfrac{\varepsilon_2}{\varepsilon_1}$

② $E_1\cos\theta_1 = E_2\cos\theta_2$,
$D_1\sin\theta_1 = D_2\sin\theta_2$, $\dfrac{\tan\theta_1}{\tan\theta_2} = \dfrac{\varepsilon_2}{\varepsilon_1}$

③ $E_1\sin\theta_1 = E_2\sin\theta_2$,
$D_1\cos\theta_1 = D_2\cos\theta_2$, $\dfrac{\tan\theta_1}{\tan\theta_2} = \dfrac{\varepsilon_1}{\varepsilon_2}$

④ $E_1\cos\theta_1 = E_2\cos\theta_2$,
$D_1\cos\theta_1 = D_2\cos\theta_2$, $\dfrac{\tan\theta_1}{\tan\theta_2} = \dfrac{\varepsilon_1}{\varepsilon_2}$

정답 14. ① 15. ① 16. ② 17. ③

해설 유전체의 경계 조건
① 전속 밀도(D)의 수직 성분은 경계면 양측이 서로 같다. 즉, $D_{1n} = D_{2n}$
$$\begin{cases} D_1 \cos\theta_1 = D_2 \cos\theta_2 \\ \varepsilon_1 E_1 \cos\theta_1 = \varepsilon_2 E_2 \cos\theta_2 \cdots ① \end{cases}$$
② 전계(E)의 수평 성분은 경계면 양측이 서로 같다.
즉, $E_{1t} = E_{2t}$, $E_1 \sin\theta_1 = E_2 \sin\theta_2 \cdots ②$

$\therefore \dfrac{②}{①} = \dfrac{E_1 \sin\theta_1}{\varepsilon_1 E_1 \cos\theta_1} = \dfrac{E_2 \sin\theta_2}{\varepsilon_2 E_2 \cos\theta_2}$

$\therefore \dfrac{\tan\theta_1}{\varepsilon_1} = \dfrac{\tan\theta_2}{\varepsilon_2} = \dfrac{\tan\theta_1}{\tan\theta_2} = \dfrac{\varepsilon_1}{\varepsilon_2}$ 이 된다.

018 무한히 넓은 두 장의 평면판 도체를 간격 d[m]로 평행하게 배치하고 각각의 평면판에 면전하 밀도 $\pm\sigma$[C/m²]로 분포되어 있는 경우 전기력선은 면에 수직으로 나와 평행하게 발산한다. 이 평면판 내부의 전계의 세기는 몇 [V/m]인가?

① $\dfrac{\sigma}{\varepsilon_0}$
② $\dfrac{\sigma}{2\varepsilon_0}$
③ $\dfrac{\sigma}{2\pi\varepsilon_0}$
④ $\dfrac{\sigma}{4\pi\varepsilon_0}$

해설 평면판 내부의 전계 세기는 가우스 정리 적분형에서
$$\int_s E \cdot d_s = \dfrac{Q}{\varepsilon_0}, \quad E \cdot s = \dfrac{\sigma s}{\varepsilon_0}$$
$\therefore$ 전계 세기 $E = \dfrac{\sigma}{\varepsilon_0}$[V/m]이다. (단, σ(면전하 밀도)$= \dfrac{Q}{s}$[C/m²])

019 전자파의 특성에 대한 설명으로 틀린 것은?
① 전자파의 속도는 주파수와 무관하다.
② 전파 E_x를 고유 임피던스로 나누면 자파 H_y가 된다.
③ 전파 E_x와 자파 H_y의 진동 방향은 진행 방향에 수평인 종파이다.
④ 매질이 도전성을 갖지 않으면 전파 E_x와 자파 H_y는 동위상이 된다.

해설 전자파의 특성
① 전자파의 속도$= \dfrac{1}{\sqrt{\varepsilon\mu}}$[m/sec]로서 주파수와 무관하다.
② 매질이 도전성을 갖지 않으면 전파 E_x와 자파 H_y는 동위상이다.
③ 전파 E_x를 고유 임피던스$= \dfrac{E_x}{H_y} = \sqrt{\dfrac{\mu}{\varepsilon}}$ 로 나누면 자파 H_y가 된다.

정답 18. ① 19. ③

020 압전 효과를 이용하지 않은 것은?
① 수정 발진기 ② 마이크로폰
③ 초음파 발생기 ④ 자속계

> 압력을 가하면 전기가 발생되는 압전 효과를 이용한 것은 수정 발진기, 초음파 발생기, 마이크로폰 등이다.

02 전/력/공/학

021 송전 선로의 현수 애자련 연면 섬락과 가장 관계가 먼 것은?
① 댐퍼 ② 철탑 접지 저항
③ 현수 애자련의 개수 ④ 현수 애자련의 소손

> 송전 선로의 현수 애자련 연면 섬락은 철탑의 접지 저항, 현수 애자련의 개수, 현수 애자련의 소손 등과 관계가 있다. 또한 철탑 접지 저항은 역섬락과도 관계가 있다.

022 그림과 같은 주상 변압기 2차 측 접지 공사의 목적은?
① 1차 측 과전류 억제
② 2차 측 과전류 억제
③ 1차 측 전압상승 억제
④ 2차 측 전압상승 억제

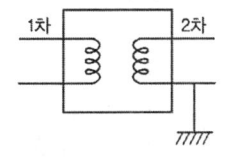

> 주상 변압기 2차 측 접지 공사의 목적은 2차 측 전압상승을 억제하기 위해서이다.

023 선로 전압 강하 보상기(LDC)에 대한 설명으로 옳은 것은?
① 승압기로 저하된 전압을 보상하는 것
② 분로 리액터로 전압상승을 억제하는 것
③ 선로의 전압 강하를 고려하여 모선 전압을 조정하는 것
④ 직렬 콘덴서로 선로의 리액턴스를 보상하는 것

> 선로 전압 강하 보상기(LDC)는 선로의 전압 강하를 고려하여 모선 전압을 조정한다.

024 송전 전압 154[kV], 2회선 선로가 있다. 선로 길이가 240[km]이고 선로의 작용 정전 용량이 0.02[μF/km]라고 한다. 이것을 자기 여자를 일으키지 않고 충전하기 위해서는 최소한 몇 [MVA] 이상의 발전기를 이용하여야 하는가? (단, 주파수는 60[Hz]이다.)
① 78 ② 86
③ 89 ④ 95

20. ④ 21. ① 22. ④ 23. ③ 24. ②

3상 2회선 송전 선로에서 자기 여자를 일으키지 않고 충전하기 위한 발전기의 최소 용량

$$P_a = 3 \times 2EI_c = 3 \times 2E \times \frac{E}{\frac{1}{\omega C}} = 3 \times 2\omega C E^2 = 3 \times 2 \times 2\pi f \times C \times \left(\frac{V}{\sqrt{3}}\right)^2$$

$$= 3 \times 2 \times 2 \times 3.14 \times 60 \times 0.02 \times 10^{-6} \times 240 \times \left(\frac{154000}{\sqrt{3}}\right)^2 \times 10^{-6}$$

$$= 2261 \times 4.8 \times 10^{-6} \times \frac{23716}{3} = 10853 \times 10^{-6} \times 7905 ≒ 85.792 ≒ 86[\text{MVA}] \text{가 된다.}$$

---

025 송전 계통에서 1선 지락 시 유도 장해가 가장 적은 중성점 접지 방식은?
① 비접지 방식
② 저항접지 방식
③ 직접접지 방식
④ 소호 리액터접지 방식

소호 리액터접지 방식은 1선 지락 사고 시 지락전류가 가장 적다.
∴ 전자유도 장해는 지락전류의 대소에 비례하므로 소호 리액터접지 방식이 유도 장해가 가장 적다.

---

026 22.9kV-Y 3상 4선식 중성선 다중 접지 계통의 특성에 대한 내용으로 틀린 것은?
① 1선 지락 사고 시 1상 단락 전류에 해당하는 큰 전류가 흐른다.
② 전원의 중성점과 주상 변압기의 1차 및 2차를 공통의 중성선으로 연결하여 접지한다.
③ 각 상에 접속된 부하가 불평형일 때도 불완전 1선 지락 고장의 검출 감도가 상당히 예민하다.
④ 고저압 혼촉 사고 시에는 중성선에 막대한 전위 상승을 일으켜 수용가에 위험을 줄 우려가 있다.

22.9[kV-Y] 3상 4선식 중성선 다중 접지 계통의 특성은
① 1선 지락 사고 시 1상 단락 전류에 해당하는 큰 전류가 흐른다.
② 전원의 중성점과 주상 변압기의 1차 및 2차를 공통의 중성선으로 연결하여 접지한다.
③ 고·저압 혼촉 사고 시에는 중성선에 막대한 전위 상승을 일으켜 수용가에 위험을 줄 우려가 있다.

---

027 송전 계통에서 자동재폐로 방식의 장점이 아닌 것은?
① 신뢰도 향상
② 공급 지장시간의 단축
③ 보호 계전 방식의 단순화
④ 고장상의 고속도 차단, 고속도 재투입

---

25. ④　26. ③　27. ③

해설 송전 계통에서 자동재폐로 방식의 장점은
① 자동재폐로 방식이란 송전선 보호 방식 중 가장 뛰어난 방식으로 고속도 차단과 재송전 조작을 자동적으로 시행하므로 쉽고 확실하다.
② 신뢰도 향상
③ 공급 시간이 단축된다.
④ 고장상의 고속도 차단, 고속도 재투입 된다.

028 유효낙차 100[m], 최대사용수량 20[m³/s]인 발전소의 최대 출력은 약 몇 [kW]인가? (단, 수차 및 발전기의 합성효율은 85%라 한다.)

① 14160
② 16660
③ 24990
④ 33320

해설 P(발전소의 최대 출력)$=9.8QH\eta_t=9.8\times20\times100\times0.85=19600\times0.85=16.660$[kW]가 된다.

029 수력 발전소에서 흡출관을 사용하는 목적은?

① 압력을 줄인다.
② 유효낙차를 늘린다.
③ 속도 변동률을 작게 한다.
④ 물의 유선을 일정하게 한다.

해설 수력 발전소에서 흡출관은 반동수차의 출구에서부터 방수로 수면까지 연결하는 관으로 러너 방수면과의 사이의 낙차를 유효하게 이용하여 유효낙차를 늘리는 것이 목적이다.

030 방향성을 갖지 않는 계전기는?

① 전력 계전기
② 과전류 계전기
③ 비율차동 계전기
④ 선택지락 계전기

해설 방향성을 가지지 않는 계전기는 과전류 계전기(OCR), 지락 계전기 등이다.
방향성을 갖는 계전기는 전력 계전기, 비율 차동 계전기, 선택지락 계전기 등이다.

031 송전단 전압이 66[kV]이고, 수전단 전압이 62[kV]로 송전 중이던 선로에서 부하가 급격히 감소하여 수전단 전압이 63.5[kV]가 되었다. 전압 강하율은 약 몇 [%]인가?

① 2.28
② 3.94
③ 6.06
④ 6.45

해설 전압 강하율(δ)$=\dfrac{V_s-V_R}{V_R}\times100=\dfrac{66-63.5}{63.5}\times100=\dfrac{250}{63.5}≒3.94$[%]가 된다.

28.② 29.② 30.② 31.②

032 154[kV] 송전 선로의 전압을 345[kV]로 승압하고 같은 손실률로 송전한다고 가정하면 송전 전력은 승압 전의 약 몇 배 정도인가?

① 2 ② 3
③ 4 ④ 5

P(송전 전력)$= \sqrt{3}\,VI\cos\theta$[W]

P_l(손실 전력)$= 3I^2R = 3\left(\dfrac{P}{\sqrt{3}\,V\cos\theta}\right)^2 R = \dfrac{P^2 R}{V^2\cos^2\theta}$[W]

k(전력 손실률)$= \dfrac{P_l}{P} = \dfrac{1}{P} \times \dfrac{P^2 R}{V^2\cos^2\theta} = \dfrac{P\cdot R}{V^2\cos^2\theta}$ 에서

P(송전 전력)$= \dfrac{kV^2\cos^2\theta}{R} \fallingdotseq V^2$[W]이다.

∴ 승압 전 $V_1 = 154$[kV]일 때의 송전 전력 $P_1 \fallingdotseq V_1^2 = (154\times 10^3)^2$[W] … ①

승압 후 $V_2 \fallingdotseq 345$[kV]일 때의 송전 전력 $P_2 \fallingdotseq V_2^2 = (345\times 10^3)^2$[W] … ②이다.

$\dfrac{P_2}{P_1} = \left(\dfrac{345\times 10^3}{154\times 10^3}\right)^2 = \left(\dfrac{345}{154}\right)^2 = \dfrac{119025}{23716} \fallingdotseq 5$

승압 후의 전력 P_2는 승압 전의 전력 P_1의 5배가 된다. 즉 $P_2 = 5P_1$이다.

033 각 전력 계통을 연계선으로 상호 연결하면 여러 가지 장점이 있다. 틀린 것은?

① 경계급전이 용이하다.
② 주파수의 변화가 작아진다.
③ 각 전력 계통의 신뢰도가 증가한다.
④ 배후전력(back power)이 크기 때문에 고장이 적으며 그 영향의 범위가 작아진다.

각 전력 계통을 연계선으로 상호 연결할 때의 여러 가지 장점은,
① 경계급전이 용이하다.
② 주파수의 변화가 작아진다.
③ 각 전력 계통의 신뢰도가 증가한다.

034 3상 3선식 송전 선로에서 연가의 효과가 아닌 것은?

① 작용 정전 용량의 감소 ② 각 상의 임피던스 평형
③ 통신선의 유도장해 감소 ④ 직렬 공진의 방지

3상 3선식 송전 선로에서 연가의 효과는,
① 선로 정수의 평형(각 상의 임피던스 평형)
② 통신선의 유도장해 감소
③ 직렬 공진의 방지이다.

32. ④ 33. ④ 34. ①

035 그림과 같이 정수가 서로 같은 평행 2회선 송전 선로의 4단자 정수 중 B에 해당되는 것은?

① $4B_1$
② $2B_1$
③ $\frac{1}{2}B_1$
④ $\frac{1}{4}B_1$

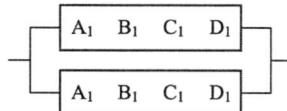

해설 정수가 서로 같은 평행 2회선 송전 선로의 4단자 기초 방정식

$$\begin{cases} E_s = AE_R + BI_R = \dfrac{A_1B_2 + B_1A_2}{B_1+B_2} \times E_R + \dfrac{B_1B_2}{B_1+B_2} \times I_R [\text{V}] \\ I_s = CE_R + DI_R = C_1 + C_2 + \dfrac{(D_2-D_1)(A_1-A_2)}{B_1+B_2} \times E_R + \dfrac{D_1B_2+D_2B_1}{B_1+B_2} \times I_R [\text{A}] \end{cases}$$

문제 그림의 정수는 $\begin{bmatrix} A_1 = A_2 \\ B_1 = B_2 \end{bmatrix}$, $\begin{bmatrix} C_1 = C_2 \\ D_1 = D_2 \end{bmatrix}$ 일 때다.

∴ 4단자 정수 $A = \dfrac{A_1B_1 + A_1B_1}{B_1+B_1} = \dfrac{2A_1B_1}{2B_1} = A_1$

$B = \dfrac{B_1B_2}{B_1+B_2} = \dfrac{B_1^2}{2B_1} = \dfrac{1}{2}B_1$

$C = C_1 + C_2 \dfrac{(D_2-D_1)(A_1-A_2)}{B_1+B_2} = C_1 + C_1 + \dfrac{(D_1-D_1)(A_1-A_1)}{B_1+B_1} = 2C_1$

$D = \dfrac{D_1B_2+D_2B_1}{B_1+B_2} = \dfrac{D_1B_1+D_1B_1}{B_1+B_1} = \dfrac{2D_1B_1}{2B_1} = D_1$ 이 된다.

036 초고압용 차단기에 개폐 저항기를 사용하는 주된 이유는?
① 차단 속도 증진
② 차단 전류 감소
③ 이상 전압 억제
④ 부하 설비 증대

해설 초고압용 차단기에 개폐 저항기를 사용하는 주된 이유는 이상 전압을 억제하기 위해서이다.

037 3상 3선식 송전 선로의 선간 거리가 각각 50[cm], 60[cm], 70[cm]인 경우 기하학적 평균 선간 거리는 약 몇 [cm]인가?
① 50.4
② 59.4
③ 62.8
④ 64.8

해설 선간 거리가 각각 50[cm], 60[cm], 70[cm]인 경우 기하학적 평균 선간 거리

$\text{GMD} = \sqrt[3]{50 \times 60 \times 70} = \sqrt[3]{210000} = (210000)^{\frac{1}{3}} \approx 59.4[\text{cm}]$ 가 된다.

35. ③ 36. ③ 37. ②

038 각 수용가의 수용 설비 용량이 50[kW], 100[kW], 80[kW], 60[kW], 150[kW]이며, 각각의 수용률이 0.6, 0.6, 0.5, 0.5, 0.4일 때 부하의 부등률이 1.3이라면 변압기 용량은 약 몇 [kVA]가 필요한가? (단, 평균 부하역률은 80%라고 한다.)

① 142
② 165
③ 183
④ 212

해설 수용률 = $\dfrac{\text{최대 수용 전력의 합}}{\text{설비 용량}}$ 이다.

합성 최대전력 = $\dfrac{\text{최대 수용 전력의 합}}{\text{부등률}}$ = $\dfrac{\text{수용률} \times \text{설비 용량의 합}}{\text{부등률}}$

$= \dfrac{50 \times 0.6 + 100 \times 0.6 + 80 \times 0.5 + 60 \times 0.5 + 150 \times 0.4}{1.3}$

$= \dfrac{30 + 60 + 40 + 30 + 60}{1.3} = \dfrac{220}{1.3}$ [kW]

∴ 변압기 용량 = $\dfrac{\text{합성 최대전력}}{\text{역률}} = \dfrac{\frac{220}{1.3}}{0.8} = \dfrac{220}{1.3 \times 0.8} = \dfrac{220}{1.04} ≒ 212$[kVA]이 된다.

039 초고압 송전 선로에 단도체 대신 복도체를 사용할 경우 틀린 것은?

① 전선의 작용 인덕턴스를 감소시킨다.
② 선로의 작용 정전 용량을 증가시킨다.
③ 전선 표면의 전위 경도를 저감시킨다.
④ 전선의 코로나 임계 전압을 저감시킨다.

해설 초고압 송전 선로에 단도체 대신 복도체를 사용하면
① 복도체는 단도체에 비해서 등가반지름이 증가하므로 L(인덕턴스)는 감소, C(정전 용량)은 증가한다.
② 전선 표면의 전위 경도를 저감시킨다.

040 이상 전압에 대한 방호 장치가 아닌 것은?

① 피뢰기
② 가공지선
③ 방전 코일
④ 서지 흡수기

해설 이상 전압에 대한 방호 장치로는 피뢰기, 가공지선, 서지 흡수기 등이 있다.

정답 38.④ 39.④ 40.③

03 전/기/기/기

041 그림은 단상 직권 정류자 전동기의 개념도이다. C를 무엇이라고 하는가?

① 제어권선
② 보상권선
③ 보극권선
④ 단층권선

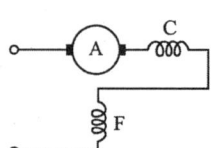

해설 단상 직권 정류자 전동기의 개념도에서 브러시와 연결된 권선 C는 보상권선이다. 보상권선의 작용은 전기자 반작용으로 생기는 무효 자속을 상쇄하여 무효 전력 증대에 따른 역률 저하를 방지한다. 즉 역률 개선이다.

042 자극수 p, 파권, 전기자 도체수가 z인 직류 발전기를 N[rpm]의 회전속도로 무부하 운전할 때 기전력이 E[V]이다. 1극당 주자속[Wb]은?

① $\dfrac{120E}{pzN}$
② $\dfrac{120z}{pEN}$
③ $\dfrac{120zN}{pE}$
④ $\dfrac{120pz}{EN}$

해설 파권은 항상 병렬 연결수 $a=2$이다.

직류 발전기의 기전력 $E = \dfrac{P}{a} z n \phi = \dfrac{P}{a} z \times \dfrac{N}{60} \phi$ [V]이다.

1극당의 자속 $\phi = \dfrac{E}{\dfrac{P}{a} z \times \dfrac{N}{60}} = \dfrac{a \times 60E}{PzN} = \dfrac{2 \times 60E}{PzN} = \dfrac{120E}{PzN}$ [Wb]가 된다.

043 3상 권선형 유도 전동기의 토크 속도 곡선이 비례 추이한다는 것은 그 곡선이 무엇에 비례해서 이동하는 것을 말하는가?

① 슬립
② 회전수
③ 2차 저항
④ 공급 전압의 크기

해설 3상 권선형 유도 전동기의 토크 속도 곡선의 비례 추이란,

토크 $T = \dfrac{P_2}{\omega_s} = \dfrac{(I_1')^2 \times \dfrac{r_2'}{s}}{2\pi \dfrac{N_s}{60}} = \dfrac{(I_1')^2 \times \dfrac{r_2'}{s}}{2\pi \dfrac{1}{60} \times \dfrac{120f}{P}} \fallingdotseq \dfrac{r_2'}{s}$ [N·m]에서 T(토크)가 $\dfrac{r_2'}{s}$에 비례하여 변화하는 것을 말한다. T(토크)를 일정히 유지하려면 r_2'(2차 저항)$=s$(슬립)이어야 한다. 즉 곡선 s가 $2s$일 때 r_2'는 $2r_2'$이어야 한다. s가 $3s$일 때 r_2'는 $3r_2'$이다.
∴ 곡선의 2차 저항에 비례해서 이동하는 것을 비례 추이라 한다.

정답 41. ② 42. ① 43. ③

044 단상 전파정류에서 공급 전압이 E일 때 무부하 직류 전압의 평균값은? (단, 브리지 다이오드를 사용한 전파 정류 회로이다.)

① $0.90E$
② $0.45E$
③ $0.75E$
④ $1.17E$

해설 단상 전파 정류 회로에서 공급 전압이 E[V]일 때 무부하 직류 전압

$$E_{dc} = \frac{1}{\pi}\int_0^\pi E_m \sin\omega t\, dt = \frac{E_m}{\pi}(-\cos\omega t)_0^\pi = \frac{\sqrt{2}\,E}{\pi}(-\cos\pi+\cos 0)$$

$$= \frac{\sqrt{2}\,E}{\pi}(1+1) = \frac{2\sqrt{2}\,E}{\pi} = 0.90E[\text{V}] \text{가 된다.}$$

---

045 3300/200[V], 10[kVA] 단상 변압기의 2차를 단락하여 1차 측에 300[V]를 가하니 2차에 120[A]의 전류가 흘렀다. 이 변압기의 임피던스 전압 및 % 임피던스 강하는 약 얼마인가?

① 125[V], 3.8%
② 125[V], 3.5%
③ 200[V], 4.0%
④ 200[V], 4.2%

해설 변압기 2차 단락 시 V_{1s}(1차 단락 전압)=300[V], 1차 단락 전류

$$I_{1s} = \frac{I_{2s}}{a} = \frac{200}{3300}\times 120 = 7.27[\text{A}]$$

2차를 1차로 환산한 누설 임피던스 $Z_{12} = \dfrac{V_{1s}}{I_{1s}} = \dfrac{300}{7.27} = 41.26[\Omega]$일 때

임피던스 전압 $V_s = I_{1n}Z_{12} = \dfrac{10\times 10^3}{3300}\times 41.26 ≒ 125[\text{V}]$

%임피던스 강하 $Z = \dfrac{I_{1n}Z_{12}}{V_{1n}}\times 100 = \dfrac{V_s}{V_{1n}}\times 100 = \dfrac{125}{3300}\times 100 ≒ 3.8[\%]$이다.

∴ $V_s = 125[\text{V}]$, $Z = 3.8[\%]$이다.

---

046 직류기의 전기자 반작용 결과가 아닌 것은?

① 주자속이 감소한다.
② 전기적 중성축이 이동한다.
③ 주자속에 영향을 미치지 않는다.
④ 정류자편 사이의 전압이 불균일하게 된다.

해설 직류기에서 전기자 반작용의 결과는,
① 주자속이 감소한다.
② 전기적 중성축이 이동한다.
③ 정류자편 사이의 전압이 불균일하게 된다.
④ 주자속에 영향을 미친다.

44. ① 45. ① 46. ③

047 동기 조상기의 구조상 특이점이 아닌 것은?
① 고정자는 수차 발전기와 같다.
② 계자 코일이나 자극이 대단히 크다.
③ 안정 운전용 제동 권선이 설치된다.
④ 전동기 축은 동력을 전달하는 관계로 비교적 굵다.

해설 동기 조상기의 구조상 특이점은,
① 고정자는 수차 발전기와 같다.
② 계자 코일이나 자극이 대단히 크다.
③ 안정 운전용 제동 권선이 설치된다.

048 VVVF(Variable Voltage Variable Frequency)는 어떤 전동기의 속도 제어에 사용되는가?
① 동기 전동기
② 유도 전동기
③ 직류 복권 전동기
④ 직류 타여자 전동기

해설 VVVF(Variable Voltage Variable Frequency)는 전압과 주파수를 변환 전동기의 속도를 제어하는 유도 전동기에 사용된다.

049 3상 유도 전동기의 기동법 중 $Y-\Delta$ 기동법으로 기동 시 1차 권선의 각상에 가해지는 전압은 기동 시 및 운전 시 각각 정격 전압의 몇 배가 가해지는가?
① $1, \frac{1}{\sqrt{3}}$
② $\frac{1}{\sqrt{3}}, 1$
③ $\sqrt{3}, \frac{1}{\sqrt{3}}$
④ $\frac{1}{\sqrt{3}}, \sqrt{3}$

해설 3상 유도 전동기의 기동법 중 $Y-\Delta$ 기동법은 기동 시는 정격 전압의 $\frac{1}{\sqrt{3}}$ 배 전압이 가해지고, 운전 시는 Δ결선으로 정격 전압 1배 전압이 가해져서 운전된다.
∴ 기동 시는 $\frac{1}{\sqrt{3}}V$, 운전 시는 V로 된다.

050 SCR에 관한 설명으로 틀린 것은?
① 3단자 소자이다.
② 스위칭 소자이다.
③ 직류 전압만을 제어한다.
④ 적은 게이트 신호로 대전력을 제어한다.

해설 SCR에 관한 옳은 설명은,
① 3단자 소자이다.
② 스위칭 소자이다.
③ 적은 게이트 신호로 대전력을 제어한다.

정답 47.④ 48.② 49.② 50.③

051 평형 3상 회로의 전류를 측정하기 위해서 변류비 200 : 5의 변류기를 그림과 같이 접속하였더니 전류계의 지시가 1.5[A]이었다. 1차 전류는 몇 [A]인가?

① 60
② $60\sqrt{3}$
③ 30
④ $30\sqrt{3}$

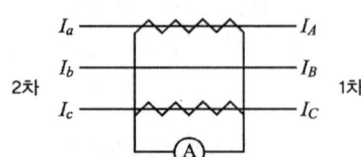

$(I_A - I_C) \times \dfrac{5}{200} = I_B \times \dfrac{5}{200}$

평형 3상 전류이므로 $\dfrac{I_a - I_c}{40} = \dfrac{I_b}{40} = 1.5[A]$이다.

∴ 1차 전류 $I_a = I_c = I_b = 40 \times 1.5 = 60[A]$가 된다.

052 유도 전동기의 최대 토크를 발생하는 슬립을 s_t, 최대 출력을 발생하는 슬립을 s_p라 하면 대소관계는?

① $s_p = s_t$
② $s_p > s_t$
③ $s_p < s_t$
④ 일정치 않다.

유도 전동기의 최대 토크를 발생하는 슬립(s_t)는 전부하 슬립의 175~250%이다. 또한 최대 출력을 발생하는 최대 슬립(s_p)는 전부하 슬립의 20~30[%]가 된다.

∴ 대소관계는 $s_t > s_p$가 된다.

053 정격 200[V], 10[kW] 직류 분권 발전기의 전압 변동률은 몇 [%]인가? (단, 전기자 및 분권계자 저항은 각각 0.1[Ω], 100[Ω]이다.)

① 2.6
② 3.0
③ 3.6
④ 4.5

직류 분권 발전기 회로도

I_a(전기자 전류) $= I + I_f = \dfrac{P}{V} + \dfrac{V}{R_f}$

$= \dfrac{10000}{200} + \dfrac{200}{100} = 50 + 2$

$= 52[A]$이다.

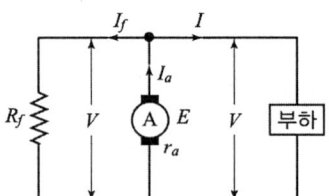

또한 무부하 시 단자 전압
$E = V + I_a r_a = 200 + 52 \times 0.1 = 205.2[V]$

∴ 전압 변동률 $\varepsilon = \dfrac{E-V}{V} \times 100 = \dfrac{205.2 - 200}{200} \times 100 = \dfrac{520}{200} = 2.6[\%]$가 된다.

51. ① 52. ③ 53. ①

054 동기 발전기의 단락비를 계산하는 데 필요한 시험은?
① 부하 시험과 돌발 단락 시험
② 단상 단락 시험과 3상 단락 시험
③ 무부하 포화 시험과 3상 단락 시험
④ 정상, 역상, 영상 리액턴스의 측정 시험

해설 동기 발전기의 단락비를 계산하는 데 무부하 포화 시험으로 철손과 기계손 등을 구할 수 있고, 3상 단락 시험에는 동기 리액턴스와 동기 임피던스 등을 구할 수 있으므로 무부하 포화 시험과 3상 단락 시험이 필요하다.

055 직류 분권 발전기에 대한 설명으로 옳은 것은?
① 단자 전압이 강하하면 계자 전류가 증가한다.
② 부하에 의한 전압의 변동이 타여자 발전기에 비하여 크다.
③ 타여자 발전기의 경우보다 외부 특성 곡선이 상향(上向)으로 된다.
④ 분권 권선의 접속 방법에 관계없이 자기 여자로 전압을 올릴 수가 있다.

해설 직류 분권 발전기의 특성으로는 부하에 의한 전압의 변동이 타여자 발전기에 비하여 크다.

056 정격 출력 10000[kVA], 정격 전압 6600[V], 정격 역률 0.6인 3상 동기 발전기가 있다. 동기 리액턴스 0.6[p.u]인 경우의 전압 변동률[%]은?
① 21
② 31
③ 40
④ 52

해설 단위법으로 벡터도를 그리면
$OA = V\cos\theta = I\cos\theta(역률) = 0.6$
$AD = V\sin\theta = I\sin\theta = \sqrt{1-\cos^2\theta} = \sqrt{1-(0.6)^2} = 0.8$
$AC = AD + CD = 0.8 + 0.6 = 1.4$
∴ $e(기전력) = OC = \sqrt{(밑변)^2 + (높이)^2} = \sqrt{(0.6)^2 + (1.4)^2}$
$= \sqrt{0.36 + 1.96} = \sqrt{2.32} ≒ 1.52$ 이다.
∴ $\varepsilon(전압 변동률) = \dfrac{DC-OD}{OD} \times 100 = \dfrac{e-V}{V} \times 100 = \dfrac{1.52-1}{1} \times 100 ≒ 52[\%]$ 가 된다.

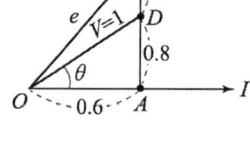

057 3상 유도 전압 조정기의 동작원리 중 가장 적당한 것은?
① 두 전류 사이에 작용하는 힘이다.
② 교번자계의 전자 유도 작용을 이용한다.
③ 충전된 두 물체 사이에 작용하는 힘이다.
④ 회전자계에 의한 유도 작용을 이용하여 2차 전압의 위상 전압 조정에 따라 변화한다.

해답 54.③ 55.② 56.④ 57.④

2016년 5월 8일 시행

해설 3상 유도 전압 조정기의 동작원리는 회전자계에 의한 유도 작용을 이용하여 2차 전압이 위상 전압 조정에 따라 변화되는 조정기로 3상 유도 전압 조정기의 출력 $P = \sqrt{3} E_2 I_2 \times 10^{-3}$[kVA]가 된다.

058 단권 변압기 2대를 V결선하여 선로 전압 3000[V]를 3300[V]로 승압하여 300[kVA]의 부하에 전력을 공급하려고 한다. 단권 변압기 1대의 자기 용량은 약 [kVA]인가?
① 9.09   ② 15.72
③ 21.72 ④ 31.50

해설 단권 변압기에서 $\dfrac{\text{자기 용량}}{\text{부하 용량}} = \dfrac{V_2 - V_1}{V_2}$에서 단권 변압기 V결선 시의

자기 용량($\sqrt{3}\,VI$) = 부하 용량 × $\dfrac{V_2 - V_1}{V_2}$ = $300 \times 10^3 \times \dfrac{3300 - 3000}{3300}$

$= 3 \times 10^5 \times \dfrac{300}{3300} = \dfrac{9 \times 10^5}{33}$

∴ 단권 변압기 1대의 자기 용량

$VI = \dfrac{1}{\sqrt{3}} \times \dfrac{9 \times 10^5}{33} = \dfrac{900 \times 10^3}{57.159} ≒ 15.72 \times 10^3 = 15.72$[kVA]가 된다.

059 정격 용량 100[kVA]인 단상 변압기 3대를 △-△결선하여 300[kVA]의 3상 출력을 얻고 있다. 한 상에 고장이 발생하여 결선을 V결선으로 하는 경우 a) 뱅크 용량 [kVA], b) 각 변압기의 출력[kVA]은?
① a) 253, b) 126.5   ② a) 200, b) 100
③ a) 173, b) 86.6   ④ a) 152, b) 75.6

해설 정격 용량 $P = VI = 100$[kVA]인 단상 변압기 3대 △-△결선 운전 중 1대 고장이며, V결선된다. 이때의

① 뱅크 용량 $P_a = \sqrt{3}\,VI = \sqrt{3} \times 100 ≒ 173$[kVA]

② V결선 시 출력비 = $\dfrac{\text{V결선 용량}}{\text{2대 용량}} = \dfrac{\sqrt{3}\,VI}{2VI} = \dfrac{\sqrt{3}}{2}$

∴ 각 변압기의 출력 = 출력비 × 정격 용량 = $\dfrac{\sqrt{3}}{2} \times VI = \dfrac{\sqrt{3}}{2} \times 100 ≒ 86.6$[kVA]가 된다.

060 계자 권선이 전기자에 병렬로만 연결된 직류기는?
① 분권기   ② 직권기
③ 복권기   ④ 타여자기

해설 분권기는 계자 권선이 전기자에 병렬로만 연결된 직류기이다.

정답 58. ② 59. ③ 60. ①

04 회/로/이/론/및/제/어/공/학

061 다음의 설명 중 틀린 것은?
① 최소 위상 함수는 양의 위상 여유이면 안정하다.
② 이득 교차 주파수는 진폭비가 1이 되는 주파수이다.
③ 최소 위상 함수는 위상 여유가 0이면 임계안정하다.
④ 최소 위상 함수의 상대안정도는 위상각의 증가와 함께 작아진다.

해설 다음의 설명 중 맞는 것은,
① 최소 위상 함수는 양의 위상 여유이면 안정하다.
② 이득 교차 주파수는 진폭비가 1이 되는 주파수이다.
③ 최소 위상 함수는 위상 여유가 0이면 임계안정하다.

062 2차 제어계 $G(s)H(s)$의 나이퀴스트 선도의 특징이 아닌 것은?
① 이득 여유는 ∞이다.
② 교차량 $|GH|=0$이다.
③ 모두 불안정한 제어계이다.
④ 부의 실축과 교차하지 않는다.

해설 2차 제어계 $G(s)H(s)$의 나이퀴스트 선도의 특징은,
① 이득 여유는 ∞이다.
② 교차량 $|GH|=0$이다.
③ 부(−)의 실축과 교차하지 않는다.

063 다음과 같은 상태 방정식의 고유값 λ_1과 λ_2는?

$$\begin{bmatrix} \dot{x_1} \\ \dot{x_2} \end{bmatrix} = \begin{bmatrix} 1 & -2 \\ -1 & 2 \end{bmatrix} \begin{bmatrix} x_1 \\ x_2 \end{bmatrix} + \begin{bmatrix} 2 & -3 \\ -4 & 3 \end{bmatrix} \begin{bmatrix} r_1 \\ r_2 \end{bmatrix}$$

① 4, −1
② −4, 1
③ 6, −1
④ −6, 1

해설 상태 방정식 $= \begin{bmatrix} 1 & -2 \\ -3 & 2 \end{bmatrix} \begin{bmatrix} x_1 \\ x_2 \end{bmatrix} + \begin{bmatrix} 2 & -3 \\ -4 & 3 \end{bmatrix} \begin{bmatrix} r_1 \\ r_2 \end{bmatrix} = Ax + Br$에서 고유값 λ_1과 λ_2는?

특성 방정식 $\lambda I - A = \begin{vmatrix} \lambda & 0 \\ 0 & \lambda \end{vmatrix} - \begin{vmatrix} 1 & -2 \\ -3 & 2 \end{vmatrix} = \begin{vmatrix} \lambda-1 & 2 \\ 3 & \lambda-2 \end{vmatrix} = (\lambda-1)(\lambda-2)-6 = \lambda^2 - 3\lambda - 4 = 0$

∴ $(\lambda_1 - 4)(\lambda_2 + 1) = 0$에서 $\lambda_1 = 4$, $\lambda_2 = -1$이다.

정답 61. ④ 62. ③ 63. ①

064 제어기에서 미분 제어의 특성으로 가장 적합한 것은?
① 대역폭이 감소한다.
② 제동을 감소시킨다.
③ 작동오차의 변화율에 반응하여 동작한다.
④ 정상 상태의 오차를 줄이는 효과를 갖는다.

해설 제어기에서 미분 제어의 특성은 응답의 초과량(over shoot)을 감소시키고 정정시간을 감소시킨다. 즉 작동오차의 변화율에 반응하여 동작한다.

065 폐루프 시스템의 특징으로 틀린 것은?
① 정확성이 증가한다.
② 감쇠폭이 증가한다.
③ 발진을 일으키고 불안정한 상태로 되어갈 가능성이 있다.
④ 계의 특성 변화에 대한 입력 대 출력비의 감도가 증가한다.

해설 폐루프 시스템의 특징
① 정확성이 증가한다.
② 감쇠폭이 증가한다.
③ 발진을 일으키고 불안정한 상태로 되어갈 가능성이 있다.
④ 계의 특성 변화에 대한 입력 대 출력비가 감소한다.

066 Nyquist 판정법의 설명으로 틀린 것은?
① 안정성을 판정하는 동시에 안정도를 제시해 준다.
② 계의 안정도를 개선하는 방법에 대한 정보를 제시해 준다.
③ Nyquist 선도는 제어계의 오차 응답에 관한 정보를 준다.
④ Routh-Hurwitz 판정법과 같이 계의 안정 여부를 직접 판정해 준다.

해설 Nyquist(나이퀴스트) 판정법의 옳은 설명은?
① 안정성을 판정하는 동시에 안정도를 제시해 준다.
② 계의 안정도를 개선하는 방법에 대한 정보를 제시해 준다.
③ Routh-Hurwitz 판정법과 같이 계의 안정 여부를 직접 판정해 준다.

067 그림의 신호 흐름 선도에서 $\dfrac{y_2}{y_1}$ 은?

① $\dfrac{a^3}{1-3ab}$
② $\dfrac{a^3}{(1-ab)^3}$
③ $\dfrac{a^3}{(1-3ab+ab)}$
④ $\dfrac{a^3}{1-3ab+2ab}$

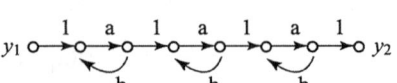

64. ③ 65. ④ 66. ③ 67. ①

해설 문제 신호 흐름 선도에서 전달 함수 $\frac{y_2}{y_1}$는 메이슨(Mason)의 정리에서

$$\frac{y_2}{y_1} = \frac{\sum_{k=1}^{n} G_k \Delta_k}{\Delta} = \frac{G_1\Delta_1 + G_2\Delta_2 + \cdots}{1-(G_1H_1 + G_2H_2 + G_3H_3 + \cdots)} = \frac{G_1\Delta_1}{1-(G_1H_1 + G_2H_2 + G_3H_3)}$$

$$= \frac{1 \times a \times 1 \times a \times 1 \times a \times 1}{1-(ab+ab+ab)} = \frac{a^3}{1-3ab}$$ 이 된다.

068
그림과 같은 블록 선도로 표시되는 제어계는 무슨 형인가?
① 0
② 1
③ 2
④ 3

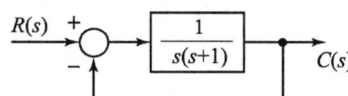

해설 블록 선도의 전달 함수

$$G(s)H(s) = \frac{\frac{1}{s(s+1)}}{1+\frac{1}{s(s+1)}} = \frac{1}{s(s+1)+1}$$ 이다.

제어계의 형은 분모 s차수−분자 s차수이다.
∴ 제어계의 형은 분모의 s차수가 1이므로 이 블록 선도는 제1형 제어계이다.

069
다음 논리 회로의 출력 X는?
① A
② B
③ A+B
④ A·B

해설 논리 회로의 출력
X = (A+B)·B = AB+BB = AB+B = B(A+1) = B가 된다.

070
단위계단 함수 $u(t)$를 z변환하면?
① 1
② $\frac{1}{z}$
③ 0
④ $\frac{z}{(z-1)}$

해설 단위계단 함수 $u(t)$의 z변환 함수 $= \frac{z}{(z-1)}$가 된다.

정답 68.② 69.② 70.④

071 전압의 순시값이 다음과 같을 때 실효값은 약 몇 [V]인가?

$$v = 3 + 10\sqrt{2}\sin\omega t + 5\sqrt{2}\sin(3\omega t - 30°)\,[V]$$

① 11.6　　　　② 13.2
③ 16.4　　　　④ 20.1

해설 V(실효치 전압)$= \sqrt{\dfrac{1}{T}\int_0^T v^2 dt} = \sqrt{V_0^2 + V_1^2 + V_3^2}$

$= \sqrt{V_0^2 + \left(\dfrac{V_{m1}}{\sqrt{2}}\right)^2 + \left(\dfrac{V_{m3}}{\sqrt{2}}\right)^2} = \sqrt{(3)^2 + \left(\dfrac{10\sqrt{2}}{\sqrt{2}}\right)^2 + \left(\dfrac{5\sqrt{2}}{\sqrt{2}}\right)^2}$

$= \sqrt{(3)^2 + (10)^2 + (5)^2} = \sqrt{9+100+25} = \sqrt{134} ≒ 11.6[V]$가 된다.

072 $v = 100\sqrt{2}\sin\left(\omega t + \dfrac{\pi}{3}\right)[V]$를 복소수로 나타내면?

① $25 + j25\sqrt{3}$　　　　② $50 + j25\sqrt{3}$
③ $25 + j50\sqrt{3}$　　　　④ $50 + j50\sqrt{3}$

해설 $\dot{V}$(복소 전압)$= 100\angle\dfrac{\pi}{3} = 100\left(\cos\dfrac{\pi}{3} + j\sin\dfrac{\pi}{3}\right) = 100\left(\dfrac{1}{2} + j\dfrac{\sqrt{3}}{2}\right) = 50 + j50\sqrt{3}[V]$이다.

073 분포 정수 회로에서 선로의 단위길이당 저항을 100[Ω], 인덕턴스를 200[mH], 누설 컨덕턴스를 0.5[℧]라 할 때 일그러짐이 없는 조건을 만족하기 위한 정전 용량은 몇 [μF]인가?

① 0.001　　　　② 0.1
③ 10　　　　④ 1000

해설 분포 정수 회로에서 일그러짐이 없는 조건은 $\dfrac{R}{L} = \dfrac{G}{C}$이다.

$\therefore \dfrac{100}{200 \times 10^{-3}} = \dfrac{0.5}{C},\quad 100C = 0.5 \times 200 \times 10^{-3}$

C(정전 용량)$= \dfrac{0.5 \times 200 \times 10^{-3}}{100} = 1 \times 10^{-3}[F] = 1000[\mu F]$가 된다.

074 그림과 같이 $r = 1[\Omega]$인 저항을 무한히 연결할 때 a-b에서의 합성 저항은?

① $1 + \sqrt{3}$
② $\sqrt{3}$
③ $1 + \sqrt{2}$
④ ∞

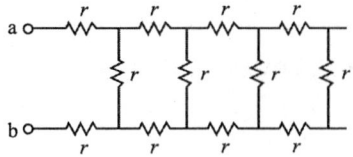

해설 a-b 단자에서 보이는 부분만을 합성 저항 $R_{ab}[\Omega]$라면 등가 회로는 다음과 같다.

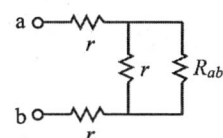

$\therefore R_{ab}(\text{합성 저항})=r+r+\dfrac{r \times R_{ab}}{r+R_{ab}}=\dfrac{2r^2+2rR_{ab}+rR_{ab}}{r+R_{ab}}=\dfrac{2r^2+3rR_{ab}}{r+R_{ab}}$

$rR_{ab}+R_{ab}^2=2r^2+3rR_{ab}, \ R_{ab}^2-2rR_{ab}-2r^2=0$

합성 저항은 +값만이므로 근의 공식에서

$R_{ab}=\dfrac{-b\pm\sqrt{b^2-4ac}}{2a}=\dfrac{2r+\sqrt{(-2r)^2-4\times1\times(-2r^2)}}{2\times1}$

$=r+\sqrt{\dfrac{12r^2}{4}}=r+\sqrt{3}r=1+\sqrt{3}\,[\Omega]$가 된다.

075
3상 불평형 전압에서 역상 전압이 35[V]이고, 정상 전압이 100[V], 영상 전압이 10[V]라 할 때, 전압의 불평형률은?

① 0.10 ② 0.25
③ 0.35 ④ 0.45

해설 3상 불평형 전압에서 전압의 불평형률= $\dfrac{\text{역상 전압}}{\text{정상 전압}}=\dfrac{35}{100}=0.35$가 된다.

076
4단자 정수 A, B, C, D 중에서 어드미턴스 차원을 가진 정수는?

① A ② B
③ C ④ D

해설 4단자 기초 방정식 $\begin{cases}V_1=AV_2+BI_2\\I_1=CV_2+DI_2\end{cases}$이다.

4단자 정수 $\begin{cases}A=\dfrac{V_1}{V_2}\bigg|_{I_2=0} \Rightarrow \text{전압 궤환율}\\ C=\dfrac{I_1}{V_2}\bigg|_{I_2=0} \Rightarrow \text{개방 전달 어드미턴스}(\mho) \Rightarrow \text{어드미턴스 차원이다.}\end{cases}$

$\begin{cases}B=\dfrac{V_1}{I_2}\bigg|_{V_2=0} \Rightarrow \text{단락 전달 임피던스}(\Omega) \Rightarrow \text{임피던스 차원이다.}\\ D=\dfrac{I_1}{I_2}\bigg|_{V_2=0} \Rightarrow \text{전류 궤환율 등이다.}\end{cases}$

정답 75.③ 76.③

077 다음 회로의 4단자 정수는?

① $A=1+2\omega^2 LC$, $B=j2\omega C$, $C=j\omega L$, $D=0$
② $A=1-2\omega^2 LC$, $B=j2L$, $C=j2\omega C$, $D=1$
③ $A=2\omega^2 LC$, $B=j\omega L$, $C=j2\omega C$, $D=1$
④ $A=2\omega^2 LC$, $B=j2\omega C$, $C=j\omega L$, $D=0$

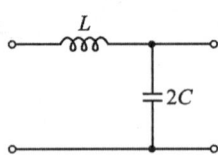

해설 L형 4단자망 회로의 4단자 정수

$$\begin{vmatrix} A & B \\ C & D \end{vmatrix} = \begin{vmatrix} 1 & j\omega L \\ 0 & 1 \end{vmatrix}\begin{vmatrix} 1 & 0 \\ j\omega 2C & 1 \end{vmatrix} = \begin{vmatrix} 1-2\omega^2 LC & j\omega L \\ j2\omega C & 1 \end{vmatrix}$$이다.

∴ 4단자 정수 $A=1-2\omega^2 LC$, $B=j\omega L$, $C=j2\omega C$, $D=1$이다.

078 인덕턴스 0.5[H], 저항 2[Ω]의 직렬 회로에 30[V]의 직류 전압을 급히 가했을 때 스위치를 닫은 후 0.1초 후의 전류의 순시값 i[A]와 회로의 시정수 τ[s]는?

① $i=4.95$, $\tau=0.25$
② $i=12.75$, $\tau=0.35$
③ $i=5.95$, $\tau=0.45$
④ $i=13.95$, $\tau=0.25$

해설 R-L 직렬 회로의 과도 현상에서 스위치를 닫은 후 0.1초 후의 과도 전류

$$i = \frac{E}{R}(1-e^{-\frac{R}{L}t}) = \frac{30}{2}(1-e^{-\frac{2}{0.5}\times 0.1})$$
$$= 15\left(1-e^{-\frac{2}{5}}\right) = 15(1-e^{-0.4}) = 15\left(1-\frac{1}{e^{0.4}}\right) = 15(1-0.67) = 15 \times 0.33 = 4.95[A]$$

또한 τ(시정수)$=\frac{L}{R}=\frac{0.5}{2}=0.25$[sec]이다.

079 $f(t)=u(t-a)-u(t-b)$의 라플라스 변환 $F(s)$는?

① $\frac{1}{s^2}(e^{-as}-e^{-bs})$
② $\frac{1}{s}(e^{-as}-e^{-bs})$
③ $\frac{1}{s^2}(e^{as}+e^{bs})$
④ $\frac{1}{s}(e^{as}+e^{bs})$

해설 시간 함수 $f(t)$인 단위 벡타의 라플라스 변환

$$F(s) = \int_a^\infty u(t)e^{-st}dt - \int_b^\infty u(t)e^{-st}dt = \frac{e^{-st}}{-s}\bigg|_a^\infty - \frac{e^{-st}}{-s}\bigg|_b^\infty$$
$$= \frac{0-e^{-as}}{-s} - \frac{0-e^{-bs}}{-s} = \frac{1}{s}(e^{-as}-e^{-bs})$$가 된다.

77. ② 78. ① 79. ②

080 한 상의 임피던스가 $6+j8[\Omega]$인 △부하에 대칭 선간 전압 200[V]를 인가할 때 3상 전력[W]은?

① 2400
② 4160
③ 7200
④ 10800

해설 △부하에 3상 전력
$$P = 3I^2 R = 3 \times \left(\frac{200}{\sqrt{6^2+8^2}}\right)^2 \times 6 = 3 \times \left(\frac{200}{10}\right)^2 \times 6 = 3 \times 400 \times 6 = 7200[\text{W}]$$가 된다.

05 전/기/설/비/기/술/기/준/및/판/단/기/준

081 특고압 가공 전선이 삭도와 제2차 접근 상태로 시설할 경우에 특고압 가공 전선로의 보안공사는?

① 고압 보안공사
② 제1종 특고압 보안공사
③ 제2종 특고압 보안공사
④ 제3종 특고압 보안공사

해설 제128조(특별고압 가공 전선과 삭도와의 접근 또는 교차)
특고압 가공 전선이 삭도와 제2차 접근 상태로 시설할 경우에 특고압 가공 전선은 제2종 특고압 보안공사에 의하여 시설하여야 한다.

082 저압 전로 중 전선 상호 간 및 전로와 대지 사이의 절연 저항 값은 대지 전압이 150[V] 초과 300[V] 이하인 경우에 몇 [MΩ] 되어야 하는가?

① 0.1
② 0.2
③ 0.3
④ 0.4

해설 기술기준 제5조(전로의 절연)/제52조(저압전로의 절연성능)
저압 전로 중 전선 상호 간 및 전로와 대지 사이의 절연 저항 값은 대지 전압이 150[V] 초과 300[V] 이하인 경우에 몇 0.2[MΩ] 되어야 한다.

083 철도 또는 궤도를 횡단하는 저고압 가공 전선의 높이는 레일면 상 몇 [m] 이상인가?

① 5.5
② 6.5
③ 7.5
④ 8.5

해설 제72조(저고압 가공전선의 높이)
철도 또는 궤도를 횡단하는 저·고압 가공 전선의 높이는 레일면 상 6.5[m] 이상이어야 한다.

정답 80.③ 81.③ 82.② 83.②

084 갑종 풍압하중을 계산할 때 강관에 의하여 구성된 철탑에서 구성재의 수직 투영 면적 1[m²]에 대한 풍압하중은 몇 [Pa]를 기초로 하여 계산한 것인가? (단, 단주는 제외한다.)

① 588　　　② 1117
③ 1255　　　④ 2157

제62조(풍압하중의 종별과 적용)
갑종 풍압하중을 계산할 때 강관에 의하여 구성된 철탑에서 구성재의 수직 투영면적 1[m²]에 대한 풍압하중은 128[kg]×9.805≒1255[Pa]를 기초로 하여 계산한 것이다.

085 발전소의 계측 요소가 아닌 것은?

① 발전기의 고정자 온도　　② 저압용 변압기의 온도
③ 발전기의 전압 및 전류　　④ 주요 변압기의 전류 및 전압

제50조(계측 장치)
발전소의 계측 요소인 것은,
① 발전기의 고정자 온도
② 발전기의 전압·전류 및 전력
③ 주요 변압기의 전압·전류 및 전력
④ 특별 고압용 변압기 온도 등이다.

086 특고압 가공 전선로에서 발생하는 극저주파 전자계는 자계의 경우 지표상 1[m]에서 측정 시 몇 [μT] 이하인가?

① 28.0　　　② 46.5
③ 70.0　　　④ 83.3

기출기준 제17조(유도장해 방지)
특고압 가공전선로에서 발생하는 극저주파 전자계는 지표상 1[m]에서 전계가 3.5[kV/m] 이하, 자계가 83.3[μT] 이하가 되도록 시설하는 등 상시 정전유도(靜電誘導) 및 전자유도(電磁誘導) 작용에 의하여 사람에게 위험을 줄 우려가 없도록 시설하여야 한다.(다만, 논밭, 산림 그 밖에 사람의 왕래가 적은 곳에서 사람에 위험을 줄 우려가 없도록 시설하는 경우는 제외함)

087 애자 사용 공사에 의한 저압 옥내배선 시 전선 상호 간의 간격은 몇 [cm] 이상인가?

① 2　　　② 4
③ 6　　　④ 8

제201조(애자 사용 공사)
애자 사용 공사에 의한 저압 옥내배선 시 전선 상호 간의 간격은 6[cm] 이상이어야 한다.

84. ③　85. ②　86. ④　87. ③

088 가공 전선과 첨가 통신선과의 시공 방법으로 틀린 것은?

① 통신선은 가공 전선의 아래에 시설할 것
② 통신선과 고압 가공 전선 사이의 이격 거리는 60[cm] 이상일 것
③ 통신선과 특고압 가공 전선로의 다중접지한 중성선 사이의 이격 거리는 1.2[m] 이상일 것
④ 통신선은 특고압 가공 전선로의 지지물에 시설하는 기계 기구에 부속되는 전선과 접촉할 우려가 없도록 지지물 또는 완금류에 견고하게 시설할 것

> 제155조(가공 전선과 첨가 통신선 사이의 이격 거리)
> 가공전선과 첨가 통신선과 사이의 옳은 시공 방법은,
> ① 통신선은 가공 전선의 아래에 시설할 것
> ② 통신선과 저·고압 가공 전선 사이의 이격 거리는 60[cm] 이상일 것
> ③ 통신선은 특고압 가공 전선로의 지지물에 시설하는 기계 기구에 부속되는 전선과 접촉할 우려가 없도록 지지물 또는 완금류에 견고하게 시설할 것

089 가공 약전류 전선을 사용 전압이 22.9[kV]인 특고압 가공 전선과 동일 지지물에 공가하고자 할 때 가공 전선으로 경동연선을 사용한다면 단면적이 몇 [mm²] 이상인가?

① 22   ② 38
③ 50   ④ 5.5

> 제122조(특고압 가공 전선과 가공 약전류 전선 등의 공가)
> 가공 약전류 전선(저·고압)을 사용 전압이 22.9[kV]인 특고압 가공 전선과 동일 지지물에 공가하고자 할 때 가공 전선으로는 5.5[mm²] 이상의 경동연선을 사용하여야 한다.

090 발전소·변전소 또는 이에 준하는 곳의 특고압 전로에 대한 접속 상태를 모의 모선의 사용 또는 기타의 방법으로 표시하여야 하는데, 그 표시의 의무가 없는 것은?

① 전선로의 회선 수가 3회선 이하로서 복모선
② 전선로의 회선 수가 2회선 이하로서 복모선
③ 전선로의 회선 수가 3회선 이하로서 단일모선
④ 전선로의 회선 수가 2회선 이하로서 단일모선

> 제46조(특별 고압 전로의 상 및 접속 상태 표시)
> 발전소·변전소 또는 이에 준하는 곳의 특고압 전로에 대한 접속 상태를 모의모선의 사용 또는 기타의 방법으로 표시하여야 하는데, 다만 전선로의 회선 수가 2회선 이하로서 단일모선인 경우에는 그 표시의 의무가 없다.

88. ③ 89. ④ 90. ④

091 배류 시설에 대한 설명으로 옳은 것은?
① 배류 시설에는 영상 변류기를 사용하여 전식 작용에 의한 장해를 방지한다.
② 배류선을 귀선에 접속하는 위치는 귀선용 레일의 저항의 증가되는 곳으로 한다.
③ 배류 회로는 배류선과 금속제 지중 관로 및 귀선과의 접속점을 제외하고 대지와 단락시킨다.
④ 배류 시설은 다른 금속제 지중 관로 및 귀선용 레일에 대한 전식 작용에 의한 장해를 현저히 증가시킬 우려가 없도록 시설한다.

해설 제265조(배류 접속)
① 배류 시설은 다른 금속제 지중 관로 및 귀선용 레일에 대한 전식 작용에 의한 장해를 현저히 증가시킬 우려가 없도록 시설한다.
② 배류 시설에는 선택 배류기를 사용할 것

092 전기울타리의 시설에 사용되는 전선은 지름 몇 [mm] 이상의 경동선인가?
① 2.0   ② 2.6
③ 3.2   ④ 4.0

해설 제231조(전기울타리의 시설)
전기울타리는 사람이 쉽게 출입하지 아니하는 곳에 시설할 것. 전기울타리의 시설에 사용되는 전선은 지름 2[mm]의 경동선 또는 동등 이상의 세기 및 굵기의 것일 것

093 사용 전압이 161[kV]인 가공 전선로를 시가지 내에 시설할 때 전선의 지표상의 높이는 몇 [m] 이상이어야 하는가?
① 8.65   ② 9.56
③ 10.47   ④ 11.56

해설 제104조(시가지 등에서 특고압 가공 전선로의 시설)
사용 전압이 161[kV]인 가공 전선로를 시가지 내에 시설할 때 전선의 지표상 높이는 사용 전압이 35[kV]를 넘는 것은 10[m]에, 35[kV]를 넘는 10[kV] 또는 그 단수마다 12[cm]를 더한 값으로 $10+(161-35)\times0.12=10+13\times0.12=10+1.56=11.56[m]$ 이상이어야 한다.

094 지중 전선로는 기설 지중 약전류 전선로에 대하여 다음의 어느 것에 의하여 통신상의 장해를 주지 아니하도록 기설 약전류 전선로로부터 충분히 이격시키는가?
① 충전 전류 또는 표피작용   ② 누설 전류 또는 유도작용
③ 충전 전류 또는 유도작용   ④ 누설 전류 또는 표피작용

정답 91. ④ 92. ① 93. ④ 94. ②

해설 제140조(지중 약전류 전선에의 유도장해의 방지)
지중 전선로는 기설 지중 약전류 전선로에 대하여 누설 전류 또는 유도작용에 의하여 통신상에 장해를 주지 아니하도록 기설 약전류 전선로로부터 충분히 이격시키거나 기타 적당한 방법으로 시설하여야 한다.

095 ACSR 전선을 사용전압 직류 1500[V]의 가공급전선으로 사용할 경우 안전율은 얼마 이상이 되는 이도로 시설하여야 하는가?
① 2.0
② 2.1
③ 2.2
④ 2.5

해설 제71조(저고압 가공 전선의 안전율)
케이블은 제외 경동선 또는 내열 동합금선의 안전율은 2.2 이상, 그 밖의 전선은 2.5 이상이 되는 이도(Dip)로 시설하여야 한다.
∴ ACSR 전선을 사용전압 직류 1500[V]의 가공급전선으로 사용할 경우 안전율은 2.5 이상이 되는 이도(Dip)로 시설하여야 한다.

096 154[kV] 가공 전선과 가공 약전류 전선이 교차하는 경우에 시설하는 보호망을 구성하는 금속선 중 가공 전선의 바로 아래에 시설되는 것 이외의 다른 부분에 시설되는 금속선은 지름 몇 [mm] 이상의 아연도 철선이어야 하는가?
① 2.6
② 3.2
③ 4.0
④ 5.0

해설 제129조(특별고압 가공 전선과 저·고압 가공 전선 등의 접근 또는 교차)
154[kV] 가공 전선과 가공 약전류 전선이 교차하는 경우에 시설하는 보호망을 구성하는 금속선 중 가공 전선 바로 아래에 시설되는 것 이외의 다른 부분에 시설되는 금속선은 지름 4[mm] 이상의 아연도 철선이어야 한다.

097 설계하중이 6.8[kN]인 철근 콘크리트주의 길이가 17[m]라 한다. 이 지지물을 지반이 연약한 곳 이외의 곳에서 안전율을 고려하지 않고 시설하려고 하면 땅에 묻히는 깊이는 몇 [m] 이상으로 하여야 하는가?
① 2.0
② 2.3
③ 2.5
④ 2.8

해설 제63조(가공 전선로 지지물의 기초 안전율)
설계하중이 6.8[kN]인 철근 콘크리트주의 길이가 16[m]를 넘고 20[m] 이하인 17[m]이다. 이 지지물을 지반이 연약한 곳 이외의 곳에서 안전율을 고려하지 않고 시설하려고 하면 땅에 묻히는 깊이는 2.8[m] 이상으로 하여야 한다.

해답 95. ④ 96. ③ 97. ④

098 전로를 대지로부터 반드시 절연하여야 하는 것은?
① 시험용 변압기
② 저압 가공 전선로의 접지 측 전선
③ 전로의 중성점에 접지 공사를 하는 경우의 접지점
④ 계기용 변성기의 2차 측 전로에 접지 공사를 하는 경우의 접지점

제12조(전로의 절연)
전로는 다음 부분 이외에는 대지로부터 반드시 절연하여야 한다. 다음 부분은 절연하지 않아도 된다.
① 시험용 변압기는 대지로부터 절연하지 않아도 된다.
② 전로의 중성점에 접지 공사를 하는 경우의 접지점
③ 계기용 변성기의 2차 측 전로에 접지 공사를 하는 경우의 접지점 등이다.

099 고압 계기용 변성기의 2차 측 전로의 접지 공사는?
① 제1종 접지 공사
② 제2종 접지 공사
③ 제3종 접지 공사
④ 특별 제3종 접지 공사

제26조(계기용 변성기의 2차 측 전로의 접지)
고압의 계기용 변성기의 2차 측 전로에는 제3종 접지 공사를 특별고압 계기용 변성기 2차 측 전로에는 제1종 접지 공사를 하여야 한다.

100 일반주택 및 아파트 각 호실의 현관등은 몇 분 이내에 소등되도록 타임 스위치를 시설해야 하는가?
① 3
② 4
③ 5
④ 6

제177조(점멸 장치와 타임스위치 등의 시설)
일반주택 및 아파트 각 호실의 현관등은 3분 이내에 소등되도록 타임 스위치를 시설하여야 한다.

98. ② 99. ③ 100. ①

03 전기기사

전기자기학 / 전력공학 / 전기기기 / 회로이론 및 제어공학 / 전기설비기술기준 및 판단기준

[2016년 8월 21일 시행]

01 전/기/자/기/학

001. 반지름 a[m]이고 단위길이에 대한 권수가 n인 무한장 솔레노이드의 단위길이당의 자기 인덕턴스는 몇 [H/m]인가?

① $\mu\pi a^2 n^2$
② $\mu\pi a n$
③ $\dfrac{an}{2\mu\pi}$
④ $4\mu\pi a^2 n^2$

해설 무한장 솔레노이드의 단위길이당 자기 인덕턴스
$$L = \frac{n^2}{R} = \frac{n^2}{\dfrac{l}{\mu s}} = \mu s n^2 = \mu\pi a^2 n^2 [\text{H/m}] \text{이다.}$$

002. 선전하 밀도 ρ[C/m]를 갖는 코일이 반원형의 형태를 취할 때, 반원의 중심에서 전계의 세기를 구하면 몇 [V/m]인가? (단, 반지름은 r[m]이다.)

① $\dfrac{\rho}{8\varepsilon_0 r^2}$
② $\dfrac{\rho}{4\varepsilon_0 r}$
③ $\dfrac{\rho}{4\varepsilon_0 r^2}$
④ $\dfrac{\rho}{2\varepsilon_0 r}$

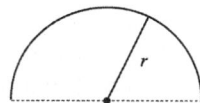
선전하 밀도 ρ

해설 선전하 밀도 $\rho = \dfrac{dq}{dl}$[C/m]. $dq = \rho dl$[C]를 갖는 코일이 반원형의 형태를 취할 때 반원 중심에서의 전계 세기는 가우스 정리 적분형에서 $\displaystyle\int_s E \cdot ds = \dfrac{dq}{\varepsilon_0}$

$E \cdot S = E \cdot 2\pi r dl = \dfrac{\rho dl}{\varepsilon_0}$ 에서 E(전계 세기) $= \dfrac{\rho}{2\pi\varepsilon_0 r}$[V/m]가 된다.

003. 비투자율 μ_s는 역자성체에서 다음 중 어느 값을 갖는가?

① $\mu_s = 0$
② $\mu_s < 1$
③ $\mu_s > 1$
④ $\mu_s = 1$

해설 μ(투자율) $= \mu_0 \mu_s$[F/m]. μ_0(진공투자율) $= 4\pi \times 10^{-7}$

μ_s(비투자율)=자성체인 경우는 대단히 크다. χ(자화율) $= \mu_0(\mu_s - 1)$이다.

∴ μ_s(비투자율)이 역자성체에서의 값은 $\mu_s < 1$과 $\chi < 1$이 된다.

정답 1.① 2.④ 3.②

004 도전율 σ, 투자율 μ인 도체에 교류 전류가 흐를 때 표피 효과의 영향에 대한 설명으로 옳은 것은?

① σ가 클수록 작아진다.
② μ가 클수록 작아진다.
③ μ_s가 클수록 작아진다.
④ 주파수가 높을수록 커진다.

해설 표피 효과란 전선에 전류가 흐르는 효과를 말한다.

∴ 표피 효과의 두께 $\delta = \sqrt{\dfrac{2}{\omega\sigma\mu}} = \sqrt{\dfrac{2}{2\pi f\sigma\mu}} = \dfrac{1}{\sqrt{\pi f\sigma\mu}} = \dfrac{1}{\sqrt{f}}$[m]이다.

∴ 표피 효과의 영향은 주파수가 높으면 표피 효과의 두께인 δ값은 감소하나 표피 효과는 주파수가 높을수록 커진다.

005 자계와 전류계의 대응으로 틀린 것은?

① 자속 ↔ 전류
② 기자력 ↔ 기전력
③ 투자율 ↔ 유전율
④ 자계의 세기 ↔ 전계의 세기

해설 자계와 전류계의 대응으로 옳은 것은?
자계 → 전류계이다.
① ϕ(자속)[Wb] → I(전류)[A]
② F(기자력)[AT] → e(기전력)[V]
③ μ(투자율)[F/m] → K(도전율)[℧/m]
④ H(자계 세기)[A/m] → E(전계 세기)[V/m] 등이다.

006 다음의 관계식 중 성립할 수 없는 것은? (단, μ는 투자율, μ_0는 진공의 투자율, χ는 자화율, J는 자화의 세기이다.)

① $\mu = \mu_0 + \chi$
② $J = \chi B$
③ $\mu_s = 1 + \dfrac{\chi}{\mu_0}$
④ $B = \mu H$

해설 다음 관계식 중에서 성립할 수 있는 것은?

① χ(자화율) $= \mu_0(\mu_s - 1) = \mu_0\mu_s - \mu_0 = \mu - \mu_0$ 에서 μ(투자율) $= \mu_0 + \chi$

② $\mu = \mu_0\mu_s = \mu_0 + \chi$ 에서 $\mu_s = \dfrac{\mu_0}{\mu_0} + \dfrac{\chi}{\mu_0} = 1 + \dfrac{\chi}{\mu_0}$

③ H(자계 세기) $= \dfrac{m}{4\pi\mu r^2} = \dfrac{m}{4\pi r^2} \times \dfrac{1}{\mu} = \dfrac{B}{\mu}$[AT/m]에서

B(자속 밀도) $= \mu H$[Wb/m²]가 된다.

해답 4.④ 5.③ 6.②

007 베이클라이트 중의 전속 밀도가 $D[C/m^2]$일 때의 분극의 세기는 몇 $[C/m^2]$인가? (단, 베이클라이트의 비유전율은 ε_r이다.)

① $D(\varepsilon_r - 1)$
② $D(1 + \frac{1}{\varepsilon_r})$
③ $D(1 - \frac{1}{\varepsilon_r})$
④ $D(\varepsilon_r + 1)$

해설 P(분극 세기) $= \chi E = \varepsilon_0(\varepsilon_r - 1)E = \varepsilon_0\varepsilon_r E - \varepsilon_0 E = \varepsilon_0\varepsilon_r E(1 - \frac{\varepsilon_0 E}{\varepsilon_0\varepsilon_r E}) = D(1 - \frac{1}{\varepsilon_r})[C/m^2]$
가 된다.

008 철심부의 평균 길이가 l_2, 공극의 길이가 l_1, 단면적이 S인 자기 회로이다. 자속 밀도를 $B[Wb/m^2]$로 하기 위한 기자력[AT]은?

① $\frac{\mu_0}{B}(l_1 + \frac{\mu_s}{l_2})$
② $\frac{B}{\mu_0}(l_2 + \frac{l_1}{\mu_s})$
③ $\frac{\mu_0}{B}(l_2 + \frac{\mu_s}{l_1})$
④ $\frac{B}{\mu_0}(l_1 + \frac{l_2}{\mu_s})$

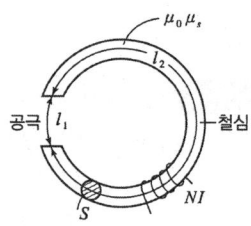

해설 B(자속 밀도) $= \frac{\phi}{S} = \mu H[Wb/m^2]$, H(자계 세기) $= \frac{B}{\mu}[AT/m]$이다.

∴ 환상철심에서 철심부의 평균 길이 $l_2[m]$, 공극부의 길이 $l_1[m]$, 단면적 $S[m^2]$인 자기 회로가 있다. 자속 밀도를 $B[Wb/m^2]$로 하기 위한 기자력

$F = NI = R\phi = Hl = (H_1 l_1 + H_2 l_2) = \frac{B}{\mu_0}l_1 + \frac{B}{\mu_0\mu_s}l_2 = \frac{B}{\mu_0}(l_1 + \frac{l_2}{\mu_s})[AT]$이 된다.

009 자성체의 자화의 세기 $J = 8000[Wb/m^2]$, 자화율 $\chi_m = 0.02$일 때 자속 밀도는 약 몇 [T]인가?

① 7000
② 7500
③ 8000
④ 8500

해설 J(자화 세기) $= \chi H = \mu_0(\mu_s - 1)H = \mu_0\mu_s H - \mu_0 H = B - \mu_0 H[Wb/m^2]$에서
∴ B(자속 밀도) $= \mu_0 H + J ≒ J = 8000[Wb/m^2]$가 된다.

010 진공 중의 자계 10[AT/m]인 점에 $5 \times 10^{-3}[Wb]$의 자극을 놓으면 그 자극에 작용하는 힘[N]은?

① 5×10^{-2}
② 5×10^{-3}
③ 2.5×10^{-2}
④ 2.5×10^{-3}

예답 7.③ 8.④ 9.③ 10.①

[해설] 자극에 작용하는 힘
$F = \dfrac{m \times m}{4\pi\mu_0 r^2} = mH = 5 \times 10^{-3} \times 10 = 5 \times 10^{-2}$[N]이 된다.

011 전계와 자계와의 관계에서 고유 임피던스는?

① $\sqrt{\varepsilon\mu}$
② $\sqrt{\dfrac{\mu}{\varepsilon}}$
③ $\sqrt{\dfrac{\varepsilon}{\mu}}$
④ $\dfrac{1}{\sqrt{\varepsilon\mu}}$

[해설] 전자계의 고유 임피던스
$Z_0 = \dfrac{E}{H} = \sqrt{\dfrac{\mu}{\varepsilon}}$ [Ω]이다.

012 자성체 $3 \times 4 \times 20$[cm³]가 자속 밀도 $B = 130$[mT]로 자화되었을 때 자기 모멘트가 48[A·m²]이었다면 자화의 세기(M)는 몇 [A/m]인가?

① 10^4
② 10^5
③ 2×10^4
④ 2×10^5

[해설] 자화의 세기
$J = \dfrac{dM}{dV} = \dfrac{48}{3 \times 4 \times 20 \times (10^{-2})^3} = \dfrac{48}{240 \times 10^{-6}} = \dfrac{48}{24} \times 10^5 = 2 \times 10^5$[A/m]이다.

013 그림과 같은 평행판 콘덴서에 극판의 면적이 S[m²], 진전하 밀도를 σ[C/m²], 유전율이 각각 $\varepsilon_1 = 4$, $\varepsilon_2 = 2$인 유전체를 채우고 a, b 양단에 V[V]의 전압을 인가할 때, ε_1, ε_2인 유전체 내부의 전계의 세기 E_1, E_2와의 관계식은?

① $E_1 = 2E_2$
② $E_1 = 4E_2$
③ $2E_1 = E_2$
④ $E_1 = E_2$

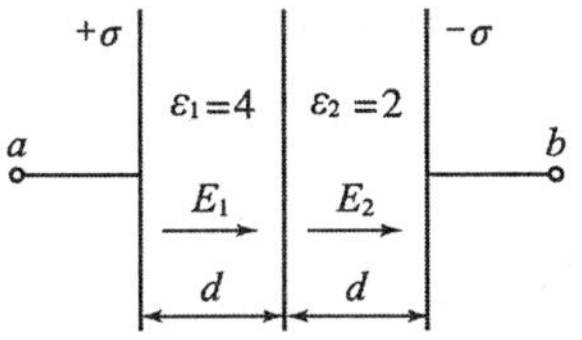

[해설] 문제에서 a, b 양단의 전압 $V = V_1 + V_2 = E_1 d + E_2 d$[V]이다.

여기서, $\dfrac{V_1}{V_2} = \dfrac{E_1}{E_2} = \dfrac{\dfrac{\sigma}{\varepsilon_1}}{\dfrac{\sigma}{\varepsilon_2}} = \dfrac{\varepsilon_2}{\varepsilon_1} = \dfrac{2}{4} = \dfrac{1}{2}$ ⋯ ①

∴ ε_1, ε_2인 유전체 내부 전계 세기 E_1, E_2 관계식은 ①식에서 $2E_1 = E_2$의 관계가 성립된다.

11. ② 12. ④ 13. ③

014 쌍극자 모멘트가 $M[\text{C}\cdot\text{m}]$인 전기 쌍극자에 의한 임의의 점 P에서의 전계의 크기는 전기 쌍극자의 중심에서 축 방향과 점 P를 잇는 선분 사이의 각이 얼마일 때 최대가 되는가?

① 0
② $\frac{\pi}{2}$
③ $\frac{\pi}{3}$
④ $\frac{\pi}{4}$

해설 전기 쌍극자 모멘트 $M[\text{C}\cdot\text{m}]$으로부터 임의의 거리 $r[\text{m}]$ 떨어진 점 P에 전계 크기
$E = \sqrt{E_r^2 + E_\theta^2} = \frac{M}{4\pi\varepsilon_0 r^3}\sqrt{1+3\cos^2\theta}\ [\text{V/m}]$에서 $\theta = 0$일 때 전계 크기는 최대다.

즉, $E_{\max} = \frac{M}{4\pi\varepsilon_0 r^3}\sqrt{1+3\cos^2\theta} = \frac{M}{4\pi\varepsilon_0 r^3}\sqrt{1+3} = \frac{2M}{4\pi\varepsilon_0 r^3}[\text{V/m}]$이다.

015 원점에 +1[C], 점(2, 0)에 -2[C]의 점전하가 있을 때 전계의 세기가 0인 점은?

① $-3-2\sqrt{3},\ 0$
② $-3+2\sqrt{3},\ 0$
③ $-2-2\sqrt{2},\ 0$
④ $-2+2\sqrt{2},\ 0$

해설

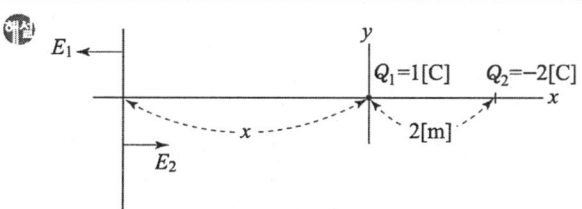

$E = 0$인 조건은 $E_1 = E_2$일 때이다.

Vector도에서 $E_1 = \frac{Q_1}{4\pi\varepsilon_0 x^2}[\text{V/m}]$, $E_2 = \frac{Q_2}{4\pi\varepsilon_0 (2+x)^2}[\text{V/m}]$

$E_1 = E_2$에서 $\frac{1}{4\pi\varepsilon_0 x^2} = \frac{2}{4\pi\varepsilon_0 (2+x)^2}$

$(2+x)^2 = 2x^2$에서 $2+x = \sqrt{2}x$, $2 = (\sqrt{2}-1)x$

∴ $E=0$인 점은 x축 $-$방향 $x = \frac{2}{\sqrt{2}-1} = \frac{2}{0.414} ≒ 4.83[\text{m}]$이다.

즉, $-4.83 = -2-2\sqrt{2}[\text{m}]$. 0인 점에 전계 세기 $E=0$이다.

016 반지름 2[mm], 간격 1[m]의 평행왕복 도선이 있다. 도체 간에 전압 6[kV]를 가했을 때 단위길이당 작용하는 힘은 몇 [N/m]인가?

① 8.06×10^{-5}
② 32.9×10^{-6}
③ 6.87×10^{-5}
④ 6.87×10^{-6}

예 평행 왕복 도전 단위길이당의 정전 용량 $C = \dfrac{\lambda l}{-\int_d^r E dr} = \dfrac{\lambda l}{\dfrac{\lambda}{\pi\varepsilon_0}\ln\dfrac{d}{r}} = \dfrac{\pi\varepsilon_0}{\ln\dfrac{d}{r}}[\text{F/m}]$

단위길이당의 에너지 $W = \dfrac{1}{2}CV^2 = \dfrac{1}{2}\dfrac{\pi\varepsilon_0 V^2}{\ln\dfrac{d}{r}}[\text{J/m}]$

$\therefore F$(평행 왕복 도선 단위길이당 작용하는 힘) $= \dfrac{\partial W}{\partial d} = \dfrac{\partial}{\partial d}\dfrac{1}{2}\dfrac{\pi\varepsilon_0 V^2}{\ln\dfrac{d}{r}}$

$= \dfrac{1}{2}\left(\dfrac{0-\dfrac{1}{d/r}\times\dfrac{1}{r}\pi\varepsilon_0 V^2}{(\ln\dfrac{d}{r})^2}\right) = -\dfrac{\pi\varepsilon_0 V^2}{2d(\ln\dfrac{d}{r})^2} = \dfrac{3.14\times 8.855\times 10^{-12}\times(6\times 10^3)^2}{2\times 1\times 2.3010(\log_{10}\dfrac{10^6}{4})}$

$= \dfrac{1000.8\times 10^{-6}}{4.602(6+2\times 0.30)} = \dfrac{1001\times 10^{-6}}{30.36} \fallingdotseq 32.9\times 10^{-6}[\text{N/m}]$ 이다.

017 유전율이 ε_1, ε_2인 유전체 경계면에서 수직으로 전계가 작용할 때 단위면적당에 작용하는 수직력은?

① $2(\dfrac{1}{\varepsilon_2} - \dfrac{1}{\varepsilon_1})E^2$ ② $2(\dfrac{1}{\varepsilon_2} - \dfrac{1}{\varepsilon_1})D^2$

③ $\dfrac{1}{2}(\dfrac{1}{\varepsilon_2} - \dfrac{1}{\varepsilon_1})E^2$ ④ $\dfrac{1}{2}(\dfrac{1}{\varepsilon_2} - \dfrac{1}{\varepsilon_1})D^2$

예 전계의 맥스웰 응력은 전계가 계면에 수직일 때는 전계 방향으로 $f = \dfrac{1}{2}(E_2 - E_1)D = \dfrac{1}{2}(\dfrac{1}{\varepsilon_2} - \dfrac{1}{\varepsilon_1})D^2[\text{N/m}^2]$에 인장 응력(수직력)을 받는다. (단, $\varepsilon_2 > \varepsilon_1$이라면 ε_2에서 ε_1 쪽으로 힘이 작용된다.)

018 진공 중에서 $+q[\text{C}]$과 $-q[\text{C}]$의 점전하가 미소거리 $a[\text{m}]$만큼 떨어져 있을 때 이 쌍극자가 P점에 만드는 전계 [V/m]와 전위 [V]의 크기는?

① $E = \dfrac{qa}{4\pi\varepsilon_0 r^2}$, $V = 0$

② $E = \dfrac{qa}{4\pi\varepsilon_0 r^3}$, $V = 0$

③ $E = \dfrac{qa}{4\pi\varepsilon_0 r^2}$, $V = \dfrac{qa}{4\pi\varepsilon_0 r}$

④ $E = \dfrac{qa}{4\pi\varepsilon_0 r^3}$, $V = \dfrac{qa}{4\pi\varepsilon_0 r^2}$

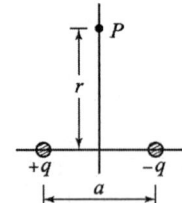

정답 17. ④ 18. ②

해설 진공 중에서 $+q$[C]와 $-q$[C]의 점전하가 미소거리 a[m]만큼인 전기 쌍극자 중심으로부터 수직 $\theta=90°$로 r[m] 떨어진 점에 V(전위) $=\dfrac{M\cos\theta}{4\pi\varepsilon_0 r^2}=\dfrac{M\cos 90°}{4\pi\varepsilon_0 r^2}=0$[V]

전계 세기 $E=\sqrt{E_r^2+E_\theta^2}=\dfrac{M}{4\pi\varepsilon_0 r^3}\sqrt{1+3\cos^2 90°}=\dfrac{M}{4\pi\varepsilon_0 r^3}=\dfrac{qa}{4\pi\varepsilon_0 r^3}$[V/m]가 된다.

(단, $M=Ql=qa$이다.)

---

019 반지름 a[m]인 원형 코일에 전류 I[A]가 흘렀을 때 코일 중심에서의 자계의 세기 [AT/m]는?

① $\dfrac{I}{4\pi a}$ ② $\dfrac{I}{2\pi a}$ ③ $\dfrac{I}{4a}$ ④ $\dfrac{I}{2a}$

해설 비오 사바르의 법칙에서 원형 코일 중심에서의 자계 세기

$H=\dfrac{Il\sin 90°}{4\pi a^2}=\dfrac{I\times 2\pi a\times 1}{4\pi a^2}=\dfrac{I}{2a}$[A/m]가 된다.

---

020 손실 유전체에서 전자파에 관한 전파 정수 γ로서 옳은 것은?

① $j\omega\sqrt{\mu\varepsilon}\sqrt{j\dfrac{\sigma}{\omega\varepsilon}}$ ② $j\omega\sqrt{\mu\varepsilon}\sqrt{1-j\dfrac{\sigma}{2\omega\varepsilon}}$

③ $j\omega\sqrt{\mu\varepsilon}\sqrt{1-j\dfrac{\sigma}{\omega\varepsilon}}$ ④ $j\omega\sqrt{\mu\varepsilon}\sqrt{1-j\dfrac{\omega\varepsilon}{\sigma}}$

해설 손실 유전체에서 전자파에 대한 전파 정수

$\gamma=\alpha+j\beta=j\omega\sqrt{\varepsilon\mu}\sqrt{1-j\dfrac{\sigma}{\omega\varepsilon}}$가 된다.

---

02 전/력/공/학

021 송전거리, 전력, 손실률 및 역률이 일정하다면 전선의 굵기는?

① 전류에 비례한다. ② 전류에 반비례한다.
③ 전압의 제곱에 비례한다. ④ 전압의 제곱에 반비례한다.

해설 P(전력) $=\sqrt{3}\,VI\cos\theta$[W]

손실 전력 $P_l=3I^2R=3\times\left(\dfrac{P}{\sqrt{3}\,V\cos\theta}\right)^2\times R=\dfrac{P^2}{V^2\cos^2\theta}\times\rho\dfrac{l}{s}$

전력 손실률 $K=\dfrac{P_l}{P}=\dfrac{1}{P}\times\dfrac{P^2\rho l}{V^2\cos^2\theta\times s}=\dfrac{P\rho l}{V^2\cos^2\theta\times s}$에서

S(전선의 굵기) $=\dfrac{P\rho l}{KV^2\cos^2\theta}\fallingdotseq\dfrac{1}{V^2}$

∴ 전선의 굵기는 전압의 제곱에 반비례한다.

19. ④ 20. ③ 21. ④

022 보호 계전기의 보호 방식 중 표시선 계전 방식이 아닌 것은?
① 방향 비교 방식 ② 위상 비교 방식
③ 전압 반향 방식 ④ 전류 순환 방식

해설 보호 계전기의 보호 방식 중 표시선 계전 방식에는 전압 반향 방식(opposed voltage system), 방향 비교 방식(directional comparison), 전류 순환 방식(circulating current system)이 있다.

023 중성점 직접 접지 방식에 대한 설명으로 틀린 것은?
① 계통의 과도 안정도가 나쁘다.
② 변압기의 단절연(段絶緣)이 가능하다.
③ 1선 지락 시 건전상의 전압은 거의 상승하지 않는다.
④ 1선 지락전류가 적어 차단기의 차단 능력이 감소된다.

해설 중성점 직접 접지 방식에 대한 설명으로 옳은 것은
① 계통의 과도 안정도가 나쁘다
② 변압기의 단절연이 가능하다.
③ 1선 지락 시 건전상의 전압은 거의 상승하지 않는다.

024 단상 변압기 3대를 △결선으로 운전하던 중 1대의 고장으로 V결선 한 경우 V결선과 △결선의 출력비는 약 몇 [%]인가?
① 52.2 ② 57.7
③ 66.7 ④ 86.6

해설 단상 변압기 3대를 △결선 운전 중 1대의 고장으로 V결선한 경우 V결선

출력비 $= \dfrac{V결선\ 용량}{3대\ 용량} \times 100 = \dfrac{\sqrt{3}\,VI}{3VI} \times 100 = \dfrac{1}{\sqrt{3}} \times 100 = 57.7[\%]$가 된다.

025 전력선에 영상 전류가 흐를 때 통신 선로에 발생되는 유도 장해는?
① 고조파 유도 장해 ② 전력 유도 장해
③ 전자 유도 장해 ④ 정전 유도 장해

해설 전자 유도 장해란 전력선에 영상 전류가 흐를 때 통신 선로에 발생되는 유도 장해를 말한다.

026 변압기의 결선 중에서 1차에 제3고조파가 있을 때 2차에 제3고조파 전압이 외부로 나타나는 결선은?
① Y-Y ② Y-△
③ △-Y ④ △-△

해답 22.② 23.④ 24.② 25.③ 26.①

해설 Y-Y결선은 변압기의 결선 중에서 1차 제3고조파가 있을 때 2차에 제3고조파 전압이 외부로 나타나는 결선이다.

027 3상 3선식의 전선 소요량에 대한 3상 4선식의 전선 소요량의 비는 얼마인가? (단, 배전 거리, 배전 전력 및 전력 손실은 같고, 4선식의 중성선의 굵기는 외선의 굵기와 같으며, 외선과 중성 선간의 전압은 3선식의 선간 전압과 같다.)

① $\dfrac{4}{9}$ ② $\dfrac{2}{3}$ ③ $\dfrac{3}{4}$ ④ $\dfrac{1}{3}$

해설 W(중량) ≒ S(단면적) ≒ $\dfrac{1}{R(저항)}$ 의 관계가 있다.

① 배전 전력이 동일하므로
$\sqrt{3}\,VI_3\cos\theta = 3VI_4\cos\theta$, $\sqrt{3}\,I_3 = 3I_4$, $\dfrac{I_4}{I_3} = \dfrac{\sqrt{3}}{3} = \dfrac{1}{\sqrt{3}}$ … ①

② 전력 손실이 동일하므로
$3I_3^2 R_3 = 3I_4^2 R_4$, $3 \times (\sqrt{3}\,I_4)^2 R_3 = 3I_4^2 R_4$, $\dfrac{R_4}{R_3} = 3 = \dfrac{W_3}{W_4}$ … ②

③ $\dfrac{3상\ 4선식\ 전선\ 총량}{3상\ 3선식\ 전선\ 총량} = \dfrac{4W_4}{3W_3} = \dfrac{4}{3} \times \dfrac{1}{3} = \dfrac{4}{9}$ 가 된다.

028 수전단의 전력원 방정식이 $P_r^2 + (Q_r + 400)^2 = 250000$으로 표현되는 전력 계통에서 가능한 최대로 공급할 수 있는 부하 전력(P_r)과 이때 전압을 일정하게 유지하는 데 필요한 무효 전력(Q_r)은 각각 얼마인가?

① $P_r = 500$, $Q_r = -400$ ② $P_r = 400$, $Q_r = 500$
③ $P_r = 300$, $Q_r = 100$ ④ $P_r = 200$, $Q_r = -300$

해설 수전단의 전력원 방정식이 $P_r^2 + (Q_r + 400)^2 = 250000$인 전력 계통에서 최대 공급할 수 있는 부하 전력 $P_r = 500$이고, 전압을 일정하게 유지하는 데 필요한 무효 전력 $Q_r = -400$이어야 한다.

029 그림과 같이 부하가 균일한 밀도로 도중에서 분기되어 선로 전류가 송전단에 이를수록 직선적으로 증가할 경우 선로의 전압 강하는 이 송전단 전류와 같은 전류의 부하가 선로의 말단에만 집중되어 있을 경우의 전압 강하보다 어떻게 되는가? (단, 부하 역률은 모두 같다고 한다.)

① $\dfrac{1}{3}$ ② $\dfrac{1}{2}$
③ 1 ④ 2

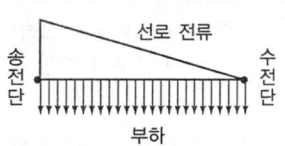

해설 배전 선로 말단 집중 부하 시의 전압 강하 $e = IR$ ⋯ ①
균일한 밀도의 부하가 도중에 분기되어 선로 전류가 송전단에 이를수록 직선적으로 증가하는 분포 부하의 전압 강하 $e_1 = \int_0^1 iRdx = \int_0^1 I(1-x)Rdx = IR\int_0^1 (1-x)dx =$
$IR(x - \frac{x^2}{2})_0^1 = IR(1 - \frac{1}{2}) = \frac{1}{2}IR$ ⋯ ②

∴ $\frac{\text{분포 부하 시 전압 강하}}{\text{집중 부하 시 전압 강하}} = \frac{e_1}{e} = \frac{\frac{IR}{2}}{IR} = \frac{1}{2}$ 이다.

030 컴퓨터에 의한 전력 조류 계산에서 슬랙(slack) 모선의 지정값은? (단, 슬랙 모선을 기준모선으로 한다.)

① 유효 전력과 무효 전력
② 모선 전압의 크기와 유효 전력
③ 모선 전압의 크기와 무효 전력
④ 모선 전압의 크기와 모선 전압의 위상각

해설 컴퓨터에 의한 전력 조류 계산에서 슬랙(slack) 모선의 지정값은 모선 전압의 크기와 모선 전압의 위상각이다.

031 동일 모선에 2개 이상의 급전선(feeder)을 가진 비접지 배전 계통에서 지락 사고에 대한 보호 계전기는?

① OCR   ② OVR
③ SGR   ④ DFR

해설 SGR(Selective Ground Relay)선택 지락 계전기란 동일 모선에 2개 이상의 급전선(feeder)을 가진 비접지 배전 계통에서 지락 사고에 대한 보호 계전기이다. 용도는 다회선에서 접지 고장 선택용 계전기이다.

032 차단기의 차단 능력이 가장 가벼운 것은?

① 중성점 직접접지 계통의 지락전류 차단
② 중성점 저항접지 계통의 지락전류 차단
③ 송전 선로의 단락 사고 시의 단락 사고 차단
④ 중성점을 소호 리액터로 접지한 장거리 송전 선로의 지락전류 차단

해설 중성점을 소호 리액터로 접지한 장거리 송전 선로의 지락전류 차단이 차단기의 차단 능력 중에서 가장 가벼운 것이다.

033 한류 리액터의 사용 목적은?

① 누설 전류의 제한   ② 단락 전류의 제한
③ 접지 전류의 제한   ④ 이상 전압 발생의 방지

정답 30.④ 31.③ 32.④ 33.②

해설 한류 리액터의 사용목적은 단락 전류의 제한이다.

034
통신선과 평행인 주파수 60[Hz]의 3상 1회선 송전선이 있다. 1선 지락 때문에 영상 전류가 100[A] 흐르고 있다면 통신선에 유도되는 전자 유도 전압은 약 몇 [V]인가? (단, 영상 전류는 전 전선에 걸쳐서 같으며, 송전선과 통신선과의 상호 인덕턴스는 0.06[mH/km], 그 평행 길이는 40[km]이다.)

① 156.6 ② 162.8
③ 230.2 ④ 271.4

해설 3상 1회선 송전선이 있다. 1선 지락 시 통신선에 유도되는 전자유도 전압
$V = |j\omega Ml \times 3I_o| = 2\pi f Ml \times 3I_o = 2 \times 3.14 \times 60 \times 0.06 \times 10^{-3} \times 40 \times 3 \times 100$
$= 377 \times 18 \times 40 \times 10^{-3} ≒ 271.4[V]$이 된다.

035
중거리 송전 선로의 특성은 무슨 회로로 다루어야 하는가?

① RL 집중 정수 회로 ② RLC 집중 정수 회로
③ 분포 정수 회로 ④ 특성 임피던스 회로

해설 중거리 송전 선로의 특성은 RLC 집중 정수 회로로 다룬다. 장거리 송전 선로의 특성은 분포 정수 회로로 다루어야 한다.

036
전력용 콘덴서의 사용 전압을 2배로 증가시키고자 한다. 이때 정전 용량을 변화시켜 동일 용량 [kVar]으로 유지하려면 승압전의 정전 용량보다 어떻게 변화하면 되는가?

① 4배로 증가 ② 2배로 증가
③ $\frac{1}{2}$로 감소 ④ $\frac{1}{4}$로 감소

해설 전력용 콘덴서 C[F]에서의 I_c(충전 전류) $= \frac{V}{X_C} = \omega CV[A]$

∴ 이때 용량 $P_r = VI_C = \omega CV^2 \times 10^{-3}[KVar]$ … ①

전력용 콘덴서 C[F]에 사용 전압 $V_1 = 2V[V]$로 할때의

충전 전류 $I_{C1} = \frac{V_1}{X_C} = \omega CV_1[A]$

이때의 용량 $P_{r1} = V_1 I_{C1} = V_1 \times \omega CV_1 = \omega CV_1^2 = \omega C \times (2V)^2$
$= 4\omega CV^2 \times 10^{-3} = 4P_r[KVar]$

∴ $P_r = \frac{1}{4}P_{r1}$ 만큼 감소된다.

정답 34. ④ 35. ② 36. ④

037 발전기의 단락비가 작은 경우의 현상으로 옳은 것은?
① 단락 전류가 커진다.
② 안정도가 높아진다.
③ 전압 변동률이 커진다.
④ 선로를 충전할 수 있는 용량이 증가한다.

해설 단락비가 큰 기계(철 기계)는 전기자 반작용과 전압 변동률이 작다.
∴ 단락비는 전압 변동률에 반비례한다. 즉, 발전기 단락비가 작은 기계(동 기계)는 전압 변동률이 커진다.

038 송전 선로에서 1선 지락 시에 건전상의 전압 상승이 가장 적은 접지 방식은?
① 비접지 방식
② 직접 접지 방식
③ 저항 접지 방식
④ 소호 리액터 접지 방식

해설 직접 접지 방식은 송전 선로에서 1선 지락 시에 건전상의 전압 상승이 가장 적은 접지 방식이다.

039 배전 선로의 손실을 경감하기 위한 대책으로 적절하지 않은 것은?
① 누전 차단기 설치
② 배전 전압의 승압
③ 전력용 콘덴서 설치
④ 전류 밀도의 감소와 평형

해설 배전 선로의 손실을 경감하기 위한 대책은,
① 배전 전압의 상승이다.
② 전력용 콘덴서의 설치이다.
③ 전류 밀도의 감소와 평형 등이다.

040 댐의 부속 설비가 아닌 것은?
① 수로
② 수조
③ 취수구
④ 흡출관

해설 댐의 부속 설비는 수로, 수조, 취수구 등이다.

03 전/기/기/기

041 정격 출력이 7.5[kW]의 3상 유도 전동기가 전부하 운전에서 2차 저항손이 300[W]이다. 슬립은 약 몇 [%]인가?
① 3.85
② 4.61
③ 7.51
④ 9.42

해답 37. ③ 38. ② 39. ① 40. ④ 41. ①

해설 P_2(2차 입력 = 1차 출력 = 동기 와트) = $P_{c2} + P_o$ = 300 + 7500 = 780[W]이다.

∴ P_{c2}(2차 동손) = SP_2[W]에서 s(슬립) = $\dfrac{P_{c2}}{P_2} \times 100 = \dfrac{300}{7800} \times 100 ≒ 3.85[\%]$ 이다.

042 직류 분권 발전기를 병렬 운전을 하기 위해서는 발전기 용량 P와 정격 전압 V는?

① P와 V 모두 달라도 된다.
② P는 같고, V는 달라도 된다.
③ P와 V가 모두 같아야 한다.
④ P는 달라도 V는 같아야 한다.

해설 직류 분권 발전기의 병렬 운전 조건은
① 정격 전압 및 극성이 같을 것
② 외부 특성 곡선이 거의 수하 특성일 것 등이다.
∴ 병렬 운전을 하기 위해서는 P(발전기 용량)는 달라도 V(정격 전압)는 같아야 한다.

043 권선형 유도 전동기 기동 시 2차 측에 저항을 넣는 이유는?

① 회전수 감소
② 기동 전류 증대
③ 기동 토크 감소
④ 기동 전류 감소와 기동 토크 증대

해설 2차 저항법이란 권선형 유도 전동기의 기동법으로 비례 추이를 이용 원선형 유도 전동기 기동 시 2차 측에 저항을 넣는 이유는 기동 전류 감소와 기동 토크 증대다. 이를 2차 저항법이라 한다.

044 변압기에서 철손을 구할 수 있는 시험은?

① 유도 시험
② 단락 시험
③ 부하 시험
④ 무부하 시험

해설 변압기 시험에서 무부하 시험은 변압기 철손을 구할 수 있는 시험이고, 단락 시험은 변압기 부하손(구리손)을 구할 수 있는 시험이다.

045 권선형 유도 전동기의 2차 권선의 전압 sE_2와 같은 위상의 전압 E_c를 공급하고 있다. E_c를 점점 크게 하면 유도 전동기의 회전 방향과 속도는 어떻게 변하는가?

① 속도는 회전자계와 같은 방향으로 동기속도까지만 상승한다.
② 속도는 회전자계와 반대 방향으로 동기속도까지만 상승한다.
③ 속도는 회전자계와 같은 방향으로 동기속도 이상으로 회전할 수 있다.
④ 속도는 회전자계와 반대 방향으로 동기속도 이상으로 회전할 수 있다.

해설 권선형 유도 전동기에서 E_c와 SE_2가 동일 방향일때는 속도는 상승된다. 즉, 속도는 회전자계와 같은 방향으로 동기속도 이상으로 회전할 수 있다.

정답 42. ④ 43. ④ 44. ④ 45. ③

046 주파수 60[Hz], 슬립 0.2인 경우 회전자 속도가 720[rpm]일 때 유도 전동기의 극수는?
① 4 ② 6
③ 8 ④ 12

해설 $s(슬립) = \dfrac{N_s - N}{N_s}$. $N = (1-s)N_s = (1-s) \times \dfrac{120f}{P}$

∴ $P(유도\ 전동기의\ 극수) = (1-s) \times \dfrac{120f}{N} = (1-0.2) \times \dfrac{120 \times 60}{720} = 0.8 \times 10 = 8$극이 된다.

047 단락비가 큰 동기기에 대한 설명으로 옳은 것은?
① 안정도가 높다. ② 기계가 소형이다.
③ 전압 변동률이 크다. ④ 전기자 반작용이 크다.

해설 단락비가 큰 동기기(철기계)는 안전도가 높다. 전기자 반작용과 전압 변동률이 작다.

048 유도 전동기의 1차 전압 변화에 의한 속도 제어 시 SCR을 사용하여 변화시키는 것은?
① 토크 ② 전류
③ 주파수 ④ 위상각

해설 유도 전동기의 1차 전압 변화에 의한 속도 제어 시에는 SCR을 사용하여 위상각을 변화시키는 것이다. 즉, SCR는 게이트(gate)신호 변화에 따라서 위상각이 변화 출력을 제어하는 소자이다.

049 비철극형 3상 동기 발전기의 동기 리액턴스 $X_s = 10[\Omega]$, 유도 기전력 $E = 6000[V]$, 단자 전압 $V = 5000[V]$, 부하각 $\delta = 30°$일 때 출력은 몇 [kW]인가? (단, 전기자 권선 저항은 무시한다.)
① 1500 ② 3500
③ 4500 ④ 5500

해설 비철극형 3상 동기 발전기의 출력
$P = \dfrac{EV}{X_s}\sin\delta = \dfrac{5000 \times 6000}{10}\sin 30 = \dfrac{30 \times 10^6}{10} \times \dfrac{1}{2} = 15 \times 10^5$
$= 1500 \times 10^3 = 1500[kW]$이 된다.

정답 46.③ 47.① 48.④ 49.①

050 3상 유도 전동기 원선도에서 역률[%]을 표시하는 것은?

① $\dfrac{\overline{OS'}}{\overline{OS}} \times 100$

② $\dfrac{\overline{SS'}}{\overline{OS}} \times 100$

③ $\dfrac{\overline{OP'}}{\overline{OP}} \times 100$

④ $\dfrac{\overline{OS}}{\overline{OP}} \times 100$

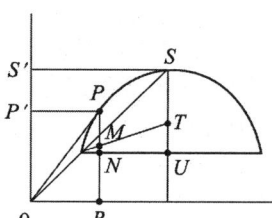

예설 문제의 3상 유도 전동기 원선도에서 역률 $= \dfrac{\overline{OP'}}{\overline{OP}} \times 100$ 이다.

051 상수 m, 매극 매상당 슬롯수 q인 동기 발전기에서 n차 고조파분에 대한 분포계수는?

① $(q\sin\dfrac{n\pi}{mq})/(\sin\dfrac{n\pi}{m})$

② $(\sin\dfrac{n\pi}{m})/(q\sin\dfrac{n\pi}{mq})$

③ $(\sin\dfrac{\pi}{2m})/(q\sin\dfrac{n\pi}{2mq})$

④ $(\sin\dfrac{n\pi}{2m})/(q\sin\dfrac{n\pi}{2mq})$

예설 동기 발전기의 권선법에는 집중권과 분포권이 있다.
① 집중권 : 매극, 매상의 코일을 1슬롯에 집중하여 감는 권선법이다.
② 분포권 : 매극, 매상의 코일을 2개 이상의 슬롯에 분산하여 감는 권선법으로 n차 고조파분에 대한 분포 계수 $K_{dn} = \dfrac{\sin\dfrac{n\pi}{2m}}{q\sin\dfrac{n\pi}{2mq}}$ 이다.

052 유도 전동기 1극의 자속 및 2차 도체에 흐르는 전류와 토크와의 관계는?

① 토크는 1극의 자속과 2차 유효 전류의 곱에 비례한다.
② 토크는 1극의 자속과 2차 유효 전류의 제곱에 비례한다.
③ 토크는 1극의 자속과 2차 유효 전류의 곱에 반비례한다.
④ 토크는 1극의 자속과 2차 유효 전류의 제곱에 반비례한다.

예설 유도 전동기의 토크 $T = K\phi I_2 [\text{N}\cdot\text{m}]$이다.
∴ 토크는 1극의 자속과 2차 유효 전류의 곱에 비례한다.

053 동기 전동기의 기동법 중 자기동법(self-starting method)에서 계자권선을 저항을 통해서 단락시키는 이유는?

① 기동이 쉽다.
② 기동 권선으로 이용한다.
③ 고전압의 유도를 방지한다.
④ 전기자 반작용을 방지한다.

50. ③ 51. ④ 52. ① 53. ③

◎ 동기 전동기의 기동법 중 자기동법에서 기동 시 계자권선을 저항을 통해서 단락시키는 이유를 고전압의 유도를 방지하기 위해서다.

054
슬롯수 36의 고정자 철심이 있다. 여기에 3상 4극의 2층권으로 권선할 때 매극 매상의 슬롯 수와 코일 수는?
① 3과 18
② 9과 36
③ 3과 36
④ 8과 18

◎ 매극 매상의 슬롯 수 = $\frac{36}{3 \times 4} = \frac{36}{12} = 3$
코일 수 = 슬롯 수 = 36이 된다.

055
3단자 사이리스터가 아닌 것은?
① SCR
② GTO
③ SCS
④ TRIAC

◎ 3단자 사이리스터에는 SCR, GTO, TRIAC이다.
즉, ① SCR(Silicon Controlled Rectifier)이며, PNPN 집합의 4층으로 구성 A(애노드), 캐소드(K), 게이트(G)의 전극을 붙인 역방향 저지 3단자 타입 사이리스터이다.
② GTO(Gate Turn Off thyristor)이며, 3단자 턴 오프 사이리스터이다.
③ TRIAC(TRIode AC switch)이며, 쌍방향 3단자 제어 정류소자이다.

056
단상 변압기를 병렬 운전할 경우 부하 전류의 분담은?
① 용량에 비례하고 누설 임피던스에 비례
② 용량에 비례하고 누설 임피던스에 반비례
③ 용량에 반비례하고 누설 리액턴스에 비례
④ 용량에 반비례하고 누설 리액턴스의 제곱에 비례

◎ 단상 변압기 병렬 운전 조건
① 각 변압기 극성, 권수비 1차·2차 정격 전압이 같을 것
② 각 변압기 %임피던스가 같을 것 V_n(정격 전압) = $Z_a I_a = Z_b I_b$에서
㉠ $\frac{I_a}{I_b} = \frac{Z_b}{Z_a}$로서 부하 전류는 누설 임피던스에 반비례한다.
㉡ $\frac{I_a}{I_b} = \frac{V_n I_a}{V_n I_b} = \frac{P_a}{P_b}$로서 부하 전류는 용량에 비례한다.
∴ 단상 변압기를 병렬 운전할 경우 부하 전류의 분담은 용량에 비례하고 누설 임피던스에 반비례한다.

54. ③ 55. ③ 56. ②

057 6극 직류 발전기의 정류자 편수가 132, 유기 기전력이 210[V] 직렬 도체수가 132개이고 중권이다. 정류자 편간 전압은 약 몇 [V]인가?

① 4　　　② 9.5　　　③ 12　　　④ 16

해설) 6극 직류 발전기에 정류자 편수 $K=132$, 유기 기전력 $E=210[V]$일 때

정류자 편간 전압 $e_s = \dfrac{P \times E}{K} = \dfrac{6 \times 120}{132} = \dfrac{1260}{132} ≒ 9.5[V]$ 가 된다.

058 직류 발전기의 전기자 반작용의 영향이 아닌 것은?

① 주자속이 증가한다.
② 전기적 중성축이 이동한다.
③ 정류작용에 악영향을 준다.
④ 정류자편 사이의 전압이 불균일하게 된다.

해설) 직류 발전기에서 전기자 반작용의 영향인 것은?
① 전기적 중성축이 이동한다.
② 정류작용에 악영향을 준다.
③ 정류자편 사이의 전압이 불균일하게 된다.

059 3000[V]의 단상 배전선 전압을 3,300[V]로 승압하는 단권 변압기의 자기 용량은 약 몇 [kVA]인가? (단, 여기서 부하 용량은 100[kVA]이다.)

① 2.1　　　② 5.3　　　③ 7.4　　　④ 9.1

해설) 체승용 단권 변압기에서 자기 용량 $=(V_2-V_1)I_2(VA)$, 부하 용량 $=V_2I_2[VA]$이다.

∴ $\dfrac{\text{자기 용량}}{\text{부하 용량}} = \dfrac{(V_2-V_1)I_2}{V_2I_2} = \dfrac{V_2-V_1}{V_2}$ 에서

승압용 단권 변압기에 자기 용량 = 부하 용량 $\times \dfrac{V_2-V_1}{V_2} = 100 \times 10^3 \times \dfrac{3300-3000}{3300}$

$= 100 \times 10^3 \times \dfrac{300}{3300} ≒ 9.1 \times 10^3 ≒ 9.1[kVA]$ 가 된다.

060 변압기 운전에 있어 효율이 최대가 되는 부하는 전 부하의 75[%]였다고 하면, 전 부하에서의 철손과 동손의 비는?

① 4 : 3　　　② 9 : 16
③ 10 : 15　　④ 18 : 30

해설) 변압기 운전 중 효율이 최대가 되는 부하는 전 부하에서 철손과 동손의 비는
$P_i(\text{철손}) = (0.75)^2 P_c(\text{동손})$ 일 때다.

∴ $\dfrac{P_i}{P_c} = \dfrac{(0.75)^2}{1} = \dfrac{0.5625}{1} = \dfrac{0.5625 \times 16}{1 \times 16} = \dfrac{9}{16}$ 이다. $P_i : P_c = 9 : 16$이어야 한다.

정답) 57.② 58.① 59.④ 60.②

04 회/로/이/론/및/제/어/공/학

061 단위 피드백 제어계의 개루프 전달 함수가 $G(s)=\dfrac{1}{(s+1)(s+2)}$ 일 때 단위 계단 입력에 대한 정상 편차는?

① $\dfrac{1}{3}$ ② $\dfrac{2}{3}$

③ 1 ④ $\dfrac{4}{3}$

해설 단위 계단 입력 $R(s)=\dfrac{1}{S}$에 대한 정상편차

$$e_{ss}=\lim_{s\to 0}S\times G(s)=\lim_{s\to 0}S\times \dfrac{R(s)}{1+G(s)}=\lim_{s\to 0}S\times \dfrac{\dfrac{1}{S}}{1+G(s)}=\dfrac{1}{1+\lim_{s\to 0}G(s)}$$

$$=\dfrac{1}{1+\lim_{s\to 0}\dfrac{1}{(S+1)(S+2)}}=\dfrac{1}{1+\dfrac{1}{2}}=\dfrac{1}{\dfrac{3}{2}}=\dfrac{2}{3}$$ 가 된다.

062 $G(s)H(s)=\dfrac{K(s+1)}{s^2(s+2)(s+3)}$ 에서 점근선의 교차점을 구하면?

① $-\dfrac{5}{6}$ ② $-\dfrac{1}{5}$

③ $-\dfrac{4}{3}$ ④ $-\dfrac{1}{3}$

해설 점근선의 교차점

$$\alpha=\dfrac{\Sigma P_i(\text{극점값})-\Sigma Z_i(\text{영점값})}{P(\text{극의 수})-Z(\text{영점의 수})}=\dfrac{-2-3-(-1)}{4-1}=-\dfrac{4}{3}$$ 가 된다.

063 그림의 블록 선도에서 K에 대한 폐루프 전달 함수 $T=\dfrac{C(s)}{R(s)}$의 감도 S_K^T는?

① -1
② -0.5
③ 0.5
④ 1

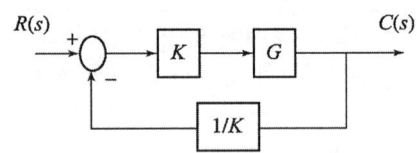

해설 블록 선도에서 K에 대한 폐루프 전달 함수 $T=\dfrac{C(s)}{R(s)}=\dfrac{KG}{1+\dfrac{1}{K}\times KG}=\dfrac{KG}{1+G}$의 감도

$$S_K^T=\dfrac{K}{T}\times \dfrac{dT}{dK}=\dfrac{K}{\dfrac{KG}{1+G}}\times \dfrac{d}{dK}\times \dfrac{KG}{1+G}=\dfrac{1+G}{G}\times \dfrac{G}{1+G}=1$$ 이 된다.

정답 61.② 62.③ 63.④

064 다음의 전달 함수 중에서 극점이 $-1 \pm j2$, 영점이 -2인 것은?

① $\dfrac{s+2}{(s+1)^2+4}$ ② $\dfrac{s-2}{(s+1)^2+4}$
③ $\dfrac{s+2}{(s-1)^2+4}$ ④ $\dfrac{s-2}{(s-1)^2+4}$

해설 전달 함수 $G(s) = \dfrac{출력}{입력} = \dfrac{영점의\ 값}{극점의\ 값} = \dfrac{-2}{-1 \pm j2} = \dfrac{영점의\ 함수}{극점의\ 함수} = \dfrac{S+2}{(S+1)^2+(2)^2}$
$= \dfrac{S+2}{(S+1)^2+4}$ 가 된다.

065 비례 요소를 나타내는 전달 함수는?

① $G(s) = K$ ② $G(s) = Ks$
③ $G(s) = \dfrac{K}{s}$ ④ $G(s) = \dfrac{K}{Ts+1}$

해설 각종 요소를 나타내는 전달 함수 $G(s)$는?
비례 요소 : $G(s) = K$, 미분 요소 : $G(s) = KS$, 적분 요소 : $G(s) = \dfrac{K}{S}$,
1차 지연 요소 : $G(s) = \dfrac{K}{TS+1}$ 등이다.
∴ 비례 요소 : $G(s) = K$ 이다.

066 다음의 논리 회로를 간단히 하면?

① $\overline{A} + B$
② $A + \overline{B}$
③ $\overline{A} + \overline{B}$
④ $A + B$

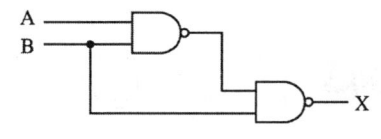

해설 X(출력) $= \overline{\overline{AB} \cdot B \cdot \overline{AB}} = (\overline{A}+\overline{B}) \cdot B + AB = \overline{A}B + \overline{B}B + AB = \overline{A}B + \overline{B} + AB$
$= \overline{B}(\overline{A}+1) + AB = \overline{B} + AB = A + \overline{B}$ 가 된다.

067 근궤적에 대한 설명 중 옳은 것은?

① 점근선은 허수축에서만 교차한다.
② 근궤적이 허수축을 끊는 K의 값은 일정하다.
③ 근궤적은 절대 안정도 및 상대 안정도와 관계가 없다.
④ 근궤적의 개수는 극점의 수와 영점의 수 중에서 큰 것과 일치한다.

해설 근궤적이란 개루프 전달 함수의 극의 이동궤적을 말한다.
∴ 근궤적의 개수는 극점의 수와 영점의 수 중에서 큰 것과 일치한다.

정답 64.① 65.① 66.② 67.④

068
$F(s) = s^3 + 4s^2 + 2s + K = 0$에서 시스템이 안정하기 위한 K의 범위는?

① $0 < K < 8$
② $-8 < K < 0$
③ $1 < K < 8$
④ $-1 < K < 8$

해설 루드 판별법에서 $F(s) = S^3 + 4S^2 + 2S + K = 0$ 시스템이 안정하기 위한 K 범위는

S^3	1	2
S^2	4	K
S^1	$\dfrac{8-K}{4}$	0
S^0	K	

에서 1열의 부호 변화가 없으므로 계는 안정하다.

안정하기 위한 K 범위는 1열에서 $\dfrac{8-K}{4} > 0$, $8 - K > 0$에서 $8 > K$ … ①,
$K > 0$ … ②이다.

∴ ①, ②식에서 $0 < K < 8$의 범위이다.

069
전달 함수 $G(s) = \dfrac{C(s)}{R(s)} = \dfrac{1}{(s+a)^2}$인 제어계의 임펄스 응답 $c(t)$는?

① e^{-at}
② $1 - e^{-at}$
③ te^{-at}
④ $\dfrac{1}{2}t^2$

해설 임펄스의 입력 $R(s) = 1$이다. 전달 함수 $G(s) = \dfrac{C(s)}{R(s)}$에서 $C(s) = G(s)R(s)$이다.

∴ 제어계의 임펄스 응답 $C(t) = L^{-1}(G(s)R(s)) = L^{-1}(\dfrac{1}{(s+a)^2} \cdot 1) = te^{-at}$이다.

070
$\mathcal{L}^{-1}\left[\dfrac{s}{(s+1)^2}\right]$는?

① $e^t - te^{-t}$
② $e^{-t} - te^{-t}$
③ $e^{-t} + te^{-t}$
④ $e^{-t} + 2te^{-t}$

해설 $\dfrac{s}{(s+1)^2}$의 부분 분수 전개는 $\dfrac{s}{(s+1)^2} = \dfrac{K_{11}}{(s+1)^2} + \dfrac{K_{12}}{(s+1)} = \dfrac{-1}{(s+1)^2} + \dfrac{1}{s+1}$

$= \dfrac{1}{s+1} + \dfrac{-1}{(s+1)^2} = \dfrac{1}{s+1} - \dfrac{1}{(s+1)^2}$를 라플라스 역변환하면,

∴ $L^{-1}(\dfrac{s}{(s+1)^2}) = L^{-1}(\dfrac{1}{s+1} - \dfrac{1}{(s+1)^2}) = e^{-t} - te^{-t}$이다.

단, $K_{11} = \lim_{s \to -1}(s+1)^2 \times \dfrac{s}{(s+1)^2} = \lim_{s \to -1} s = -1$

$K_{12} = \lim_{s \to -1}(\dfrac{d}{ds}(s+1)^2 \times \dfrac{s}{(s+1)^2}) = \lim_{s \to -1} \dfrac{ds}{ds} = 1$이다.

정답 68. ① 69. ③ 70. ②

071 전하보존의 법칙(charge conservation law)과 가장 관계가 있는 것은?
① 키르히호프의 전류법칙 ② 키르히호프의 전압법칙
③ 옴의 법칙 ④ 렌츠의 법칙

해설 키르히호프의 전류법칙(키르히호프의 제1법칙)이란 마디 중심 들어가는 전류는 나가는 전류와 서로 같다. 이는 전하보존의 법칙과 가장 관계가 있는 것이다.

072 그림과 같은 직류 전압의 라플라스 변환을 구하면?
① $\dfrac{E}{s-1}$
② $\dfrac{E}{s+1}$
③ $\dfrac{E}{s}$
④ $\dfrac{E}{s^2}$

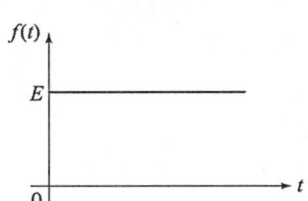

해설 $f(t) = E$의 라플라스 변환
$F(s) = \int_0^\infty f(t)e^{-st}dt = \int_0^\infty E \times e^{-st}dt = \dfrac{E}{-s}(e^{-st})_0^\infty = \dfrac{E}{-s}(e^{-\infty} - e^{-0})$
$= \dfrac{E}{-s}(0-1) = \dfrac{E}{s}$ 가 된다.

073 $i = 3t^2 + 2t$[A]의 전류가 도선을 30초간 흘렀을 때 통과한 전체 전기량 [Ah]은?
① 4.25 ② 6.75
③ 7.75 ④ 8.25

해설 순시 전류 $i(t) = \dfrac{dQ}{dt}$[C/sec], $dQ = i(t)dt$[C]
$\therefore Q$(전체 전기량) $= \int_0^{30} i(t)dt = \int_0^{30}(3t^2+2t)dt = (3\times\dfrac{t^3}{3} + 2\times\dfrac{t^2}{2})_0^{30} = (t^3+t^2)_0^{30}$
$= ((30)^3 + (30)^2) = 27900$[A·sec] $= 27900 \times \dfrac{1}{3600} = 7.75$[Ah]가 된다.

074 인덕턴스 $L = 20$[mH]인 코일에 실효값 $E = 50$[V], 주파수 $f = 60$[Hz]인 정현파 전압을 인가했을 때 코일에 축적되는 평균 자기에너지는 약 몇 [J]인가?
① 6.3 ② 4.4
③ 0.63 ④ 0.44

해답 71.① 72.③ 73.③ 74.④

해설 코일에 축적되는 평균 자기에너지

$$W = \frac{1}{2}LI^2 = \frac{1}{2}L \times (\frac{E}{wL})^2 = \frac{1}{2}L \times (\frac{E}{2\pi fL})^2$$

$$= \frac{1}{2} \times 20 \times 10^{-3} \times (\frac{50}{2 \times 3.14 \times 60 \times 20 \times 10^{-3}})^2$$

$$= \frac{1}{2} \times 20 \times 10^{-3} \times (\frac{50}{377 \times 20 \times 10^{-3}})^2 = \frac{1}{2} \times 20 \times 10^{-3} \times \frac{2500}{(377 \times 20 \times 10^{-3})^2}$$

$$= \frac{1}{2} \times \frac{2500}{(377)^2 \times 20 \times 10^{-3}} = \frac{25 \times 10^5}{5685160} = 0.44 [J] \text{이다.}$$

075 그림의 사다리꼴 회로에서 부하 전압 V_L의 크기는 몇 [V]인가?

① 3.0
② 3.25
③ 4.0
④ 4.15

해설 사다리꼴 회로에 테브난의 정리를 적용하면?

① $I_1 = \dfrac{24}{10+20} = \dfrac{24}{30}[A]$

$V_1 = I_1 \times 20 = \dfrac{24}{30} \times 20 = \dfrac{480}{30}[V]$

$R_1 = 10 + \dfrac{10 \times 20}{10+20} = 10 + \dfrac{200}{30}$

$= 10 + \dfrac{20}{3} = \dfrac{50}{3}[\Omega]$이다.

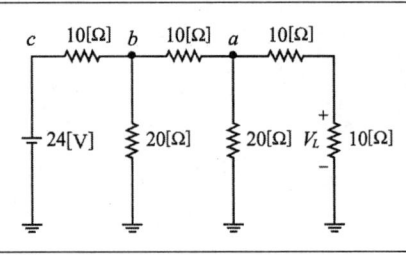

② $I_2 = \dfrac{V_1}{R_1 + 20} = \dfrac{\frac{480}{30}}{\frac{50}{3}+20} = \dfrac{16}{\frac{110}{3}} = \dfrac{48}{100}[A]$

$V_2 = I_2 \times 20 = \dfrac{48}{110} \times 20 = \dfrac{96}{11}[V]$

$R_2 = 10 + \dfrac{R_1 \times 20}{R_1 + 20} = 10 + \dfrac{\frac{50}{3} \times 20}{\frac{50}{3}+20}$

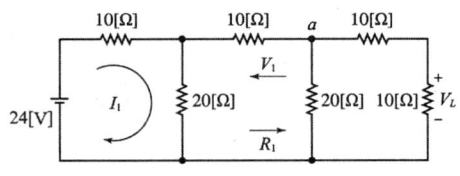

$= 10 + \dfrac{\frac{1000}{3}}{\frac{110}{3}} = 10 + \dfrac{100}{11} = \dfrac{210}{11}[\Omega]$이다.

③ $I_3 = \dfrac{V_2}{R_2 + 10} = \dfrac{\frac{96}{11}}{\frac{210}{11}+10} = \dfrac{96}{210+110} = \dfrac{96}{320}[A]$

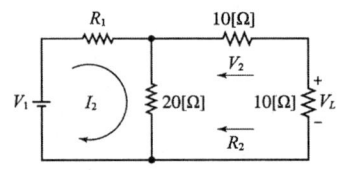

∴ 부하 전압 $V_L = I_3 \times 10 = \dfrac{96}{320} \times 10 = \dfrac{96}{32} = 3[V]$가 된다.

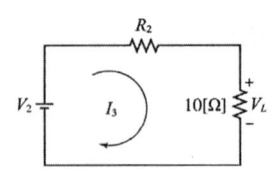

정답 75. ①

076 전압비 10^6을 데시벨[dB]로 나타내면?
① 20
② 60
③ 100
④ 120

해설) $\frac{V_1}{V_2} = 10^6$을 dB로 나타내면 $dB = 20\log_{10}\frac{V_1}{V_2} = 20\log_{10}10^6 = 20 \times 6\log_{10}10 = 20 \times 6 = 120$ 이 된다.

077 상전압이 120[V]인 평형 3상 Y결선의 전원에 Y결선 부하를 도선으로 연결하였다. 도선의 임피던스는 $1+j[\Omega]$이고 부하의 임피던스는 $20+j10[\Omega]$이다. 이때 부하에 걸리는 전압은 약 몇 [V]인가?
① $67.18 \angle -25.4°$
② $101.62 \angle 0°$
③ $113.14 \angle -1.1°$
④ $118.42 \angle -30°$

해설) 도선에 흐르는 선전류
$$I_l = \frac{V}{Z_1+Z_2} = \frac{120}{1+j1+20+j10} = \frac{120}{21+j11} = \frac{120}{\sqrt{(21)^2+(11)^2}} \angle -\tan^{-1}\frac{11}{21}$$
$$= \frac{120}{\sqrt{562}} \angle -\tan^{-1}0.523 ≒ 5.062 \angle -31.1[A]$$

∴ 부하 임피던스에 걸리는 전압
$$V_l = I_l \times Z_2 = 5.062 \angle -31.1 \times (20+j10)$$
$$= 5.062 \angle -31.1 \times \sqrt{(20)^2+(10)^2} \angle \tan^{-1}\frac{10}{20}$$
$$= 5.062 \angle -31.1 \times \sqrt{500} \angle \tan^{-1}0.5 = 5.062 \times 22.36 \angle -31.1+30$$
$$≒ 113.14 \angle -1.1°[V]가 된다.$$

078 전송 선로의 특성 임피던스가 100[Ω]이고, 부하 저항이 400[Ω]일 때 전압 정재파 비 S는 얼마인가?
① 0.25
② 0.6
③ 1.67
④ 4.0

해설) ρ(반사 계수) $= \frac{Z_L-Z_0}{Z_L+Z_0} = \frac{400-100}{400+100} = \frac{300}{500} = 0.6$

∴ S(정재파비) $= \frac{1+|\rho|}{1-|\rho|} = \frac{1+0.6}{1-0.6} = \frac{1.6}{0.4} = 4$이다.

76.④ 77.③ 78.④

079 구동점 임피던스 함수에 있어서 극점(pole)은?
① 개방 회로 상태를 의미한다.
② 단락 회로 상태를 의미한다.
③ 아무 상태도 아니다.
④ 전류가 많이 흐르는 상태를 의미한다.

구동점 임피던스 $Z(s) = \dfrac{분자}{분모}$에서 $Z(s)=0$일 때, 영점(0), 분자=0, 단락 회로 상태를 의미한다. $Z(s)=\infty$일 때 극점(∞), 분모=0, 개방 회로 상태를 의미한다.

∴ 극점(∞)은 개방 회로 상태를 의미한다.

080 그림과 같은 파형의 파고율은?
① 0.707
② 1.414
③ 1.732
④ 2.000

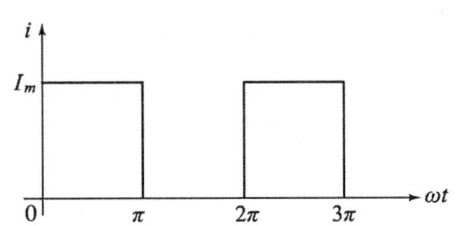

반파 구형파이다. 실효치 전류 $I = I_m \times \dfrac{1}{\sqrt{2}}$[A]

평균치 전류 $I_{av} = I_m \times \dfrac{1}{2}$[A]이다.

∴ 파형률 $= \dfrac{실효치\ 전류}{평균치\ 전류} = \dfrac{I_m \times \dfrac{1}{\sqrt{2}}}{I_m \times \dfrac{1}{2}} = \dfrac{2}{\sqrt{2}} = \sqrt{2} = 1.414$

파고율 $= \dfrac{최대치\ 전류}{실효치\ 전류} = \dfrac{I_m}{I_m \times \dfrac{1}{\sqrt{2}}} = \sqrt{2} = 1.414$

∴ 파형률 = 파고율 = 1.414이다.

05 전/기/설/비/기/술/기/준/및/판/단/기/준

081 태양전지 발전소에 시설하는 태양전지 모듈, 전선 및 개폐기의 시설에 대한 설명으로 틀린 것은?
① 전선은 공칭단면적 2.5[mm²] 이상의 연동선을 사용할 것
② 태양전지 모듈에 접속하는 부하 측 전로에는 개폐기를 시설할 것
③ 태양전지 모듈을 병렬로 접속하는 전로에 과전류 차단기를 시설할 것
④ 옥측에 시설하는 경우 금속관공사, 합성수지관공사, 애자사용공사로 배선할 것

79. ① 80. ② 81. ④

🔑 제54조(태양전지 모듈 등의 시설)
태양전지 발전소에 시설하는 태양전지 모듈, 전선 및 개폐기 시설에 대한 설명으로 옳은 것은,
① 전선은 공칭단면적 2.5[mm²] 이상의 연동선을 사용할 것
② 태양전지 모듈에 접속하는 부하 측 전로에는 개폐기를 시설할 것
③ 태양전지 모듈을 병렬로 접속하는 전로에 과전류 차단기를 시설할 것

082 가요전선관 공사에 대한 설명 중 틀린 것은?
① 가요전선관 안에서는 전선의 접속점이 없어야 한다.
② 1종 금속제 가요전선관의 두께는 1.2[mm] 이상이어야 한다.
③ 가요전선관 내에 수용되는 전선은 연선이어야 하며, 단면적 10[mm²] 이하는 무방하다.
④ 가요전선관 내에 수용되는 전선은 옥외용 비닐 절연전선을 제외하고는 절연전선이어야 한다.

🔑 제186조(가요전선관 공사)
가요전선관 공사에 대한 설명으로 옳은 것은,
① 가요전선관 안에서는 전선의 접속점이 없어야 한다.
② 가요전선관 내에 수용되는 전선은 연선이어야 하며, 단면적 10[mm²] 이하는 무방하다.
③ 가요전선관 내에 수용되는 전선은 옥외용 비닐 절연전선을 제외하고는 절연전선이어야 한다.

083 직류 귀선은 궤도 근접 부분이 금속제 지중 관로와 접근하거나 교차하는 경우에 전기부식 방지를 위한 상호의 이격 거리는 몇 [m] 이상이어야 하는가?
① 1.0 ② 1.5
③ 2.5 ④ 3.0

🔑 제262조(전식방지를 위한 이격 거리)
직류 귀선은 궤도 근접 부분이 금속제 지중 관로와 접근하거나 교차하는 경우에 전기부식 방지를 위한 상호의 이격 거리는 1[m] 이상이어야 한다.

084 가공 전선로의 지지물에 시설하는 지선의 시방세목을 설명한 것 중 옳은 것은?
① 안전율은 1.2 이상일 것
② 허용 인장하중의 최저는 5.26[kN]으로 할 것
③ 소선은 지름 1.6[mm] 이상인 금속선을 사용할 것
④ 지선에 연선을 사용할 경우 소선 3가닥 이상의 연선일 것

🔑 제67조(지선의 시설)
가공 전선로의 지지물에 시설하는 지선의 시방세목은 지선에 연선을 사용할 경우 소선 3가닥 이상의 연선이어야 한다.

해답 82.② 83.① 84.④

085
시가지 내에 시설하는 154[kV] 가공 전선로에 지락 또는 단락이 생겼을 때 몇 초 안에 자동적으로 이를 전로로부터 차단하는 장치를 시설하여야 하는가?

① 1
② 3
③ 5
④ 10

제104조(시가지 등에서 특고압 가공전선로의 시설)
사용전압이 100[kV]를 초과하는 특고압 가공전선에 지락 또는 단락이 생겼을 때에는 1초 이내에 자동적으로 이를 전로로부터 차단하는 장치를 시설할 것

086
발전소, 변전소, 개폐소의 시설부지 조성을 위해 산지를 전용할 경우에 전용하고자 하는 산지의 평균 경사도는 몇 도 이하이어야 하는가?

① 10
② 15
③ 20
④ 25

기술기준 제21조의2(발전소 등의 부지시설조건)
발전소, 변전소, 개폐소의 시설부지 조성을 위해 산지를 전용할 경우에 전용하고자 하는 산지의 평균 경사도는 25° 이하이어야 한다.

087
가공 전선로에 사용하는 지지물의 강도 계산에 적용하는 갑종 풍압 하중을 계산할 때 구성재의 수직 투영면적 1[m²]에 대한 풍압 값[Pa]의 기준으로 틀린 것은?

① 목주 : 588
② 원형 철주 : 588
③ 철근 콘크리트주 : 1038
④ 강관으로 구성된 철탑 : 1255

제62조(풍압 하중의 종별과 그 적용)
가공 전선로에 사용하는 지지물의 강도 계산에 적용하는 갑종 풍압 하중을 계산할 때 구성재의 수직 투영면적 1[m²]에 대한 풍압 값(Pa)의 기준은 목주 : 588[Pa], 원형 철주 : 588[Pa], 원형 콘크리트주 : 588[Pa], 강관으로 구성된 철탑(단주는 제외) : 1,255[Pa] 등이다.

088
특고압 가공 전선이 도로·횡단보도교·철도 또는 궤도와 제1차 접근 상태로 시설되는 경우 특고압 가공 전선로는 제 몇 종 보안공사에 의하여야 하는가?

① 제1종 특고압 보안공사
② 제2종 특고압 보안공사
③ 제3종 특고압 보안공사
④ 제4종 특고압 보안공사

제127조(특고압 가공전선과 도로 등의 접근 또는 교차)
특고압 가공전선이 도로·횡단보도교·철도 또는 궤도와 제1차 접근 상태로 시설되는 경우 특고압 가공 전선로는 제3종 특고압 보안공사에 의하여야 한다.

85. ① **86.** ④ **87.** ③ **88.** ③

089 통신선과 저압 가공전선 또는 특고압 가공 전선로의 다중 접지를 한 중성선 사이의 이격 거리는 몇 [cm] 이상인가?

① 15　　　　　　　　② 30
③ 60　　　　　　　　④ 90

해설 제155조(가공전선과 첨가 통신선과의 이격 거리)
저압 가공전선과 통신선(안테나) 사이의 이격 거리는 60[cm] 이상이어야 한다.

090 철탑의 강도 계산에 사용하는 이상 시 상정 하중이 가하여지는 경우의 그 이상 시 상정 하중에 대한 철탑의 기초에 대한 안전율은 얼마 이상이어야 하는가?

① 1.2　　　　　　　　② 1.33
③ 1.5　　　　　　　　④ 2.5

해설 제63조(가공 전선로 지지물의 기초 안전율)
철탑의 강도 계산에 사용하는 이상 시 상정 하중이 가하여지는 경우의 그 이상 시 상정 하중에 대한 철탑의 기초 안전율은 1.33 이상이어야 한다.

091 사용 전압 22.9[kV]인 가공 전선과 지지물과의 이격 거리는 일반적으로 몇 [cm] 이상이어야 하는가?

① 5　　　　　　　　② 10
③ 15　　　　　　　　④ 20

해설 제108조(특별고압 가공 전선과 지지물 등의 이격 거리)
사용 전압에 대한 이격거리 표에서 사용 전압이 22.9[kV]인 가공 전선과 지지물과의 이격 거리는 일반적으로 20[cm] 이상이어야 한다.

092 전기 방식 시설과 전기 방식 회로의 전선 중에서 지중에 시설하는 것으로 틀린 것은?

① 전선은 공칭 단면적 4.0[mm^2]의 연동선 또는 이와 동등 이상의 세기 및 굵기의 것일 것
② 양극에 부속하는 전선은 공칭 단면적 2.5[mm^2] 이상의 연동선 또는 이와 동등 이상의 세기 및 굵기의 것을 사용할 수 있을 것
③ 전선을 직접 매설식에 의하여 시설하는 경우 차량 기타의 중량물의 압력을 받을 우려가 없는 것에 매설 깊이를 1.2[m] 이상으로 할 것
④ 입상 부분의 전선 중 깊이 60[cm] 미만인 부분은 사람이 접촉할 우려가 없고 또한 손상을 받을 우려가 없도록 적당한 방호 장치를 할 것

정답 89. ③　90. ②　91. ④　92. ③

제243조(전기부식방식 시설)
전기방식 시설과 전기 방식 회로의 전선 중에서 지중에 시설하는 것으로 옳은 것들은,
① 전선은 공칭 단면적 4.0[mm²]의 연동선 또는 이와 동등 이상의 세기 및 굵기의 것일 것
② 양극에 부속하는 전선은 공칭 단면적 2.5[mm²] 이상의 연동선 또는 이와 동등 이상의 세기 및 굵기의 것을 사용할 수 있을 것
③ 입상 부분의 전선 중 깊이 60[cm] 미만인 부분은 사람이 접촉할 우려가 없고 또한 손상을 받을 우려가 없도록 적당한 방호 장치를 할 것

093 수소 냉각식의 발전기 또는 이에 부속하는 수소 냉각 장치에 관한 시설 기준으로 틀린 것은?

① 발전기 안의 수소의 온도를 계측하는 장치를 시설할 것
② 조상기 안의 수소의 압력 계측 장치 및 압력 변동에 대한 경보 장치를 시설할 것
③ 발전기 안의 수소의 순도가 70[%] 이하로 저하할 경우에 경보하는 장치를 시설할 것
④ 발전기는 기밀 구조의 것이고 또한 수소가 대기압에서 폭발하는 경우에 생기는 압력에 견디는 강도를 가지는 것일 것

제51조(수소 냉각식 발전기 등의 시설)
수소 냉각식의 발전기 또는 이에 부속하는 수소 냉각 장치에 관한 시설 기준
① 발전기 안의 수소의 온도를 계측하는 장치를 시설할 것
② 조상기 안의 수소의 압력 계측 장치 및 압력 변동에 대한 경보 장치를 시설할 것
③ 발전기는 기밀 구조의 것이고 또한 수소가 대기압에서 폭발하는 경우에 생기는 압력에 견디는 강도를 가지는 것일 것

094 전동기의 절연내력 시험은 권선과 대지 간에 계속하여 시험 전압을 가할 경우, 최소 몇 분간을 견디어야 하는가?

① 5　　　　　　　　　　② 10
③ 20　　　　　　　　　 ④ 30

제14조(회전기 및 정류기의 절연내력)
전동기의 절연내력 시험은 권선과 대지 간에 계속하여 시험 전압을 가할 경우, 최소 10분간을 견디어야 한다.

095 고압 가공전선이 안테나와 접근 상태로 시설되는 경우에, 가공전선과 안테나 사이의 수평 이격 거리는 최소 몇 [cm] 이상이어야 하는가? (단, 가공전선으로는 케이블을 사용하지 않는다고 한다.)

① 60　　　　　　　　　 ② 80
③ 100　　　　　　　　　④ 120

93. ③　94. ②　95. ②

해설 제82조(저·고압 가공전선과 안테나의 접근 또는 교차)
고압 가공전선이 안테나와 접근 상태로 시설되는 경우에, 가공전선과 안테나 사이의 수평 이격 거리는 최소 80[cm] 이상이어야 한다.

096 옥내에 시설하는 관등회로의 사용 전압이 1000[V]를 초과하는 방전등 공사에 사용되는 네온 변압기 외함의 접지공사로 옳은 것은?

① 제1종 접지공사
② 제2종 접지공사
③ 제3종 접지공사
④ 특별 제3종 접지공사

해설 제215조(옥내의 네온 방전등 공사)
옥내에 시설하는 관등회로의 사용 전압이 1000[V]를 초과하는 방전등 공사에 사용되는 네온 변압기 외함에는 제3종 접지공사를 하여야 한다.

097 주택의 옥내를 통과하여 그 주택 이외의 장소에 전기를 공급하기 위한 옥내배선을 공사하는 방법이다. 사람이 접촉할 우려가 없는 은폐된 장소에서 시행하는 공사의 종류가 아닌 것은? (단, 주택의 옥내전로의 대지 전압은 300[V]이다.)

① 금속관 공사
② 케이블 공사
③ 금속덕트 공사
④ 합성수지관 공사

해설 제166조(옥내전로의 대지 전압의 제한)
주택의 옥내를 통과하여 그 주택 이외의 장소에 전기를 공급하기 위한 옥내배선을 공사하는 방법이다. 사람이 접촉할 우려가 없는 은폐된 장소에 합성수지관 공사, 금속관 공사 또는 케이블 공사에 의하여 시설하여야 한다.

098 전기울타리의 시설에 관한 규정 중 틀린 것은?

① 전선과 수목 사이의 이격 거리는 50[cm] 이상이어야 한다.
② 전기울타리는 사람이 쉽게 출입하지 아니하는 곳에 시설하여야 한다.
③ 전선은 인장강도 1.38[kN] 이상의 것 또는 지름 2[mm] 이상의 경동선이어야 한다.
④ 전기울타리용 전원 장치에 전기를 공급하는 전로의 사용 전압은 250[V] 이하이어야 한다.

해설 제231조(전기울타리의 시설)
전기울타리의 시설에 관한 규정 중 옳은 것은,
① 전기울타리는 사람이 쉽게 출입하지 아니하는 곳에 시설하여야 한다.
② 전선은 인장강도 1.38[kN] 이상의 것 또는 지름 2[mm] 이상의 경동선이어야 한다.
③ 전기울타리용 전원 장치에 전기를 공급하는 전로의 사용 전압은 250[V] 이하이어야 한다.

해답 96. ③ 97. ③ 98. ①

099 주택 등 저압 수용 장소에서 고정 전기설비에 TN-C-S 접지 방식으로 접지공사 시 중성선 겸용 보호도체(PEN)를 알루미늄으로 사용할 경우 단면적은 몇 [mm²] 이상이어야 하는가?

① 2.5
② 6
③ 10
④ 16

제22조의2(주택 등 저압 수용 장소 접지)
주택 등 저압 수용 장소에서 고정 전기설비에 TN-C-S 접지 방식으로 접지공사 시 중성선 겸용 보호도체(PEN)를 알루미늄으로 사용할 경우 단면적은 16[mm²] 이상이어야 한다.

100 유도 장해의 방지를 위한 규정으로 사용 전압 60[kV] 이하인 가공 전선로의 유도 전류는 전화선로의 길이 12[km]마다 몇 [μA]를 넘지 않도록 하여야 하는가?

① 1
② 2
③ 3
④ 4

제105조(유도장해 방지)
유도장해의 방지를 위한 규정으로 사용 전압 60[kV] 이하인 가공 전선로의 유도 전류는 전화선로의 길이 12[km]마다 2[μA]를 넘지 않도록 하여야 한다.

99. ④ 100. ②

전기기사

2017년도

전기기사	2017년 3월 5일 시행
전기기사	2017년 5월 7일 시행
전기기사	2017년 8월 26일 시행

01 전/기/자/기/학

001 평행평판 공기콘덴서의 양 극판에 $+\sigma[C/m^2]$, $-\sigma[C/m^2]$의 전하가 분포되어 있다. 이 두 전극 사이에 유전율 $\varepsilon[F/m]$인 유전체를 삽입한 경우의 전계[V/m]는? (단, 유전체의 분극전하밀도를 $+\sigma'[C/m^2]$, $-\sigma'[C/m^2]$이라 한다.)

① $\dfrac{\sigma}{\varepsilon_o}$ ② $\dfrac{\sigma+\sigma'}{\varepsilon_o}$ ③ $\dfrac{\sigma}{\varepsilon_o}-\dfrac{\sigma'}{\varepsilon}$ ④ $\dfrac{\sigma-\sigma'}{\varepsilon_o}$

해설 χ(분극율)$=\varepsilon_o(\varepsilon_s-1)$로써 유전체가 분극이 되어나가는 율을 말한다.
(단, P(유전체 분극세기)$=\sigma'$(유전체의 분극전하밀도)$[C/m^2]$,
D(전속밀도)$=\dfrac{\Psi}{S}=\sigma$(전하밀도)$=\dfrac{Q}{S}[C/m^2]$이다.)

∴ P(분극세기)$=\chi E=\varepsilon_o(\varepsilon_s-1)E=\varepsilon_o\varepsilon_s E-\varepsilon_o E=D-\varepsilon_o E[C/m^2]$에서
$P=D-\varepsilon_o E$, $\varepsilon_o E=D-P=\sigma-\sigma'$

∴ 유전체 삽입 시의 전계세기 $E=\dfrac{\sigma-\sigma'}{\varepsilon_o}[V/m]$가 된다.

002 자계와 직각으로 놓인 도체에 $I[A]$의 전류를 흘릴 때 $f[N]$의 힘이 작용하였다. 이 도체를 $v[m/s]$의 속도로 자계와 직각으로 운동시킬 때의 기전력 $e[V]$는?

① $\dfrac{fv}{I^2}$ ② $\dfrac{fv}{I}$ ③ $\dfrac{fv^2}{I}$ ④ $\dfrac{fv}{2I}$

해설 플레밍의 왼손 법칙에서 도체에 작용하는 힘(전자력) $f=I\times Bl\sin\theta[N]$ … ①
플레밍의 오른손 법칙에서 도체에 유기되는 기전력 $e=Blv\sin\theta[V]$.
v(속도)$=\dfrac{e}{Bl\sin\theta}[m/sec]$ … ②

∴ ①×②$=fv=IBl\sin\theta\times\dfrac{e}{Bl\sin\theta}=eI$이다.

∴ 기전력 $e=\dfrac{fv}{I}[V]$가 된다.

003 폐회로에 유도되는 유도기전력에 관한 설명으로 옳은 것은?
① 유도기전력은 권선수의 제곱에 비례한다.
② 렌츠의 법칙은 유도기전력의 크기를 결정하는 법칙이다.
③ 자계가 일정한 공간 내에서 폐회로가 운동하여도 유도기전력이 유도된다.
④ 전계가 일정한 공간 내에서 폐회로가 운동하여도 유도기전력이 유도된다.

정답 1.④ 2.② 3.③

해설 폐회로에 유도되는 유도기전력은 자계가 일정한 공간 내에서 폐회로가 운동하여도 유도기전력이 유도된다.

문제 004

반지름 a, b인 두 개의 구 형상 도체 전극이 도전율 k인 매질 속에 중심거리 r만큼 떨어져 있다. 양 전극 간의 저항은? (단, $r \gg a, b$이다.)

① $4\pi k(\frac{1}{a} + \frac{1}{b})$
② $4\pi k(\frac{1}{a} - \frac{1}{b})$
③ $\frac{1}{4\pi k}(\frac{1}{a} + \frac{1}{b})$
④ $\frac{1}{4\pi k}(\frac{1}{a} - \frac{1}{b})$

해설 $V_1 = V_{11} + V_{12} = P_{11}Q_1 + P_{12}Q_2 [V]$
$V_2 = V_{21} + V_{22} = P_{21}Q_1 + P_{22}Q_2 [V]$
(단, $V_{12} = V_{21}$, $P_{12} = P_{21}$이다.)
전위차 $V = V_1 - V_2 = P_{11}Q_1 - P_{22}Q_2$
$= \frac{Q}{4\pi\varepsilon a} - \frac{-Q}{4\pi\varepsilon b} = \frac{Q}{4\pi\varepsilon}(\frac{1}{a} + \frac{1}{b}) [V]$

정전용량 $C = \frac{Q}{V} = \frac{Q}{\frac{Q}{4\pi\varepsilon}(\frac{1}{a} + \frac{1}{b})} = \frac{4\pi\varepsilon}{\frac{1}{a} + \frac{1}{b}} [F]$ 이다.

$RC = \rho\varepsilon$. ∴ 두 개의 구형상 도체 양 전극 간의 저항

$R = \frac{\rho\varepsilon}{C} = \frac{\frac{\varepsilon}{k}}{\frac{4\pi\varepsilon}{\frac{1}{a}+\frac{1}{b}}} = \frac{1}{4\pi k}(\frac{1}{a} + \frac{1}{b}) [\Omega]$가 된다.

문제 005

그림과 같이 반지름 a인 무한장 평행도체 A, B가 간격 d로 놓여 있고, 단위 길이 당 각각 $+\lambda$, $-\lambda$의 전하가 균일하게 분포되어 있다. A, B 도체 간의 전위차[V]는? (단, $d \gg a$이다.)

① $\frac{\lambda}{\pi\varepsilon_o} \ln\frac{d-a}{a}$
② $\frac{\lambda}{2\pi\varepsilon_o} \ln\frac{d}{a}$
③ $\frac{\lambda}{\pi\varepsilon_o} \ln\frac{a}{d}$
④ $\frac{\lambda}{2\pi\varepsilon_o} \ln\frac{a}{d}$

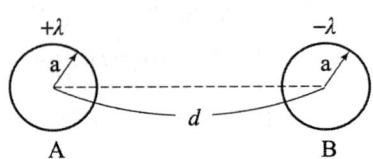

정답 4. ③ 5. ①

해설

문제 그림은 무한장 평행도체이다.
선전하밀도 λ[C/m]인 무한장 직선도체의 전계세기
$$E = \frac{\lambda}{2\pi\varepsilon_o r} + \frac{\lambda}{2\pi\varepsilon_o(d-r)} = \frac{\lambda}{2\pi\varepsilon_o}\left(\frac{1}{r} + \frac{1}{d-r}\right)[V/m]$$
∴ 간격이 d[m]인 무한장 직선도체 A, B간 전위차
$$V = -\int_{d-a}^{a} E\,dr = \frac{\lambda}{2\pi\varepsilon_o} \times 2\ln_e\frac{d-a}{a} = \frac{\lambda}{\pi\varepsilon_o}\ln_e\frac{d-a}{a}[V] \text{가 된다.}$$

006 매질 $1(\varepsilon_1)$은 나일론(비유전율 $\varepsilon_s = 4$)이고, 매질 $2(\varepsilon_2)$는 진공일 때 전속밀도 D가 경계면에서 각각 θ_1, θ_2의 각을 이룰 때, $\theta_2 = 30°$라면 θ_1의 값은?

① $\tan^{-1}\dfrac{4}{\sqrt{3}}$ ② $\tan^{-1}\dfrac{\sqrt{3}}{4}$
③ $\tan^{-1}\dfrac{\sqrt{3}}{2}$ ④ $\tan^{-1}\dfrac{2}{\sqrt{3}}$

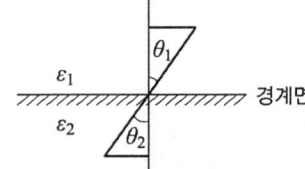

해설 유전체에서 전계의 경계조건은
① 전속밀도의 수직성분은 경계면 양측이 서로 같다.
   ∴ $D_{1n} = D_{2n}$, $D_1\cos\theta_1 = D_2\cos\theta_2$, $\varepsilon_1 E_1\cos\theta_1 = \varepsilon_2 E_2\cos\theta_2$ … ①
② 전계의 수평성분은 경계면 양측이 서로 같다.(전위도 같다.)
   ∴ $E_{1t} = E_{2t}$, $E_1\sin\theta_1 = E_2\sin\theta_2$ … ②
③ ∴ $\dfrac{②}{①} = \dfrac{E_1\sin\theta_1}{\varepsilon_1 E_1\cos\theta_1} = \dfrac{E_2\sin\theta_2}{\varepsilon_2 E_2\cos\theta_2}$, $\dfrac{\tan\theta_1}{\varepsilon_1} = \dfrac{\tan\theta_2}{\varepsilon_2}$에서
$$\tan\theta_1 = \frac{\varepsilon_1}{\varepsilon_2}\tan 30° = \frac{\varepsilon_o\varepsilon_{s1}}{\varepsilon_o\varepsilon_{s2}} \times \frac{1}{\sqrt{3}} = \frac{4}{1} \times \frac{1}{\sqrt{3}} = \frac{4}{\sqrt{3}}$$
∴ $\theta_1 = \tan^{-1}\dfrac{4}{\sqrt{3}}$ 가 된다.

007 자기회로에 관한 설명으로 옳은 것은?
① 자기회로의 자기저항은 자기회로의 단면적에 비례한다.
② 자기회로의 기자력은 자기저항과 자속의 곱과 같다.
③ 자기저항 R_{m1}과 R_{m2}을 직렬연결 시 합성 자기저항은 $\dfrac{1}{R_m} = \dfrac{1}{R_{m1}} + \dfrac{1}{R_{m2}}$ 이다.
④ 자기회로의 자기저항은 자기회로의 길이에 반비례한다.

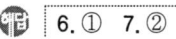

자기회로(철심회로)에 관한 설명
자기회로의 기자력 $F = NI = R\phi = Hl$ [AT]이다.
∴ 자기회로의 기자력은 자기저항($R = \frac{l}{\mu s}$)과 자속(ϕ)의 곱과 같다.

008 두 개의 콘덴서를 직렬접속하고 직류전압을 인가 시 설명으로 옳지 않은 것은?
① 정전용량이 작은 콘덴서에 전압이 많이 걸린다.
② 합성 정전용량은 각 콘덴서의 정전용량의 합과 같다.
③ 합성 정전용량은 각 콘덴서의 정전용량보다 작아진다.
④ 각 콘덴서의 두 전극에 정전유도에 의하여 정·부의 동일한 전하가 나타나고 전하량은 일정하다.

두 개의 콘덴서를 직렬접속하고 직류전압을 인가 시 옳은 설명은
① 정전용량이 작은 콘덴서에 전압이 많이 걸린다.
② 합성 정전용량은 각 콘덴서의 정전용량보다 작아진다.
③ 각 콘덴서의 두 전극에 정전유도에 의하여 정·부의 동일한 전하가 나타나고 전하량은 일정하다.

009 길이가 1[cm], 지름이 5[mm]인 동선에 1[A]의 전류를 흘렸을 때 전자가 동선을 흐르는 데 걸리는 평균시간은 약 몇 초인가? (단, 동선의 전자밀도는 1×10^{28}[개/m³]이다.)
① 3
② 31
③ 314
④ 3147

동선의 전류밀도
$$J = \frac{I}{S} = \frac{I}{\pi(\frac{D}{2})^2} = eNv = en\frac{l}{t} [A/m^2]$$

$$\therefore \frac{I}{\pi(\frac{D}{2})^2} = \frac{1}{\pi(\frac{5 \times 10^{-3}}{2})^2} = \frac{1}{19.625 \times 10^{-6}} = en\frac{l}{t} [A/m^2]$$

$$= \frac{1.602 \times 10^{-19} \times 1 \times 10^{28} \times 1 \times 10^{-2}}{t} = \frac{1.602 \times 10^{-21} \times 10^{28}}{t} = \frac{1.602 \times 10^7}{t}$$

양 관계에서 전자가 동선을 흐르는 데 걸리는 평균시간
$t = 19.625 \times 10^{-6} \times 1.602 \times 10^7 ≒ 31.4 \times 10 = 314$[sec]가 된다.

010 일반적인 전자계에서 성립되는 기본방정식이 아닌 것은? (단, i는 전류밀도, ρ는 공간전하밀도이다.)
① $\nabla \times H = i + \frac{\partial D}{\partial t}$
② $\nabla \times E = -\frac{\partial B}{\partial t}$
③ $\nabla \cdot D = \rho$
④ $\nabla \cdot B = \mu H$

8. ② 9. ③ 10. ④

해설 일반적인 전자계에서 성립되는 기본방정식은
① $rot H = \nabla \times H = i + \frac{\partial D}{\partial t}$
② $rot E = \nabla \times E = -\frac{\partial B}{\partial t}$
③ $div D = \nabla \cdot D = \rho$를 말한다.

011 전계 E[V/m], 자계 H[AT/m]의 전자계가 평면파를 이루고, 자유공간으로 단위 시간에 전파될 때 단위 면적당 전력밀도[W/m²]의 크기는?
① EH^2
② EH
③ $\frac{1}{2}EH^2$
④ $\frac{1}{2}EH$

해설 평면 전자파가 $v = \frac{1}{\sqrt{\varepsilon\mu}}$[m/sec]의 속도로 단위 시간에 단위 면적을 통과하는 에너지의 흐름이 단위 면적당의 전력밀도(포인팅벡타)로 $P = \frac{P}{s} = W \cdot v = \sqrt{\varepsilon\mu}\,EH \times \frac{1}{\sqrt{\varepsilon\mu}} = EH$[W/m²]가 된다. (단, W(전자계 에너지) $= \sqrt{\varepsilon\mu}\,EH$[J])

012 옴의 법칙을 미분형태로 표시하면? (단, i는 전류밀도이고, ρ는 저항률, E는 전계이다.)
① $i = \frac{1}{\rho}E$
② $i = \rho E$
③ $i = div E$
④ $i = \nabla \times E$

해설 i(전류밀도)$=i_c$(전도 전류밀도)$+i_d$(변위 전류밀도)이다.
여기서 i_c(전도 전류밀도)$=kE=\frac{E}{\rho}$[A/m²]가 옴 법칙의 미분형태로 표시한 식으로 도체 내에 흐르는 전류를 말한다. 또한 i_d(변위 전류밀도)$=\frac{\partial D}{\partial t}=\varepsilon\frac{\partial E}{\partial t}$[A/m²]로 전속밀도의 시간적인 변화에 의한 전류를 말한다.

013 0.2[μF]인 평행판 공기 콘덴서가 있다. 전극 간에 그 간격의 절반 두께의 유리판을 넣었다면 콘덴서의 용량은 약 몇 [μF]인가? (단, 유리의 비유전율은 10이다.)
① 0.26
② 0.36
③ 0.46
④ 0.56

해답 11. ② 12. ① 13. ②

① 처음인 경우 평행판 공기 콘덴서 정전용량

$C_o = \dfrac{\varepsilon_o S}{d} = 0.2[\mu F]$ 이다.

② 절반 두께 유리판을 넣으면 정전용량은

$C_1 = \dfrac{\varepsilon_o S}{\dfrac{d}{2}} = 2\dfrac{\varepsilon_o S}{d} = 2C_o = 2 \times 0.2 = 0.4[\mu F]$

$C_2 = \dfrac{\varepsilon_o \varepsilon_s S}{\dfrac{d}{2}} = 2\varepsilon_s \dfrac{\varepsilon_o S}{d} = 2\varepsilon_s C_o = 2 \times 10 \times 0.2 = 4[\mu F]$

∴ 직렬 연결이므로 합성 정전용량

$C = \dfrac{C_1 C_2}{C_1 + C_2} = \dfrac{(0.4 \times 4) \times 10^{-12}}{(0.4 + 4) \times 10^{-6}} = \dfrac{1.6}{4.4} \times 10^{-6} = 0.36 \times 10^{-6} ≒ 0.36[\mu F]$ 가 된다.

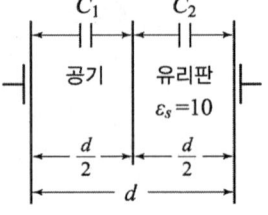

014

한 변의 길이가 $\sqrt{2}$[m]인 정사각형의 4개 꼭짓점에 10^{-9}[C]의 점전하가 각각 있을 때 이 사각형의 중심에서의 전위[V]는?

① 0
② 18
③ 36
④ 72

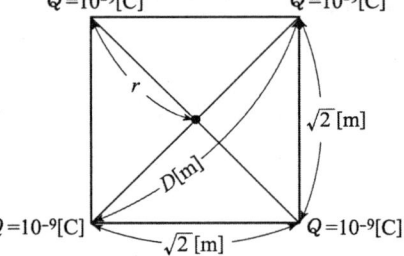

D(대각선 길이)$= \sqrt{(\sqrt{2})^2 + (\sqrt{2})^2}$
$= \sqrt{4} = 2[m]$

r(중심점의 길이)$= \dfrac{D}{2} = \dfrac{2}{2} = 1[m]$이다.

점전하 Q[C]으로부터 r[m] 떨어진 점에 전위 $V_1 = \dfrac{Q}{4\pi\varepsilon_o r}$[V]이다.

∴ 정사각형 중심에 전위 V[V]는 scalar량이므로

$V = 4V_1 = 4 \times \dfrac{Q}{4\pi\varepsilon_o r} = 4 \times 9 \times 10^9 \times 10^{-9} = 36[V]$ 가 된다.

015

기계적인 변형력을 가할 때, 결정체의 표면에 전위차가 발생되는 현상은?

① 볼타 효과
② 전계 효과
③ 압전 효과
④ 파이로 효과

압전 효과란 기계적인 변형력을 가할 때, 결정체의 표면에 전위차가 발생되는 현상을 말한다. 즉 결정체에 압력을 가하면 전기가 발생되는 현상을 압전 효과라 한다.

14. ③ 15. ③

016 면적이 $S[\text{m}^2]$인 금속판 2매를 간격이 $d[\text{m}]$되게 공기 중에 나란하게 놓았을 때 두 도체 사이의 정전용량[F]은?

① $\dfrac{S}{d}\varepsilon_o$ 　　　　② $\dfrac{d}{S}\varepsilon_o$

③ $\dfrac{d}{S^2}\varepsilon_o$ 　　　　④ $\dfrac{S^2}{d}\varepsilon_o$

해설 공기 중에 면적 $S[\text{m}^2]$, 간격 $d[\text{m}]$인 2매의 평행 금속 도체판 사이의 정전용량 $C=\dfrac{\varepsilon_o S}{d}[\text{F}]$가 된다.

017 면전하 밀도가 $\rho_s[\text{C/m}^2]$인 무한히 넓은 도체판에서 $R[\text{m}]$만큼 떨어져 있는 점의 전계의 세기[V/m]는?

① $\dfrac{\rho_s}{\varepsilon_o}$ 　　　　② $\dfrac{\rho_s}{2\varepsilon_o}$

③ $\dfrac{\rho_s}{2R}$ 　　　　④ $\dfrac{\rho_s}{4\pi R^2}$

해설 면전하 밀도가 $\rho_s[\text{C/m}^2]$인 무한히 넓은 도체판(무한평면 도체판)의 전계세기는 양면이므로 $E=\dfrac{\rho_s}{2\varepsilon_o}[\text{V/m}]$가 된다.

018 300회 감은 코일에 3[A]의 전류가 흐를 때의 기자력[AT]은?

① 10 　　　　② 90
③ 100 　　　　④ 900

해설 철심 코일에 3[A] 전류가 흐를 때의 기자력 $F=NI=300\times 3=900[\text{AT}]$이 된다.

019 구리로 만든 지름 20[cm]의 반구에 물을 채우고 그 중에 지름 10[cm]의 구를 띄운다. 이때에 두 개의 구가 동심구라면 두 구 사이의 저항은 약 몇 [Ω]인가? (단, 물의 도전율은 $10^{-3}[℧/\text{m}]$라 하고, 물이 충만되어 있다고 한다.)

① 1590 　　　　② 2590
③ 2800 　　　　④ 3180

해답 16. ① 17. ② 18. ④ 19. ①

해설 r_1(반지름)$=5$[cm]이고, r_2(반지름)$=10$[cm]이다.
반 동심구 사이의 정전용량

$$C=\frac{Q}{V}=\frac{Q}{-\int_{r_2}^{r_1}E\,dr}=\frac{Q}{\frac{Q}{2\pi\varepsilon}\left(\frac{1}{r}\right)_{r_2}^{r_1}}$$

$$=\frac{Q}{\frac{Q}{2\pi\varepsilon}\left(\frac{1}{r_1}-\frac{1}{r_2}\right)}=\frac{2\pi\varepsilon}{\frac{1}{r_1}-\frac{1}{r_2}}\;[\text{F}]\text{이다}.$$

∴ $RC=\rho\varepsilon$에서 두 개의 반 동심구 사이의 저항

$$R=\frac{\rho\varepsilon}{C}=\frac{\frac{\varepsilon}{k}}{\frac{2\pi\varepsilon}{\frac{1}{r_1}-\frac{1}{r_2}}}=\frac{1}{2\pi k}\left(\frac{1}{r_1}-\frac{1}{r_2}\right)$$

$$=\frac{1}{2\times 3.14\times 10^{-3}}\left(\frac{1}{5\times 10^{-2}}-\frac{1}{10\times 10^{-2}}\right)$$

$$=\frac{1000}{6.28}\left(\frac{100}{5}-\frac{100}{10}\right)=\frac{10,000}{6.28}\fallingdotseq 1590\,[\Omega]\text{가 된다}.$$

문제 020 자기회로에서 철심의 투자율을 μ라 하고 회로의 길이를 l이라 할 때 그 회로의 일부에 미소공극 l_g를 만들면 회로의 자기저항은 처음의 몇 배인가? (단, $l_g \ll l$, 즉 $l-l_g \fallingdotseq l$이다.)

① $1+\dfrac{\mu l_g}{\mu_o l}$ ② $1+\dfrac{\mu l}{\mu_o l_g}$

③ $1+\dfrac{\mu_o l_g}{\mu l}$ ④ $1+\dfrac{\mu_o l}{\mu l_g}$

해설 처음 철심 자기회로의 자기저항 $R_1=\dfrac{l}{\mu s}$ [AT/Wb] … ①

이 철심에 그림과 같이 미소공극 l_g를 만들 때의 자기저항

$$R_2=\frac{l-l_g}{\mu s}+\frac{l_g}{\mu_o s}\fallingdotseq \frac{l}{\mu s}+\frac{l_g}{\mu_o s}\,[\text{AT/Wb}] \cdots ②\text{이다}.$$

∴ $\dfrac{②}{①}=\dfrac{R_2}{R_1}\fallingdotseq \dfrac{\dfrac{l}{\mu s}+\dfrac{l_g}{\mu_o s}}{\dfrac{l}{\mu s}}=1+\dfrac{\mu l_g}{\mu_o l}$ 가 된다.

즉, 철심에 미소공극을 만들 때의 자기저항 R_2는
처음의 자기저항 R_1의 $1+\dfrac{\mu l_g}{\mu_o l}$ 배가 된다.

$l-l_g \fallingdotseq l$

정답 20. ①

02 전/력/공/학

021 초고압 송전계통에 단권변압기가 사용되는데 그 이유로 볼 수 없는 것은?
① 효율이 높다.
② 단락전류가 적다.
③ 전압변동률이 적다.
④ 자로가 단축되어 재료를 절약할 수 있다.

해설 초고압 송전계통에 단권변압기가 사용되는 이유
① 효율이 높다.
② 전압변동률이 적다.
③ 자로가 단축되어 재료를 절약할 수 있다.

022 피뢰기의 구비조건이 아닌 것은?
① 상용주파 방전개시 전압이 낮을 것
② 충격방전 개시전압이 낮을 것
③ 속류 차단능력이 클 것
④ 제한전압이 낮을 것

해설 피뢰기의 구비조건
① 충격방전 개시전압이 낮을 것
② 속류 차단능력이 클 것
③ 제한전압이 낮을 것 등이다.

023 어떤 화력발전소의 증기조건이 고온원 540℃, 저온원 30℃일 때 이 온도 간에서 움직이는 카르노 사이클의 이론 열효율[%]은?
① 85.2
② 80.5
③ 75.3
④ 62.7

해설 화력발전소에서
고열원의 온도 $T_1 = 540 + 273 = 813[K]$
저열원의 온도 $T_2 = 30 + 273 = 303[K]$이다.
∴ 이 온도 간에 움직이는 카르노 사이클의 이론 열효율
$= (1 - \frac{T_2}{T_1}) \times 100 = (1 - \frac{303}{813}) \times 100 = (1 - 0.3727) \times 100 ≒ 62.7[\%]$가 된다.

정답 21. ② 22. ① 23. ④

024. 그림과 같은 회로의 영상, 정상, 역상 임피던스 Z_0, Z_1, Z_2는?

① $Z_0 = Z + 3Z_n$, $Z_1 = Z_2 = Z$
② $Z_0 = 3Z_n$, $Z_1 = Z$, $Z_2 = 3Z$
③ $Z_0 = 3Z + Z_n$, $Z_1 = 3Z$, $Z_2 = Z$
④ $Z_0 = Z + Z_n$, $Z_1 = Z_2 = Z + 3Z_n$

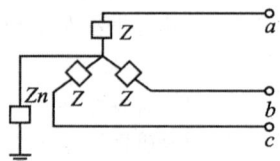

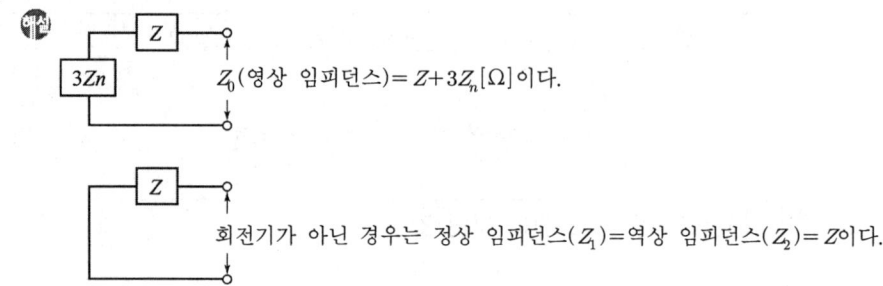

Z_0(영상 임피던스) $= Z + 3Z_n$ [Ω]이다.

회전기가 아닌 경우는 정상 임피던스(Z_1) = 역상 임피던스(Z_2) = Z이다.

025. 비접지식 송전선로에 있어서 1선 지락고장이 생겼을 경우 지락점에 흐르는 전류는?

① 직류 전류
② 고장상의 영상전압과 동상의 전류
③ 고장상의 영상전압보다 90도 빠른 전류
④ 고장상의 영상전압보다 90도 늦은 전류

비접지식 송전선로에 있어서 1선 지락고장이 생겼을 경우 지락점에 흐르는 전류 $I_g = j\omega 3CE$ [A]로 고장상의 영상전압보다 90° 빠른 전류가 된다.

026. 가공전선로에 사용하는 전선의 굵기를 결정할 때 고려할 사항이 아닌 것은?

① 절연저항
② 전압강하
③ 허용전류
④ 기계적 강도

가공전선로에 사용하는 전선의 굵기를 결정할 때 고려할 사항은 ① 전압강하, ② 허용전류, ③ 기계적 강도 등이다.

027. 조상설비가 아닌 것은?

① 정지형 무효전력 보상장치
② 자동고장 구분개폐기
③ 전력용 콘덴서
④ 분로 리액터

24. ① 25. ③ 26. ① 27. ②

해설 문제에서 조상설비인 것은
① 정지형 무효전력 보상장치
② 전력용 콘덴서
③ 분로 리액터 등이다.

028 코로나 현상에 대한 설명이 아닌 것은?
① 전선을 부식시킨다.
② 코로나 현상은 전력의 손실을 일으킨다.
③ 코로나 방전에 의하여 전파 장해가 일어난다.
④ 코로나 손실은 전원 주파수의 2/3제곱에 비례한다.

해설 코로나 현상에 대한 설명으로 옳은 것은?
① 전선을 부식시킨다.
② 코로나 현상은 전력의 손실을 일으킨다.
③ 코로나 방전에 의하여 전파 장해가 일어난다.

029 다음 (㉮), (㉯), (㉰)에 들어갈 내용으로 옳은 것은?

원자력이란 일반적으로 무거운 원자핵이 핵분열하여 가벼운 핵으로 바뀌면서 발생하는 핵분열 에너지를 이용하는 것이고, (㉮)발전은 가벼운 원자핵을(과) (㉯)하여 무거운 핵으로 바뀌면서 (㉰) 전후의 질량결손에 해당하는 방출 에너지를 이용하는 방식이다.

① ㉮ 원자핵융합 ㉯ 융합 ㉰ 결합
② ㉮ 핵결합 ㉯ 반응 ㉰ 융합
③ ㉮ 핵융합 ㉯ 융합 ㉰ 핵반응
④ ㉮ 핵반응 ㉯ 반응 ㉰ 결합

해설 원자력이란 일반적으로 무거운 원자핵이 핵분열하여 가벼운 핵으로 바뀌면서 발생하는 핵분열 에너지를 이용하는 것이고, (㉮ 핵융합)발전은 가벼운 원자핵을(과) (㉯ 융합)하여 무거운 핵으로 바뀌면서 (㉰ 핵반응) 전후의 질량결손에 해당하는 방출 에너지를 이용하는 방식이다.

030 경간 200[m], 장력 1000[kg], 하중 2[kg/m]인 가공전선의 이도(dip)는 몇 [m]인가?
① 10 ② 11
③ 12 ④ 13

해설 가공전선의 이도
$D = \dfrac{ws^2}{8T} = \dfrac{2 \times (200)^2}{8 \times 1000} = \dfrac{80}{8} = 10[\text{m}]$ 가 된다.

해답 28.④ 29.③ 30.①

2017년 3월 5일 시행

031 영상변류기를 사용하는 계전기는?
① 과전류계전기   ② 과전압계전기
③ 부족전압계전기   ④ 선택지락계전기

해설 영상변류기는 배전선로나 지중케이블 등에 사용되며 영상전류만에 의하여 자속을 만들므로 선택지락계전기나 지락계전기 등에 쓰인다.

032 전력계통의 안정도 향상 방법이 아닌 것은?
① 선로 및 기기의 리액턴스를 낮게 한다.
② 고속도 재폐로 차단기를 채용한다.
③ 중성점 직접접지방식을 채용한다.
④ 고속도 AVR을 채용한다.

해설 전력계통에서 안정도 향상 방법
① 선로 및 기기의 리액턴스를 낮게 한다.
② 고속도 재폐로 차단기를 채용한다.
③ 고속도 AVR을 채용한다.

033 증식비가 1보다 큰 원자로는?
① 경수로   ② 흑연로
③ 중수로   ④ 고속증식로

해설 고속증식로는 감속재가 없고 $_{92}U^{235}$ 또는 $_{94}Pu^{239}$ 등의 핵분열 물질의 분열은 고속 중성자에 의해서 일어난다. 이는 증식비가 1보다 큰 원자로이다.

034 송전용량이 증가함에 따라 송전선의 단락 및 지락전류도 증가하여 계통에 여러 가지 장해요인이 되고 있다 이들의 경감대책으로 적합하지 않은 것은?
① 계통의 전압을 높인다.
② 고장 시 모선 분리 방식을 채용한다.
③ 발전기와 변압기의 임피던스를 작게 한다.
④ 송전선 또는 모선 간에 한류리액터를 삽입한다.

해설 송전용량 증가로 송전선의 단락 및 지락전류가 증가되는 송전계통의 여러 장해요인의 경감대책은
① 계통의 전압을 높인다.
② 고장 시 모선 분리 방식을 채용한다.
③ 송전선 또는 모선 간에 한류리액터를 삽입한다.

정답 31. ④ 32. ③ 33. ④ 34. ③

[035] 송배전 선로에서 선택지락계전기(SGR)의 용도는?
① 다회선에서 접지 고장 회선의 선택
② 단일 회선에서 접지 전류의 대소 선택
③ 단일 회선에서 접지 전류의 방향 선택
④ 단일 회선에서 접지 사고의 지속시간 선택

> 송배전 선로에서 선택지락계전기(SGR)의 용도는 다회선에서 접지 고장 회선의 선택용 계전기이다.

[036] 그림과 같은 회로의 일반 회로정수가 아닌 것은?
① $B=Z+1$
② $A=1$
③ $C=0$
④ $D=1$

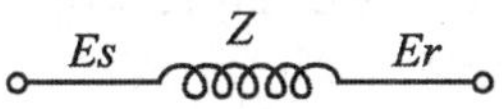

E_s ─ Z ─ E_r

> 직렬형 4단자망의 4단자 기초방정식
> $\begin{cases} E_s = AE_r + BI_r = 1E_r + ZI_r \\ I_s = CE_r + DI_r = 0E_r + 1I_r \end{cases}$ 에서 $A=1$, $B=Z$, $C=0$, $D=1$이 된다.

[037] 송전선로의 중성점을 접지하는 목적이 아닌 것은?
① 송전용량의 증가
② 과도안정도의 증진
③ 이상전압 발생의 억제
④ 보호계전기의 신속, 확실한 동작

> 송전선로의 중성점을 접지하는 목적은
> ① 과도안정도의 증진
> ② 이상전압 발생의 억제
> ③ 보호계전기의 신속, 확실한 동작이다.

[038] 부하전류가 흐르는 전로는 개폐할 수 없으나 기기의 점검이나 수리를 위하여 회로를 분리하거나, 계통의 접속을 바꾸는 데 사용하는 것은?
① 차단기
② 단로기
③ 전력용 퓨즈
④ 부하 개폐기

> 단로기는 부하전류가 흐르는 전로는 개폐할 수 없다. 기기의 점검이나 수리를 위하여 회로를 분리하거나, 계통의 접속을 바꾸는 데 사용하는 개폐기(스위치)이다.

35.① 36.① 37.① 38.②

039 보호계전기와 그 사용 목적이 잘못된 것은?
① 비율차동계전기 : 발전기 내부 단락 검출용
② 전압평형계전기 : 발전기 출력측 PT 퓨즈 단선에 의한 오작동 방지
③ 역상과전류계전기 : 발전기 부하불평형 회전자 과열소손
④ 과전압계전기 : 과부하 단락사고

보호계전기와 그 사용 목적이 올바른 것은?
① 비율차동계전기 : 발전기 내부 단락 검출용이다.
② 전압평형계전기 : 발전기 출력측 PT 퓨즈 단선에 의한 오작동 방지이다.
③ 역상과전류계전기 : 발전기 부하불평형 회전자 과열소손용이다.

040 송전선로의 정상 임피던스를 Z_1, 역상 임피던스를 Z_2, 영상 임피던스를 Z_0라 할 때 옳은 것은?
① $Z_1 = Z_2 = Z_0$
② $Z_1 = Z_2 < Z_0$
③ $Z_1 > Z_2 = Z_0$
④ $Z_1 < Z_2 = Z_0$

송전선로나 변압기는 회전기가 아니므로 정상 임피던스(Z_1)=역상 임피던스(Z_2)<영상 임피던스(Z_0)의 관계가 성립된다.

03 전/기/기/기

041 그림과 같은 회로에서 전원전압의 실효치 200[V], 점호각 30°일 때 출력전압은 약 몇 [V]인가? (단, 정상상태이다.)
① 157.8
② 168.0
③ 177.8
④ 187.8

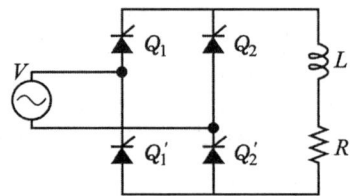

단상전파 정류회로가 점호각 $\alpha = 30°$일 때의 출력전압

$$V_{do} = \frac{1}{\pi}\int_\alpha^\pi V_m \sin\theta d\theta = \frac{V_m}{\pi}(-\cos\theta)_\alpha^\pi$$

$$= \frac{\sqrt{2}V}{\pi}(-\cos\pi + \cos\alpha) = \frac{\sqrt{2}V}{\pi}(1+\cos\alpha) = \frac{2\sqrt{2}V}{\pi}\left(\frac{1+\cos\alpha}{2}\right)$$

$$= \frac{2\sqrt{2}V}{\pi}\left(\frac{1+\cos30°}{2}\right) = \frac{2\sqrt{2}\times 200}{3.14}\left(\frac{1+\frac{\sqrt{3}}{2}}{2}\right) = 180 \times \frac{1.866}{2} = 90 \times 1.866$$

≒ 168[V]가 된다.

39. ④ 40. ② 41. ②

042 분권발전기의 회전 방향을 반대로 하면 일어나는 현상은?
① 전압이 유기된다.
② 발전기가 소손된다.
③ 잔류자기가 소멸된다.
④ 높은 전압이 발생한다.

해설 분권발전기의 회전 방향을 반대로 하면 잔류자기가 소멸되는 현상이 일어난다.

043 극수가 24일 때, 전기각 180°에 해당되는 기계각은?
① 7.5°
② 15°
③ 22.5°
④ 30°

해설 전기각도=기하학적 각도(기계각)×$\frac{p}{2}$

$180 = 기계각 \times \frac{p}{2}$

∴ 기계각 = $\frac{180 \times 2}{p} = \frac{360}{24} = 15°$ 가 된다.

044 단락비가 큰 동기기의 특징으로 옳은 것은?
① 안정도가 떨어진다.
② 전압변동률이 크다.
③ 선로 충전용량이 크다.
④ 단자 단락 시 단락 전류가 적게 흐른다.

해설 단락비가 큰 동기기의 특징은 과부하 내량이 크고, 송전선로의 충전용량이 크다. 단점은 기계 중량이 무겁고, 가격이 비싸다.

045 단상 직권 정류자 전동기에서 보상권선과 저항도선의 작용을 설명한 것 중 틀린 것은?
① 보상권선은 역률을 좋게 한다.
② 보상권선은 변압기의 기전력을 크게 한다.
③ 보상권선은 전기자 반작용을 제거해 준다.
④ 저항도선은 변압기 기전력에 의한 단락전류를 작게 한다.

해설 단상 직권 정류자 전동기에서 보상권선과 저항도선의 작용
① 보상권선은 역률을 좋게 한다.
② 보상권선은 전기자 반작용을 제거해 준다.
③ 저항도선은 변압기 기전력에 의한 단락전류를 작게 한다.

정답 42.③ 43.② 44.③ 45.②

046 5[kVA], 3000/200[V]의 변압기의 단락시험에서 임피던스 전압 120[V], 동손 150[W]라 하면 %저항강하는 약 몇 [%]인가?

① 2
② 3
③ 4
④ 5

변압기의 단락시험에서 V_s(임피던스 전압)$= I_{1n}Z_{12} = 120$[V]
P_s(동손=임피던스 와트)$= I_{1n}^2 r_{12} = 150$[W]일 때

%임피던스 강하 $Z = \dfrac{V_s}{V_{1n}} \times 100 = \dfrac{120}{6300} \times 100 ≒ 1.9$[%]

%저항 강하 $P = \dfrac{I_{1n}r_{12}}{V_{1n}} \times 100 = \dfrac{I_{1n}^2 r_{12}}{V_{1n}I_{1n}} \times 100$

$= \dfrac{P_s}{V_{1n}I_{1n}} \times 100 = \dfrac{150}{5 \times 10^3} \times 100 = 3$[%]가 된다.

047 변압기의 규약효율 산출에 필요한 기본 요건이 아닌 것은?

① 파형은 정현파를 기준으로 한다.
② 별도의 지정이 없는 경우 역률은 100[%] 기준이다.
③ 부하손은 40[℃]를 기준으로 보정한 값을 사용한다.
④ 손실은 각 권선에 대한 부하손의 합과 무부하손의 합이다.

변압기의 규약효율 산출에 필요한 기본 요건
① 파형은 정현파를 기준으로 한다.
② 별도의 지정이 없는 경우 역률은 100[%] 기준이다.
③ 손실은 각 권선에 대한 부하손의 합과 무부하손의 합이다.
④ 변압기 규약효율
$\eta = \dfrac{출력}{출력+손실} \times 100 = \dfrac{출력}{출력+부하손+무부하손} \times 100 = \dfrac{입력-손실}{입력} \times 100$[%]이다.

048 직류기에 보극을 설치하는 목적은?

① 정류 개선
② 토크의 증가
③ 회전수 일정
④ 기동토크의 증가

직류기에 보극을 설치하는 목적
① 정류 개선(정류자의 불꽃방지)
② 브러시의 이동방지
③ 중성축 부근의 전기자 반작용을 방지한다.

해답 46. ② 47. ③ 48. ①

049 4극 3상 동기기가 48개의 슬롯을 가진다. 전기자 권선 분포계수 K_d를 구하면 약 얼마인가?
① 0.923
② 0.945
③ 0.957
④ 0.969

해설 $m=3$, $q=\dfrac{s}{mp}=\dfrac{36}{3\times 4}=\dfrac{36}{12}=3$이다.

∴ 전기자 권선의 분포계수

$$K_d = \frac{\sin\dfrac{\pi}{2m}}{q\sin\dfrac{\pi}{2mq}} = \frac{\sin\dfrac{\pi}{2\times 3}}{3\sin\dfrac{\pi}{2\times 3\times 3}} = \frac{\sin\dfrac{\pi}{6}}{3\sin\dfrac{\pi}{18}} = \frac{\dfrac{1}{2}}{3\times\sin 10°} = \frac{1}{2\times 3\times 0.1736}$$

$$= \frac{1}{6\times 0.1736} = \frac{1}{1.0416} ≒ 0.957\text{이 된다.}$$

050 슬립 s_t에서 최대 토크를 발생하는 3상 유도전동기에 2차측 한 상의 저항을 r_2라 하면 최대 토크로 기동하기 위한 2차측 한 상에 외부로부터 가해 주어야 할 저항 [Ω]은?

① $\dfrac{1-s_t}{s_t}r_2$
② $\dfrac{1+s_t}{s_t}r_2$
③ $\dfrac{r_2}{1-s_t}$
④ $\dfrac{r_2}{s_t}$

해설 3상 유도전동기에서 최대 토크로 기동시의 슬립 $s=1$, 2차 삽입저항 R_s라면

비례추이에서 $\dfrac{r_2}{s_t}=\dfrac{r_2+R_s}{s}$, $\dfrac{r_2}{s_t}=\dfrac{r_2+R_s}{1}$ 이다.

∴ 2차 삽입저항 $R_s = \dfrac{r_2}{s_t}-r_2 = \dfrac{r_2-r_2 s_t}{s_t} = \dfrac{(1-s_t)r_2}{s_t}$ [Ω]가 된다.

051 어떤 단상변압기의 2차 무부하전압이 240[V]이고, 정격부하시의 2차 단자전압이 230[V]이다. 전압변동률은 약 몇 [%]인가?
① 4.35
② 5.15
③ 6.65
④ 7.35

해설 단상변압기에서 $V_{20}=240[V]$, $V_{2n}=230[V]$일 때의 전압변동률

$$\varepsilon = \frac{V_{20}-V_{2n}}{V_{2n}}\times 100 = \frac{240-230}{230}\times 100 = \frac{1000}{230} ≒ 4.35[\%]\text{가 된다.}$$

정답 49. ③ 50. ① 51. ①

052 일반적인 농형 유도전동기에 비하여 2중 농형 유도전동기의 특징으로 옳은 것은?
① 손실이 적다.   ② 슬립이 크다.
③ 최대 토크가 크다.   ④ 기동 토크가 크다.

  일반적인 농형 유도전동기에 비해 2중 농형 유도전동기는 기동전류는 적고 기동 토크가 크다.

053 유도전동기의 안정 운전의 조건은? (단, T_m : 전동기 토크, T_L : 부하 토크, n : 회전수)

① $\dfrac{dT_m}{dn} < \dfrac{dT_L}{dn}$ ② $\dfrac{dT_m}{dn} = \dfrac{dT_L^2}{dn}$

③ $\dfrac{dT_m}{dn} > \dfrac{dT_L}{dn}$ ④ $\dfrac{dT_m}{dn} \neq \dfrac{dT_L^2}{dn}$

  유도전동기에서 안정 운전의 조건은 $\dfrac{dT_m}{dn} < \dfrac{dT_L}{dn}$ 가 되어야 안정 운전이 된다.

054 사이리스터에서 게이트전류가 증가하면?
① 순방향 저지전압이 증가한다.   ② 순방향 저지전압이 감소한다.
③ 역방향 저지전압이 증가한다.   ④ 역방향 저지전압이 감소한다.

  사이리스터에서 게이트전류가 증가하면 순방향 저지전압이 감소한다.

055 60[Hz]인 3상 8극 및 2극의 유도전동기를 차동종속으로 접속하여 운전할 때의 무부하속도[rpm]는?
① 720   ② 900
③ 1000   ④ 1200

  유도전동기를 차동종속으로 접속하여 운전할 때 무부하속도
  $N_o = \dfrac{120f}{P_1 - P_2} = \dfrac{120 \times 60}{8-2} = \dfrac{7200}{6} = 1200[\text{rpm}]$ 가 된다.

056 원통형 회전자를 가진 동기발전기는 부하각 δ가 몇 도일 때 최대 출력을 낼 수 있는가?
① 0°   ② 30°
③ 60°   ④ 90°

52. ④   53. ①   54. ②   55. ④   56. ④

해설 돌극형은 δ(부하각)=60° 부근에서 최대 출력이 되고 정격 운전시는 출력이 20° 부근이다. 원통형 회전자를 가진 동기발전기는 비돌극기로 최대 출력은 부하각 δ=90° 부근이다.

057 직류발전기의 병렬운전에 있어서 균압선을 붙이는 발전기는?

① 타여자발전기
② 직권발전기와 분권발전기
③ 직권발전기와 복권발전기
④ 분권발전기과 복권발전기

해설 직권발전기와 복권발전기는 직류발전기 병렬운전에 있어서 균압선을 붙이는 발전기이다.

058 변압기의 절연내력시험 방법이 아닌 것은?

① 가압시험   ② 유도시험
③ 무부하시험   ④ 충격전압시험

해설 변압기의 절연내력시험 방법인 것은 ① 가압시험, ② 유도시험, ③ 충격전압시험이 있다.

059 직류발전기의 유기기전력이 230[V], 극수가 4, 정류자 편수가 162인 정류자 편간 평균전압은 약 몇 [V]인가? (단, 권선법은 중권이다.)

① 5.68   ② 6.28
③ 9.42   ④ 10.2

해설 k(정류자 편수)= 162

정류자 편간 평균전압 $e_{sa} = \dfrac{PE}{k} = \dfrac{4 \times 230}{162} = \dfrac{920}{162} ≒ 5.68[V]$가 된다.

060 동기발전기의 단자 부근에서 단락이 일어났다고 하면 단락전류는 어떻게 되는가?

① 전류가 계속 증가한다.
② 큰 전류가 증가와 감소를 반복한다.
③ 처음에는 큰 전류이나 점차 감소한다.
④ 일정한 큰 전류가 지속적으로 흐른다.

해설 동기발전기의 단자 부근에서 단락이 일어났다고 하면 단락전류는 처음에는 큰 전류이나 점차 감소한다.

해답 57. ③   58. ③   59. ①   60. ③

04 회/로/이/론/및/제/어/공/학

061 다음과 같은 시스템에 단위계단입력 신호가 가해졌을 때 지연시간에 가장 가까운 값[sec]은?

$$\frac{C(s)}{R(s)} = \frac{1}{s+1}$$

① 0.5 ② 0.7 ③ 0.9 ④ 1.2

해설 출력 응답 $C(t) = L^{-1}(G(s)) = L^{-1}(\frac{1}{s+1}) = e^{-t}$

지연시간이란 최초 희망값 50(%)가 되기까지의 시간으로 정의한다.

∴ 지연시간 $0.5 = e^{-t}$, $\frac{1}{e^t} = 0.5$, $e^t = \frac{1}{0.5} = 2$

양변 대수를 취하면 $t \ln_e e = \ln_e 2$.

∴ $t = 2.3026 \log_{10} 2 = 2.3026 \times 0.3010 = 0.6926 ≒ 0.7[sec]$가 지연시간이 된다.

062 그림에서 ①에 알맞은 신호 이름은?

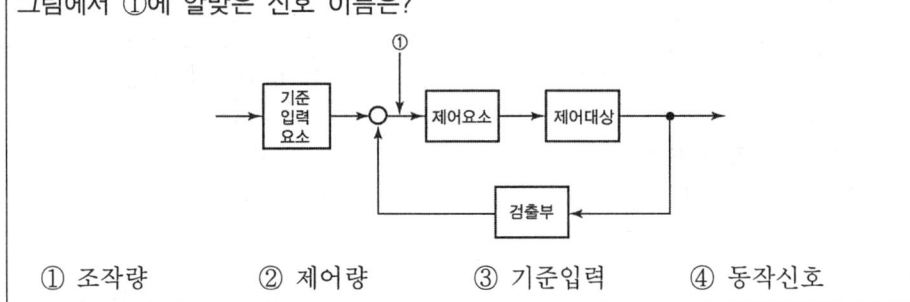

① 조작량 ② 제어량 ③ 기준입력 ④ 동작신호

해설 문제 그림에서 ①은 동작신호가 된다.

063 드모르간의 정리를 나타낸 식은?

① $\overline{A+B} = A \cdot B$
② $\overline{A+B} = \overline{A} + \overline{B}$
③ $\overline{A \cdot B} = \overline{A} \cdot \overline{B}$
④ $\overline{A+B} = \overline{A} \cdot \overline{B}$

해설 드모르간의 정리를 나타낸 식은
$\overline{A \cdot B} = \overline{A} + \overline{B}$, $\overline{\overline{A \cdot B}} = A \cdot B$, $\overline{A+B} = \overline{A} \cdot \overline{B}$, $\overline{\overline{A+B}} = A+B$ 가 된다.

해답 61. ② 62. ④ 63. ④

064 다음 단위 궤환 제어계의 미분방정식은?

① $\dfrac{d^2c(t)}{dt^2}+\dfrac{dc(t)}{dt}+c(t)=2u(t)$

② $\dfrac{d^2c(t)}{dt^2}+\dfrac{dc(t)}{dt}+2c(t)=u(t)$

③ $\dfrac{d^2c(t)}{dt^2}+\dfrac{dc(t)}{dt}+2c(t)=5u(t)$

④ $\dfrac{d^2c(t)}{dt^2}+\dfrac{dc(t)}{dt}+2c(t)=2u(t)$

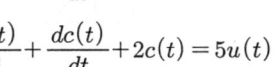

해설 단위 궤환 제어계의 전달함수

$$G(s)=\dfrac{C(s)}{u(s)}=\dfrac{\dfrac{2}{s(s+1)}}{1+\dfrac{2}{s(s+1)}}=\dfrac{2}{s(s+1)+2}$$

양변 맞보는 변에 곱은 $(s(s+1)+2)\times C(s)=2u(s)$에서 라플라스 역변환한 미분방정식 $(s^2+s+2)\times C(s)=2u(s)$은 $\dfrac{d^2C(t)}{dt^2}+\dfrac{dc(t)}{dt}+2C(t)=2u(t)$가 된다.

065 특성 방정식이 다음과 같다. 이를 z변환하여 z평면도에 도시할 때 단위 원 밖에 놓일 근은 몇 개인가?

$$(s+1)(s+2)(s-3)=0$$

① 0　　② 1　　③ 2　　④ 3

해설 특성 방정식인 s평면, z평면과의 대응관계로 알아보면 특성 방정식의 근은 $s=-1$, $s=-2$, $s=+3$이다. z변환은 z변환의 원점에 중심을 둔 반지름 1인 단위 원주상으로 사상되며, s평면 좌반평면의 모든 점$(s=-1, s=-2)$은 단위원의 내부에 사상되고, s평면의 우반평면$(s=+3)$은 단위원의 밖(외부)에 사상된다.

066 다음 진리표의 논리소자는?

입력		출력
A	B	C
0	0	1
0	1	0
1	0	0
1	1	0

① OR　　② NOR　　③ NOT　　④ NAND

64. ④　65. ②　66. ②

예설

OR-gate 진리표			+ NOT-gate =	NOR-gate 진리표		
입력		출력		입력		출력
A	B	C		A	B	C
0	0	0		0	0	1
0	1	1		0	1	0
1	0	1		1	0	0
1	1	1		1	1	0

이다.

∴ 진리표의 논리소자는 NOR-gate가 된다.

067 근궤적이 s평면의 $j\omega$축과 교차할 때 폐루프의 제어계는?

① 안정하다.   ② 알 수 없다.
③ 불안정하다.   ④ 임계상태이다.

예설 근궤적이 s평면의 $j\omega$축과 교차할 때 개루프의 제어계는 임계상태이다.

068 특성 방정식 $s^3+2s^2+(k+3)s+10=0$에서 Routh 안정도 판별법으로 판별시 안정하기 위한 k의 범위는?

① $k > 2$ ② $k < 2$
③ $k > 1$ ④ $k < 1$

예설 Routh 안정도 판별법

$$\begin{array}{c|cc} s^3 & 1 & k+3 \\ s^2 & 2 & 10 \\ s^1 & \dfrac{2(k+3)-10}{2} & 0 \\ s^0 & 10 & \end{array}$$

제어계가 안정하기 위해서는 1열의 요소가 모두(+)이어야 한다.

∴ $\dfrac{2(k+3)-10}{2}=\dfrac{2k+6-10}{2}=\dfrac{2k-4}{2}=k-2>0$에서 $k>2$의 범위이다.

069 그림과 같은 신호흐름선도에서 전달함수 $\dfrac{Y(s)}{X(s)}$는 무엇인가?

① $\dfrac{s+a}{s^2+as-b^2}$

② $\dfrac{-bcs^2+s}{s^2+as+b}$

③ $\dfrac{-bcs^2+s+a}{s^2+as}$

④ $\dfrac{-bcs^2+s-b}{s^2+as+b}$

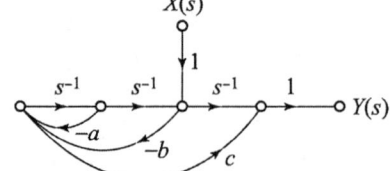

예답 67.④ 68.① 69.④

해설 메이슨 공식에서 전달함수

$$\frac{Y(s)}{X(s)} = \frac{\sum_{k=1}^{n} G_k \Delta_k}{\Delta} = \frac{G_1\Delta_1 + G_2\Delta_2 + G_3\Delta_3...}{1-(G_1H_1 + G_2H_2...)} = \frac{\frac{-b}{s^2}\times 1 + \frac{1}{s}\times 1 + (-bc)\times 1}{1-(\frac{-a}{s}+\frac{-b}{s^2})}$$

$$=\frac{\frac{-b}{s^2}+\frac{1}{s}-bc}{\frac{s+a}{s}+\frac{b}{s^2}}=\frac{\frac{-b}{s^2}+\frac{1-bcs}{s}}{\frac{s^2+as+b}{s^2}}=\frac{\frac{-bcs^2+s-b}{s^2}}{\frac{s^2+as+b}{s^2}}=\frac{-bcs^2+s-b}{s^2+as+b}$$ 가 된다.

(단, $G_1 = -b \times \frac{1}{s} \times \frac{1}{s} = \frac{-b}{s^2}$, $\Delta_1 = 1$, $G_2 = \frac{1}{s}$, $\Delta_2 = 1$, $G_3 = 1 \times (-b) \times c \times 1 = -bc$,

$\Delta_3 = 1$이고 또 $G_1H_1 = \frac{-a}{s}$, $G_2H_2 = \frac{-b}{s^2}$이다.)

070

$G(s)H(s) = \dfrac{2}{(s+1)(s+2)}$의 이득여유[dB]는?

① 20 ② -20
③ 0   ④ ∞

해설 이득여유란 $s=j\omega=0$일 때의 이득을 말한다.

$G(s)H(s) = \dfrac{2}{(s+1)(s+2)} = \dfrac{2}{(0+1)(0+2)} = \dfrac{2}{1\times 2} = 1$

∴ g(이득여유) $= 20\log_{10}\dfrac{1}{|G(s)H(s)|} = 20\log_{10}\dfrac{1}{1} = 20\log_{10}^{1} = 20\times 0 = 0$[dB]이 된다.

071

$R_1 = R_2 = 100[\Omega]$이며, $L_1 = 5[H]$인 회로에서 시정수는 몇 [sec]인가?

① 0.001
② 0.01
③ 0.1
④ 1

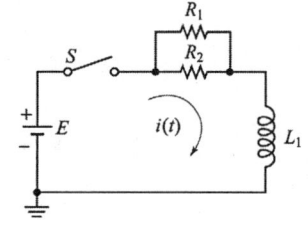

해설 R-L 직렬회로의 과도현상에서 $R = \dfrac{R_1 R_2}{R_1 + R_2} = \dfrac{100}{2} = 50[\Omega]$

$L_1 = 5$[H]일 때 R-L 직렬회로의 시정수 $\tau = \dfrac{L_1}{R} = \dfrac{5}{50} = 0.1$[sec]가 된다.

072

최대값이 10[V]인 정현파 전압이 있다. $t=0$에서의 순시값이 5[V]이고 이 순간에 전압이 증가하고 있다. 주파수가 60[Hz]일 때, $t=2$[ms]에서의 전압의 순시값[V]은?

① 10sin30°   ② 10sin43.2°
③ 10sin73.2° ④ 10sin103.2°

정답 70.③ 71.③ 72.③

073 비접지 3상 Y회로에서 전류 $I_a = 15 + j2$[A], $I_b = -20 - j14$[A]일 경우 I_c[A]는?

① $5 + j12$
② $-5 + j12$
③ $5 - j12$
④ $-5 - j12$

비접지 3상 Y회로에서 3상 교류 전류전압의 합은 0이다.
∴ 3상 교류전류합 $I_a + I_b + I_c = 0$
∴ $I_c = -(I_a + I_b) = -(15 + j2 - 20 - j14) = -(-5 - j12) = 5 + j12$[A]가 된다.

074 그림과 같은 회로의 구동점 임피던스 Z_{ab}는?

① $\dfrac{2(2s+1)}{2s^2+s+2}$

② $\dfrac{2s+1}{2s^2+s+2}$

③ $\dfrac{2(2s-1)}{2s^2+s+2}$

④ $\dfrac{2s^2+s+2}{2(2s+1)}$

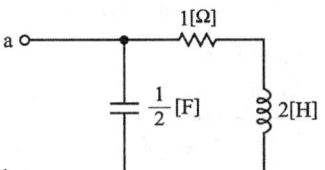

유도성 리액턴스 : $j\omega L = sL = 2s$[Ω]

용량성 리액턴스 : $\dfrac{1}{j\omega C} = \dfrac{1}{sC} = \dfrac{1}{s \times \frac{1}{2}} = \dfrac{2}{s}$[Ω]일 때

a, b단자에서 본 임피던스인

Z_{ab}(구동점 임피던스)$= \dfrac{\frac{2}{s}(2s+1)}{1+2s+\frac{2}{s}} = \dfrac{\frac{2}{s}(2s+1)}{\frac{2s^2+s+2}{s}} = \dfrac{2(2s+1)}{2s^2+s+2}$[Ω]가 된다.

075 콘덴서 C[F]에 단위 임펄스의 전류원을 접속하여 동작시키면 콘덴서의 전압 $V_c(t)$는? (단, $u(t)$는 단위계단 함수이다.)

① $V_c(t) = C$
② $V_c(t) = Cu(t)$
③ $V_c(t) = \dfrac{1}{C}$
④ $V_c(t) = \dfrac{1}{C}u(t)i(t)$

콘덴서의 전압 $V_c(t) = \dfrac{1}{c}u(t)i(t)$[V]가 된다.

∴ 이를 라플라스 변환하면 $V_c(s) = \dfrac{1}{sc}I(s)$[V]가 된다.

73. ① 74. ① 75. ④

076. 그림과 같은 구형파의 라플라스 변환은?

① $\frac{2}{s}(1-e^{4s})$

② $\frac{2}{s}(1-e^{-4s})$

③ $\frac{4}{s}(1-e^{4s})$

④ $\frac{4}{s}(1-e^{-4s})$

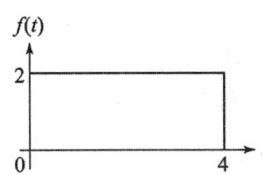

해설 그림에서 시간함수 $f(t)=2u(t)-2u(t-4)$인 구형파의 라플라스 변환

$F(s)=2\int_0^\infty u(t)e^{-st}dt-2\int_4^\infty u(t)e^{-st}dt=2\left(\frac{e^{-st}}{-s}\right)_0^\infty-2\left(\frac{e^{-st}}{-s}\right)_4^\infty$

$=2\left(\frac{0-1}{-s}\right)-2\left(\frac{0-e^{-4s}}{-s}\right)=\frac{2}{s}-\frac{2}{s}e^{-4s}=\frac{2}{s}(1-e^{-4s})$가 된다.

077. 그림과 같은 회로의 콘덕턴스 G_2에 흐르는 전류 i는 몇 [A]인가?

① -5
② 5
③ -10
④ 10

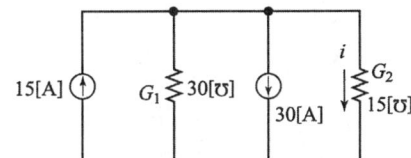

해설 정전류원 $I_o=30-15=15[A]$, $G_2=15[℧]$에 흐르는 전류는 노톤의 정리에서

$i=\frac{G_2}{G_1+G_2}\times(-I_o)=\frac{15}{30+15}\times(-15)=\frac{-225}{45}=-5[A]$가 된다.

078. 분포정수 전송회로에 대한 설명이 아닌 것은?

① $\frac{R}{L}=\frac{G}{C}$인 회로를 무왜형 회로라 한다.
② $R=G=0$인 회로를 무손실 회로라 한다.
③ 무손실 회로와 무왜형 회로의 감쇠정수는 $\sqrt{RG}$이다.
④ 무손실 회로와 무왜형 회로에서의 위상속도는 $\frac{1}{\sqrt{LC}}$이다.

해설 분포정수 전송회로에 대한 설명
① $\frac{R}{L}=\frac{G}{C}$인 회로를 무왜형 회로라 한다.
② $R=G=0$인 회로를 무손실 회로라 한다.
③ 무손실 회로와 무왜형 회로에서의 위상속도는 $\frac{1}{\sqrt{LC}}$이다.

정답 76. ② 77. ① 78. ③

079 다음 회로에서 절점 a와 절점 b의 전압이 같은 조건은?

① $R_1R_3 = R_2R_4$
② $R_1R_2 = R_3R_4$
③ $R_1 + R_3 = R_2 + R_4$
④ $R_1 + R_2 = R_3 + R_4$

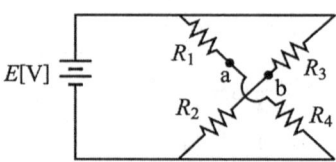

회로에서 b를 펼친 면으로 a, b의 전압이 같은 조건은 브릿지의 평형회로로서 맞보는 변에 곱이 서로 같아야 한다.
∴ $R_1R_2 = R_3R_4$ 이다.

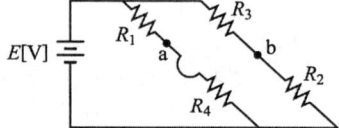

080 그림과 같은 파형의 파고율은?

① 1
② 2
③ $\sqrt{2}$
④ $\sqrt{3}$

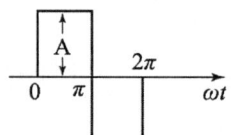

파 \ 분류	실효치	평균치	최대치
전파 정현파	$\dfrac{A}{\sqrt{2}}$	$\dfrac{2A}{\pi}$	A
전파 구형파	A	A	A
전파 3각파	$\dfrac{A}{\sqrt{3}}$	$\dfrac{A}{2}$	A

∴ 문제는 전파구형파로 평균치=실효치=최대치=A 이다.

파형률=$\dfrac{실효치}{평균치}=\dfrac{A}{A}=1$, 파고율=$\dfrac{최대치}{실효치}=\dfrac{A}{A}=1$

∴ 파형률=파고율=1이다.

05 전/기/설/비/기/술/기/준/및/판/단/기/준

081 가섭선에 의하여 시설하는 안테나가 있다. 이 안테나 주위에 경동연선을 사용한 고압가공전선이 지나가고 있다면 수평 이격거리는 몇 [cm] 이상이어야 하는가?

① 40
② 60
③ 80
④ 100

79. ② 80. ① 81. ③

해설 가섭선에 의하여 시설하는 안테나가 있다. 안테나 주위에 경동선을 사용한 고압가공 선이 지나가고 있다면 안테나와 고압가공전선 사이의 수평 이격거리는 80[cm] 이상 이어야 한다.

082 지중에 매설되어 있는 금속제 수도관로를 각종 접지공사의 접지극으로 사용하려면 대지와의 전기저항 값이 몇 [Ω] 이하의 값을 유지하여야 하는가?
① 1
② 2
③ 3
④ 5

해설 지중에 매설되어 있는 금속제 수도관로를 각종 접지공사의 접지극으로 사용하려면 대지 사이의 전기저항 값이 3[Ω] 이하이어야 한다.

083 가공전선로의 지지물에 시설하는 지선으로 연선을 사용할 경우에는 소선이 최소 몇 가닥 이상이어야 하는가?
① 3
② 4
③ 5
④ 6

해설 가공전선로의 지지물에 시설하는 지선으로 연선을 사용할 경우 소선은 최소 3가닥 이상이어야 한다.

084 옥내의 저압전선으로 나전선 사용이 허용되지 않는 경우는?
① 금속관공사에 의하여 시설하는 경우
② 버스덕트공사에 의하여 시설하는 경우
③ 라이팅덕트공사에 의하여 시설하는 경우
④ 애자사용공사에 의하여 전개된 곳에 전기로용 전선을 시설하는 경우

해설 옥내의 저압전선으로 나전선 사용이 허용되는 경우는
① 버스덕트공사에 의하여 시설하는 경우
② 라이팅덕트공사에 의하여 시설하는 경우
③ 애자사용공사에 의하여 전개된 곳에 전기로용 전선을 시설하는 경우 등이다.

085 가공전선로의 지지물에 취급자가 오르고 내리는 데 사용하는 발판 볼트 등은 지표상 몇 [m] 미만에 시설하여서는 아니 되는가?
① 1.2
② 1.5
③ 1.8
④ 2.0

해설 가공전선로의 지지물에 취급자가 오르고 내리는 데 사용하는 발판 볼트 등은 지표상 1.8[m] 미만에 시설하여서는 아니된다.

해답 82.③ 83.① 84.① 85.③

086 철도·궤도 또는 자동차도의 전용터널 안의 전선로의 시설방법으로 틀린 것은?

① 고압전선은 케이블공사로 하였다.
② 저압전선을 가요전선관 공사에 의하여 시설하였다.
③ 저압전선으로 지름 2.0[mm]의 경동선을 사용하였다.
④ 저압전선을 애자사용공사에 의하여 시설하고 이를 레일면상 또는 노면상 2.5[m] 이상의 높이로 유지하였다.

해설 철도·궤도 또는 자동차도의 전용터널 안의 전선로의 시설방법
① 고압전선은 케이블공사로 하였다.
② 저압전선을 가요전선관 공사에 의하여 시설하였다.
③ 저압전선을 애자사용공사에 의하여 시설하고 이를 레일면상 또는 노면상 2.5[m] 이상의 높이로 유지하였다.

087 수소냉각식 발전기 등의 시설기준으로 틀린 것은?

① 발전기 안의 수소의 온도를 계측하는 장치를 시설할 것
② 수소를 통하는 관은 수소가 대기압에서 폭발하는 경우에 생기는 압력에 견디는 강도를 가질 것
③ 발전기 안의 수소의 순도가 95[%] 이하로 저하한 경우에 이를 경보하는 장치를 시설할 것
④ 발전기 안의 수소의 압력을 계측하는 장치 및 그 압력이 현저히 변동한 경우에 이를 경보하는 장치를 시설할 것

해설 수소냉각식 발전기 등의 시설기준
① 발전기 안의 수소의 온도를 계측하는 장치를 시설할 것
② 수소를 통하는 관은 수소가 대기압에서 폭발하는 경우에 생기는 압력에 견디는 강도를 가질 것
③ 발전기 안의 수소의 압력을 계측하는 장치 및 그 압력이 현저히 변동한 경우에 이를 경보하는 장치를 시설할 것

088 과전류차단기로 저압전로에 사용하는 80[A] 퓨즈를 수평으로 붙이고, 정격전류의 1.6배 전류를 통한 경우에 몇 분 안에 용단되어야 하는가? (단, IEC 표준을 도입한 과전류차단기로 저압전로에 사용하는 퓨즈는 제외한다.)

① 30분
② 60분
③ 120분
④ 180분

정답 86.③ 87.③ 88.③

해설 과전류차단기로 저압전로에 사용하는 퓨즈는 수평으로 붙이고, 정격전류의 1.6배 및 2배의 전류를 통한 경우에 다음 표에 정한 시간 안에 용단되어야 한다.

정격전류의 구분	시 간	
	정격전류 1.6배의 전류를 통한 경우	정격전류 2.0배의 전류를 통한 경우
30[A] 이하	60분	2분
30[A] 넘고 60[A] 이하	60분	4분
60[A] 넘고 100[A] 이하	120분	6분
100[A] 넘고 200[A] 이하	120분	8분
200[A] 넘고 400[A] 이하	180분	10분
400[A] 넘고 600[A] 이하	240분	12분
600[A] 넘는 것	240분	20분

089 조상기의 내부에 고장이 생긴 경우 자동적으로 전로로부터 차단하는 장치는 조상기의 뱅크용량이 몇 [kVA] 이상이어야 시설하는가?

① 5000 ② 10000
③ 15000 ④ 20000

해설 조상기의 뱅크용량이 15,000[kVA] 이상에서 내부 고장이 생긴 경우는 자동적으로 전로로부터 차단되는 자동차단장치를 시설하여야 한다.

090 발열선을 도로, 주차장 또는 조영물의 조영재에 고정시켜 시설하는 경우 발열선에 전기를 공급하는 전로의 대지전압은 몇 [V] 이하이어야 하는가?

① 100 ② 150
③ 200 ④ 300

해설 발열선을 도로, 주차장 또는 조영물의 조영재에 고정시켜 시설하는 경우 발열선에 전기를 공급하는 전로의 대지전압은 300[V] 이하이어야 한다.

091 전로에 400[V]를 넘는 기계기구를 시설하는 경우 기계기구의 철대 및 금속제 외함의 접지저항은 몇 [Ω] 이상인가?

① 10 ② 30
③ 50 ④ 100

해설 전로에 시설하는 기계기구의 철대 및 금속제 외함에는 전로에 400[V] 미만인 저압용의 것은 제3종 접지공사로 접지저항은 100[Ω] 이상, 전로에 400[V] 이상(넘는)의 저압용의 것은 특별 제3종 접지공사로 접지저항은 10[Ω] 이상이어야 한다.

89. ③ 90. ④ 91. ①

092 사람이 접촉할 우려가 있는 경우 고압 가공전선과 상부 조영재의 옆쪽에서의 이격거리는 몇 [m] 이상이어야 하는가? (단, 전선은 경동연선이라고 한다.)

① 0.6
② 0.8
③ 1.0
④ 1.2

> 사람이 접촉할 우려가 있는 경우 고압 가공전선과 상부 조영재의 옆쪽에서의 이격거리는 1.2[m] 이상이어야 한다.(단, 전선은 경동선이라고 한다.)

093 특고압 가공전선로에서 사용전압이 60[kV]를 넘는 경우, 전화선로의 길이 몇 [km]마다 유도전류가 3[μA]를 넘지 않도록 하여야 하는가?

① 12
② 40
③ 80
④ 100

> 유도장해 방지대책으로 특고압 가공전선로에서 사용전압이 60[kV]를 넘는 경우, 전화선로의 길이 40[km]마다 유도전류가 3[μA]를 넘지 않도록 하여야 한다.

094 고압의 계기용 변성기의 2차측 전로에는 몇 종 접지공사를 하여야 하는가?

① 제1종 접지공사
② 제2종 접지공사
③ 제3종 접지공사
④ 특별 제3종 접지공사

> 고압 계기용 변성기의 2차측 전로에는 제3종 접지공사를 특별고압 계기용 변성기의 2차측 전로에는 제1종 접지공사를 하여야 한다.

095 가공 직류절연귀선은 특별한 경우를 제외하고 어느 전선에 준하여 시설하여야 하는가?

① 저압 가공전선
② 고압 가공전선
③ 특고압 가공전선
④ 가공 약전류 전선

> 가공 직류절연귀선의 시설은 가공 직류절연귀선은 저압 가공전선에 준하여 시설하여야 한다.

096 직선형의 철탑을 사용한 특고압 가공전선로가 연속하여 10기 이상 사용하는 부분에는 몇 기 이하마다 내장 애자장치가 되어 있는 철탑 1기를 시설하여야 하는가?

① 5
② 10
③ 15
④ 20

> 특별고압 가공전선로의 내장형 등의 지지물로서 직선형의 철탑을 연속하여 10기 이상 사용하는 부분에는 10기 이하마다 내장 장치가 되어 있는 철탑 1기를 시설하여야 한다.

| 정답 | 92. ④ | 93. ② | 94. ③ | 95. ① | 96. ② |

097 옥외용 비닐절연전선을 사용한 저압가공전선이 횡단보도교 위에 시설되는 경우에 그 전선의 노면상 높이는 몇 [m] 이상으로 하여야 하는가?

① 2.5　② 3.0　③ 3.5　④ 4.0

> 가공전선의 높이에서 옥외용 비닐절연전선을 사용한 경우 저압가공전선이 횡단보도교 위에 시설되는 경우에 그 전선의 노면상 높이는 3[m] 이상으로 하여야 한다.

098 애자사용 공사를 습기가 많은 장소에 시설하는 경우 전선과 조영재 사이의 이격거리는 몇 [cm] 이상이어야 하는가? (단, 사용전압은 440[V]인 경우이다.)

① 2.0　② 2.5　③ 4.5　④ 6.0

> 애자사용 공사를 습기가 많은 장소에 시설하는 경우 사용전압이 400[V] 이상인 경우는 4.5[cm] 이상이어야 하고, 건조한 장소인 경우는 2.5[cm] 이상이어야 한다.

099 저압 옥내 간선 및 분기회로의 시설 규정 중 틀린 것은?

① 저압 옥내 간선의 전원측 전로에는 간선을 보호하는 과전류차단기를 시설하여야 한다.
② 간선보호용 과전류차단기는 옥내 간선의 허용전류를 초과하는 정격전류를 가져야 한다.
③ 간선으로 사용하는 전선은 전기사용기계 기구의 정격전류 합계 이상의 허용전류를 가져야 한다.
④ 저압 옥내 간선과 분기점에서 전선의 길이가 3[m] 이하인 곳에 개폐기 및 과전류차단기를 시설하여야 한다.

> 저압 옥내 간선 및 분기회로의 시설 규정
> ① 저압 옥내 간선의 전원측 전로에는 간선을 보호하는 과전류차단기를 시설하여야 한다.
> ② 간선으로 사용하는 전선은 전기사용기계 기구의 정격전류 합계 이상의 허용전류를 가져야 한다.
> ③ 저압 옥내 간선과 분기점에서 전선의 길이가 3[m] 이하인 곳에 개폐기 및 과전류차단기를 시설하여야 한다.

100 터널 등에 시설하는 사용전압이 220[V]인 전구선이 0.6/1[kV] EP 고무 절연 클로로프렌 캡타이어 케이블일 경우 단면적은 최소 몇 [mm²] 이상이어야 하는가?

① 0.5　② 0.75　③ 1.25　④ 1.4

> 터널 등에 시설하는 사용전압이 220[V]인 전구선이 0.6/1[kV]의 EP 고무 절연 클로로프렌 캡타이어 케이블일 경우 단면적은 최소 0.75[mm²] 이상이어야 한다.

정답 97. ②　98. ③　99. ②　100. ②

01 전/기/자/기/학

001 원통좌표계에서 전류 밀도 $j=Kr^2 a_z [\text{AT/m}^2]$일 때 암페어의 법칙을 사용한 자계의 세기 $H[\text{AT/m}]$는? (단, K는 상수이다.)

① $H=\dfrac{K}{4}r^4 a_\phi$ ② $H=\dfrac{K}{4}r^3 a_\phi$

③ $H=\dfrac{K}{4}r^4 a_z$ ④ $H=\dfrac{K}{4}r^3 a_z$

원통좌표계에서 전류 밀도 $j=Kr^2 a_z [\text{A/m}^2]$일 때 자계 세기는 암페어의 법칙에서

$$j=Kr^2 a_z = rot\, H = \nabla \times H = \begin{vmatrix} \dfrac{a_r}{r} & a_\phi & \dfrac{a_z}{r} \\ \dfrac{\partial}{\partial r} & \dfrac{\partial}{\partial \phi} & \dfrac{\partial}{\partial z} \\ H_r & rH_\phi & H_z \end{vmatrix}$$

$$=\dfrac{a_r}{r}\left(\dfrac{\partial H_z}{\partial \phi}-\dfrac{\partial rH_\phi}{\partial z}\right)-a_\phi\left(\dfrac{\partial H_z}{\partial r}-\dfrac{\partial H_r}{\partial z}\right)+\dfrac{a_z}{r}\left(\dfrac{\partial rH_\phi}{\partial r}-\dfrac{\partial H_r}{\partial \phi}\right)$$

$$=0-0+\dfrac{1}{r}\dfrac{\partial rH_\phi}{\partial r}a_z -\dfrac{1}{r}\dfrac{\partial H_r}{\partial r}a_z = \dfrac{1}{r}\dfrac{\partial rH_\phi}{\partial r}a_z -0 = \dfrac{1}{r}\dfrac{\partial rH_\phi}{\partial r}a_z \text{이다.}$$

$\therefore \dfrac{1}{r}\dfrac{\partial rH_\phi}{\partial r}a_z = Kr^2 a_z$ 에서 $\partial rH_\phi = Kr^3 \partial r \cdot rH_\phi = \int Kr^2 dr = K\left(\dfrac{r^{3+1}}{3+1}\right) = \dfrac{Kr^4}{4}$

$\therefore H_\phi = K\dfrac{r^3}{4}a_\phi [\text{AT/m}]$가 된다.

002 최대 정전용량 $C_0[\text{F}]$인 그림과 같은 콘덴서의 정전용량이 각도에 비례하여 변화한다고 한다. 이 콘덴서를 전압 $V[\text{V}]$로 충전했을 때 회전자에 작용하는 토크는?

① $\dfrac{C_0 V^2}{2}[\text{N}\cdot\text{m}]$ ② $\dfrac{C_0^2 V}{2\pi}[\text{N}\cdot\text{m}]$

③ $\dfrac{C_0 V^2}{2\pi}[\text{N}\cdot\text{m}]$ ④ $\dfrac{C_0 V^2}{\pi}[\text{N}\cdot\text{m}]$

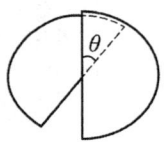

회전각도 θ일 때의 정전용량 $C_\theta = C_o \dfrac{\theta}{\pi}[\text{F}]$

에너지 $W_\theta = \dfrac{1}{2}C_\theta V^2 = \dfrac{1}{2}\left(C_o \dfrac{\theta}{\pi}\right)V^2 = \dfrac{C_o V^2}{2\pi}\theta [\text{J}]$이다.

$\therefore$ 회전력 $T = \dfrac{\partial W_\theta}{\partial \theta} = \dfrac{\partial}{\partial \theta}\left(\dfrac{C_o V^2}{2\pi}\theta\right) = \dfrac{C_o V^2}{2\pi}[\text{N}\cdot\text{m}]$가 된다.

해답 1. ② 2. ③

003 내부 도체 반지름이 10[mm], 외부 도체의 내반지름이 20[mm]인 동축 케이블에서 내부 도체 표면에 전류 I가 흐르고, 얇은 외부 도체에 반대 방향인 전류가 흐를 때 단위 길이당 외부 인덕턴스는 약 몇 [H/m]인가?

① 0.28×10^{-7}
② 1.39×10^{-7}
③ 2.03×10^{-7}
④ 2.78×10^{-7}

해설 동축 케이블 단위 길이당 외부 자기 인덕턴스

$$L = \frac{\phi}{I} = \frac{\int_b^a B ds}{I} = \frac{\int_a^b \mu_o H l dr}{I} = \frac{\int_a^b \mu_o \frac{I}{2\pi r} l dr}{I} = \int_a^b \frac{\mu_o l}{2\pi} \times \frac{1}{r} dr = \frac{\mu_o l}{2\pi} \ln \frac{b}{a}$$

$$= \frac{\mu_o l}{2\pi} \times 2.3026 \log_{10} \frac{20}{10} = \frac{4\pi \times 10^{-7} \times 1}{2\pi} \times 2.3026 \times 0.3010 = 2 \times 10^{-7} \times 0.693$$

≒ 1.39×10^{-7}[H/m]가 된다.

004 무한 평면에 일정한 전류가 표면에 한 방향으로 흐르고 있다. 평면으로부터 r만큼 떨어진 점과 $2r$만큼 떨어진 점과의 자계의 비는 얼마인가?

① 1 ② $\sqrt{2}$ ③ 2 ④ 4

해설 무한 평면에 일정한 전류가 표면에 한 방향으로 흐르고 있다. 암페르의 주 회적분 법칙에서
무한 평면으로부터 r[m] 떨어진 점에 자계세기 $H_1 = \frac{I}{2\pi r}$[AT/m] … ①
무한 평면으로부터 $2r$[m] 떨어진 점에 자계세기 $H_2 = \frac{I}{2\pi \times 2r}$[AT/m] … ② 이다.

$$\therefore \frac{①}{②} = \frac{H_1}{H_2} = \frac{\frac{I}{2\pi r}}{\frac{I}{2\pi \times 2r}} = \frac{2\pi r}{2\pi r} = 1$$가 된다.

005 어떤 공간의 비유전율은 2이고, 전위 $V(x, y) = \frac{1}{x} + 2xy^2$이라고 할 때 $\left(\frac{1}{2}, 2\right)$에서의 전하 밀도 ρ는 약 몇 [pC/m³]인가?

① -20 ② -40 ③ -160 ④ -320

해설 포아송의 방정식에서 $\nabla^2 V = \frac{\partial^2 V}{\partial x^2} + \frac{\partial^2 V}{\partial y^2} + \frac{\partial^2 V}{\partial z^2} = -\frac{\rho}{\varepsilon_0}$에서

$$\nabla^2 V = \frac{\partial^2}{\partial x^2}(\frac{1}{x} + 2xy^2) + \frac{\partial^2}{\partial y^2}(\frac{1}{x} + 2xy^2) + 0 = (\frac{2}{x^3} + 0) + (0 + 4x) + 0 = \left(\frac{2}{x^3} + 4x\right)_{x=\frac{1}{2}}$$

$$= \frac{2}{(\frac{1}{2})^3} + 4 \times \frac{1}{2} = 16 + 2 = 18 = -\frac{\rho}{\varepsilon_o \varepsilon_s}$$

$\therefore \rho$(체적 전하 밀도)$= -\varepsilon_o \varepsilon_s \times 18 = -8.855 \times 10^{-12} \times 2 \times 18 = -8.855 \times 10^{-12} \times 36$
≒ -319×10^{-12} ≒ -320[pC/m³]이 된다.

006

그림과 같은 히스테리시스 루프를 가진 철심이 강한 평등자계에 의해 매초 60[Hz]로 자화할 경우 히스테리시스 손실은 몇 [W]인가? (단, 철심의 체적은 20[cm³], $B_r = 5$[Wb/m²], $H_c = 2$[AT/m]이다.)

① 1.2×10^{-2}
② 2.4×10^{-2}
③ 3.6×10^{-2}
④ 4.8×10^{-2}

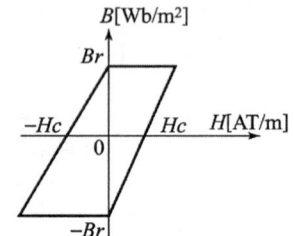

해설 V(체적) $= 20 \text{cm}^3 = 20 \times (10^{-2})^3 = 20 \times 10^{-6}$[m³]이다.

∴ 히스테리시스 손실

$W_m = 4 H_c B_r \times 60(초) \times V(체적) = 4 \times 2 \times 5 \times 60 \times 20 \times 10^{-6} = 2400 \times 20 \times 10^{-6}$
$= 48 \times 10^{-3} = 4.8 \times 10^{-2}$[W]가 된다.

007

그림과 같이 직각 코일이 $B = 0.05 \dfrac{a_x + a_y}{\sqrt{2}}$[T]인 자계에 위치하고 있다. 코일에 5[A] 전류가 흐를 때 z축에서의 토크는 약 몇 [N·m]인가?

① $2.66 \times 10^{-4} a_x$
② $5.66 \times 10^{-4} a_x$
③ $2.66 \times 10^{-4} a_z$
④ $5.66 \times 10^{-4} a_z$

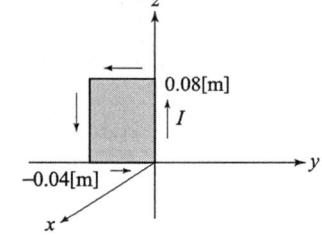

해설 z축에서의 토크(Torque)

$T = MH\sin 90° = MH = mlH = \dfrac{F}{m} \times ml = Fl = IBl \times 0.04$

$= 5 \times 0.05 \times \dfrac{1}{\sqrt{2}} \times 0.04 \times 0.08 a_z = 5.656 \times 10^{-4} a_z$

$\fallingdotseq 5.66 \times 10^{-4} a_z$[N·m]이 된다.

(단, F(전자력=힘)$= mH$[N], $m = \dfrac{F}{H}$[Wb], M(자기 쌍극자 moment)$= ml$[Wb·m])

6. ④ 7. ④

008 그림과 같이 무한평면 도체 앞 a[m] 거리에 점전하 Q[C]가 있다. 점 0에서 x[m]인 P점의 전하 밀도 σ[C/m²]는?

① $\dfrac{Q}{4\pi} \cdot \dfrac{a}{(a^2+x^2)^{\frac{3}{2}}}$

② $\dfrac{Q}{2\pi} \cdot \dfrac{a}{(a^2+x^2)^{\frac{3}{2}}}$

③ $\dfrac{Q}{4\pi} \cdot \dfrac{a}{(a^2+x^2)^{\frac{2}{3}}}$

④ $\dfrac{Q}{2\pi} \cdot \dfrac{a}{(a^2+x^2)^{\frac{2}{3}}}$

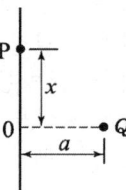

해설 무한평면 도체(구도체=대전도체)에서는 점전하 Q[C]에 대한 영상전하는 $-Q$[C]이다.
단, r(거리)$= \sqrt{a^2+x^2} = (a^2+x^2)^{\frac{1}{2}}$[m]이다.

∴ 점전하 Q[C]와 영상전하 $-Q$[C]에 의한 무한평면 도체 표면 임의의 g점의 전계 세기 $E_g = 2 \times \dfrac{Q}{4\pi\varepsilon_0 r^2}$[V/m]이고, 무한평면 도체의 원점 0의 전계 세기

$E_g = 2 \times \dfrac{Q}{4\pi\varepsilon_0 r^2} \cos\theta = 2 \times \dfrac{Q}{4\pi\varepsilon_0 r^2} \times \dfrac{a}{r} = \dfrac{Q\,a}{2\pi\varepsilon_0 r^3} = \dfrac{Q\,a}{2\pi\varepsilon_0 (a^2+x^2)^{3h}}$[V/m]가 된다.

∴ 원점 0에서 x[m] 떨어진 P점의 전하 밀도

$\sigma = |-\varepsilon_0 E_0| = \varepsilon_0 \times \dfrac{Q\,a}{2\pi\varepsilon_0 (a^2+x^2)^{3/2}} = \dfrac{Q}{2\pi} \cdot \dfrac{a}{(a^2+x^2)^{3/2}}$[C/m²]이 된다.

009 유전율 $\varepsilon = 8.855 \times 10^{-12}$[F/m]인 진공 중을 전자파가 전파할 때 진공 중의 투자율 [H/m]은?

① 7.58×10^{-5}
② 7.58×10^{-7}
③ 12.56×10^{-5}
④ 12.56×10^{-7}

해설 진공 중 전자파 속도(광속도) $\nu = C_o = \dfrac{1}{\sqrt{\varepsilon_0 \mu_0}} = 3 \times 10^8$[m/sec]이다.

양변자승 $C_o^2 = (3 \times 10^8)^2 = \dfrac{1}{\varepsilon_0 \mu_0}$[m/sec]

∴ 진공의 투자율
$\mu_0 = \dfrac{1}{\varepsilon_0 \times (3 \times 10^8)^2} = \dfrac{1}{8.855 \times 10^{-12} \times 9 \times 10^{16}} = \dfrac{1}{79.695 \times 10^4} ≒ 12.56 \times 10^{-7}$[H/m]

정답 8.② 9.④

010 막대자석 위쪽에 동축도체 원판을 놓고 회로의 한 끝은 원판의 주변에 접촉시켜 회전하도록 해놓은 그림과 같은 패러데이 원판 실험을 할 때 검류계에 전류가 흐르지 않는 경우는?

① 자석만을 일정한 방향으로 회전시킬 때
② 원판만을 일정한 방향으로 회전시킬 때
③ 자석을 축 방향으로 전진시킨 후 후퇴시킬 때
④ 원판과 자석을 동시에 같은 방향, 같은 속도로 회전시킬 때

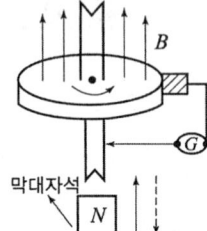

문제 그림과 같이 패러데이 원판 실험을 할 때 검류계에 전류가 흐르지 않는 경우는 원판과 자석을 동시에 같은 방향 같은 속도로 회전시킬 때이다.

011 점전하에 의한 전계의 세기[V/m]를 나타내는 식은? (단, r은 거리, Q는 전하량, λ는 선전하 밀도, σ는 표면 전하 밀도이다.)

① $\dfrac{1}{4\pi\varepsilon_0}\dfrac{Q}{r^2}$
② $\dfrac{1}{4\pi\varepsilon_0}\dfrac{\sigma}{r^2}$
③ $\dfrac{1}{2\pi\varepsilon_0}\dfrac{Q}{r^2}$
④ $\dfrac{1}{2\pi\varepsilon_0}\dfrac{\sigma}{r^2}$

점전하 Q[C]로부터 r[m] 떨어진 점에 전계 세기 $E=\dfrac{Q}{4\pi\varepsilon_0 r^2}$[V/m]가 된다.

012 유전율 ε, 투자율 μ인 매질에서의 전파 속도 v는?

① $\dfrac{1}{\sqrt{\varepsilon\mu}}$
② $\sqrt{\varepsilon\mu}$
③ $\sqrt{\dfrac{\varepsilon}{\mu}}$
④ $\sqrt{\dfrac{\mu}{\varepsilon}}$

유전율 ε, 투자율 μ인 매질에서의 전파속도
$v=\dfrac{\omega}{\beta}=\dfrac{\omega}{\omega\sqrt{LC}}=\dfrac{1}{\sqrt{LC}}=\dfrac{1}{\sqrt{\varepsilon\mu}}$[m/sec]이다.
(단, $L=\dfrac{N^2}{R}=\dfrac{N^2}{\dfrac{l}{\mu s}}=\dfrac{\mu s N^2}{l}≒\mu$[H/m], $C=\dfrac{\varepsilon s}{d}=\varepsilon$[F/m])

정답 10.④ 11.① 12.①

013 전계 E[V/m], 전속 밀도 D[C/m²], 유전율 $\varepsilon=\varepsilon_0\varepsilon_s$[F/m], 분극의 세기 P[C/m²] 사이의 관계는?

① $P=D+\varepsilon_0 E$ ② $P=D-\varepsilon_0 E$
③ $P=\dfrac{D+E}{\varepsilon_0}$ ④ $P=\dfrac{D-E}{\varepsilon_0}$

해설 x(분극률)$=\varepsilon_0(\varepsilon_s-1)$이다.
∴ P(분극 세기)$=xE=\varepsilon_0(\varepsilon_s-1)E=\varepsilon_0\varepsilon_s E-\varepsilon_0 E=D-\varepsilon_0 E$[C/m²]가 된다.
(단, D(전속 밀도)$=\varepsilon E=\varepsilon_0\varepsilon_s E$[C/m²]이다.)

014 서로 결합하고 있는 두 코일 C_1과 C_2의 자기 인덕턴스가 각각 L_{c1}, L_{c2}라고 한다. 이 둘을 직렬로 연결하여 합성 인덕턴스 값을 얻은 후 두 코일 간 상호 인덕턴스의 크기($|M|$)를 얻고자 한다. 직렬로 연결할 때, 두 코일 간 자속이 서로 가해져서 보강되는 방향의 합성 인덕턴스의 값이 L_1, 서로 상쇄되는 방향의 합성 인덕턴스의 값이 L_2일 때, 다음 중 알맞은 식은?

① $L_1 < L_2$|$M|=\dfrac{L_2+L_1}{4}$ ② $L_1 > L_2$|$M|=\dfrac{L_1+L_2}{4}$
③ $L_1 < L_2$|$M|=\dfrac{L_2-L_1}{4}$ ④ $L_1 > L_2$|$M|=\dfrac{L_1-L_2}{4}$

해설 두 코일 간 자속이 서로 가해져서 보강되는 방향일 때의 합성 인덕턴스
$L_1 = L_{c1}+L_{c2}+2M$ ⋯ ①
상쇄되는 방향일 때의 합성 인덕턴스 $L_2 = L_{c1}+L_{c2}-2M$ ⋯ ②
①식 − ②식에서 $L_1-L_2=4M$, $|M|=\dfrac{L_1-L_2}{4}$[H]이다.
∴ $L_1 > L_2$에서 $|M|=\dfrac{L_1-L_2}{4}$[H]가 된다.

015 정전용량이 C_o[F]인 평행판 공기 콘덴서가 있다. 이것의 극판에 평행으로 판 간격 d[m]의 $\dfrac{1}{2}$ 두께인 유리판을 삽입하였을 때의 정전용량[F]은? (단, 유리판의 유전율은 ε[F/m]이라 한다.)

① $\dfrac{2C_o}{1+\dfrac{1}{\varepsilon}}$ ② $\dfrac{C_o}{1+\dfrac{1}{\varepsilon}}$ ③ $\dfrac{2C_o}{1+\dfrac{\varepsilon_0}{\varepsilon}}$ ④ $\dfrac{C_o}{1+\dfrac{\varepsilon}{\varepsilon}}$

정답 13. ② 14. ④ 15. ③

해설 평행판 공기 콘덴서의 정전 용량 $C_o = \dfrac{\varepsilon_0 S}{d}$[F] … ①

판 간격 $\dfrac{1}{2}d$인 유리판을 삽입할 경우의 정전용량 C는

① $C_1 = \dfrac{\varepsilon_0 S}{\frac{1}{2}d} = 2 \times \dfrac{\varepsilon_0 S}{d} = 2C_0$[F]

② $C_2 = \dfrac{\varepsilon S}{\frac{1}{2}d} = 2 \times \dfrac{\varepsilon S}{d} = 2\varepsilon_s C_0$[F]이다.

∴ 콘덴서는 직렬 연결로 합성 정전용량

$$C = \dfrac{C_1 C_2}{C_1 + C_2} = \dfrac{\dfrac{2\varepsilon_0 S}{d} \times 2\dfrac{\varepsilon S}{d}}{\dfrac{2\varepsilon_0 S}{d} + 2\dfrac{\varepsilon S}{d}} = \dfrac{2C_o \times \dfrac{2\varepsilon S}{d} \times \dfrac{d}{2\varepsilon S}}{1 + \dfrac{2\varepsilon_0 S}{d} \times \dfrac{d}{2\varepsilon S}} = \dfrac{2C_0}{1 + \dfrac{\varepsilon_0}{\varepsilon}}$$[F]가 된다.

016

벡터 포텐샬 $A = 3x^2 y a_x + 2x a_y - z^3 a_z$[Wb/m]일 때의 자계의 세기 H[A/m]는? (단, μ는 투자율이라 한다.)

① $\dfrac{1}{\mu}(2 - 3x^2)a_y$ ② $\dfrac{1}{\mu}(3 - 2x^2)a_y$

③ $\dfrac{1}{\mu}(2 - 3x^2)a_z$ ④ $\dfrac{1}{\mu}(3 - 2x^2)a_z$

해설 벡터 포텐샬에서 자속 밀도

$$B = \mu H = rot A = \nabla \times A = \begin{vmatrix} a_x & a_y & a_z \\ \dfrac{\partial}{\partial x} & \dfrac{\partial}{\partial y} & \dfrac{\partial}{\partial z} \\ 3x^2 y & 2x & -z^3 \end{vmatrix}$$

$= a_x \left(\dfrac{\partial(-z^3)}{\partial y} - \dfrac{\partial(2x)}{\partial z}\right) - a_y \left(\dfrac{\partial(-z^3)}{\partial x} - \dfrac{\partial(3x^2 y)}{\partial z}\right) + a_z \left(\dfrac{\partial(2x)}{\partial x} - \dfrac{\partial(3x^2 y)}{\partial y}\right)$

$= 0 - 0 + a_z (2 - 3x^2)$

∴ $B = \mu H = (2 - 3x^2)a_z$. 자계 세기 $H = \dfrac{1}{\mu}(2 - 3x^2)a_z$[AT/m]가 된다.

017

자기 회로에서 자기 저항의 관계로 옳은 것은?
① 자기 회로의 길이에 비례
② 자기 회로의 단면적에 비례
③ 자성체의 비투자율에 비례
④ 자성체의 비투자율의 제곱에 비례

해설 자기 회로(철심 회로)에서 자기 저항 $R = \dfrac{l}{\mu s}$[AT/wb]로서 철심에 저항으로 손실이 없다. 또한 자기 저항은 자기 회로의 길이에 비례한다.

16. ③ 17. ①

018 그림과 같은 길이가 1[m]인 동축 원통 사이의 정전용량[F/m]은?

① $C=\dfrac{2\pi}{\varepsilon\ln\dfrac{b}{a}}$ ② $C=\dfrac{\varepsilon}{2\pi\ln\dfrac{b}{a}}$

③ $C=\dfrac{2\pi\varepsilon}{\ln\dfrac{b}{a}}$ ④ $C=\dfrac{2\pi\varepsilon}{\ln\dfrac{a}{b}}$

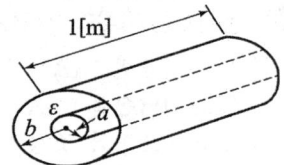

원통 도체로부터 임의의 거리 r[m] 떨어진 점에 전계 세기 $E=\dfrac{\lambda}{2\pi\varepsilon r}$[V/m]이다.

∴ 길이 1[m]인 동축 원통 사이의 정전용량

$$C=\dfrac{\lambda l}{V}=\dfrac{\lambda\times1}{-\int_b^a E\,dr}=\dfrac{\lambda\times1}{-\int_b^a\dfrac{\lambda}{2\pi\varepsilon r}dr}=\dfrac{\lambda}{\dfrac{\lambda}{2\pi\varepsilon}\ln\dfrac{b}{a}}=\dfrac{2\pi\varepsilon}{\ln\dfrac{b}{a}}\text{[F/m]가 된다.}$$

019 철심이 든 환상 솔레노이드의 권수는 500회, 평균 반지름은 10[cm], 철심의 단면적은 10[cm²], 비투자율 4000이다. 이 환상 솔레노이드에 2[A]의 전류를 흘릴 때 철심 내의 자속[Wb]은?

① 4×10^{-3} ② 4×10^{-4}
③ 8×10^{-3} ④ 8×10^{-4}

철심이 든 환상 솔레노이드의 기자력 $F=NI=R\phi$[N]이다.
(단, 철심의 길이 $l=\pi d=\pi\times2r=\pi\times2\times10\times10^{-2}=\pi\times0.2$[m])

∴ 철심 내의 자속 $\phi=\dfrac{NI}{R}=\dfrac{NI}{\dfrac{l}{\mu S}}=\dfrac{\mu SNI}{l}=\dfrac{\mu_0\mu_s SNI}{l}$

$=\dfrac{4\pi\times10^{-7}\times4000\times10\times10^{-4}\times500\times2}{\pi\times0.2}=\dfrac{4\pi\times10^{-11}\times4\times10^7}{\pi\times0.2}$

$=\dfrac{16\pi\times10^{-4}}{\pi\times0.2}=8\times10^{-3}$[Wb]가 된다.

020 그림과 같은 정방향관 단면의 격자점 ⑥의 전위를 반복법으로 구하면 약 몇 [V]인가?

① 6.3
② 9.4
③ 18.8
④ 53.2

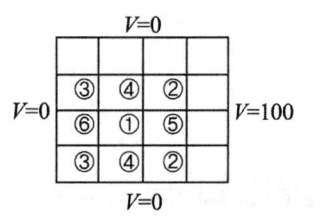

$V=100$[V]를 정방형관 단면 각 격자점으로 분배하면 격자점 ⑥의 전위는 9.4[V]가 된다.

18. ③ 19. ③ 20. ②

02 전/력/공/학

021 동기조상기(A)와 전력용 콘덴서(B)를 비교한 것으로 옳은 것은?

① 시충전 : (A) 불가능, (B) 가능
② 전력손실 : (A) 작다, (B) 크다
③ 무효전력 조정 : (A) 계단적, (B) 연속적
④ 무효전력 : (A) 진상·지상용, (B) 진상용

동기조상기는 ① 무효전력 조정은 진상, 지상용으로 연속적이다.
② 진상과 지상 전류를 보상한다.
전력용 콘덴서는 ① 무효전력 조정은 진상용으로 불연속적이다.
② 진상 전류만을 보상한다.

022 어떤 공장의 소모전력이 100[kW]이며, 이 부하의 역률이 0.6일 때, 역률을 0.9로 개선하기 위한 전력용 콘덴서의 용량은 약 몇 [kVA]인가?

① 75 ② 80
③ 85 ④ 90

$\begin{cases} \cos\theta_1 = 0.6 \\ \sin\theta_1 = 0.8 \end{cases} \rightarrow \begin{cases} \cos\theta_2 = 0.9 \\ \sin\theta_2 = \sqrt{1-(\cos\theta_2)^2} = \sqrt{1-(0.9)^2} \fallingdotseq 0.44 \end{cases}$ 로 개선하기 위한

전력용 콘덴서의 용량

$Q_r = P(\tan\theta_1 - \tan\theta_2) = P\left(\dfrac{\sin\theta_1}{\cos\theta_1} - \dfrac{\sin\theta_2}{\cos\theta_2}\right) = 100 \times 10^3 \left(\dfrac{0.8}{0.6} - \dfrac{0.44}{0.9}\right)$

$= 100 \times 10^3 \left(\dfrac{4}{3} - 0.435\right) \fallingdotseq 85 \times 10^3 \fallingdotseq 85 [\text{kVA}]$ 가 된다.

023 수력 발전소에서 사용되는 수차 중 15[m] 이하의 저낙차에 적합하여 조력 발전용으로 알맞은 수차는?

① 카플란 수차 ② 펠톤 수차
③ 프란시스 수차 ④ 튜블러 수차

튜블러 수차는 수력 발전소에서 사용되는 수차 중 15[m] 이하의 저낙차에 적합하여 조력 발전용으로 알맞은 수차이다.

024 어떤 화력 발전소에서 과열기 출구의 증기압이 169[kg/cm²]이다. 이것은 약 몇 [atm]인가?

① 127.1 ② 163.6
③ 1650 ④ 12850

정답 21. ④ 22. ③ 23. ④ 24. ②

해설 압력의 단위

표준기압 1[atm]=760[mmhg]=1.033[kg/cm^2]에서 1[kg/cm^2]=$\frac{1}{1.033}$[atm]이다.

∴ 169[kg/cm^2]=$\frac{169}{1.033}$≒163.6[atm]가 된다.

025 가공 송전선로를 가선할 때에는 하중조건과 온도조건을 고려하여 적당한 이도(dip)를 주도록 하여야 한다. 이도에 대한 설명으로 옳은 것은?

① 이도의 대소는 지지물의 높이를 좌우한다.
② 전선을 가선할 때 전선을 팽팽하게 하는 것을 이도가 크다고 한다.
③ 이도가 작으면 전선이 좌우로 크게 흔들려서 다른 상의 전선에 접촉하여 위험하게 된다.
④ 이도가 작으면 이에 비례하여 전선의 장력이 증가되며, 너무 작으면 전선 상호간이 꼬이게 된다.

해설 이도(dip)에 대한 옳은 설명은 이도(dip)의 대소는 지지물의 높이를 좌우한다.

즉, 전선의 이도 $D=\frac{WS^2}{8T}$[m]이다.

026 승압기에 의하여 전압 V_e에서 V_h로 승압할 때, 2차 정격전압 e, 자기용량 W인 단상 승압기가 공급할 수 있는 부하용량은?

① $\frac{V_h}{e}\times W$
② $\frac{V_e}{e}\times W$
③ $\frac{V_e}{V_h\times V_e}\times W$
④ $\frac{V_h-V_e}{V_e}\times W$

해설 승압기에서 W(자기용량)=$e_2I_2=eI_2$[VA]

∴ $I_2=\frac{W}{e}$[A] … ① (단, e_2(2차 정격전압)=e[V])

부하용량 $P=V_2I_2=V_hI_2=V_h\times\frac{W}{e}=\frac{V_h}{e}\times W$[W]가 된다.

(단, $V_2=Nh$(승압 전압)[V])

027 일반적으로 부하의 역률을 저하시키는 원인은?

① 전등의 과부하
② 선로의 충전전류
③ 유도 전동기의 경부하 운전
④ 동기 전동기의 중부하 운전

해설 유도 전동기의 경부하 운전은 일반적으로 부하의 역률을 저하시키는 원인이 된다.

정답 25.① 26.① 27.③

028 송전단 전압을 V_s, 수전단 전압을 V_r, 선로의 리액턴스를 X라 할 때 정상 시의 최대 송전전력의 개략적인 값은?

① $\dfrac{V_s - V_r}{X}$ 　　② $\dfrac{V_s^2 - V_r^2}{X}$

③ $\dfrac{V_s(V_s - V_r)}{X}$ 　　④ $\dfrac{V_s V_r}{X}$

해설 정상 상태의 최대 송전전력의 값 $P = \dfrac{V_s V_r}{X}\sin\theta \fallingdotseq \dfrac{V_s V_r}{X}$[W]가 된다.

---

029 가공지선의 설치 목적이 아닌 것은?
① 전압 강하의 방지
② 직격뢰에 대한 차폐
③ 유도뢰에 대한 정전차폐
④ 통신선에 대한 전자유도 장해 경감

해설 가공지선의 설치 목적
① 직격뢰에 대한 차폐
② 유도뢰에 대한 정전차폐
③ 통신선에 대한 전자유도 장해 경감이다.

---

030 피뢰기가 방전을 개시할 때의 단자 전압의 순시 값을 방전 개시전압이라 한다. 방전 중의 단자 전압의 파고값을 무엇이라 하는가?
① 속류　　　　　　　② 제한 전압
③ 기준충격 절연강도　　④ 상용주파 허용 단자 전압

해설 제한 전압이란, 방전중의 단자 전압의 파고값을 말한다. 방전 개시전압이란 피뢰기가 방전을 개시할 때의 단자 전압의 순시 값을 말한다.

---

031 송전계통의 한 부분이 그림과 같이 3상 변압기로 1차 측은 △로, 2차 측은 Y로 중성점이 접지되어 있을 경우, 1차 측에 흐르는 영상전류는?
① 1차 측 선로에서 ∞이다.
② 1차 측 선로에서 반드시 0이다.
③ 1차 측 변압기 내부에서는 반드시 0이다.
④ 1차 측 변압기 내부와 1차측 선로에서 반드시 0이다.

해설 △결선 1차 측에 영상전류는 1차 측 선로에서 반드시 0이다.

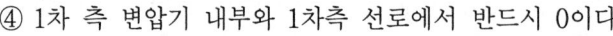
28. ④　29. ①　30. ②　31. ②

032 배전선로에 관한 설명으로 틀린 것은?
① 밸런서는 단상 2선식에 필요하다.
② 저압 뱅킹방식은 전압 변동을 경감할 수 있다.
③ 배전선로의 부하율이 F일 때 손실계수는 F와 F^2의 사이의 값이다.
④ 수용률이란 최대 수용전력을 설비용량으로 나눈 값을 퍼센트로 나타낸다.

해설) 배전선로에 관한 설명
① 저압 뱅킹방식은 전압 변동을 경감할 수 있다.
② 배전선로의 부하율이 F일 때 손실계수는 F와 F^2 사이의 값이다.
③ 수용률이란 최대 수용전력을 설비용량으로 나눈값을 퍼센트로 나타낸다.

033 수차 발전기에 제동권선을 설치하는 주된 목적은?
① 정지시간 단축   ② 회전력의 증가
③ 과부하 내량의 증대   ④ 발전기 안정도의 증진

해설) 발전기 안정도 증진의 주된 목적은 수차 발전기는 제동권선을 설치한다.

034 3상 3선식 가공송전선로에서 한 선의 저항은 15[Ω], 리액턴스는 20[Ω]이고, 수전단 선간전압은 30[kV], 부하역률은 0.8(뒤짐)이다. 전압 강하율을 10[%]라 하면, 이 송전선로는 몇 [kW]까지 수전할 수 있는가?
① 2500   ② 3000
③ 3500   ④ 4000

해설) ε(전압강하율) $= \dfrac{V_s - V_r}{V_r} \times 100$. $0.1 = \dfrac{V_s - 30 \times 10^3}{30 \times 10^3}$에서
V_s(송전단 전압) $= 30 \times 10^3 + 3000 = 33000$[V]이다.
∴ $V_s = V_r + \sqrt{3} I (R\cos\theta + X\sin\theta)$, $V_s - V_r = \sqrt{3} I (R\cos\theta + X\sin\theta)$
I(선전류) $= \dfrac{V_s - V_r}{\sqrt{3}(R\cos\theta + X\sin\theta)} = \dfrac{33000 - 30000}{\sqrt{3}(15 \times 0.8 + 20 \times 0.6)} = \dfrac{3000}{\sqrt{3}(12+12)}$
$= \dfrac{3000}{\sqrt{3} \times 24}$ [A]이다.
∴ P(수전전력) $= \sqrt{3} V_r I \cos\theta = \sqrt{3} \times 30000 \times \dfrac{3000}{\sqrt{3} \times 24} \times 0.8$
$= 3000 \times 10^3 = 3000$[kW]가 된다.

035 송전선로에서 사용하는 변압기 결선에 △결선이 포함되어 있는 이유는?
① 직류분의 제거   ② 제3고조파의 제거
③ 제5고조파의 제거   ④ 제7고조파의 제거

 32.① 33.④ 34.② 35.②

해설 송전선로에는 변압기에서 유기 기전력이 발생할 때 기수 고조파가 발생하게 되는데, 제3고조파는 변압기 △결선에서 제거되고 제5고조파는 전력용 콘덴서에 직렬로 연결된 약 5[%] 가량의 직렬 리액턴스로 제거시킨다.

036 교류 송전방식과 비교하여 직류 송전방식의 설명이 아닌 것은?
① 전압 변동률이 양호하고 무효전력에 기인하는 전력 손실이 생기지 않는다.
② 안정도의 한계가 없으므로 송전용량을 높일 수 있다.
③ 전력 변환기에서 고조파가 발생한다.
④ 고전압, 대전류의 차단이 용이하다.

해설 교류 송전방식과 비교하여 직류 송전방식의 설명인 것은
① 전압 변동률이 양호하고 무효전력에 기인하는 전력 손실이 생기지 않는다.
② 안정도의 한계가 없으므로 송전용량을 높일 수 있다.
③ 전력 변환기에서 고조파가 발생한다.

037 전압 66000[V], 주파수 60[Hz], 길이 15[km], 심선 1선당 작용 정전 용량 0.3587 [μF/km]인 한 선당 지중전선로의 3상 무부하 충전 전류는 약 몇 [A]인가? (단, 정전용량 이외의 선로정수는 무시한다.)
① 62.5   ② 68.2   ③ 73.6   ④ 77.3

해설 1선당 지중 전선로의 3상 무부하 충전 전류
$$I_c = \frac{El}{X_c} = \omega CEl = 2\pi f l C \times \frac{V}{\sqrt{3}} = 2\pi \times 60 \times 15 \times 0.3587 \times \frac{66000}{\sqrt{3}}$$
$$= 2028.4 \times \frac{66000}{\sqrt{3}} \doteqdot 77.3[A]\text{가 된다.}$$

038 전력계통에서 사용되고 있는 GCB(Gas Circuit Breaker)용 가스는?
① N_2 가스   ② SF_6 가스
③ 알곤 가스   ④ 네온 가스

해설 전력계통에서 사용되고 있는 GCB(Gas Circuit Breaker)용의 가스는 SF_6 가스이다. SF_6 가스는 안정도가 높고 무색, 무취, 무독 불활성기체이며, 절연 내력은 공기의 3배, 10기압으로 압축하면 공기의 10배로 정도로 가장 널리 사용된다.

039 차단기와 아크 소호원리가 바르지 않은 것은?
① OCB : 절연유에 분해 가스 흡부력 이용
② VCB : 공기 중 냉각에 의한 아크 소호
③ ABB : 압축공기를 아크에 불어 넣어서 차단
④ MBB : 전자력을 이용하여 아크를 소호실내로 유도하여 냉각

정답 36. ④ 37. ④ 38. ② 39. ①

해설) 차단기와 아크 소호원리가 옳은 것은
① OCB(Oil Circuit Breaker)유입 차단기=소호매질이 절연유다. 절연유에 분해 가스 흡인력 이용
② VCB(Vacuum Circuit Breaker)진공 차단기=진공 중 아크소호이다. 화재 위험이 전혀없다. 폭발음도 없다.
③ ABB(Air Blast Circuit Breaker)공기 차단기=소호매질은 압축공기이다. 압축공기를 아크에 불어 넣어서 차단
④ MBB(Magnetic Blast Breaker)자기 차단기=전자력을 이용하여 아크를 소호실 내로 유도하여 냉각

040 네트워크 배전방식의 설명으로 옳지 않은 것은?
① 전압 변동이 적다.
② 배전 신뢰도가 높다.
③ 전력손실이 감소한다.
④ 인축의 접촉사고가 적어진다.

해설) 네트워크 배전방식의 설명으로 옳은 것은
① 전압 변동이 적다.
② 배전 신뢰도가 높다.
③ 전력 손실이 감소한다.

03 전/기/기/기

041 정류 회로에 사용되는 환류 다이오드(free wheeling diode)에 대한 설명으로 틀린 것은?
① 순저항 부하의 경우 불필요하게 된다.
② 유도성 부하의 경우 불필요하게 된다.
③ 환류 다이오드 동작 시 부하출력 전압은 0[V]가 된다.
④ 인축의 접촉사고가 적어진다.

해설) 정류 회로에 사용되는 환류 다이오드(free wheeling diode)에 대한 설명으로 옳은 것은
① 순저항 부하의 경우 불필요하게 된다.
② 환류 다이오드 동작 시 부하출력 전압은 0[V]가 된다.
③ 유도성 부하의 경우 부하 전류의 평활화에 유용하다.

042 3상 변압기를 병렬 운전하는 경우 불가능한 조합은?
① △-Y와 Y-△
② △-△와 Y-Y
③ △-Y와 △-Y
④ △-Y와 △-△

해설) 3상 변압기를 병렬 운전하는 경우 불가능한 조합은 △-Y와 △-△결선만 3상 변압기 병렬 운전이 안 된다.

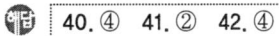
40. ④ 41. ② 42. ④

043 3상 직권 정류자 전동기에 중간(직렬) 변압기가 쓰이고 있는 이유가 아닌 것은?
① 정류자 전압의 조정
② 회전자 상수의 감소
③ 실효 권수비 선정 조정
④ 경부하 때 속도의 이상 상승 방지

해설 3상 직권 정류자 전동기에 중간(직렬) 변압기가 쓰이고 있는 이유는
① 정류자의 전압 조정
② 실효 권수비 선정 조정
③ 경부하 때 속도의 이상 상승 방지

044 직류 분권 전동기를 무부하로 운전 중 계자 회로에 단선이 생긴 경우 발생하는 현상으로 옳은 것은?
① 역전한다.
② 즉시 정지한다.
③ 과속도로 되어 위험하다.
④ 무부하이므로 서서히 정지한다.

해설 직류 분권 전동기
$n(\text{회전수}) = K\dfrac{V - I_a r_a}{\phi}$ [rpm]
R_{FR}(계자저항기의 저항)에서 계자 회로가 단선이 되면 $I_f = \dfrac{V}{R_f + R_{FR}} ≒ 0$가 되기 때문에 $\phi = 0$가 되기 때문에 n(회전수)가 과속이 되어 위험 속도가 된다.

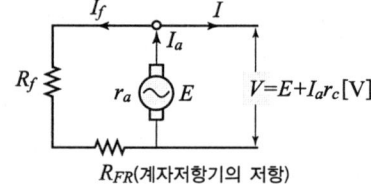

045 변압기에 있어서 부하와는 관계없이 자속만을 발생시키는 전류는??
① 1차 전류
② 자화 전류
③ 여자 전류
④ 철손 전류

해설 I_o(여자 전류) $= Y_0 V_1$[A], I_i(철손 전류) $= g_0 V_1$[A]
I_ϕ(자화 전류) $= b_0 V_1$[A]는 변압기에 있어서 부하와는 관계없이 자속(ϕ)만을 발생시키는 전류를 말한다.
∴ $I_o = I_i + j I_\phi = \sqrt{(I_i)^2 + I_\phi^2} = Y_0 V_1$[A]가 된다.

046 직류 전동기의 규약효율을 나타낸 식으로 옳은 것은?
① $\dfrac{\text{출력}}{\text{입력}} \times 100\%$
② $\dfrac{\text{입력}}{\text{입력} + \text{손실}} \times 100\%$
③ $\dfrac{\text{출력}}{\text{출력} + \text{손실}} \times 100\%$
④ $\dfrac{\text{입력} - \text{손실}}{\text{입력}} \times 100\%$

해설 직류전동기의 규약효율 $= \dfrac{\text{입력} - \text{손실}}{\text{입력}} \times 100$ 표시한다.

정답 43.② 44.③ 45.② 46.④

047 직류 전동기에서 정속도(constant speed) 전동기라고 볼 수 있는 전동기는?
① 직권 전동기
② 타여자 전동기
③ 화동복권 전동기
④ 차동복권 전동기

해설 타여자 전동기는 V(단자 전압)[V]와 ϕ(자속)[Wb]가 일정하다.
∴ E(기전력)$= V - I_a r_a = \frac{p}{a} z n \phi = k n \phi$ [V]
n(회전수)$= \frac{V - I_a r_a}{k \phi}$ [rpm]에서 ϕ와 V가 일정하므로 n(회전수)=일정하다
∴ 타여자 전동기는 정속도(constant speed)로 운전되므로 정속도 전동기라고 볼 수 있다.

048 단상 유도 전동기의 기동방법 중 기동 토크가 가장 큰 것은?
① 반발 기동형
② 분산 기동형
③ 세이딩 코일형
④ 콘덴서 분산 기동형

해설 단상 유도 전동기의 기동방법 중 기동 토크가 큰 순서는 반발 기동형 > 콘덴서 기동형 > 분상 기동형 > 세이딩 코일형 순서이다.
∴ 반발 기동형이다.

049 부흐홀츠 계전기에 대한 설명으로 틀린 것은?
① 오동작의 가능성이 많다.
② 전기적 신호로 동작한다.
③ 변압기의 보호에 사용된다.
④ 변압기의 주탱크와 콘서베이터를 연결하는 관중에 설치한다.

해설 부흐홀츠 계전기
① 오동작의 가능성이 많다.
② 변압기의 보호에 사용된다.
③ 변압기의 주탱크와 콘서베이터를 연결하는 관중에 설치한다.

050 직류기에서 정류 코일의 자기 인덕턴스를 L이라할 때 정류 코일의 전류가 정류 주기 T_c 사이에 I_c에서 $-I_c$로 변한다면 정류 코일의 리액턴스 전압[V]의 평균값은?
① $L \frac{T_c}{2I_c}$
② $L \frac{I_c}{2T_c}$
③ $L \frac{2I_c}{T_c}$
④ $L \frac{I_c}{T_c}$

해설 전류의 변화 $d_i = I_c - (-I_c) = 2I_c$ [A], $d_t = T_c$(정류 주기)
∴ 정류 코일의 리액턴스 전압의 평균값 $= e_L = L \frac{di}{dt} = L \frac{2I_c}{T_c}$ [V]가 된다.

해답 47. ② 48. ① 49. ② 50. ③

051 일반적인 전동기에 비하여 리니어 전동기(linear motor)의 장점이 아닌 것은?
① 구조가 간단하여 신뢰성이 높다.
② 마찰을 거치지 않고 추진력이 얻어진다.
③ 원심력에 의한 가속제한이 없고 고속을 쉽게 얻을 수 있다.
④ 기어, 벨트 등 동력 변환기구가 필요 없고 직접 원운동이 얻어진다.

해설) 일반적인 전동기에 비하여 리니어 전동기(linear motor)의 장점
① 구조가 간단하여 신뢰성이 높다.
② 마찰을 거치지 않고 추진력이 얻어진다.
③ 원심력에 의한 가속제한이 없고 고속을 쉽게 얻을 수 있다.

052 직류를 다른 전압의 직류로 변환하는 전력변환기기는?
① 초퍼
② 인버터
③ 사이클로 컨버터
④ 브리지형 인버터

해설) 초퍼 코일은 직류(DC)를 다른 전압의 직류(DC)로 변환하는 전력변환기이다.

053 와전류 손실을 패러데이 법칙으로 설명한 과정 중 틀린 것은?
① 와전류가 철심으로 흘러 발열
② 유기 전압 발생으로 철심에 와전류가 흐름
③ 시변 자속으로 강자성체 철심에 유기 전압 발생
④ 와전류 에너지 손실량은 전류 경로 크기에 반비례

해설) 와전류 손실을 패러데이 법칙으로 설명한 과정으로 옳은 것은
① 와전류가 철심으로 흘러 발열
② 유기 전압 발생으로 철심에 와전류가 흐름
③ 시변 자속으로 강자성체 철심에 유기 전압 발생한다.

054 주파수가 정격보다 3[%] 감소하고 동시에 전압이 정격보다 3[%] 상승된 전원에서 운전되는 변압기가 있다. 철손이 fB_m^2에 비례 한다면 이 변압기 철손은 정격상태에 비하여 어떻게 달라지는가? (단, f : 주파수, B_m : 자속 밀도 최대치이다.)
① 약 8.7[%] 증가
② 약 8.7[%] 감소
③ 약 9.4[%] 증가
④ 약 9.4[%] 감소

해설) 변압기에 유기 전압 $V = 4.44fn\phi_m = 4.44fnB_mS$[V]
변압기의 철손 $P_i = fB_m^2 = f \times \left(\dfrac{V}{4.44fNS}\right)^2 ≒ \dfrac{V^2}{f}$[W/m²]이다.
$f_1 = (1-0.03)f$[Hz], $V_1 = (1+0.03)V$[V]일 때의
변압기 철손 $P_i' ≒ \dfrac{V_1^2}{f_1} = \dfrac{((1+0.03)V^2)}{(1-0.03)f} = \dfrac{1.0609V^2}{0.975} ≒ 1.094\dfrac{V^2}{f} = 1.094P_i$[W/m²]가 된다.
∴ 철손은 약 9.4[%] 증가된다.

51. ④ 52. ① 53. ④ 54. ③

[055] 교류 정류자기에서 갭의 자속분포가 정현파로 $\phi_m = 0.14$[Wb], $P=2$, $a=1$, $Z=200$, $N=1200$[rpm]인 경우 브러시 축이 자극 축과 30°라면 속도 기전력의 실효값 E_s는 약 몇 [V]인가?

① 160　　② 400
③ 506　　④ 800

교류 정류자기에서 속도 기전력의 실효값

$E_s = \dfrac{1}{\sqrt{2}} \times \dfrac{p}{a} Z \times \dfrac{N}{60} \phi_m \sin 30 = \dfrac{1}{\sqrt{2}} \times \dfrac{2}{1} \times 200 \times \dfrac{1200}{60} \times 0.14 \times \dfrac{1}{2} = \dfrac{560}{\sqrt{2}} ≒ 400$[V]가 된다.

[056] 역률 0.85의 부하 350[kW]에 50[kW]를 소비하는 동기 전동기를 병렬로 접속하여 합성 부하의 역률을 0.95로 개선하려면 전동기의 진상 무효 전력은 약 몇 [kVar]인가?

① 68　　② 72
③ 80　　④ 85

동기 전동기 병렬 접속 Vector도에서

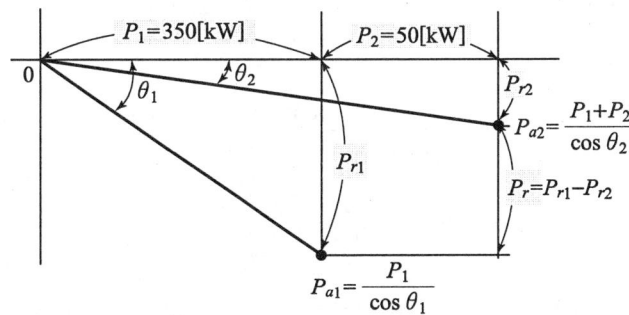

① $P_{a1} = \dfrac{P_1}{\cos\theta}$ [kVA]

∴ P_{r1}(부하의 지상 무효전력)$= P_{a1} \times \sin\theta_1 = \dfrac{P_1}{\cos\theta_1} \times \sin\theta_1$

$= \dfrac{350}{0.85} \times \sqrt{1-(0.85)^2} = 350 \times \dfrac{0.53}{0.85} ≒ 350 \times 0.62 = 217$[kVar] … ①

② $P_{a2} = \dfrac{P_1+P_2}{\cos\theta_2}$ [kVA]

∴ P_{r2}(병렬 접속 합성 부하 역률을 0.95 개선 시의 무효전력)

$= P_{a2}\sin\theta_2 = \dfrac{P_1+P_2}{\cos\theta_2}\sin\theta_2 = \dfrac{400}{0.95} \times \sqrt{1-(0.95)^2}$

$= \dfrac{400}{0.95} \times 0.315 = 132$[kVar] …………………………… ②

③ 역률개선용 전동기의 진상 무효전력 $P_r = P_{r1} - P_{r2} = 217 - 132 = 85$[kVar]가 되어야 한다.

55. ②　56. ④

057 변압기의 무부하 시험, 단락 시험에서 구할 수 없는 것은?
① 철손 ② 동손
③ 절연 내력 ④ 전압 변동률

> 변압기의 무부하 시험으로는 철손(히스테리시스손+와류손) 등 측정, 단락 시험으로는 동손과 표유부하손, 전압 변동률 등을 구할 수 있다.

058 3상 동기 발전기의 단락곡선이 직선으로 되는 이유는?
① 전기자 반작용으로 ② 무부하 상태이므로
③ 자기 포화가 있으므로 ④ 누설 리액턴스가 크므로

> 3상 동기 발전기의 단락곡선이 직선으로 되는 이유는 전기자 반작용으로 된다.

059 정격 출력 5000[kVA], 정격 전압 3.3[kV], 동기 임피던스가 매상 1.8[Ω]인 3상 동기 발전기의 단락비는 약 얼마인가?
① 1.1 ② 1.2
③ 1.3 ④ 1.4

> $P_a = \sqrt{3}\, V_n I_n \,[\text{kVA}]$
>
> $I_n(\text{정격 전류}) = \dfrac{P_a}{\sqrt{3}\, V_n} = \dfrac{5000 \times 10^3}{\sqrt{3} \times 3.3 \times 10^3} = \dfrac{5000}{\sqrt{3} \times 3.3}\,[\text{A}] \cdots ①$
>
> %동기 임피던스 $Z_s' = \dfrac{I_n Z_s}{E_n} = \dfrac{\dfrac{5000}{\sqrt{3} \times 3.3} \times 1.8}{\dfrac{3.3}{\sqrt{3}} \times 10^3} = \dfrac{5000 \times 1.8}{(3.3)^2 \times 10^3} = \dfrac{9000}{10890} \cdots ②$
>
> ∴ 3상 동기 발전기의 단락비 $K_s = \dfrac{1}{Z_s} = \dfrac{10890}{9000} \fallingdotseq 1.2$ 가 된다.

060 동기기의 회전자에 의한 분류가 아닌 것은?
① 원통형 ② 유도자형
③ 회전계자형 ④ 회전전기자형

> 동기기의 회전자에 의한 분류는 회전자계형, 회전전기자형, 유도자형이다.

57. ③ 58. ① 59. ② 60. ①

04 회로이론 및 제어공학

061 기준 입력과 주궤환량과의 차로서 제어계의 동작을 일으키는 원인이 되는 신호는?

① 조작 신호 ② 동작 신호
③ 주궤환 신호 ④ 기준 입력 신호

해설 동작 신호는 기준 입력과 주궤환량과의 차로서 제어계의 동작을 일으키는 원인이 되는 신호이다.

062 폐루프 전달함수 $C(s)/R(s)$가 다음과 같은 2차 제어계에 대한 설명 중 틀린 것은?

$$\frac{C(s)}{R(s)} = \frac{\omega_n^2}{s^2 + 2\delta\omega_n s + \omega_n^2}$$

① 최대 오버슈트는 $e^{-\pi\delta/\sqrt{1-\delta^2}}$이다.
② 이 폐루프계의 특성방정식은 $s^2 + 2\delta\omega_n s + \omega_n^2 = 0$이다.
③ 이 계는 $\delta=0.1$일 때 부족 제동된 상태에 있게 된다.
④ δ값을 작게 할수록 제동은 많이 걸리게 되니 비교 안정도는 향상된다.

해설 폐루프 전달함수 $C(s)/R(s)$가 다음과 같은 2차 제어계에 대한 설명으로 옳은 것은

$$\frac{C(s)}{R(s)} = \frac{\omega_n^2}{S^2 + 2\delta\omega_n S + \omega_n^2}$$

① 최대 오버슈트는 $e^{-\pi\delta\sqrt{1-\delta^2}}$이다.
② 이 폐루프계의 특성방정식은 $s^2 + 2\delta\omega_n s + \omega_n^2 = 0$이다.
③ 이 계는 $\delta=0.1$일 때 부족 제동된 상태에 있게 된다.

063 3차인 이산치 시스템의 특성방정식의 근이 -0.3, -0.2, $+0.5$로 주어져 있다. 이 시스템의 안정도는?

① 이 시스템은 안정한 시스템이다.
② 이 시스템은 불안정한 시스템이다.
③ 이 시스템은 임계 안정한 시스템이다.
④ 위 정보로서는 이 시스템의 안정도를 알 수 없다.

해설 3차인 이산치 시스템의 특성방정식의 근이 -0.3, -0.2, $+0.5$로 순차적으로 주어진 이 시스템의 안정도는 안정한 시스템이다.

정답 61.② 62.④ 63.①

064 다음의 특성방정식을 Routh-Hurwitz 방법으로 안정도를 판별하고자 한다. 이때 안정도를 판별하기 위하여 가장 잘 해석한 것은 어느 것인가?

$$q(s) = s^5 + 2s^4 + 2s^3 + 4s^2 + 11s + 10$$

① s 평면의 우반면에 근은 없으나 불안정하다.
② s 평면의 우반면에 근이 1개 존재하여 불안정하다.
③ s 평면의 우반면에 근이 2개 존재하여 불안정하다.
④ s 평면의 우반면에 근이 3개 존재하여 불안정하다.

해설 Routh의 조건

s^5	1	2	11
s^4	2	4	10
s^3	$\dfrac{4-4}{2}=0$	$\dfrac{22-10}{2}=1$	
s^2	$\dfrac{0-2}{0}=-2$	0	
s^1	$\dfrac{-1}{-2}=1$	0에서 1열의 부호 변화가 2번(불안정 근이 2개)	

즉, s 평면의 우반에 근이 2개 존재하여 불안정하다.

065 전달함수 $G(s)H(s) = \dfrac{K(s+1)}{s(s+1)(s+2)}$ 일 때 근궤적의 수는?

① 1 ② 2 ③ 3 ④ 4

해설 근궤적의 개수는 극의 수와 영점의 수중에서 큰것과 일치한다. 즉, 극의 수 $s=-1$, $s=-2$로 3개이다. ∴ 근궤적의 수는 3이다.

066 다음의 미분방정식을 신호흐름선도에 옳게 나타낸 것은? (단, $c(t) = X_1(t)$, $X_2(t) = \dfrac{d}{dt}X_1(t)$로 표시한다.)

$$2\dfrac{dc(t)}{dt} + 5c(t) = r(t)$$

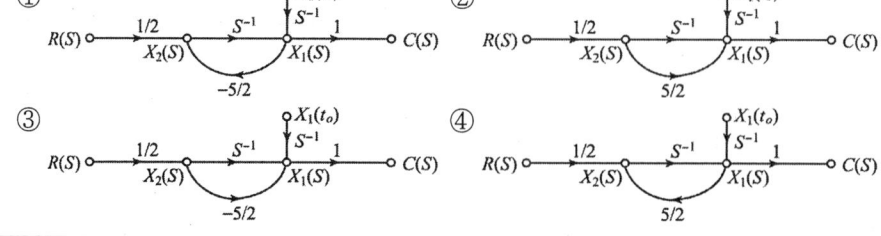

정답 64. ③ 65. ③ 66. ①

해설 초기값=0이라면 $X_1(t_o)=0$이다.

∴ $2\dfrac{dc(t)}{dt}+5C(t)=r(t)$ 양변 라플라스 변환하면

$2SC(s)+5C(s)=R(s)$, $C(s)(2S+5)=R(s)$,

전달함수 $G(s)=\dfrac{C(s)}{R(s)}=\dfrac{1}{2S+5}$ … ①

∴ 신호흐름선도에서 $c(t)=X_1(t)$ 양변 라플라스 변환하면

$C(s)=X_1(s)=(\dfrac{1}{2}R(s)-\dfrac{5}{2}C(s))\dfrac{1}{S}+0=\dfrac{1}{2S}R(s)-\dfrac{5}{2S}C(s)$,

$C(s)(1+\dfrac{5}{2S})=\dfrac{1}{2S}R(s)$

∴ 전달함수 $G(s)=\dfrac{C(s)}{R(s)}=\dfrac{\dfrac{1}{2S}}{1+\dfrac{5}{2S}}=\dfrac{1}{2S+5}$ … ②

∴ ①=②이므로 신호흐름선도는 ①번이다.

(단, $X_2(t)=\dfrac{dc(t)}{dt}=\dfrac{d}{dt}X_1(t)$ 양변 라플라스 변환하면

$X_2(s)=SX_1(s)=s\left(\dfrac{1}{2S}R(s)-\dfrac{5}{2S}C(s)\right)=\dfrac{1}{2}R(s)-\dfrac{5}{2}C(s)$가 된다.)

067. 다음 블록선도의 전체 전달함수가 1이 되기 위한 조건은?

① $G=\dfrac{1}{1-H_1-H_2}$

② $G=\dfrac{1}{1+H_1+H_2}$

③ $G=\dfrac{-1}{1-H_1-H_2}$

④ $G=\dfrac{-1}{1+H_1+H_2}$

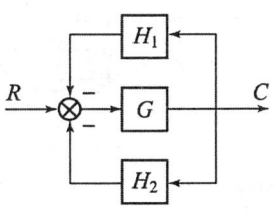

해설 $C(출력)=(R-H_1C-H_2C)G=RG-H_1CG-H_2CG$에서

$C+H_1CG+H_2CG=C(1+H_1G+H_2G)=RG$

∴ $\dfrac{C}{R}=$ 전달함수 $=\dfrac{G}{1+H_1G+H_2G}=\dfrac{\dfrac{1}{1-H_1-H_2}}{1+\dfrac{H_1}{1-H_1-H_2}+\dfrac{H_2}{1-H_1-H_2}}$

$=\dfrac{\dfrac{1}{1-H_1-H_2}}{1+\dfrac{H_1+H_2}{1-H_1-H_1}}=\dfrac{1}{1-H_1-H_2+H_1+H_2}=\dfrac{1}{1}=1$이 된다.

∴ 블록선도의 전체 전달함수가 $\dfrac{C}{R}=1$이 되기 위한 $G=\dfrac{1}{1-H_1-H_2}$이 되어야 한다.

해답 67. ①

문제 068
특성방정식의 모든 근이 s 복소평면의 좌반면에 있으면 이 계는 어떠한가?
① 안정
② 준안정
③ 불안정
④ 조건부안정

안정이란 특성방정식의 모든 근이 s 복소평면의 좌반면에 있으면 이 계는 안정이 된다. 또 Routh의 조건에서는 1열의 부호 변화가 없으면 안정근이 된다.

문제 069
그림의 회로는 어느 게이트(gate)에 해당되는가?
① OR
② AND
③ NOT
④ NOR

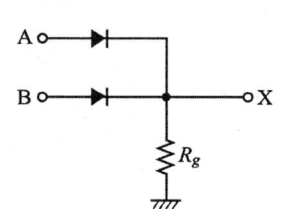

신호가 H(1)이면 Diode는 단락 X(출력) 발생
신호가 L(0)이면 Diode는 개방 X(출력) 없다.
∴ 이는 OR-gate로서 진리표(동작표)는 다음과 같다.

A	B	X(출력)
0	0	0
0	1	1
1	0	1
1	1	1

로 동작된다.

기호는 X(출력)=A+B이다.

문제 070
전달함수가 $G(s) = \dfrac{X(s)}{X(s)} = \dfrac{1}{s^2(s+1)}$ 로 주어진 시스템의 단위 임펄스 응답은?
① $y(t) = 1 - t + e^{-t}$
② $y(t) = 1 + t + e^{-t}$
③ $y(t) = t - 1 + e^{-t}$
④ $y(t) = t - 1 - e^{-t}$

전달함수 $G(s) = \dfrac{Y(s)}{X(s)} = \dfrac{1}{S^2(S+1)} = \dfrac{K_{11}}{S^2} + \dfrac{K_{12}}{S} + \dfrac{K_1}{S+1} = \dfrac{1}{S^2} + \dfrac{-1}{S^2} + \dfrac{1}{S+1}$ ⋯ ①

부분 분수로 전개한 식이다. 즉, $K_{11} = \lim_{s \to 0} \dfrac{1}{S+1} = \dfrac{1}{0+1} = 1$

$K_{12} = \lim_{s \to 0} \dfrac{d}{ds} \dfrac{1}{S+1} = \lim_{s \to 0} \dfrac{0-1}{(S+1)^2} = \dfrac{-1}{(0+1)^2} = \dfrac{-1}{1} = -1$

$K_1 = \lim_{s \to -1} \dfrac{1}{S^2} = \dfrac{1}{(-1)^2} = \dfrac{1}{1} = 1$ 등을 부분 분수식에 대입한 시스템의 임펄스 응답

$y(t) = L^{-1}(G(s)) = L^{-1}(\dfrac{1}{s^2} - \dfrac{1}{s} + \dfrac{1}{s+1}) = t - 1 + e^{-t}$ 가 된다.

68.① 69.① 70.③

071 다음과 같은 회로망에서 영상파라미터(영상전달정수) θ는?

① 10
② 2
③ 1
④ 0

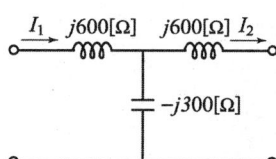

해설 T형 4단자망의 4단자 정수

$$\begin{vmatrix} A & B \\ C & D \end{vmatrix} = \begin{vmatrix} 1 & j600 \\ 0 & 1 \end{vmatrix} \begin{vmatrix} 1 & 0 \\ \frac{1}{-j300} & 1 \end{vmatrix} \begin{vmatrix} 1 & j600 \\ 0 & 1 \end{vmatrix} = \begin{vmatrix} -1 & j600 \\ \frac{1}{-j300} & 1 \end{vmatrix} \begin{vmatrix} 1 & j600 \\ 0 & 1 \end{vmatrix}$$

$$= \begin{vmatrix} -1 & 0 \\ \frac{1}{-j300} & -1 \end{vmatrix} \text{이다.}$$

∴ 영상전달정수 $\theta = \ln_e(\sqrt{AD} + \sqrt{BC}) = \ln_e(\sqrt{-1 \times (-1)} + \sqrt{0}) = \ln_e 1 = 0$ 가 된다.

072 △결선된 대칭 3상 부하가 있다. 역률이 0.8(지상)이고 소비전력이 1800[W]이다. 선로의 저항 0.5[Ω]에서 발생하는 선로손실이 50[W]이면 부하단자 전압[V]은?

① 627 ② 525 ③ 326 ④ 225

해설 선로손실 $P_l = I_l^2 R[\text{W}]$

$I_l(\text{선전류}) = \sqrt{\frac{P_l}{R}} = \sqrt{\frac{50}{0.5}} = \sqrt{100} = 10[\text{A}] \cdots$ ①

△결선에서는 $V_l = V_p$, $I_l = \sqrt{3} I_p$ 이다.

∴ △결선에서의 소비전력 $P = \sqrt{3} VI\cos\theta[\text{W}]$

$\sqrt{3} VI = \frac{P}{\cos\theta} = \frac{1800}{0.8} = 2250[\text{VA}] \cdots$ ②식에서 △결선의 부하단자 전압

$V_l(\text{선간전압}) = V_p(\text{상전압}) = \frac{2250}{\sqrt{3} I_p} = \frac{2250}{\sqrt{3} \times \frac{I_l}{\sqrt{3}}} = \frac{2250}{I_l} = \frac{2250}{10} = 225[\text{V}]$ 가 된다.

073 $E = 40 + j30[\text{V}]$의 전압을 가하면 $I = 30 + j10[\text{A}]$의 전류가 흐르는 회로의 역률은?

① 0.949 ② 0.831
③ 0.764 ④ 0.651

해설 $P_a(\text{피상 전력}) = \overline{E} I = (40 - j30)(30 + j10) = 1200 + j400 - j900 + 300$
$= (1200 + 300) + j(400 - 900) = 1500 - j500 = P - jP_r[\text{VA}]$이다.

∴ 역률 $\cos\theta = \frac{P}{P_a} = \frac{P}{\sqrt{P^2 + P_r^2}} = \frac{1500}{\sqrt{(1500)^2 + (500)^2}} = \frac{1500}{\sqrt{225 + 25} \times 10^2}$

$= \frac{15}{15.8} ≒ 0.949$ 가 된다.

정답 71.④ 72.④ 73.①

074 그림과 같은 회로에서 스위치 S를 닫았을 때, 과도분을 포함하지 않기 위한 R [Ω]은?

① 100
② 200
③ 300
④ 400

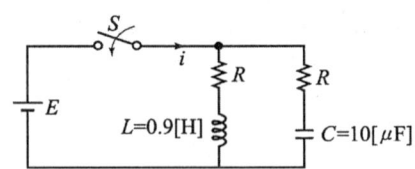

해설 정저항 회로란 두 단자의 임피던스가 주파수에 관계없이 일정 저항과 같은 회로를 말한다.

$$\therefore Z_1 Z_2 = R^2$$
$$\therefore j\omega L \times \frac{1}{j\omega C} = \frac{L}{C} = R^2 \cdots ①$$

문제 회로에서 S를 닫는 순간 과도분을 포함하지 않기 위한 저항은 ①식에서

$$R = \sqrt{\frac{L}{C}} = \sqrt{\frac{0.9}{10 \times 10^{-6}}} = \sqrt{\frac{90 \times 10^4}{10}} = 300[\Omega]$$ 가 된다.

075 분포 정수회로에서 직렬 임피던스를 Z, 병렬 어드미턴스를 Y라 할 때, 선로의 특성 임피던스 Z_0는?

① ZY
② $\sqrt{ZY}$
③ $\sqrt{\dfrac{Y}{Z}}$
④ $\sqrt{\dfrac{Z}{Y}}$

해설 분포 정수회로에서 선로의 특성 임피던스 $Z_0 = \sqrt{\dfrac{Z}{Y}}[\Omega]$이 된다.

076 다음과 같은 회로의 공진 시 어드미턴스는?

① $\dfrac{RL}{C}$
② $\dfrac{RC}{L}$
③ $\dfrac{L}{RC}$
④ $\dfrac{R}{LC}$

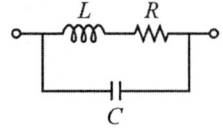

해설 병렬 회로의 어드미턴스

$$Y = Y_1 + Y_2 = \frac{1}{R+j\omega L} + \frac{1}{-jX_c} = \frac{1}{R+j\omega L} + j\omega C = \frac{R-j\omega L}{(R+j\omega L)(R-j\omega L)} + j\omega C$$

$$= \frac{R}{R^2+(\omega L)^2} + j(\omega C - \frac{\omega L}{R^2+(\omega L)^2})[\mho]$$ 이다.

∴ 공진 시 어드미턴스는 허수부=0에서 $\omega_0 C = \dfrac{\omega_0 L}{R^2+\omega_0^2 L^2}$, $CR^2 + C\omega_0^2 L^2 = L$,

ω_0^2(공진 각속도)$= \dfrac{L}{CL^2} - \dfrac{CR^2}{CL^2} = \dfrac{1}{LC} - \dfrac{R^2}{L^2}$[rad/sec] … ①를 공진 시 어드미턴스식에 대입하면 $Y_0 = \dfrac{R}{R^2+\omega_0^2 L^2} = \dfrac{R}{R^2+(\frac{1}{LC}-\frac{R^2}{L^2})L^2} = \dfrac{R}{R^2+\frac{L}{C}-R^2} = \dfrac{R}{\frac{L}{C}}$

$= \dfrac{CR}{L}[\mho]$가 된다.

정답 74. ③ 75. ④ 76. ②

077 그림과 같은 회로에서 전류 I[A]는?

① 0.2
② 0.5
③ 0.7
④ 0.9

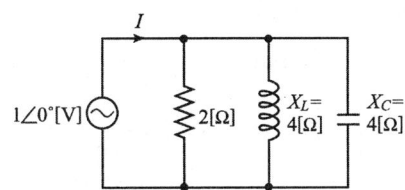

해설 병렬 공진 회로이다. 합성 어드미턴스 $Y_0 = \dfrac{1}{R} = \dfrac{1}{2}$[℧]

∴ 회로 전류(공진 전류), $I_0 = Y_0 V = \dfrac{1}{2} \times 1 = 0.5$[A]가 된다.

078 $F(s) = \dfrac{s+1}{s^2 + 2s}$ 로 주어졌을 때 $F(s)$의 역변환은?

① $\dfrac{1}{2}(1 + e^t)$
② $\dfrac{1}{2}(1 + e^{-2t})$
③ $\dfrac{1}{2}(1 - e^{-t})$
④ $\dfrac{1}{2}(1 - e^{-2t})$

해설 함수 $F(s)$를 부분·분수로 전개하면

$$F(s) = \dfrac{s+1}{s^2+2s} = \dfrac{s+1}{s(s+2)} = \dfrac{K_1}{s} + \dfrac{K_2}{s+2} = \dfrac{\frac{1}{2}}{s} + \dfrac{\frac{1}{2}}{s+2} \cdots ①$$

단, $K_1 = \lim_{s \to 0} \dfrac{s+1}{s+2} = \dfrac{0+1}{0+2} = \dfrac{1}{2}$, $K_2 = \lim_{s \to -2} \dfrac{1}{s} = \dfrac{1}{-2} = +\dfrac{1}{2}$ 이다.

∴ 함수 $F(s)$의 역변환

$$f(t) = L^{-1}(F(s)) = L^{-1}\left(\dfrac{\frac{1}{2}}{s} + \dfrac{\frac{1}{2}}{s+2}\right) = \dfrac{1}{2}e^{-0} + \dfrac{1}{2}e^{-2t} = \dfrac{1}{2}(1+e^{-2t})$$ 가 된다.

079 $e(t) = 100\sqrt{2}\sin\omega t + 150\sqrt{2}\sin 3\omega t + 260\sqrt{2}\sin 5\omega t$ [V]인 전압을 R-L 직렬 회로에 가할 때에 제5고조파 전류의 실효값은 약 몇 [A]인가? (단, $R=12$[Ω], $\omega L = 1$[Ω]이다.)

① 10
② 15
③ 20
④ 25

해설 제5고조파 전압의 실효값 $E_5 = 260$[V]이다.

$E_5 = 260$[V]를 R-L 직렬 회로에 가할 때 제5고조파 전류의 실효값

$$I_5 = \dfrac{E_5}{R+j5\omega L} = \dfrac{E_5}{\sqrt{R^2 + (5\omega L)^2}} = \dfrac{260}{\sqrt{(12)^2 + (5 \times 1)^2}} = \dfrac{260}{\sqrt{144+25}} = \dfrac{260}{\sqrt{169}}$$

$= \dfrac{260}{13} = 20$[A]가 된다.

77. ② 78. ② 79. ③

080 그림과 같은 파형의 전압 순시값은?

① $100\sin(\omega t + \frac{\pi}{6})$

② $100\sqrt{2}\sin(\omega t + \frac{\pi}{6})$

③ $100\sin(\omega t - \frac{\pi}{6})$

④ $100\sqrt{2}\sin(\omega t - \frac{\pi}{6})$

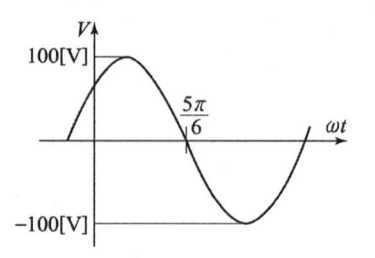

최대치 전압 $V_m = 100[V]$이다.

$\theta(상차) = \pi - \frac{5\pi}{6} = 180 - \frac{5}{6} \times 180 = 180 - 150 = 30° = \frac{\pi}{6}$ 이다.

∴ 파형의 전압 순시값 $v(t) = V_m \sin(\omega t + \theta) = 100\sin(\omega t + \frac{\pi}{6})[V]$가 된다.

05 전/기/설/비/기/술/기/준/및/판/단/기/준

081 가공전선로의 지지물에 시설하는 지선에 관한사항으로 옳은 것은?

① 소선은 지름 2.0[mm] 이상인 금속선을 사용한다.
② 도로를 횡단하여 시설하는 지선의 높이는 지표상 6.0[m] 이상이다.
③ 지선의 안전율은 1.2 이상이고 허용인장하중의 최저는 4.31[kN]으로 한다.
④ 지선에 연선을 사용할 경우에는 소선은 3가닥 이상의 연선을 사용한다.

가공전선로의 지지물에 시설하는 지선에 관한 사항으로 옳은 것은?
① 가공 전선로의 지지물에 시설하는 지선의 안전율은 2.5 이상이어야 한다.
② 지선에 연선을 사용할 경우에는 소선은 3가닥 이상의 연선을 사용한다.

082 옥내배선의 사용전압이 400[V] 미만일 때 전광표시 장치·출퇴 표시등 기타 이와 유사한 장치 또는 제어회로 등의 배선에 다심 케이블을 시설하는 경우 배선의 단면적은 몇 [mm²] 이상인가?

① 0.75   ② 1.5
③ 1   ④ 2.5

옥내배선의 사용전압이 400[V] 미만일 때, 전광표시 장치, 출퇴표시등 기타 이와 유사한 장치 또는 제어회로 등의 배선에 다심 케이블 또는 다심 캡타이어 케이블로 시설하는 경우 배선의 단면적은 0.75[mm²] 이상이어야 한다.

80. ① 81. ④ 82. ①

083 154[kV] 가공송전선로를 제1종 특고압 보안공사로 할 때 사용되는 경동연선의 굵기는 몇 [mm²] 이상이어야 하는가?

① 100　　　　　　　　② 150
③ 200　　　　　　　　④ 250

해설 154[kV] 가공전선로를 제1종 특고압 보안공사로 할 때 사용되는 경동연선의 굵기는 100[kV] 이상 300[kV] 미만에는 150[mm²] 이상이어야 한다.

084 일반적으로 저압 옥내간선에서 분기하여 전기사용 기계기구에 이르는 저압 옥내전로는 저압 옥내간선과의 분기점에서 전선의 길이가 몇 [m] 이하인 곳에 개폐기 및 과전류 차단기를 시설하여야 하는가?

① 0.5　　　　　　　　② 1.0
③ 2.0　　　　　　　　④ 3.0

해설 분기 회로의 시설은 저압 옥내간선에서 분기하여 전기사용 기계기구에 이르는 전로는 저압 옥내간선과의 분기점에서 전선의 길이가 3[m] 이하인 곳에 개폐기 및 과전류 차단기를 시설하여야 한다.

085 전동기의 과부하 보호장치의 시설에서 전원 측 전로에 시설한 배선용 차단기의 정격 전류가 몇 [A] 이하의 것이면 이 전로에 접속하는 단상 전동기에는 과부하 보호 장치를 생략할 수 있는가?

① 15　　　　　　　　② 20
③ 30　　　　　　　　④ 50

해설 전동기 과부하 보호장치의 시설에서 전원 측 전로에 시설하는 과전류 차단기의 정격 전류는 15[A] 이하이고 배선용 차단기는 20[A] 이하인 경우는 이 전로에 접속하는 단상 전동기에는 과부하 보호장치를 생략할 수 있다.

086 사용전압이 35[kV] 이하인 특고압 가공전선과 가공약전류 전선 등을 동일 지지물에 시설하는 경우, 특고압 가공전선로는 어떤 종류의 보안공사로 하여야 하는가?

① 고압 보안공사　　　　　② 제1종 특고압 보안공사
③ 제2종 특고압 보안공사　　④ 제3종 특고압 보안공사

해설 가공전선과 가공약전류 등의 공가에서 사용전압이 35[kV] 이하인 특별고압 가공전선과 가공약전류 전선 등을 동일 지지물에 시설하는 경우 특고압 가공전선로는 제2종 특고압 보안공사로 하여야 한다.

83. ②　84. ④　85. ②　86. ③

087 사용전압이 고압인 전로의 전선으로 사용할 수 없는 케이블은?
① MI 케이블　　　　② 연피 케이블
③ 비닐 외장 케이블　④ 폴리에틸렌 외장 케이블

[해설] 사용전압이 고압인 전로의 전선으로 사용되는 케이블은
① 연피 케이블 ② 비닐 외장 케이블 ③ 폴리에틸렌 외장 케이블 등이다.

088 가로등, 경기장, 공장, 아파트 단지 등의 일반조명을 위하여 시설하는 고압 방전등은 그 효율이 몇 [lm/W] 이상의 것이어야 하는가?
① 30　　② 50
③ 70　　④ 100

[해설] 점멸장치의 시설에서 가로등, 경기장, 공장, 아파트 단지 등의 일반 조명을 위하여 시설하는 고압 방전등은 그 효율이 70[lm/W] 이상의 것이야 한다.

089 제1종 접지공사의 접지선의 굵기는 공칭 단면적 몇 [mm^2] 이상의 연동선이어야 하는가?
① 2.5　　② 4.0
③ 6.0　　④ 8.0

[해설] 제1종 접지공사의 접지선의 굵기는 공칭 단면적 6[mm^2] 이상의 연동선이어야 한다.

090 금속관공사에서 절연부싱을 사용하는 가장 주된 목적은?
① 관의 끝이 터지는 것을 방지
② 관내 해충 및 이물질 출입 방지
③ 관의 단구에서 조영재의 접촉 방지
④ 관의 단구에서 전선 피복의 손상 방지

[해설] 금속관공사에서 절연부싱을 사용하는 가장 주된 목적은 관의 단구에서 전선 피복의 손상을 방지하기 위해서이다.

091 최대 사용전압이 3.3[kV]인 차단기 전로의 절연내력 시험전압은 몇 [V]인가?
① 3036　　② 4125
③ 4950　　④ 6600

[해설] 최대 사용전압이 7[kV] 이하인 차단기(기구) 등의 전로의 절연내력 시험 전압은 최대 사용전압의 1.5배 전압이다. ∴ 최대 사용전압이 3.3[kV]인 차단기의 절연내력 시험전압 = $1.5 \times 3.3 \times 10^3$ = 4950[V]가 된다.

[정답] 87.① 88.③ 89.③ 90.④ 91.③

092 관·암거·기타 지중전선을 넣은 방호장치의 금속제 부분(케이블을 지지하는 금구류는 제외한다.) 및 지중전선의 피복으로 사용하는 금속체에는 몇 종 접지공사를 하여야 하는가?

① 제1종 접지공사   ② 제2종 접지공사
③ 제3종 접지공사   ④ 특별 제3종 접지공사

> 지중전선의 피복 금속체의 접지에서 관,암거,기타 지중전선을 넣은 방호장치의 금속제 부분(케이블을 지지하는 금구류는 제외한다.) 및 지중전선의 피복으로 사용하는 금속체에는 제3종 접지공사를 하여야 한다.

093 가반형(이동형)의 용접전극을 사용하는 아크 용접장치를 시설할 때 용접 변압기의 1차 측 전로의 대지전압은 몇 [V] 이하이어야 하는가?

① 200   ② 250   ③ 300   ④ 600

> 가반형(이동형)의 용접전극을 사용하는 아크 용접장치를 시설할 때 용접 변압기는 절연 변압기일 것 또한 용접 변압기의 1차 측 전로의 대지 전압은 300[V] 이하이어야 한다.

094 지중전선로를 직접 매설식에 의하여 차량 기타 중량물에 압력을 받을 우려가 있는 장소에 시설할 경우에는 그 매설 깊이를 최소 몇 [m] 이상으로 하여야 하는가?

① 1   ② 1.2   ③ 1.5   ④ 1.8

> 지중전선로를 직접 매설식에 의하여 차량 기타 중량물의 압력을 받을 우려가 있는 장소에 시설할 경우에는 그 매설 깊이를 최소 1.2[m] 이상으로 하여야 한다.

095 사용전압이 22.9[kV]인 특고압 가공전선과 그 지지물·완금류·지주 또는 지선 사이의 이격거리는 몇 [cm] 이상이어야 하는가?

① 15   ② 20   ③ 25   ④ 30

> 특별 고압가공 전선과 지지물 등 사이의 이격거리에서 사용전압이 15[kV] 이상 25[kV] 미만인 22.9[kV]인 특고압 가공전선과 그 지지물, 완금류, 지주 또는 지선 사이의 이격거리는 20[cm] 이상이어야 한다.

096 건조한 장소로서 전개된 장소에 고압 옥내배선을 시설할 수 있는 공사방법은?

① 덕트공사   ② 금속관공사
③ 애자사용공사   ④ 합성수지관공사

> 고압 옥내배선은 케이블공사, 케이블 트레이공사, 애자사용공사에 의하여 시설하여야 한다. 단, 애자 사용공사는 건조하고 전개된 장소에서 사람이 닿을 우려가 없도록 시설하는 고압 옥내배선인 경우에 한한다.

정답 92. ③ 93. ③ 94. ② 95. ② 96. ③

097 제3종 접지공사를 하여야 할 곳은?
① 고압용 변압기의 외함
② 고압의 계기용 변성기의 2차 측 전로
③ 특고압 계기용 변성기의 2차 측 전로
④ 특고압과 고압의 혼촉방지를 위한 방전장치

고압의 계기용 변성기 2차 측 전로의 접지는 제3종 접지공사를 특별고압 계기용 변성기 2차 측의 전로에는 제1종 접지공사를 하여야 한다.

098 전기철도에서 배류시설에 강제배류기를 사용할 경우 시설방법에 대한 설명으로 틀린 것은?
① 강제배류기용 전원장치의 변압기는 절연 변압기일 것
② 강제배류기를 보호하기 위하여 적정한 과전류 차단기를 시설할 것
③ 귀선에서 강제배류기를 거쳐 금속제 지중관로로 통하는 전류를 저지하는 구조 할 것
④ 강제배류기는 제2종 접지공사를 한 금속제 외함 기타 견고한 함에 넣어 시설하거나 사람이 접촉할 우려가 없도록 시설할 것

전기철도에서 배류시설에 강제배류기를 사용할 경우 시설방법에 대한 설명으로 옳은 것은?
① 강제배류기용 전원장치의 변압기는 절연 변압기일 것
② 강제배류기를 보호하기 위하여 적정한 과전류 차단기를 시설할 것
③ 귀선에서 강제배류기를 거쳐 금속제 지중관료로 통하는 전류를 저지하는 구조로 할 것

099 고압 가공전선에 케이블을 사용하는 경우 케이블을 조가용선에 행거로 시설하고자 할 때 행거의 간격은 몇 [cm] 이하로 하여야 하는가?
① 30   ② 50   ③ 80   ④ 100

가공 케이블에 의한 시설에서 고압 가공전선에 케이블을 사용하는 경우 케이블을 조가용선에 행거로 시설하고자 할 때 행거의 간격은 50[cm] 이하로 하여야 한다.

100 고압 가공전선로의 지지물에 시설하는 통신선의 높이는 도로를 횡단하는 경우 교통에 지장을 줄 우려가 없다면 지표상 몇 [m]까지로 감할 수 있는가?
① 4   ② 4.5   ③ 5   ④ 6

가공통신선의 높이에서 고압 가공전선로의 지지물에 시설하는 통신선의 높이는 도로를 횡단하는 경우 교통에 지장을 줄우려가 없다면 지표상 5[m]까지로 감할 수 있다.

97. ② 98. ④ 99. ② 100. ③

03 전기기사

전기자기학 / 전력공학 / 전기기기 / 회로이론 및 제어공학 / 전기설비기술기준 및 판단기준

[2017년 8월 26일 시행]

01 전/기/자/기/학

001 점전하에 의한 전위 함수가 $V = \dfrac{1}{x^2+y^2}$[V]일 때 grad V는?

① $-\dfrac{xi+yj}{(x^2+y^2)^2}$
② $-\dfrac{2xi+2yj}{(x^2+y^2)^2}$
③ $-\dfrac{2xi}{(x^2+y^2)^2}$
④ $-\dfrac{2yj}{(x^2+y^2)^2}$

해설 grad $V = \nabla V = i\dfrac{\partial V}{\partial x} + j\dfrac{\partial V}{\partial y} + k\dfrac{\partial V}{\partial z} = i\dfrac{\partial}{\partial x}\left(\dfrac{1}{x^2+y^2}\right) + j\dfrac{\partial}{\partial y}\left(\dfrac{1}{x^2+y^2}\right) + k\dfrac{\partial}{\partial z}\left(\dfrac{1}{x^2+y^2}\right)$

$= i\dfrac{0-2x}{(x^2+y^2)^2} + j\dfrac{0-2y}{(x^2+y^2)^2} + k0 = -\dfrac{i2x+j2y}{(x^2+y^2)^2}$ 이 된다.

002 면적 S[m²], 간격 d[m]인 평행판 콘덴서에 전하 Q[C]을 충전하였을 때 정전 에너지 W[J]는?

① $W = \dfrac{dQ^2}{\varepsilon S}$
② $W = \dfrac{dQ^2}{2\varepsilon S}$
③ $W = \dfrac{dQ^2}{4\varepsilon S}$
④ $W = \dfrac{dQ^2}{8\varepsilon S}$

해설 평행판 콘덴서에 정전 용량 $C = \dfrac{\varepsilon S}{d}$[F]

∴ 평행판 콘덴서에 정전 에너지

$W = \dfrac{1}{2}QV = \dfrac{1}{2}Q \times \dfrac{Q}{C} = \dfrac{Q^2}{2C} = \dfrac{1}{2} \times \dfrac{Q^2}{\frac{\varepsilon S}{d}} = \dfrac{dQ^2}{2\varepsilon S}$[J]이 된다.

003 Poisson 및 Laplace 방정식을 유도하는 데 관련이 없는 식은?

① $\text{rot} E = -\dfrac{\partial B}{\partial t}$
② $E = -\text{grad } V$
③ $\text{div} D = \rho_v$
④ $D = \varepsilon E$

해설 가우스 정리의 미분형 $\text{div} D = \rho_v$에서

$\text{div} D = \text{div}\, \varepsilon E = \varepsilon \text{div} \cdot (-\text{grad } V) = -\varepsilon \nabla \cdot \nabla V = -\varepsilon \nabla^2 V = \rho_v$

∴ $\nabla^2 V = -\dfrac{\rho_v}{\varepsilon}$ (poisson 방정식). 또 $\rho_v = 0$이면 $\nabla^2 V = 0$(Laplace 방정식)이다.

∴ $\text{rot} E = -\dfrac{\partial B}{\partial t}$ (맥스웰의 제2기초방정식)이다.

해답 1. ② 2. ② 3. ①

004 반지름 1[cm]인 원형 코일에 전류 10[A]가 흐를 때, 코일의 중심에서 코일 면에 수직으로 $\sqrt{3}$[cm] 떨어진 점의 자계의 세기는 몇 [A/m]인가?

① $\dfrac{1}{16} \times 10^3$[A/m]   ② $\dfrac{3}{16} \times 10^3$[A/m]

③ $\dfrac{5}{16} \times 10^3$[A/m]   ④ $\dfrac{7}{16} \times 10^3$[A/m]

원형 코일 중심으로부터 x[m] 떨어진 점에 자계세기 H[AT/m]는 비오샤바르의 법칙에서

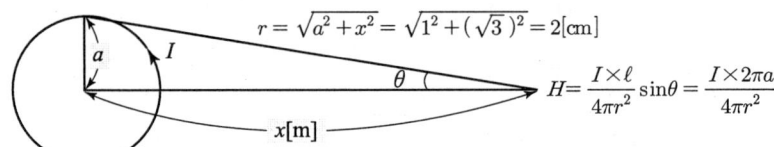

$r = \sqrt{a^2 + x^2} = \sqrt{1^2 + (\sqrt{3})^2} = 2$[cm]

$H = \dfrac{I \times \ell}{4\pi r^2} \sin\theta = \dfrac{I \times 2\pi a}{4\pi r^2} \sin\theta$

$\sin\theta = \dfrac{I \times 2\pi a}{4\pi r^2} \times \dfrac{a}{r} = \dfrac{a^2 I}{2r^3} = \dfrac{(1 \times 10^{-2})^2 \times 10}{2 \times (2 \times 10^{-2})^3} = \dfrac{10^{-4} \times 10}{2 \times 8 \times 10^{-8}} = \dfrac{1}{16} \times 10^3$[AT/m]이 된다.

005 평등자계 내에 전자가 수직으로 입사하였을 때 전자의 운동을 바르게 나타낸 것은?
① 구심력은 전자속도에 반비례한다.
② 원심력은 자계의 세기에 반비례한다.
③ 원운동을 하고 반지름은 자계의 세기에 비례한다.
④ 원운동을 하고 전자의 회전속도에 비례한다.

평등자계 내에 전자가 수직으로 입사되면 전자는 원운동을 하고 전자력=원심력. 즉
$BeV = \dfrac{mV^2}{r}$에서 r(반지름)$= \dfrac{mV}{Be}$[m]이다.
∴ 반지름 r[m]은 전자의 회전속도 V[m/sec]에 비례한다.

006 액체 유전체를 포함한 콘덴서 용량이 C[F]인 것에 V[V]의 전압을 가했을 경우에 흐르는 누설 전류는 몇 [A]인가? (단, 유전체 유전율은 ε[F/m], 고유 저항은 ρ[Ω·m]이다.)

① $\dfrac{\rho\varepsilon}{CV}$ ② $\dfrac{C}{\rho\varepsilon V}$

③ $\dfrac{CV}{\rho\varepsilon}$ ④ $\dfrac{\rho\varepsilon V}{C}$

유전체의 유전율 ε[F/m]와 고유 저항 ρ[Ω·m]의 관계는 $RC = \rho\varepsilon$, $R = \dfrac{\rho\varepsilon}{C}$[Ω]이다.

∴ i(누설 전류)$= \dfrac{V}{R} = \dfrac{V}{\dfrac{\rho\varepsilon}{C}} = \dfrac{CV}{\rho\varepsilon}$[A]이 된다.

4. ① 5. ④ 6. ③

007 다이아몬드와 같은 단결정 물체에 전장을 가할 때 유도되는 분극은?
① 전자 분극
② 이온 분극과 배향 분극
③ 전자 분극과 이온 분극
④ 전자 분극, 이온 분극, 배향 분극

해설 전자 분극이란 다이아몬드와 같은 단결정 물체에 전장을 가할 때 유도되는 분극을 말한다.

008 다음 설명 중 옳은 것은?
① 무한 직선 도선에 흐르는 전류에 의한 도선 내부에서 자계의 크기는 도선의 반경에 비례한다.
② 무한 직선 도선에 흐르는 전류에 의한 도선 외부에서 자계의 크기는 도선의 중심과의 거리에 무관한다.
③ 무한장 솔레노이드 내부 자계의 크기는 코일에 흐르는 전류의 크기에 비례한다.
④ 무한장 솔레노이드 내부 자계의 크기는 코일에 흐르는 단위 길이당 권수의 제곱에 비례한다.

해설 n_o(단위 길이당의 권수)$=\dfrac{N}{\ell}$일 때 무한장 솔레노이드의 내부 자계 크기
$H = \dfrac{NI}{\ell} = n_o I [\text{AT/m}]$이다.
∴ 무한장 솔레노이드 내부 자계의 크기는 코일에 흐르는 전류의 크기에 비례한다.

009 그림과 같은 유전속 분포가 이루어질 때 ε_1과 ε_2의 크기 관계는?
① $\varepsilon_1 > \varepsilon_2$
② $\varepsilon_1 < \varepsilon_2$
③ $\varepsilon_1 = \varepsilon_2$
④ $\varepsilon_1 > 0,\ \varepsilon_2 > 0$

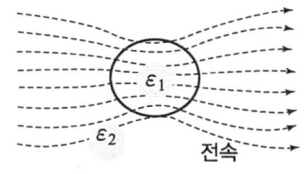

해설 D_1(전속 밀도)$=\dfrac{\Psi}{s_1(小)}=\varepsilon_1 E = \varepsilon_1(大)$

D_2(전속 밀도)$=\dfrac{\Psi}{s_2(大)}=\varepsilon_2 E = \varepsilon_2(小)$이다.

비교하면 $D_1 > D_2,\ \varepsilon_1 > \varepsilon_2$이 된다.

010 인덕턴스의 단위[H]와 같지 않은 것은?
① J/A·s
② Ω·s
③ Wb/A
④ J/A²

해답 7.① 8.③ 9.① 10.①

해설 인덕턴스의 단위[H]와 같은 단위는

① $LI = N\phi$(전자쇄교수), $L = \dfrac{N\phi}{I}$[Wb/A = H]

② V(유도 전압) $= L\dfrac{di}{dt}$[V], $L = \dfrac{V}{\frac{di}{dt}} = \dfrac{V}{di}dt$[$\Omega \cdot \sec$ = H]

③ W(에너지) $= \dfrac{1}{2}LI^2$[J], $L = \dfrac{W}{\frac{I^2}{2}} = \dfrac{2W}{I^2}$[J/A² = H]

---

011 전계 및 자계의 세기가 각각 E, H일 때 포인팅 벡터 P의 표시로 옳은 것은?

① $P = \dfrac{1}{2}E \times H$　　② $P = E \operatorname{rot} H$

③ $P = E \times H$　　　　　④ $P = H \operatorname{rot} E$

해설 포인팅 벡터란 평면 전자파가 $v = \dfrac{1}{\sqrt{\varepsilon \mu}}$[m/sec]의 속도로 단위 시간에 단위 면적을 통과하는 에너지 흐름을 말한다.

∴ P(포인팅 벡터) $= \dfrac{P}{S} = W \cdot v = \sqrt{\varepsilon \mu} EH \times \dfrac{1}{\sqrt{\varepsilon \mu}} = E \times H$[W/m²]이 된다.

---

012 규소강판과 같은 자심재료의 히스테리시스 곡선의 특징은?

① 보자력이 큰 것이 좋다.
② 보자력과 잔류 자기가 모두 큰 것이 좋다.
③ 히스테리시스 곡선의 면적이 큰 것이 좋다.
④ 히스테리시스 곡선의 면적이 작은 것이 좋다.

해설 규소강판과 같은 자심재료의 히스테리시스 곡선의 특징은 히스테리시스 곡선의 면적이 작은 것이 좋다. 즉 작은 면적이면 손실이 적다.

---

013 커패시터를 제조하는데 A, B, C, D와 같은 4가지의 유전재료가 있다. 커패시터 내의 전계를 일정하게 하였을 때, 단위 체적당 가장 큰 에너지 밀도를 나타내는 재료부터 순서대로 나열하면? (단, 유전재료 A, B, C, D의 비유전율은 각각 $\varepsilon_{rA} = 8$, $\varepsilon_{rB} = 10$, $\varepsilon_{rC} = 2$, $\varepsilon_{rD} = 4$이다.)

① C > D > A > B　　② B > A > D > C
③ D > A > C > B　　④ A > B > D > C

해설 $D = \varepsilon E$[C/m²]에서 전계 E[V/m]가 일정일 때, 단위 체적당 가장 큰 에너지 밀도를 나타내는 재료는 비유전율 ε_r가 큰 순서가 된다.

즉 W(에너지 밀도) $= \dfrac{1}{2}\varepsilon E^2$ ≒ $\varepsilon = \varepsilon_o \varepsilon_r$ [J/m³]

정답 11. ③　12. ④　13. ②

[014] 투자율 μ[H/m], 자계의 세기 H[AT/m], 자속 밀도 B[Wb/m²]인 곳의 자계 에너지 밀도[J/m³]는?

① $\dfrac{B^2}{2\mu}$ ② $\dfrac{H^2}{2\mu}$ ③ $\dfrac{1}{2}\mu H$ ④ BH

해설) B(자속 밀도)$=\mu H$[Wb/m²], H(자계 세기)$=\dfrac{B}{\mu}$[AT/m]일 때

W(자계의 에너지 밀도)$=\dfrac{1}{2}HB = \dfrac{1}{2}\times\dfrac{B^2}{\mu}$[J/m³]이 된다.

[015] 정전계 해석에 관한 설명으로 틀린 것은?
① 포아송의 방정식은 가우스 정리의 미분형으로 구할 수 있다.
② 도체 표면에서의 전계의 표면에 대해 법선 방향을 갖는다.
③ 라플라스 방정식은 전극이나 도체의 형태에 관계없이 체적전하밀도가 0인 모든 점에서 $\nabla^2 V=0$을 만족한다.
④ 라플라스 방정식은 비선형 방정식이다.

해설) 정전계 해석에 관한 설명으로 옳은 것은
① 포아송의 방정식은 가우스 정리의 미분형으로 구할 수 있다.
② 도체 표면에서의 전계의 표면에 대해 법선 방향을 갖는다.
③ 라플라스 방정식은 전극이나 도체의 형태에 관계없이 체적전하밀도가 0인 모든 점에서 $\nabla^2 V=0$을 만족한다.

[016] 자화의 세기 단위로 옳은 것은?
① AT/Wb ② AT/m² ③ Wb·m ④ Wb/m²

해설) 자화의 세기 $J=\dfrac{dM}{dV}=\dfrac{dm\,d\ell}{ds\,d\ell}=\dfrac{dm}{ds}$[Wb/m²]이 된다.

[017] 중심은 원점에 있고 반지름 a[m]인 원형선도체가 $z=0$인 평면에 있다. 도체에 선전하 밀도 ρ_L[C/m]가 분포되어 있을 때 $z=b$[m]인 점에서의 전계 E[V/m]는? (단, a_r, a_z는 원통좌표계에서 r 및 z방향의 단위 벡터이다.)

① $\dfrac{ab\rho_L}{2\pi\varepsilon_0(a^2+b^2)}a_r$ ② $\dfrac{ab\rho_L}{4\pi\varepsilon_0(a^2+b^2)}a_z$

③ $\dfrac{ab\rho_L}{2\varepsilon_0(a^2+b^2)^{\frac{3}{2}}}a_z$ ④ $\dfrac{ab\rho_L}{4\varepsilon_0(a^2+b^2)^{\frac{3}{2}}}a_z$

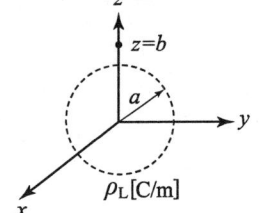

정답) 14. ① 15. ④ 16. ④ 17. ③

ρ_L(도체에 선전하 밀도)$=\dfrac{Q}{\ell}=\dfrac{Q}{2\pi a}$[C/m]

∴ Q(점전하)$=2\pi a\rho_L$[C], r(거리)$=\sqrt{a^2+b^2}$ [Ω]이며, $z=b$[m]인 점에서의 전계 세기
$E=\dfrac{Q}{4\pi\varepsilon_o r^2}\cos\theta\, a_z=\dfrac{2\pi a\rho_L}{4\pi\varepsilon_o r^2}\times\dfrac{b}{r}a_z=\dfrac{ab\rho_L}{2\varepsilon_o r^3}a_z=\dfrac{ab\rho_L}{2\varepsilon_o(a^2+b^2)^{3/2}}a_z$ [V/m]이 된다.

018 $V=x^2$[V]로 주어지는 전위 분포일 때 $x=20$[cm]인 점의 전계는?
① $+x$ 방향으로 40[V/m] ② $-x$ 방향으로 40[V/m]
③ $+x$ 방향으로 0.4[V/m] ④ $-x$ 방향으로 0.4[V/m]

전계 세기는 전위 경도에 $-$부호를 붙인 것이다.

∴ E(전계 세기)$=-\mathrm{grad}\,V=-\nabla V=-\left(i\dfrac{\partial V}{\partial x}+j\dfrac{\partial V}{\partial y}+k\dfrac{\partial V}{\partial z}\right)$
$=-\left(i\dfrac{\partial}{\partial x}x^2+j\dfrac{\partial}{\partial y}x^2+k\dfrac{\partial}{\partial z}x^2\right)=-(i2x)_{x=20\mathrm{cm}}+0+0$
$=-i2\times 20\times 10^{-2}=-i0.4$[V/m]이다.

즉 $x=20$[cm]인 점의 전계는 $-x(i)$ 방향으로 0.4[V/m]이다.

019 공간 도체 내의 한 점에 있어서 자속이 시간적으로 변화하는 경우에 성립하는 식은?
① $\nabla\times E=\dfrac{\partial H}{\partial t}$ ② $\nabla\times E=-\dfrac{\partial H}{\partial t}$
③ $\nabla\times E=\dfrac{\partial B}{\partial t}$ ④ $\nabla\times E=-\dfrac{\partial B}{\partial t}$

공간 도체 내의 한 점에 있어서 자속이 시간적으로 변화하는 경우는 맥스웰의 제2기초방정식으로 $\nabla\times E=-\dfrac{\partial B}{\partial t}$이 된다.

020 변위 전류와 가장 관계가 깊은 것은?
① 반도체 ② 유전체
③ 자성체 ④ 도체

i_d(변위 전류)는 유전체에서 전속 밀도의 시간적인 변화에 의한 전류를 말한다.

18. ④ 19. ④ 20. ②

02 전/력/공/학

021 전력용 콘덴서에 의하여 얻을 수 있는 전류는?
① 지상 전류
② 진상 전류
③ 동상 전류
④ 영상 전류

전력용 콘덴서에 의하여 얻을 수 있는 전류는 진상 전류이다. 즉 90° 앞선 진상 전류이다.

022 부하 역률이 현저히 낮은 경우 발생하는 현상이 아닌 것은?
① 전기요금의 증가
② 유효전력의 증가
③ 전력 손실의 증가
④ 선로의 전압강하 증가

부하 역률이 현저히 낮은 경우 발생하는 현상은
① 전기요금의 증가
② 전력 손실의 증가
③ 선로의 전압강하가 증가된다.

023 배전소용 변전소의 주변압기로 주로 사용되는 것은?
① 강압 변압기
② 승압 변압기
③ 단권 변압기
④ 3권선 변압기

배전소용 변전소의 주변압기로 주로 사용되는 것은 강압 변압기이다.

024 초호각(Arcing horn)의 역할은?
① 풍압을 조절한다.
② 송전 효율을 높인다.
③ 애자의 파손을 방지한다.
④ 고주파수의 섬락 전압을 높인다.

초호각(Arcing horn)의 역할은 섬락사고에 대한 애자의 보호, 즉 애자의 파손을 방지한다.

025 △-△ 결선된 3상 변압기를 사용한 비접지 방식의 선로가 있다. 이때 1선 지락 고장이 발생하면 다른 건전한 2선의 대지전압은 지락 전의 몇 배까지 상승하는가?
① $\dfrac{\sqrt{3}}{2}$
② $\sqrt{3}$
③ $\sqrt{2}$
④ 1

△-△ 결선된 3상 변압기가 1선 고장이 생기면 다른 건전한 2선의 대지전압은 지락 전의 $\sqrt{3}$ 배까지 상승된다.

21.② 22.② 23.① 24.③ 25.②

026. 22[kV], 60[Hz] 1회선의 3상 송전선에서 무부하 충전 전류는 약 몇 [A]인가? (단, 송전선의 길이는 20[km]이고, 1선 1[km]당 정전 용량은 0.5[μF]이다.)

① 12
② 24
③ 36
④ 48

해설 1회선 3상 송전선에서 무부하 충전 전류

$$I_c = \frac{E}{X_c} \times \ell = \omega c E \ell = 2\pi f c \times \frac{V}{\sqrt{3}} \ell = 2 \times 3.14 \times 60 \times 0.5 \times 10^{-6} \times 20 \times \frac{22 \times 10^3}{\sqrt{3}}$$

$$\fallingdotseq 377 \times 10 \times 10^{-6} \times 12.7 \times 10^3 \fallingdotseq 4787.9 \times 10^{-2} \fallingdotseq 48[A]$$이 된다. (단, $V = \sqrt{3}\,E$[V])

027. 개폐 서지의 이상 전압을 감쇄할 목적으로 설치하는 것은?

① 단로기
② 차단기
③ 리액터
④ 개폐 저항기

해설 개폐 저항기는 개폐 서지의 이상 전압(SOV)을 감쇄(억제)할 목적으로 사용된다.

028. 모선보호용 계전기로 사용하면 가장 유리한 것은?

① 거리 방향 계전기
② 역상 계전기
③ 재폐로 계전기
④ 과전류 계전기

해설 거리 방향 계전기는 모선보호용 계전기로 사용하면 가장 유리하다.

029. 현수애자에 대한 설명으로 틀린 것은?

① 애자를 연결하는 방법에 따라 클래비스형과 볼소켓형이 있다.
② 큰 하중에 대하여는 2연 또는 3연으로 하여 사용할 수 있다.
③ 애자의 연결 개수를 가감함으로서 임의의 송전전압에 사용할 수 있다.
④ 2~4층의 갓 모양의 자기편을 시멘트로 접착하고 그 자기를 주철제 베이스로 지지한다.

해설 현수애자에 대한 설명으로 옳은 것은
① 애자를 연결하는 방법에 따라 클래비스형과 볼소켓형이 있다.
② 큰 하중에 대하여는 2연 또는 3연으로 하여 사용할 수 있다.
③ 애자의 연결 개수를 가감함으로서 임의의 송전 전압에 사용할 수 있다.

030. 송전선로의 고장전류 계산에 영상 임피던스가 필요한 경우는?

① 1선 지락
② 3상 단락
③ 3선 단선
④ 선간 단락

정답 26.④ 27.④ 28.① 29.④ 30.①

영상 임피던스는 전류가 흐를 때만 존재하므로 1선 지락 고장 전류 계산에는 다같은 영상 전류가 흐르므로 다같은 영상 임피던스가 존재한다.
∴ 영상 임피던스가 필요한 경우는 1선 지락인 경우이다.

031 그림과 같은 3상 송전계통에서 송전단 전압은 3300[V]이다. 점 P에서 3상 단락사고가 발생했다면 발전기에 흐르는 단락 전류는 약 몇 [A]인가?

① 320
② 330
③ 380
④ 410

$Z(임피던스) = r + jX_L = 0.32 + j(2 + 1.25 + 1.75) = 0.32 + j5 = \sqrt{(0.32)^2 + (5)^2} ≒ 5[\Omega]$

∴ $I_s(단락\ 전류) = \dfrac{E}{Z} = \dfrac{V}{Z\sqrt{3}} = \dfrac{3300}{5\sqrt{3}} ≒ 380[V]$

032 조속기의 폐쇄시간이 짧을수록 옳은 것은?

① 수격작용은 작아진다.
② 발전기의 전압 상승률은 커진다.
③ 수차의 속도 변동률은 작아진다.
④ 수압관 내의 수압 상승률은 작아진다.

조속기의 폐쇄시간이 짧을수록 수차의 속도 변동률 $\delta = \dfrac{N_o - N}{N} \times 100[\%]$ 는 작아진다.
(단, N(정격속도), N_o(무부하 시 속도)이다.)

033 그림과 같은 수전단 전압 3.3[kV], 역률 0.85(뒤짐)인 부하 300[kW]에 공급하는 선로가 있다. 이때 송전단 전압은 약 몇 [V]인가?

① 3,430
② 3,530
③ 3,730
④ 3,830

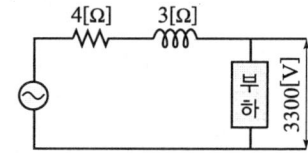

$P = VI\cos\theta[W]$

$I = \dfrac{P}{V\cos\theta} = \dfrac{300 \times 10^3}{3300 \times 0.85} ≒ 106[A]$

∴ $V_s(송전단\ 전압) ≒ V_r + I(R\cos\theta + X\sin\theta) = 3300 + 106(4 \times 0.85 + 3 \times \sqrt{1-(0.85)^2})$

$= 3300 + 106 \times 5 ≒ 3830[V]$ 이 된다.

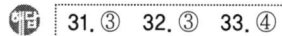

31. ③ 32. ③ 33. ④

034 증기의 엔탈피란?
① 증기 1[kg]의 잠열
② 증기 1[kg]의 현열
③ 증기 1[kg]의 보유열량
④ 증기 1[kg]의 증발열을 그 온도로 나눈 것

해설 증기의 엔탈피란 증기 1[kg]의 보유열량을 말한다.

035 장거리 송전선로는 일반적으로 어떤 회로를 취급하여 회로를 해석하는가?
① 분포정수회로   ② 분산부하회로
③ 집중정수회로   ④ 특성임피던스회로

해설 분포정수회로는 장거리 송전선로로 취급하여 회로를 해석한다.

036 4단자 정수 $A = D = 0.8$, $B = j1.0$인 3상 송전선로에 송전단 전압 160[kV]를 인가할 때 무부하 시 수전단 전압은 몇 [kV]인가?
① 154   ② 164   ③ 180   ④ 200

해설 4단자 기초방정식 $\begin{cases} E_S = AE_R + BI_R \\ I_S = CE_R + DI_R \end{cases}$ 에서 무부하인 경우는 $I_R = 0$이다. $\begin{cases} E_S = AE_R \\ I_S = CE_R \end{cases}$

∴ E_R(무부하 시 수전단 전압) $= \dfrac{E_S}{A} = \dfrac{160}{0.8} = 200[kV]$이 된다.

037 유도 장해를 방지하기 위한 전력선 측의 대책으로 틀린 것은?
① 차폐선을 설치한다.
② 고속도 차단기를 사용한다.
③ 중성점 전압을 가능한 높게 한다.
④ 중성점 접지에 고저항을 넣어서 지락 전류를 줄인다.

해설 유도 장해를 방지하기 위한 전력선 측의 대책으로 옳은 것은
① 차폐선을 설치한다.
② 고속도 차단기를 사용한다.
③ 중성점 접지에 고저항을 넣어서 지락 전류를 줄인다.

038 원자로의 감속재에 대한 설명으로 틀린 것은?
① 감속 능력이 클 것
② 원자 질량이 클 것
③ 사용 재료로 경수를 사용
④ 고속 중성자를 열 중성자로 바꾸는 작용

정답 34.③ 35.① 36.④ 37.③ 38.②

해설 원자로의 감속재에 대한 설명으로 옳은 것은
① 감속 능력이 클 것
② 사용 재료로 경수를 사용한다.
③ 고속 중성자를 열 중성자로 바꾸는 작용을 한다.

039 송전선로에 매설지선을 설치하는 주된 목적은?
① 철탑 기초의 강도를 보강하기 위하여
② 직격뢰로부터 송전선을 차폐보호하기 위하여
③ 현수애자 1연의 전압 분담을 균일화하기 위하여
④ 철탑으로부터 송전선로의 역섬락을 방지하기 위하여

해설 송전선로에 매설지선을 설치하는 주된 목적은 철탑으로부터 송전선로의 역섬락을 방지하기 위함이다.

040 송전전력, 부하역률, 송전거리, 전력손실, 선간전압이 동일할 때 3상 3선식에 의한 소요 전선량은 단상 2선식의 몇 [%]인가?
① 50 ② 67 ③ 75 ④ 87

해설 송전전력이 동일하므로 $\sqrt{3}\,VI_3\cos\theta = VI_1\cos\theta$

∴ $I_1 = \sqrt{3}\,I_3$ … ①

전력손실이 동일 $3I_3^2 R_3 = 2I_1^2 R_1$, $3I_3^2 \rho\dfrac{\ell}{s_3} = 2I_1^2 \rho\dfrac{\ell}{s_1} = 2\times(\sqrt{3}\,I_3)^2 \rho\dfrac{\ell}{s_1}$

∴ $s_3 = \dfrac{1}{2}s_1$ … ②

전선의 무게비는 $\dfrac{W_3}{W_1} = \dfrac{3\sigma s_3 \ell}{2\sigma s_1 \ell} = \dfrac{3s_3}{2s_1} = \dfrac{3\times\frac{1}{2}s_1}{2s_1} = \dfrac{3}{4} = 0.75 = 75[\%]$ 이 된다.

03 전/기/기/기

041 3상 유도기에서 출력의 변환식으로 옳은 것은?

① $P_0 = P_2 + P_{2c} = \dfrac{N}{N_s}P_2 = (2-s)P_2$

② $(1-s)P_2 = \dfrac{N}{N_s}P_2 = P_0 - P_{2c} = P_0 - sP_2$

③ $P_0 = P_2 - P_{2c} = P_2 - sP_2 = \dfrac{N}{N_s}P_2 = (1-s)P_2$

④ $P_0 = P_2 + P_{2c} = P_2 + sP_2 = \dfrac{N}{N_s}P_2 = (1+s)P_2$

예답 | 39.④ 40.③ 41.③

해설 $s(슬립) = \dfrac{N_s - N}{N_s}$, $N_s - N = sN_s$, $(1-s)N_s = N$, $1-s = \dfrac{N}{N_s}$ … ①

∴ 3상 유도기의 출력 $P_o = P_2 - P_{2c} = P_2 - sP_2 = P_2(1-s) = \dfrac{N}{N_s}P_2$ 이 된다.

042 변압기의 보호방식 중 비율차동계전기를 사용하는 경우는?
① 고조파 발생을 억제하기 위하여
② 과여자 전류를 억제하기 위하여
③ 과전압 발생을 억제하기 위하여
④ 변압기 상간 단락 보호를 위하여

해설 변압기의 보호방식 중 비율차동계전기를 사용하는 목적은 변압기 상간 단락 보호를 위해서다.

043 다이오드 2개를 이용하여 전파정류를 하고, 순저항 부하에 전력을 공급하는 회로가 있다. 저항에 걸리는 직류분 전압이 90[V]라면 다이오드에 걸리는 최대 역전압 [V]의 크기는?
① 90
② 242.8
③ 254.5
④ 282.8

해설 단상 전파정류 회로의 직류 전압
$E_d = \dfrac{1}{2\pi}\int_0^{\pi} V_m \sin\theta\, d\theta = \dfrac{V_m}{2\pi}(-\cos\theta)_0^{\pi} = \dfrac{V_m}{2\pi}(-\cos\pi + \cos 0) = \dfrac{V_m}{2\pi}(1+1) = \dfrac{V_m}{\pi}[V]$

∴ 다이오드에 걸리는 최대 역전압 $V_m = \pi \times E_{dc} = 3.14 \times 90 ≒ 282.8[V]$

044 동기 전동기에 대한 설명으로 옳은 것은?
① 기동 토크가 크다.
② 역률조정을 할 수 있다.
③ 가변속 전동기로서 다양하게 응용된다.
④ 공극이 매우 작아 설치 및 보수가 어렵다.

해설 동기 전동기의 설명으로 옳은 것은
① 역률조정을 할 수 있다.
② 속도가 일정 불변이다.
③ 동기 전동기를 동기 조상기로 전력계통의 전압 조정과 역률 개선에 이용된다.

045 농형 유도 전동기에 주로 사용되는 속도 제어법은?
① 극수 제어법
② 종속 제어법
③ 2차 여자 제어법
④ 2차 저항 제어법

정답 42.④ 43.④ 44.② 45.①

해설 농형 유도 전동기에 주로 사용되는 속도 제어법에는 극수를 바꾸는 법(극수 제어법)과 전원의 주파수를 바꾸는 법(주파수 제어법)이 있다.

046
3상 권선형 유도 전동기에서 2차 측 저항을 2배로 하면 그 최대 토크는 어떻게 되는가?

① 불변이다.
② 2배 증가한다.
③ $\frac{1}{2}$로 감소한다.
④ $\sqrt{2}$배 증가한다.

해설 3상 유도 전동기의 최대 토크 크기는 항상 일정하다. 다만 2차 저항을 2배로 하면 슬립점만 2배로 이동할 뿐이다.

047
직류 전동기의 전기자 전류가 10[A]일 때 5[kg·m]의 토크가 발생하였다. 이 전동기의 계자속이 80[%]로 감소되고, 전기자 전류가 12[A]로 되면 토크는 약 몇 [kg·m]인가?

① 5.2
② 4.8
③ 4.3
④ 3.9

해설 직류 전동기의 전력
$P = EI_a = \omega T [\text{W}]$
$T(토크) = \dfrac{EI_a}{\omega} = \dfrac{Pz}{2\pi a} \phi I_a = k\phi I_a ≒ I_a \cdots$ ①
$T' = k\phi I_a' ≒ \phi I_a' \cdots$ ②
$\therefore T' = \dfrac{\phi I_a'}{I_a} \times T = \dfrac{0.8 \times 12}{10} \times 5 = 4.8 [\text{kg} \cdot \text{m}]$

048
일반적인 변압기의 무부하손 중 효율에 가장 큰 영향을 미치는 것은?

① 와전류손
② 유전체손
③ 히스테리시스손
④ 여자 전류 저항손

해설 일반적인 변압기 무부하손 중 효율에 가장 큰 영향을 미치는 것은 히스테리시스손이다.

049
전기자 총 도체수 152, 4극, 파권인 직류 발전기가 전기자 전류를 100[A]로 할 때 매극당 감자기자력(AT/극)은 얼마인가? (단, 브러시의 이동각은 10°이다.)

① 33.6
② 52.8
③ 105.6
④ 211.2

정답 46. ① 47. ② 48. ③ 49. ③

해설 $z=152$, $P=4$, 파권인 경우 $a=2$, $I_a=100[A]$
α(브러시의 이동각) $=10°$ 일 때 매 극당 감자기자력
$AT_d = \dfrac{I_a z}{2aP} \times \dfrac{2\alpha}{180} = \dfrac{100 \times 152}{2 \times 2 \times 4} \times \dfrac{2 \times 10}{180} = \dfrac{15200}{16} \times \dfrac{1}{9} = \dfrac{15200}{144} \fallingdotseq 105.6[AT/극]$

050
정격전압, 정격주파수가 6600/220[V], 60[Hz] 와류손이 720[W]인 단상 변압기가 있다. 이 변압기를 3300[V], 50[Hz]의 전원에 사용하는 경우 와류손은 약 몇 [W]인가?

① 120
② 150
③ 180
④ 200

해설 변압기에서 $E = 4.44 f N \phi_m = 4.44 f N B_m S \fallingdotseq f B_m[V]$
P_e(와류손) $= \eta(f \cdot t \cdot k_f \cdot B_m)^2 \fallingdotseq k f^2 B_m^2 = k f^2 \times \left(\dfrac{E}{f}\right)^2 \fallingdotseq E^2[W]$에서

$\begin{cases} P_{e1} \fallingdotseq E_1^2 \fallingdotseq (6600)^2 \cdots ① \\ P_{e2} \fallingdotseq E_2^2 \fallingdotseq (3300)^2 \cdots ② \end{cases}$ 이다.

$\therefore P_{e2} = \dfrac{E_2^2}{E_1^2} \times P_{e1} = \left(\dfrac{3300}{6600}\right)^2 \times 720 = \dfrac{7200}{4} = 180[W]$이 된다.

051
보극이 없는 직류 발전기에서 부하의 증가에 따라 브러시의 위치를 어떻게 하여야 하는가?

① 그대로 둔다.
② 계자극 중간에 놓는다.
③ 발전기의 회전방향으로 이동시킨다.
④ 발전기의 회전방향과 반대로 이동시킨다.

해설 보극이 없는 직류 발전기에서 부하의 증가에 따라 브러시(brush)의 위치를 회전방향으로 이동시킨다.

052
반발 기동형 단상 유도 전동기의 회전방향을 변경하려면?

① 전원의 2선을 바꾼다.
② 주권선의 2선을 바꾼다.
③ 브러시의 접속선을 바꾼다.
④ 브러시의 위치를 조정한다.

해설 반발 기동형 단상 유도 전동기의 회전방향을 변경하려면 브러시(brush)의 위치를 조정하여야 한다.

053
직류 전동기의 속도 제어방법이 아닌 것은?

① 계자 제어법
② 전압 제어법
③ 주파수 제어법
④ 직렬 저항 제어법

해답 50. ③　51. ③　52. ④　53. ③

해설 직류 전동기의 속도 제어방법에는 계자 제어법, 전압 제어법, 직렬 저항 제어법이 있다.

054 동기 발전기의 단락비가 1.2이면 이 발전기의 % 동기 임피던스(p·u)는?
① 0.12 ② 0.25
③ 0.52 ④ 0.83

해설 발전기의 % 동기 임피던스 $Z_s' = \dfrac{I_n}{I_s} \times 100 = \dfrac{1}{K_s} = \dfrac{1}{1.2} ≒ 0.83[\text{p·u}]$ 이다.

055 다음 ( ) 안에 옳은 내용을 순서대로 나열한 것은?

> SCR에서는 게이트 전류가 흐르면 순방향의 저지상태에서 ( )상태로 된다. 게이트 전류를 가하여 도통 완료까지의 시간을 ( )시간이라 하고 이 시간이 길면 ( )시의 ( )이 많고 소자가 파괴된다.

① 온(On), 턴온(Turn on), 스위칭, 전력 손실
② 온(On), 턴온(Turn on), 전력 손실, 스위칭
③ 스위칭, 온(On), 턴온(Turn on), 전력 손실
④ 턴온(Turn on), 스위칭, 온(On), 전력 손실

해설 SCR에서는 게이트 전류가 흐르면 순방향의 저지상태에서 온(On)상태로 된다. 게이트 전류를 가하여 도통 완료까지의 시간을 턴온(Turn on)시간이라 하고 이 시간이 길면 스위칭 시의 전력 손실이 많고 소자가 파괴된다.

056 동기 발전기의 안정도를 증진시키기 위한 대책이 아닌 것은?
① 속응 여자 방식을 사용한다.
② 정상 임피던스를 작게 한다.
③ 역상·영상 임피던스를 작게 한다.
④ 회전자의 플라이 휠 효과를 크게 한다.

해설 동기 발전기의 안정도를 증진시키기 위한 대책은
① 속응 여자 방식을 사용한다.
② 정상 임피던스를 작게 한다.
③ 회전자의 플라이 휠 효과를 크게 한다.

057 비돌극형 동기 발전기 한 상의 단자 전압을 V, 유기 기전력을 E, 동기 리액턴스를 X_s, 부하각이 δ이고 전기자 저항을 무시할 때 한 상의 최대출력(W)은?
① $\dfrac{EV}{X_s}$ ② $\dfrac{3EV}{X_s}$ ③ $\dfrac{E^2 V}{X_s}\sin\delta$ ④ $\dfrac{EV^2}{X_s}\sin\delta$

정답 54.④ 55.① 56.③ 57.①

해설 비돌극형(원통형) 동기 발전기는 공극이 균일하므로 $X_d = X_g = X_s$ 이다.

∴ 한 상의 최대출력 $P = \dfrac{EV}{X_s}\sin\delta \fallingdotseq \dfrac{EV}{X_s}$ [W]이다.

058 60[Hz]의 3상 유도 전동기를 동일 전압으로 50[Hz]에 사용할 때 ⓐ 무부하 전류, ⓑ 온도 상승, ⓒ 속도는 어떻게 변하겠는가?

① ⓐ $\dfrac{60}{50}$으로 증가, ⓑ $\dfrac{60}{50}$으로 증가, ⓒ $\dfrac{50}{60}$으로 감소

② ⓐ $\dfrac{60}{50}$으로 증가, ⓑ $\dfrac{50}{60}$으로 감소, ⓒ $\dfrac{50}{60}$으로 감소

③ ⓐ $\dfrac{50}{60}$으로 감소, ⓑ $\dfrac{60}{50}$으로 증가, ⓒ $\dfrac{50}{60}$으로 감소

④ ⓐ $\dfrac{50}{60}$으로 감소, ⓑ $\dfrac{60}{50}$으로 증가, ⓒ $\dfrac{60}{50}$으로 증가

해설 $f_2 = 60$[Hz]를 $f_1 = 50$[Hz]로 사용할 때의

P_i(철손) $= I_o$(무부하 전류) $= \dfrac{1}{f(주파수)} = \dfrac{1}{\eta(효율)} = \dfrac{1}{N(속도)} = T$(온도 상승)

$= \dfrac{1}{X_L(유도 리액턴스)} = T_{\max}$(최대 토크)이다.

∴ ⓐ I_o(무부하 전류) $= \dfrac{f_2}{f_1} = \dfrac{60}{50}$으로 증가

ⓑ T(온도 상승) $= \dfrac{f_2}{f_1} = \dfrac{60}{50}$으로 증가

ⓒ N(회전 속도) $= \dfrac{1}{\frac{f_2}{f_1}} = \dfrac{f_1}{f_2} = \dfrac{50}{60}$으로 감소된다.

059 3000/200[V] 변압기의 1차 임피던스가 225[Ω]이면 2차 환산 임피던스는 약 몇 [Ω]인가?

① 1.0 ② 1.5
③ 2.1 ④ 2.8

해설 이상 변압기에 전압비

$a = \dfrac{I_2}{I_1} = \dfrac{N_1}{N_2} = \dfrac{V_1}{V_2} = \dfrac{3000}{200} = 15$

$a^2 = \dfrac{V_1}{V_2} \times \dfrac{I_2}{I_1} = \dfrac{I_2}{V_2} \times \dfrac{V_1}{I_1} = \dfrac{Z_1}{Z_2}$

∴ Z_2(2차 환산 임피던스) $= \dfrac{Z_1}{a^2} = \dfrac{225}{(15)^2} = \dfrac{225}{225} = 1$[Ω]이 된다.

정답 58. ① 59. ①

[060] 60[Hz], 1,328/230[V]의 단상 변압기가 있다. 무부하 전류 $I = 3\sin\omega t + 1.1\sin(3\omega t + \alpha_3)$이다. 지금 위와 똑같은 변압기 3대로 Y-△결선하여 1차에 2,300[V]의 평형 전압을 걸고 2차를 무부하로 하면 △회로를 순환하는 전류(실효값)[A]는 약 얼마인가?

① 0.77
② 1.10
③ 4.48
④ 6.35

해설 Y결선에는 제3고조파 전류가 흐를 수 없고 △결선에는 제3고조파 전류가 순환 전류가 되어 흐른다. 이때 순환 전류의 실효치 $I_c = aI_3 = a \times \dfrac{I_{m3}}{\sqrt{2}} = \dfrac{1323}{230} \times \dfrac{1.1}{\sqrt{2}} \fallingdotseq 4.48[A]$가 된다.

04 회/로/이/론/및/제/어/공/학

[061] 다음 블록선도의 전달함수는?

① $\dfrac{Y(s)}{X(s)} = \dfrac{ABC}{1+BCD+ABE}$
② $\dfrac{Y(s)}{X(s)} = \dfrac{ABC}{1+BCD+ABD}$
③ $\dfrac{Y(s)}{X(s)} = \dfrac{ABC}{1+BCE+ABD}$
④ $\dfrac{Y(s)}{X(s)} = \dfrac{ABC}{1+BCE+ABE}$

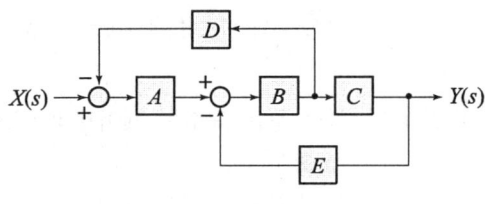

해설 C점 앞의 인출점을 뒤로 보내면 그림의 블록선도가 된다.

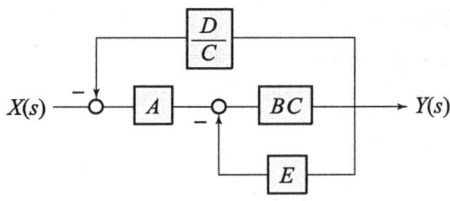

$Y(s) = \left[\left(X(s) - \dfrac{D}{C}Y(s)\right)A - Y(s)E\right]BC$ 에서

$Y(s) = ABCX(s) - \dfrac{ABCD}{C}Y(s) - BCEY(s)$ 를 정리하면

$Y(s)(1+BCE+ABD) = ABCX(s)$ 에 전달함수 $\dfrac{Y(s)}{X(s)} = \dfrac{ABC}{1+BCE+ABD}$ 이 된다.

정답 60. ③ 61. ③

062 주파수 특성의 정수 중 대역폭이 좁으면 좁을수록 이때의 응답속도는 어떻게 되는가?

① 빨라진다. ② 늦어진다.
③ 빨라졌다 늦어진다. ④ 늦어졌다 빨라진다.

0[dB]보다 -3[dB](감한) 주파수 대역을 대역폭$(B) = f_2 - f_1 = \dfrac{f_0}{Q_0}$이라 하며 대역폭이 넓으면 넓을수록 응답속도가 빨라진다.

∴ 주파수 특성의 정수 중 대역폭이 좁으면 좁을수록 응답속도는 늦어진다.

063 다음의 논리 회로가 나타내는 식은?

① $X = (AB) + \overline{C}$
② $X = \overline{(AB)} + C$
③ $X = \overline{(A+B)} \cdot C$
④ $X = (A+B) + \overline{C}$

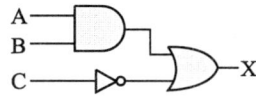

논리 회로가 나타내는 식 $X = (A \cdot B) + \overline{C}$가 된다.

064 그림과 같은 요소는 제어계의 어떤 요소인가?

① 적분요소
② 미분요소
③ 1차 지연요소
④ 1차 지연 미분요소

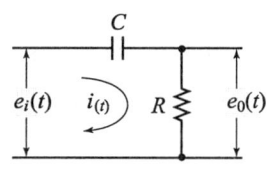

각종 요소의 전달함수
① K(비례요소의 전달함수)
② TS(미분요소의 전달함수)
③ $\dfrac{1}{TS}$(적분요소의 전달함수)
④ $\dfrac{K}{1+TS}$(1차 지연요소의 전달함수)

∴ 문제의 미분회로의 전달함수

$$G(s) = \dfrac{E_o(s)}{E_i(s)} = \dfrac{RI(s)}{(R+\dfrac{1}{SC})I(s)} = \dfrac{R}{R+\dfrac{1}{SC}} = \dfrac{SCR}{1+SCR} = \dfrac{TS}{1+TS}$$ 이다.

이는 1차 지연 미분요소가 된다.

62. ② 63. ① 64. ④

065 상태 방정식으로 표시되는 제어계의 천이행렬 $\Phi(t)$는?

$$\dot{X} = \begin{bmatrix} 0 & 1 \\ 0 & 0 \end{bmatrix} X + \begin{bmatrix} 0 \\ 1 \end{bmatrix} u$$

① $\begin{bmatrix} 0 & t \\ 1 & 1 \end{bmatrix}$ ② $\begin{bmatrix} 1 & 1 \\ 0 & t \end{bmatrix}$ ③ $\begin{bmatrix} 1 & t \\ 0 & 1 \end{bmatrix}$ ④ $\begin{bmatrix} 0 & t \\ 1 & 0 \end{bmatrix}$

해설 특성 방정식의 근 $(SI-A) = \begin{vmatrix} s & 0 \\ 0 & s \end{vmatrix} - \begin{vmatrix} 0 & 1 \\ 0 & 0 \end{vmatrix} = \begin{vmatrix} s & -1 \\ 0 & s \end{vmatrix}$

$(SI-A)^{-1} = \dfrac{\begin{vmatrix} \Delta_{11} & \Delta_{21} \\ \Delta_{12} & \Delta_{22} \end{vmatrix}}{\Delta} = \dfrac{\begin{vmatrix} s & 1 \\ 0 & s \end{vmatrix}}{\begin{vmatrix} s & -1 \\ 0 & s \end{vmatrix}} = \begin{vmatrix} \dfrac{s}{s^2} & \dfrac{1}{s^2} \\ \dfrac{0}{s^2} & \dfrac{s}{s^2} \end{vmatrix} = \begin{vmatrix} \dfrac{1}{s} & \dfrac{1}{s^2} \\ 0 & \dfrac{1}{s} \end{vmatrix}$ 이 된다.

∴ 천이 행렬 $\Phi(t) = L^{-1}[(SI-A)^{-1}] = L^{-1}\begin{vmatrix} \dfrac{1}{s} & \dfrac{1}{s^2} \\ 0 & \dfrac{1}{s} \end{vmatrix} = \begin{vmatrix} 1 & t \\ 0 & 1 \end{vmatrix}$ 이 된다.

066 제어장치가 제어대상에 가하는 제어신호로 제어장치의 출력인 동시에 제어대상의 입력인 신호는?

① 목표값   ② 조작량
③ 제어량   ④ 동작신호

해설 조작량이란 제어장치가 제어대상에 가하는 제어신호로 제어장치의 출력인 동시에 제어대상의 입력인 신호이다.

067 제어기에서 적분 제어의 영향으로 가장 적합한 것은?

① 대역폭이 증가한다.
② 응답 속응성을 개선시킨다.
③ 작동오차의 변화율에 반응하여 동작한다.
④ 정상상태의 오차를 줄이는 효과를 갖는다.

해설 제어기에서 적분 제어는 정상상태의 오차를 줄이는 효과를 갖는다.

068 $G(j\omega) = -\dfrac{1}{j\omega T + 1}$ 의 크기와 위상각은?

① $G(j\omega) = \sqrt{\omega^2 T^2 + 1} \angle \tan^{-1}\omega T$
② $G(j\omega) = \sqrt{\omega^2 T^2 + 1} \angle -\tan^{-1}\omega T$
③ $G(j\omega) = \dfrac{1}{\sqrt{\omega^2 T^2 + 1}} \angle \tan^{-1}\omega T$
④ $G(j\omega) = \dfrac{1}{\sqrt{\omega^2 T^2 + 1}} \angle -\tan^{-1}\omega T$

정답 65.③ 66.② 67.④ 68.④

해설 $G(j\omega) = -\dfrac{1}{j\omega T+1}$의 크기와 위상각은

$G(j\omega) = \left|-\dfrac{1}{\sqrt{(\omega T)^2+1}}\right| \angle -\tan^{-1}\dfrac{\omega T}{1} = \dfrac{1}{\sqrt{\omega^2 T^2+1}} \angle -\tan^{-1}\omega T$ 가 된다.

069 Routh 안정판별표에서 수열의 제1열이 다음과 같을 때 이 계통의 특성 방정식에 양의 실수부를 갖는 근이 몇 개인가?

① 전혀 없다.
② 1개 있다.
③ 2개 있다.
④ 3개 있다.

$\begin{array}{c} 1 \\ 2 \\ -1 \\ 3 \\ 1 \end{array}$

해설 1열의 부호 변화가 2 ↔ −1 사이가 1번이고, −1 ↔ 3 사이가 1번이다.
∴ 2번 변화로 특성 방정식에 양의 실수부를 갖는 근은 2개이다.

070 특성 방정식 $s^5+2s^4+2s^3+3s^2+4s+1$을 Routh-Hurwitz 판별법으로 분석할 결과로 옳은 것은?

① s−평면의 우반면에 근이 존재하지 않기 때문에 안정한 시스템이다.
② s−평면의 우반면에 근이 1개 존재하기 때문에 불안정한 시스템이다.
③ s−평면의 우반면에 근이 2개 존재하기 때문에 불안정한 시스템이다.
④ s−평면의 우반면에 근이 3개 존재하기 때문에 불안정한 시스템이다.

해설 특성 방정식 $s^5+2s^4+2s^3+3s^2+4s+1$의 Routh-Hurwitz 판별법

s^5	1	2	4
s^4	2	3	1
s^3	$\dfrac{4-3}{2}=0.5$	$\dfrac{8-1}{2}=3.5$	0
s^2	$\dfrac{1.5-7}{0.5}=-1.1$	$\dfrac{0.5-0}{0.5}=1$	
s^1	$\dfrac{-3.85-0.5}{-11}=3.95$	0	
s^0	1		

∴ 1열의 부호 변화가 2번, 즉 s−평면의 우반면에 근이 2개 존재하기 때문에 불안정한 시스템이다.

071 회로에서 전류 방향을 옳게 나타낸 것은?

① 알 수 없다.
② 시계방향이다.
③ 흐르지 않는다.
④ 반시계방향이다.

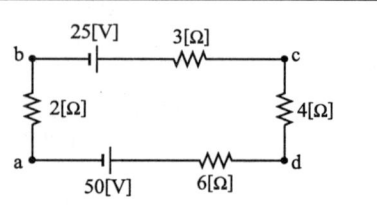

정답 69. ③ 70. ③ 71. ④

해설 직류 전압은 50[V] > 25[V]
∴ 50-25=25[V]의 차전압에 의해 전류는 +극에서 출발 -극으로 이동하기 때문에 회로의 전류방향은 반시계방향이다.

072 입력신호 $x(t)$ 출력신호 $y(t)$의 관계가 다음과 같을 때 전달함수는?

$$\frac{d^2y(t)}{dt^2}+5\frac{dy(t)}{dt}+6y(t)=x(t)$$

① $\dfrac{1}{(s+2)(s+3)}$ ② $\dfrac{s+1}{(s+2)(s+3)}$
③ $\dfrac{s+4}{(s+2)(s+3)}$ ④ $\dfrac{s}{(s+2)(s+3)}$

해설 $\dfrac{d}{dt}=s$이다. 양변 라플라스 변환하면 (단, 초기값은 영(0)이다.)
$s^2y(s)+5sy(s)+6y(s)=x(s)$, $y(s)(s^2+5s+6)=x(s)$
∴ $G(s)$(전달함수)$=\dfrac{y(s)}{x(s)}=\dfrac{1}{s^2+5s+6}=\dfrac{1}{(s+2)(s+3)}$ 이 된다.

073 회로에서 10[mH]의 인덕턴스에 흐르는 전류는 일반적으로 $i(t)=A+Be^{-\alpha t}$로 표시된다. α의 일반 값은?

① 100
② 200
③ 400
④ 500

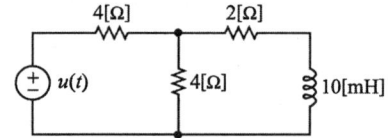

해설 과도 전류 $i(t)=A+Be^{-\alpha t}=A+Be^{-\frac{R}{L}t}$[A]
∴ $\alpha=\dfrac{R}{L}=\dfrac{4}{10\times 10^{-3}}=\dfrac{4000}{10}=400$이 된다.

074 $R-L$ 직렬 회로에 $e=100\sin(120\pi t)$[V]의 전원을 연결하여 $I=2\sin(120\pi t-45°)$[A]의 전류가 흐르도록 하려면 저항은 몇 [Ω]인가?

① 25.0 ② 35.4 ③ 50.0 ④ 70.7

해설 Z(임피던스)$=\dfrac{e(t)}{i(t)}=\dfrac{100\sin 120\pi t}{2\sin(120\pi t-45°)}=\dfrac{100\angle 0}{2\angle -45°}=50\angle 45°=50(\cos 45°+j\sin 45°)$
$=50\left(\dfrac{1}{\sqrt{2}}+j\dfrac{1}{\sqrt{2}}\right)=\dfrac{50}{\sqrt{2}}+j\dfrac{50}{\sqrt{2}}=R+jX_L$[Ω]
∴ R(저항)$=\dfrac{50}{\sqrt{2}}=50\times 0.707=35.4$[Ω]이 된다.

해답 72.① 73.③ 74.②

075

3상 △부하에서 각 선전류를 I_a, I_b, I_c라 하면 전류의 영상분은? (단, 회로는 평형 상태임)

① ∞   ② $\frac{1}{3}$ ③ 1   ④ 0

해설 평형 회로상태의 각 선류의 합 $I_a+I_b+I_c=0$이다.

∴ 3상 △부하에서 전류의 영상분 $I_o = \frac{1}{3}(I_a+I_b+I_c) = 0$[A]가 된다.

076

정현파 교류 전원 $e = E_m\sin(\omega t+\theta)$ V가 인가된 RLC 직렬 회로에 있어서 $\omega L > \frac{1}{\omega C}$일 경우, 이 회로에 흐르는 전류의 I[A]의 위상은 인가 전압 e[V]의 위상보다 어떻게 되는가?

① $\tan^{-1}\frac{\omega L - \frac{1}{\omega C}}{R}$ 앞선다.   ② $\tan^{-1}\frac{\omega L - \frac{1}{\omega C}}{R}$ 뒤진다.

③ $\tan^{-1}R\left(\frac{1}{\omega L} - \omega C\right)$ 앞선다.   ④ $\tan^{-1}R\left(\frac{1}{\omega L} - \omega C\right)$ 뒤진다.

해설 RLC 직렬 회로에 정현파 교류 전압을 가할 때 회로 전류

$$I = \frac{E}{\dot{Z}} = \frac{E}{R+j(\omega L - \frac{1}{\omega C})} = \frac{E}{\sqrt{R^2+(\omega L - \frac{1}{\omega C})} \angle \tan^{-1}\frac{\omega L - \frac{1}{\omega C}}{R}}$$

$$= \frac{E}{\sqrt{R^2+(\omega L - \frac{1}{\omega C})^2}} \angle -\tan^{-1}\frac{\omega L - \frac{1}{\omega C}}{R} \text{[A]이다.}$$

∴ 전류의 크기 $|I| = \frac{E}{\sqrt{R^2+(\omega L - \frac{1}{\omega C})^2}}$[A]의 크기이고,

위상은 인가 전압 E[V]보다 $\tan^{-1}\frac{\omega L - \frac{1}{\omega C}}{R}$ 뒤진다.

077

그림과 같은 R-C 병렬 회로에서 전원 전압이 $e(t) = 3e^{-5t}$인 경우 이 회로의 임피던스는?

① $\frac{j\omega RC}{1+j\omega RC}$ ② $\frac{R}{1-5RC}$

③ $\frac{1}{1+RCs}$ ④ $\frac{1+j\omega RC}{R}$

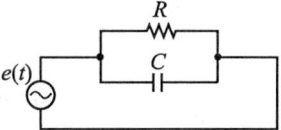

정답 75.④ 76.② 77.②

해설 $\frac{d}{dt} = j\omega = s$, $e(t) = 3e^{-5t}$ [V]이므로 $s = -5$이다.

∴ RC 병렬 회로의 $Z(임피던스) = \dfrac{R \times \dfrac{1}{sC}}{R + \dfrac{1}{sC}} = \dfrac{R}{1+sCR} = \dfrac{R}{1-5RC}[\Omega]$가 된다.

078 분포정수 선로에서 위상정수를 β[rad/m]라 할 때 파장은?

① $2\pi\beta$ ② $\dfrac{2\pi}{\beta}$ ③ $4\pi\beta$ ④ $\dfrac{4\pi}{\beta}$

해설 $v(위상속도) = \dfrac{\omega}{\beta} = \dfrac{2\pi f}{\beta} = f\lambda$[m/sec], $\dfrac{2\pi f}{\beta} = f\lambda$.

∴ $\lambda(파장) = \dfrac{2\pi}{\beta}$[m]가 된다.

079 성형(Y)결선의 부하가 있다. 선간 전압 300[V]의 3상 교류를 가했을 때 선전류가 40[A]이고, 역률이 0.8이라면 리액턴스는 약 몇 [Ω]인가?

① 1.66 ② 2.60 ③ 3.56 ④ 4.33

해설 성형(Y)결선의 부하 전류

$I_y(선전류) = \dfrac{\dfrac{300}{\sqrt{3}}}{Z} = \dfrac{300}{\sqrt{3}\,Z}$[A]

$Z = \dfrac{300}{\sqrt{3}\,I_y} = \dfrac{300}{\sqrt{3} \times 40} ≒ 4.34 = R + jX[\Omega]$에서 $\cos\theta(역률) = 0.8 = \dfrac{R}{Z}$

∴ $R(저항) = Z \times 0.8 = 4.34 \times 0.8 = 3.472[\Omega]$

$\sin\theta(무효율) = 0.6 = \dfrac{X}{Z}$

∴ $X(리액턴스) = Z \times 0.6 = 4.34 \times 0.6 ≒ 2.60[\Omega]$이 된다.

080 그림의 회로에서 합성 인덕턴스는?

① $\dfrac{L_1L_2 - M^2}{L_1 + L_2 - 2M}$

② $\dfrac{L_1L_2 + M^2}{L_1 + L_2 - 2M}$

③ $\dfrac{L_1L_2 - M^2}{L_1 + L_2 + 2M}$

④ $\dfrac{L_1L_2 + M^2}{L_1 + L_2 + 2M}$

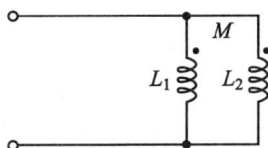

해답 78. ② 79. ② 80. ①

해설 등가 회로

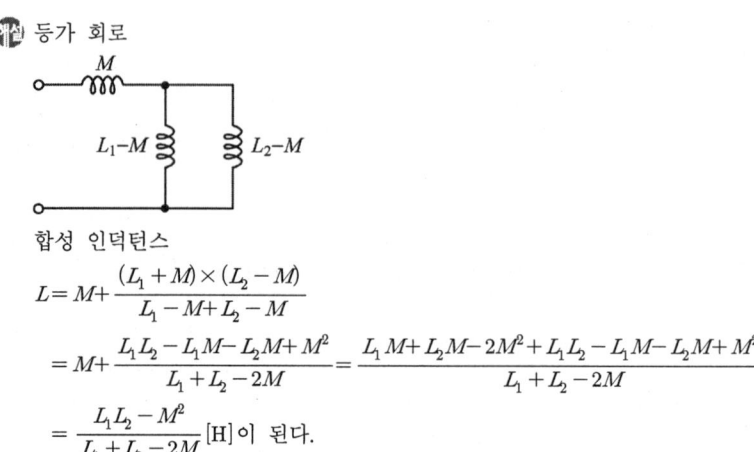

합성 인덕턴스

$$L = M + \frac{(L_1+M)\times(L_2-M)}{L_1-M+L_2-M}$$
$$= M + \frac{L_1L_2 - L_1M - L_2M + M^2}{L_1+L_2-2M} = \frac{L_1M + L_2M - 2M^2 + L_1L_2 - L_1M - L_2M + M^2}{L_1+L_2-2M}$$
$$= \frac{L_1L_2 - M^2}{L_1+L_2-2M}\,[\text{H}]\text{이 된다.}$$

05 전/기/설/비/기/술/기/준/및/판/단/기/준

081 가공전선로에 사용하는 지지물의 강도 계산 시 구성재의 수직 투영면적 1[m²]에 대한 풍압을 기초로 적용하는 갑종풍압하중 값의 기준으로 틀린 것은?

① 목주 : 588Pa
② 원형 철주 : 588Pa
③ 철근콘크리트주 : 1,117Pa
④ 강관으로 구성된 철탑(단주는 제외) : 1,255Pa

해설 지지물의 강도 계산 시 구성재의 수직 투영면적 1[m²]에 대한 풍압을 기초로 적용하는 갑종풍압하중 값의 기준으로 옳은 것은
① 목주 : 588Pa
② 원형 철주 : 588Pa
③ 강관으로 구성된 철탑(단주는 제외) : 1,255Pa이다.

082 최대 사용전압 7[kV] 이하 전로의 절연내력을 시험할 때 시험전압을 연속하여 몇 분간 가하였을 때 이에 견디어야 하는가?

① 5분
② 10분
③ 15분
④ 30분

해설 최대 사용전압 7[kV] 이하 전로의 절연내력을 시험할 때 시험전압을 연속하여 10분간 가하였을 때 이에 견디어야 한다.

해답 81. ③ 82. ②

083 고압 인입선 시설에 대한 설명으로 틀린 것은?
① 15[m] 떨어진 다른 수용가에 고압 연접인입선을 시설하였다.
② 전선은 5[mm] 경동선과 동등한 세기의 고압 절연전선을 사용하였다.
③ 고압 가공인입선 아래에 위험표시를 하고 지표상 3.5[m]의 높이에 설치하였다.
④ 횡단 보도교 위에 시설하는 경우 케이블을 사용하여 노면상에서 3.5[m]의 높이에 시설하였다.

해설 고압 인입선 시설에 대한 설명으로 옳은 것은
① 전선은 5[mm] 경동선과 동등한 세기의 고압 절연전선을 사용하였다.
② 고압 가공인입선 아래에 위험표시를 하고 지표상 3.5[m]의 높이에 설치하였다.
③ 횡단 보도교 위에 시설하는 경우 케이블을 사용하여 노면상에서 3.5[m]의 높이에 시설하였다.

084 공통접지공사 적용 시 상도체의 단면적이 16[mm²]인 경우 보호도체(PE)에 적합한 단면적은? (단, 보호도체의 재질이 상도체와 같은 경우)
① 4
② 6
③ 10
④ 16

해설 공통접지공사 적용 시 상도체의 단면적이 16[mm²]인 경우 보호도체와 상도체 재질이 같은 경우 보호도체(PE)에 적합한 단면적은 16[mm²]이다.

085 절연유의 구외 유출방지 설비를 하여야 하는 변압기의 사용전압은 몇 [kV] 이상인가?
① 10
② 50
③ 100
④ 150

해설 절연유의 구외 유출방지 설비를 하여야 하는 변압기의 사용전압은 100[kV] 이상이어야 한다.

086 일반 변전소 또는 이에 준하는 곳의 주요 변압기에 반드시 시설하여야 하는 계측장치가 아닌 것은?
① 주파수
② 전압
③ 전류
④ 전력

해설 일반 변전소 또는 이에 준하는 곳의 주요 변압기에 반드시 시설하여야 하는 계측장치는 전압계, 전류계, 전력계 등이다.

정답 83.① 84.④ 85.③ 86.①

087 345[kV] 가공전선이 154[kV] 가공전선과 교차하는 경우 이들 양 전선 상호간의 이격거리는 몇 [m] 이상이어야 하는가?

① 4.48
② 4.96
③ 5.48
④ 5.82

345[kV] 가공전선이 154[kV] 가공전선과 교차하는 경우 이들 양 전선 상호간의 이격거리는 사용전압이 60[kV] 이하는 2[m]이고, 60[kV] 넘는 10[kV] 또는 그 단수마다 12[cm] 더한 값 = $2+(345-60) \times 0.12 ≒ 2 + 29 \times 0.12 = 2 + 3.48 = 5.48$[m] 이상이어야 한다.

088 애자 사용공사에 의한 저압 옥내배선을 시설할 때 전선의 지지점 간의 거리는 전선을 조영재의 윗면 또는 옆면에 따라 붙일 경우 몇 [m] 이하인가?

① 1.5
② 2
③ 2.5
④ 3

애자 사용공사에 의한 저압 옥내배선을 시설할 때 전선의 지지점 간의 거리는 전선을 조영재의 윗면 또는 옆면에 따라 붙일 경우 2[m] 이하이어야 한다.

089 가공 접지선을 사용하여 제2종 접지공사를 하는 경우 변압기의 시설 장소로부터 몇 [m]까지 떼어 놓을 수 있는가?

① 50
② 100
③ 150
④ 200

가공 접지선을 사용하여 제2종 접지공사를 하는 경우 변압기의 시설 장소로부터 200[m]까지 떼어 놓을 수 있다.

090 고압 가공전선으로 경동선을 사용하는 경우 안전율은 얼마 이상이 되는 이도(弛度)로 시설하여야 하는가?

① 2.0
② 2.2
③ 2.5
④ 4.0

고압 가공전선으로 경동선을 사용하는 경우 안전율 2.2 이상이 되는 이도(Dip)로 시설하여야 한다.

091 백열전등 또는 방전등에 전기를 공급하는 옥내전로의 대지전압은 몇 [V] 이하인가?

① 120
② 150
③ 200
④ 300

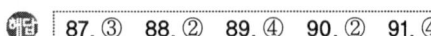
87. ③ 88. ② 89. ④ 90. ② 91. ④

해설 백열전등 또는 방전등에 전기를 공급하는 옥내전로의 대지전압은 300[V] 이하이어야 한다.

092 특수장소에 시설하는 전선로의 기준으로 틀린 것은?
① 교량의 윗면에 시설하는 저압 전선로는 교량 노면상 5[m] 이상으로 할 것
② 교량에 시설하는 고압 전선로에 전선과 조영재 사이의 이격거리는 20[cm] 이상일 것
③ 저압 전선로와 고압 전선로를 같은 벼랑에 시설하는 경우 고압 전선과 저압 전선 사이의 이격거리는 50[cm] 이상일 것
④ 벼랑과 같은 수직부분에 시설하는 전선로는 부득이한 경우에 시설하며, 이때 전선의 지지점 간의 거리는 15[m] 이하로 할 것

해설 특수 장소에 시설하는 전선로의 기준으로 옳은 것은
① 교량의 윗면에 시설하는 저압 전선로는 교량 노면상 5[m] 이상으로 할 것
② 저압 전선로와 고압 전선로를 같은 벼랑에 시설하는 경우 고압 전선과 저압 전선 사이의 이격거리는 50[cm] 이상일 것
③ 벼랑과 같은 수직부분에 시설하는 전선로는 부득이한 경우에 시설하며, 이때 전선의 지지점 간의 거리는 15[m] 이하로 할 것

093 고압 옥내배선의 시설공사로 할 수 없는 것은?
① 케이블공사
② 가요전선관공사
③ 케이블 트레이공사
④ 애자 사용공사(건조한 장소로서 전개된 장소)

해설 고압 옥내배선의 시설공사로 할 수 있는 것은
① 케이블공사
② 케이블 트레이공사
③ 애자 사용공사(건조한 장소로서 전개된 장소)이다.

094 사용전압 154[kV]의 특고압 가공전선로를 시가지에 시설하는 경우 지표상 몇 [m] 이상에 시설하여야 하는가?
① 7
② 8
③ 9.44
④ 11.44

해설 사용전압 154[kV]의 특고압 가공전선로를 시가지에 시설하는 경우 지표상의 높이는 사용전압이 35[kV] 넘는 것은 10[m]에 10[kV] 또는 그 단수마다 12[cm]를 더한 값이다.
∴ 지표상 높이 = $10 + (154 - 35) \times 0.12 ≒ 10 + 12 \times 0.12 = 10 + 1.44 = 11.44$[m] 이상으로 시설하여야 한다.

92. ② 93. ② 94. ④

095 가공전선로 지지물 기초의 안전율은 일반적으로 얼마 이상인가?
① 1.5　　② 2　　③ 2.2　　④ 2.5

해설 가공전선로 지지물의 기초 안전율은 일반적으로 2 이상이어야 한다.

096 "지중관로"에 대한 정의로 가장 옳은 것은?
① 지중전선로·지중 약전류 전선로와 지중매설지선 등을 말한다.
② 지중전선로·지중 약전류 전선로와 복합케이블선로·기타 이와 유사한 것 및 이들에 부속되는 지중함을 말한다.
③ 지중전선로·지중 약전류 전선로·지중에 시설하는 수관 및 가스관과 지중매설지선을 말한다.
④ 지중전선로·지중 약전류 전선로·지중 광섬유케이블 선로·지중에 시설하는 수관 및 가스관과 기타 이와 유사한 것 및 이들에 부속하는 지중함 등을 말한다.

해설 지중관로란 지중전선로·지중 약전류 전선로·지중 광섬유케이블 선로·지중에 시설하는 수관 및 가스관과 기타 이와 유사한 것 및 이들에 부속하는 지중함 등을 말한다.

097 가공 전선로의 지지물에 시설하는 지선의 시설기준으로 옳은 것은?
① 지선의 안전율은 1.2 이상일 것
② 소선은 최소 5가닥 이상의 연선일 것
③ 도로를 횡단하여 시설하는 지선의 높이는 일반적으로 지표상 5[m] 이상으로 할 것
④ 지중부분 및 지표상 60[cm]까지의 부분은 아연도금을 한 철봉 등 부식하기 어려운 재료를 사용할 것

해설 가공 전선로의 지지물에 시설하는 지선이 도로를 횡단하여 시설하는 경우 지선의 높이는 일반적으로 지표상 5[m] 이상으로 하여야 한다.

098 저압 옥내배선에 적용하는 사용전선의 내용 중 틀린 것은?
① 단면적 2.5[mm^2] 이상의 연동선이어야 한다.
② 미네럴인슈레이션케이블로 옥내배선을 하려면 케이블 단면적은 2[mm^2] 이상이어야 한다.
③ 진열장 등 사용전압이 400[V] 미만인 경우 0.75[mm^2] 이상인 코드 또는 캡타이어 케이블을 사용할 수 있다.
④ 전광표시장치 또는 제어회로에 사용전압이 400[V] 미만인 경우 사용하는 배선은 단면적 1.5[mm^2] 이상의 연동선을 사용하고 합성수지관 공사로 할 수 있다.

해답 95.② 96.④ 97.③ 98.②

해설 저압 옥내배선에 적용하는 사용전선의 내용으로 옳은 것은
① 단면적 2.5[mm²] 이상의 연동선이어야 한다.
② 진열장 등 사용전압이 400[V] 미만인 경우 0.75[mm²] 이상인 코드 또는 캡타이어 케이블을 사용할 수 있다.
③ 전광표시장치 또는 제어회로에 사용전압이 400[V] 미만인 경우 사용하는 배선은 단면적 1.5[mm²] 이상의 연동선을 사용하고 합성수지관 공사로 할 수 있다.

099 지중 전선로의 시설에서 관로식에 의하여 시설하는 경우 매설깊이는 몇 [m] 이상으로 하여야 하는가?
① 0.6
② 1.0
③ 1.2
④ 1.5

해설 지중 전선로의 시설에서 관로식에 의하여 시설하는 경우 매설깊이는 몇 1.0[m] 이상으로 하여야 한다.

100 케이블 트레이공사 적용 시 적합한 사항은?
① 난연성 케이블을 사용한다.
② 케이블 트레이의 안전율은 2.0 이상으로 한다.
③ 케이블 트레이 안에서 전선접속은 허용하지 않는다.
④ 사용전압이 400[V] 미만인 경우 특별 제3종 접지공사 적용한다.

해설 케이블 트레이 공사 시는 난연성 케이블을 사용한다.

해답 99. ② 100. ①

전기기사

2018년도

전기기사	2018년 3월 4일 시행
전기기사	2018년 4월 28일 시행
전기기사	2018년 8월 19일 시행

01 전/기/자/기/학

001 평면도체 표면에서 $r[\text{m}]$의 거리에 점전하 $Q[\text{C}]$가 있을 때 이 전하를 무한원점까지 운반하는 데 필요한 일은 몇 [J]인가?

① $\dfrac{Q^2}{4\pi\varepsilon_0 r}$ ② $\dfrac{Q^2}{8\pi\varepsilon_0 r}$

③ $\dfrac{Q^2}{16\pi\varepsilon_0 r}$ ④ $\dfrac{Q^2}{32\pi\varepsilon_0 r}$

해설 전기영상법에서 평면도체 표면으로부터 임의거리 $r[\text{m}]$ 떨어진 점에 있는 점전하 $Q[\text{C}]$에 대한 영상전하 $Q'=-Q[\text{C}]$이다.

∴ 이 점에 있는 전하 $Q[\text{C}]$를 무한원점까지 운반하는 데 필요한 일의 양

$$W = -\int_r^\infty F dr = -\int_r^\infty \frac{-Q^2}{4\pi\varepsilon_0(2r)^2} dr = \frac{Q^2}{16\pi\varepsilon_0}\int_r^\infty \frac{1}{r^2} dr$$

$$= \frac{Q^2}{16\pi\varepsilon_0}\left(-\frac{1}{r}\right)_r^\infty = \frac{Q^2}{16\pi\varepsilon_0}\left(0+\frac{1}{r}\right) = \frac{Q^2}{16\pi\varepsilon_0 r}[\text{J}]$$ 이다.

002 역자성체에서 비투자율(μ_s)은 어느 값을 갖는가?

① $\mu_s = 1$ ② $\mu_s < 1$
③ $\mu_s > 1$ ④ $\mu_s = 0$

해설 역자성체에서는 비투자율 $\mu_s < 1$, 자화율 $x < 0$ 값을 갖고, 상자성체인 경우는 비투자율 $\mu_s > 1$, 자화율 $x > 0$의 값이다.

003 비유전율 ε_{r1}, ε_{r2}인 두 유전체가 나란히 무한평면으로 접하고 있고, 이 경계면에 평행으로 유전체의 비유전율 ε_{r1} 내에 경계면으로부터 $d[\text{m}]$인 위치에 선전하 밀도 $\rho[\text{C/m}]$인 선상전하가 있을 때, 이 선전하와 유전체 ε_{r2} 간의 단위 길이당의 작용력은 몇 [N/m]인가?

① $9\times 10^9 \times \dfrac{\rho^2}{\varepsilon_{r2}d} \times \dfrac{\varepsilon_{r1}+\varepsilon_{r2}}{\varepsilon_{r1}-\varepsilon_{r2}}$

② $2.25\times 10^9 \times \dfrac{\rho^2}{\varepsilon_{r2}d} \times \dfrac{\varepsilon_{r1}-\varepsilon_{r2}}{\varepsilon_{r1}+\varepsilon_{r2}}$

③ $9\times 10^9 \times \dfrac{\rho^2}{\varepsilon_{r1}d} \times \dfrac{\varepsilon_{r1}-\varepsilon_{r2}}{\varepsilon_{r1}+\varepsilon_{r2}}$

④ $2.25\times 10^9 \times \dfrac{\rho^2}{\varepsilon_{r1}d} \times \dfrac{\varepsilon_{r1}-\varepsilon_{r2}}{\varepsilon_{r1}+\varepsilon_{r2}}$

해답 1.③ 2.② 3.③

㈜ 유전체 경계면으로부터 d[m] 떨어진 점 ε_{r1} 내에 선전하 Q[C]이 있다. 이 선전하 Q[C]에 대한 ε_{r2} 내의 영상전하 $Q' = \frac{\varepsilon_{r1} - \varepsilon_{r2}}{\varepsilon_{r1} + \varepsilon_{r2}} Q$[C]이다. 이 경우 ε_{r1} 내의 선전하 Q[C]과 ε_{r2} 내의 영상전하 Q'사이에 단위 길이당의 작용력은 선전하이므로 Coulomb의 법칙에서 ε_{r2}인 점에 전계세기 $E = \frac{Q}{2\pi\varepsilon_1(2d)}$[V/m]이다.

$$\therefore F = Q'E = Q' \times \frac{Q}{2\pi\varepsilon_1(2d)} = \frac{Q \times \frac{\varepsilon_{r1} - \varepsilon_{r2}}{\varepsilon_{r1} + \varepsilon_{r2}} \times Q}{4\pi\varepsilon_1 d} = \frac{\frac{\varepsilon_{r1} - \varepsilon_{r2}}{\varepsilon_{r1} + \varepsilon_{r2}} \times Q^2}{4\pi\varepsilon_0\varepsilon_{r1} d}$$

$$= \frac{\frac{\varepsilon_{r1} - \varepsilon_{r2}}{\varepsilon_{r1} + \varepsilon_{r2}} \times (\rho l)^2}{4\pi\varepsilon_0\varepsilon_{r1} d} = 9 \times 10^9 \frac{\rho^2}{\varepsilon_{r1} d} \times \frac{\varepsilon_{r1} - \varepsilon_{r2}}{\varepsilon_{r1} + \varepsilon_{r2}}$$ [N/m]가 된다.

004
점전하에 의한 전계는 쿨롱의 법칙을 사용하면 되지만 분포되어 있는 전하에 의한 전계를 구할 때는 무엇을 이용하는가?
① 렌츠의 법칙
② 가우스의 정리
③ 라플라스 방정식
④ 스토크스의 정리

㈜ 쿨롱의 법칙은 점점하에 의한 전계세기를 구할 때 사용된다. 또 가우스의 정리는 분포되어 있는 전하에 의한 전계세기를 구할 때 이용된다. 즉 단위 정전하 1[C]에 작용하는 힘 $\int_s E \cdot d_s = \frac{Q}{\varepsilon}$인 가우스 정리 적분형에 의해서 전계세기를 구한다.

005
패러데이관(Faraday tube)의 성질에 대한 설명으로 틀린 것은?
① 패러데이관 중에 있는 전속 수는 그 관 속에 진전하가 없으면 일정하며 연속적이다.
② 패러데이관의 양단에는 양 또는 음의 단위 진전하가 존재하고 있다.
③ 패러데이관 한 개의 단위 전위차 당 패러데이관의 보유에너지는 1/2[J]이다.
④ 패러데이관의 밀도는 전속밀도와 같지 않다.

㈜ 패러데이관(Faraday tube)의 성질은
① 패러데이관 중에 있는 전속 수는 그 관 속에 진전하가 없으면 일정하며 연속이다.
② 패러데이관의 양단에는 양 또는 음의 단위 진전하가 존재하고 있다.
③ 패러데이관 한 개의 단위 전위차 당 패러데이관의 보유에너지는 1/2[J]이다.

006
공기 중에 있는 지름 6[cm]인 단일 도체구의 정전용량은 몇 [pF]인가?
① 0.34
② 0.67
③ 3.34
④ 6.71

해답 4.② 5.④ 6.③

해설 단일 도체의 정전용량은 구와 대지 사이의 정전용량으로
$$C = \frac{Q}{V} = \frac{Q}{\frac{Q}{4\pi\varepsilon_0 r}} = 4\pi\varepsilon_0 r = \frac{r}{9\times 10^9} = \frac{3\times 10^{-2}}{9\times 10^9} = 0.334\times 10^{-11}$$
$$= 3.34\times 10^{-12} ≒ 3.34[pF] \text{이다.}$$

007 유전율이 ε_1, ε_2[F/m]인 유전체 경계면에 단위면적당 작용하는 힘은 몇 [N/m²]인가? (단, 전계가 경계면에 수직인 경우이며, 두 유전체의 전속밀도 $D_1 = D_2 = D$ 이다.)

① $2(\frac{1}{\varepsilon_1} - \frac{1}{\varepsilon_2})D^2$
② $2(\frac{1}{\varepsilon_1} + \frac{1}{\varepsilon_2})D^2$
③ $\frac{1}{2}(\frac{1}{\varepsilon_1} + \frac{1}{\varepsilon_2})D^2$
④ $\frac{1}{2}(\frac{1}{\varepsilon_2} - \frac{1}{\varepsilon_1})D^2$

해설 맥스웰의 응력에서 전계가 계면에 수직일 때는 전계 방향으로
$$F = \frac{1}{2}(E_2 - E_1)D = \frac{1}{2}(\frac{D}{\varepsilon_2} - \frac{D}{\varepsilon_1})D = \frac{1}{2}(\frac{1}{\varepsilon_2} - \frac{1}{\varepsilon_1})D^2 [N/m^2]\text{의 인장응력을 받는다.}$$

008 진공 중에 균일하게 대전된 반지름 a[m]인 선전하 밀도 λ_l[C/m]의 원환이 있을 때, 그 중심으로부터 중심축상 x[m]의 거리에 있는 점의 전계의 세기는 몇 [V/m]인가?

① $\frac{a\lambda_l x}{2\varepsilon_0 (a^2 + x^2)^{\frac{3}{2}}}$
② $\frac{a\lambda_l x}{\varepsilon_0 (a^2 + x^2)^{\frac{3}{2}}}$
③ $\frac{\lambda_l x}{2\varepsilon_0 (a^2 + x^2)}$
④ $\frac{\lambda_l x}{\varepsilon_0 (a^2 + x^2)}$

해설

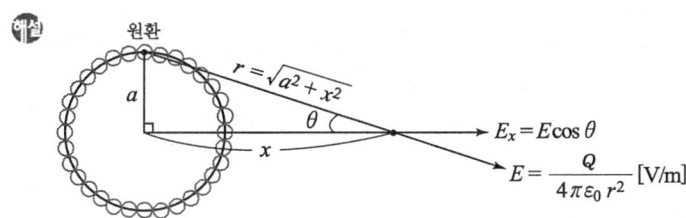

원환으로부터 임의거리 r[m] 떨어진 점에 전계세기 $E = \frac{Q}{4\pi\varepsilon_0 r^2}$[V/m]이다.

∴ 원환 중심축상 x[m] 거리에 있는 점의 전계세기
$$E_x = E\cos\theta = \frac{Q}{4\pi\varepsilon_0 r^2} \times \frac{x}{r} = \frac{\lambda_l l \times x}{4\pi\varepsilon_0 r^3} = \frac{\lambda_l \times 2\pi a x}{4\pi\varepsilon_0 (a^2 + x^2)^{3/2}}$$
$$= \frac{a\lambda_l x}{2\varepsilon_0 (a^2 + x^2)^{3/2}} [V/m]\text{이다. (단, } \lambda_l = \frac{Q}{l}[C/m]\text{이다.)}$$

정답 7.④ 8.①

009 내압 1,000[V] 정전용량 1[μF], 내압 750[V], 정전용량 2[μF], 내압 500[V] 정전용량 5[μF]인 콘덴서 3개를 직렬로 접속하고 인가전압을 서서히 높이면 최초로 파괴되는 콘덴서는?

① 1[μF]   ② 2[μF]
③ 5[μF]   ④ 동시에 파괴된다.

$C_1 = 1[\mu F]$의 전기량 $Q_1 = C_1 V_1 = 1 \times 1000 = 1000[\mu C]$,
$C_2 = 2[\mu F]$의 전기량 $Q_2 = C_2 V_2 = 2 \times 750 = 1500[\mu C]$,
$C_3 = 5[\mu F]$의 전기량 $Q_3 = C_3 V_3 = 5 \times 500 = 2500[\mu C]$이다.
3개를 직렬 접속 시에는 Q(전기량)=일정하다.
∴ 직렬 회로에 인가전압을 서서히 높이면 최초 파괴되는 콘덴서 전압
$V_{\max} = \dfrac{Q}{C_1}[V]$로써 최소용량 $C_1[F]$에 $V_{\max}[V]$가 걸린다.
∴ 최소용량은 $C_1 = 1[\mu F]$이다.

010 내부장치 또는 공간을 물질로 포위시켜 외부자계의 영향을 차폐시키는 방식을 자기차폐라 한다. 다음 중 자기차폐에 가장 좋은 것은?

① 비투자율이 1보다 작은 역자성체
② 강자성체 중에서 비투자율이 큰 물질
③ 강자성체 중에서 비투자율이 작은 물질
④ 비투자율에 관계없이 물질의 두께에만 관계되므로 되도록이면 두꺼운 물질

자기차폐에 가장 좋은 물질은 강자성체 중에서 비투자율이 가장 큰 물질이다.

011 40[V/m]인 전계 내의 50[V] 되는 점에서 1[C]의 전하를 전계 방향으로 80[cm] 이동하였을 때, 그 점의 전위는 몇 [V]인가?

① 18   ② 22
③ 35   ④ 65

$E = 40$[V/m]인 평등전계 내에서

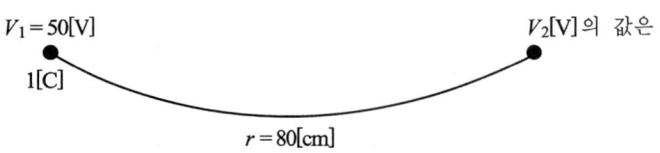

두 점의 전위차=전압 $V = V_1 - V_2 = 50 - V_2 = E \cdot r$[V]에서
$V_2 = 50 - E \cdot r = 50 - 40 \times 0.8 = 50 - 32 = 18$[V]이다.

정답 9. ① 10. ② 11. ①

012 그림과 같이 반지름 a[m]의 한 번 감긴 원형코일이 균일한 자속밀도 B[Wb/m²]인 자계에 놓여 있다. 지금 코일 면을 자계와 나란하게 전류 I[A]를 흘리면 원형코일이 자계로부터 받는 회전 모멘트는 몇 [N·m/rad]인가?

① πaBI
② $2\pi aBI$
③ $\pi a^2 BI$
④ $2\pi a^2 BI$

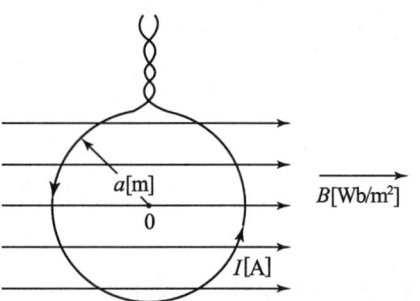

해설 σ(자극밀도)$=\dfrac{m}{S}$[Wb/m²], M(자기 쌍극자 moment)$=ml=\sigma S\,l$[Wb/m]

∴ P(판자석의 세기)=폐회로 전류$=\sigma l$[Wb/m²]$=\mu_0 I$[A]가 된다.

∴ 문제에서 원형코일이 자계로부터 받는 회전(모멘트)력
$T = MH\sin 90° = MH = mlH = \sigma S\,lH = \sigma lSH = PSH = \mu_0 ISH = \mu_0 HIS$
$= BIS = \pi a^2 BI$[N·m/rad]이다.

---

013 다음 조건들 중 초전도체에 부합되는 것은? (단, μ_r은 비투자율, χ_m은 비자화율, B는 자속밀도이며 작동온도는 임계온도 이하라 한다.)

① $\chi_m = -1$, $\mu_r = 0$, $B = 0$
② $\chi_m = 0$, $\mu_r = 0$, $B = 0$
③ $\chi_m = 1$, $\mu_r = 0$, $B = 0$
④ $\chi_m = -1$, $\mu_r = 1$, $B = 0$

해설 초전도 현상이란 저온에서 격자저항이 저하하여 결국 저항이 0으로 되는 현상을 말한다.
∴ 초전도체에 부합되는 것은 $\chi_m = -1$, $\mu_r = 0$, $B = 0$가 되어야 한다.

---

014 $x = 0$인 무한평면을 경계면으로 하여 $x < 0$인 영역에는 비유전율 $\varepsilon_{r1} = 2$, $x > 0$인 영역에는 $\varepsilon_{r2} = 4$인 유전체가 있다. ε_{r1}인 유전체 내에서 전계 $E_1 = 20a_x - 10a_y + 5a_z$ [V/m]일 때 $x > 0$인 영역에 있는 ε_{r2}인 유전체 내에서 전속밀도 D_2[C/m²]는? (단, 경계면상에는 자유전하가 없다고 한다.)

① $D_2 = \varepsilon_0(20a_x - 40a_y + 5a_z)$
② $D_2 = \varepsilon_0(40a_x - 40a_y + 20a_z)$
③ $D_2 = \varepsilon_0(80a_x - 20a_y + 10a_z)$
④ $D_2 = \varepsilon_0(40a_x - 20a_y + 20a_z)$

정답 12. ③ 13. ① 14. ②

🔑 경계면에 자유전자가 없을 경우 전계의 경계조건은 $D_{1x}=D_{2x}$에서
$\varepsilon_0\varepsilon_{r1}E_{1x}=\varepsilon_0\varepsilon_{r2}E_{2x}$
$E_{2x}=\dfrac{\varepsilon_{r1}}{\varepsilon_{r2}}E_{1x}=\dfrac{2}{4}E_{1x}=\dfrac{1}{2}E_{1x}$[V/m]이고, $E_{1y}=E_{2y}$, $E_{1z}=E_{2z}$이다.
$\therefore D_2=\varepsilon_0\varepsilon_{r2}E_2=\varepsilon_0\times\varepsilon_{r2}(E_{2x}-E_{2y}+E_{2z})=\varepsilon_0(\varepsilon_{r2}E_{2x}-\varepsilon_{r2}\times E_{2y}+\varepsilon_{r2}E_{2z})$
$=\varepsilon_0(4\times\dfrac{\varepsilon_{r1}}{\varepsilon_{r2}}E_{1x}-\varepsilon_{r2}\varepsilon_{1y}+\varepsilon_{r2}\varepsilon_{1z})=\varepsilon_0(4\times\dfrac{2}{4}\times 20a_x-4\times 10a_y+4\times 5a_z)$
$=\varepsilon_0(40a_x-40a_y+20a_z)$[C/m²]이 된다.

015
평면파 전파가 $E=30\cos(10^9t+20z\times j)$[V/m]로 주어졌다면 이 전자파의 위상 속도는 몇 [m/s]인가?

① 5×10^7 ② $\dfrac{1}{3}\times 10^8$

③ 10^9 ④ $\dfrac{2}{3}$

🔑 평면파 전파가 $E=30\cos(10^9t+20z\times j)=30\cos(\omega t+\beta z\times j)$[V/m] 식에서
θ(위상)$=\omega t=10^9 t$에서 ω(각속도)$=10^9$[rad/sec], β(위상정수)$=20$이다.
$\therefore$ 전자파의 위상속도 $v=\dfrac{\omega}{\beta}=\dfrac{10^9}{20}=5\times 10^7$[m/sec]이다.

016
자속밀도 10[Wb/m²]의 자계 중에 10[cm] 도체를 자계와 30°의 각도로 30[m/s]로 움직일 때 도체에 유기되는 기전력은 몇 [V]인가?

① 15   ② $15\sqrt{3}$
③ 1500   ④ $1500\sqrt{3}$

🔑 렌츠의 법칙에서 도체에 유기되는 기전력
$e=Blv\sin 30°=10\times 0.1\times 30\times\dfrac{1}{2}=\dfrac{30}{2}=15$[V]이다.

017
그림과 같이 단면적 $S=10$[cm²], 자로의 길이 $\ell=20\pi$[cm], 비유전율 $\mu_s=1000$인 철심에 $N_1=N_2=100$인 두 코일을 감았다. 두 코일 사이의 상호 인덕턴스는 몇 [mH]인가?

① 0.1
② 1
③ 2
④ 20

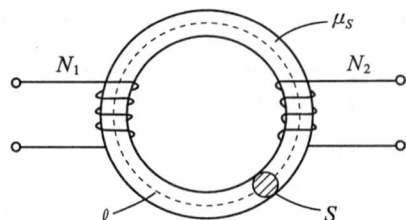

15. ① 16. ① 17. ④

해설 R(철심의 자기 저항)$=\dfrac{\ell}{\mu \cdot s}$[AT/Wb]

철심의 자기 인덕턴스 $L_1 = \dfrac{N_1^2}{R}$[H], $L_2 = \dfrac{N_2^2}{R}$[H]

∴ 철심의 상호 인덕턴스

$$M = L_1 \times L_2 = \dfrac{N_1^2}{R} \times \dfrac{N_2^2}{R} = \dfrac{N_1 N_2}{R} = \dfrac{N_1 N_2}{\frac{\ell}{\mu \cdot s}} = \dfrac{\mu_o \mu_s S N_1 N_2}{\ell}$$

$$= \dfrac{4\pi \times 10^{-7} \times 1000 \times 10 \times 10^{-4} \times 100 \times 100}{0.2\pi} = 20 \times 10^{-3} = 20[\text{mH}]\text{이 된다.}$$

018 1[μA]의 전류가 흐르고 있을 때, 1초 동안 통과하는 전자 수는 약 몇 개인가? (단, 전자 1개의 전하는 1.602×10^{-19}[C]이다.)

① 6.24×10^{10} ② 6.24×10^{11}
③ 6.24×10^{12} ④ 6.24×10^{13}

해설 전류 $I = \dfrac{Q}{t}$[C/sec], 전기량 $Q = It = 1 \times 10^{-6} \times 1 = 10^{-6}$[C]이다.

∴ 자유전자의 수 $N = \dfrac{Q}{e} = \dfrac{1 \times 10^{-6}}{1.602 \times 10^{-19}} ≒ 6.24 \times 10^{12}$ 개다.

019 균일하게 원형단면을 흐르는 전류 I[A]에 의한, 반지름 a[m], 길이 ℓ[m], 비투자율 μ_s인 원통도체의 내부 인덕턴스는 몇 [H]인가?

① $10^{-7} \mu_s \ell$ ② $3 \times 10^{-7} \mu_s \ell$
③ $\dfrac{1}{4a} \times 10^{-7} \mu_s \ell$ ④ $\dfrac{1}{2} \times 10^{-7} \mu_s \ell$

해설 원형도체의 내부 자기 인덕턴스

$L_i = \dfrac{\mu \ell}{8\pi} = \dfrac{\mu_o \mu_s \ell}{8\pi} = \dfrac{4\pi \times 10^{-7} \mu_s \ell}{8\pi} = \dfrac{1}{2} \times 10^{-7} \mu_s \ell$[H]이다.

020 한 변의 길이가 10[cm]인 정사각형 회로에 직류전류 10[A]가 흐를 때, 정사각형의 중심에서의 자계 세기는 몇 [A/m]인가?

① $\dfrac{10\sqrt{2}}{\pi}$ ② $\dfrac{200\sqrt{2}}{\pi}$
③ $\dfrac{300\sqrt{2}}{\pi}$ ④ $\dfrac{400\sqrt{2}}{\pi}$

해답 18. ③   19. ④   20. ②

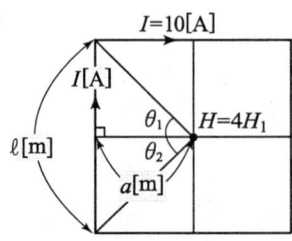

ℓ(한 변의 길이)$=10[cm]=0.1[m]$

$a=\dfrac{\ell}{2}[m]$인 정4각형 코일 중심자계는 비오사바르의 법칙에서

$H=4H_1=4\times\dfrac{I}{4\pi a}(\sin\theta_1+\sin\theta_2)=4\times\dfrac{I}{4\pi a}(\sin45°+\sin45°)$

$=\dfrac{I}{\pi a}\times2\sin45°=\dfrac{I}{\pi(\frac{\ell}{2})}\times2\times\dfrac{1}{\sqrt{2}}=\dfrac{2\sqrt{2}I}{\pi\ell}=\dfrac{2\sqrt{2}\times10}{\pi\times0.1}=\dfrac{200\sqrt{2}}{\pi}$[A/m]이다.

02 전/력/공/학

021 송전선에서 재폐로 방식을 사용하는 목적은?
① 역률 개선　　　　　　② 안정도 증진
③ 유도장해의 경감　　　④ 코로나 발생방지

송전선에서 안정도 증진(향상) 방법은
① 송전선에서 재폐로 방식을 사용한다.
② 직렬 리액터를 적게한다.
③ 전압 변동을 작게한다 등이 있다.

022 설비용량이 360[kW], 수용률 0.8, 부등률 1.2일 때 최대 수용전력은 몇 [kW]인가?
① 120　　　　　　② 240
③ 360　　　　　　④ 480

부등률$=\dfrac{\text{최대 수용전력의 합}}{\text{합성 최대전력}}=\dfrac{\text{수용률}\times\text{설비용량}}{\text{합성 최대전력}}$이다.

∴ 합성 최대전력=최대 수용전력$=\dfrac{\text{수용률}\times\text{설비용량}}{\text{부등률}}=\dfrac{0.8\times360}{1.2}=\dfrac{288}{1.2}=240[kW]$이다.

023 배전계통에서 사용하는 고압용 차단기의 종류가 아닌 것은?
① 기중차단기(ACB)　　　② 공기차단기(ABB)
③ 진공차단기(VCB)　　　④ 유입차단기(OCB)

해답 ｜ 21.② 22.② 23.①

해설 배전계통에서 사용하는 고압용 차단기의 종류에는 ABB(공기차단기), VCB(진공차단기), OCB(유입차단기) 등이 있다.

024 SF_6 가스차단기에 대한 설명으로 옳지 않은 것은?
① SF_6 가스 자체는 불활성기체이다.
② SF_6 가스는 공기에 비하여 소호능력이 약 100배 정도이다.
③ 절연거리를 적게 할 수 있어 차단기 전체를 소형, 경량화할 수 있다.
④ SF_6 가스를 이용한 것으로서 독성이 있으므로 취급에 유의하여야 한다.

해설 SF_6 가스차단기에 대한 올바른 설명은
① SF_6 가스 자체는 불활성기체이다.
② SF_6 가스는 공기에 비하여 소호능력이 약 100배 정도이다.
③ 절연거리를 적게 할 수 있어 차단기 전체를 소형, 경량화할 수 있다.

025 송전선로의 일반회로정수가 $A=0.7$, $B=j190$, $D=0.9$일 때 C의 값은?
① $-j1.95\times 10^{-3}$
② $j1.95\times 10^{-3}$
③ $-j1.95\times 10^{-4}$
④ $j1.95\times 10^{-4}$

해설 송전선로의 일반 4단자 회로망 정수 사이에 관계는 $AD-BC=1$이다.
∴ $BC=AD-1$, $C=\dfrac{AD-1}{B}=\dfrac{0.7\times 0.9-1}{j190}=\dfrac{-0.37}{j190}=-j\dfrac{-0.37}{190}≒j1.95\times 10^{-3}$이 된다.

026 부하역률이 0.8인 선로의 저항 손실은 0.9인 선로의 저항 손실에 비해서 약 몇 배 정도 되는가?
① 0.97
② 1.1
③ 1.27
④ 1.5

해설 선로의 저항 손실은 역률의 제곱에 반비례한다.
∴ $\dfrac{P_{0.8}}{P_{0.9}}=\dfrac{\dfrac{1}{(0.8)^2}}{\dfrac{1}{(0.9)^2}}=\dfrac{\dfrac{1}{0.64}}{\dfrac{1}{0.81}}=\dfrac{0.81}{0.64}=\dfrac{81}{64}≒1.27$배가 된다.

027 단상 변압기 3대에 의한 △결선에서 1대를 제거하고 동일전력을 V결선으로 보낸다면 동손은 약 몇 배가 되는가?
① 0.67
② 2.0
③ 2.7
④ 3.0

예답 24. ④ 25. ② 26. ③ 27. ②

[해설] 단상 변압기 1대의 동손 $P_1 = VI = I^2R[W]$이다.
∴ 단상 변압기 3대 △결선에서 1대 제거하면 V결선으로 단상 변압기 2대의 동손 $P_2 = 2VI = 2I^2R = 2P_1[W]$로 2.0배가 된다.

028 피뢰기의 충격방전 개시전압은 무엇으로 표시하는가?
① 잔류전압의 크기
② 충격파의 평균치
③ 충격파의 최대치
④ 충격파의 실효치

[해설] 충격파의 최대치를 피뢰기의 충격방전 개시전압으로 표시한다.

029 단상 2선식 배전선로의 선로 임피던스가 $2+j5[\Omega]$ 무유도성 부하전류 10[A]일 때 송전단 역률은? (단, 수전단 전압의 크기는 100[V]이고, 위상각은 0°이다.)

① $\dfrac{5}{12}$
② $\dfrac{5}{13}$
③ $\dfrac{11}{12}$
④ $\dfrac{12}{13}$

[해설] 단상 2선식 배전선로의 송전단 역률
$\cos\theta_S = \dfrac{V_R\cos\theta_R + IR}{V_S} = \dfrac{100+10\times 2}{100+10\times 2.8} ≒ \dfrac{120}{128} ≒ \dfrac{120}{130} = \dfrac{12}{13}$ 이다.

단, V_S(1가닥에 송전단 전압)$= V_R + I\left((R\cos\theta + X\sin\theta)\times\dfrac{1}{2}\right)$
$= 100 + 10\left(\left(2\times\dfrac{2}{\sqrt{2^2+5^2}} + 5\times\dfrac{5}{\sqrt{2^2+5^2}}\right)\times\dfrac{1}{2}\right)$
$= 100 + 10(0.8 + 4.75)\times\dfrac{1}{2} ≒ 100 + 28 ≒ 128 ≒ 130[V]$이다.

030 그림과 같이 전력선과 통신선 사이에 차폐선을 설치하였다. 이 경우에 통신선의 차폐계수(K)를 구하는 관계식은? (단, 차폐선을 통신선에 근접하여 설치한다.)

① $K = 1 + \dfrac{Z_{31}}{Z_{12}}$
② $K = 1 - \dfrac{Z_{31}}{Z_{33}}$
③ $K = 1 - \dfrac{Z_{23}}{Z_{33}}$
④ $K = 1 + \dfrac{Z_{23}}{Z_{33}}$

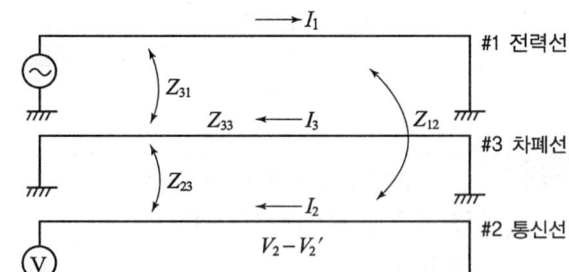

[해답] 28. ③ 29. ④ 30. ③

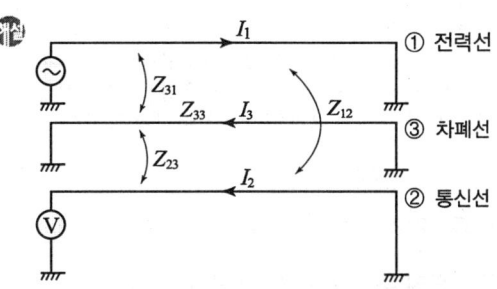

그림에서 차폐선의 양단이 완전히 접지되었다면 통신선에 유도된 전압[V]은

$$V_2 - V_2' = Z_{12}I_1 + Z_{23}I_3 = -Z_{12}I_1 + Z_{23} \times \frac{Z_{31}I_1}{Z_{33}} = -Z_{12}I_1(1 - \frac{Z_{31}Z_{23}I_1}{Z_{33}Z_{12}I_1})$$

$$= -Z_{12}I_1(1 - \frac{Z_{31}Z_{23}}{Z_{33}Z_{12}}) = -Z_{12}I_1 K [V]이다.$$

이 경우 I_1(전력선의 영상전류)[A], I_3(차폐선의 영상전류)[A]이며,

K(통신선의 차폐계수) $= \left|1 - \frac{Z_{31}Z_{23}}{Z_{33}Z_{12}}\right|$ … ①로서

① 차폐선이 전력선과 접근하고 있으면 $Z_{12} \fallingdotseq Z_{23}$이 되므로
   통신선의 차폐계수 $K = \left|1 - \frac{Z_{31}}{Z_{33}}\right|$이 되며

② 차폐선이 통신선과 근접하여 설치하면 $Z_{31} \fallingdotseq Z_{12}$가 되므로
   통신선의 차폐계수 $K = \left|1 - \frac{Z_{23}}{Z_{33}}\right|$이 된다.

031 모선 보호에 사용되는 계전방식이 아닌 것은?
① 위상 비교방식
② 선택접지 계전방식
③ 방향거리 계전방식
④ 전류차동 보호방식

모선 보호에 사용되는 계전방식에는 위상 비교방식, 방향거리 계전방식, 전류차동 보호방식 등이 있다.

032 %임피던스와 관련된 설명으로 틀린 것은?
① 정격전류가 증가하면 %임피던스는 감소한다.
② 직렬 리액터가 감소하면 %임피던스도 감소한다.
③ 전기기계의 %임피던스가 크면 차단기의 용량은 작아진다.
④ 송전계통에서는 임피던스의 크기를 옴 값 대신에 %값으로 나타내는 경우가 많다.

31. ② 32. ①

%임피던스와 관련된 옳은 설명은
① 직렬 리액터가 감소하면 %임피던스도 감소한다.
② 전기기계의 %임피던스가 크면 차단기의 용량은 작아진다.
③ 송전계통에서는 임피던스의 크기를 옴 값 대신에 %값으로 나타내는 경우가 많다.

033 A, B 및 C상 전류를 각각 I_a, I_b 및 I_c라 할 때 $I_x = \frac{1}{3}(I_a + a^2 I_b + a I_c)$, $a = -\frac{1}{2} + j\frac{\sqrt{3}}{2}$으로 표시되는 I_x는 어떤 전류인가?
① 정상전류
② 역상전류
③ 영상전류
④ 역상전류와 영상전류의 합

대칭분의 영상전류 $I_0 = \frac{1}{3}(I_a + I_b + I_c)$[A]

정상전류 $I_1 = \frac{1}{3}(I_a + a I_b + a^2 I_c)$[A]

역상전류 $I_2 = \frac{1}{3}(I_a + a^2 I_b + a I_c)$[A]이다.

(단, 연산자는 $a = \angle 120° = -\frac{1}{2} + j\frac{\sqrt{3}}{2}$, $a^2 = \angle 240° = -\frac{1}{2} - j\frac{\sqrt{3}}{2}$, $a^3 = 1$)

034 그림과 같이 "수류가 고체에 둘러 싸여 있고 A로부터 유입되는 수량과 B로부터 유출되는 수량이 같다"고 하는 이론은?
① 수두이론
② 연속의 원리
③ 베르누이의 정리
④ 토리첼리의 정리

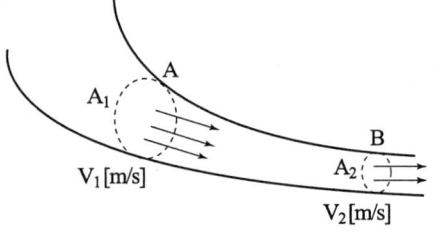

연속의 원리란 그림과 같이 A로부터 유입하는 수량과 B로부터 유출되는 수량이 같다는 이론을 말한다.

035 4단자 정수가 A, B, C, D인 선로에 임피던스가 $\frac{1}{Z_T}$인 변압기가 수전단에 접속된 경우 계통의 4단자 정수 중 D_o는?

① $D_o = \frac{C + D Z_T}{Z_T}$
② $D_o = \frac{C + A Z_T}{Z_T}$
③ $D_o = \frac{D + C Z_T}{Z_T}$
④ $D_o = \frac{B + A Z_T}{Z_T}$

33. ② 34. ② 35. ①

해설

<해설 그림: A B / C D 블록과 1/Z_T 블록이 직렬 연결> 인 경우 계통의 4단자 정수

$$\begin{vmatrix} A_o & B_o \\ C_o & D_o \end{vmatrix} = \begin{vmatrix} A & B \\ C & D \end{vmatrix} \begin{vmatrix} 1 & \dfrac{1}{Z_T} \\ 0 & 1 \end{vmatrix} = \begin{vmatrix} A & \dfrac{A}{Z_T}+B \\ C & \dfrac{C}{Z_T}+D \end{vmatrix}$$

∴ 4단자 정수 $D_o = \dfrac{C}{Z_T}+D = \dfrac{C+DZ_T}{Z_T}$ 이 된다.

---

036 대용량 고전압의 안정권선(△ 권선)이 있다. 이 권선의 설치 목적과 관계가 먼 것은?

① 고장전류 저감 ② 제3고조파 제거
③ 조상설비 설치 ④ 소내용 전원 공급

해설 대용량 고전압의 안정권선(△결선)이 있다. 이 권선의 설치 목적과 관계가 있는 것은 제3고조파 제거에 이용되고, 조상설비 설치와 소내용 전원 공급 등에 관계가 있다.

---

037 한류 리액터를 사용하는 가장 큰 목적은?

① 충전전류의 제한 ② 접지전류의 제한
③ 누설전류의 제한 ④ 단락전류의 제한

해설 한류 리액터를 사용하는 가장 큰 목적은 단락전류의 제한이다.

---

038 변압기 등 전력설비 내부 고장 시 변류기에 유입하는 전류와 유출하는 전류의 차로 동작하는 보호계전기는?

① 차동계전기 ② 지락계전기
③ 과전류계전기 ④ 역상전류계전기

해설 차동계전기는 변압기 등 전력설비 내부 고장 시 변류기에 유입하는 전류와 유출하는 전류의 차로 동작하는 보호계전기이다.

---

039 3상 결선변압기의 단상 운전에 의한 소손방지 목적으로 설치하는 계전기는?

① 차동계전기 ② 역상계전기
③ 단락계전기 ④ 과전류계전기

해설 역상계전기는 3상 결선변압기의 단상 운전에 의한 소손방지 목적으로 설치하는 계전기이다.

정답 36. ① 37. ④ 38. ① 39. ②

040 송전 선로의 정전용량은 등가 선간거리 D가 증가하면 어떻게 되는가?

① 증가한다.
② 감소한다.
③ 변하지 않는다.
④ D^2에 반비례하여 감소한다.

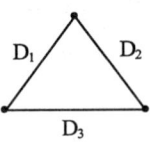

$D=(D_1, D_2, D_3)^{1/2}$

등가 선간거리 $D=\sqrt{D_1 D_2 D_3}$[m]인 송전 선로의 정전용량

$C=\dfrac{0.02413}{\log_{10}\dfrac{D}{r}} ≒ \dfrac{1}{\log_{10}\dfrac{D}{r}}$[μF/km]로서 등가 선간거리 D[m]가 증가하면 정전용량은 감소한다.

03 전/기/기/기

041 단상 직권 정류자 전동기의 전기자 권선과 계자 권선에 대한 설명으로 틀린 것은?

① 계자 권선의 권수를 적게 한다.
② 전기자 권선의 권수를 크게 한다.
③ 변압기 기전력을 적게 하여 역률 저하를 방지한다.
④ 브러시로 단락되는 코일 중의 단락전류를 많게 한다.

단상 직권 정류자 전동기의 전기자 권선과 계자 권선에 대한 옳은 설명은
① 계자 권선의 권수를 적게 한다.
② 전기자 권선의 권수를 크게 한다.
③ 변압기 기전력을 적게 하여 역률 저하를 방지한다.

042 단상 직권전동기의 종류가 아닌 것은?

① 직권형
② 아트킨손형
③ 보상직권형
④ 유도보상직권형

단상 직권전동기의 종류는 직권형, 보상직권형, 유도보상직권형이 있다.

043 동기조상기의 여자전류를 줄이면?

① 콘덴서로 작용
② 리액터로 작용
③ 진상전류로 됨
④ 저항손의 보상

동기조상기에서 여자전류를 줄이면 리액터로 작용한다.

40. ② 41. ④ 42. ② 43. ②

044 권선형 유도전동기에서 비례추이에 대한 설명으로 틀린 것은? (단, S_m은 최대토크 시 슬립이다.)
① r_2를 크게 하면 S_m은 커진다.
② r_2를 삽입하면 최대토크가 변한다.
③ r_2를 크게 하면 기동토크도 커진다.
④ r_2를 크게 하면 기동전류는 감소한다.

해설 권선형 유도전동기에서 비례추이에 대한 설명으로 옳은 것은
① r_2를 크게 하면 S_m(최대 Torque 시 슬립)은 커진다.
② r_2를 크게 하면 기동토크도 커진다.
③ r_2를 크게 하면 기동전류는 감소한다.

045 전기자 저항 r_a=0.2[Ω], 동기 리액턴스 X_s=20[Ω]인 Y결선 3상 동기발전기가 있다. 3상 중 1상의 단자전압 V=4400[V], 유도기전력 E=6600[V]이다. 부하각 δ=30°라고 하면 발전기의 출력은 약 몇 [kW]인가?
① 2,178
② 3,251
③ 4,253
④ 5,532

해설 3상 동기발전기의 출력
$$P = 3VI\cos\theta ≒ 3V \times \frac{E\sin\delta}{X_s} ≒ \frac{3EV\sin 30}{X_s} ≒ \frac{3 \times 6600 \times 4400}{20} \times \frac{1}{2}$$
$$≒ \frac{3 \times 660 \times 44}{40} \times 10^3 ≒ 2178 \times 10^3 ≒ 2178[kW]이다.$$

046 반도체 정류기에 적용된 소자 중 첨두 역방향 내전압이 가장 큰 것은?
① 셀렌 정류기
② 실리콘 정류기
③ 게르마늄 정류기
④ 아산화동 정류기

해설 실리콘 정류기는 반도체 정류기에 적용된 소자 중 첨두 역방향 내전압(VIP)이 가장 큰 정류기이다.

047 동기전동기에서 전기자 반작용을 설명한 것 중 옳은 것은?
① 공급전압보다 앞선 전류는 감자작용을 한다.
② 공급전압보다 뒤진 전류는 감자작용을 한다.
③ 공급전압보다 앞선 전류는 교차자화작용을 한다.
④ 공급전압보다 뒤진 전류는 교차자화작용을 한다.

해설 동기전동기에서 전기자 반작용은 공급전압보다 앞선 전류는 감자작용을 한다.

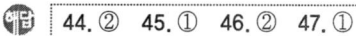
44. ② 45. ① 46. ② 47. ①

048 변압기 결선방식 중 3상에서 6상으로 변환할 수 없는 것은?
① 2중 결선
② 환상 결선
③ 대각 결선
④ 2중 6각 결선

> 변압기 결선방식 중 3상에서 6상으로 변환할 수 있는 결선은 2중 성형 결선, 환상 결선, 대각 결선 등이 있다.

049 실리콘 제어정류기(SCR)의 설명 중 틀린 것은?
① P-N-P-N 구조로 되어 있다.
② 인버터 회로에 이용될 수 있다.
③ 고속도의 스위치 작용을 할 수 있다.
④ 게이트에 (+)와 (-)의 특성을 갖는 펄스를 인가하여 제어한다.

> 실리콘 제어정류기(SCR)의 설명 중 옳은 것은
> ① P-N-P-N 구조로 되어 있다.
> ② 인버터 회로에 이용될 수 있다.
> ③ 고속도의 스위치 작용을 할 수 있다.

050 직류발전기가 90[%] 부하에서 최대효율이 된다면 이 발전기의 전 부하에 있어서 고정손과 부하손의 비는?
① 1.1
② 1.0
③ 0.9
④ 0.81

> 직류발전기가 90[%] 부하에서 최대효율이 되는 조건은 고정손(P_k)과 부하손$(0.9I)^2 r_a$이 같은 경우이며, $I[A]$는 전 부하 전류이므로 $P_K = (0.9I)^2 r_a$이다.
> ∴ 이 발전기의 전 부하에 있어서 $\dfrac{부하손}{고정손} = \dfrac{(0.9I)^2 r_a}{I^2 r_a} = \dfrac{0.81 I^2 r_a}{I^2 r_a} = 0.81$이다.

051 150[kVA]의 변압기의 철손이 1[kW], 전 부하동손이 2.5[kW]이다. 역률 80[%]에 있어서의 최대효율은 약 몇 [%]인가?
① 95
② 96
③ 97.4
④ 98.5

> 최대효율인 부하는 $P_i = m^2 P_c$
> ∴ 부하 $m = \sqrt{\dfrac{P_i}{P_c}} = \sqrt{\dfrac{1}{2.5}} ≒ 0.63$이다.
> 역률 80[%]에 있어서의 최대효율
> $\eta = \dfrac{m \times VI\cos\theta}{m \times VI\cos\theta + 2P_i} \times 100 = \dfrac{0.63 \times 150 \times 0.8}{0.63 \times 150 \times 0.8 + 2 \times 1} \times 100$
> $= \dfrac{75.6}{75.6 + 2} \times 100 ≒ 97.4[\%]$이 된다.

48. ④ 49. ④ 50. ④ 51. ③

[052] 정격 부하에서 역률 0.8(뒤짐)로 운전될 때, 전압 변동률이 12%인 변압기가 있다. 이 변압기에 역률 100%의 정격 부하를 걸고 운전할 때의 전압변동률은 약 몇 %인가? (단, %저항 강하는 %리액턴스 강하의 1/12이라고 한다.)

① 0.909
② 1.5
③ 6.85
④ 16.18

해설 P(%저항 강하)$=\dfrac{1}{12}q$(%리액턴스 강하) …… ①식이다.

① 뒤진 역률 $\cos\theta_1 = 0.8$, $\sin\theta_1 = 0.6$인 변압기의 전압변동률
$\varepsilon_1 = 0.12 = P\cos\theta_1 + q\sin\theta_1 = P \times 0.8 + 12P \times 0.6 = 0.8P + 7.2P = 8P$이다.

∴ P(%저항 강하)$=\dfrac{0.12}{8}=0.015$를 ①식에 대입
q(%리액턴스 강하)$=12P=12 \times 0.015 = 0.18$이다.

② $\cos\theta_2 = 1$일 때의 변압기 전압변동률
$\varepsilon_2 = P\cos\theta_2 + q\sin\theta_2 = 0.015 \times 1 + 0 = 0.015 = 1.5[\%]$가 된다.

[053] 권선형 유도전동기 저항제어법의 단점 중 틀린 것은?

① 운전 효율이 낮다.
② 부하에 대한 속도 변동이 작다.
③ 제어용 저항기는 가격이 비싸다.
④ 부하가 적을 때는 광범위한 속도 조정이 곤란하다.

해설 권선형 유도전동기 저항제어법의 단점은
① 운전 효율이 낮다.
② 제어용 저항기는 가격이 비싸다.
③ 부하가 적을 때는 광범위한 속도 조정이 곤란하다.

[054] 부하 급변 시 부하각과 부하속도가 진동하는 난조현상을 일으키는 원인이 아닌 것은?

① 전기자 회로의 저항이 너무 큰 경우
② 원동기의 토크에 고조파가 포함된 경우
③ 원동기의 조속기 감도가 너무 예민한 경우
④ 자속의 분포가 기울어져 자속의 크기가 감소한 경우

해설 부하가 급변할 때 난조 현상을 일으키는 원인은
① 전기자 회로의 저항이 너무 큰 경우
② 원동기의 토크에 고조파가 포함된 경우
③ 원동기의 조속기 감도가 너무 예민한 경우

정답 52. ② 53. ② 54. ④

055 단상변압기 3대를 이용하여 3상 △-Y로 결선했을 때의 1차, 2차의 전압 각변위(위상차)는?

① 0°
② 60°
③ 150°
④ 180°

해설 3상 각 상전압의 위상차는 120°이다.
또 $Y_V = \sqrt{3}\, \triangle_V \angle +30°$ [V]이므로 3상 △ → Y로 결선하면
1차 $\triangle_V$와 2차 Y_V 간의 각 변위(위상차) = 120 + 30° = 150°이다.

056 권선형 유도전동기의 전부하 운전시 슬립이 4[%]이고 2차 정격전압이 150[V]이면 2차 유도기전력은 몇 [V]인가?

① 9
② 8
③ 7
④ 6

해설 권선형 유도전동기에 2차 유도기전력 $E_{2s} = SE_2 = 0.04 \times 150 = 6$[V]이 된다.

057 3상 유도전동기의 슬립이 s일 때 2차 효율[%]은?

① $(1-s) \times 100$
② $(2-s) \times 100$
③ $(3-s) \times 100$
④ $(4-s) \times 100$

해설 3상 유도전동기의 기계적 출력 $P_0 = P_2 - sP_2 = P_2(1-s)$ [W]
∴ 3상 유도전동기의 2차 효율
$$\eta_2 = \frac{P_0(\text{기계적 출력})}{P_2(\text{2차 입력})} \times 100 = \frac{P_2(1-s)}{P_2} \times 100 = (1-s) \times 100 \, [\%]\text{이 된다.}$$

058 직류전동기의 회전수를 $\frac{1}{2}$로 하자면 계자자속을 어떻게 해야 하는가?

① $\frac{1}{4}$로 감속시킨다.
② $\frac{1}{2}$로 감속시킨다.
③ 2배로 증가시킨다.
④ 4배로 증가시킨다.

해설 직류전동기의 회전수 $n = K\dfrac{V - I_a r_a}{\phi} ≒ \dfrac{1}{\phi}$이다.
∴ n(회전수)을 $\frac{1}{2}$로 하자면 계자자속 ϕ = 2배로 증가시킨다.

정답 55.③ 56.④ 57.① 58.③

059 사이리스터 2개를 사용한 단상 전파정류 회로에서 직류전압 100[V]를 얻으려면 PIV가 약 몇 [V]인 다이오드를 사용하면 되는가?
① 111
② 141
③ 222
④ 314

해설 단상 전파정류 회로에서 직류전압 $V_{dc} = \dfrac{V_m}{\pi}$[V]이다.
∴ 다이오드의 PIV(첨두역 내 전압) = $V_m = \pi V_{dc} = 3.14 \times 100 = 314$[V]인 다이오드를 사용하면 된다.

060 교류 발전기의 고조파 발생을 방지하는데 적합하지 않은 것은?
① 전기자 반작용을 크게 한다.
② 전기자 권선을 단절권으로 감는다.
③ 전기자 슬롯을 스큐 슬롯으로 한다.
④ 전기자 권선의 결선을 성형으로 한다.

해설 교류 발전기의 고조파 발생을 방지하는 방법은
① 전기자 권선을 단절권으로 감는다.
② 전기자 슬롯을 스큐 슬롯으로 한다.
③ 전기자 권선의 결선을 성형으로 한다.

04 회/로/이/론/및/제/어/공/학

061 개루프 전달함수 $G(s)$가 다음과 같이 주어지는 단위 부궤환계가 있다. 단위계단 입력이 주어졌을 때, 정상상태 편차가 0.05가 되기 위해서는 K의 값은 얼마인가?

$$G(s) = \dfrac{6K(s+1)}{(s+2)(s+3)}$$

① 19
② 20
③ 0.95
④ 0.05

해설 단위계단입력 $R(s) = \dfrac{1}{s}$

K_p(위치 편차상수) $= \lim\limits_{s \to 0} G(s) = \lim\limits_{s \to 0} \dfrac{6K(s+1)}{(s+2)(s+3)} = \dfrac{6K(0+1)}{2 \times 3} = K$이다.

∴ 정상상태 편차 $e_{ssp} = 0.05 = \lim\limits_{s \to 0} \dfrac{s \times \dfrac{1}{s}}{1+G(s)} = \dfrac{1}{1+\lim\limits_{s \to 0} G(s)} = \dfrac{1}{1+K_p} = \dfrac{1}{1+K}$에서

$0.05 + 0.05K = 1$, $0.05K = 1 - 0.05 = 0.95$

∴ $K = \dfrac{0.95}{0.05} = 19$이어야 한다.

정답 59.④ 60.① 61.①

062
제어량의 종류에 의한 분류가 아닌 것은?
① 자동조정 ② 서보기구
③ 적응제어 ④ 프로세스제어

해설 제어량의 종류에 따른 분류는 자동조정, 서보기구, 프로세스제어로 분류된다.

063
개루프 전달함수 $G(s)H(s) = \dfrac{K(s-5)}{s(s-1)^2(s+2)^2}$ 일 때 주어지는 계에서 점근선의 교차점은?

① $-\dfrac{3}{2}$ ② $-\dfrac{7}{4}$ ③ $\dfrac{5}{3}$ ④ $-\dfrac{1}{5}$

해설 점근선의 교차점 $= \dfrac{\sum 극점 - \sum 영점}{유한 극점의 수 - 유한 영점의 수}$
$= \dfrac{\sum G(s)H(s)의\ 극\ 값 - \sum G(s)H(s)의\ 영점\ 값}{P-Z}$
$= \dfrac{1+1-2-2-(5)}{5-1} = -\dfrac{7}{4}$

064
단위계단함수의 라플라스 변환과 z변환함수는?

① $\dfrac{1}{s}, \dfrac{z}{z-1}$ ② $s, \dfrac{z}{z-1}$
③ $\dfrac{1}{s}, \dfrac{z-1}{z}$ ④ $s, \dfrac{z-1}{z}$

해설 단위계단함수의 라플라스 변환 $= \dfrac{1}{s}$, z변환함수 $= \dfrac{z}{z-1}$ 가 된다.

065
다음 방정식으로 표시되는 제어계가 있다. 이 계를 상태 방정식 $\dot{x}(t) = Ax(t) + Bu(t)$로 나타내면 계수 행렬 A는?

$$\dfrac{d^3c(t)}{dt^3} + 5\dfrac{d^2c(t)}{dt^2} + \dfrac{dc(t)}{dt} + 2c(t) = r(t)$$

① $\begin{bmatrix} 0 & 1 & 0 \\ 0 & 0 & 1 \\ -2 & -1 & -5 \end{bmatrix}$ ② $\begin{bmatrix} 0 & 1 & 0 \\ 1 & 0 & 0 \\ 5 & 1 & 2 \end{bmatrix}$

③ $\begin{bmatrix} 0 & 0 & 1 \\ 1 & 0 & 0 \\ 0 & 5 & 2 \end{bmatrix}$ ④ $\begin{bmatrix} 0 & 1 & 0 \\ 0 & 0 & 1 \\ -2 & -1 & 0 \end{bmatrix}$

정답 62.③ 63.② 64.① 65.①

해설 $c(t) = x_1(t)$라면
$\dot{x}_1(t) = (0,\ 1,\ 0)x_1(t)$
$\dot{x}_2(t) = (0,\ 0,\ 1)x_2(t)$
$\dot{x}_3(t) = -2x_1(t) - x_2(t) - 5x_3(t) + r(t)$ 이다.
이 계를 상태 방정식 $\dot{x}(t) = Ax(t) + Bu(t)$로 나타내면

$\begin{vmatrix} \dot{x}_1(t) \\ \dot{x}_2(t) \\ \dot{x}_3(t) \end{vmatrix} = \begin{vmatrix} 0 & 1 & 0 \\ 0 & 0 & 1 \\ -2 & -1 & -5 \end{vmatrix} \begin{vmatrix} x_1(t) \\ x_2(t) \\ x_3(t) \end{vmatrix} + \begin{vmatrix} 0 \\ 0 \\ 1 \end{vmatrix} r(t)$ 이다.

∴ 계수행렬 $A = \begin{vmatrix} 0 & 1 & 0 \\ 0 & 0 & 1 \\ -2 & -1 & -5 \end{vmatrix}$ 이 된다.

066 안정한 제어계의 임펄스 응답을 가했을 때 제어계의 정상상태 출력은?
① 0
② $+\infty$ 또는 $-\infty$
③ +의 일정한 값
④ -의 일정한 값

해설 안정한 제어계에 임펄스 응답을 가했을 때 제어계의 정상상태 출력은 0이다.

067 그림과 같이 블록선도에서 $C(s)/R(s)$의 값은?

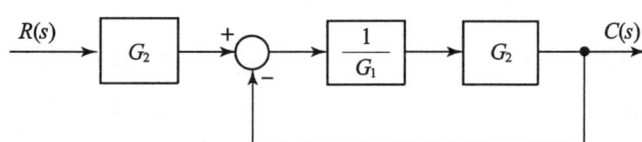

① $\dfrac{G_1}{G_1 - G_2}$
② $\dfrac{G_2}{G_1 - G_2}$
③ $\dfrac{G_2}{G_1 + G_2}$
④ $\dfrac{G_1 G_2}{G_1 + G_2}$

해설 블록선도에서 출력 $C(s) = G_2 R(s) - C(s)(\dfrac{1}{G_1} \times G_2)$

∴ $C(s)(1 + \dfrac{G_2}{G_1}) = G_2 R(s)$에서 $\dfrac{C(s)}{R(s)} = \dfrac{G_2}{1 + \dfrac{G_2}{G_1}} = \dfrac{G_1 G_2}{G_1 + G_2}$ 이 된다.

068 신호흐름선도에서 전달함수 $\dfrac{C}{R}$를 구하면?

① $\dfrac{abcdg}{1 - abcde}$
② $\dfrac{abcde}{1 - cg - bcdf}$
③ $\dfrac{abcde}{1 - cg - cgf}$
④ $\dfrac{abcde}{c + cg + cgf}$

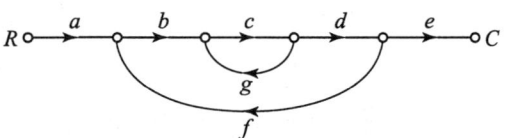

해답 66.① 67.④ 68.②

해설 신호흐름선도에서의 전달함수는 메이슨(Mason)의 정리에서

$$T = \frac{\sum_{n \to 1}^{n} G_n \triangle_n}{\triangle} = \frac{G_1 \triangle_1 + G_2 \triangle_2 + \cdots G_n \triangle_n}{1 - (G_1 H_1 + G_2 H_2 + \cdots G_n H_n)}$$

① 분모의 $G_1 H_1 + G_2 H_2 + \cdots$ 등은
- $G_1 H_1$(1개의 비접 폐루프, 개루프 이득의 곱)
- $G_2 H_2$(2개의 비접 폐루프, 개루프 이득의 곱)이고

② 분자의 $G_1 \triangle_1 + G_2 \triangle_2 + \cdots$ 등은
- G_1(1번째의 전향 경로의 이득)
- $\triangle_1$(1번째의 전향 경로와 접하지 않은 부분에 대한 △값)
- G_2(2번째의 전향 경로의 이득)
- $\triangle_2$(2번째의 전향 경로와 접하지 않은 부분에 대한 △값)이다.

∴ 문제의 신호흐름선도에서의 전달함수

$$T = \frac{\sum_{n \to 1}^{n} G_k \triangle_k}{\triangle} = \frac{G_1 \triangle_1 + G_2 \triangle_2 + \cdots}{1 - (G_1 H_1 + G_2 H_2 + \cdots)} = \frac{abcde \times 1 + 0}{1 - (cg + bcdf + 0)} = \frac{abcde}{1 - cg - bcdf}$$

단, $G_1 = abcde$, $\triangle_1 = 1$
$G_2 = 0$
$G_1 H_1 = cg$, $G_2 H_2 = bcdf$ 이다.

069 특성방정식이 $s^3 + 2s^2 + Ks + 5 = 0$가 안정하기 위한 K의 값은?

① $K > 0$
② $K < 0$
③ $K > \dfrac{5}{2}$
④ $K < \dfrac{5}{2}$

해설 루드의 판별법에서

s^3	1	K
s^2	2	5
s^1	$\dfrac{2K-5}{2}$	0
s^0	5	0

특성방정식을 안정하기 위해서는 1열의 부호 변화가 없어야 한다.

∴ $\dfrac{2K-5}{2} > 0$, $2K - 5 > 0$, $2K > 5$에서 $K > \dfrac{5}{2}$이 되어야 한다.

070 다음과 같은 진리표를 갖는 회로의 종류는?

① AND
② NOR
③ NAND
④ EX-OR

입력		출력
A	B	
0	0	0
0	1	1
1	0	1
1	1	0

해설 문제의 진리표를 갖는 회로의 방정식 $A\bar{B} + \bar{A}B = (A \oplus B)$는 EX-OR회로이다.

정답 69. ③ 70. ④

071
대칭 좌표법에서 대칭분을 각 상전압으로 표시한 것 중 틀린 것은?

① $E_0 = \frac{1}{3}(E_a + E_b + E_c)$
② $E_1 = \frac{1}{3}(E_a + aE_b + a^2 E_c)$
③ $E_2 = \frac{1}{3}(E_a + a^2 E_b + aE_c)$
④ $E_3 = \frac{1}{3}(E_a^2 + E_b^2 + E_c^2)$

해설 대칭분을 각 상전압으로 표시하면
E_0(영상 기전력)$= \frac{1}{3}(E_a + E_b + E_c)$[V]
E_1(정상 기전력)$= \frac{1}{3}(E_a + aE_b + a^2 E_c)$[V]
E_2(역상 기전력)$= \frac{1}{3}(E_a + a^2 E_b + aE_c)$[V]이다.
단, 연산자($a^3 = 1$, $a = -\frac{1}{2} + j\frac{\sqrt{3}}{2}$, $a^2 = -\frac{1}{2} - j\frac{\sqrt{3}}{2}$)

072
$R-L$ 직렬 회로에서 스위치 S가 1번 위치에 오랫동안 있다가 $t = 0^+$에서 위치 2번으로 옮겨진 후, $\frac{L}{R}(s)$ 후에 L에 흐르는 전류[A]는?

① $\frac{E}{R}$
② $0.5\frac{E}{R}$
③ $0.368\frac{L}{R}$
④ $0.632\frac{E}{R}$

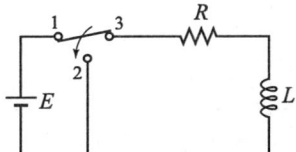

해설 $t = 0^+$에서 위치 ②번으로 옮기는 순간 L에 흐르는 전류
$i(t) = \frac{E}{R}e^{-\frac{R}{L}t} = \frac{E}{R}e^{-\frac{R}{L} \times \frac{L}{R}} = \frac{E}{R}e^{-1} = \frac{E}{R} \times \frac{1}{e^1} = \frac{E}{R} \times \frac{1}{2.718} = 0.36\frac{E}{R}$[A]이 된다.

073
분포 정수회로에서 선로정수가 R, L, C, G이고 무왜형 조건이 $RC = GL$과 같은 관계가 성립될 때 선로의 특성 임피던스 Z_0는? (단, 선로의 단위길이당 저항을 R, 인덕턴스를 L, 정전용량을 C, 누설 컨덕턴스를 G라 한다.)

① $Z_0 = \frac{1}{\sqrt{CL}}$
② $Z_0 = \sqrt{\frac{L}{C}}$
③ $Z_0 = \sqrt{CL}$
④ $Z_0 = \sqrt{RG}$

해설 분포 정수회로에서 무왜형 조건은 $\frac{R}{L} = \frac{G}{C}$의 관계가 성립될 때 선로의 특성 임피던스 $Z_0 = \sqrt{\frac{L}{C}}$[Ω]이다.

정답 71. ④ 72. ③ 73. ②

074 그림과 같은 4단자 회로망에서 하이브리드 파라미터 H_{11}은?

① $\dfrac{Z_1}{Z_1+Z_3}$

② $\dfrac{Z_1}{Z_1+Z_2}$

③ $\dfrac{Z_1 Z_3}{Z_1+Z_3}$

④ $\dfrac{Z_1 Z_3}{Z_1+Z_2}$

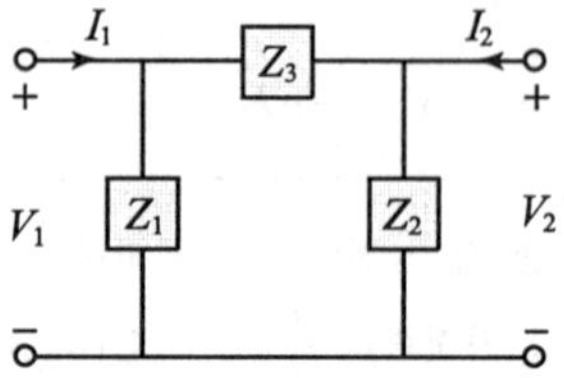

해설 H 파라미터 $\begin{cases} V_1 = H_{11}I_1 + H_{12}V_2 \\ I_2 = H_{21}I_1 + H_{22}V_2 \end{cases}$ 에서

하이브리드 파라미터 $H_{11} = \dfrac{V_1}{I_1}\bigg)_{V_2=0} = \dfrac{\dfrac{Z_1 Z_3}{Z_1+Z_3} \times I_1}{I_1}\bigg)_{V_2=0} = \dfrac{Z_1 Z_3}{Z_1+Z_3}$ 이 된다.

075 내부저항 0.1[Ω]인 건전지 10개를 직렬로 접속하고 이것을 한 조로 하여 5조 병렬로 접속하면 합성 내부저항은 몇 [Ω]인가?

① 5 ② 1
③ 0.5 ④ 0.2

해설 r(내부저항)=0.1[Ω] 건전지 직렬연결 수가 10개일 때의
합성저항 $R = 10 \times 0.1 = 1[\Omega]$ …… ①
한 조 합성저항 $R = 1[\Omega]$ 건전지 5조 병렬일 때의
총합성저항 $R_t = \dfrac{R}{5} = \dfrac{1}{5} = 0.2[\Omega]$이 된다.

076 함수 $f(t)$의 라플라스 변환은 어떤 식으로 정의되는가?

① $\displaystyle\int_0^\infty f(t)e^{st}dt$ ② $\displaystyle\int_0^\infty f(t)e^{-st}dt$

③ $\displaystyle\int_0^\infty f(-t)e^{st}dt$ ④ $\displaystyle\int_{-\infty}^\infty f(-t)e^{-st}dt$

해설 시간함수 $f(t)$의 라플라스 변환 $F(s) = \displaystyle\int_0^\infty f(t)e^{-st}dt$가 된다.
즉 t의 함수 $f(t)$를 0으로부터 ∞까지 덧셈한 값을 말한다.

해답 74. ③ 75. ④ 76. ②

077 대칭좌표법에서 불평형률을 나타내는 것은?

① $\dfrac{영상분}{정상분} \times 100$
② $\dfrac{정상분}{역상분} \times 100$
③ $\dfrac{정상분}{영상분} \times 100$
④ $\dfrac{역상분}{정상분} \times 100$

해설 대칭좌표법에서의 불평형률 = $\dfrac{역상분}{정상분} \times 100$ 으로 나타난다.

078 그림의 왜형파 푸리에의 급수로 전개할 때, 옳은 것은?

① 우수파만 포함한다.
② 기수파만 포함한다.
③ 우수파·기수파 모두 포함한다.
④ 푸리에 급수로 전개할 수 없다.

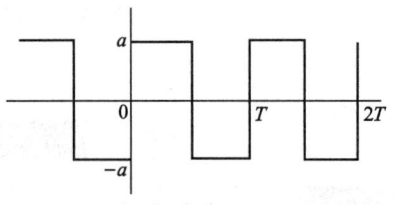

해설 그림의 왜형파는 반파 정현대칭이다.
∴ $f(t) = -f(t-\pi)$, $f(-t) = -f(t)$ 이며, 기수파만 포함한다.(기함수이다.)
$n = 1, 3, 5, 7, 9$ 이다.

079 최대값 E_m 인 반파 정류 정현파의 실효값은 몇 [V]인가?

① $\dfrac{2E_m}{\pi}$
② $\sqrt{2}\,E_m$
③ $\dfrac{E_m}{\sqrt{2}}$
④ $\dfrac{E_m}{2}$

해설 최대값이 E_m[V]인 전파 정류 정현파, 전압의 실효값 $|E| = \dfrac{E_m}{\sqrt{2}}$[V]이다.
∴ 반파 정류 정현파의 실효값 $E = \dfrac{E_m}{\sqrt{2}} \times \dfrac{1}{\sqrt{2}} = \dfrac{E_m}{2}$[V]가 된다.

080 그림과 같이 $R[\Omega]$의 저항을 Y결선으로 하여 단자 a, b 및 c에 비대칭 3상 전압을 가할 때, a단자의 중성점 N에 대한 전압은 약 몇 [V]인가? (단, $V_{ab} = 210$[V], $V_{bc} = -90 - j180$[V], $V_{ca} = -120 + j180$[V])

① 100
② 116
③ 121
④ 125

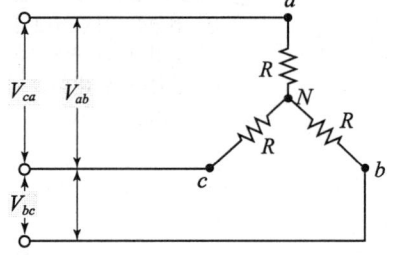

정답 77.④ 78.② 79.④ 80.③

해설 Y결선에 비대칭 3상 전압을 가할 때

a단자의 중성점 N에 대한 전압(a상의 상전압)

$$V_{aN} = \frac{V_{ab}}{\sqrt{3}} = \frac{210}{\sqrt{3}} ≒ 121[V]$$

b상의 상전압

$$V_{bN} = \frac{V_{bc}}{\sqrt{3}} = \frac{-90-j180}{\sqrt{3}} = \frac{\sqrt{(-90)^2+(-180)^2}}{\sqrt{3}} = \frac{\sqrt{40500}}{\sqrt{3}} = \frac{201.2}{\sqrt{3}} ≒ 116[V]$$

c상의 상전압

$$V_{cN} = \frac{V_{ca}}{\sqrt{3}} = \frac{-120+j180}{\sqrt{30}} = \frac{\sqrt{(-120)^2+(180)^2}}{\sqrt{3}} = \frac{\sqrt{46800}}{\sqrt{3}} = \frac{216.3}{1.732} ≒ 125[V]이다.$$

∴ a상의 상전압 ≒ 121[V]이다.

05 전/기/설/비/기/술/기/준/및/판/단/기/준

081 태양전지 모듈 시설에 대한 설명 중 옳은 것은?
① 충전부분은 노출하여 시설할 것
② 출력배선은 극성별로 확인 가능토록 표시할 것
③ 전선은 공칭단면적 1.5[mm²] 이상의 연동선을 사용할 것
④ 전선을 옥내에 시설할 경우에는 애자사용 공사에 준하여 시설할 것

해설 태양전지 모듈의 출력배선은 극성별로 확인 가능하도록 표시하여야 한다.

082 저압 옥상전선로를 전개한 장소에 시설하는 내용으로 틀린 것은?
① 전선은 절연전선일 것
② 전선은 지름 2.5[mm²] 이상의 경동선의 것
③ 전선과 그 저압 옥상전선로를 시설하는 조영재와의 이격거리는 2[m] 이상일 것
④ 전선은 조영재에 내수성이 있는 애자를 사용하여 지지하고 그 지지점 간의 거리는 15[m] 이하일 것

해설 저압 옥상전선로를 전개한 장소에 시설하는 내용으로 옳은 것은
① 전선은 절연전선일 것
② 전선과 그 저압 옥상전선로를 시설하는 조영재와의 이격거리는 2[m] 이상일 것
③ 전선은 조영재에 내수성이 있는 애자를 사용하여 지지하고 그 지지점 간의 거리는 15[m] 이하일 것

해답 81. ② 82. ②

083 무대, 무대마루 밑, 오케스트라박스, 영사실 기타 사람이나 무대 도구가 접촉할 우려가 있는 곳에 시설하는 저압 옥내배선, 전구선 또는 이동전선은 사용전압이 몇 [V] 미만이어야 하는가?

① 60 ② 110 ③ 220 ④ 400

해설 무대, 무대마루 밑, 오케스트라박스, 영사실 기타 사람이나 무대 도구가 접촉할 우려가 있는 곳에 시설하는 저압 옥내배선, 전구선 또는 이동전선의 사용전압은 400[V] 미만이어야 한다.

084 과전류차단기로 시설하는 퓨즈 중 고압전로에 사용하는 포장 퓨즈는 정격전류의 몇 배의 전류에 견디어야 하는가?

① 1.1 ② 1.25 ③ 1.3 ④ 1.6

해설 과전류차단기로 시설하는 퓨즈 중 고압전로에 사용하는 포장 퓨즈는 정격전류의 1.3배의 전류에 견디어야 한다.

085 터널 안 전선로의 시설방법으로 옳은 것은?

① 저압전선은 지름 2.6[mm]의 경동선의 절연전선을 사용하였다.
② 고압전선은 절연전선을 사용하여 합성수지관 공사로 하였다.
③ 저압전선을 애자사용 공사에 의하여 시설하고 이를 레일면상 또는 노면상 2.2[m]의 높이로 시설하였다.
④ 고압전선을 금속관공사에 의하여 시설하고 이를 레일면상 또는 노면상 2.4[m]의 높이로 시설하였다.

해설 터널 안 전선로의 저압전선은 지름 2.6[mm] 경동선의 절연전선을 사용하여야 한다.

086 저압 옥측전선로의 공사에서 목조 조영물에 시설할 수 있는 공사 방법은?

① 금속관 공사 ② 버스덕트 공사
③ 합성수지관 공사 ④ 연피 또는 알루미늄 케이블 공사

해설 합성수지관공사는 저압 옥측전선로에서 목조 조영물에 시설할 수 있는 공사 방법이다.

087 특고압을 직접 저압으로 변성하는 변압기로 시설하여서는 안 되는 변압기는?

① 광산에서 물을 양수하기 위한 양수기용 변압기
② 전기로 등 전류가 큰 전기를 소비하기 위한 변압기
③ 교류식 전기철도용 신호회로에 전기를 공급하기 위한 변압기
④ 발전소·변전소·개폐소 또는 이에 준하는 곳의 소내용 변압기

정답 83.④ 84.③ 85.① 86.③ 87.①

[해설] 광산에서 물을 양수하기 위한 양수기용 변압기는 특고압을 직접 저압으로 변성하는 변압기로 시설하여서는 안 된다.

088 케이블 트레이 공사에 사용하는 케이블 트레이의 시설기준으로 틀린 것은?
① 케이블 트레이 안전율은 1.3 이상이어야 한다.
② 비금속제 케이블 트레이는 난연성 재료의 것이어야 한다.
③ 전선의 피복 등을 손상시킬 돌기 등이 없이 매끈해야 한다.
④ 저압 옥내배선의 사용전압이 400[V] 미만인 경우에는 금속제 트레이에 제3종 접지공사를 하여야 한다.

[해설] 케이블 트레이 공사에 사용하는 케이블 트레이의 시설기준
① 비금속제 케이블 트레이는 난연성 재료의 것이어야 한다.
② 전선의 피복 등을 손상시킬 돌기 등이 없이 매끈해야 한다.
③ 저압 옥내배선의 사용전압이 400[V] 미만인 경우에는 금속제 트레이에 제3종 접지공사를 하여야 한다.

089 전로에 대한 설명 중 옳은 것은?
① 통상의 사용 상태에서 전기를 절연한 곳
② 통상의 사용 상태에서 전기를 접지한 곳
③ 통상의 사용 상태에서 전기가 통하고 있는 곳
④ 통상의 사용 상태에서 전기가 통하고 있지 않은 곳

[해설] 전로란 통상의 사용 상태에서 전기가 통하고 있는 곳을 말한다.

090 최대 사용전압이 23[kV]의 권선으로 중성점 접지식 전로(중성선을 가지는 것으로 그 중성선에 다중 접지를 하는 전로)에 접속되는 변압기는 몇 [V]의 절연내력 시험전압에 견디어야 하는가?
① 21,160   ② 25,300
③ 38,750   ④ 34,500

[해설] 최대 사용전압이 23[kV]의 권선으로 중성점 접지식 전로(중성선을 가지는 것으로 그 중성선에 다중 접지를 하는 전로)에 접속되는 변압기는 최대 사용전압에 0.92배 전압, 즉 0.92×23,000=21160[V]의 절연내력 시험전압에 견디어야 한다.

091 고압 가공전선으로 경동선 또는 내열 동합금선을 사용할 때 그 안전율은 최소 얼마 이상이 되는 이도로 시설하여야 하는가?
① 2.0   ② 2.2
③ 2.5   ④ 3.3

[정답] 88.① 89.③ 90.① 91.②

해설 고압 가공전선으로 경동선 또는 내열 동합금선을 사용할 때 그 안전율은 최소 2.2 이상이 되는 이도(Dip)로 시설하여야 한다.

092 제3종 접지공사에 사용되는 접지선의 굵기는 공칭단면적 몇 [mm²] 이상의 연동선을 사용하여야 하는가?
① 0.75
② 2.5
③ 6
④ 16

해설 제3종 접지공사에 사용되는 접지선의 굵기는 공칭단면적 몇 [mm²] 이상의 연동선을 사용하여야 한다.

093 고압 보안공사에서 지지물이 A종 철주인 경우 경간은 몇 [m] 이하인가?
① 100
② 150
③ 250
④ 400

해설 고압 보안공사에서 지지물이 A종 철주인 경우 경간은 100[m] 이하이어야 한다.

094 가공 직류 전차선의 레일면상의 높이는 4.8[m] 이상이어야 하나 광산 기타의 갱도 안의 윗면에 시설하는 경우는 몇 [m] 이상이어야 하는가?
① 1.8
② 2
③ 2.2
④ 2.4

해설 가공 직류 전차선의 레일면상의 높이는 4.8[m] 이상이어야 하나 광산 기타의 갱도 안의 윗면에 시설하는 경우는 1.8[m] 이상이어야 한다.

095 가공전선로 지지물의 승탑 및 승주방지를 위한 발판 볼트는 지표상 몇 m미만에 시설하여서는 아니 되는가?
① 1.2
② 1.5
③ 1.8
④ 2.0

해설 가공전선로 지지물의 승탑 및 승주방지를 위한 발판 볼트는 지표상 1.8[m] 미만에 시설하여서는 아니 된다.

096 일반적으로 저압 옥내간선에서 분기하여 전기사용 기계 기구에 이르는 저압 옥내전로는 저압 옥내 간선과의 분기점에서 전선의 길이가 몇 [m] 이하인 곳에 개폐기 및 과전류 차단기를 시설하여야 하는가?
① 2
② 3
③ 4
④ 5

정답 92.② 93.① 94.① 95.③ 96.②

해설 저압 옥내 간선에서 분기하여 전기사용 기계 기구에 이르는 저압 옥내전로는 분기점에서 전선의 길이가 3[m] 이하인 곳에 개폐기 및 과전류차단기를 시설하여야 한다.

097 사용전압이 60[kV] 이하인 경우 전화선로의 길이를 12[km]마다 유도전류는 몇 [μA]를 넘지 않도록 하여야 하는가?
① 1
② 2
③ 3
④ 4

해설 사용전압이 60[kV] 이하인 경우 전화선로의 길이를 12[km]마다 유도전류는 2[μA]를 넘지 않도록 하여야 한다.

098 발전소·변전소·개폐소 또는 이에 준하는 곳에서 개폐기 또는 차단기에 사용하는 압축공기장치의 공기압축기는 최고 사용압력의 1.5배의 수압을 연속하여 몇 분간 가하여 시험을 하였을 때에 이에 견디고 또한 새지 아니하여야 하는가?
① 5
② 10
③ 15
④ 20

해설 발전소·변전소·개폐소 또는 이에 준하는 곳에서 개폐기 또는 차단기에 사용하는 압축공기장치의 공기압축기는 최고 사용압력의 1.5배의 수압을 연속하여 10분 간 가하여 시험을 하였을 때에 이에 견디고 또한 새지 않아야 한다.

099 금속덕트 공사에 의한 저압 옥내배선 공사시설에 대한 설명으로 틀린 것은?
① 저압 옥내배선의 사용전압이 400[V] 미만인 경우에는 덕트에 제3종 접지공사를 한다.
② 금속덕트는 두께 1.0[mm] 이상인 철판으로 제작하고 덕트 상호 간에 완전하게 접속한다.
③ 덕트를 조영재에 붙이는 경우 덕트 지지점 간의 거리를 3[m] 이하로 견고하게 붙인다.
④ 금속덕트에 넣은 전선의 단면적의 합계가 덕트의 내부 단면적의 20[%] 이하가 되도록 한다.

해설 금속덕트 공사에 의한 저압 옥내배선 공사시설에 대한 설명으로 옳은 것은
① 저압 옥내배선의 사용전압이 400[V] 미만인 경우에는 덕트에 제3종 접지공사를 한다.
② 덕트를 조영재에 붙이는 경우 덕트 지지점 간의 거리를 3[m] 이하로 견고하게 붙인다.
③ 금속덕트에 넣은 전선의 단면적의 합계가 덕트의 내부 단면적의 20[%] 이하가 되도록 한다.

해답 97. ② 98. ② 99. ②

100 그림은 전력선 반송통신용 결합장치의 보안장치를 나타낸 것이다. S의 명칭으로 옳은 것은?

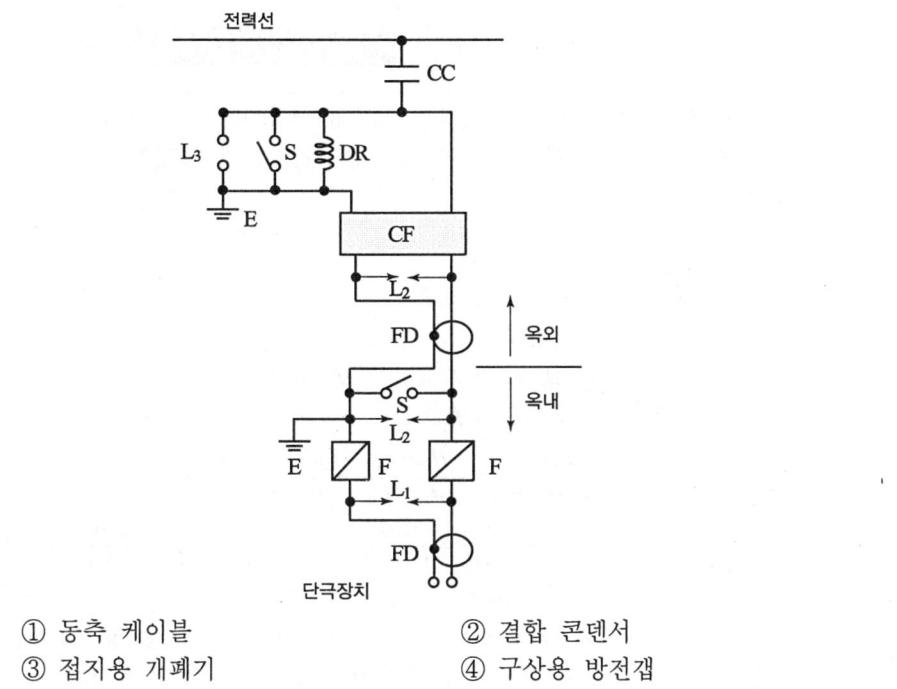

① 동축 케이블
② 결합 콘덴서
③ 접지용 개폐기
④ 구상용 방전갭

해설 그림은 전력선 반송통신용 결합장치의 보안장치를 나타낸 것이다. S의 명칭은 접지용 개폐기이다.

100. ③

02 전기기사

[2018년 4월 28일 시행]

01 전/기/자/기/학

001 매질 1의 $\mu_{s1}=500$, 매질 2의 $\mu_{s2}=1000$이다. 매질 2에서 경계면에 대하여 45°의 각도로 자계가 입사한 경우 매질 1에서 경계면과 자계의 각도에 가장 가까운 것은?

① 20° ② 30°
③ 60° ④ 80°

해설 자계의 경계 조건

$B_{1n}=B_{2n}$, $B_1\cos\theta_1=B_2\cos\theta_2$, $\mu_1 H_1\cos\theta_1=\mu_2 H_2\cos\theta_2$ … ①

$H_{1t}=H_{2t}$, $H_1\sin\theta_1=H_2\sin\theta_2$ …………………………… ②

$\therefore \dfrac{②}{①}=\dfrac{H_1\sin\theta_1}{\mu_1 H_1\cos\theta_1}=\dfrac{H_2\sin\theta_2}{\mu_2 H_2\cos\theta_2}$, $\dfrac{\tan\theta_1}{\mu_1}=\dfrac{\tan\theta_2}{\mu_2}$ 에서

경계 조건은 $\dfrac{\tan\theta_1}{\tan\theta_2}=\dfrac{\tan\theta_1}{\tan 45°}=\dfrac{\mu_1}{\mu_2}=\dfrac{\mu_0\mu_{s1}}{\mu_0\mu_{s2}}=\dfrac{\mu_{s1}}{\mu_{s2}}=\dfrac{500}{1000}=0.5$ 에서

$\tan\theta_1=0.5\times\tan 45°=0.5\times 1=0.5$

θ(매질 ①에서 입사 각과 법선과의 각도)$=\tan^{-1}0.5=30°$ 이다.

$\therefore$ 입사 각과 경계면 자계와의 각도$=90-30°≒60°$ 가 된다.

002 대지의 고유저항이 $\rho[\Omega\cdot m]$일 때 반지름 $a[m]$인 그림과 같은 반구 접지극의 접지저항$[\Omega]$은?

① $\dfrac{\rho}{4\pi a}$

② $\dfrac{\rho}{2\pi a}$

③ $\dfrac{2\pi\rho}{a}$

④ $2\pi\rho a$

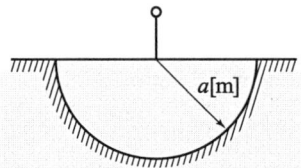

해설 반지름 $a[m]$인 구의 정전용량 $C_1=\dfrac{Q}{V}=\dfrac{Q}{\dfrac{Q}{4\pi\varepsilon a}}=4\pi\varepsilon a[F]$이다.

$\therefore$ 반지름 $a[m]$인 반구의 정전용량 $C=\dfrac{C_1}{2}=\dfrac{4\pi\varepsilon a}{2}=2\pi\varepsilon a[F]$

$\therefore RC=\rho\varepsilon$에서 반구 접지극의 접지저항 $R=\dfrac{\rho\varepsilon}{C}=\dfrac{\rho\varepsilon}{2\pi\varepsilon a}=\dfrac{\rho}{2\pi a}[\Omega]$이 된다.

해답 1.③ 2.②

003 히스테리시스 곡선에서 히스테리시스 손실에 해당하는 것은?

① 보자력의 크기
② 잔류자기의 크기
③ 보자력과 잔류자기의 곱
④ 히스테리시스 곡선의 면적

해설 히스테리시스 곡선의 면적은 히스테리시스 곡선에서 히스테리시스 손실에 해당하는 것이다.

004 다음 (가), (나)에 대한 법칙으로 알맞은 것은?

전자유도에 의하여 회로에 발생하는 기전력은 쇄교 자속수의 시간에 대한 감소비율에 비례한다는 (가)에 따르고, 특히 유도된 기전력의 방향은 (나)에 따른다.

① (가) 패러데이의 법칙 (나) 렌츠의 법칙
② (가) 렌츠의 법칙   (나) 패러데이의 법칙
③ (가) 플레밍의 왼손법칙 (나) 패러데이의 법칙
④ (가) 패러데이의 법칙   (나) 플레밍의 왼손법칙

해설 전자유도에 의하여 회로에 발생하는 기전력은 쇄교 자속수의 시간에 대한 감소비율에 비례한다는 것은 (가) 패러데이의 법칙에 따르고, 특히 유도된 기전력의 방향은 (나) 렌츠의 법칙에 따른다.

005 N회 감긴 환상코일의 단면적이 $S[\text{m}^2]$이고 평균 길이가 $\ell[\text{m}]$이다. 이 코일의 권수를 2배로 늘이고 인덕턴스를 일정하게 하려고 할 때, 다음 중 옳은 것은?

① 길이를 2배로 한다.
② 단면적을 $\frac{1}{4}$로 한다.
③ 비투자율을 $\frac{1}{2}$배로 한다.
④ 전류의 세기를 4배로 한다.

해설 환상코일의 자기 인덕턴스

$$L = \frac{N^2}{R} = \frac{N^2}{\frac{\ell}{\mu S}} = \frac{\mu S N^2}{\ell} ≒ SN^2 [\text{H}]$$에서 $S(단면적) = \frac{L}{N^2}[\text{m}^2]$ … ①

∴ 권수 $N_1 = 2N$, L(인덕턴스) = 일정일 때

단면적 $S_1 ≒ \frac{L}{N_1^2} = \frac{L}{(2N)^2} = \frac{1}{4} \times \frac{L}{N^2} = \frac{1}{4}S[\text{m}^2]$가 된다.

해답 3.④ 4.① 5.②

006 무한장 솔레노이드에 전류가 흐를 때 발생되는 자장에 관한 설명으로 옳은 것은?
① 내부 자장은 평등자장이다.
② 외부 자장은 평등자장이다.
③ 내부 자장의 세기는 0이다.
④ 외부와 내부의 자장의 세기는 같다.

해설 무한장 솔레노이드에 전류가 흐를 때 발생되는 내부 자장은 평등자장이고, 외부자장의 세기는 0이다.

007 자기회로에서 키르히호프의 법칙으로 알맞은 것은? (단, R : 자기저항, ϕ : 자속, N : 코일 권수, I : 전류이다.)

① $\sum_{i=1}^{n} \phi_i = \infty$

② $\sum_{i=1}^{n} N_i \phi_i = 0$

③ $\sum_{i=1}^{n} R_i \phi_i = \sum_{i=1}^{n} N_i I_i$

④ $\sum_{i=1}^{n} R_i \phi_i = \sum_{i=1}^{n} N_i L_i$

해설 자기회로에서 키르히호프의 제2법칙은 기자력 $F = NI = R\phi$[N]이므로 이는 기자력 $F = \sum_{i=1}^{n} R_i \phi_i = \sum_{i=1}^{n} N_i I_i$[N]으로 표시된다.

008 전하밀도 σ_s[C/m²]인 무한 판상 전하분포에 의한 임의 점의 전장에 대하여 틀린 것은?
① 전장의 세기는 매질에 따라 변한다.
② 전장의 세기는 거리 r에 반비례한다.
③ 전장은 판에 수직방향으로만 존재한다.
④ 전장의 세기는 전하밀도 σ_s에 비례한다.

해설 면 전하밀도 $\sigma_s = \dfrac{dQ}{ds}$[C/m²]인 무한 판상 전하분포에 의한 임의 점의 전장 세기는 무한히 넓고, 얇은 도체판이므로 양면 전장 세기 $E = \dfrac{\sigma_s}{2\varepsilon_0}$[V/m]로서 거리 r[m]와는 무관하다.

∴ ① 전장 세기는 매질에 따라 변한다.
② 전장은 판에 수직방향으로 존재한다.
③ 전장의 세기는 면 전하밀도 σ_s에 비례한다.

정답 6.① 7.③ 8.②

009 한 변의 길이가 ℓ[m]인 정사각형 도체 회로에 전류 I[A]를 흘릴 때 회로의 중심점에서 자계의 세기는 몇 [AT/m]인가?

① $\dfrac{2I}{\pi\ell}$ ② $\dfrac{I}{\sqrt{2}\,\pi\ell}$ ③ $\dfrac{\sqrt{2}\,I}{\pi\ell}$ ④ $\dfrac{2\sqrt{2}\,I}{\pi\ell}$

그림에서 유한직선도체로부터 $\dfrac{\ell}{2}$[m] 떨어진 점에 자계세기

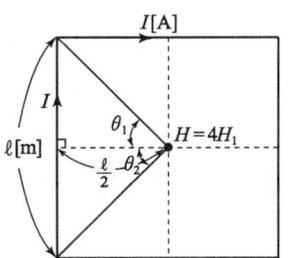

$H_1 = \dfrac{I}{4\pi \times \dfrac{\ell}{2}}(\sin\theta_1 + \sin\theta_2)$

$= \dfrac{I}{4\pi \times \dfrac{\ell}{2}}(\sin45° + \sin45°)$

$= \dfrac{I}{4\pi \times \dfrac{\ell}{2}} \times 2 \times \sin45°$

$= \dfrac{I}{\sqrt{2}\,\pi\ell}$ [AT/m]이다.

∴ 정4각형 코일 중심자계 $H = 4H_1 = \dfrac{2 \times \sqrt{2}\,\sqrt{2}\,I}{\sqrt{2}\,\pi\ell} = \dfrac{2\sqrt{2}\,I}{\pi\ell}$ [AT/m]이다.

010 반지름 a[m]의 원형 단면을 가진 도선에 전도전류 $i_c = I_c\sin2\pi ft$[A]가 흐를 때 변위전류밀도의 최대값 J_d는 몇 [A/m²]가 되는가? (단, 도전율은 σ[S/m]이고, 비유전율은 ε_r이다.)

① $\dfrac{f\varepsilon_r I_c}{4\pi \times 10^9 \sigma a^2}$ ② $\dfrac{\varepsilon_r I_c}{4\pi f \times 10^9 \sigma a^2}$

③ $\dfrac{f\varepsilon_r I_c}{9\pi \times 10^9 \sigma a^2}$ ④ $\dfrac{f\varepsilon_r I_c}{18\pi \times 10^9 \sigma a^2}$

s(원형 단면적)$=\pi a^2$[m²], 도전율 $\sigma = \dfrac{1}{\rho}$이다.

∴ J_D(변위전류밀도)$= \dfrac{\partial D}{\partial t} = \varepsilon\dfrac{\partial E}{\partial t} = \varepsilon\dfrac{\partial}{\partial t}\dfrac{V}{\ell} = \varepsilon\dfrac{\partial}{\partial t} \times \dfrac{i_c R}{\ell} = \varepsilon\dfrac{\partial}{\partial t} \times \dfrac{I_c\sin2\pi ft \times \rho\dfrac{\ell}{S}}{\ell}$

$= \dfrac{\varepsilon I_c \rho \ell \dfrac{\partial}{\partial t}\sin2\pi ft}{\ell S} = \dfrac{\varepsilon I_c \times 2\pi f \cos2\pi ft}{\sigma \times \pi a^2} = \dfrac{2\pi\varepsilon_0 \times \varepsilon_r f I_c \cos2\pi ft}{\sigma \times \pi\sigma^a}$

$= \dfrac{\varepsilon_r f I_c}{18 \times 10^9 \times \sigma \times \pi\sigma^2}\cos2\pi ft = \dfrac{f\varepsilon_r I_c}{18\pi \times 10^9 \sigma a^2}\cos2\pi ft$ [A/m²]이 된다.

∴ 변위전류밀도의 최대값 $J_D = \dfrac{f\varepsilon_r I_c}{18\pi \times 10^9 \sigma a^2}$ [A/m²]이다.

(단, $4\pi\varepsilon_0 = \dfrac{1}{9\times10^9}$, $2\pi\varepsilon_0 = \dfrac{1}{18\times10^9}$로 계산된다.)

9. ④ 10. ④

011 대전 도체 표면전하밀도는 도체 표면의 모양에 따라 어떻게 분포하는가?
① 표면전하밀도는 뾰족할수록 커진다.
② 표면전하밀도는 평면일 때 가장 크다.
③ 표면전하밀도는 곡률이 크면 작아진다.
④ 표면전하밀도는 표면의 모양과 무관하다.

해설 대전 도체 표면전하밀도는 도체 표면이 뾰족할수록 커진다.

012 일정전압의 직류전원에 저항을 접속하여 전류를 흘릴 때, 저항값을 20[%] 감소시키면 흐르는 전류는 처음 저항에 흐르는 전류의 몇 배가 되는가?
① 1.0배
② 1.1배
③ 1.25배
④ 1.5배

해설 옴법칙에서 $I = \dfrac{V}{R}[A]$ … ①
저항값 20[%] 감소 시 저항 $R' = (1-0.2)R = 0.8R[\Omega]$일 때의
전류 $I' = \dfrac{V}{R'} = \dfrac{V}{0.8R} = 1.25\dfrac{V}{R} = 1.25I[A]$가 된다.

013 유전율이 ε인 유전체 내에 있는 점전하 Q에서 발산되는 전기력선의 수는 총 몇 개인가?
① Q
② $\dfrac{Q}{\varepsilon_0 \varepsilon_s}$
③ $\dfrac{Q}{\varepsilon_s}$
④ $\dfrac{Q}{\varepsilon_0}$

해설 가우스 정리 적분형 $\displaystyle\int_s E \cdot ds = \dfrac{Q}{\varepsilon} = \dfrac{Q}{\varepsilon_0 \varepsilon_s}$개이다.
즉, 임의 폐곡면으로부터 밖으로 나가는 전기력선의 총 수는 $\dfrac{Q}{\varepsilon_0 \varepsilon_s}$개다.

014 내부도체의 반지름이 a[m]이고, 외부도체의 내반지름이 b[m], 외반지름이 c[m]인 동축 케이블의 단위 길이당 자기 인덕턴스는 몇 [H/m]인가?
① $\dfrac{\mu_0}{2\pi}\ln\dfrac{b}{a}$
② $\dfrac{\mu_0}{\pi}\ln\dfrac{b}{a}$
③ $\dfrac{2\pi}{\mu_0}\ln\dfrac{b}{a}$
④ $\dfrac{\pi}{\mu_0}\ln\dfrac{b}{a}$

정답 11. ① 12. ③ 13. ② 14. ①

🔑 동축 케이블의 자계세기는 앙페르의 주회적분 법칙에서 $H = \dfrac{I}{2\pi r}$[AT/m] … ①

자속밀도 $B = \dfrac{d\phi}{ds} = \mu_0 H$[wb/m²], $d\phi = Bds$

$$\phi = \int_a^b Bds = \int_a^b \mu_0 H l d_r = \int_a^b \mu_0 \dfrac{I}{2\pi r} l d_r = \dfrac{\mu_0 I l}{2\pi} \int_a^b \dfrac{1}{r} d_r = \dfrac{\mu_0 I l}{2\pi} (\ln \dfrac{b}{a})[\text{Wb}]$$

∴ 동축 케이블 단위 길이당의 자기 인덕턴스

$$L = \dfrac{\phi}{I} = \dfrac{\dfrac{\mu_0 I}{2\pi} \ln \dfrac{b}{a}}{I} = \dfrac{\mu_0}{2\pi} \ln \dfrac{b}{a}[\text{H}]\text{이 된다.}$$

015 공기 중에서 1[m] 간격을 가진 두 개의 평행 도체 전류의 단위 길이에 작용하는 힘은 몇 [N]인가? (단, 전류는 1[A]라고 한다.)

① 2×10^{-7}　　② 4×10^{-7}
③ $2\pi \times 10^{-7}$　　④ $4\pi \times 10^{-7}$

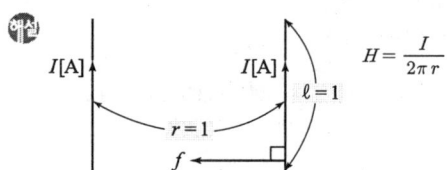

그림과 같이 두 개의 평행도체 전류 단위 길이의 작용력

$$f = IB\ell \sin 90° = I\mu_0 H \ell = I \times 4\pi \times 10^{-7} \times \dfrac{I\ell}{2\pi r} = \dfrac{2I^2 \ell}{r} \times 10^{-7}$$

$$= \dfrac{2 \times 1^2 \times 1}{1} \times 10^{-7} = 2 \times 10^{-7}[\text{N}]\text{이 된다.}$$

016 공기 중에서 코로나방전이 3.5[kV/mm] 전계에서 발생한다고 하면, 이때 도체의 표면에 작용하는 힘은 약 몇 [N/m²]인가?

① 27　　② 54
③ 81　　④ 108

🔑 도체 표면에 저장되는 에너지 $W = \dfrac{1}{2}CV^2 = \dfrac{1}{2} \times \dfrac{\varepsilon_0 s}{d} \times (Ed)^2 = \dfrac{1}{2}\varepsilon_0 E^2 sd$[J]

도체 표면에 작용하는 힘 $F = \dfrac{\partial W}{\partial d} = \dfrac{\partial}{\partial d} \dfrac{1}{2}\varepsilon_0 E^2 sd = \dfrac{1}{2}\varepsilon_0 E^2 s$[N]이다.

∴ 도체 표면 단위 면적에 작용하는 힘

$$F = \dfrac{1}{2}\varepsilon_0 E^2 s = \dfrac{1}{2} \times 8.855 \times 10^{-12} \times (3.5 \times 10^6)^2 \times 1 ≒ 54[\text{N/m}^2]\text{이 된다.}$$

15. ① 16. ②

017 무한장 직선 전류에 의한 자계의 세기[AT/m]는?
① 거리 r에 비례한다.
② 거리 r^2에 비례한다.
③ 거리 r에 반비례한다.
④ 거리 r^2에 반비례한다.

무한장 직선 전류에 의한 자계 세기는 앙페르의 주회적분 법칙에서
$$\int_c H dl = I, \quad H \cdot l = H \times 2\pi r = I$$
∴ H(자계 세기)$= \dfrac{I}{2\pi r}$ [AT/m]이다.
즉 무한장 직선 전류에 의한 자계 세기(H)는 거리 r[m]에 반비례한다.

018 전계 $E = \sqrt{2} E_e \sin\omega\left(t - \dfrac{x}{c}\right)$ [V/m]의 평면 전자파가 있다. 진공 중에서 자계의 실효값은 몇 [A/m]인가?
① $0.707 \times 10^{-3} E_e$
② $1.44 \times 10^{-3} E_e$
③ $2.65 \times 10^{-3} E_e$
④ $5.37 \times 10^{-3} E_e$

평면 전자파의 고유임피던스 $Z_0 = \dfrac{E_e}{H_e} = \sqrt{\dfrac{\mu_0}{\varepsilon_0}} ≒ 377$[Ω]이다.
∴ 진공 중에서의 자계 실효값 $H_e = \dfrac{E_e}{377} ≒ 2.65 \times 10^{-3} E_e$ [A/m]이 된다.

019 Biot-Savart의 법칙에 의하면, 전류소에 의해서 임의의 한 점(P)에 생기는 자계의 세기를 구할 수 있다. 다음 중 설명으로 틀린 것은?
① 자계의 세기는 전류의 크기에 비례한다.
② MKS 단위계를 사용할 경우 비례상수는 $1/4\pi$이다.
③ 자계의 세기는 전류소와 점 P와의 거리에 반비례한다.
④ 자계의 방향은 전류소 및 이 전류소와 점 P를 연결하는 직선을 포함하는 면에 법선 방향이다.

Biot-Savart의 법칙에 의하면 전류소에 의해서 임의의 한 점(P)에 생기는 자계의 세기를 구할 수 있는 설명으로 옳은 것은
① 자계의 세기는 전류의 크기에 비례한다.
② MKS 단위계를 사용할 경우 비례상수는 $1/4\pi$이다.
③ 자계의 방향은 전류소 및 이 전류소와 점 P를 연결하는 직선을 포함하는 면에 법선 방향이다.

17. ③ 18. ③ 19. ③

020 $x > 0$인 영역에 $\varepsilon_1 = 3$인 유전체, $x < 0$인 영역에 $\varepsilon_2 = 5$인 유전체가 있다. 유전율 ε_2인 영역에서 전계가 $E_2 = 20a_x + 30a_y - 40a_z$[V/m]일 때, 유전율 ε_1인 영역에서의 전계 E_1[V/m]은?

① $\frac{100}{3}a_x + 30a_y - 40a_z$
② $20a_x + 90a_y - 40a_z$
③ $100a_x + 10a_y - 40a_z$
④ $60a_x + 30a_y - 40a_z$

해설 전계의 경계조건에서 $D_{1n} = D_{2n}$, $\varepsilon_1 E_{1x} = \varepsilon_2 E_{2x}$에서

$E_{1x} = \frac{\varepsilon_2}{\varepsilon_1}E_{2x} = \frac{5}{3}E_{2x} = \frac{5}{3} \times 20a_x = \frac{100}{3}a_x$[V/m]이고, $E_{1y} = E_{2y}$, $E_{1z} = E_{2z}$이므로

유전율 $\varepsilon_1 = 3$인 영역에서의 전계

$\dot{E}_1 = \dot{E}_{1x} + \dot{E}_{1y} + \dot{E}_{1z} = \frac{100}{3}a_x + 30a_y - 40a_z$[V/m]이 된다.

02 전/력/공/학

021 1[kWh]를 열량으로 환산하면 약 몇 [kcal]인가?

① 80
② 256
③ 539
④ 860

해설 P(전력) $= VI$[W]

W(전력량) $= P \cdot t$ [W · sec = Joul]

∴ 1[W · sec] = 1[J] = $\frac{1}{4.189}$ ≒ 0.24[cal]이다.

∴ 1[kWh] = 1000[W] × 3600[sec] = 360000[J] = 360000 × $\frac{1}{4.189}$[cal]

≒ 360000 × 0.24 ≒ 860000[cal] ≒ 860[kcal]가 된다.

∴ 1[kWh]를 열량으로 환산하면 약 860[kcal]가 된다.

022 22.9[kV], Y결선된 자가용 수전설비의 계기용 변압기의 2차 측 정격전압은 몇 [V]인가?

① 110
② 220
③ $110\sqrt{3}$
④ $220\sqrt{3}$

해설 22.9[kV] Y결선된 자가용 수전설비의 계기용 변압기의 2차 측 정격전압은 110[V]이다.

20. ① 21. ④ 22. ①

023 순저항 부하의 부하전력 P[kW], 전압 E[V], 선로의 길이 l[m], 고유저항 ρ[Ω·mm²/m]인 단상 2선식 선로에서 선로 손실을 q[W]라 하면, 전선의 단면적 [mm²]은 어떻게 표현되는가?

① $\dfrac{\rho l P^2}{qE^2} \times 10^6$ ② $\dfrac{2\rho l P^2}{qE^2} \times 10^6$

③ $\dfrac{\rho l P^2}{2qE^2} \times 10^6$ ④ $\dfrac{2\rho l P^2}{q^2 E} \times 10^6$

해설 $\cos\theta(\text{역률})=1$, $P=EI\cos\theta=EI$ [kW], $I(\text{전류})=\dfrac{P}{E}\times 10^3$[A]

선로 손실 $q=2I^2R=2\times\left(\dfrac{P}{E}\times 10^3\right)^2\times\rho\dfrac{l}{S}=\dfrac{2P^2\rho l}{E^2\times S}\times 10^6$[W]

∴ 전선의 단면적 $S=\dfrac{2\rho l P^2}{qE^2}\times 10^6$ [mm²]이 된다.

---

024 동작 전류의 크기가 커질수록 동작 시간이 짧게 되는 특성을 가진 계전기는?

① 순한시 계전기   ② 정한시 계전기
③ 반한시 계전기   ④ 반한시 정한시 계전기

해설 반한시 계전기란 동작 전류의 크기가 커질수록 동작 시간이 짧게 되는 특성을 가진 계전기를 말한다.

---

025 소호 리액터를 송전계통에 사용하면 리액터의 인덕턴스와 선로의 정전용량이 어떤 상태로 되어 지락전류를 소멸시키는가?

① 병렬 공진   ② 직렬 공진
③ 고 임피던스   ④ 저 임피던스

해설 소호 리액터를 송전계통에 사용하면 리액터의 인덕턴스와 선로의 정전용량이 병렬 공진 상태로 되어 지락전류를 소멸시킨다.

---

026 동기조상기에 대한 설명으로 틀린 것은?

① 시충전이 불가능하다.
② 전압 조정이 연속적이다.
③ 중부하 시에는 과여자로 운전하여 앞선 전류를 취한다.
④ 경부하 시에는 부족여자로 운전하여 뒤진 전류를 취한다.

해설 동기조상기
① 전압 조정이 연속적이다.
② 중부하 시에는 과여자로 운전하여 앞선 전류를 취한다.
③ 경부하 시에는 부족여자로 운전하여 뒤진 전류를 취한다.

정답 23. ② 24. ③ 25. ① 26. ①

027 화력발전소에서 가장 큰 손실은?
① 소내용 동력
② 송풍기 손실
③ 복수기에서의 손실
④ 연돌 배출가스 손실

해설 화력발전소에서의 가장 큰 손실은 복수기에 의한 손실이 약 47[%]로 제일 크고, 연돌 배출가스 손실이 약 10[%]이다.

028 정전용량 0.01[μF/km], 길이 173.2[km], 선간전압 60[kV], 주파수 60[Hz]인 3상 송전선로의 충전전류는 약 몇 [A]인가?
① 6.3
② 12.5
③ 22.6
④ 37.2

해설 3상 송전선로의 충전전류

$$I_c = \frac{E\ell}{X_c} = WCE\ell = 2\pi fC \times \frac{V}{\sqrt{3}} \times \ell = 2 \times 3.14 \times 60 \times 0.01 \times 10^{-6} \times 173.2 \times \frac{60 \times 10^3}{\sqrt{3}}$$

$$= 377 \times 1.732 \times 10^{-6} \times \frac{60 \times 10^3}{\sqrt{3}} = 377 \times 6 \times 10^{-2} ≒ 22.6[A]가 된다.$$

029 발전용량 9800[kW]의 수력발전소 최대사용 수량이 10[m³/s]일 때, 유효낙차는 몇 [m]인가?
① 100
② 125
③ 150
④ 175

해설 수력발전소의 발전용량 $P = 9.8QH[kW]$

∴ 유효낙차 $H = \frac{P}{9.8Q} = \frac{9800}{9.8 \times 10} = \frac{9800}{98} = 100[m]$가 된다.

030 차단기의 정격 차단 시간은?
① 고장 발생부터 소호까지의 시간
② 트립코일 여자부터 소호까지의 시간
③ 가동 접촉자의 개극부터 소호까지의 시간
④ 가동 접촉자의 동작 시간부터 소호까지의 시간

해설 차단기 정격 차단 시간이란 트립코일 여자로부터 소호까지의 시간을 말한다.

031 부하전류의 차단능력이 없는 것은?
① DS
② NFB
③ OCB
④ VCB

27. ③ 28. ③ 29. ① 30. ② 31. ①

[해설] 단로기(DS)는 이상 전류가 흐르는 경우 투입과 차단을 모두 할 수 없는 개폐기로써 부하전류의 차단능력이 없다.

032 전선의 굵기가 균일하고 부하가 송전단에서 말단까지 균일하게 분포되어 있을 때 배전선 말단에서 전압 강하는? (단, 배전선 전체 저항 R, 송전단의 부하전류는 I이다.)

① $\frac{1}{2}RI$
② $\frac{1}{\sqrt{2}}RI$
③ $\frac{1}{\sqrt{3}}RI$
④ $\frac{1}{3}RI$

[해설] 균등 분포 부하는 전선의 굵기가 균일하고 부하가 송전단에서 말단까지 균일하게 분포되어 있으므로 배전선 말단에서의 전압 강하는 $\frac{1}{2}IR$이고, 전력손실은 $\frac{1}{3}I^2R$이 된다.

033 역률 개선용 콘덴서를 부하와 병렬로 연결하고자 한다. △결선방식과 Y결선방식을 비교하면 콘덴서의 정전용량[μF]의 크기는 어떠한가?

① △결선방식과 Y결선방식은 동일하다.
② Y결선방식이 △결선방식의 1/2이다.
③ △결선방식이 Y결선방식의 1/3이다.
④ Y결선방식이 △결선방식의 1/$\sqrt{3}$ 이다.

[해설] △결선방식과 Y결선방식에서의 저항은 $Y_R = \frac{1}{3}\triangle_R$, $\triangle_R = 3Y_R$이다.

또 △결선방식과 Y결선방식에서의 콘덴서 정전용량은 $C_Y = 3C_\triangle$, $C_\triangle = \frac{1}{3}C_Y$이다.

034 송전선로에서 고조파 제거방법이 아닌 것은?

① 변압기를 △결선한다.
② 능동형 필터를 설치한다.
③ 유도전압 조정장치를 설치한다.
④ 무효전력 보상장치를 설치한다.

[해설] 송전선로에서의 고조파 제거방법은
① 변압기를 △결선 한다.
② 능동형 필터를 설치한다.
③ 무효전력 보상장치를 설치한다.

035 송전선로에 댐퍼(Damper)를 설치하는 주된 이유는?

① 전선의 진동방지
② 전선의 이탈방지
③ 코로나 현상의 방지
④ 현수애자의 경사방지

[해설] 송전선로에 댐퍼(Damper)를 설치하는 주된 이유는 전선의 진동방지이다. 또한 오프셋(off set)은 단락방지이고, 연가는 선로의 평형을 위해서다.

[정답] 32. ① 33. ③ 34. ③ 35. ①

036 400[kVA] 단상 변압기 3대를 △-△결선으로 사용하다가 1대의 고장으로 V-V결선을 하여 사용하면 약 몇 [kVA] 부하까지 걸 수 있겠는가?
① 400
② 566
③ 693
④ 800

해설 $P_a = 400$[kVA] 단상 변압기 3대로 △-△결선으로 사용하다. 1대가 고장이면 V-V결선이 된다. 이때 부하에 걸 수 있는 용량 $= \sqrt{3} P_a = \sqrt{3} \times 400 ≒ 693$[kVA]이 된다.

037 직격뢰에 대한 방호설비로 가장 적당한 것은?
① 복도체
② 가공지선
③ 서지흡수기
④ 정정방전기

해설 가공지선은 직격뢰에 대한 방호설비이다. 즉 가공지선을 설치하는 목적은 뇌해방지이다.

038 선로정수를 평행되게 하고, 근접 통신선에 대한 유도장해를 줄일 수 있는 방법은?
① 연가를 시행한다.
② 전선으로 복도체를 사용한다.
③ 전선로의 이도를 충분하게 한다.
④ 소호 리액터 접지를 하여 중성점 전위를 줄여준다.

해설 연가는 선로정수를 평행하게 하고, 근접 통신선에 대한 유도장해를 줄인다. 또한, 댐퍼(Damper)는 송전선로의 진동방지이고 오프셋(off-set)은 송전선로 단락방지이다.

039 직류 송전방식에 대한 설명으로 틀린 것은?
① 선로의 절연이 교류방식보다 용이하다.
② 리액턴스 또는 위상각에 대해서 고려할 필요가 없다.
③ 케이블 송전일 경우 유전손이 없기 때문에 교류방식보다 유리하다.
④ 비동기 연계가 불가능하므로 주파수가 다른 계통간의 연계가 불가능하다.

해설 직류 송전방식에 대한 설명으로 옳은 것은
① 선로의 절연이 교류방식보다 용이하다.
② 리액턴스 또는 위상각에 대해서 고려할 필요가 없다.
③ 케이블 송전일 경우 유전손이 없기 때문에 교류방식보다 유리하다.

040 저압 배전계통을 구성하는 방식 중 캐스케이딩(cascading)을 일으킬 우려가 있는 방식은?
① 방사상방식
② 저압 뱅킹방식
③ 저압 네트워크방식
④ 스포트네트워크방식

해답 36.③ 37.② 38.① 39.④ 40.②

저압 뱅킹방식은 저압 배전계통을 구성하는 방식 중 캐스케이딩(cascading)을 일으킬 우려가 있는 방식이다. 또한 저압 뱅킹 배전방식에서의 캐스케이딩(cascading) 현상이란 저압선의 고장에 의하여 건전한 변압기 일부 또는 전부가 차단되는 현상을 말한다.

03 전/기/기/기

041 동기발전기의 전기자권선을 분포권으로 하면 어떻게 되는가?
① 난조를 방지한다.
② 기전력의 파형이 좋아진다.
③ 권선의 리액턴스가 커진다.
④ 집중권에 비하여 합성 유기기전력이 증가한다.

동기발전기의 전기자권선을 분포권으로 하면
① 고조파 감소 기전력의 파형이 좋아진다.
② 기전력과 리액턴스가 약간 감소된다.

042 부하전류가 2배로 증가하면 변압기의 2차 측 동손은 어떻게 되는가?
① 1/4로 감소한다.   ② 1/2로 감소한다.
③ 2배로 증가한다.   ④ 4배로 증가한다.

변압기 2차 측 동손 $P_c = I^2 R$[W]이다. R[Ω]이 일정하고 부하전류 $I' = 2I$[A]로 증가하면 변압기 2차 측 동손 $P_c' = (I')^2 R = (2I)^2 \times R = 4 \times I^2 R = 4P_c$[W]로 4배로 증가한다.

043 동기전동기에서 출력이 100%일 때 역률이 1이 되도록 계자전류를 조정한 다음에 공급전압 V 및 계자전류 I_f를 일정하게 하고, 전부하 이하에서 운전하면 동기전동기의 역률은?
① 뒤진 역률이 되고, 부하가 감소할수록 역률은 낮아진다.
② 뒤진 역률이 되고, 부하가 감소할수록 역률은 좋아진다.
③ 앞선 역률이 되고, 부하가 감소할수록 역률은 낮아진다.
④ 앞선 역률이 되고, 부하가 감소할수록 역률은 좋아진다.

동기전동기에서 I_f(계자전류)조정 $\cos\theta = 1$로 한 다음 V와 I_f는 일정하게 하고, 전부하 이하에서 운전하면 동기전동기는 앞선 역률이 되고 부하가 감소할수록 역률은 낮아진다.

41. ② 42. ④ 43. ③

044 유도기전력의 크기가 서로 같은 A, B 2대의 동기발전기를 병렬 운전할 때, A발전기의 유기기전력 위상이 B보다 앞설 때 발생하는 현상이 아닌 것은?
① 동기화력이 발생한다.
② 고조파 무효순환전류가 발생된다.
③ 유효전류인 동기화전류가 발생된다.
④ 전기자 동손을 증가시키며 과열의 원인이 된다.

해설 유도기전력의 크기가 서로 같은 A, B 2대의 동기발전기가 병렬 운전할 때, A발전기의 유기기전력 위상이 B발전기보다 앞설 때 발생하는 현상은
① 동기화력이 발생한다.
② 유효전류인 동기화전류가 발생된다.
③ 전기자 동손을 증가시키며 과열의 원인이 된다.

045 직류기의 철손에 관한 설명으로 틀린 것은?
① 성층철심을 사용하면 와전류손이 감소한다.
② 철손에는 풍손과 와전류손 및 저항손이 있다.
③ 철에 규소를 넣게 되면 히스테리시스손이 감소한다.
④ 전기자 철심에는 철손을 작게 하기 위해 규소강판을 사용한다.

해설 직류기의 철손에 관한 설명으로 옳은 것은
① 성층철심을 사용하면 와전류손이 감소한다.
② 철에 규소를 넣게 되면 히스테리시스손이 감소한다.
③ 전기자 철심에는 철손을 작게 하기 위해 규소강판을 사용한다.

046 직류 분권발전기의 극수 4, 전기자 총 도체수 600으로 매분 600회전할 때 유기기전력이 220[V]라 한다. 전기자 권선이 파권일 때 매극당 자속은 약 몇 [Wb]인가?
① 0.0154
② 0.0183
③ 0.0192
④ 0.0199

해설 전기자 권선이 파권이므로 a(병렬회로 수)=2이다.
직류 분권발전기의 유기기전력 $E = \dfrac{P}{a} Z \times \dfrac{N}{60} \phi$ [V]
∴ 매극당의 자속
$\phi = \dfrac{E}{\dfrac{P}{a}Z \times \dfrac{N}{60}} = \dfrac{220}{\dfrac{4}{2} \times 600 \times \dfrac{600}{60}} = \dfrac{220}{2 \times 600 \times 10} = \dfrac{220}{12000} ≒ 0.0183$ [Wb]가 된다.

047 어떤 정류회로의 부하전압이 50[V]이고 맥동률 3[%]이면 직류 출력전압에 포함된 교류분은 몇 [V]인가?
① 1.2
② 1.5
③ 1.8
④ 2.1

정답 44.② 45.② 46.② 47.②

해설 r(맥동률)=직류(DC)에 교류(AC)가 포함된 율=$\frac{AC 실효치}{DC 평균치} \times 100$이다.
∴ 교류(AC) 실효값=r(맥동률)×직류(부하전압) 평균값
=3[%]×50=0.03×50=1.5[Ω]가 된다.

048 3상 수은 정류기의 직류 평균 부하전류가 50[A]가 되는 1상 양극 전류 실효값은 약 몇 [A]인가?

① 9.6   ② 17   ③ 29   ④ 87

해설 3상 수은 정류기의 직류 측 전류 I_d와 교류 측 전류 I와의 비

$$\frac{I_d}{I} = \frac{\sqrt{2}\sin\frac{\pi}{m}}{\frac{\pi}{m}} = \frac{\sqrt{2}\sin\frac{\pi}{3}}{\frac{\pi}{3}} = \frac{\sqrt{2}\times\frac{\sqrt{3}}{2}}{\frac{\pi}{3}} ≒ 1.17$$

∴ I(양극 전류 실효값)=$\frac{I_d}{1.17\times\sqrt{2}} = \frac{50}{1.17\times\sqrt{2}} ≒ 29$[A]가 된다.

(단, I_d(직류값)=I_m(최대값)=$\sqrt{2}I$[A])

049 그림은 동기발전기의 구동 개념도이다. 그림에서 2를 발전기라 할 때 3의 명칭으로 적합한 것은?

① 전동기
② 여자기
③ 원동기
④ 제동기

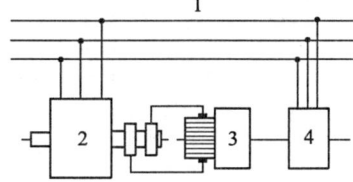

해설 그림에서 2가 발전기이면, 3은 여자기이다.

050 유도전동기의 2차 회로에 2차 주파수와 같은 주파수로 적당한 크기와 적당한 위상의 전압을 외부에서 가해주는 속도제어법은?

① 1차 전압 제어   ② 2차 저항 제어
③ 2차 여자 제어   ④ 극수 변환 제어

해설 2차 여자 제어법은 유도전동기의 2차 회로에 2차 주파수와 같은 주파수로 적당한 크기와 적당한 위상의 전압을 외부에서 가해주는 속도제어법이다.

051 변압기의 1차 측을 Y결선, 2차 측을 △결선으로 한 경우 1차와 2차 간의 전압의 위상차는?

① 0°   ② 30°   ③ 45°   ④ 60°

해답 48. ③   49. ②   50. ③   51. ②

해설 변압기 1차 측 Y결선 선간전압(V_ℓ), 2차 측 △결선은 상전압(V_p)이다.
∴ 1차, 2차 간의 전압 크기와 위상차는 $V_\ell = \sqrt{3}\,V_p \angle 30$(△전압)[V]이다.
∴ Y전압 크기는 △전압 크기의 $\sqrt{3}$ 배이고, Y전압 위상은 △전압 위상보다 30° 앞선다.
즉 1차, 2차 전압의 위상차는 30°이다.

052 이상적인 변압기의 무부하에서 위상관계로 옳은 것은?
① 자속과 여자전류는 동위상이다.
② 자속은 인가전압보다 90° 앞선다.
③ 인가전압은 1차 유기기전력보다 90° 앞선다.
④ 1차 유기기전력과 2차 유기기전력의 위상은 반대이다.

해설 이상적인 변압기의 무부하에서의 위상은 자속(ϕ)과 여자전류(I_0)는 동위상이다.

053 정격출력 50[kW], 4극 220[V], 60[Hz]인 3상 유도전동기가 전부하 슬립 0.04, 효율 90[%]로 운전되고 있을 때 다음 중 틀린 것은?
① 2차 효율=96[%]   ② 1차 입력=55.56[kW]
③ 회전자입력=47.9[kW]   ④ 회전자동손=2.08[kW]

해설 ① 1차 효율 $\eta_1 = \dfrac{P_0}{P_1}$, P_1(1차 입력)$= \dfrac{P_0}{\eta_1} = \dfrac{50}{0.9} = 55.56$[kW]

② 2차 효율 $\eta_2 = \dfrac{P_0}{P_2} = \dfrac{(1-s)P_2}{P_2} = 1-s = 1-0.04 = 0.96$[%]

③ $P_0 = (1-s)P_2$. ∴ P_2(회전자 입력=1차 출력)$= \dfrac{P_0}{1-s} = \dfrac{50}{1-0.04} \fallingdotseq 52.08$[kW]

④ P_{c2}(회전자 동손=2차 동손)$= SP_2 = 0.04 \times 52.08 = 2.08$[kW]이다.

∴ 틀린 것은 ③ 회전자입력=47.9[kW]이다.

054 저항부하를 갖는 정류회로에서 직류분 전압이 200[V]일 때 다이오드에 가해지는 첨두역전압(PIV)의 크기는 약 몇 [V]인가?
① 346   ② 628   ③ 692   ④ 1038

해설 저항부하를 갖는 정류회로에서 Diode에 가해지는 PIV(첨두역내 전압)이므로
단상반파 직류분 전압 $V_{dc} = \dfrac{V_m}{\pi}$[V]에서
∴ PIV(첨두역내 전압)$= V_m = \pi \times V_{dc} = 3.14 \times 200 = 628$[V]이 된다.

055 3상 변압기를 1차 Y, 2차 △로 결선하고 1차에 선간전압 3300[V]를 가했을 때의 무부하 2차 선간전압은 몇 [V]인가? (단, 전압비는 30 : 1이다.)
① 63.5   ② 110   ③ 173   ④ 190.5

정답 52.① 53.③ 54.② 55.①

[해설] 3상 변압기를 1차 Y결선은 $V_{1\ell}$(선간전압)$=\sqrt{3}\,V_{1p}\angle 30°$ [V]

V_{1p}(1차 Y결선 상전압)$=\dfrac{V_{1\ell}}{\sqrt{3}}=\dfrac{3300}{\sqrt{3}}\fallingdotseq 1905$[V]

3상 변압기 2차 △결선에서는 선간전압($V_{2\ell}$)=상전압(V_{2p})이다.

∴ 1차, 2차 상전압비 $a=\dfrac{n_1}{n_2}=\dfrac{V_{1p}(\text{Y결선})}{V_{2p}(\triangle\text{결선})}=\dfrac{30}{1}=30$에서

무부하 2차 △결선 선간전압=상전압 $V_{2p}=\dfrac{V_{1p}}{30}=\dfrac{1905}{30}=63.5$[V]가 된다.

056 직류발전기의 유기기전력과 반비례하는 것은?
① 자속 ② 회전수
③ 전체 도체수 ④ 병렬 회로수

[해설] 직류발전기의 유기기전력 $E=\dfrac{P}{a}Z\times\dfrac{N}{60}\phi$[V]이며, a(병렬 회로수)에 반비례한다.

057 일반적인 3상 유도전동기에 대한 설명 중 틀린 것은?
① 불평형 전압으로 운전하는 경우 전류는 증가하나 토크는 감소한다.
② 원선도 작성을 위해서는 무부하시험, 구속시험, 1차 권선저항 측정을 하여야 한다.
③ 농형은 권선형에 비해 구조가 견고하며 권선형에 비해 대형전동기로 널리 사용된다.
④ 권선형 회전자의 3선 중 1선이 단선되면 동기속도의 50[%]에서 더 이상 가속되지 못하는 현상을 게르게스현상이라 한다.

[해설] 일반적인 3상 유도전동기에 대한 설명으로 옳은 것은
① 불평형 전압으로 운전하는 경우 전류는 증가하나 토크는 감소한다.
② 원선도 작성을 위해서는 무부하시험, 구속시험, 1차 권선저항 측정을 하여야 한다.
③ 권선형 회전자의 3선 중 1선이 단선되면 동기속도의 50[%]에서 더 이상 가속되지 못하는 현상을 게르게스현상이라 한다.

058 변압기 보호장치의 주된 목적이 아닌 것은?
① 전압 불평형 개선 ② 절연내력 저하 방지
③ 변압기 자체 사고의 최소화 ④ 다른 부분으로의 사고 확산 방지

[해설] 변압기 보호장치의 주된 목적
① 절연내력 저하 방지
② 변압기 자체 사고의 최소화
③ 다른 부분으로의 사고 확산 방지

[정답] 56.④ 57.③ 58.①

059 직류기에서 기계각의 극수가 P인 경우 전기각과의 관계는 어떻게 되는가?

① 전기각 $\times 2P$
② 전기각 $\times 3P$
③ 전기각 $\times \dfrac{2}{P}$
④ 전기각 $\times \dfrac{3}{P}$

해설 기하각=전기각$\times \dfrac{2}{P}$이다. 전기각=기하각$\times \dfrac{P}{2}$로 할 수 있다.

060 3상 권선형 유도전동기의 전부하 슬립 5[%], 2차 1상의 저항 0.5[Ω]이다. 이 전동기의 기동 토크를 전부하 토크와 같도록 하려면 외부에서 2차에 삽입할 저항[Ω]은?

① 8.5
② 9
③ 9.5
④ 10

해설 3상 권선형 유도전동기에서 기동 토크를 전부하 토크와 같도록 하기 위한 외부 2차 삽입저항 R_s[Ω]는 $\dfrac{r_2}{S_1} = \dfrac{r_2 + R_s}{S_2}$이다.

∴ R_s(외부 2차 삽입저항)$= \dfrac{S_2 - S_1}{S_1} \times r_2 = \dfrac{1 - 0.05}{0.05} \times 0.5 = 9.5$[Ω]이 된다.

04 회/로/이/론/및/제/어/공/학

061 $G(s) = \dfrac{1}{0.005s(0.1s+1)^2}$에서 $\omega = 10$[rad/s]일 때의 이득 및 위상각은?

① 20[dB], $-90°$
② 20[dB], $-180°$
③ 40[dB], $-90°$
④ 40[dB], $-180°$

해설 $S = j\omega = \dfrac{d}{dt} = 10$[rad/sec]일 때의 이득 및 위상각은

∴ $G(s) = \dfrac{1}{0.005s(0.1s+1)^2} = \dfrac{1}{0.005 \times j\omega(0.1 \times j\omega + 1)^2} = \dfrac{1}{0.005 \times j10(0.1 \times j10 + 1)^2}$

$= \dfrac{1}{j0.05(1 \times j + 1)^2} = \dfrac{1}{j0.05(\sqrt{1^2 + 1^2})^2} = \dfrac{1}{0.05 \times 2 \angle (j \times 1)^2}$

$= \dfrac{1}{0.1} \angle -180° = 10 \angle -180°$에서 위상차는 $-180°$이다.

G(이득)$= 20\log_{10} G(s) = 20\log_{10} 10 = 20$[dB]이 된다.

∴ 이득 20[dB], 위상차 $-180°$

062. 그림과 같은 논리회로는?

① OR 회로
② AND 회로
③ NOT 회로
④ NOR 회로

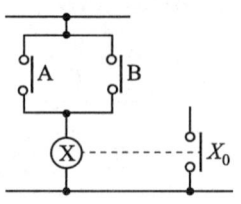

그림의 논리회로의 출력은 $\overline{X}$(부 논리 회로출력)$=\overline{A}+\overline{B}$

∴ X(정 논리 회로출력)$=\overline{\overline{A}+\overline{B}}=(A \cdot B)$으로 OR-gate 회로가 된다.

063. 그림은 제어계와 그 제어계의 근궤적을 작도한 것이다. 이것으로부터 결정된 이득여유 값은?

① 2
② 4
③ 8
④ 64

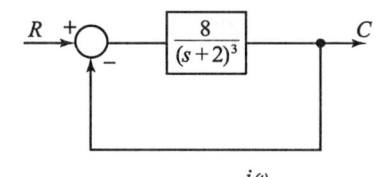

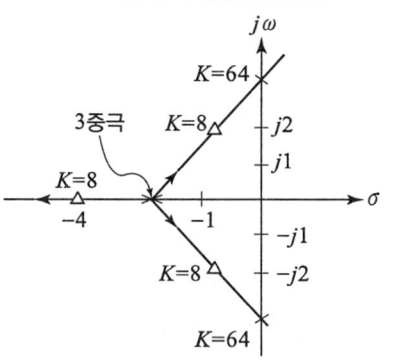

그림은 제어계의 근궤적을 작도한것이다. S평면 좌반부의 공액 복소근은 시간과 더불어 소멸되므로 안정근이다.

∴ 이득여유란 $G(s)H(s)$에 위상이 180°일 때(즉, 분모의 허수부=0일때) $G(s)H(s)$크기의 역수를 말하며 4~12[dB] 사이가 된다.

문제 제어계에서 C(출력)$=R-C(\dfrac{8}{(S+2)^3})$, $C(1+\dfrac{8}{(S+2)^3})=R$

∴ $G(s)H(s)=\dfrac{C}{R}=\dfrac{1}{1+\dfrac{8}{(S+2)^3}}=\dfrac{1}{1+\dfrac{8}{(0+2)^3}}=\dfrac{1}{1+\dfrac{8}{8}}=\dfrac{1}{2}$

∴ GM(이득여유)$=20\log_{10}\dfrac{1}{G(s)H(s)}=20\log_{10}\dfrac{1}{\frac{1}{2}}=20\log_{10}2=20\times0.3010≒6$[dB]이나

이는 4~12[dB] 사이의 공액 복소근으로 문제 근궤적 작도에서 ≒8[dB]이 된다.

62. ① 63. ③

064
그림과 같은 스프링 시스템을 전기적 시스템으로 변환했을 때 이에 대응하는 회로는?

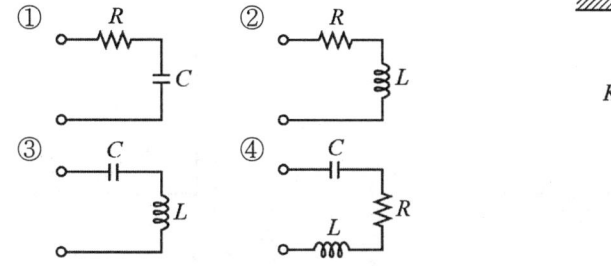

해설 전기계와 직선운동계의 대응관계

전기계	직선 운동계
전압 e[V]	힘[N]
인덕턴스 L[H]	질량 m[kg]
용량 C[F]	스프링 정수 K[N/m]
저항 R[Ω]	제동계수 μ[N·m/sec]
병렬 회로	직렬 회로

∴ 문제와 같은 스프링 시스템(직선운동계)을 전기적 시스템으로 변환하면

C[F], L[H] 이 된다.

065

$\dfrac{d^2}{dt^2}c(t)+5\dfrac{d}{dt}c(t)+4c(t)=r(t)$ 와 같은 함수를 상태함수로 변환하였다. 벡터 A, B의 값으로 적당한 것은?

$$\frac{d}{dt}X(t) = AX(t) + Br(t)$$

① $A=\begin{bmatrix} 0 & 1 \\ -5 & -4 \end{bmatrix}$, $B=\begin{bmatrix} 0 \\ 1 \end{bmatrix}$ ② $A=\begin{bmatrix} 0 & 1 \\ 5 & 4 \end{bmatrix}$, $B=\begin{bmatrix} 0 \\ 1 \end{bmatrix}$

③ $A=\begin{bmatrix} 0 & 1 \\ -4 & -5 \end{bmatrix}$, $B=\begin{bmatrix} 0 \\ 1 \end{bmatrix}$ ④ $A=\begin{bmatrix} 0 & 1 \\ 4 & 5 \end{bmatrix}$, $B=\begin{bmatrix} 0 \\ 1 \end{bmatrix}$

해설 $\dfrac{d^2}{dt^2}c(t)+5\dfrac{d}{dt}c(t)+4c(t)=r(t)$ 와 같은 함수를 상태함수로 변환하면

$x_1(t)=C(t)$
$\dot{x}_1(t)=(0\,,\,1)\,x_1(t)$
$\dot{x}_2(t)=-4x_1(t)-5x_2(t)+r(t)$ 이다.

상태 방정식 $\dfrac{d}{dt}X(t)=\begin{vmatrix} 0 & 1 \\ -4 & -5 \end{vmatrix}X(t)+\begin{vmatrix} 0 \\ 1 \end{vmatrix}r(t)=AX(t)+Br(t)$ 이다.

∴ $A=\begin{vmatrix} 0 & 1 \\ -4 & -5 \end{vmatrix}$, $B=\begin{vmatrix} 0 \\ 1 \end{vmatrix}$ 이 된다.

정답 64. ③ 65. ③

066 전달함수 $G(s) = \dfrac{1}{s+a}$ 일 때, 이 계의 임펄스 응답 $c(t)$를 나타내는 것은? (단, a는 상수이다.)

①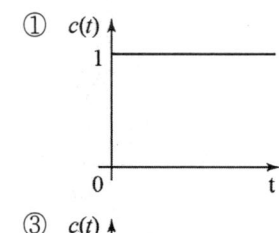
②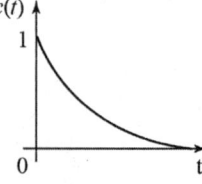
③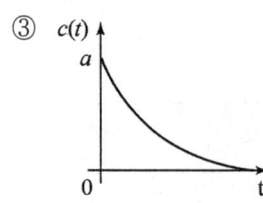
④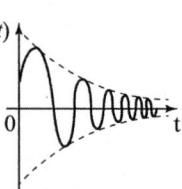

임펄스 응답 $c(t) = L^{-1}G(s) \cdot R(s) = L^{-1}G(s)$, $1 = L^{-1}\dfrac{1}{s+a}1 = e^{-at} = 2.718^{-at}$ 이다.

t의 증가에 따른 $c(t)$ 임펄스 응답은 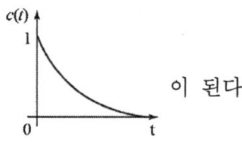 이 된다.

067 궤환(Feed back) 제어계의 특징이 아닌 것은?
① 정확성이 증가한다.
② 대역폭이 증가한다.
③ 구조가 간단하고 설치비가 저렴하다.
④ 계(系)의 특성 변화에 대한 입력대 출력비의 감도가 감소한다.

궤환(Feed back) 제어계의 특징
① 정확성이 증가한다.
② 대역폭이 증가한다.
③ 계(系)의 특성 변화에 대한 입력대 출력비의 감도가 감소한다.

068 이산 시스템(Discrete data system)에서의 안정도 해석에 대한 설명 중 옳은 것은?
① 특성방정식의 모든 근이 z 평면의 음의 반평면에 있으면 안정하다.
② 특성방정식의 모든 근이 z 평면의 양의 반평면에 있으면 안정하다.
③ 특성방정식의 모든 근이 z 평면의 단위원 내부에 있으면 안정하다.
④ 특성방정식의 모든 근이 z 평면의 단위원 외부에 있으면 안정하다.

66. ② 67. ③ 68. ③

해설 이산 시스템(Discrete data system)에서의 안정도 해석은 특성 방정식의 모든 근이 z 평면의 단위원 내부에 있으면 안정하다.

069
노내 온도를 제어하는 프로세스 제어계에서 검출부에 해당하는 것은?
① 노
② 밸브
③ 증폭기
④ 열전대

해설 노내 온도를 제어하는 프로세스 제어계에서 열전대는 제어 대상으로부터 제어량을 검출하여 주 피드백 신호를 만드는 검출부로서 열전대가 이 부분에 해당한다.

070
단위 부궤환 제어시스템의 루프 전달함수 $G(s)H(s)$가 다음과 같이 주어져 있다. 이득 여유가 20[dB]이면 이때 K의 값은?

$$G(s)H(s) = \frac{K}{(s+1)(s+3)}$$

① $\frac{3}{10}$ ② $\frac{3}{20}$ ③ $\frac{1}{20}$ ④ $\frac{1}{40}$

해설 $G(s)H(s)$의 분포 허수부=0일 때 $G(s)H(s) = \frac{K}{(s+1)(s+3)} = \frac{1}{10}$일 때

이득 여유가 20[dB]이 된다. ∴ $10K = (0+1)(0+3) = 3$, $K = \frac{3}{10}$이 된다.

이때의 이득 여유 $GM = 20\log_{10}\frac{1}{G(s)H(s)} = 20\log_{10}\frac{1}{\frac{1}{10}} = 20\log_{10}10 = 20$[dB]이 된다.

∴ 이득 여유 $GM = 20$[dB]일 때 $K = \frac{3}{10}$이다.

071
$R = 100[\Omega]$, $X_c = 100[\Omega]$이고 L만을 가변 할 수 있는 RLC 직렬회로가 있다. 이때 $f = 500$[Hz], $E = 100$[V]를 인가하여 L을 변화시킬 때 L의 단자전압 E_L의 최대값은 몇 [V]인가? (단, 공진회로이다.)
① 50
② 100
③ 150
④ 200

해설 RLC 직렬회로에서 L만을 가변 시 공진조건은 $X_c = X_L = 100[\Omega]$이고, $R = 100[\Omega]$만의 회로이다.

∴ I_0(공진전류) $= \frac{E}{R} = \frac{100}{100} = 1$[A]

L의 단자전압 $E_L = I_L X_L = I_c X_c = 1 \times 100 = 100$[V]이 된다.

정답 69.④ 70.① 71.②

072 어떤 회로에 전압을 115[V] 인가하였더니 유효전력이 230[W], 무효전력이 345[Var]를 지시한다면 회로에 흐르는 전류는 약 몇 [A]인가?

① 2.5
② 5.6
③ 3.6
④ 4.5

예설 $P(\text{유효전력}) = VI\cos\theta = 230[\text{W}]$
$P_r(\text{무효전력}) = VI\sin\theta = 345[\text{Var}]$
$P_a(\text{대상전력}) = P + jP_r = \sqrt{P^2 + P_r^2} = \sqrt{(230)^2 + (345)^2} = \sqrt{52900 + 119025}$
$= \sqrt{171925} ≒ 415 = VI[\text{VA}]$
$\therefore I(\text{회로전류}) = \dfrac{P_a}{V} = \dfrac{415}{115} ≒ 3.6[\text{A}]$이 된다.

073 시정수와 의미를 설명한 것 중 틀린 것은?

① 시정수가 작으면 과도현상이 짧다.
② 시정수가 크면 정상상태에 늦게 도달한다.
③ 시정수는 τ로 표기하며, 단위는 초(sec)이다.
④ 시정수는 과도 기간 중 변화해야 할 양의 0.632[%]가 변화하는 데 소요된 시간이다.

예설 시정수와 의미를 설명한 것으로 옳은 것은
① 시정수가 작으면 과도현상이 짧다.
② 시정수가 크면 정상상태에 늦게 도달한다.
③ 시정수는 τ로 표기하며, 단위는 초(sec)이다.

074 무손실 선로에 있어서 감쇠정수 α, 위상정수를 β라 하면 α와 β의 값은? (단, R, G, L, C는 선로 단위 길이당의 저항, 컨덕턴스, 인덕턴스, 커패시턴스이다.)

① $\alpha = \sqrt{RG}, \beta = 0$
② $\alpha = 0, \beta = -\dfrac{1}{\sqrt{LC}}$
③ $\alpha = 0, \beta = \omega\sqrt{LC}$
④ $\alpha = \sqrt{RG}, \beta = \omega\sqrt{LC}$

예설 무손실 선로는 $R=0$, $G=0$이며, 손실이 없는 선로이다.
$\therefore r(\text{전파정수}) = \alpha + j\beta = \sqrt{YZ}$ → Ⓐ식에서
Ⓐ식 크기는 $(\sqrt{\alpha^2 + \beta^2})^2 = (\sqrt{|YZ|})^2$ $\therefore \alpha^2 + \beta^2 = |YZ|$ … ①
Ⓐ식 복소수 자승은 $(\alpha + j\beta)^2 = \alpha^2 + j2\alpha\beta - \beta^2 = \alpha^2 - \beta^2 + j2\alpha\beta = |YZ|$
$= (G + jB)(R + jX) = (RG - XB) + j(XG + BR)$
실수=실수에서 $\alpha^2 - \beta^2 = RG - XB$ … ②
①+②식에서 $2\alpha^2 = |YZ| + RG - XB$

정답 72. ③ 73. ④ 74. ③

∴ α(감쇠정수)$=\sqrt{\frac{1}{2}(|YZ|+RG-XB)}=\sqrt{\frac{1}{2}(\sqrt{(G^2+B^2)(R^2+X^2)}+RG-XB)}$

$=\sqrt{\frac{1}{2}(XB-XB)}=0$

①-②식에서 $2\beta^2=|YZ|-RG+XB$

∴ β(위상정수)$=\sqrt{\frac{1}{2}(|YZ|-RG-XB)}=\sqrt{\frac{1}{2}(\sqrt{(G^2+B^2)(R^2+X^2)}-RG-XB)}$

$=\sqrt{\frac{1}{2}(XB+XB)}=\sqrt{XB}=\omega\sqrt{LC}$ 이 된다.

∴ α(감쇠정수)=0, β(위상정수)=$\omega\sqrt{LC}$이다.

075

어떤 소자에 걸리는 전압이 $100\sqrt{2}\cos(314t-\frac{\pi}{6})$[V]이고, 흐르는 전류가 $100\sqrt{2}\cos(314t+\frac{\pi}{6})$[A]일 때 소비되는 전력[W]은?

① 100 ② 150
③ 250 ④ 300

비정현파 전압전류에 의한 전력은 같은 주파수 사이에만 존재한다.

$P(전력)=\frac{1}{T}\int_0^T v(t)i(t)dt = V_0I_0 + V_1I_1\cos\phi_1 + V_2I_2\cos\phi_2 + V_3I_3\cos\phi_3$
$+ \cdots V_nI_n\cos\phi_n$[W]이다.

∴ 기본파 소비전력 $P_1 = V_1I_1\cos\phi_1 = 100\times 3\cos(-30-30) = 300\times\frac{1}{2} = 150$[W]이 된다.

(단, $\cos(-60)=\cos 60°=\frac{1}{2}$)

076

그림 (a)와 그림 (b)가 역회로 관계에 있으려면 L의 값은 몇 [mH]인가?

① 1
② 2
③ 5
④ 10

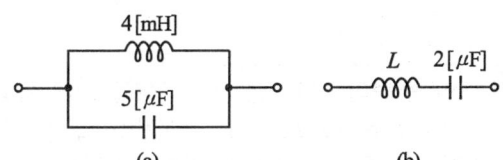

역회로란 회로 요소가 서로 상대 관계에 있고 그 임피던스 및 어드미턴스의 비나 2개 임피던스의 곱이 주파수에 관계없이 일정한 회로를 말한다. 즉 $\frac{Z_1}{Y_2}=Z_1Z_2=\frac{L_2}{C_1}=K^2$ (공칭 임피던스)인 회로를 말한다.

∴ ① $Z_1Z_2 = j\omega L_1 \times \frac{1}{j\omega C_2} = \frac{L_1}{C_2} = \frac{4\times 10^{-3}}{2\times 10^{-6}} = \frac{4000}{2} = 2000 = K^2$

② $Z_3Z_4 = \frac{1}{j\omega C}\times j\omega L = \frac{L}{C} = K^2 = 2000$

∴ $L = CK^2 = 5\times 10^{-6}\times 2000 = 5\times 2\times 10^{-3} = 10\times 10^{-3} = 10$[mH]가 된다.

75. ② 76. ④

077 2개의 전력계로 평형 3상 부하의 전력을 측정하였더니 한쪽의 지시가 다른 쪽 전력계 지시의 3배였다면 부하의 역률은 약 얼마인가?

① 0.46
② 0.55
③ 0.65
④ 0.76

3상 2전력계 법에서 $P_1 = VI\cos(30+\theta)[W] \cdots$ ①

$P_2 = VI\cos(3-\theta)[W] \cdots$ ②에서 $P_1 = 3P_2$일 때의

부하역률 $\cos\theta = \dfrac{P_1+P_2}{2\sqrt{P_1^2-P_1P_2+P_2^2}} = \dfrac{3P_2+P_2}{2\sqrt{(3P_2)^2-3P_2\times P_2+P_2^2}}$

$= \dfrac{4P_2}{2\sqrt{10_1^2-3P_2^2}} = \dfrac{4P_2}{\sqrt{28}\times P_2} \fallingdotseq \dfrac{4}{5.3} \fallingdotseq 0.76$이 된다.

078 $F(s) = \dfrac{1}{s(s+a)}$의 라플라스 역변환은?

① e^{-at}
② $1-e^{-at}$
③ $a(1-e^{-at})$
④ $\dfrac{1}{a}(1-e^{-at})$

$F(s) = \dfrac{1}{s(s+a)}$의 라플라스 역변환

$f(t) = L^{-1}(F(s)) = L^{-1}\left(\dfrac{K_1}{s}+\dfrac{K_2}{s+a}\right) = L^{-1}\left(\dfrac{\frac{1}{a}}{s}-\dfrac{\frac{1}{a}}{s+a}\right) = \dfrac{1}{a}e^{-0}-\dfrac{1}{a}e^{-at} = \dfrac{1}{a}-\dfrac{1}{a}e^{-at}$

$= \dfrac{1}{a}(1-e^{-at})$이 된다.

단, $K_1 = \lim_{s\to 0}\dfrac{1}{s+a} = \dfrac{1}{0+a} = \dfrac{1}{a}$, $K_1 = \lim_{s\to -a}\dfrac{1}{s} = -\dfrac{1}{a}$이다.

079 선간전압이 200[V]인 대칭 3상 전원에 평형 3상 부하가 접속되어 있다. 부하 1상의 저항은 10[Ω], 유도 리액턴스 15[Ω], 용량 리액턴스 5[Ω]가 직렬로 접속된 것이다. 부하가 △결선일 경우, 선로전류(A)와 3상 전력(W)은 약 얼마인가?

① $I_\ell = 10\sqrt{6}, P_3 = 6000$
② $I_\ell = 10\sqrt{6}, P_3 = 8000$
③ $I_\ell = 10\sqrt{3}, P_3 = 6000$
④ $I_\ell = 10\sqrt{3}, P_3 = 8000$

77. ④ 78. ④ 79. ①

해설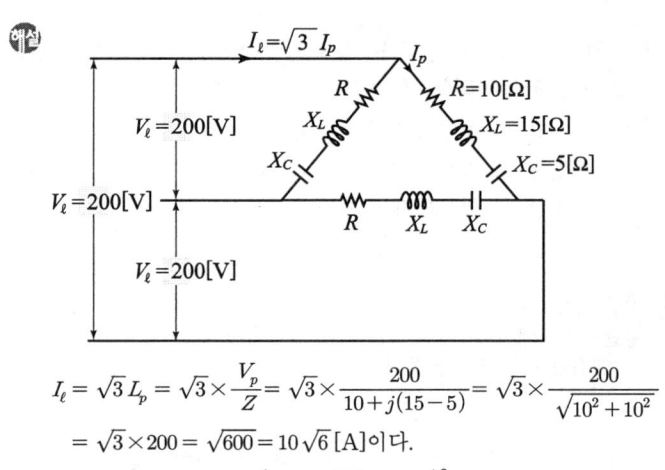

$$I_\ell = \sqrt{3}\,I_p = \sqrt{3}\times\frac{V_p}{Z} = \sqrt{3}\times\frac{200}{10+j(15-5)} = \sqrt{3}\times\frac{200}{\sqrt{10^2+10^2}}$$
$$= \sqrt{3}\times 200 = \sqrt{600} = 10\sqrt{6}\,[A]\text{이다.}$$
$$P_3(\text{전력}) = 3I_p^2 R = 3\times\left(\frac{200}{\sqrt{10^2+(15-5)^2}}\right)^2 \times 10 = 3\times 200\times 10 = 6000[W]\text{이다.}$$

080

공간적으로 서로 $\frac{2\pi}{n}$[rad]의 각도를 두고 배치한 n개의 코일에 대칭 n상 교류를 흘리면 그 중심에 생기는 회전자계의 모양은?

① 원형 회전자계 ② 타원형 회전자계
③ 원통형 회전자계 ④ 원추형 회전자계

해설 원형 회전자계는 공간적으로 서로 $\frac{2\pi}{n}$[rad]의 각도를 두고 배치한 n개의 코일에 대칭 n상 교류를 흘리면 그 중심에 생기는 회전자계는 원형 회전자계의 모양이다.

05 전/기/설/비/기/술/기/준/및/판/단/기/준

081

애자사용 공사에 의한 저압 옥내배선 시설 중 틀린 것은?

① 전선은 인입용 비닐 절연전선일 것
② 전선 상호 간의 간격은 6[cm] 이상일 것
③ 전선의 지지점 간의 거리는 전선을 조영재의 윗면에 따라 붙일 경우에는 2[m] 이하일 것
④ 전선과 조영재 사이의 이격거리는 사용 전압이 400[V] 미만인 경우에는 2.5[cm] 이상일 것

해설 애자사용 공사에 의한 저압 옥내배선 시설
① 전선 상호 간의 간격은 6[cm] 이상일 것
② 전선의 지지점 간의 거리는 전선을 조영재의 윗면에 따라 붙일 경우에는 2[m] 이하일 것
③ 전선과 조영재 사이의 이격거리는 사용 전압이 400[V] 미만인 경우에는 2.5[cm] 이상일 것

해답 80. ① 81. ①

082 저압 및 고압 가공전선의 높이는 도로를 횡단하는 경우와 철도를 횡단하는 경우에 각각 몇 [m] 이상이어야 하는가?

① 도로: 지표상 5, 철도: 레일면상 6
② 도로: 지표상 5, 철도: 레일면상 6.5
③ 도로: 지표상 6, 철도: 레일면상 6
④ 도로: 지표상 6, 철도: 레일면상 6.5

> 저압 및 고압 가공전선의 높이는 도로를 횡단하는 경우와 철도를 횡단하는 중 도로를 횡단하는 경우에는 지표상 6[m] 이상이어야 하고, 철도를 횡단하는 경우에는 레일면상 6.5[m] 이상이여야 한다.

083 사용전압이 몇 [V] 이상의 중성점 직접접지식 전로에 접속하는 변압기를 설치하는 곳에는 절연유의 구외 유출 및 지하 침투를 방지하기 위하여 절연유 유출방지 설비를 하여야 하는가?

① 25000
② 50000
③ 75000
④ 100000

> 사용전압이 100[kV] 이상의 중성점 직접접지식 전로에 접속하는 변압기를 설치하는 곳에는 절연유의 구외 유출 및 지하 침투를 방지하기 위하여 절연유 유출방지 설비를 하여야 한다.

084 제1종 접지공사의 접지극을 시설할 때 동결 깊이를 감안하여 지하 몇 [cm] 이상의 깊이로 매설하여야 하는가?

① 60
② 75
③ 90
④ 100

> 제1종 접지공사의 접지극을 시설할 때 동결 깊이를 감안하여 지하 75[cm] 이상의 깊이로 매설하여야 한다.

085 특고압 가공전선이 도로 등과 교차하여 도로 상부 측에 시설할 경우에 보호망도 같이 시설하려고 한다. 보호망은 제 몇 종 접지공사로 하여야 하는가?

① 제1종 접지공사
② 제2종 접지공사
③ 제3종 접지공사
④ 특별 제3종 접지공사

> 특고압 가공전선이 도로 등과 교차하여 도로 상부 측에 시설할 경우에 보호망도 같이 시설하려고 한다. 보호망은 제1종 접지공사로 하여야 한다.

82. ④ 83. ④ 84. ② 85. ①

086 발전용 수력 설비에서 필댐의 축제재료로 필댐의 본체에 사용하는 토질재료로 적합하지 않은 것은?

① 묽은 진흙으로 되지 않을 것
② 댐의 안정에 필요한 강도 및 수밀성이 있을 것
③ 유기물을 포함하고 있으며 광물성분은 불용성일 것
④ 댐의 안정에 지장을 줄 수 있는 팽창성 또는 수축성이 없을 것

해설 발전용 수력 설비에서 필댐의 축제재료로 필댐의 본체에 사용하는 토질재료로 적합한 것은
① 묽은 진흙으로 되지 않을 것
② 댐의 안정에 필요한 강도 및 수밀성이 있을 것
③ 댐의 안정에 지장을 줄 수 있는 팽창성 또는 수축성이 없을 것

087 전기울타리용 전원 장치에 전기를 공급하는 전로의 사용전압은 몇 [V] 이하이어야 하는가?

① 150
② 200
③ 250
④ 300

해설 전기울타리용 전원 장치에 전기를 공급하는 전로의 사용전압은 250[V] 이하이어야 한다.

088 사용전압이 22.9[kV]인 특고압 가공전선로(중성선 다중접지식의 것으로서 전로에 지락이 생겼을 때에 2초 이내에 자동적으로 이를 전로로부터 차단하는 장치가 되어 있는 것에 한한다.)가 상호 간 접근 또는 교차하는 경우 사용전선이 양쪽 모두 케이블인 경우 이격거리는 몇 [m] 이상인가?

① 0.25
② 0.5
③ 0.75
④ 1.0

해설 사용전압이 22.9[kV]인 특고압 가공전선로(중성선 다중접지식의 것으로서 전로에 지락이 생겼을 때에 2초 이내에 자동적으로 이를 전로로부터 차단하는 장치가 되어 있는 것에 한한다.)가 상호 간 접근 또는 교차하는 경우 사용전선이 양쪽 모두 케이블인 경우 이격거리는 0.5[m] 이상이어야 한다.

089 전력계통의 일부가 전력계통의 전원과 전기적으로 분리된 상태에서 분산형 전원에 의해서만 가압되는 상태를 무엇이라 하는가?

① 계통연계
② 접속설비
③ 단독운전
④ 단순 병렬운전

해설 단독운전이란 전력계통의 일부가 전력계통의 전원과 전기적으로 분리된 상태에서 분산형 전원에 의해서만 가압되는 상태를 말한다.

86. ③ 87. ③ 88. ② 89. ③

090 고압 가공인입선이 케이블 이외의 것으로서 그 전선의 아래쪽에 위험표시를 하였다면 전선의 지표상 높이는 몇 [m]까지로 감할 수 있는가?

① 2.5
② 3.5
③ 4.5
④ 5.5

해설 고압 가공인입선이 케이블 이외의 것으로서 그 전선의 아래쪽에 위험표시를 하였다면 전선의 지표상 높이는 3.5[m]까지로 감할 수 있다.

091 특고압의 기계기구·모선 등을 옥외에 시설하는 변전소의 구내에 취급자 이외의 자가 들어가지 못하도록 시설하는 울타리·담 등의 높이는 몇 [m] 이상으로 하여야 하는가?

① 2
② 2.2
③ 2.5
④ 3

해설 특고압의 기계기구·모선 등을 옥외에 시설하는 변전소의 구내에 취급자 이외의 자가 들어가지 못하도록 시설하는 울타리·담 등의 높이는 2[m] 이상으로 하여야 한다.

092 가반형의 용접 전극을 사용하는 아크 용접장치의 용접변압기의 1차 측 전로의 대지전압은 몇 [V] 이하이어야 하는가?

① 60
② 150
③ 300
④ 400

해설 가반형의 용접 전극을 사용하는 아크 용접장치의 용접변압기의 1차 측 전로의 대지전압은 300[V] 이하이어야 한다.

093 지중 전선로를 직접 매설식에 의하여 시설하는 경우에 차량 기타 중량물의 압력을 받을 우려가 없는 장소의 매설 깊이는 몇 [cm] 이상이어야 하는가?

① 60
② 100
③ 120
④ 150

해설 지중 전선로를 직접 매설식에 의하여 시설하는 경우에 차량 기타 중량물의 압력을 받을 우려가 없는 장소의 매설 깊이는 60[cm] 이상이어야 한다.

094 특고압을 옥내에 시설하는 경우 그 사용 전압의 최대한도는 몇 [kV] 이하인가? (단, 케이블 트레이공사는 제외)

① 25
② 80
③ 100
④ 160

해설 90. ② 91. ① 92. ③ 93. ① 94. ③

특고압을 옥내에 시설하는 경우 그 사용 전압의 최대한도는 100[kV] 이하이어야 한다.(단, 케이블 트레이 공사는 제외)

095 샤워시설이 있는 욕실 등 인체가 물에 젖어있는 상태에서 전기를 사용하는 장소에 콘센트를 시설할 경우 인체감전보호용 누전차단기의 정격감도전류는 몇 [mA] 이하인가?

① 5
② 10
③ 15
④ 30

샤워시설이 있는 욕실 등 인체가 물에 젖어있는 상태에서 전기를 사용하는 장소에 콘센트를 시설할 경우 인체감전보호용 누전차단기의 정격감도전류는 15[mA] 이하이어야 한다.

096 버스덕트 공사에서 저압 옥내배선의 사용전압이 400[V] 미만인 경우에는 덕트에 제 몇 종 접지공사를 하여야 하는가?

① 제1종 접지공사
② 제2종 접지공사
③ 제3종 접지공사
④ 특별 제3종 접지공사

버스덕트 공사에서 저압 옥내배선의 사용전압이 400[V] 미만인 경우에는 덕트에 제 3종 접지공사를 하여야 한다.

097 전로의 사용전압이 400[V] 미만이고, 대지전압이 220[V]인 옥내전로에서 분기회로의 절연저항 값은 몇 [MΩ] 이상이어야 하는가?

① 0.1
② 0.2
③ 0.4
④ 0.5

전로의 사용전압이 400[V] 미만이고, 대지전압이 220[V]인 옥내전로에서 분기회로의 절연저항 값은 0.2[MΩ] 이상이어야 한다.

098 ( ) 안에 들어갈 내용으로 옳은 것은?

유희용 전차에 전기를 공급하는 전로의 사용전압은 직류의 경우는 (Ⓐ)[V] 이하, 교류의 경우는 (Ⓑ)[V] 이하이어야 한다.

① Ⓐ 60, Ⓑ 40
② Ⓐ 40, Ⓑ 60
③ Ⓐ 30, Ⓑ 60
④ Ⓐ 60, Ⓑ 30

유희용 전차에 전기를 공급하는 전로의 사용전압은 직류의 경우는 Ⓐ 60[V] 이하, 교류의 경우는 Ⓑ 40[V] 이하이어야 한다.

95. ③ 96. ③ 97. ② 98. ①

099 철탑의 강도계산을 할 때 이상 시 상정하중이 가하여지는 경우 철탑의 기초에 대한 안전율은 얼마 이상이어야 하는가?

① 1.33
② 1.83
③ 2.25
④ 2.75

해설 철탑의 강도계산을 할 때 이상 시 상정하중이 가하여지는 경우 철탑의 기초에 대한 안전율은 1.33 이상이어야 한다.

100 발전기를 자동적으로 전로로부터 차단하는 장치를 반드시 시설하지 않아도 되는 경우는?

① 발전기에 과전류나 과전압이 생긴 경우
② 용량 5000[kVA] 이상인 발전기의 내부에 고장이 생긴 경우
③ 용량 500[kVA] 이상인 발전기를 구동하는 수차의 압유 장치의 유압이 현저히 저하한 경우
④ 용량 2000[kVA] 이상인 수차 발전기의 스러스트 베어링의 온도가 현저히 상승하는 경우

해설 발전기를 자동적으로 전로로부터 차단하는 장치를 반드시 시설하지 않아도 되는 경우는 용량 5000[kVA] 이상인 발전기의 내부에 고장이 생긴 경우이다.

정답 99. ① 100. ②

[2018년 8월 19일 시행]

01 전/기/자/기/학

001 전기력선의 설명 중 틀린 것은?
① 전기력선은 부전하에서 시작하여 정전하에서 끝난다.
② 단위 전하에서는 $1/\varepsilon_0$개의 전기력선이 출입한다.
③ 전기력선은 전위가 높은 점에서 낮은 점으로 향한다.
④ 전기력선의 방향은 그 점의 전계의 방향과 일치하며 밀도는 그 점에서의 전계의 크기와 같다.

해설 전기력선의 일반적인 성질
① 단위 전하에서는 $1/\varepsilon_0$개의 전기력선이 출입한다.
② 전기력선은 전위가 높은 점에서 낮은 점으로 향한다.
③ 전기력선의 방향은 그 점의 전계의 방향과 일치하며, 밀도는 그 점에서의 전계의 크기와 같다.

002 그 양이 증가함에 따라 무한장 솔레노이드의 자기 인덕턴스 값이 증가하지 않는 것은 무엇인가?
① 철심의 반경
② 철심의 길이
③ 코일의 권수
④ 철심의 투자율

해설 철심의 길이는 그 양이 증가함에 따라 무한장 솔레노이드의 자기 인덕턴스 값이 증가하지 않는다.

003 유전율 ε, 전계의 세기 E인 유전체의 단위 체적에 축적되는 에너지는?
① $\dfrac{E}{2\varepsilon}$
② $\dfrac{\varepsilon E}{2}$
③ $\dfrac{\varepsilon E^2}{2}$
④ $\dfrac{\varepsilon^2 E^2}{2}$

해설 유전체 단위체적에 축적되는 에너지
$W = \dfrac{1}{2}QV = \dfrac{1}{2}CV^2 = \dfrac{1}{2} \times \dfrac{\varepsilon s}{d} \times (Ed)^2 = \dfrac{1}{2}\varepsilon E^2 sd[\text{J}] = \dfrac{1}{2}\varepsilon E^2 [\text{J/m}^3]$이다.
(단, $V = Ed[\text{V}]$, $C = \dfrac{\varepsilon s}{d}[\text{F}]$이다.)

정답 1.① 2.② 3.③

004 비투자율 1,000인 철심이 든 환상솔레노이드의 권수가 600회, 평균지름 20[cm], 철심의 단면적 10[cm²]이다. 이 솔레노이드에 2[A]의 전류가 흐를 때 철심 내의 자속은 약 몇 [Wb]인가?

① 1.2×10^{-3} ② 1.2×10^{-4}
③ 2.4×10^{-3} ④ 2.4×10^{-4}

환상솔레노이드의 기자력 $F = NI = R\phi$ [AT]
철심 내의 자속

$$\phi = \frac{NI}{R} = \frac{NI}{\frac{l}{\mu s}} = \frac{\mu_0 \mu_s s NI}{l} = \frac{\mu_0 \mu_s s NI}{2\pi r} = \frac{4\pi \times 10^{-7} \times 1000 \times 10 \times 10^4 \times 600 \times 2}{2\pi \times 10 \times 10^{-2}}$$

$$= \frac{2 \times 10^{-4} \times 12 \times 10^{-1}}{10^{-1}} = 24 \times 10^{-4} = 2.4 \times 10^{-3} \text{[Wb]가 된다.}$$

005 자기 인덕턴스 L_1, L_2와 상호 인덕턴스 M 사이의 결합계수는? (단, 단위는 H이다.)

① $\dfrac{M}{L_1 L_2}$ ② $\dfrac{L_1 L_2}{M}$
③ $\dfrac{M^2}{\sqrt{L_1 L_2}}$ ④ $\dfrac{\sqrt{L_1 L_2}}{M}$

상호 인덕턴스 $M = K\sqrt{L_1 L_2}$ [H]이다.
∴ 결합계수 $K = \dfrac{M^2}{\sqrt{L_1 L_2}}$ 가 된다.

006 맥스웰의 전자방정식에 대한 의미를 설명한 것으로 틀린 것은?

① 자계의 회전은 전류밀도와 같다.
② 자계는 발산하며, 자극은 단독으로 존재한다.
③ 전계의 회전은 자속밀도의 시간적 감소율과 같다.
④ 단위체적당 발산 전속 수는 단위체적당 공간전하 밀도와 같다.

맥스웰의 전자방정식에 대한 옳은 설명은
① 자계의 회전은 전류밀도와 같다. ($rot H = i$)
② 전계의 회전은 자속밀도의 시간적 감소율과 같다. ($rot E = -\dfrac{\partial B}{\partial t}$)
③ 단위체적당 발산 전속 수는 단위체적당 공간전하 밀도와 같다. ($div D = \rho$)

007 판자석의 세기가 0.01[Wb/m], 반지름이 5[cm]인 원형 자석판이 있다. 자석의 중심에서 축상 10[cm]인 점에서의 자위의 세기는 몇 [AT]인가?

① 100 ② 175
③ 370 ④ 420

정답 4.③ 5.③ 6.② 7.④

해설 원형 자석판 중심에서 축상 10[cm]인 점에서의 자위

$$u = \frac{ml}{4\pi\mu_0 r^2}\cos\theta = \frac{\sigma l s \cos\theta}{4\pi\mu_0 r^2} = \frac{\sigma l}{4\pi\mu_0} \times \omega$$
$$= \frac{\sigma l}{4\pi\mu_0} \times 2\pi(1-\cos\theta) = \frac{\sigma l}{2\mu_0}(1-\frac{x}{\sqrt{a^2+x^2}})$$
$$= \frac{0.01}{2 \times 4\pi \times 10^{-7}}(1-\frac{10}{\sqrt{5^2+10^2}})$$
$$= \frac{0.01}{2 \times 12.56 \times 10^{-7}} \times (1-0.8945)$$
$$= \frac{0.01 \times 0.105504 \times 10^7}{25.12} = 420[\text{AT}] \text{ 된다.}$$

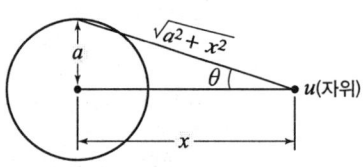

[008] 길이 ℓ[m], 지름 d[m]인 원통이 길이 방향으로 균일하게 자화되어 자화의 세기가 J[Wb/m²]인 경우 원통 양단에서의 전자극의 세기[Wb]는?

① $\pi d^2 J$
② $\pi d J$
③ $\dfrac{4J}{\pi d^2}$
④ $\dfrac{\pi d^2 J}{4}$

해설 자화의 세기 $J = \dfrac{dM}{dV} = \dfrac{dm \cdot d\ell}{ds \cdot d\ell} = \dfrac{dm}{ds} = \dfrac{m}{s}$[Wb/m²]

∴ 원통 양단에서의 전자극의 세기
$$m = J \cdot S = J \cdot \pi r^2 = J \cdot \pi(\frac{d}{2})^2 = \frac{\pi d^2 J}{4}[\text{Wb}]\text{가 된다.}$$

[009] 자성체 경계면에 전류가 없을 때 경계조건으로 틀린 것은?

① 자계 H의 접선 성분 $H_{1T} = H_{2T}$
② 자속밀도 B의 법선 성분 $B_{1N} = B_{2N}$
③ 경계면에서의 자력선의 굴절 $\dfrac{\tan\theta_1}{\tan\theta_2} = \dfrac{\mu_1}{\mu_2}$
④ 전속밀도 D의 법선 성분 $D_{1N} = D_{2N} = \dfrac{\mu_2}{\mu_1}$

해설 자성체 경계면에 전류가 없을 때 경계조건은
 ① 자계 H의 접선(수평) 성분은 같다.($H_{1T} = H_{2T}$)
 ② 자속밀도 B의 법선(수직) 성분은 같다.($B_{1N} = B_{2N}$)
 ③ 경계면에서의 자력선의 굴절 $\dfrac{\tan\theta_1}{\tan\theta_2} = \dfrac{\mu_1}{\mu_2}$ 이다.

정답 8.④ 9.④

010 단면적 S[m²], 단위 길이당 권수가 n_0[회/m]인 무한히 긴 솔레노이드의 자기 인덕턴스[H/m]는?

① $\mu S n_0$
② $\mu S n_0^2$
③ $\mu S^2 n_0$
④ $\mu S^2 n_0^2$

해설 무한히 긴 솔레노이드의 자기 인덕턴스
$$L = \frac{n_0^2}{R} = \frac{n_0^2}{\frac{l}{\mu S}} = \frac{\mu S n_0^2}{l} = \mu S n_0^2 [\text{H/m}] \text{이다.}$$

011 $\sigma = 1[\mho/\text{m}]$, $\varepsilon_s = 6$, $\mu = \mu_0$인 유전체에 교류전압을 가할 때 변위전류와 전도전류의 크기가 같아지는 주파수는 약 몇 [Hz]인가?

① 3.0×10^9
② 4.2×10^9
③ 4.7×10^9
④ 5.1×10^9

해설 i(전류밀도)$= i_c$(전도 전류밀도)$+ i_d$(변위 전류밀도)[A/m²]
$|i_c| = \sigma E$ [A/m²]
$|i_d| = \varepsilon \frac{\partial E}{\partial t} = j\omega \varepsilon E = |2\pi f \varepsilon E|$ [A/m²]
∴ $|i_c| = |i_d|$인 주파수는 $\sigma E = 2\pi f \varepsilon_0 \varepsilon_s E$
$$f = \frac{\sigma}{2\pi \varepsilon_0 \varepsilon_s} = \frac{1}{2 \times 3.14 \times 8.855 \times 10^{12} \times 6} = \frac{10^{12}}{333.6564} = \frac{1000}{333.6564} \times 10^9 \fallingdotseq 3 \times 10^9 [\text{Hz}] \text{이다.}$$

012 대지면에 높이 h[m]로 평행하게 가설된 매우 긴 선전하가 지면으로부터 받는 힘은?

① h에 비례
② h에 반비례
③ h^2에 비례
④ h^2에 반비례

해설 대지면에 높이 h[m]로 평행하게 가설된 매우 긴 선전하가 지면으로부터 받는 힘
$$F = -\lambda, \ E = -\lambda \times \frac{\lambda}{2\pi\varepsilon_0 (2h)} = -\frac{\lambda^2}{4\pi\varepsilon_0 h} \fallingdotseq \frac{1}{h} [\text{N}] \text{으로 } h \text{에 반비례한다.}$$

013 전계 E의 x, y, z 성분을 E_x, E_y, E_z라 할 때 $div E$는?

① $\frac{\partial E_x}{\partial x} + \frac{\partial E_y}{\partial y} + \frac{\partial E_z}{\partial z}$
② $i\frac{\partial E_x}{\partial x} + j\frac{\partial E_y}{\partial y} + k\frac{\partial E_z}{\partial z}$
③ $\frac{\partial^2 E_x}{\partial x^2} + \frac{\partial^2 E_y}{\partial y^2} + \frac{\partial^2 E_z}{\partial z^2}$
④ $i\frac{\partial^2 E_x}{\partial x^2} + j\frac{\partial^2 E_y}{\partial y^2} + k\frac{\partial^2 E_z}{\partial z^2}$

해설 발산 $div E = \nabla \cdot E = \frac{\partial E_x}{\partial x} + \frac{\partial E_y}{\partial y} + \frac{\partial E_z}{\partial z}$ 이 된다.

정답 10. ② 11. ① 12. ② 13. ①

014 평면도체 표면에서 d[m] 거리에 점전하 Q[C]이 있을 때 이 전하를 무한원점까지 운반하는 데 필요한 일[J]은?

① $\dfrac{Q^2}{4\pi\varepsilon_0 d}$ ② $\dfrac{Q^2}{8\pi\varepsilon_0 d}$

③ $\dfrac{Q^2}{16\pi\varepsilon_0 d}$ ④ $\dfrac{Q^2}{32\pi\varepsilon_0 d}$

해설 전기 영상법에서 점전하 Q[C]에 대한 영상전하는 $-Q$[C]이다.

이때의 작용력 $F = \dfrac{-Q^2}{4\pi\varepsilon_0(2d)^2}$[N]이다.

∴ 평면도체 표면에서 d[m] 거리에 있는 점전하 Q[C]를 무한원점까지 운반하는 데 필요한 일 $\omega = -\int_d^\infty F \cdot d_d = -\int_d^\infty \dfrac{-Q^2}{4\pi\varepsilon_0(2d)^2} d_d = \dfrac{-Q^2}{16\pi\varepsilon_0}(-\dfrac{1}{d})_d^\infty$

$= \dfrac{Q^2}{16\pi\varepsilon_0}(-\dfrac{1}{\infty} + \dfrac{1}{d}) = \dfrac{Q^2}{16\pi\varepsilon_0 d}$[J]이 된다.

015 정전에너지, 전속밀도 및 유전상수 ε_r의 관계에 대한 설명 중 틀린 것은?

① 굴절각이 큰 유전체는 ε_r이 크다.
② 동일 전속밀도에서는 ε_r이 클수록 정전에너지는 작아진다.
③ 동일 정전에너지에서는 ε_r이 클수록 전속밀도가 커진다.
④ 전속은 매질에 축적되는 에너지가 최대가 되도록 분포된다.

해설 정전에너지, 전속밀도 및 유전상수 ε_r의 관계 설명으로 옳은 것은
① 굴절각이 큰 유전체는 ε_r이 크다.
② 동일 전속밀도에서는 ε_r이 클수록 정전에너지는 작아진다.
   ($\omega = \dfrac{1}{2}ED = \dfrac{1}{2}\varepsilon E^2 = \dfrac{D^2}{2\varepsilon}$[J/m³])
③ 동일 정전에너지에서는 ε_r이 클수록 전속밀도가 커진다.

016 동심구형 콘덴서의 내외 반지름을 각각 5배로 증가시키면 정전 용량은 몇 배로 증가하는가?

① 5   ② 10   ③ 15   ④ 20

해설 내외 반지름이 a, b인 동심구형 콘덴서의 정전 용량

$C = \dfrac{Q}{V} = \dfrac{Q}{-\int_a^b E d_r} = \dfrac{Q}{-\int_a^b \dfrac{Q}{4\pi\varepsilon_0 r^2} d_r} = \dfrac{Q}{\dfrac{Q}{4\pi\varepsilon_0}(-\dfrac{1}{r})_a^b} = \dfrac{4\pi\varepsilon_0}{\dfrac{1}{a} - \dfrac{1}{b}} = \dfrac{4\pi\varepsilon_0 ab}{b-a}$[F]이다.

내외 반지름을 각각 5배($a' = 5a$, $b' = 5b$)로 증가 시의 정전용량

$C' = \dfrac{4\pi\varepsilon_0 a'b'}{b' - a'} = \dfrac{25(4\pi\varepsilon_0 ab)}{5(b-a)} = \dfrac{25}{5}C = 5C$[F]이다. 정전용량은 5배가 된다.

해답 14. ③   15. ④   16. ①

017 3개의 점전하 $Q_1=3C$, $Q_2=1C$, $Q_3=-3C$을 점 $P_1(1,0,0)$, $P_2(2,0,0)$, $P_3(3,0,0)$에 어떻게 놓으면 원점에서의 전계의 크기가 최대가 되는가?

① P_1에 Q_1, P_2에 Q_2, P_3에 Q_3
② P_1에 Q_2, P_2에 Q_3, P_3에 Q_1
③ P_1에 Q_3, P_2에 Q_1, P_3에 Q_2
④ P_1에 Q_3, P_2에 Q_2, P_3에 Q_1

해설 P_1인 점에 $Q_1=3[C]$을 놓으면

전계 $E_1 = \dfrac{3}{4\pi\varepsilon_0(1)^2} = 9\times10^9 \times \dfrac{3}{1} = 27\times10^9 [\text{V/m}]$ … ①

P_2인 점에 $Q_2=1[C]$을 놓으면

전계 $E_2 = \dfrac{3}{4\pi\varepsilon_0(2)^2} = 9\times10^9 \times \dfrac{1}{4} = 2.25\times10^9 [\text{V/m}]$ … ②

P_3인 점에 $Q_3=-3[C]$을 놓으면

전계 $E_3 = \dfrac{-3}{4\pi\varepsilon_0(3)^2} = 9\times10^9 \times \dfrac{-3}{9} = -3\times10^9 [\text{V/m}]$ … ③이 된다.

∴ 원점에서의 전계 크기가 최대가 되는 조건은 P_1에 Q_1, P_2에 Q_2, P_3에 Q_3를 놓으면 원점에서의 전계 크기 $E=E_1+E_2-E_3=(27+2.25-3)\times10^9=26.25\times10^9 [\text{V/m}]$로 최대가 된다.

018 도체나 반도체에 전류를 흘리고 이것과 직각방향으로 자계를 가하면 직각방향으로 기전력이 생기는 현상을 무엇이라 하는가?

① 홀 효과
② 핀치 효과
③ 볼타 효과
④ 압전 효과

해설 홀 효과란 도체나 반도체에 전류를 흘리고 이것과 직각방향으로 자계를 가하면 이 두 방향과 직각방향으로 기전력이 생기는 효과를 말한다. 이때의 V_H(홀기전력)$=R_H\dfrac{IB}{t}$ [V]이다.

019 유전율이 $\epsilon=4\epsilon_0$이고 투자율이 μ_0인 비도전성 유전체에서 전자파의 전계의 세기가 $E(z,t)=a_y 377\cos(10^9 t-\beta Z)$[V/m]일 때의 자계의 세기 H는 몇 [A/m] 인가?

① $-a_z 2\cos(10^9 t-\beta Z)$
② $-a_x 2\cos(10^9 t-\beta Z)$
③ $-a_z 7.1\times10^4\cos(10^9 t-\beta Z)$
④ $-a_x 7.1\times10^4\cos(10^9 t-\beta Z)$

해설 비도전성 유전체에서의 전자계 고유 임피던스 $Z_0=\dfrac{E}{H}=\sqrt{\dfrac{\mu}{\varepsilon}}=\sqrt{\dfrac{\mu_0}{4\varepsilon_0}}=\dfrac{377}{2}[\Omega]$

자계 세기 $H=\sqrt{\dfrac{\varepsilon}{\mu}}E(z,t)=\sqrt{\dfrac{4\varepsilon_0}{\mu_0}}\times(a_y 377\cos(10^9 t-\beta z))$

$=\dfrac{2}{377}\times(a_y 377\cos(10^9 t-\beta z))=-a_x 2\cos(10^9 t-\beta z)$[A/m]이 된다.

정답 17. ① 18. ① 19. ②

020 진공 중에서 선전하 밀도 $\rho_\ell = 6 \times 10^{-8}$[C/m]인 무한히 긴 직선상 선전하가 x축과 나란하고 $Z=2$[m] 점을 지나고 있다. 이 선전하에 의하여 반지름 5[m]인 원점에 중심을 둔 구표면 S_0를 통과하는 전기력선 수는 약 몇 인가?

① 3.1×10^4 ② 4.8×10^4
③ 5.5×10^4 ④ 6.2×10^4

해설 선전하 밀도 $\rho_\ell = 6 \times 10^{-8} = \dfrac{Q}{l}$[C/m]에서

Q(직선상의 선전하)$= \rho_\ell \times l = 6 \times 10^{-8} \times 10 = 60 \times 10^{-8}$[C]이다.

∴ 선전하에 의하여 반지름 5[m]인 원점에 중심을 둔 $l=10$[m] 구표면 s_0를 통과하는 전기력선 수는 가우스정리 적분형에서

$$\int_s E \cdot ds = \dfrac{Q}{\varepsilon_0} = \dfrac{60 \times 10^{-8}}{8.855 \times 10^{-12}} \fallingdotseq 6.7 \times 10^4 \fallingdotseq 6.2 \times 10^4 \text{이 된다.}$$

02 전/력/공/학

021 망상(Network)배전방식에 대한 설명으로 옳은 것은?
① 전압 변동이 대체로 크다.
② 부하 증가에 대한 융통성이 적다.
③ 방사상 방식보다 무정전 공급의 신뢰도가 더 높다.
④ 인축에 대한 감전사고가 적어서 농촌에 적합하다.

해설 망상(Network)배전방식에 적합한 장소는 인축에 대한 감전사고가 적어서 농촌에 적합하다.

022 1년 365일 중 185일은 이 양 이하로 내려가지 않는 유량은?
① 평수량 ② 풍수량
③ 고수량 ④ 저수량

해설 평수량 및 평수위는 1년 365일 중 185일은 이 양 이하로 내려가지 않는 유량 및 수위를 말한다. 즉, 6개월 유량 및 수위를 말한다.

023 서지파(진행파)가 서지 임피던스 Z_1의 선로 측에서 서지 임피던스 Z_2의 선로 측으로 입사할 때 투과계수(투과파 전압÷입사파 전압) b를 나타내는 식은?

① $b = \dfrac{Z_2 - Z_1}{Z_1 + Z_2}$ ② $b = \dfrac{2Z_2}{Z_1 + Z_2}$
③ $b = \dfrac{Z_1 - Z_2}{Z_1 + Z_2}$ ④ $b = \dfrac{2Z_1}{Z_1 + Z_2}$

정답 20.④ 21.③ 22.① 23.②

예상 투과계수, $b = \dfrac{\text{투과파 전압}}{\text{입사파 전압}} = \dfrac{2z_2}{z_1+z_2}$ 이다.

024 최소 동작 전류 이상의 전류가 흐르면 한도를 넘은 양(量)과는 상관없이 즉시 동작하는 계전기는?

① 순한시계전기 ② 반한시계전기
③ 정한시계전기 ④ 반한시정한시계전기

해설 순한시계전기란 최소 동작 전류 이상의 전류가 흐르면 한도를 넘은 양과는 상관없이 즉시 동작하는 계전기를 말한다.

025 송전전력, 송전거리, 전선의 비중 및 전력손실률이 일정하다고 하면 전선의 단면적 $A[\text{mm}^2]$와 송전 전압 $V[\text{kV}]$와의 관계로 옳은 것은?

① $A \propto V$ ② $A \propto V^2$
③ $A \propto \dfrac{1}{\sqrt{V}}$ ④ $A \propto \dfrac{1}{V^2}$

해설 송전전력, 송전거리, 전선의 비중 및 전력손실률이 일정할 때
$P = \sqrt{3}\,VI\cos\theta[\text{W}]$, $I = \dfrac{P}{\sqrt{3}\,V\cos\theta}[\text{A}]$

전력손실 $P_l = 3I^2R = 3 \times \left(\dfrac{P}{\sqrt{3}\,V\cos\theta}\right)^2 \times R = \dfrac{P^2 \times R}{V^2\cos^2\theta}[\text{W}]$

전력손실률 $K = \dfrac{P_l}{P} = \dfrac{1}{P} \times \dfrac{P^2 \times R}{V^2\cos^2\theta} = \dfrac{P \times \rho l}{V^2\cos^2\theta \times A}$ 에서

전선의 단면적 $A = \dfrac{P \times \rho l}{KV^2\cos^2\theta} \fallingdotseq \dfrac{1}{V^2}[\text{mm}^2]$이 된다.

026 선로에 따라 균일하게 부하가 분포된 선로의 전력 손실은 이들 부하가 선로의 말단에 집중적으로 접속되어 있을 때보다 어떻게 되는가?

① $\dfrac{1}{2}$로 된다. ② $\dfrac{1}{3}$로 된다.
③ 2배로 된다. ④ 3배로 된다.

해설 선로 부하의 전압강하(V), 전력손실(P)은
집중 부하일 때 $V = IR[\text{V}]$, $P = I^2R[\text{W}]$
균등 분포 부하일 때 $V = \dfrac{1}{2}IR[\text{V}]$, $P = \dfrac{1}{3}I^2R[\text{W}]$이다.

즉, 균일(등) 분포 부하의 전력 손실은 $\dfrac{1}{3}$로 된다.

해답 24. ① 25. ④ 26. ②

027 3상 송전선로에서 선간단락이 발생하였을 때 다음 중 옳은 것은?
① 역상전류만 흐른다.   ② 정상전류와 역상전류가 흐른다.
③ 역상전류와 영상전류가 흐른다.   ④ 정상전류와 영상전류가 흐른다.

해설 3상 송전선로에서 선간단락이 발생하면 비대칭 전류 $I_a = 0$(개방), $I_b = -I_c$(단락)
∴ 비대칭 전압 $V_b = V_c$의 조건에서 대칭분 전류
$$I_0 = \frac{1}{3}(I_a + I_b + I_c) = 0, \quad I_1 = -I_2 = \frac{E_a}{z_1 + z_2}[A]$$이 된다.
즉, 정상전류(I_1)와 역상전류(I_2)가 흐른다.

028 배전선의 전압조정장치가 아닌 것은?
① 승압기   ② 리클로저
③ 유도전압조정기   ④ 주상변압기 탭 절환장치

해설 배전선의 전압조정장치에는 승압기, 유도전압조정기, 주상변압기 탭 절환장치 등이다.

029 반지름 r[m]이고 소도체 간격 S인 4 복도체 송전선로에서 전선 A, B, C가 수평으로 배열되어 있다. 등가선간거리가 D[m]로 배치되고 완전 연가된 경우 송전선로의 인덕턴스는 몇 [mH/km]인가?

① $0.4605 \log_{10} \frac{D}{\sqrt{rs^2}} + 0.0125$
② $0.4605 \log_{10} \frac{D}{\sqrt[2]{rs}} + 0.025$
③ $0.4605 \log_{10} \frac{D}{\sqrt[3]{rs^2}} + 0.0167$
④ $0.4605 \log_{10} \frac{D}{\sqrt[4]{rs^3}} + 0.0125$

해설 복도체의 인덕턴스
$$L_m = \frac{0.05}{n} + 0.4605 \log_{10} \frac{D}{n\sqrt{rs^{n-1}}} = \frac{0.05}{4} + 0.4605 \log_{10} \frac{D}{\sqrt[4]{rs^{4-1}}}$$
$$= 0.4605 \log_{10} \frac{D}{\sqrt[4]{rs^3}} + 0.0125 [mH/km]$$이 된다.

030 송전선로에 복도체를 사용하는 주된 목적은?
① 인덕턴스를 증가시키기 위하여
② 정전용량을 감소시키기 위하여
③ 코로나 발생을 감소시키기 위하여
④ 전선 표면의 전위 경도를 증가시키기 위하여

해설 송전선로에서 복도체의 특성
① 코로나 발생을 감소시키기 위해서다.
② 인덕턴스는 감소, 정전용량을 증가시킨다.

해답 27.② 28.② 29.④ 30.③

2018년 8월 19일 시행

031 3상용 차단기의 정격전압은 170[kV]이고 정격차단전류가 50[kA]일 때 차단기의 정격차단용량은 약 몇 [MVA]인가?

① 5,000
② 10,000
③ 15,000
④ 20,000

해설) 3상용 차단기의 정격차단용량
$P_s = \sqrt{3}\,VI = \sqrt{3} \times 170 \times 50 \times 10^6 = 14723 \times 10^6 ≒ 15000[\text{MVA}]$이 된다.

032 그림과 같은 선로의 등가선간거리는 몇 [m]인가?

① 5
② $5\sqrt{2}$
③ $5\sqrt[3]{2}$
④ $10\sqrt[3]{2}$

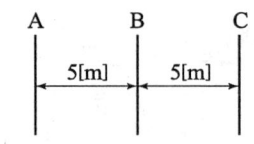

해설) 기하평균거리(GMD)는 수평 배치되어 있으므로 $D_1 = D_2 = D_3 = D = 5[\text{m}]$
∴ GMD $= \sqrt[3]{D \cdot D \cdot 2D} = \sqrt[3]{2} \times D = \sqrt[3]{2} \times 5 = 5\sqrt[3]{2}\,[\text{m}]$가 된다.

033 송전계통의 안정도 향상 대책이 아닌 것은?

① 전압 변동을 적게 한다.
② 고속도 재폐로 방식을 채용한다.
③ 고장 시간, 고장 전류를 적게 한다.
④ 계통의 직렬 리액턴스를 증가시킨다.

해설) 송전계통의 안정도 향상 대책은
① 전압 변동을 적게 한다.
② 고속도 재폐로 방식을 채용한다.
③ 고장 시간, 고장 전류를 적게 한다.

034 송배전 선로의 전선 굵기를 결정하는 주요 요소가 아닌 것은?

① 전압 강하
② 허용 전류
③ 기계적 강도
④ 부하의 종류

해설) 송배전 선로의 전선 굵기를 결정하는 주요 요소는 전압 강하, 허용 전류, 기계적 강도 등이다.

035 배전선로에서 사고범위의 확대를 방지하기 위한 대책으로 적당하지 않은 것은?

① 선택접지계전방식 채택
② 자동고장 검출장치 설치
③ 진상콘덴서 설치하여 전압보상
④ 특고압의 경우 자동구분개폐기 설치

정답 31. ③ 32. ③ 33. ④ 34. ④ 35. ③

해설 배전선로에서 사고범위의 확대를 방지하기 위한 대책은
① 선택접지계전방식 채택
② 자동고장 검출장치 설치
③ 특고압의 경우 자동구분개폐기 설치

036 발전기 또는 주변압기의 내부고장 보호용으로 가장 널리 쓰이는 것은?
① 거리계전기   ② 과전류계전기
③ 비율차동계전기   ④ 방향단락계전기

해설 비율차동계전기는 발전기 또는 주변압기의 내부고장 보호용으로 가장 널리 사용된다.

037 최근에 우리나라에서 많이 채용되고 있는 가스절연개폐설비(GIS)의 특징으로 틀린 것은?
① 대기 절연을 이용한 것에 비해 현저하게 소형화할 수 있으나 비교적 고가이다.
② 소음이 적고 충전부가 완전한 밀폐형으로 되어 있기 때문에 안전성이 높다.
③ 가스 압력에 대한 엄중 감시가 필요하며 내부 점검 및 부품 교환이 번거롭다.
④ 한랭지, 산악 지방에서도 액화 방지 및 산화 방지 대책이 필요 없다.

해설 최근에 우리나라에서 많이 채용되고 있는 가스절연개폐설비(GIS)의 특징은
① 대기 절연을 이용한 것에 비해 현저하게 소형화할 수 있으나 비교적 고가이다.
② 소음이 적고 충전부가 완전한 밀폐형으로 되어 있기 때문에 안전성이 높다.
③ 가스 압력에 대한 엄중 감시가 필요하며 내부 점검 및 부품 교환이 번거롭다.

038 변류기 수리 시 2차 측을 단락시키는 이유는?
① 1차 측 과전류 방지   ② 2차 측 과전류 방지
③ 1차 측 과전압 방지   ④ 2차 측 과전압 방지

해설 변류기 수리 시 2차 측을 단락시키는 이유는 2차 측 과전압 방지를 위함이다.

039 기준 선간전압 23[kV], 기준 3상 용량 50,000[kVA], 1선의 유도 리액턴스가 15[Ω]일 때 % 리액턴스는?
① 28.36[%]   ② 14.18[%]
③ 7.09[%]   ④ 3.55[%]

해설 고장계산에서 %리액턴스

$$\%X = \frac{PX}{10V^2} = \frac{50 \times 10^6 \times 15}{10 \times (23 \times 10^3)^2} = \frac{750}{5250} ≒ 0.1418 ≒ 14.18[\%]$$ 이 된다.

해답 36.③ 37.④ 38.④ 39.②

040 화력발전소에서 재열기의 사용 목적은?
① 증기를 가열한다. ② 공기를 가열한다.
③ 급수를 가열한다. ④ 석탄을 건조한다.

해설 화력발전소에서 재열기의 사용 목적은 증기를 가열한다.

03 전/기/기/기

041 일반적인 변압기의 손실 중에서 온도상승에 관계가 가장 적은 요소는?
① 철손 ② 동손
③ 와류손 ④ 유전체손

해설 유전체손(변압기 기름)은 일반적인 변압기의 손실 중에서 온도상승에 관계가 가장 적은 요소이다.

042 2방향성 3단자 사이리스터는 어느 것인가?
① SCR ② SSS
③ SCS ④ TRIAC

해설 TRIAC소자는 낮은 gate 전압에서도 쌍방으로 gate 신호에 따라 출력을 제어하는 소자로서 2방향성 3단자 사이리스터이다.

043 변압기의 권수를 N이라고 할 때 코일의 인덕턴스?
① N에 비례한다. ② N^2에 비례한다.
③ N에 반비례한다. ④ N^2에 반비례한다.

해설 변압기의 권수를 N이라고 할 때
코일의 인덕턴스 $L = \dfrac{N\phi}{I} = \dfrac{N}{I} \times \dfrac{NI}{R} = \dfrac{N^2}{R} ≒ N^2 [H]$
즉, 코일의 인덕턴스는 N^2에 비례한다.

044 200[V], 10[kW]의 직류 분권전동기가 있다. 전기자 저항은 0.2[Ω], 계자 저항은 40 [Ω]이고 정격 전압에서 전류가 15[A]인 경우 5[kg·m]의 토크를 발생한다. 부하가 증가하여 전류가 25[A]로 되는 경우 발생 토크[kg·m]는?
① 2.5 ② 5
③ 7.5 ④ 10

해답 40.① 41.④ 42.④ 43.② 44.④

🔑 직류 분권전동기의 부하 전류 $I = I_a + I_f$[A], $V = E + I_a r_a$[V]

E(유기기전력) $= V - I_a r_a = \dfrac{P}{a} Z n \phi$[V], $P = EI = \omega T$[W]에서

T(토크) $= \dfrac{EI}{\omega} = \dfrac{\dfrac{P}{a} Z n \phi I}{2\pi n} = \dfrac{PZ}{2\pi a} \phi I ≒ I$[kg·m] 즉 부하 전류 $I ≒ T$(발생 토크)이다.

∴ 부하 전류의 증가분 (25-15) = 10[kg·m] ≒ T(토크)는 발생 토크가 된다.

045
1차 전압 6,600[V], 2차 전압 220[V], 주파수 60[Hz], 1차 권수 1,000회의 변압기가 있다. 최대 자속은 약 몇 [Wb]인가?

① 0.020 ② 0.025
③ 0.030 ④ 0.032

🔑 변압기 1차 유기기전력 $E_1 ≒ V_1 ≒ 4.44 f N \phi_m$[V]

∴ 변압기 최대자속 $\phi_m = \dfrac{V_1}{4.44 f N} = \dfrac{6600}{4.44 \times 60 \times 1000} = \dfrac{0.66}{26.64} ≒ 0.025$[Wb]이 된다.

046
직류 복권발전기의 병렬운전에 있어 균압선을 붙이는 목적은 무엇인가?

① 손실을 경감한다.
② 운전을 안정하게 한다.
③ 고조파의 발생을 방지한다.
④ 직권계자 간의 전류증가를 방지한다.

🔑 직류 직권발전기나 복권발전기에서는 병렬운전을 안정하게 하기 위해서 균압선을 설치한다. 즉 계자 코일에 흐르는 전류에 의하여 병렬운전이 불안정하게 되므로 균압선을 이용하여 코일에 흐르는 전류를 분류, 병렬운전을 안정하게 한다.

047
유도전동기의 2차 여자제어법에 대한 설명으로 틀린 것은?

① 역률을 개선할 수 있다.
② 권선형 전동기에 한하여 이용된다.
③ 동기속도의 이하로 광범위하게 제어할 수 있다.
④ 2차 저항손이 매우 커지며 효율이 저하된다.

🔑 유도전동기의 2차 여자제어법에 대한 옳은 설명은
① 역률을 개선할 수 있다.
② 권선형 전동기에 한하여 이용된다.
③ 동기속도의 이하로 광범위하게 제어할 수 있다.

45. ② 46. ② 47. ④

2018년 8월 19일 시행

048 50[Ω]의 계자 저항을 갖는 직류 분권발전기가 있다. 이 발전기의 출력이 5.4[kW]일 때 단자 전압은 100[V], 유기기전력은 115[V]이다. 이 발전기의 출력이 2[kW]일 때 단자 전압이 125[V]라면 유기기전력은 약 몇 [V]인가?

① 130
② 145
③ 152
④ 159

직류 분권발전기에서

① $P_1 = 5400 = V_1 I_1 [\text{W}]$, $I_1 = \dfrac{P_1}{V_1} = \dfrac{5400}{100} = 54[\text{A}]$, $I_{f1} = \dfrac{V_1}{R_f} = \dfrac{100}{50} = 2[\text{A}]$

전기자 전류 $I_{a1} = I_1 + I_{f1} = 54 + 2 = 56[\text{A}]$이다.

∴ $E_1 = V_1 + I_{a1} r_a [\text{V}]$, $115 = 100 + 56 \times r_a [\text{V}]$에서

전기자 저항(일정) $r_a = \dfrac{115 - 100}{56} = \dfrac{15}{56} = 0.26[\Omega]$ … ①

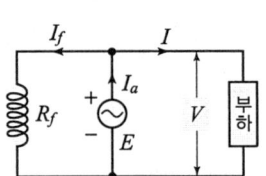

② $P_2 = 2000 = V_2 I_2 [\text{W}]$, $I_2 = \dfrac{P_2}{V_2} = \dfrac{2000}{125} = 16[\text{A}]$,

$I_{f2} = \dfrac{V_2}{R_f} = \dfrac{125}{50} = 2.5[\text{A}]$

∴ 전기자 전류 $I_{a2} = I_2 + I_{f2} = 16 + 2.5 = 18.5[\text{A}]$이다.

∴ 유기 기전력 $E_2 = V_2 + I_{a2} r_a = 125 + 18.5 \times 0.26 ≒ 125 + 5 ≒ 130[\text{V}]$이다.

049 15[kVA], 3,000/200[V] 변압기의 1차 측 환산등가 임피던스가 $5.4 + j6[\Omega]$일 때, %저항 강하 p와 %리액턴스 강하 q는 각각 약 몇 [%]인가?

① $p = 0.9$, $q = 1$
② $p = 0.7$, $q = 1.2$
③ $p = 1.2$, $q = 1$
④ $p = 1.3$, $q = 0.9$

변압기 용량 $P_a = V_{1n} I_{1n} [\text{VA}]$, 정격 전류 $I_{1n} = \dfrac{P_a}{V_{1n}} = \dfrac{15000}{3000} = 5[\text{A}]$ … ①

%저항 강하 $P = \dfrac{I_{1n} r_{21}}{V_{1n}} \times 100 = \dfrac{5 \times 5.4}{3000} \times 100 = \dfrac{27}{30} = 0.9[\%]$

%리액턴스 강하 $q = \dfrac{I_{1n} X_{21}}{V_{1n}} \times 100 = \dfrac{5 \times 6}{3000} \times 100 = \dfrac{30}{30} = 1[\%]$이다.

∴ $p = 0.9[\%]$, $q = 1[\%]$이다.

050 직류기의 온도상승 시험 방법 중 반환부하법의 종류가 아닌 것은?

① 카프법
② 홉킨슨법
③ 스코트법
④ 블론델법

직류기의 온도상승 시험 방법 중 반환부하법에는
① 카프법, ② 홉킨슨법, ③ 블론델법이 있다.

48. ① 49. ① 50. ③

051 직류발전기의 병렬 운전에서 부하 분담의 방법은?
① 계자전류와 무관하다.
② 계자전류를 증가하면 부하분담은 감소한다.
③ 계자전류를 증가하면 부하분담은 증가한다.
④ 계자전류를 감소하면 부하분담은 증가한다.

> 직류발전기의 병렬 운전 시 부하 분담의 방법은 계자전류를 증가하면 부하분담은 증가한다.

052 동기기의 기전력의 파형 개선책이 아닌 것은?
① 단절권　　② 집중권
③ 공극조정　　④ 자극 모양

> 동기기의 기전력의 파형 개선책은 단절권, 공극조정, 자극 모양 등을 조절하여야 한다.

053 10극 50[Hz] 3상 유도전동기가 있다. 회전자도 3상이고 회전자가 정지할 때 2차 1상 간의 전압이 150[V]이다. 이것을 회전자계와 같은 방향으로 400[rpm]으로 회전시킬 때 2차 전압은 몇 [V]인가?
① 50　　② 75
③ 100　　④ 150

> 3상 유도전동기의 동기속도 $N_s = \dfrac{120f}{p} = \dfrac{120 \times 50}{10} = 600[\text{rpm}]$
> 슬립 $s = \dfrac{N_s - N}{N_s} = \dfrac{600-400}{600} = \dfrac{200}{600} = \dfrac{1}{3}$
> ∴ 회전자 2차 전압 $E_{2s} = SE_2 = \dfrac{1}{3} \times 150 = 50[\text{V}]$이 된다.

054 3상 직권 정류자전동기에 중간 변압기를 사용하는 이유로 적당하지 않은 것은?
① 중간 변압기를 이용하여 속도 상승을 억제할 수 있다.
② 회전자 전압을 정류작용에 맞는 값으로 선정할 수 있다.
③ 중간 변압기를 사용하여 누설 리액턴스를 감소할 수 있다.
④ 중간 변압기의 권수비를 바꾸어 전동기 특성을 조정할 수 있다.

> 3상 직권 정류자전동기에 중간 변압기를 사용하는 이유는
> ① 중간 변압기를 이용하여 속도 상승을 억제할 수 있다.
> ② 회전자 전압을 정류작용에 맞는 값으로 선정할 수 있다.
> ③ 중간 변압기의 권수비를 바꾸어 전동기 특성을 조정할 수 있다.

정답 51. ③　52. ②　53. ①　54. ③

055 단상 직권 정류자전동기에서 보상권선과 저항도선의 작용을 설명한 것으로 틀린 것은?
① 역률을 좋게 한다.
② 변압기 기전력을 크게 한다.
③ 전기자 반작용을 감소시킨다.
④ 저항도선은 변압기 기전력에 의한 단락전류를 적게 한다.

단상 직권 정류자전동기에서 보상권선과 저항도선의 작용을 설명한 것은
① 역률을 좋게 한다.
② 전기자 반작용을 감소시킨다.
③ 저항도선은 변압기 기전력에 의한 단락전류를 적게 한다.

056 역률 100[%]일 때의 전압 변동률 ε은 어떻게 표시되는가?
① %저항 강하
② %리액턴스 강하
③ %서셉턴스 강하
④ %임피던스 강하

역률 $\cos\theta = 100[\%] = 1$, $\cos^2\theta + \sin^2\theta = 1$, 무효율 $\sin\theta = \sqrt{1-\cos^2\theta} = 0$이다.
∴ 전압 변동률 $\varepsilon = P\cos\theta + q\sin\theta = P \times 1 + 0 = P$(%저항 강하)이다.

057 유도자형 동기발전기의 설명으로 옳은 것은?
① 전기자만 고정되어 있다.
② 계자극만 고정되어 있다.
③ 회전자가 없는 특수 발전기이다.
④ 계자극과 전기자가 고정되어 있다.

유도자형 동기발전기는 계자극과 전기자가 고정되어 있다.

058 돌극형 동기발전기에서 직축 동기 리액턴스를 X_d, 횡축 동기 리액턴스를 X_q라 할 때의 관계는?
① $X_d < X_q$
② $X_d > X_q$
③ $X_d = X_q$
④ $X_d \ll X_q$

돌극성 동기발전기에 직축 동기 리액턴스 X_d는 횡축 동기 리액턴스 X_q보다 크다.
∴ $X_d > X_q$이다.

059 직류 발전기를 3상 유도전동기에서 구동하고 있다. 이 발전기에 55[kW]의 부하를 걸 때 전동기의 전류는 약 몇 [A]인가? (단, 발전기의 효율은 88[%], 전동기의 단자전압은 400[V], 전동기의 효율은 88[%], 전동기의 역률은 82[%]로 한다.)
① 125
② 225
③ 325
④ 425

정답 55.② 56.① 57.④ 58.② 59.①

해설 η_g(발전기 효율) $= \dfrac{P_0(\text{발전기 출력})}{P_i(\text{발전기 입력})}$

P_i(발전기 입력) $= \dfrac{P_0}{\eta_g} = \dfrac{55}{0.88} = 62.5[\text{kW}]$ = 전동기 출력이다.

η_m(전동기 효율) $= \dfrac{\text{전동기 출력}}{P_i(\text{전동기 입력})} = \dfrac{\text{발전기 입력}}{\sqrt{3}\,VI\cos\theta}$

∴ 전동기 전류 $I = \dfrac{\text{발전기 입력}}{\sqrt{3}\,V\cos\theta \times \eta_m} = \dfrac{62500}{\sqrt{3}\times 400\times 0.82\times 0.88} = \dfrac{62500}{500} = 125[\text{A}]$ 가 된다.

060 3상 농형 유도전동기의 기동방법으로 틀린 것은?
① Y-△ 기동 ② 전전압 기동
③ 리액터 기동 ④ 2차 저항에 의한 기동

해설 3상 농형 유도전동기의 기동방법은
① Y-△ 기동, ② 전전압 기동, ③ 리액터 기동이다.

04 회/로/이/론/및/제/어/공/학

061 일반적인 제어시스템에서 안정의 조건은?
① 입력이 있는 경우 초기값에 관계없이 출력이 0으로 간다.
② 입력이 없는 경우 초기값에 관계없이 출력이 무한대로 간다.
③ 시스템이 유한한 입력에 대해서 무한한 출력을 얻는 경우
④ 시스템이 유한한 입력에 대해서 유한한 출력을 얻는 경우

해설 일반적인 제어시스템에서 안정의 조건은 시스템이 유한한 입력에 대해서 유한한 출력을 얻는 경우이다.

062 $s^3 + 11s^2 + 2s + 40 = 0$ 에는 양의 실수부를 갖는 근은 몇 개 있는가?
① 1 ② 2
③ 3 ④ 없다.

해설 Routh 판별식에서

s^3	1	2
s^2	11	40
s^1	$\dfrac{11\times 2 - 40\times 1}{11} = -\dfrac{8}{11}$	0
s^0	40	

1열의 부호 변화가 2번이다.
∴ 양(+)의 실수부를 갖는 근이 2개이다.

정답 60.④ 61.④ 62.②

063 다음 그림의 전달함수 $\dfrac{Y(z)}{R(z)}$는 다음 중 어느 것인가?

① $G(z)z$
② $G(z)z^{-1}$
③ $G(z)Tz^{-1}$
④ $G(z)Tz$

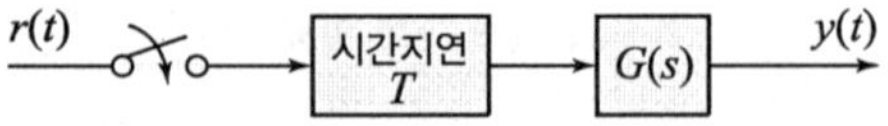

[이상적 표본기]

해설 그림의 $\dfrac{출력(y(t))}{입력(r(t))}$를 라플라스 변환한 전달함수 $=\dfrac{Y(z)}{R(z)}=G(z)z^{-1}$이 된다.

---

064 그림과 같은 블록선도에서 전달함수 $\dfrac{C(s)}{R(s)}$를 구하면?

① $\dfrac{1}{8}$
② $\dfrac{5}{28}$
③ $\dfrac{28}{5}$
④ 8

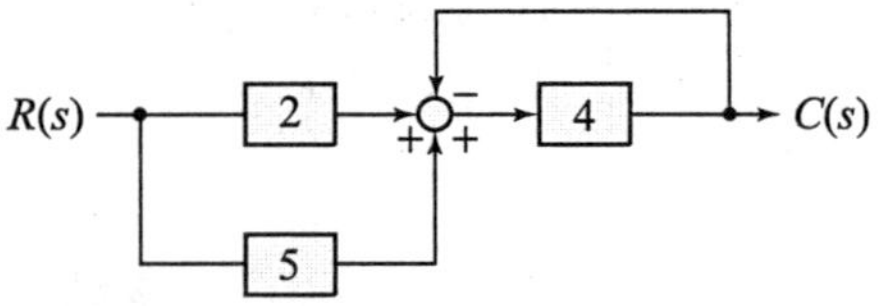

해설 그림과 같은 블록선도에서
$C(s)$출력$=[2R(s)+5R(s)-C(s)]\times 4$, $C(s)(1+4)=R(s)(8+20)$

∴ 전달함수 $\dfrac{C(s)}{R(s)}=\dfrac{28}{5}$이 된다.

---

065 논리식 $L=\overline{x}\cdot\overline{y}+\overline{x}\cdot y+x\cdot y$를 간략화한 것은?

① $x+y$
② $\overline{x}+y$
③ $x+\overline{y}$
④ $\overline{x}+\overline{y}$

해설 논리식 $L=\overline{x}\cdot\overline{y}+\overline{x}\cdot y+x\cdot y=\overline{x}(\overline{y}+y)+x\cdot y=\overline{x}+x\cdot y=\overline{x}+y$가 된다.

---

066 특성방정식 $s^2+2\zeta\omega_n s+\omega_n^2=0$에서 감쇠진동을 하는 제동비 ζ의 값은?

① $\zeta>1$
② $\zeta=1$
③ $\zeta=0$
④ $0<\zeta<1$

해설 특성 방정식 $s^2+2\zeta\omega_n s+\omega_n^2=0$에서
$0<\zeta<1$(부족제동)으로 감쇠진동상태가 된다.
$\zeta>1$(과제동)으로 비진동상태가 된다.
$\zeta=1$(임계제동)으로 임계상태가 된다.
$\zeta=0$(무제동)으로 무한진동상태가 된다.

해답 63. ② 64. ③ 65. ② 66. ④

067 다음의 회로를 블록선도로 그린 것 중 옳은 것은?

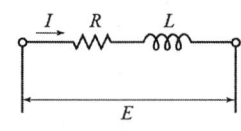

① $I(s) \to [R], [Ls] \to (+,+) \to E(s)$
② $I(s) \to [R], [Ls] \to (+,-) \to E(s)$
③ $I(s) \to [R], [\frac{1}{Ls}] \to (+,+) \to E(s)$
④ $I(s) \to [R], [\frac{1}{Ls}] \to (+,-) \to E(s)$

해설 $\dfrac{d}{dt} = j\omega = s$, $L\dfrac{di}{dt} = sLI(s)$ 이다.

∴ 회로에서 전달함수 $\dfrac{E(s)}{I(s)} = \dfrac{(R+SL)I(s)}{I(s)} = R+SL[\Omega]$ 로서

블록선도는 $I(s) \to [R],[Ls] \to (+,+) \to E(s)$ 가 된다.

068 일정 입력에 대해 잔류 편차가 있는 제어계는?
① 비례 제어계
② 적분 제어계
③ 비례 적분 제어계
④ 비례 적분 미분 제어계

해설 제어 동작에 의한 분류로서 비례 제어계는 일정 입력에 대해 잔류 편차가 있는 제어계이다.

069 개루프 전달함수 $G(s)H(s)$가 다음과 같이 주어지는 부궤환계에서 근궤적 점근선의 실수축과의 교차점은?

$$G(s)H(s) = \dfrac{K}{s(s+4)(s+5)}$$

① 0
② −1
③ −2
④ −3

해설 근궤적 점근선의 실수축과의 교차점 = 점근선의 교차점

$\sigma = \dfrac{\sum P_i(\text{극의 합}) - \sum Z_i(\text{영점의 합})}{P(\text{극의 } S\text{차 수}) - Z(\text{영점의 } S\text{차 수})} = \dfrac{0+(-4)+(-5)-0}{3-0} = \dfrac{-9}{3} = -3$

해답 67. ① 68. ① 69. ④

문제 070

$G(j\omega) = \dfrac{K}{j\omega(j\omega+1)}$ 에 있어서 진폭 A 및 위상각 θ은?

$$\lim_{\omega \to \infty} G(j\omega) = A \angle \theta$$

① $A = 0, \theta = -90°$
② $A = 0, \theta = -180°$
③ $A = \infty, \theta = -90°$
④ $A = \infty, \theta = -180°$

해설 괄호 안의 $\omega \to \infty$ 극한값 먼저 계산 크기와 위상을 구한다.

$\lim_{\omega \to \infty} G(j\omega) = \lim_{\omega \to \infty} \dfrac{K}{j\omega(j\omega+1)} = \dfrac{K}{j\omega(\infty)} = 0$

위상은 $\lim_{\omega \to \infty} G(j\omega) = \lim_{\omega \to \infty} \dfrac{K}{j\omega(j\omega+1)} = \lim_{\omega \to \infty} \dfrac{K}{(j\omega)^2} = \angle -180°$

∴ 크기=0, 위상 $\theta = 180°$ 이다.

문제 071

그림과 같이 10[Ω]의 저항에 권수비가 10 : 1의 결합회로를 연결했을 때 4단자정수 A, B, C, D는?

① $A=1, B=10, C=0, D=10$
② $A=10, B=1, C=0, D=10$
③ $A=10, B=0, C=1, D=\dfrac{1}{10}$
④ $A=10, B=1, C=0, D=\dfrac{1}{10}$

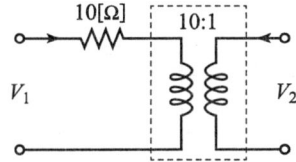

해설 직렬저항 10[Ω]의 4단자 정수 $\begin{vmatrix} A_1 & B_1 \\ C_1 & D_1 \end{vmatrix} = \begin{vmatrix} 1 & 10 \\ 0 & 1 \end{vmatrix}$ … ①

권수비 10 : 1의 결합회로에서

$a(\text{권수비}) = \dfrac{V_1}{V_2} = \dfrac{N_1}{N_2} = \dfrac{10}{1}$ ∴ $V_1 = A_2 V_2 + B_2 I_2 = 10 V_2 + 0 I_2$ … ⓐ

$a(\text{권수비}) = \dfrac{I_2}{I_1} = \dfrac{N_1}{N_2} = \dfrac{10}{1}$ ∴ $I_1 = C_2 V_2 + D_2 I_2 = 0 V_2 + \dfrac{1}{10} I_2$ … ⓑ

ⓐ, ⓑ식에서 4단자 정수 $\begin{vmatrix} A_2 & B_2 \\ C_2 & D_2 \end{vmatrix} = \begin{vmatrix} 10 & 0 \\ 0 & \dfrac{1}{10} \end{vmatrix}$ … ②

문제 그림과 같이 10[Ω]의 저항과 권수비 10 : 1의 결합회로가 종속연결일 때의

4단자 정수 $\begin{vmatrix} A & B \\ C & D \end{vmatrix} = \begin{vmatrix} A_1 & B_1 \\ C_1 & D_1 \end{vmatrix} \begin{vmatrix} A_2 & B_2 \\ C_2 & D_2 \end{vmatrix} = \begin{vmatrix} 1 & 10 \\ 0 & 1 \end{vmatrix} \begin{vmatrix} 10 & 0 \\ 0 & \dfrac{1}{10} \end{vmatrix} = \begin{vmatrix} 10 & \dfrac{10}{10}=1 \\ 0 & \dfrac{1}{10} \end{vmatrix}$ 이다.

∴ 4단자 정수는 $A = 10, B = 1, C = 0, D = \dfrac{1}{10}$ 이 된다.

70. ② 71. ④

072 전류의 대칭분을 I_0, I_1, I_2, 유기기전력을 E_a, E_b, E_c, 단자 전압의 대칭분을 V_0, V_1, V_2라 할 때 3상 교류발전기의 기본식 중 정상분 V_1 값은? (단, Z_0, Z_1, Z_2는 영상, 정상, 역상 임피던스이다.)

① $-Z_0 I_0$
② $-Z_2 I_2$
③ $E_a - Z_1 I_1$
④ $E_b - Z_2 I_2$

해설 연산자 계산 $1+a+a^2=0$ (3상 교류전류 혹은 전압의 합은 0이다.)

3상 교류발전기에서 유기기전력의 대칭분

$E_0 = \frac{1}{3}(E_a+E_b+E_c) = \frac{1}{3}(E_a+a^2E_a+aE_a) = \frac{E_a}{3}(1+a^2+a) = 0$

$E_1 = \frac{1}{3}(E_a+aE_b+a^2E_c) = \frac{1}{3}(E_a+a^3E_a+a^3E_a) = \frac{E_a}{3}(1+a^3+a^3) = \frac{E_a}{3} \times 3 = E_a [\text{V}]$

$E_2 = \frac{1}{3}(E_a+a^2E_b+aE_c) = \frac{1}{3}(E_a+a^4E_a+a^2E_a) = \frac{E_a}{3}(1+a^4+a^2) = \frac{E_a}{3}(1+a+a^2) = 0$

∴ 3상 교류발전기의 기본식인 단자 전압의 대칭분은

V_0(영상분 전압)$= E_0 - Z_0 I_0 = 0 - Z_0 I_0 = -Z_0 I_0 [\text{V}]$

V_1(정상분 전압)$= E_1 - Z_1 I_1 = E_a - Z_1 I_1 [\text{V}]$

V_2(역상분 전압)$= E_2 - Z_2 I_2 = 0 - Z_2 I_2 = -Z_2 I_2 [\text{V}]$ 이다.

073 최대값이 I_m인 정현파 교류의 반파정류 파형의 실효값은?

① $\frac{I_m}{2}$
② $\frac{I_m}{\sqrt{2}}$
③ $\frac{2I_m}{\pi}$
④ $\frac{\pi I_m}{2}$

해설 3각 함수 2배각 공식

$\sin 2x = 2\sin x \cos x$, $\cos 2x = \cos^2 x - \sin^2 x = 2\cos^2 x - 1 = 1 - 2\sin^2 x$

∴ $\sin^2 x = \frac{1}{2}(1-\cos 2x)$

∴ $i(t) = I_m \sin t$의 반파 정류파형의 실효값

$|I| = \sqrt{\frac{1}{T}\int_0^T i(t)^2 dt} = \sqrt{\frac{1}{T}\int_0^\pi I_m^2 \sin^2 t \, dt} = \sqrt{\frac{I_m^2}{T}\int_0^\pi \frac{1}{2}(1-\cos 2t) \, dt}$

$= \sqrt{\frac{I_m^2}{2\pi} \times \frac{1}{2}\left(t - \frac{1}{2}\sin 2t\right)\Big|_0^\pi} = \sqrt{\frac{I_m^2}{4\pi}(\pi - 0)} = \sqrt{\frac{I_m^2}{4}} = \frac{I_m}{2} [\text{A}]$이 된다.

074 2전력계법으로 평형 3상 전력을 측정하였더니 한쪽의 지시가 700[W], 다른 쪽의 지시가 1,400[W]이었다. 피상전력은 약 몇 [VA]인가?

① 2,425
② 2,771
③ 2,873
④ 2,974

해답 72.③ 73.① 74.①

3상 2전력계 법에서 P(유효전력)$=P_1+P_2=700+1400=2100[\text{W}]$ … ①
P_r(무효전력)$=\sqrt{3}(P_2-P_1)=\sqrt{3}(1400-700)=\sqrt{3}\times 700=1212.47[\text{Var}]$ … ②
①, ②식에서 3상 피상전력
$P_a=P+jP_r=\sqrt{(2100)^2+(1212.47)^2}≒\sqrt{5880.083}≒2425[\text{VA}]$가 된다.

075
그림과 같은 RC 회로에서 스위치를 넣은 순간 전류는? (단, 초기 조건은 0이다.)

① 불변전류이다.
② 진동전류이다.
③ 증가함수로 나타난다.
④ 감쇠함수로 나타난다.

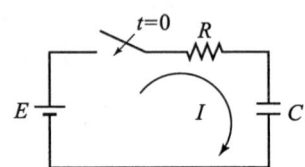

그림의 RC직렬 회로에 스위치를 닫는 순간의 과도전류
$i(t)=\dfrac{E}{R}e^{-\frac{1}{CR}t}[\text{A}]$로 감쇠함수로 나타난다.

076
무손실 선로의 정상상태에 대한 설명으로 틀린 것은?

① 전파정수 γ은 $j\omega\sqrt{LC}$이다.
② 특성 임피던스 $Z_0=\sqrt{\dfrac{C}{L}}$이다.
③ 진행파의 전파속도 $v=\dfrac{1}{\sqrt{LC}}$이다.
④ 감쇠정수 $\alpha=0$, $\beta=\omega\sqrt{LC}$이다.

무손실 선로의 정상상태에 대한 옳은 설명은
① 전파정수 $\gamma=\alpha+j\beta=0+j\omega\sqrt{LC}=j\omega\sqrt{LC}$이다.
② 진행파의 전파속도 $v=\dfrac{\omega}{\beta}=\dfrac{\omega}{\omega\sqrt{LC}}=\dfrac{1}{\sqrt{LC}}$이다.
③ 감쇠정수 $\alpha=0$, 위상정수 $\beta=\omega\sqrt{LC}$이다.

077
그림과 같은 파형의 파고율은?

① 1
② $\dfrac{1}{\sqrt{2}}$
③ $\sqrt{2}$
④ $\sqrt{3}$

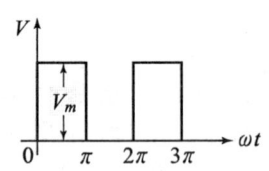

75. ④ 76. ② 77. ③

해설 그림은 반파구형파이다.

전압의 실효값 $|V| = V_m \times \dfrac{1}{\sqrt{2}}$ [V], 전압의 평균값 $V_{av} = V_m \times \dfrac{1}{2}$ [V], 최대값 : V_m [V]이다.

∴ 파고율 $= \dfrac{최대값}{실효값} = \dfrac{V_m}{V_m \times \dfrac{1}{\sqrt{2}}} = \sqrt{2}$ 이다.

078 회로에서 저항 R에 흐르는 전류 I[A]는?

① -1
② -2
③ 2
④ 4

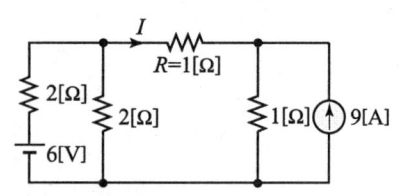

해설 중첩의 정리에서 정 전류원 → 개방, 정전압 → 단락으로 해석한다.
① 정 전류원 개방

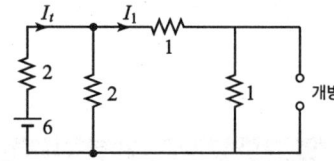

분배법칙에서 $I_1 = \dfrac{z}{2+2} \times I_t = \dfrac{2}{4} \times \dfrac{6}{2+1} = 1$ [A] … ①

② 정 전압원 단락

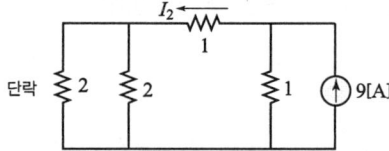

분배법칙에서 $I_2 = \dfrac{1}{2+1} \times 9 = 3$ [A]

∴ 회로 저항 R[Ω]에 흐르는 전류 $I = I_1 - I_2 = 1 - 3 = -2$ [A]가 된다.

079 $R = 100$[Ω], $C = 30[\mu F]$의 직렬회로에 $f = 60$[Hz], $V = 100$[V]의 교류전압을 인가할 때 전류는 약 몇 [A]인가?

① 0.42
② 0.64
③ 0.75
④ 0.87

해설 용량성 리액턴스 $X_c = \dfrac{1}{\omega c} = \dfrac{1}{2\pi fc} = \dfrac{10^6}{2 \times 3.14 \times 60 \times 30} = \dfrac{10^6}{11310} = 88$ [Ω]

∴ 직렬 임피던스 $Z = R - jX_c = 100 - j88$ [Ω]

직렬회로에 흐르는 전류 $I = \dfrac{V}{Z} = \dfrac{V}{R - jX_c} = \dfrac{100}{\sqrt{(100)^2 + (88)^2}} = \dfrac{100}{\sqrt{17744}} ≒ \dfrac{100}{133.2}$

≒ 0.75[A]가 된다.

해답 78. ② 79. ③

080 그림과 같은 파형의 Laplace 변환은?

① $\dfrac{1}{2s^2}(1-e^{-4s}-se^{-4s})$

② $\dfrac{1}{2s^2}(1-e^{-4s}-4e^{-4s})$

③ $\dfrac{1}{2s^2}(1-se^{-4s}-4e^{-4s})$

④ $\dfrac{1}{2s^2}(1-e^{-4s}-4se^{-4s})$

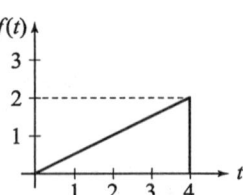

시간함수 $f(t)=\dfrac{2}{4}t(u(t))-\dfrac{2}{4}tu(t-4)-2(t-4)$

∴ 톱니파의 라플라스 변환

$F(s)=L(f(t))=\dfrac{2}{4}\cdot\dfrac{1}{s^2}-\dfrac{2}{4}\cdot\dfrac{1}{s^2}e^{-4s}-2e^{-4s}=\dfrac{2}{4s^2}(1-e^{-4s}-4se^{-4s})$

$=\dfrac{1}{2s^2}(1-e^{-4s}-4se^{-4s})$ 가 된다.

05 전/기/설/비/기/술/기/준/및/판/단/기/준

081 철근 콘크리트주를 사용하는 25[kV] 교류 전차선로를 도로 등과 제1차 접근 상태에 시설하는 경우 경간의 최대한도는 몇 [m]인가?

① 40 ② 50
③ 60 ④ 70

철근 콘크리트주를 사용하는 25[kV] 교류 전차선로를 도로 등과 제1차 접근 상태에 시설하는 경우 경간의 최대한도 60[m]이어야 한다.

082 3.3[kV]용 계기용 변성기의 2차 측 전로의 접지공사는?

① 제1종 접지공사 ② 제2종 접지공사
③ 제3종 접지공사 ④ 특별 제3종 접지공사

3.3[kV]용 계기용 변성기의 2차 측 전로에는 제3종 접지공사를 하여야 한다.

083 지중 전선로에 있어서 폭발성 가스가 침입할 우려가 있는 장소에 시설하는 지중함은 크기가 몇 [m³] 이상일 때 가스를 방산시키기 위한 장치를 시설하여야 하는가?

① 0.25 ② 0.5
③ 0.75 ④ 1.0

해답 80.④ 81.③ 82.③ 83.④

[해설] 지중 전선로에 있어서 폭발성 가스가 침입할 우려가 있는 장소에 시설하는 지중함은 크기가 1[m³] 이상일 때는 가스를 방산시키기 위한 장치를 시설하여야 한다.

084 최대사용전압이 220[V]인 전동기의 절연내력 시험을 하고자 할 때 시험 전압은 몇 [V]인가?
① 300 ② 330 ③ 450 ④ 500

[해설] 최대사용전압이 220[V]인 전동기의 절연내력 시험을 하고자 할 때 시험 전압은 500[V]이어야 한다.

085 금속덕트 공사에 적당하지 않은 것은?
① 전선은 절연전선을 사용한다.
② 덕트의 끝부분은 항시 개방시킨다.
③ 덕트 안에는 전선의 접속점이 없도록 한다.
④ 덕트의 안쪽 면 및 바깥 면에는 산화 방지를 위하여 아연도금을 한다.

[해설] 금속덕트 공사에 적당한 것은
① 전선은 절연전선을 사용한다.
② 덕트 안에는 전선의 접속점이 없도록 한다.
③ 덕트의 안쪽 면 및 바깥 면에는 산화 방지를 위하여 아연도금을 한다.

086 다음 그림에서 L_1은 어떤 크기로 동작하는 기기의 명칭인가?
① 교류 1,000[V] 이하에서 동작하는 단로기
② 교류 1,000[V] 이하에서 동작하는 피뢰기
③ 교류 1,500[V] 이하에서 동작하는 단로기
④ 교류 1,500[V] 이하에서 동작하는 피뢰기

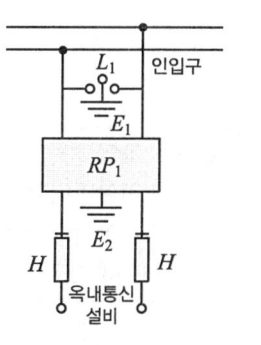

[해설] 그림에서 L_1은 교류 1,000[V] 이하에서 동작하는 피뢰기의 명칭이다.

087 옥내에 시설하는 고압용 이동전선으로 옳은 것은?
① 6[mm] 연동선
② 비닐외장 케이블
③ 옥외용 비닐절연전선
④ 고압용의 캡타이어 케이블

[해설] 옥내에 시설하는 고압용 이동전선은 고압용의 캡타이어 케이블 고압용의 3종 클로로프렌 캡타이어 케이블, 3종 클로로 설폰화 폴리에틸렌 캡타이어 케이블이다.

[정답] 84. ④ 85. ② 86. ② 87. ④

2018년 8월 19일 시행

088 관광 숙박업 또는 숙박업을 하는 객실의 입구 등에 조명용 전등을 설치할 때는 몇 분 이내에 소등되는 타임스위치를 시설하여야 하는가?

① 1
② 3
③ 5
④ 10

> 관광 숙박업 또는 숙박업을 하는 객실의 입구 등에 조명용 전등을 설치할 때는 1분 이내에 소등되는 타임스위치를 시설하여야 한다.

089 특고압 옥외 배전용 변압기가 1대일 경우 특고압 측에 일반적으로 시설하여야 하는 것은?

① 방전기
② 계기용 변류기
③ 계기용 변압기
④ 개폐기 및 과전류차단기

> 개폐기 및 과전류차단기는 특고압 옥외 배전용 변압기가 1대일 경우 특고압 측에 일반적으로 시설한다.

090 사용전압이 22.9[kV]인 특고압 가공전선이 도로를 횡단하는 경우, 지표상 높이는 최소 몇 [m] 이상인가?

① 4.5
② 5
③ 5.5
④ 6

> 사용전압이 22.9[kV]인 특고압 가공전선이 도로를 횡단하는 경우, 지표상 높이는 최소 6[m] 이상이어야 한다.

091 고압 가공전선로의 지지물로서 사용하는 목주의 풍압하중에 대한 안전율은 얼마 이상이어야 하는가?

① 1.2
② 1.3
③ 2.2
④ 2.5

> 고압 가공전선로의 지지물로서 사용하는 목주의 풍압하중에 대한 안전율은 1.3 이상이어야 한다.

092 가공 전선로에 사용하는 지지물의 강도계산에 적용하는 갑종 풍압하중을 계산할 때 구성재의 수직 투영면적 1[m²]에 대한 풍압의 기준으로 틀린 것은?

① 목주 : 588[Pa]
② 원형 철주 : 588[Pa]
③ 원형 철근콘크리트주 : 882[Pa]
④ 강관으로 구성(단주는 제외)된 철탑 : 1255[Pa]

> 88. ① 89. ④ 90. ④ 91. ② 92. ③

가공 전선로에 사용하는 지지물의 강도계산에 적용하는 갑종 풍압하중을 계산할 때 구성재의 수직 투영면적 1[m²]에 대한 풍압의 기준으로 옳은 것은
① 목주 : 588[Pa]
② 원형 철주 : 588[Pa]
③ 강관으로 구성(단주는 제외)된 철탑 : 1255[Pa]

093
3상 4선식 22.9[kV], 중성선 다중접지 방식의 특고압 가공전선 아래에 통신선을 첨가하고자 한다. 특고압 가공전선과 통신선과의 이격거리는 몇 [cm] 이상인가?
① 60
② 75
③ 100
④ 120

3상 4선식 22.9[kV], 중성선 다중접지 방식의 특고압 가공전선 아래에 통신선을 첨가하고자 한다. 특고압 가공전선과 통신선과의 이격거리는 75[cm] 이상이어야 한다.

094
방전등용 안정기를 저압의 옥내배선과 직접 접속하여 시설할 경우 옥내전로의 대지 전압은 최대 몇 [V]인가?
① 100
② 150
③ 300
④ 450

방전등용 안정기를 저압의 옥내배선과 직접 접속하여 시설할 경우 옥내전로의 대지전압은 최대 300[V]이어야 한다.

095
특고압용 타냉식 변압기의 냉각장치에 고장이 생긴 경우를 대비하여 어떤 보호장치를 하여야 하는가?
① 경보장치
② 속도조정장치
③ 온도시험장치
④ 냉매흐름장치

경보장치는 특고압용 타냉식 변압기의 냉각장치에 고장이 생긴 경우를 대비하여 경보장치를 시설하여야 한다.

096
발전소의 개폐기 또는 차단기에 사용하는 압축공기장치의 주 공기탱크에 시설하는 압력계의 최고 눈금의 범위로 옳은 것은?
① 사용압력의 1배 이상 2배 이하
② 사용압력의 1.15배 이상 2배 이하
③ 사용압력의 1.5배 이상 3배 이하
④ 사용압력의 2배 이상 3배 이하

발전소의 개폐기 또는 차단기에 사용하는 압축공기장치의 주 공기탱크에 시설하는 압력계 최고 눈금의 범위는 사용압력의 1.5배 이상 3배 이하이어야 한다.

해답 93. ② 94. ③ 95. ① 96. ③

097 최대사용전압 22.9[kV]인 3상 4선식 다중접지방식의 지중 전선로의 절연내력시험을 직류로 할 경우 시험전압은 몇 [V]인가?

① 16,448
② 21,068
③ 32,796
④ 42,136

최대사용전압 22.9[kV]인 3상 4선식 다중접지방식의 지중 전선로의 절연내력시험을 직류로 할 경우 시험전압은 최대사용의 1.84배이므로 22,900×1.84=42136[V]의 시험전압으로 전로와 대지 간에 연속으로 10분간 가하여 견디어야 한다.

098 교통이 번잡한 도로를 횡단하여 저압 가공전선을 시설하는 경우 지표상 높이는 몇 [m] 이상으로 하여야 하는가?

① 4.0
② 5.0
③ 6.0
④ 6.5

교통이 번잡한 도로를 횡단하여 저압 가공전선을 시설하는 경우 지표상 높이는 6[m] 이상으로 하여야 한다.

099 66[kV] 가공전선과 6[kV] 가공전선을 동일 지지물에 병가하는 경우에 특고압 가공전선은 케이블인 경우를 제외하고는 단면적이 몇 [mm^2] 이상인 경동연선을 사용하여야 하는가?

① 22
② 38
③ 55
④ 100

66[kV] 가공전선과 6[kV] 가공전선을 동일 지지물에 병가하는 경우에 특고압 가공전선은 케이블인 경우를 제외하고는 단면적이 55[mm^2] 이상인 경동연선을 사용하여야 한다.

100 특고압 가공전선이 도로 등과 교차하는 경우에 특고압 가공전선이 도로 등의 위에 시설되는 경우에 설치하는 보호망에 대한 설명으로 옳은 것은?

① 보호망은 제3종 접지공사를 한다.
② 보호망을 구성하는 금속선의 인장강도는 6[kN] 이상으로 한다.
③ 보호망을 구성하는 금속선은 지름 1.0[mm] 이상의 경동선을 사용한다.
④ 보호망을 구성하는 금속선 상호의 간격은 가로, 세로 각 1.5[m] 이하로 한다.

특고압 가공전선이 도로 등과 교차하는 경우에 특고압 가공전선이 도로 등의 위에 시설되는 경우(때)에 설치하는 보호망은 보호망을 구성하는 금속선 상호의 간격은 가로, 세로 각 1.5m 이하로 한다.

97.④ 98.③ 99.③ 100.④

전기기사

2019년도

전기기사	2019년 3월 3일 시행
전기기사	2019년 4월 27일 시행
전기기사	2019년 8월 4일 시행

01 전/기/자/기/학

[2019년 3월 3일 시행]

001 평행판 콘덴서에 어떤 유전체를 넣었을 때 전속밀도가 2.4×10^{-7}[C/m²]이고, 단위 체적중의 에너지가 5.3×10^{-3}[J/m³]이었다. 이 유전체의 유전율은 약 몇 [F/m]인가?

① 2.17×10^{-11}
② 5.43×10^{-11}
③ 5.17×10^{-12}
④ 5.43×10^{-12}

해설 단위 체적의 에너지 $W = \frac{1}{2}ED$ [J]

전계세기 $E = \frac{2W}{D} = \frac{2 \times 5.3 \times 10^{-3}}{2.4 \times 10^{-7}} = 4.416 \times 10^4$ [V/m]

∴ $D = \varepsilon E$ [C/m²]이므로 유전율 $\varepsilon = \frac{D}{E} = \frac{2.4 \times 10^{-7}}{4.416 \times 10^4} ≒ 5.43 \times 10^{-12}$ [F/m]

002 서로 다른 두 유전체사이의 경계면에 전하분포가 없다면 경계면 양쪽에서의 전계 및 전속밀도는?

① 전계 및 전속밀도의 접선성분은 서로 같다.
② 전계 및 전속밀도의 법선성분은 서로 같다.
③ 전계의 법선성분이 서로 같고, 전속밀도의 접선성분이 서로 같다.
④ 전계의 접선성분이 서로 같고, 전속밀도의 법선성분이 서로 같다.

해설 두 유전체 경계면에 전하분포가 없다면 경계면 양쪽에서의 전계 및 전속밀도는 전계의 수평성분(접선성분)은 서로 같고, 전속밀도의 수직성분(법선성분)이 서로 같다.

003 와류손에 대한 설명으로 틀린 것은? (단, f : 주파수, B_m : 최대자속밀도, t : 두께, ρ : 저항률이다.)

① t^2에 비례한다.
② f^2에 비례한다.
③ ρ^2에 비례한다.
④ B_m^2에 비례한다.

해설 와류손 $P_e = \eta(f t K_f B_m)^2$ [W/kg]

∴ t^2에 비례한다.
f^2에 비례한다.
B_m^2에 비례한다.
K_f^2(파형률)에 비례한다.

해답 1.④ 2.④ 3.③

004 $x>0$인 영역에 비유전율 $\varepsilon_{r1}=3$인 유전체, $x<0$인 영역에 비유전율 $\varepsilon_{r2}=5$인 유전체가 있다. $x<0$인 영역에서 전계 $E_2=20a_x+30a_y-40a_z$[V/m]일 때 $x>0$인 영역에서의 전속밀도는 몇 [C/m]인가?

① $10(10a_x+9a_y-12a_z)\varepsilon_0$
② $20(5a_x-10a_y+6a_z)\varepsilon_0$
③ $50(2a_x+3a_y-4a_z)\varepsilon_0$
④ $50(2a_x-3a_y+4a_z)\varepsilon_0$

해설 유전체 경계조건에서 $D_{1x}=D_{2x}$, $\varepsilon_0\varepsilon_{r1}E_{1x}=\varepsilon_0\varepsilon_{r2}E_{2x}$ 이다.

∴ $E_{1x}=\dfrac{\varepsilon_{r2}}{\varepsilon_{r1}}E_{2x}$, $E_{1y}=E_{2y}$, $E_{1z}=E_{2z}$ 이므로 $x>0$인 영역에서의

$E_1=E_{1x}+E_{1y}+E_{1z}=\dfrac{\varepsilon_{r2}}{\varepsilon_{r1}}E_{2x}+E_{2y}+E_{2z}=\dfrac{5}{3}\times20a_x+30a_y-40a_z$ [V/m]

∴ $D_1=\varepsilon_0\varepsilon_{r1}E_1=\varepsilon_0\times3\left(\dfrac{100}{3}a_x+30a_y-40a_z\right)=10(10a_x+9a_y-12a_z)\varepsilon_0$ [C/m²]이다.

005 q[C]의 전하가 진공 중에서 v[m/s]의 속도로 운동하고 있을 때, 이 운동방향과 θ의 각으로 r[m] 떨어진 점의 자계의 세기(AT/m)는?

① $\dfrac{q\sin\theta}{4\pi r^2 v}$
② $\dfrac{v\sin\theta}{4\pi r^2 q}$
③ $\dfrac{qv\sin\theta}{4\pi r^2}$
④ $\dfrac{v\sin\theta}{4\pi r^2 q^2}$

해설 비오사바르의 법칙에서

$H($자계세기$)=\dfrac{I\Delta\ell\sin\theta}{4\pi r^2}=\dfrac{\dfrac{q}{t}\times\Delta\ell\sin\theta}{4\pi r^2}=\dfrac{qv\sin\theta}{4\pi r^2}$ [AT/m]이다.

(단, $v($속도$)=\dfrac{\Delta\ell}{t}$ [m/sec])

006 원형 선전류 I[A]의 중심축상 점 P의 자위(A)를 나타내는 식은? (단, θ는 점 P에서 원형전류를 바라보는 평면각이다.)

① $\dfrac{1}{2}(1-\cos\theta)$
② $\dfrac{1}{4}(1-\cos\theta)$
③ $\dfrac{1}{2}(1-\sin\theta)$
④ $\dfrac{1}{4}(1-\sin\theta)$

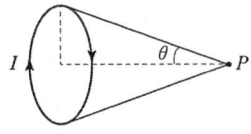

해설 $M($자기쌍극자 moment$)=m\ell=\sigma\ell S=PS=\mu_0 IS$

∴ 원형 선전류 I[A]의 중심축상 점 P의 자위

$u=\dfrac{M\cos\theta}{4\pi\mu_0 r^2}=\dfrac{m\ell\cos\theta}{4\pi\mu_0 r^2}=\dfrac{\sigma\ell S\cos\theta}{4\pi\mu_0 r^2}=\dfrac{P}{4\pi\mu_0}\dfrac{\cos\theta}{r^2}$

$=\dfrac{\mu_0 I}{4\pi\mu_0}\times\dfrac{S\cos\theta}{r^2}=\dfrac{I}{4\pi}\times\omega=\dfrac{I}{4\pi}\times2\pi(1-\cos\theta)$

$=\dfrac{I}{2}(1-\cos\theta)$ [A]이다.

해답 4.① 5.③ 6.①

007 진공 중에서 무한장 직선도체에 선전하밀도 $\rho_L = 2\pi \times 10^{-3}$[C/m]가 균일하게 분포된 경우 직선도체에서 2[m]와 4[m] 떨어진 두 점사이의 전위차는 몇 [V]인가?

① $\dfrac{10^{-3}}{\pi \varepsilon_0} \ln 2$
② $\dfrac{10^{-3}}{\varepsilon_0} \ln 2$
③ $\dfrac{1}{\pi \varepsilon_0} \ln 2$
④ $\dfrac{1}{\varepsilon_0} \ln 2$

해설 무한 직선도체로부터 임의거리 r[m]인 점에 전계세기 $E = \dfrac{\rho_L}{2\pi \varepsilon_0 r}$[V/m]이다.

$\therefore V(\text{전위차}) = -\int_4^2 E dr = -\int_4^2 \dfrac{\rho_L}{2\pi \varepsilon_0 r} dr$

$= \dfrac{\rho_L}{2\pi \varepsilon_0}(-\ln r)_4^2 = \dfrac{\rho_L}{2\pi \varepsilon_0}(-\ln 2 + \ln 4)$

$= \dfrac{\rho_L}{2\pi \varepsilon_0} \ln \dfrac{4}{2} = \dfrac{2\pi \times 10^{-3}}{2\pi \varepsilon_0} \times \ln 2 = \dfrac{10^{-3}}{\varepsilon_0} \ln 2$[V]이다.

008 균일한 자장 내에 놓여 있는 직선도선에 전류 및 길이를 각각 2배로 하면 이 도선에 작용하는 힘은 몇 배가 되는가?

① 1 ② 2 ③ 4 ④ 8

해설 균일한 자장 내에 길이 ℓ[m]인 직선도선에 I[A]를 흘릴 경우 도선에 작용하는 힘은 플레밍의 왼손법칙에서 $F = IB\ell \sin\theta ≒ I\ell$[N]이다. 도선에 길이와 전류를 2배로 하면 도선에 작용하는 힘 $F' ≒ 2I \cdot B \cdot 2\ell \sin\theta ≒ 2I \times 2\ell = 4I\ell = 4 \cdot F$[N]으로 4배가 된다.

009 환상철심에 권수 3000회 A코일과 권수 200회 B코일이 감겨져 있다. A코일의 자기 인덕턴스가 360[mH]일 때 A, B 두 코일의 상호 인덕턴스는 몇 [mH]인가? (단, 결합계수는 1이다.)

① 16 ② 24 ③ 36 ④ 72

해설 자기 인덕턴스 $L_A = \dfrac{N_a^2}{R}$[H]

자기저항 $R = \dfrac{N_a^2}{L_A} = \dfrac{(3000)^2}{360 \times 10^{-3}} = \dfrac{9 \times 10^6 \times 10^3}{360} = \dfrac{9000}{360} \times 10^6 = 25 \times 10^6$[AT/Wb]

$L_B = \dfrac{N_b^2}{R} = \dfrac{(200)^2}{25 \times 10^6} = \dfrac{4 \times 10^4}{25 \times 10^6} = \dfrac{4}{25} \times 10^{-2} = 0.16 \times 10^{-2} = 16 \times 10^{-4}$[H]

$\therefore$ 상호 인덕턴스 $M = K\sqrt{L_A L_B} = \sqrt{L_A L_B} = \sqrt{(360 \times 10^{-3}) \times (16 \times 10^{-4})}$

$= \sqrt{576 \times 10^{-6}} = 24 \times 10^{-3} = 24$[mH]이다.

해답 7. ② 8. ③ 9. ②

010 맥스웰방정식 중 틀린 것은?

① $\oint_s B \cdot dS = \rho_s$
② $\oint_s D \cdot dS = \int_v \rho dv$
③ $\oint_c E \cdot dl = -\int_s \frac{\partial B}{\partial t} \cdot dS$
④ $\oint_c H \cdot dl = I + \int_s \frac{\partial D}{\partial t} \cdot dS$

해설 맥스웰방정식 중 옳은 것은?
① $\oint_c B \cdot dS = 0,\ div B = 0$
② $\oint_c D \cdot dS = \int_v \rho dv,\ div D = \rho$
③ $\oint_c E \cdot dl = -\int_s \frac{\partial B}{\partial t} \cdot dS,\ rot E = -\frac{\partial B}{\partial t}$
④ $\oint_c H \cdot dl = I + \int_s \frac{\partial D}{\partial t} \cdot dS,\ rot H = I + \frac{\partial D}{\partial t}$ 등이다.

011 자기회로의 자기저항에 대한 설명으로 옳은 것은?
① 투자율에 반비례한다.
② 자기회로의 단면적에 비례한다.
③ 자기회로의 길이에 반비례한다.
④ 단면적에 반비례하고, 길이의 제곱에 비례한다.

해설 자기회로의 자기저항 $R = \frac{\ell}{\mu S}$[AT/W]로 투자율에 반비례한다.
또한 이는 철심에 저항으로 손실이 없다.

012 접지된 구도체와 점전하 간에 작용하는 힘은?
① 항상 흡인력이다. ② 항상 반발력이다.
③ 조건적 흡인력이다. ④ 조건적 반발력이다.

해설 접지된 구도체와 점전하 간에는 항상 흡인력이 작용한다.

013 그림과 같이 전류가 흐르는 반원형 도선이 평면 $Z=0$ 상에 놓여 있다. 이 도선이 자속밀도 $B = 0.6a_x - 0.5a_y + a_z$[Wb/m²]인 균일 자계 내에 놓여 있을 때 도선의 직선 부분에 작용하는 힘(N)은?

① $4a_x + 2.4a_z$
② $4a_x - 2.4a_z$
③ $5a_x - 3.5a_z$
④ $-5a_x + 3.5a_z$

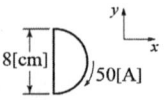

해답 10.① 11.① 12.① 13.②

해설 그림에서 도선의 직선 부분에 작용하는 힘은 플레밍 왼손법칙에서

$$F = (I \times B)\ell = \begin{vmatrix} a_x & a_y & a_z \\ 0 & 50 & 0 \\ 0.6 & -0.5 & 1 \end{vmatrix} = \triangle_{11} - \triangle_{12} + \triangle_{13}$$

$$= (a_x(50+0) - a_y(0-0) + a_z(0-30)) \times \ell = (50a_x - 30a_z) \times 8 \times 10^{-2}$$

$$= 4a_x - 2.4a_z [\text{N}] \text{이 된다.}$$

014 평행한 두 도선간의 전자력은? (단, 두 도선간의 거리는 r[m]라 한다.)

① r에 비례 ② r^2에 비례
③ r에 반비례 ④ r^2에 반비례

해설 평행한 두 도선 사이에 전자력

$$f = I_2 B \ell \sin 90° = I_2 B \ell = I_2 \mu_0 H \ell$$

$$= I_2 \times 4\pi \times 10^{-7} \times \frac{I_1 \ell}{2\pi r}$$

$$= \frac{2 I_1 I_2 \ell}{r} \times 10^{-7}$$

$$\fallingdotseq \frac{1}{r}[\text{N}] \text{으로 } r \text{에 반비례한다.}$$

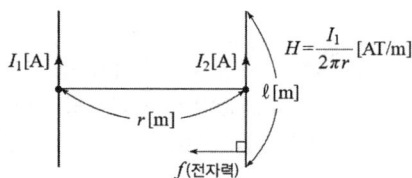

015 다음의 관계식 중 성립할 수 없는 것은? (단, μ는 투자율, χ는 자화율, μ_0는 진공의 투자율, J는 자화의 세기이다.)

① $J = \chi B$ ② $B = \mu H$
③ $\mu = \mu_0 + \chi$ ④ $\mu_s = 1 + \dfrac{\chi}{\mu_0}$

해설 관계식 중 성립되는 옳은 식은?

① B(자속밀도) $= \mu H [\text{Wb/m}^2]$
② χ(자화율) $= \mu_0(\mu_s - 1) = \mu_0 \mu_s - \mu_0 = \mu - \mu_0$, $\mu_s - 1 = \dfrac{\chi}{\mu_0}$
③ $\mu_s = 1 + \dfrac{\chi}{\mu_0}$
④ J(자화세기) $= \chi H [\text{Wb/m}^2]$ 등이 옳은 식이다.

016 평행판 콘덴서의 극판 사이에 유전율 ε, 저항률 ρ인 유전체를 삽입하였을 때, 두 전극간의 저항 R과 정전용량 C의 관계는?

① $R = \rho \varepsilon C$ ② $RC = \dfrac{\varepsilon}{\rho}$
③ $RC = \rho \varepsilon$ ④ $RC \rho \varepsilon = 1$

해답 14. ③ 15. ① 16. ③

평행판 콘덴서의 극판 사이에 유전율 ε, 저항률 ρ인 유전체를 삽입하였을 때,
두 전극간의 저항 $R = \rho \dfrac{d}{S}[\Omega]$, 정전용량 $C = \dfrac{\varepsilon S}{d}[F]$이다.

∴ 관계는 $RC = \rho \dfrac{d}{S} \times \dfrac{\varepsilon S}{d} = \rho\varepsilon$이 된다.

017
비투자율 $\mu_s = 1$, 비유전율 $\varepsilon_s = 90$인 매질 내의 고유임피던스는 약 몇 [Ω]인가?
① 32.5　　② 39.7　　③ 42.3　　④ 45.6

전자계의 고유임피던스
$$Z_0 = \frac{E}{H} = \sqrt{\frac{\mu}{\varepsilon}} = \sqrt{\frac{\mu_0 \mu_s}{\varepsilon_0 \varepsilon_s}} ≒ \frac{377}{\sqrt{\varepsilon_s}} ≒ \frac{377}{\sqrt{90}} ≒ 39.7[\Omega]$$이 된다.

018
사이클로트론에서 양자가 매초 3×10^{15}개의 비율로 가속되어 나오고 있다. 양자가 15[MeV]의 에너지를 가지고 있다고 할 때, 이 사이클로트론은 가속용 고주파 전계를 만들기 위해서 150[kW]의 전력을 필요로 한다면 에너지 효율(%)은?
① 2.8　　② 3.8　　③ 4.8　　④ 5.8

에너지 출력 $P_o = 15\text{MeV} \times 3 \times 10^{15} = 15 \times 10^6 \times 1.602 \times 10^{-19} \times 3 \times 10^{15}$
$= 24 \times 10^{-13} \times 3 \times 10^{15} = 72 \times 10^2 [W]$

에너지 입력 $P_i = 150 \times 10^3 [W]$이다.

∴ 에너지 효율 $\eta = \dfrac{P_o}{P_i} \times 100 = \dfrac{72 \times 10^2}{150 \times 10^3} \times 100 = 4.8\%$이다.

019
단면적 4[cm²]의 철심에 6×10^{-4}[Wb]의 자속을 통하게 하려면 2800[AT/m]의 자계가 필요하다. 이 철심의 비투자율은 약 얼마인가?
① 346　　② 375　　③ 407　　④ 426

B(자속밀도) $= \dfrac{\phi}{S} = \dfrac{6 \times 10^{-4}}{4 \times 10^{-4}} = \dfrac{3}{2} = \mu_0 \mu_s H [Wb/m^2]$

비투자율 $\mu_s = \dfrac{3/2}{\mu_0 H} = \dfrac{3/2}{4\pi \times 10^{-7} \times 2800} = \dfrac{1.5 \times 10^5}{12.56 \times 28} ≒ 426$이다.

020
대전된 도체의 특징으로 틀린 것은?
① 가우스정리에 의해 내부에는 전하가 존재한다.
② 전계는 도체 표면에 수직인 방향으로 진행된다.
③ 도체에 인가된 전하는 도체 표면에만 분포한다.
④ 도체 표면에서의 전하밀도는 곡률이 클수록 높다.

17. ②　18. ③　19. ④　20. ①

해설 대전된 도체의 특징으로 옳은 것은?
① 전계는 도체 표면에 수직인 방향으로 진행된다.
② 도체에 인가된 전하는 도체 표면에만 분포한다.
③ 도체 표면에서의 전하밀도는 곡률이 클수록 높다.

02 전/력/공/학

021 송배전 선로에서 도체의 굵기는 같게 하고 도체간의 간격을 크게 하면 도체의 인덕턴스는?

① 커진다.
② 작아진다.
③ 변함이 없다.
④ 도체의 굵기 및 도체간의 간격과는 무관하다.

해설 단상 2선식인 송전선로에서의 인덕턴스 $L = 0.1 + 0.4605 \log_{10} \dfrac{D}{r}$ [mH/km]이다.
도체의 굵기는 같고, 도체간의 간격(D)를 크게 하면 도체 인덕턴스는 커진다.

022 동일전력을 동일 선간전압, 동일역률로 동일거리에 보낼 때 사용하는 전선의 총중량이 같으면 3상 3선식인 때와 단상 2선식일 때는 전력손실비는?

① 1   ② $\dfrac{3}{4}$ ③ $\dfrac{2}{3}$ ④ $\dfrac{1}{\sqrt{3}}$

해설 ① $R_1 = \rho \dfrac{\ell}{S_1} ≒ \dfrac{1}{S_1}$, $R_3 = \rho \dfrac{\ell}{S_3} ≒ \dfrac{1}{S_3}$

② 동일 전력 $VI_1 \cos\theta = \sqrt{3} \, VI_3 \cos\theta$, $I_1 = \sqrt{3} \, I_3$

③ 전선 중량 $2\sigma S_1 \ell = 3\sigma S_3 \ell$, $2S_1 = 3S_3$, $S_1 = \dfrac{3}{2} S_3$

④ 전력손실비 $= \dfrac{3I_3^2 R_3}{2I_1^2 R_1} = \dfrac{3I_3^2 \times \dfrac{1}{S_3}}{2 \times (\sqrt{3}\,I_3)^2 \times \dfrac{1}{S_1}} = \dfrac{S_1}{2S_3} = \dfrac{\dfrac{3}{2}S_3}{2S_3} = \dfrac{3}{4}$ 이 된다.

023 배전반에 접속되어 운전 중인 계기용 변압기(PT) 및 변류기(CT)의 2차측 회로를 점검할 때 조치사항으로 옳은 것은?

① CT만 단락시킨다.   ② PT만 단락시킨다.
③ CT와 PT 모두를 단락시킨다.   ④ CT와 PT 모두를 개방시킨다.

해설 배전반에 접속되어 운전 중인 계기용 변압기(PT) 및 변류기(CT)의 2차측 회로를 점검할 때는 CT만 단락시킨다.

정답 21. ① 22. ② 23. ①

024 배전선로의 역률 개선에 따른 효과로 적합하지 않은 것은?
① 선로의 전력손실 경감
② 선로의 전압강하의 감소
③ 전원측 설비의 이용률 향상
④ 선로 절연의 비용 절감

해설 배전선로의 역률 개선에 따른 효과로 적합한 것은?
① 선로의 전력손실 경감
② 선로의 전압강하의 감소
③ 전원측 설비의 이용률 향상 등이다.

025 총 낙차 300[m], 사용수량 20[m³/s]인 수력발전소의 발전기출력은 약 몇 [kW]인가? (단, 수차 및 발전기효율은 각각 90%, 98%라 하고, 손실낙차는 총 낙차의 6%라고 한다.)
① 48750
② 51860
③ 54170
④ 54970

해설 총 낙차 H=300[m], 손실낙차는 총 낙차의 6%인 300×0.06=18[m]이다.
∴ 총 유효낙차 H'=300-18=282[m]
∴ 수력발전소의 발전기 출력
$P = 9.8QH'\eta_t\eta_G = 9.8 \times 20 \times 282 \times 0.9 \times 0.98 = 9.8 \times 20 \times 282 \times 0.882$
$= 55272 \times 0.882 ≒ 48750$[kW]이다.

026 수전단을 단락한 경우 송전단에서 본 임피던스가 330[Ω]이고, 수전단을 개방한 경우 송전단에서 본 어드미턴스가 1.875×10^{-3}[℧]일 때 송전단의 특성임피던스는 약 몇 [Ω]인가?
① 120
② 220
③ 320
④ 420

해설 Z_{1s}(수전단 단락시 송전단에서 본 임피던스)=330[Ω]
Z_{1f}(수전단 개방시 송전단에서 본 임피던스)=$\dfrac{1}{Y_{1f}(어드미턴스)} = \dfrac{1}{1.875 \times 10^{-3}}$
$= \dfrac{1000}{1.875} = 533.3$[Ω]이다.
∴ 송전단의 특성임피던스 $Z_0 = \sqrt{Z_{1s} + Z_{1f}} = \sqrt{330 \times \dfrac{1000}{1.875}} ≒ \sqrt{176000} ≒ 420$[Ω]이다.

027 다중접지 계통에 사용되는 재폐로 기능을 갖는 일종의 차단기로서 과부하 또는 고장전류가 흐르면 순시동작하고, 일정시간 후에는 자동적으로 재폐로 하는 보호기기는?
① 라인퓨즈
② 리클로저
③ 섹셔널라이저
④ 고장구간 자동개폐기

정답 24.④ 25.① 26.④ 27.②

해설 리클로저는 다중접지 계통에 사용되는 재폐로 기능을 갖는 일종의 차단기로서 과부하 또는 고장전류가 흐르면 순시동작하고, 일정시간 후에는 자동적으로 재폐로 하는 보호기기이다.

028
송전선 중간에 전원이 없을 경우에 송전단의 전압 $E_S = AE_R + BI_R$이 된다. 수전단의 전압 E_R의 식으로 옳은 것은? (단, I_S, I_R는 송전단 및 수전단의 전류이다.)

① $E_R = AE_S + CI_S$
② $E_R = BE_S + AI_S$
③ $E_R = DE_S - BI_S$
④ $E_R = CE_S - DI_S$

해설 송전선 중간에 전원이 없을 경우 4단자 기초 방정식은
$E_S = AE_R + BI_R$, $I_S = CE_R + DI_R$에서

수전단의 전압 $E_R = \dfrac{\begin{vmatrix} E_S & B \\ I_S & D \end{vmatrix}}{\begin{vmatrix} A & B \\ C & D \end{vmatrix}} = \dfrac{DE_S - BI_S}{AD - BC} = \dfrac{DE_S - BI_S}{1} = DE_S - BI_S$ 이다.

029
비접지식 3상 송배전계통에서 1선 지락고장 시 고장전류를 계산하는데 사용되는 정전용량은?

① 작용정전용량
② 대지정전용량
③ 합성정전용량
④ 선간정전용량

해설 대지정전용량은 비접지식 3상 송배전계통에서 1선 지락고장 시 고장전류를 계산에 이용된다.

030
비접지 계통의 지락사고 시 계전기에 영상전류를 공급하기 위하여 설치하는 기기는?

① PT
② CT
③ ZCT
④ GPT

해설 ZCT(영상변류기)는 비접지 계통의 지락사고 시 계전기에 영상전류를 공급하기 위하여 설치하는 기기이다.

031
이상전압의 파고값을 저감시켜 전력사용설비를 보호하기 위하여 설치하는 것은?

① 초호환
② 피뢰기
③ 계전기
④ 접지봉

해설 피뢰기는 이상전압의 파고값을 저감시켜 전력사용설비를 보호하기 위하여 설치하는 것이다.

해답 28. ③ 29. ② 30. ③ 31. ②

032 임피던스 Z_1, Z_2 및 Z_3을 그림과 같이 접속한 선로의 A쪽에서 전압파 E가 진행해 왔을 때 접속점 B에서 무반사로 되기 위한 조건은?

① $Z_1 = Z_2 + Z_3$
② $\dfrac{1}{Z_3} = \dfrac{1}{Z_1} + \dfrac{1}{Z_2}$
③ $\dfrac{1}{Z_1} = \dfrac{1}{Z_2} + \dfrac{1}{Z_3}$
④ $\dfrac{1}{Z_2} = \dfrac{1}{Z_1} + \dfrac{1}{Z_3}$

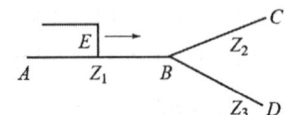

그림과 같이 선로의 A쪽에서 전압파 E가 진행해 왔을 때 접속점 B에서 무반사로 되기 위한 조건은 선로임피던스가 병렬이므로 $\dfrac{1}{Z_1} = \dfrac{1}{Z_2} + \dfrac{1}{Z_3}$의 관계가 성립된다.

033 저압뱅킹방식에서 저전압의 고장에 의하여 건전한 변압기의 일부 또는 전부가 차단되는 현상은?

① 아킹(Arcing)
② 플리커(Flicker)
③ 밸런스(Balance)
④ 캐스케이딩(Cascading)

캐스케이딩(Cascading)이란 저압뱅킹방식에서 저전압의 고장에 의하여 건전한 변압기의 일부 또는 전부가 차단되는 현상을 말한다.

034 변전소의 가스차단기에 대한 설명으로 틀린 것은?

① 근거리 차단에 유리하지 못하다.
② 불연성이므로 화재의 위험성이 적다.
③ 특고압 계통의 차단기로 많이 사용된다.
④ 이상전압의 발생이 적고, 절연회복이 우수하다.

변전소의 가스차단기에 대한 설명으로 옳은 것은
① 불연성이므로 화재의 위험성이 적다.
② 특고압 계통의 차단기로 많이 사용된다.
③ 이상전압의 발생이 적고, 절연회복이 우수하다.

035 켈빈(Kelvin)의 법칙이 적용되는 경우는?

① 전압 강하를 감소시키고자 하는 경우
② 부하 배분의 균형을 얻고자 하는 경우
③ 전력 손실량을 축소시키고자 하는 경우
④ 경제적인 전선의 굵기를 선정하고자 하는 경우

32. ③ 33. ④ 34. ① 35. ④

해설 켈빈(Kelvin)의 법칙은 경제적인 전선의 굵기를 선정하고자 하는 경우에 적용된다.

036 보호계전기의 반한시·정한시 특성은?

① 동작전류가 커질수록 동작시간이 짧게 되는 특성
② 최소 동작전류 이상의 전류가 흐르면 즉시 동작하는 특성
③ 동작전류의 크기에 관계없이 일정한 시간에 동작하는 특성
④ 동작전류가 커질수록 동작시간이 짧아지며, 어떤 전류 이상이 되면 동작전류의 크기에 관계없이 일정한 시간에서 동작하는 특성

해설 보호계전기의 반한시·정한시란 동작전류가 커질수록 동작시간이 짧아지며, 어떤 전류 이상이 되면 동작전류의 크기에 관계없이 일정한 시간에서 동작하는 특성이다.

037 단도체 방식과 비교할 때 복도체 방식의 특징이 아닌 것은?

① 안정도가 증가된다.
② 인덕턴스가 감소된다.
③ 송전용량이 증가된다.
④ 코로나 임계전압이 감소된다.

해설 단도체 방식과 비교할 때 복도체 방식의 특징은?
① 안정도가 증가된다.
② 인덕턴스가 감소된다.
③ 송전용량이 증가된다.

038 1선 지락 시에 지락전류가 가장 작은 송전계통은?

① 비접지식
② 직접접지식
③ 저항접지식
④ 소호리액터접지식

해설 소호리액터접지식은 1선 지락 시에 지락전류가 가장 작은 송전계통이다.

039 수차의 캐비테이션 방지책으로 틀린 것은?

① 흡출수두를 증대시킨다.
② 과부하 운전을 가능한 한 피한다.
③ 수차의 비속도를 너무 크게 잡지 않는다.
④ 침식에 강한 금속재료로 러너를 제작한다.

해설 수차의 캐비테이션 방지책으로 옳은 것은
① 과부하 운전을 가능한 한 피한다.
② 수차의 비속도를 너무 크게 잡지 않는다.
③ 침식에 강한 금속재료로 러너를 제작한다.

해답 36. ④ 37. ④ 38. ④ 39. ①

040 선간전압이 154[kV]이고, 1상당의 임피던스가 $j8[\Omega]$인 기기가 있을 때, 기준용량을 100[MVA]로 하면 % 임피던스는 약 몇 %인가?

① 2.75 ② 3.15
③ 3.37 ④ 4.25

% 임피던스$(\%Z) = \dfrac{IZ}{E} \times 100 = \dfrac{PZ}{10V^2} = \dfrac{100 \times 10^3 \times 8}{10 \times (154)^2} = \dfrac{8 \times 10^5}{10 \times 23716} ≒ 3.37\%$이다.

03 전/기/기/기

041 3상 비돌극형 동기발전기가 있다. 정격출력 5000[kVA], 정격전압 6000[V], 정격역률 0.8이다. 여자를 정격상태로 유지할 때 이 발전기의 최대출력은 약 몇 [kW]인가? (단, 1상의 동기리액턴스는 0.8P.U이며 저항은 무시한다.)

① 7500 ② 10000
③ 11500 ④ 12500

단위법을 사용하면 동기발전기의 출력 $P = \dfrac{EV}{X_S}\sin\delta$ 이다.

단위 벡터도에서 $E = \sqrt{(0.8)^2 + (0.6+0.8)^2} = \sqrt{0.64+1.96} = \sqrt{2.6} ≒ 1.61$이다.

$\therefore P = \dfrac{EV}{X_S}\sin\delta = \dfrac{1.61 \times 1}{0.8}\sin\delta$ [kW]

P값은 $\delta = \dfrac{\pi}{2}$일 때 $\sin\delta = \sin\dfrac{\pi}{2} = 1$이다.

$P = \dfrac{EV}{X_S}\sin\delta = \dfrac{1.61 \times 1}{0.8}\sin\dfrac{\pi}{2} ≒ 20.125$

이때의 3상 비돌극형 동기발전기의 최대출력

$P_{\max} = P \times 3VI = 20.125 \times 5000$
$≒ 100625 ≒ 10000$[kW]이다.

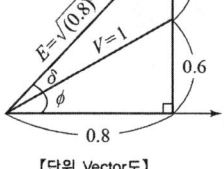

【단위 Vector도】

042 직류기의 손실 중에서 기계손으로 옳은 것은?
① 풍손 ② 와류손
③ 표류 부하손 ④ 브러시의 전기손

풍손은 직류기의 손실 중에서 기계손을 말한다.

40. ③ 41. ② 42. ①

043 다음 ( )에 알맞은 것은?

> 직류발전기에서 계자권선이 전기자에 병렬로 연결된 직류기는 (ⓐ) 발전기라 하며, 전기자권선과 계자권선이 직렬로 접속된 직류기는 (ⓑ) 발전기라 한다.

① ⓐ 분권, ⓑ 직권
② ⓐ 직권, ⓑ 분권
③ ⓐ 복권, ⓑ 분권
④ ⓐ 자여자, ⓑ 타여자

해설 직류발전기에서 계자권선이 전기자에 병렬로 연결된 직류기는 (ⓐ 분권) 발전기라 하며, 전기자권선과 계자권선이 직렬로 접속된 직류기는 (ⓑ 직권) 발전기라 한다.

---

044 1차 전압 6600[V], 2차 전압 220[V], 주파수 60[Hz], 1차 권수 1200회인 경우 변압기의 최대 자속(Wb)은?

① 0.36 ② 0.63 ③ 0.012 ④ 0.021

해설 변압기 1차 전압 $V_1 = 4.44 f N \phi_m$ [V]

변압기에 최대자속 $\phi_m = \dfrac{V_1}{4.44 f N} = \dfrac{6600}{4.44 \times 60 \times 1200} = \dfrac{660}{31968} \fallingdotseq 0.021$ [Wb]이다.

---

045 직류발전기의 정류 초기에 전류변화가 크며 이때 발생되는 불꽃정류로 옳은 것은?

① 과정류 ② 직선정류
③ 부족정류 ④ 정현파정류

해설 과정류란 직류발전기의 정류 초기에 전류변화가 크며 이때 발생되는 불꽃정류를 말한다.

---

046 3상 유도전동기의 속조제어법으로 틀린 것은?

① 1차 저항법 ② 극수 제어법
③ 전압 제어법 ④ 주파수 제어법

해설 3상 유도전동기의 속조제어법으로 옳은 것은 극수 제어법, 전압 제어법, 주파수 제어법 등이다.

---

047 60[Hz]의 변압기에 50[Hz]의 동일전압을 가했을 때의 자속밀도는 60[Hz]때와 비교하였을 경우 어떻게 되는가?

① $\dfrac{5}{6}$로 감소
② $\dfrac{6}{5}$으로 증가
③ $\left(\dfrac{5}{6}\right)^{1.6}$로 감소
④ $\left(\dfrac{6}{5}\right)^2$으로 증가

정답 43.① 44.④ 45.① 46.① 47.②

해설 변압기의 전압은 $E = 4.44 f N \phi_m$ [V]

$\therefore \phi_m = \dfrac{E}{4.44 f N} ≒ \dfrac{1}{f}$ 이다.

$\therefore \dfrac{\phi_{m50}}{\phi_{m60}} = \dfrac{\dfrac{1}{f_{50}}}{\dfrac{1}{f_{60}}} = \dfrac{\dfrac{1}{50}}{\dfrac{1}{60}} = \dfrac{60}{50} = \dfrac{6}{5}$ 증가된다.

즉 60[Hz]의 변압기에 50[Hz]의 동일한 전압을 가할 때의 자속밀도는 60[Hz]때와 비교하면 $\dfrac{6}{5}$으로 증가된다.

048
2대의 변압기로 V결선하여 3상 변압하는 경우 변압기 이용률은 약 몇 %인가?
① 57.8　　② 66.6　　③ 86.6　　④ 100

해설 2대의 변압기로 V결선하여 3상 변압하는 경우 변압기 이용률
$= \dfrac{\text{V결선 용량}}{\text{2대 용량}} \times 100 = \dfrac{\sqrt{3} VI}{2 VI} \times 100 = 86.6\%$ 이다.

049
3상 유도전동기의 기동법 중 전전압 기동에 대한 설명으로 틀린 것은?
① 기동 시에 역률이 좋지 않다.
② 소용량으로 기동 시간이 길다.
③ 소용량 농형 전동기의 기동법이다.
④ 전동기 단자에 직접 정격전압을 가한다.

해설 3상 유도전동기의 기동법 중 전전압 기동에 대한 설명으로 옳은 것은?
① 기동 시에 역률이 좋지 않다.
② 소용량 농형 전동기의 기동법이다.
③ 전동기 단자에 직접 정격전압을 가한다.

050
동기발전기의 전기자 권선법 중 집중권인 경우 매극 매상의 홈(slot) 수는?
① 1개　　② 2개　　③ 3개　　④ 4개

해설 동기발전기의 전기자 권선법 중 집중권이란 매극 매상의 홈(slot) 수가 1개인 경우를 말한다. 또한 분포권이란 매극 매상의 홈(slot) 수가 2개 이상인 경우를 말한다.

051
유도전동기의 속도제어를 인버터방식으로 사용하는 경우 1차 주파수에 비례하여 1차 전압을 공급하는 이유는?
① 역률을 제어하기 위해
② 슬립을 증가시키기 위해
③ 자속을 일정하게 하기 위해
④ 발생토크를 증가시키기 위해

해답　48. ③　49. ②　50. ①　51. ③

해설 유도전동기의 속도제어를 인버터방식으로 사용하는 경우 1차 주파수에 비례하여 1차 전압을 공급하는 이유는 자속을 일정하게 하기 위해서이다.

052 3상 유도전압조정기의 원리를 응용한 것은?
① 3상 변압기
② 3상 유도전동기
③ 3상 동기발전기
④ 3상 교류자전동기

해설 3상 유도전동기는 3상 유도전압조정기의 원리를 응용한 것이다.

053 정류회로에서 상의 수를 크게 했을 경우 옳은 것은?
① 맥동 주파수와 맥동률이 증가한다.
② 맥동률과 맥동 주파수가 감소한다.
③ 맥동 주파수는 증가하고 맥동률은 감소한다.
④ 맥동률과 주파수는 감소하나 출력이 증가한다.

해설 정류회로에서 상의 수를 크게 했을 경우는 맥동 주파수가 증가하고 맥동률은 감소한다.

054 동기전동기의 위상특성곡선(V곡선)에 대한 설명으로 옳은 것은?
① 출력을 일정하게 유지할 때 부하전류와 전기자전류의 관계를 나타낸 곡선
② 역률을 일정하게 유지할 때 계자전류와 전기자전류의 관계를 나타낸 곡선
③ 계자전류를 일정하게 유지할 때 전기자전류와 출력사이의 관계를 나타낸 곡선
④ 공급전압 V와 부하가 일정할 때 계자전류의 변화에 대한 전기자전류의 변화를 나타낸 곡선

해설 동기전동기의 위상특성곡선(V곡선)이란 공급전압 V와 부하가 일정할 때 계자전류(I_f)의 변화에 대한 전기자전류(I_a)의 변화를 나타낸 곡선이다.

055 유도전동기의 기동 시 공급하는 전압을 단권변압기에 의해서 일시 강하시켜서 기동전류를 제한하는 기동방법은?
① $Y-\triangle$ 기동
② 저항기동
③ 직접기동
④ 기동 보상기에 의한 기동

해설 유도전동기의 기동 보상기에 의한 기동이란 공급하는 전압을 단권변압기에 의해서 일시 강하시켜서 기동전류를 제한하는 기동방법을 말한다.

정답 52.② 53.③ 54.④ 55.④

056 그림과 같은 회로에서 V(전원전압의 실효치)=100[V], 점호각 α=30°인 때의 부하 시의 직류전압 $E_{d\alpha}$[V]는 약 얼마인가? (단, 전류가 연속하는 경우이다.)

① 90
② 86
③ 77.9
④ 100

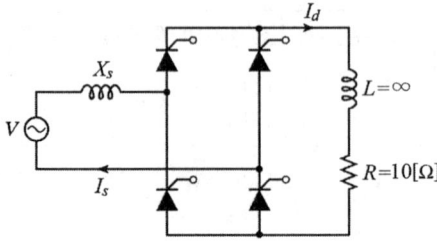

단상 전파에서 점호각 α=30°의 부하 시 직류전압

$$E_{d\alpha} = \frac{1}{\pi}\int_{\alpha}^{\pi} \sqrt{2}\,V\sin\theta\,d\theta = \frac{\sqrt{2}\,V}{\pi}(-\cos\theta)_{\alpha}^{\pi}$$

$$= \frac{\sqrt{2}}{\pi}V(-\cos\pi + \cos\alpha) = \frac{\sqrt{2}}{\pi}\times 100(1+\cos 30°)$$

$$= \frac{141.4}{\pi}(1+0.866) ≒ 84.02 ≒ 86[V]\text{이다}.$$

057 직류 분권전동기가 전기자 전류 100[A]일 때 50[kg·m]의 토크를 발생하고 있다. 부하가 증가하여 전기자 전류가 120[A]로 되었다면 발생 토크(kg·m)는 얼마인가?

① 60   ② 67
③ 88   ④ 160

그림의 직류 분권전동기의 $P = EI_a = \omega T[W]$

$T(\text{토크}) = \dfrac{EI_a}{\omega} = \dfrac{PZ}{2\pi a}\phi I_a ≒ I_a$이다.

$T = 50[\text{kg}\cdot\text{m}] ≒ 100$, $T' ≒ 120$이다.

$\therefore T'(\text{토크}) = \dfrac{50\times 120}{100} = 60[\text{kg}\cdot\text{m}]$이 된다.

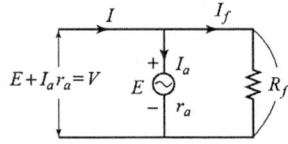

058 비례추이와 관계있는 전동기로 옳은 것은?

① 동기전동기
② 농형 유도전동기
③ 단상정류자전동기
④ 권선형 유도전동기

권선형 유도전동기는 비례추이와 관계있는 전동기이다.

56. ② 57. ① 58. ④

059 동기발전기의 단락비가 적을 때의 설명으로 옳은 것은?
① 동기 임피던스가 크고 전기자 반작용이 작다.
② 동기 임피던스가 크고 전기자 반작용이 크다.
③ 동기 임피던스가 작고 전기자 반작용이 작다.
④ 동기 임피던스가 작고 전기자 반작용이 크다.

해설 동기발전기에서 단락비(K_s)가 적으면 동기 임피던스(Z_s)가 크고 전기자 반작용도 크다.

060 3/4 부하에서 효율이 최대인 주상변압기의 전부하 시 철손과 동손의 비는?
① 8 : 4
② 4 : 4
③ 9 : 16
④ 16 : 9

해설 최대 효율인 부하에서의 철손과 동손의 비는 최대 효율 $P_i = m^2 P_c = \left(\frac{3}{4}\right)^2 P_c$.
$\frac{P_i}{P_c} = \left(\frac{3}{4}\right)^2 = \frac{9}{16}$ 이다. 그러므로 $P_i : P_c = 9 : 16$이어야 한다.

04 회/로/이/론/및/제/어/공/학

061 다음의 신호 흐름 선도를 메이슨의 공식을 이용하여 전달함수를 구하고자 한다. 이 신호 흐름 선도에서 루프(Loop)는 몇 개인가?
① 0
② 1
③ 2
④ 3

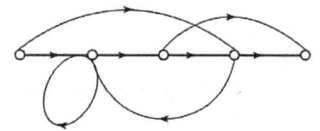

해설 메이슨의 공식 $T(\text{전달함수}) = \dfrac{\sum_{k=1}^{n} G_k \triangle_k}{\triangle} = \dfrac{G_1 \triangle_1 + G_2 \triangle_2 \cdots G_n \triangle_n}{1-(L_{11}+L_{21} \cdots L_{n1})}$

신호 흐름 선도에 메이슨의 공식 $T(\text{전달함수}) = \dfrac{\sum_{k=1}^{n} G_k \triangle_k}{\triangle} = \dfrac{G_1 \triangle_1 + G_2 \triangle_2}{1-(L_{11}+L_{21})}$ 이다.

$\begin{cases} G_1 = \text{첫 번째 전향 경로 이득} \\ \triangle_1 = \text{첫 번째 전향 경로와 접하지 않은 부분의 } \triangle \text{값} \end{cases}$

$\begin{cases} G_2 = \text{두 번째 전향 경로 이득} \\ \triangle_2 = \text{두 번째 전향 경로와 접하지 않은 부분의 } \triangle \text{값} \end{cases}$

$\begin{cases} L_{11} = 1개의 비접 폐루프의 개루프 이득의 곱 \\ L_{21} = 2개의 비접 폐루프의 개루프 이득의 곱 \end{cases}$

∴ 이 신호 흐름 선도에서 루프(Loop)는 2개이다.

정답 59. ② 60. ③ 61. ③

062 특성 방정식 중에서 안정된 시스템인 것은?

① $2s^3 + 3s^2 + 4s + 5 = 0$
② $s^4 + 3s^3 - s^2 + s + 10 = 0$
③ $s^5 + s^3 + 2s^2 + 4s + 3 = 0$
④ $s^4 - 2s^3 - 3s^2 + 4s + 5 = 0$

해설 $2s^3 + 3s^2 + 4s + 5 = 0$의 Routh 판별식은?

s^3	2	·	4
s^2	3	·	5
s^1	$\frac{12-10}{3} = \frac{2}{3}$	·	0
s^0	5		

∴ 1열의 부호 변화가 없으므로 안정근이다.
 s평면에서 좌반 평면에 근을 갖기 위한 조건(안정조건)은?
 ① 모든 계수(s의 차수)가 존재할 것
 ② 다항식의 모든 계수(s의 차수)가 같은 부호일 것
 ③ Routh 판별식에서 1열의 부호 변화가 없을 것

063 타이머에서 입력신호가 주어지면 바로 동작하고, 입력신호가 차단된 후에는 일정시간이 지난 후에 출력이 소멸되는 동작형태는?

① 한시동작 순시복귀
② 순시동작 순시복귀
③ 한시동작 한시복귀
④ 순시동작 한시복귀

해설 순시동작 한시복귀란 타이머에서 입력신호가 주어지면 바로 동작하고, 입력신호가 차단된 후에는 일정시간이 지난 후에 출력이 소멸되는 동작형태를 말한다.

064 단위궤환 제어시스템의 전향경로 전달함수가 $G(s) = \dfrac{K}{s(s^2 + 5s + 4)}$일 때, 이 시스템이 안정하기 위한 K의 범위는?

① $K < -20$
② $-20 < K < 0$
③ $0 < K < 20$
④ $20 < K$

해설 폐루프 전달함수 $\dfrac{C}{R} = \dfrac{G(s)}{1+G(s)}$에서 특성 방정식의 근은 $1+G(s) = 0$(분모가 0일때이다.)

∴ $1 + G(s) = 1 + \dfrac{K}{s(s^2+5s+4)} = \dfrac{s^3+5s^2+4s+K}{s^3+5s^2+4s} = 0$

$s^3 + 5s^2 + 4s + K$의 Routh 판별식

s^3	1	·	4
s^2	5	·	K
s^1	$\dfrac{20-K}{5}$	·	0
s^0	K	·	

이다.

해답 62. ① 63. ④ 64. ③

∴ 이 시스템이 안정하기 위해서는 1열의 요소가 모두 (+)가 되어야 한다.

$\frac{20-K}{5} > 0$, $20-K > 0$, $20 > K$, 또한 $K > 0$이므로 K범위는 $0 < K < 20$이다.

065

$R(z) = \frac{(1-e^{-aT})z}{(z-1)(z-e^{-aT})}$ 의 역변환은?

① te^{aT}　　　　　　　　② te^{-aT}
③ $1-e^{-aT}$　　　　　　④ $1+e^{-aT}$

해설 z변환을 부분 분수로 전개하면

$R(z) = \frac{(1-e^{-aT})z}{(z-1)(z-e^{-aT})} = \frac{K_1}{(z-1)} + \frac{K_2}{(z-e^{-aT})} = \frac{1}{z-1} + \frac{-e^{-aT}}{z-e^{-aT}}$ 이다.

이를 역변환하면 $L^{-1}(R(z)) = L^{-1}\left(\frac{1}{z-1} + \frac{-e^{-aT}}{z-e^{-aT}}\right) = 1-e^{-aT}$ 가 된다.

단, $K_1 = \lim_{z \to 1} (z-1) \times \frac{(1-e^{-aT})z}{(z-1)(z-e^{-aT})} = \frac{1-e^{-aT}}{1-e^{-aT}} = 1$

$K_2 = \lim_{z \to e^{-aT}} (z-e^{-aT}) \times \frac{(1-e^{-aT})z}{(z-1)(z-e^{-aT})} = \frac{(1-e^{-aT})e^{-aT}}{e^{-aT}-1}$

$= \frac{(1-e^{-aT})e^{-aT}}{-1+e^{-aT}} = \frac{(1-e^{-aT}) \times e^{-aT}}{-(1-e^{-aT})} = -e^{-aT}$ 이다.

∴ K_1, K_2를 $R(z)$식에 대입한 것이 역변환한 것이다.

066

시간영역에서 자동제어계를 해석할 때 기본 시험입력에 보통 사용되지 않는 입력은?

① 정속도 입력　　　　② 정현파 입력
③ 단위계단 입력　　　④ 정가속도 입력

해설 시간영역에서 자동제어계를 해석할 때 기본 시험입력에 보통 사용되는 입력은 정속도 입력, 단위계단 입력, 정가속도 입력 등이다.

067

$G(s)H(s) = \frac{K(s-1)}{s(s+1)(s-4)}$ 에서 점근선의 교차점을 구하면?

① -1　　　　　　　② 0
③ 1　　　　　　　　④ 2

해설 점근선의 교차점

$\sigma = \frac{극값\ 합\left(\sum_{i=1}^{n} P_i\right) - 영점값\ 합\left(\sum_{i=1}^{n} Z_i\right)}{극수(P) - 영점\ 수(Z)} = \frac{\sum_{i=1}^{n} P_i - \sum_{i=1}^{n} Z_i}{P-Z} = \frac{-1+4-1}{3-1} = \frac{2}{2} = 1$

65. ③　66. ②　67. ③

068 n차 선형 시불변 시스템의 상태방정식을 $\frac{d}{dt}X(t) = AX(t) + Br(t)$로 표시할 때 상태천이행렬 $\Phi(t)$(n×n행렬)에 관하여 틀린 것은?

① $\Phi(t) = e^{At}$
② $\frac{d\Phi(t)}{dt} = A \cdot \Phi(t)$
③ $\Phi(t) = \mathcal{L}^{-1}[(sI-A)^{-1}]$
④ $\Phi(t)$는 시스템의 정상상태응답을 나타낸다.

해설 n차 선형 시불변 시스템의 상태방정식을 $\frac{dX(t)}{dt} = AX(t) + Br(t)$로 표시할 때 상태천이행렬 $\Phi(t)$(n×n행렬)에 관하여 옳은 것은?

① $\Phi(t) = e^{At}$
② $\frac{d\Phi(t)}{dt} = A \cdot \Phi(t)$
③ $\Phi(t) = \mathcal{L}^{-1}[(sI-A)^{-1}]$ 등이다.

069 다음의 신호 흐름 선도에서 C/R는?

① $\frac{G_1 + G_2}{1 - G_1 H_1}$
② $\frac{G_1 G_2}{1 - G_1 H_1}$
③ $\frac{G_1 + G_2}{1 + G_1 H_1}$
④ $\frac{G_1 G_2}{1 + G_1 H_1}$

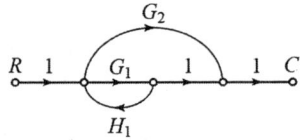

해설 메이슨의 공식을 이용하여 다음의 신호 흐름 선도에서 전달함수는

$$\frac{C}{R} = \frac{\sum_{K=1}^{n} G_K \Delta_K}{\Delta} = \frac{G_1 \Delta_1 + G_2 \Delta_2}{1 - L_{11}} = \frac{G_1 \times 1 + G_2 \times 1}{1 - G_1 H_1} = \frac{G_1 + G_2}{1 - G_1 H_1}$$ 이다.

070 PD 조절기와 전달함수 $G(s) = 1.2 + 0.02s$의 영점은?

① -60
② -50
③ 50
④ 60

해설 전달함수 $G(s)$의 분자가 0인 상태가 영점(0)이다. ∴ 영점(0)인 s값은
$1.2 + 0.02s = 0$
$0.02s = -1.2$
$s = \frac{-1.2}{0.02} = -60$이다.

정답 68. ④ 69. ① 70. ①

[071] $e = 100\sqrt{2}\sin\omega t + 75\sqrt{2}\sin 3\omega t + 20\sqrt{2}\sin 5\omega t$[V]인 전압을 RL직렬회로에 가할 때 제3고조파 전류의 실효값은 몇 [A]인가? (단, $R=4[\Omega]$, $\omega L=1[\Omega]$이다.)

① 15
② $15\sqrt{2}$
③ 20
④ $20\sqrt{2}$

해설 제3고조파 전류의 실효값
$$I_3 = \frac{V_3}{\sqrt{R^2+(3\omega L)^2}} = \frac{75}{\sqrt{(4)^2+(3\times 1)^2}} = \frac{75}{5} = 15[A]\text{이다.}$$

[072] 전원과 부하가 Δ결선된 3상 평형회로가 있다. 전원전압이 200[V], 부하 1상의 임피던스가 $6+j8[\Omega]$일 때 선전류(A)는?

① 20
② $20\sqrt{3}$
③ $\dfrac{20}{\sqrt{3}}$
④ $\dfrac{\sqrt{3}}{20}$

해설 전원과 부하가 Δ결선된 3상 평형회로 선전류
$$I_\ell = \sqrt{3}\, I_P = \sqrt{3} \times \frac{V_P}{Z} = \sqrt{3} \times \frac{200}{6+j8} = \sqrt{3} \times \frac{200}{\sqrt{6^2+8^2}}$$
$$= \sqrt{3} \times \frac{200}{10} = 20\sqrt{3}\,[A]\text{이다.}$$

[073] 분포정수 선로에서 무왜형 조건이 성립하면 어떻게 되는가?

① 감쇠량이 최소로 된다.
② 전파속도가 최대로 된다.
③ 감쇠량은 주파수에 비례한다.
④ 위상정수가 주파수에 관계없이 일정하다.

해설 분포정수 선로에서 무왜형 조건(일그러짐이 없는 조건)이 성립하면 감쇠량이 최소로 된다.

[074] 회로에서 $V=10[V]$, $R=10[\Omega]$, $L=1[H]$, $C=10[\mu F]$ 그리고 $V_C(0)=0$일 때 스위치 K를 닫은 직후 전류의 변화율 $\dfrac{di}{dt}(0^+)$의 값(A/sec)은?

① 0
② 1
③ 5
④ 10

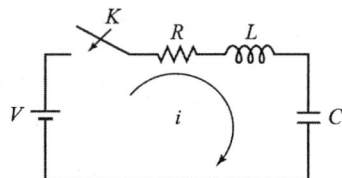

해답 71.① 72.② 73.① 74.④

회로에서 $V_C(0)$일 때 스위치 K를 닫은 직후 $i = \dfrac{V}{r} = \dfrac{10}{1} = 10[\text{A}]$의 변화율 $\dfrac{di}{dt}(0^+) = 10[\text{A/sec}]$이다.

075

$F(s) = \dfrac{2s+15}{s^3+s^2+3s}$ 일 때 $f(t)$의 최종값은?

① 2 ② 3
③ 5 ④ 15

해설 최종치 정리에서
$$\lim_{t \to \infty} f(t) = \lim_{s \to 0} sF(s) = \lim_{s \to 0} s \times \dfrac{2s+15}{s^3+s^2+3s} = \lim_{s \to 0} s \times \dfrac{2s+15}{s(s^2+s+3)} = \dfrac{15}{3} = 5$$

076

대칭 5상 교류 성형결선에서 선간전압과 상전압 간의 위상차는 몇 도인가?

① 27° ② 36°
③ 54° ④ 72°

해설 대칭 5상 교류 성형결선(Y결선)의 선간전압 $V_\ell = V_P \, 2\sin\dfrac{\pi}{n} e^{j\frac{\pi}{2}\left(1-\frac{2}{n}\right)}[\text{V}]$이다.

선간전압과 상전압의 위상차 $\psi = \dfrac{\pi}{2}\left(1-\dfrac{2}{n}\right) = \dfrac{\pi}{2}\left(1-\dfrac{2}{5}\right) = \dfrac{\pi}{2} - \dfrac{2\pi}{10} = 90 - 36 = 54°$ 이다.

077

정현파 교류 $V = V_m \sin\omega t$의 전압을 반파정류하였을 때의 실효값은 몇 [V]인가?

① $\dfrac{V_m}{\sqrt{2}}$
② $\dfrac{V_m}{2}$
③ $\dfrac{V_m}{2\sqrt{2}}$
④ $\sqrt{2}\, V_m$

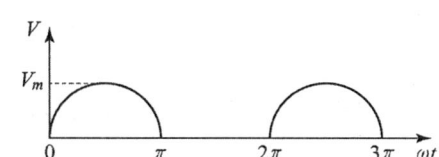

해설 반파정류파의 실효치 전압
$$V = \sqrt{\dfrac{1}{T}\int_0^T (V)^2 d\theta} = \sqrt{\dfrac{1}{2\pi}\int_0^\pi V_m^2 \sin^2\theta \, d\theta} = \sqrt{\dfrac{V_m^2}{2\pi}\int_0^\pi \dfrac{1}{2}(1-\cos 2\theta)d\theta}$$
$$= \sqrt{\dfrac{V_m^2}{2\pi} \times \dfrac{1}{2}\left(\theta - \dfrac{1}{2}\sin 2\theta\right)\bigg|_0^\pi} = \sqrt{\dfrac{V_m^2}{4\pi}\left(\pi - 0 - \dfrac{1}{2}(0-0)\right)} = \sqrt{\dfrac{V_m^2}{4}} = \dfrac{V_m}{2}[\text{V}] 이다.$$

정답 75. ③ 76. ③ 77. ②

078 회로망 출력단자 a-b에서 바라본 등가 임피던스는? (단, $V_1 = 6[V]$, $V_2 = 3[V]$, $I_1 = 10[A]$, $R_1 = 15[\Omega]$, $R_2 = 10[\Omega]$, $L = 2[H]$, $j\omega = s$ 이다.)

① $s + 15$
② $2s + 6$
③ $\dfrac{3}{s+2}$
④ $\dfrac{1}{s+3}$

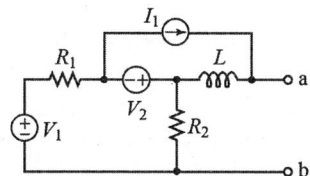

해설 회로망 출력단자 a-b에서 바라본 등가 임피던스는 정전압원은 단락상태로 정전류원은 개방상태이다.
∴ a-b에서 바라본 등가 임피던스는

$$Z_{ab} = 2s + \frac{R_1 R_2}{R_1 + R_2} = 2s + \frac{15 \times 10}{15 + 10}$$
$$= 2s + \frac{150}{25} = 2s + 6 [\Omega] \text{이다.}$$

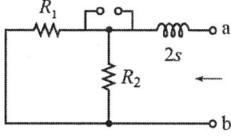

079 대칭 3상 전압이 a상 V_a, b상 $V_b = a^2 V_a$, c상 $V_c = a V_a$일 때 a상을 기준으로 한 대칭분 전압 중 정상분 $V_1[V]$은 어떻게 표시되는가?

① $\dfrac{1}{3} V_a$
② V_a
③ $a V_a$
④ $a^2 V_a$

해설 대칭분의 3상 전압

$V_0 (\text{영상 전압}) = \dfrac{1}{3}(V_a + V_b + V_c) = \dfrac{1}{3}(V_a + a^2 V_a + a V_a) = \dfrac{V_a}{3}(1 + a^2 + a) = 0$

$V_1 (\text{정상 전압}) = \dfrac{1}{3}(V_a + a V_b + a^2 V_c) = \dfrac{1}{3}(V_a + a \times a^2 V_a + a^2 \times a V_a)$
$= \dfrac{V_a}{3}(1 + a^3 + a^3) = \dfrac{V_a}{3} \times 3 = V_a [V]$

$V_2 (\text{역상 전압}) = \dfrac{1}{3}(V_a + a^2 V_b + a V_c) = \dfrac{1}{3}(V_a + a^2 \times a^2 V_a + a \times a V_a)$
$= \dfrac{V_a}{3}(1 + a^4 + a^2) = \dfrac{V_a}{3}(1 + a + a^2) = \dfrac{V_a}{3} \times 0 = 0 [V]$ 등이다.

∴ 정상분 전압 $V_1 = V_a [V]$이다.

78. ② 79. ②

080
다음과 같은 비정현파 기전력 및 전류에 의한 평균전력을 구하면 몇 [W]인가?

$$e = 100\sin\omega t - 50\sin(3\omega t + 30°) + 20\sin(5\omega t + 45°)[V]$$
$$I = 20\sin\omega t + 10\sin(3\omega t - 30°) + 5\sin(5\omega t - 45°)[A]$$

① 825　　② 875　　③ 925　　④ 1175

비정현파 교류전력은 같은 주파수 사이에만 존재한다.
∴ 비정현파 교류전력

$$P = \sum_{n=1}^{\infty} E_n I_n \cos\psi_n = E_1 I_1 \cos\psi_1 + E_3 I_3 \cos\psi_3 + E_5 I_5 \cos\psi_5$$
$$= \frac{100}{\sqrt{2}} \times \frac{20}{\sqrt{2}} \cos(0-0) - \frac{50}{\sqrt{2}} \times \frac{10}{\sqrt{2}} \cos(30-(-30)) + \frac{20}{\sqrt{2}} \times \frac{5}{\sqrt{2}} \cos(45-(-45))$$
$$= \frac{2000}{2} \cos 0° - \frac{500}{2} \cos 60° + \frac{100}{2} \cos 90°$$
$$= \frac{2000}{2} \times 1 - \frac{500}{2} \times \frac{1}{2} + \frac{100}{2} \times 0 = 1000 - 125 = 875[W] \text{이다.}$$

05 전/기/설/비/기/술/기/준/및/판/단/기/준

081
지중 전선로의 매설방법이 아닌 것은?

① 관로식　　② 인입식
③ 암거식　　④ 직접 매설식

지중 전선로의 매설방법에는 관로식, 암거식, 직접 매설식 등이 있다.

082
특고압용 변압기로서 그 내부에 고장이 생긴 경우에 반드시 자동 차단되어야 하는 변압기의 뱅크용량은 몇 [kVA] 이상인가?

① 5000　　② 10000
③ 50000　　④ 100000

특고압용 변압기로서 그 내부에 고장이 생긴 경우에 반드시 자동 차단되어야 하는 변압기의 뱅크용량은 10000[kVA] 이상이어야 한다.

083
옥내에 시설하는 관등회로의 사용전압이 12000[V]인 방전등 공사 시의 네온변압기 외함에는 몇 종 접지공사를 해야 하는가?

① 제1종 접지공사　　② 제2종 접지공사
③ 제3종 접지공사　　④ 특별 제3종 접지공사

정답: 80.② 81.② 82.② 83.③

예설 옥내에 시설하는 관등회로의 사용전압이 12000[V]인 방전등 공사 시의 네온변압기 외함에는 제3종 접지공사를 하여야 한다.

084 전력보안 가공통신선(광섬유 케이블은 제외)을 조가 할 경우 조가용 선은?
① 금속으로 된 단선
② 강심 알루미늄 연선
③ 금속선으로 된 연선
④ 알루미늄으로 된 단선

예설 전력보안 가공통신선(광섬유 케이블은 제외)을 조가 할 경우 조가용 선은 금속선으로 된 연선이다.

085 특고압 전선로의 철탑의 가장 높은 곳에 220[V]용 항공 장애등을 설치하였다. 이 등기구의 급속제 외함은 몇 종 접지공사를 하여야 하는가?
① 제1종 접지공사
② 제2종 접지공사
③ 제3종 접지공사
④ 특별 제3종 접지공사

예설 특고압 전선로의 철탑의 가장 높은 곳에 220[V]용 항공 장애등을 설치하였다. 이 등기구의 급속제 외함은 제1종 접지공사를 하여야 한다.

086 저고압 가공전선과 가공약전류 전선 등을 동일 지지물에 시설하는 기준으로 틀린 것은?
① 가공전선을 가공약전류전선 등의 위로하고 별개의 완금류에 시설할 것
② 전선로의 지지물로서 사용하는 목주의 풍압하중에 대한 안전율은 1.5 이상일 것
③ 가공전선과 가공약전류전선 등 사이의 이격거리는 저압과 고압 모두 75[cm] 이상일 것
④ 가공전선이 가공약전류전선에 대하여 유도작용에 의한 통신상의 장해를 줄 우려가 있는 경우에는 가공전선을 적당한 거리에서 연가 할 것

예설 저고압 가공전선과 가공약전류 전선 등을 동일 지지물에 시설하는 기준으로 옳은 것은
① 가공전선을 가공약전류전선 등의 위로하고 별개의 완금류에 시설할 것
② 전선로의 지지물로서 사용하는 목주의 풍압하중에 대한 안전율은 1.5 이상일 것
③ 가공전선이 가공약전류전선에 대하여 유도작용에 의한 통신상의 장해를 줄 우려가 있는 경우에는 가공전선을 적당한 거리에서 연가 할 것

087 풀용 수중조명등에 사용되는 절연 변압기의 2차측 전로의 사용전압이 몇 [V]를 초과하는 경우에는 그 전로에 지락이 생겼을 때에 자동적으로 전로를 차단하는 장치를 하여야 하는가?
① 30
② 60
③ 150
④ 300

 | 84. ③ 85. ① 86. ③ 87. ①

해설) 풀용 수중조명등에 사용되는 절연 변압기의 2차측 전로의 사용전압이 30[V]를 초과하는 경우에는 그 전로에 지락이 생겼을 때에 자동적으로 전로를 차단하는 장치를 하여야 한다.

088 석유류를 저장하는 장소의 전등배선에 사용하지 않는 공사방법은?
① 케이블 공사
② 금속관 공사
③ 애자사용 공사
④ 합성수지관 공사

해설) 석유류를 저장하는 장소의 전등배선에 사용되는 공사방법에는 케이블 공사, 금속관 공사, 합성수지관 공사 등이 있다.

089 사용전압이 154[kV]인 가공 송전선의 시설에서 전선과 식물과의 이격거리는 일반적인 경우에 몇 [m] 이상으로 하여야 하는가?
① 2.8
② 3.2
③ 3.6
④ 4.2

해설) 사용전압이 154[kV]인 가공 송전선의 시설에서 전선과 식물과의 이격거리는 일반적인 경우 3.2[m] 이상이어야 한다.

090 과전류차단기로 저압전로에 사용하는 퓨즈를 수평으로 붙인 경우 이 퓨즈는 정격전류의 몇 배의 전류에 견디어야 하는가?
① 1.1
② 1.25
③ 1.6
④ 2

해설) 과전류차단기로 저압전로에 사용하는 퓨즈를 수평으로 붙인 경우 이 퓨즈는 정격전류의 1.1배의 전류에 견딜 수 있어야 한다.

091 농사용 저압 가공전선로의 시설 기준으로 틀린 것은?
① 사용전압이 저압일 것
② 전선로의 경간은 40[m] 이하일 것
③ 저압 가공전선의 인장강도는 1.38[kN] 이상일 것
④ 저압 가공전선의 지표상 높이는 3.5[m] 이상일 것

해설) 농사용 저압 가공전선로의 시설 기준으로 옳은 것은?
① 사용전압이 저압일 것
② 저압 가공전선의 인장강도는 1.38[kN] 이상일 것
③ 저압 가공전선의 지표상 높이는 3.5[m] 이상일 것

정답) 88. ③ 89. ② 90. ① 91. ②

092 고압 가공전선로에 시설하는 피뢰기의 제1종 접지공사의 접지선이 그 제1종 접지공사 전용의 것인 경우에 접지저항 값은 몇 [Ω]까지 허용되는가?
① 20 ② 30
③ 50 ④ 75

해설 고압 가공전선로에 시설하는 피뢰기의 제1종 접지공사의 접지선이 그 제1종 접지공사 전용의 것인 경우에 접지저항 값은 30[Ω]까지 허용된다.

093 고압 옥측전선로에 사용할 수 있는 전선은?
① 케이블 ② 나경동선
③ 절연전선 ④ 다심형 전선

해설 고압 옥측전선로에 사용할 수 있는 전선은 케이블이다.

094 발전기를 전로로부터 자동적으로 차단하는 장치를 시설하여야 하는 경우에 해당되지 않는 것은?
① 발전기에 과전류가 생긴 경우
② 용량이 5000[kVA] 이상인 발전기의 내부에 고장이 생긴 경우
③ 용량이 500[kVA] 이상의 발전기를 구동하는 수차의 압유장치의 유압이 현저히 저하한 경우
④ 용량이 100[kVA] 이상의 발전기를 구동하는 풍차의 압유장치의 유압, 압축공기장치의 공기압이 현저히 저하한 경우

해설 발전기를 전로로부터 자동적으로 차단하는 장치를 시설하여야 하는 경우에 해당되는 것은?
① 발전기에 과전류가 생긴 경우
② 용량이 500[kVA] 이상의 발전기를 구동하는 수차의 압유장치의 유압이 현저히 저하한 경우
③ 용량이 100[kVA] 이상의 발전기를 구동하는 풍차의 압유장치의 유압, 압축공기장치의 공기압이 현저히 저하한 경우

095 고압 옥내배선이 수관과 접근하여 시설되는 경우에는 몇 [cm] 이상 이격시켜야 하는가?
① 15 ② 30
③ 45 ④ 60

해설 고압 옥내배선이 수관과 접근하여 시설되는 경우에는 15[cm] 이상 이격시켜야 한다.

해답 92. ② 93. ① 94. ② 95. ①

2019년 3월 3일 시행

096
최대사용전압이 22900[V]인 3상 4선식 중성선 다중접지식 전로와 대지 사이의 절연내력 시험전압은 몇 [V]인가?

① 32510
② 28752
③ 25229
④ 21068

해설 최대사용전압이 22900[V]인 3상 4선식 중성선 다중접지식 전로와 대지 사이의 절연내력 시험전압은 최대사용전압×0.92배=22900×0.92=21068[V]로 10분간 가하여 견디어야 한다.

097
라이팅 덕트 공사에 의한 저압 옥내배선 공사시설 기준으로 틀린 것은?

① 덕트의 끝부분은 막을 것
② 덕트는 조영재에 견고하게 붙일 것
③ 덕트는 조영재를 관통하여 시설할 것
④ 덕트의 지지점 간의 거리는 2[m] 이하로 할 것

해설 라이팅 덕트 공사에 의한 저압 옥내배선 공사시설 기준으로 옳은 것은?
① 덕트의 끝부분은 막을 것
② 덕트는 조영재에 견고하게 붙일 것
③ 덕트의 지지점 간의 거리는 2[m] 이하로 할 것

098
금속덕트 공사에 의한 저압 옥내배선에서, 금속덕트에 넣은 전선의 단면적의 합계는 일반적으로 덕트 내부 단면적의 몇 % 이하이어야 하는가? (단, 전광표시 장치·출퇴표시등 기타 이와 유사한 장치 또는 제어회로 등의 배선만을 넣는 경우에는 50%)

① 20
② 30
③ 40
④ 50

해설 금속덕트 공사에 의한 저압 옥내배선에서, 금속덕트에 넣은 전선의 단면적의 합계는 일반적으로 덕트 내부 단면적의 20% 이하이어야 한다.(단, 전광표시 장치·출퇴표시등 기타 이와 유사한 장치 또는 제어회로 등의 배선만을 넣는 경우에는 50%이다.)

099
지중 전선로에 사용하는 지중함의 시설기준으로 틀린 것은?

① 조명 및 세척이 가능한 적당한 장치를 시설할 것
② 견고하고 차량 기타 중량물의 압력에 견디는 구조일 것
③ 그 안의 고인 물을 제거할 수 있는 구조로 되어 있는 것
④ 뚜껑은 시설자 이외의 자가 쉽게 열 수 없도록 시설할 것

해답 96.④ 97.③ 98.① 99.①

해설 지중 전선로에 사용하는 지중함의 시설기준으로 옳은 것은
① 견고하고 차량 기타 중량물의 압력에 견디는 구조일 것
② 그 안의 고인 물을 제거할 수 있는 구조로 되어 있는 것
③ 뚜껑은 시설자 이외의 자가 쉽게 열 수 없도록 시설할 것

100 철탑의 강도계산에 사용하는 이상 시 상정하중을 계산하는데 사용되는 것은?
① 미진에 의한 요동과 철구조물의 인장하중
② 뇌가 철탑에 가하여졌을 경우의 충격하중
③ 이상전압이 전선로에 내습하였을 때 생기는 충격하중
④ 풍압이 전선로에 직각방향으로 가하여지는 경우의 하중

해설 철탑의 강도계산에 사용하는 이상 시 상정하중을 계산하는데 사용되는 것은 풍압이 전선로에 직각방향으로 가하여지는 경우의 하중이다.

정답 100. ④

02 전기기사

전기자기학 / 전력공학 / 전기기기 / 회로이론 및 제어공학 / 전기설비기술기준 및 판단기준

[2019년 4월 27일 시행]

01 전/기/자/기/학

001 진공 중에서 한 변이 a[m]인 정사각형 단일 코일이 있다. 코일에 I[A]의 전류를 흘릴 때 정사각형 중심에서 자계의 세기는 몇 [AT/m]인가?

① $\dfrac{2\sqrt{2}\,I}{\pi a}$ ② $\dfrac{I}{\sqrt{2}\,a}$ ③ $\dfrac{I}{2a}$ ④ $\dfrac{4I}{a}$

해설 한 변의 길이가 a[m]인 정사각형 단일 코일은
유한 직선 코일로부터 $a/2$[m] 떨어진 점의 자계세기

$$H_1 = \dfrac{I}{4\pi\dfrac{a}{2}}(\sin 45° + \sin 45°) = \dfrac{I}{4\pi\dfrac{a}{2}}2\sin 45°$$

$$= \dfrac{I}{4\pi\dfrac{a}{2}} \times 2 \times \dfrac{1}{\sqrt{2}} = \dfrac{I}{\sqrt{2}\,\pi a}\;[\text{AT/m}]$$

∴ 정사각형 단일 코일 중심의 자계세기

$$H = 4H_1 = 2\times 2 \times \dfrac{I}{\sqrt{2}\,\pi a} = \dfrac{2\sqrt{2}\,I}{\pi a}\,[\text{AT/m}]\text{이다.}$$

002 단면적 S, 길이 l, 투자율 μ인 자성체의 자기회로에 권선을 N회 감아서 I의 전류를 흐르게 할 때 자속은?

① $\dfrac{\mu SI}{Nl}$ ② $\dfrac{\mu NI}{Sl}$ ③ $\dfrac{NIl}{\mu S}$ ④ $\dfrac{\mu SNI}{l}$

해설 자성체 자기회로에 N회 권선을 감고 I[A]의 전류를 흘리면
기자력 $F = NI = R\phi = Hl$ [AT]이다.

∴ $\phi(\text{자속}) = \dfrac{NI}{R} = \dfrac{NI}{\dfrac{l}{\mu S}} = \dfrac{\mu SNI}{l}$ [Wb]가 된다.

003 자속밀도가 0.3[Wb/m²]인 평등자계 내에 5[A]의 전류가 흐르는 길이가 2[m]인 직선 도체가 있다. 이 도체를 자계 방향에 대하여 60°의 각도로 놓았을 때 이 도체가 받는 힘은 약 몇 [N]인가?

① 1.3   ② 2.6   ③ 4.7   ④ 5.2

해설 플레밍의 왼손법칙에서 이 도체가 받는 힘

$$F = I \times B\ell\sin\theta = 5 \times 0.3 \times 2 \times \sin 60° = 1.5 \times 2 \times \dfrac{\sqrt{3}}{2} = 1.5 \times \sqrt{3} ≒ 2.6[\text{N}]\text{이 된다.}$$

해답 1. ① 2. ④ 3. ②

[004] 어떤 대전체가 진공 중에서 전속이 Q[C]이었다. 이 대전체를 비유전율 10인 유전체 속으로 가져갈 경우에 전속(C)은?

① Q ② $10Q$ ③ $\dfrac{Q}{10}$ ④ $10\varepsilon_0 Q$

해설) 진공 중에서 대전체의 전속이 Q[C]이다. 이 대전체를 비유전율 $\varepsilon_0 = 10$인 유전체 속으로 가져간 경우 대전체의 전속도 Q[C]이다.
∴ 진공이나 유전체 중이나 전속밀도(D)=전하밀도(σ)로 서로 같다.

[005] 30[V/m]의 전계내의 80[V]되는 점에서 1[C]의 전하를 전계 방향으로 80[cm] 이동한 경우, 그 점의 전위(V)는?

① 9   ② 24
③ 30   ④ 56

해설) 평등 전계 $E=30$[V/m]이다.
그림에서 $V_1 - V_2$(전위차=전압)=Er[V]에서
$80 - V_2 = 30 \times 80 \times 10^{-2}$
∴ V_2(전위)$= 80 - 24 = 56$[V]가 된다.

[006] 다음 중 스토크스(stokes)의 정리는?

① $\oint_c H \cdot ds = \int\int_s (\nabla \cdot H) \cdot ds$ ② $\int B \cdot ds = \int_s (\nabla \times H) \cdot ds$

③ $\oint_c H \cdot ds = \int (\nabla \cdot H) \cdot dl$ ④ $\oint_c H \cdot dl = \int_s (\nabla \times H) \cdot ds$

해설) 자계의 경계조건에서 자계의 수평성분은 경계면의 양측이 서로 같다.
이는 자계의 연속성으로 스토크스(stokes)의 정리라 한다.
즉 $\int_c H dl = \int_s rot H ds = \int_s (\nabla \times H) ds$ 이다.

[007] 그림과 같이 평행한 무한장 직선도선에 I[A], $4I$[A]인 전류가 흐른다. 두 도선 사이의 점 P에서 자계의 세기가 0이라고 하면 $\dfrac{a}{b}$는?

① 2
② 4
③ $\dfrac{1}{2}$
④ $\dfrac{1}{4}$

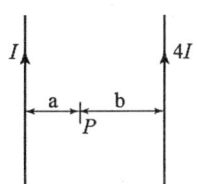

해답) 4.① 5.④ 6.④ 7.④

해설 앙페르의 주회적분 법칙 $\int_c H dl = I$ [A]이다.

문제 그림과 같이 평행한 무한장 직선도선으로부터 a[m] 떨어진 점의 자계세기
$H_a = \dfrac{I}{2\pi a}$ [AT/m] … ①

또한 무한 직선도선으로부터 b[m] 떨어진 점의 자계세기
$H_b = \dfrac{4I}{2\pi b}$ [AT/m] … ② 이다.

두 선 사이의 점에서 자계세기가 0인 조건은 $H_a = H_b$, $\dfrac{I}{2\pi a} = \dfrac{4I}{2\pi b}$ 에서 $\dfrac{a}{b} = \dfrac{1}{4}$ 이 된다.

008 정상전류계에서 옴의 법칙에 대한 미분형은? (단, i는 전류밀도, k는 도전율, ρ는 고유저항, E는 전계의 세기이다.)

① $i = kE$ ② $i = \dfrac{E}{k}$ ③ $i = \rho E$ ④ $i = -kE$

해설 정상전류계에서 전도 전류밀도
$$i = \dfrac{I}{S} = \dfrac{\dfrac{V}{R}}{S} = \dfrac{V}{RS} = \dfrac{V}{\rho \dfrac{\ell}{S} \times S} = \dfrac{V}{\dfrac{\ell}{k}} = k \times \dfrac{V}{\ell} = kE \text{ [A/m}^2\text{]}$$
를 정상전류계에서 "옴" 법칙의 미형분이라 한다.

(단, k(도전율) $= \dfrac{1}{\rho\text{(고유저항)}}$ [℧/m], E(전계의 세기) $= \dfrac{V}{\ell}$ [V/m]이다.)

009 진공내의 점(3, 0, 0)[m]에 4×10^{-9}[C]의 전하가 있다. 이때 점(6, 4, 0)[m]의 전계의 크기는 약 몇 [V/m]이며, 전계의 방향을 표시하는 단위벡터는 어떻게 표시되는가?

① 전계의 크기 : $\dfrac{36}{25}$, 단위벡터 : $\dfrac{1}{5}(3a_x + 4a_y)$

② 전계의 크기 : $\dfrac{36}{125}$, 단위벡터 : $3a_x + 4a_y$

③ 전계의 크기 : $\dfrac{36}{25}$, 단위벡터 : $a_x + a_y$

④ 전계의 크기 : $\dfrac{36}{125}$, 단위벡터 : $\dfrac{1}{5}(a_x + a_y)$

해설 【Vector도】

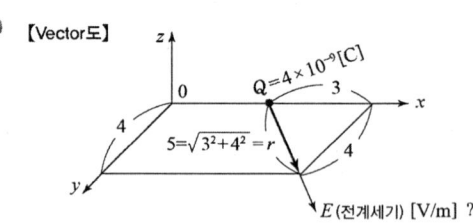

정답 8. ① 9. ①

단위 Vector $= \dfrac{3a_x + 4a_y}{|r|}$ 이다.

∴ E(전계 세기) $= \dfrac{Q}{4\pi\varepsilon_0 r^2} \times \dfrac{3a_x + 4a_y}{|r|} = 9 \times 10^9 \times \dfrac{4 \times 10^{-9}}{(\sqrt{3^2 + 4^2})^2} \times \dfrac{3a_x + 4a_y}{\sqrt{3^2 + 4^2}}$

$= 9 \times 10^9 \times \dfrac{4 \times 10^{-9}}{(5)^2} \times \dfrac{3a_x + 4a_y}{5} = \dfrac{36}{25} \times \dfrac{1}{5}(3a_x + 4a_y)$ [V/m]

∴ 전계의 크기는 $\dfrac{36}{25}$[V/m], 단위벡터는 $\dfrac{1}{5}(3a_x + 4a_y)$이다.

010 전속밀도 $D = X^2 i + Y^2 j + Z^3 k$ [C/m²]를 발생시키는 점(1, 2, 3)에서의 체적 전하밀도는 몇 [C/m³]인가?

① 12 ② 13 ③ 14 ④ 15

해설 가우스 정리의 적분형 $\int_s E \cdot ds = \dfrac{Q}{\varepsilon_o}$ 에서

$\int_s \varepsilon_o E ds = \int_s D \cdot ds = Q$의 발산 정리는 $\int_v div D \, dv = \int_v \rho dv$ 이다.

∴ $div D = \rho$(체적 전하밀도)인 가우스 정리 미분형에서

ρ(체적 전하밀도) $= div D = \nabla \cdot D = \dfrac{\partial D_x}{\partial x} + \dfrac{\partial D_y}{\partial y} + \dfrac{\partial D_z}{\partial z} = \dfrac{\partial x^2}{\partial x} + \dfrac{\partial y^2}{\partial y} + \dfrac{\partial z^2}{\partial z}$

$= 2x + 2y + 2z)_{\substack{x=1 \\ y=2 \\ z=3}} = 2 \times 1 + 2 \times 2 + 2 \times 3 = 12$ [C/m³]이 된다.

∴ ρ(체적 전하밀도) $= 12$[C/m³]이 된다.

011 다음 식 중에서 틀린 것은?

① $E = -grad\, V$
② $\int_s E \cdot n ds = \dfrac{Q}{\varepsilon_o}$
③ $grad\, V = i\dfrac{\partial^2 V}{\partial x^2} + j\dfrac{\partial^2 V}{\partial y^2} + k\dfrac{\partial^2 V}{\partial z^2}$
④ $V = \int_p^\infty E \cdot d\ell$

해설 다음 식 중에서 옳은 것은?

① $E = -grad\, V$ 란 전계세기는 전위경도와 크기는 같고 방향만 반대이다.

② 가우스 정리 적분형 $\int_s E \cdot ds = \dfrac{Q}{\varepsilon_o}$ 이다.

③ V(전위) $= -\int_\infty^p E \cdot dr = \int_p^\infty E \cdot dr$[V] : 전위란 무한 원점에 있는 1[C]의 전하를 무한 원점으로부터 임의점 P까지 운반하는데 요하는 일(에너지)를 말한다.

10. ① 11. ③

012 도전율 σ인 도체에서 전장 E에 의해 전류밀도 J가 흘렀을 때 이 도체에서 소비되는 전력을 표시한 식은?

① $\int_v E \cdot J dv$　　　　② $\int_v E \times J dv$

③ $\frac{1}{\sigma} \int_v E \cdot J dv$　　　④ $\frac{1}{\sigma} \int_v E \times J dv$

해설

J(전도 전류밀도) $= \dfrac{I}{S} = \dfrac{\frac{V}{R}}{S} = \dfrac{V}{RS} = \dfrac{V}{\frac{\ell}{\sigma S} \times S} = \sigma \times \dfrac{V}{\ell} = \sigma E [\text{A/m}^2]$ 이고

또한 I(전류) $= J \cdot S [\text{A}]$이다.

$\therefore dp$(미소전력) $= I^2 R = (J \times S)^2 \times \dfrac{\ell}{\sigma S} = J \times J \times S^2 \times \dfrac{\ell}{\sigma S}$

$= J \times \sigma E \times S^2 \times \dfrac{\ell}{\sigma S} = J \cdot E S \ell [\text{W}]$이다.

$\therefore$ 도체의 소비전력 $P = \int_v E \cdot J dV [\text{W}]$가 된다.

013 자극의 세기가 $8 \times 10^{-6}[\text{Wb}]$, 길이가 3[cm]인 막대자석을 120[AT/m]의 평등자계 내에 자력선과 30°의 각도로 놓으면 이 막대자석이 받는 회전력은 몇 [N·m]인가?

① 1.44×10^{-4}　　② 1.44×10^{-5}

③ 3.02×10^{-4}　　④ 3.02×10^{-5}

해설 막대자석이 받는 회전력

$T = MH\sin\theta = m\ell H \sin 30° = 8 \times 10^{-6} \times 3 \times 10^{-2} \times 120 \times \dfrac{1}{2}$

$= 8 \times 10^{-6} \times 0.03 \times 60 = 1.44 \times 10^{-5} [\text{N·m}]$

014 자기회로와 전기회로의 대응으로 틀린 것은?

① 자속 ↔ 전류　　　　② 기자력 ↔ 기전력
③ 투자율 ↔ 유전율　　④ 자계의 세기 ↔ 전계의 세기

해설 자기회로와 전기회로의 대응으로 옳은 것은 자속 ↔ 전류, 기자력 ↔ 기전력, 자계의 세기 ↔ 전계의 세기 등이다.

015 자기인덕턴스의 성질을 옳게 표현한 것은?

① 항상 0이다.
② 항상 정(正)이다.
③ 항상 부(負)이다.
④ 유도되는 기전력에 따라 정(正)도 되고 부(負)도 된다.

해답 12. ①　13. ②　14. ③　15. ②

해설 자기인덕턴스의 성질을 옳게 표현한 것은 자기인덕턴스는 항상 정(+)이다.

016 진공 중에서 빛의 속도와 일치하는 전자파의 전파속도를 얻기 위한 조건으로 옳은 것은?

① $\varepsilon_r = 0$, $\mu_r = 0$
② $\varepsilon_r = 1$, $\mu_r = 1$
③ $\varepsilon_r = 0$, $\mu_r = 1$
④ $\varepsilon_r = 1$, $\mu_r = 0$

해설 진공 중에서 빛의 속도와 일치하는 전자파의 속도

$$v = \frac{\omega}{\beta} = \frac{\omega}{\omega\sqrt{LC}} = \frac{1}{\sqrt{LC}} = \frac{1}{\sqrt{\mu\varepsilon}} = \frac{1}{\sqrt{\mu_0 \varepsilon_0}} \times \frac{1}{\sqrt{\mu_r \varepsilon_r}} \fallingdotseq \frac{1}{\sqrt{\varepsilon_0 \mu_0}}$$

$\fallingdotseq 3 \times 10^8 = C_o$(광속도)[m/sec]이다.

∴ 전파속도를 얻기 위한 조건은 $\varepsilon_r = 1$, $\mu_r = 1$이어야 한다.

017 4[A] 전류가 흐르는 코일과 쇄교하는 자속수가 4[Wb]이다. 이 전류 회로에 축척되어 있는 자기 에너지(J)는?

① 4   ② 2   ③ 8   ④ 16

해설 코일과 쇄교하는 자속수 $N\phi = LI$, L(자기인덕턴스) $= \frac{N\phi}{I} = \frac{4}{4} = 1$[H]

∴ 코일에 저축되는 자기 에너지 $W = \frac{1}{2}LI^2 = \frac{1}{2} \times 1 \times (4)^2 = \frac{16}{2} = 8$[J]이다.

018 유전율이 ε, 도전율이 σ, 반경이 r_1, $r_2(r_1 < r_2)$, 길이가 l인 동축케이블에서 저항 R은 얼마인가?

① $\dfrac{2\pi rl}{\ln\dfrac{r_2}{r_1}}$
② $\dfrac{2\pi \varepsilon l}{\dfrac{1}{r_1} - \dfrac{1}{r_2}}$
③ $\dfrac{1}{2\pi\sigma l}\ln\dfrac{r_2}{r_1}$
④ $\dfrac{1}{2\pi rl}\ln\dfrac{r_2}{r_1}$

해설 내·외 동축케이블의 전압

$$V = -\int_{r_2}^{r_1} E\, dr = -\int_{r_2}^{r_1} \frac{\lambda}{2\pi\varepsilon r}\, dr = \frac{\lambda}{2\pi\varepsilon}(-\ln r)\Big|_{r_2}^{r_1} = \frac{\lambda}{2\pi\varepsilon}\ln\frac{r_2}{r_1}\,[V]$$이다.

또 동축케이블의 정전용량 $C = \dfrac{\lambda\ell}{V} = \dfrac{\lambda\ell}{\dfrac{\lambda}{2\pi\varepsilon}\ln\dfrac{r_2}{r_1}} = \dfrac{2\pi\varepsilon\ell}{\ln\dfrac{r_2}{r_1}}$[F]

∴ 동축케이블에서의 저항은 $RC = \rho\varepsilon$에서

저항 $R = \dfrac{\rho\varepsilon}{C} = \dfrac{\rho\varepsilon}{\dfrac{2\pi\varepsilon\ell}{\ln\dfrac{r_2}{r_1}}} = \dfrac{1}{2\pi\sigma\ell} \times \ln\dfrac{r_2}{r_1}$[Ω]이다.

정답 16. ② 17. ③ 18. ③

019 어떤 환상 솔레노이드의 단면적이 S이고, 자로의 길이가 ℓ, 투자율이 μ라고 한다. 이 철심에 균등하게 코일을 N회 감고 전류를 흘렸을 때 자기 인덕턴스에 대한 설명으로 옳은 것은?

① 투자율 μ에 반비례한다. ② 권선수 N^2에 비례한다.
③ 자로의 길이 ℓ에 비례한다. ④ 단면적 S에 반비례한다.

해설 환상 솔레노이드의 철심에 코일을 N회 균등하게 감고 전류 I[A]를 흘리면

렌즈 법칙에서 유기 기전력 $e = -N\dfrac{d\phi}{dt} = -L\dfrac{di}{dt}$ [V]에서 $LI = N\phi$ [W] … ①

철심의 기자력 $F = NI = R\phi$ [AT]에서 $\phi = \dfrac{NI}{R}$ [Wb] … ②

∴ L(자기 인덕턴스) $= \dfrac{N\phi}{I} = \dfrac{N \times \dfrac{NI}{R}}{I} = \dfrac{N^2}{R} ≒ N^2$ [H]

즉, 자기 인덕턴스 L[H]는 권수 N^2에 비례한다.

020 상이한 매질의 경계면에서 전자파가 만족해야 할 조건이 아닌 것은? (단, 경계변은 두 개의 무손실 매질 사이이다.)

① 경계면의 양측에서 전계의 접선성분은 서로 같다.
② 경계면의 양측에서 자계의 접선성분은 서로 같다.
③ 경계변의 양측에서 자속밀도의 접선성분은 서로 같다.
④ 경계면의 양측에서 전속밀도의 법선성분은 서로 같다.

해설 상이한 매질의 경계면에서 전자파가 만족해야 할 조건(경계조건)은?
① 경계면의 양측에서 전계의 접선성분은 서로 같다.
② 경계면의 양측에서 자계의 접선성분은 서로 같다.
③ 경계면의 양측에서 전속밀도의 법선성분은 서로 같다.

02 전/력/공/학

021 단도체 방식과 비교하여 복도체 방식의 송전선로를 설명한 것으로 틀린 것은?

① 선로의 송전용량이 증가된다.
② 계통의 안정도를 증진시킨다.
③ 전선의 인덕턴스가 감소하고, 정전용량이 증가된다.
④ 전선 표면의 전위경도가 저감되어 코로나 임계전압을 낮출 수 있다.

해설 단도체 방식과 비교하여 복도체 방식의 송전선로를 설명한 것으로 옳은 것은
① 선로의 송전용량이 증가된다.
② 계통의 안정도를 증진시킨다.
③ 전선의 인덕턴스가 감소하고, 정전용량이 증가된다.

해답 19. ② 20. ③ 21. ④

022 유효낙차 100[m], 최대사용수량 20[m³/s], 수차효율 70%인 수력발전소의 연간 발전전력량은 약 몇 [kWh]인가? (단, 발전기의 효율은 85%라고 한다.)

① 2.5×10^7
② 5×10^7
③ 10×10^7
④ 20×10^7

해설 H(유효낙차)=100[m], Q(최대사용수량)=20[m³/s], η_t(수차효율)=70%, η_g(발전기 효율)=85%일 때 수력발전소의 연간 발전전력량

$P = 9.8QH\eta_t\eta_g \times 365 \times 24 = 9.8 \times 20 \times 100 \times 0.7 \times 0.85 \times 365 \times 24 ≒ 10 \times 10^7$ [kWh]

023 부하역률이 $\cos\theta$인 경우 배전선로의 전력손실은 같은 크기의 부하전력으로 역률이 1인 경우의 전력손실에 비하여 어떻게 되는가?

① $\dfrac{1}{\cos\theta}$
② $\dfrac{1}{\cos^2\theta}$
③ $\cos\theta$
④ $\cos^2\theta$

해설 P_ℓ(부하의 전력손실)$= I^2R = \left(\dfrac{P}{V\cos\theta}\right)^2 \times R = \dfrac{P^2R}{V^2\cos^2\theta} ≒ \dfrac{1}{\cos^2\theta}$ 이다.

∴ 부하역률 $\cos\theta$인 경우 배전선로의 전력손실 $P_{\ell \cdot \cos\theta} ≒ \dfrac{1}{\cos^2\theta}$ 이다.

부하역률 1인 경우 배전선로의 전력손실 $P_{\ell \cdot 1} = 1$일 때에 비해

$\dfrac{P_{\ell \cdot \cos\theta}}{P_{\ell \cdot 1}} ≒ \dfrac{\frac{1}{\cos^2\theta}}{1} ≒ \dfrac{1}{\cos^2\theta}$ 이 된다.

024 선택 지락 계전기의 용도를 옳게 설명한 것은?

① 단일 회선에서 지락고장 회선의 선택 차단
② 단일 회선에서 지락전류의 방향 선택 차단
③ 병행 2회선에서 지락고장 회선의 선택 차단
④ 병행 2회선에서 지락고장의 지속시간 선택 차단

해설 선택 지락 계전기는 병행 2회선에서 지락고장 회선의 선택 차단의 용도로 사용된다.

025 직류 송전방식에 관한 설명으로 틀린 것은?

① 교류 송전방식보다 안정도가 낮다.
② 직류계통과 연계 운전 시 교류계통의 차단용량은 작아진다.
③ 교류 송전방식에 비해 절연계급을 낮출 수 있다.
④ 비동기 연계가 가능하다.

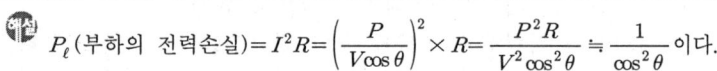

22. ③ 23. ② 24. ③ 25. ①

해설 직류 송전방식에 관한 설명으로 옳은 것은
① 직류계통과 연계 운전 시 교류계통의 차단용량은 작아진다.
② 교류 송전방식에 비해 절연계급을 낮출 수 있다.
③ 비동기 연계가 가능하다.

026 터빈(turbine)의 임계속도란?
① 비상조속기를 동작시키는 회전수
② 회전자의 고유 진동수와 일치하는 위험 회전수
③ 부하를 급히 차단하였을 때의 순간 최대 회전수
④ 부하 차단 후 자동적으로 정정된 회전수

해설 터빈(turbine)의 임계속도란? 회전자의 고유 진동수와 일치하는 위험 회전수를 말한다.

027 변전소, 발전소 등에 설치하는 피뢰기에 대한 설명 중 틀린 것은?
① 방전전류는 뇌충격전류의 파고값으로 표시한다.
② 피뢰기의 직렬갭은 속류를 차단 및 소호하는 역할을 한다.
③ 정격전압은 상용주파수 정현파 전압의 최고 한도를 규정한 순시값이다.
④ 속류란 방전현상이 실질적으로 끝난 후에도 전력계통에서 피뢰기에 공급되어 흐르는 전류를 말한다.

해설 변전소, 발전소 등에 설치하는 피뢰기에 대한 옳은 설명은?
① 방전전류는 뇌충격전류의 파고값으로 표시한다.
② 피뢰기의 직렬갭은 속류를 차단 및 소호하는 역할을 한다.
③ 속류란 방전현상이 실질적으로 끝난 후에도 전력계통에서 피뢰기에 공급되어 흐르는 전류를 말한다.

028 아킹혼(Arcing Horn)의 설치 목적은?
① 이상전압 소멸   ② 전선의 진동방지
③ 코로나 손실방지   ④ 섬락사고에 대한 애자보호

해설 아킹혼(Arcing Horn)의 설치 목적은 섬락사고에 대한 애자보호이다.

029 일반 회로정수가 A, B, C, D이고 송전단 전압이 E_S인 경우 무부하시 수전단 전압은?
① $\dfrac{E_S}{A}$ ② $\dfrac{E_S}{B}$
③ $\dfrac{A}{C}E_S$ ④ $\dfrac{C}{A}E_S$

26. ② 27. ③ 28. ④ 29. ①

해설 일반 회로정수가 4단자 기초방정식 $\begin{cases} E_s = AE_R + BI_R \\ I_s = CE_R + DI_R \end{cases}$ 에서 무부하시 I_R(수전단 전류)=0이다. 송전단 전압 E_s[V]인 경우 무부하 수전단 전압은 기초방정식에서 $E_R = \dfrac{E_S}{A}$[V]가 된다.

030 10000[kVA] 기준으로 등가 임피던스가 0.4%인 발전소에 설치될 차단기의 차단용량은 몇 [MVA]인가?
① 1000
② 1500
③ 2000
④ 2500

해설 10000[kVA]$= 10 \times 10^6$[VA]$= 10$[MVA]이다.
∴ 차단기의 차단용량
$P_s = \dfrac{정격용량}{\%Z} \times 100 = \dfrac{P_n}{\%Z} \times 100 = \dfrac{10}{0.4} \times 100 = \dfrac{100}{4} \times 100 = 2500$[MVA]가 된다.

031 변전소에서 접지를 하는 목적으로 적절하지 않은 것은?
① 기기의 보호
② 근무자의 안전
③ 차단 시 아크의 소호
④ 송전시스템의 중성점 접지

해설 변전소에서 접지를 하는 목적으로 적절한 것은?
① 기기의 보호
② 근무자의 안전
③ 송전시스템의 중성점 접지이다.

032 중거리 송전선로의 T형 회로에서 송전단 전류 I_s는? (단, Z, Y는 선로의 직렬 임피던스와 병렬 어드미턴스이고, E_r은 수전단 전압, I_r은 수전단 전류이다.)
① $E_r(1+\dfrac{ZY}{2})+ZI_r$
② $I_r(1+\dfrac{ZY}{2})+E_rY$
③ $E_r(1+\dfrac{ZY}{2})+ZI_r(1+\dfrac{ZY}{4})$
④ $I_r(1+\dfrac{ZY}{2})+E_rY(1+\dfrac{ZY}{4})$

해답 30.④ 31.③ 32.②

[예설] 중거리 송전선로의 T형 4단자망의 4단자 정수

$$\begin{vmatrix} A & B \\ C & D \end{vmatrix} = \begin{vmatrix} 1 & \frac{Z}{2} \\ 0 & 1 \end{vmatrix} \begin{vmatrix} 1 & 0 \\ Y & 1 \end{vmatrix} \begin{vmatrix} 1 & \frac{Z}{2} \\ 0 & 1 \end{vmatrix}$$

$$= \begin{vmatrix} 1+\frac{YZ}{2} & \frac{Z}{2} \\ Y & 1 \end{vmatrix} \begin{vmatrix} 1 & \frac{Z}{2} \\ 0 & 1 \end{vmatrix}$$

$$= \begin{vmatrix} 1+\frac{YZ}{2} & \frac{Z}{2}(1+\frac{YZ}{2})+\frac{Z}{2} \\ Y & 1+\frac{YZ}{2} \end{vmatrix}$$ 이다.

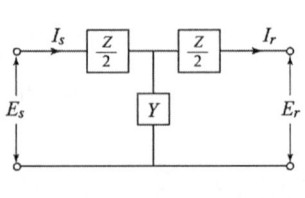

∴ 4단자 기초방정식 $\begin{cases} E_s = AE_r + BI_r = (1+\frac{YZ}{2})E_r + (\frac{Z}{2}(1+\frac{YZ}{2})+\frac{Z}{2})I_r \\ I_s = CE_r + DI_r = YE_r + (1+\frac{YZ}{2})I_r \end{cases}$ 에서

송전단 전류 $I_s = I_r(1+\frac{YZ}{2}) + E_r Y$ [A]가 된다.

033 한 대의 주상변압기에 역률(뒤짐) $\cos\theta_1$, 유효전력 P_1[kW]의 부하와 역률(뒤짐) $\cos\theta_2$, 유효전력 P_2[kW]의 부하가 병렬로 접속되어 있을 때 주상변압기 2차 측에서 본 부하의 종합역률은 어떻게 되는가?

① $\dfrac{P_1+P_2}{\dfrac{P_1}{\cos\theta_1}+\dfrac{P_2}{\cos\theta_2}}$ ② $\dfrac{P_1+P_2}{\dfrac{P_1}{\sin\theta_1}+\dfrac{P_2}{\sin\theta_2}}$

③ $\dfrac{P_1+P_2}{\sqrt{(P_1+P_2)^2+(P_1\tan\theta_1+P_2\tan\theta_2)^2}}$ ④ $\dfrac{P_1+P_2}{\sqrt{(P_1+P_2)^2+(P_1\sin\theta_1+P_2\sin\theta_2)^2}}$

[예설] $P_1 = P_{a1}\cos\theta_1$에서 $P_{a1} = \dfrac{P_1}{\cos\theta_1}$ … ①

$P_{r1} = P_{a1}\sin\theta_1 = \dfrac{P_1}{\cos\theta_1}\times\sin\theta_1 = P_1\tan\theta_1$

$P_2 = P_{a2}\cos\theta_2$에서 $P_{a2} = \dfrac{P_2}{\cos\theta_2}$

$P_{r2} = P_{a2}\sin\theta_2 = \dfrac{P_2}{\cos\theta_2}\sin\theta_2 = P_2\tan\theta_2$ 이다.

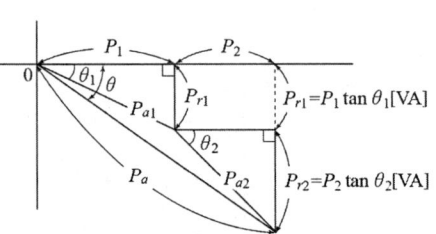

∴ P(유효전력) $= P_1 + P_2$ [W]

P_r(무효전력) $= P_{r1} + P_{r2}$ [Var]이고

P_a(피상전력) $= P + jP_r$
$= (P_1+P_2) + j(P_{r1}+P_{r2})$ [VA]이다.

∴ 부하의 종합역률 $\cos\theta = \dfrac{P}{P_a} = \dfrac{P_1+P_2}{\sqrt{(P_1+P_2)^2+(P_1\tan\theta_1+P_2\tan\theta_2)^2}}$ 가 되고

또 종합무효율 $\sin\theta = \dfrac{P_r}{P_a} = \dfrac{P_{r1}+P_{r2}}{P+jP_r}$ 가 된다.

[해답] 33. ③

034 33[kV] 이하의 단거리 송배전선로에 적용되는 비접지 방식에서 지락전류는 다음 중 어느 것을 말하는가?

① 누설전류　② 충전전류
③ 뒤진전류　④ 단락전류

해설 충전전류란 33[kV] 이하의 단거리 송배전선로에 적용되는 비접지 방식에서 지락전류를 말한다.

035 옥내배선의 전선 굵기를 결정할 때 고려해야 할 사항으로 틀린 것은?

① 허용전류　② 전압강하
③ 배선방식　④ 기계적강도

해설 옥내배선의 전선 굵기를 결정할 때 고려해야 할 사항은 허용전류, 전압강하, 기계적강도이다.

036 고압 배전선로 구성방식 중, 고장 시 자동적으로 고장개소의 분리 및 건전선로에 폐로하여 전력을 공급하는 개폐기를 가지며, 수요 분포에 따라 임의의 분기선으로부터 전력을 공급하는 방식은?

① 환상식　② 망상식
③ 뱅킹식　④ 가지식(수지식)

해설 환상식은 고압 배전선로 구성방식 중, 고장 시 자동적으로 고장개소의 분리 및 건전선로에 폐로하여 전력을 공급하는 개폐기를 가지며, 수요 분포에 따라 임의의 분기선으로부터 전력을 공급하는 방식이다.

037 그림과 같은 2기 계통에 있어서 발전기에서 전동기로 전달되는 전력 P는? (단, $X = X_G + X_L + X_M$이고 E_G, E_M은 각각 발전기 및 전동기의 유기기전력, δ는 E_G와 E_M간의 상차각이다.)

① $P = \dfrac{E_G}{XE_M}\sin\delta$

② $P = \dfrac{E_G E_M}{X}\sin\delta$

③ $P = \dfrac{E_G E_M}{X}\cos\delta$

④ $P = XE_G E_M \cos\delta$

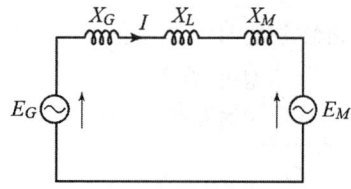

해설 X(리액턴스) $= (X_G(\text{발전기}) + X_L(\text{선로}) + X_M(\text{전동기}))$이고 E_G(발전기), E_M(전동기) 기전력일 때 발전기에서 전동기로 전달되는 전력 $P = \dfrac{E_G E_M}{X}\sin\delta$[W]이다.

정답 34. ② 35. ③ 36. ① 37. ②

038 전력계통 연계 시의 특징으로 틀린 것은?
① 단락전류가 감소한다.
② 경제 급전이 용이하다.
③ 공급신뢰도가 향상된다.
④ 사고 시 다른 계통으로의 영향이 파급될 수 있다.

해설 전력계통 연계 시의 특징으로 옳은 것은?
① 경제 급전이 용이하다.
② 공급신뢰도가 향상된다.
③ 사고 시 다른 계통으로의 영향이 파급될 수 있다.

039 공통 중성선 다중 접지방식의 배전선로에서 Recloser(R), Sectionalizer(S), Line fuse(F)의 보호협조가 가장 적합한 배열은? (단, 보호협조는 변전소를 기준으로 한다.)
① S - F - R
② S - R - F
③ F - S - R
④ R - S - F

해설 공통 중성선 다중 접지방식의 배전선로에서 보호협조는 변전소를 기준으로 Recloser(R) - Sectionalizer(S) - Line fuse(F)로 배열해야 한다.

040 송전선의 특성임피던스와 전파정수는 어떤 시험으로 구할 수 있는가?
① 뇌파시험
② 정격부하시험
③ 절연강도 측정시험
④ 무부하시험과 단락시험

해설 무부하시험과 단락시험으로 송전선의 특성임피던스와 전파정수를 구할 수 있다.

03 전/기/기/기

041 단상 변압기의 병렬운전 시 요구사항으로 틀린 것은?
① 극성이 같을 것
② 정격출력이 같을 것
③ 정격전압과 권수비가 같을 것
④ 저항과 리액턴스의 비가 같을 것

해설 단상 변압기의 병렬운전 조건은?
① 극성이 같을 것
② 정격전압과 권수비가 같을 것
③ 저항과 리액턴스의 비가 같을 것

정답 38. ① 39. ④ 40. ④ 41. ②

042 유도전동기로 동기전동기를 기동하는 경우, 유도전동기의 극수는 동기전동기의 극수보다 2극 적은 것을 사용하는 이유로 옳은 것은? (단, s는 슬립이며 N_s는 동기속도이다.)

① 같은 극수의 유도전동기는 동기속도보다 sN_s만큼 늦으므로
② 같은 극수의 유도전동기는 동기속도보다 sN_s만큼 빠르므로
③ 같은 극수의 유도전동기는 동기속도보다 $(1-s)N_s$만큼 늦으므로
④ 같은 극수의 유도전동기는 동기속도보다 $(1-s)N_s$만큼 빠르므로

해설 유도전동기로 동기전동기를 기동하는 경우, 유도전동기의 극수는 동기전동기의 극수보다 2극 적은 것을 사용하는 이유는 $s(슬립)=\dfrac{N_s-N}{N_s}$
$N_s-N=sN_s$에서 $N=N_s-sN_s$이다.
∴ 같은 극수의 유도전동기의 속도(N)는 동기전동기의 동기속도(N_s)보다 sN_s만큼 늦기 때문이다.

043 동기발전기에 회전계자형을 사용하는 경우에 대한 이유로 틀린 것은?

① 기전력의 파형을 개선한다.
② 전기자가 고정자이므로 고압 대전류용에 좋고, 절연하기 쉽다.
③ 계자가 회전자지만 저압 소용량의 직류이므로 구조가 간단하다.
④ 전기자보다 계자극을 회전자로 하는 것이 기계적으로 튼튼하다.

해설 동기발전기에 회전계자형을 사용하는 이유는
① 전기자가 고정자이므로 고압 대전류용에 좋고, 절연하기 쉽다.
② 계자가 회전자지만 저압 소용량의 직류이므로 구조가 간단하다.
③ 전기자보다 계자극을 회전자로 하는 것이 기계적으로 튼튼하다.

044 3상 동기발전기의 매극 매상의 슬롯수를 3이라 할 때 분포권 계수는?

① $6\sin\dfrac{\pi}{18}$
② $3\sin\dfrac{\pi}{36}$
③ $\dfrac{1}{6\sin\dfrac{\pi}{18}}$
④ $\dfrac{1}{12\sin\dfrac{\pi}{36}}$

해설 q(매극 매상의 홈수)=3일 때

K_d(분포권 계수)$=\dfrac{\text{분포권으로 할 때의 합성기전력}}{\text{집중권으로 할 때의 합성기전력}}=\dfrac{\sin\dfrac{\pi}{2m}}{q\sin\dfrac{\pi}{2mq}}=\dfrac{\sin\dfrac{\pi}{2\times 3}}{3\sin\dfrac{\pi}{2\times 3\times 3}}$

$=\dfrac{\sin\dfrac{\pi}{6}}{3\sin\dfrac{\pi}{18}}=\dfrac{1}{6\sin\dfrac{\pi}{18}}$ 이다.

정답 42. ① 43. ① 44. ③

045 변압기의 누설리액턴스를 나타낸 것은? (단, N은 권수이다.)

① N에 비례
② N^2에 반비례
③ N^2에 비례
④ N에 반비례

변압기 1차 철심의 리액턴스가 변압기의 누설리액턴스이다.

∴ N(변압기 권수비) $= \dfrac{V_1}{V_2} = \dfrac{I_2}{I_1} = \dfrac{N_1}{N_2}$ 이다.

$N^2 = \dfrac{V_1}{V_2} \times \dfrac{I_2}{I_1} = \dfrac{V_1}{I_1} \times \dfrac{I_2}{V_2} = \dfrac{Z_1}{Z_2} ≒ \dfrac{X_1}{X_2}$ 에서 X_1(변압기 누설리액턴스)$= N^2 X_2$ 이다.

∴ 변압기 누설리액턴스는 N^2에 비례한다.

046 가정용 재봉틀, 소형공구, 영사기, 치과의료용, 엔진 등에 사용하고 있으며, 교류, 직류 양쪽 모두에 사용되는 만능전동기는?

① 전기 동력계
② 3상 유도전동기
③ 차동 복권전동기
④ 단상 직권정류자전동기

단상 직권정류자전동기는 가정용 재봉틀, 소형공구, 영사기, 치과의료용, 엔진 등에 사용하고 있으며, 교류, 직류 양쪽 모두에 사용되는 만능전동기이다.

047 정격전압 220[V], 무부하 단자전압 230[V], 정격출력이 40[kW]인 직류 분권발전기의 계자저항이 22[Ω], 전기자 반작용에 의한 전압강하가 5[V]라면 전기자 회로의 저항(Ω)은 약 얼마인가?

① 0.026
② 0.028
③ 0.035
④ 0.042

직류 분권발전기 회로 무부하시

$I_a = I_f ≒ \dfrac{230}{R_f} = \dfrac{230}{22} = 10.45[A]$ … ①

정격출력 $P = VI$.

I(부하전류) $= \dfrac{P}{V} = \dfrac{40000}{220} ≒ 181.8[A]$ … ②

∴ $I_a = I + I_f = 181.8 + 10.45 ≒ 192.26[A]$ 이다.

∴ 분권발전기의 $V = E - I_a R_a - e_V[V]$, $E = V + I_a R_a + e_V[V]$ 이고

무부하전압 $V_o = E = 230[V]$ 이므로 $230 = 220 + 192.26 \times R_a + 5[V]$

∴ $230 - 220 - 5 = 5 = 192.26 \times R_a$ 에서 전기자 회로의 저항

$R_a = \dfrac{5}{192.26} ≒ 0.026[Ω]$ 이다.

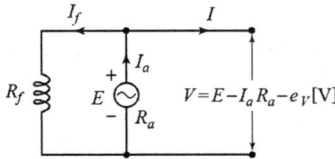

45. ③ 46. ④ 47. ①

048 전력용 변압기에서 1차에 정현파 전압을 인가하였을 때, 2차에 정현파 전압이 유기되기 위해서는 1차에 흘러들어가는 여자전류는 기본파 전류 외에 주로 몇 고조파 전류가 포함되는가?

① 제2고조파　　　　　② 제3고조파
③ 제4고조파　　　　　④ 제5고조파

해설 전력용 변압기에서 1차에 정현파 전압을 인가하였을 때, 2차에 정현파 전압이 유기되기 위해서는 1차에 흘러들어가는 여자전류는 기본파 전류 외에 주로 제3고조파 전류가 포함된다.

049 스텝각이 2°, 스테핑주파수(pulse rate)가 1800[rps]인 스테핑모터의 축속도(rps)는?

① 8　　　② 10　　　③ 12　　　④ 14

해설 스테핑모터의 축속도 $= \dfrac{\text{스테핑주파수}}{P(\text{극수})} = \dfrac{1800}{\dfrac{360}{2}} = \dfrac{1800}{180} = 10[\text{rps}]$이다.

050 변압기에서 사용되는 변압기유의 구비 조건으로 틀린 것은?

① 점도가 높을 것　　　　② 응고점이 낮을 것
③ 인화점이 높을 것　　　④ 절연 내력이 클 것

해설 변압기에서 사용되는 변압기유의 구비 조건은?
① 응고점이 낮을 것
② 인화점이 높을 것
③ 절연 내력이 클 것

051 동기발전기의 병렬 운전 중 위상차가 생기면 어떤 현상이 발생하는가?

① 무효 횡류가 흐른다.
② 무효 전력이 생긴다.
③ 유효 횡류가 흐른다.
④ 출력이 요동하고 권선이 가열된다.

해설 동기발전기의 병렬 운전 중 위상차가 생기면?
① 기전력 크기가 같을 것, 같지 않으면 무효 순환 전류가 흐른다.
② 기전력 주파수가 같을 것, 같지 않으면 난조의 원인이 된다.
③ 기전력 파형이 같을 것, 같지 않으면 고조파 무효 순환 전류가 흐른다.
④ 상회전 방향이 같을 것
⑤ 기전력 위상이 같을 것, 같지 않으면 앞선 위상인 G_1은 뒤진 위상인 G_2에
$P(\text{동기화력}) = \dfrac{E^2}{2Z_s}\sin\dfrac{\alpha}{2}[\text{W}]$을 공급하므로 E_1과 E_2를 동위상으로 하기 위한 동기화 전류(유효 횡류)가 흐른다.

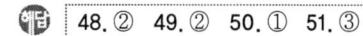
48. ②　49. ②　50. ①　51. ③

052
단상 유도전동기의 토크에 대한 2차 저항을 어느 정도 이상으로 증가시킬 때 나타나는 현상으로 옳은 것은?

① 역회전 가능 ② 최대토크 일정
③ 기동토크 증가 ④ 토크는 항상 (+)

> 단상 유도전동기의 토크에 대한 2차 저항을 어느 정도 이상으로 증가시키면 역회전 가능한 현상이 나타난다.

053
직류기에 관련된 사항으로 잘못 짝지어진 것은?

① 보극 – 리액턴스 전압 감소
② 보상권선 – 전기자 반작용 감소
③ 전기자 반작용 – 직류전동기 속도 감소
④ 정류기간 – 전기자 코일이 단락되는 기간

> 직류기에 관련된 사항으로 바르게 짝지어진 것은?
> ① 보극 – 리액턴스 전압 감소
> ② 보상권선 – 전기자 반작용 감소
> ③ 정류기간 – 전기자 코일이 단락되는 기간

054
그림은 전원전압 및 주파수가 일정할 때의 다상 유도전동기의 특성을 표시하는 곡선이다. 1차 전류를 나타내는 곡선은 몇 번 곡선인가?

① (1)
② (2)
③ (3)
④ (4)

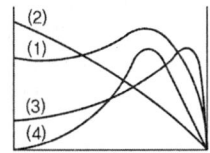

> 전원전압과 주파수가 일정할 때의 다상 유도전동기의 1차 전류 특성은
> $$I_1 = I_0 + I_1' = Y_0 V_1 + \frac{V_1}{(r_1 + \frac{r_2'}{s}) + j(x_1 + x_2')}[A]$$에서
> ① $s=0$(운전시), I_0(여자전류)는 무부하 전류이다.
> ② $s=1$(기동시), $I_1' = I_{s1}$(기동전류)$= \frac{V_1}{\sqrt{(r_1 + \frac{r_2'}{s})^2 + (x_1 + x_2')^2}}[A]$
>
> 정격전류의 5~10배이다.
> ∴ 기동법 사용 정격전류 2배 정도로 제한 기동된다.
> ∴ 1차 전류 특성 곡선은 ②번이 정답이다.

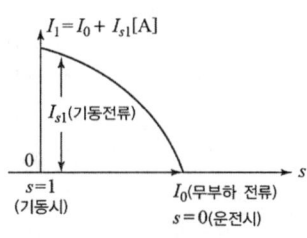

정답 52. ① 53. ③ 54. ②

055 직류발전기의 외부 특성곡선에서 나타내는 관계로 옳은 것은?
① 계자전류와 단자전압
② 계자전류와 부하전류
③ 부하전류와 단자전압
④ 부하전류와 유기기전력

해설 직류발전기의 외부 특성곡선은 부하전류와 단자전압의 관계로 나타낸 것이다.

056 동기전동기가 무부하 운전 중에 부하가 걸리면 동기전동기의 속도는?
① 정지한다.
② 동기속도와 같다.
③ 동기속도보다 빨라진다.
④ 동기속도 이하로 떨어진다.

해설 동기전동기가 무부하 운전 중에 부하가 걸리면 동기전동기의 속도는
동기속도 $N_s = \dfrac{120f}{P}$[rpm]와 같다.

057 100[V], 10[A], 1500[rpm]인 직류 분권발전기의 정격 시의 계자전류는 2[A]이다. 이때 계자 회로에는 10[Ω]의 외부저항이 삽입되어 있다. 계자권선의 저항(Ω)은?
① 20　　　　② 40
③ 80　　　　④ 100

해설 직류 분권발전기의 정격 시의 계자전류
$I_f = \dfrac{V}{R_f + R_o}$[A]

$R_f + R_o = \dfrac{V}{I_f}$[A]

∴ 계자권선의 저항 $R_f = \dfrac{V}{I_f} - R_o = \dfrac{100}{2} - 10 = 50 - 10 = 40$[Ω]이다.

058 50[Hz]로 설계된 3상 유도전동기를 60[Hz]에 사용하는 경우 단자전압을 110%로 높일 때 일어나는 현상으로 틀린 것은?
① 철손불변
② 여자전류감소
③ 온도상승증가
④ 출력이 일정하면 유효전류 감소

정답 55.③　56.②　57.②　58.③

해설 3상 유도전동기에서

① 여자전류 $I_0 = YV ≒ \dfrac{V}{f}$ [A]이다.

단자전압 $V_1 = 1.1[V]$, 주파수 $f_1 = \dfrac{60}{50}f = 1.2f[Hz]$일 때의

여자전류 $I_{01} = Y_1 V_1 ≒ \dfrac{V_1}{f_1} = \dfrac{1.1V}{1.2f} = 0.9\dfrac{V}{f} = 0.9I_o$ [A]로 감소된다.

② 철손 $P_i = P_h + P_e = \eta f B_m^{1.6} + \eta(ftK_f B_m)^2 ≒ (f \times \dfrac{V^{1.6}}{f^{1.6}}) + (f \times \dfrac{V}{f})^2 ≒ \dfrac{V^{1.6}}{f^{0.6}}$ [W]이다.

$f_1 = \dfrac{60}{50}f ≒ 1.2f$ 이고 $V_1 = 1.1V$ 일 때

P_{i1} (철손) $= P_{h1} + P_{e1} = P_{h1} ≒ \dfrac{V_1^{1.6}}{f_1^{0.6}} = \dfrac{(1.1V)^{1.6}}{(1.2f)^{0.6}} ≒ 1 \times \dfrac{V^{1.6}}{f^{0.6}} ≒ P_i$ 불변이다.

③ P_i (철손) $= VI_i$ [W], I_i (유효전류) $= \dfrac{P_i}{V} ≒ \dfrac{1}{V}$ [A]

$V_1 = 1.1V$ 일 때 I_{i1} (유효전류) $= \dfrac{1}{V_1} = \dfrac{1}{1.1V} ≒ 0.90\dfrac{1}{V} = 0.90I_i$ [A]로 감소된다.

∴ 3상 유도전동기에서 I_{01}(감소) $= I_{i1}$(감소) $= \dfrac{1}{f} = P_{i1}$(불변) $=$ 온도상승감소 등이다.

---

059 직류기발전기에서 양호한 정류(整流)를 얻는 조건으로 틀린 것은?
① 정류주기를 크게 할 것
② 리액턴스 전압을 크게 할 것
③ 브러시의 접촉저항을 크게 할 것
④ 전기자 코일의 인덕턴스를 작게 할 것

해설 직류기발전기에서 양호한 정류를 얻는 조건은
① 정류주기를 크게 할 것
② 브러시의 접촉저항을 크게 할 것
③ 전기자 코일의 인덕턴스를 작게 할 것

---

060 상전압 200[V]의 3상 반파정류회로의 각 상에 SCR을 사용하여 정류제어 할 때 위상각을 $\pi/6$로 하면 순 저항부하에서 얻을 수 있는 직류전압(V)은?
① 90 ② 180 ③ 203 ④ 234

해설 3상 반파정류회로의 직류전압

$$E_{dc} = \dfrac{1}{\dfrac{2\pi}{3}} \int_{30}^{150} V_m \sin\theta\, d\theta = \dfrac{3V_m}{2\pi}(-\cos\theta)_{30}^{150} = \dfrac{3\sqrt{2}\, V}{2\pi}(-\cos150° + \cos30°)$$

$$= \dfrac{4.42}{6.28}V(\sin60° + \cos30°) = 0.675V(\dfrac{\sqrt{3}}{2} + \dfrac{\sqrt{3}}{2}) = 0.675V \times \sqrt{3}$$

$≒ 1.17V = 1.17 \times 200 ≒ 234$[V] 이다.

정답 59. ② 60. ④

04 회/로/이/론/및/제/어/공/학

061 폐루프 전달함수 $\dfrac{G(s)}{1+G(s)H(s)}$의 극의 위치를 개루프 전달함수 $G(s)H(s)$의 이득상수 K의 함수로 나타내는 기법은?

① 근궤적법
② 보드 선도법
③ 이득 선도법
④ Nyguist 판정법

해설 근궤적법이란 폐루프 전달함수 $\dfrac{G(s)}{1+G(s)H(s)}$의 극의 위치를 개루프 전달함수 $G(s)H(s)$의 이득상수 K의 함수로 나타내는 기법을 말한다.

062 블록선도 변환이 틀린 것은?

해설 블록선도의 출력신호 X_3의 값으로 옳은 것은?
① 번 $X_3 = G(X_1+X_2) = X_1G+X_2G$ 두 회로 동일 값
② 번 $X_3 = X_1G$ 두 회로 동일 값
③ 번 $X_3 = X_1G$ 두 회로 동일 값이다.
∴ 틀린 것은 ④번이다.

063 다음 회로망에서 입력전압을 $V_1(t)$, 출력전압을 $V_2(t)$라 할 때, $\dfrac{V_2(s)}{V_1(s)}$에 대한 고유주파수 ω_n과 제동비 ζ의 값은? (단, $R=100[\Omega]$, $L=2[H]$, $C=200[\mu F]$이고, 모든 초기전하는 0이다.)

① $\omega_n = 50$, $\zeta = 0.5$
② $\omega_n = 50$, $\zeta = 0.7$
③ $\omega_n = 250$, $\zeta = 0.5$
④ $\omega_n = 250$, $\zeta = 0.7$

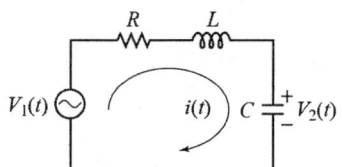

61. ① 62. ④ 63. ①

[해설] 문제 회로망의 전달함수

$$\frac{V_2(s)}{V_1(s)} = \frac{I(s) \times \frac{1}{sC}}{I(s)(R+sL+\frac{1}{sC})} = \frac{\frac{1}{sC}}{(R+sL+\frac{1}{sC})} = \frac{1}{LCs^2 + RCs + 1}$$

$$= \frac{1}{2 \times 200 \times 10^{-6} \times s^2 + 100 \times 200 \times 10^{-6} s + 1}$$

$$= \frac{1}{s^2 + \frac{100 \times 200 \times 10^{-6}}{2 \times 200 \times 10^{-6}} \times s + \frac{1}{2 \times 200 \times 10^{-6}}}$$

$$= \frac{\omega_n^2}{s^2 + 2\delta\omega_n s + \omega_n^2}$$ 과 비교하면

$$\omega_n^2 (\text{고유주파수}) = \frac{1}{2 \times 200 \times 10^{-6}} = \frac{10000}{400} = 2500$$

$$\therefore \omega_n = \sqrt{2500} = 50, \quad 2\delta\omega_n = 2\delta \times 50 = \frac{100 \times 200 \times 10^{-6}}{2 \times 200 \times 10^{-6}} = 50$$

$$\therefore \text{제동비 } \delta = \frac{50}{2 \times 50} = \frac{50}{100} = 0.5 \text{이다.}$$

$$\therefore \omega_n = 50, \quad \delta = 0.5 \text{이다.}$$

064 다음 신호 흐름선도의 일반식은?

① $G = \dfrac{1-bd}{abc}$ ② $G = \dfrac{1+bd}{abc}$

③ $G = \dfrac{abc}{1+bd}$ ④ $G = \dfrac{abc}{1-bd}$

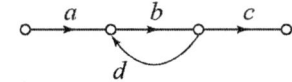

[해설] 메이슨(Mason)의 정리에서 신호 흐름선도의 전달함수

$$G = \frac{\sum_{K=1}^{n} G_K \Delta_K}{1-(G_1 H_1 + G_2 H_2 + \cdots)} = \frac{G_1 \Delta_1}{1 - G_1 H_1} = \frac{abc}{1-bd} \text{ 이다.}$$

065 다음 중 이진 값 신호가 아닌 것은?

① 디지털 신호
② 아날로그 신호
③ 스위치의 On-Off 신호
④ 반도체 소자의 동작, 부동작 상태

[해설] 다음 중에서 이진 값 신호인 것은?
① 디지털 신호
② 스위치의 On-Off 신호
③ 반도체 소자의 동작, 부동작 상태이다.

정답 64. ④ 65. ②

066 보드 선도에서 이득여유에 대한 정보를 얻을 수 있는 것은?
① 위상곡선 0°에서의 이득과 0[dB]과의 차이
② 위상곡선 180°에서의 이득과 0[dB]과의 차이
③ 위상곡선 −90°에서의 이득과 0[dB]과의 차이
④ 위상곡선 −180°에서의 이득과 0[dB]과의 차이

해설 보드 선도에서 이득여유에 대한 정보를 얻을 수 있는 것은 위상곡선 −180°에서의 이득과 0[dB]과의 차이이며 이득여유(GM) = $20\log_{10}\dfrac{1}{|G(s)H(s)|}$ = 4~12[dB]이다.

067 단위 궤환제어계의 개루프 전달함수가 $G(s) = \dfrac{K}{s(s+2)}$ 일 때, K가 −∞로부터 +∞까지 변하는 경우 특성 방정식의 근에 대한 설명으로 틀린 것은?
① −∞ < K < 0에 대하여 근은 모두 실근이다.
② 0 < K < 1에 대하여 2개의 근은 모두 음의 실근이다.
③ K = 0에 대하여 $s_1 = 0$, $s_2 = -2$의 근은 $G(s)$의 극점과 일치한다.
④ 1 < K < ∞에 대하여 2개의 근은 음의 실수부 중근이다.

해설 단위 궤환제어계의 개루프 전달함수 $G(s) = \dfrac{K}{s(s+2)}$ 일 때, K가 −∞로부터 +∞까지 변하는 경우 특성 방정식의 근에 대한 설명으로 옳은 것은?
① −∞ < K < 0에 대하여 근은 모두 실근이다.
② 0 < K < 1에 대하여 2개의 근은 모두 음의 실근이다.
③ K = 0에 대하여 $s_1 = 0$, $s_2 = -2$의 근은 $G(s)$의 극점과 일치한다.

068 2차계 과도응답에 대한 특성 방정식의 근은 $s_1, s_2 = -\delta\omega_n \pm j\omega_n\sqrt{1-\delta^2}$ 이다. 감쇠비 δ가 $0 < \delta < 1$ 사이에 존재할 때 나타나는 현상은?
① 과제동　　② 무제동
③ 부족제동　④ 임계제동

해설 2차계 과도응답에 대한 특성 방정식의 근은 $s_1, s_2 = -\delta\omega_n \pm j\omega_n\sqrt{1-\delta^2}$ 이다. 감쇠비 δ가 $0 < \delta < 1$ 사이에 존재하면 부족제동으로 공액복소근을 가지며 감쇠진동을 한다.

정답 66. ④　67. ④　68. ③

069 그림의 시퀀스 회로에서 전자접촉기 X에 의한 A접점(Normal open contact)의 사용 목적은?

① 자기유지회로
② 지연회로
③ 우선 선택회로
④ 인터록(interlock)회로

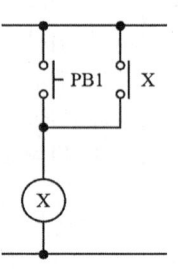

문제의 시퀀스 회로는 자기유지회로이다. 즉 PB1을 누르면 전자접촉기(계전기) X가 여자된다. 또한 X코일이 여자됨에 따라서 PB1에 관계없이 A접점이 닫혀 자기유지가 형성된다.

070 다음의 블록선도에서 특성 방정식의 근은?

① −2, −5
② 2, 5
③ −3, −4
④ 3, 4

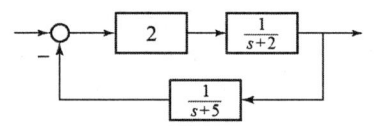

블록선도에서 특성 방정식은 $1+G(s)H(s)=0$이다.

$\therefore 1+G(s)H(s)=1+\dfrac{2}{s+2}\times\dfrac{1}{s+5}=\dfrac{(s+2)(s+5)+2}{(s+2)(s+5)}=0$에서

$(s+2)(s+5)+2=s^2+7s+12=(s+3)(s+4)=0$이다.

$\therefore$ 특성 방정식의 근은 $s=-3$, $s=-4$이다.

071 평형 3상 3선식 회로에서 부하는 Y결선이고, 선간전압이 $173.2\angle 0°$[V]일 때 선전류는 $20\angle -120°$[A]이었다면, Y결선된 부하 한상의 임피던스는 약 몇 [Ω]인가?

① $5\angle 60°$
② $5\angle 90°$
③ $5\sqrt{3}\angle 60°$
④ $5\sqrt{3}\angle 90°$

3상 3선식 평형 Y부하의 선간전압 $V_\ell=\sqrt{3}\,V_P\angle 30°$ [V]

$\therefore$ 상전압 $V_P=\dfrac{V_\ell}{\sqrt{3}\angle 30°}=\dfrac{173.2}{\sqrt{3}}\angle -30°=100\angle -30°$ [V]일 때

Y부하 결선 한상의 임피던스

$\dot{Z}=\dfrac{V_P}{\dot{I}}=\dfrac{100\angle -30°}{20\angle -120°}=5\angle -30°+120°=5\angle 90°$ [Ω]이다.

69. ① 70. ③ 71. ②

072

그림과 같은 RC 저역통과 필터회로에 단위 임펄스를 입력으로 가했을 때 응답 $h(t)$는?

① $h(t) = RCe^{-\frac{t}{RC}}$

② $h(t) = \frac{1}{RC}e^{-\frac{t}{RC}}$

③ $h(t) = \frac{R}{1+j\omega RC}$

④ $h(t) = \frac{1}{RC}e^{-\frac{C}{R}t}$

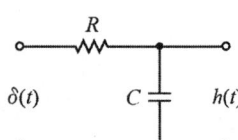

해설 임펄스 입력 $\delta(t) = 1$

저역통과 필터회로의 전달함수 $G(s) = \dfrac{I(s) \times \frac{1}{SC}}{I(s)(R + \frac{1}{SC})} = \dfrac{1}{RSC+1} = \dfrac{\frac{1}{RC}}{S + \frac{1}{RC}}$ 이다.

∴ 임펄스 응답 $h(t) = L^{-1} G(s) \cdot R(s) = L^{-1}\left(\dfrac{\frac{1}{RC}}{S + \frac{1}{RC}} \cdot 1\right) = \dfrac{1}{RC}e^{-\frac{1}{RC}t}$ 가 된다.

073

2전력계법으로 평형 3상 전력을 측정하였더니 한 쪽의 지시가 500[W], 다른 한 쪽의 지시가 1500[W]이었다. 피상전력은 약 몇 [VA]인가?

① 2000 ② 2310 ③ 2646 ④ 2771

해설 2전력계법에서 $P_1 = 500[W]$, $P_2 = 1500[W]$를 지시했다.

$P(3상\ 전력) = P_1 + P_2 = 500 + 1500 = 2000[W]$

$P_r(3상\ 무효전력) = \sqrt{3}(P_2 - P_1) = \sqrt{3}(1500 - 500) = \sqrt{3} \times 1000[Var]$이다.

$3상\ 피상전력\ P_a = \sqrt{3}\ VI = P + jP_r = \sqrt{P^2 + P_r^2} = \sqrt{(2)^2 \times 10^6 + (\sqrt{3})^2 \times 10^6}$
$= \sqrt{7 \times 10^6} ≒ 2.646 \times 10^3 ≒ 2646[VA]$이다.

074

회로에서 4단자 정수 A, B, C, D의 값은?

① $A = 1 + \dfrac{Z_A}{Z_B}$, $B = Z_A$, $C = \dfrac{1}{Z_A}$, $D = 1 + \dfrac{Z_B}{Z_A}$

② $A = 1 + \dfrac{Z_A}{Z_B}$, $B = Z_A$, $C = \dfrac{1}{Z_B}$, $D = 1 + \dfrac{Z_A}{Z_B}$

③ $A = 1 + \dfrac{Z_A}{Z_B}$, $B = Z_A$, $C = \dfrac{Z_A + Z_B + Z_C}{Z_B Z_C}$, $D = \dfrac{1}{Z_B Z_C}$

④ $A = 1 + \dfrac{Z_A}{Z_B}$, $B = Z_A$, $C = \dfrac{Z_A + Z_B + Z_C}{Z_B Z_C}$, $D = 1 + \dfrac{Z_A}{Z_C}$

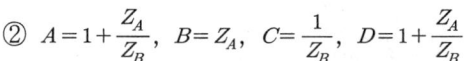

해답 72. ② 73. ③ 74. ④

해설 π형 4단자망의 4단자 정수

$$\begin{vmatrix} A & B \\ C & D \end{vmatrix} = \begin{vmatrix} 1 & 0 \\ \frac{1}{Z_C} & 1 \end{vmatrix} \begin{vmatrix} 1 & Z_A \\ 0 & 1 \end{vmatrix} \begin{vmatrix} 1 & 0 \\ \frac{1}{Z_B} & 1 \end{vmatrix} = \begin{vmatrix} 1 & Z_A \\ \frac{1}{Z_C} & 1+\frac{Z_A}{Z_C} \end{vmatrix} \begin{vmatrix} 1 & 0 \\ \frac{1}{Z_B} & 1 \end{vmatrix}$$

$$= \begin{vmatrix} 1+\frac{Z_A}{Z_B} & Z_A \\ \frac{1}{Z_C}+\frac{1}{Z_B}(1+\frac{Z_A}{Z_C}) & 1+\frac{Z_A}{Z_C} \end{vmatrix} \text{이다.}$$

∴ 4단자 정수 $A = 1+\frac{Z_A}{Z_B}$, $B = Z_A$, $C = \frac{Z_A + Z_B + Z_C}{Z_B Z_C}$, $D = 1+\frac{Z_A}{Z_C}$ 이다.

075 길이에 따라 비례하는 저항 값을 가진 어떤 전열선에 E_0[V]의 전압을 인가하면 P_0[W]의 전력이 소비된다. 이 전열선을 잘라 원래 길이의 $\frac{2}{3}$로 만들고 E[V]의 전압을 가한다면 소비전력 P[W]는?

① $P = \frac{P_0}{2}(\frac{E}{E_0})^2$ ② $P = \frac{3P_0}{2}(\frac{E}{E_0})^2$

③ $P = \frac{2P_0}{3}(\frac{E}{E_0})^2$ ④ $P = \frac{\sqrt{3}P_0}{2}(\frac{E}{E_0})^2$

해설 $P_0 = \frac{E_0^2}{R} = \frac{E_0^2}{\frac{\ell}{\mu S}} = \frac{\mu S E_0^2}{\ell} = \frac{E_0^2}{\ell}$ [W]에서 $\ell = \frac{E_0^2}{P_0}$ … ①

또한 $\ell' = \frac{2}{3}\ell$일 때의 소비전력

$P = \frac{E^2}{\ell'} = \frac{E^2}{\frac{2}{3}\ell} = \frac{3E^2}{2\ell} = \frac{3E^2}{2 \times \frac{E_0^2}{P_0}} = \frac{3P_0}{2}\left(\frac{E}{E_0}\right)^2$ [W]이다.

076 $f(t) = e^{j\omega t}$의 라플라스 변환은?

① $\frac{1}{s - j\omega}$ ② $\frac{1}{s + j\omega}$

③ $\frac{1}{s^2 + \omega^2}$ ④ $\frac{\omega}{s^2 + \omega^2}$

해설 라플라스 변환

$F(s) = \int_0^\infty f(t) e^{-st} dt = \int_0^\infty e^{j\omega t} e^{-st} dt = \int_0^\infty e^{-(s-j\omega)t} dt$

$= \frac{0-1}{-(s-j\omega)} = \frac{1}{s-j\omega}$ 이다.

해답 75. ② 76. ①

077 1[km]당 인덕턴스 25[mH], 정전용량 0.005[μF]의 선로가 있다. 무손실 선로라고 가정한 경우 진행파의 위상(전파) 속도는 약 몇 [km/s]인가?

① 8.95×10^4
② 9.95×10^4
③ 89.5×10^4
④ 99.5×10^4

해설 위상 속도

$$v = \frac{\omega}{\beta} = \frac{\omega}{\omega\sqrt{LC}} = \frac{1}{\sqrt{LC}} = \frac{1}{\sqrt{25 \times 10^{-3} \times 0.005 \times 10^{-6}}} = \frac{1}{\sqrt{25 \times 5 \times 10^{-12}}}$$

$$= \frac{1}{5\sqrt{5} \times 10^{-6}} = \frac{10 \times 10^5}{5\sqrt{5}} ≒ 8.95 \times 10^4 [km/s] 이다.$$

078 그림과 같은 순 저항회로에서 대칭 3상 전압을 가할 때 각 선에 흐르는 전류가 같으려면 R의 값은 몇 [Ω]인가?

① 8
② 12
③ 16
④ 20

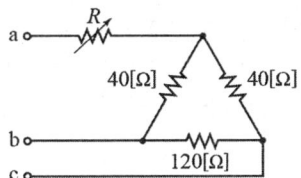

해설 △결선의 저항을 Y결선으로 환산할 때
각 선의 저항값이 같게 R값을 선정한다.
Y결선 각 선의 저항은 24[Ω]이다.
∴ 가변저항 $R = 16[Ω]$이어야 한다.

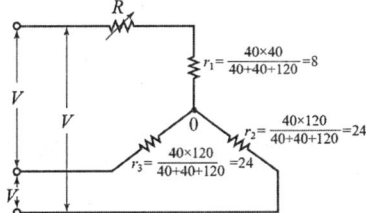

079 전류 $I = 30\sin\omega t + 40\sin(3\omega t + 45°)$ [A]의 실효값(A)은?

① 25
② $25\sqrt{2}$
③ 50
④ $50\sqrt{2}$

해설 고조파 전류의 실효값

$$|I| = \sqrt{\frac{1}{T}\int_0^T i(t)^2 dt} = \sqrt{I_1^2 + I_3^2} = \sqrt{\left(\frac{30}{\sqrt{2}}\right)^2 + \left(\frac{40}{\sqrt{2}}\right)^2} = \sqrt{\frac{900}{2} + \frac{1600}{2}}$$

$$= \sqrt{\frac{2500}{2}} = \frac{50}{\sqrt{2}} = \frac{50\sqrt{2}}{2} = 25\sqrt{2}[A] 이다.$$

해답 77.① 78.③ 79.②

080 어떤 콘덴서를 300[V]로 충전하는데 9[J]의 에너지가 필요하였다. 이 콘덴서의 정전용량은 몇 [μF]인가?

① 100　　② 200
③ 300　　④ 400

해설
$W(\text{에너지}) = \frac{1}{2}CV^2 [J]$

$C(\text{콘덴서의 정전용량}) = \frac{2W}{V^2} = \frac{2 \times 9}{(300)^2} = \frac{18}{90000} = 2 \times 10^{-4} = 200 \times 10^{-6} = 200[\mu F]$ 이다.

05 전/기/설/비/기/술/기/준/및/판/단/기/준

081 전기집진장치에 특고압을 공급하기 위한 전기설비로서 변압기로부터 정류기에 이르는 케이블을 넣는 방호장치의 금속제 부분에 사람이 접촉할 우려가 없도록 시설하는 경우 제 몇 종 접지공사로 할 수 있는가?

① 제1종 접지공사　　② 제2종 접지공사
③ 제3종 접지공사　　④ 특별 제3종 접지공사

해설 전기집진장치에 특고압을 공급하기 위한 전기설비로서 변압기로부터 정류기에 이르는 케이블을 넣는 방호장치의 금속제 부분에 사람이 접촉할 우려가 없도록 시설하는 경우 제3종 접지공사로 할 수 있다.

082 고압용 기계기구를 시설하여서는 안 되는 경우는?

① 시가지 외로서 지표상 3[m]인 경우
② 발전소, 변전소, 개폐소 또는 이에 준하는 곳에 시설하는 경우
③ 옥내에 설치한 기계기구를 취급자 이외의 사람이 출입할 수 없도록 설치한 곳에 시설하는 경우
④ 공장 등의 구내에서 기계기구의 주위에 사람이 쉽게 접촉할 우려가 없도록 적당한 울타리를 설치하는 경우

해설 고압용 기계기구를 시설하여서도 되는 경우는?
① 발전소, 변전소, 개폐소 또는 이에 준하는 곳에 시설하는 경우
② 옥내에 설치한 기계기구를 취급자 이외의 사람이 출입할 수 없도록 설치한 곳에 시설하는 경우
③ 공장 등의 구내에서 기계기구의 주위에 사람이 쉽게 접촉할 우려가 없도록 적당한 울타리를 설치하는 경우

해답 80.② 81.③ 82.①

083
440[V]용 전동기의 외함을 접지할 때 접지저항 값은 몇 [Ω] 이하로 유지하여야 하는가?
① 10   ② 20   ③ 30   ④ 100

해설 440[V]용 전동기의 외함을 접지할 때 접지저항 값은 10[Ω] 이하로 유지하여야 한다.

084
어떤 공장에서 케이블을 사용하는 사용전압이 22[kV]인 가공전선을 건물 옆쪽에서 1차 접근상태로 시설하는 경우, 케이블과 건물의 조영재 이격거리는 몇 [cm] 이상이어야 하는가?
① 50   ② 80   ③ 100   ④ 120

해설 어떤 공장에서 케이블을 사용하는 사용전압이 22[kV]인 가공전선을 건물 옆쪽에서 1차 접근상태로 시설하는 경우, 케이블과 건물의 조영재 이격거리는 50[cm] 이상이어야 한다.

085
옥내에 시설하는 전동기가 소손되는 것을 방지하기 위한 과부하 보호 장치를 하지 않아도 되는 것은?
① 정격 출력이 7.5[kW] 이상인 경우
② 정격 출력이 0.2[kW] 이하인 경우
③ 정격 출력이 2.5[kW]이며, 과전류 차단기가 없는 경우
④ 전동기 출력이 4[kW]이며, 취급자가 감시할 수 없는 경우

해설 옥내에 시설하는 전동기가 소손되는 것을 방지하기 위한 과부하 보호 장치를 하지 않아도 되는 것은 정격 출력이 0.2[kW] 이하인 경우이다.

086
사용전압 66[kV]의 가공전선로를 시가지에 시설할 경우 전선의 지표상 최소 높이는 몇 [m]인가?
① 6.48   ② 8.36   ③ 10.48   ④ 12.36

해설 사용전압 66[kV]의 가공전선로를 시가지에 시설할 경우 35[kV]에 10[m]이고 35[kV]를 넘는 10[kV] 또는 그 단수마다 12[cm]을 더한 값이므로 전선의 지표상 최소 높이는 $10+(66-35)\times 0.12 ≒ 10+40\times 0.12 = 10.48$[m]이어야 한다.

087
차량 기타 중량물의 압력을 받을 우려가 있는 장소에 지중 전선로를 직접 매설식으로 시설하는 경우 매설깊이는 몇 [m] 이상이어야 하는가?
① 0.8   ② 1.0   ③ 1.2   ④ 1.5

해설 차량 기타 중량물의 압력을 받을 우려가 있는 장소에 지중 전선로를 직접 매설식으로 시설하는 경우 매설깊이는 1.2[m] 이상이어야 한다.

정답 83. ① 84. ① 85. ② 86. ③ 87. ③

088 가공 직류 전차선의 레일면상의 높이는 일반적인 경우 몇 [m] 이상이어야 하는가?
① 4.3   ② 4.8   ③ 5.2   ④ 5.8

해설 가공 직류 전차선의 레일면상의 높이는 일반적인 경우 4.8[m] 이상이어야 한다.

089 전로에 시설하는 고압용 기계기구의 철대 및 금속제 외함에는 제 몇 종 접지공사를 하여야 하는가?
① 제1종 접지공사   ② 제2종 접지공사
③ 제3종 접지공사   ④ 특별 제3종 접지공사

해설 전로에 시설하는 고압용 기계기구의 철대 및 금속제 외함에는 제1종 접지공사를 하여야 한다.

090 저압 옥상전선로의 시설에 대한 설명으로 틀린 것은?
① 전선은 절연전선을 사용한다.
② 전선은 지름 2.6[mm] 이상의 경동선을 사용한다.
③ 전선은 상시 부는 바람 등에 의하여 식물에 접촉하지 않도록 시설한다.
④ 전선과 옥상 전선로를 시설하는 조영재와의 이격거리를 0.5[m]로 한다.

해설 저압 옥상전선로의 시설에 대한 설명으로 옳은 것은?
① 전선은 절연전선을 사용한다.
② 전선은 지름 2.6[mm] 이상의 경동선을 사용한다.
③ 전선은 상시 부는 바람 등에 의하여 식물에 접촉하지 않도록 시설한다.

091 가공전선로의 지지물에 취급자가 오르고 내리는데 사용하는 발판 볼트 등은 지표상 몇 [m] 미만에 시설하여서는 아니되는가?
① 1.2   ② 1.8
③ 2.2   ④ 2.5

해설 가공전선로의 지지물에 취급자가 오르고 내리는데 사용하는 발판 볼트 등은 지표상 몇 1.8[m] 미만에 시설하여서는 아니된다.

092 저압 옥내배선의 사용전압이 400[V] 미만인 경우 버스덕트 공사는 몇 종 접지공사를 하여야 하는가?
① 제1종 접지공사   ② 제2종 접지공사
③ 제3종 접지공사   ④ 특별 제3종 접지공사

해설 저압 옥내배선의 사용전압이 400[V] 미만인 경우 버스덕트 공사는 제3종 접지공사를 하여야 한다.

정답 88.② 89.① 90.④ 91.② 92.③

093 저압전로에서 그 전로에 지락이 생겼을 경우에 0.5초 이내에 자동적으로 전로를 차단하는 장치를 시설 시 자동차단기의 정격감도전류가 100[mA]이면 제3종 접지공사의 접지저항 값은 몇 [Ω] 이하로 하여야 하는가? (단, 전기적 위험도가 높은 장소인 경우이다.)

① 50 ② 100 ③ 150 ④ 200

해설 저압전로에서 그 전로에 지락이 생겼을 경우에 0.5초 이내에 자동적으로 전로를 차단하는 장치를 시설 시 자동차단기의 정격감도전류가 100[mA]이면 제3종 접지공사의 접지저항 값은 150[Ω] 이하로 하여야 한다.

094 고압 가공전선로에 사용하는 가공지선으로 나경동선을 사용할 때의 최소 굵기(mm)는?

① 3.2 ② 3.5 ③ 4.0 ④ 5.0

해설 고압 가공전선로에 사용하는 가공지선으로 나경동선을 사용할 때의 최소 굵기는 4.0[mm]이어야 한다.

095 특고압용 변압기의 보호장치인 냉각장치에 고장이 생긴 경우 변압기의 온도가 현저하게 상승한 경우에 이를 경보하는 장치를 반드시 하지 않아도 되는 경우는?

① 유입 풍냉식 ② 유입 자냉식
③ 송유 풍냉식 ④ 송유 수냉식

해설 특고압용 변압기의 보호장치인 냉각장치에 고장이 생긴 경우 변압기의 온도가 현저하게 상승한 경우에 이를 경보하는 장치를 반드시 하지 않아도 되는 것은 유입 자냉식 냉각장치인 경우다.

096 빙설의 정도에 따라 풍압하중을 적용하도록 규정하고 있는 내용 중 옳은 것은? (단, 빙설이 많은 지방 중 해안지방 기타 저온계절에 최대풍압이 생기는 지방은 제외한다.)

① 빙설이 많은 지방에서는 고온계절에는 갑종 풍압하중, 저온계절에는 을종 풍압하중을 적용한다.
② 빙설이 많은 지방에서는 고온계절에는 을종 풍압하중, 저온계절에는 갑종 풍압하중을 적용한다.
③ 빙설이 적은 지방에서는 고온계절에는 갑종 풍압하중, 저온계절에는 을종 풍압하중을 적용한다.
④ 빙설이 적은 지방에서는 고온계절에는 을종 풍압하중, 저온계절에는 갑종 풍압하중을 적용한다.

해답 93.③ 94.③ 95.② 96.①

해설 빙설의 정도에 따라 풍압하중을 적용하도록 규정하고 있는 내용은 빙설이 많은 지방에서는 고온계절에는 갑종 풍압하중, 저온계절에는 을종 풍압하중을 적용한다. 단, 빙설이 많은 지방 중 해안지방 기타 저온계절에 최대풍압이 생기는 지방은 제외한다.

097 가공전선로의 지지물에 시설하는 지선의 시설 기준으로 옳은 것은?

① 지선의 안전율은 2.2 이상이어야 한다.
② 연선을 사용할 경우에는 소선(素線) 3가닥 이상이어야 한다.
③ 도로를 횡단하여 시설하는 지선의 높이는 지표상 4[m] 이상으로 하여야 한다.
④ 지중부분 및 지표상 20[cm]까지의 부분에는 내식성이 있는 것 또는 아연도금을 한다.

해설 가공전선로의 지지물에 시설하는 지선의 시설 기준은 연선을 사용할 경우에는 소선 3가닥 이상이어야 한다.

098 무선용 안테나 등을 지지하는 철탑의 기초 안전율은 얼마 이상이어야 하는가?

① 1.0 ② 1.5
③ 2.0 ④ 2.5

해설 무선용 안테나 등을 지지하는 철탑의 기초 안전율은 1.5 이상이어야 하는가?

099 조상설비의 조상기(調相機) 내부에 고장이 생긴 경우에 자동적으로 전로로부터 차단하는 장치를 시설해야 하는 뱅크용량(kVA)으로 옳은 것은?

① 1000 ② 1500
③ 10000 ④ 15000

해설 조상설비의 조상기 내부에 고장이 생긴 경우에 자동적으로 전로로부터 차단하는 장치를 시설해야 하는 뱅크용량은 15000[kVA]이어야 한다.

100 특고압 가공전선로의 지지물로 사용하는 B종 철주에서 각도형은 전선로 중 몇 도를 넘는 수평 각도를 이루는 곳에 사용되는가?

① 1 ② 2
③ 3 ④ 5

해설 특고압 가공전선로의 지지물로 사용하는 B종 철주에서 각도형은 전선로 중 3도를 넘는 수평 각도를 이루는 곳에 사용된다.

정답 97.② 98.② 99.④ 100.③

[2019년 8월 4일 시행]

01 전/기/자/기/학

001 도전도 $k = 6 \times 10^{17}$ [℧/m], 투자율 $\mu = \dfrac{6}{\pi} \times 10^{-7}$ [H/m]인 평면도체 표면에 10[kHz]의 전류가 흐를 때, 침투깊이 δ[m]는?

① $\dfrac{1}{6} \times 10^{-7}$　　　② $\dfrac{1}{8.5} \times 10^{-7}$

③ $\dfrac{36}{\pi} \times 10^{-6}$　　　④ $\dfrac{36}{\pi} \times 10^{-10}$

해설 평면도체 표면의 침투깊이

$$\delta = \sqrt{\dfrac{2}{\omega k \mu}} = \sqrt{\dfrac{2}{2\pi f k \mu}} = \dfrac{1}{\sqrt{\pi f k \mu}} = \dfrac{1}{\sqrt{\pi \times 10 \times 10^3 \times 6 \times 10^{17} \times \dfrac{6}{\pi} \times 10^{-7}}}$$

$$= \dfrac{1}{\sqrt{36 \times 10^{14}}} = \dfrac{1}{6 \times 10^7} = \dfrac{1}{6} \times 10^{-7} [m]\text{이다.}$$

002 강자성체의 세 가지 특성에 포함되지 않는 것은?
① 자기포화 특성　　　② 와전류 특성
③ 고투자율 특성　　　④ 히스테리시스 특성

해설 강자성체의 세 가지 특성에는 자기포화 특성, 고투자율 특성, 히스테리시스 특성이 있다.

003 송전선의 전류가 0.01초 사이에 10[kA] 변화될 때 이 송전선에 나란한 통신선에 유도되는 유도 전압은 몇 [V]인가? (단, 송전선과 통신선 간의 상호유도계수는 0.3[mH]이다.)
① 30　　　② 300
③ 3000　　　④ 30000

해설 송전선에 나란한 통신선에 유도되는 유도 전압
$e = M\dfrac{di}{dt} = 0.3 \times 10^{-3} \times \dfrac{10 \times 10^3}{0.01} = \dfrac{3}{0.01} = 300$[V]이다.

정답 1. ①　2. ②　3. ②

004 단면적 15[cm²]의 자석 근처에 같은 단면적을 가진 철편을 놓을 때 그 곳을 통하는 자속이 3×10^{-4}[Wb]이면 철편에 작용하는 흡인력은 약 몇 [N]인가?
① 12.2 ② 23.9
③ 36.6 ④ 48.8

해설 B(자속밀도)$= \dfrac{\phi}{S}$[Wb/m²]인 철편에 작용하는 힘

$$F = -\dfrac{B^2}{2\mu_o} \times S = \dfrac{\left(\dfrac{\phi}{S}\right)^2}{2\mu_o} \times S = \dfrac{\phi^2}{2\mu_o S} = \dfrac{(3 \times 10^{-4})^2}{2 \times 4\pi \times 10^{-7} \times 15 \times 10^{-4}}$$

$$= \dfrac{9 \times 10^{-8}}{2 \times 4 \times 3.14 \times 10^{-7} \times 15 \times 10^{-4}} = \dfrac{9}{376.8 \times 10^{-3}} = \dfrac{9000}{376.8} ≒ 23.9[\text{N}]\text{의 흡인력이다.}$$

005 단면적이 s[m²], 단위 길이에 대한 권수가 n(회/m)인 무한히 긴 솔레노이드의 단위 길이당 자기인덕턴스(H/m)는?
① $\mu \cdot s \cdot n$ ② $\mu \cdot s \cdot n^2$
③ $\mu \cdot s^2 \cdot n$ ④ $\mu \cdot s^2 \cdot n^2$

해설 n(단위 길이에 대한 권수)$= \dfrac{N}{\ell}$인 무한히 긴 솔레노이드의 단위 길이당의

자기인덕턴스 $L = \dfrac{n^2}{R} = \dfrac{n^2}{\dfrac{\ell}{\mu s}} = \dfrac{\mu s n^2}{\ell} = \dfrac{\mu s n^2}{1} = \mu s n^2$[H]이다.

006 다음 금속 중 저항률이 가장 작은 것은?
① 은 ② 철
③ 백금 ④ 알루미늄

해설 20℃에서 저항률(고유저항)이 가장 작은 것은?
① 은 : 1.62×10^{-8}[Ω·m] ② 철 : 1.0×10^{-8}[Ω·m]
③ 백금 : 10.5×10^{-8}[Ω·m] ④ 알루미늄 : 2.62×10^{-8}[Ω·m]
그러므로 답은 ②번이다.

007 무한장 직선형 도선에 I[A]의 전류가 흐를 경우 도선으로부터 R[m] 떨어진 점의 자속밀도 B[Wb/m²]는?
① $B = \dfrac{\mu I}{2\pi R}$ ② $B = \dfrac{I}{2\pi \mu R}$
③ $B = \dfrac{\mu I}{4\pi R}$ ④ $B = \dfrac{I}{4\pi \mu R}$

정답 4.② 5.② 6.② 7.①

🅷 무한장 직선형 도선에 I[A]의 전류가 흐를 경우 도선으로부터 R[m] 떨어진 점의 자계세기는 앙페르의 주회적분 법칙에서 $H=\dfrac{I}{2\pi R}$[A/m]

이 점의 자속밀도 $B=\mu H=\dfrac{\mu I}{2\pi R}$[Wb/m^2]가 된다.

[008] 전하 q[C]가 진공 중의 자계 H[AT/m]에 수직방향으로 v[m/s]의 속도로 움직일 때 받는 힘은 몇 [N]인가? (단, 진공 중의 투자율은 μ_o이다.)

① qvH
② $\mu_o qH$
③ πqvH
④ $\mu_o qvH$

🅷 전하 q[C]가 진공 중의 자계 H[AT/m]에 수직방향으로 v[m/s]의 속도로 움직일 때 받는 힘 $f=I\times B\ell\sin 90°=\dfrac{q}{t}\times B\ell\times 1=B\times\dfrac{\ell}{t}q=\mu_o qvH$[N]이 된다.

[009] 원통 좌표계에서 일반적으로 벡터가 $A=5r\sin\phi\, a_z$로 표현될 때 점 $\left(2, \dfrac{\pi}{2}, 0\right)$에서 curl A를 구하면?

① $5a_r$
② $5\pi a_\phi$
③ $-5a_\phi$
④ $-5\pi a_\phi$

🅷 원통 좌표계에서 벡터 $A=5r\sin\phi\, a_z$일 때

$\left(2, \dfrac{\pi}{2}, 0\right)$에서의 $rot\, A=\nabla\times A=\begin{vmatrix} \dfrac{a_r}{r} & a_\phi & \dfrac{a_z}{r} \\ \dfrac{\partial}{\partial r} & \dfrac{\partial}{\partial \phi} & \dfrac{\partial}{\partial z} \\ A_r & rA_\phi & A_z \end{vmatrix}$

$=\triangle_{11}-\triangle_{12}+\triangle_{13}=\dfrac{a_r}{r}\left(\dfrac{\partial A_z}{\partial \phi}-\dfrac{\partial(rA_\phi)}{\partial z}\right)-a_\phi\left(\dfrac{\partial A_z}{\partial r}-\dfrac{\partial A_r}{\partial z}\right)+\dfrac{a_z}{r}\left(\dfrac{\partial(rA_\phi)}{\partial r}-\dfrac{\partial A_r}{\partial \phi}\right)$

$=\dfrac{a_z}{r}\left(\dfrac{\partial A_z}{\partial \phi}-0\right)-a_\phi\left(\dfrac{\partial A_z}{\partial r}-0\right)+(0-0)=\dfrac{a_r}{r}\left(\dfrac{\partial(5r\sin\phi)}{\partial \phi}-0\right)-a_\phi\left(\dfrac{\partial(5r\sin\phi)}{\partial r}-0\right)+(0-0)$

$=\dfrac{a_r}{r}\times 5r\cos\phi-a_\phi 5\sin\phi=\dfrac{a_r}{r}\times 5r\cos\dfrac{\pi}{2}-5\sin\dfrac{\pi}{2}a_\phi=0-5a_\phi=-5a_\phi$이다.

[010] 전기 저항에 대한 설명으로 틀린 것은?

① 저항의 단위는 옴(Ω)을 사용한다.
② 저항률(ρ)의 역수를 도전율이라고 한다.
③ 금속선의 저항 R은 길이 ℓ에 반비례한다.
④ 전류가 흐르고 있는 금속선에 있어서 임의 두 점간의 전위차는 전류에 비례한다.

🅰 8. ④ 9. ③ 10. ③

전기 저항 $R=\rho\dfrac{\ell}{s}[\Omega]$에 대한 옳은 설명은?
① 저항의 단위는 옴(Ω)을 사용한다.
② 저항률(ρ)의 역수를 도전율이라고 한다.
③ 전류가 흐르고 있는 금속선에 있어서 임의 두 점간의 전위차는 전류에 비례한다.

011 자계의 벡터포텐셜을 A라 할 때 자계의 시간적 변화에 의하여 생기는 전계의 세기 E는?
① $E = rot A$
② $rot E = A$
③ $E = -\dfrac{\partial A}{\partial t}$
④ $rot E = -\dfrac{\partial A}{\partial t}$

자계의 벡터포텐셜을 A라 할 때 자속밀도 $B = rot A$이다. 맥스웰 기초 방정식에서 자계의 시간적 변화에 의하여 생기는 전계세기는, 즉 $rot E = -\dfrac{\partial B}{\partial t} = -\dfrac{\partial rot A}{\partial t}$이다.

∴ E(전계세기) $= -\dfrac{\partial A}{\partial t}$가 된다.

012 환상철심의 평균 자계의 세기가 3000[AT/m]이고, 비투자율이 600인 철심 중의 자화의 세기는 약 몇 [Wb/m²]인가?
① 0.75
② 2.26
③ 4.52
④ 9.04

환상철심의 자화세기
$J = \chi H = \mu_o(\mu_s - 1)H = 4\pi \times 10^{-7}(600-1) \times 3000 ≒ 12.56 \times 10^{-7} \times 18 \times 10^5$
$≒ 12.56 \times 18 \times 10^{-7} ≒ 2.26$ [Wb/m²] 이다.

013 평행판 콘덴서의 극간 전압이 일정한 상태에서 극간에 공기가 있을 때의 흡인력을 F_1, 극판 사이에 극판 간격의 2/3 두께의 유리판($\varepsilon_r = 10$)을 삽입할 때의 흡인력을 F_2라 하면 F_2 / F_1는?
① 0.6
② 0.8
③ 1.5
④ 2.5

평행판 콘덴서

$C_o = \dfrac{\varepsilon_o s}{d}$ [F] ······················ ①

$\begin{cases} C_1 = \dfrac{\varepsilon_o s}{\dfrac{1}{3}d} = \dfrac{3\varepsilon_o s}{d} \text{ [F]} \\ C_2 = \dfrac{\varepsilon_o \varepsilon_r s}{\dfrac{2}{3}d} = \dfrac{3\varepsilon_o s \times \varepsilon_r}{2d} \text{ [F]} \end{cases}$

11. ③ 12. ② 13. ④

합성용량(직렬)

$$C = \frac{C_1 C_2}{C_1 + C_2} = \frac{\frac{3\varepsilon_o s}{d} \times \frac{3\varepsilon_o s \times \varepsilon_r}{2d}}{\frac{3\varepsilon_o s}{d} + \frac{3\varepsilon_o s \times \varepsilon_r}{2d}} = \frac{\frac{3\varepsilon_o s \times 3\varepsilon_o s \times \varepsilon_r}{2d^2}}{\frac{3\varepsilon_o s(2+\varepsilon_r)}{2d}} = \frac{3\varepsilon_o s \times \varepsilon_r}{d(2+\varepsilon_r)} [F] \cdots ②$$

①, ②식에서 F_1(흡인력) = W_1(에너지) = $\frac{1}{2} C_o V^2$

F_2(흡인력) = W_2(에너지) = $\frac{1}{2} C V^2$이다.

$$\therefore \frac{F_2}{F_1} = \frac{W_2}{W_1} = \frac{\frac{1}{2} C V^2}{\frac{1}{2} C_o V^2} = \frac{C}{C_o} = \frac{\frac{3\varepsilon_o s \times \varepsilon_r}{d(2+\varepsilon_r)}}{\frac{\varepsilon_o s}{d}} = \frac{3\varepsilon_r}{2+\varepsilon_r} = \frac{3 \times 10}{2+10} = \frac{30}{12} = 2.5 이다.$$

014 전자파의 특성에 대한 설명으로 틀린 것은?

① 전자파의 속도는 주파수와 무관하다.
② 전파 E_x를 고유임피던스로 나누면 자파 H_y가 된다.
③ 전파 E_x와 자파 H_y의 진동방향은 진행 방향에 수평인 종파이다.
④ 매질이 도전성을 갖지 않으면 전파 E_x와 자파 H_y는 동위상이 된다.

해설 전자파의 특성에 대한 설명으로 옳은 것은?
① 전자파의 속도는 주파수와 무관하다.
② 전파 E_x를 고유임피던스로 나누면 자파 H_y가 된다.
③ 매질이 도전성을 갖지 않으면 전파 E_x와 자파 H_y는 동위상이 된다.

015 진공 중에서 점 $P(1, 2, 3)$ 및 점 $Q(2, 0, 5)$에 각각 300[μC], -100[μC]인 점전하가 놓여 있을 때 점전하 -100[μC]에 작용하는 힘은 몇 [N]인가?

① $10i - 20j + 20k$
② $10i + 20j - 20k$
③ $-10i + 20j + 20k$
④ $-10i + 20j - 20k$

해설 -100[μC] 기준 두 점(P, Q) 사이의 거리

$r = (2-1)i + (0-2)j + (5-3)k = i - 2j + 2k$이다.

단위 벡터 = $\frac{\vec{r}}{|r|} = -\frac{i - 2j + 2k}{\sqrt{1^2 + 2^2 + 2^2}} = \frac{-i + 2j - 2k}{\sqrt{9}} = \frac{-i + 2j - 2k}{3}$이다.

∴ 쿨롬(Coulomb)의 법칙에서 -100[μC]에 작용하는 힘

$$F = \frac{300 \times 10^{-6} \times 100 \times 10^{-6}}{4\pi\varepsilon_o r^2} \times \frac{\vec{r}}{|r|} = 9 \times 10^9 \times \frac{3 \times 10^4 \times 10^{-12}}{(3)^2} \times \frac{\vec{r}}{|r|}$$

$= 30 \times \frac{-i + 2j - 2k}{3} = -10i + 20j - 20k$ [N]이 된다.

14. ③ 15. ④

016 반지름 a[m]의 구 도체에 전하 Q[C]가 주어질 때 구 도체 표면에 작용하는 정전응력은 몇 [N/m²]인가?

① $\dfrac{9Q^2}{16\pi^2\varepsilon_o a^6}$
② $\dfrac{9Q^2}{32\pi^2\varepsilon_o a^6}$
③ $\dfrac{Q^2}{16\pi^2\varepsilon_o a^4}$
④ $\dfrac{Q^2}{32\pi^2\varepsilon_o a^4}$

해설 반지름 a[m]인 구 도체의 정전에너지

$$W = \frac{1}{2}QV = \frac{1}{2}CV^2 = \frac{1}{2}\times\frac{\varepsilon_o s}{d}\times(Ed)^2 = \frac{1}{2}\varepsilon_o E^2 sd\,[\text{J}]$$

구 표면의 전계세기 $E = \dfrac{Q}{4\pi\varepsilon_o a^2}$[V/m]이다.

∴ 구 표면에 작용하는 정전응력

$$f = \frac{\partial W}{\partial d} = \frac{\partial}{\partial d}\frac{1}{2}\varepsilon_o E^2 sd = \frac{1}{2}\varepsilon_o E^2 s\,[\text{N}] = \frac{1}{2}\varepsilon_o E^2\,[\text{N/m}^2]$$

$$= \frac{1}{2}\times\varepsilon_o\left(\frac{Q}{4\pi\varepsilon_o a^2}\right)^2 = \frac{1}{2}\times\varepsilon_o\times\frac{Q^2}{16\pi^2\varepsilon_o^2 a^4} = \frac{Q^2}{32\pi^2\varepsilon_o a^4}\,[\text{N/m}^2]\text{이 된다.}$$

017 정전용량이 각각 C_1, C_2 그 사이의 상호유도계수가 M인 절연된 두 도체가 있다. 두 도체를 가는 선으로 연결할 경우, 정전용량은 어떻게 표현되는가?

① $C_1 + C_2 - M$
② $C_1 + C_2 + M$
③ $C_1 + C_2 + 2M$
④ $2C_1 + 2C_2 + M$

해설 절연된 두 도체의 전하 Q_1, Q_2이고 도선 연결 시

$V_1 = V_2 = V$[V], $q_{11} = C_1$, $q_{22} = C_2$, $q_{12} = q_{21} = M$인 경우

$$\begin{cases} Q_1 = q_{11}V_1 + q_{12}V_2 = (q_{11}+q_{12})V = (C_1+M)V \\ Q_2 = q_{21}V_1 + q_{22}V_2 = (q_{21}+q_{22})V = (M+C_2)V \end{cases}$$

이므로 구하는

정전용량 $C = \dfrac{Q_1 + Q_2}{V} = \dfrac{(C_1 + M + M + C_2)V}{V} = C_1 + C_2 + 2M$[F]이 된다.

018 길이 ℓ[m]인 동축 원통 도체의 내외원통에 각각 $+\lambda$, $-\lambda$[C/m]의 전하가 분포되어 있다. 내외원통 사이에 유전율 ε인 유전체가 채워져 있을 때, 전계의 세기(V/m)는? (단, V는 내외원통 간의 전위차, D는 전속밀도이고, a, b는 내외원통의 반지름이며, 원통 중심에서의 거리 r은 $a < r < b$인 경우이다.)

① $\dfrac{V}{r\cdot\ln\dfrac{b}{a}}$
② $\dfrac{V}{\varepsilon\cdot\ln\dfrac{b}{a}}$
③ $\dfrac{D}{r\cdot\ln\dfrac{b}{a}}$
④ $\dfrac{D}{\varepsilon\cdot\ln\dfrac{b}{a}}$

정답 16. ④ 17. ③ 18. ①

해설 동축 원통 도체로부터 임의 거리인 점의 전계세기 $E = \dfrac{\lambda}{2\pi\varepsilon_o r}$ [V/m] … ①

내외원통 간의 전위차

$V = -\displaystyle\int_b^a E\,dr = -\int_b^a \dfrac{\lambda}{2\pi\varepsilon_o r}dr = \dfrac{\lambda}{2\pi\varepsilon_o}(-\ln r)_b^a = \dfrac{\lambda}{2\pi\varepsilon_o}\ln\dfrac{b}{a}$ [V]에서

λ(전하밀도) $= \dfrac{2\pi\varepsilon_o \times V}{\ln\dfrac{b}{a}}$ [C/m] … ②을 ①식에 대입하면

E(내외 원통 간의 전계세기) $= \dfrac{\lambda}{2\pi\varepsilon_o r} = \dfrac{\dfrac{2\pi\varepsilon_o \times V}{\ln\dfrac{b}{a}}}{2\pi\varepsilon_o r} = \dfrac{V}{r\ln\dfrac{b}{a}}$ [V/m]이 된다.

019

정전용량이 1[μF]이고 판의 간격이 d인 공기콘덴서가 있다. 두께 $\dfrac{1}{2}d$, 비유전율 $\varepsilon_r = 2$ 유전체를 그 콘덴서의 한 전극면에 접촉하여 넣었을 때 전체의 정전용량 [μF]은?

① 2
② $\dfrac{1}{2}$
③ $\dfrac{4}{3}$
④ $\dfrac{5}{3}$

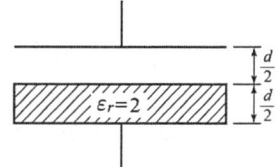

해설 평행판 공기콘덴서의 정전용량

$C_o = \dfrac{\varepsilon_o s}{d}$ [F] … ①

$\begin{cases} C_1 = \dfrac{\varepsilon_o s}{\dfrac{d}{2}} = \dfrac{2\varepsilon_o s}{d} = 2C_o \text{ [F]} \\ C_2 = \dfrac{\varepsilon_o \varepsilon_r s}{\dfrac{d}{2}} = \dfrac{2\varepsilon_o s \times \varepsilon_r}{d} = 2C_o \varepsilon_r \text{ [F]} \end{cases}$ 직렬 연결

합성 정전용량 $C = \dfrac{C_1 C_2}{C_1 + C_2} = \dfrac{2C_o \times 2C_o \varepsilon_r}{2C_o + 2C_o \varepsilon_r} = \dfrac{2C_o \times 2C_o \varepsilon_r}{2C_o(1+\varepsilon_r)}$

$= \dfrac{2C_o \varepsilon_r}{1+\varepsilon_r} = \dfrac{2C_o \times 2}{1+2} = \dfrac{4}{3} \times 1 = \dfrac{4}{3}$ [μF]이 된다.

해답 19. ③

020 변위전류와 가장 관계가 깊은 것은?
① 도체   ② 반도체
③ 유전체   ④ 자성체

변위전류란 도체 외에 흐르는 전류를 말한다.
∴ i_d(변위전류) $= \dfrac{\partial D}{\partial t} = \varepsilon \dfrac{\partial E}{\partial t}$ [A/m²]로 유전율(ε)과 가장 관계가 깊으므로 유전체가 된다.

02 전/력/공/학

021 역률 80%, 500[kVA]의 부하설비에 100[kVA]의 진상용 콘덴서를 설치하여 역률을 개선하면 수전점에서의 부하는 약 몇 [kVA]가 되는가?
① 400   ② 425
③ 450   ④ 475

부하설비의 P(유효전력) $= P_a \cos\theta = 500 \times 0.8 = 400$[kW] … ①
P_{r1}(무효전력) $= P_a \sin\theta = P_a \times \sqrt{1-\cos^2\theta} = 500 \times \sqrt{(1-0.8)^2} = 500 \times 0.6 = 300$[kVA]에 진상용 콘덴서 P_{r2}(무효전력) $= 100$[kVA]을 설치할 때
수전점의 P_r(무효전력) $= P_{r1} - P_{r2} = 300 - 100 = 200$[kVA] … ②
∴ 수전점에서의 부하
$P_a' = \sqrt{P^2 + P_r^2} = \sqrt{(400)^2 + (200)^2} = \sqrt{20} \times 10^2 ≒ 4.47 \times 100 ≒ 450$[kVA]이 된다.

022 가공지선에 대한 설명 중 틀린 것은?
① 유도뢰 서지에 대하여도 그 가설구간전체에 사고방지의 효과가 있다.
② 직격뢰에 대하여 특히 유효하며 탑 상부에 시설하므로 뇌는 주로 가공지선에 내습한다.
③ 송전선의 1선 지락 시 지락전류의 일부가 가공지선에 흘러 차폐작용을 하므로 전자유도장해를 적게 할 수 있다.
④ 가공지선 때문에 송전선로의 대지정전용량이 감소하므로 대지사이에 방전할 때 유도전압이 특히 커서 차폐효과가 좋다.

가공지선에 대한 설명 중 옳은 것은?
① 유도뢰 서지에 대하여도 그 가설구간전체에 사고방지의 효과가 있다.
② 직격뢰에 대하여 특히 유효하며 탑 상부에 시설하므로 뇌는 주로 가공지선에 내습한다.
③ 송전선의 1선 지락 시 지락전류의 일부가 가공지선에 흘러 차폐작용을 하므로 전자유도장해를 적게 할 수 있다.

20. ③ 21. ③ 22. ④

023 부하전류의 차단에 사용되지 않는 것은?
① DS   ② ACB   ③ OCB   ④ VCB

DS(단로기)는 부하전류의 차단에 사용되지 않는다. 이상 전류가 흐르는 경우 투입과 차단을 모두 할 수 없는 개폐기이다.

024 플리커 경감을 위한 전력 공급측의 방안이 아닌 것은?
① 공급전압을 낮춘다.
② 전용 변압기로 공급한다.
③ 단독 공급계통을 구성한다.
④ 단락용량이 큰 계통에서 공급한다.

플리커 경감을 위한 전력 공급측의 방안은?
① 전용 변압기로 공급한다.
② 단독 공급계통을 구성한다.
③ 단락용량이 큰 계통에서 공급한다.

025 3상 무부하 발전기의 1선 지락 고장 시에 흐르는 지락 전류는? (단, E는 접지된 상의 무부하 기전력이고 Z_0, Z_1, Z_2는 발전기의 영상, 정상, 역상 임피던스이다.)

① $\dfrac{E}{Z_0+Z_1+Z_2}$ ② $\dfrac{\sqrt{3}\,E}{Z_0+Z_1+Z_2}$

③ $\dfrac{3E}{Z_0+Z_1+Z_2}$ ④ $\dfrac{E^2}{Z_0+Z_1+Z_2}$

3상 무부하 발전기의 1선 지락인 경우 지락 전류는 그림에서

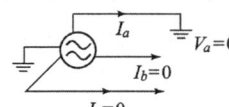

초기 조건 $\begin{cases} V_a=0 \\ I_b=I_c=0 \end{cases}$ 에서 $I_0=I_1=I_2$ 이다.

∴ $V_a = 0 = V_0 + V_1 + V_2$ 에 발전기 기본식 대입하면

$0 = -Z_0 I_0 + E_a - Z_1 I_1 - Z_2 I_2$ 에서 $E_a = I_0(Z_0+Z_1+Z_2)$,

$I_0 = I_1 = I_2 = \dfrac{E_a}{Z_0+Z_1+Z_2}$ [A]이다.

∴ I_a(지락전류) $= I_0 + I_1 + I_2 = 3I_0 = 3 \times \dfrac{E_a}{Z_0+Z_1+Z_2}$ [A]이다.

026 수력발전소의 분류 중 낙차를 얻는 방법에 의한 분류방법이 아닌 것은?
① 댐식 발전소   ② 수로식 발전소
③ 양수식 발전소 ④ 유역 변경식 발전소

23. ① 24. ① 25. ③ 26. ③

[해설] 수력발전소의 분류 중 낙차를 얻는 방법에 의한 분류방법은 ① 댐식 발전소, ② 수로식 발전소, ③ 유역 변경식 발전소 등이다.

027 변성기의 정격부담을 표시하는 단위는?
① W
② S
③ dyne
④ VA

[해설] 변성기의 정격부담을 표시하는 단위는 VA이다.

028 원자로에서 중성자가 원자로 외부로 유출되어 인체에 위험을 주는 것을 방지하고 방열의 효과를 주기 위한 것은?
① 제어재
② 차폐재
③ 반사체
④ 구조재

[해설] 차폐재는 원자로에서 중성자가 원자로 외부로 유출되어 인체에 위험을 주는 것을 방지하고 방열의 효과를 주기 위한 것이다.

029 연가에 의한 효과가 아닌 것은?
① 직렬공진의 방지
② 대지정전용량의 감소
③ 통신선의 유도장해 감소
④ 선로정수의 평형

[해설] 연가에 의한 효과는 ① 직렬공진의 방지, ② 통신선의 유도장해 감소, ③ 선로정수의 평형 등이다.

030 각 전력계통을 연계선으로 상호 연결하였을 때 장점으로 틀린 것은?
① 건설비 및 운전경비를 절감하므로 경제급전이 용이하다.
② 주파수의 변화가 작아진다.
③ 각 전력계통의 신뢰도가 증가된다.
④ 선로 임피던스가 증가되어 단락전류가 감소된다.

[해설] 각 전력계통을 연계선으로 상호 연결하였을 때 장점은
① 건설비 및 운전경비를 절감하므로 경제급전이 용이하다.
② 주파수의 변화가 작아진다.
③ 각 전력계통의 신뢰도가 증가된다.

031 전압요소가 필요한 계전기가 아닌 것은?
① 주파수 계전기
② 동기탈조 계전기
③ 지락 과전류 계전기
④ 방향성 지락 과전류 계전기

[정답] 27. ④ 28. ② 29. ② 30. ④ 31. ③

해설 전압요소가 필요한 계전기는 ① 주파수 계전기, ② 동기탈조 계전기, ③ 방향성 지락 과전류 계전기 등이다.

032 수력발전설비에서 흡출관을 사용하는 목적으로 옳은 것은?
① 압력을 줄이기 위하여
② 유효낙차를 늘리기 위하여
③ 속도변동률을 적게 하기 위하여
④ 물의 유선을 일정하게 하기 위하여

해설 수력발전설비에서 흡출관을 사용하는 목적은 유효낙차를 늘리기 위해서이다.

033 인터록(interlock)의 기능에 대한 설명으로 옳은 것은?
① 조작자의 의중에 따라 개폐되어야 한다.
② 차단기가 열려 있어야 단로기를 닫을 수 있다.
③ 차단기가 닫혀 있어야 단로기를 닫을 수 있다.
④ 차단기와 단로기를 별도로 닫고, 열 수 있어야 한다.

해설 인터록(interlock)은 자가 발전 시 선로 변경 장치로서
- 급전 시는 DS(단로기) → CB(차단기) 순서로 닫는다.
- 정전 시는 CB(차단기) → DS(단로기) 순서로 닫는다.

즉, 급전선 ─⊗─[○○]─→ 부하 급전 시는 차단기(CB)가 열려 있어야
          DS CB   단로기(DS)를 닫을 수 있다.
        (단로기)(차단기)

034 같은 선로와 같은 부하에서 교류 단상 3선식은 단상 2선식에 비하여 전압강하와 배전효율이 어떻게 되는가?
① 전압강하는 적고, 배전효율은 높다.
② 전압강하는 크고, 배전효율은 낮다.
③ 전압강하는 적고, 배전효율은 낮다.
④ 전압강하는 크고, 배전효율은 높다.

해설 $\dfrac{\text{교류 단상 3선식 전압강하}}{\text{교류 단상 2선식 전압강하}} = \dfrac{I(R\cos\theta + X\sin\theta)}{2VI(R\cos\theta + X\sin\theta)} = \dfrac{1}{2} = 0.5 \cdots$ ①

교류 단상 3선식 전압강하는 적고,

$\dfrac{\text{교류 단상 3선식 배전효율}}{\text{교류 단상 2선식 배전효율}} = \dfrac{\dfrac{\text{단상 3선식 전력}}{\text{배전전력}} \times 100}{\dfrac{\text{단상 2선식 전력}}{\text{배전전력}} \times 100} = \dfrac{\dfrac{2VI\cos\theta}{VI} \times 100}{\dfrac{VI\cos\theta}{VI} \times 100}$

$= \dfrac{VI \times 2VI\cos\theta}{VI \times VI\cos\theta} = 2 \cdots\cdots$ ②

∴ 교류 단상 3선식 배전효율이 높다.
①, ②식에서 전압강하는 적고, 배전효율은 높다.

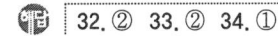

035 전력 원선도에서는 알 수 없는 것은?
① 송수전 할 수 있는 최대전력
② 선로 손실
③ 수전단 역률
④ 코로나손

해설 전력 원선도에서는 알 수 있는 것은 ① 송수전 할 수 있는 최대전력, ② 선로 손실, ③ 수전단 역률 등이다.

036 가공선 계통은 지중선 계통보다 인덕턴스 및 정전용량이 어떠한가?
① 인덕턴스, 정전용량이 모두 작다.
② 인덕턴스, 정전용량이 모두 크다.
③ 인덕턴스는 크고, 정전용량은 작다.
④ 인덕턴스는 작고, 정전용량은 크다.

해설 (1) 지중전선로는 케이블로 s(도체 중심 간의 거리)가 매우 작고, D(지름)도 작다.
① 지중선의 인덕턴스 $L=0.05+0.4605\log_{10}\frac{2s}{d} ≒ 0.2 \sim 0.45 [\text{mH/Km}]$로 s가 작으므로 작다. … ①

지중선 정전용량 $C=\frac{0.02413\varepsilon}{\log_{10}\frac{D}{r}}[\mu\text{F/Km}] = 0.3 \sim 1.7[\mu\text{F/Km}]$로

D가 작으므로 크다. … ②

∴ ①, ②식에서 지중전선로의 인덕턴스는 작고, 정전용량은 크다.

(2) 가공선 계통은 s(도체 중심간 거리)가 크고, D(지름)도 크다.
∴ ①, ②식에서 가공전선로의 인덕턴스는 크고, 정전용량은 작다.

037 송전선의 특성임피던스는 저항과 누설 컨덕턴스를 무시하면 어떻게 표현되는가? (단, L은 선로의 인덕턴스, C는 선로의 정전용량이다.)

① $\sqrt{\frac{L}{C}}$ ② $\sqrt{\frac{C}{L}}$ ③ $\frac{L}{C}$ ④ $\frac{C}{L}$

해설 송전선로의 특성임피던스는 무손실 선로이므로 $R=0$, $G=0$이다.

∴ Z_0(특성 임피던스)$=\sqrt{\frac{Z}{Y}}=\sqrt{\frac{R+j\omega L}{G+j\omega C}}=\sqrt{\frac{j\omega L}{j\omega C}}=\sqrt{\frac{L}{C}}$ [Ω]이다.

038 다음 중 송전선로의 코로나 임계전압이 높아지는 경우가 아닌 것은?
① 날씨가 맑다.
② 기압이 높다.
③ 상대공기밀도가 낮다.
④ 전선의 반지름과 선간거리가 크다.

해답 35. ④ 36. ③ 37. ① 38. ③

해설 코로나 임계전압 $E_0 = 24.3 m_0 m_1 \delta d \log_{10} \frac{2D}{d}$ [kV]

(단, m_0(전선 표면 계수), m_1(기후 계수), δ(상대 공기 밀도)$= \frac{0.386 \times b}{273+t}$, d(전선 직경), D(선간거리), t(온도), b(기압)[mmHg])이다.

문제의 송전선로의 코로나 임계전압이 높아지는 이유는?
① 날씨가 맑다.
② 기압이 높다.
③ 전선의 반지름과 선간거리가 크다.

039 어느 수용가의 부하설비는 전등설비가 500[W], 전열설비가 600[W], 전동기 설비가 400[W], 기타설비가 100[W]이다. 이 수용가의 최대수용전력이 1200[W]이면 수용률은 몇 %인가?

① 55　　　　　② 65
③ 75　　　　　④ 85

해설 수용률 $= \frac{\text{최대수용전력}}{\text{설비용량}} \times 100 = \frac{1200}{500+600+400+100} \times 100 = \frac{1200}{1600} \times 100 = 75\%$ 이다.

040 케이블의 전력 손실과 관계가 없는 것은?
① 철손　　　　　② 유전체손
③ 시스손　　　　④ 도체의 저항손

해설 케이블의 전력 손실과 관계가 있는 것은 ① 유전체손, ② 시스손, ③ 도체의 저항손 등이다.

03　전/기/기/기

041 동기발전기의 돌발 단락 시 발생되는 현상으로 틀린 것은?
① 큰 과도전류가 흘러 권선 소손
② 단락전류는 전기자 저항으로 제한
③ 코일 상호간 큰 전자력에 의한 코일 파손
④ 큰 단락전류 후 점차 감소하여 지속 단락전류 유지

해설 동기발전기의 돌발 단락 시 발생되는 현상으로 옳은 것은?
① 큰 과도전류가 흘러 권선 소손
② 코일 상호간 큰 전자력에 의한 코일 파손
③ 큰 단락전류 후 점차 감소하여 지속 단락전류 유지 등이다.

 39. ③　40. ①　41. ②

042 SCR의 특징으로 틀린 것은?
① 과전압에 약하다.
② 열용량이 적어 고온에 약하다.
③ 전류가 흐르고 있을 때의 양극 전압강하가 크다.
④ 게이트에 신호를 인가할 때부터 도통할 때까지의 시간이 짧다.

> SCR의 특징으로 옳은 것은?
> ① 과전압에 약하다.
> ② 열용량이 적어 고온에 약하다.
> ③ 게이트에 신호를 인가할 때부터 도통할 때까지의 시간이 짧다.

043 터빈 발전기의 냉각을 수소냉각방식으로 하는 이유로 틀린 것은?
① 풍손이 공기 냉각 시의 약 1/10로 줄어든다.
② 열전도율이 좋고 가스냉각기의 크기가 작아진다.
③ 절연물의 산화작용이 없으므로 절연열화가 작아서 수명이 길다.
④ 반폐형으로 하기 때문에 이물질의 침입이 없고 소음이 감소한다.

> 터빈 발전기의 냉각을 수소냉각방식으로 하는 이유은
> ① 풍손이 공기 냉각 시의 약 1/10로 줄어든다.
> ② 열전도율이 좋고 가스냉각기의 크기가 작아진다.
> ③ 절연물의 산화작용이 없으므로 절연열화가 작아서 수명이 길다.

044 단상 유도전동기의 특징을 설명한 것으로 옳은 것은?
① 기동 토크가 없으므로 기동장치가 필요하다.
② 기계손이 있어도 무부하 속도는 동기속도보다 크다.
③ 권선형은 비례추이가 불가능하며, 최대토크는 불변이다.
④ 슬립은 $0 > S > -1$이고 2보다 작고 0이 되기 전에 토크가 0이 된다.

> 단상 유도전동기는 기동 토크가 없으므로 기동장치가 필요하다.

045 몰드변압기의 특징으로 틀린 것은?
① 자기 소화성이 우수하다.
② 소형 경량화가 가능하다.
③ 건식변압기에 비해 소음이 적다.
④ 유입변압기에 비해 절연레벨이 낮다.

> 변압기의 절연레벨은 같은 기준 전압에서 유입변압기가 몰드변압기보다 높으므로 보기항 ④번도 몰드변압기의 특징에 해당하여 보기항에 답이 없으므로 보기항 ①, ②, ③, ④를 정답으로 처리함.

해답 42.③ 43.④ 44.① 45. 전항 정답

046 유도전동기의 회전속도를 N[rpm], 동기속도를 N_s[rpm]이라 하고 순방향 회전자계의 슬립을 s라고 하면, 역방향 회전자계에 대한 회전자 슬립은?

① $s-1$ ② $1-s$
③ $s-2$ ④ $2-s$

해설 유도전동기에서 순방향의 슬립 $s = \dfrac{N_s - N}{N_s} = 1 - \dfrac{N}{N_s}$

$\dfrac{N}{N_s}$(상대속도) $= 1 - s$ … ①이다.

∴ 역방향 회전자계에 대한 회전자 슬립 $= \dfrac{N_s - (-N)}{N_s} = \dfrac{N_s}{N_s} + \dfrac{N}{N_s} = 1 + \dfrac{N}{N_s}$에

①식 대입하면 역방향 회전자 슬립 $= 1 + \dfrac{N}{N_s} = 1 + (1 - s) = 2 - s$가 된다.

047 직류발전기에 직결한 3상 유도전동기가 있다. 발전기의 부하 100[kW], 효율 90%이며 전동기 단자전압 3300[V], 효율 90%, 역률 90%이다. 전동기에 흘러들어가는 전류는 약 몇 [A]인가?

① 2.4 ② 4.8
③ 19   ④ 24

해설 η_G(직류발전기 효율) $= \dfrac{\text{직류발전기 부하전력}}{P_{G1}(\text{직류발전기 입력})}$

P_{G1}(직류발전기 입력) $= \dfrac{\text{직류발전기 부하}}{\eta_G} = \dfrac{100}{0.9} ≒ 111[\text{kW}]$ … ①

η_M(3상 유도전동기 효율) $= \dfrac{P_{M0}(\text{3상 유도전동기 출력})}{P_{M1}(\text{3상 유도전동기 입력})}$

P_{M0}(3상 유도전동기 출력) $= \eta_M \times P_{M1}[\text{kW}]$ … ②

①=②식에서 P_{G1}(직류발전기 입력) $= P_{M0}$(3상 유도전동기 출력) $≒ 111[\text{kW}]$이다.

또 ②식에서 P_{M1}(3상 유도전동기 입력) $= \sqrt{3}\,VI\cos\theta = \dfrac{P_{M0}}{\eta_M}$

$= \dfrac{111}{0.9} ≒ 123[\text{kW}]$이다. … ③

∴ ③식에서 I(전동기로 흘러들어가는 전류) $= \dfrac{P_{M1}}{\sqrt{3}\,V\cos\theta} ≒ \dfrac{123{,}000}{\sqrt{3} \times 3300 \times 0.9}$

$≒ \dfrac{123{,}000}{5144.19} ≒ 24[\text{A}]$가 된다.

정답 46. ④ 47. ④

048
유도발전기의 동작특성에 관한 설명 중 틀린 것은?
① 병렬로 접속된 동기발전기에서 여자를 취해야 한다.
② 효율과 역률이 낮으며 소출력의 자동수력발전기와 같은 용도에 사용된다.
③ 유도발전기의 주파수를 증가하려면 회전속도를 동기속도 이상으로 회전시켜야 한다.
④ 선로에 단락이 생긴 경우에는 여자가 상실되므로 단락전류는 동기발전기에 비해 적고 지속시간도 짧다.

해설 유도발전기의 동작특성에 관한 설명으로 옳은 것은?
① 병렬로 접속된 동기발전기에서 여자를 취해야 한다.
② 효율과 역률이 낮으며 소출력의 자동수력발전기와 같은 용도에 사용된다.
③ 선로에 단락이 생긴 경우에는 여자가 상실되므로 단락전류는 동기발전기에 비해 적고 지속시간도 짧다.

049
단상 변압기를 병렬 운전하는 경우 각 변압기의 부하분담이 변압기의 용량에 비례하려면 각각의 변압기의 %임피던스는 어느 것에 해당되는가?
① 어떠한 값이라도 좋다.
② 변압기 용량에 비례하여야한다.
③ 변압기 용량에 반비례하여야 한다.
④ 변압기 용량에 관계없이 같아야 한다.

해설 단상 변압기를 병렬 운전하는 경우 각 변압기의 부하분담(I)가 용량(P)에 비례하고 각 변압기의 %임피던스(%Z)는 각 변압기 용량(P)에 반비례하여야 한다.

∴ $I_a Z_a = I_b Z_b$에서 $\dfrac{I_a}{I_b} = \dfrac{Z_b}{Z_a} = \dfrac{P_a}{P_b} = \dfrac{\%Z_b}{\%Z_a}$ 이어야 한다.

(단, P(용량)≒VI≒I(전류), $\%Z$(%임피던스)$= \dfrac{IZ}{V} \times 100$ ≒ Z(임피던스)이다.)

050
그림은 여러 직류전동기의 속도 특성곡선을 나타낸 것이다. 1부터 4까지 차례로 옳은 것은?
① 차동복권, 분권, 가동복권, 직권
② 직권, 가동복권, 분권, 차동복권
③ 가동복권, 차동복권, 직권, 분권
④ 분권, 직권, 가동복권, 차동복권

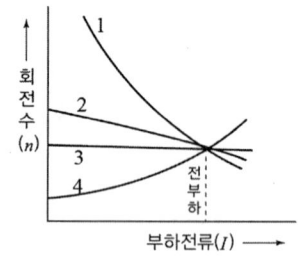

해설 그림은 직류전동기의 속도 특성곡선을 나타낸 것이다.
1(직권), 2(가동복권), 3(분권), 4(차동복권) 순서의 특성곡선이다.

정답 48. ③ 49. ③ 50. ②

051. 전력변환기기로 틀린 것은?
① 컨버터　　② 정류기
③ 인버터　　④ 유도전동기

해설 전력변환기기는 컨버터, 정류기, 인버터 등이다.

052. 농형 유도전동기에 주로 사용되는 속도제어법은?
① 극수 변환법　　② 종속 접속법
③ 2차 저항제어법　　④ 2차 여자제어법

해설 극수 변환법은 농형 유도전동기에 주로 사용되는 속도제어법이다.

053. 정격전압 100[V], 정격전류 50[A]인 분권발전기의 유기기전력은 몇 [V]인가? (단, 전기자 저항 0.2[Ω], 계자전류 및 전기자 반작용은 무시한다.)
① 110　　② 120
③ 125　　④ 127.5

해설 분권발전기의 정격전압 $V = E - I_a r_a$ [V]
분권발전기의 유기기전력 $E = V + I_a r_a = 100 + 50 \times 0.2 = 110$ [V]이다.

054. 그림과 같은 변압기 회로에서 부하 R_2에 공급되는 전력이 최대로 되는 변압기의 권수비 a는?
① $\sqrt{5}$
② $\sqrt{10}$
③ 5
④ 10

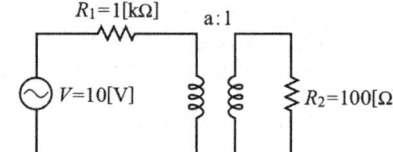

해설 변압기의 권수비 $a = \dfrac{V_1}{V_2} = \dfrac{N_1}{N_2} = \dfrac{I_2}{I_1}$ 이다.

$$a^2 = \frac{V_1}{V_2} \times \frac{I_2}{I_1} = \frac{I_2}{V_2} \times \frac{V_1}{I_1} = \frac{1}{R_2} \times R_1 = \frac{1000}{100} = 10$$

∴ a(변압기 권수비) $= \sqrt{\dfrac{R_1}{R_2}} = \sqrt{\dfrac{1000}{100}} = \sqrt{10}$ 이 된다.

정답 51. ④　52. ①　53. ①　54. ②

055 변압기의 백분율 저항강하가 3%, 백분율 리액턴스 강하가 4%일 때 뒤진 역률 80%인 경우의 전압변동률(%)은?

① 2.5
② 3.4
③ 4.8
④ −3.6

🔍 변압기의 전압변동률 $\varepsilon = p\cos\theta + q\sin\theta = 3 \times 0.8 + 4 \times 0.6 = 2.4 + 2.4 = 4.8\%$이다.
(단, $\sin\theta = \sqrt{1-\cos^2\theta} = \sqrt{1-(0.8)^2} = \sqrt{0.36} = 0.6$)

056 정류자형 주파수변환기의 회전자에 주파수 f_1의 교류를 가할 때 시계방향으로 회전자계가 발생하였다. 정류자 위의 브러시 사이에 나타나는 주파수 f_c를 설명한 것 중 틀린 것은? (단, n : 회전자의 속도, n_s : 회전자계의 속도, s : 슬립이다.)

① 회전자를 정지시키면 $f_c = f_1$인 주파수가 된다.
② 회전자를 반시계방향으로 $n = n_s$의 속도로 회전시키면, $f_c = 0[Hz]$가 된다.
③ 회전자를 반시계방향으로 $n < n_s$의 속도로 회전시키면, $f_c = sf_1[Hz]$가 된다.
④ 회전자를 시계방향으로 $n < n_s$의 속도로 회전시키면, $f_c < f_1$인 주파수가 된다.

🔍 정류자형 주파수변환기의 회전자에 주파수 f_1의 교류를 가할 때 시계방향으로 회전자계가 발생하였다. 정류자 위의 브러시 사이에 나타나는 주파수 f_c를 설명한 것 중 옳은 것은?
① 회전자를 정지시키면 $f_c = f_1$인 주파수가 된다.
② 회전자를 반시계방향으로 $n = n_s$의 속도로 회전시키면, $f_c = 0[Hz]$가 된다.
③ 회전자를 반시계방향으로 $n < n_s$의 속도로 회전시키면, $f_c = sf_1[Hz]$가 된다.

057 동기발전기의 3상 단락곡선에서 단락전류가 계자전류에 비례하여 거의 직선이 되는 이유로 가장 옳은 것은?

① 무부하 상태이므로
② 전기자 반작용으로
③ 자기포화가 있으므로
④ 누설 리액턴스가 크므로

🔍 동기발전기의 3상 단락곡선에서 단락전류가 전기자 반작용으로 계자전류에 비례하여 거의 직선이 된다. 이때 앞선 무효전류에 의한 반작용($I\sin\theta$)은 증자작용, 뒤진 무효전류에 의한 반작용($I\sin\theta$)는 감자작용이 된다.

55. ③ 56. ④ 57. ②

058 1차 전압 V_1, 2차 전압 V_2인 단권변압기를 Y결선했을 때, 등가용량과 부하용량의 비는? (단, $V_1 > V_2$이다.)

① $\dfrac{V_1 - V_2}{\sqrt{3}\, V_1}$ ② $\dfrac{V_1 - V_2}{V_1}$

③ $\dfrac{V_1^2 - V_2^2}{\sqrt{3}\, V_1 V_2}$ ④ $\dfrac{\sqrt{3}\,(V_1 - V_2)}{2 V_1}$

해설 단권변압기 3상 Y결선도

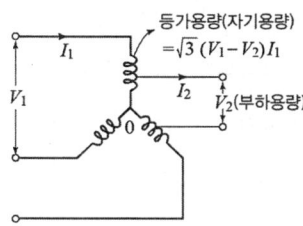

등가용량(자기용량) = $\sqrt{3}\,(V_1 - V_2)I_1$ [VA]
부하용량 = $\sqrt{3}\, V_2 I_2 = \sqrt{3}\, V_1 I_1$ [VA]이다.

∴ $\dfrac{\text{자기용량}}{\text{부하용량}} = \dfrac{\sqrt{3}\,(V_1-V_2)I_1}{\sqrt{3}\, V_2 I_2} = \dfrac{\sqrt{3}\,(V_1-V_2)I_1}{\sqrt{3}\, V_1 I_1} = \dfrac{V_1 - V_2}{V_1}$ 가 된다.

059 변압기의 보호에 사용되지 않는 것은?
① 온도계전기   ② 과전류계전기
③ 임피던스계전기   ④ 비율차동계전기

해설 변압기의 보호에 사용되는 변압기는 온도계전기, 과전류계전기, 비율차동계전기 등이다.

060 E를 전압, r을 1차로 환산한 저항, x를 1차로 환산한 리액턴스라고 할 때 유도전동기의 원선도에서 원의 지름을 나타내는 것은?

① $E \cdot r$ ② $E \cdot x$
③ $\dfrac{E}{x}$ ④ $\dfrac{E}{r}$

해설 유도전동기의 원선도(하일랜드 원선도)에서 원의 지름은 $\dfrac{E}{x_1 + x_2'} = \dfrac{E}{x}$ [m]이다.
(단, x = 1차로 환산한 리액턴스이다.)

04 회/로/이/론/및/제/어/공/학

061 그림의 벡터 궤적을 갖는 계의 주파수 전달함수는?

① $\dfrac{1}{j\omega+1}$

② $\dfrac{1}{j2\omega+1}$

③ $\dfrac{j\omega+1}{j2\omega+1}$

④ $\dfrac{j2\omega+1}{j\omega+1}$

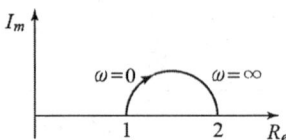

해설 $\dfrac{d}{dt}=j\omega=s$(교류), 그림의 벡터 궤적을 갖는 계의 주파수 전달함수

$G(s)=\dfrac{C(s)}{R(s)}=\dfrac{1+j2\omega}{1+j\omega}$ 이며 크기와 위상각은

$G(s)=\dfrac{1+j2\omega}{1+j\omega}=\sqrt{\dfrac{1+2^2\omega^2}{1+\omega^2}}\angle +\tan^{-1}2\omega-\tan^{-1}\omega$로서 문제의 벡터 궤적이 된다.

062 근궤적에 관한 설명으로 틀린 것은?

① 근궤적은 실수축에 대하여 상하 대칭으로 나타난다.
② 근궤적의 출발점은 극점이고 근궤적의 도착점은 영점이다.
③ 근궤적의 가지 수는 극점의 수와 영점의 수 중에서 큰 수와 같다.
④ 근궤적이 s 평면의 우반면에 위치하는 K의 범위는 시스템이 안정하기 위한 조건이다.

해설 근궤적에 관한 설명으로 옳은 것은?
① 근궤적은 실수축에 대하여 상하 대칭으로 나타난다.
② 근궤적의 출발점은 극점(X)이고 근궤적의 도착점은 영점(0)이다.
③ 근궤적의 가지 수는 극점(X)의 수와 영점(0)의 수 중에서 큰 수와 같다.

063 제어시스템에서 출력이 얼마나 목표값을 잘 추종하는지를 알아볼 때, 시험용으로 많이 사용되는 신호로 다음 식의 조건을 만족하는 것은?

$$u(t-a)=\begin{cases}0, & t<a\\1, & t\geq a\end{cases}$$

① 사인함수 ② 임펄스함수
③ 램프함수 ④ 단위계단함수

해설 단위계단함수는 제어시스템에서 출력이 얼마나 목표값을 잘 추종하는지를 알아볼 때, 시험용으로 많이 사용되는 신호 $u(t-a)=\begin{cases}0, & t<a\\1, & t\geq a\end{cases}$의 조건을 만족한다.

정답 61. ④ 62. ④ 63. ④

064 특성방정식 $s^2+Ks+2K-1=0$인 계가 안정하기 위한 K의 범위는?

① $K>0$
② $K>\dfrac{1}{2}$
③ $K<\dfrac{1}{2}$
④ $0<K<\dfrac{1}{2}$

해설 특성방정식 $s^2+Ks+2K-1=0$인 계가 안정하기 위한 K의 범위는
Routh 판별법에서

s^2	1	$2K-1$
s^1	K	0
s^0	$2K-1$	

이다.
1열에 부호변화가 없으므로 계가 안정하며 안정 범위는 $K>0$, $2K-1>0$, $2K>1$.
∴ $K>\dfrac{1}{2}$이다.

065 상태공간 표현식 $\begin{cases}\dot{x}=Ax+Bu\\y=Cx\end{cases}$로 표현되는 선형 시스템에서 $A=\begin{bmatrix}0 & 1 & 0\\0 & 0 & 1\\-2 & -9 & -8\end{bmatrix}$, $B=\begin{bmatrix}0\\0\\5\end{bmatrix}$, $C=[1\ 0\ 0]$, $D=0$, $x=\begin{bmatrix}x_1\\x_2\\x_3\end{bmatrix}$이면 시스템 전달함수 $\dfrac{Y(s)}{U(s)}$는?

① $\dfrac{1}{s^3+8s^2+9s+2}$
② $\dfrac{1}{s^3+2s^2+9s+8}$
③ $\dfrac{5}{s^3+8s^2+9s+2}$
④ $\dfrac{5}{s^3+2s^2+9s+8}$

해설 선형 시스템에서 입력

$$u(s)=sI-A=\begin{vmatrix}s&0&0\\0&s&0\\0&0&s\end{vmatrix}-\begin{vmatrix}0&1&0\\0&0&1\\-2&-9&-8\end{vmatrix}=\begin{vmatrix}s-0&0-1&0-0\\0-0&s-0&0-1\\0+2&0+9&s+8\end{vmatrix}=\begin{vmatrix}s&-1&0\\0&s&-1\\2&9&s+8\end{vmatrix}$$

$=\Delta_{11}-\Delta_{12}+\Delta_{13}=s(s(s+8)+9)+1((0+2)+0)+0$
$=s(s^2+8s+9)+2+0=s^3+8s^2+9s+2=0$

출력 $Y(s)=5$이다.
∴ 시스템 전달함수 $G(s)=\dfrac{Y(s)}{u(s)}=\dfrac{5}{s^3+8s^2+9s+2}$가 된다.

066 Routh-Hurwitz 표에서 제1열의 부호가 변하는 횟수로부터 알 수 있는 것은?

① s-평면의 좌반면에 존재하는 근의 수
② s-평면의 우반면에 존재하는 근의 수
③ s-평면의 허수축에 존재하는 근의 수
④ s-평면의 원점에 존재하는 근의 수

정답 64. ② 65. ③ 66. ②

⊙ Routh-Hurwitz 표에서 제1열의 부호가 변하는 횟수로부터 알 수 있는 것은 s-평면의 우반면에 존재하는 근의 수이다.

067 그림의 블록선도에 대한 전달함수 $\dfrac{C}{R}$는?

① $\dfrac{G_1G_2G_3}{1+G_1G_2+G_1G_2G_4}$

② $\dfrac{G_1G_2G_4}{1+G_1G_2+G_1G_2G_3}$

③ $\dfrac{G_1G_2G_3}{1+G_2G_3+G_1G_2G_4}$

④ $\dfrac{G_1G_2G_4}{1+G_2G_3+G_1G_2G_3}$

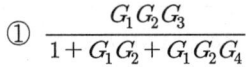

문제에서 G_3 앞의 인출점을 뒤로 보내면 그림의 블록선도가 된다.

∴ $C=\left[\left(R-C\dfrac{G_4}{G_3}\right)G_1-C\right]G_2G_3$

$= RG_1G_2G_3 - CG_1G_2G_4 - CG_2G_3$ 에서

$C(1+G_2G_3+G_1G_2G_4) = RG_1G_2G_3$ 이다.

∴ 전달함수 $G(s) = \dfrac{C}{R} = \dfrac{G_1G_2G_3}{1+G_2G_3+G_1G_2G_4}$ 가 된다.

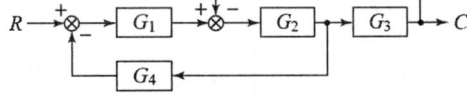

068 신호흐름선도의 전달함수 $T(s) = \dfrac{C(s)}{R(s)}$로 옳은 것은?

① $\dfrac{G_1G_2G_3}{1-G_2G_3+G_1G_2G_4}$

② $\dfrac{G_1G_2G_3}{1+G_1G_2G_4+G_2G_3}$

③ $\dfrac{G_1G_2G_3}{1+G_1G_3-G_1G_2G_4}$

④ $\dfrac{G_1G_2G_3}{1-G_1G_3-G_1G_2G_4}$

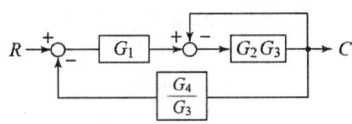

메이슨(Mason)의 공식에서 신호흐름선도의 전달함수

$T(s) = \dfrac{C(s)}{R(s)} = \dfrac{G_1\Delta_1+G_2\Delta_2+\cdots}{1-(G_1H_1+G_2H_2+\cdots)} = \dfrac{G_1\Delta_1}{1-(G_1H_1+G_2H_2)} = \dfrac{G_1G_2G_3\times 1}{1-(-G_1G_2G_4-G_2G_3)}$

$= \dfrac{G_1G_2G_3}{1+G_1G_2G_4+G_2G_3}$ 가 된다.

67. ③ 68. ②

069 부울 대수식 중 틀린 것은?

① $A \cdot \overline{A} = 1$
② $A + 1 = 1$
③ $A + A = A$
④ $A \cdot A = A$

해설 부울 대수식으로 옳은 것은 $A \cdot \overline{A} = 0$, $A + \overline{A} = 1$, $A + 1 = 1$, $A + A = A$, $A \cdot A = A$ 등이다.

070 함수 e^{-at}의 z변환으로 옳은 것은?

① $\dfrac{z}{z - e^{-aT}}$
② $\dfrac{z}{z - a}$
③ $\dfrac{1}{z - e^{-aT}}$
④ $\dfrac{1}{z - a}$

해설 함수 e^{-at}의 z변환 $= \dfrac{z}{z - e^{-aT}}$ 가 된다.

071 4단자 회로망에서 4단자 정수가 A, B, C, D일 때, 영상 임피던스 $\dfrac{Z_{01}}{Z_{02}}$은?

① $\dfrac{D}{A}$
② $\dfrac{B}{C}$
③ $\dfrac{C}{B}$
④ $\dfrac{A}{D}$

해설 영상 임피던스 $Z_{01} = \sqrt{\dfrac{AB}{CD}}\,[\Omega]$, $Z_{02} = \sqrt{\dfrac{BD}{CA}}\,[\Omega]$이다.

$\dfrac{Z_{01}}{Z_{02}} = \dfrac{\sqrt{\dfrac{AB}{CD}}}{\sqrt{\dfrac{BD}{CA}}} = \sqrt{\dfrac{CBA^2}{CBD^2}} = \sqrt{\dfrac{A^2}{D^2}} = \dfrac{A}{D}$ 이다.

072 RL직렬회로에서 $R = 20[\Omega]$, $L = 40[\text{mH}]$일 때, 이 회로의 시정수(sec)는?

① 2×10^3
② 2×10^{-3}
③ $\dfrac{1}{2} \times 10^3$
④ $\dfrac{1}{2} \times 10^{-3}$

해설 RL직렬회로 과도현상에서 회로의 시정수

$\tau = \dfrac{L}{R} = \dfrac{40 \times 10^{-3}}{20} = 2 \times 10^{-3}\,(\text{s})$이다.

해답 69. ① 70. ① 71. ④ 72. ②

073 비정현파 전류가 $i(t) = 56\sin\omega t + 20\sin\omega t + 30\sin(3\omega t + 30°) + 40\sin(4\omega t + 60°)$
로 표현될 때, 왜형률은 약 얼마인가?

① 1.0   ② 0.96   ③ 0.55   ④ 0.11

해설 비정현파 전류의 왜형률 = $\dfrac{\text{전 고조파전류의 실효치}}{\text{기본파의 전류의 실효치}} \times 100 = \sqrt{\dfrac{I_2^2 + I_3^2 + I_4^2}{I_1^2}}$

$= \sqrt{\dfrac{\dfrac{(20)^2 + (30)^2 + (40)^2}{(\sqrt{2})^2}}{\left(\dfrac{56}{\sqrt{2}}\right)^2}} = \sqrt{\dfrac{400 + 900 + 1600}{(56)^2}} = \sqrt{\dfrac{2900}{3136}} = \sqrt{0.9247} ≒ 0.96$ 이 된다.

074 대칭 6상 성형(star)결선에서 선간전압 크기와 상전압 크기의 관계로 옳은 것은?
(단, V_l : 선간전압 크기, V_p : 상전압 크기)

① $V_l = V_p$ ② $V_l = \sqrt{3}\,V_p$

③ $V_l = \dfrac{1}{\sqrt{3}}V_p$ ④ $V_l = \dfrac{2}{\sqrt{3}}V_p$

해설 대칭 n상 교류에서 선간전압(V_l)과 상전압(V_p)의 관계는

$V_l = V_p \times 2\sin\dfrac{\pi}{n} \varepsilon^{j\frac{\pi}{2}(1-\frac{2}{n})}$ [V]이다.

∴ 대칭 6상인 경우 $V_l = V_p \times 2\sin\dfrac{\pi}{6} = V_p \times 2 \times \dfrac{1}{2} = V_p$ [V]이다.

위상차 $\psi = \dfrac{\pi}{2}(1 - \dfrac{2}{n}) = \dfrac{\pi}{2}(1 - \dfrac{2}{6}) = \dfrac{\pi}{2} - \dfrac{\pi}{6} = \dfrac{\pi}{3} = 60°$ 이다.

075 3상 불평형 전압 V_a, V_b, V_c가 주어진다면, 정상분 전압은?
(단, $a = e^{j2\pi/3} = 1\angle 120°$ 이다.)

① $V_a + a^2 V_b + a V_c$ ② $V_a + a V_b + a^2 V_c$

③ $\dfrac{1}{3}(V_a + a^2 V_b + a V_c)$ ④ $\dfrac{1}{3}(V_a + a V_b + a^2 V_c)$

해설 연산 $a = \angle 120° = \cos 120° + j\sin 120° = -\dfrac{1}{2} + j\dfrac{\sqrt{3}}{2}$

$a^2 = \angle 240° = \cos 240° + j\sin 240° = -\dfrac{1}{2} - j\dfrac{\sqrt{3}}{2}$

$a^3 = \angle 360° = \cos 360° + j\sin 360° = 1$

∴ $1 + a + a^2 = 0$일 때 대칭분의 3상 전압 중에서 정상분의 전압은?

V_0(영상분 전압) $= \dfrac{1}{3}(V_a + V_b + V_c)$ [V]

V_1(정상분 전압) $= \dfrac{1}{3}(V_a + a V_b + a^2 V_c)$ [V]

V_2(역상분 전압) $= \dfrac{1}{3}(V_a + a^2 V_b + a V_c)$ [V] 이다.

정답 73. ②   74. ①   75. ④

076 송전선로가 무손실 선로일 때, $L=96$[mH]이고 $C=0.6[\mu F]$이면 특성임피던스(Ω)는?

① 100
② 200
③ 400
④ 600

해설 송전선로가 무손실 선로일 때, $R=0$, $G=0$이다.

$$\therefore Z_0(\text{선로의 특성임피던스}) = \sqrt{\frac{Z}{Y}} = \sqrt{\frac{R+j\omega L}{G+j\omega C}} = \sqrt{\frac{j\omega L}{j\omega C}} = \sqrt{\frac{L}{C}}$$

$$= \sqrt{\frac{96 \times 10^{-3}}{0.6 \times 10^{-6}}} = \sqrt{\frac{96 \times 10^3}{0.6}} = \sqrt{\frac{96}{6} \times 10^4} = \sqrt{16} \times 10^2 = 4 \times 10^2 = 400[\Omega]\text{가 된다.}$$

077 커패시터와 인덕터에서 물리적으로 급격히 변화할 수 없는 것은?

① 커패시터와 인덕터에서 모두 전압
② 커패시터와 인덕터에서 모두 전류
③ 커패시터에서 전류, 인덕터에서 전압
④ 커패시터에서 전압, 인덕터에서 전류

해설 커패시터와 인덕터에서 물리적으로 급격히 변화할 수 없는 것은
$i = C\frac{dV}{dt}$[A]로서 커패시터(C)에서는 급격한 전압변화($\frac{dV}{dt}$)를 할 수 없고,
$V = L\frac{di}{dt}$[V]로서 인덕터(L)에서는 급격한 전류 변화($\frac{di}{dt}$)를 할 수 없다.
∴ 커패시터에서 전압, 인덕터에서 전류가 급격히 변화할 수 없다.

078 2전력계법을 이용한 평형 3상회로의 전력이 각각 500[W] 및 300[W]로 측정되었을 때, 부하의 역률은 약 몇 %인가?

① 70.7
② 87.7
③ 89.2
④ 91.8

해설 2전력계법을 이용한 평형 3상회로의 각각 전력이 $P_1=500$[W], $P_2=300$[W]일 때

$$\text{부하의 역률 } \cos\theta = \frac{P_1+P_2}{2\sqrt{P_1^2-P_1P_2+P_2^2}} = \frac{500+300}{2\sqrt{(500)^2-(500\times300)+(300)^2}}$$

$$= \frac{800}{2\sqrt{(25\times10^4)-(15\times10^4)+(9\times10^4)}} = \frac{800}{2\sqrt{(25-15+9)\times10^4}}$$

$$= \frac{800}{2\sqrt{19}\times10^2} = \frac{8}{2\sqrt{19}} ≒ \frac{8}{8.7} ≒ 0.918 ≒ 91.8\%\text{이다.}$$

정답 76.③ 77.④ 78.④

079 인덕턴스가 0.1[H]인 코일에 실횻값 100[V], 60[Hz], 위상 30도인 전압을 가했을 때 흐르는 전류의 실횻값 크기는 약 몇 [A]인가?

① 43.7 ② 37.7
③ 5.46 ④ 2.65

해설 인덕턴스가 $L=0.1$[H]인 코일에 흐르는 전류의 실횻값

$$I=\frac{V}{X_L}=\frac{V}{\omega L}=\frac{V}{2\pi f L}=\frac{100}{2\times 3.14\times 60\times 0.1}\fallingdotseq\frac{100}{37.7}\fallingdotseq 2.65[A]$$이다.

080 $f(t)=s(t-T)$의 라플라스변환 $F(s)$는?

① e^{Ts} ② e^{-Ts}
③ $\frac{1}{s}e^{Ts}$ ④ $\frac{1}{s}e^{-Ts}$

해설 $f(t)=s(t-T)$의 라플라스변환

$$F(s)=\int_0^\infty f(t)e^{-st}dt=\int_T^\infty se^{-st}dt=s\times\frac{1}{-s}(e^{-st})\Big|_T^\infty$$
$$=s\times\frac{1}{-s}(0-e^{-Ts})=e^{-Ts}$$가 된다.

05 전/기/설/비/기/술/기/준/및/판/단/기/준

081 고압 가공전선로의 지지물로 철탑을 사용한 경우 최대경간은 몇 [m] 이하이어야 하는가?

① 300 ② 400
③ 500 ④ 600

해설 고압 가공전선로의 지지물로 철탑을 사용한 경우 최대경간은 600[m] 이하이어야 한다.

082 폭발성 또는 연소성 가스가 침입할 우려가 있는 것에 시설하는 지중함으로서 그 크기가 몇 [m³] 이상의 것은 통풍장치 기타 가스를 방산시키기 위한 적당한 장치를 시설하여야 하는가?

① 0.9 ② 1.0
③ 1.5 ④ 2.0

해설 폭발성 또는 연소성 가스가 침입할 우려가 있는 것에 시설하는 지중함으로서 그 크기가 1[m³] 이상의 것은 통풍장치 기타 가스를 방산시키기 위한 적당한 장치를 시설하여야 한다.

정답 79.④ 80.② 81.④ 82.②

083 사용전압 35000[V]인 기계기구를 옥외에 시설하는 개폐소의 구내에 취급자 이외의 자가 들어가지 않도록 울타리를 설치할 때 울타리와 특고압의 충전부분이 접근하는 경우에는 울타리의 높이와 울타리로부터 충전부까지의 거리의 합은 최소 몇 [m] 이상이어야 하는가?

① 4　　　② 5
③ 6　　　④ 7

해설 사용전압 35[kV]인 기계기구를 옥외에 시설하는 개폐소의 구내에 취급자 이외의 자가 들어가지 않도록 울타리를 설치할 때 울타리와 특고압의 충전부분이 접근하는 경우에는 울타리의 높이와 울타리로부터 충전부까지의 거리의 합은 최소 5[m] 이상이어야 한다.

084 다음의 ⓐ, ⓑ에 들어갈 내용으로 옳은 것은?

> 과전류차단기로 시설하는 퓨즈 중 고압전로에 사용하는 비포장퓨즈는 정격전류의 (ⓐ)배의 전류에 견디고 또한 2배의 전류로 (ⓑ)분 안에 용단되는 것이어야 한다.

① ⓐ 1.1, ⓑ 1　　　② ⓐ 1.2, ⓑ 1
③ ⓐ 1.25, ⓑ 2　　　④ ⓐ 1.3, ⓑ 2

해설 과전류차단기로 시설하는 퓨즈 중 고압전로에 사용하는 비포장퓨즈는 정격전류의 (ⓐ 1.25)배의 전류에 견디고 또한 2배의 전류로 (ⓑ 2)분 안에 용단되는 것이어야 한다.
∴ 그러므로 답은 ③ ⓐ 1.25, ⓑ 2 이다.

085 지중 전선로를 직접 매설식에 의하여 시설하는 경우에는 매설 깊이를 차량 기타 중량물의 압력을 받을 우려가 있는 장소에서는 몇 [cm] 이상으로 하면 되는가?

① 40　　　② 60
③ 80　　　④ 120

해설 지중 전선로를 직접 매설식에 의하여 시설하는 경우에는 매설 깊이를 차량 기타 중량물의 압력을 받을 우려가 있는 장소에서는 120[cm] 이상으로 하여야 한다.

086 저압 가공전선이 건조물의 상부 조영재 옆쪽으로 접근하는 경우 저압 가공전선과 건조물의 조영재 사이의 이격거리는 몇 [m] 이상이어야 하는가? (단, 전선에 사람이 쉽게 접촉할 우려가 없도록 시설한 경우와 전선이 고압 절연전선, 특고압 절연전선 또는 케이블인 경우는 제외한다.)

① 0.6　　　② 0.8
③ 1.2　　　④ 2.0

 83. ②　84. ③　85. ④　86. ③

해설 저압 가공전선이 건조물의 상부 조영재 옆쪽으로 접근하는 경우 저압 가공전선과 건조물의 조영재 사이의 이격거리는 1.2[m] 이상이어야 한다.(단, 전선에 사람이 쉽게 접촉할 우려가 없도록 시설한 경우와 전선이 고압 절연전선, 특고압 절연전선 또는 케이블인 경우는 제외한다.)

087

변압기의 고압측 전로와 혼촉에 의하여 저압측 전로의 대지전압이 150[V]를 넘는 경우에 2초 이내에 고압전로를 자동 차단하는 장치가 되어 있는 6600/220[V] 배전선로에 있어서 1선지락 전류가 2[A]이면 제2종 접지저항 값의 최대는 몇 [Ω]인가?

① 50
② 75
③ 150
④ 300

해설 변압기의 고압측 전로와 혼촉에 의하여 저압측 전로의 대지전압이 150[V]를 넘는 경우에 2초 이내에 고압전로를 자동 차단하는 장치가 되어 있는 6600/220[V] 배전선로에 있어서 1선지락 전류가 2[A]이면 제2종 접지저항의 최대값 = $\dfrac{300}{1선\ 지락\ 전류} = \dfrac{300}{2} = 150[Ω]$이다.

088

저압 옥내간선은 특별한 경우를 제외하고 다음 중 어느 것에 의하여 그 굵기가 결정되는가?

① 전기방식
② 허용전류
③ 수전방식
④ 계약전력

해설 저압 옥내간선은 특별한 경우를 제외하고 허용전류에 의하여 그 굵기가 결정된다.

089

휴대용 또는 이동용의 전력보안 통신용 전화설비를 시설하는 곳은 특고압 가공전선로 및 선로길이가 몇 [km] 이상의 고압 가공전선로인가?

① 2
② 5
③ 10
④ 15

해설 휴대용 또는 이동용의 전력보안 통신용 전화설비를 시설하는 곳은 특고압 가공전선로 및 선로길이가 5[km] 이상의 고압 가공전선로이다.

090

폭연성 분진 또는 화약류의 분말이 존재하는 곳의 저압옥내배선은 어느 공사에 의하는가?

① 금속관 공사
② 애자사용 공사
③ 합성수지관 공사
④ 캡타이어 케이블 공사

해설 금속관 공사는 폭연성 분진 또는 화약류의 분말이 존재하는 곳의 저압옥내배선은 금속관 공사에 의하여 시설되어야 한다.

정답 87. ③ 88. ② 89. ② 90. ①

091 강체방식에 의하여 시설하는 직류식 전기철도용 전차 선로는 전차선의 높이가 지표상 몇 [m] 이상인가?

① 3
② 4
③ 5
④ 7

해설 강체방식에 의하여 시설하는 직류식 전기철도용 전차 선로는 전차선의 높이가 지표상 5[m] 이상이어야 한다.

092 저압 옥내전로의 인입구에 가까운 곳으로서 쉽게 개폐할 수 있는 곳에 개폐기를 시설하여야 한다. 그러나 사용전압이 400[V] 미만인 옥내전로로서 다른 옥내전로에 접속하는 길이가 몇 [m] 이하인 경우는 개폐기를 생략할 수 있는가? (단, 정격전류가 15[A] 이하인 과전류 차단기 또는 정격전류가 15[A]를 초과하고 20[A] 이하인 배선용 차단기로 보호되고 있는 것에 한한다.)

① 15
② 20
③ 25
④ 30

해설 저압 옥내전로의 인입구에 가까운 곳으로서 쉽게 개폐할 수 있는 곳에 개폐기를 시설하여야 한다. 또 정격전류가 15[A] 이하인 과전류 차단기 또는 정격전류가 15[A]를 초과하고 20[A] 이하인 배선용 차단기로 보호되고 있는 것에 한하여는 사용전압이 400[V] 미만인 옥내전로로서 다른 옥내전로에 접속하는 길이가 15[m] 이하인 경우는 개폐기를 생략할 수 있다.

093 지중 전선로는 기설 지중 약전류 전선로에 대하여 다음 어느 것에 의하여 통신상의 장해를 주지 아니하도록 기설 약전류 전선로로부터 충분히 이격시키는가?

① 충전전류 또는 표피작용
② 충전전류 또는 유도작용
③ 누설전류 또는 표피작용
④ 누설전류 또는 유도작용

해설 지중 전선로는 기설 지중 약전류 전선로에 대하여 누설전류 또는 유도작용에 의하여 통신상의 장해를 주지 아니하도록 기설 약전류 전선로로부터 충분히 이격시켜야 한다.

094 특고압 전로에 사용하는 수밀형 케이블에 대한 설명으로 틀린 것은?

① 사용전압이 25[kV] 이하일 것
② 도체는 경알루미늄선을 소선으로 구성한 원형압축 연선일 것
③ 내부 반도전층은 절연층과 완전 밀착되는 압출 반도전층으로 두께의 최솟값은 0.5[mm] 이상일 것
④ 외부 반도전층은 절연층과 밀착되어야 하고, 또한 절연층과 쉽게 분리되어야 하며, 두께의 최솟값은 1[mm] 이상일 것

정답 91. ③ 92. ① 93. ④ 94. ④

해설 특고압 전로에 사용하는 수밀형 케이블에 대한 설명으로 옳은 것은?
① 사용전압이 25[kV] 이하일 것
② 도체는 경알루미늄선을 소선으로 구성한 원형압축 연선일 것
③ 내부 반도전층은 절연층과 완전 밀착되는 압출 반도전층으로 두께의 최솟값은 0.5[mm] 이상일 것

095 일반주택 및 아파트 각 호실의 현관등은 몇 분 이내에 소등되는 타임스위치를 시설하여야 하는가?
① 1분
② 3분
③ 5분
④ 10분

해설 일반주택 및 아파트 각 호실의 현관등은 3분 이내에 소등되는 타임스위치를 시설하여야 한다.

096 발전소에 장치를 시설하여 계측하지 않아도 되는 것은?
① 발전기의 회전자 온도
② 특고압용 변압기의 온도
③ 발전기의 전압 및 전류 또는 전력
④ 주요 변압기의 전압 및 전류 또는 전력

해설 발전소에 장치를 시설하여 계측해야 되는 것은?
① 특고압용 변압기의 온도
② 발전기의 전압 및 전류 또는 전력
③ 주요 변압기의 전압 및 전류 또는 전력

097 백열전등 또는 방전등에 전기를 공급하는 옥내전로의 대지전압은 몇 [V] 이하이어야 하는가?
① 440
② 380
③ 300
④ 100

해설 백열전등 또는 방전등에 전기를 공급하는 옥내전로의 대지전압은 300[V] 이하이어야 한다.

098 66000[V] 가공전선과 6000[V] 가공전선을 동일 지지물에 병가하는 경우, 특고압 가공전선으로 사용하는 경동연선의 굵기는 몇 [mm^2] 이상이어야 하는가?
① 22
② 38
③ 55
④ 100

해설 66000[V] 가공전선과 6000[V] 가공전선을 동일 지지물에 병가하는 경우, 특고압 가공전선으로 사용하는 경동연선의 굵기는 55[mm^2] 이상이어야 한다.

해답 95.② 96.① 97.③ 98.③

099 저압 또는 고압의 가공 전선로와 기설 가공약전류 전선로가 병행할 때 유도작용에 의한 통신상의 장해가 생기지 않도록 전선과 기설약전류 전선간의 이격거리는 몇 [m] 이상이어야 하는가? (단, 전기철도용 급전선로는 제외한다.)

① 2
② 3
③ 4
④ 6

해설 저압 또는 고압의 가공 전선로와 기설 가공약전류 전선로가 병행할 때 유도작용에 의한 통신상의 장해가 생기지 않도록 전선과 기설약전류 전선간의 이격거리는 2[m] 이상이어야 한다.

100 가공전선로의 지지물에 하중이 가하여지는 경우에 그 하중을 받는 지지물의 기초 안전율은 특별한 경우를 제외하고 최소 얼마이상인가?

① 1.5
② 2
③ 2.5
④ 3

해설 가공전선로의 지지물에 하중이 가하여지는 경우에 그 하중을 받는 지지물의 기초 안전율은 특별한 경우를 제외하고 최소 2 이상이어야 한다.

정답 99. ① 100. ②

전기기사

2020년도

전기기사	2020년 6월 6일 시행
	(제1·2회 통합 필기시험)
전기기사	2020년 8월 22일 시행

전기기사

전기자기학 / 전력공학 / 전기기기 / 회로이론 및 제어공학 / 전기설비기술기준 및 판단기준

[2020년 6월 6일 시행]

01 전/기/자/기/학

001 면적이 매우 넓은 두 개의 도체판을 $d[m]$ 간격으로 수평하게 평행 배치하고, 이 평행 도체판 사이에 놓인 전자가 정지하고 있기 위해서 그 도체판 사이에 가하여야 할 전위차(V)는? (단, g는 중력 가속도이고, m은 전자의 질량이고, e는 전자의 전하량이다.)

① $mged$ ② $\dfrac{ed}{mg}$ ③ $\dfrac{mgd}{e}$ ④ $\dfrac{mge}{d}$

해설 두 개의 도체판은 $d[m]$ 간격으로 평행 배치하고 도체판 사이에 놓인 전자가 정지하기 위한 조건은 중력(mg)=전자력($eE=e\dfrac{V}{d}$)이다.

∴ 도체판 사이에 가해야 할 전압=전위차 $V=\dfrac{mgd}{e}[V]$이어야 한다.

002 자기회로에서 자기저항의 크기에 대한 설명으로 옳은 것은?
① 자기회로의 길이에 비례
② 자기회로의 단면적에 비례
③ 자성체의 비투자율에 비례
④ 자성체의 비투자율의 제곱에 비례

해설 자기회로에서 자기저항이란 철심의 저항을 말하며 손실이 없는 저항이다.
즉 $F(기자력)=NI=R\phi=H\ell[A]$
$R(자기저항)=\dfrac{NI}{\phi}=\dfrac{H\ell}{BS}=\dfrac{H\ell}{\mu HS}=\dfrac{\ell}{\mu S}\fallingdotseq \ell$이다.

∴ 자기저항의 크기는 자기회로의 길이에 비례한다.

003 전위함수 $V=x^2+y^2[V]$일 때 점 (3, 4)[m]에서의 등전위선의 반지름은 몇 [m]이며, 전기력선 방정식은 어떻게 되는가?

① 등전위선의 반지름 : 3, 전기력선 방정식 : $y=\dfrac{3}{4}x$

② 등전위선의 반지름 : 4, 전기력선 방정식 : $y=\dfrac{4}{3}x$

③ 등전위선의 반지름 : 5, 전기력선 방정식 : $x=\dfrac{4}{3}y$

④ 등전위선의 반지름 : 5, 전기력선 방정식 : $x=\dfrac{3}{4}y$

정답 1.③ 2.① 3.④

해설 V(전위함수) $= x^2 + y^2$[V]일 때

E(전계세기) $= -\text{grad}\, V = -\nabla V = -\left(i\dfrac{\partial V}{\partial x} + j\dfrac{\partial V}{\partial y} + k\dfrac{\partial V}{\partial z}\right)$

$ = -\left(i\dfrac{\partial(x^2+y^2)}{\partial x} + j\dfrac{\partial(x^2+y^2)}{\partial y} + k\dfrac{\partial(x^2+y^2)}{\partial z}\right)$

$ = -(i2x + j2y + 0) = -i2x - j2y$[V/m]

점(3, 4)[m]에서의 등전위선의 반지름 $r = \sqrt{3^2 + 4^2} = \sqrt{25} = 5$[m] … ①

또 전기력선의 방정식 $\dfrac{dx}{Ex} = \dfrac{dy}{Ey} = \dfrac{dz}{Ez}$ 에서

$\dfrac{dx}{-2x} = \dfrac{dy}{-2y}$, $\dfrac{1}{x}dx = \dfrac{1}{y}dy$ 양변을 적분하면 $\int \dfrac{1}{x}dx = \int \dfrac{1}{y}dy$

$\ln x + C_1 = \ln y + C_2$, $\ln C_1 x = \ln C_2 y$, $C_1 x = C_2 y$, $3C_1 = 4C_2$에서

$\dfrac{C_2}{C_1} = \dfrac{3}{4}$ 일 때 전기력선의 방정식 $x = \dfrac{C_2}{C_1}y = \dfrac{3}{4}y$ ……………… ②

∴ ①, ②식에서 등전위선의 반지름 $r = 5$[m]

전기력선의 방정식 $x = \dfrac{3}{4}y$ 이다.

---

004 10[mm]의 지름을 가진 동선에 50[A]의 전류가 흐르고 있을 때 단위시간 동안 동선의 단면을 통과하는 전자의 수는 약 몇 개인가?

① 7.85×10^{16}
② 20.45×10^{15}
③ 31.21×10^{19}
④ 50×10^{19}

해설 단위시간 동안 동선의 단면을 통과하는 전자의 수는

$\dfrac{Q}{e} = \dfrac{It}{e} = \dfrac{50 \times 1}{1.602 \times 10^{-19}} ≒ 31.21 \times 10^{19}$ 개다.

---

005 자기 인덕턴스와 상호 인덕턴스와의 관계에서 결합계수 k의 범위는?

① $0 \leq k \leq \dfrac{1}{2}$
② $0 \leq k \leq 1$
③ $1 \leq k \leq 2$
④ $1 \leq k \leq 10$

해설 M(상호 인덕턴스), L_1, L_2(자기 인덕턴스), 결합계수 k일 때의 관계 $M = k\sqrt{L_1 L_2}$[H], $k = \dfrac{M}{\sqrt{L_1 L_2}}$ 이며 $k ≒ 0$(소결합), $k ≒ 1$(밀결합)으로 결합계수 k의 범위는 $0 \leq k \leq 1$ 이다.

해답 4. ③ 5. ②

006 면적이 $S[\text{m}^2]$이고 극간의 거리가 $d[\text{m}]$인 평행판 콘덴서에 비유전율이 ε_r인 유전체를 채울 때 정전용량(F)은? (단, ε_0는 진공의 유전율이다.)

① $\dfrac{2\varepsilon_0\varepsilon_r S}{d}$ ② $\dfrac{\varepsilon_0\varepsilon_r S}{\pi d}$ ③ $\dfrac{\varepsilon_0\varepsilon_r S}{d}$ ④ $\dfrac{2\pi\varepsilon_0\varepsilon_r S}{d}$

해설 비유전율 ε_r인 유전체를 채운 평행판 콘덴서의 정전용량 $C=\dfrac{\varepsilon S}{d}=\dfrac{\varepsilon_0\varepsilon_r S}{d}$[F]가 된다.

007 반자성체의 비투자율(μ_r) 값의 범위는?

① $\mu_r = 1$ ② $\mu_r < 1$
③ $\mu_r > 1$ ④ $\mu_r = 0$

해설 상자성체 비투자율의 값은 μ_r(비투자율) > 1, χ(자화율) > 0이다.
반(역)자성체 비투자율의 값은 μ_r(비투자율) < 1, χ(자화율) < 0이다.

008 반지름 $r[\text{m}]$인 무한장 원통형 도체에 전류가 균일하게 흐를 때 도체 내부에서 자계의 세기(AT/m)는?

① 원통 중심축으로부터 거리에 비례한다.
② 원통 중심축으로부터 거리에 반비례한다.
③ 원통 중심축으로부터 거리의 제곱에 비례한다.
④ 원통 중심축으로부터 거리의 제곱에 반비례한다.

해설 반지름 $r[\text{m}]$인 무한장 원통형 도체(원주 도체) 내부 자계 세기는 Amper의 주회적분 법칙에서
$H=\dfrac{I'}{2\pi r}=\dfrac{1}{2\pi r}\times\dfrac{\pi r^2}{\pi a^2}\times I=\dfrac{r}{2\pi a^2}\times I[\text{A}] \propto r$ 로 내부 자계 세기는 원통 중심축으로부터 거리에 비례한다.

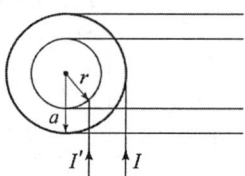

(단, $\dfrac{I'}{I}=\dfrac{\pi r^2}{\pi a^2}=\dfrac{r^2}{a^2}$. $\therefore I'=\dfrac{r^2}{a^2}\times I[\text{A}]$이다.)

009 정전계 해석에 관한 설명으로 틀린 것은?

① 포아송 방정식은 가우스 정리의 미분형으로 구할 수 있다.
② 도체 표면에서의 전계의 세기는 표면에 대해 법선 방향을 갖는다.
③ 라플라스 방정식은 전극이나 도체의 형태에 관계없이 체적전하밀도가 0인 모든 점에서 $\nabla^2 V=0$을 만족한다.
④ 라플라스 방정식은 비선형 방정식이다.

해답 6.③ 7.② 8.① 9.④

2020년 6월 6일 시행

정전계 해석에 관한 설명으로 옳은 것은
① 포아송 방정식은 가우스 정리의 미분형으로 구할 수 있다.
② 도체 표면에서의 전계의 세기는 표면에 대해 법선 방향을 갖는다.
③ 라플라스 방정식은 전극이나 도체의 형태에 관계없이 체적전하밀도가 0인 모든 점에서 $\nabla^2 V = 0$을 만족한다.

010
비유전율 ε_r이 4인 유전체의 분극률은 진공의 유전율 ε_0이 몇 배인가?
① 1
② 3
③ 9
④ 12

비유전율 ε_r이 4인 유전체의 분극률 $x = \varepsilon_0(\varepsilon_r - 1) = \varepsilon_0(4-1) = 3\varepsilon_0$. 즉 ε_0의 3배이다.

011
공기 중에 있는 무한히 긴 직선 도선에 10[A]의 전류가 흐르고 있을 때 도선으로부터 2[m] 떨어진 점에서의 자속밀도는 몇 [Wb/m²]인가?
① 10^{-5}
② 0.5×10^{-6}
③ 10^{-6}
④ 2×10^{-6}

Amper의 주회적분 법칙에서 H(자계 세기) $= \dfrac{I}{2\pi r}$[A/m]이다. $r = 2$[m] 떨어진 점에서의 자속밀도 $B = \mu_0 H = 4\pi \times 10^{-7} \times \dfrac{I}{2\pi r} = 4\pi \times 10^{-7} \times \dfrac{10}{2\pi \times 2} = 10^{-6}$[Wb/m²]이다.

012
그림에서 $N = 1000$회, $l = 100$[cm], $S = 10$[cm²]인 환상 철심의 자기 회로에 전류 $I = 10$[A]를 흘렸을 때 축적되는 자계 에너지는 몇 [J]인가? (단, 비투자율 $\mu_r = 100$이다.)
① $2\pi \times 10^{-3}$
② $2\pi \times 10^{-2}$
③ $2\pi \times 10^{-1}$
④ 2π

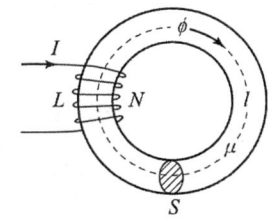

환상 철심에 저축되는 자계 에너지
$$W = \frac{1}{2}LI^2 = \frac{1}{2} \times \frac{N^2}{R} \times I^2 = \frac{1}{2} \frac{N^2}{\frac{\ell}{\mu S}} \times I^2 = \frac{\mu_o \mu_r S N^2 I^2}{2\ell}$$
$$= \frac{4\pi \times 10^{-7} \times 100 \times 10 \times 10^{-4} \times (1000)^2 \times 10^2}{2 \times 100 \times 10^{-2}}$$
$$= \frac{4\pi}{2} = 2\pi [\text{J}]$$이다.

해답 10.② 11.③ 12.④

013 자기유도계수 L의 계산 방법이 아닌 것은? (단, N : 권수, ϕ : 자속(Wb), I : 전류(A), A : 벡터 퍼텐셜(Wb/m), i : 전류밀도(A/m^2), B : 자속밀도(Wb/m^2), H : 자계의 세기(AT/m)이다.)

① $L = \dfrac{N\phi}{I}$
② $L = \dfrac{\int_v A \cdot i\, dv}{I^2}$
③ $L = \dfrac{\int_v B \cdot H\, dv}{I^2}$
④ $L = \dfrac{\int_v A \cdot i\, dv}{I}$

예산 ① $e = \oint_c A\, d\ell = \int_s B\, ds$ ················· ㉠식에서
$\int_s \text{rot}\, A\, ds = \int_s B\, ds$, $\text{rot}\, A = B$이다.

② $\text{rot}\, H = i(\text{전류밀도}) = \dfrac{I}{s}$ [A/m^2] ······ ㉡

③ Faraday의 전자유도법칙 $LI = N\phi$ ··· ㉢

㉠, ㉡, ㉢식에서

$L(\text{자기유도계수}) = \dfrac{\phi}{I} = \dfrac{\int_s B\, ds}{I} = \dfrac{\int_s B\, ds \times I}{I \times I} = \dfrac{\int_s B\, ds \times is}{I^2} = \dfrac{\int_v A \cdot i\, dv}{I^2}$

$= \dfrac{\int_v \dfrac{B}{\text{rot}} \times \text{rot}\, H \times dv}{I^2} = \dfrac{\int_v BH\, dv}{I^2}$ [H]가 된다.

∴ 자기유도계수 L의 계산 방법이 아닌 것은 $L = \dfrac{\int_v A \cdot i\, dv}{I}$ 이다.

014 20℃에서 저항의 온도계수가 0.002인 니크롬선의 저항이 100[Ω]이다. 온도가 60℃로 상승되면 저항은 몇 [Ω]이 되겠는가?

① 108
② 112
③ 115
④ 120

예산 $t = 20℃$일 때의 α_t(저항의 온도계수)=0.002인 니크롬선의 저항 $R_t = 100[\Omega]$이다.
$T = 60℃$로 상승할 때의 니크롬선의 저항
$R_T = R_t(1 + \alpha_t(T - t)) = 100(1 + 0.002(60 - 20)) = 100(1 + 0.002 \times 40)$
$= 100 \times 1.08 = 108[\Omega]$이다.

정답 13. ④ 14. ①

015 전계 및 자계의 세기가 각각 E[V/m], H[AT/m]일 때, 포인팅 벡터 P[W/m²]의 표현으로 옳은 것은?

① $P = \dfrac{1}{2} E \times H$ ② $P = E \, \text{rot} \, H$

③ $P = E \times H$ ④ $P = H \, \text{rot} \, E$

해설 P(포인팅 Vector)란 평면전자파가 $v = \dfrac{1}{\sqrt{\varepsilon\mu}}$[m/s]의 속도로 단위시간에 단위면적을 통과하는 에너지의 흐름을 말한다.

즉, P(포인팅 Vector) $= \dfrac{P}{S} = Wv = \sqrt{\varepsilon\mu}(E \times H) \times \dfrac{1}{\sqrt{\varepsilon\mu}} = E \times H$[W/m²]이다.

016 평등자계 내에 전자가 수직으로 입사하였을 때 전자의 운동에 대한 설명으로 옳은 것은?

① 원심력은 전자속도에 반비례한다.
② 구심력은 자계의 세기에 반비례한다.
③ 원운동을 하고, 반지름은 자계의 세기에 비례한다.
④ 원운동을 하고, 반지름은 전자의 회전속도에 비례한다.

해설 자속밀도 B[Wb/m²]인 평등자계 내에 전자가 수직으로 입사하면 전자는

f(전자력) $= I \times B\ell \sin 90° = \dfrac{e}{t} \times B\ell = Bev$[N]의 힘을 받아 원심력 $\dfrac{mv^2}{r}$으로 회전한다.

∴ $Bev = \dfrac{mv^2}{r}$, r(일정 반지름) $= \dfrac{mv}{Be}$[m] ≒ v(속도)로 원운동을 하고, 일정 반지름은 전자의 회전 속도에 비례한다.

017 진공 중 3[m] 간격으로 두 개의 평행한 무한 평판 도체에 각각 +4[C/m²], -4[C/m²]의 전하를 주었을 때, 두 도체 간의 전위차는 약 몇 [V]인가?

① 1.5×10^{11} ② 1.5×10^{12}

③ 1.36×10^{11} ④ 1.36×10^{12}

해설 무한 평판(평면) 도체의 전계세기 $E = \dfrac{\sigma}{\varepsilon_0}$[V/m]이다.

∴ 두 개의 무한 평판 도체를 3[m] 간격으로 전하를 주었을 때 두 도체 간의 전위차는

$V = -\displaystyle\int_3^0 E \, dr = -\int_3^0 \dfrac{\sigma}{\varepsilon_0} dr = -\dfrac{\sigma}{\varepsilon_0}(r)_3^0 = -\dfrac{\sigma}{\varepsilon_0}(0-3) = \dfrac{\sigma \times 3}{\varepsilon_0} = \dfrac{4 \times 3}{\varepsilon_0}$

$= \dfrac{12}{8.855 \times 10^{-12}} ≒ 1.36 \times 10^{12}$[V]가 된다.

정답 15. ③ 16. ④ 17. ④

018 자속밀도 B[Wb/m²]의 평등 자계 내에서 길이 l[m]인 도체 ab가 속도 v[m/s]로 그림과 같이 도선을 따라서 자계와 수직으로 이동할 때, 도체 ab에 의해 유기된 기전력의 크기 e[V]와 폐회로 abcd 내 저항 R에 흐르는 전류의 방향은? (단, 폐회로 abcd 내 도선 및 도체의 저항은 무시한다.)

① $e = Blv$, 전류 방향 : c → d
② $e = Blv$, 전류 방향 : d → c
③ $e = Blv^2$, 전류 방향 : c → d
④ $e = Blv^2$, 전류 방향 : d → c

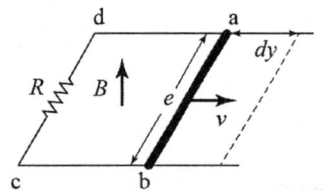

해설 B(자속밀도)[Wb/m²]의 평등자계 내에서 길이 l[m]의 도체를 자계와 수직 방향으로 v[m/sec]의 속도로 이동하면 플레밍의 오른손 법칙에서 도선 ab에 유기되는 기전력 $e = Blv$[V]이며 전류 방향은 c → d 방향이 된다.

019 그림과 같이 내부 도체구 A에 $+Q$[C], 외부 도체구 B에 $-Q$[C]를 부여한 동심 도체구 사이의 정전용량 C[F]는?

① $4\pi\varepsilon_o(b-a)$
② $\dfrac{4\pi\varepsilon_o ab}{b-a}$
③ $\dfrac{ab}{4\pi\varepsilon_o(b-a)}$
④ $4\pi\varepsilon_o\left(\dfrac{1}{a}-\dfrac{1}{b}\right)$

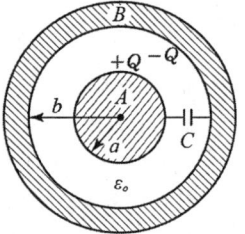

해설 문제 그림의 동심 도체구(동심구) 사이의 정전용량

$C = \dfrac{Q}{V} = \dfrac{Q}{-\int_b^a E dr} = \dfrac{Q}{-\int_b^a \dfrac{Q}{4\pi\varepsilon_o r^2}dr} = \dfrac{Q}{\dfrac{Q}{4\pi\varepsilon_o}\left(\dfrac{1}{r}\right)_b^a} = \dfrac{4\pi\varepsilon_o}{\dfrac{1}{a}-\dfrac{1}{b}} = \dfrac{4\pi\varepsilon_o ab}{b-a}$[F]가 된다.

020 유전율이 ε_1, ε_2[F/m]인 유전체 경계면에 단위 면적당 작용하는 힘의 크기는 [N/m²]인가? (단, 전계가 경계면에 수직인 경우이며, 두 유전체에서의 전속밀도는 $D_1 = D_2 = D$[C/m²]이다.)

① $2\left(\dfrac{1}{\varepsilon_1} - \dfrac{1}{\varepsilon_2}\right)D^2$
② $2\left(\dfrac{1}{\varepsilon_1} + \dfrac{1}{\varepsilon_2}\right)D^2$
③ $\dfrac{1}{2}\left(\dfrac{1}{\varepsilon_1} + \dfrac{1}{\varepsilon_2}\right)D^2$
④ $\dfrac{1}{2}\left(\dfrac{1}{\varepsilon_2} - \dfrac{1}{\varepsilon_1}\right)D^2$

18. ① 19. ② 20. ④

해 유전율이 ε_1, ε_2[F/m]인 유전체 경계면에 단위 면적당의 맥스웰 응력은
전계가 계면에 수직일 때는 전계 방향으로
$F(인장응력) = \frac{1}{2}(E_2 - E_1)D = \frac{1}{2}\left(\frac{D}{\varepsilon_2} - \frac{D}{\varepsilon_1}\right)D = \frac{1}{2}\left(\frac{1}{\varepsilon_2} - \frac{1}{\varepsilon_1}\right)D^2[N/m^2]$을 받고,
전계가 계면에 평행일 때는 전계와 수직 방향으로
$F(압축응력) = \frac{1}{2}(D_1 - D_2)E = \frac{1}{2}(\varepsilon_1 E - \varepsilon_2 E)E = \frac{1}{2}(\varepsilon_1 - \varepsilon_2)E^2[N/m^2]$을 받는다.

02 전/력/공/학

021 중성점 직접접지방식의 발전기가 있다. 1선지락 사고 시 지락전류는? (단, Z_1, Z_2, Z_0는 각각 정상, 역상, 영상 임피던스이며, E_a는 지락된 상의 무부하 기전력이다.)

① $\dfrac{E_a}{Z_0 + Z_1 + Z_2}$ ② $\dfrac{Z_1 E_a}{Z_0 + Z_1 + Z_2}$

③ $\dfrac{3E_a}{Z_0 + Z_1 + Z_2}$ ④ $\dfrac{Z_0 E_a}{Z_0 + Z_1 + Z_2}$

해 a상 지락인 경우 초기 조건 $\begin{cases} V_a = 0 \\ I_b = I_c = 0 \end{cases}$에서
$I_0 = I_1 = I_2$인 고장 종류를 1선 지락이라 한다.
발전기 기본식에서
$V_a = 0 = V_0 + V_1 + V_2 = -Z_0 I_0 + E_a - Z_1 I_1 - Z_2 I_2$
$E_a = I_0(Z_0 + Z_1 + Z_2)$
$I_0 = I_1 = I_2 = \dfrac{E_a}{Z_0 + Z_1 + Z_2}$ [A]이다.

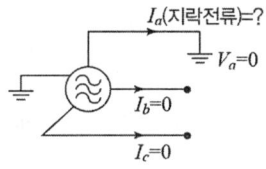

∴ 1선 지락 사고 시 지락전류 $I_a = I_0 + I_1 + I_2 = 3I_0 = \dfrac{3E_a}{Z_0 + Z_1 + Z_2}$ [A]가 된다.

022 다음 중 송전계통의 절연협조에 있어서 절연레벨이 가장 낮은 기기는?
① 피뢰기   ② 단로기   ③ 변압기   ④ 차단기

해 송전계통의 절연협조에 있어서 절연레벨이 가장 낮은 기기는 피뢰기이다.

023 화력발전소에서 절탄기의 용도는?
① 보일러에 공급되는 급수를 예열한다.
② 포화증기를 과열한다.
③ 연소용 공기를 예열한다.
④ 석탄을 건조한다.

해 화력발전소에서 절탄기의 용도는 보일러에 공급되는 급수를 예열한다.

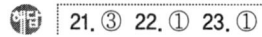

024

3상 배전선로의 말단에 역률 60%(늦음), 60[kW]의 평형 3상 부하가 있다. 부하점에 부하와 병렬로 전력용 콘덴서를 접속하여 선로손실을 최소로 하고자 할 때 콘덴서 용량(kVA)은? (단, 부하단의 전압은 일정하다.)

① 40
② 60
③ 80
④ 100

해설 $P=60[kW]$, $\cos\theta_1=0.6$(늦음), $\cos\theta_2=1$, 즉 선로 손실을 최소로 하고자 할 때의 콘덴서 용량 $P_a = P\left(\dfrac{\sin\theta_1}{\cos\theta_1} - \dfrac{\sin\theta_2}{\cos\theta_2}\right) = 60\left(\dfrac{0.8}{0.6} - \dfrac{0}{1}\right) = 60 \times \dfrac{4}{3} = 80[kVA]$ 이다.

025

송배전 선로에서 선택지락계전기(SGR)의 용도는?

① 다회선에서 접지 고장 회선의 선택
② 단일 회선에서 접지 전류의 대소 선택
③ 단일 회선에서 접지 전류의 방향 선택
④ 단일 회선에서 접지 사고의 지속 시간 선택

해설 송배전 선로에서 선택지락계전기(SGR)의 용도는 다회선에서 접지 고장 회선의 선택이다.

026

정격전압 7.2[kV], 정격차단용량 100[MVA]인 3상 차단기의 정격차단전류는 약 몇 [kA]인가?

① 4
② 6
③ 7
④ 8

해설 정격차단용량 $P_a = \sqrt{3}\,VI_s [kVA]$

정격차단전류 $I_s = \dfrac{P_a}{\sqrt{3}\,V} = \dfrac{100}{\sqrt{3} \times 7.2} = \dfrac{100}{12.4} \fallingdotseq 8[kA]$ 이다.

027

고장 즉시 동작하는 특성을 갖는 계전기는?

① 순시 계전기
② 정한시 계전기
③ 반한시 계전기
④ 반한시성 정한시 계전기

해설 순시 계전기는 고장 즉시 동작하는 특성을 갖는 계전기이다.

정답 24. ③ 25. ① 26. ④ 27. ①

028 30000[kW]의 전력을 51[km] 떨어진 지점에 송전하는 데 필요한 전압은 약 몇 [kV]인가? (단, Still의 식에 의하여 산정한다.)
① 22
② 33
③ 66
④ 100

Still의 식(경제적인 송전 전압)
$$kV = 5.5\sqrt{0.6\ell + \frac{P}{100}} = 5.5\sqrt{0.6 \times 51 + \frac{30000}{100}} = 5.5\sqrt{30.6 + 300} = 5.5\sqrt{330.6}$$
$\fallingdotseq 5.5 \times 18.18 \fallingdotseq 100[kV]$이다.

029 댐의 부속설비가 아닌 것은?
① 수로
② 수조
③ 취수구
④ 흡출관

댐의 부속설비에는 수로, 수조, 취수구 등이다.

030 3상 3선식에서 전선 한 가닥에 흐르는 전류는 단상 2선식의 경우의 몇 배가 되는가? (단, 송전전력, 부하역률, 송전거리, 전력손실 및 선간전압이 같다.)
① $\frac{1}{\sqrt{3}}$
② $\frac{2}{3}$
③ $\frac{3}{4}$
④ $\frac{4}{9}$

단상 2선식 $P = VI_1 \cos\theta$, $I_1 = \frac{P}{V\cos\theta}[A]$

3상 3선식 $P = \sqrt{3}VI_3\cos\theta$, $I_3 = \frac{P}{\sqrt{3}V\cos\theta} = \frac{I_1}{\sqrt{3}}[A]$이다.

즉, 3상 3선식 전선 한 가닥에 흐르는 전류 $I_3[A]$는 단상 2선식의 $\frac{1}{\sqrt{3}}$배가 된다.

031 사고, 정전 등의 중대한 영향을 받는 지역에서 정전과 동시에 자동적으로 예비전원용 배전선로로 전환하는 장치는?
① 차단기
② 리클로저(Recloser)
③ 섹셔널라이저(Sectionalizer)
④ 자동 부하 전환개폐기(Auto Load Transfer Switch)

자동 부하 전환개폐기(Auto Load Transfer Switch)란 사고, 정전 등의 중대한 영향을 받는 지역에서 정전과 동시에 자동적으로 예비전원용 배전선로로 전환하는 장치를 말한다.

28. ④ 29. ④ 30. ① 31. ④

032 전선의 표피 효과에 대한 설명으로 알맞은 것은?

① 전선이 굵을수록, 주파수가 높을수록 커진다.
② 전선이 굵을수록, 주파수가 낮을수록 커진다.
③ 전선이 가늘수록, 주파수가 높을수록 커진다.
④ 전선이 가늘수록, 주파수가 낮을수록 커진다.

해설) 전선의 표피 효과의 두께 $\delta = \sqrt{\dfrac{2}{\omega k \mu}} = \sqrt{\dfrac{2}{2\pi f k \mu}} = \dfrac{1}{\sqrt{\pi f k \mu}}$ [mm]는 전선 표면에 전류가 흐르는 두께이다. 표피 효과는 표피 효과 두께에 반비례한다.

∴ 전선이 굵을수록, 주파수가 높을수록 커진다.

033 일반회로정수가 같은 평행 2회선에서 A_0, B_0, C_0, D_0는 각각 1회선의 경우의 몇 배로 되는가?

① A : 2배, B : 2배, C : $\dfrac{1}{2}$ 배, D : 1배

② A : 1배, B : 2배, C : $\dfrac{1}{2}$ 배, D : 1배

③ A : 1배, B : $\dfrac{1}{2}$ 배, C : 2배, D : 1배

④ A : 1배, B : $\dfrac{1}{2}$ 배, C : 2배, D : 2배

해설) 일반회로정수가 같은 평행 2회선은 4단자 병렬접속의 4단자 기초방정식은

$$E_s = A_0 E_R + B_0 I_R = \left(\dfrac{A_1 B_2 + B_1 A_2}{B_1 + B_2}\right) E_R + \left(\dfrac{B_1 B_2}{B_1 + B_2}\right) I_R$$

$$I_s = C_0 E_R + D_0 I_R = \left(C_1 + C_2 + \dfrac{(D_2 - D_1)(A_1 - A_2)}{B_1 + B_2}\right) E_R + \left(\dfrac{D_1 B_2 + D_2 B_1}{B_1 + B_2}\right) I_R \text{이다.}$$

∴ 문제에서 $A_1 = A_2 = A$, $B_1 = B_2 = B$, $C_1 = C_2 = C$, $D_1 = D_2 = D$인 4단자 정수

$$A_0 = \dfrac{A_1 B_2 + B_1 A_2}{B_1 + B_2} = \dfrac{AB + AB}{B + B} = \dfrac{2AB}{2B} = A$$

$$B_0 = \dfrac{B_1 B_2}{B_1 + B_2} = \dfrac{B^2}{B + B} = \dfrac{B^2}{2B} = \dfrac{1}{2}B$$

$$C_0 = C_1 + C_2 + \dfrac{(D_2 - D_1)(A_1 - A_2)}{B_1 + B_2} = C + C + \dfrac{(D - D)(A - A)}{B + B} = 2C$$

$$D_0 = \dfrac{D_1 B_2 + D_2 B_1}{B_1 + B_2} = \dfrac{DB + DB}{B + B} = \dfrac{2DB}{2B} = D \text{ 등이다.}$$

32. ① 33. ③

034 변전소에서 비접지 선로의 접지보호용으로 사용되는 계전기에 영상전류를 공급하는 것은?

① CT　　　② GPT　　　③ ZCT　　　④ PT

해설 ZCT(영상변류기)란 변전소에서 비접지 선로의 접지보호용으로 사용되는 계전기에 영상전류를 공급하는 것이다.

035 단로기에 대한 설명으로 틀린 것은?
① 소호장치가 있어 아크를 소멸시킨다.
② 무부하 및 여자전류의 개폐에 사용된다.
③ 사용회로수에 의해 분류하면 단투형과 쌍투형이 있다.
④ 회로의 분리 또는 계통의 접속 변경 시 사용한다.

해설 단로기에 대한 설명으로 옳은 것은
① 무부하 및 여자전류의 개폐에 사용된다.
② 사용회로수에 의해 분류하면 단투형과 쌍투형이 있다.
③ 회로의 분리 또는 계통의 접속 변경 시 사용한다.

036 4단자 정수 $A=0.9918+j0.0042$, $B=34.17+j50.38$, $C=(-0.006+j3247)\times 10^{-4}$ 인 송전 선로의 송전단에 66[kV]를 인가하고 수전단을 개방하였을 때 수전단 선간전압은 약 몇 [kV]인가?

① $\dfrac{66.55}{\sqrt{3}}$　　② 62.5　　③ $\dfrac{62.5}{\sqrt{3}}$　　④ 66.55

해설 송·수전단의 4단자 기초방정식 $\begin{cases} E_S = AE_R + BI_R \\ I_S = CE_R + DI_R \end{cases}$ 에서

수전단 개방($I_R=0$) 시 수전단 선간전압

$E_R = \dfrac{E_S}{A} = \dfrac{66}{A} = \dfrac{66}{\sqrt{(0.9918)^2+(0.0042)^2}} ≒ \dfrac{66}{\sqrt{0.98366+0.01764}} = \dfrac{66}{\sqrt{1.0013}}$

$≒ \dfrac{66}{1} ≒ 66.55$[kV] 이다.

037 증기터빈 출력을 P[kW], 증기량을 W[t/h], 초압 및 배기의 증기 엔탈피를 각각 i_0, i_1[kcal/kg]이라 하면 터빈의 효율 η_T[%]는?

① $\dfrac{860P\times 10^3}{W(i_0-i_1)}\times 100$　　② $\dfrac{860P\times 10^3}{W(i_1-i_0)}\times 100$

③ $\dfrac{860P}{W(i_0-i_1)\times 10^3}\times 100$　　④ $\dfrac{860P}{W(i_1-i_0)\times 10^3}\times 100$

정답 34. ③　35. ①　36. ④　37. ③

해설 터빈의 효율 $\eta_T = \dfrac{860P}{W(i_0-i_1)\times 10^3}\times 100[\%]$ 이다.

038 송전선로에서 가공지선을 설치하는 목적이 아닌 것은?
① 뇌(雷)의 직격을 받을 경우 송전선 보호
② 유도뢰에 의한 송전선의 고전위 방지
③ 통신선에 대한 전자유도장해 경감
④ 철탑의 접지저항 경감

해설 송전선로에서 가공지선을 설치하는 목적은
① 뇌(雷)의 직격을 받을 경우 송전선 보호
② 유도뢰에 의한 송전선의 고전위 방지
③ 통신선에 대한 전자유도장해 경감

039 수전단의 전력원 방정식이 $P_r^2+(Q_r+400)^2=250000$으로 표현되는 전력계통에서 조상설비 없이 전압을 일정하게 유지하면서 공급할 수 있는 부하전력은? (단, 부하는 무유도성이다.)
① 200
② 250
③ 300
④ 350

해설 전력계통에서 조상설비는 Q_r(무효전력)을 공급한다.
수전단 전력원 방적식 $P_r^2+(Q_r+400)^2=250000$에 조상설비에서 $Q_r=0$이다.
∴ $P_r^2+(0+400)^2=250000$
$P_r^2=250000-160000=90000$
P_r(부하전력) $=\sqrt{90000}=300[\text{W}]$가 된다.

040 전력설비의 수용률을 나타낸 것은?
① 수용률 $= \dfrac{평균전력(\text{kW})}{부하설비용량(\text{kW})}\times 100\%$
② 수용률 $= \dfrac{부하설비용량(\text{kW})}{평균전력(\text{kW})}\times 100\%$
③ 수용률 $= \dfrac{최대수용전력(\text{kW})}{부하설비용량(\text{kW})}\times 100\%$
④ 수용률 $= \dfrac{부하설비용량(\text{kW})}{최대수용전력(\text{kW})}\times 100\%$

해설 전력설비에서 수용률 $= \dfrac{최대수용전력(\text{kW})}{부하설비용량(\text{kW})}\times 100\%$이다.

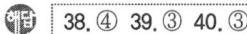
38. ④ 39. ③ 40. ③

03 전/기/기/기

041 전원전압이 100[V]인 단상 전파정류제어에서 점호각이 30°일 때 직류 평균전압은 약 몇 [V]인가?
① 54 ② 64
③ 84 ④ 94

단상 전파정류제어 회로에서 점호각 $\alpha=30°$ 일 때의 직류 평균전압
$$E_{dc} = \frac{1}{\pi}\int_{\alpha}^{\pi}\sqrt{2}E\sin\theta\,d\theta = \frac{\sqrt{2}E}{\pi}(-\cos\theta)_{\alpha}^{\pi} = \frac{\sqrt{2}E}{\pi}(-\cos\pi+\cos\alpha)$$
$$= \frac{\sqrt{2}E}{\pi}(1+\cos\alpha) = 0.45\times E(1+\cos 30°) = 0.45\times 100(1+\frac{\sqrt{3}}{2})$$
$$= 45\times 1.866 \fallingdotseq 84[V]\text{가 된다.}$$

042 단상 유도전동기의 기동 시 브러시를 필요로 하는 것은?
① 분상 기동형   ② 반발 기동형
③ 콘덴서 분상 기동형   ④ 셰이딩 코일 기동형

반발 기동형 단상 유도전동기는 기동 시 브러시를 필요로 하는 유도전동기이다.

043 3선 중 2선의 전원 단자를 서로 바꾸어서 결선하면 회전방향이 바뀌는 기기가 아닌 것은?
① 회전변류기   ② 유도전동기
③ 동기전동기   ④ 정류자형 주파수 변환기

3선 중 2선의 전원 단자를 서로 바꾸어서 결선하면 회전방향이 바뀌는 기기는 회전변류기, 유도전동기, 동기전동기이다.

044 단상 유도전동기의 분상 기동형에 대한 설명으로 틀린 것은?
① 보조권선은 높은 저항과 낮은 리액턴스를 갖는다.
② 주권선은 비교적 낮은 저항과 높은 리액턴스를 갖는다.
③ 높은 토크를 발생시키려면 보조권선에 병렬로 저항을 삽입한다.
④ 전동기가 기동하여 속도가 어느 정도 상승하면 보조권선을 전원에서 분리해야 한다.

단상 유도전동기의 분상 기동형에 대한 설명으로 옳은 것은
① 보조권선은 높은 저항과 낮은 리액턴스를 갖는다.
② 주선권은 비교적 낮은 저항과 높은 리액턴스를 갖는다.
③ 전동기가 기동하여 속도가 어느 정도 상승하면 보조권선을 전원에서 분리해야 한다.

41.③ 42.② 43.④ 44.③

045 변압기의 %Z가 커지면 단락전류는 어떻게 변화하는가?
① 커진다.   ② 변동 없다.
③ 작아진다.   ④ 무한대로 커진다.

해설 단락전류 $I_s = \dfrac{100}{\%Z} \times I_n$ [A]이므로 변압기 %Z가 커지면 단락전류는 작아진다.

046 정격전압 6600[V]인 3상 동기발전기가 정격출력(역률=1)으로 운전할 때 전압 변동률이 12%이었다. 여자전류와 회전수를 조정하지 않은 상태로 무부하 운전하는 경우 단자전압(V)은?
① 6433   ② 6943
③ 7392   ④ 7842

해설 3상 동기발전기의 전압변동률 $\varepsilon = \dfrac{V_o - V_n}{V_n} \times 100$, $V_o - V_n = \varepsilon \times V_n$

∴ V_o(무부하 운전 시 단자전압) $= \varepsilon V_n + V_n = 0.12 \times 6600 + 6600$
$= 792 + 6600 = 7392$ [V]이다.

047 계자 권선이 전기자에 병렬로만 연결된 직류기는?
① 분권기   ② 직권기
③ 복권기   ④ 타여자기

해설 분권기는 계자 권선이 전기자에 병렬로만 연결된 직류기이다.

048 3상 20000[kVA]인 동기발전기가 있다. 이 발전기는 60[Hz]일 때는 200[rpm], 50[Hz]일 때는 약 167[rpm]으로 회전한다. 이 동기발전기의 극수는?
① 18극   ② 36극
③ 54극   ④ 72극

해설 3상 동기발전기가 있다.

N_{s1}(동기속도) $= 200 = \dfrac{120 f_1}{P_1}$ [rpm]

P_1(동기발전기 극수) $= \dfrac{120 f_1}{N_{s1}} = \dfrac{120 \times 60}{200} = \dfrac{7200}{200} = 36$극 ……… ①

N_{s2}(동기속도) $= 167 = \dfrac{120 f_2}{P_2}$ [rpm]

P_2(동기발전기 극수) $= \dfrac{120 f_2}{N_{s2}} = \dfrac{120 \times 50}{167} = \dfrac{6000}{167} ≒ 35.93 ≒ 36$극 … ②

∴ P(동기발전기 극수) $= P_1 = P_2 ≒ 36$극이다.

정답 45.③ 46.③ 47.① 48.②

049 1차 전압 6600[V], 권수비 30인 단상변압기로 전등부하에 30[A]를 공급할 때의 입력(kW)은? (단, 변압기의 손실은 무시한다.)
① 4.4
② 5.5
③ 6.6
④ 7.7

해설 a(권수비) $= \dfrac{V_1}{V_2}$, V_2(전등부하 전압) $= \dfrac{V_1}{a} = \dfrac{6600}{30} = 220$[V],
P_2(전등부하 입력) $= V_2 I_2 \cos 0 = 220 \times 30 \times 1 = 6600 = 6.6$[kW]이다.

050 스텝 모터에 대한 설명으로 틀린 것은?
① 가속과 감속이 용이하다.
② 정·역 및 변속이 용이하다.
③ 위치제어 시 각도 오차가 작다.
④ 브러시 등 부품 수가 많아 유지보수 필요성이 크다.

해설 스텝 모터에 대한 설명으로 옳은 것은
① 가속과 감속이 용이하다.
② 정·역 및 변속이 용이하다.
③ 위치제어 시 각도 오차가 작다.

051 출력이 20[kW]인 직류발전기의 효율이 80%이면 전 손실은 약 몇 [kW]인가?
① 0.8
② 1.25
③ 5
④ 45

해설 η(직류발전기의 효율) $= \dfrac{출력(P)}{P(출력) + 전\ 손실} \times 100$
$\eta(P + 전\ 손실) = P$
$\therefore 전\ 손실 = \dfrac{P - \eta P}{\eta} = \dfrac{20 - 0.8 \times 20}{0.8} = \dfrac{4}{0.8} = 5$[kW]이다.

052 동기전동기의 공급 전압과 부하를 일정하게 유지하면서 역률을 1로 운전하고 있는 상태에서 여자 전류를 증가시키면 전기자 전류는?
① 앞선 무효전류가 증가
② 앞선 무효전류가 감소
③ 뒤진 무효전류가 증가
④ 뒤진 무효전류가 감소

해답 49. ③ 50. ④ 51. ③ 52. ①

해설 동기전동기의 공급 전압과 부하를 일정하게 유지하면서 역률을 1로 운전하고 있는 상태에서 여자 전류를 증가시키면 위상특성곡선(V 곡선)에서 전기자 전류는 앞선 무효전류가 증가한다.

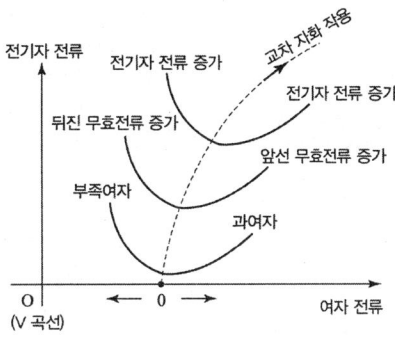

053
전압변동률이 작은 동기발전기의 특성으로 옳은 것은?
① 단락비가 크다.
② 속도변동률이 크다.
③ 동기 리액턴스가 크다.
④ 전기자 반작용이 크다.

해설 $Z_s'(\%동기\ 임피던스) = \dfrac{I_n}{I_s} \times 100 = \dfrac{1}{K_s(단락비)} \times 100$

단락비(K_s)가 큰 기계=철 기계이고, 단락비(K_s)가 작은 기계=동기계이며,

$K_s(단락비) = \dfrac{I_s}{I_n} = \dfrac{1}{\varepsilon(전압변동률)}$ 이다.

∴ 전압변동률(ε)이 작은 동기발전기는 단락비(K_s)가 크다.

054
직류발전기에 $P[\text{N} \cdot \text{m/s}]$의 기계적 동력을 주면 전력은 몇 [W]로 변환되는가? (단, 손실은 없으며, i_a는 전기자 도체의 전류, e는 전기자 도체의 유도기전력, Z는 총 도체수이다.)

① $P = i_a e Z$
② $P = \dfrac{i_a e}{Z}$
③ $P = \dfrac{i_a Z}{e}$
④ $P = \dfrac{eZ}{i_a}$

해설 직류발전기에 $P[\text{N} \cdot \text{m/s}]$의 기계적 동력을 주면 손실은 없다.
Z(총 도체수), 전기자 도체에 흐르는 전류 $i_a[\text{A}]$, 전기자 도체의 유도기전력 $e[\text{V}]$일 때의 $P(전력) = Z e i_a [\text{W}]$로 변환된다.

055
도통(on)상태에 있는 SCR을 차단(off)상태로 만들기 위해서는 어떻게 하여야 하는가?
① 게이트 펄스전압을 가한다.
② 게이트 전류를 증가시킨다.
③ 게이트 전압이 부(-)가 되도록 한다.
④ 전원전압의 극성이 반대가 되도록 한다.

정답 53.① 54.① 55.④

도통(on)상태에 있는 SCR을 차단(off)상태로 만들기 위해서는 전원전압의 극성이 반대가 되도록 한다.

056 직류전동기의 워드레오나드 속도제어 방식으로 옳은 것은?
① 전압제어 ② 저항제어
③ 계자제어 ④ 직병렬제어

직류전동기에서 워드레오나드 속도제어 방식은 전압제어 방식이다.

057 단권변압기의 설명으로 틀린 것은?
① 분로권선과 직렬권선으로 구분된다.
② 1차 권선과 2차 권선의 일부가 공통으로 사용된다.
③ 3상에는 사용할 수 없고 단상으로만 사용한다.
④ 분로권선에서 누설자속이 없기 때문에 전압변동률이 작다.

단권변압기의 설명으로 옳은 것은
① 분로권선과 직렬권선으로 구분된다.
② 1차 권선과 2차 권선의 일부가 공통으로 사용된다.
③ 분로권선에서 누설자속이 없기 때문에 전압변동률이 작다.

058 유도전동기를 정격상태로 사용 중, 전압이 10% 상승할 때 특성변화로 틀린 것은? (단, 부하는 일정 토크라고 가정한다.)
① 슬립이 작아진다.
② 역률이 떨어진다.
③ 속도가 감소한다.
④ 히스테리시스손과 와류손이 증가한다.

유도전동기를 정격상태로 사용 중, 전압이 10% 상승할 때 특성변화로 옳은 것은 (단, 부하는 일정 토크로 가정한다.)
① 슬립이 작아진다.
② 역률이 떨어진다.
③ 히스테리시스손과 와류손이 증가한다.

059 단자전압 110[V], 전기자 전류 15[A], 전기자 회로의 저항 2[Ω], 정격속도 1800[rpm]으로 전부하에서 운전하고 있는 직류 분권전동기의 토크는 약 몇 [N·m]인가?
① 6.0 ② 6.4
③ 10.08 ④ 11.14

56. ① 57. ③ 58. ③ 59. ②

해설 P(직류 분권 전동기 출력) $= EI_a = \omega T$[W]

∴ T(직류 분권 전동기 토크) $= \dfrac{P}{\omega} = \dfrac{EI_a}{2\pi \dfrac{N}{60}} = \dfrac{(V-I_a r_a) \times I_a}{2\pi \dfrac{1800}{60}} = \dfrac{(110-15\times 2)\times 15}{2\pi \times 30}$

$= \dfrac{80\times 15}{188.4} = \dfrac{1200}{188.4} ≒ 6.4$[N·m]

060
용량 1[kVA], 3000/200[V]의 단상변압기를 단권변압기로 결선해서 3000/3200[V]의 승압기로 사용할 때 그 부하용량(kVA)은?

① $\dfrac{1}{16}$ ② 1 ③ 15 ④ 16

해설 단권변압기란 1, 2차 권선의 일부를 공통으로 갖는 변압기로 $\dfrac{\text{자기용량}}{\text{부하용량}} = \dfrac{V_2 - V_1}{V_2}$

∴ 부하용량 $=$ 자기용량 $\times \dfrac{V_2}{V_2 - V_1} = 1 \times \dfrac{3200}{3200-3000} = \dfrac{3200}{200} = 16$[kVA]이다.

04 회/로/이/론/및/제/어/공/학

061
특성방정식이 $s^3 + 2s^2 + Ks + 10 = 0$으로 주어지는 제어시스템이 안정하기 위한 K의 범위는?

① $K > 0$ ② $K > 5$
③ $K < 0$ ④ $0 < K < 5$

해설 특성방정식 $s^3 + 2s^2 + Ks + 10 = 0$
루드(Routh) 판별법

S^3	1	K
S^2	2	10
S^1	$\dfrac{2K-10}{2}$	0
S^0	10	

에서 1열의 부호 변화가 없으므로 안정하다.

∴ 안정하기 위한 K의 범위는 $\dfrac{2K-10}{2} > 0$, $2K-10 > 0$, $2K > 10$, $K > 5$이다.

062
제어시스템의 개루프 전달함수가 $G(s)H(s) = \dfrac{K(s+30)}{s^4 + s^3 + 2s^2 + s + 7}$로 주어질 때, 다음 중 $K > 0$인 경우 근궤적의 점근선이 실수축과 이루는 각(°)은?

① 20° ② 60°
③ 90° ④ 120°

정답 60. ④ 61. ② 62. ②

예쓰 제어시스템의 개루프 전달함수 $G(s)H(s) = \dfrac{K(s+30)}{s^4+s^3+2s^2+s+7}$ 로 주어질 때

근궤적의 점근선이 실수축과 이루는 각도(근궤적의 점근선 각도)

$K=0$일 때 $a_0 = \dfrac{(2K+1)\pi}{P-Z} = \dfrac{(0+1)\pi}{4-1} = \dfrac{\pi}{3} = 60°$

$K=1$일 때 $a_1 = \dfrac{(2K+1)\pi}{P-Z} = \dfrac{(2 \times 1+1)\pi}{4-1} = \dfrac{3\pi}{3} = \pi = 180°$ 등이다.

063 z 변환된 함수 $F(z) = \dfrac{3z}{(z-e^{-3T})}$ 에 대응되는 라플라스 변환 함수는?

① $\dfrac{1}{(s+3)}$ ② $\dfrac{3}{(s-3)}$

③ $\dfrac{1}{(s-3)}$ ④ $\dfrac{3}{(s+3)}$

예쓰 z 변환된 함수 $F(z) = \dfrac{3z}{z-e^{-3T}}$ 에 대응되는 라플라스 변환 함수 $F(s) = \dfrac{3}{s+3}$ 이 된다.

064 그림과 같은 제어시스템의 전달함수 $\dfrac{C(s)}{R(s)}$ 는?

① $\dfrac{1}{15}$

② $\dfrac{2}{15}$

③ $\dfrac{3}{15}$

④ $\dfrac{4}{15}$

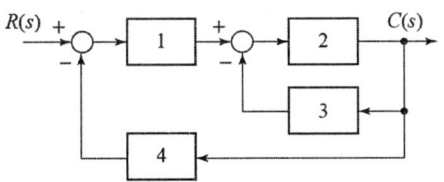

예쓰 문제와 같은 제어시스템의 전달함수 $\dfrac{C(s)}{R(s)}$ 의 값은

$((R(s)-4C(s)) \times 1 - 3C(s)) \times 2 = C(s)$, $2R(s) - 8C(s) - 6C(s) = C(s)$,

$2R(s) = C(s)(1+8+6)$

∴ 전달함수 $\dfrac{C(s)}{R(s)} = \dfrac{2}{1+8+6} = \dfrac{2}{15}$ 가 된다.

065 전달함수가 $G_C(s) = \dfrac{2s+5}{7s}$ 인 제어기가 있다. 이 제어기는 어떤 제어기인가?

① 비례 미분 제어기 ② 적분 제어기
③ 비례 적분 제어기 ④ 비례 적분 미분 제어기

정답 63.④ 64.② 65.③

해설 K(비례감도), $Z(t)$(동작신호), T_i(적분시간), T_D(미분시간)

∴ $y_{(t)}$(조작량) $= KZ(t)$(비례 동작 제어기),

$y_{(t)} = K(Z(t) + \dfrac{1}{T_i}\int Z(t)\,dt)$(비례 적분 제어기),

$y_{(t)} = K(Z(t) + \dfrac{1}{T_i}\int Z(t)\,dt + T_D\dfrac{d}{dt}Z(t))$(비례 적분 미분 제어기)에서

K(비례요소), $\dfrac{1}{T_i \cdot s}$(적분요소), $T_D \cdot s$(미분요소)이므로

전달함수 $G_C(s) = \dfrac{2s+5}{7s}$ 는 비례 적분 제어기를 말한다.

066
단위 피드백제어계에서 개루프 전달함수 $G(s)$가 다음과 같이 주어졌을 때 단위 계단 입력에 대한 정상 상태 편차는?

$$G(s) = \dfrac{5}{s(s+1)(s+2)}$$

① 0 ② 1 ③ 2 ④ 3

해설 정상 상태 편차는 단위 계단 입력 $r_{(t)} = 1$, $R_{(s)} = \dfrac{1}{s}$ 이다.

∴ 최종치 정리에서 essp(정상 상태 편차) $= \lim_{s \to 0} sG(s)$

$= \lim_{s \to 0} s \times \dfrac{\dfrac{1}{s}}{1+G(s)} = \dfrac{1}{1+\lim_{s \to 0}G(s)} = \dfrac{1}{1+K_p(\text{위치 편차 상수})}$

$= \dfrac{1}{1+\lim_{s \to 0}\dfrac{5}{s(s+1)(s+2)}} = \dfrac{1}{1+\dfrac{5}{0.0000001}} = \dfrac{1}{1+\infty} ≒ \dfrac{1}{\infty} ≒ 0$ 이다.

067
그림과 같은 논리회로의 출력 Y는?

① $ABCDE + \overline{F}$
② $\overline{A}\,\overline{B}\,\overline{C}\overline{D}\overline{E} + F$
③ $\overline{A} + \overline{B} + \overline{C} + \overline{D} + \overline{E} + F$
④ $A + B + C + D + E + \overline{F}$

해설 논리회로의 출력

$Y = \overline{\overline{A \cdot B \cdot C} + \overline{DE} \cdot F} = A \cdot B \cdot C \cdot D \cdot E + \overline{F}$ 이다.

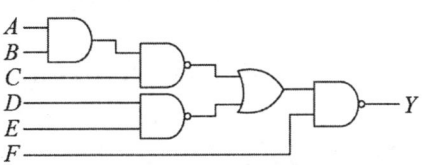

66. ① 67. ①

068 그림의 신호흐름선도에서 전달함수 $\dfrac{C(s)}{R(s)}$ 는?

① $\dfrac{a^3}{(1-ab^3)}$

② $\dfrac{a^3}{1-(3ab+a^2b^2)}$

③ $\dfrac{a^3}{1-3ab}$

④ $\dfrac{a^3}{1-3ab+2a^2b^2}$

해설 문제 그림의 신호흐름선도에서 전달함수 $\dfrac{C(s)}{R(s)}$ 는 메이슨(Mason)의 정리에서

$$\dfrac{C(s)}{R(s)} = \dfrac{\sum_{k=1}^{n} G_k \Delta_k}{\Delta} = \dfrac{G_1 \Delta_1}{1-(G_1H_1+G_2H_2+\cdots)} = \dfrac{a \times a \times a \times 1}{1-(3ab+a^2b^2)} = \dfrac{a^3}{1-(3ab+a^2b^2)}$$

069 다음과 같은 미분방정식으로 표현되는 제어시스템의 시스템 행렬 A 는?

$$\dfrac{d^2c(t)}{dt^2} + 5\dfrac{dc(t)}{dt} + 3c(t) = r(t)$$

① $\begin{bmatrix} -5 & -3 \\ 0 & 1 \end{bmatrix}$　② $\begin{bmatrix} -3 & -5 \\ 0 & 1 \end{bmatrix}$　③ $\begin{bmatrix} 0 & 1 \\ -3 & -5 \end{bmatrix}$　④ $\begin{bmatrix} 0 & 1 \\ -5 & -3 \end{bmatrix}$

해설 $c(t) = x(t)$, $\dfrac{dc(t)}{dt} = \dot{x}_1(t) = (0\ \ 1)x_1(t)$

$\dfrac{d^2c(t)}{dt^2} = \dot{x}_2(t) = -3x(t) - 5x_1(t)$

∴ 제어시스템의 시스템 행렬 $A = \begin{vmatrix} 0 & 1 \\ -3 & -5 \end{vmatrix}$ 이 된다.

참고 특성방정식 $= |sI - A| = \begin{vmatrix} s & 0 \\ 0 & s \end{vmatrix} - \begin{vmatrix} 0 & 1 \\ -3 & -5 \end{vmatrix}$ 이 된다.

070 안정한 제어시스템의 보드 선도에서 이득 여유는?

① $-20 \sim 20$[dB] 사이에 있는 크기(dB) 값이다.
② $0 \sim 20$[dB] 사이에 있는 크기 선도의 길이이다.
③ 위상이 $0°$가 되는 주파수에서 이득의 크기(dB)이다.
④ 위상이 $-180°$가 되는 주파수에서 이득의 크기(dB)이다.

해설 안정한 제어시스템의 보드 선도에서 이득 여유란 위상이 $-180°$가 되는 주파수에서의 이득 크기(dB)이다.

해답 68. ② 69. ③ 70. ④

071 3상 전류가 $I_a = 10+j3$[A], $I_b = -5-j2$[A], $I_c = -3+j4$[A]일 때 정상분 전류의 크기는 약 몇 [A]인가?

① 5 　　② 6.4 　　③ 10.5 　　④ 13.34

해설

3상 대칭회로에서
$$\begin{cases} I_0(\text{영상분 전류}) = \frac{1}{3}(I_a+I_b+I_c)[A] \\ I_1(\text{정상분 전류}) = \frac{1}{3}(I_a+aI_b+a^2I_c)[A] \\ I_2(\text{역상분 전류}) = \frac{1}{3}(I_a+a^2I_b+aI_2)[A] \end{cases}$$

(단, 연산자 $a = -\frac{1}{2}+j\frac{\sqrt{3}}{2}$, $a^2 = -\frac{1}{2}-j\frac{\sqrt{3}}{2}$, $a^3 = 1$)

∴ I_1(정상분 전류) $= \frac{1}{3}(I_a+aI_b+a^2I_c)$

$= \frac{1}{3}((10+j3)+(-\frac{1}{2}+j\frac{\sqrt{3}}{2})(-5-j2)+(-\frac{1}{2}-j\frac{\sqrt{3}}{2})(-3+j4))$

$= \frac{1}{3}((10+j3)+(2.5+\sqrt{3})+j(-2.5\sqrt{3}+1)+(1.5+2\sqrt{3})+j(-2+1.5\sqrt{3}))$

$= \frac{1}{3}(10+j3+4.2321+j3.3302+4.9642+j0.59815)$

$= \frac{1}{3}(19.1963+j6.9283) ≒ \frac{1}{3}(19+j6.9) ≒ \frac{1}{3}\sqrt{(19)^2+(6.9)^2}$

$≒ \frac{1}{3}\times\sqrt{408.6} ≒ \frac{1}{3}\times 20.21 ≒ 6.74 ≒ 6.4$[A]이다.

072 그림의 회로에서 영상 임피던스 Z_{01}이 6[Ω]일 때, 저항 R의 값은 몇 [Ω]인가?

① 2
② 4
③ 6
④ 9

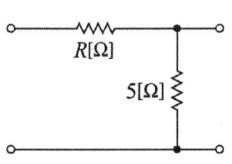

해설

L형 4단자망의 4단자 정수 $\begin{vmatrix} A & B \\ C & D \end{vmatrix} = \begin{vmatrix} 1 & R \\ 0 & 1 \end{vmatrix}\begin{vmatrix} 1 & 0 \\ \frac{1}{5} & 1 \end{vmatrix} = \begin{vmatrix} 1+\frac{R}{5} & R \\ \frac{1}{5} & 1 \end{vmatrix}$에서

Z_{01}(영상 임피던스) $= \sqrt{\frac{AB}{CD}} = \sqrt{\frac{\frac{5+R}{5}\times R}{\frac{1}{5}\times 1}} = \sqrt{(5+R)\times R} = \sqrt{R^2+5R}$[Ω]

양변 자승하면 $(Z_{01})^2 = (6)^2 = 36 = R^2+5R$

∴ $R^2+5R-36=0$에서 $R>0$인 저항값은 근의 공식에서

$R = \frac{-b\pm\sqrt{b^2-4ac}}{2a} = \frac{-5}{2\times 1}+\sqrt{\frac{b^2-4ac}{4a^2}} = -\frac{5}{2}+\sqrt{\frac{(5)^2-4\times(-36)}{4\times 1^2}} = -\frac{5}{2}+\sqrt{\frac{169}{4}}$

$= -2.5+\frac{13}{2} = -2.5+6.5 = 4$[Ω]이다.

71. ② 72. ②

073 Y 결선의 평형 3상 회로에서 선간전압 V_{ab}와 상전압 V_{an}의 관계로 옳은 것은?
(단, $V_{bn} = V_{an}e^{-j(2\pi/3)}$, $V_{cn} = V_{bn}e^{-j(2\pi/3)}$)

① $V_{ab} = \frac{1}{\sqrt{3}}e^{j(\pi/6)}V_{an}$
② $V_{ab} = \sqrt{3}e^{j(\pi/6)}V_{an}$
③ $V_{ab} = \frac{1}{\sqrt{3}}e^{-j(\pi/6)}V_{an}$
④ $V_{ab} = \sqrt{3}e^{-j(\pi/6)}V_{an}$

해설 Y 결선의 평형 3상 회로에서 선간전압(V_{ab})와 상전류(V_{an})의 관계와 전류 관계는
I_{ab}(선전류) $= I_{an}$(상전류) $\angle 0°$[A], $V_{ab} = \sqrt{3}\,V_{an}\angle 30° = \sqrt{3}\,V_{an}\varepsilon^{j\frac{\pi}{6}}$[V]이다.

074 $f(t) = t^2 e^{-\alpha t}$를 라플라스 변환하면?

① $\frac{2}{(s+\alpha)^2}$
② $\frac{3}{(s+\alpha)^2}$
③ $\frac{2}{(s+\alpha)^3}$
④ $\frac{3}{(s+\alpha)^3}$

해설 라플라스 변환 $\int_0^\infty t^n e^{-st}dt = \frac{n!}{s^{n+1}}$

$\therefore \int_0^\infty t^2 e^{-st}dt = \frac{2!}{s^{2+1}} = \frac{2\times 1}{s^3} = \frac{2}{s^3}$

$\int_0^\infty e^{-\alpha t}e^{-st}dt = \frac{1}{s+\alpha}$ 이 된다.

$\therefore f(t) = t^2 e^{-\alpha t}$를 라플라스 변환하면

$F(s) = \int_0^\infty f(t)e^{-st}dt = \int_0^\infty t^2 e^{-\alpha t}e^{-st}dt$

$= \frac{2!}{(s+\alpha)^{2+1}} = \frac{2\times 1}{(s+\alpha)^3} = \frac{2}{(s+\alpha)^3}$ 가 된다.

075 선로의 단위 길이당 인덕턴스, 저항, 정전용량, 누설 컨덕턴스를 각각 L, R, C, G라 하면 전파정수는?

① $\frac{\sqrt{(R+j\omega L)}}{(G+j\omega C)}$
② $\sqrt{(R+j\omega L)(G+j\omega C)}$
③ $\sqrt{\frac{(R+j\omega L)}{(G+j\omega C)}}$
④ $\sqrt{\frac{(G+j\omega C)}{(R+j\omega L)}}$

해설 γ(전파정수) $= \sqrt{ZY} = \sqrt{(R+j\omega L)(G+j\omega C)}$ 이다.
또한 무손실 선로에서는 $R=0$, $G=0$이므로
γ(전파정수) $= \alpha + j\beta = j\beta = \sqrt{j\omega L \times j\omega C} = j\omega\sqrt{LC}$ 가 된다.

해답 73. ② 74. ③ 75. ②

076

회로에서 0.5[Ω] 양단 전압(V)은 약 몇 [V]인가?

① 0.6
② 0.93
③ 1.47
④ 1.5

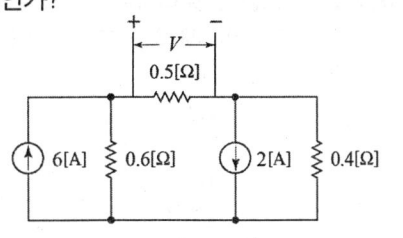

해설 마디 중심 병렬 합성 저항 $R_1 = \dfrac{0.4 \times 0.5}{0.4 + 0.5} = \dfrac{0.2}{0.9}[\Omega]$

전 전류 $I_t = 6 - 2 = 4[A]$, $R_1[\Omega]$에 흐르는 전류 $I_1[A]$는 분배법칙에서

$I_1 = \dfrac{0.6}{0.6 + R_1} \times I_t = \dfrac{0.6}{0.6 + \dfrac{0.2}{0.9}} \times 4 = \dfrac{0.6}{\dfrac{0.54 + 0.2}{0.9}} \times 4 = \dfrac{0.54 \times 4}{0.74} = \dfrac{2.16}{0.74} ≒ 2.92[A]$이다.

∴ 0.5[Ω] 양단의 전압 $V = I_1 \times 0.5 = 2.92 \times 0.5 ≒ 1.46 ≒ 1.47[V]$이다.

077

RLC 직렬회로의 파라미터가 $R^2 = \dfrac{4L}{C}$의 관계를 가진다면, 이 회로에 직류전압을 인가하는 경우 과도응답 특성은?

① 무제동
② 과제동
③ 부족제동
④ 임계제동

해설 RLC 직렬회로에 직류전압 인가 시 과도응답 특성은 (단, δ는 제동비이다.)

∴ $\delta = 0$이면 일정 진폭으로 무한 진동한다. 과도응답 특성은 무제동(공액허근)이다.

$\delta > 1$이면 $R^2 < 4\dfrac{L}{C}$이고 과도응답 특성은 과제동(진동 상태)이다.

$\delta < 1$이면 $R^2 > 4\dfrac{L}{C}$이고 과도응답 특성은 부족제동(비진동 상태)이다.

$\delta = 0$이면 $R^2 = 4\dfrac{L}{C}$이고 과도응답 특성은 임계제동(임계 상태)이다.

078

$v(t) = 3 + 5\sqrt{2}\sin\omega t + 10\sqrt{2}\sin(3\omega t - \dfrac{\pi}{3})[V]$의 실효값 크기는 약 몇 [V]인가?

① 9.6
② 10.6
③ 11.6
④ 12.6

해설 비정현파 교류 전압의 실효치

$|V| = \sqrt{\dfrac{1}{T}\int_0^T V_{(t)}^2 dt} = \sqrt{V_0^2 + V_1^2 + V_3^2} = \sqrt{V_0^2 + \left(\dfrac{V_{m1}}{\sqrt{2}}\right)^2 + \left(\dfrac{V_{m3}}{\sqrt{2}}\right)^2}$

$= \sqrt{3^2 + \left(\dfrac{5\sqrt{2}}{\sqrt{2}}\right)^2 + \left(\dfrac{10\sqrt{2}}{\sqrt{2}}\right)^2} = \sqrt{3^2 + 5^2 + 10^2} = \sqrt{134} ≒ 11.57 ≒ 11.6[V]$가 된다.

정답 76. ③ 77. ④ 78. ③

079 그림과 같이 결선된 회로의 단자(a, b, c)에 선간전압이 V[V]인 평형 3상 전압을 인가할 때 상전류 I[A]의 크기는?

① $\dfrac{V}{4R}$

② $\dfrac{3V}{4R}$

③ $\dfrac{\sqrt{3}\,V}{4R}$

④ $\dfrac{V}{4\sqrt{3}\,R}$

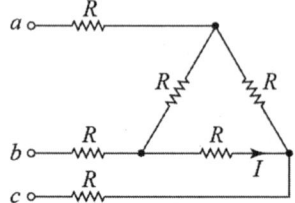

△결선을 Y결선으로 고치면

$$I_\ell(\text{선전류}) = \dfrac{\dfrac{V}{\sqrt{3}}}{R+\dfrac{R}{3}} = \dfrac{\dfrac{V}{\sqrt{3}}}{\dfrac{4R}{3}} = \dfrac{\sqrt{3}\,V}{4R}[\text{A}] \cdots ①$$

문제에서 3상 전압 인가 시 선전류 $I_\ell = \sqrt{3}\,I$[A]에서

$$I(\text{상전류}) = \dfrac{1}{\sqrt{3}}I_\ell = \dfrac{1}{\sqrt{3}} \times \dfrac{\sqrt{3}\,V}{4R} = \dfrac{V}{4R}[\text{A}]가 된다.$$

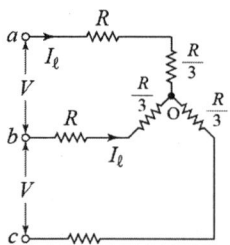

080 $8+j6$[Ω]인 임피던스에 $13+j20$[V]의 전압을 인가할 때 복소전력은 약 몇 [VA]인가?

① $12.7+j34.1$ ② $12.7+j55.5$
③ $45.5+j34.1$ ④ $45.5+j55.5$

$$I = \dfrac{V}{Z} = \dfrac{13+j20}{8+j6} = \dfrac{(13+j20)(8-j6)}{8^2+6^2} = \dfrac{(104+120)+j(160-78)}{100}$$
$$= \dfrac{224+j82}{100} = 2.24+j0.82[\text{A}]이다.$$

$\therefore P_a(\text{복소전력}) = \dot{V}\overline{I} = (13+j20)(2.24-j0.82) = (29.12+16.4)+j(44.8-10.66)$
$= 45.5+j34.1[\text{VA}]가 된다.$

05 전/기/설/비/기/술/기/준/및/판/단/기/준

081 지중 전선로를 직접 매설식에 의하여 시설할 때, 중량물의 압력을 받을 우려가 있는 장소에 저압 또는 고압의 지중전선을 견고한 트라프 기타 방호물에 넣지 않고도 부설할 수 있는 케이블은?

① PVC 외장 케이블   ② 콤바인덕트 케이블
③ 염화비닐 절연 케이블   ④ 폴리에틸렌 외장 케이블

79. ① 80. ③ 81. ②

해설 콤바인덕트 케이블은 지중 전선로를 직접 매설식에 의하여 시설할 때, 중량물의 압력을 받을 우려가 있는 장소에 저압 또는 고압의 지중전선을 견고한 트라프 기타 방호물에 넣지 않고도 부설할 수 있는 케이블이다.

082 수소냉각식 발전기 등의 시설기준으로 틀린 것은?

① 발전기 안 또는 조상기 안의 수소의 온도를 계측하는 장치를 시설할 것
② 발전기축의 밀봉부로부터 수소가 누설될 때 누설된 수소를 외부로 방출하지 않을 것
③ 발전기 안 또는 조상기 안의 수소의 순도가 85% 이하로 저하한 경우에 이를 경보하는 장치를 시설할 것
④ 발전기 또는 조상기는 수소가 대기압에서 폭발하는 경우에 생기는 압력에 견디는 강도를 가지는 것일 것

해설 수소냉각식 발전기 등의 시설기준으로 옳은 것은
① 발전기 안 또는 조상기 안의 수소의 온도를 계측하는 장치를 시설할 것
② 발전기 안 또는 조상기 안의 수소의 순도가 85% 이하로 저하한 경우에 이를 경보하는 장치를 시설할 것
③ 발전기 또는 조상기는 수소가 대기압에서 폭발하는 경우에 생기는 압력에 견디는 강도를 가지는 것일 것

083 저압전로에서 그 전로에 지락이 생긴 경우 0.5초 이내에 자동적으로 전로를 차단하는 장치를 시설하는 경우에는 특별 제3종 접지공사의 접지 저항값은 자동 차단기의 정격감도 전류가 30[mA] 이하일 때 몇 [Ω] 이하로 하여야 하는가?

① 75
② 150
③ 300
④ 500

해설 저압전로에서 그 전로에 지락이 생긴 경우 0.5초 이내에 자동적으로 전로를 차단하는 장치를 시설하는 경우에는 특별 제3종 접지공사의 접지 저항값은 자동 차단기의 정격감도 전류가 30[mA] 이하일 때 500[Ω] 이하로 하여야 한다.

084 어느 유원지의 어린이 놀이기구인 유희용 전차에 전기를 공급하는 전로의 사용전압은 교류인 경우 몇 [V] 이하이어야 하는가?

① 20
② 40
③ 60
④ 100

해설 유원지의 어린이 놀이기구인 유희용 전차에 전기를 공급하는 전로의 사용전압은 교류인 경우 40[V] 이하이어야 한다.

정답 82.② 83.④ 84.②

085 연료전지 및 태양전지 모듈의 절연내력시험을 하는 경우 충전부분과 대지 사이에 인가하는 시험전압은 얼마인가? (단, 연속하여 10분간 가하여 견디는 것이어야 한다.)

① 최대사용전압의 1.25배의 직류전압 또는 1배의 교류전압(500[V] 미만으로 되는 경우에는 500[V])
② 최대사용전압의 1.25배의 직류전압 또는 1.25배의 교류전압(500[V] 미만으로 되는 경우에는 500[V])
③ 최대사용전압의 1.5배의 직류전압 또는 1배의 교류전압(500[V] 미만으로 되는 경우에는 500[V])
④ 최대사용전압의 1.5배의 직류전압 또는 1.25배이 교류전압(500[V] 미만으로 되는 경우에는 500[V])

해설 연료전지 및 태양전지 모듈의 절연내력시험을 하는 경우 충전부분과 대지 사이에 인가하는 시험전압은 최대사용전압의 1.5배의 직류전압 또는 1배의 교류전압(500[V] 미만으로 되는 경우에는 500[V])을 연속하여 10분간 가하여 견디는 것이어야 한다.)

086 전개된 장소에서 저압 옥상전선로의 시설기준으로 적합하지 않은 것은?

① 전선은 절연전선을 사용하였다.
② 전선 지지점 간의 거리를 20[m]로 하였다.
③ 전선은 지름 2.6[mm]의 경동선을 사용하였다.
④ 저압 절연전선과 그 저압 옥상전선로를 시설하는 조영재와의 이격거리를 2[m]로 하였다.

해설 전개된 장소에서 저압 옥상전선로의 시설기준으로 적합한 것은
① 전선은 절연전선을 사용하였다.
② 전선은 지름 2.6[mm]의 경동선을 사용하였다.
③ 저압 절연전선과 그 저압 옥상전선로를 시설하는 조영재와의 이격거리를 2[m]로 하였다.

087 교류 전차선 등과 삭도 또는 그 지주 사이의 이격거리를 몇 [m] 이상 이격하여야 하는가?

① 1   ② 2   ③ 3   ④ 4

해설 교류 전차선 등과 삭도 또는 그 지주 사이의 이격거리를 2[m] 이상 이격하여야 한다.

088 고압 가공전선을 시가지 외에 시설할 때 사용되는 경동선의 굵기는 지름 몇 [mm] 이상인가?

① 2.6   ② 3.2   ③ 4.0   ④ 5.0

해설 고압 가공전선을 시가지 외에 시설할 때 사용되는 경동선의 굵기는 지름 4.0[mm] 이상이어야 한다.

정답 85. ③ 86. ② 87. ② 88. ③

089 저압 수상전선로에 사용되는 전선은?
① 옥외 비닐케이블
② 600[V] 비닐절연전선
③ 600[V] 고무절연전선
④ 클로로프렌 캡타이어 케이블

해설 저압 수상전선로에 사용되는 전선은 클로로프렌 캡타이어 케이블이다.

090 440[V] 옥내 배선에 연결된 전동기 회로의 절연저항 최소 값은 몇 [MΩ]인가?
① 0.1 ② 0.2 ③ 0.4 ④ 1

해설 440[V] 옥내 배선에 연결된 전동기 회로의 절연저항 최소 값은 0.4[MΩ]이다.

091 케이블 트레이 공사에 사용하는 케이블 트레이에 적합하지 않은 것은?
① 비금속제 케이블 트레이는 난연성 재료가 아니어도 된다.
② 금속재의 것은 적절한 방식처리를 한 것이거나 내식성 재료의 것이어야 한다.
③ 금속재 케이블 트레이 계통은 기계적 및 전기적으로 완전하게 접속하여야 한다.
④ 케이블 트레이가 방화구획의 벽 등을 관통하는 경우에 관통부는 불연성의 물질로 충전하여야 한다.

해설 케이블 트레이 공사에 사용하는 케이블 트레이에 적합한 것은
① 금속재의 것은 적절한 방식처리를 한 것이거나 내식성 재료의 것이어야 한다.
② 금속재 케이블 트레이 계통은 기계적 및 전기적으로 완전하게 접속하여야 한다.
③ 케이블 트레이가 방화구획의 벽 등을 관통하는 경우에 관통부는 불연성의 물질로 충전하여야 한다.

092 전개된 건조한 장소에서 400[V] 이상의 저압 옥내배선을 할 때 특별히 정해진 경우를 제외하고는 시공할 수 없는 공사는?
① 애자사용공사
② 금속덕트공사
③ 버스덕트공사
④ 합성수지몰드공사

해설 전개된 건조한 장소에서 400[V] 이상의 저압 옥내배선을 할 때 특별히 정해진 경우를 제외하고는 애자사용공사, 금속덕트공사, 버스덕트공사로 시공할 수 있다.

093 가공전선로의 지지물의 강도계산에 적용하는 풍압하중은 빙설이 많은 지방 이외의 지방에서 저온계절에는 어떤 풍압하중을 적용하는가? (단, 인가가 연접되어 있지 않다고 한다.)
① 갑종풍압하중
② 을종풍압하중
③ 병종풍압하중
④ 을종과 병종풍압하중을 혼용

해답 89.④ 90.③ 91.① 92.④ 93.③

📝 가공전선로의 지지물의 강도계산에 적용하는 풍압하중은 빙설이 많은 지방 이외의 지방에서 저온계절에는 인가가 연접되어 있지 않는다고 한다면 병종풍압하중을 적용한다.

094

백열전등 또는 방전등에 전기를 공급하는 옥내전로의 대지전압은 몇 [V] 이하이어야 하는가? (단, 백열전등 또는 방전등 및 이에 부속하는 전선은 사람이 접촉할 우려가 없도록 시설한 경우이다.)

① 60   ② 110   ③ 220   ④ 300

📝 백열전등 또는 방전등 및 이에 부속하는 전선은 사람이 접촉할 우려가 없도록 시설한 경우 백열전등 또는 방전등에 전기를 공급하는 옥내전로의 대지전압은 300[V] 이하이어야 한다.

095

특고압 가공전선로의 지지물에 첨가하는 통신선 보안장치에 사용되는 피뢰기의 동작전압은 교류 몇 [V] 이하인가?

① 300   ② 600   ③ 1000   ④ 1500

📝 특고압 가공전선로의 지지물에 첨가하는 통신선 보안장치에 사용되는 피뢰기의 동작전압은 교류 1000[V] 이하이어야 한다.

096

태양전지 발전소에 시설하는 태양전지 모듈, 전선 및 개폐기 기타 기구의 시설기준에 대한 내용으로 틀린 것은?

① 충전부분은 노출되지 아니하도록 시설할 것
② 옥내에 시설하는 경우에는 전선을 케이블 공사로 시설할 수 있다.
③ 태양전지 모듈의 프레임은 지지물과 전기적으로 완전하게 접속하여야 한다.
④ 태양전지 모듈을 병렬로 접속하는 전로에는 과전류차단기를 시설하지 않아도 된다.

📝 태양전지 발전소에 시설하는 태양전지 모듈, 전선 및 개폐기 기타 기구의 시설기준에 대한 내용으로 옳은 것은
① 충전부분은 노출되지 아니하도록 시설할 것
② 옥내에 시설하는 경우에는 전선을 케이블 공사로 시설할 수 있다.
③ 태양전지 모듈의 프레임은 지지물과 전기적으로 완전하게 접속하여야 한다.

097

가공전선로의 지지물에 시설하는 지선으로 연선을 사용할 경우 소선은 최소 몇 가닥 이상이어야 하는가?

① 3   ② 5   ③ 7   ④ 9

📝 가공전선로의 지지물에 시설하는 지선으로 연선을 사용할 경우 소선은 최소 3가닥 이상이어야 한다.

94.④ 95.③ 96.④ 97.①

098 저압 가공전선로 또는 고압 가공전선로와 기설 가공 약전류 전선로가 병행하는 경우에는 유도작용에 의한 통신상의 장해가 생기지 아니하도록 전선과 기설 약전류 전선 간의 이격거리는 몇 [m] 이상이어야 하는가? (단, 전기철도용 급전선로는 제외한다.)

① 2   ② 4   ③ 6   ④ 8

해설 저압 가공전선로 또는 고압 가공전선로와 기설 가공 약전류 전선로가 병행하는 경우에는 유도작용에 의한 통신상의 장해가 생기지 아니하도록 전선과 기설 약전류 전선 간의 이격거리는 2[m] 이상이어야 한다. (단, 전기철도용 급전선로는 제외한다.)

099 출퇴표시등 회로에 전기를 공급하기 위한 변압기는 1차 측 전로의 대지전압이 300[V] 이하, 2차 측 전로의 사용전압은 몇 [V] 이하인 절연변압기이어야 하는가?

① 60   ② 80   ③ 100   ④ 150

해설 출퇴표시등 회로에 전기를 공급하기 위한 변압기는 1차 측 전로의 대지전압이 300[V] 이하, 2차 측 전로의 사용전압은 60[V] 이하인 절연변압기이어야 한다.

100 중성점 직접 접지식 전로에 접속되는 최대사용전압 161[kV]인 3상 변압기 권선(성형결선)의 절연내력시험을 할 때 접지시켜서는 안 되는 것은?

① 철심 및 외함
② 시험되는 변압기의 부싱
③ 시험되는 권선의 중성점 단자
④ 시험되지 않는 각 권선(다른 권선이 2개 이상 있는 경우에는 각 권선)의 임의의 1단자

해설 중성점 직접 접지식 전로에 접속되는 최대사용전압 161[kV]인 3상 변압기 권선(성형결선)의 절연내력시험을 할 때 접지시켜야 하는 것은?
① 철심 및 외함
② 시험되는 권선의 중성점 단자
③ 시험되지 않는 각 권선(다른 권선이 2개 이상 있는 경우에는 각 권선)의 임의의 1단자이다.

정답 98. ① 99. ① 100. ②

02 전기기사

[2020년 8월 22일 시행]

01 전/기/자/기/학

001 분극의 세기 P, 전계 E, 전속밀도 D의 관계를 나타낸 것으로 옳은 것은? (단, ε_0는 진공의 유전율이고, ε_r은 유전체의 비유전율이고, ε은 유전체의 유전율이다.)

① $P = \varepsilon_0(\varepsilon+1)E$
② $E = \dfrac{D+P}{\varepsilon_0}$
③ $P = D - \varepsilon_0 E$
④ $\varepsilon_0 = D - E$

해설 $\chi(\text{분극율}) = \varepsilon_0(\varepsilon_r - 1)$
분극 세기란 단위체적으로부터 밖으로 나는 전속의 세기를 말한다.
∴ $P = \dfrac{dM}{dV} = \chi E = \varepsilon_0(\varepsilon_r - 1)E = \varepsilon_0 \varepsilon_r E - \varepsilon_0 E = D - \varepsilon_0 E \,[\text{C/m}^2]$

002 그림과 같은 직사각형의 평면 코일이 $B = \dfrac{0.05}{\sqrt{2}}(a_x + a_y)\,[\text{Wb/m}^2]$인 자계에 위치하고 있다. 이 코일에 흐르는 전류가 5[A]일 때 z축에 있는 코일에서의 토크는 약 몇 [N·m]인가?

① $2.66 \times 10^{-4} a_x$
② $5.66 \times 10^{-4} a_x$
③ $2.66 \times 10^{-4} a_z$
④ $5.66 \times 10^{-4} a_z$

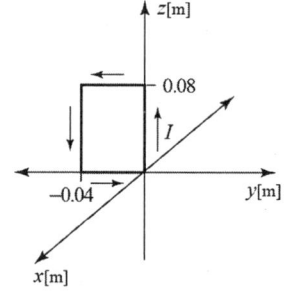

해설 플레밍의 왼손법칙에서의 힘
$F = IB\ell \sin 90° = IB\ell\,[\text{N}]$
∴ z축에서의 토크 $\tau = F \times \ell' = 5 \times \dfrac{0.05}{\sqrt{2}} a_z \times 0.04 \times 0.08 ≒ 5.66 \times 10^{-4} a_z\,[\text{N·m}]$이다.

003 내부 장치 또는 공간을 물질로 포위시켜 외부 자계의 영향을 차폐시키는 방식을 자기차폐라 한다. 다음 중 자기차폐에 가장 적합한 것은?

① 비투자율이 1보다 작은 역자성체
② 강자성체 중에서 비투자율이 큰 물질
③ 강자성체 중에서 비투자율이 작은 물질
④ 비투자율에 관계없이 물질의 두께에만 관계되므로 되도록 두꺼운 물질

정답 1.③ 2.④ 3.②

해설 자기차폐로서 가장 적합한 것은 강자성체 중에서 비투자율이 큰 물질이다.

004 주파수가 100[MHz]일 때 구리의 표피 두께(skin depth)는 약 몇 [mm]인가? (단, 구리의 도전율은 5.9×10^7[℧/m]이고, 비투자율은 0.99이다.)

① 3.3×10^{-2} ② 6.6×10^{-2}
③ 3.3×10^{-3} ④ 6.6×10^{-3}

해설 구리의 표피 두께
$$\delta = \sqrt{\frac{2}{\omega k \mu}} = \sqrt{\frac{2}{2\pi f k \mu}} = \frac{1}{\sqrt{\pi f k \mu}} = \frac{1}{\sqrt{3.14 \times 100 \times 10^6 \times 5.9 \times 10^7 \times 4\pi \times 10^{-7} \times 0.99}}$$
$$\fallingdotseq \frac{1}{\sqrt{2303597 \times 10^4}} = \frac{1}{151800} \fallingdotseq 6.58 \times 10^{-6}[\text{m}] \fallingdotseq 6.6 \times 10^{-3}[\text{mm}] \text{이다.}$$

005 압전기 현상에서 전기 분극이 기계적 응력에 수직한 방향으로 발생하는 현상은?

① 종효과 ② 횡효과
③ 역효과 ④ 직접효과

해설 횡효과란 압전기 현상에서 전기 분극이 기계적 응력에 수직한 방향으로 발생하는 현상을 말한다.

006 구리의 고유저항은 20℃에서 1.69×10^{-8}[Ω·m]이고 온도계수는 0.003393이다. 단면적이 2[mm²]이고, 100[m]인 구리선의 저항값은 40℃에서 약 몇 [Ω]인가?

① 0.91×10^{-3} ② 1.89×10^{-3}
③ 0.91 ④ 1.89

해설 • 20℃일 때의 구리선의 저항
$$R_o = \rho \frac{\ell}{s} = 1.69 \times 10^{-8} \times \frac{100}{2 \times 10^{-6}} = 1.69 \times 0.5 = 0.845[\Omega]$$
• 40℃일 때의 구리선의 저항
$$R_t = R_o(1 + \alpha_t(T-t)) = 0.845(1 + 0.00393(40-20)) = 0.845(1 + 0.00393 \times 20)$$
$$= 0.845 \times 1.0786 = 0.91[\Omega] \text{이다.}$$

007 전위경도 V와 전계 E의 관계식은?

① $E = grad\ V$ ② $E = div\ V$
③ $E = -grad\ V$ ④ $E = -div\ V$

해설 전위경도와 전계 E의 관계는 $E = -grad\ V$[V/m]이다.
∴ 전계세기는 전위경도에 −부호를 붙인 것이다.

정답 4. ④ 5. ② 6. ③ 7. ③

008
정전계에서 도체에 정(+)의 전하를 주었을 때의 설명으로 틀린 것은?
① 도체 표면의 곡률 반지름이 작은 곳에 전하가 많이 분포한다.
② 도체 외측의 표면에만 전하가 분포한다.
③ 도체 표면에서 수직으로 전기력선이 출입한다.
④ 도체 내에 있는 공동면에도 전하가 골고루 분포한다.

해설 정전계에서 도체에 정(+)의 전하를 주었을 때의 설명으로 옳은 것은
① 도체 표면의 곡률 반지름이 작은 곳에 전하가 많이 분포한다.
② 도체 외측의 표면에만 전하가 분포한다.
③ 도체 표면에서 수직으로 전기력선이 출입한다.

009
평행 도선에 같은 크기의 왕복 전류가 흐를 때 두 도선 사이에 작용하는 힘에 대한 설명으로 옳은 것은?
① 흡인력이다.
② 전류의 제곱에 비례한다.
③ 주위 매질의 투자율에 반비례한다.
④ 두 도선 사이 간격의 제곱에 반비례한다.

해설 평행 도선에 같은 크기의 왕복 전류가 흐를 때 두 도선 사이에 작용하는 힘은 플레밍의 왼손법칙에서
$$f = I_2 B \ell \sin 90° = I_2 \times \mu_0 H \ell = I_2 \times 4\pi \times 10^{-7} \times \frac{I_1 \ell}{2\pi r} = \frac{2 I_1 I_2 \ell}{r} \times 10^{-7} [\text{N}]$$으로 힘은 전류의 제곱에 비례한다.

010
비유전율 3, 비투자율 3인 매질에서 전자기파의 진행속도 v[m/s]와 진공에서의 속도 v_0[m/s]의 관계는?

① $v = \frac{1}{9} v_0$
② $v = \frac{1}{3} v_0$
③ $v = 3 v_0$
④ $v = 9 v_0$

해설 ε_s(비유전율)=3, μ_s(비투자율)=3인 매질에서
v(전자기파의 진행속도) $= \frac{1}{\sqrt{\varepsilon \mu}} = \frac{1}{\sqrt{\varepsilon_0 \mu_0}} \times \frac{1}{\sqrt{\varepsilon_s \mu_s}}$
$= v_0$(진공에서의 속도) $\times \frac{1}{\sqrt{3 \times 3}} = \frac{1}{3} v_0$의 관계가 성립된다.

정답 8.④ 9.② 10.②

011 대지의 고유저항이 $\rho[\Omega \cdot m]$일 때 반지름이 $a[m]$인 그림과 같은 반구 접지극의 접지저항(Ω)은?

① $\dfrac{\rho}{4\pi a}$

② $\dfrac{\rho}{2\pi a}$

③ $\dfrac{2\pi\rho}{a}$

④ $2\pi\rho a$

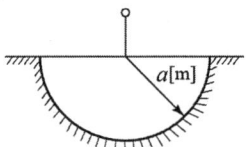

해설 반지름 $a[m]$인 반구의 정전용량 $C=2\pi\varepsilon a[F]$이다.

∴ $RC=\rho\varepsilon$의 관계에서 반구 접지극의 접지저항 $R=\dfrac{\rho\varepsilon}{C}=\dfrac{\rho\varepsilon}{2\pi\varepsilon a}=\dfrac{\rho}{2\pi a}[\Omega]$이다.

---

012 공기 중에서 $2[V/m]$의 전계의 세기에 의한 변위전류밀도의 크기를 $2[A/m^2]$으로 흐르게 하려면 전계의 주파수는 약 몇 $[MHz]$가 되어야 하는가?

① 9000 ② 18000
③ 36000 ④ 72000

해설 변위전류란 도체 외에 흐르는 전류이다.

i_d(변위전류밀도)$=\dfrac{\partial D}{\partial t}=\varepsilon_0\dfrac{\partial E}{\partial t}=|j\omega\varepsilon_0 E|=|2\pi f \varepsilon_0 E|[A/m^2]$에서

f(전계의 주파수)$=\dfrac{i_d}{2\pi\varepsilon_0 E}=\dfrac{2}{2\times3.14\times8.855\times10^{-12}\times2}≒\dfrac{20000}{111}\times10^8$

$≒18000\times10^6=18000[MHz]$이다.

---

013 2장의 무한 평판 도체를 4[cm]의 간격으로 놓은 후 평판 도체 간에 일정한 전계를 인가하였더니 평판 도체 표면에 $2[\mu C/m^2]$의 전하밀도가 생겼다. 이때 평행 도체 표면에 작용하는 정전응력은 약 몇 $[N/m^2]$인가?

① 0.057 ② 0.226
③ 0.57 ④ 2.26

해설 평판 도체의 전계 세기 $E=\dfrac{\sigma}{\varepsilon_0}[V/m]$

2장의 무한 평판 도체 간에 저장되는 에너지

$W=\dfrac{1}{2}QV=\dfrac{1}{2}CV^2=\dfrac{1}{2}\times\dfrac{\varepsilon_0 s}{d}\times(Ed)^2=\dfrac{1}{2}\varepsilon_0 E^2 sd[J]$이다.

∴ 평행 도체 표면에 작용하는 정전응력

$f=\dfrac{\partial W}{\partial d}=\dfrac{\partial}{\partial d}\dfrac{1}{2}\varepsilon_0 E^2 sd=\dfrac{1}{2}\varepsilon_0 E^2 s=\dfrac{1}{2}\varepsilon_0\times\left(\dfrac{\sigma}{\varepsilon_0}\right)^2 s=\dfrac{\sigma^2 s}{2\varepsilon_0}$

$=\dfrac{(2\times10^{-6})^2\times1}{2\times8.855\times10^{-12}}=\dfrac{4}{17.71}≒0.226[N/m^2]$이다.

정답 11. ② 12. ② 13. ②

014 자성체 내의 자계의 세기가 $H[\text{AT/m}]$이고 자속밀도가 $B[\text{Wb/m}^2]$일 때, 자계 에너지 밀도(J/m^3)는?

① HB
② $\dfrac{1}{2\mu}H^2$
③ $\dfrac{\mu}{2}B^2$
④ $\dfrac{1}{2\mu}B^2$

해설 자성체의 자계 에너지

$$W = \dfrac{1}{2}LI^2 = \dfrac{1}{2} \times \dfrac{N\phi}{I} \times I^2 = \dfrac{1}{2}NI\phi = \dfrac{1}{2} \times H\ell \times BS = \dfrac{1}{2}HBS\ell[\text{J}]$$

$$= \dfrac{1}{2}HB = \dfrac{B^2}{2\mu}[\text{J/m}^3]$$

015 임의의 방향으로 배열되었던 강자성체의 자구가 외부 자기장의 힘이 일정치 이상이 되는 순간에 급격히 회전하여 자기장의 방향으로 배열되고 자속밀도가 증가하는 현상을 무엇이라 하는가?

① 자기여효(magnetic aftereffect)
② 바크하우젠 효과(Barkhausen effect)
③ 자기왜현상(magneto-striction effect)
④ 핀치 효과(Pinch effect)

해설 바크하우젠 효과(Barkhausen effect)란
임의의 방향으로 배열되었던 강자성체의 자구가 외부 자기장의 힘이 일정치 이상이 되는 순간에 급격히 회전하여 자기장의 방향으로 배열되고 자속밀도가 증가하는 현상을 말한다.

016 반지름이 5[mm], 길이가 15[mm], 비투자율이 50인 자성체 막대에 코일을 감고 전류를 흘려서 자성체 내의 자속밀도를 50[Wb/m²]으로 하였을 때 자성체 내에서의 자계의 세기는 몇 [A/m]인가?

① $\dfrac{10^7}{\pi}$
② $\dfrac{10^7}{2\pi}$
③ $\dfrac{10^7}{4\pi}$
④ $\dfrac{10^7}{8\pi}$

해설 자성체 막대에 코일을 감고 전류를 흘리면 F(기자력) $= NI = R\phi = H\ell[\text{AT}]$

$$H(\text{자성체 내에서의 자계세기}) = \dfrac{R\phi}{\ell} = \dfrac{\dfrac{\ell}{\mu s} \times Bs}{\ell} = \dfrac{B}{\mu} = \dfrac{B}{\mu_0 \mu_s}$$

$$= \dfrac{50}{4\pi \times 10^{-7} \times 50} = \dfrac{10^7}{4\pi} [\text{A/m}]\text{가 된다.}$$

14. ④ 15. ② 16. ③

017 반지름이 30[cm]인 원판 전극의 평행판 콘덴서가 있다. 전극의 간격이 0.1[cm]이며 전극 사이 유전체의 비유전율이 4.0이라 한다. 이 콘덴서의 정전용량은 약 몇 [μF]인가?

① 0.01
② 0.02
③ 0.03
④ 0.04

원판 전극의 면적 $s = \pi r^2 [m^2]$인 평행판 콘덴서의 정전용량

$$C = \frac{\varepsilon s}{d} = \frac{\varepsilon_0 \varepsilon_s \times \pi r^2}{d} = \frac{8.855 \times 10^{-12} \times 4 \times 3.14 \times (30 \times 10^{-2})^2}{0.1 \times 10^{-2}}$$

$= 8.855 \times 10^{-12} \times 12.56 \times 90 ≒ 0.01 \times 10^{-6} = 0.01 [\mu F]$ 이다.

018 한 변의 길이가 l[m]인 정사각형 도체 회로에 전류 I[A]를 흘릴 때 회로의 중심점에서의 자계의 세기는 몇 [AT/m]인가?

① $\dfrac{2I}{\pi l}$
② $\dfrac{I}{\sqrt{2}\,\pi l}$
③ $\dfrac{\sqrt{2}\,I}{\pi l}$
④ $\dfrac{2\sqrt{2}\,I}{\pi l}$

유한 직선 도체로부터 $\dfrac{\ell}{2}$[m] 떨어진 점에 자계 세기

$$H_1 = \frac{I}{4\pi\frac{\ell}{2}}(\sin 45° + \sin 45°)$$

$$= \frac{I}{4\pi\frac{\ell}{2}} \times 2 \times \frac{1}{\sqrt{2}}$$

$$= \frac{I}{\sqrt{2}\,\pi \ell}[A/m] 이다.$$

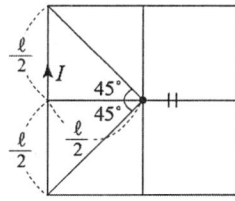

∴ 정사각형 도체 중심 자계

$$H = 4H_1 = 2 \times 2 \times \frac{I}{\sqrt{2}\,\pi \ell} = \frac{2\sqrt{2}\,I}{\pi \ell}[A/m] 가 된다.$$

019 정전용량이 각각 $C_1 = 1[\mu F]$, $C_2 = 2[\mu F]$인 도체에 전하 $Q_1 = -5[\mu C]$, $Q_2 = 2[\mu C]$을 각각 주고 각 도체를 가는 철사로 연결하였을 때 C_1에서 C_2로 이동하는 전하 $Q'[\mu C]$는?

① -4
② -3.5
③ -3
④ -1.5

17. ① 18. ④ 19. ①

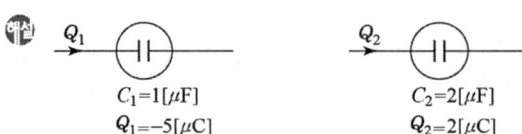

각 도체를 가는 철사로 연결하면 콘덴서는 병렬로 V(전압)=일정하다.

$Q_1' = C_1 V = C_1 \times \dfrac{Q_1 + Q_2}{C_1 + C_2}$

$= 1 \times \dfrac{-5+2}{1+2} = 1 \times \dfrac{-3}{3} = -1[\mu C]$이다.

∴ C_1에서 C_2로 이동하는 전하

$Q' = Q_1 - Q_1' = -5 - (-1) = -4[\mu C]$이 된다.

또한 $Q_2' = C_2 V = C_2 \times \dfrac{Q_1 + Q_2}{C_1 + C_2}$

$= 2 \times \dfrac{-5+2}{1+2} = 2 \times \dfrac{-3}{3} = -2[\mu C]$

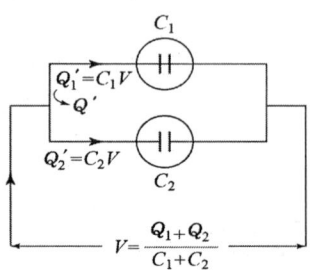

참고 $Q_2' = Q' + Q_2 = -4 + 2 = -2[\mu C]$

020

정전용량이 $0.03[\mu F]$인 평행판 공기 콘덴서의 두 극판 사이에 절반 두께의 비유전율 10인 유리판을 극판과 평행하게 넣었다면 이 콘덴서의 정전용량은 약 몇 $[\mu F]$이 되는가?

① 1.83
② 18.3
③ 0.055
④ 0.55

해설 $C_0 = \dfrac{\varepsilon_0 s}{d} = 0.03[\mu F]$

∴ $C_1 = \dfrac{\varepsilon_0 s}{d/2} = 2\dfrac{\varepsilon_0 s}{d} = 2C_0 [\mu F]$

$C_2 = \dfrac{\varepsilon_0 s \times \varepsilon_s}{d/2} = 2\dfrac{\varepsilon_0 s}{d} \times \varepsilon_s = 2C_0 \varepsilon_s [\mu F]$

∴ 콘덴서는 직렬 연결로 합성 정전용량

$C = \dfrac{C_1 C_2}{C_1 + C_2} = \dfrac{2C_0 \times 2C_0 \varepsilon_s}{2C_0 + 2C_0 \varepsilon_s} = \dfrac{2C_0 \varepsilon_s}{1 + \varepsilon_s} = \dfrac{2 \times 0.03 \times 10}{1+10} = \dfrac{0.6}{11}$

$= 0.0545 ≒ 0.055[\mu F]$이다.

해답 20. ③

02 전/력/공/학

021 3상 전원에 접속된 △결선의 커패시터를 Y결선으로 바꾸면 진상 용량 Q_Y[kVA]는? (단, $Q_\triangle$는 △결선된 커패시터의 진상 용량이고, Q_Y는 Y결선된 커패시터의 진상 용량이다.)

① $Q_Y = \sqrt{3}\, Q_\triangle$
② $Q_Y = \dfrac{1}{3} Q_\triangle$
③ $Q_Y = 3 Q_\triangle$
④ $Q_Y = \dfrac{1}{\sqrt{3}} Q_\triangle$

해설 △결선의 커패시터를 Y결선으로 바꾸면 $Q_Y = 3 Q_\triangle$, 또한 △결선의 저항을 Y결선으로 바꾸면 $Y_r = \dfrac{1}{3} \triangle_R$이 된다.

022 교류 배전선로에서 전압강하 계산식은 $V_d = k(R\cos\theta + X\sin\theta)I$로 표현된다. 3상 3선식 배전선로인 경우에 k는?

① $\sqrt{3}$
② $\sqrt{2}$
③ 3
④ 2

해설 $V_S - V_R = V_d$(교류 배전선로의 전압강하)$= \sqrt{3}\, I(R\cos\theta + X\sin\theta)$이다.
∴ $k = \sqrt{3}$이어야 한다.

023 송전선에서 뇌격에 대한 차폐 등을 위해 가선하는 가공지선에 대한 설명으로 옳은 것은?

① 차폐각은 보통 15~30° 정도로 하고 있다.
② 차폐각이 클수록 벼락에 대한 차폐효과가 크다.
③ 가공지선을 2선으로 하면 차폐각이 적어진다.
④ 가공지선으로는 연동선을 주로 사용한다.

해설 송전선에서 뇌격에 대한 차폐 등을 위해 가공지선을 2선으로 하면 차폐각이 적어진다.

024 배전선의 전력손실 경감 대책이 아닌 것은?

① 다중접지 방식을 채용한다.
② 역률을 개선한다.
③ 배전 전압을 높인다.
④ 부하의 불평형을 방지한다.

해설 배전선의 전력손실 경감 대책
① 역률을 개선한다.
② 배전 전압을 높인다.
③ 부하의 불평형을 방지한다.

정답 21. ③ 22. ① 23. ③ 24. ①

025 그림과 같은 이상 변압기에서 2차 측에 5[Ω]의 저항부하를 연결하였을 때 1차 측에 흐르는 전류(I)는 약 몇 [A]인가?

① 0.6
② 1.8
③ 20
④ 660

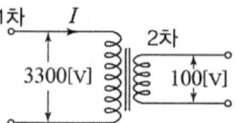

해설 이상 변압기의 $a = \dfrac{V_1}{V_2} = \dfrac{3300}{100} = 33$, $a = \dfrac{V_1}{V_2} = \dfrac{I_2}{I_1}$

∴ $I_1 = \dfrac{I_2}{a} = \dfrac{\frac{V_2}{R_2}}{33} = \dfrac{\frac{100}{5}}{33} = \dfrac{20}{33} ≒ 0.6[A]$ 이다.

---

026 전압과 유효전력이 일정할 경우 부하 역률이 70%인 선로에서의 저항 손실($P_{70\%}$)은 역률이 90%인 선로에서의 저항 손실($P_{90\%}$)과 비교하면 약 얼마인가?

① $P_{70\%} = 0.6 P_{90\%}$
② $P_{70\%} = 1.7 P_{90\%}$
③ $P_{70\%} = 0.3 P_{90\%}$
④ $P_{70\%} = 2.7 P_{90\%}$

해설 전압과 유효전력이 일정할 경우

$P_{70\%}$(부하 역률 $\cos\theta_1 = 0.7$일 때의 저항 손실)

$= I_1^2 R = \dfrac{P_{70\%} R}{(V\cos\theta_1)^2} = \dfrac{1}{(\cos\theta_1)^2} = \dfrac{1}{(0.7)^2}$ ………… ①

$P_{90\%}$(부하 역률 $\cos\theta_2 = 0.9$일 때의 저항 손실)

$= I_2^2 R = \dfrac{P_{90\%} R}{(V\cos\theta_2)^2} = \dfrac{1}{(\cos\theta_2)^2} = \dfrac{1}{(0.9)^2}$ ………… ②

∴ $\dfrac{①}{②} = \dfrac{P_{70\%}}{P_{90\%}} = \dfrac{\frac{1}{(\cos\theta_1)^2}}{\frac{1}{(\cos\theta_2)^2}} = \dfrac{(\cos\theta_2)^2}{(\cos\theta_1)^2} = \dfrac{(0.9)^2}{(0.7)^2} = \dfrac{0.81}{0.49} ≒ 1.7$

∴ $P_{70\%} ≒ 1.7 P_{90\%}$ 이 된다.

---

027 3상 3선식 송전선에서 L을 작용 인덕턴스라 하고, L_e 및 L_m은 대지를 귀로로 하는 1선의 자기 인덕턴스 및 상호 인덕턴스라고 할 때 이들 사이의 관계식은?

① $L = L_m - L_e$
② $L = L_e - L_m$
③ $L = L_m + L_e$
④ $L = \dfrac{L_m}{L_e}$

해설 L(작용 인덕턴스)[H], L_m(대지 귀로 1선의 상호 인덕턴스)[H],
L_e(대지 귀로 1선의 자기 인덕턴스)$= L + L_m$[H]이다.
∴ $L = L_e - L_m$[H]의 관계가 성립된다.

정답 25. ① 26. ② 27. ②

028 표피효과에 대한 설명으로 옳은 것은?

① 표피효과는 주파수에 비례한다.
② 표피효과는 전선의 단면적에 반비례한다.
③ 표피효과는 전선의 비투자율에 반비례한다.
④ 표피효과는 전선의 도전율에 반비례한다.

해설 표피효과의 두께

$$\delta = \sqrt{\frac{2}{\omega k \mu}} = \sqrt{\frac{2}{2\pi f k \mu}} = \frac{1}{\sqrt{\pi f k \mu}} \approx \frac{1}{\sqrt{f}} \text{[mm]}$$ 이다.

표피효과란 전선에 전류가 흐르는 두께로서 주파수에 비례한다.

참고 δ(표피효과의 두께)는 주파수에 반비례한다.)

029 배전선로의 전압을 3[kV]에서 6[kV]로 승압하면 전압강하율(δ)은 어떻게 되는가? (단, δ_{3kV}는 전압이 3[kV]일 때 전압강하율이고, δ_{6kV}는 전압이 6[kV]일 때 전압강하율이고, 부하는 일정하다고 한다.)

① $\delta_{6kV} = \frac{1}{2} \delta_{3kV}$
② $\delta_{6kV} = \frac{1}{4} \delta_{3kV}$
③ $\delta_{6kV} = 2 \delta_{3kV}$
④ $\delta_{6kV} = 4 \delta_{3kV}$

해설 V_r(배전선로의 전압) = 3[kV]

V_r'(배전선로의 전압) = 6[kV] = 2×3[kV] = nV_r (단, $n = \frac{6[kV]}{3[kV]} = 2$)

$P = V_r I \cos\theta \text{[W]}, \quad I = \frac{P}{V_r \cos\theta} \text{[A]}$

δ_{3kV}(전압 3[kV]일 때의 전압강하율)

$$= \frac{V_s - V_r}{V_r} = \frac{IR}{V_r} = \frac{\frac{PR}{V_r \cos\theta}}{V_r} = \frac{PR}{V_r^2 \cos\theta} \approx \frac{1}{V_r^2} \quad \cdots\cdots \text{①}$$

δ_{6kV}(전압 6[kV]일 때의 전압강하율)

$$= \frac{V_s - V_r'}{V_r'} = \frac{I'R}{V_r'} = \frac{\frac{PR}{V_r' \cos\theta}}{V_r'} = \frac{PR}{(V_r')^2 \cos\theta} \approx \frac{1}{(V_r')^2} = \frac{1}{(nV_r)^2} \quad \cdots\cdots \text{②}$$

$$\frac{②}{①} = \frac{\delta_{6kV}}{\delta_{3kV}} = \frac{\frac{1}{(V_r')^2}}{\frac{1}{V_r^2}} = \frac{V_r^2}{(V_r')^2} = \frac{V_r^2}{(nV_r)^2} = \frac{1}{n^2} = \frac{1}{(2)^2} = \frac{1}{4}$$

∴ $\delta_{6kV} = \frac{1}{4} \delta_{3kV}$ 가 된다.

정답 28. ① 29. ②

030 계통의 안정도 증진대책이 아닌 것은?
① 발전기나 변압기의 리액턴스를 작게 한다.
② 선로의 회선수를 감소시킨다.
③ 중간 조상 방식을 채용한다.
④ 고속도 재폐로 방식을 채용한다.

해설 계통의 안정도 증진대책은
① 발전기나 변압기의 리액턴스를 작게 한다.
② 중간 조상 방식을 채용한다.
③ 고속도 재폐로 방식을 채용한다.

031 1상의 대지 정전용량이 $0.5[\mu F]$, 주파수가 60[Hz]인 3상 송전선이 있다. 이 선로에 소호리액터를 설치한다면, 소호리액터의 공진 리액턴스는 약 몇 [Ω]이면 되는가?
① 970
② 1370
③ 1770
④ 3570

해설 소호리액터의 접지 I_g(지락전류) $= \left(\dfrac{1}{j\omega L} + j\omega 3C\right)E[A]$

공진조건은 $\dfrac{E}{j\omega L} = j\omega 3CE$

∴ 소호리액터의 공진 리액턴스

$\omega L = \dfrac{1}{3\omega C} = \dfrac{1}{3\times 2\pi f C} = \dfrac{1}{3\times 2\times 3.14\times 60\times 0.5\times 10^{-6}} = \dfrac{10^6}{565.2}$

$= 1769.285 ≒ 1770[\Omega]$이다.

032 배전선로의 고장 또는 보수 점검 시 정전구간을 축소하기 위하여 사용되는 것은?
① 단로기
② 컷아웃스위치
③ 계자저항기
④ 구분개폐기

해설 구분개폐기는 배전선로의 고장 또는 보수 점검 시 정전구간을 축소하기 위하여 사용된다.

033 수전단 전력 원선도의 전력 방정식이 $P_r^2 + (Q_r + 400)^2 = 250000$으로 표현되는 전력계통에서 가능한 최대로 공급할 수 있는 부하전력(P_r)과 이때 전압을 일정하게 유지하는데 필요한 무효전력(Q_r)은 각각 얼마인가?
① $P_r = 500,\ Q_r = -400$
② $P_r = 400,\ Q_r = 500$
③ $P_r = 300,\ Q_r = 100$
④ $P_r = 200,\ Q_r = -300$

해답 30.② 31.③ 32.④ 33.①

해설 방정식에서 전압을 일정하게 유지하는데 필요한 무효전력 $Q_r = -400[\text{var}]$이어야만 전력계통에서 부하에 최대전력이 공급된다.
∴ 부하에 최대전력 $P_r = \sqrt{250000} = 500[\text{W}]$이다.

034
수전용 변전설비의 1차측 차단기의 차단용량은 주로 어느 것에 의하여 정해지는가?
① 수전 계약용량
② 부하설비의 단락용량
③ 공급측 전원의 단락용량
④ 수전전력의 역률과 부하율

해설 수전용 변전설비의 1차측 차단기의 차단용량은 공급측 전원의 단락용량에 의하여 정해진다.

035
프란시스 수차의 특유속도(m·kW)의 한계를 나타내는 식은? (단, $H[\text{m}]$는 유효낙차이다.)

① $\dfrac{13000}{H+50}+10$
② $\dfrac{13000}{H+50}+30$
③ $\dfrac{20000}{H+20}+10$
④ $\dfrac{20000}{H+20}+30$

해설 45~350[rpm]인 경우 프란시스 수차의 특유속도 $N_s \leq \dfrac{13000}{H+20}+50[\text{m}\cdot\text{kW}]$

350~800[rpm] 이상인 경우 프란시스 수차의 특유속도의 한계를 나타내는 식

$N_s \leq \dfrac{20000}{H+20}+30[\text{m}\cdot\text{kW}]$이다.

036
정격전압 6600[V], Y결선, 3상 발전기의 중성점을 1선 지락 시 지락전류를 100[A]로 제한하는 저항기로 접지하려고 한다. 저항기의 저항 값은 약 몇 [Ω]인가?
① 44
② 41
③ 38
④ 35

해설 정격전압 6600[V], Y결선, 3상 발전기의 중성점을 1선 지락 시 지락전류

$I_g = \dfrac{E}{Z} = \dfrac{\frac{V}{\sqrt{3}}}{R} = \dfrac{V}{\sqrt{3}\,R}[\text{A}]$

∴ 저항기의 저항 $R = \dfrac{6600}{\sqrt{3}\,I_g} = \dfrac{6600}{\sqrt{3}\times 100} = \dfrac{66}{\sqrt{3}} \fallingdotseq 38[\Omega]$이어야 한다.

34. ③ 35. ④ 36. ③

037 송전 철탑에서 역섬락을 방지하기 위한 대책은?
① 가공지선의 설치
② 탑각 접지저항의 감소
③ 전력선의 연가
④ 아크혼의 설치

> 역섬락을 일으키지 않을 탑각 접지저항 $R = \dfrac{\text{애자의 섬락전압}}{\text{뇌전류}}[\Omega]$이다.
> ∴ 송전 철탑에서 역섬락을 방지하기 위해서는 탑각 접지저항을 감소해야 한다.

038 조속기의 폐쇄시간이 짧을수록 나타나는 현상으로 옳은 것은?
① 수격작용은 작아진다.
② 발전기의 전압 상승률은 커진다.
③ 수차의 속도 변동률은 작아진다.
④ 수압관 내의 수압 상승률은 작아진다.

> 조속기의 폐쇄시간이 짧을수록 수차의 속도 변동률
> $= \dfrac{N_o(\text{무부하 회전속도}) - N_e(\text{부하 시 회전도})}{N_n(\text{정격 회전속도})} \times 100$은 작아진다.

039 주변압기 등에서 발생하는 제5고조파를 줄이는 방법으로 옳은 것은?
① 전력용 콘덴서에 직렬리액터를 연결한다.
② 변압기 2차측에 분로리액터를 연결한다.
③ 모선에 방전코일을 연결한다.
④ 모선에 공심 리액터를 연결한다.

> 주변압기 등에서 발생하는 제5고조파를 줄이는 방법은 전력용 콘덴서에 직렬리액터를 연결한다.

040 복도체에서 2본의 전선이 서로 충돌하는 것을 방지하기 위하여 2본의 전선 사이에 적당한 간격을 두어 설치하는 것은?
① 아모로드   ② 댐퍼
③ 아킹혼   ④ 스페이서

> 스페이서는 복도체에서 2본의 전선이 서로 충돌하는 것을 방지하기 위하여 2본의 전선 사이에 적당한 간격을 두어 설치하는 것을 말한다.

37. ② 38. ③ 39. ① 40. ④

03 전/기/기/기

041 정격전압 120[V], 60[Hz]인 변압기의 무부하 입력 80[W], 무부하 전류 1.4[A]이다. 이 변압기의 여자 리액턴스는 약 몇 [Ω]인가?
① 97.6
② 103.7
③ 124.7
④ 180

해설 변압기의 무부하 입력=철손 $P_i = VI_i$[W]

I_i(철손전류) $= \dfrac{P_i}{V} = \dfrac{80}{120} ≒ 0.667$[A] … ①

I_o(무부하전류=여자전류)$=1.4$[A] …… ②

I_ϕ(자화전류) $= \dfrac{V}{X} = \sqrt{I_o^2 - I_i^2} = \sqrt{(1.4)^2 - (0.667)^2} = \sqrt{1.96 - 0.44} = \sqrt{1.52} ≒ 1.2328$[A]

에서 X(변압기의 여자 리액턴스) $= \dfrac{V}{I_\phi} = \dfrac{120}{1.2328} ≒ 97.6$[Ω]

042 서보모터의 특징에 대한 설명으로 틀린 것은?
① 발생토크는 입력신호에 비례하고, 그 비가 클 것
② 직류 서보모터에 비하여 교류 서보모터의 시동 토크가 매우 클 것
③ 시동 토크는 크나 회전부의 관성모멘트가 작고, 전기적 시정수가 짧을 것
④ 빈번한 시동, 정지, 역전 등의 가혹한 상태에 견디도록 견고하고, 큰 돌입전류에 견딜 것

해설 서보모터의 특징에 대한 설명으로 옳은 것은
① 발생토크는 입력신호에 비례하고, 그 비가 클 것
② 시동 토크는 크나 회전부의 관성모멘트가 작고, 전기적 시정수가 짧을 것
③ 빈번한 시동, 정지, 역전 등의 가혹한 상태에 견디도록 견고하고, 큰 돌입전류에 견딜 것

043 3상 변압기 2차측의 E_W상만을 반대로 하고, Y-Y 결선을 한 경우, 2차 상전압이 E_U=70[V], E_V=70[V], E_W=70[V]라면 2차 선간전압은 약 몇 [V]인가?
① V_{U-V}=121.2[V], V_{V-W}=70[V], V_{W-U}=70[V]
② V_{U-V}=121.2[V], V_{V-W}=210[V], V_{W-U}=70[V]
③ V_{U-V}=121.2[V], V_{V-W}=121.2[V], V_{W-U}=70[V]
④ V_{U-V}=121.2[V], V_{V-W}=121.2[V], V_{W-U}=121.2[V]

해설 3상 변압기 2차측의 E_W상만을 반대로 하면, V-W상과 W-U상은 직렬 연결로 상전압이 된다.
∴ 2차 선간전압 $V_{U-V} = \sqrt{3} E_U = \sqrt{3} \times 70 = 121.2$[V], $V_{V-W} = V_{W-U} = 70$[V]로 선간전압이 된다.

41. ① 42. ② 43. ①

044
극수 8, 중권 직류기의 전기자 총 도체 수 960, 매극 자속 0.04[Wb], 회전수 400[rpm]이라면 유기기전력은 몇 [V]인가?

① 256　　② 327
③ 425　　④ 625

중권에서는 $a = P = 8$

∴ 직류기의 유기기전력 $E = \dfrac{P}{a}Zn\phi = \dfrac{P}{a}Z \times \dfrac{N}{60}\phi = \dfrac{8}{8} \times 960 \times \dfrac{400}{60} \times 0.04 = 256[V]$

045
3상 유도전동기에서 2차측 저항을 2배로 하면 그 최대토크는 어떻게 변하는가?

① 2배로 커진다.　　② 3배로 커진다.
③ 변하지 않는다.　　④ $\sqrt{2}$ 배로 커진다.

3상 유도전동기에서 2차 입력=1차 출력 $P_2 = \omega_s T$[W]

$T(\text{토크}) = \dfrac{P_2}{\omega_s} = \dfrac{P_2}{2\pi \dfrac{N_s}{60}} = \dfrac{P_2}{2\pi \dfrac{1}{60} \times \dfrac{120f}{P}} = \dfrac{(I_1')^2 \times \dfrac{r_2'}{s}}{\dfrac{4\pi f}{P}} ≒ \dfrac{r_2'}{s}$ [N·m]인 것을

비례추이라 한다. 이때 T=일정이면 $r_2' = s$이다.

∴ $2r_2' = 2s$이며 $T_{\max}$ (최대토크)는 변하지 않는다.

046
동기전동기에 일정한 부하를 걸고 계자전류를 0[A]에서부터 계속 증가시킬 때 관련 설명으로 옳은 것은? (단, I_a는 전기자전류이다.)

① I_a는 증가하다가 감소한다.
② I_a가 최소일 때 역률이 1이다.
③ I_a가 감소상태일 때 앞선 역률이다.
④ I_a가 증가상태일 때 뒤진 역률이다.

동기전동기에 일정한 부하를 걸고 계자전류를 0[A]에서부터 계속 증가시킬 때 I_a(전기자전류)가 최소일 때 역률이 1이다.

∴ 동기전동기는 항상 역률 1로 운전할 수 있다.

047
3[kVA], 3000/200[V]의 변압기의 단락시험에서 임피던스전압 120[V], 동손 150[W]라 하면 %저항 강하는 몇 %인가?

① 1　　② 3
③ 5　　④ 7

44.①　45.③　46.②　47.③

해설 변압기의 단락시험에서 V_{2s}(임피던스전압)$=I_{2n}Z_{21}=120[V]$

P_s(임피던스 와트=동손)$=I_{2n}^2 r_{21}=150[W]$

P_{2n}(정격용량)$=3[kVA]$라면

$$P(\%저항 \ 강하)=\frac{I_{2n}r_{21}}{V_{2n}}\times100=\frac{I_{2n}^2 r_{21}}{V_{2n}I_{2n}}\times100=\frac{P_s}{P_{2n}}\times100$$

$$=\frac{150}{3\times10^3}\times100=\frac{15}{3}=5\% \text{이다.}$$

048

정격출력 50[kW], 4극 220[V], 60[Hz]인 3상 유도전동기가 전부하 슬립 0.04, 효율 90%로 운전되고 있을 때 다음 중 틀린 것은?

① 2차 효율=92%
② 1차 입력=55.56[kW]
③ 회전자 동손=2.08[kW]
④ 회전자 입력=52.08[kW]

해설 P_0(정격출력=기계적인 출력)$=50[kW]$인 경우

① 2차 효율 $\eta_2=\frac{P_0}{P_2}\times100=\frac{(1-s)P_2}{P_2}\times100=(1-s)\times100=(1-0.04)\times100=96\%$

② 3상 유도전동기 효율 $\eta=\frac{P_0}{P_1}\times100\%$, P_1(1차 입력)$=\frac{P_0}{\eta}=\frac{50}{0.9}=55.56[kW]$

③ 회전자 동손=2차 동손 $P_{c2}=sP_2=s\times\frac{P_0}{\eta_2}=0.04\times\frac{50}{0.96}=0.04\times52.08≒2.08[kW]$

④ 회전자 입력=2차 입력=1차 출력 $P_2=P_{c2}+P_0=2.08+50=52.08[kW]$이다.

049

단상 유도전동기를 2전동기설로 설명하는 경우 정방향 회전자계의 슬립이 0.2이면, 역방향 회전자계의 슬립은 얼마인가?

① 0.2
② 0.8
③ 1.8
④ 2.0

해설 정방향 회전자계의 슬립

$s_1=\frac{N_s-N}{N_s}=1-\frac{N}{N_s}=0.2$

$\frac{N}{N_s}=1-0.2=0.8$ ∴ $N=0.8N_s$

역방향 회전자계의 슬립

$s_2=\frac{N_s-(-N)}{N_s}=1+\frac{N}{N_s}=1+\frac{0.8N_s}{N_s}=1+0.8=1.8$이 된다.

정답 48.① 49.③

050 직류 가동복권발전기를 전동기로 사용하면 어느 전동기가 되는가?
① 직류 직권전동기
② 직류 분권전동기
③ 직류 가동복권전동기
④ 직류 차동복권전동기

해설 직류 가동복권발전기를 전동기로 사용하면 직류 차동복권전동기가 된다.

051 동기발전기를 병렬운전 하는데 필요하지 않은 조건은?
① 기전력의 용량이 같을 것
② 기전력의 파형이 같을 것
③ 기전력의 크기가 같을 것
④ 기전력의 주파수가 같을 것

해설 동기발전기를 병렬운전 조건
① 기전력의 파형이 같을 것
② 기전력의 크기가 같을 것
③ 기전력의 주파수가 같을 것

052 IGBT(Insulated Gate Bipolar Transistor)에 대한 설명으로 틀린 것은?
① MOSFET와 같이 전압제어 소자이다.
② GTO 사이리스터와 같이 역방향 전압저지 특성을 갖는다.
③ 게이트와 에미터 사이의 입력 임피던스가 매우 낮아 BJT보다 구동하기 쉽다.
④ BJT처럼 on-drop이 전류에 관계없이 낮고 거의 일정하며, MOSFET보다 훨씬 큰 전류를 흘릴 수 있다.

해설 IGBT(Insulated Gate Bipolar Transistor)에 옳은 설명은
① MOSFET와 같이 전압제어 소자이다.
② GTO 사이리스터와 같이 역방향 전압저지 특성을 갖는다.
③ BJT처럼 on-drop이 전류에 관계없이 낮고 거의 일정하며, MOSFET보다 훨씬 큰 전류를 흘릴 수 있다.

053 유도전동기에서 공급 전압의 크기가 일정하고 전원 주파수만 낮아질 때 일어나는 현상으로 옳은 것은?
① 철손이 감소한다.
② 온도상승이 커진다.
③ 여자전류가 감소한다.
④ 회전속도가 증가한다.

해설 유도전동기에서 공급 전압의 크기가 일정하고 전원 주파수만 낮아질 때 일어나는 현상은 온도상승이 커진다.

 50.④ 51.① 52.③ 53.②

054 용접용으로 사용되는 직류발전기의 특성 중에서 가장 중요한 것은?
① 과부하에 견딜 것
② 전압변동률이 적을 것
③ 경부하일 때 효율이 좋을 것
④ 전류에 대한 전압특성이 수하특성일 것

용접용으로 사용되는 직류발전기의 특성은 전류에 대한 전압특성이 수하특성이어야 한다.

055 동기발전기에 설치된 제동권선의 효과로 틀린 것은?
① 난조 방지
② 과부하 내량의 증대
③ 송전선의 불평형 단락 시 이상전압 방지
④ 불평형 부하 시의 전류, 전압 파형의 개선

동기발전기에 설치된 제동권선의 효과로 옳은 것은
① 난조 방지
② 송전선의 불평형 단락 시 이상전압 방지
③ 불평형 부하 시의 전류, 전압 파형의 개선

056 3300/220[V] 변압기 A, B의 정격용량이 각각 400[kVA], 300[kVA]이고, %임피던스 강하가 각각 2.4%와 3.6%일 때 그 2대의 변압기에 걸 수 있는 합성부하용량은 몇 [kVA]인가?
① 550
② 600
③ 650
④ 700

%Z가 작은 쪽이 큰 부하를 분담한다.

∴ $P_A(기준) = mP_B$

$m = \dfrac{P_A}{P_B} = \dfrac{400}{300} = \dfrac{4}{3}$ 부하에서 $Z_A I_A = Z_B I_B$

$\dfrac{I_A}{I_B} = \dfrac{P_A}{P_B} = \dfrac{Z_B}{Z_A} = \dfrac{\%Z_B}{\%Z_A} = \dfrac{m\%Z_B}{\%Z_A}$ 관계이다.

∴ 분배법칙에서 $P_A = \dfrac{m\%Z_B}{\%Z_A + m\%Z_B} \times P$ 에서

$P(합성\ 부하용량) = \dfrac{\%Z_A + m\%Z_B}{m\%Z_B} \times P_A = \dfrac{2.4 + \dfrac{4}{3} \times 3.6}{\dfrac{4}{3} \times 3.6} \times 400$

$= \dfrac{7.2}{4.8} \times 400 = 600[kVA]$ 이다.

54. ④ 55. ② 56. ②

057 동작모드가 그림과 같이 나타나는 혼합브리지는?

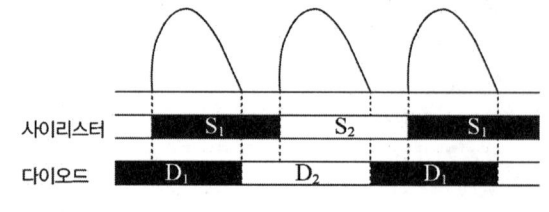

① 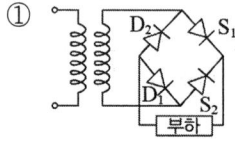   ②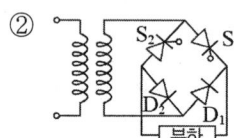

③ 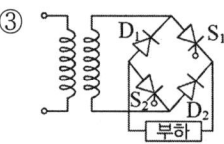   ④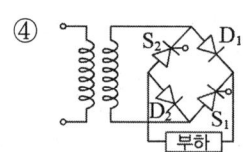

해설 동작모드가 그림과 같이 나타나는 혼합브리지는
① +반사이클에서는 S_1과 D_1 동작 부하에 전력 공급
② -반사이클에서는 S_2과 D_2 동작 부하에 전력 공급
되는 브리지가 된다.

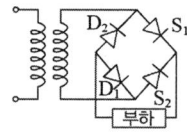

058 동기기의 전기자 저항을 r, 전기자 반작용 리액턴스를 X_a, 누설 리액턴스를 X_ℓ라고 하면 동기임피던스를 표시하는 식은?

① $\sqrt{r^2+\left(\dfrac{X_a}{X_\ell}\right)^2}$ ② $\sqrt{r^2+X_\ell^2}$

③ $\sqrt{r^2+X_a^2}$ ④ $\sqrt{r^2+(X_a+X_\ell)^2}$

해설 동기기에서 동기임피던스 $Z_s = r+j(X_a+X_\ell) = \sqrt{r^2+(X_a+X_\ell)^2}\,[\Omega]$가 된다.

059 단상 유도전동기에 대한 설명으로 틀린 것은?

① 반발 기동형 : 직류전동기와 같이 정류자와 브러시를 이용하여 기동한다.
② 분상 기동형 : 별도의 보조권선을 사용하여 회전자계를 발생시켜 기동한다.
③ 커패시터 기동형 : 기동전류에 비해 기동토크가 크지만, 커패시터를 설치해야 한다.
④ 반발 유도형 : 기동 시 농형권선과 반발전동기의 회전자 권선을 함께 이용하나 운전 중에는 농형권선만을 이용한다.

정답 57. ① 58. ④ 59. ④

◉ 단상 유도전동기에 대한 설명으로 옳은 것은
① 반발 기동형 : 직류전동기와 같이 정류자와 브러시를 이용하여 기동한다.
② 분상 기동형 : 별도의 보조권선을 사용하여 회전자계를 발생시켜 기동한다.
③ 커패시터 기동형 : 기동전류에 비해 기동토크가 크지만, 커패시터를 설치해야 한다.

060 직류전동기의 속도제어법이 아닌 것은?
① 계자 제어법　　　　② 전력 제어법
③ 전압 제어법　　　　④ 저항 제어법

◉ 직류전동기의 속도제어법은 계자 제어법, 전압 제어법, 저항 제어법이 있다.

04 회/로/이/론/및/제/어/공/학

061 그림과 같은 피드백제어 시스템에서 입력이 단위계단함수일 때 정상상태의 오차 상수인 위치상수(K_p)는?

① $K_p = \lim_{s \to 0} G(s)H(s)$

② $K_p = \lim_{s \to 0} \dfrac{G(s)}{H(s)}$

③ $K_p = \lim_{s \to \infty} G(s)H(s)$

④ $K_p = \lim_{s \to \infty} \dfrac{G(s)}{H(s)}$

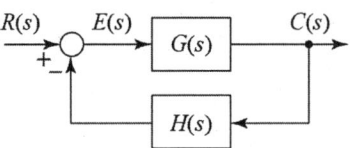

◉ 단위계단함수 $r(t) = u(t)$, $R(s) = \dfrac{1}{s}$. 그림에서 편차 $E(s) = \dfrac{R(s)}{1+G(s)H(s)}$ 이다.

∴ 최종치 정리에서 정상 위치 편차

$e_{ssp} = \lim_{s \to 0} sE(s) = \lim_{s \to 0} s \times \dfrac{R(s)}{1+G(s)H(s)} = \lim_{s \to 0} s \times \dfrac{\frac{1}{s}}{1+G(s)H(s)}$

$= \dfrac{1}{1+\lim_{s \to 0} G(s)H(s)} = \dfrac{1}{1+K_p}$ 이다.

여기서, 정상상태의 오차상수인 위치상수 $K_p = \lim_{s \to 0} G(s)H(s)$ 이다.

062 적분 시간 4[sec], 비례 감도가 4인 비례적분 동작을 하는 제어 요소에 동작신호 $z(t) = 2t$를 주었을 때 이 제어 요소의 조작량은? (단, 조작량의 초기 값은 0이다.)
① $t^2 + 8t$　　　　② $t^2 + 2t$
③ $t^2 - 8t$　　　　④ $t^2 - 2t$

◉ 비례적분 동작(PI동작) 제어 요소의 조작량

$y(t) = K\left(Z(t) + \dfrac{1}{T_i}\int Z(t)dt\right) = 4\left(2t + \dfrac{1}{4}\int 2t\,dt\right) = 8t + \dfrac{4}{4} \times 2\dfrac{t^2}{2} = t^2 + 8t$ 가 된다.

정답 60. ② 61. ① 62. ①

063 시간함수 $f(t)=\sin\omega t$의 z변환은? (단, T는 샘플링 주기이다.)

① $\dfrac{z\sin\omega T}{z^2+2z\cos\omega T+1}$
② $\dfrac{z\sin\omega T}{z^2-2z\cos\omega T+1}$
③ $\dfrac{z\cos\omega T}{z^2-2z\sin\omega T+1}$
④ $\dfrac{z\cos\omega T}{z^2+2z\sin\omega T+1}$

시간함수 $f(t)=\sin\omega t$의 z변환$=\dfrac{z\sin\omega T}{z^2-2z\cos\omega T+1}$가 된다.

064 다음과 같은 신호흐름선도에서 $\dfrac{C(s)}{R(s)}$의 값은?

① $-\dfrac{1}{41}$
② $-\dfrac{3}{41}$
③ $-\dfrac{6}{41}$
④ $-\dfrac{8}{41}$

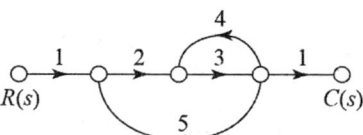

그림의 신호흐름선도에서 $\dfrac{C(s)}{R(s)}$의 값은 메이슨의 공식에서

$$\dfrac{C(s)}{R(s)}=\dfrac{\sum_{k=1}^{n}G_k\triangle_k}{\triangle}=\dfrac{G_1\triangle_1}{1-(G_1H_1+G_2H_2)}=\dfrac{1\times2\times3\times1\times1}{1-(2\times3\times5+3\times4)}$$
$$=\dfrac{6}{1-(30+12)}=-\dfrac{6}{41}$$

065 Routh-Hurwitz 방법으로 특성방정식이 $s^4+2s^3+s^2+4s+2=0$인 시스템의 안정도를 판별하면?

① 안정
② 불안정
③ 임계안정
④ 조건부 안정

Routh-Hurwitz 방법으로 특성방정식이 $s^4+2s^3+s^2+4s+2=0$인 시스템의 안정도는

s^4	1	1	2
s^3	2	4	0
s^2	$\dfrac{2-16}{2}=-7$	$\dfrac{4\times2-4\times0}{2}=4$	
s^1	$\dfrac{-28-0}{-7}=4$	0	
s^0	2		

에서 1열의 부호변화가 2번이므로 불안정 근의 수는 2개이다. ∴ 이는 불안정이다.

63. ② 64. ③ 65. ②

066 제어시스템의 상태방정식이 $\frac{dx(t)}{dt} = Ax(t) + Bu(t)$, $A = \begin{bmatrix} 0 & 1 \\ -3 & 4 \end{bmatrix}$, $B = \begin{bmatrix} 1 \\ 1 \end{bmatrix}$ 일 때, 특성방정식을 구하면?

① $s^2 - 4s - 3 = 0$
② $s^2 - 4s + 3 = 0$
③ $s^2 + 4s + 3 = 0$
④ $s^2 + 4s - 3 = 0$

해설 제어시스템의 특성방정식은
$|sI - A| = \begin{vmatrix} s & 0 \\ 0 & s \end{vmatrix} - \begin{vmatrix} 0 & 1 \\ -3 & 4 \end{vmatrix} = \begin{vmatrix} s & -1 \\ 3 & s-4 \end{vmatrix} = s(s-4) + 3 = s^2 - 4s + 3 = 0$ 이다.

067 어떤 제어시스템의 개루프 이득이 $G(s)H(s) = \frac{K(s+2)}{s(s+1)(s+3)(s+4)}$ 일 때 이 시스템이 가지는 근궤적의 가지(branch) 수는?

① 1
② 3
③ 4
④ 5

해설 시스템이 가지는 근궤적의 가지(branch) 수는 영점(z)=1, 극점(P)=4 중에서 큰 것과 같다. ∴ 근궤적의 가지 수는 4이다.

068 다음 회로에서 입력 전압 $V_1(t)$에 대한 출력 전압 $V_2(t)$의 전달함수 $G(s)$는?

① $\frac{RCS}{LCS^2 + RCS + 1}$
② $\frac{RCS}{LCS^2 - RCS - 1}$
③ $\frac{CS}{LCS^2 + RCS + 1}$
④ $\frac{CS}{LCS^2 - RCS - 1}$

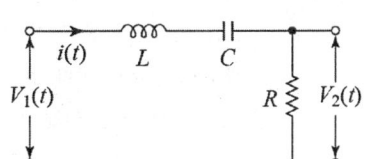

해설 그림에서 입력 전압 $V_1(s) = \left(R + SL + \frac{1}{SC}\right)I(s)$[V], 출력 전압 $V_2(s) = RI(s)$[V]에서
전달함수 $G(s) = \frac{V_2(s)}{V_1(s)} = \frac{RI(s)}{\left(R + SL + \frac{1}{SC}\right)I(s)} = \frac{R}{R + SL + \frac{1}{SC}} = \frac{RCS}{LCS^2 + RCS + 1}$

069 특성방정식의 모든 근이 S평면(복소평면)의 $j\omega$축(허수축)에 있을 때 이 제어시스템의 안정도는?

① 알 수 없다.
② 안정하다.
③ 불안정하다.
④ 임계안정이다.

정답 66. ② 67. ③ 68. ① 69. ④

해설 특성방정식의 모든 근이 S평면(복소평면)의 $j\omega$축(허수축)에 있을 때 이 제어시스템의 안정도는 임계안정이다.

문제 070 논리식 $((AB+A\overline{B})+AB)+\overline{A}B$를 간단히 하면?
① $A+B$
② $\overline{A}+B$
③ $A+\overline{B}$
④ $A+A\cdot B$

해설 논리식 $((AB+A\overline{B})+AB)+\overline{A}B = A(B+\overline{B})+B(A+\overline{A}) = A+B$이다.

문제 071 선간 전압이 V_{ab}[V]인 3상 평형 전원에 대칭 부하 R[Ω]이 그림과 같이 접속되어 있을 때, a, b 두 상 간에 접속된 전력계의 지시 값이 W[W]라면 C상 전류의 크기(A)는?

① $\dfrac{W}{3V_{ab}}$

② $\dfrac{2W}{3V_{ab}}$

③ $\dfrac{2W}{\sqrt{3}\,V_{ab}}$

④ $\dfrac{\sqrt{3}\,W}{V_{ab}}$

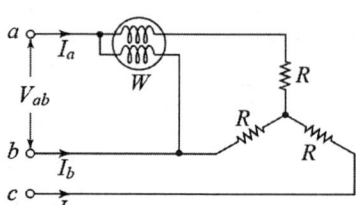

해설 Y결선 3상 평형 전원 $V_{ab} = V_{ac} = V$[V]이고 각 선 전류=상전류 $I_a = I_b = I_c = I$[A], 대칭부하는 R[Ω]이다. θ(위상)$=0$, $\cos\theta = \cos 0 = 1$이다.

① 그림에서 ab상 연결 시 전력계의 지시 값
$W_{ab} = W = V_{ab}I_a\cos(30+\theta) = VI\cos(30+\theta)$[W] ⋯ ㉠
ac상 연결 시 전력계의 지시 값
$W_{ac} = W = V_{ac}I_c\cos(30-\theta) = VI\cos(30-\theta)$[W] ⋯ ㉡

② 3상 1전력계 법에서의 3상 전력
$= W_{ab} + W_{ac} = W + W = 2W = VI(\cos(30+\theta) + \cos(30-\theta))$
$= VI((\cos 30°\cos\theta - \sin 30°\sin\theta) + (\cos 30°\cos\theta + \sin 30°\sin\theta))$
$= VI \times 2\cos 30°\cos\theta = VI \times 2 \times \dfrac{\sqrt{3}}{2}\cos 0 = \sqrt{3}\,VI$[W]이다.

∴ C상 전류의 크기 $I_c = I = \dfrac{2W}{\sqrt{3}\,V_{ab}}$[A]가 된다.

해답 70. ① 71. ③

072
불평형 3상 전류가 $I_a = 15+j2[A]$, $I_b = -20-j14[A]$, $I_c = -3+j10[A]$일 때, 역상분 전류 $I_2[A]$는?

① $1.91+j6.24$
② $15.74-j3.57$
③ $-2.67-j0.67$
④ $-8-j2$

해설 대칭분의
- 영상 전류 $I_0 = \frac{1}{3}(I_a + I_b + I_c)[A]$
- 정상 전류 $I_2 = \frac{1}{3}(I_a + aI_b + a^2I_c)[A]$
- 역상 전류 $I_2 = \frac{1}{3}(I_a + a^2I_b + aI_c)[A]$이다.

(단, 연산자 $a = \angle 120° = -\frac{1}{2} + j\frac{\sqrt{3}}{2}$, $a^2 = \angle 240° = -\frac{1}{2} - j\frac{\sqrt{3}}{2}$, $a^3 = 1$이고 $1+a+a^2 = 0$이다.)

∴ 역상분의 전류
$I_2 = \frac{1}{3}(I_a + a^2I_b + aI_c) = \frac{1}{3}(15+j2+a^2(-20-j14)+a(-3+j10))$
$= \frac{1}{3}((15-20 \times a^2 - 3 \times a) + j(2-14 \times a^2 + 10 \times a))$
$= \frac{1}{3}(((15-20(-\frac{1}{2}-j\frac{\sqrt{3}}{2}))-3(-\frac{1}{2}+j\frac{\sqrt{3}}{2}))+j(2-14(-\frac{1}{2}-j\frac{\sqrt{3}}{2})$
$\qquad +10(-\frac{1}{2}+j\frac{\sqrt{3}}{2})))$
$= \frac{1}{3}(((15+10+\frac{3}{2})+j(10\sqrt{3}-\frac{3\sqrt{3}}{2})+j((2+7-5)+j(7\sqrt{3}+5\sqrt{3})))$
$= \frac{1}{3}(((25+1.5)+j(10\sqrt{3}-1.5\sqrt{3}))+j((4+j12\sqrt{3})))$
$= \frac{1}{3}(26.5+j8.5\sqrt{3}+j4-12\sqrt{3}) = \frac{1}{3}((26.5-20.78)+j(8.5\sqrt{3}+4))$
$= \frac{1}{3}(5.72+j18.72) = 1.91+j6.24[A]$가 된다.

073
회로에서 $20[\Omega]$의 저항이 소비하는 전력은 몇 [W]인가?

① 14
② 27
③ 40
④ 80

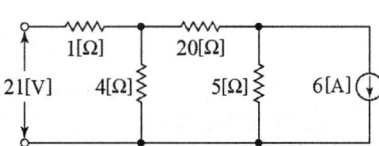

정답 72.① 73.④

해설 중첩의 정리에서 20[Ω] 저항에 흐르는 전류를 구하면
① 회로에서 정전류원 개방 시 20[Ω]에 흐르는 전류는 분배법칙에서
$$I_1 = \frac{4}{20+4} \times I_t = \frac{4}{24} \times \frac{V}{R_t} = \frac{1}{6} \times \frac{21}{1+\frac{20\times 4}{20+4}} = \frac{21}{6\times 4.333} \fallingdotseq \frac{21}{26} = 0.8[A] \cdots ㉠$$

② 정전압원 단락 시 20[Ω]에 흐르는 전류도 분배법칙에서
$$I_2 = \frac{5}{20+5} \times (-6) = \frac{-30}{25} = -1.2[A] \cdots ㉡$$

∴ 동시 존재 시 20[Ω] 저항에 흐르는 전류 $I = I_1 - I_2 = 0.8 - (-1.2) = 2[A]$이다.
20[Ω] 저항에 소비전력 $P = I^2R = (2)^2 \times 20 = 4 \times 20 = 80[W]$이다.

074 RC 직렬회로에 직류전압 $V[V]$가 인가되었을 때, 전류 $i(t)$에 대한 전압 방정식 (KVL)이 $V = Ri(t) + \frac{1}{C}\int i(t)\,dt\,[V]$이다. 전류 $i(t)$의 라플라스 변환인 $I(s)$는? (단, C에는 초기 전하가 없다.)

① $I(s) = \frac{V}{R}\frac{1}{S-\frac{1}{RC}}$ ② $I(s) = \frac{C}{R}\frac{1}{S+\frac{1}{RC}}$

③ $I(s) = \frac{V}{R}\frac{1}{S+\frac{1}{RC}}$ ④ $I(s) = \frac{R}{C}\frac{1}{S-\frac{1}{RC}}$

해설 $V = Ri(t) + \frac{1}{C}\int i(t)\,dt\,[V]$ 양변 라플라스 변환하면
$$\frac{V}{S} = RI(s) + \frac{1}{SC}I(s) = I(s)\left(R + \frac{1}{SC}\right)$$
$$\therefore I(s) = \frac{\frac{V}{S}}{R+\frac{1}{SC}} = \frac{\frac{V}{S}\times SC}{SCR+1} = \frac{\frac{V}{S}\times SC\times \frac{1}{RC}}{\frac{SCR}{RC}+\frac{1}{RC}} = \frac{V}{R}\frac{1}{S+\frac{1}{RC}}[A]$$가 된다.

075 선간 전압이 100[V]이고, 역률이 0.6인 평형 3상 부하에서 무효전력이 $Q = 10[kvar]$일 때, 선전류의 크기는 약 몇 [A]인가?

① 57.7   ② 72.2
③ 96.2   ④ 125

해설 무효전력 $Q = \sqrt{3}\,VI\sin\theta\,[var]$
선전류의 크기 $I = \frac{Q}{\sqrt{3}\,V\sin\theta} = \frac{10\times 10^3}{\sqrt{3}\times 100\times 0.8} = \frac{10000}{138.568} \fallingdotseq 72.2[A]$

74. ③ 75. ②

076 그림과 같은 T형 4단자 회로망에서 4단자 정수 A와 C는?
(단, $Z_1 = \dfrac{1}{Y_1}$, $Z_2 = \dfrac{1}{Y_2}$, $Z_3 = \dfrac{1}{Y_3}$)

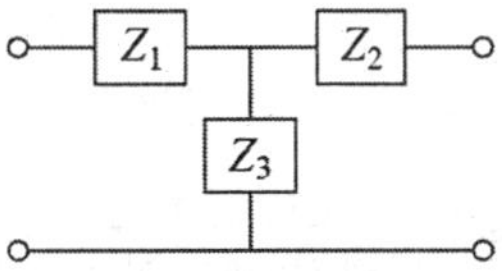

① $A = 1 + \dfrac{Y_3}{Y_1}$, $C = Y_2$

② $A = 1 + \dfrac{Y_3}{Y_1}$, $C = \dfrac{1}{Y_3}$

③ $A = 1 + \dfrac{Y_3}{Y_1}$, $C = Y_3$

④ $A = 1 + \dfrac{Y_1}{Y_3}$, $C = \left(1 + \dfrac{Y_1}{Y_3}\right)\dfrac{1}{Y_3} + \dfrac{1}{Y_2}$

해설 T형 4단자 회로망에서 4단자 정수

$$\begin{vmatrix} A & B \\ C & D \end{vmatrix} = \begin{vmatrix} 1 & Z_1 \\ 0 & 1 \end{vmatrix}\begin{vmatrix} 1 & 0 \\ \frac{1}{Z_3} & 1 \end{vmatrix}\begin{vmatrix} 1 & Z_2 \\ 0 & 1 \end{vmatrix} = \begin{vmatrix} 1+\frac{Z_1}{Z_3} & Z_1 \\ \frac{1}{Z_3} & 1 \end{vmatrix}\begin{vmatrix} 1 & Z_2 \\ 0 & 1 \end{vmatrix} = \begin{vmatrix} 1+\frac{Z_1}{Z_3} & Z_2(1+\frac{Z_1}{Z_3})+Z_1 \\ \frac{1}{Z_3} & 1+\frac{Z_2}{Z_3} \end{vmatrix}$$

$$= \begin{vmatrix} 1+\frac{1/Y_1}{1/Y_3}=1+\frac{Y_3}{Y_1} & 1/Y_2(1+\frac{1/Y_1}{1/Y_3})+1/Y_1=1/Y_2(1+\frac{Y_3}{Y_1})+1/Y_1 \\ \frac{1}{1/Y_3}=Y_3 & 1+\frac{1/Y_2}{1/Y_3}=1+\frac{Y_3}{Y_2} \end{vmatrix}$$

∴ 4단자 정수 $A = 1 + \dfrac{Y_3}{Y_1}$, $C = Y_3$이다.

077 어떤 회로의 유효전력이 300[W], 무효전력이 400[var]이다. 이 회로의 복소전력의 크기(VA)는?

① 350 ② 500
③ 600 ④ 700

해설 복소전력의 크기 $= \sqrt{P^2 + P_r^2} = \sqrt{(300)^2 + (400)^2} = 500[\text{VA}]$이다.

078 $R = 4[\Omega]$, $\omega L = 3[\Omega]$의 직렬회로에 $e = 100\sqrt{2}\sin\omega t + 50\sqrt{2}\sin 3\omega t$를 인가할 때 이 회로의 소비전력은 약 몇 [W]인가?

① 1000 ② 1414
③ 1560 ④ 1703

76. ③ 77. ② 78. ④

해설 I_1(기본파 전류) $= \dfrac{E_1}{R+j\omega L} = \dfrac{100}{4+j3} = \dfrac{100}{\sqrt{4^2+3^2}} = \dfrac{100}{5} = 20[\text{A}]$

I_3(제3고조파 전류) $= \dfrac{E_3}{R+j3\omega L} = \dfrac{50}{4+j3\times3} = \dfrac{50}{\sqrt{4^2+9^2}} = \dfrac{50}{9.849} ≒ 5.077[\text{A}]$

∴ 이 회로에 소비전력

$P = I_1^2 \times R + I_3^2 \times R = (20)^2 \times 4 + (5.077)^2 \times 4 = 1600 + 103 = 1703[\text{W}]$ 이다.

079 단위길이당 인덕턴스가 $L[\text{H/m}]$이고, 단위길이당 정전용량이 $C[\text{F/m}]$인 무손실 선로에서의 진행파 속도(m/s)는?

① $\sqrt{LC}$
② $\dfrac{1}{\sqrt{LC}}$
③ $\sqrt{\dfrac{C}{L}}$
④ $\sqrt{\dfrac{L}{C}}$

해설 무손실 선로 $R=0$, $G=0$이다.

∴ 무손실 선로에서의 진행파 속도 $v = \dfrac{\omega}{\beta} = \dfrac{\omega}{\omega\sqrt{LC}} = \dfrac{1}{\sqrt{LC}}$[m/sec]이다.

080 $t=0$에서 스위치(S)를 닫았을 때 $t=0^+$에서의 $i(t)$는 몇 [A]인가? (단, 커패시터에 초기 전하는 없다.)

① 0.1
② 0.2
③ 0.4
④ 1.0

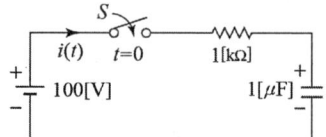

해설 $t=0$에서 스위치(S)를 닫았을 때 $t=0^+$에서의

$i(t) = \dfrac{V}{R} e^{-\frac{1}{CR}t} = \dfrac{100}{1000} e^{-0} = 0.1 \times \dfrac{1}{e^0} = 0.1 \times \dfrac{1}{1} = 0.1[\text{A}]$ 이다.

05 전/기/설/비/기/술/기/준/및/판/단/기/준

081 345[kV] 송전선을 사람이 쉽게 들어가지 않는 산지에 시설할 때 전선의 지표상 높이는 몇 [m] 이상으로 하여야 하는가?

① 7.28
② 7.56
③ 8.28
④ 8.56

해설 345[kV] 송전선을 사람이 쉽게 들어가지 않는 산지에 시설할 때 전선의 지표상 높이는 7.28[m] 이상으로 하여야 한다.

79. ② 80. ① 81. ①

082
변전소에서 오접속을 방지하기 위하여 특고압 전로의 보기 쉬운 곳에 반드시 표시해야 하는 것은?
① 상별표시　　② 위험표시
③ 최대전류　　④ 정격전압

해설 상별표시란 변전소에서 오접속을 방지하기 위하여 특고압 전로의 보기 쉬운 곳에 반드시 표시해야 하는 것을 말한다.

083
전력 보안 가공통신선의 시설 높이에 대한 기준으로 옳은 것은?
① 철도의 궤도를 횡단하는 경우에는 레일면상 5[m] 이상
② 횡단보도교 위에 시설하는 경우에는 그 노면상 3[m] 이상
③ 도로(차도와 도로의 구별이 있는 도로는 차도) 위에 시설하는 경우에는 지표상 2[m] 이상
④ 교통에 지장을 줄 우려가 없도록 도로(차도와 도로의 구별이 있는 도로는 차도) 위에 시설하는 경우에는 지표상 2[m]까지로 감할 수 있다.

해설 전력 보안 가공통신선의 시설 높이는 횡단보도교 위에 시설하는 경우에는 그 노면상 3[m] 이상이어야 한다.

084
가반형의 용접전극을 사용하는 아크 용접장치의 용접변압기의 1차측 전로의 대지전압은 몇 [V] 이하이어야 하는가?
① 60　　② 150
③ 300　　④ 400

해설 가반형의 용접전극을 사용하는 아크 용접장치의 용접변압기의 1차측 전로의 대지전압은 300[V] 이하이어야 한다.

085
전기온상용 발열선은 그 온도가 몇 ℃를 넘지 않도록 시설하여야 하는가?
① 50　　② 60
③ 80　　④ 100

해설 전기온상용 발열선은 그 온도가 80℃를 넘지 않도록 시설하여야 한다.

086
사용전압이 154[kV]인 가공전선로를 제1종 특고압 보안공사로 시설할 때 사용되는 경동연선의 단면적은 몇 [mm^2] 이상이어야 하는가?
① 55　　② 100
③ 150　　④ 200

정답 82.① 83.② 84.③ 85.③ 86.③

◉ 사용전압이 154[kV]인 가공전선로를 제1종 특고압 보안공사로 시설할 때 사용되는 경동연선의 단면적은 150[mm²] 이상이어야 한다.

087 고압용 기계기구를 시가지에 시설할 때 지표상 몇 [m] 이상의 높이에 시설하고, 또한 사람이 쉽게 접촉할 우려가 없도록 하여야 하는가?
① 4.0
② 4.5
③ 5.0
④ 5.5

◉ 고압용 기계기구를 시가지에 시설할 때 지표상 4.5[m] 이상의 높이에 시설하고, 또한 사람이 쉽게 접촉할 우려가 없도록 하여야 한다.

088 발전기, 전동기, 조상기, 기타 회전기(회전변류기 제외)의 절연내력 시험전압은 어느 곳에 가하는가?
① 권선과 대지 사이
② 외함과 권선 사이
③ 외함과 대지 사이
④ 회전자와 고정자 사이

◉ 발전기, 전동기, 조상기, 기타 회전기(회전변류기 제외)의 권선과 대지 사이에 절연내력 시험전압을 가하여 절연을 측정한다.

089 특고압 지중전선이 지중 약전류전선 등과 접근하거나 교차하는 경우에 상호 간의 이격거리가 몇 [cm] 이하일 때에는 두 전선이 직접 접촉하지 아니하도록 하여야 하는가?
① 15
② 20
③ 30
④ 60

◉ 특고압 지중전선이 지중 약전류전선 등과 접근하거나 교차하는 경우에 상호 간의 이격거리가 60[cm] 이하일 때에는 두 전선이 직접 접촉하지 아니하도록 하여야 한다.

090 고압 옥내배선의 공사방법으로 틀린 것은?
① 케이블공사
② 합성수지관공사
③ 케이블 트레이공사
④ 애자사용공사(건조한 장소로서 전개된 장소에 한한다.)

◉ 고압 옥내배선의 공사방법은 케이블공사, 케이블 트레이공사, 애자사용공사(건조한 장소로서 전개된 장소에 한한다.)가 있다.

정답 87.② 88.① 89.④ 90.②

091 조상설비에 내부고장, 과전류 또는 과전압이 생긴 경우 자동적으로 차단되는 장치를 해야 하는 전력용 커패시터의 최소 뱅크용량은 몇 [kVA]인가?

① 10000
② 12000
③ 13000
④ 15000

해설 조상설비에 내부고장, 과전류 또는 과전압이 생긴 경우 자동적으로 차단되는 장치를 해야 하는 전력용 커패시터의 최소 뱅크용량은 15000[kVA]이다.

092 사용전압이 440[V]인 이동 기중기용 접촉전선을 애자사용 공사에 의하여 옥내의 전개된 장소에 시설하는 경우 사용하는 전선으로 옳은 것은?

① 인장강도가 3.44[kN] 이상인 것 또는 지름 2.6[mm]의 경동선으로 단면적이 8[mm^2] 이상인 것
② 인장강도가 3.44[kN] 이상인 것 또는 지름 3.2[mm]의 경동선으로 단면적이 18[mm^2] 이상인 것
③ 인장강도가 11.2[kN] 이상인 것 또는 지름 6[mm]의 경동선으로 단면적이 28[mm^2] 이상인 것
④ 인장강도가 11.2[kN] 이상인 것 또는 지름 8[mm]의 경동선으로 단면적이 18[mm^2] 이상인 것

해설 사용전압이 440[V]인 이동 기중기용 접촉전선을 애자사용 공사에 의하여 옥내의 전개된 장소에 시설하는 경우 사용하는 전선은 인장강도가 11.2[kN] 이상인 것 또는 지름 6[mm]의 경동선으로 단면적이 28[mm^2] 이상인 것이어야 한다.

093 옥내에 시설하는 사용 전압이 400[V] 이상 1000[V] 이하인 전개된 장소로서 건조한 장소가 아닌 기타의 장소의 관등회로 배선공사로서 적합한 것은?

① 애자사용공사
② 금속몰드공사
③ 금속덕트공사
④ 합성수지몰드공사

해설 애자사용공사는 옥내에 시설하는 사용 전압이 400[V] 이상 1000[V] 이하인 전개된 장소로서 건조한 장소가 아닌 기타의 장소의 관등회로 배선공사에 적합하다.

094 가공 직류 절연 귀선은 특별한 경우를 제외하고 어느 전선에 준하여 시설하여야 하는가?

① 저압가공전선
② 고압가공전선
③ 특고압가공전선
④ 가공 약전류 전선

해설 가공 직류 절연 귀선은 특별한 경우를 제외하고 저압가공전선에 준하여 시설하여야 한다.

정답 91.④ 92.③ 93.① 94.①

095 저압가공전선으로 사용할 수 없는 것은?
① 케이블
② 절연전선
③ 다심형 전선
④ 나동복 강선

저압가공전선으로 사용할 수 있는 것은 케이블, 절연전선, 다심형 전선이다.

096 가공전선로의 지지물에 시설하는 지선의 시설기준으로 틀린 것은?
① 지선의 안전율을 2.5 이상으로 할 것
② 소선은 최소 5가닥 이상의 강심 알루미늄연선을 사용할 것
③ 도로를 횡단하여 시설하는 지선의 높이는 지표상 5[m] 이상으로 할 것
④ 지중부분 및 지표상 30[cm]까지의 부분에는 내식성이 있는 것을 사용할 것

가공전선로의 지지물에 시설하는 지선의 시설기준은
① 지선의 안전율을 2.5 이상으로 할 것
② 도로를 횡단하여 시설하는 지선의 높이는 지표상 5[m] 이상으로 할 것
③ 지중부분 및 지표상 30[cm]까지의 부분에는 내식성이 있는 것을 사용할 것

097 특고압 가공전선로 중 지지물로서 직선형의 철탑을 연속하여 10기 이상 사용하는 부분에는 몇 기 이하마다 내장 애자장치가 되어 있는 철탑 또는 이와 동등이상의 강도를 가지는 철탑 1기를 시설하여야 하는가?
① 3
② 5
③ 7
④ 10

특고압 가공전선로 중 지지물로서 직선형의 철탑을 연속하여 10기 이상 사용하는 부분에는 10기 이하마다 내장 애자장치가 되어 있는 철탑 또는 이와 동등이상의 강도를 가지는 철탑 1기를 시설하여야 한다.

098 제1종 또는 제2종 접지공사에 사용하는 접지선을 사람이 접촉할 우려가 있는 곳에 시설하는 경우, 「전기용품 및 생활용품 안전관리법」을 적용받는 합성수지관(두께 2[mm] 미만의 합성수지제 전선관 및 난연성이 없는 콤바인덕트관을 제외한다)으로 덮어야 하는 범위로 옳은 것은?
① 접지선의 지하 30[cm]로부터 지표상 1[m]까지의 부분
② 접지선의 지하 50[cm]로부터 지표상 1.2[m]까지의 부분
③ 접지선의 지하 60[cm]로부터 지표상 1.8[m]까지의 부분
④ 접지선을 지하 75[cm]로부터 지표상 2[m]까지의 부분

제1종 또는 제2종 접지공사에 사용하는 접지선을 사람이 접촉할 우려가 있는 곳에 시설하는 경우, 「전기용품 및 생활용품 안전관리법」을 적용받는 합성수지관(두께 2[mm] 미만의 합성수지제 전선관 및 난연성이 없는 콤바인덕트관을 제외한다)으로 덮어야 하는 범위는 접지선을 지하 75[cm]로부터 지표상 2[m]까지의 부분이다.

95. ④ 96. ② 97. ④ 98. ④

099 사용전압이 400[V] 미만인 저압 가공전선은 케이블인 경우를 제외하고는 지름이 몇 [mm] 이상이어야 하는가? (단, 절연전선은 제외한다.)

① 3.2
② 3.6
③ 4.0
④ 5.0

해설 사용전압이 400[V] 미만인 저압 가공전선은 케이블인 경우를 제외하고는 지름이 3.2[mm] 이상이어야 한다.(단, 절연전선은 제외한다.)

100 수용장소의 인입구 부근에 대지 사이의 전기저항 값이 3[Ω] 이하인 값을 유지하는 건물의 철골을 접지극으로 사용하여 제2종 접지공사를 한 저압전로의 접지측 전선에 추가 접지 시 사용하는 접지선을 사람이 접촉할 우려가 있는 곳에 시설할 때는 어떤 공사방법으로 시설하는가?

① 금속관공사
② 케이블공사
③ 금속몰드공사
④ 합성수지관공사

해설 케이블공사 시설방법은 수용장소의 인입구 부근에 대지 사이의 전기저항 값이 3[Ω] 이하인 값을 유지하는 건물의 철골을 접지극으로 사용하여 제2종 접지공사를 한 저압전로의 접지측 전선에 추가 접지 시 사용하는 접지선을 사람이 접촉할 우려가 있는 곳에 시설한다.

정답 99. ① 100. ②

7개년 과년도 시리즈

전기기사 7개년 과년도

정가 25,000원

• 공 저 자	이	광	수
	이	기	수
	이	선	곤
• 발 행 인	차	승	녀

- 2010년 2월 10일 제1판 제1인쇄발행
- 2011년 2월 25일 제2판 제1인쇄발행
- 2012년 2월 25일 제3판 제1인쇄발행
- 2013년 1월 18일 제4판 제1인쇄발행
- 2014년 2월 5일 제5판 제1인쇄발행
- 2015년 1월 30일 제6판 제1인쇄발행
- 2016년 2월 25일 제7판 제1인쇄발행
- 2017년 1월 25일 제8판 제1인쇄발행
- 2017년 8월 10일 제9판 제1인쇄발행
- 2018년 3월 5일 제9판 제2인쇄발행
- 2019년 1월 25일 제10판 제1인쇄발행
- 2019년 10월 10일 제11판 제1인쇄발행
- 2020년 3월 25일 제11판 제2인쇄발행
- 2020년 11월 30일 제12판 제1인쇄발행

도서출판 건기원

(등록 : 제11-162호, 1998. 11. 24)

경기도 파주시 연다산길 244(연다산동 186-16)
TEL : (02)2662-1874~5   FAX : (02)2665-8281

★ 건기원은 여러분을 책의 주인공으로 만들어 드리며 출판 윤리 강령을 준수합니다.
★ 본 수험서를 복제·변형하여 판매·배포·전송하는 일체의 행위를 금하며, 이를 위반할 경우 저작권법 등에 따라 처벌받을 수 있습니다.

ISBN 979-11-5767-549-4   13560